计算机科学丛书

原书第3版

算法导论

（美）
Thomas H. Cormen Charles E. Leiserson
Ronald L. Rivest Clifford Stein
著

殷建平 徐 云 王 刚 刘晓光 苏 明 邹恒明 王宏志 译

Introduction to Algorithms
Third Edition

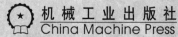

机械工业出版社
China Machine Press

本书提供了对当代计算机算法研究的一个全面、综合性的介绍。全书共八部分，内容涵盖基础知识、排序和顺序统计量、数据结构、高级设计和分析技术、高级数据结构、图算法、算法问题选编，以及数学基础知识。书中深入浅出地介绍了大量的算法及相关的数据结构，以及用于解决一些复杂计算问题的高级策略（如动态规划、贪心算法、摊还分析等），重点在于算法的分析与设计。对于每一个专题，作者都试图提供目前最新的研究成果及样例解答，并通过清晰的图示来说明算法的执行过程。此外，全书包含957道练习和158道思考题，并且作者在网站上给出了部分题的答案。

本书内容丰富，叙述深入浅出，适合作为计算机及相关专业本科生数据结构课程和研究生算法课程的教材，同时也适合专业技术人员参考使用。

北京市版权局著作权合同登记　图字：01-2009-5041 号。

图书在版编目（CIP）数据

算法导论（原书第3版）／（美）科尔曼（Cormen, T. H.）等著；殷建平等译. —北京：机械工业出版社，2013.1（2025.4重印）
（计算机科学丛书）
书名原文：Introduction to Algorithms, Third Edition
ISBN 978-7-111-40701-0

Ⅰ. 算…　Ⅱ. ①科…　②殷…　Ⅲ. 电子计算机－算法理论　Ⅳ. TP301.6

中国版本图书馆 CIP 数据核字（2012）第 290499 号

机械工业出版社（北京市西城区百万庄大街22号　邮政编码　100037）
责任编辑：姚　蕾
保定市中画美凯印刷有限公司印刷
2025 年 4 月第 1 版第 36 次印刷
185mm×260mm · 49.75 印张
标准书号：ISBN 978-7-111-40701-0
定价：128.00 元

客服电话：（010）88361066　68326294

我从 1994 年开始每年都为本科生讲授"算法设计与分析"课程，粗略地统计一下，发现至今已有 5 000 余名各类学生听过该课。算法的重要性不言而喻，因为不管新概念、新方法、新理论如何引人注目，信息的表示与处理总是计算技术（含软件、硬件、应用、网络、安全、智能等）永恒的主题。信息处理的核心是算法。在大数据时代，设计高效的算法显得格外重要。

当初，为了教好这门基础必修课，提高教学质量，我觉得应该从教学内容的改革入手，具体来说，采用的教材应该与国际一流大学接轨。1997 年访美期间，在 Stanford 大学了解到他们采用的教材是 Thomas H. Cormen 等人著的《Introduction to Algorithms》，于是从 Stanford 书店买了一本带回来，从第二年开始便改用该书作为教材。至今，15 年过去了，我们一直追随其变迁，从第 2 版到第 3 版。教学实践证明它确实是一本好教材，难怪世界范围内包括 MIT、CMU、Stanford、UCB、Cornell、UIUC 等国际、国内名校在内的 1 000 余所大学都一直用它作为教材或教学参考书，也难怪它印数巨大且在《高引用计算机科学文献》（《Most Cited Computer Science Citations》）一览表中名列前茅。

这本书的原版有 1 200 多页，内容非常丰富，不但涵盖了典型算法、算法分析、算法设计方法和 NP 完全等内容，而且还包括数据结构，甚至高级数据结构的介绍。后者可以作为国内"数据结构"课程的教材或教学参考资料。在学时有限的情况下，要在本科阶段教完前者的所有内容也是困难的，故要做取舍。好在该书的各个章节相对独立且难度由浅入深，我们的做法是将相对容易的、一般的入门性内容留在本科阶段，而将相对难的、专门的、较深入的内容并入研究生课程"算法及复杂性"或"计算复杂性"。除本校外，本人就曾多次应邀在兰州大学、湖南大学和浙江师范大学等院校为研究生讲授过这些内容。其实该书也适合希望增强自身程序设计能力和程序评判能力的广大应用计算技术的社会公众，特别是参加信息学奥林匹克竞赛和 ACM 程序设计竞赛的选手及其教练员。

在教学过程中，我们发现该书具有以下特点：1）选材与时俱进，具有实用性且能引起读者的兴趣。该书中研究的许多问题都是当前现实应用中的关键技术问题。2）采用伪代码描述算法，既简洁易懂又便于抓住本质，再配上丰富的插图来描述和解释算法的执行过程，使得教学内容更加通俗，便于自学。3）对算法正确性和复杂度的分析比较全面，既有严密的论证，又有直观的解释。4）既有结论性知识的介绍，也有逐步导出结论的研究过程的展示。5）丰富的练习题和思考题使得及时检验所学知识掌握情况和进一步拓展学习内容成为可能。

在第 3 版的《Introduction to Algorithms》出版后，我们应机械工业出版社编辑的邀请，启动了长久的翻译工程，先后参加翻译工作的老师有：国防科学技术大学的殷建平教授（翻译第 1～3 章）、中国科学技术大学的徐云教授（翻译第 10～14 章、第 18～21 章和第 27 章）、南开大学的王刚教授（翻译第 4 章和第 15～17 章）、南开大学的刘晓光教授（翻译第 6～9 章）、南开大学的苏明副研究员（翻译第 5 章和第 28～30 章）、上海交通大学的邹恒明教授（翻译第 22～26 章）、哈尔滨工业大学的王宏志副教授（翻译第 31～35 章和附录部分）。由于水平有限且工作量巨大，译文中一定存在许多不足，在此敬请各位同行专家学者和广大读者批评指正。在整个工程即将完成之际，我们要特别感谢潘金贵、顾铁成、李成法和叶懋等参与本书第 2 版翻译的老师，是他们使得这本重要教材在国内有了广泛读者。同时也要感谢机械工业出版社的温莉芳编辑和王春华编辑，没有你们的信任、耐心和支持，整个翻译工作不可能完成。

殷建平

2012 年 11 月于长沙

在计算机出现之前，就有了算法。现在有了计算机，就需要更多的算法，算法是计算的核心。

本书提供了对当代计算机算法研究的一个全面、综合的介绍。书中给出了多个算法，并对它们进行了较为深入的分析，使得这些算法的设计和分析易于被各个层次的读者所理解。我们力求在不牺牲分析的深度和数学严密性的前提下，给出深入浅出的说明。

书中每一章都给出了一个算法、一种算法设计技术、一个应用领域或一个相关的主题。算法是用英语和一种"伪代码"来描述的，任何有一点程序设计经验的人都能看得懂。书中给出了244幅图，说明各个算法的工作过程。我们强调将算法的效率作为一种设计标准，对书中的所有算法，都给出了关于其运行时间的详细分析。

本书主要供本科生和研究生的算法或数据结构课程使用。因为书中讨论了算法设计中的工程问题及其数学性质，所以，本书也可以供专业技术人员自学之用。

本书是第3版。在这个版本里，我们对全书进行了更新，包括新增了若干章、修订了伪代码等。

致使用本书的教师

本书的设计目标是全面、适用于多种用途。它可用于若干课程，从本科生的数据结构课程到研究生的算法课程。由于书中给出的内容比较多，只讲一学期一般讲不完，因此，教师们应该将本书看成是一种"缓存区"或"瑞典式自助餐"，从中挑选出能最好地支持自己希望教授的课程的内容。

教师们会发现，要围绕自己所需的各个章节来组织课程是比较容易的。书中的各章都是相对独立的，因此，你不必担心意想不到的或不必要的各章之间的依赖关系。每一章都是以节为单位，内容由易到难。如果将本书用于本科生的课程，可以选用每一章的前面几节内容；用于研究生的课程中，则可以完整地讲授每一章。

全书包含957道练习和158道思考题。每一节结束时给出练习，每一章结束时给出思考题。练习一般比较短，用于检查学生对书中内容的基本掌握情况。有一些是简单的自查性练习，有一些则要更充实，可以作为家庭作业布置给学生。每一章后的思考题都是一些叙述较为详细的实例研究，它们常常会介绍一些新的知识。一般来说，这些思考题都会包含几个小问题，引导学生逐步得到问题的解。

根据本书前几版的读者反馈，我们在本书配套网站上公布了其中一些练习和思考题的答案（但不是全部），网址为 http://mitpress.mit.edu/algorithms/。我们会定期更新这些答案，因此需要教师每次授课前都到这个网站上来查看。

在那些不太适合本科生、更适合研究生的章节和练习前面，都加上了星号（＊）。带星号的章节也不一定就比不带星号的更难，但可能要求了解更多的数学知识。类似地，带星号的练习可能要求有更好的数学背景或创造力。

致使用本书的学生

希望本教材能为学生提供关于算法这一领域的有趣介绍。我们力求使书中给出的每一个算法都易于理解和有趣。为了在学生遇到不熟悉或比较困难的算法时提供帮助，我们逐个步骤地描述每一个算法。此外，为了便于大家理解书中对算法的分析，对于其中所需的数学知识，我们给出了详细的解释。如果对某一主题已经有所了解，会发现根据书中各章的编排顺序，可以跳过一些介绍性的小节，直接阅读更高级的内容。

本书是一本大部头著作，学生所修的课程可能只讲授其中的一部分。我们试图使它能成为一本现在对学生有用的教材，并在其将来的职业生涯中，也能成为一本案头的数学参考书或工程实践手册。

阅读本书需要哪些预备知识呢？

- 需要有一些程序设计方面的经验，尤其需要理解递归过程和简单的数据结构，如数组和链表。
- 应该能较为熟练地利用数学归纳法进行证明。书中有一些内容要求学生具备初等微积分方面的知识。除此之外，本书的第一部分和第八部分将介绍需要用到的所有数学技巧。

我们收到学生的反馈，他们强烈希望提供练习和思考题的答案，为此，我们在 http://mit-press. mit. edu/algorithms/这个网站上给出了少数练习和思考题的答案，学生可以根据我们的答案来检验自己的解答。

致使用本书的专业技术人员

本书涉及的主题非常广泛，因而是一本很好的算法参考手册。因为每一章都是相对独立的，所以读者可以重点查阅自己感兴趣的主题。

在我们所讨论的算法中，多数都有着极大的实用价值。因此，我们在书中涉及了算法实现方面的考虑和其他工程方面的问题。对于那些为数不多的、主要具有理论研究价值的算法，通常还给出其实用的替代算法。

如果希望实现这些算法中的任何一个，你会发现将书中的伪代码翻译成你熟悉的某种程序设计语言是一件相当直接的事。伪代码被设计成能够清晰、简明地描述每一个算法。因此，我们不考虑错误处理和其他需要对读者所用编程环境有特定假设的软件工程问题。我们力求简单而直接地给出每一个算法，而不会让某种特定程序设计语言的特殊性掩盖算法的本质内容。

如果你是在课堂外使用本书，那么可能无法从教师那里得到答案来验证自己的解答，因此，我们在 http://mitpress. mit. edu/algorithms/这个网站上给出了部分练习和思考题的答案，读者可以免费下载参考。

致我们的同事

我们在本书中给出了详尽的参考文献。每一章在结束时都给出了"本章注记"，介绍一些历史性的细节和参考文献。但是，各章的注记并没有提供整个算法领域的全部参考文献。有一点可能是让人难以置信的，即使是在本书这样一本大部头中，由于篇幅的原因，很多有趣的算法都没能包括进来。

尽管学生们发来了大量的请求，希望我们提供思考题和练习的解答，但我们还是决定基本上不提供思考题和练习的参考答案（少数除外），以打消学生们试图查阅答案，而不是自己动手得出答案的念头。

第 3 版中所做的修改

在本书的第 2 版和第 3 版之间有哪些变化呢？这两版之间的变化量和第 2 版与第 1 版之间的变化量相当，正如在第 2 版的前言中所说，这些版本之间的变化可以说不太大，也可以说很大，具体要看读者怎么看待这些变化了。

快速地浏览一遍目录，你就会发现，第 2 版中的多数章节在第 3 版中都出现了。在第 3 版中，去掉了两章和一节的内容，新增加了三章以及两节的内容。如果单从目录来判断第 3 版中改动的范围，得出的结论很可能是改动不大。

我们依然保持前两版的组织结构，既按照问题领域又根据技术来组织章节内容。书中既包含基于技术的章，如分治法、动态规划、贪心算法、摊还分析、NP 完全性和近似算法，也包含关于排序、动态集的数据结构和图问题算法的完整部分。我们发现虽然读者需要了解如何应用这些技术来设计和分析算法，但是思考题中很少提示应用哪个技术来解决这些问题。

下面总结了第 3 版的主要变化：

- 新增了讨论 van Emde Boas 树和多线程算法的章节，并且将矩阵基础移至附录。
- 修订了递归式那一章的内容，更广泛地覆盖分治法，并且前两节介绍了应用分治法解决两个问题。4.2 节介绍了用于矩阵乘法的 Strassen 算法，关于矩阵运算的内容已从本章移除。
- 移除两章很少讲授的内容：二项堆和排序网络。排序网络中的关键思想——0-1 原理，在本版的思考题 8-7 中作为比较交换算法的 0-1 排序引理进行介绍。斐波那契堆的处理不再依赖二项堆。
- 修订了动态规划和贪心算法相关内容。与第 2 版中的装配线调度问题相比，本版用一个更有趣的问题——钢条切割来引入动态规划。而且，我们比在第 2 版中更强调助记性，并且引入子问题图这一概念来阐释动态规划算法的运行时间。在我们给出的贪心算法例子（活动选择问题）中，我们以更直接的方式给出贪心算法。
- 我们从二叉搜索树（包括红黑树）删除一个结点的方式，现在保证实际所删除的结点就是请求删除的结点（在前两版中，有些情况下某个其他结点可能被删除）。用这种新的方式删除结点，如果程序的其他部分保持指针指向树中的结点，那么终止时就不会错误地将指针指向已删去的结点。
- 流网络相关材料现在基于边上的全部流。这种方法比前两版中使用的净流更直观。
- 由于关于矩阵基础和 Strassen 算法的材料移到了其他章，矩阵运算这一章的内容比第 2 版中所占的篇幅更小。
- 修改了对 Knuth-Morris-Pratt 字符串匹配算法的讨论。
- 修正了上一版中的一些错误。在网站上，这些错误大多数都已在第 2 版的勘误中给出，但是有些没有给出。
- 根据许多读者的要求，我们改变了书中伪代码的语法，现在用"＝"表示赋值，用"＝＝"表示检验相等，正如 C、C++、Java 和 Python 所用的。同样，我们不再使用关键字 **do** 和 **then** 而是使用"//"作为程序行末尾的注释符号。我们现在还使用点标记法表明对象属性。书中的伪代码仍是过程化的，而不是面向对象的。换句话说，我们只是简单地调用过程，将对象作为参数传递，而不是关于对象的运行方法。
- 新增 100 道练习和 28 道思考题，还更新并补充了参考文献。
- 最后，我们对书中的语句、段落和小节进行了一些调整，以使本书条理更清晰。

网站

读者可以通过 http://mitpress.mit.edu/algorithms/这个网站来获取补充资料，以及与我们联系。这个网站上给出了已知错误的清单、部分练习和思考题的答案等。此外，网站上还告诉读者如何报告错误或者提出建议。

第 3 版致谢

我们已经与 MIT Press 合作 20 多年，建立了很好的合作关系！感谢 Ellen Faran、Bob Prior、

Ada Brunstein 和 Mary Reilly 的帮助和支持。

在出版第 3 版时，我们在达特茅斯学院计算机科学系、MIT 计算机科学与人工智能实验室、哥伦比亚大学工业工程与运筹学系从事教学和科研工作。感谢这些学校和同事为我们提供的支持和实验环境。

Julie Sussman，P. P. A 担当本书第 3 版的技术编辑，再次拯救了我们。每次审阅，我们都觉得已经消除了错误，但是 Julie 还是发现了许多错误。她还帮我们改进了几处文字表述。如果有技术编辑名人堂，Julie 一定第一轮就可以入选。Julie 是非凡的，我们怎么感谢都是不够的。Priya Natarajan 也发现了一些错误，使得我们可以在将本书交给出版社前修正这些错误。书中的任何错误（毫无疑问，一定存在一些错误）都由作者负责（或许这些错误有些是 Julie 审阅材料后引入的）。

对于 van Emde Boas 树的处理出自于 Erik Demaine 的笔记，转而也受到 Michael Bender 的影响。此外，我还将 Javed Aslam、Bradley Kuszmaul 和 Hui Zha 的思想也整合到这一版。

多线程算法这一章是基于与 Harald Prokop 一起撰写的笔记，其他在 MIT 从事 Cilk 项目的同事也对本部分内容有所贡献，包括 Bradley Kuszmaul 和 Matteo Frigo。多线程伪代码的设计灵感来自 MIT Cilk 扩展到 C，以及由 Cilk Arts 的 Cilk++扩展到 C++。

我们还要感谢许多第 1 版和第 2 版的读者，他们报告了所发现的错误，或者提出了改进本书的建议。我们修正了全部报告来的真实错误，并且尽可能多地采纳了读者的建议。我们很高兴有这么多的人为本书做出贡献，但是很遗憾我们无法全部列出这些贡献者。

最后，非常感谢我们各自的妻子 Nicole Cormen、Wendy Leiserson、Gail Rivest 和 Rebecca Ivry，还有我们的孩子 Ricky、Will、Debby，Katie Leiserson、Alex，Christopher Rivest，以及 Molly、Noah 和 Benjamin Stein。感谢他们在我们写作本书过程中给予的爱和支持。正是由于有了来自家庭的耐心和鼓励，本书的写作工作才得以完成。谨将此书献给他们。

Thomas H. Cormen，新罕布什尔州黎巴嫩市
Charles E. Leiserson，马萨诸塞州剑桥市
Ronald L. Rivest，马萨诸塞州剑桥市
Clifford Stein，纽约州纽约市

基 础 知 识

这一部分将引导读者开始思考算法的设计和分析问题，简单介绍算法的表达方法、将在本书中用到的一些设计策略，以及算法分析中用到的许多基本思想。本书后面的内容都是建立在这些基础知识之上的。

第 1 章是对算法及其在现代计算系统中地位的一个综述。本章给出了算法的定义和一些算法的例子。此外，本章还说明了算法是一项技术，就像快速的硬件、图形用户界面、面向对象系统和网络一样。

在第 2 章中，我们给出了书中的第一批算法，它们解决的是对 n 个数进行排序的问题。这些算法是用一种伪代码形式给出的，这种伪代码尽管不能直接翻译为任何常规的程序设计语言，但是足够清晰地表达了算法的结构，以便任何一位能力比较强的程序员都能用自己选择的语言将算法实现出来。我们分析的排序算法是插入排序，它采用了一种增量式的做法；另外还分析了归并排序，它采用了一种递归技术，称为"分治法"。尽管这两种算法所需的运行时间都随 n 的值而增长，但增长的速度是不同的。我们在第 2 章分析了这两种算法的运行时间，并给出了一种有用的表示方法来表达这些运行时间。

第 3 章给出了这种表示法的准确定义，称为渐近表示。在第 3 章的一开始，首先定义几种渐近符号，它们主要用于表示算法运行时间的上界和下界。第 3 章余下的部分主要给出了一些数学表示方法。这一部分的作用更多的是为了确保读者所用的记号能与本书的记号体系相匹配，而不是教授新的数学概念。

第 4 章更深入地讨论了第 2 章引入的分治法，给出了更多分治法的例子，包括用于两方阵相乘的 Strassen 方法。第 4 章包含了求解递归式的方法。递归式用于描述递归算法的运行时间。"主方法"是一种功能很强的技术，通常用于解决分治算法中出现的递归式。虽然第 4 章中的相当一部分内容都是在证明主方法的正确性，但是如果跳过这一部分证明内容，也没有什么太大的影响。

第 5 章介绍概率分析和随机化算法。概率分析一般用于确定一些算法的运行时间，在这些算法中，由于同一规模的不同输入可能有着内在的概率分布，因而在这些不同输入之下，算法的运行时间可能有所不同。在有些情况下，我们假定算法的输入服从某种已知的概率分布，于是，算法的运行时间就是在所有可能的输入之下，运行时间的平均值。在其他情况下，概率分布不是来自于输入，而是来自于算法执行过程中所做出的随机选择。如果一个算法的行为不仅由其输入决定，还要由一个随机数生成器生成的值来决定，那么它就是一个随机化算法。我们可以利用随机化算法强行使算法的输入服从某种概率分布，从而确保不会有某一输入会始终导致算法的性能变坏；或者，对于那些允许产生不正确结果的算法，甚至能够将其错误率限制在某个范围之内。

附录 A～D 包含了一些数学知识，它们对读者阅读本书可能会有所帮助。在阅读本书之前，读者很有可能已经知道了附录中给出的大部分知识(我们采用的某些符号约定与读者过去见过的可能会有所不同)，因而可以将附录视为参考材料。另外，你很可能从未见过第一部分中给出的内容。第一部分中的所有各章和附录都是以一种入门指南的风格来编写的。

4

算法在计算中的作用

什么是算法？为什么算法值得研究？相对于计算机中使用的其他技术来说算法的作用是什么？本章我们将回答这些问题。

1.1 算法

非形式地说，**算法**(algorithm)就是任何良定义的计算过程，该过程取某个值或值的集合作为**输入**并产生某个值或值的集合作为**输出**。这样算法就是把输入转换成输出的计算步骤的一个序列。

我们也可以把算法看成是用于求解良说明的**计算问题**的工具。一般来说，问题陈述说明了期望的输入/输出关系。算法则描述一个特定的计算过程来实现该输入/输出关系。

例如，我们可能需要把一个数列排成非递减序。实际上，这个问题经常出现，并且为引入许多标准的设计技术和分析工具提供了足够的理由。下面是我们关于**排序问题**的形式定义。

输入：n 个数的一个序列 $\langle a_1, a_2, \cdots, a_n \rangle$。

输出：输入序列的一个排列 $\langle a_1', a_2', \cdots, a_n' \rangle$，满足 $a_1' \leqslant a_2' \leqslant \cdots \leqslant a_n'$。

例如，给定输入序列 $\langle 31，41，59，26，41，58 \rangle$，排序算法将返回序列 $\langle 26，31，41，41，58，59 \rangle$ 作为输出。这样的输入序列称为排序问题的一个**实例**(instance)。一般来说，**问题实例**由计算该问题解所必需的(满足问题陈述中强加的各种约束的)输入组成。

因为许多程序使用排序作为一个中间步，所以排序是计算机科学中的一个基本操作。因此，已有许多好的排序算法供我们任意使用。对于给定应用，哪个算法最好依赖于以下因素：将被排序的项数、这些项已被稍微排序的程度、关于项值的可能限制、计算机的体系结构，以及将使用的存储设备的种类(主存、磁盘或者磁带)。

若对每个输入实例，算法都以正确的输出停机，则称该算法是**正确的**，并称正确的算法**解决**了给定的计算问题。不正确的算法对某些输入实例可能根本不停机，也可能以不正确的回答停机。与人们期望的相反，不正确的算法只要其错误率可控时可能是有用的。在第 31 章，当我们研究求大素数算法时，将看到一个具有可控错误率的算法例子。但是通常我们只关心正确的算法。

算法可以用英语说明，也可以说明成计算机程序，甚至说明成硬件设计。唯一的要求是这个说明必须精确描述所要遵循的计算过程。

算法解决哪种问题

排序绝不是已开发算法的唯一计算问题(当看到本书的厚度时，你可能觉得算法也同样多)。算法的实际应用无处不在，包括以下例子：

- 人类基因工程已经取得重大进展，其目标是识别人类 DNA 中的所有 10 万个基因，确定构成人类 DNA 的 30 亿个化学碱基对的序列，在数据库中存储这类信息并为数据分析开发工具。这些工作都需要复杂的算法。虽然对涉及的各种问题的求解超出了本书的范围，但是求解这些生物问题的许多方法采用了本书多章内容的思想，从而使得科学家能够有效地使用资源以完成任务。因为可以从实验技术中提取更多的信息，所以既能节省人和机器的时间又能节省金钱。

- 互联网使得全世界的人都能快速地访问与检索大量信息。借助于一些聪明的算法，互联网上的网站能够管理和处理这些海量数据。必须使用算法的问题示例包括为数据传输寻找好的路由(求解这些问题的技术在第 24 章给出)，使用一个搜索引擎来快速地找到特定信息所在的网页（有关技术在第 11 章和第 32 章中）。

- 电子商务使得货物与服务能够以电子方式洽谈与交换，并且它依赖于像信用卡号、密码和银行结单这类个人信息的保密性。电子商务中使用的核心技术包括（第 31 章中包含的）公钥密码与数字签名，它们以数值算法和数论为基础。

- 制造业和其他商务企业常常需要按最有益的方式来分配稀有资源。一家石油公司也许希望知道在什么地方设置其油井，以便最大化其预期的利润。一位政治候选人也许想确定在什么地方花钱购买竞选广告，以便最大化赢得竞选的机会。一家航空公司也许希望按尽可能最廉价的方式把乘务员分配到班机上，以确保每个航班被覆盖并且满足政府有关乘务员调度的法规。一个互联网服务提供商也许希望确定在什么地方放置附加的资源，以便更有效地服务其顾客。所有这些都是可以用线性规划来求解的问题的例子，我们将在第 29 章学习这种技术。

虽然这些例子的一些细节已超出本书的范围，但是我们确实说明了一些适用于这些问题和问题领域的基本技术。我们还说明如何求解许多具体问题，包括以下问题：

- 给定一张交通图，上面标记了每对相邻十字路口之间的距离，我们希望确定从一个十字路口到另一个十字路口的最短道路。即使不允许穿过自身的道路，可能路线的数量也会很大。在所有可能路线中，我们如何选择哪一条是最短的？这里首先把交通图（它本身就是实际道路的一个模型）建模为一个图（第六部分和附录 B 将涉及这个概念），然后寻找图中从一个顶点到另一个顶点的最短路径。第 24 章将介绍如何有效地求解这个问题。

- 给定两个有序的符号序列 $X = \langle x_1, x_2, \cdots, x_m \rangle$ 和 $Y = \langle y_1, y_2, \cdots, y_n \rangle$，求出 X 和 Y 的最长公共子序列。X 的子序列就是去掉一些元素（可能是所有，也可能一个没有）后的 X。例如，$\langle A, B, C, D, E, F, G \rangle$ 的一个子序列是 $\langle B, C, E, G \rangle$。$X$ 和 Y 的最长公共子序列的长度度量了这两个序列的相似程序。例如，若两个序列是 DNA 链中的基对，则当它们具有长的公共子序列时我们认为它们是相似的。若 X 有 m 个符号且 Y 有 n 个符号，则 X 和 Y 分别有 2^m 和 2^n 个可能的子序列。除非 m 和 n 很小，否则选择 X 和 Y 的所有可能子序列做匹配将花费使人望而却步多的时间。第 15 章将介绍如何使用一种称为动态规划的一般技术来有效地求解这个问题。

- 给定一个依据部件库的机械设计，其中每个部件可能包含其他部件的实例，我们需要依次列出这些部件，以使每个部件出现在使用它的任何部件之前。若该设计由 n 个部件组成，则存在 $n!$ 种可能的顺序，其中 $n!$ 表示阶乘函数。因为阶乘函数甚至比指数函数增长还快，（除非我们只有几个部件，否则）先生成每种可能的顺序再验证按该顺序每个部件出现在使用它的部件之前，是不可行的。这个问题是拓扑排序的一个实例，第 22 章将介绍如何有效地求解这个问题。

- 给定平面上的 n 个点，我们希望寻找这些点的凸壳。凸壳就是包含这些点的最小的凸多边形。直观上，我们可以把每个点看成由从一块木板钉出的一颗钉子来表示。凸壳则由一根拉紧的环绕所有钉子的橡皮筋来表示。如果橡皮筋因绕过某颗钉子而转弯，那么这颗钉子就是凸壳的一个顶点（例子参见图 33-6）。n 个点的 2^n 个子集中的任何一个都可能是凸壳的顶点集。仅知道哪些点是凸壳的顶点还很不够，因为我们还必须知道它们出现的顺序。所以为求凸壳的顶点，存在许多选择。第 33 章将给出两种用于求凸壳的好方法。

虽然这些问题的列表还远未穷尽（也许你已经再次从本书的重量推测到这一点），但是它们却展示了许多有趣的算法问题所共有的两个特征：

1. 存在许多候选解，但绝大多数候选解都没有解决手头的问题。寻找一个真正的解或一个最好的解可能是一个很大的挑战。

2. 存在实际应用。在上面所列的问题中，最短路径问题提供了最易懂的例子。一家运输公司(如公路运输或铁路运输公司)对如何在公路或铁路网中找出最短路径，有着经济方面的利益，因为采用的路径越短，其人力和燃料的开销就越低。互联网上的一个路由结点为了快速地发送一条消息可能需要寻找通过网络的最短路径。希望从纽约开车去波士顿的人可能想从一个恰当的网站寻找开车方向，或者开车时她可能使用其 GPS。

8

算法解决的每个问题并不都有一个容易识别的候选解集。例如，假设给定一组表示信号样本的数值，我们想计算这些样本的离散傅里叶变换。离散傅里叶变换把时域转变为频域，产生一组数值系数，使得我们能够判定被采样信号中各种频率的强度。除了处于信号处理的中心之外，离散傅里叶变换还应用于数据压缩和大多项式与整数相乘。第 30 章为该问题给出了一个有效的算法——快速傅里叶变换(通常称为 FFT)，并且这章还概述了计算 FFT 的硬件电路的设计。

数据结构

本书也包含几种数据结构。**数据结构**是一种存储和组织数据的方式，旨在便于访问和修改。没有一种单一的数据结构对所有用途均有效，所以重要的是知道几种数据结构的优势和局限。

技术

虽然可以把本书当做一本有关算法的"菜谱"来使用，但是也许在某一天你会遇到一个问题，一时无法很快找到一个已有的算法来解决它(例如本书中的许多练习和思考题就是这样的情况)。本书将教你一些算法设计与分析的技术，以便你能自行设计算法、证明其正确性和理解其效率。不同的章介绍算法问题求解的不同方面。有些章处理特定的问题，例如，第 9 章的求中位数和顺序统计量，第 23 章的计算最小生成树，第 26 章的确定网络中的最大流。其他章介绍一些技术，例如第 4 章的分治策略，第 15 章的动态规划，第 17 章的摊还分析。

难题

本书大部分讨论有效算法。我们关于效率的一般量度是速度，即一个算法花多长时间产生结果。然而有一些问题，目前还不知道有效的解法。第 34 章研究这些问题的一个有趣的子集，其中的问题被称为 NP 完全的。

为什么 NP 完全问题有趣呢？第一，虽然迄今为止不曾找到对一个 NP 完全问题的有效算法，但是也没有人能证明 NP 完全问题确实不存在有效算法。换句话说，对于 NP 完全问题，是否存在有效算法是未知的。第二，NP 完全问题集具有一个非凡的性质：如果任何一个 NP 完全问题存在有效算法，那么所有 NP 完全问题都存在有效算法。NP 完全问题之间的这种关系使得有效解的缺乏更加诱人。第三，有几个 NP 完全问题类似于(但又不完全同于)一些有着已知有效算法的问题。计算机科学家迷恋于如何通过对问题陈述的一个小小的改变来很大地改变其已知最佳算法的效率。

9

你应该了解 NP 完全问题，因为有些 NP 完全问题会时不时地在实际应用中冒出来。如果要求你找出某一 NP 完全问题的有效算法，那么你可能花费许多时间在毫无结果的探寻中。如果你能证明这个问题是 NP 完全的，那么你可以把时间花在开发一个有效的算法，该算法给出一个好的解，但不一定是最好的可能解。

作为一个具体的例子，考虑一家具有一个中心仓库的投递公司。每天在中心仓库为每辆投递车装货并发送出去，以将货物投递到几个地址。每天结束时每辆货车必须最终回到仓库，以便准备好为第二天装货。为了减少成本，公司希望选择投递站的一个序，按此序产生每辆货车行驶的最短总距离。这个问题就是著名的"旅行商问题"，并且它是 NP 完全的。它没有已知的有效算法。然而，在某些假设条件下，我们知道一些有效算法，它们给出一个离最小可能解不太远的总距离。第 35 章将讨论这样的"近似算法"。

并行性

我们或许可以指望处理器时钟速度能以某个持续的比率增加多年。然而物理的限制对不断提高的时钟速度给出了一个基本的路障：因为功率密度随时钟速度超线性地增加，一旦时钟速度变得足够快，芯片将有熔化的危险。所以，为了每秒执行更多计算，芯片被设计成包含不止一个而是几个处理"核"。我们可以把这些多核计算机比拟为在单一芯片上的几台顺序计算机；换句话说，它们是一类"并行计算机"。为了从多核计算机获得最佳的性能，设计算法时必须考虑并行性。第 27 章给出了充分利用多核的"多线程"算法的一个模型。从理论的角度来看，该模型具有一些优点，它形成了几个成功的计算机程序的基础，包括一个国际象棋博弈程序。

10

练习

1.1-1 给出现实生活中需要排序的一个例子或者现实生活中需要计算凸壳的一个例子。

1.1-2 除速度外，在真实环境中还可能使用哪些其他有关效率的量度？

1.1-3 选择一种你以前已知的数据结构，并讨论其优势和局限。

1.1-4 前面给出的最短路径与旅行商问题有哪些相似之处？又有哪些不同？

1.1-5 提供一个现实生活的问题，其中只有最佳解才行。然后提供一个问题，其中近似最佳的一个解也足够好。

1.2 作为一种技术的算法

假设计算机是无限快的并且计算机存储器是免费的，你还有什么理由来研究算法吗？即使只是因为你还想证明你的解法会终止并以正确的答案终止，那么回答也是肯定的。

如果计算机无限快，那么用于求解某个问题的任何正确的方法都行。也许你希望你的实现在好的软件工程实践的范围内（例如，你的实现应该具有良好的设计与文档），但是你最常使用的是最容易实现的方法。

当然，计算机也许是快的，但它们不是无限快。存储器也许是廉价的，但不是免费的。所以计算时间是一种有限资源，存储器中的空间也一样。你应该明智地使用这些资源，在时间或空间方面有效的算法将帮助你这样使用资源。

11

效率

为求解相同问题而设计的不同算法在效率方面常常具有显著的差别。这些差别可能比由于硬件和软件造成的差别要重要得多。

作为一个例子，第 2 章将介绍两个用于排序的算法。第一个称为**插入排序**，为了排序 n 个项，该算法所花时间大致等于 $c_1 n^2$，其中 c_1 是一个不依赖于 n 的常数。也就是说，该算法所花时间大致与 n^2 成正比。第二个称为**归并排序**，为了排序 n 个项，该算法所花时间大致等于 $c_2 n \lg n$，其中 $\lg n$ 代表 $\log_2 n$ 且 c_2 是另一个不依赖于 n 的常数。与归并排序相比，插入排序通常具有一个较小的常数因子，所以 $c_1 < c_2$。我们将看到就运行时间来说，常数因子可能远没有对输入规模 n 的依赖性重要。把插入排序的运行时间写成 $c_1 n \cdot n$ 并把归并排序的运行时间写成 $c_2 n \cdot \lg n$。这时就运行时间来说，插入排序有一个因子 n 的地方归并排序有一个因子 $\lg n$，后者要小得多。（例如，当 $n = 1\,000$ 时，$\lg n$ 大致为 10，当 n 等于 100 万时，$\lg n$ 大致仅为 20。）虽然对于小的输入规模，插入排序通常比归并排序要快，但是一旦输入规模 n 变得足够大，归并排序 $\lg n$ 对 n 的优点将足以补偿常数因子的差别。不管 c_1 比 c_2 小多少，总会存在一个交叉点，超出这个点，归并排序更快。

作为一个具体的例子，我们让运行插入排序的一台较快的计算机（计算机 A）与运行归并排序的一台较慢的计算机（计算机 B）竞争。每台计算机必须排序一个具有 1 000 万个数的数组。（虽然

1 000 万个数似乎很多，但是，如果这些数是 8 字节的整数，那么输入将占用大致 80MB，即使一台便宜的便携式计算机的存储器也能多次装入这么多数。)假设计算机 A 每秒执行百亿条指令(快于写本书时的任何单台串行计算机)，而计算机 B 每秒仅执行 1 000 万条指令，结果计算机 A 就纯计算能力来说比计算机 B 快 1 000 倍。为使差别更具戏剧性，假设世上最巧妙的程序员为计算机 A 用机器语言编码插入排序，并且为了排序 n 个数，结果代码需要 $2n^2$ 条指令。进一步假设仅由一位水平一般的程序员使用某种带有一个低效编译器的高级语言来实现归并排序，结果代码需要 $50n\lg n$ 条指令。为了排序 1 000 万个数，计算机 A 需要

$$\frac{2 \cdot (10^7)^2 \text{ 条指令}}{10^{10} \text{ 条指令／秒}} = 20\,000 \text{ 秒(多于 5.5 小时)}$$

而计算机 B 需要

$$\frac{50 \cdot 10^7 \lg 10^7 \text{ 条指令}}{10^7 \text{ 条指令／秒}} \approx 1\,163 \text{ 秒(少于 20 分钟)}$$

通过使用一个运行时间增长较慢的算法，即使采用一个较差的编译器，计算机 B 比计算机 A 还快 17 倍！当我们排序 1 亿个数时，归并排序的优势甚至更明显：这时插入排序需要 23 天多，而归并排序不超过 4 小时。一般来说，随着问题规模的增大，归并排序的相对优势也会增大。

算法与其他技术

上面的例子表明我们应该像计算机硬件一样把算法看成是一种**技术**。整个系统的性能不但依赖于选择快速的硬件而且还依赖于选择有效的算法。正如其他计算机技术正在快速推进一样，算法也在快速发展。

你也许想知道相对其他先进的计算机技术(如以下列出的)，算法对于当代计算机是否真的那么重要：

- 先进的计算机体系结构与制造技术
- 易于使用、直观的图形用户界面(GUI)
- 面向对象的系统
- 集成的万维网技术
- 有线与无线网络的快速组网

回答是肯定的。虽然某些应用在应用层不明确需要算法内容(如某些简单的基于万维网的应用)，但是许多应用确实需要算法内容。例如，考虑一种基于万维网的服务，它确定如何从一个位置旅行到另一个位置。其实现依赖于快速的硬件、一个图形用户界面、广域网，还可能依赖于面向对象技术。然而，对某些操作，如寻找路线(可能使用最短路径算法)、描绘地图、插入地址，它还是需要算法。

而且，即使是那些在应用层不需要算法内容的应用也高度依赖于算法。该应用依赖于快速的硬件吗？硬件设计用到算法。该应用依赖于图形用户界面吗？任何图形用户界面的设计都依赖于算法。该应用依赖于网络吗？网络中的路由高度依赖于算法。该应用采用一种不同于机器代码的语言来书写吗？那么它被某个编译器、解释器或汇编器处理过，所有这些都广泛地使用算法。算法是当代计算机中使用的大多数技术的核心。

进一步，随着计算机能力的不断增强，我们使用计算机来求解比以前更大的问题。正如我们在上面对插入排序与归并排序的比较中所看到的，正是在较大问题规模时，算法之间效率的差别才变得特别显著。

是否具有算法知识与技术的坚实基础是区分真正熟练的程序员与初学者的一个特征。使用现代计算技术，如果你对算法懂得不多，你也可以完成一些任务，但是，如果有一个好的算法背景，那么你可以做的事情就多得多。

练习

1.2-1 给出在应用层需要算法内容的应用的一个例子，并讨论涉及的算法的功能。

1.2-2 假设我们正比较插入排序与归并排序在相同机器上的实现。对规模为 n 的输入，插入排序运行 $8n^2$ 步，而归并排序运行 $64n\lg n$ 步。问对哪些 n 值，插入排序优于归并排序？

1.2-3 n 的最小值为何值时，运行时间为 $100n^2$ 的一个算法在相同机器上快于运行时间为 2^n 的另一个算法？

思考题

1-1 （运行时间的比较） 假设求解问题的算法需要 $f(n)$ 毫秒，对下表中的每个函数 $f(n)$ 和时间 t，确定可以在时间 t 内求解的问题的最大规模 n。

14

	1 秒钟	1 分钟	1 小时	1 天	1 月	1 年	1 世纪
$\lg n$							
$\sqrt{n}$							
n							
$n\lg n$							
n^2							
n^3							
2^n							
$n!$							

本章注记

关于算法的一般主题存在许多优秀的教科书，包括由以下作者编写的那些：Aho、Hopcroft 和 Ullman[5，6]，Baase 和 Van Gelder[28]，Brassard 和 Bratley[54]，Dasgupta、Papadimitriou 和 Vazirani[82]，Goodrich 和 Tamassia[148]，Hofri[175]，Horowitz、Sahni 和 Rajasekaran [181]，Johnsonbaugh 和 Schaefer[193]，Kingston[205]，Kleinberg 和 Tardos[208]，Knuth[209，210，311]，Kozen[220]，Levitin[235]，Manber[242]，Mehlhorn[249，250，251]，Purdom 和 Brown[287]，Reingold、Nievergelt 和 Deo[293]，Sedgewick[306]，Sedgewick 和 Flajolet[307]，Skiena[318]，以及 Wilf[356]。Bentley[42，43]和 Gonnet[145]讨论了算法设计的一些更实际的方面。算法领域的全面评述也可以在《Handbook of Theoretical Computer Science，Volume A》[342]以及 CRC 出版的《Algorithms and Theory of Computation Handbook》[25]中找到。计算生物学中使用的算法的概述可以在由 Gusfield[156]、Pevzner[275]、Setubal 和 Meidanis[310]以及 Waterman[350]编写的教材中找到。

15

算法基础

本章将要介绍一个贯穿本书的框架，后续的算法设计与分析都是在这个框架中进行的。这一部分内容基本上是独立的，但也有对第 3 章和第 4 章中一些内容的引用(本章也包含几个求和的式子，附录 A 将给出如何求和)。

首先，我们考察求解第 1 章中引入的排序问题的插入排序算法。我们定义一种对于已经编写过计算机程序的读者来说应该熟悉的"伪代码"，并用它来表明我们将如何说明算法。然后，在说明了插入排序算法后，我们将证明该算法能正确地排序并分析其运行时间。这种分析引入了一种记号，该记号关注时间如何随着将被排序的项数而增加。在讨论完插入排序之后，我们引入用于算法设计的分治法并使用这种方法开发一个称为归并排序的算法。最后，我们分析归并排序的运行时间。

2.1 插入排序

我们的第一个算法(插入排序)求解第 1 章中引入的**排序问题**：

输入：n 个数的一个序列 $\langle a_1，a_2，\cdots，a_n \rangle$。

输出：输入序列的一个排列 $\langle a_1'，a_2'，\cdots，a_n' \rangle$，满足 $a_1' \leqslant a_2' \leqslant \cdots \leqslant a_n'$。

我们希望排序的数也称为**关键词**。虽然概念上我们在排序一个序列，但是输入是以 n 个元素的数组的形式出现的。

本书中，我们通常将算法描述为用一种**伪代码**书写的程序，该伪代码在许多方面类似于 C、C++、Java、Python 或 Pascal。如果你学过这些语言中的任何一种，那么在阅读我们的算法时应该没有困难。伪代码与真码的区别在于，在伪代码中，我们使用最清晰、最简洁的表示方法来说明给定的算法。有时最清晰的表示方法是英语，所以如果你遇到一个英文短语或句子嵌入在一段真码中就不要吃惊。伪代码与真码的另一个区别是伪代码通常不关心软件工程的问题。为了更简洁地表达算法的本质，常常忽略数据抽象、模块性和错误处理的问题。

我们首先介绍**插入排序**，对于少量元素的排序，它是一个有效的算法。插入排序的工作方式像许多人排序一手扑克牌。开始时，我们的左手为空并且桌子上的牌面向下。然后，我们每次从桌子上拿走一张牌并将它插入左手中正确的位置。为了找到一张牌的正确位置，我们从右到左将它与已在手中的每张牌进行比较，如图 2-1 所示。拿在左手上的牌总是排序好的，原来这些牌是桌子上牌堆中顶部的牌。

对于插入排序，我们将其伪代码过程命名为 INSERTION-SORT，其中的参数是一个数组 $A[1..n]$，包含长度为 n 的要排序的一个序列。(在代码中，A 中元素的数目 n 用 $A.length$ 来表示。)该算法**原址**排序输入的数：算法在数组 A 中重排这些数，在任何时候，最多只有其中的常数个数字存储在数组外面。在过程 INSERTION-SORT 结束时，输入数组 A 包含排序好的输出序列。

图 2-1　使用插入排序来排序手中扑克牌

INSERTION-SORT(A)
```
1   for j = 2 to A.length
2       key = A[j]
3       // Insert A[j] into the sorted sequence A[1..j − 1].
4       i = j − 1
5       while i > 0 and A[i] > key
6           A[i+1] = A[i]
7           i = i − 1
8       A[i + 1] = key
```

循环不变式与插入排序的正确性

图 2-2 表明对 $A = \langle 5, 2, 4, 6, 1, 3 \rangle$ 该算法如何工作。下标 j 指出正被插入到手中的"当前牌"。在 **for** 循环(循环变量为 j)的每次迭代的开始,包含元素 $A[1..j-1]$ 的子数组构成了当前排序好的左手中的牌,剩余的子数组 $A[j+1..n]$ 对应于仍在桌子上的牌堆。事实上,元素 $A[1..j-1]$ 就是原来在位置 1 到 $j-1$ 的元素,但现在已按序排列。我们把 $A[1..j-1]$ 的这些性质形式地表示为一个**循环不变式**:

在第 1~8 行的 **for** 循环的每次迭代开始时,子数组 $A[1..j-1]$ 由原来在 $A[1..j-1]$ 中的元素组成,但已按序排列。

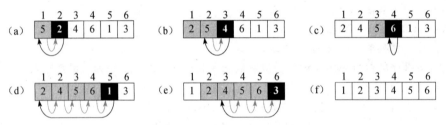

图 2-2 在数组 $A = \langle 5, 2, 4, 6, 1, 3 \rangle$ 上 INSERTION-SORT 的操作。数组下标出现在长方形的上方,数组位置中存储的值出现在长方形中。(a)~(e)第 1~8 行 **for** 循环的迭代。每次迭代中,黑色的长方形保存取自 $A[j]$ 的关键字,在第 5 行的测试中将它与其左边的加阴影的长方形中的值进行比较。加阴影的箭头指出数组值在第 6 行向右移动一个位置,黑色的箭头指出在第 8 行关键字被移到的地方。(f)最终排序好的数组

循环不变式主要用来帮助我们理解算法的正确性。关于循环不变式,我们必须证明三条性质:

初始化:循环的第一次迭代之前,它为真。

保持:如果循环的某次迭代之前它为真,那么下次迭代之前它仍为真。

终止:在循环终止时,不变式为我们提供一个有用的性质,该性质有助于证明算法是正确的。

当前两条性质成立时,在循环的每次迭代之前循环不变式为真。(当然,为了证明循环不变式在每次迭代之前保持为真,我们完全可以使用不同于循环不变式本身的其他已证实的事实。)注意,这类似于数学归纳法,其中为了证明某条性质成立,需要证明一个基本情况和一个归纳步。这里,证明第一次迭代之前不变式成立对应于基本情况,证明从一次迭代到下一次迭代不变式成立对应于归纳步。

第三条性质也许是最重要的,因为我们将使用循环不变式来证明正确性。通常,我们和导致循环终止的条件一起使用循环不变式。终止性不同于我们通常使用数学归纳法的做法,在归纳法中,归纳步是无限地使用的,这里当循环终止时,停止"归纳"。

让我们看看对于插入排序,如何证明这些性质成立。

初始化：首先证明在第一次循环迭代之前（当 $j=2$ 时），循环不变式成立⊖。所以子数组 $A[1..j-1]$ 仅由单个元素 $A[1]$ 组成，实际上就是 $A[1]$ 中原来的元素。而且该子数组是排序好的（当然很平凡）。这表明第一次循环迭代之前循环不变式成立。

保持：其次处理第二条性质：证明每次迭代保持循环不变式。非形式化地，**for** 循环体的第 4～7 行将 $A[j-1]$、$A[j-2]$、$A[j-3]$ 等向右移动一个位置，直到找到 $A[j]$ 的适当位置，第 8 行将 $A[j]$ 的值插入该位置。这时子数组 $A[1..j]$ 由原来在 $A[1..j]$ 中的元素组成，但已按序排列。那么对 **for** 循环的下一次迭代增加 j 将保持循环不变式。

第二条性质的一种更形式化的处理要求我们对第 5～7 行的 **while** 循环给出并证明一个循环不变式。然而，这里我们不愿陷入形式主义的困境，而是依赖以上非形式化的分析来证明第二条性质对外层循环成立。

终止：最后研究在循环终止时发生了什么。导致 **for** 循环终止的条件是 $j > A.length = n$。因为每次循环迭代 j 增加 1，那么必有 $j = n+1$。在循环不变式的表述中将 j 用 $n+1$ 代替，我们有：子数组 $A[1..n]$ 由原来在 $A[1..n]$ 中的元素组成，但已按序排列。注意到，子数组 $A[1..n]$ 就是整个数组，我们推断出整个数组已排序。因此算法正确。

在本章后面以及其他章中，我们将采用这种循环不变式的方法来证明算法的正确性。

伪代码中的一些约定

我们在伪代码中采用以下约定：

- 缩进表示块结构。例如，第 1 行开始的 **for** 循环体由第 2～8 行组成，第 5 行开始的 **while** 循环体包含第 6～7 行但不包含第 8 行。我们的缩进风格也适用于 **if-else** 语句⊜。采用缩进来代替常规的块结构标志，如 **begin** 和 **end** 语句，可以大大提高代码的**清晰性**。

- **while**、**for** 与 **repeat-until** 等循环结构以及 **if-else** 等条件结构与 C、C++、Java、Python 和 Pascal 中的那些结构具有类似的解释⊜。不像某些出现于 C++、Java 和 Pascal 中的情况，本书中在退出循环后，循环计数器保持其值。因此，紧接在一个 **for** 循环后，循环计数器的值就是第一个超出 **for** 循环界限的那个值。在证明插入排序的正确性时，我们使用了该性质。第 1 行的 **for** 循环头为 **for** $j=2$ **to** $A.length$，所以，当该循环终止时，$j = A.length + 1$（或者等价地，$j = n+1$，因为 $n = A.length$）。当一个 **for** 循环每次迭代增加其循环计数器时，我们使用关键词 **to**。当一个 **for** 循环每次迭代减少其循环计数器时，我们使用关键词 **downto**。当循环计数器以大于 1 的一个量改变时，该改变量跟在可选关键词 **by** 之后。

- 符号"//"表示该行后面部分是个注释。

- 形如 $i=j=e$ 的多重赋值将表达式 e 的值赋给变量 i 和 j；它应被处理成等价于赋值 $j=e$ 后跟着赋值 $i=j$。

- 变量（如 i、j 和 key）是局部于给定过程的。若无显式说明，我们不使用全局变量。

- 数组元素通过"数组名[下标]"这样的形式来访问。例如，$A[i]$ 表示数组 A 的第 i 个元素。记号".."用于表示数组中值的一个范围，这样，$A[1..j]$ 表示 A 的一个子数组，它包含 j 个元素 $A[1]$，$A[2]$，…，$A[j]$。

⊖ 当循环是 **for** 循环时，在第一次迭代开始之前，我们将检查循环不变式的时刻是在对循环计数变量的初始赋值后、在循环头的第一次测试之前。对 INSERTION-SORT，这个时刻就是把 2 赋给变量 j 之后但在第一次测试 $j \leqslant A.length$ 是否成立之前。

⊜ 在 **if-else** 语句中，我们缩进 **else** 到其匹配的 **if** 相同的层次。虽然省略了关键词 **then**，但是我们偶尔把紧跟 **if** 的测试为真时执行的部分称为一个 **then** 子句。对于多路测试，在第一个测试之后，使用 **elseif** 来测试。

⊜ 大多数块结构化语言虽然其准确句法也许不同，但却具有等价的结构。Python 缺乏 **repeat-until** 循环并且其 **for** 循环操作与本书中的 **for** 循环有些不同。

- 复合数据通常被组织成**对象**，对象又由**属性**组成。我们使用许多面向对象编程语言中创建的句法来访问特定的属性：对象名后跟一个点再跟属性名。例如，数组可以看成是一个对象，它具有属性 $length$，表示数组包含多少元素，如 $A.length$ 就表示数组 A 中的元素数目。

    我们把表示一个数组或对象的变量看做指向表示数组或对象的数据的一个指针。对于某个对象 x 的所有属性 f，赋值 $y=x$ 导致 $y.f$ 等于 $x.f$。进一步，若现在置 $x.f=3$，则赋值后不但 $x.f$ 等于 3，而且 $y.f$ 也等于 3。换句话说，在赋值 $y=x$ 后，x 和 y 指向相同的对象。

    我们的属性记号可以"串联"。例如，假设属性 f 本身是指向某种类型的具有属性 g 的对象的一个指针。那么记号 $x.f.g$ 被隐含地加括号成 $(x.f).g$。换句话说，如果已经赋值 $y=x.f$，那么 $x.f.g$ 与 $y.g$ 相同。

    有时，一个指针根本不指向任何对象。这时，我们赋给它特殊值 NIL。

- 我们**按值**把参数传递给过程：被调用过程接收其参数自身的副本。如果它对某个参数赋值，调用过程看不到这种改变。当对象被传递时，指向表示对象数据的指针被复制，而对象的属性却未被复制。例如，如果 x 是某个被调用过程的参数，在被调用过程中的赋值 $x=y$ 对调用过程是不可见的。然而，赋值 $x.f=3$ 却是可见的。类似地，数组通过指针来传递，结果指向数组的一个指针被传递，而不是整个数组，单个数组元素的改变对调用过程是可见的。

- 一个 **return** 语句立即将控制返回到调用过程的调用点。大多数 **return** 语句也将一个值传递回调用者。我们的伪代码与许多编程语言不同，因为我们允许在单一的 **return** 语句中返回多个值。

- 布尔运算符"and"和"or"都是**短路的**。也就是说，当求值表达式"x and y"时，首先求值 x。如果 x 求值为 FALSE，那么整个表达式不可能求值为 TRUE，所以不再求值 y。另外，如果 x 求值为 TRUE，那么就必须求值 y 以确定整个表达式的值。类似地，对表达式"x or y"，仅当 x 求值为 FALSE 时，才求值表达式 y。短路的运算符使我们能书写像"$x \neq$ NIL and $x.f=y$"这样的布尔表达式，而不必担心当 x 为 NIL 时我们试图求值 $x.f$ 将会发生什么情况。

- 关键词 **error** 表示因为已被调用的过程情况不对而出现了一个错误。调用过程负责处理该错误，所以我们不用说明将采取什么行动。

练习

2.1-1 以图 2-2 为模型，说明 INSERTION-SORT 在数组 $A=\langle 31, 41, 59, 26, 41, 58 \rangle$ 上的执行过程。

2.1-2 重写过程 INSERTION-SORT，使之按非升序（而不是非降序）排序。

2.1-3 考虑以下**查找问题**：

输入：n 个数的一个序列 $A=\langle a_1, a_2, \cdots, a_n \rangle$ 和一个值 v。

输出：下标 i 使得 $v=A[i]$ 或者当 v 不在 A 中出现时，v 为特殊值 NIL。

写出**线性查找**的伪代码，它扫描整个序列来查找 v。使用一个循环不变式来证明你的算法是正确的。确保你的循环不变式满足三条必要的性质。

2.1-4 考虑把两个 n 位二进制整数加起来的问题，这两个整数分别存储在两个 n 元数组 A 和 B 中。这两个整数的和应按二进制形式存储在一个 $(n+1)$ 元数组 C 中。请给出该问题的形式化描述，并写出伪代码。

2.2 分析算法

分析算法的结果意味着预测算法需要的资源。虽然有时我们主要关心像内存、通信带宽或计算机硬件这类资源，但是通常我们想度量的是计算时间。一般来说，通过分析求解某个问题的几种候选算法，我们可以选出一种最有效的算法。这种分析可能指出不止一个可行的候选算法，但是在这个过程中，我们往往可以抛弃几个较差的算法。

在能够分析一个算法之前，我们必须有一个要使用的实现技术的模型，包括描述所用资源及其代价的模型。对本书的大多数章节，我们假定一种通用的单处理器计算模型——随机访问机（random-access machine，RAM）来作为我们的实现技术，算法可以用计算机程序来实现。在RAM 模型中，指令一条接一条地执行，没有并发操作。

严格地说，我们应该精确地定义 RAM 模型的指令及其代价。然而，这样做既乏味又对算法的设计与分析没有多大意义。我们还要注意不能滥用 RAM 模型。例如，如果一台 RAM 有一条排序指令，会怎样呢？这时，我们只用一条指令就能排序。这样的 RAM 是不现实的，因为真实的计算机并没有这样的指令。所以，我们的指导性意见是真实计算机如何设计，RAM 就如何设计。RAM 模型包含真实计算机中常见的指令：算术指令（如加法、减法、乘法、除法、取余、向下取整、向上取整）、数据移动指令（装入、存储、复制）和控制指令（条件与无条件转移、子程序调用与返回）。每条这样的指令所需时间都为常量。

RAM 模型中的数据类型有整数型和浮点实数型。虽然在本书中，我们一般不关心精度，但是在某些应用中，精度是至关重要的。我们还对每个数据字的规模假定一个范围。例如，当处理规模为 n 的输入时，我们一般假定对某个大于等于 1 的常量 c，整数由 $c\lg n$ 位来表示。我们要求 c 大于等于 1，这样每个字都可以保存 n 的值，从而使我们能索引单个输入元素。我们限制 c 为常量，这样字长就不会任意增长。（如果字长可以任意增长，我们就能在一个字中存储巨量的数据，并且其上的操作都在常量时间内进行，这种情况显然不现实。）

23

真实的计算机包含一些上面未列出的指令，这些指令代表了 RAM 模型中的一个灰色区域。例如，指数运算是一条常量时间的指令吗？一般情况下不是；当 x 和 y 都是实数时，计算 x^y 需要若干条指令。然而，在受限情况下，指数运算又是一个常量时间的操作。许多计算机都有"左移"指令，它在常量时间内将一个整数的各位向左移 k 位。在大多数计算机中，将一个整数的各位向左移一位等价于将该整数乘以 2，结果将一个整数的各位向左移 k 位等价于将该整数乘以 2^k。所以，只要 k 不大于一个计算机字中的位数，这样的计算机就可以由一条常量时间的指令来计算 2^k，即将整数 1 向左移 k 位。我们尽量避免 RAM 模型中这样的灰色区域，但是，当 k 是一个足够小的正整数时，我们将把 2^k 的计算看成一个常量时间的操作。

在 RAM 模型中，我们并不试图对当代计算机中常见的内存层次进行建模。也就是说，我们没有对高速缓存和虚拟内存进行建模。几种计算模型试图解释内存层次的影响，对真实计算机上运行的真实程序，这种影响有时是重大的。本书中的一些问题考查了内存层次的影响，但是本书的大部分分析将不考虑这些影响。与 RAM 模型相比，包含内存层次的模型要复杂得多，所以可能难于使用。此外，RAM 模型分析通常能够很好地预测实际计算机上的性能。

采用 RAM 模型即使分析一个简单的算法也可能是一个挑战。需要的数学工具可能包括组合学、概率论、代数技巧，以及识别一个公式中最有意义的项的能力。因为对每个可能的输入，算法的行为可能不同，所以我们需要一种方法来以简单的、易于理解的公式的形式总结那样的行为。

即使我们通常只选择一种机器模型来分析某个给定的算法，在决定如何表达我们的分析时仍然面临许多选择。我们想要一种表示方法，它的书写和处理都比较简单，并能够表明算法资源需求的重要特征，同时能够抑制乏味的细节。

插入排序算法的分析

过程 INSERTION-SORT 需要的时间依赖于输入：排序 1 000 个数比排序三个数需要更长的时间。此外，依据它们已被排序的程度，INSERTION-SORT 可能需要不同数量的时间来排序两个具有相同规模的输入序列。一般来说，算法需要的时间与输入的规模同步增长，所以通常把一个程序的运行时间描述成其输入规模的函数。为此，我们必须更仔细地定义术语"运行时间"和"输入规模"。

输入规模的最佳概念依赖于研究的问题。对许多问题，如排序或计算离散傅里叶变换，最自然的量度是输入中的项数，例如，待排序数组的规模 n。对其他许多问题，如两个整数相乘，输入规模的最佳量度是用通常的二进制记号表示输入所需的总位数。有时，用两个数而不是一个数来描述输入规模可能更合适。例如，若某个算法的输入是一个图，则输入规模可以用该图中的顶点数和边数来描述。对于研究的每个问题，我们将指出所使用的输入规模量度。

一个算法在特定输入上的**运行时间**是指执行的基本操作数或步数。定义"步"的概念以便尽量独立于机器是方便的。目前，让我们采纳以下观点，执行每行伪代码需要常量时间。虽然一行与另一行可能需要不同数量的时间，但是我们假定第 i 行的每次执行需要时间 c_i，其中 c_i 是一个常量。这个观点与 RAM 模型是一致的，并且也反映了伪代码在大多数真实计算机上如何实现[⊖]。

在下面的讨论中，我们由繁到简地改进 INSERTION-SORT 运行时间的表达式，最初的公式使用所有语句代价 c_i，而最终的记号则更加简明、更容易处理，简单得多。这种较简单的记号比较易于用来判定一个算法是否比另一个更有效。

我们首先给出过程 INSERTION-SORT 中，每条语句的执行时间和执行次数。对 $j=2$，$3,\cdots,n$，其中 $n=A.length$，假设 t_j 表示对那个值 j 第 5 行执行 **while** 循环测试的次数。当一个 **for** 或 **while** 循环按通常的方式（即由于循环头中的测试）退出时，执行测试的次数比执行循环体的次数多 1。我们假定注释是不可执行的语句，所以它们不需要时间。

INSERTION-SORT(A)	代价	次数
1　**for** $j = 2$ **to** $A.length$	c_1	n
2　　　$key = A[j]$	c_2	$n-1$
3　　　// Insert $A[j]$ into the sorted sequence $A[1..j-1]$.	0	$n-1$
4　　　$i = j - 1$	c_4	$n-1$
5　　　**while** $i > 0$ and $A[i] > key$	c_5	$\sum_{j=2}^{n} t_j$
6　　　　　$A[i+1] = A[i]$	c_6	$\sum_{j=2}^{n} (t_j-1)$
7　　　　　$i = i - 1$	c_7	$\sum_{j=2}^{n} (t_j-1)$
8　　　$A[i+1] = key$	c_8	$n-1$

该算法的运行时间是执行每条语句的运行时间之和。需要执行 c_i 步且执行 n 次的一条语句将贡献 $c_i n$ 给总运行时间[⊖]。为计算在具有 n 个值的输入上 INSERTION-SORT 的运行时间 $T[n]$，我们将代价与次数列对应元素之积求和，得：

$$T(n) = c_1 n + c_2(n-1) + c_4(n-1) + c_5 \sum_{j=2}^{n} t_j + c_6 \sum_{j=2}^{n} (t_j-1) + c_7 \sum_{j=2}^{n} (t_j-1) + c_8(n-1)$$

⊖　这里有一些微妙的东西。我们用英语说明的计算步往往是一个过程的变种，该过程需要的时间不止一个常量。例如，本书后面可能会说"按 x 坐标排序这些点"，正如我们将看到的，该计算需要的时间多于一个常量。注意到，一个调用子程序的语句也需要常量时间，尽管该子程序一旦被调用可能需要更多时间。也就是说，我们区分**调用**子程序的过程（传递参数到子程序等）与**执行**该子程序的过程。

⊖　该特性对像内存这样的资源不必成立。访问 m 个存储字且执行 n 次的一条语句不必访问 mn 个不同的存储字。

即使对给定规模的输入，一个算法的运行时间也可能依赖于给定的是该规模下的哪个输入。例如，在 INSERTION-SORT 中，若输入数组已排好序，则出现最佳情况。这时，对每个 $j=2$，3，…，n，我们发现在第 5 行，当 i 取其初值 $j-1$ 时，有 $A[i] \leqslant key$。从而对 $j=2$，3，…，n，有 $t_j=1$，该最佳情况的运行时间为：

$$T(n) = c_1 n + c_2(n-1) + c_4(n-1) + c_5(n-1) + c_8(n-1)$$
$$= (c_1 + c_2 + c_4 + c_5 + c_8)n - (c_2 + c_4 + c_5 + c_8)$$

我们可以把该运行时间表示为 $an+b$，其中常量 a 和 b 依赖于语句代价 c_i。因此，它是 n 的**线性函数**。

若输入数组已反向排序，即按递减序排好序，则导致最坏情况。我们必须将每个元素 $A[j]$ 与整个已排序子数组 $A[1..j-1]$ 中的每个元素进行比较，所以对 $j=2$，3，…，n，有 $t_j=j$。注意到

$$\sum_{j=2}^{n} j = \frac{n(n+1)}{2} - 1$$

和

$$\sum_{j=2}^{n} (j-1) = \frac{n(n-1)}{2}$$

（对于如何求和，请参见附录 A），我们发现在最坏情况下，INSERTION-SORT 的运行时间为

$$T(n) = c_1 n + c_2(n-1) + c_4(n-1) + c_5\left(\frac{n(n+1)}{2} - 1\right)$$
$$+ c_6\left(\frac{n(n-1)}{2}\right) + c_7\left(\frac{n(n-1)}{2}\right) + c_8(n-1)$$
$$= \left(\frac{c_5}{2} + \frac{c_6}{2} + \frac{c_7}{2}\right)n^2 + \left(c_1 + c_2 + c_4 + \frac{c_5}{2} - \frac{c_6}{2} - \frac{c_7}{2} + c_8\right)n$$
$$- (c_2 + c_4 + c_5 + c_8)$$

我们可以把该最坏情况运行时间表示为 an^2+bn+c，其中常量 a、b 和 c 又依赖于语句代价 c_i。因此，它是 n 的**二次函数**。

虽然在以后的章节中我们将看到一些有趣的"随机化"算法，即使对固定的输入，其行为也可能变化，但是通常的情况是像插入排序那样，算法的运行时间对给定的输入是固定的。

最坏情况与平均情况分析

在分析插入排序时，我们既研究了最佳情况，其中输入数组已排好序，又研究了最坏情况，其中输入数组已反向排好序。然而，在本书的余下部分中，我们往往集中于只求**最坏情况运行时间**，即对规模为 n 的任何输入，算法的最长运行时间。下面给出这样做的三点理由：

- 一个算法的最坏情况运行时间给出了任何输入的运行时间的一个上界。知道了这个界，就能确保该算法绝不需要更长的时间。我们不必对运行时间做某种复杂的猜测并可以期望它不会变得更坏。
- 对某些算法，最坏情况经常出现。例如，当在数据库中检索一条特定信息时，若该信息不在数据库中出现，则检索算法的最坏情况会经常出现。在某些应用中，对缺失信息的检索可能是频繁的。
- "平均情况"往往与最坏情况大致一样差。假定随机选择 n 个数并应用插入排序。需要多长时间来确定在子数组 $A[1..j-1]$ 的什么位置插入元素 $A[j]$？平均来说，$A[1..j-1]$ 中的一半元素小于 $A[j]$，一半元素大于 $A[j]$。所以，平均来说，我们检查子数组 $A[1..j-1]$ 的一半，那么 t_j 大约为 $j/2$。导致的平均情况运行时间结果像最坏情况运行时间一样，也是输入规模的一个二次函数。

在某些特定情况下，我们会对一个算法的**平均情况**运行时间感兴趣；贯穿于本书，我们将看

到**概率分析**技术被用于各种算法。平均情况分析的范围有限，因为对于特定的问题，什么构成一种"平均"输入并不明显。我们常常假定给定规模的所有输入具有相同的可能性。实际上，该假设可能不成立，但是，有时可以使用**随机化算法**，它做出一些随机的选择，以允许进行概率分析并产生某个**期望**的运行时间。在第 5 章以及后续的其他几章中，我们将进一步探究随机化算法。

增长量级

我们使用某些简化的抽象来使过程 INSERTION-SORT 的分析更加容易。首先，通过使用常量 c_i 表示这些代价来忽略每条语句的实际代价。其次，注意到这些常量也提供了比我们真正需要的要多的细节：把最坏情况运行时间表示为 $an^2 + bn + c$，其中常量 a、b 和 c 依赖于语句代价 c_i。这样，我们不但忽略实际的语句代价，而且也忽略抽象的代价 c_i。

现在我们做出一种更简化的抽象：即我们真正感兴趣的运行时间的**增长率**或**增长量级**。所以我们只考虑公式中最重要的项（例如，an^2），因为当 n 的值很大时，低阶项相对来说不太重要。我们也忽略最重要的项的常系数，因为对大的输入，在确定计算效率时常量因子不如增长率重要。对于插入排序，当我们忽略低阶项和最重要的项的常系数时，只剩下最重要的项中的因子 n^2。我们记插入排序具有最坏情况运行时间 $\Theta(n^2)$（读作"theta n 平方"）。本章非形式化地使用 Θ 记号，第 3 章将给出其精确定义。

如果一个算法的最坏情况运行时间具有比另一个算法更低的增长量级，那么我们通常认为前者比后者更有效。由于常量因子和低阶项，对于小的输入，运行时间具有较高增长量级的一个算法与运行时间具有较低增长量级的另一个算法相比，其可能需要较少的时间。但是对足够大的输入，例如，一个 $\Theta(n^2)$ 的算法在最坏情况下比另一个 $\Theta(n^3)$ 的算法要运行得更快。

练习

2.2-1 用 Θ 记号表示函数 $n^3/1\,000 - 100n^2 - 100n + 3$。

2.2-2 考虑排序存储在数组 A 中的 n 个数：首先找出 A 中的最小元素并将其与 $A[1]$ 中的元素进行交换。接着，找出 A 中的次最小元素并将其与 $A[2]$ 中的元素进行交换。对 A 中前 $n-1$ 个元素按该方式继续。该算法称为**选择算法**，写出其伪代码。该算法维持的循环不变式是什么？为什么它只需要对前 $n-1$ 个元素，而不是对所有 n 个元素运行？用 Θ 记号给出选择排序的最好情况与最坏情况运行时间。

2.2-3 再次考虑线性查找问题（参见练习 2.1-3）。假定要查找的元素等可能地为数组中的任意元素，平均需要检查输入序列的多少元素？最坏情况又如何呢？用 Θ 记号给出线性查找的平均情况和最坏情况运行时间。证明你的答案。

2.2-4 应如何修改任何一个算法，才能使之具有良好的最好情况运行时间？

2.3 设计算法

我们可以选择使用的算法设计技术有很多。插入排序使用了**增量**方法：在排序子数组 $A[1..j-1]$ 后，将单个元素 $A[j]$ 插入子数组的适当位置，产生排序好的子数组 $A[1..j]$。

本节我们考查另一种称为"分治法"的设计方法。第 4 章将更深入地探究该方法。我们将用分治法来设计一个排序算法，该算法的最坏情况运行时间比插入排序要少得多。分治算法的优点之一是，通过使用第 4 章介绍的技术往往很容易确定其运行时间。

2.3.1 分治法

许多有用的算法在结构上是**递归的**：为了解决一个给定的问题，算法一次或多次递归地调用其自身以解决紧密相关的若干子问题。这些算法典型地遵循**分治法**的思想：将原问题分解为几个规模较小但类似于原问题的子问题，递归地求解这些子问题，然后再合并这些子问题的解来建立原问题的解。

分治模式在每层递归时都有三个步骤：

分解原问题为若干子问题，这些子问题是原问题的规模较小的实例。

解决这些子问题，递归地求解各子问题。然而，若子问题的规模足够小，则直接求解。

合并这些子问题的解成原问题的解。

归并排序算法完全遵循分治模式。直观上其操作如下：

分解：分解待排序的 n 个元素的序列成各具 $n/2$ 个元素的两个子序列。

解决：使用归并排序递归地排序两个子序列。

合并：合并两个已排序的子序列以产生已排序的答案。

当待排序的序列长度为 1 时，递归"开始回升"，在这种情况下不要做任何工作，因为长度为 1 的每个序列都已排好序。

归并排序算法的关键操作是"合并"步骤中两个已排序序列的合并。我们通过调用一个辅助过程 MERGE(A, p, q, r) 来完成合并，其中 A 是一个数组，p、q 和 r 是数组下标，满足 $p \leqslant q < r$。该过程假设子数组 $A[p..q]$ 和 $A[q+1..r]$ 都已排好序。它合并这两个子数组形成单一的已排好序的子数组并代替当前的子数组 $A[p..r]$。

过程 MERGE 需要 $\Theta(n)$ 的时间，其中 $n = r - p + 1$ 是待合并元素的总数。它按以下方式工作。回到我们玩扑克牌的例子，假设桌上有两堆牌面朝上的牌，每堆都已排序，最小的牌在顶上。我们希望把这两堆牌合并成单一的排好序的输出堆，牌面朝下地放在桌上。我们的基本步骤包括在牌面朝上的两堆牌的顶上两张牌中选取较小的一张，将该牌从其堆中移开(该堆的顶上将显露一张新牌)并牌面朝下地将该牌放置到输出堆。重复这个步骤，直到一个输入堆为空，这时，我们只是拿起剩余的输入堆并牌面朝下地将该堆放置到输出堆。因为我们只是比较顶上的两张牌，所以计算上每个基本步骤需要常量时间。因为我们最多执行 n 个基本步骤，所以合并需要 $\Theta(n)$ 的时间。

下面的伪代码实现了上面的思想，但有一个额外的变化，以避免在每个基本步骤必须检查是否有堆为空。在每个堆的底部放置一张**哨兵**牌，它包含一个特殊的值，用于简化代码。这里，我们使用 ∞ 作为哨兵值，结果每当显露一张值为 ∞ 的牌，它不可能为较小的牌，除非两个堆都已显露出其哨兵牌。但是，一旦发生这种情况，所有非哨兵牌都已被放置到输出堆。因为我们事先知道刚好 $r - p + 1$ 张牌将被放置到输出堆，所以一旦已执行 $r - p + 1$ 个基本步骤，算法就可以停止。

30

```
MERGE(A, p, q, r)
 1  n₁ = q − p + 1
 2  n₂ = r − q
 3  let L[1..n₁ + 1] and R[1..n₂ + 1] be new arrays
 4  for i = 1 to n₁
 5      L[i] = A[p + i − 1]
 6  for j = 1 to n₂
 7      R[j] = A[q + j]
 8  L[n₁ + 1] = ∞
 9  R[n₂ + 1] = ∞
10  i = 1
11  j = 1
12  for k = p to r
13      if L[i] ⩽ R[j]
```

```
14          A[k] = L[i]
15          i = i + 1
16      else A[k] = R[j]
17          j = j + 1
```

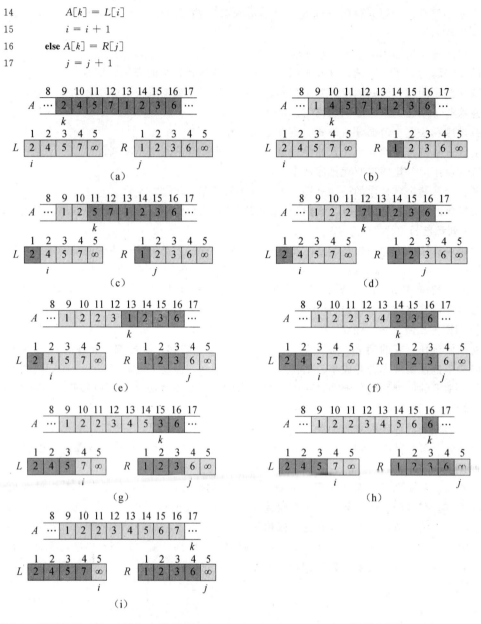

图 2-3 当子数组 $A[9..16]$ 包含序列 $\langle 2，4，5，7，1，2，3，6 \rangle$ 时，调用 MERGE$(A，9，12，16)$ 第 10~17 行的操作。在复制并插入哨兵后，数组 L 包含 $\langle 2，4，5，7，\infty \rangle$，数组 R 包含 $\langle 1，2，3，6，\infty \rangle$。$A$ 中的浅阴影位置包含它们的最终值，L 和 R 中的浅阴影位置包含有待于被复制回 A 的值。合在一起，浅阴影位置总是包含原来在 $A[9..16]$ 中的值和两个哨兵。A 中的深阴影位置包含将被覆盖的值，L 和 R 中的深阴影位置包含已被复制回 A 的值。(a)~(h) 在第 12~17 行循环的每次迭代之前，数组 A、L 和 R 以及它们各自的下标 k、i 和 j。(i) 终止时的数组与下标。这时，$A[9..16]$ 中的子数组已排好序，L 和 R 中的两个哨兵是这两个数组中仅有的两个未被复制回 A 的元素

过程 MERGE 的详细工作过程如下：第 1 行计算子数组 $A[p..q]$ 的长度 n_1，第 2 行计算子数组 $A[q+1..r]$ 的长度 n_2。在第 3 行，我们创建长度分别为 n_1+1 和 n_2+1 的数组 L 和 R（"左"和"右"），每个数组中额外的位置将保存哨兵。第 4~5 行的 for 循环将子数组 $A[p..q]$ 复制到 $L[1..n_1]$，第 6~7 行的 for 循环将子数组 $A[q+1..r]$ 复制到 $R[1..n_2]$。第 8~9 行将哨兵放在数组 L 和 R 的末

尾。第 10~17 行图示在图 2-3 中，通过维持以下循环不变式，执行 $r-p+1$ 个基本步骤：

在开始第 12~17 行 **for** 循环的每次迭代时，子数组 $A[p..k-1]$ 按从小到大的顺序
包含 $L[1..n_1+1]$ 和 $R[1..n_2+1]$ 中的 $k-p$ 个最小元素。进而，$L[i]$ 和 $R[j]$ 是各自所
在数组中未被复制回数组 A 的最小元素。

我们必须证明第 12~17 行 **for** 循环的第一次迭代之前该循环不变式成立，该循环的每次迭代保持该不变式，并且循环终止时，该不变式提供了一种有用的性质来证明正确性。

初始化：循环的第一次迭代之前，有 $k=p$，所以子数组 $A[p..k-1]$ 为空。这个空的子数组包含 L 和 R 的 $k-p=0$ 个最小元素。又因为 $i=j=1$，所以 $L[i]$ 和 $R[j]$ 都是各自所在数组中未被复制回数组 A 的最小元素。

保持：为了理解每次迭代都维持循环不变式，首先假设 $L[i]\leqslant R[j]$。这时，$L[i]$ 是未被复制回数组 A 的最小元素。因为 $A[p..k-1]$ 包含 $k-p$ 个最小元素，所以在第 14 行将 $L[i]$ 复制到 $A[k]$ 之后，子数组 $A[p..k]$ 将包含 $k-p+1$ 个最小元素。增加 k 的值（在 **for** 循环中更新）和 i 的值（在第 15 行中）后，为下次迭代重新建立了该循环不变式。反之，若 $L[i]>R[j]$，则第 16~17 行执行适当的操作来维持该循环不变式。

终止：终止时 $k=r+1$。根据循环不变式，子数组 $A[p..k-1]$ 就是 $A[p..r]$ 且按从小到大的顺序包含 $L[1..n_1+1]$ 和 $R[1..n_2+1]$ 中的 $k-p=r-p+1$ 个最小元素。数组 L 和 R 一起包含 $n_1+n_2+2=r-p+3$ 个元素。除两个最大的元素以外，其他所有元素都已被复制回数组 A，这两个最大的元素就是哨兵。

为了理解过程 MERGE 的运行时间是 $\Theta(n)$，其中 $n=r-p+1$，注意到，第 1~3 行和第 8~11 行中的每行需要常量时间，第 4~7 行的 **for** 循环需要 $\Theta(n_1+n_2)=\Theta(n)$ 的时间⊖，并且，第 12~17 行的 **for** 循环有 n 次迭代，每次迭代需要常量时间。

现在我们可以把过程 MERGE 作为归并排序算法中的一个子程序来用。下面的过程 MERGE-SORT(A, p, r) 排序子数组 $A[p..r]$ 中的元素。若 $p\geqslant r$，则该子数组最多有一个元素，所以已经排好序。否则，分解步骤简单地计算一个下标 q，将 $A[p..r]$ 分成两个子数组 $A[p..q]$ 和 $A[q+1..r]$，前者包含 $\lceil n/2\rceil$ 个元素，后者包含 $\lfloor n/2\rfloor$ 个元素⊖。

```
MERGE-SORT(A, p, r)
1  if p < r
2      q = ⌊(p+r)/2⌋
3      MERGE-SORT(A, p, q)
4      MERGE-SORT(A, q+1, r)
5      MERGE(A, p, q, r)
```

为了排序整个序列 $A=\langle A[1], A[2], \cdots, A[n]\rangle$，我们执行初始调用 MERGE-SORT($A$, 1, $A.length$)，这里再次有 $A.length=n$。图 2-4 自底向上地说明了当 n 为 2 的幂时该过程的操作。算法由以下操作组成：合并只含 1 项的序列对形成长度为 2 的排好序的序列，合并长度为 2 的序列对形成长度为 4 的排好序的序列，依此下去，直到长度为 $n/2$ 的两个序列被合并最终形成长度为 n 的排好序的序列。

⊖ 在第 3 章中，我们将看到如何形式化地解释包含 Θ 记号的等式。
⊖ 表达式 $\lceil x\rceil$ 表示大于或等于 x 的最小整数，$\lfloor x\rfloor$ 表示小于或等于 x 的最大整数。这些记号在第 3 章中定义。验证把 q 置为 $\lfloor(p+r)/2\rfloor$ 将产生规模分别为 $\lceil n/2\rceil$ 和 $\lfloor n/2\rfloor$ 的子数组 $A[p..q]$ 和 $A[q+1..r]$ 的最容易的方法是根据 p 和 r 为奇数还是偶数分别考查可能出现的 4 种情况。

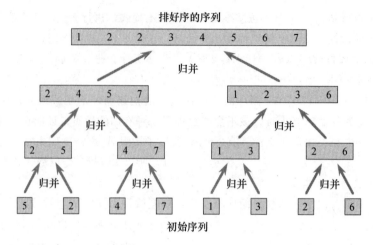

图 2-4 归并排序在数组 $A=\langle 5, 2, 4, 7, 1, 3, 2, 6\rangle$ 上的操作。随着算法自底向上地推进，待合并的已排好序的各序列的长度不断增加

2.3.2 分析分治算法

当一个算法包含对其自身的递归调用时，我们往往可以用**递归方程**或**递归式**来描述其运行时间，该方程根据在较小输入上的运行时间来描述在规模为 n 的问题上的总运行时间。然后，我们可以使用数学工具来求解该递归式并给出算法性能的界。

分治算法运行时间的递归式来自基本模式的三个步骤。如前所述，我们假设 $T(n)$ 是规模为 n 的一个问题的运行时间。若问题规模足够小，如对某个常量 c，$n \leqslant c$，则直接求解需要常量时间，我们将其写作 $\Theta(1)$。假设把原问题分解成 a 个子问题，每个子问题的规模是原问题的 $1/b$。（对归并排序，a 和 b 都为 2，然而，我们将看到在许多分治算法中，$a \neq b$。）为了求解一个规模为 n/b 的子问题，需要 $T(n/b)$ 的时间，所以需要 $aT(n/b)$ 的时间来求解 a 个子问题。如果分解问题成子问题需要时间 $D(n)$，合并子问题的解成原问题的解需要时间 $C(n)$，那么得到递归式：

$$T(n) = \begin{cases} \Theta(1) & 若 n \leqslant c \\ aT(n/b) + D(n) + C(n) & 其他 \end{cases}$$

在第 4 章中，我们将看到如何求解这类常见的递归式。

归并排序算法的分析

虽然 MERGE-SORT 的伪代码在元素的数量不是偶数时也能正确地工作，但是，如果假定原问题规模是 2 的幂，那么基于递归式的分析将被简化。这时每个分解步骤将产生规模刚好为 $n/2$ 的两个子序列。在第 4 章，我们将看到这个假设不影响递归式解的增长量级。

下面我们分析建立归并排序 n 个数的最坏情况运行时间 $T(n)$ 的递归式。归并排序一个元素需要常量时间。当有 $n>1$ 个元素时，我们分解运行时间如下：

分解：分解步骤仅仅计算子数组的中间位置，需要常量时间，因此，$D(n) = \Theta(1)$。

解决：我们递归地求解两个规模均为 $n/2$ 的子问题，将贡献 $2T(n/2)$ 的运行时间。

合并：我们已经注意到在一个具有 n 个元素的子数组上过程 MERGE 需要 $\Theta(n)$ 的时间，所以 $C(n) = \Theta(n)$。

当为了分析归并排序而把函数 $D(n)$ 与 $C(n)$ 相加时，我们是在把一个 $\Theta(n)$ 函数与另一个 $\Theta(1)$ 函数相加。相加的和是 n 的一个线性函数，即 $\Theta(n)$。把它与来自"解决"步骤的项 $2T(n/2)$ 相加，将给出归并排序的最坏情况运行时间 $T(n)$ 的递归式：

$$T(n) = \begin{cases} \Theta(1) & 若 n = 1 \\ 2T(n/2) + \Theta(n) & 若 n > 1 \end{cases} \tag{2.1}$$

在第 4 章，我们将看到"主定理"，可以用该定理来证明 $T(n)$ 为 $\Theta(n\lg n)$，其中 $\lg n$ 代表 $\log_2 n$。因为对数函数比任何线性函数增长要慢，所以对足够大的输入，在最坏情况下，运行时间为 $\Theta(n\lg n)$ 的归并排序将优于运行时间为 $\Theta(n^2)$ 的插入排序。

为了直观地理解递归式(2.1)的解为什么是 $T(n)=\Theta(n\lg n)$，我们并不需要主定理。把递归式(2.1)重写为：

$$T(n) = \begin{cases} c & \text{若 } n=1 \\ 2T(n/2)+cn & \text{若 } n>1 \end{cases} \tag{2.2}$$

其中常量 c 代表求解规模为 1 的问题所需的时间以及在分解步骤与合并步骤处理每个数组元素所需的时间$^{\ominus}$。

图 2-5 图示了如何求解递归式(2.2)。为方便起见，假设 n 刚好是 2 的幂。图的(a)部分图示了 $T(n)$，它在(b)部分被扩展成一棵描绘递归式的等价树。项 cn 是树根(在递归的顶层引起的代价)，根的两棵子树是两个较小的递归式 $T(n/2)$。(c)部分图示了通过扩展 $T(n/2)$ 再推进一步的过程。在第二层递归中，两个子结点中每个引起的代价都是 $cn/2$。我们通过将其分解成由递归式所确定的它的组成部分来继续扩展树中的每个结点，直到问题规模下降到 1，每个子问题只要代价 c。(d)部分图示了结果**递归树**。

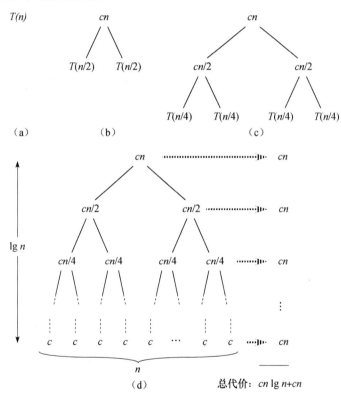

图 2-5 对递归式 $T(n)=2T(n/2)+cn$，如何构造一棵递归树。(a)部分图示 $T(n)$，它在(b)~(d)部分被逐步扩展以形成递归树。在(d)部分，完全扩展了的递归树具有 $\lg n+1$ 层(即如图所示，其高度为 $\lg n$)，每层将贡献总代价 cn。所以，总代价为 $cn\lg n+cn$，它就是 $\Theta(n\lg n)$

$\ominus$ 相同的常量一般不可能刚好既代表求解规模为 1 的问题的时间又代表在分解步骤与合并步骤处理每个数组元素的时间。通过假设 c 为这两个时间的较大者并认为我们的递归式将给出运行时间的一个上界，或者通过假设 c 为这两个时间的较小者并认为我们的递归式将给出运行时间的一个下界，我们可以回避这个问题。两个界的阶都是 $n\lg n$，合在一起将给出运行时间为 $\Theta(n\lg n)$。

接着，我们把穿过这棵树的每层的所有代价相加。顶层具有总代价 cn，下一层具有总代价 $c(n/2)+c(n/2)=cn$，下一层的下一层具有总代价 $c(n/4)+c(n/4)+c(n/4)+c(n/4)=cn$，等等。一般来说，顶层之下的第 i 层具有 2^i 个结点，每个结点贡献代价 $c(n/2^i)$，因此，顶层之下的第 i 层具有总代价 $2^ic(n/2^i)=cn$。底层具有 n 个结点，每个结点贡献代价 c，该层的总代价为 cn。

图 2-5 中递归树的总层数为 $\lg n+1$。其中 n 是叶数，对应于输入规模。一种非形式化的归纳论证将证明该断言。$n=1$ 时出现基本情况，这时树只有一层。因为 $\lg 1=0$，所以有 $\lg n+1$ 给出了正确的层数。作为归纳假设，现在假设具有 2^i 个叶的递归树的层数为 $\lg 2^i+1=i+1$（因为对 i 的任何值都有 $\lg 2^i=i$）。因为我们假设输入规模是 2 的幂，所以下一个要考虑的输入规模是 2^{i+1}。具有 $n=2^{i+1}$ 个叶的一棵树比具有 2^i 个叶的一棵树要多一层，所以其总层数为 $(i+1)+1=\lg 2^{i+1}+1$。

为了计算递归式(2.2)表示的总代价，我们只要把各层的代价加起来。递归树具有 $\lg n+1$ 层，每层的代价均为 cn，所以总代价为 $cn(\lg n+1)=cn\lg n+cn$。忽略低阶项和常量 c 便给出了期望的结果 $\Theta(n\lg n)$。

练习

2.3-1 使用图 2-4 作为模型，说明归并排序在数组 $A=\langle 3，41，52，26，38，57，9，49\rangle$ 上的操作。

2.3-2 重写过程 MERGE，使之不使用哨兵，而是一旦数组 L 或 R 的所有元素均被复制回 A 就立刻停止，然后把另一个数组的剩余部分复制回 A。

2.3-3 使用数学归纳法证明：当 n 刚好是 2 的幂时，以下递归式的解是 $T(n)=n\lg n$。

$$T(n)=\begin{cases}2 & \text{若 } n=2\\ 2T(n/2)+n & \text{若 } n=2^k,k>1\end{cases}$$

2.3-4 我们可以把插入排序表示为如下的一个递归过程。为了排序 $A[1..n]$，我们递归地排序 $A[1..n-1]$，然后把 $A[n]$ 插入已排序的数组 $A[1..n-1]$。为插入排序的这个递归版本的最坏情况运行时间写一个递归式。

2.3-5 回顾查找问题(参见练习 2.1-3)，注意到，如果序列 A 已排好序，就可以将该序列的中点与 v 进行比较。根据比较的结果，原序列中有一半就可以不用再做进一步的考虑了。**二分查找**算法重复这个过程，每次都将序列剩余部分的规模减半。为二分查找写出迭代或递归的伪代码。证明：二分查找的最坏情况运行时间为 $\Theta(\lg n)$。

2.3-6 注意到 2.1 节中的过程 INSERTION-SORT 的第 5～7 行的 **while** 循环采用一种线性查找来(反向)扫描已排好序的子数组 $A[1..j-1]$。我们可以使用二分查找(参见练习 2.3-5)来把插入排序的最坏情况总运行时间改进到 $\Theta(n\lg n)$ 吗？

*2.3-7 描述一个运行时间为 $\Theta(n\lg n)$ 的算法，给定 n 个整数的集合 S 和另一个整数 x，该算法能确定 S 中是否存在两个其和刚好为 x 的元素。

思考题

2-1 （在归并排序中对小数组采用插入排序）　虽然归并排序的最坏情况运行时间为 $\Theta(n\lg n)$，而插入排序的最坏情况运行时间为 $\Theta(n^2)$，但是插入排序中的常量因子可能使得它在 n 较小时，在许多机器上实际运行得更快。因此，在归并排序中当子问题变得足够小时，采用插入排序来使递归的叶**变粗**是有意义的。考虑对归并排序的一种修改，其中使用插入排序来排序长度为 k 的 n/k 个子表，然后使用标准的合并机制来合并这些子表，这里 k 是一个待定的值。

a. 证明：插入排序最坏情况可以在 $\Theta(nk)$ 时间内排序每个长度为 k 的 n/k 个子表。

b. 表明在最坏情况下如何在 $\Theta(n\lg(n/k))$ 时间内合并这些子表。

c. 假定修改后的算法的最坏情况运行时间为 $\Theta(nk+n\lg(n/k))$，要使修改后的算法与标准的归并排序具有相同的运行时间，作为 n 的一个函数，借助 Θ 记号，k 的最大值是什么？

d. 在实践中，我们应该如何选择 k？

2-2 （冒泡排序的正确性） 冒泡排序是一种流行但低效的排序算法，它的作用是反复交换相邻的未按次序排列的元素。

BUBBLESORT(A)
1 **for** $i = 1$ **to** $A.length - 1$
2   **for** $j = A.length$ **downto** $i + 1$
3   **if** $A[j] < A[j - 1]$
4   exchange $A[j]$ with $A[j - 1]$

a. 假设 A' 表示 BUBBLESORT(A) 的输出。为了证明 BUBBLESORT 正确，我们必须证明它将终止并且有：

$$A'[1] \leqslant A'[2] \leqslant \cdots \leqslant A'[n] \tag{2.3}$$

其中 $n=A.length$。为了证明 BUBBLESORT 确实完成了排序，我们还需要证明什么？

下面两部分将证明不等式(2.3)。

b. 为第 2~4 行的 **for** 循环精确地说明一个循环不变式，并证明该循环不变式成立。你的证明应该使用本章中给出的循环不变式证明的结构。

c. 使用(b)部分证明的循环不变式的终止条件，为第 1~4 行的 **for** 循环说明一个循环不变式，该不变式将使你能证明不等式(2.3)。你的证明应该使用本章中给出的循环不变式证明的结构。

d. 冒泡排序的最坏情况运行时间是多少？与插入排序的运行时间相比，其性能如何？

2-3 （霍纳(Horner)规则的正确性） 给定系数 $a_0, a_1, \cdots, a_n$ 和 x 的值，代码片段

1 $y = 0$
2 **for** $i = n$ **downto** 0
3      $y = a_i + x \cdot y$

实现了用于求值多项式

$$P(x) = \sum_{k=0}^{n} a_k x^k = a_0 + x(a_1 + x(a_2 + \cdots + x(a_{n-1} + xa_n)\cdots))$$

的霍纳规则。

a. 借助 Θ 记号，实现霍纳规则的以上代码片段的运行时间是多少？

b. 编写伪代码来实现朴素的多项式求值算法，该算法从头开始计算多项式的每个项。该算法的运行时间是多少？与霍纳规则相比，其性能如何？

c. 考虑以下循环不变式：
在第 2~3 行 **for** 循环每次迭代的开始有

$$y = \sum_{k=0}^{n-(i+1)} a_{k+i+1} x^k$$

把没有项的和式解释为等于 0。遵照本章中给出的循环不变式证明的结构，使用该循环不变式来证明终止时有 $y = \sum_{k=0}^{n} a_k x^k$。

d. 最后证明上面给出的代码片段将正确地求由系数 $a_0, a_1, \cdots, a_n$ 刻画的多项式的值。

40

2-4 (逆序对) 假设 $A[1..n]$ 是一个有 n 个不同数的数组。若 $i<j$ 且 $A[i]>A[j]$，则对偶 (i, j) 称为 A 的一个**逆序对**(inversion)。

$\boxed{41}$

　　a. 列出数组 $\langle 2, 3, 8, 6, 1\rangle$ 的 5 个逆序对。

　　b. 由集合 $\{1, 2, \cdots, n\}$ 中的元素构成的什么数组具有最多的逆序对？它有多少逆序对？

　　c. 插入排序的运行时间与输入数组中逆序对的数量之间是什么关系？证明你的回答。

　　d. 给出一个确定在 n 个元素的任何排列中逆序对数量的算法，最坏情况需要 $\Theta(n \lg n)$ 时间。（提示：修改归并排序。）

本章注记

　　1968 年，Knuth 发表了总标题为《计算机程序设计艺术》[209，210，211]的三卷著作中的第 1 卷[⊖]。第 1 卷引领了现代计算机算法的研究，使之聚焦于运行时间的分析。对这里给出的许多主题，这 3 卷著作仍然是有吸引力的且有价值的参考书[⊖]。依照 Knuth 的说法，"算法"这个词来源于 9 世纪一位波斯数学家的名字"al-Khowârizmî"。

　　Aho、Hopcroft 和 Ullman[5]提倡使用第 3 章引入的记号，包括 Θ 记号，把算法的渐近分析作为比较相对性能的一种方法。他们还推广了使用递归关系来描述递归算法的运行时间。

　　Knuth[211]提供了许多排序算法的一种百科全书似的处理。他对各种排序算法的比较包括精确的执行步数分析，这种分析类似于我们这里对插入排序所做的分析。Knuth 对插入排序的讨论包括该算法的几种变形。其中最重要的是由 D. L. Shell 提出的 Shell 排序，它对输入序列的周期性子序列使用插入排序，结果形成了一种更快的排序算法。

　　Knuth 还描述了归并排序。他提到在 1938 年就有人发明了一种机械排序装置，能够在一趟内合并两组穿孔卡片。计算机科学的先驱之一 J. von Neumann 显然于 1945 年在计算机 EDVAC 上为归并排序编写过一个程序。

　　Gries[153]描述了证明程序正确性的早期历史，他把该领域的第一篇文章归功于 P. Naur，并把循环不变式归功于 R. W. Floyd。Mitchell[256]编写的教材中描述了证明程序正确性的一些更新的进展。

$\boxed{42}$

⊖ 《计算机程序设计艺术》第 1 卷第 3 版英文影印版已由机械工业出版社出版，ISBN 978-7-111-22709-0。——编辑注
⊖ 《计算机程序设计艺术》第 3 卷第 2 版英文影印版已由机械工业出版社出版，ISBN 978-7-111-22717-5。——编辑注

函数的增长

第 2 章中定义的算法运行时间的增长量级简单地刻画了算法效率，并且还允许我们比较可选算法的相对性能。一旦输入规模 n 变得足够大，最坏情况运行时间为 $\Theta(n\lg n)$ 的归并排序将战胜最坏情况运行时间为 $\Theta(n^2)$ 的插入排序。正如我们在第 2 章中对插入排序所做的，虽然有时我们能够确定一个算法的精确运行时间，但是通常并不值得花力气来计算它以获得多余的精度。对于足够大的输入，精确运行时间中的倍增常量和低阶项被输入规模本身的影响所支配。

当输入规模足够大，使得只有运行时间的增长量级有关时，我们要研究算法的**渐近效率**。也就是说，我们关心当输入规模无限增加时，在极限中，算法的运行时间如何随着输入规模的变大而增加。通常，渐近地更有效的某个算法对除很小的输入外的所有情况将是最好的选择。

本章给出几种标准方法来简化算法的渐近分析。下一节首先定义几类"渐近记号"，其中，我们已经见过的一个例子是 Θ 记号。然后，我们给出贯穿本书使用的几种记号约定。最后，我们回顾一下在算法分析中常见的若干函数的行为。

3.1 渐近记号

用来描述算法渐近运行时间的记号根据定义域为自然数集 $\mathbf{N}=\{0，1，2，\cdots\}$ 的函数来定义。这样的记号对描述最坏情况运行时间函数 $T(n)$ 是方便的，因为该函数通常只定义在整数输入规模上。然而，我们发现有时按各种方式活用渐近记号是方便的。例如，我们可以扩展该记号到实数域或者选择性地限制其到自然数的一个子集。然而，我们应该确保能理解该记号的精确含义，以便在活用时不会误用它。本节将定义一些基本的渐近记号，并介绍一些常见的活用法。 43

渐近记号、函数与运行时间

正如我们写插入排序的最坏情况运行时间为 $\Theta(n^2)$ 时那样，我们将主要使用渐近记号来描述算法的运行时间。然而，渐近记号实际上应用于函数。回顾一下，我们曾把插入排序的最坏情况运行时间刻画为 an^2+bn+c，其中 a、b 和 c 是常量。通过把插入排序的运行时间写成 $\Theta(n^2)$，我们除去了该函数的某些细节。因为渐近记号适用于函数，我们所写成的 $\Theta(n^2)$ 就是函数 an^2+bn+c，所以上述情况碰巧刻画了插入排序的最坏情况运行时间。

本书中对其使用渐近记号的函数通常刻画算法的运行时间。但是渐近记号也可以适用于刻画算法的某个其他方面(例如，算法使用的空间数量)的函数，甚至可以适用于和算法没有任何关系的函数。

即使我们使用渐近记号来刻画算法的运行时间，我们也需要了解意指哪个运行时间。有时我们对最坏情况运行时间感兴趣。然而，我们常常希望刻画任何输入的运行时间。换句话说，我们常常希望做出一种综合性地覆盖所有输入而不仅仅是最坏情况的陈述。我们将看到完全适合刻画任何输入的运行时间的渐近记号。

Θ 记号

在第 2 章，我们发现插入排序的最坏情况运行时间为 $T(n)=\Theta(n^2)$。让我们来定义这个记号意指什么。对一个给定的函数 $g(n)$，用 $\Theta(g(n))$ 来表示以下函数的集合：

$$\Theta(g(n))=\{f(n)：存在正常量\ c_1、c_2\ 和\ n_0，使得对所有\ n\geqslant n_0，有\ 0\leqslant c_1g(n)\leqslant f(n)\leqslant c_2g(n)\}^{\ominus}$$ 44

$\ominus$ 在集合记号中，冒号意指"使得"。

若存在正常量 c_1 和 c_2，使得对于足够大的 n，函数 $f(n)$ 能"夹入" $c_1 g(n)$ 与 $c_2 g(n)$ 之间，则 $f(n)$ 属于集合 $\Theta(g(n))$。因为 $\Theta(g(n))$ 是一个集合，所以可以记" $f(n) \in \Theta(g(n))$"，以指出 $f(n)$ 是 $\Theta(g(n))$ 的成员。作为替代，我们通常记" $f(n) = \Theta(g(n))$"以表达相同的概念。因为我们按这种方式活用了等式，所以你可能感到困惑，但是在本节的后面我们将看到这样做有其好处。

图 3-1(a) 给出了函数 $f(n)$ 与 $g(n)$ 的一幅直观画面，其中 $f(n) = \Theta(g(n))$。对在 n_0 及其右边 n 的所有值，$f(n)$ 的值位于或高于 $c_1 g(n)$ 且位于或低于 $c_2 g(n)$。换句话说，对所有 $n \geqslant n_0$，函数 $f(n)$ 在一个常量因子内等于 $g(n)$。我们称 $g(n)$ 是 $f(n)$ 的一个**渐近紧确界**（asymptotically tight bound）。

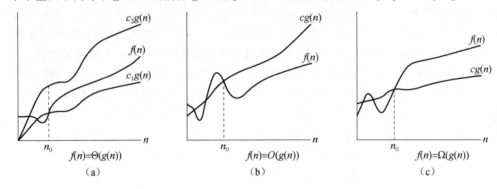

图 3-1　Θ、O 和 Ω 记号的图例。在每个部分，标出的 n_0 的值是最小的可能值，任何更大的值也将有效。(a)Θ 记号限制一个函数在常量因子内。如果存在正常量 n_0、c_1 和 c_2，使得在 n_0 及其右边，$f(n)$ 的值总位于 $c_1 g(n)$ 与 $c_2 g(n)$ 之间或等于它们，那么记 $f(n) = \Theta(g(n))$。(b)O 记号为函数给出一个在常量因子内的上界。如果存在正常量 n_0 和 c，使得在 n_0 及其右边，$f(n)$ 的值总小于或等于 $c g(n)$，那么记 $f(n) = O(g(n))$。(c)Ω 记号为函数给出一个在常量因子内的下界。如果存在正常量 n_0 和 c，使得在 n_0 及其右边，$f(n)$ 的值总大于或等于 $c g(n)$，那么记 $f(n) = \Omega(g(n))$

$\Theta(g(n))$ 的定义要求每个成员 $f(n) \in \Theta(g(n))$ 均**渐近非负**，即当 n 足够大时，$f(n)$ 非负。（**渐近正函数**就是对所有足够大的 n 均为正的函数。）因此，函数 $g(n)$ 本身必为渐近非负，否则集合 $\Theta(g(n))$ 为空。所以我们假设用在 Θ 记号中的每个函数均渐近非负。这个假设对本章定义的其他渐近记号也成立。

在第 2 章，我们介绍了 Θ 记号的一种非形式化的概念，相当于扔掉低阶项并忽略最高阶项前的系数。让我们通过使用形式化定义证明 $\frac{1}{2} n^2 - 3n = \Theta(n^2)$ 来简要地证实这种直觉。为此，我们必须确定正常量 c_1、c_2 和 n_0，使得对所有 $n \geqslant n_0$，有：

$$c_1 n^2 \leqslant \frac{1}{2} n^2 - 3n \leqslant c_2 n^2$$

用 n^2 除上式得：

$$c_1 \leqslant \frac{1}{2} - \frac{3}{n} \leqslant c_2$$

通过选择任何常量 $c_2 \geqslant 1/2$，可以使右边的不等式对任何 $n \geqslant 1$ 的值成立。同样，通过选择任何常量 $c_1 \leqslant 1/14$，可以使左边的不等式对任何 $n \geqslant 7$ 的值成立。因此，通过选择 $c_1 = 1/14$，$c_2 = 1/2$ 且 $n_0 = 7$，可以证明 $\frac{1}{2} n^2 - 3n = \Theta(n^2)$。当然，还存在对这些常量的其他选择，但是重要的是存在某个选择。要注意的是，这些常量依赖于函数 $\frac{1}{2} n^2 - 3n$；属于 $\Theta(n^2)$ 的不同函数通常需要不同的常量。

我们还可以使用形式化定义来证明 $6n^3 \neq \Theta(n^2)$。采用反证法，假设存在 c_2 和 n_0，使得对所有 $n \geqslant n_0$，有 $6n^3 \leqslant c_2 n^2$。然而用 n^2 除该式，得 $n \leqslant c_2/6$，因为 c_2 为常量，所以对任意大的 n，该不等式不可能成立。

直觉上，一个渐近正函数的低阶项在确定渐近确界时可以被忽略，因为对大的 n，它们是无足轻重的。当 n 较大时，即使最高阶项的一个很小的部分都足以支配所有低阶项。因此，将 c_1 置为稍小于最高阶项系数的值并将 c_2 置为稍大于最高阶项系数的值能使 Θ 记号定义中的不等式得到满足。最高阶项系数同样可以被忽略，因为它仅仅根据一个等于该系数的常量因子来改变 c_1 和 c_2。

作为一个例子，考虑任意二次函数 $f(n) = an^2 + bn + c$，其中 a、b 和 c 均为常量且 $a > 0$。扔掉低阶项并忽略常量后得 $f(n) = \Theta(n^2)$。为了形式化地证明相同的结论，我们取常量 $c_1 = a/4$，$c_2 = 7a/4$ 且 $n_0 = 2 \cdot \max(|b|/a, \sqrt{|c|/a})$。可以证明对所有 $n \geqslant n_0$，有 $0 \leqslant c_1 n^2 \leqslant an^2 + bn + c \leqslant c_2 n^2$。一般来说，对任意多项式 $p(n) = \sum_{i=0}^{d} a_i n^i$，其中 a_i 为常量且 $a_d > 0$，我们有 $p(n) = \Theta(n^d)$（参见思考题 3-1）。

因为任意常量是一个 0 阶多项式，所以可以把任意常量函数表示成 $\Theta(n^0)$ 或 $\Theta(1)$。然而，后一种记号是一种轻微的活用，因为该表达式并未指出什么变量趋于无穷[⊖]。我们将经常使用记号 $\Theta(1)$ 来意指一个常量或者关于某个变量的一个常量函数。

O 记号

Θ 记号渐近地给出一个函数的上界和下界。当只有一个**渐近上界**时，使用 O 记号。对于给定的函数 $g(n)$，用 $O(g(n))$（读作"大 $Og(n)$"，有时仅读作"$Og(n)$"）来表示以下函数的集合：

$$O(g(n)) = \{f(n) : 存在正常量 c 和 n_0，使得对所有 n \geqslant n_0，有 0 \leqslant f(n) \leqslant cg(n)\}$$

我们使用 O 记号来给出函数的一个在常量因子内的上界。图 3-1(b) 展示了 O 记号背后的直觉知识。对在 n_0 及其右边的所有值 n，函数 $f(n)$ 的值总小于或等于 $cg(n)$。

我们记 $f(n) = O(g(n))$ 以指出函数 $f(n)$ 是集合 $O(g(n))$ 的成员。注意，$f(n) = \Theta(g(n))$ 蕴涵着 $f(n) = O(g(n))$，因为 Θ 记号是一个比 O 记号更强的概念。按集合论中的写法，我们有 $\Theta(g(n)) \subseteq O(g(n))$。因此，关于任意二次函数 $an^2 + bn + c$，其中 $a > 0$，在 $\Theta(n^2)$ 中的证明也证明了任意这样的二次函数在 $O(n^2)$ 中。也许更令人惊奇的是当 $a > 0$ 时，任意线性函数 $an + b$ 也在 $O(n^2)$ 中，通过取 $c = a + |b|$ 和 $n_0 = \max(1, -b/a)$，可以很容易证明这个结论。

如果你以前见过 O 记号，你会发现我们这样书写（如 $n = O(n^2)$）很奇怪。在文献中，有时我们发现 O 记号非形式化地描述渐近确界，即已经使用 Θ 记号定义的东西。然而，本书中当书写 $f(n) = O(g(n))$ 时，我们仅仅要求 $g(n)$ 的某个常量倍数是 $f(n)$ 的渐近上界，而不要求它是一个多么紧确的上界。在算法文献中，标准的做法是区分渐近上界与渐近确界。

使用 O 记号，我们常常可以仅仅通过检查算法的总体结构来描述算法的运行时间。例如，第 2 章中插入排序算法的双重嵌套循环结构对最坏情况运行时间立即产生一个 $O(n^2)$ 的上界：内层循环每次迭代的代价以 $O(1)$（常量）为上界，下标 i 和 j 均最多为 n，对于 n^2 个 i 和 j 值对的每一对，内循环最多执行一次。

既然 O 记号描述上界，那么当用它来限制算法的最坏情况运行时间时，关于算法在每个输入上的运行时间，我们也有一个界，这就是前面讨论的综合性陈述。因此，对插入排序的最坏情况运行时间的界 $O(n^2)$ 也适用于该算法对每个输入的运行时间。然而，对插入排序的最坏情况运行时间的界 $\Theta(n^2)$ 并未暗示插入排序对每个输入的运行时间的界也是 $\Theta(n^2)$。例如，我们在第 2 章曾看到当输入已排好序时，插入排序的运行时间为 $\Theta(n)$。

从技术上看，称插入排序的运行时间为 $O(n^2)$ 有点不合适，因为对给定的 n，实际的运行时

⊖　真正的问题是通常的函数记号没有区分函数与函数值。在 λ 演算中，函数的参数被清楚地说明：函数 n^2 可被写成 $\lambda n. n^2$，或者甚至写成 $\lambda r. r^2$。然而，采用一种更严格的记号将使代数操作复杂化，所以我们选择容忍这种活用。

间是变化的，依赖于规模为 n 的特定输入。当我们说"运行时间为 $O(n^2)$"时，意指存在一个 $O(n^2)$ 的函数 $f(n)$，使得对 n 的任意值，不管选择什么特定的规模为 n 的输入，其运行时间的上界都是 $f(n)$。这也就是说最坏情况运行时间为 $O(n^2)$。

Ω记号

正如 O 记号提供了一个函数的渐近上界，Ω 记号提供了**渐近下界**。对于给定的函数 $g(n)$，用 $\Omega(g(n))$（读作"大 $\Omega g(n)$"，有时仅读作"$\Omega g(n)$"）来表示以下函数的集合：

$$\Omega(g(n)) = \{f(n): 存在正常量 c 和 n_0, 使得对所有 n \geqslant n_0, 有 0 \leqslant cg(n) \leqslant f(n)\}$$

图 3-1(c) 给出了 Ω 记号的直观解释。对在 n_0 及其右边的所有值 n，$f(n)$ 的值总大于或等于 $cg(n)$。

根据目前所看到的这些渐近记号的定义，容易证明以下重要定理（参见练习 3.1-5）。

定理 3.1　对任意两个函数 $f(n)$ 和 $g(n)$，我们有 $f(n) = \Theta(g(n))$，当且仅当 $f(n) = O(g(n))$ 且 $f(n) = \Omega(g(n))$。　■

作为应用本定理的一个例子，关于对任意常量 a、b 和 c，其中 $a>0$，有 $an^2 + bn + c = \Theta(n^2)$ 的证明直接蕴涵 $an^2 + bn + c = \Omega(n^2)$ 和 $an^2 + bn + c = O(n^2)$。实际上不是像该例子中所做的，应用定理 3.1 从渐近确界获得渐近上界和下界，而是通常用它从渐近上界和下界来证明渐近确界。

当称一个算法的运行时间（无修饰语）为 $\Omega(g(n))$ 时，我们意指对每个 n 值，不管选择什么特定的规模为 n 的输入，只要 n 足够大，对那个输入的运行时间至少是 $g(n)$ 的常量倍。等价地，我们再对一个算法的最好情况运行时间给出一个下界。例如，插入排序的最好情况运行时间为 $\Omega(n)$，这蕴涵着插入排序的运行时间为 $\Omega(n)$。

所以插入排序的运行时间介于 $\Omega(n)$ 和 $O(n^2)$，因为它落入 n 的线性函数与 n 的二次函数之间的任何地方。而且，这两个界是尽可能渐近地紧确的：例如，插入排序的运行时间不是 $\Omega(n^2)$，因为存在一个输入（例如，当输入已排好序时），对该输入，插入排序在 $\Theta(n)$ 时间内运行。然而，这与称插入排序的最坏情况运行时间为 $\Omega(n^2)$ 并不矛盾，因为存在一个输入，使得该算法需要 $\Omega(n^2)$ 的时间。

等式和不等式中的渐近记号

我们已经看到渐近记号可以如何用于数学公式中。例如，在介绍 O 记号时，记"$n = O(n^2)$"。我们还可能写过 $2n^2 + 3n + 1 = 2n^2 + \Theta(n)$。如何解释这样的公式呢？

当渐近记号独立于等式（或不等式）的右边（即不在一个更大的公式内）时，如在 $n = O(n^2)$ 中，我们已经定义等号意指集合的成员关系：$n \in O(n^2)$。然而，一般来说，当渐近记号出现在某个公式中时，我们将其解释为代表某个我们不关注名称的匿名函数。例如，公式 $2n^2 + 3n + 1 = 2n^2 + \Theta(n)$ 意指 $2n^2 + 3n + 1 = 2n^2 + f(n)$，其中 $f(n)$ 是集合 $\Theta(n)$ 中的某个函数。在这个例子中，假设 $f(n) = 3n + 1$，该函数确实在 $\Theta(n)$ 中。

按这种方式使用渐近记号可以帮助消除一个等式中无关紧要的细节与混乱。例如，在第 2 章中，我们把归并排序的最坏情况运行时间表示为递归式

$$T(n) = 2T(n/2) + \Theta(n)$$

如果只对 $T(n)$ 的渐近行为感兴趣，那么没有必要准确说明所有低阶项，它们都被理解为包含在由项 $\Theta(n)$ 表示的匿名函数中。

一个表达式中匿名函数的数目可以理解为等于渐近记号出现的次数。例如，在表达式 $\sum_{i=1}^{n} O(i)$ 中，只有一个匿名函数（一个 i 的函数）。因此，这个表达式不同于 $O(1) + O(2) + \cdots + O(n)$，实际上后者没有一个清晰的解释。

在某些例子中，渐近记号出现在等式的左边，例如

$$2n^2 + \Theta(n) = \Theta(n^2)$$

我们使用以下规则来解释这种等式：无论怎样选择等号左边的匿名函数，总有一种办法来选择等号右边的匿名函数使等式成立。因此，我们的例子意指对任意函数 $f(n) \in \Theta(n)$，存在某个函数 $g(n) \in \Theta(n^2)$，使得对所有的 n，有 $2n^2 + f(n) = g(n)$。换句话说，等式右边比左边提供的细节更粗糙。

我们可以将许多这样的关系链在一起，例如

$$2n^2 + 3n + 1 = 2n^2 + \Theta(n) = \Theta(n^2)$$

可以用上述规则分别解释每个等式。第一个等式表明存在某个函数 $f(n) \in \Theta(n)$，使得对所有的 n，有 $2n^2 + 3n + 1 = 2n^2 + f(n)$。第二个等式表明对任意函数 $g(n) \in \Theta(n)$（如刚刚提到的 $f(n)$），存在某个函数 $h(n) \in \Theta(n^2)$，使得对所有的 n，有 $2n^2 + g(n) = h(n)$。注意，这种解释蕴涵着 $2n^2 + 3n + 1 = \Theta(n^2)$，这就是等式链直观上提供给我们的东西。

o 记号

由 O 记号提供的渐近上界可能是也可能不是渐近紧确的。界 $2n^2 = O(n^2)$ 是渐近紧确的，但是界 $2n = O(n^2)$ 却不是。我们使用 o 记号来表示一个非渐近紧确的上界。形式化地定义 $o(g(n))$（读作"小 $og(n)$"）为以下集合：

$o(g(n)) = \{f(n) :$ 对任意正常量 $c > 0$，存在常量 $n_0 > 0$，使得对所有 $n \geq n_0$，有 $0 \leq f(n) < cg(n)\}$

例如，$2n = o(n^2)$，但是 $2n^2 \neq o(n^2)$。

O 记号与 o 记号的定义类似。主要的区别是在 $f(n) = O(g(n))$ 中，界 $0 \leq f(n) \leq cg(n)$ 对某个常量 $c > 0$ 成立，但在 $f(n) = o(g(n))$ 中，界 $0 \leq f(n) < cg(n)$ 对所有常量 $c > 0$ 成立。直观上，在 o 记号中，当 n 趋于无穷时，函数 $f(n)$ 相对于 $g(n)$ 来说变得微不足道了，即

$$\lim_{n \to \infty} \frac{f(n)}{g(n)} = 0 \qquad (3.1)$$

有些学者使用这个极限作为 o 记号的定义；本书中的定义还限定匿名函数是渐近非负的。

ω 记号

ω 记号与 Ω 记号的关系类似于 o 记号与 O 记号的关系。我们使用 ω 记号来表示一个非渐近紧确的下界。定义它的一种方式是：

$$f(n) \in \omega(g(n)) \text{ 当且仅当 } g(n) \in o(f(n))$$

然而，我们形式化地定义 $\omega(g(n))$（读作"小 $\omega g(n)$"）为以下集合：

$\omega(g(n)) = \{f(n) :$ 对任意正常量 $c > 0$，存在常量 $n_0 > 0$，使得对所有 $n \geq n_0$，有 $0 \leq cg(n) < f(n)\}$

例如，$n^2/2 = \omega(n)$，但是 $n^2/2 \neq \omega(n^2)$。关系 $f(n) = \omega(g(n))$ 蕴涵着

$$\lim_{n \to \infty} \frac{f(n)}{g(n)} = \infty$$

也就是说，如果这个极限存在，那么当 n 趋于无穷时，$f(n)$ 相对于 $g(n)$ 来说变得任意大了。

比较各种函数

实数的许多关系性质也适用于渐近比较。下面假定 $f(n)$ 和 $g(n)$ 渐近为正。

传递性：

$$f(n) = \Theta(g(n)) \text{ 且 } g(n) = \Theta(h(n)) \quad \text{蕴涵 } f(n) = \Theta(h(n))$$
$$f(n) = O(g(n)) \text{ 且 } g(n) = O(h(n)) \quad \text{蕴涵 } f(n) = O(h(n))$$
$$f(n) = \Omega(g(n)) \text{ 且 } g(n) = \Omega(h(n)) \quad \text{蕴涵 } f(n) = \Omega(h(n))$$
$$f(n) = o(g(n)) \text{ 且 } g(n) = o(h(n)) \quad \text{蕴涵 } f(n) = o(h(n))$$
$$f(n) = \omega(g(n)) \text{ 且 } g(n) = \omega(h(n)) \quad \text{蕴涵 } f(n) = \omega(h(n))$$

自反性：

$$f(n) = \Theta(f(n))$$
$$f(n) = O(f(n))$$
$$f(n) = \Omega(f(n))$$

对称性：
$$f(n) = \Theta(g(n)) \text{ 当且仅当 } g(n) = \Theta(f(n))$$

转置对称性：
$$f(n) = O(g(n)) \text{ 当且仅当 } g(n) = \Omega(f(n))$$
$$f(n) = o(g(n)) \text{ 当且仅当 } g(n) = \omega(f(n))$$

因为这些性质对渐近记号成立，所以可以在两个函数 f 与 g 的渐近比较和两个实数 a 与 b 的比较之间做一种类比。

$$f(n) = O(g(n)) \text{ 类似于 } a \leqslant b$$
$$f(n) = \Omega(g(n)) \text{ 类似于 } a \geqslant b$$
$$f(n) = \Theta(g(n)) \text{ 类似于 } a = b$$
$$f(n) = o(g(n)) \text{ 类似于 } a < b$$
$$f(n) = \omega(g(n)) \text{ 类似于 } a > b$$

若 $f(n) = o(g(n))$，则称 $f(n)$ **渐近小于** $g(n)$；若 $f(n) = \omega(g(n))$，则称 $f(n)$ **渐近大于** $g(n)$。

然而，实数的下列性质不能携带到渐近记号：

三分性 对任意两个实数 a 和 b，下列三种情况恰有一种必须成立：$a < b$，$a = b$，或 $a > b$。虽然任意两个实数都可以进行比较，但不是所有函数都可渐近比较。也就是说，对两个函数 $f(n)$ 和 $g(n)$，也许 $f(n) = O(g(n))$ 和 $f(n) = \Omega(g(n))$ 都不成立。例如，我们不能使用渐近记号来比较函数 n 和 $n^{1+\sin n}$，因为 $n^{1+\sin n}$ 中的幂值在 0 与 2 之间摆动，取介于两者之间的所有值。

练习

3.1-1 假设 $f(n)$ 与 $g(n)$ 都是渐近非负函数。使用 Θ 记号的基本定义来证明 $\max(f(n), g(n)) = \Theta(f(n) + g(n))$。

3.1-2 证明：对任意实常量 a 和 b，其中 $b > 0$，有
$$(n + a)^b = \Theta(n^b) \tag{3.2}$$

3.1-3 解释为什么"算法 A 的运行时间至少是 $O(n^2)$"这一表述是无意义的。

3.1-4 $2^{n+1} = O(2^n)$ 成立吗？$2^{2n} = O(2^n)$ 成立吗？

3.1-5 证明定理 3.1。

3.1-6 证明：一个算法的运行时间为 $\Theta(g(n))$ 当且仅当其最坏情况运行时间为 $O(g(n))$，且其最好情况运行时间为 $\Omega(g(n))$。

3.1-7 证明：$o(g(n)) \cap \omega(g(n))$ 为空集。

3.1-8 可以扩展我们的记号到有两个参数 n 和 m 的情形，其中的 n 和 m 可以按不同速率独立地趋于无穷。对于给定的函数 $g(n, m)$，用 $O(g(n, m))$ 来表示以下函数集：
$$O(g(n,m)) = \{f(n,m): \text{存在正常量 } c, n_0 \text{ 和 } m_0, \text{使得对所有 } n \geqslant n_0 \text{ 或 } m \geqslant m_0,$$
$$\text{有 } 0 \leqslant f(n,m) \leqslant cg(n,m)\}$$
对 $\Omega(g(n, m))$ 和 $\Theta(g(n, m))$ 给出相应的定义。

3.2 标准记号与常用函数

本节将回顾一些标准的数学函数与记号并探索它们之间的关系，还将阐明渐近记号的应用。

单调性

若 $m \leqslant n$ 蕴涵 $f(m) \leqslant f(n)$，则函数 $f(n)$ 是**单调递增**的。类似地，若 $m \leqslant n$ 蕴涵 $f(m) \geqslant f(n)$，则函数 $f(n)$ 是**单调递减**的。若 $m < n$ 蕴涵 $f(m) < f(n)$，则函数 $f(n)$ 是**严格递增**的。若 $m < n$ 蕴涵 $f(m) > f(n)$，则函数 $f(n)$ 是**严格递减**的。

向下取整与向上取整

对任意实数 x，我们用 $\lfloor x \rfloor$ 表示小于或等于 x 的最大整数（读作"x 的向下取整"），并用 $\lceil x \rceil$ 表示大于或等于 x 的最小整数（读作"x 的向上取整"）。对所有实数 x，

$$x - 1 < \lfloor x \rfloor \leqslant x \leqslant \lceil x \rceil < x + 1 \tag{3.3}$$

对任意整数 n，

$$\lceil n/2 \rceil + \lfloor n/2 \rfloor = n$$

对任意实数 $x \geqslant 0$ 和整数 $a, b > 0$，

$$\left\lceil \frac{\lceil x/a \rceil}{b} \right\rceil = \left\lceil \frac{x}{ab} \right\rceil \tag{3.4}$$

$$\left\lfloor \frac{\lfloor x/a \rfloor}{b} \right\rfloor = \left\lfloor \frac{x}{ab} \right\rfloor \tag{3.5}$$

$$\left\lceil \frac{a}{b} \right\rceil \leqslant \frac{a + (b-1)}{b} \tag{3.6}$$

$$\left\lfloor \frac{a}{b} \right\rfloor \geqslant \frac{a - (b-1)}{b} \tag{3.7}$$

向下取整函数 $f(x) = \lfloor x \rfloor$ 是单调递增的，向上取整函数 $f(x) = \lceil x \rceil$ 也是单调递增的。

模运算

对任意整数 a 和任意正整数 n，$a \bmod n$ 的值就是商 a/n 的**余数**：

$$a \bmod n = a - n \lfloor a/n \rfloor \tag{3.8}$$

结果有

$$0 \leqslant a \bmod n < n \tag{3.9}$$

给定一个整数除以另一个整数的余数的良定义后，可以方便地引入表示余数相等的特殊记号。若 $(a \bmod n) = (b \bmod n)$，则记 $a \equiv b \pmod{n}$，并称模 n 时 a **等价于** b。换句话说，若 a 与 b 除以 n 时具有相同的余数，则 $a \equiv b \pmod{n}$。等价地，$a \equiv b \pmod{n}$ 当且仅当 n 是 $b - a$ 的一个因子。若模 n 时 a 不等价于 b，则记 $a \not\equiv b \pmod{n}$。

54

多项式

给定一个非负整数 d，**n 的 d 次多项式**为具有以下形式的一个函数 $p(n)$：

$$p(n) = \sum_{i=0}^{d} a_i n^i$$

其中常量 $a_0, a_1, \cdots, a_d$ 是多项式的**系数**且 $a_d \neq 0$。一个多项式为渐近正的当且仅当 $a_d > 0$。对于一个 d 次渐近正的多项式 $p(n)$，有 $p(n) = \Theta(n^d)$。对任意实常量 $a \geqslant 0$，函数 n^a 单调递增，对任意实常量 $a \leqslant 0$，函数 n^a 单调递减。若对某个常量 k，有 $f(n) = O(n^k)$，则称函数 $f(n)$ 是**多项式有界**的。

指数

对所有实数 $a > 0$、m 和 n，我们有以下恒等式：

$$a^0 = 1$$
$$a^1 = a$$
$$a^{-1} = 1/a$$
$$(a^m)^n = a^{mn}$$
$$(a^m)^n = (a^n)^m$$
$$a^m a^n = a^{m+n}$$

对所有 n 和 $a \geqslant 1$，函数 a^n 关于 n 单调递增。方便时，我们假定 $0^0 = 1$。

可以通过以下事实使多项式与指数的增长率互相关联。对所有使得 $a > 1$ 的实常量 a 和 b，有

$$\lim_{n \to \infty} \frac{n^b}{a^n} = 0 \tag{3.10}$$

据此可得

$$n^b = o(a^n)$$

因此，任意底大于 1 的指数函数比任意多项式函数增长得快。

使用 e 来表示自然对数函数的底 2.718 28…，对所有实数 x，我们有

$$e^x = 1 + x + \frac{x^2}{2!} + \frac{x^3}{3!} + \cdots = \sum_{i=0}^{\infty} \frac{x^i}{i!} \tag{3.11}$$

其中"!"表示本节后面定义的阶乘函数。对所有实数 x，我们有不等式

$$e^x \geqslant 1 + x \tag{3.12}$$

其中只有当 $x=0$ 时等号才成立。当 $|x| \leqslant 1$ 时，我们有近似估计

$$1 + x \leqslant e^x \leqslant 1 + x + x^2 \tag{3.13}$$

当 $x \to 0$ 时，用 $1+x$ 作为 e^x 的近似是相当好的：

$$e^x = 1 + x + \Theta(x^2)$$

（在这个等式中，渐近记号用来描述当 $x \to 0$ 而不是 $x \to \infty$ 时的极限行为）。对所有 x，我们有：

$$\lim_{n \to \infty} \left(1 + \frac{x}{n}\right)^n = e^x \tag{3.14}$$

对数

我们将使用下面的记号：

$$\lg n = \log_2 n \qquad (\text{以 2 为底的对数})$$
$$\ln n = \log_e n \qquad (\text{自然对数})$$
$$\lg^k n = (\lg n)^k \qquad (\text{取幂})$$
$$\lg\lg n = \lg(\lg n) \qquad (\text{复合})$$

我们将采用的一个重要记号约定是对数函数只适用于公式中的下一项，所以 $\lg n + k$ 意指 $(\lg n) + k$ 而不是 $\lg(n+k)$。如果常量 $b>1$，那么对 $n>0$，函数 $\log_b n$ 是严格递增的。

对所有实数 $a>0$，$b>0$，$c>0$ 和 n，有

$$a = b^{\log_b a}$$
$$\log_c(ab) = \log_c a + \log_c b$$
$$\log_b a^n = n \log_b a$$
$$\log_b a = \frac{\log_c a}{\log_c b} \tag{3.15}$$
$$\log_b(1/a) = -\log_b a$$
$$\log_b a = \frac{1}{\log_a b}$$
$$a^{\log_b c} = c^{\log_b a} \tag{3.16}$$

其中，在上面的每个等式中，对数的底不为 1。

根据等式(3.15)，对数的底从一个常量到另一个常量的更换仅使对数的值改变一个常量因子，所以当我们不关心这些常量因子时，例如在 O 记号中，我们经常使用记号"$\lg n$"。计算机科学家发现 2 是对数的最自然的底，因为非常多的算法和数据结构涉及把一个问题分解成两个部分。

当 $|x| < 1$ 时，$\ln(1+x)$ 存在一种简单的级数展开：

$$\ln(1+x) = x - \frac{x^2}{2} + \frac{x^3}{3} - \frac{x^4}{4} + \frac{x^5}{5} - \cdots$$

对 $x > -1$，还有下面的不等式：

$$\frac{x}{1+x} \leqslant \ln(1+x) \leqslant x \tag{3.17}$$

其中仅对 $x=0$ 等号成立。

若对某个常量 k，$f(n)=O(\lg^k n)$，则称函数 $f(n)$ 是**多对数有界**的。在等式(3.10)中，通过用 $\lg n$ 代替 n 并用 2^a 代替 a，可以使多项式与多对数的增长互相关联：

$$\lim_{n\to\infty} \frac{\lg^b n}{(2^a)^{\lg n}} = \lim_{n\to\infty} \frac{\lg^b n}{n^a} = 0$$

根据这个极限，我们可以得到：对任意常量 $a>0$，

$$\lg^b n = o(n^a)$$

因此，任意正的多项式函数都比任意多对数函数增长得快。

阶乘

记号 $n!$（读作"n 的阶乘"）定义为对整数 $n\geq 0$，有

$$n! = \begin{cases} 1 & \text{若 } n=0 \\ n\cdot(n-1)! & \text{若 } n>0 \end{cases}$$

因此，$n! = 1\cdot 2\cdot 3\cdots n$。

阶乘函数的一个弱上界是 $n!\leq n^n$，因为在阶乘中，n 项的每项最多为 n。**斯特林**（Stirling）**近似公式**

$$n! = \sqrt{2\pi n}\left(\frac{n}{e}\right)^n\left(1+\Theta\left(\frac{1}{n}\right)\right) \tag{3.18}$$

给出了一个更紧确的上界和下界，其中 e 是自然对数的底。正如练习 3.2-3 要求证明的，

$$n! = o(n^n)$$
$$n! = \omega(2^n)$$
$$\lg(n!) = \Theta(n\lg n) \tag{3.19}$$

其中斯特林近似公式有助于证明等式(3.19)。对所有 $n\geq 1$，下面的等式也成立：

$$n! = \sqrt{2\pi n}\left(\frac{n}{e}\right)^n e^{\alpha_n} \tag{3.20}$$

其中

$$\frac{1}{12n+1} < \alpha_n < \frac{1}{12n} \tag{3.21}$$

多重函数

我们使用记号 $f^{(i)}(n)$ 来表示函数 $f(n)$ 重复 i 次作用于一个初值 n 上。形式化地，假设 $f(n)$ 为实数集上的一个函数。对非负整数 i，我们递归地定义

$$f^{(i)}(n) = \begin{cases} n & \text{若 } i=0 \\ f(f^{(i-1)}(n)) & \text{若 } i>0 \end{cases}$$

例如，若 $f(n)=2n$，则 $f^{(i)}(n)=2^i n$。

多重对数函数

我们使用记号 $\lg^* n$（读作"log 星 n"）来表示多重对数，下面会给出它的定义。假设 $\lg^{(i)} n$ 定义如上，其中 $f(n)=\lg n$。因为非正数的对数无定义，所以只有在 $\lg^{(i-1)} n>0$ 时 $\lg^{(i)} n$ 才有定义。一定要区分 $\lg^{(i)} n$（从参数 n 开始，连续应用对数函数 i 次）与 $\lg^i n$（n 的对数的 i 次幂）。于是定义多重对数函数为

$$\lg^* n = \min\{i\geq 0: \lg^{(i)} n\leq 1\}$$

多重对数是一个增长非常慢的函数：

$$\lg^* 2 = 1$$
$$\lg^* 4 = 2$$
$$\lg^* 16 = 3$$

$$\lg^* 65\,536 = 4$$

$$\lg^* (2^{65\,536}) = 5$$

58

因为在可探测的宇宙中原子的数目估计约为 10^{80}，远远小于 $2^{65\,536}$，所以我们很少遇到一个使 $\lg^* n > 5$ 的输入规模 n。

斐波那契数

使用下面的递归式来定义**斐波那契数**：

$$F_0 = 0$$
$$F_1 = 1 \qquad\qquad (3.22)$$
$$F_i = F_{i-1} + F_{i-2}, \quad i \geqslant 2$$

因此，每个斐波那契数都是两个前面的数之和，产生的序列为

$$0, 1, 1, 2, 3, 5, 8, 13, 21, 34, 55, \cdots$$

斐波那契数与**黄金分割率** ϕ 及其共轭数 $\hat{\phi}$ 有关，它们是下列方程的两个根：

$$x^2 = x + 1 \qquad\qquad (3.23)$$

并由下面的公式给出(参见练习 3.2-6)：

$$\phi = \frac{1 + \sqrt{5}}{2} = 1.618\,03\cdots \qquad\qquad (3.24)$$

$$\hat{\phi} = \frac{1 - \sqrt{5}}{2} = -0.618\,03\cdots$$

特别地，我们有

$$F_i = \frac{\phi^i - \hat{\phi}^i}{\sqrt{5}}$$

可以使用归纳法来证明这个结论(练习 3.2-7)。因为 $|\hat{\phi}| < 1$，所以有

$$\frac{|\hat{\phi}^i|}{\sqrt{5}} < \frac{1}{\sqrt{5}} < \frac{1}{2}$$

59

这蕴涵着

$$F_i = \left\lfloor \frac{\phi^i}{\sqrt{5}} + \frac{1}{2} \right\rfloor \qquad\qquad (3.25)$$

这就是说第 i 个斐波那契数 F_i 等于 $\phi^i / \sqrt{5}$ 舍入到最近的整数。因此，斐波那契数以指数形式增长。

练习

3.2-1 证明：若 $f(n)$ 和 $g(n)$ 是单调递增的函数，则函数 $f(n) + g(n)$ 和 $f(g(n))$ 也是单调递增的，此外，若 $f(n)$ 和 $g(n)$ 是非负的，则 $f(n) \cdot g(n)$ 是单调递增的。

3.2-2 证明等式(3.16)。

3.2-3 证明等式(3.19)。并证明 $n! = \omega(2^n)$ 且 $n! = o(n^n)$。

*__3.2-4__ 函数 $\lceil \lg n \rceil !$ 多项式有界吗？函数 $\lceil \lg \lg n \rceil !$ 多项式有界吗？

*__3.2-5__ 如下两个函数中，哪一个渐近更大些：$\lg(\lg^* n)$ 还是 $\lg^*(\lg n)$？

3.2-6 证明：黄金分割率 ϕ 及其共轭数 $\hat{\phi}$ 都满足方程 $x^2 = x + 1$。

3.2-7 用归纳法证明：第 i 个斐波那契数满足等式

$$F_i = \frac{\phi^i - \hat{\phi}^i}{\sqrt{5}}$$

其中 ϕ 是黄金分割率且 $\hat{\phi}$ 是其共轭数。

60 **3.2-8** 证明：$k \ln k = \Theta(n)$ 蕴涵着 $k = \Theta(n / \ln n)$。

思考题

3-1 （多项式的渐近行为） 假设 $p(n) = \sum_{i=0}^{d} a_i n^i$ 是一个关于 n 的 d 次多项式，其中 $a_d > 0$，k 是一个常量。使用渐近记号的定义来证明下面的性质。

a. 若 $k \geqslant d$，则 $p(n) = O(n^k)$。

b. 若 $k \leqslant d$，则 $p(n) = \Omega(n^k)$。

c. 若 $k = d$，则 $p(n) = \Theta(n^k)$。

d. 若 $k > d$，则 $p(n) = o(n^k)$。

e. 若 $k < d$，则 $p(n) = \omega(n^k)$。

3-2 （相对渐近增长） 为下表中的每对表达式 (A, B) 指出 A 是否是 B 的 O、o、Ω、ω 或 Θ。假设 $k \geqslant 1$、$\varepsilon > 0$ 且 $c > 1$ 均为常量。回答应该以表格的形式，将"是"或"否"写在每个空格中。

	A	B	O	o	Ω	ω	Θ
a.	$\lg^k n$	n^ε					
b.	n^k	c^n					
c.	$\sqrt{n}$	$n^{\sin n}$					
d.	2^n	$2^{n/2}$					
e.	$n^{\lg c}$	$c^{\lg n}$					
f.	$\lg(n!)$	$\lg(n^n)$					

3-3 （根据渐近增长率排序）

a. 根据增长的阶来排序下面的函数，即求出满足 $g_1 = \Omega(g_2)$，$g_2 = \Omega(g_3)$，$\cdots$，$g_{29} = \Omega(g_{30})$ 的函数的一种排列 g_1，g_2，$\cdots$，g_{30}。把你的表划分成等价类，使得函数 $f(n)$ 和 $g(n)$ 在相同类中当且仅当 $f(n) = \Theta(g(n))$。

$$\lg(\lg^* n) \qquad 2^{\lg^* n} \qquad (\sqrt{2})^{\lg n} \qquad n^2 \qquad n! \qquad (\lg n)!$$

$$\left(\frac{3}{2}\right)^n \qquad n^3 \qquad \lg^2 n \qquad \lg(n!) \qquad 2^{2^n} \qquad n^{1/\lg n}$$

$$\ln \ln n \qquad \lg^* n \qquad n \cdot 2^n \qquad n^{\lg \lg n} \qquad \ln n \qquad 1$$

$$2^{\lg n} \qquad (\lg n)^{\lg n} \qquad e^n \qquad 4^{\lg n} \qquad (n+1)! \qquad \sqrt{\lg n}$$

$$\lg^*(\lg n) \qquad 2^{\sqrt{2 \lg n}} \qquad n \qquad 2^n \qquad n \lg n \qquad 2^{2^{n+1}}$$

b. 给出非负函数 $f(n)$ 的一个例子，使得对所有在 (a) 部分中的函数 $g_i(n)$，$f(n)$ 既不是 $O(g_i(n))$ 也不是 $\Omega(g_i(n))$。

61

3-4 （渐近记号的性质） 假设 $f(n)$ 和 $g(n)$ 为渐近正函数。证明或反驳下面的每个猜测。

a. $f(n) = O(g(n))$ 蕴涵 $g(n) = O(f(n))$。

b. $f(n) + g(n) = \Theta(\min(f(n), g(n)))$。

c. $f(n) = O(g(n))$ 蕴涵 $\lg(f(n)) = O(\lg(g(n)))$，其中对所有足够大的 n，有 $\lg(g(n)) \geqslant 1$ 且 $f(n) \geqslant 1$。

d. $f(n) = O(g(n))$ 蕴涵 $2^{f(n)} = O(2^{g(n)})$。

e. $f(n) = O((f(n))^2)$。

f. $f(n) = O(g(n))$ 蕴涵 $g(n) = \Omega(f(n))$。

g. $f(n) = \Theta(f(n/2))$。

h. $f(n) + o(f(n)) = \Theta(f(n))$。

3-5 *(O 与 Ω 的一些变形)* 某些作者用一种与我们稍微不同的方式来定义 Ω；假设我们使用 $\overset{\infty}{\Omega}$（读作"Ω 无穷"）来表示这种可选的定义。若存在正常量 c，使得对无穷多个整数 n，有 $f(n) \geqslant cg(n) \geqslant 0$，则称 $f(n) = \overset{\infty}{\Omega}(g(n))$。

> **a.** 证明：对渐近非负的任意两个函数 $f(n)$ 和 $g(n)$，或者 $f(n) = O(g(n))$ 或者 $f(n) = \overset{\infty}{\Omega}(g(n))$ 或者二者均成立，然而，如果使用 Ω 来代替 $\overset{\infty}{\Omega}$，那么该命题并不为真。

> **b.** 描述用 $\overset{\infty}{\Omega}$ 代替 Ω 来刻画程序运行时间的潜在优点与缺点。
>
> 某些作者也用一种稍微不同的方式来定义 O；假设使用 O' 来表示这种可选的定义。我们称 $f(n) = O'(g(n))$ 当且仅当 $|f(n)| = O(g(n))$。

> **c.** 如果使用 O' 代替 O 但仍然使用 Ω，定理 3.1 中的"当且仅当"的每个方向将出现什么情况？
>
> 有些作者定义 $\tilde{O}$（读作"软 O"）来意指忽略对数因子的 O：
> $$\tilde{O}(g(n)) = \{f(n): 存在正常量 c, k 和 n_0, 使得对所有 n \geqslant n_0, 有 0 \leqslant f(n) \leqslant cg(n)\lg^k(n)\}$$

> **d.** 用一种类似的方式定义 $\tilde{\Omega}$ 和 $\tilde{\Theta}$。证明与定理 3.1 相对应的类似结论。

3-6 *(多重函数)* 我们可以把用于函数 $\lg^*$ 中的重复操作符 $*$ 应用于实数集上的任意单调递增函数 $f(n)$。对给定的常量 $c \in \mathbf{R}$，我们定义多重函数 f_c^* 为
$$f_c^*(n) = \min\{i \geqslant 0: f^{(i)}(n) \leqslant c\}$$
该函数不必在所有情况下都为良定义的。换句话说，值 $f_c^*(n)$ 是为缩小其参数到 c 或更小所需要函数 f 重复应用的数目。

对如下每个函数 $f(n)$ 和常量 c，给出 $f_c^*(n)$ 的一个尽量紧确的界。

	$f(n)$	c	$f_c^*(n)$
a.	$n-1$	0	
b.	$\lg n$	1	
c.	$n/2$	1	
d.	$n/2$	2	
e.	$\sqrt{n}$	2	
f.	$\sqrt{n}$	1	
g.	$n^{1/3}$	2	
h.	$n/\lg n$	2	

本章注记

Knuth[209]追溯 O 记号的起源到 1892 年由 P. Bachmann 编写的一本数论教材。E. Landau 在 1909 年发明 o 记号，用于讨论素数的分布。Knuth[213]提倡 Ω 和 Θ 记号，以纠正文献中流行的但技术上草率的对上界和下界都使用 O 记号的常规。许多人在 Θ 记号技术上更准确的地方继续使用 O 记号。关于渐近记号的历史与发展的深入讨论，可以参考 Knuth[209，213]以及 Brassard 和 Bratley[55]撰写的著作。

虽然各种定义在大多数公共的情况下是一致的，但是，不是所有的作者都用相同的方式来定义渐近记号。一些可选的定义包括不是渐近非负的函数，只要它们的绝对值是适当有界的。

等式(3.20)应归功于 Robbins[297]。基本数学函数的其他性质可以在任何一本好的数学参考书中找到，例如，Abramowitz 和 Stegun[1]或 Zwillinger[362]，也可以在微积分书中找到，例如 Apostol[18]或 Thomas 等[334]。Knuth[209]以及 Graham、Knuth 和 Patashnik[152]包含大量用于计算机科学中的离散数学的有关材料。

分 治 策 略

在 2.3.1 节中，我们介绍了归并排序，它利用了分治策略。回忆一下，在分治策略中，我们递归地求解一个问题，在每层递归中应用如下三个步骤：

分解(Divide)步骤将问题划分为一些子问题，子问题的形式与原问题一样，只是规模更小。

解决(Conquer)步骤递归地求解出子问题。如果子问题的规模足够小，则停止递归，直接求解。

合并(Combine)步骤将子问题的解组合成原问题的解。

当子问题足够大，需要递归求解时，我们称之为**递归情况**(recursive case)。当子问题变得足够小，不再需要递归时，我们说递归已经"触底"，进入了**基本情况**(base case)。有时，除了与原问题形式完全一样的规模更小的子问题外，还需要求解与原问题不完全一样的子问题。我们将这些子问题的求解看做合并步骤的一部分。

在本章中，我们将看到更多基于分治策略的算法。第一个算法求解最大子数组问题，其输入是一个数值数组，算法需要确定具有最大和的连续子数组。然后我们将看到两个求解 $n \times n$ 矩阵乘法问题的分治算法。其中一个的运行时间为 $\Theta(n^3)$，并不优于平凡算法。但另一算法(Strassen算法)的运行时间为 $O(n^{2.81})$，渐近时间复杂性击败了平凡算法。

递归式

递归式与分治方法是紧密相关的，因为使用递归式可以很自然地刻画分治算法的运行时间。一个**递归式**(recurrence)就是一个等式或不等式，它通过更小的输入上的函数值来描述一个函数。例如，在 2.3.2 节中，我们用递归式描述了 MERGE-SORT 过程的最坏情况运行时间 $T(n)$：

$$T(n) = \begin{cases} \Theta(1) & \text{若 } n = 1 \\ 2T(n/2) + \Theta(n) & \text{若 } n > 1 \end{cases} \qquad (4.1)$$

求解可得 $T(n) = \Theta(n \lg n)$。

递归式可以有很多形式。例如，一个递归算法可能将问题划分为规模不等的子问题，如 2/3 对 1/3 的划分。如果分解和合并步骤都是线性时间的，这样的算法会产生递归式 $T(n) = T(2n/3) + T(n/3) + \Theta(n)$。

子问题的规模不必是原问题规模的一个固定比例。例如，线性查找的递归版本(练习 2.1-3)仅生成一个子问题，其规模仅比原问题的规模少一个元素。每次递归调用将花费常量时间再加上下一层递归调用的时间，因此递归式为 $T(n) = T(n-1) + \Theta(1)$。

本章介绍三种求解递归式的方法，即得出算法的"Θ"或"O"渐近界的方法：

- **代入法** 我们猜测一个界，然后用数学归纳法证明这个界是正确的。
- **递归树法** 将递归式转换为一棵树，其结点表示不同层次的递归调用产生的代价。然后采用边界和技术来求解递归式。
- **主方法** 可求解形如下面公式的递归式的界：

$$T(n) = aT(n/b) + f(n) \qquad (4.2)$$

其中 $a \geqslant 1$，$b > 1$，$f(n)$ 是一个给定的函数。这种形式的递归式很常见，它刻画了这样一个分治算法：生成 a 个子问题，每个子问题的规模是原问题规模的 $1/b$，分解和合并步骤总共花费时间为 $f(n)$。

为了使用主方法，必须要熟记三种情况，但是一旦你掌握了这种方法，确定很多简单递归式的渐近界就变得很容易。在本章中，我们将使用主方法来确定最大子数组问题和矩阵相乘问题的分治算法的运行时间，本书中其他使用分治策略的算法也将用主方法进行分析。

我们偶尔会遇到不是等式而是不等式的递归式，例如 $T(n) \leqslant 2T(n/2) + \Theta(n)$。因为这样一种递归式仅描述了 $T(n)$ 的一个上界，因此可以用大 O 符号而不是 Θ 符号来描述其解。类似地，如果不等式为 $T(n) \geqslant 2T(n/2) + \Theta(n)$，则由于递归式只给出了 $T(n)$ 的一个下界，我们应使用 Ω 符号来描述其解。

递归式技术细节

在实际应用中，我们会忽略递归式声明和求解的一些技术细节。例如，如果对 n 个元素调用 MERGE-SORT，当 n 为奇数时，两个子问题的规模分别为 $\lfloor n/2 \rfloor$ 和 $\lceil n/2 \rceil$，准确来说都不是 $n/2$，因为当 n 是奇数时，$n/2$ 不是一个整数。技术上，描述 MERGE-SORT 最坏情况运行时间的准确的递归式为

$$T(n) = \begin{cases} \Theta(1) & \text{若 } n = 1 \\ T(\lceil n/2 \rceil) + T(\lfloor n/2 \rfloor) + \Theta(n) & \text{若 } n > 1 \end{cases} \tag{4.3}$$

边界条件是另一类我们通常忽略的细节。由于对于一个常量规模的输入，算法的运行时间为常量，因此对于足够小的 n，表示算法运行时间的递归式一般为 $T(n) = \Theta(1)$。因此，出于方便，我们一般忽略递归式的边界条件，假设对很小的 n，$T(n)$ 为常量。例如，递归式 (4.1) 常被表示为

$$T(n) = 2T(n/2) + \Theta(n) \tag{4.4}$$

去掉了 n 很小时函数值的显式描述。原因在于，虽然改变 $T(1)$ 的值会改变递归式的精确解，但改变幅度不会超过一个常数因子，因而函数的增长阶不会变化。

当声明、求解递归式时，我们常常忽略向下取整、向上取整及边界条件。我们先忽略这些细节，稍后再确定这些细节对结果是否有较大影响。通常影响不大，但你需要知道什么时候会影响不大。这一方面可以依靠经验来判断，另一方面，一些定理也表明，对于很多刻画分治算法的递归式，这些细节不会影响其渐近界（参见定理 4.1）。但是，在本章中，我们会讨论某些细节，展示递归式求解方法的要点。

67

4.1 最大子数组问题

假定你获得了投资挥发性化学公司的机会。与其生产的化学制品一样，这家公司的股票价格也是不稳定的。你被准许可以在某个时刻买进一股该公司的股票，并在之后某个日期将其卖出，买进卖出都是在当天交易结束后进行。为了补偿这一限制，你可以了解股票将来的价格。你的目标是最大化收益。图 4-1 给出了 17 天内的股票价格。第 0 天的股票价格是每股 100 美元，你可以在此之后任何时间买进股票。你当然希望"低价买进，高价卖出"——在最低价格时买进股票，之后在最高价格时卖出，这样可以最大化收益。但遗憾的是，在一段给定时期内，可能无法做到在最低价格时买进股票，然后在最高价格时卖出。例如，在图 4-1 中，最低价格发生在第 7 天，而最高价格发生在第 1 天——最高价在前，最低价在后。

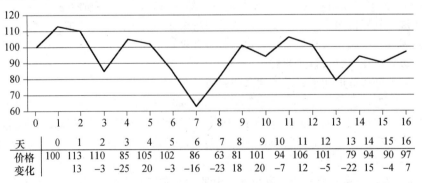

天	0	1	2	3	4	5	6	7	8	9	10	11	12	13	14	15	16
价格	100	113	110	85	105	102	86	63	81	101	94	106	101	79	94	90	97
变化		13	−3	−25	20	−3	−16	−23	18	20	−7	12	−5	−22	15	−4	7

图 4-1　17 天内，每天交易结束后，挥发性化学公司的股票价格信息。横轴表示日期，纵轴表示股票价格。表格的最后一行给出了股票价格相对于前一天的变化

你可能认为可以在最低价格时买进，或在最高价格时卖出，即可最大化收益。例如，在图 4-1 中，我们可以在第 7 天股票价格最低时买入，即可最大化收益。如果这种策略总是有效的，则确定最大化收益是非常简单的：寻找最高和最低价格，然后从最高价格开始向左寻找之前的最低价格，从最低价格开始向右寻找之后的最高价格，取两对价格中差值最大者。但图 4-2 给出了一个简单的反例，显示有时最大收益既不是在最低价格时买进，也不是在最高价格时卖出。

68

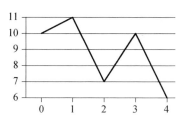

天	0	1	2	3	4
价格	10	11	7	10	6
变化		1	-4	3	-4

图 4-2　本例说明最大收益并不一定从最低价格开始或者到最高价格结束。与图 4-1 一样，横轴表示日期，纵轴表示价格。在本例中，最大收益为每股 3 美元，第 2 天买进，第 3 天卖出可获得此最大收益。第 2 天的价格 7 美元并非最低价格，而第 3 天的价格 10 美元也并非最高价格

暴力求解方法

我们可以很容易地设计出一个暴力方法来求解本问题：简单地尝试每对可能的买进和卖出日期组合，只要卖出日期在买入日期之后即可。n 天中共有 $\binom{n}{2}$ 种日期组合。因为 $\binom{n}{2} = \Theta(n^2)$，而处理每对日期所花费的时间至少也是常量，因此，这种方法的运行时间为 $\Omega(n^2)$。有更好的方法吗？

问题变换

为了设计出一个运行时间为 $o(n^2)$ 的算法，我们将从一个稍微不同的角度来看待输入数据。我们的目的是寻找一段日期，使得从第一天到最后一天的股票价格净变值最大。因此，我们不再从每日价格的角度去看待输入数据，而是考察每日价格变化，第 i 天的价格变化定义为第 i 天和第 $i-1$ 天的价格差。图 4-1 中的表格的最后一行给出了每日价格变化。如果将这一行看做一个数组 A，如图 4-3 所示，那么问题就转化为寻找 A 的和最大的非空连续子数组。我们称这样的连续子数组为**最大子数组**（maximum subarray）。例如，对图 4-3 中的数组，$A[1..16]$ 的最大子数组为 $A[8..11]$，其和为 43。因此，你可以在第 8 天（7 天之后）买入股票，并在第 11 天后卖出，获得每股收益 43 美元。

	1	2	3	4	5	6	7	8	9	10	11	12	13	14	15	16
A	13	-3	-25	20	-3	-16	-23	18	20	-7	12	-5	-22	15	-4	7

最大子数组

图 4-3　股票价格变化值的最大子数组问题。本例中，子数组 $A[8..11]$ 的和是 43，是 A 的所有连续子数组中和最大的

乍一看，这种变换对问题求解并没有什么帮助。对于一段 n 天的日期，我们仍然需要检查 $\binom{n-1}{2} = \Theta(n^2)$ 个子数组。练习 4.1-2 要求证明，虽然计算一个子数组之和所需的时间是线性的，但当计算所有 $\Theta(n^2)$ 个子数组和时，我们可以重新组织计算方式，利用之前计算出的子数组和来计算当前子数组的和，使得每个子数组和的计算时间为 $O(1)$，从而暴力求解方法所花费的时间仍为 $\Theta(n^2)$。

69

接下来，我们寻找最大子数组问题的更高效的求解方法。在此过程中，我们通常说"一个最

大子数组"而不是"最大子数组"，因为可能有多个子数组达到最大和。

只有当数组中包含负数时，最大子数组问题才有意义。如果所有数组元素都是非负的，最大子数组问题没有任何难度，因为整个数组的和肯定是最大的。

使用分治策略的求解方法

我们来思考如何用分治技术来求解最大子数组问题。假定我们要寻找子数组 $A[low..high]$ 的最大子数组。使用分治技术意味着我们要将子数组划分为两个规模尽量相等的子数组。也就是说，找到子数组的中央位置，比如 mid，然后考虑求解两个子数组 $A[low..mid]$ 和 $A[mid+1..high]$。如图 4-4(a)所示，$A[low..high]$ 的任何连续子数组 $A[i..j]$ 所处的位置必然是以下三种情况之一：

- 完全位于子数组 $A[low..mid]$ 中，因此 $low \leqslant i \leqslant j \leqslant mid$。
- 完全位于子数组 $A[mid+1..high]$ 中，因此 $mid < i \leqslant j \leqslant high$。
- 跨越了中点，因此 $low \leqslant i \leqslant mid < j \leqslant high$。

因此，$A[low..high]$ 的一个最大子数组所处的位置必然是这三种情况之一。实际上，$A[low..high]$ 的一个最大子数组必然是完全位于 $A[low..mid]$ 中、完全位于 $A[mid+1..high]$ 中或者跨越中点的所有子数组中和最大者。我们可以递归地求解 $A[low..mid]$ 和 $A[mid+1..high]$ 的最大子数组，因为这两个子问题仍是最大子数组问题，只是规模更小。因此，剩下的全部工作就是寻找跨越中点的最大子数组，然后在三种情况中选取和最大者。

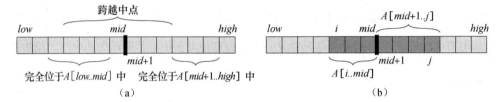

图 4-4　(a)$A[low..high]$ 的子数组的可能位置：完全位于 $A[low..mid]$ 中，完全位于 $A[mid+1..high]$ 中，或者跨越中点 mid。(b)$A[low..high]$ 的任何跨越中点的子数组由两个子数组 $A[i..mid]$ 和 $A[mid+1..j]$ 组成，其中 $low \leqslant i \leqslant mid$ 且 $mid < j \leqslant hıgh$

我们可以很容易地在线性时间(相对于子数组 $A[low..high]$ 的规模)内求出跨越中点的最大子数组。此问题并非原问题规模更小的实例，因为它加入了限制——求出的子数组必须跨越中点。如图 4-4(b)所示，任何跨越中点的子数组都由两个子数组 $A[i..mid]$ 和 $A[mid+1..j]$ 组成，其中 $low \leqslant i \leqslant mid$ 且 $mid < j \leqslant high$。因此，我们只需找出形如 $A[i..mid]$ 和 $A[mid+1..j]$ 的最大子数组，然后将其合并即可。过程 FIND-MAX-CORSSING-SUBARRAY 接收数组 A 和下标 low、mid 和 $high$ 为输入，返回一个下标元组划定跨越中点的最大子数组的边界，并返回最大子数组中值的和。

FIND-MAX-CROSSING-SUBARRAY(A, low, mid, $high$)

```
1   left-sum = -∞
2   sum = 0
3   for i = mid downto low
4       sum = sum + A[i]
5       if sum > left-sum
6           left-sum = sum
7           max-left = i
8   right-sum = -∞
9   sum = 0
10  for j = mid + 1 to high
```

```
11        sum = sum + A[j]
12        if sum > right-sum
13            right-sum = sum
14            max-right = j
15    return (max-left, max-right, left-sum + right-sum)
```

71

此过程的工作方式如下所述。第 1～7 行求出左半部 $A[low..mid]$ 的最大子数组。由于此子数组必须包含 $A[mid]$，第 3～7 行的 **for** 循环的循环变量 i 是从 mid 开始，递减直至达到 low，因此，它所考察的每个子数组都具有 $A[i..mid]$ 的形式。第 1～2 行初始化变量 $left-sum$ 和 sum，前者保存目前为止找到的最大和，后者保存 $A[i..mid]$ 中所有值的和。每当第 5 行找到一个子数组 $A[i..mid]$ 的和大于 $left-sum$ 时，我们在第 6 行将 $left-sum$ 更新为这个子数组的和，并在第 7 行更新变量 $max-left$ 来记录当前下标 i。第 8～14 求右半部 $A[mid+1..high]$ 的最大子数组，过程与左半部类似。此处，第 10～14 行的 **for** 循环的循环变量 j 是从 $mid+1$ 开始，递增直至达到 $high$，因此，它所考察的每个子数组都具有 $A[mid+1..j]$ 的形式。最后，第 15 行返回下标 $max-left$ 和 $max-right$，划定跨越中点的最大子数组的边界，并返回子数组 $A[max-left..max-right]$ 的和 $left-sum+right-sum$。

如果子数组 $A[low..high]$ 包含 n 个元素（即 $n = high - low + 1$），则调用 FIND-MAX-CROSSING-SUBARRAY$(A, low, mid, high)$花费 $\Theta(n)$ 时间。由于两个 **for** 循环的每次迭代花费 $\Theta(1)$ 时间，我们只需统计一共执行了多少次迭代。第 3～7 行的 **for** 循环执行了 $mid - low + 1$ 次迭代，第 10～14 行的 **for** 循环执行了 $high - mid$ 次迭代，因此总循环迭代次数为

$$(mid - low + 1) + (high - mid) = high - low + 1 = n$$

有了一个线性时间的 FIND-MAX-CROSSING-SUBARRAY 在手，我们就可以设计求解最大子数组问题的分治算法的伪代码了：

```
FIND-MAXIMUM-SUBARRAY(A, low, high)
 1  if high == low
 2      return (low, high, A[low])                          // base case：only one element
 3  else mid = ⌊(low+high)/2⌋
 4      (left-low, left-high, left-sum) =
                FIND-MAXIMUM-SUBARRAY(A, low, mid)
 5      (right-low, right-high, right-sum) =
                FIND-MAXIMUM-SUBARRAY(A, mid+1, high)
 6      (cross-low, cross-high, cross-sum) =
                FIND-MAX-CROSSING-SUBARRAY(A, low, mid, high)
 7      if left-sum ⩾ right-sum and left-sum ⩾ cross-sum
 8          return (left-low, left-high, left-sum)
 9      elseif rightr-sum ⩾ left-sum and right-sum ⩾ cross-sum
10          return (right-low, right-high, right-sum)
11      else return (cross-low, cross-high, cross-sum)
```

72

初始调用 FIND-MAXIMUM-SUBARRAY$(A, 1, A.length)$会求出 $A[1..n]$ 的最大子数组。

与 FIND-MAX-CROSSING-SUBARRAY 相似，递归过程 FIND-MAXIMUM-SUBARRAY 返回一个下标元组，划定了最大子数组的边界，同时返回最大子数组中的值之和。第 1 行测试基本情况，即子数组只有一个元素的情况。在此情况下，子数组只有一个子数组——它自身，因此第 2 行返回一个下标元组，开始和结束下标均指向唯一的元素，并返回此元素的值作为最大和。第 3～11 行处理递归情况。第 3 行划分子数组，计算中点下标 mid。我们称子数组 $A[low..mid]$ 为**左子数组**，$A[mid+1..high]$ 为**右子数组**。因为我们知道子数组 $A[low..high]$ 至少包含两个元

素，则左、右两个子数组各至少包含一个元素。第 4 行和第 5 行分别递归地求解左右子数组中的最大子数组。第 6～11 行完成合并工作。第 6 行求跨越中点的最大子数组（回忆一下，第 6 行求解的子问题并非原问题的规模更小的实例，因为我们将其看做合并部分）。第 7 行检测最大和子数组是否在左子数组中，若是，第 8 行返回此子数组。否则，第 9 行检测最大和子数组是否在右子数组中，若是，第 10 行返回此子数组。如果左、右子数组均不包含最大子数组，则最大子数组必然跨越中点，第 11 行将其返回。

分治算法的分析

接下来，我们建立一个递归式来描述递归过程 FIND-MAXIMUM-SUBARRAY 的运行时间。如 2.3.2 节中分析归并排序那样，对问题进行简化，假设原问题的规模为 2 的幂，这样所有子问题的规模均为整数。我们用 $T(n)$ 表示 FIND-MAXIMUM-SUBARRAY 求解 n 个元素的最大子数组的运行时间。首先，第 1 行花费常量时间。对于 $n=1$ 的基本情况，也很简单：第 2 行花费常量时间，因此，

$$T(1) = \Theta(1) \tag{4.5}$$

当 $n>1$ 时为递归情况。第 1 行和第 3 行花费常量时间。第 4 行和第 5 行求解的子问题均为 $n/2$ 个元素的子数组（假定原问题规模为 2 的幂，保证了 $n/2$ 为整数），因此每个子问题的求解时间为 $T(n/2)$。因为我们需要求解两个子问题——左子数组和右子数组，因此第 4 行和第 5 行给总运行时间增加了 $2T(n/2)$。而我们前面已经看到，第 6 行调用 FIND-MAX-CROSSING-SUBARRAY 花费 $\Theta(n)$ 时间。第 7～11 行仅花费 $\Theta(1)$ 时间。因此，对于递归情况，我们有

$$T(n) = \Theta(1) + 2T(n/2) + \Theta(n) + \Theta(1) = 2T(n/2) + \Theta(n) \tag{4.6}$$

组合式（4.5）和式（4.6），我们得到 FIND-MAXIMUM-SUBARRAY 运行时间 $T(n)$ 的递归式：

$$T(n) = \begin{cases} \Theta(1) & \text{若 } n = 1 \\ 2T(n/2) + \Theta(n) & \text{若 } n > 1 \end{cases} \tag{4.7}$$

此递归式与式（4.1）归并排序的递归式一样。我们在 4.5 节将看到用主方法求解此递归式，其解为 $T(n)=\Theta(n\lg n)$。你也可以重新回顾一下图 2-5 中的递归树，来理解为什么解是 $T(n)=\Theta(n\lg n)$。

因此，我们看到利用分治方法得到了一个渐近复杂性优于暴力求解方法的算法。通过归并排序和本节的最大子数组问题，我们开始对分治方法的强大能力有了一些了解。有时，对某个问题，分治方法能给出渐近最快的算法，而其他时候，我们（不用分治方法）甚至能做得更好。如练习 4.1-5 所示，最大子数组问题实际上存在一个线性时间的算法，并未使用分治方法。

练习

4.1-1 当 A 的所有元素均为负数时，FIND-MAXIMUM-SUBARRAY 返回什么？

4.1-2 对最大子数组问题，编写暴力求解方法的伪代码，其运行时间应该为 $\Theta(n^2)$。

4.1-3 在你的计算机上实现最大子数组问题的暴力算法和递归算法。请指出多大的问题规模 n_0 是性能交叉点——从此之后递归算法将击败暴力算法？然后，修改递归算法的基本情况——当问题规模小于 n_0 时采用暴力算法。修改后，性能交叉点会改变吗？

4.1-4 假定修改最大子数组问题的定义，允许结果为空子数组，其和为 0。你应该如何修改现有算法，使它们能允许空子数组为最终结果？

4.1-5 使用如下思想为最大子数组问题设计一个非递归的、线性时间的算法。从数组的左边界开始，由左至右处理，记录到目前为止已经处理过的最大子数组。若已知 $A[1..j]$ 的最大子数组，基于如下性质将解扩展为 $A[1..j+1]$ 的最大子数组：$A[1..j+1]$ 的最大子数组要么是 $A[1..j]$ 的最大子数组，要么是某个子数组 $A[i..j+1]$（$1\leqslant i\leqslant j+1$）。在已知 $A[1..j]$ 的最大子数组的情况下，可以在线性时间内找出形如 $A[i..j+1]$ 的最大子数组。

4.2 矩阵乘法的 Strassen 算法

如果你以前曾经接触过矩阵，可能了解如何进行矩阵乘法（否则，请阅读 D.1 节）。若 $A=(a_{ij})$ 和 $B=(b_{ij})$ 是 $n \times n$ 的方阵，则对 $i,j=1,2,\cdots,n$，定义乘积 $C=A \cdot B$ 中的元素 c_{ij} 为：

$$c_{ij} = \sum_{k=1}^{n} a_{ik} \cdot b_{kj} \tag{4.8}$$

我们需要计算 n^2 个矩阵元素，每个元素是 n 个值的和。下面过程接收 $n \times n$ 矩阵 A 和 B，返回它们的乘积——$n \times n$ 矩阵 C。假设每个矩阵都有一个属性 $rows$，给出矩阵的行数。

SQUARE-MATRIX-MULTIPLY(A, B)

```
1   n = A.rows
2   let C be a new n×n matrix
3   for i = 1 to n
4       for j = 1 to n
5           c_ij = 0
6           for k = 1 to n
7               c_ij = c_ij + a_ik · b_kj
8   return C
```

过程 SQUARE-MATRIX-MULTIPLY 工作过程如下。第 3～7 行的 **for** 循环计算每行中的元素，在第 i 行中，第 4～7 行的 **for** 循环计算每列中的每个元素 c_{ij}。第 5 行将 c_{ij} 初始化为 0，开始公式(4.8)中的求和计算，第 6～7 行的 **for** 循环的每步迭代将公式(4.8)中的一项累加进来。 75

由于三重 **for** 循环的每一重都恰好执行 n 步，而第 7 行每次执行都花费常量时间，因此过程 SQUARE-MATRIX-MULTIPLY 花费 $\Theta(n^3)$ 时间。

你最初可能认为任何矩阵乘法都要花费 $\Omega(n^3)$ 时间，因为矩阵乘法的自然定义就需要进行这么多次的标量乘法。但这是错误的：我们有方法在 $o(n^3)$ 时间内完成矩阵乘法。在本节中，我们将看到 Strassen 的著名 $n \times n$ 矩阵相乘的递归算法。我们将在 4.5 节证明其运行时间为 $\Theta(n^{\lg 7})$。由于 $\lg 7$ 在 2.80 和 2.81 之间，因此，Strassen 算法的运行时间为 $O(n^{2.81})$，渐近复杂性优于简单的 SQUARE-MATRIX-MULTIPLY 过程。

一个简单的分治算法

为简单起见，当使用分治算法计算矩阵积 $C=A \cdot B$ 时，假定三个矩阵均为 $n \times n$ 矩阵，其中 n 为 2 的幂。我们做出这个假设是因为在每个分解步骤中，$n \times n$ 矩阵都被划分为 4 个 $n/2 \times n/2$ 的子矩阵，如果假定 n 是 2 的幂，则只要 $n \geqslant 2$ 即可保证子矩阵规模 $n/2$ 为整数。

假定将 A、B 和 C 均分解为 4 个 $n/2 \times n/2$ 的子矩阵：

$$A = \begin{bmatrix} A_{11} & A_{12} \\ A_{21} & A_{22} \end{bmatrix}, \quad B = \begin{bmatrix} B_{11} & B_{12} \\ B_{21} & B_{22} \end{bmatrix}, \quad C = \begin{bmatrix} C_{11} & C_{12} \\ C_{21} & C_{22} \end{bmatrix} \tag{4.9}$$

因此可以将公式 $C=A \cdot B$ 改写为：

$$\begin{bmatrix} C_{11} & C_{12} \\ C_{21} & C_{22} \end{bmatrix} = \begin{bmatrix} A_{11} & A_{12} \\ A_{21} & A_{22} \end{bmatrix} \cdot \begin{bmatrix} B_{11} & B_{12} \\ B_{21} & B_{22} \end{bmatrix} \tag{4.10}$$

公式(4.10)等价于如下 4 个公式：

$$C_{11} = A_{11} \cdot B_{11} + A_{12} \cdot B_{21} \tag{4.11}$$

$$C_{12} = A_{11} \cdot B_{12} + A_{12} \cdot B_{22} \tag{4.12}$$

$$C_{21} = A_{21} \cdot B_{11} + A_{22} \cdot B_{21} \tag{4.13}$$

$$C_{22} = A_{21} \cdot B_{12} + A_{22} \cdot B_{22} \tag{4.14}$$

每个公式对应两对 $n/2 \times n/2$ 矩阵的乘法及 $n/2 \times n/2$ 积的加法。我们可以利用这些公式设计一个直接的递归分治算法：

SQUARE-MATRIX-MULTIPLY-RECURSIVE(A，B)

1 $n = A.rows$

2 let C be a new $n \times n$ matrix

3 **if** $n == 1$

4    $c_{11} = a_{11} \cdot b_{11}$

5 **else** partition A，B，and C as in equations (4.9)

6      $C_{11} =$ SQUARE-MATRIX-MULTIPLY-RECURSIVE(A_{11}，B_{11})
        $+$ SQUARE-MATRIX-MULTIPLY-RECURSIVE(A_{12}，B_{21})

7      $C_{12} =$ SQUARE-MATRIX-MULTIPLY-RECURSIVE(A_{11}，B_{12})
        $+$ SQUARE-MATRIX-MULTIPLY-RECURSIVE(A_{12}，B_{22})

8      $C_{21} =$ SQUARE-MATRIX-MULTIPLY-RECURSIVE(A_{21}，B_{11})
        $+$ SQUARE-MATRIX-MULTIPLY-RECURSIVE(A_{22}，B_{21})

9      $C_{22} =$ SQUARE-MATRIX-MULTIPLY-RECURSIVE(A_{21}，B_{12})
        $+$ SQUARE-MATRIX-MULTIPLY-RECURSIVE(A_{22}，B_{22})

10 **return** C

这段伪代码掩盖了一个微妙但重要的实现细节。在第 5 行应该如何分解矩阵？如果我们真的创建 12 个新的 $n/2 \times n/2$ 矩阵，将会花费 $\Theta(n^2)$ 时间复制矩阵元素。实际上，我们可以不必复制元素就能完成矩阵分解，其中的诀窍是使用下标计算。我们可以通过原矩阵的一组行下标和一组列下标来指明一个子矩阵。最终表示子矩阵的方法与表示原矩阵的方法略有不同，这就是我们省略的细节。这种表示方法的好处是，通过下标计算指明子矩阵，执行第 5 行只需 $\Theta(1)$ 的时间（虽然我们将会看到是否通过复制元素来分解矩阵对总渐近运行时间并无影响）。

现在，我们推导出一个递归式来刻画 SQUARE-MATRIX-MULTIPLY-RECURSIVE 的运行时间。令 $T(n)$ 表示用此过程计算两个 $n \times n$ 矩阵乘积的时间。对 $n = 1$ 的基本情况，我们只需进行一次标量乘法（第 4 行），因此

$$T(1) = \Theta(1) \tag{4.15}$$

当 $n > 1$ 时是递归情况。如前文所讨论，在第 5 行使用下标计算来分解矩阵花费 $\Theta(1)$ 时间。第 6～9 行，我们共 8 次递归调用 SQUARE-MATRIX-MULTIPLY-RECURSIVE。由于每次递归调用完成两个 $n/2 \times n/2$ 矩阵的乘法，因此花费时间为 $T(n/2)$，8 次递归调用总时间为 $8T(n/2)$。我们还需要计算第 6～9 行的 4 次矩阵加法。每个矩阵包含 $n^2/4$ 个元素，因此，每次矩阵加法花费 $\Theta(n^2)$ 时间。由于矩阵加法的次数是常数，第 6～9 行进行矩阵加法的总时间为 $\Theta(n^2)$（这里我们仍然使用下标计算方法将矩阵加法的结果放置于矩阵 C 的正确位置，由此带来的额外开销为每个元素 $\Theta(1)$ 时间）。因此，递归情况的总时间为分解时间、递归调用时间及矩阵加法时间之和：

$$T(n) = \Theta(1) + 8T(n/2) + \Theta(n^2) = 8T(n/2) + \Theta(n^2) \tag{4.16}$$

注意，如果通过复制元素来实现矩阵分解，额外开销为 $\Theta(n^2)$，递归式不会发生改变，只是总运行时间将会提高常数倍。

组合公式(4.15)和公式(4.16)，我们得到 SQUARE-MATRIX-MULTIPLY-RECURSIVE 运行时间的递归式：

$$T(n) = \begin{cases} \Theta(1) & 若 n = 1 \\ 8T(n/2) + \Theta(n^2) & 若 n > 1 \end{cases} \tag{4.17}$$

我们在 4.5 节将会看到利用主方法求解递归式(4.17)，得到的解为 $T(n) = \Theta(n^3)$。因此，简单的分治算法并不优于直接的 SQUARE-MATRIX-MULTIPLY 过程。

在继续介绍 Strassen 算法之前，让我们先回顾一下公式(4.16)的几个组成部分都是从何而来

的。用下标计算方法分解每个 $n \times n$ 矩阵花费 $\Theta(1)$ 时间，但有两个矩阵需要分解。虽然你可能认为分解两个矩阵需要 $\Theta(2)$ 时间，但实际上 Θ 符号中已经包含常数 2 在内了。假定每个矩阵包含 k 个元素，则两个矩阵相加需花费 $\Theta(k)$ 时间。由于每个矩阵包含 $n^2/4$ 个元素，每次加法花费 $\Theta(n^2/4)$ 时间。但是同样，Θ 符号已经包含常数因子 $1/4$，因此，两个 $n/2 \times n/2$ 矩阵相加花费 $\Theta(n^2)$ 时间。我们需要进行 4 次矩阵加法，再次，我们并不说花费了 $\Theta(4n^2)$ 时间，而是 $\Theta(n^2)$ 时间。（当然，你可能发现我们可以说 4 次矩阵加法花费了 $\Theta(4n^2/4)$ 时间，而 $4n^2/4 = n^2$，但此处的要点是 Θ 符号已经包含了常数因子，无论怎样的常数因子均可省略。）因此，我们最终得到两项 $\Theta(n^2)$，可以将它们合二为一。

但是，当分析 8 次递归调用时，就不能简单省略常数因子 8 了。换句话说，我们必须说递归调用共花费 $8T(n/2)$ 时间，而不是 $T(n/2)$ 时间。至于这是为什么，你可以回顾一下图 2-5 中的递归树，它对应递归式（2.1）（与递归式（4.7）相同），其递归情况为 $T(n) = 2T(n/2) + \Theta(n)$。因子 2 决定了树中每个结点有几个孩子结点，进而决定了树的每一层为总和贡献了多少项。如果省略公式（4.16）中的因子 8 或递归式（4.1）中的因子 2，递归树就变为线性结构，而不是"茂盛"的了，树的每一层只为总和贡献了一项。 | 78 |

因此，切记，虽然渐近符号包含了常数因子，但递归符号（如 $T(n/2)$）并不包含。

Strassen 方法

Strassen 算法的核心思想是令递归树稍微不那么茂盛一点儿，即只递归进行 7 次而不是 8 次 $n/2 \times n/2$ 矩阵的乘法。减少一次矩阵乘法带来的代价可能是额外几次 $n/2 \times n/2$ 矩阵的加法，但只是常数次。与前文一样，当建立递归式刻画运行时间时，常数次矩阵加法被 Θ 符号包含在内。

Strassen 算法不是那么直观（这可能是本书陈述最不充分的地方了）。它包含 4 个步骤：

1. 按公式（4.9）将输入矩阵 A、B 和输出矩阵 C 分解为 $n/2 \times n/2$ 的子矩阵。采用下标计算方法，此步骤花费 $\Theta(1)$ 时间，与 SQUARE-MATRIX-MULTIPLY-RECURSIVE 相同。

2. 创建 10 个 $n/2 \times n/2$ 的矩阵 S_1，S_2，$\cdots$，S_{10}，每个矩阵保存步骤 1 中创建的两个子矩阵的和或差。花费时间为 $\Theta(n^2)$。

3. 用步骤 1 中创建的子矩阵和步骤 2 中创建的 10 个矩阵，递归地计算 7 个矩阵积 P_1，P_2，$\cdots$，P_7。每个矩阵 P_i 都是 $n/2 \times n/2$ 的。

4. 通过 P_i 矩阵的不同组合进行加减运算，计算出结果矩阵 C 的子矩阵 C_{11}，C_{12}，C_{21}，C_{22}。花费时间 $\Theta(n^2)$。

我们稍后会看到步骤 2～4 的细节，但现在可以建立 Strassen 算法的运行时间递归式。假定一旦矩阵规模从 n 变为 1，就进行简单的标量乘法计算，正如 SQUARE-MATRIX-MULTIPLY-RECURSIVE 的第 4 行那样。当 $n > 1$ 时，步骤 1、2 和 4 共花费 $\Theta(n^2)$ 时间，步骤 3 要求进行 7 次 $n/2 \times n/2$ 矩阵的乘法。因此，我们得到如下描述 Strassen 算法运行时间 $T(n)$ 的递归式：

$$T(n) = \begin{cases} \Theta(1) & \text{若 } n = 1 \\ 7T(n/2) + \Theta(n^2) & \text{若 } n > 1 \end{cases} \tag{4.18}$$

| 79 |

我们用常数次矩阵乘法的代价减少了一次矩阵乘法。一旦我们理解了递归式及其解，就会看到这种交换确实能带来更低的渐近运行时间。利用 4.5 节的主方法，可以求出递归式（4.18）的解为 $T(n) = \Theta(n^{\lg 7})$。

我们现在来介绍 Strassen 算法的细节。在步骤 2 中，创建如下 10 个矩阵：

$$S_1 = B_{12} - B_{22}$$
$$S_2 = A_{11} + A_{12}$$

$$S_3 = A_{21} + A_{22}$$
$$S_4 = B_{21} - B_{11}$$
$$S_5 = A_{11} + A_{22}$$
$$S_6 = B_{11} + B_{22}$$
$$S_7 = A_{12} - A_{22}$$
$$S_8 = B_{21} + B_{22}$$
$$S_9 = A_{11} - A_{21}$$
$$S_{10} = B_{11} + B_{12}$$

由于必须进行 10 次 $n/2 \times n/2$ 矩阵的加减法，因此，该步骤花费 $\Theta(n^2)$ 时间。

在步骤 3 中，递归地计算 7 次 $n/2 \times n/2$ 矩阵的乘法，如下所示：

$$P_1 = A_{11} \cdot S_1 = A_{11} \cdot B_{12} - A_{11} \cdot B_{22}$$
$$P_2 = S_2 \cdot B_{22} = A_{11} \cdot B_{22} + A_{12} \cdot B_{22}$$
$$P_3 = S_3 \cdot B_{11} = A_{21} \cdot B_{11} + A_{22} \cdot B_{11}$$
$$P_4 = A_{22} \cdot S_4 = A_{22} \cdot B_{21} - A_{22} \cdot B_{11}$$
$$P_5 = S_5 \cdot S_6 = A_{11} \cdot B_{11} + A_{11} \cdot B_{22} + A_{22} \cdot B_{11} + A_{22} \cdot B_{22}$$
$$P_6 = S_7 \cdot S_8 = A_{12} \cdot B_{21} + A_{12} \cdot B_{22} - A_{22} \cdot B_{21} - A_{22} \cdot B_{22}$$
$$P_7 = S_9 \cdot S_{10} = A_{11} \cdot B_{11} + A_{11} \cdot B_{12} - A_{21} \cdot B_{11} - A_{21} \cdot B_{12}$$

注意，上述公式中，只有中间一列的乘法是真正需要计算的。右边这列只是用来说明这些乘积与步骤 1 创建的原始子矩阵之间的关系。

步骤 4 对步骤 3 创建的 P_i 矩阵进行加减法运算，计算出 C 的 4 个 $n/2 \times n/2$ 的子矩阵，首先，

$$C_{11} = P_5 + P_4 - P_2 + P_6$$

利用每个 P_i 的展开式展开等式右部，每个 P_i 的展开式位于单独一行，并将可以消去的项垂直对齐，我们可以看到 C_{11} 等于

$$A_{11} \cdot B_{11} + A_{11} \cdot B_{22} + A_{22} \cdot B_{11} + A_{22} \cdot B_{22}$$
$$- A_{22} \cdot B_{11} \qquad\qquad + A_{22} \cdot B_{21}$$
$$- A_{11} \cdot B_{22} \qquad\qquad\qquad - A_{12} \cdot B_{22}$$
$$\underline{\qquad\qquad - A_{22} \cdot B_{22} - A_{22} \cdot B_{21} + A_{12} \cdot B_{22} + A_{12} \cdot B_{21}}$$
$$A_{11} \cdot B_{11} \qquad\qquad\qquad\qquad\qquad + A_{12} \cdot B_{21}$$

与公式 (4.11) 相同。类似地，令

$$C_{12} = P_1 + P_2$$

则 C_{12} 等于

$$A_{11} \cdot B_{12} - A_{11} \cdot B_{22}$$
$$\underline{\qquad\qquad + A_{11} \cdot B_{22} + A_{12} \cdot B_{22}}$$
$$A_{11} \cdot B_{12} \qquad\qquad + A_{12} \cdot B_{22}$$

与公式 (4.12) 相同。令

$$C_{21} = P_3 + P_4$$

使 C_{21} 等于

$$A_{21} \cdot B_{11} + A_{22} \cdot B_{11}$$
$$\underline{\qquad\qquad - A_{22} \cdot B_{11} + A_{22} \cdot B_{21}}$$
$$A_{21} \cdot B_{11} \qquad\qquad + A_{22} \cdot B_{21}$$

与公式(4.13)相同。最后，令

$$C_{22} = P_5 + P_1 - P_3 - P_7$$

则 C_{22} 等于

$$
\begin{array}{l}
A_{11} \cdot B_{11} + A_{11} \cdot B_{22} + A_{22} \cdot B_{11} + A_{22} \cdot B_{22} \\
\qquad\quad - A_{11} \cdot B_{22} \qquad\qquad\qquad + A_{11} \cdot B_{12} \\
\qquad\quad - A_{22} \cdot B_{11} \qquad\qquad\qquad - A_{21} \cdot B_{11} \\
- A_{11} \cdot B_{11} \qquad\qquad\qquad - A_{11} \cdot B_{12} + A_{21} \cdot B_{11} + A_{21} \cdot B_{12} \\
\hline
\qquad\qquad\qquad A_{22} \cdot B_{22} \qquad\qquad\qquad + A_{21} \cdot B_{12}
\end{array}
$$

81

与公式(4.14)相同。在步骤 4 中，共进行了 8 次 $n/2 \times n/2$ 矩阵的加减法，因此花费 $\Theta(n^2)$ 时间。

因此，我们看到由 4 个步骤构成的 Strassen 算法，确实生成了正确的矩阵乘积，递归式(4.18)刻画了它的运行时间。由于我们将在 4.5 节看到此递归式的解为 $T(n) = \Theta(n^{\lg 7})$，Strassen 方法的渐近复杂性低于直接的 SQUARE-MATRIX-MULTIPLY 过程。本章注记会讨论 Strassen 算法实际应用方面的一些问题。

练习

注意：虽然练习 4.2-3、4.2-4 和 4.2-5 是关于 Strassen 算法的变形的，但你应该先阅读 4.5 节，然后再尝试求解这几个问题。

4.2-1 使用 Strassen 算法计算如下矩阵乘法：

$$
\begin{bmatrix} 1 & 3 \\ 7 & 5 \end{bmatrix}
\begin{bmatrix} 6 & 8 \\ 4 & 2 \end{bmatrix}
$$

给出计算过程。

4.2-2 为 Strassen 算法编写伪代码。

4.2-3 如何修改 Strassen 算法，使之适应矩阵规模 n 不是 2 的幂的情况？证明：算法的运行时间为 $\Theta(n^{\lg 7})$。

4.2-4 如果可以用 k 次乘法操作(假定乘法的交换律不成立)完成两个 3×3 矩阵相乘，那么你可以在 $o(n^{\lg 7})$ 时间内完成 $n \times n$ 矩阵相乘，满足这一条件的最大的 k 是多少？此算法的运行时间是怎样的？

4.2-5 V. Pan 发现一种方法，可以用 132 464 次乘法操作完成 68×68 的矩阵相乘，发现另一种方法，可以用 143 640 次乘法操作完成 70×70 的矩阵相乘，还发现一种方法，可以用 155 424 次乘法操作完成 72×72 的矩阵相乘。当用于矩阵相乘的分治算法时，上述哪种方法会得到最佳的渐近运行时间？与 Strassen 算法相比，性能如何？

82

4.2-6 用 Strassen 算法作为子过程来进行一个 $kn \times n$ 矩阵和一个 $n \times kn$ 矩阵相乘，最快需要花费多长时间？对两个输入矩阵规模互换的情况，回答相同的问题。

4.2-7 设计算法，仅使用三次实数乘法即可完成复数 $a+bi$ 和 $c+di$ 相乘。算法需接收 a、b、c 和 d 为输入，分别生成实部 $ac-bd$ 和虚部 $ad+bc$。

4.3 用代入法求解递归式

我们已经看到如何用递归式刻画分治算法的运行时间，下面将学习如何求解递归式。我们从"代入"法开始。

代入法求解递归式分为两步：

1. 猜测解的形式。

2. 用数学归纳法求出解中的常数，并证明解是正确的。

当将归纳假设应用于较小的值时，我们将猜测的解代入函数，因此得名"代入法"。这种方法很强大，但我们必须能猜出解的形式，以便将其代入。

我们可以用代入法为递归式建立上界或下界。例如，我们确定下面递归式的上界：

$$T(n) = 2T(\lfloor n/2 \rfloor) + n \tag{4.19}$$

该递归式与递归式(4.3)和(4.4)相似。我们猜测其解为 $T(n) = O(n \lg n)$。代入法要求证明，恰当选择常数 $c > 0$，可有 $T(n) \leqslant cn \lg n$。首先假定此上界对所有正数 $m < n$ 都成立，特别是对于 $m = \lfloor n/2 \rfloor$，有 $T(\lfloor n/2 \rfloor) \leqslant c\lfloor n/2 \rfloor \lg(\lfloor n/2 \rfloor)$。将其代入递归式，得到

$$T(n) \leqslant 2(c\lfloor n/2 \rfloor \lg(\lfloor n/2 \rfloor)) + n \leqslant cn \lg(n/2) + n$$
$$= cn \lg n - cn \lg 2 + n$$
$$= cn \lg n - cn + n \leqslant cn \lg n$$

其中，只要 $c \geqslant 1$，最后一步都会成立。

数学归纳法要求我们证明解在边界条件下也成立。为证明这一点，我们通常证明对于归纳证明，边界条件适合作为基本情况。对递归式(4.19)，我们必须证明，通过选择足够大的常数 c，可以使得上界 $T(n) \leqslant cn \lg n$ 对边界条件也成立。这一要求有时可能引起问题。例如，为了方便讨论，假设 $T(1) = 1$ 是递归式唯一的边界条件。对 $n = 1$，边界条件 $T(n) \leqslant cn \lg n$ 推导出 $T(1) \leqslant c1 \lg 1 = 0$，与 $T(1) = 1$ 矛盾。因此，我们的归纳证明的基本情况不成立。

我们稍微多付出一点努力，就可以克服这个障碍，对特定的边界条件证明归纳假设成立。例如，在递归式(4.19)中，渐近符号仅要求我们对 $n \geqslant n_0$ 证明 $T(n) \leqslant cn \lg n$，其中 n_0 是我们可以自己选择的常数，我们可以充分利用这一点。我们保留麻烦的边界条件 $T(1) = 1$，但将其从归纳证明中移除。为了做到这一点，首先观察到对于 $n > 3$，递归式并不直接依赖 $T(1)$。因此，将归纳证明中的基本情况 $T(1)$ 替换为 $T(2)$ 和 $T(3)$，并令 $n_0 = 2$。注意，我们将递归式的基本情况($n = 1$)和归纳证明的基本情况($n = 2$ 和 $n = 3$)区分开来了。由 $T(1) = 1$，从递归式推导出 $T(2) = 4$ 和 $T(3) = 5$。现在可以完成归纳证明：对某个常数 $c \geqslant 1$，$T(n) \leqslant cn \lg n$，方法是选择足够大的 c，满足 $T(2) \leqslant c2 \lg 2$ 和 $T(3) \leqslant c3 \lg 3$。事实上，任何 $c \geqslant 2$ 都能保证 $n = 2$ 和 $n = 3$ 的基本情况成立。对于我们所要讨论的大多数递归式来说，扩展边界条件使归纳假设对较小的 n 成立，是一种简单直接的方法，我们将不再总是显式说明这方面的细节。

做出好的猜测

遗憾的是，并不存在通用的方法来猜测递归式的正确解。猜测解要靠经验，偶尔还需要创造力。幸运的是，你可以使用一些启发式方法帮助你成为一个好的猜测者。你也可以使用递归树来做出好的猜测，我们将在 4.4 节看到这一方法。

如果要求解的递归式与你曾见过的递归式相似，那么猜测一个类似的解是合理的。例如，考虑如下递归式：

$$T(n) = 2T(\lfloor n/2 \rfloor + 17) + n$$

看起来很困难，因为在等式右边 T 的参数中增加了"17"。但直观上，增加的这一项不会显著影响递归式的解。当 n 较大时，$\lfloor n/2 \rfloor$ 和 $\lfloor n/2 \rfloor + 17$ 的差距不大：都是接近 n 的一半。因此，我们猜测 $T(n) = O(n \lg n)$，你可以使用代入法验证这个猜测是正确的(见练习 4.3-6)。

另一种做出好的猜测的方法是先证明递归式较松的上界和下界，然后缩小不确定的范围。例如，对递归式(4.19)，我们可以从下界 $T(n) = \Omega(n)$ 开始，因为递归式中包含 n 这一项，还可以证明一个初始上界 $T(n) = O(n^2)$。然后，我们可以逐渐降低上界，提升下界，直至收敛到渐近紧确界 $T(n) = \Theta(n \lg n)$。

微妙的细节

有时你可能正确猜出了递归式解的渐近界，但莫名其妙地在归纳证明时失败了。问题常常出在归纳假设不够强，无法证出准确的界。当遇到这种障碍时，如果修改猜测，将它减去一个低阶的项，数学证明常常能顺利进行。

考虑如下递归式：

$$T(n) = T(\lfloor n/2 \rfloor) + T(\lceil n/2 \rceil) + 1$$

我们猜测解为 $T(n) = O(n)$，并尝试证明对某个恰当选出的常数 c，$T(n) \leqslant cn$ 成立。将我们的猜测代入递归式，得到

$$T(n) \leqslant c \lfloor n/2 \rfloor + c \lceil n/2 \rceil + 1 = cn + 1$$

这并不意味着对任意 c 都有 $T(n) \leqslant cn$。我们可能忍不住尝试猜测一个更大的界，比如 $T(n) = O(n^2)$。虽然从这个猜测也能推出结果，但原来的猜测 $T(n) = O(n)$ 是正确的。然而为了证明它是正确的，我们必须做出更强的归纳假设。

直觉上，我们的猜测是接近正确的：只差一个常数 1，一个低阶项。但是，除非我们证明与归纳假设严格一致的形式，否则数学归纳法还是会失败。克服这个困难的方法是从先前的猜测中减去一个低阶项。新的猜测为 $T(n) \leqslant cn - d$，d 是大于等于 0 的一个常数。我们现在有

$$T(n) \leqslant (c \lfloor n/2 \rfloor - d) + (c \lceil n/2 \rceil - d) + 1$$
$$= cn - 2d + 1 \leqslant cn - d$$

只要 $d \geqslant 1$，此式就成立。与以前一样，我们必须选择足够大的 c 来处理边界条件。

你可能发现减去一个低阶项的想法与直觉是相悖的。毕竟，如果证明上界失败了，就应该将猜测增加而不是减少，更松的界难道不是更容易证明吗？不一定！当利用归纳法证明一个上界时，实际上证明一个更弱的上界可能会更困难一些，因为为了证明一个更弱的上界，我们在归纳证明中也必须使用同样更弱的界。在当前的例子中，当递归式包含超过一个递归项时，将猜测的界减去一个低阶项意味着每次对每个递归项都减去一个低阶项。在上例中，我们减去常数 d 两次，一次是对 $T(\lfloor n/2 \rfloor)$ 项，另一次是对 $T(\lceil n/2 \rceil)$ 项。我们以不等式 $T(n) \leqslant cn - 2d + 1$ 结束，可以很容易地找到一个 d 值，使得 $cn - 2d + 1$ 小于等于 $cn - d$。

避免陷阱

使用渐近符号很容易出错。例如，在递归式 (4.19) 中，我们可能错误地"证明" $T(n) = O(n)$：猜测 $T(n) \leqslant cn$，并论证

$$T(n) \leqslant 2(c \lfloor n/2 \rfloor) + n \leqslant cn + n = O(n) \qquad \Leftarrow \text{错误!!}$$

因为 c 是常数。错误在于我们并未证出与归纳假设严格一致的形式，即 $T(n) \leqslant cn$。因此，当要证明 $T(n) = O(n)$ 时，需要显式地证出 $T(n) \leqslant cn$。

改变变量

有时，一个小的代数运算可以将一个未知的递归式变成你所熟悉的形式。例如，考虑如下递归式：

$$T(n) = 2T(\lfloor \sqrt{n} \rfloor) + \lg n$$

它看起来很困难。但我们可以通过改变变量来简化它。为方便起见，我们不必担心值的舍入误差问题，只考虑 $\sqrt{n}$ 是整数的情形即可。令 $m = \lg n$，得到

$$T(2^m) = 2T(2^{m/2}) + m$$

现在重命名 $S(m) = T(2^m)$，得到新的递归式：

$$S(m) = 2S(m/2) + m$$

它与递归式 (4.19) 非常像。这个新的递归式确实与 (4.19) 具有相同的解：$S(m) = O(m \lg m)$。再从 $S(m)$ 转换回 $T(n)$，我们得到 $T(n) = T(2^m) = S(m) = O(m \lg m) = O(\lg n \lg \lg n)$。

练习

4.3-1 证明：$T(n)=T(n-1)+n$ 的解为 $O(n^2)$。

4.3-2 证明：$T(n)=T(\lceil n/2 \rceil)+1$ 的解为 $O(\lg n)$。

4.3-3 我们看到 $T(n)=2T(\lfloor n/2 \rfloor)+n$ 的解为 $O(n\lg n)$。证明 $\Omega(n\lg n)$ 也是这个递归式的解。从而得出结论：解为 $\Theta(n\lg n)$。

4.3-4 证明：通过做出不同的归纳假设，我们不必调整归纳证明中的边界条件，即可克服递归式(4.19)中边界条件 $T(1)=1$ 带来的困难。

4.3-5 证明：归并排序的"严格"递归式(4.3)的解为 $\Theta(n\lg n)$。

4.3-6 证明：$T(n)=2T(\lfloor n/2 \rfloor+17)+n$ 的解为 $O(n\lg n)$。

4.3-7 使用 4.5 节中的主方法，可以证明 $T(n)=4T(n/3)+n$ 的解为 $T(n)=\Theta(n^{\log_3 4})$。说明基于假设 $T(n)\leqslant cn^{\log_3 4}$ 的代入法不能证明这一结论。然后说明如何通过减去一个低阶项完成代入法证明。

4.3-8 使用 4.5 节中的主方法，可以证明 $T(n)=4T(n/2)+n$ 的解为 $T(n)=\Theta(n^2)$。说明基于假设 $T(n)\leqslant cn^2$ 的代入法不能证明这一结论。然后说明如何通过减去一个低阶项完成代入法证明。

4.3-9 利用改变变量的方法求解递归式 $T(n)=3T(\sqrt{n})+\log n$。你的解应该是渐近紧确的。不必担心数值是否是整数。

4.4 用递归树方法求解递归式

虽然你可以用代入法简洁地证明一个解确是递归式的正确解，但想出一个好的猜测可能会很困难。画出递归树，如我们在 2.3.2 节分析归并排序的递归式时所做的那样，是设计好的猜测的一种简单而直接的方法。在**递归树**中，每个结点表示一个单一子问题的代价，子问题对应某次递归函数调用。我们将树中每层中的代价求和，得到每层代价，然后将所有层的代价求和，得到所有层次的递归调用的总代价。

递归树最适合用来生成好的猜测，然后即可用代入法来验证猜测是否正确。当使用递归树来生成好的猜测时，常常需要忍受一点儿"不精确"，因为稍后才会验证猜测是否正确。但如果在画递归树和代价求和时非常仔细，就可以用递归树直接证明解是否正确。在本节中，我们将使用递归树生成好的猜测，并且在 4.6 节中，我们将使用递归树直接证明主方法的基础定理。

我们以递归式 $T(n)=3T(\lfloor n/4 \rfloor)+\Theta(n^2)$ 为例来看一下如何用递归树生成一个好的猜测。首先关注如何寻找解的一个上界。因为我们知道舍入对求解递归式通常没有影响(此处即是我们需要忍受不精确的一个例子)，因此可以为递归式 $T(n)=3T(\lfloor n/4 \rfloor)+cn^2$ 创建一棵递归树，其中已将渐近符号改写为隐含的常数系数 $c>0$。

图 4-5 显示了如何从递归式 $T(n)=3T(\lfloor n/4 \rfloor)+cn^2$ 构造出递归树。为方便起见，我们假定 n 是 4 的幂(忍受不精确的另一个例子)，这样所有子问题的规模均为正数。图 4-5(a)显示了 $T(n)$，它在图 4-5(b)中扩展为一棵等价的递归树。根结点中的 cn^2 项表示递归调用顶层的代价，根的三棵子树表示规模为 $n/4$ 的子问题所产生的代价。图 4-5(c)显示了进一步构造递归树的过程，将图 4-5(b)中代价为 $T(n/4)$ 的结点逐一扩展。我们继续扩展树中每个结点，根据递归式确定的关系将其分解为几个组成部分(孩子结点)。

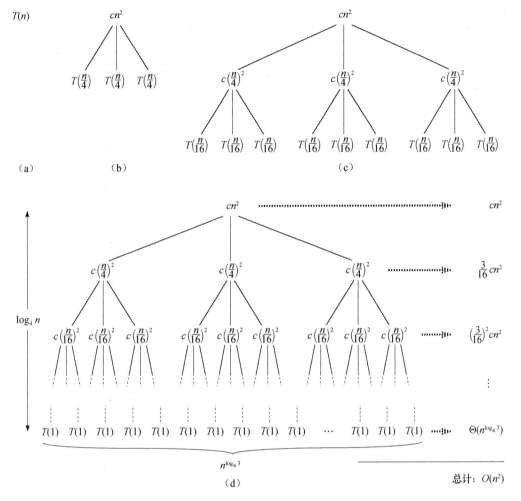

图 4-5 为递归式 $T(n)=3T(\lfloor n/4 \rfloor)+cn^2$ 构造递归树。(a)显示了 $T(n)$,在(b)~(d)中逐步扩展为递归树的形式。(d)中显示了扩展完毕的递归树,其高度为 $\log_4 n$(有 $\log_4 n+1$ 层)

因为子问题的规模每一步减少为上一步的 1/4,所以最终必然会达到边界条件。那么根结点与距离为 1 的子问题距离多远呢?深度为 i 的结点对应规模为 $n/4^i$ 的子问题。因此,当 $n/4^i=1$,或等价地 $i=\log_4 n$ 时,子问题规模变为 1。因此,递归树有 $\log_4 n+1$ 层(深度为 0, 1, 2, $\cdots$, $\log_4 n$)。

接下来确定树的每一层的代价。每层的结点数都是上一层的 3 倍,因此深度为 i 的结点数为 3^i。因为每一层子问题规模都是上一层的 1/4,所以对 $i=0$, 1, 2, $\cdots$, $\log_4 n-1$,深度为 i 的每个结点的代价为 $c(n/4^i)^2$。做一下乘法可得,对 $i=0$, 1, 2, $\cdots$, $\log_4 n-1$,深度为 i 的所有结点的总代价为 $3^i c(n/4^i)^2=(3/16)^i cn^2$。树的最底层深度为 $\log_4 n$,有 $3^{\log_4 n}=n^{\log_4 3}$ 个结点,每个结点的代价为 $T(1)$,总代价为 $n^{\log_4 3}T(1)$,即 $\Theta(n^{\log_4 3})$,因为假定 $T(1)$ 是常量。

现在我们求所有层次的代价之和,确定整棵树的代价:

$$T(n) = cn^2 + \frac{3}{16}cn^2 + \left(\frac{3}{16}\right)^2 cn^2 + \cdots + \left(\frac{3}{16}\right)^{\log_4 n-1} cn^2 + \Theta(n^{\log_4 3})$$

$$= \sum_{i=0}^{\log_4 n-1} \left(\frac{3}{16}\right)^i cn^2 + \Theta(n^{\log_4 3})$$

$$= \frac{(3/16)^{\log_4 n}-1}{(3/16)-1}cn^2 + \Theta(n^{\log_4 3}) \quad (根据公式(A.5))$$

最后的这个公式看起来有些凌乱，但我们可以再次充分利用一定程度的不精确，并利用无限递减几何级数作为上界。回退一步，应用公式(A.6)，我们得到

$$T(n) = \sum_{i=0}^{\log_4 n-1} \left(\frac{3}{16}\right)^i cn^2 + \Theta(n^{\log_4 3}) < \sum_{i=0}^{\infty} \left(\frac{3}{16}\right)^i cn^2 + \Theta(n^{\log_4 3})$$

$$= \frac{1}{1-(3/16)}cn^2 + \Theta(n^{\log_4 3})$$

$$= \frac{16}{13}cn^2 + \Theta(n^{\log_4 3})$$

$$= O(n^2)$$

这样，对原始的递归式 $T(n)=3T(\lfloor n/4 \rfloor)+\Theta(n^2)$，我们推导出了一个猜测 $T(n)=O(n^2)$。在本例中，cn^2 的系数形成了一个递减几何级数，利用公式(A.6)，得出这些系数的和的一个上界——常数 16/13。由于根结点对总代价的贡献为 cn^2，所以根结点的代价占总代价的一个常数比例。换句话说，根结点的代价支配了整棵树的总代价。

实际上，如果 $O(n^2)$ 确实是递归式的上界（稍后就会证明这一点），那么它必然是一个紧确界。为什么？因为第一次递归调用的代价为 $\Theta(n^2)$，因此 $\Omega(n^2)$ 必然是递归式的一个下界。

现在用代入法验证猜测是正确的，即 $T(n)=O(n^2)$ 是递归式 $T(n)=3T(\lfloor n/4 \rfloor)+\Theta(n^2)$ 的一个上界。我们希望证明 $T(n) \le dn^2$ 对某个常数 $d>0$ 成立。与之前一样，使用常数 $c>0$，我们有

$$T(n) \le 3T(\lfloor n/4 \rfloor)+cn^2 \le 3d\lfloor n/4 \rfloor^2 + cn^2 \le 3d(n/4)^2 + cn^2$$

$$= \frac{3}{16}dn^2 + cn^2 \le dn^2$$

当 $d \ge (16/13)c$ 时，最后一步推导成立。

在另一个更复杂的例子中，图 4-6 显示了如下递归式的递归树：

$$T(n) = T(n/3) + T(2n/3) + O(n)$$

（为简单起见，再次忽略了舍入问题。）与之前一样，令 c 表示 $O(n)$ 项中的常数因子。对图中显示出的递归树的每个层次，当求代价之和时，我们发现每层的代价均为 cn。从根到叶的最长简单路径是 $n \to (2/3)n \to (2/3)^2 n \to \cdots \to 1$。由于当 $k=\log_{3/2}n$ 时，$(2/3)^k n=1$，因此树高为 $\log_{3/2}n$。

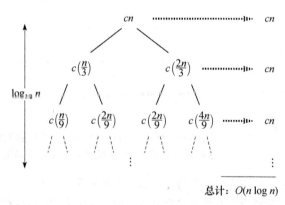

图 4-6 递归式 $T(n)=T(n/3)+T(2n/3)+cn$

直觉上，我们期望递归式的解最多是层数乘以每层的代价，即 $O(cn\log_{3/2}n)=O(n\lg n)$。但图 4-6 仅显示了递归树的顶部几层，并不是递归树中每个层次的代价都是 cn。考虑叶结点的代价。如果递归树是一棵高度为 $\log_{3/2}n$ 的完全二叉树，则叶结点的数量应为 $2^{\log_{3/2}n}=n^{\log_{3/2}2}$。由于每个叶结点的代价为常数，因此所有叶结点的总代价为 $\Theta(n^{\log_{3/2}2})$，由于 $\log_{3/2}2$ 是严格大于 1 的常数，因此叶结点代价总和为 $\Omega(n\lg n)$。但递归树并不是完全二叉树，因此叶结点数量小于 $n^{\log_{3/2}2}$。而且，当从根结点逐步向下走时，越来越多的内结点是缺失的。因此，递归树中靠下的层次对总代价的贡献小于 cn。我们可以计算出所有代价的准确值，但记住我们只是希望得到一个猜测，用于代入法。我们还是忍受一些不精确，尝试证明猜测的上界 $O(n\lg n)$ 是正确的。

我们确实可以用代入法验证 $O(n\lg n)$ 是递归式解的一个上界。我们来证明 $T(n) \le dn\lg n$，其中 d 是一个适当的正常数。我们有

$$T(n) \le T(n/3) + T(2n/3) + cn$$

$$\le d(n/3)\lg(n/3) + d(2n/3)\lg(2n/3) + cn$$

$$= (d(n/3)\lg n - d(n/3)\lg 3) + (d(2n/3)\lg n - d(2n/3)\lg(3/2)) + cn$$
$$= dn\lg n - d((n/3)\lg 3 + (2n/3)\lg(3/2)) + cn$$
$$= dn\lg n - d((n/3)\lg 3 + (2n/3)\lg 3 - (2n/3)\lg 2) + cn$$
$$= dn\lg n - dn(\lg 3 - 2/3) + cn$$
$$\leqslant dn\lg n$$

只要 $d \geqslant c/(\lg 3 - (2/3))$。因此，无需对递归树的代价进行更精确的计算。

练习

4.4-1 对递归式 $T(n) = 3T(\lfloor n/2 \rfloor) + n$，利用递归树确定一个好的渐近上界，用代入法进行验证。

4.4-2 对递归式 $T(n) = T(n/2) + n^2$，利用递归树确定一个好的渐近上界，用代入法进行验证。 92

4.4-3 对递归式 $T(n) = 4T(n/2 + 2) + n$，利用递归树确定一个好的渐近上界，用代入法进行验证。

4.4-4 对递归式 $T(n) = T(n-1) + 1$，利用递归树确定一个好的渐近上界，用代入法进行验证。

4.4-5 对递归式 $T(n) = T(n-1) + T(n/2) + n$，利用递归树确定一个好的渐近上界，用代入法进行验证。

4.4-6 对递归式 $T(n) = T(n/3) + T(2n/3) + cn$，利用递归树论证其解为 $\Omega(n\lg n)$，其中 c 为常数。

4.4-7 对递归式 $T(n) = 4T(\lfloor n/2 \rfloor) + cn$（$c$ 为常数），画出递归树，并给出其解的一个渐近紧确界。用代入法进行验证。

4.4-8 对递归式 $T(n) = T(n-a) + T(a) + cn$，利用递归树给出一个渐近紧确解，其中 $a \geqslant 1$ 和 $c > 0$ 是常数。

4.4-9 对递归式 $T(n) = T(\alpha n) + T((1-\alpha)n) + cn$，利用递归树给出一个渐近紧确解，其中 $0 < \alpha < 1$ 和 $c > 0$ 是常数。

4.5 用主方法求解递归式

主方法为如下形式的递归式提供了一种"菜谱"式的求解方法

$$T(n) = aT(n/b) + f(n) \tag{4.20}$$

其中 $a \geqslant 1$ 和 $b > 1$ 是常数，$f(n)$ 是渐近正函数。为了使用主方法，需要牢记三种情况，但随后你就可以很容易地求解很多递归式，通常不需要纸和笔的帮助。 93

递归式(4.20)描述的是这样一种算法的运行时间：它将规模为 n 的问题分解为 a 个子问题，每个子问题规模为 n/b，其中 a 和 b 都是正常数。a 个子问题递归地进行求解，每个花费时间 $T(n/b)$。函数 $f(n)$ 包含了问题分解和子问题解合并的代价。例如，描述 Strassen 算法的递归式中，$a = 7$，$b = 2$，$f(n) = \Theta(n^2)$。

从技术的正确性方面看，此递归式实际上并不是良好定义的，因为 n/b 可能不是整数。但将 a 项 $T(n/b)$ 都替换为 $T(\lfloor n/b \rfloor)$ 或 $T(\lceil n/b \rceil)$ 并不会影响递归式的渐近性质(我们将在下一节证明这个断言)。因此，我们通常发现当写下这种形式的分治算法的递归式时，忽略舍入问题是很方便的。

主定理

主方法依赖于下面的定理。

定理 4.1(主定理)　令 $a \geqslant 1$ 和 $b > 1$ 是常数，$f(n)$ 是一个函数，$T(n)$ 是定义在非负整数上的递归式：

$$T(n) = aT(n/b) + f(n)$$

其中我们将 n/b 解释为 $\lfloor n/b \rfloor$ 或 $\lceil n/b \rceil$。那么 $T(n)$ 有如下渐近界：

1. 若对某个常数 $\varepsilon > 0$ 有 $f(n) = O(n^{\log_b a - \varepsilon})$，则 $T(n) = \Theta(n^{\log_b a})$。

2. 若 $f(n) = \Theta(n^{\log_b a})$，则 $T(n) = \Theta(n^{\log_b a} \lg n)$。

3. 若对某个常数 $\varepsilon > 0$ 有 $f(n) = \Omega(n^{\log_b a + \varepsilon})$，且对某个常数 $c < 1$ 和所有足够大的 n 有 $af(n/b) \leqslant cf(n)$，则 $T(n) = \Theta(f(n))$。　　　　■

在使用主定理之前，我们花一点儿时间尝试理解一下它的含义。对于三种情况的每一种，我们将函数 $f(n)$ 与函数 $n^{\log_b a}$ 进行比较。直觉上，两个函数较大者决定了递归式的解。若函数 $n^{\log_b a}$ 更大，如情况 1，则解为 $T(n) = \Theta(n^{\log_b a})$。若函数 $f(n)$ 更大，如情况 3，则解为 $T(n) = \Theta(f(n))$。若两个函数大小相当，如情况 2，则乘上一个对数因子，解为 $T(n) = \Theta(n^{\log_b a} \lg n) = \Theta(f(n) \lg n)$。

94 在此直觉之外，我们需要了解一些技术细节。在第一种情况中，不是 $f(n)$ 小于 $n^{\log_b a}$ 就够了，而是要多项式意义上的小于。也就是说，$f(n)$ 必须渐近小于 $n^{\log_b a}$，要相差一个因子 n^{ε}，其中 ε 是大于 0 的常数。在第三种情况中，不是 $f(n)$ 大于 $n^{\log_b a}$ 就够了，而是要多项式意义上的大于，而且还要满足"正则"条件 $af(n/b) \leqslant cf(n)$。我们将会遇到的多项式界的函数中，多数都满足此条件。

注意，这三种情况并未覆盖 $f(n)$ 的所有可能性。情况 1 和情况 2 之间有一定间隙，$f(n)$ 可能小于 $n^{\log_b a}$ 但不是多项式意义上的小于。类似地，情况 2 和情况 3 之间也有一定间隙，$f(n)$ 可能大于 $n^{\log_b a}$ 但不是多项式意义上的大于。如果函数 $f(n)$ 落在这两个间隙中，或者情况 3 中要求的正则条件不成立，就不能使用主方法来求解递归式。

使用主方法

使用主方法很简单，我们只需确定主定理的哪种情况成立，即可得到解。

我们先看下面这个例子

$$T(n) = 9T(n/3) + n$$

对于这个递归式，我们有 $a = 9$，$b = 3$，$f(n) = n$，因此 $n^{\log_b a} = n^{\log_3 9} = \Theta(n^2)$。由于 $f(n) = O(n^{\log_3 9 - \varepsilon})$，其中 $\varepsilon = 1$，因此可以应用主定理的情况 1，从而得到解 $T(n) = \Theta(n^2)$。

现在考虑

$$T(n) = T(2n/3) + 1$$

其中 $a = 1$，$b = 3/2$，$f(n) = 1$，因此 $n^{\log_b a} = n^{\log_{3/2} 1} = n^0 = 1$。由于 $f(n) = \Theta(n^{\log_b a}) = \Theta(1)$，因此应用情况 2，从而得到解 $T(n) = \Theta(\lg n)$。

对于递归式

$$T(n) = 3T(n/4) + n \lg n$$

我们有 $a = 3$，$b = 4$，$f(n) = n \lg n$，因此 $n^{\log_b a} = n^{\log_4 3} = O(n^{0.793})$。由于 $f(n) = \Omega(n^{\log_4 3 + \varepsilon})$，其中 $\varepsilon \approx 0.2$，因此，如果可以证明正则条件成立，即可应用情况 3。当 n 足够大时，对于 $c = 3/4$，$af(n/b) = 3(n/4)\lg(n/4) \leqslant (3/4)n\lg n = cf(n)$。因此，由情况 3，递归式的解为 $T(n) = \Theta(n \lg n)$。

主方法不能用于如下递归式：

$$T(n) = 2T(n/2) + n \lg n$$

95 虽然这个递归式看起来有恰当的形式：$a = 2$，$b = 2$，$f(n) = n \lg n$，以及 $n^{\log_b a} = n$。你可能错误地认为应该应用情况 3，因为 $f(n) = n \lg n$ 渐近大于 $n^{\log_b a} = n$。问题出在它并不是多项式意义上的大于。对任意正常数 ε，比值 $f(n)/n^{\log_b a} = (n\lg n)/n = \lg n$ 都渐近小于 n^{ε}。因此，递归式落入了情况 2 和情况 3 之间的间隙（此递归式的解参见练习 4.6-2）。

我们利用主方法求解在 4.1 节和 4.2 节中曾见过的递归式 (4.7)，

$$T(n) = 2T(n/2) + \Theta(n)$$

它刻画了最大子数组问题和归并排序的分治算法的运行时间（按照通常的做法，我们忽略了递归式中基本情况的描述）。这里，我们有 $a=2$，$b=2$，$f(n)=\Theta(n)$，因此 $n^{\log_b a}=n^{\log_2 2}=n$。由于 $f(n)=\Theta(n)$，应用情况 2，于是得到解 $T(n)=\Theta(n \lg n)$。

递归式(4.17)，

$$T(n) = 8T(n/2) + \Theta(n^2)$$

它描述了矩阵乘法问题第一个分治算法的运行时间。我们有 $a=8$，$b=2$，$f(n)=\Theta(n^2)$，因此 $n^{\log_b a}=n^{\log_2 8}=n^3$。由于 n^3 多项式意义上大于 $f(n)$（即对 $\varepsilon=1$，$f(n)=O(n^{3-\varepsilon})$），应用情况 1，解为 $T(n)=\Theta(n^3)$。

最后，我们考虑递归式(4.18)，

$$T(n) = 7T(n/2) + \Theta(n^2)$$

它描述了 Strassen 算法的运行时间。这里，我们有 $a=7$，$b=2$，$f(n)=\Theta(n^2)$，因此 $n^{\log_b a}=n^{\log_2 7}$。将 $\log_2 7$ 改写为 $\lg 7$，由于 $2.80<\lg 7<2.81$，我们知道对 $\varepsilon=0.8$，有 $f(n)=O(n^{\lg 7-\varepsilon})$。再次应用情况 1，我们得到解 $T(n)=\Theta(n^{\lg 7})$。

练习

4.5-1 对下列递归式，使用主方法求出渐近紧确界。

    a. $T(n)=2T(n/4)+1$

    b. $T(n)=2T(n/4)+\sqrt{n}$

    c. $T(n)=2T(n/4)+n$

    d. $T(n)=2T(n/4)+n^2$

4.5-2 Caesar 教授想设计一个渐近快于 Strassen 算法的矩阵相乘算法。他的算法使用分治方法，将每个矩阵分解为 $n/4 \times n/4$ 的子矩阵，分解和合并步骤共花费 $\Theta(n^2)$ 时间。他需要确定，他的算法需要创建多少个子问题，才能击败 Strassen 算法。如果他的算法创建 a 个子问题，则描述运行时间 $T(n)$ 的递归式为 $T(n)=aT(n/4)+\Theta(n^2)$。Caesar 教授的算法如果要渐近快于 Strassen 算法，a 的最大整数值应是多少？

4.5-3 使用主方法证明：二分查找递归式 $T(n)=T(n/2)+\Theta(1)$ 的解是 $T(n)=\Theta(\lg n)$。（二分查找的描述见练习 2.3-5）

4.5-4 主方法能应用于递归式 $T(n)=4T(n/2)+n^2 \lg n$ 吗？请说明为什么可以或者为什么不可以。给出这个递归式的一个渐近上界。

*4.5-5 考虑主定理情况 3 的一部分：对某个常数 $c<1$，正则条件 $af(n/b) \leqslant cf(n)$ 是否成立。给出一个例子，其中常数 $a \geqslant 1$，$b>1$ 且函数 $f(n)$ 满足主定理情况 3 中除正则条件外的所有条件。

*4.6 证明主定理

本节给出主定理（定理 4.1）的证明。但如果只是为了使用主定理，你不必理解这个证明。

证明分为两部分。第一部分分析主递归式(4.20)，为简单起见，假定 $T(n)$ 仅定义在 $b(b>1)$ 的幂上，即仅对 $n=1$，b，b^2，…定义。这一部分给出了为理解主定理是正确的所需的所有直觉知识。第二部分显示了如何将分析扩展到所有正整数 n；这一部分应用了处理向下和向上取整问题的数学技巧。

在本节中，我们有时会稍微滥用渐近符号，用来描述仅仅定义在 b 的幂上的函数的行为。回忆一下，渐近符号的定义要求对所有足够大的数都证明函数的界，而不是仅仅对 b 的幂。因为可以定义出仅仅应用于集合 $\{b^i : i=0, 1, 2, \cdots\}$ 上而不是所有非负数上新的渐近符号，所以这种滥用问题不大。

　　然而，当我们在一个局限的值域上使用渐近符号时，必须时刻小心，避免得到错误的结论。例如，对 n 是 2 的幂的情况证明 $T(n)=O(n)$ 并不保证 $T(n)=O(n)$。函数 $T(n)$ 可能是这样定义的：

$$T(n) = \begin{cases} n & \text{若 } n = 1,2,4,8,\cdots \\ n^2 & \text{其他} \end{cases}$$

此例中适用于所有 n 值的最佳上界为 $T(n)=O(n^2)$。由于可能导致这种严重后果，在并不绝对清楚应用环境的情况下，永远也不要在一个有限的值域上使用渐近符号。

4.6.1　对 b 的幂证明主定理

　　主定理证明的第一部分分析主定理的递归式(4.20)：

$$T(n) = aT(n/b) + f(n)$$

假定 n 是 $b(b>1)$ 的幂，b 不一定是一个整数。我们将分析过程分解为三个引理。第一个引理将求解主递归式的问题归约为一个求和表达式的求值问题。第二个引理确定这个和式的界。第三个引理将前两个引理合二为一，证明 n 为 b 的幂的情况下的主定理。

　　引理 4.2　令 $a \geqslant 1$ 和 $b>1$ 是常数，$f(n)$ 是一个定义在 b 的幂上的非负函数。$T(n)$ 是定义在 b 的幂上的递归式：

$$T(n) = \begin{cases} \Theta(1) & \text{若 } n = 1 \\ aT(n/b) + f(n) & \text{若 } n = b^i \end{cases}$$

其中 i 是正整数。那么

$$T(n) = \Theta(n^{\log_b a}) + \sum_{j=0}^{\log_b n - 1} a^j f(n/b^j) \tag{4.21}$$

　　证明　使用图 4-7 中的递归树。树的根结点的代价为 $f(n)$，它有 a 个孩子结点，每个的代价为 $f(n/b)$。（将 a 看做一个整数非常方便，当可视化递归树时尤其如此，但从数学角度并不要求这一点）。每个孩子结点又有 a 个孩子，使得在深度为 2 的层次上有 a^2 个结点，每个的代价为 $f(n/b^2)$。一般地，深度为 j 的层次上有 a^j 个结点，每个的代价为 $f(n/b^j)$。每个叶结点的代价为 $T(1)=\Theta(1)$，深度为 $\log_b n$，因为 $n/b^{\log_b n}=1$。树中共有 $a^{\log_b n}=n^{\log_b a}$ 个叶结点。

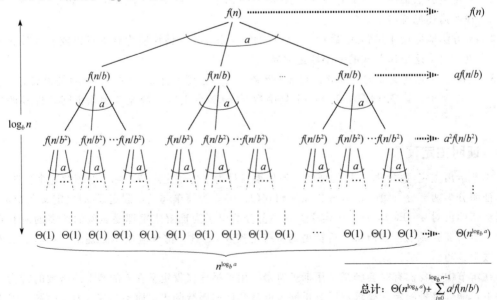

图 4-7　$T(n)=aT(n/b)+f(n)$ 的递归树。该树是一棵完全 a 叉树，高度为 $\log_b n$，共有 $n^{\log_b a}$ 个叶结点。每层结点的代价显示在右侧，代价和如公式(4.21)所示

我们将图 4-7 所示的递归树中的每层结点的代价求和，得到公式(4.21)。深度为 j 的所有内部结点的代价为 $a^j f(n/b^j)$，所以内部结点的总代价为：

$$\sum_{j=0}^{\log_b n-1} a^j f(n/b^j)$$

在分治算法中，这个和表示分解子问题与合并子问题解的代价。所有叶结点的代价(表示完成所有 $n^{\log_b a}$ 个规模为 1 的子问题的代价)为 $\Theta(n^{\log_b a})$。

从递归树看，主定理的三种情况分别对应以下三种情况：(1)树的总代价由叶结点的代价决定；(2)树的总代价均匀分布在树的所有层次上；(3)树的总代价由根结点的代价决定。

公式(4.21)中的和式描述了分治算法中分解与合并步骤的代价。下一个定理则给出了这个和式增长速度的渐近界。

引理 4.3 令 $a \geq 1$ 和 $b > 1$ 是常数，$f(n)$ 是一个定义在 b 的幂上的非负函数。$g(n)$ 是定义在 b 的幂上的函数：

$$g(n) = \sum_{j=0}^{\log_b n-1} a^j f(n/b^j) \tag{4.22}$$

对 b 的幂，$g(n)$ 有如下渐近界：

1. 若对某个常数 $\varepsilon > 0$ 有 $f(n) = O(n^{\log_b a - \varepsilon})$，则 $g(n) = O(n^{\log_b a})$。
2. 若 $f(n) = \Theta(n^{\log_b a})$，则 $g(n) = \Theta(n^{\log_b a} \lg n)$。
3. 若对某个常数 $c < 1$ 和所有足够大的 n 有 $af(n/b) \leq cf(n)$，则 $g(n) = \Theta(f(n))$。

证明 对情况 1，我们有 $f(n) = O(n^{\log_b a - \varepsilon})$，这意味着 $f(n/b^j) = O((n/b^j)^{\log_b a - \varepsilon})$。代入公式(4.22)得

$$g(n) = O\left(\sum_{j=0}^{\log_b n-1} a^j \left(\frac{n}{b^j}\right)^{\log_b a - \varepsilon}\right) \tag{4.23}$$

对于 O 符号内的和式，通过提取因子并化简来求它的界，得到一个递增的几何级数：

$$\sum_{j=0}^{\log_b n-1} a^j \left(\frac{n}{b^j}\right)^{\log_b a - \varepsilon} = n^{\log_b a - \varepsilon} \sum_{j=0}^{\log_b n-1} \left(\frac{ab^\varepsilon}{b^{\log_b a}}\right)^j = n^{\log_b a - \varepsilon} \sum_{j=0}^{\log_b n-1} (b^\varepsilon)^j$$

$$= n^{\log_b a - \varepsilon} \left(\frac{b^{\varepsilon \log_b n} - 1}{b^\varepsilon - 1}\right) = n^{\log_b a - \varepsilon} \left(\frac{n^\varepsilon - 1}{b^\varepsilon - 1}\right)$$

由于 b 和 ε 是常数，因此可以将最后一个表达式重写为 $n^{\log_b a - \varepsilon} O(n^\varepsilon) = O(n^{\log_b a})$。用这个表达式代换公式(4.23)中的和式，得到 $g(n) = O(n^{\log_b a})$，因此情况 1 得证。

由于情况 2 假定 $f(n) = \Theta(n^{\log_b a})$，因此有 $f(n/b^j) = \Theta((n/b^j)^{\log_b a})$。代入公式(4.22)得

$$g(n) = \Theta\left(\sum_{j=0}^{\log_b n-1} a^j \left(\frac{n}{b^j}\right)^{\log_b a}\right) \tag{4.24}$$

采用与情况 1 相同的方式，求出 Θ 符号内和式的界，但这次并未得到一个几何级数，而是发现和式的每一项都是相同的：

$$\sum_{j=0}^{\log_b n-1} a^j \left(\frac{n}{b^j}\right)^{\log_b a} = n^{\log_b a} \sum_{j=0}^{\log_b n-1} \left(\frac{a}{b^{\log_b a}}\right)^j = n^{\log_b a} \sum_{j=0}^{\log_b n-1} 1 = n^{\log_b a} \log_b n$$

用这个表达式替换公式(4.24)中的和式，我们得到

$$g(n) = \Theta(n^{\log_b a} \log_b n) = \Theta(n^{\log_b a} \lg n)$$

情况 2 得证。

情况 3 的证明类似。由于 $f(n)$ 出现在 $g(n)$ 的定义(4.22)中，且 $g(n)$ 的所有项都是非负的，因此可以得出结论：对 b 的幂，$g(n) = \Omega(f(n))$。假定在这个引理中，对某个常数 $c < 1$ 和所有足够大的 n 有 $af(n/b) \leq cf(n)$。将这个假设改写为 $f(n/b) \leq (c/a) f(n)$ 并迭代 j 次，得到 $f(n/b^j) \leq (c/a)^j f(n)$，或等价地，$a^j f(n/b^j) \leq c^j f(n)$，其中假设进行迭代的值足够大。由于最后一个，也

就是最小的值为 n/b^{j-1}，因此假定 n/b^{j-1} 足够大就够了。

[101]

代入公式(4.22)并化简，我们得到一个几何级数，但与情况 1 证明中的几何级数不同，这次得到的是递减的几何级数。使用一个 $O(1)$ 项来表示 n 足够大这个假设未覆盖的项：

$$g(n) = \sum_{j=0}^{\log_b n - 1} a^j f(n/b^j) \leqslant \sum_{j=0}^{\log_b n - 1} c^j f(n) + O(1) \leqslant f(n) \sum_{j=0}^{\infty} c^j + O(1)$$

$$= f(n) \left(\frac{1}{1-c} \right) + O(1) = O(f(n))$$

因为 c 是一个常数。因此可以得到结论：对 b 的幂，$g(n) = \Theta(f(n))$。情况 3 得证，引理证毕。　■

现在我们来证明 n 为 b 的幂的情况下的主定理。

引理 4.4　令 $a \geqslant 1$ 和 $b > 1$ 是常数，$f(n)$ 是一个定义在 b 的幂上的非负函数。$T(n)$ 是定义在 b 的幂上的递归式：

$$T(n) = \begin{cases} \Theta(1) & \text{若 } n = 1 \\ aT(n/b) + f(n) & \text{若 } n = b^i \end{cases}$$

其中 i 是正整数。那么对 b 的幂，$T(n)$ 有如下渐近界：

1. 若对某个常数 $\varepsilon > 0$ 有 $f(n) = O(n^{\log_b a - \varepsilon})$，则 $T(n) = \Theta(n^{\log_b a})$。

2. 若 $f(n) = \Theta(n^{\log_b a})$，则 $T(n) = \Theta(n^{\log_b a} \lg n)$。

3. 若对某个常数 $\varepsilon > 0$，有 $f(n) = \Omega(n^{\log_b a + \varepsilon})$，并且对某个常数 $c < 1$ 和所有足够大的 n，有 $af(n/b) \leqslant cf(n)$，则 $T(n) = \Theta(f(n))$。

证明　利用引理 4.3 中的界对引理 4.2 中的和式(4.21)进行求值。对情况 1，我们有

[102]
$$T(n) = \Theta(n^{\log_b a}) + O(n^{\log_b a}) = \Theta(n^{\log_b a})$$

对于情况 2，

$$T(n) = \Theta(n^{\log_b a}) + \Theta(n^{\log_b a} \lg n) = \Theta(n^{\log_b a} \lg n)$$

对于情况 3，

$$T(n) = \Theta(n^{\log_b a}) + \Theta(f(n)) = \Theta(f(n))$$

因为 $f(n) = \Omega(n^{\log_b a + \varepsilon})$。　■

4.6.2　向下取整和向上取整

为了完成主定理的证明，我们必须将上述分析扩展到主递归式中使用向下取整和向上取整的情况，这样递归式就定义在所有整数上，而非仅仅针对 b 的幂。很容易获得如下递归式的下界：

$$T(n) = aT(\lceil n/b \rceil) + f(n) \tag{4.25}$$

以及如下递归式的上界：

$$T(n) = aT(\lfloor n/b \rfloor) + f(n) \tag{4.26}$$

因为我们可以对第一种情况应用下界 $\lceil n/b \rceil \geqslant n/b$ 来得到所需结果，对第二种情况应用上界 $\lfloor n/b \rfloor \leqslant n/b$。可以使用几乎一样的技术来处理递归式(4.26)的下界和递归式(4.25)的上界，因此我们只给出后一个界的证明。

对图 4-7 中的递归树进行修改，得到图 4-8 中的递归树。当沿着递归树向下时，我们得到如下递归调用的参数序列：

$$n$$
$$\lceil n/b \rceil$$
$$\lceil \lceil n/b \rceil /b \rceil$$
$$\lceil \lceil \lceil n/b \rceil /b \rceil /b \rceil$$
$$\vdots$$

用 n_j 表示序列中第 j 个元素，其中

$$n_j = \begin{cases} n & \text{若 } j = 0 \\ \lceil n_{j-1}/b \rceil & \text{若 } j > 0 \end{cases} \tag{4.27}$$

103

我们的第一个目标是确定 n_k 是常数时的深度 k。利用不等式 $\lceil x \rceil \leqslant x+1$，可得

$$n_0 \leqslant n$$

$$n_1 \leqslant \frac{n}{b} + 1$$

$$n_2 \leqslant \frac{n}{b^2} + \frac{1}{b} + 1$$

$$n_3 \leqslant \frac{n}{b^3} + \frac{1}{b^2} + \frac{1}{b} + 1$$

$$\vdots$$

一般地，我们有

$$n_j \leqslant \frac{n}{b^j} + \sum_{i=0}^{j-1} \frac{1}{b^i} < \frac{n}{b^j} + \sum_{i=0}^{\infty} \frac{1}{b^i} = \frac{n}{b^j} + \frac{b}{b-1}$$

令 $j = \lfloor \log_b n \rfloor$，可得

$$n_{\lfloor \log_b n \rfloor} < \frac{n}{b^{\lfloor \log_b n \rfloor}} + \frac{b}{b-1} < \frac{n}{b^{\log_b n - 1}} + \frac{b}{b-1} = \frac{n}{n/b} + \frac{b}{b-1}$$

$$= b + \frac{b}{b-1} = O(1)$$

因此我们可以看到在深度 $\lfloor \log_b n \rfloor$，问题规模至多是常数。

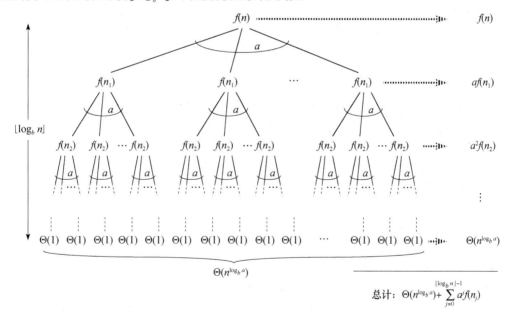

图 4-8　$T(n) = aT(\lceil n/b \rceil) + f(n)$ 的递归树。递归参数 n_j 的定义见公式(4.27)

从图 4-8 可以看出，

$$T(n) = \Theta(n^{\log_b a}) + \sum_{j=0}^{\lfloor \log_b n \rfloor - 1} a^j f(n_j) \tag{4.28}$$

除了 n 为任意整数，未局限为 b 的幂之外，这个公式与公式(4.21)几乎一样。

我们现在可以对公式(4.28)中的和式进行求值

$$g(n) = \sum_{j=0}^{\lfloor \log_b n \rfloor - 1} a^j f(n_j) \tag{4.29}$$

方法与引理 4.3 的证明类似。我们从情况 3 开始，如果对 $n > b + b/(b-1)$，$af(\lceil n/b \rceil) \leqslant cf(n)$ 成立，其中 $c < 1$ 是常数，则有 $a^j f(n_j) \leqslant c^j f(n)$。因此，我们可以像引理 4.3 的证明一样来对公式 (4.29) 的和式进行求值。对于情况 2，我们有 $f(n) = \Theta(n^{\log_b a})$。如果能证明 $f(n_j) = O(n^{\log_b a}/a^j)$ $= O((n/b^j)^{\log_b a})$，则情况 2 的证明直接使用引理 4.3 证明的方法即可。观察到 $j \leqslant \lfloor \log_b n \rfloor$ 意味着 $b^j/n \leqslant 1$。界 $f(n) = O(n^{\log_b a})$ 意味着存在常数 $c > 0$，使得对所有足够大的 n_j，

$$f(n_j) \leqslant c \Big(\frac{n}{b^j} + \frac{b}{b-1} \Big)^{\log_b a} = c \Big(\frac{n}{b^j} \Big(1 + \frac{b^j}{n} \cdot \frac{b}{b-1} \Big) \Big)^{\log_b a}$$

$$= c \Big(\frac{n^{\log_b a}}{a^j} \Big) \Big(1 + \Big(\frac{b^j}{n} \cdot \frac{b}{b-1} \Big) \Big)^{\log_b a}$$

$$\leqslant c \Big(\frac{n^{\log_b a}}{a^j} \Big) \Big(1 + \frac{b}{b-1} \Big)^{\log_b a} = O\Big(\frac{n^{\log_b a}}{a^j} \Big)$$

因为 $c(1 + b/(b-1))^{\log_b a}$ 是常量。因此，情况 2 得证。情况 1 的证明几乎是一样的。关键是证明界 $f(n_j) = O((n/b^j)^{\log_b a - \epsilon})$，这部分与情况 2 证明中的对应部分相似，尽管使用的代数方法更复杂些。

现在我们已经对所有整数 n 证明了主定理的上界。下界的证明类似。

练习

*4.6-1 对 b 是正整数而非任意实数的情况，给出公式 (4.27) 中 n_j 的简单而准确的表达式。

*4.6-2 证明：如果 $f(n) = \Theta(n^{\log_b a} \lg^k n)$，其中 $k \geqslant 0$，那么主递归式的解为 $T(n) = \Theta(n^{\log_b a} \lg^{k+1} n)$。为简单起见，假定 n 是 b 的幂。

*4.6-3 证明：主定理中的情况 3 被过分强调了，从某种意义上来说，对某个常数 $c < 1$，正则条件 $af(n/b) \leqslant cf(n)$ 成立本身就意味着存在常数 $\epsilon > 0$，使得 $f(n) = \Omega(n^{\log_b a + \epsilon})$。

思考题

4-1 （递归式例子）对下列每个递归式，给出 $T(n)$ 的渐近上界和下界。假定 $n \leqslant 2$ 时 $T(n)$ 是常数。给出尽量紧确的界，并验证其正确性。

    a. $T(n) = 2T(n/2) + n^4$

    b. $T(n) = T(7n/10) + n$

    c. $T(n) = 16T(n/4) + n^2$

    d. $T(n) = 7T(n/3) + n^2$

    e. $T(n) = 7T(n/2) + n^2$

    f. $T(n) = 2T(n/4) + \sqrt{n}$

    g. $T(n) = T(n-2) + n^2$

4-2 （参数传递代价）我们有一个贯穿本书的假设——过程调用中的参数传递花费常量时间，即使传递一个 N 个元素的数组也是如此。在大多数系统中，这个假设是成立的，因为传递的是指向数组的指针，而非数组本身。本题讨论三种参数传递策略：

    1. 数组通过指针来传递。时间 = $\Theta(1)$。

    2. 数组通过元素复制来传递。时间 = $\Theta(N)$，其中 N 是数组的规模。

    3. 传递数组时，只复制过程可能访问的子区域。若子数组 $A[p..q]$ 被传递，则时间 = $\Theta(q - p + 1)$。

    a. 考虑在有序数组中查找元素的递归二分查找算法（参见练习 2.3-5）。分别给出上述三种参数传递策略下，二分查找最坏情况运行时间的递归式，并给出递归式解的好的上界。

令 N 为原问题的规模，n 为子问题的规模。

b. 对 2.3.1 节的 MERGE-SORT 算法重做(a)。

107

4-3　（更多的递归式例子）　对下列每个递归式，给出 $T(n)$ 的渐近上界和下界。假定对足够小的 n，$T(n)$ 是常数。给出尽量紧确的界，并验证其正确性。

a. $T(n)=4T(n/3)+n\lg n$

b. $T(n)=3T(n/3)+n/\lg n$

c. $T(n)=4T(n/2)+n^2\sqrt{n}$

d. $T(n)=3T(n/3-2)+n/2$

e. $T(n)=2T(n/2)+n/\lg n$

f. $T(n)=T(n/2)+T(n/4)+T(n/8)+n$

g. $T(n)=T(n-1)+1/n$

h. $T(n)=T(n-1)+\lg n$

i. $T(n)=T(n-2)+1/\lg n$

j. $T(n)=\sqrt{n}T(\sqrt{n})+n$

4-4　（斐波那契数）　本题讨论递归式(3.22)定义的斐波那契数的性质。我们将使用生成函数技术来求解斐波那契递归式。**生成函数**（又称为**形式幂级数**）$\mathcal{F}$ 定义为

$$\mathcal{F}(z) = \sum_{i=0}^{\infty} F_i z^i = 0 + z + z^2 + 2z^3 + 3z^4 + 5z^5 + 8z^6 + 13z^7 + 21z^8 + \cdots$$

其中 F_i 为第 i 个斐波那契数。

a. 证明：$\mathcal{F}(z)=z+z\mathcal{F}(z)+z^2\mathcal{F}(z)$。

108

b. 证明：

$$\mathcal{F}(z) = \frac{z}{1-z-z^2} = \frac{z}{(1-\phi z)(1-\hat{\phi} z)} = \frac{1}{\sqrt{5}}\left(\frac{1}{1-\phi z} - \frac{1}{1-\hat{\phi} z}\right)$$

　其中

$$\phi = \frac{1+\sqrt{5}}{2} = 1.618\,03\cdots$$

$$\hat{\phi} = \frac{1-\sqrt{5}}{2} = -0.618\,03\cdots$$

c. 证明：

$$\mathcal{F}(z) = \sum_{i=0}^{\infty} \frac{1}{\sqrt{5}}(\phi^i - \hat{\phi}^i)z^i$$

d. 利用(c)的结果证明：对 $i>0$，$F_i=\phi^i/\sqrt{5}$，结果舍入到最接近的整数。（提示：观察到 $|\hat{\phi}|<1$。）

4-5　（芯片检测）　Diogenes 教授有 n 片可能完全一样的集成电路芯片，原理上可以用来相互检测。教授的测试夹具同时只能容纳两块芯片。当夹具装载上时，每块芯片都检测另一块，并报告它是好是坏。一块好的芯片总能准确报告另一块芯片的好坏，但教授不能信任坏芯片报告的结果。因此，4 种可能的测试结果如下：

芯片 A 的结果	芯片 B 的结果	结　　论
B 是好的	A 是好的	两片都是好的，或都是坏的
B 是好的	A 是坏的	至少一块是坏的
B 是坏的	A 是好的	至少一块是坏的
B 是坏的	A 是坏的	至少一块是坏的

a. 证明：如果超过 $n/2$ 块芯片是坏的，使用任何基于这种逐对检测操作的策略，教授都不能确定哪些芯片是好的。假定坏芯片可以合谋欺骗教授。

b. 考虑从 n 块芯片中寻找一块好芯片的问题，假定超过 $n/2$ 块芯片是好的。证明：进行 $\lfloor n/2 \rfloor$ 次逐对检测足以将问题规模减半。

c. 假定超过 $n/2$ 块芯片是好的，证明：可以用 $\Theta(n)$ 次逐对检测找出好的芯片。给出描述检测次数的递归式，并求解它。

4-6 （Monge 阵列） 对一个 $m \times n$ 的实数阵列 A，若对所有满足 $1 \leqslant i < k \leqslant m$ 和 $1 \leqslant j < l \leqslant n$ 的 i，j，k 和 l 有

$$A[i,j] + A[k,l] \leqslant A[i,l] + A[k,j]$$

则称 A 是 **Monge 阵列**（Monge array）。换句话说，无论何时选出 Monge 阵列的两行和两列，对于交叉点上的 4 个元素，左上和右下两个元素之和总是小于等于左下和右上元素之和。例如，下面就是一个 Monge 阵列：

```
10  17  13  28  23
17  22  16  29  23
24  28  22  34  24
11  13   6  17   7
45  44  32  37  23
36  33  19  21   6
75  66  51  53  34
```

a. 证明：一个数组是 Monge 阵列当且仅当对所有 $i = 1, 2, \cdots, m-1$ 和 $j = 1, 2, \cdots, n-1$，有

$$A[i,j] + A[i+1,j+1] \leqslant A[i,j+1] + A[i+1,j]$$

（提示：对于"当"的部分，分别对行和列使用归纳法。）

b. 下面数组不是 Monge 阵列。改变一个元素使其变成 Monge 阵列。（提示：利用（a）的结果。）

```
37  23  22  32
21   6   7  10
53  34  30  31
32  13   9   6
43  21  15   8
```

c. 令 $f(i)$ 表示第 i 行的最左最小元素的列下标。证明：对任意 $m \times n$ 的 Monge 阵列，$f(1) \leqslant f(2) \leqslant \cdots \leqslant f(m)$。

d. 下面是一个计算 $m \times n$ 的 Monge 阵列 A 每一行最左最小元素的分治算法的描述：

> 提取 A 的偶数行构造其子矩阵 A'。递归地确定 A' 每行的最左最小元素。

然后计算 A 的奇数行的最左最小元素。

解释如何在 $O(m+n)$ 时间内计算 A 的奇数行的最左最小元素（在偶数行的最左最小元素已知的情况下）。

e. 给出（d）中描述的算法的运行时间的递归式。证明其解为 $O(m+n\log m)$。

本章注记

分治作为一种算法设计技术至少可以追溯到 1962 年 Karatsuba 和 Ofman 的一篇文章[194]。但是在这之前，分治技术已经有很好的应用，根据 Heideman、Johnson 和 Burrus 的论文[163]，卡尔·弗雷德里希·高斯在 1805 年设计了第一个快速傅里叶变换算法，而高斯的算法就是将问

题分解为更小的子问题，求解完子问题后将它们的解组合起来。

4.1 节中讨论的最大子数组问题是 Bently[43，第 7 章]研究的问题的一个简单变形。

Strassen 算法[325]发表于 1969 年，它的出现引起了很大的轰动。在此之前，很少人敢设想一个算法能渐近快于平凡算法 SQUARE-MATRIX-MULTIPLY。矩阵乘法的渐近上界自此被改进了。到目前为止，$n \times n$ 矩阵相乘的渐近复杂性最优的算法是 Coppersmith 和 Winograd[78]提出的，运行时间为 $O(n^{2.376})$。已知的最好的下界显然是 $\Omega(n^2)$（这是显然的下界，因为我们必须填写结果矩阵的 n^2 个元素）。

从实用的角度看，Strassen 算法通常并不是解决矩阵乘法的最好选择，原因有 4 个：

1. 隐藏在 Strassen 算法运行时间 $\Theta(n^{\lg 7})$ 中的常数因子比过程 SQUARE-MATRIX-MULTIPLY 的 $\Theta(n^3)$ 时间的常数因子大。

2. 对于稀疏矩阵，专用算法更快。

3. Strassen 算法的数值稳定性不如 SQUARE-MATRIX-MULTIPLY 那么好。换句话说，由于计算机计算非整数值时有限的精度，Strassen 算法累积的误差比 SQUARE-MATRIX-MULTIPLY 大。

4. 递归过程中生成的子矩阵消耗存储空间。

后两个原因在 1990 年左右得到了缓解。Higham[167]显示了数值稳定性上的差异被过分强调了；虽然 Strassen 算法对某些应用来说数值稳定性太差，但对其他应用来说，它所产生的数值误差还在可接受的范围内。Bailey、Lee 和 Simon[32]讨论了降低 Strassen 算法内存需求的技术。

在实际应用中，稠密矩阵的快速乘法程序在矩阵规模超过一个"交叉点"时使用 Strassen 算法，一旦子问题规模降低到交叉点之下，就切换到一个更简单的方法。交叉点的确切值高度依赖于具体系统。有一些分析统计操作次数，但忽略 CPU 缓存和流水线的影响，得出的交叉点低至 $n = 8$(Higham[167])或 $n = 12$(Huss-Lederman 等人[186])。D'Alberto 和 Nicolau[81]设计了一个自适应方法，在软件包安装完毕后通过基准测试确定交叉点。他们发现，在不同的系统上，交叉点的值从 $n = 400$ 到 $n = 2150$ 变化，而在几个系统中无法找到交叉点。

递归式的研究最早可追溯到 1202 年李奥纳多·斐波那契的工作，斐波那契数就是以他命名的。A. De Moivre 提出了用生成函数(参见思考题 4-4)求解递归式的方法。主方法改自 Bentley、Haken 和 Saxe[44]的方法，这篇文章提供了一种扩展方法，在练习 4.6-2 中已经得到验证。Knuth[209]和 Liu[237]展示了如何使用生成函数的方法求解线性递归式。Purdom 和 Brown 的论文[287]及 Graham、Knuth 和 Patashnik 的论文[152]包含了递归式求解的进一步讨论。

相对于主方法可求解的分治算法递归式，多名研究者，包括 Akra 和 Bazzi[13]、Roura[299]、Verma[346]及 Yap[360]，都给出过更一般的递归式的求解方法。我们介绍一下 Akra 和 Bazzi 的结果，这里给出的是 Leighton[228]修改后的版本。Akra-Bazzi 方法求解如下形式的递归式：

$$T(x) = \begin{cases} \Theta(1) & \text{若 } 1 \leqslant x \leqslant x_0 \\ \sum_{i=1}^{k} a_i T(b_i x) + f(x) & \text{若 } x > x_0 \end{cases} \tag{4.30}$$

其中

- $x \geqslant 1$ 是一个实数，
- x_0 是一个常数，满足对 $i = 1, 2, \cdots, k$，$x_0 \geqslant 1/b_i$ 且 $x_0 \geqslant 1/(1-b_i)$，
- 对 $i = 1, 2, \cdots, k$，a_i 是一个正常数，
- 对 $i = 1, 2, \cdots, k$，b_i 是一个常数，范围在 $0 < b_i < 1$，
- $k \geqslant 1$ 是一个整数常数，且

- $f(x)$ 是一个非负函数,满足**多项式增长条件**:存在正常数 c_1 和 c_2,使得对所有 $x \geqslant 1$,$i = 1, 2, \cdots, k$ 以及所有满足 $b_i x \leqslant u \leqslant x$ 的 u,有 $c_1 f(x) \leqslant f(u) \leqslant c_2 f(x)$。(若 $|f'(x)|$ 的上界是 x 的某个多项式,则 $f(x)$ 满足多项式增长条件。例如,对任意实常数 α 和 β,$f(x) = x^\alpha \lg^\beta x$ 满足此条件。)

虽然主定理不能应用于 $T(n) = T(\lfloor n/3 \rfloor) + T(\lfloor 2n/3 \rfloor) + O(n)$ 这样的递归式,但 Akra-Bazzi 方法可以。为了求解递归式(4.30),我们首先寻找满足 $\sum\limits_{i=1}^{k} a_i b_i^p = 1$ 的实数 p(这样的 p 总是存在的)。那么递归式的解为

$$T(n) = \Theta \left(x^p \left(1 + \int_1^x \frac{f(u)}{u^{p+1}} \mathrm{d}u \right) \right)$$

Akra-Bazzi 方法可能有点儿难用,但它可以求解那些子问题划分不均衡的算法的递归式。主方法很容易使用,但只能用于子问题规模相等的情况。

113

概率分析和随机算法

本章介绍**概率分析**和**随机算法**。如果你不熟悉概率论的基本知识，应先阅读附录 C，复习这部分材料。我们将在本书中多次提到概率分析和随机算法。

5.1 雇用问题

假如你要雇用一名新的办公助理。你先前的雇用尝试都失败了，于是你决定找一个雇用代理。雇用代理每天给你推荐一个应聘者。你面试这个人，然后决定是否雇用他。你必须付给雇用代理一小笔费用，以便面试应聘者。然而要真的雇用一个应聘者需要花更多的钱，因为你必须辞掉目前的办公助理，还要付一大笔中介费给雇用代理。你承诺在任何时候，都要找最适合的人来担任这项职务。因此，你决定在面试完每个应聘者后，如果该应聘者比目前的办公助理更合适，就会辞掉当前的办公助理，然后聘用新的。你愿意为该策略付费，但希望能够估算该费用会是多少。

下面给出的 HIRE-ASSISTANT 过程以伪代码表示该雇用策略。假设应聘办公助理的候选人编号为 1 到 n。该过程中假设你能在面试完应聘者 i 后，决定应聘者 i 是否是你目前见过的最佳人选。初始化时，该过程创建一个虚拟的应聘者，编号为 0，他比其他所有应聘者都差。

[114]

HIRE-ASSISTANT(n)

```
1  best = 0          // candidate 0 is a least-qualified dummy candidate
2  for i = 1 to n
3      interview candidate i
4      if candidate i is better than candidate best
5          best = i
6          hire candidate i
```

这个问题的费用模型与第 2 章中描述的模型不同。我们关注的不是 HIRE-ASSISTANT 的执行时间，而是面试和雇用所产生的费用。表面上看起来，分析这个算法的费用与分析归并排序等的运行时间有很大不同。然而，我们在分析费用或者分析运行时间时，所采用的分析技术却是相同的。在任何情形中，我们都是在计算特定基本操作的执行次数。

面试的费用较低，比如为 c_i，然而雇用的费用较高，设为 c_h。假设 m 是雇用的人数，那么该算法的总费用就是 $O(c_i n + c_h m)$。不管雇用多少人，我们总会面试 n 个应聘者，于是面试产生的费用总是 $c_i n$。因此，我们只关注于分析 $c_h m$，即雇用的费用。这个量在该算法的每次执行中都不同。

这个场景用来作为一般计算范式的模型。我们通常通过检查序列中的每个成员，并且维护一个当前的"获胜者"，来找出序列中的最大值或最小值。这个雇用问题对当前获胜成员的更新频率建立模型。

最坏情形分析

在最坏情况下，我们实际上雇用了每个面试的应聘者。当应聘者质量按出现的次序严格递增时，这种情况就会出现，此时雇用了 n 次，总的费用是 $O(c_h n)$。

当然，应聘者并非总以质量递增的次序出现。事实上，我们既不知道他们出现的次序，也不能控制这个次序。因此，很自然地会问在一种典型或者平均的情形下，会有什么发生。

概率分析

概率分析是在问题分析中应用概率的理念。大多数情况下，我们采用概率分析来分析一个算法的运行时间，有时也用它来分析其他的量，例如，过程 HIRE-ASSISTANT 中的雇用费用。为了进行概率分析，我们必须使用或者假设关于输入的分布。然后分析该算法，计算出一个平均情形下的运行时间，其中我们对所有可能的输入分布取平均值。因此，实际上，我们对所有可能输入产生的运行时间取平均。当报告此种类型的运行时间时，我们称其为**平均情况运行时间**。

我们在确定输入分布时必须非常小心。对于某些问题，我们可以对所有可能的输入集合做某种假定，然后采用概率分析来设计一个高效算法，并加深对问题的认识。对于其他一些问题，我们不能描述一个合理的输入分布，此时就不能采用概率分析。

在雇用问题中，我们可以假设应聘者以随机顺序出现。这一假设意味着什么？假定可以对任何两个应聘者进行比较，并决定哪一个更有资格；也就是说，所有应聘者存在一个全序关系（全序的定义可参见附录 B）。因此，可以使用从 1 到 n 的唯一号码对应聘者排列名次，用 $rank(i)$ 表示应聘者 i 的名次，并照常约定一个较高名次对应一个更好的应聘者。有序序列 $\langle rank(1), rank(2), \cdots, rank(n) \rangle$ 是序列 $\langle 1, 2, \cdots, n \rangle$ 的一个排列。称应聘者以随机顺序出现，等价于称这个排名列表是数字 1 到 n 的 $n!$ 种排列表中的任何一个。或者，我们也称这些排名构成一个**均匀随机排列**；也就是说，在 $n!$ 种可能的排列中，每一种以等概率出现。

5.2 节包含这个雇用问题的一个概率分析。

随机算法

为了利用概率分析，我们需要了解关于输入分布的一些信息。在许多情况下，我们对输入分布了解很少。即使知道输入分布的某些信息，也可能无法从计算上对该分布知识建立模型。然而，我们通过使一个算法中某部分的行为随机化，常可以利用概率和随机性作为算法设计和分析的工具。

在雇用问题中，看起来应聘者好像以随机顺序出现，但我们无法知道是否的确如此。因此，为了设计雇用问题的一个随机算法，我们必须对面试应聘者的次序有更大的控制。所以，稍稍改变这个模型。假设雇用代理有 n 个应聘者，而且他们事先给我们一份应聘者名单。每天随机选择某个应聘者来面试。尽管除了应聘者的名字外对其他信息一无所知，但我们已经做了一个显著的改变。不是像以前依赖于猜测应聘者以随机次序出现，取而代之，我们获得了对流程的控制并且加强了随机次序。

更一般地，如果一个算法的行为不仅由输入决定，而且也由**随机数生成器**（random-number generator）产生的数值决定，则称这个算法是**随机的**（randomized）。我们将假设有一个可以自由使用的随机数生成器 RANDOM。调用 RANDOM(a, b) 将返回一个介于 a 和 b 之间的整数，并且每个整数以等概率出现。例如，RANDOM$(0, 1)$ 产生 0 的概率是 $1/2$，产生 1 的概率也是 $1/2$。调用 RANDOM$(3, 7)$ 将返回 3、4、5、6 或 7，每个出现的概率都是 $1/5$。每次 RANDOM 返回的整数独立于前面调用的返回值。可以将 RANDOM 想象成掷一个 $(b-a+1)$ 面的骰子，获得出现的点数。（在实践中，大多数编程环境会提供一个**伪随机数生成器**，它是一个确定性算法，返回值在统计上看起来是随机的。）

当分析一个随机算法的运行时间时，我们以运行时间的期望值衡量，其中输入值由随机数生成器产生。我们将一个随机算法的运行时间称为**期望运行时间**，以此来区分这类算法和那些输入是随机的算法。一般而言，当概率分布是在算法的输入上时，我们讨论的是平均情况运行时间；当算法本身做出随机选择时，我们讨论其期望运行时间。

练习

5.1-1 证明：假设在过程 HIRE-ASSISTANT 的第 4 行中，我们总能决定哪一个应聘者最佳，则意味着我们知道应聘者排名的全部次序。

*5.1-2 请描述 RANDOM(a, b)过程的一种实现，它只调用 RANDOM$(0, 1)$。作为 a 和 b 的函数，你的过程的期望运行时间是多少？

*5.1-3 假设你希望以 1/2 的概率输出 0 与 1。你可以自由使用一个输出 0 或 1 的过程 BIASED-RANDOM。它以某概率 p 输出 1，概率 $1-p$ 输出 0，其中 $0<p<1$，但是 p 的值未知。请给出一个利用 BIASED-RANDOM 作为子程序的算法，返回一个无偏的结果，能以概率 1/2 返回 0，以概率 1/2 返回 1。作为 p 的函数，你的算法的期望运行时间是多少？

117

5.2 指示器随机变量

为了分析雇用问题在内的许多算法，我们采用指示器随机变量(indicator random variable)。它为概率与期望之间的转换提供了一个便利的方法。给定一个样本空间 S 和一个事件 A，那么事件 A 对应的**指示器随机变量** I$\{A\}$定义为：

$$\mathrm{I}\{A\} = \begin{cases} 1 & \text{如果 } A \text{ 发生} \\ 0 & \text{如果 } A \text{ 不发生} \end{cases} \tag{5.1}$$

举一个简单的例子，我们来确定抛掷一枚标准硬币时正面朝上的期望次数。样本空间为 $S=\{H, T\}$，其中 $\Pr\{H\}=\Pr\{T\}=1/2$。接下来定义一个指示器随机变量 X_H，对应于硬币正面朝上的事件 H。这个变量计数抛硬币时正面朝上的次数，如果正面朝上则值为 1，否则为 0。我们记成：

$$X_H = \mathrm{I}\{H\} = \begin{cases} 1 & \text{如果 } H \text{ 发生} \\ 0 & \text{如果 } T \text{ 发生} \end{cases}$$

在一次抛掷硬币时，正面朝上的期望次数就是指示器变量 X_H 的期望值：

$$\mathrm{E}[X_H] = \mathrm{E}[\mathrm{I}\{H\}] = 1 \cdot \Pr\{H\} + 0 \cdot \Pr\{T\}$$
$$= 1 \cdot (1/2) + 0 \cdot (1/2) = 1/2$$

因此抛掷一枚标准硬币时，正面朝上的期望次数是 1/2。如下面引理所示，一个事件 A 对应的指示器随机变量的期望值等于事件 A 发生的概率。

引理 5.1 给定一个样本空间 S 和 S 中的一个事件 A，设 $X_A = \mathrm{I}\{A\}$，那么 $\mathrm{E}[X_A] = \Pr\{A\}$。 118

证明 由等式(5.1)指示器随机变量的定义，以及期望值的定义，我们有

$$\mathrm{E}[X_A] = \mathrm{E}[\mathrm{I}\{A\}] = 1 \cdot \Pr\{A\} + 0 \cdot \Pr\{\overline{A}\} = \Pr\{A\}$$

其中 $\overline{A}$ 表示 $S-A$，即 A 的补。 ■

虽然指示器随机变量看起来很麻烦，比如在计算单枚硬币一次投掷的正面次数期望时，但是它在分析重复随机试验时是有用的。例如，指示器随机变量为我们求等式(C.37)的结果提供了一个简单方法。在这个等式中，我们分别考虑出现 0 个、1 个、2 个…正面朝上的概率，以计算抛 n 次硬币时正面朝上的次数。等式(C.38)中给出了简单方法，隐含使用了指示器随机变量。为使讨论更清楚，我们设指示器随机变量 X_i 对应第 i 次抛硬币时正面朝上的事件：$X_i = \mathrm{I}\{$ 第 i 次抛掷时出现事件 $H\}$。设随机变量 X 表示 n 次抛硬币中出现正面的总次数，于是

$$X = \sum_{i=1}^{n} X_i$$

我们希望计算正面朝上次数的期望，所以对上面等式两边取期望，得到

$$\mathrm{E}[X] = \mathrm{E}\left[\sum_{i=1}^{n} X_i\right]$$

上面等式给出了 n 个指示器随机变量总和的期望值。由引理 5.1，我们容易计算出每个随机变量的期望值。根据反映期望线性性质的等式(C.21)，容易计算出总和的期望值：它等于 n 个随机变量期望值的总和。期望的线性性质利用指示器随机变量作为一种强大的分析技术；当随机变量

119 之间存在依赖关系时也成立。现在我们可以轻松地计算正面出现次数的期望：

$$E[X] = E\left[\sum_{i=1}^{n} X_i\right] = \sum_{i=1}^{n} E[X_i] = \sum_{i=1}^{n} 1/2 = n/2$$

因此，和等式(C.37)中用到的方法相比，指示器随机变量极大地简化了计算过程。我们将在本书中一直采用指示器随机变量。

用指示器随机变量分析雇用问题

返回到雇用问题上来。我们希望计算雇用一个新的办公助理的期望次数。为了利用概率分析，假设应聘者以随机顺序出现，如前一节所述。（我们将看到在 5.3 节如何去除这个假设。）设 X 是一个随机变量，其值等于我们雇用一个新办公助理的次数。然后，应用等式(C.20)中期望值的定义，得到

$$E[X] = \sum_{x=1}^{n} x\Pr\{X = x\}$$

但是这种计算会很麻烦。取而代之，我们将采用指示器随机变量来大大简化计算。

为了利用指示器随机变量，我们不是通过定义与雇用一个新办公助理所需次数对应的一个变量来计算 $E[X]$，而是定义 n 个变量，与每个应聘者是否被雇用对应。特别地，假设 X_i 对应于第 i 个应聘者被雇用该事件的指示器随机变量。因而，

$$X_i = I\{应聘者 i 被雇用\} = \begin{cases} 1 & 如果应聘者 i 被雇用 \\ 0 & 如果应聘者 i 不被雇用 \end{cases}$$

以及

120

$$X = X_1 + X_2 + \cdots + X_n \tag{5.2}$$

根据引理 5.1，我们有

$$E[X_i] = \Pr\{应聘者 i 被雇用\}$$

因此必须计算 HIRE-ASSISTANT 中第 5~6 行被执行的概率。

在第 6 行中，应聘者 i 被雇用，正好应聘者 i 比从 1 到 $i-1$ 的每一个应聘者优秀。因为我们已经假设应聘者以随机顺序出现，所以前 i 个应聘者也以随机次序出现。这些前 i 个应聘者中的任意一个都等可能地是目前最有资格的。应聘者 i 比应聘者 1 到 $i-1$ 更有资格的概率是 $1/i$，因而也以 $1/i$ 的概率被雇用。由引理 5.1，可得

$$E[X_i] = 1/i \tag{5.3}$$

现在可以计算 $E[X]$：

$$E[X] = E\left[\sum_{i=1}^{n} X_i\right] \quad （根据等式(5.2)） \tag{5.4}$$

$$= \sum_{i=1}^{n} E[X_i] \quad （根据期望的线性性质）$$

$$= \sum_{i=1}^{n} 1/i \quad （根据等式(5.3)）$$

$$= \ln n + O(1) \quad （根据等式(A.7)） \tag{5.5}$$

尽管我们面试了 n 个人，但平均起来，实际上大约只雇用他们之中的 $\ln n$ 个人。我们用下面的引理来总结这个结果。

引理 5.2 假设应聘者以随机次序出现，算法 HIRE-ASSISTANT 总的雇用费用平均情形下为 $O(c_h \ln n)$。

证明 根据雇用费用的定义和等式(5.5)，可以立即推出这个界，说明雇用的人数期望值大约是 $\lg n$。 ■

121 平均情形下的雇用费用比最坏情况下的雇用费用 $O(c_h n)$ 有了很大的改进。

练习

5.2-1 在 HIRE-ASSISTANT 中，假设应聘者以随机顺序出现，你正好雇用一次的概率是多少？正好雇用 n 次的概率是多少？

5.2-2 在 HIRE-ASSISTANT 中，假设应聘者以随机顺序出现，你正好雇用两次的概率是多少？

5.2-3 利用指示器随机变量来计算掷 n 个骰子之和的期望值。

5.2-4 利用指示器随机变量来解如下的**帽子核对问题**(hat-heck problem)：n 位顾客，他们每个人给餐厅核对帽子的服务生一顶帽子。服务生以随机顺序将帽子归还给顾客。请问拿到自己帽子的客户的期望数是多少？

5.2-5 设 $A[1..n]$ 是由 n 个不同数构成的数列。如果 $i<j$ 且 $A[i]>A[j]$，则称 (i, j) 对为 A 的一个**逆序对**(inversion)。(参看思考题 2-4 中更多关于逆序对的例子。)假设 A 的元素构成 $\langle 1, 2, \cdots, n\rangle$ 上的一个均匀随机排列。请用指示器随机变量来计算其中逆序对的数目期望。

5.3 随机算法

在前面一节中，我们已说明了输入的分布是如何有助于分析一个算法的平均情况行为。许多时候，我们无法得知输入分布的信息，因而阻碍了平均情况分析。如 5.1 节中所提及，我们也许可以采用一个随机算法。

对于诸如雇用问题之类的问题，其中假设输入的所有排列等可能出现往往有益，通过概率分析可以指导设计一个随机算法。我们不是假设输入的一个分布，而是设定一个分布。特别地，在算法运行前，先随机地排列应聘者，以加强所有排列都是等可能出现的性质。尽管已经修改了这个算法，我们仍希望雇用一个新的办公助理大约需要 $\ln n$ 次期望值。但是现在我们期望对于所有的输入它都是这种情况，而不是对于一个具有特别分布的输入。

我们来进一步探索概率分析和随机算法之间的区别。在 5.2 节中，我们断言：如果应聘者以随机顺序出现，则聘用一个新办公助理的期望次数大约是 $\ln n$。注意，这个算法是确定性的；对于任何特定输入，雇用一个新办公助理的次数始终相同。此外，我们雇用一个新办公助理的次数将因输入的不同而不同，而且依赖于各个应聘者的排名。既然次数仅依赖于应聘者的排名，我们可以使用应聘者的有序排名列表来代表一个特定的输入，例如 $\langle rank(1), rank(2), \cdots, rank(n)\rangle$。给定排名列表 $A_1=\langle 1, 2, 3, 4, 5, 6, 7, 8, 9, 10\rangle$，一个新的办公助理会雇用 10 次，因为每一个后来应聘者都优于前一个，在算法的每次迭代中，第 5～6 行都要被执行。给定排名列表 $A_2=\langle 10, 9, 8, 7, 6, 5, 4, 3, 2, 1\rangle$，一个新的办公助理只雇用一次，在第一次迭代中。给定排名序列 $A_3=\langle 5, 2, 1, 8, 4, 7, 10, 9, 3, 6\rangle$，一个新的办公助理会雇用三次，即面试排名为 5、8 和 10 的 3 位应聘者。回顾一下，算法的费用依赖于雇用一个新办公助理的次数。我们可以看到，有昂贵的输入(如 A_1)、不贵的输入(如 A_2)，以及适中贵的输入(如 A_3)。

另外，考虑先对应聘者进行排列，然后确定最佳应聘者的随机算法。此时，我们让随机发生在算法上，而不是在输入分布上。给定一个输入，如上面的 A_3，我们无法说出最大值会被更新多少次，因为此变量在每次运行该算法时都不同。第一次在 A_3 上运行这个算法时，可能会产生排列 A_1 并执行 10 次更新；但第二次运行算法时，可能会产生排列 A_2 并只执行 1 次更新。第三次执行时，可能会产生其他次数的更新。每次运行这个算法时，执行依赖于随机选择，而且很可能和前一次算法的执行不同。对于该算法及许多其他的随机算法，没有特别的输入会引出它的最坏情况行为。即使你最坏的敌人也无法产生最坏的输入数组，因为随机排列使得输入次序不再相关。只有在随机数生成器产生一个"不走运"的排列时，随机算法才会运行得很差。

122

123 对于雇用问题，代码中唯一需要改变的是随机地变换应聘者序列。

RANDOMIZED-HIRE-ASSISTANT(n)

```
1   randomly permute the list of candidates
2   best = 0              // candidate 0 is a least-qualified dummy candidate
3   for i = 1 to n
4       interview candidate i
5       if candidate i is better than candidate best
6           best = i
7           hire candidate i
```

通过这个简单改变，我们已经建立了一个随机算法，其性能和假设应聘者以随机次序出现所得结果是匹配的。

引理 5.3 过程 RANDOMIZED-HIRE-ASSISTANT 的雇用费用期望是 $O(c_h \ln n)$。

证明 对输入数组进行变换后，我们已经达到了和 HIRE-ASSISTANT 概率分析时相同的情况。■

比较引理 5.2 和引理 5.3 突出了概率分析和随机算法的差别。在引理 5.2 中，我们在输入上做了一个假设。在引理 5.3 中，我们没有做这种假设，尽管随机化输入会花费一些额外时间。为了保持术语的一致性，我们用平均情形下的雇用费用来表达引理 5.2，而用期望雇用费用来表达引理 5.3。在本节余下部分里，我们讨论关于随机排列输入的一些议题。

随机排列数组

很多随机算法通过对给定的输入变换排列以使输入随机化。（还有其他使用随机化的方法。）这里，我们将讨论两种随机化方法。不失一般性，假设给定一个数组 A，包含元素 1 到 n。我们的目标是构造这个数组的一个随机排列。

一个通常的方法是为数组的每个元素 $A[i]$ 赋一个随机的优先级 $P[i]$，然后依据优先级对数组 A 中的元素进行排序。例如，如果初始数组 $A = \langle 1, 2, 3, 4 \rangle$，随机选择的优先级 $P = \langle 36, 3, 62, 19 \rangle$，则将产生一个数组 $B = \langle 2, 4, 1, 3 \rangle$，因为第 2 个优先级最小，接下来是第 4 个，124 然后第 1 个，最后第 3 个。我们称这个过程为 PERMUTE-BY-SORTING：

PERMUTE-BY-SORTING(A)

```
1   n = A.length
2   let P[1 . . n] be a new array
3   for i = 1 to n
4       P[i] = RANDOM(1, n³)
5   sort A, using P as sort keys
```

第 4 行选取一个在 $1 \sim n^3$ 之间的随机数。我们使用范围 $1 \sim n^3$ 是为了让 P 中所有优先级尽可能唯一。（练习 5.3-5 要求读者证明所有元素都唯一的概率至少是 $1 - 1/n$，练习 5.3-6 问如何在两个或更多优先级相同的情况下，实现这个算法。）我们假设所有的优先级都唯一。

这个过程中耗时的步骤是第 5 行的排序。正如我们将在第 8 章看到的那样，如果使用比较排序，排序将花费 $\Omega(n \lg n)$ 时间。我们可以达到这个下界，因为我们已经看到归并排序时间代价为 $\Theta(n \lg n)$。（我们将在第二部分看到，其他的比较排序花费时间代价为 $\Theta(n \lg n)$。练习 8.3-4 要求读者解决一个非常类似的问题，在 $O(n)$ 时间内对 $0 \sim n^3 - 1$ 范围之内的整数排序。）排序以后，如果 $P[i]$ 是第 j 个最小的优先级，那么 $A[i]$ 将出现在输出位置 j 上。用这种方式，我们得到了一个排列。还需要证明这个过程能产生一个**均匀随机排列**，即该过程等可能地产生数字 $1 \sim n$ 的每一种排列。

引理 5.4 假设所有优先级都不同，则过程 PERMUTE-BY-SORTING 产生输入的均匀随机排列。

证明 我们从考虑每个元素 $A[i]$ 分配到第 i 个最小优先级的特殊排列开始，并说明这个排列正好发生的概率是 $1/n!$。对 $i=1$，2，$\cdots$，n，设 E_i 代表元素 $A[i]$ 分配到第 i 个最小优先级的事件。然后我们想计算对所有的 i，事件 E_i 发生的概率，即

$$\Pr\{E_1 \cap E_2 \cap E_3 \cap \cdots \cap E_{n-1} \cap E_n\}$$

运用练习 C.2-5，这个概率等于

$$\Pr\{E_1\} \cdot \Pr\{E_2 \mid E_1\} \cdot \Pr\{E_3 \mid E_2 \cap E_1\} \cdot \Pr\{E_4 \mid E_3 \cap E_2 \cap E_1\}$$
$$\cdots \Pr\{E_i \mid E_{i-1} \cap E_{i-2} \cap \cdots \cap E_1\} \cdots \Pr\{E_n \mid E_{n-1} \cap \cdots \cap E_1\}$$

因为 $\Pr\{E_1\}$ 是从一个 n 元素的集合中随机选取的优先级最小的概率，所以有 $\Pr\{E_1\}=1/n$。接下来，我们观察到 $\Pr\{E_2 \mid E_1\}=1/(n-1)$，因为假定元素 $A[1]$ 有最小的优先级，余下来的 $n-1$ 个元素都有相等的可能成为第二小的优先级别。一般地，对 $i=2$，3，$\cdots$，n，我们有 $\Pr\{E_i \mid E_{i-1} \cap E_{i-2} \cap \cdots \cap E_1\}=1/(n-i+1)$。因为给定元素 $A[1]$ 到 $A[i-1]$（按顺序）有前 $i-1$ 小的优先级，剩下的 $n-(i-1)$ 个元素中，每一个都等可能具有第 i 小优先级。所以有

$$\Pr\{E_1 \cap E_2 \cap E_3 \cap \cdots \cap E_{n-1} \cap E_n\} = \left(\frac{1}{n}\right)\left(\frac{1}{n-1}\right)\cdots\left(\frac{1}{2}\right)\left(\frac{1}{1}\right) = \frac{1}{n!}$$

并且我们已说明，获得等同排列的概率是 $1/n!$。

我们可以扩展这个证明，使其对任何优先级的排列都有效。考虑集合 $\{1$，2，$\cdots$，$n\}$ 的任意一个确定排列 $\sigma = \langle\sigma(1)$，$\sigma(2)$，$\cdots$，$\sigma(n)\rangle$。我们用 r_i 表示赋予元素 $A[i]$ 优先级的排名，其中优先级第 j 小的元素名次为 j。如果定义 E_i 为元素 $A[i]$ 分配到优先级第 $\sigma(i)$ 小的事件，或者 $r_i = \sigma(i)$，则同样的证明仍适用。因此，如果要计算得到任何特定排列的概率，该计算与前面的计算完全相同，于是得到此排列的概率也是 $1/n!$。∎

你可能会这样想，要证明一个排列是均匀随机排列，只要证明对于每个元素 $A[i]$，它排在位置 j 的概率是 $1/n$。练习 5.3-4 证明这个弱条件实际上并不充分。

产生随机排列的一个更好方法是原址排列给定数组。过程 RANDOMIZE-IN-PLACE 在 $O(n)$ 时间内完成。在进行第 i 次迭代时，元素 $A[i]$ 是从元素 $A[i]$ 到 $A[n]$ 中随机选取的。第 i 次迭代以后，$A[i]$ 不再改变。

```
RANDOMIZE-IN-PLACE(A)
1   n = A.length
2   for i = 1 to n
3       swap A[i] with A[RANDOM(i, n)]
```

我们将使用循环不变式来证明过程 RANDOMIZE-IN-PLACE 能产生一个均匀随机排列。一个具有 n 个元素的 **k 排列**（k-permutation）是包含这 n 个元素中的 k 个元素的序列，并且不重复（参见附录 C）。一共有 $n! / (n-k)!$ 种可能的 k 排列。

引理 5.5 过程 RANDOMIZE-IN-PLACE 可计算出一个均匀随机排列。

证明 我们使用下面的循环不变式：

在第 2～3 行 **for** 循环的第 i 次迭代以前，对每个可能的 $(i-1)$ 排列，子数组 $A[1..i-1]$ 包含这个 $(i-1)$ 排列的概率是 $(n-i+1)! / n!$。

我们需要说明这个不变式在第 1 次循环迭代以前为真，循环的每次迭代能够维持此不变式，并且当循环终止时，这个不变式提供一个有用的性质来说明正确性。

初始化：考虑正好在第 1 次循环迭代以前的情况，此时 $i=1$。由循环不变式可知，对每个可能的 0 排列，子数组 $A[1..0]$ 包含这个 0 排列的概率是 $(n-i+1)! / n! = n! / n! = 1$。子数组 $A[1..0]$ 是一个空的子数组，并且 0 排列也没有元素。因而，$A[1..0]$ 包含任何 0 排列的概率是

1，在第 1 次循环迭代以前循环不变式成立。

保持：我们假设在第 i 次迭代之前，每种可能的 $(i-1)$ 排列出现在子数组 $A[1..i-1]$ 中的概率是 $(n-i+1)!/n!$，我们要说明在第 i 次迭代以后，每种可能的 i 排列出现在子数组 $A[1..i]$ 中的概率是 $(n-i)!/n!$。下一次迭代 i 累加后，还将保持这个循环不变式。

我们来检查第 i 次迭代。考虑一个特殊的 i 排列，并以 $\langle x_1, x_2, \cdots, x_i\rangle$ 来表示其中的元素。这个排列中包含一个 $(i-1)$ 排列 $\langle x_1, x_2, \cdots, x_{i-1}\rangle$，后面接着算法在 $A[i]$ 里放置的值 x_i。设 E_1 表示前 $i-1$ 次迭代已经在 $A[1..i-1]$ 中构造了特殊 $(i-1)$ 排列的事件。根据循环不变式，$\Pr\{E_1\}=(n-i+1)!/n!$。设 E_2 表示第 i 次迭代在位置 $A[i]$ 放置 x_i 的事件。当 E_1 和 E_2 恰好都发生时，i 排列 $\langle x_1, \cdots, x_i\rangle$ 出现在 $A[1..i]$ 中，因此，我们希望计算 $\Pr\{E_2 \bigcap E_1\}$。利用等式（C.14），我们有

$$\Pr\{E_2 \bigcap E_1\} = \Pr\{E_2 \mid E_1\}\Pr\{E_1\}$$

概率 $\Pr\{E_2 \mid E_1\}$ 等于 $1/(n-i+1)$，因为在算法第 3 行，从 $A[i..n]$ 的 $n-i+1$ 个值中随机选取 x_i。因此，我们有

$$\Pr\{E_2 \bigcap E_1\} = \Pr\{E_2 \mid E_1\}\Pr\{E_1\} = \frac{1}{n-i+1} \cdot \frac{(n-i+1)!}{n!} = \frac{(n-i)!}{n!}$$

终止：终止时，$i=n+1$，子数组 $A[1..n]$ 是一个给定 n 排列的概率为 $(n-(n+1)+1)/n! = 0!/n! = 1/n!$。

因此，RANDOMIZE-IN-PLACE 产生一个均匀随机排列。 ∎

一个随机算法通常是解决一个问题最简单、最有效的方法。我们将在本书中偶尔用到随机算法。

练习

5.3-1 Marceau 教授不同意引理 5.5 证明中使用的循环不变式。他对第 1 次迭代之前循环不变式是否为真提出质疑。他的理由是，我们可以很容易宣称一个空数组不包含 0 排列。因此，一个空的子数组包含一个 0 排列的概率应是 0，从而第 1 次迭代之前循环不变式无效。请重写过程 RANDOMIZE-IN-PLACE，使得相关循环不变式适用于第 1 次迭代之前的非空子数组，并为你的过程修改引理 5.5 的证明。

5.3-2 Kelp 教授决定写一个过程来随机产生除恒等排列（identity permutation）外的任意排列。他提出了如下过程：

```
PERMUTE-WITHOUT-IDENTITY(A)
1   n = A.length
2   for i = 1 to n - 1
3       swap A[i] with A[RANDOM(i + 1, n)]
```

这段代码实现了 Kelp 教授的意图吗？

5.3-3 假设我们不是将元素 $A[i]$ 与子数组 $A[i..n]$ 中的一个随机元素交换，而是将它与数组任何位置上的随机元素交换：

```
PERMUTE-WITH-ALL(A)
1   n = A.length
2   for i = 1 to n
3       swap A[i] with A[RANDOM(1, n)]
```

这段代码会产生一个均匀随机排列吗？为什么会或为什么不会？

5.3-4 Armstrong 教授建议用下面的过程来产生一个均匀随机排列：

```
PERMUTE-BY-CYCLIC(A)
1   n = A. length
2   let B[1..n] be a new array
3   offset = RANDOM(1, n)
4   for i = 1 to n
5       dest = i + offset
6       if dest > n
7           dest = dest − n
8       B[dest] = A[i]
9   return B
```

请说明每个元素 $A[i]$ 出现在 B 中任何特定位置的概率是 $1/n$。然后通过说明排列结果不是均匀随机排列，表明 Armstrong 教授错了。

⋆5.3-5 证明：在过程 PERMUTE-BY-SORTING 的数组 P 中，所有元素都唯一的概率至少是 $1-1/n$。

5.3-6 请解释如何实现算法 PERMUTE-BY-SORTING，以处理两个或更多优先级相同的情形。也就是说，即使有两个或更多优先级相同，你的算法也应该产生一个均匀随机排列。

5.3-7 假设我们希望创建集合 $\{1, 2, 3, \cdots, n\}$ 的一个**随机样本**，即一个具有 m 个元素的集合 S，其中 $0 \leqslant m \leqslant n$，使得每个 m 集合能够等可能地创建。一种方法是对 $i=1, 2, \cdots, n$ 设 $A[i]=i$，调用 RANDOMIZE-IN-PLACE(A)，然后取最前面的 m 个数组元素。这种方法会对 RANDOM 过程调用 n 次。如果 n 比 m 大很多，我们能够创建一个随机样本，只对 RANDOM 调用更少的次数。请说明下面的递归过程返回 $\{1, 2, 3, \cdots, n\}$ 的一个随机 m 子集 S，其中每个 m 子集是等可能的，然而只对 RANDOM 调用 m 次。

129

```
RANDOM-SAMPLE(m, n)
1   if m == 0
2       return ∅
3   else S = RANDOM-SAMPLE(m − 1, n − 1)
4       i = RANDOM(1, n)
5       if i ∈ S
6           S = S ∪ {n}
7       else S = S ∪ {i}
8       return S
```

⋆5.4　概率分析和指示器随机变量的进一步使用

本节通过 4 个例子进一步阐释概率分析。第 1 个例子确定在一个有 k 个人的屋子中，某两个人生日相同的概率。第 2 个例子讨论把球随机投入箱的问题。第 3 个例子探究抛硬币时连续出现正面的情况。最后一个例子分析雇用问题的一个变形，其中你必须在没有面试所有的应聘者时做出决定。

5.4.1　生日悖论

我们的第一个例子是**生日悖论**。一个屋子里人数必须要达到多少人，才能使其中两人生日相同的机会达到 50%？这个问题的答案是一个很小的数值，让人吃惊。下面我们将看到，所出现的悖论在于，这个数目实际上远小于一年中的天数，甚至不足一年天数的一半。

为了回答这个问题，我们用整数 $1, 2, \cdots, k$ 对屋子里的人编号，其中 k 是屋子里的总人数。另外，我们不考虑闰年的情况，并且假设所有年份都有 $n=365$ 天。对于 $i=1, 2, \cdots, k$，设 b_i 表示编号为 i 的人的生日，其中 $1 \leqslant b_i \leqslant n$。还假设生日均匀分布在一年的 n 天中，因此对

$i = 1, 2, \cdots, k$ 和 $r = 1, 2, \cdots, n$，$\Pr\{b_i = r\} = 1/n$。

两个人 i 和 j 的生日正好相同的概率依赖于生日的随机选择是否独立。从现在开始，假设生日是独立的，于是 i 和 j 的生日都落在同一日 r 上的概率是

$$\Pr\{b_i = r \text{ 且 } b_j = r\} = \Pr\{b_i = r\}\Pr\{b_j = r\} = 1/n^2$$

这样，他们的生日落在同一天的概率是

$$\Pr\{b_i = b_j\} = \sum_{r=1}^{n} \Pr\{b_i = r \text{ 且 } b_j = r\} = \sum_{r=1}^{n}(1/n^2) = 1/n \tag{5.6}$$

更直观地说，一旦选定 b_i，b_j 被选在同一天的概率是 $1/n$。因此，i 和 j 有相同生日的概率与他们其中一个的生日落在给定一天的概率相同。然而需要注意，这个巧合依赖于各人的生日是独立的这个假设。

我们可以通过考察一个事件补的方法，来分析 k 个人中至少有两人生日相同的概率。至少有两个人生日相同的概率等于 1 减去所有人生日都不相同的概率。k 个人生日互不相同的事件为

$$B_k = \bigcap_{i=1}^{k} A_i$$

其中 A_i 是指对所有 $j < i$，i 与 j 生日不同的事件。既然可以写成 $B_k = A_k \cap B_{k-1}$，由公式(C.16)可得递归式

$$\Pr\{B_k\} = \Pr\{B_{k-1}\}\Pr\{A_k \mid B_{k-1}\} \tag{5.7}$$

其中取 $\Pr\{B_1\} = \Pr\{A_1\} = 1$ 作为初始条件。换句话说，对 $i = 1, 2, \cdots, k-1$，假设 $b_1, b_2, \cdots, b_{k-1}$ 两两不同，那么 $b_1, b_2, \cdots, b_k$ 两两不同的概率等于 $b_1, b_2, \cdots, b_{k-1}$ 两两不同的概率乘以 $i = 1, 2, \cdots, k-1$ 时 $b_k \neq b_i$ 的概率。

如果 $b_1, b_2, \cdots, b_{k-1}$ 两两不同，对于 $i = 1, 2, \cdots, k-1$，$b_k \neq b_i$ 的条件概率是 $\Pr\{A_k \mid B_{k-1}\} = (n-k+1)/n$，这是因为 n 天中有 $n-(k-1)$ 天没被占用。我们反复应用递归式(5.7)得到

$$
\begin{aligned}
\Pr(B_k) &= \Pr\{B_{k-1}\}\Pr\{A_k \mid B_{k-1}\}\\
&= \Pr\{B_{k-2}\}\Pr\{A_{k-1} \mid B_{k-2}\}\Pr\{A_k \mid B_{k-1}\}\\
&\vdots\\
&= \Pr\{B_1\}\Pr\{A_2 \mid B_1\}\Pr\{A_3 \mid B_2\}\cdots\Pr\{A_k \mid B_{k-1}\}\\
&= 1 \cdot \left(\frac{n-1}{n}\right)\left(\frac{n-2}{n}\right)\cdots\left(\frac{n-k+1}{n}\right)\\
&= 1 \cdot \left(1-\frac{1}{n}\right)\left(1-\frac{2}{n}\right)\cdots\left(1-\frac{k-1}{n}\right)
\end{aligned}
$$

由不等式(3.12)，$1 + x \leqslant e^x$，我们得出

$$\Pr\{B_k\} \leqslant e^{-1/n}e^{-2/n}\cdots e^{-(k-1)/n} = e^{-\sum_{i=1}^{k-1} i/n} = e^{-k(k-1)/2n} \leqslant 1/2$$

当 $-k(k-1)/2n \leqslant \ln(1/2)$ 时成立。当 $k(k-1) \geqslant 2n\ln 2$，或者，解二次方程，当 $k \geqslant (1 + \sqrt{1+(8\ln 2)n})/2$ 时，所有 k 个生日两两不同的概率至多是 $1/2$。当 $n = 365$ 时，必有 $k \geqslant 23$。因而，如果至少有 23 个人在一间屋子里，那么至少有两个人生日相同的概率至少是 $1/2$。在火星上，一年有 669 个火星日，所以达到相同效果须有 31 个火星人。

采用指示器随机变量的一个分析

我们可以利用指示器随机变量给出生日悖论的一个简单而近似的分析。对屋子里 k 个人中的每一对 (i, j)，对 $1 \leqslant i < j \leqslant k$，定义指示器随机变量 X_{ij} 如下：

$$X_{ij} = \text{I}\{i \text{ 和 } j \text{ 生日相同}\} = \begin{cases} 1 & \text{如果 } i \text{ 和 } j \text{ 生日相同}\\ 0 & \text{其他} \end{cases}$$

根据等式(5.6)，两个人生日相同的概率是 $1/n$，因此据引理 5.1，我们有

$$E[X_{ij}] = \Pr\{i \text{ 和 } j \text{ 生日相同}\} = 1/n$$

设 X 表示计数生日相同两人对数目的随机变量，我们有

$$X = \sum_{i=1}^{k} \sum_{j=i+1}^{k} X_{ij}$$

两边取期望，并应用期望的线性性质，我们得到

$$E[X] = E\Big[\sum_{i=1}^{k} \sum_{j=i+1}^{k} X_{ij}\Big] = \sum_{i=1}^{k} \sum_{j=i+1}^{k} E[X_{ij}] = \binom{k}{2} \frac{1}{n} = \frac{k(k-1)}{2n}$$

因此，当 $k(k-1) \geqslant 2n$ 时，生日相同的两人对的期望数至少是 1。因此，若屋子里至少有 $\sqrt{2n}+1$ 个人，我们可以期望至少有两人生日相同。对于 $n=365$，若 $k=28$，生日相同人对数目的期望值为 $(28 \cdot 27)/(2 \cdot 365) \approx 1.035\,6$。因此，如果至少有 28 人，我们可以期望找到至少一对人生日相同。在火星上，一年有 669 个火星日，我们至少需要 38 个火星人。

第一种分析仅用了概率，确定了为使存在至少一对人生日相同概率大于 1/2 所需的人数；第二种分析使用了指示器随机变量，给出了相同生日期望数为 1 时的人数。虽然两种情形下人的准确数目不同，但它们在渐近阶数上是相等的，都为 $\Theta(\sqrt{n})$。

5.4.2　球与箱子

现在我们来考虑这样一个过程，即把相同的球随机投到 b 个箱子里，箱子编号为 1，2，…，b。每次投球都是独立的，每一次投球，球等可能落在每一个箱子中。球落在任一个箱子中的概率为 $1/b$。因此，投球的过程是一组伯努利试验（参见附录 C.4），每次成功的概率是 $1/b$，其中成功是指球落入指定的箱子中。这个模型对分析散列（参见第 11 章）特别有用，而且我们可以回答关于该投球过程的各种有趣问题。（思考题 C-1 提出了另外一些关于球和箱子的问题。）

有多少球落在给定的箱子里？落在给定箱子里的球数服从二项分布 $b(k; n, 1/b)$。如果投 n 个球，公式（C.37）告诉我们，落在给定箱子里的球数期望值是 n/b。

在平均意义下，我们必须要投多少个球，才能在给定的箱子里投中一个球？直至给定箱子收到一个球的投球次数服从几何分布，概率为 $1/b$，根据等式（C.32），成功的投球次数期望是 $1/(1/b)=b$。

我们需要投多少次球，才能使每个箱子里至少有一个球？一次投球落在空箱子里称为一次"命中"。我们想知道为了获得 b 次命中，所需的投球次数期望 n。

采用命中次数，可以把 n 次投球分为几个阶段。第 i 个阶段包括从第 $i-1$ 命中到第 i 次命中之间的投球。第 1 阶段包含第 1 次投球，因为我们可以保证一次命中，此时所有的箱子都是空的。对第 i 阶段的每一次投球，有 $i-1$ 个箱子有球，$b-i+1$ 个箱子是空的。因而，对第 i 阶段的每次投球，得到一次命中的概率是 $(b-i+1)/b$。

设 n_i 表示第 i 阶段的投球次数。因而，为得到 b 次命中所需的投球次数为 $n = \sum_{i=1}^{b} n_i$。每个随机变量 n_i 服从几何分布，成功的概率是 $(b-i+1)/b$，根据公式（C.32），于是有

$$E[n_i] = \frac{b}{b-i+1}$$

根据期望的线性性质，我们有

$$E[n] = E\Big[\sum_{i=1}^{b} n_i\Big] = \sum_{i=1}^{b} E[n_i] = \sum_{i=1}^{b} \frac{b}{b-i+1}$$

$$= b \sum_{i=1}^{b} \frac{1}{i} = b(\ln b + O(1)) \quad \text{（根据等式（A.7））}$$

所以，在我们期望每个箱子里都有一个球之前，大约要投 $b \ln b$ 次。这个问题也称为**礼券收集者问题**，意思是一个人如果想要收集齐 b 种不同礼券中的每一种，大约需要 $b \ln b$ 张随机得到的礼

134 券才能成功。

5.4.3 特征序列

假设抛投一枚标准的硬币 n 次,最长连续正面的序列的期望长度有多长?答案是 $\Theta(\lg n)$,如以下分析所示。

首先证明最长的连续正面的特征序列的长度期望是 $O(\lg n)$。每次抛硬币时是一次正面的概率为 $1/2$。设 A_{ik} 为这样的事件:长度至少为 k 的正面特征序列开始于第 i 次抛掷,或更准确地说,k 次连续硬币抛掷 i,$i+1$,$\cdots$,$i+k-1$ 得到的都是正面,其中 $1 \leqslant k \leqslant n$,$1 \leqslant i \leqslant n-k+1$。因为每次抛硬币是互相独立的,对任何给定事件 A_{ik},所有 k 次抛掷都是正面的概率是

$$\Pr\{A_{ik}\} = 1/2^k \tag{5.8}$$

对于 $k = 2\lceil \lg n \rceil$,

$$\Pr\{A_{i,2\lceil \lg n \rceil}\} = 1/2^{2\lceil \lg n \rceil} \leqslant 1/2^{2\lg n} = 1/n^2$$

因而,长度至少为 $2\lceil \lg n \rceil$、起始于位置 i 的一个正面特征序列的概率是很小的。这种序列起始位置至多有 $n-2\lceil \lg n \rceil+1$ 个。所以长度至少为 $2\lceil \lg n \rceil$ 的正面特征序列开始于任一位置的概率是

$$\Pr\left\{\bigcup_{i=1}^{n-2\lceil \lg n \rceil+1} A_{i,2\lceil \lg n \rceil}\right\} \leqslant \sum_{i=1}^{n-2\lceil \lg n \rceil+1} 1/n^2 < \sum_{i=1}^{n} 1/n^2 = 1/n \tag{5.9}$$

因为根据布尔不等式(C.19),一组事件并集的概率至多是各个事件的概率之和。(注意,即使这些事件不独立,布尔不等式依然成立。)

我们现在利用不等式(5.9)来给出最长特征序列的长度界。对于 $j=0$,1,2,$\cdots$,n,令 L_j 表示最长连续正面的特征序列长度正好是 j 的事件,并设最长特征序列的长度是 L。由期望值的定义,我们有

135

$$E[L] = \sum_{j=0}^{n} j\Pr\{L_j\} \tag{5.10}$$

我们可以尝试用每个 $\Pr\{L_j\}$ 的上界来估计这个和,就像不等式(5.9)所计算的那样。遗憾的是,这种方法将导致弱的界。不过,我们可以用从上面分析得到的一些直观知识来得到一个好的界。然而非正式地说,我们观察到在等式(5.10)的总和中,没有任何一项同时让 j 和 $\Pr\{L_j\}$ 因子都是大的。为什么呢?当 $j \geqslant 2\lceil \lg n \rceil$ 时,$\Pr\{L_j\}$ 很小;当 $j < 2\lceil \lg n \rceil$ 时,j 相当小。更正式地说,我们注意到对于 $j=0$,1,$\cdots$,n,事件 L_j 是不相交的,因此长度至少为 $2\lceil \lg n \rceil$ 的连续正面特征序列起始于任一位置的概率为 $\sum_{j=2\lceil \lg n \rceil}^{n} \Pr\{L_j\}$。根据不等式(5.9),我们有 $\sum_{j=2\lceil \lg n \rceil}^{n} \Pr\{L_j\} < 1/n$。另外,注意到 $\sum_{j=0}^{n} \Pr\{L_j\} = 1$,我们有 $\sum_{j=0}^{2\lceil \lg n \rceil-1} \Pr\{L_j\} \leqslant 1$。因此,我们得到

$$E[L] = \sum_{j=0}^{n} j\Pr\{L_j\} = \sum_{j=0}^{2\lceil \lg n \rceil-1} j\Pr\{L_j\} + \sum_{j=2\lceil \lg n \rceil}^{n} j\Pr\{L_j\}$$

$$< \sum_{j=0}^{2\lceil \lg n \rceil-1} (2\lceil \lg n \rceil)\Pr\{L_j\} + \sum_{j=2\lceil \lg n \rceil}^{n} n\Pr\{L_j\}$$

$$= 2\lceil \lg n \rceil \sum_{j=0}^{2\lceil \lg n \rceil-1} \Pr\{L_j\} + n \sum_{j=2\lceil \lg n \rceil}^{n} \Pr\{L_j\}$$

$$< 2\lceil \lg n \rceil \cdot 1 + n \cdot (1/n) = O(\lg n)$$

正面特征序列长度超过 $r\lceil \lg n \rceil$ 次抛掷的概率随着 r 变小而很快减少。对 $r \geqslant 1$,正面特征序列长度至少为 $r\lceil \lg n \rceil$,起始于位置 i 的概率是

$$\Pr\{A_{i,r\lceil \lg n \rceil}\} = 1/2^{r\lceil \lg n \rceil} \leqslant 1/n^r$$

因此,最长特征序列长度至少为 $r\lceil \lg n \rceil$ 的概率至多是 $n/n^r = 1/n^{r-1}$,或等价地,最长特征序列长

度小于 $r\lceil\lg n\rceil$ 的概率至少是 $1-1/n^{r-1}$。

看一个例子，抛掷 $n=1\,000$ 次硬币，最少出现 $2\lceil\lg n\rceil=20$ 次连续正面的几率至多是 $1/n=1/1\,000$。长度超过 $3\lceil\lg n\rceil=30$ 次连续正面特征序列的几率至多是 $1/n^2=1/1\,000\,000$。

现在我们证明一个补充的下界：在 n 次硬币抛掷中，最长的正面特征序列的长度期望为 $\Omega(\lg n)$。为证明这个界，我们通过把 n 次抛掷划分成大约 n/s 个组，每组 s 次抛掷，来看长度为 s 的特征序列。如果选择 $s=\lfloor(\lg n)/2\rfloor$，可以说明这些组中至少有一组可能全是正面，因而可能最长特征序列的长度至少是 $s=\Omega(\lg n)$。然后将表明最长特征序列的长度期望是 $\Omega(\lg n)$。

我们把 n 次硬币抛掷划分成至少 $\lfloor n/\lfloor(\lg n)/2\rfloor\rfloor$ 个组，每组 $\lfloor(\lg n)/2\rfloor$ 次连续抛掷，然后对没有组全是正面的概率求界。根据等式(5.8)，从位置 i 开始都是正面的组的概率是

$$\Pr\{A_{i,\lfloor(\lg n)/2\rfloor}\}=1/2^{\lfloor(\lg n)/2\rfloor}\geqslant 1/\sqrt{n}$$

所以长度至少为 $\lfloor(\lg n)/2\rfloor$ 的正面特征序列不从位置 i 开始的概率至多是 $1-1/\sqrt{n}$。既然 $\lfloor n/\lfloor(\lg n)/2\rfloor\rfloor$ 个组是由彼此互斥、独立的抛掷硬币构成，其中每个组都不是长度为 $\lfloor(\lg n)/2\rfloor$ 的特征序列的概率至多是

$$(1-1/\sqrt{n})^{\lfloor n/\lfloor(\lg n)/2\rfloor\rfloor}\leqslant(1-1/\sqrt{n})^{n/\lfloor(\lg n)/2\rfloor-1}\leqslant(1-1/\sqrt{n})^{2n/\lg n-1}$$
$$\leqslant e^{-(2n/\lg n-1)/\sqrt{n}}=O(e^{-\lg n})=O(1/n)$$

关于此论证，我们用到了不等式(3.12)，即 $1+x\leqslant e^x$，还用到了你可能想验证的一个事实：对足够大的 n，有 $(2n/\lg n-1)/\sqrt{n}\geqslant\lg n$。

因此，最长特征序列超过 $\lfloor(\lg n)/2\rfloor$ 的概率为

$$\sum_{j=\lfloor(\lg n)/2\rfloor}^{n}\Pr\{L_j\}\geqslant 1-O(1/n)\qquad\qquad(5.11)$$

现在我们可以计算最长特征序列的长度期望的一个下界，从等式(5.10)开始，采用类似于我们上界分析的方式：

$$E[L]=\sum_{j=0}^{n}j\Pr\{L_j\}=\sum_{j=0}^{\lfloor(\lg n)/2\rfloor-1}j\Pr\{L_j\}+\sum_{j=\lfloor(\lg n)/2\rfloor}^{n}j\Pr\{L_j\}$$
$$\geqslant\sum_{j=0}^{\lfloor(\lg n)/2\rfloor-1}0\cdot\Pr\{L_j\}+\sum_{j=\lfloor(\lg n)/2\rfloor}^{n}\lfloor(\lg n)/2\rfloor\Pr\{L_j\}$$
$$=0\cdot\sum_{j=0}^{\lfloor(\lg n)/2\rfloor-1}\Pr\{L_j\}+\lfloor(\lg n)/2\rfloor\sum_{j=\lfloor(\lg n)/2\rfloor}^{n}\Pr\{L_j\}$$
$$\geqslant 0+\lfloor(\lg n)/2\rfloor(1-O(1/n))\qquad\text{（根据不等式(5.11)）}$$
$$=\Omega(\lg n)$$

和生日悖论一样，可以采用指示器随机变量来得到一个简单而近似的分析。设 $X_{ik}=I\{A_{ik}\}$ 表示对应于特征序列长度至少为 k、开始于第 i 次抛掷硬币的指示器随机变量。为了计数这些特征序列的总数，定义

$$X=\sum_{i=1}^{n-k+1}X_{ik}$$

两边取期望并利用期望的线性性质，我们有

$$E[X]=E\left[\sum_{i=1}^{n-k+1}X_{ik}\right]=\sum_{i=1}^{n-k+1}E[X_{ik}]=\sum_{i=1}^{n-k+1}\Pr\{A_{ik}\}=\sum_{i=1}^{n-k+1}1/2^k=\frac{n-k+1}{2^k}$$

通过代入不同的 k 值，可以计算出长度为 k 的特征序列的数目期望。如果这个数大(远大于 1)，那么我们期望很多长度为 k 的特征序列会出现，而且出现一个的概率很高。如果这个数小(远小于 1)，那么我们期望很少的长度为 k 的特征序列会出现，而且出现一个的概率很低。如果对某个正常数 c，有 $k=c\lg n$，那么可以得到

$$E[X]=\frac{n-c\lg n+1}{2^{c\lg n}}=\frac{n-c\lg n+1}{n^c}=\frac{1}{n^{c-1}}-\frac{(c\lg n-1)/n}{n^{c-1}}=\Theta(1/n^{c-1})$$

136
137
138

如果 c 较大，长度为 $c \lg n$ 的特征序列的数目期望将很小，并且我们的结论是它们不大可能发生。另外，如果 $c=1/2$，那么 $\mathrm{E}[X]=\Theta(1/n^{1/2-1})=\Theta(n^{1/2})$，并且我们期望会有大量长度为 $(1/2)\lg n$ 的特征序列。所以，这种长度的特征序列很可能发生。仅通过这些粗略估计，我们可得出结论：最长特征序列的长度期望是 $\Theta(\lg n)$。

5.4.4 在线雇用问题

作为最后一个例子，我们考虑雇用问题的一个变形。假设现在我们不希望面试所有的应聘者以找到最好的一个。我们也不希望因为有更好的申请者出现，不停地雇用新人解雇旧人。取而代之，我们愿意雇用接近最好的应聘者，只雇用一次。我们必须遵守公司的一个要求：每次面试后，或者我们必须马上提供职位给应聘者，或者马上拒绝该应聘者。如何在最小化面试次数和最大化所雇用应聘者的质量两方面取得平衡？

我们可以通过如下方式对该问题建模。在面试一个应聘者之后，我们能够给每人一个分数；令 $score(i)$ 表示给第 i 个应聘者的分数，并且假设没有两个应聘者得到同样分数。在已看过 j 个应聘者后，我们知道这 j 人中哪一个分数最高，但是不知道在剩余的 $n-j$ 个应聘者中会不会有更高分数的应聘者。我们决定采用这样一个策略：选择一个正整数 $k<n$，面试然后拒绝前 k 个应聘者，再雇用其后比前面的应聘者有更高分数的第一个应聘者。如果最好的应聘者在前 k 个面试之中，那么将雇用第 n 个应聘者。我们形式化地表达该策略在过程 ON-LINE-MAXIMUM(k, n) 中，它返回的是我们希望雇用的应聘者下标。

[139]

```
ON-LINE-MAXIMUM(k, n)
1  bestscore = -∞
2  for i = 1 to k
3      if score(i) > bestscore
4          bestscore = score(i)
5  for i = k + 1 to n
6      if score(i) > bestscore
7          return i
8  return n
```

对每个可能的 k，我们希望确定能雇用最好应聘者的概率。然后选择最佳的 k 值，并用该值来实现这个策略。暂时先假设 k 是固定的。设 $M(j)=\max\limits_{1 \leqslant i \leqslant j}\{score(i)\}$ 表示应聘者 $1 \sim j$ 中的最高分数。设 S 表示成功选择最好应聘者的事件，S_i 表示最好的应聘者是第 i 个面试者时成功的事件。既然不同的 S_i 不相交，我们有 $\mathrm{Pr}\{S\}=\sum\limits_{i=1}^{n}\mathrm{Pr}\{S_i\}$。注意到，当最好应聘者是前 k 个应聘者中的一个时，我们不会成功，于是对 $i=1, 2, \cdots, k$，有 $\mathrm{Pr}\{S_i\}=0$。因而得到

$$\mathrm{Pr}\{S\}=\sum_{i=k+1}^{n}\mathrm{Pr}\{S_i\} \tag{5.12}$$

现在来计算 $\mathrm{Pr}\{S_i\}$。为了当第 i 个应聘者是最好时成功，两件事情必须发生。第一，最好的应聘者必须在位置 i 上，用事件 B_i 表示。第二，算法不能选择从位置 $k+1 \sim i-1$ 中任何一个应聘者，而这个选择当且仅当满足 $k+1 \leqslant j \leqslant i-1$ 时发生，在程序第 6 行有 $score(j)<bestscore$。（因为分数是唯一的，所以可以忽略 $score(j)=bestscore$ 的可能性。）换句话说，所有 $score(k+1)$ 到 $score(i-1)$ 的值都必须小于 $M(k)$；如果其中有大于 $M(k)$ 的数，则将返回第一个大于 $M(k)$ 的数的下标。我们用 O_i 表示从位置 $k+1$ 到 $i-1$ 中没有任何应聘者入选的事件。幸运的是，两个事件 B_i 和 O_i 是独立的。事件 O_i 仅依赖于位置 1 到 $i-1$ 中值的相对次序，而 B_i 仅依赖于位置 i 的值是否大于所有其他位置的值。从位置 1 到 $i-1$ 的排序并不应影响位置 i 的值是否大于上述所有

值，并且位置 i 的值也不会影响从位置 1 到 $i-1$ 值的次序。因而应用等式(C.15)得到

$$\Pr\{S_i\} = \Pr\{B_i \cap O_i\} = \Pr\{B_i\}\Pr\{O_i\}$$

140

$\Pr\{B_i\}$ 的概率显然是 $1/n$，因为最大值等可能地是 n 个位置中的任一个。若事件 O_i 要发生，从位置 1 到 $i-1$ 的最大值必须在前 k 个位置的一个，并且最大值等可能地在这 $i-1$ 个位置中的任一个。于是，$\Pr\{O_i\}=k/(i-1)$，$\Pr\{S_i\}=k/(n(i-1))$。利用公式(5.12)，我们有

$$\Pr\{S\} = \sum_{i=k+1}^{n} \Pr\{S_i\} = \sum_{i=k+1}^{n} \frac{k}{n(i-1)} = \frac{k}{n} \sum_{i=k+1}^{n} \frac{1}{i-1} = \frac{k}{n} \sum_{i=k}^{n-1} \frac{1}{i}$$

我们利用积分来近似约束这个和数的上界和下界。根据不等式(A.12)，我们有

$$\int_{k}^{n} \frac{1}{x}\mathrm{d}x \leqslant \sum_{i=k}^{n-1} \frac{1}{i} \leqslant \int_{k-1}^{n-1} \frac{1}{x}\mathrm{d}x$$

求解这些定积分可以得到下面的界：

$$\frac{k}{n}(\ln n - \ln k) \leqslant \Pr\{S\} \leqslant \frac{k}{n}(\ln(n-1) - \ln(k-1))$$

这提供了 $\Pr\{S\}$ 的一个相当紧确的界。因为我们希望最大化成功的概率，所以关注如何选取 k 值使 $\Pr\{S\}$ 的下界最大化。（此外，下界表达式比上界表达式更容易最大化。）以 k 为变量对表达式 $(k/n)(\ln n - \ln k)$ 求导，得到

$$\frac{1}{n}(\ln n - \ln k - 1)$$

令此导数为 0，我们看到当 $\ln k = \ln n - 1 = \ln(n/e)$ 或等价地，$k = n/e$ 时，概率下界最大化。因而，如果用 $k = n/e$ 来实现我们的策略，那么将以至少 $1/e$ 的概率成功雇用到最好的应聘者。

141

练习

5.4-1 一个屋子里必须要有多少人，才能让某人和你生日相同的概率至少为 $1/2$？必须要有多少人，才能让至少两个人生日为 7 月 4 日的概率大于 $1/2$？

5.4-2 假设我们将球投入到 b 个箱子里，直到某个箱子中有两个球。每一次投掷都是独立的，并且每个球落入任何箱子的机会均等。请问投球次数期望是多少？

*5.4-3 在生日悖论的分析中，要求各人生日彼此独立是否很重要？或者，是否只要两两成对独立就足够了？证明你的答案。

*5.4-4 一次聚会需要邀请多少人，才能让其中 3 人的生日很可能相同？

*5.4-5 在大小为 n 的集合中，一个 k 字符串构成一个 k 排列的概率是多少？这个问题和生日悖论有什么关系？

*5.4-6 假设将 n 个球投入 n 个箱子里，其中每次投球独立，并且每个球等可能落入任何箱子。空箱子的数目期望是多少？正好有一个球的箱子的数目期望是多少？

*5.4-7 为使特征序列长度的下界变得更精确，请说明在 n 次硬币的公平抛掷中，不出现比 $\lg n - 2\lg\lg n$ 更长的连续正面特征序列的概率小于 $1/n$。

142

思考题

5-1 （概率计数）　利用一个 b 位的计数器，我们一般只能计数到 2^b-1。而用 R. Morris 的**概率计数法**，我们可以计数到一个大得多的值，代价是精度有所损失。

　　对 $i=0, 1, \cdots, 2^b-1$，令计数器值 i 表示 n_i 的计数，其中 n_i 构成了一个非负的递增序列。假设计数器初值为 0，表示计数 $n_0=0$。INCREMENT 运算单元工作在一个计数器上，它以概率的方式包含值 i。如果 $i=2^b-1$，则该运算单元报告溢出错误；否则，INCREMENT 运算单元以概率 $1/(n_{i+1}-n_i)$ 把计数器增加 1，以概率 $1-1/(n_{i+1}-n_i)$ 保持计

数器不变。

对所有的 $i \geqslant 0$，若选择 $n_i = i$，此计数器就是一个普通的计数器。若选择 $n_i = 2^{i-1}(i > 0)$，或者 $n_i = F_i$（第 i 个斐波那契数，参见 3.2 节），则会出现更多有趣的情形。

对于这个问题，假设 $n_{2^b - 1}$ 已足够大，发生一个溢出错误的概率可以忽略。

a. 请说明在执行 n 次 INCREMENT 操作后，计数器所表示的数期望值正好是 n。

b. 分析计数器表示的计数的方差依赖于 n_i 序列。我们来看一个简单情形：对所有 $i \geqslant 0$，$n_i = 100i$。在执行了 n 次 INCREMENT 操作后，请估计计数器所表示数的方差。

5-2 （查找一个无序数组） 本题将分析三个算法，它们在一个包含 n 个元素的无序数组 A 中查找一个值 x。

考虑如下的随机策略：随机挑选 A 中的一个下标 i。如果 $A[i] = x$，则终止；否则，继续挑选 A 中一个新的随机下标。重复随机挑选下标，直到找到一个下标 j，使 $A[j] = x$，或者直到我们已检查过 A 中的每一个元素。注意，我们每次都是从全部下标的集合中挑选，于是可能会不止一次地检查某个元素。

a. 请写出过程 RANDOM-SEARCH 的伪代码来实现上述策略。确保当 A 中所有下标都被挑选过时，你的算法应停止。

b. 假定恰好有一个下标 i 使得 $A[i] = x$。在我们找到 x 和 RANDOM-SEARCH 结束之前，必须挑选 A 下标的数目期望是多少？

c. 假设有 $k \geqslant 1$ 个下标 i 使得 $A[i] = x$，推广你对（b）部分的解答。在找到 x 或 RANDOM-SEARCH 结束之前，必须挑选 A 的下标的数目期望是多少？你的答案应该是 n 和 k 的函数。

d. 假设没有下标 i 使得 $A[i] = x$。在检查完 A 的所有元素或 RANDOM-SEARCH 结束之前，我们必须挑选 A 的下标的数目期望是多少？

现在考虑一个确定性的线性查找算法，我们称之为 DETERMINISTIC-SEARCH。具体地说，这个算法在 A 中顺序查找 x，考虑 $A[1]$，$A[2]$，$A[3]$，…，$A[n]$，直到找到 $A[i] = x$，或者到达数组的末尾。假设输入数组的所有排列都是等可能的。

e. 假设恰好有 个下标 i 使得 $A[i] = r$，DETERMINISTIC-SEARCH 平均情形的运行时间是多少？DETERMINISTIC-SEARCH 最坏情形的运行时间又是多少？

f. 假设有 $k \geqslant 1$ 个下标 i 使得 $A[i] = x$，推广你对（e）部分的解答。DETERMINISTIC-SEARCH 平均情形的运行时间是多少？DETERMINISTIC-SEARCH 最坏情形的运行时间又是多少？你的答案应是 n 与 k 的函数。

g. 假设没有下标 i 使得 $A[i] = x$。DETERMINISTIC-SEARCH 平均情形的运行时间是多少？DETERMINISTIC-SEARCH 最坏情形的运行时间又是多少？

最后，考虑一个随机算法 SCRAMBLE-SEARCH，它先将输入数组随机变换排列，然后在排列变换后的数组上，运行上面的确定性线性查找算法。

h. 设 k 是满足 $A[i] = x$ 的下标的数目，请给出在 $k = 0$ 和 $k = 1$ 情况下，算法 SCRAMBLE-SEARCH 最坏情形的运行时间和运行时间期望。推广你的解答以处理 $k \geqslant 1$ 的情况。

i. 你将会使用 3 种查找算法中的哪一个？解释你的答案。

本章注记

Bollobás[53]、Hofri[174]和Spencer[321]介绍了大量高等概率技术。随机算法的优点在 Karp[200]和 Rabin[288]中有讨论和综述。Motwani 和 Raghavan[262]的教材中大量论述了随机算法。

雇用问题的很多变形已经得到广泛研究。这些问题通常被称为"秘书问题"。Ajtai、Meggido 和 Waarts[11]中给出了该领域中的一个例子。

排序和顺序统计量

这一部分介绍了几种解决如下**排序问题**的算法：

输入：一个 n 个数的序列 $\langle a_1, a_2, \cdots, a_n \rangle$。

输出：输入序列的一个排列（重排）$\langle a_1', a_2', \cdots, a_n' \rangle$，使得 $a_1' \leqslant a_2' \leqslant \cdots \leqslant a_n'$。

输入序列通常是一个 n 元数组，尽管它可以用链表等其他方式描述。

数据的结构

在实际中，待排序的数很少是单独的数值，它们通常是称为**记录**（record）的数据集的一部分。每个记录包含一个**关键字**（key），就是排序问题中要重排的值。记录的剩余部分由**卫星数据**（satellite data）组成，通常与关键字是一同存取的。在实际中，当一个排序算法重排关键字时，也必须要重排卫星数据。如果每个记录包含大量卫星数据，我们通常重排记录指针的数组，而不是记录本身，这样可以降低数据移动量。

在某种意义上，正是这些实现细节将一个算法与成熟的程序区分开来。一个排序算法描述确定有序次序的**方法**（method），而不管我们是在排序单独的数还是包含很多卫星数据的大记录。因此，当关注排序问题时，我们通常假定输入只是由数组成。将一个对数进行排序的算法转换为一个对记录进行排序的程序在概念上是很直接的，当然在具体的工程情境下，其他一些细节问题可能会使实际的编程工作遇到很多挑战。

为什么要排序

很多计算机科学家认为排序是算法研究中最基础的问题，其原因有很多：

- 有时应用本身就需要对信息进行排序。例如，为了准备用户财务报表，银行需要按编号对支票进行排序。

- 很多算法通常把排序作为关键子程序。例如，在一个渲染图形对象的程序中，图形对象是分层叠在一起的，这个程序可能就需要按"上层"关系来排序对象，以便能按自底向上的次序绘制对象。在本书中，我们将看到大量的算法将排序作为子程序来使用。

- 现有的排序算法数量非常庞大，其中所使用的技术也非常丰富。实际上，很多重要的算法设计技术都体现在多年来研究者所设计的排序算法中。从这个角度看，排序问题还有很好的历史价值。

- 我们可以证明排序问题的一个非平凡下界(在第 8 章中，我们会给出这个证明)。而我们的最佳上界能够与这个非平凡下界渐近相等，这就意味着我们介绍的算法是渐近最优的。而且，我们可以利用排序问题的下界来证明其他问题的下界。

- 在实现排序算法时会出现很多工程问题。某个特定环境下的最快的排序算法可能依赖很多因素，例如，关于关键字和卫星数据的先验知识、计算机主机的内存层次(缓存和虚拟内存)和软件环境。很多这类问题最好在算法层面来处理，而不是通过"代码调优"来解决。

排序算法

我们在第 2 章已经介绍了两种排序算法。插入排序最坏情况下可以在 $\Theta(n^2)$ 时间内将 n 个数排好序。但是，由于其内层循环非常紧凑，对于小规模输入，插入排序是一种非常快的原址排序算法(回忆一下，如果输入数组中仅有常数个元素需要在排序过程中存储在数组之外，则称排序算法是**原址的**(in place))。归并排序有更好的渐近运行时间 $\Theta(n\lg n)$，但它所使用的 MERGE 过程并不是原址的。

在这一部分中，我们将介绍两种新的排序算法，它们可以排序任意的实数。第 6 章将介绍堆排序，这是一种 $O(n\lg n)$ 时间的原址排序算法。它使用了一种被称为堆的重要数据结构，堆还可用来实现优先队列。

第 7 章介绍快速排序，它也是一种原址排序算法，但最坏情况运行时间为 $\Theta(n^2)$。然而它的期望运行时间为 $\Theta(n\lg n)$，而且在实际应用中通常比堆排序快。与插入排序类似，快速排序的代码也很紧凑，因此运行时间中隐含的常数系数很小。快速排序是排序大数组的最常用算法。

插入排序、归并排序、堆排序及快速排序都是比较排序算法：它们都是通过对元素进行比较操作来确定输入数组的有序次序。第 8 章首先介绍了决策树模型，可用来研究比较排序算法的性能局限。使用决策树模型，我们可以证明任意比较排序算法排序 n 个元素的最坏情况运行时间的下界为 $\Omega(n\lg n)$，从而证明堆排序和归并排序是渐近最优的比较排序算法。

第 8 章接下来展示了：如果通过比较操作之外的方法来获得输入序列有序次序的信息，就有可能打破 $\Omega(n\lg n)$ 的下界。例如，计数排序算法假定输入元素的值均在集合 $\{0, 1, \cdots, k\}$ 内。通过使用数组索引作为确定相对次序的工具，计数排序可以在 $\Theta(k+n)$ 的时间内将 n 个数排好序。因此，当 $k=O(n)$ 时，计数排序算法的运行时间与输入数组的规模呈线性关系。另外一种相关的排序算法——基数排序，可以用来扩展计数排序的适用范围。如果有 n 个整数要进行排序，每个整数有 d 位数字，并且每个数字可能取 k 个值，那么基数排序就可以在 $\Theta(d(n+k))$ 时间内完成排序工作。当 d 是常数且 $k=O(n)$ 时，基数排序的运行时间就是线性的。第 8 章介绍的第三种算法是桶排序算法，它需要了解输入数组中数据的概率分布。对于半开区间 $[0, 1)$ 内服从均匀分布的 n 个实数，桶排序的平均情况运行时间为 $O(n)$。

下表总结了第 2 章和第 6~8 章介绍的排序算法的运行时间，其中 n 表示要排序的数据项数量。对于计数排序，数据项均在集合 $\{0, 1, \cdots, k\}$ 内。对于基数排序，每个数据项都是 d 位数字的整数，每位数字可能取 k 个值。对于桶排序，假定关键字是半开区间 $[0, 1)$ 内服从均匀分布

的 n 个实数。表的最右一列给出了平均情况或期望运行时间，可能与最坏情况运行时间不同。我们忽略了堆排序的平均情况运行时间，因为本书中并未对其进行分析。

算　法	最坏情况运行时间	平均情况/期望运行时间
插入排序	$\Theta(n^2)$	$\Theta(n^2)$
归并排序	$\Theta(n\lg n)$	$\Theta(n\lg n)$
堆排序	$O(n\lg n)$	—
快速排序	$\Theta(n^2)$	$\Theta(n\lg n)$（期望）
计数排序	$\Theta(k+n)$	$\Theta(k+n)$
基数排序	$\Theta(d(n+k))$	$\Theta(d(n+k))$
桶排序	$\Theta(n^2)$	$\Theta(n)$（平均情况）

顺序统计量

一个 n 个数的集合的第 i 个顺序统计量就是集合中第 i 小的数。当然，我们可以通过将输入集合排序，取输出的第 i 个元素来选择第 i 个顺序统计量。当不知道输入数据的分布时，这种方法的运行时间为 $\Omega(n\lg n)$，即第 8 章中所证明的比较排序算法的下界。

在第 9 章中，我们展示了即使输入数据是任意实数，也可以在 $O(n)$ 时间内找到第 i 小的元素。我们提出了一种随机算法，其伪代码非常紧凑，它的最坏情况运行时间为 $\Theta(n^2)$，但期望运行时间为 $O(n)$。我们还给出了一种更复杂的算法，最坏情况运行时间为 $O(n)$。

背景

虽然这一部分的大部分内容并不依赖高深的数学知识，但一些章节还是需要一些稍微复杂的数学知识。特别地，快速排序、桶排序和顺序统计量算法的分析要用到概率知识(附录 C 中回顾了概率知识)以及第 5 章中介绍的概率分析和随机算法。顺序统计量算法的最坏情况线性时间分析涉及的数学知识比本部分中其他最坏情况分析要更复杂些。

堆　排　序

在本章中，我们会介绍另一种排序算法：堆排序（heapsort）。与归并排序一样，但不同于插入排序的是，堆排序的时间复杂度是 $O(n\lg n)$。而与插入排序相同，但不同于归并排序的是，堆排序同样具有空间原址性：任何时候都只需要常数个额外的元素空间存储临时数据。因此，堆排序是集合了我们目前已经讨论的两种排序算法优点的一种排序算法。

堆排序引入了另一种算法设计技巧：使用一种我们称为"堆"的数据结构来进行信息管理。堆不仅用在堆排序中，而且它也可以构造一种有效的优先队列。在后续的章节中，我们还将多次在算法中引入堆。

虽然"堆"这一词源自堆排序，但是目前它已经被引申为"垃圾收集存储机制"，例如在 Java 和 Lisp 语言中所定义的。强调一下，我们使用的堆不是垃圾收集存储，并且在本书的任何部分，只要涉及堆，指的都是堆数据结构，而不是垃圾收集存储。

6.1　堆

如图 6-1 所示，**(二叉)堆**是一个数组，它可以被看成一个近似的完全二叉树（见 B.5.3 节）。树上的每一个结点对应数组中的一个元素。除了最底层外，该树是完全充满的，而且是从左向右填充。表示堆的数组 A 包括两个属性：$A.length$（通常）给出数组元素的个数，$A.heap\text{-}size$ 表示有多少个堆元素存储在该数组中。也就是说，虽然 $A[1..A.length]$ 可能都存有数据，但只有 $A[1..A.heap\text{-}size]$ 中存放的是堆的有效元素，这里，$0 \leqslant A.heap\text{-}size \leqslant A.length$。树的根结点是 $A[1]$，这样给定一个结点的下标 i，我们很容易计算得到它的父结点、左孩子和右孩子的下标：

[151]

PARENT (i)

1　**return** $\lfloor i/2 \rfloor$

LEFT (i)

1　**return** $2i$

RIGHT (i)

1　**return** $2i+1$

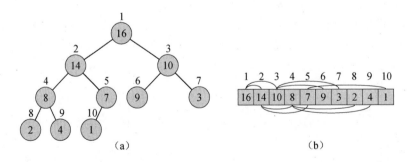

（a）　　　　　　　　　　　　（b）

图 6-1　以(a)二叉树和(b)数组形式展现的一个最大堆。每个结点圆圈内部的数字
是它所存储的数据。结点上方的数字是它在数组中相应的下标。数组上方
和下方的连线显示的是父-子关系：父结点总是在它的孩子结点的左边。
该树的高度为 3，下标为 4（值为 8）的结点的高度为 1

　　在大多数计算机上，通过将 i 的值左移一位，LEFT 过程可以在一条指令内计算出 $2i$。采用类似方法，在 RIGHT 过程中也可以通过将 i 的值左移 1 位并在低位加 1，快速计算得到 $2i+1$。至于 PARENT 过程，则可以通过把 i 的值右移 1 位计算得到 $\lfloor i/2 \rfloor$。在堆排序的好的实现中，这三个函数通常是以"宏"或者"内联函数"的方式实现的。

　　二叉堆可以分为两种形式：最大堆和最小堆。在这两种堆中，结点的值都要满足堆的性质，但一些细节定义则有所差异。在**最大堆**中，**最大堆性质**是指除了根以外的所有结点 i 都要满足：

$$A[\mathrm{PARENT}(i)] \geqslant A[i]$$

也就是说，某个结点的值至多与其父结点一样大。因此，堆中的最大元素存放在根结点中；并且，在任一子树中，该子树所包含的所有结点的值都不大于该子树根结点的值。**最小堆**的组织方式正好相反：**最小堆性质**是指除了根以外的所有结点 i 都有

$$A[\mathrm{PARENT}(i)] \leqslant A[i]$$

最小堆中的最小元素存放在根结点中。

　　在堆排序算法中，我们使用的是最大堆。最小堆通常用于构造优先队列，在 6.5 节中，我们会再具体讨论。对于某个特定的应用来说，我们必须明确需要的是最大堆还是最小堆；而当某一属性既适合于最大堆也适合于最小堆的时候，我们就只使用"堆"这一名词。

　　如果把堆看成是一棵树，我们定义一个堆中的结点的**高度**就为该结点到叶结点最长简单路径上边的数目；进而我们可以把堆的高度定义为根结点的高度。既然一个包含 n 个元素的队可以看做一棵完全二叉树，那么该堆的高度是 $\Theta(\lg n)$（见练习 6.1-2）。我们会发现，堆结构上的一些基本操作的运行时间至多与树的高度成正比，即时间复杂度为 $O(\lg n)$。在本章的剩余部分中，我们将介绍一些基本过程，并说明如何在排序算法和优先队列中应用它们。

- MAX-HEAPIFY 过程：其时间复杂度为 $O(\lg n)$，它是维护最大堆性质的关键。
- BUILD-MAX-HEAP 过程：具有线性时间复杂度，功能是从无序的输入数据数组中构造一个最大堆。
- HEAPSORT 过程：其时间复杂度为 $O(n\lg n)$，功能是对一个数组进行原址排序。
- MAX-HEAP-INSERT、HEAP-EXTRACT-MAX、HEAP-INCREASE-KEY 和 HEAP-MAXIMUM 过程：时间复杂度为 $O(\lg n)$，功能是利用堆实现一个优先队列。

练习

6.1-1 在高度为 h 的堆中，元素个数最多和最少分别是多少？

6.1-2 证明：含 n 个元素的堆的高度为 $\lfloor \lg n \rfloor$。

6.1-3 证明：在最大堆的任一子树中，该子树所包含的最大元素在该子树的根结点上。

6.1-4 假设一个最大堆的所有元素都不相同，那么该堆的最小元素应该位于哪里？

6.1-5 一个已排好序的数组是一个最小堆吗？

6.1-6 值为 $\langle 23, 17, 14, 6, 13, 10, 1, 5, 7, 12 \rangle$ 的数组是一个最大堆吗？

6.1-7 证明：当用数组表示存储 n 个元素的堆时，叶结点下标分别是 $\lfloor n/2 \rfloor + 1, \lfloor n/2 \rfloor + 2, \cdots, n$。

6.2　维护堆的性质

　　MAX-HEAPIFY 是用于维护最大堆性质的重要过程。它的输入为一个数组 A 和一个下标 i。在调用 MAX-HEAPIFY 的时候，我们假定根结点为 LEFT(i) 和 RIGHT(i) 的二叉树都是最大堆，但这时 $A[i]$ 有可能小于其孩子，这样就违背了最大堆的性质。MAX-HEAPIFY 通过让 $A[i]$ 的值在最大堆中"逐级下降"，从而使得以下标 i 为根结点的子树重新遵循最大堆的性质。

MAX-HEAPIFY (A, i)

 1   $l=$ LEFT (i)
 2   $r=$ RIGHT (i)
 3   **if** $l \leqslant A.heap\text{-}size$ and $A[l] > A[i]$
 4      $largest = l$
 5   **else** $largest = i$
 6   **if** $r \leqslant A.heap\text{-}size$ and $A[r] > A[largest]$
 7      $largest = r$
 8   **if** $largest \neq i$
 9   exchange $A[i]$ with $A[largest]$
10   MAX-HEAPIFY $(A, largest)$

图 6-2 图示了 MAX-HEAPIFY 的执行过程。在程序的每一步中，从 $A[i]$、$A[\text{LEFT}(i)]$ 和 $A[\text{RIGHT}(i)]$ 中选出最大的，并将其下标存储在 $largest$ 中。如果 $A[i]$ 是最大的，那么以 i 为根结点的子树已经是最大堆，程序结束。否则，最大元素是 i 的某个孩子结点，则交换 $A[i]$ 和 $A[largest]$ 的值。从而使 i 及其孩子都满足最大堆的性质。在交换后，下标为 $largest$ 的结点的值是原来的 $A[i]$，于是以该结点为根的子树又有可能会违反最大堆的性质。因此，需要对该子树递归调用 MAX-HEAPIFY。

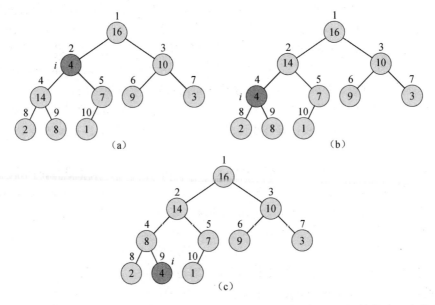

图 6-2 当 $A.heap\text{-}size = 10$ 时，MAX-HEAPIFY$(A, 2)$ 的执行过程。(a)初始状态，在结点 $i = 2$ 处，$A[2]$ 违背了最大堆性质，因为它的值不大于它的孩子。在(b)中，通过交换 $A[2]$ 和 $A[4]$ 的值，结点 2 恢复了最大堆的性质，但又导致结点 4 违反了最大堆的性质。递归调用 MAX-HEAPIFY$(A, 4)$，此时 $i = 4$。在(c)中，通过交换 $A[4]$ 和 $A[9]$ 的值，结点 4 的最大堆性质得到了恢复。再次递归调用 MAX-HEAPIFY$(A, 9)$，此时不再有新的数据交换

对于一棵以 i 为根结点、大小为 n 的子树，MAX-HEAPIFY 的时间代价包括：调整 $A[i]$、$A[\text{LEFT}(i)]$ 和 $A[\text{RIGHT}(i)]$ 的关系的时间代价 $\Theta(1)$，加上在一棵以 i 的一个孩子为根结点的子树上运行 MAX-HEAPIFY 的时间代价（这里假设递归调用会发生）。因为每个孩子的子树的大小至多为 $2n/3$（最坏情况发生在树的最底层恰好半满的时候），我们可以用下面这个递归式刻画 MAX-HEAPIFY 的运行时间：

$$T(n) \leqslant T(2n/3) + \Theta(1)$$

根据主定理（定理 4.1）的情况 2，上述递归式的解为 $T(n) = O(\lg n)$。也就是说，对于一个树高为

h 的结点来说，MAX-HEAPIFY 的时间复杂度是 $O(h)$。

练习

6.2-1 参照图 6-2 的方法，说明 MAX-HEAPIFY(A, 3)在数组 $A = \langle 27, 17, 3, 16, 13, 10, 1, 5, 7, 12, 4, 8, 9, 0 \rangle$ 上的操作过程。

6.2-2 参考过程 MAX-HEAPIFY，写出能够维护相应最小堆的 MIN-HEAPIFY(A, i)的伪代码，并比较 MIN-HEAPIFY 与 MAX-HEAPIFY 的运行时间。

6.2-3 当元素 $A[i]$ 比其孩子的值都大时，调用 MAX-HEAPIFY($A.i$)会有什么结果？

6.2-4 当 $i > A.heap\text{-}size/2$ 时，调用 MAX-HEAPIFY(A, i)会有什么结果？

6.2-5 MAX-HEAPIFY 的代码效率较高，但第 10 行中的递归调用可能例外，它可能使某些编译器产生低效的代码。请用循环控制结构取代递归，重写 MAX-HEAPIFY 代码。

6.2-6 证明：对一个大小为 n 的堆，MAX-HEAPIFY 的最坏情况运行时间为 $\Omega(\lg n)$。（提示：对于 n 个结点的堆，可以通过对每个结点设定恰当的值，使得从根结点到叶结点路径上的每个结点都会递归调用 MAX-HEAPIFY。）

6.3　建堆

我们可以用自底向上的方法利用过程 MAX-HEAPIFY 把一个大小为 $n = A.length$ 的数组 $A[1..n]$ 转换为最大堆。通过练习 6.1-7 可以知道，子数组 $A(\lfloor n/2 \rfloor + 1..n)$ 中的元素都是树的叶结点。每个叶结点都可以看成只包含一个元素的堆。过程 BUILD-MAX-HEAP 对树中的其他结点都调用一次 MAX-HEAPIFY。

|156|

```
BUILD-MAX-HEAP(A)
1   A.heap-size = A.length
2   for i = ⌊A.length/2⌋ downto 1
3       MAX-HEAPIFY(A, i)
```

图 6-3 给出了 BUILD-MAX-HEAP 过程的一个例子。

为了证明 BUILD-MAX-HEAP 的正确性，我们使用如下的循环不变量：

> 在第 2~3 行中每一次 **for** 循环的开始，结点 $i+1$, $i+2$, …, n 都是一个最大堆的根结点。

我们需要证明这一不变量在第一次循环前为真，并且每次循环迭代都维持不变。当循环结束时，这一不变量可以用于证明正确性。

初始化：在第一次循环迭代之前，$i = \lfloor n/2 \rfloor$，而 $\lfloor n/2 \rfloor + 1$, $\lfloor n/2 \rfloor + 2$, …, n 都是叶结点，因而是平凡最大堆的根结点。

保持：为了看到每次迭代都维护这个循环不变量，注意到结点 i 的孩子结点的下标均比 i 大。所以根据循环不变量，它们都是最大堆的根。这也是调用 MAX-HEAPIFY(A, i)使结点 i 成为一个最大堆的根的先决条件。而且，MAX-HEAPIFY 维护了结点 $i+1$, $i+2$, …, n 都是一个最大堆的根结点的性质。在 **for** 循环中递减 i 的值，为下一次循环重新建立循环不变量。

终止：过程终止时，$i = 0$。根据循环不变量，每个结点 1, 2, …, n 都是一个最大堆的根。特别需要指出的是，结点 1 就是最大的那个堆的根结点。

我们可以用下面的方法简单地估算 BUILD-MAX-HEAP 运行时间的上界。每次调用 MAX-HEAPIFY 的时间复杂度是 $O(\lg n)$，BUILD-MAX-HEAP 需要 $O(n)$ 次这样的调用。因此总的时间复杂度是 $O(n\lg n)$。当然，这个上界虽然正确，但不是渐近紧确的。

我们还可以进一步得到一个更紧确的界。可以观察到，不同结点运行 MAX-HEAPIFY 的时间与该结点的树高相关，而且大部分结点的高度都很小。因此，利用如下性质可以得到一个更紧确的界：包含 n 个元素的堆的高度为 $\lfloor \lg n \rfloor$（见练习 6.1-2）；高度为 h 的堆最多包含 $\lceil n/2^{h+1} \rceil$ 个结点（见练习 6.3-3）。

在一个高度为 h 的结点上运行 MAX-HEAPIFY 的代价是 $O(h)$，我们可以将 BUILD-MAX-HEAP 的总代价表示为

$$\sum_{h=0}^{\lfloor \lg n \rfloor} \left\lceil \frac{n}{2^{h+1}} \right\rceil O(h) = O\left(n \sum_{h=0}^{\lfloor \lg n \rfloor} \frac{h}{2^h}\right)$$

最后的一个累积和的计算可以用 $x = 1/2$ 带入公式（A.8）得到，则有

$$\sum_{h=0}^{\infty} \frac{h}{2^h} = \frac{1/2}{(1-1/2)^2} = 2$$

于是，我们可以得到 BUILD-MAX-HEAP 的时间复杂度：

$$O\left(n \sum_{h=0}^{\lfloor \lg n \rfloor} \frac{h}{2^h}\right) = O\left(n \sum_{h=0}^{\infty} \frac{h}{2^h}\right) = O(n)$$

因此，我们可以在线性时间内，把一个无序数组构造成为一个最大堆。

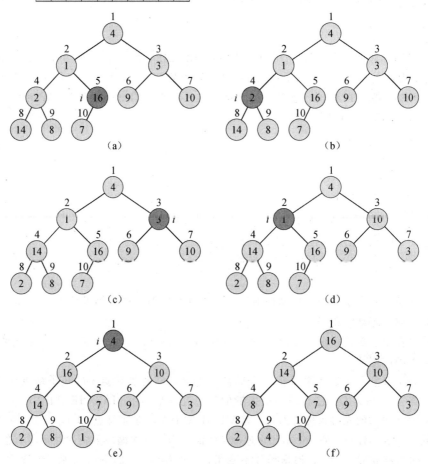

图 6-3 BUILD-MAX-HEAP 的操作过程示意图，显示了在 BUILD-MAX-HEAP 的第 3 行调用 MAX-HEAPIFY 之前的数据结构。(a)一个包括 10 个元素的输入数组及其对应的二叉树。图中显示的是调用 MAX-HEAPIFY(A, i)前，循环控制变量 i 指向结点 5 的情况。(b)操作结果的数据结构。下一次迭代，循环控制变量 i 指向结点 4。(c)～(e)BUILD-MAX-HEAP 中 **for** 循环的后续迭代操作。需要注意的是，任何时候在某个结点调用 MAX-HEAPIFY，该结点的两个子树都是最大堆。(f)执行完 BUILD-MAX-HEAP 时的最大堆

类似地，我们也可以通过调用 BUILD-MIN-HEAP 构造一个最小堆。除了第 3 行的调用替换为 MIN-HEAPIFY（见练习 6.2-2）以外，BUILD-MIN-HEAP 与 BUILD-MAX-HEAP 完全相同。BUILD-MIN-HEAP 可以在线性时间内，把一个无序数组构造成为一个最小堆。

练习

6.3-1　参照图 6-3 的方法，说明 BUILD-MAX-HEAP 在数组 $A = \langle 5, 3, 17, 10, 84, 19, 6, 22, 9 \rangle$ 上的操作过程。

6.3-2　对于 BUILD-MAX-HEAP 中第 2 行的循环控制变量 i 来说，为什么我们要求它是从 $\lfloor A.length/2 \rfloor$ 到 1 递减，而不是从 1 到 $\lfloor A.length/2 \rfloor$ 递增呢？

6.3-3　证明：对于任一包含 n 个元素的堆中，至多有 $\lceil n/2^{h+1} \rceil$ 个高度为 h 的结点？

6.4　堆排序算法

初始时候，堆排序算法利用 BUILD-MAX-HEAP 将输入数组 $A[1..n]$ 建成最大堆，其中 $n = A.length$。因为数组中的最大元素总在根结点 $A[1]$ 中，通过把它与 $A[n]$ 进行互换，我们可以让该元素放到正确的位置。这时候，如果我们从堆中去掉结点 n（这一操作可以通过减少 $A.heap-size$ 的值来实现），剩余的结点中，原来根的孩子结点仍然是最大堆，而新的根结点可能会违背最大堆的性质。为了维护最大堆的性质，我们要做的是调用 MAX-HEAPIFY$(A, 1)$，从而在 $A[1..n-1]$ 上构造一个新的最大堆。堆排序算法会不断重复这一过程，直到堆的大小从 $n-1$ 降到 2。（准确的循环不变量定义见练习 6.4-2。）

158
~
159

```
HEAPSORT(A)
1   BUILD-MAX-HEAP(A)
2   for i = A.length downto 2
3       exchange A[1] with A[i]
4       A.heap-size = A.heap-size - 1
5       MAX-HEAPIFY(A, 1)
```

图 6-4 给出了一个在 HEAPSORT 的第 1 行建立初始最大堆之后，堆排序操作的一个例子。图 6-4 显示了第 2～5 行 **for** 循环第一次迭代开始前最大堆的情况和每一次迭代之后最大堆的情况。

HEAPSORT 过程的时间复杂度是 $O(n\lg n)$，因为每次调用 BUILD-MAX-HEAP 的时间复杂度是 $O(n)$，而 $n-1$ 次调用 MAX-HEAPIFY，每次的时间为 $O(\lg n)$。

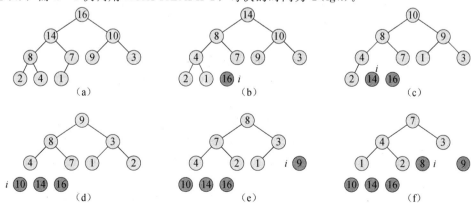

图 6-4　HEAPSORT 的运行过程。（a）执行堆排序算法第 1 行，用 BUILD-MAX-HEAP 构造得到的最大堆。（b）～（j）每次执行算法第 5 行，调用 MAX-HEAPIFY 后得到的最大堆，并标识当次的 i 值。其中，仅仅浅色阴影的结点被保留在堆中。（k）最终数组 A 的排序结果

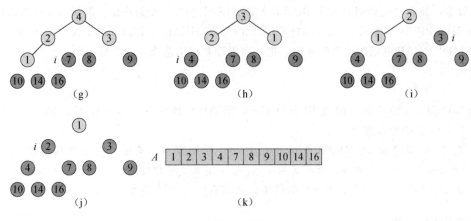

图 6-4 （续）

练习

6.4-1 参照图 6-4 的方法，说明 HEAPSORT 在数组 $A=\langle 5，13，2，25，7，17，20，8，4\rangle$ 上的操作过程。

6.4-2 试分析在使用下列循环不变量时，HEAPSORT 的正确性：

在算法的第 2～5 行 **for** 循环每次迭代开始时，子数组 $A[1..i]$ 是一个包含了数组 $A[1..n]$ 中第 i 小元素的最大堆，而子数组 $A[i+1..n]$ 包含了数组 $A[1..n]$ 中已排序的 $n-i$ 个最大元素？

6.4-3 对于一个按升序排列的包含 n 个元素的有序数组 A 来说，HEAPSORT 的时间复杂度是多少？如果 A 是降序呢？

6.4-4 证明：在最坏情况下，HEAPSORT 的时间复杂度是 $\Omega(n\lg n)$。

*6.4-5 证明：在所有元素都不同的情况下，HEAPSORT 的时间复杂度是 $\Omega(n\lg n)$。

6.5 优先队列

堆排序是一个优秀的算法，但是在实际应用中，第 7 章将要介绍的快速排序的性能一般会优于堆排序。尽管如此，堆这一数据结构仍然有很多应用。在这一节中，我们要介绍堆的一个常见应用：作为高效的优先队列。和堆一样，优先队列也有两种形式：最大优先队列和最小优先队列。这里，我们关注于如何基于最大堆实现最大优先队列。练习 6.5-3 将会要求读者编写最小优先队列过程。

优先队列(priority queue)是一种用来维护由一组元素构成的集合 S 的数据结构，其中的每一个元素都有一个相关的值，称为**关键字**(key)。一个**最大优先队列**支持以下操作：

INSERT$(S，x)$：把元素 x 插入集合 S 中。这一操作等价于 $S=S\cup\{x\}$。

MAXIMUM(S)：返回 S 中具有最大键字的元素。

EXTRACT-MAX(S)：去掉并返回 S 中的具有最大键字的元素。

INCREASE-KEY$(S，x，k)$：将元素 x 的关键字值增加到 k，这里假设 k 的值不小于 x 的原关键字值。

最大优先队列的应用有很多，其中一个就是在共享计算机系统的作业调度。最大优先队列记录将要执行的各个作业以及它们之间的相对优先级。当一个作业完成或者被中断后，调度器调用 EXTRACT-MAX 从所有的等待作业中，选出具有最高优先级的作业来执行。在任何时候，调度器可以调用 INSERT 把一个新作业加入到队列中来。

相应地，**最小优先队列**支持的操作包括 INSERT、MINIMUM、EXTRACT-MIN 和 DECREASE-KEY。最小优先队列可以被用于基于事件驱动的模拟器。队列中保存要模拟的事件，每个事件都有一个发生时间作为其**关键字**。事件必须按照发生的时间顺序进行模拟，因为某一事件的模拟结果可能会触发对其他事件的模拟。在每一步，模拟程序调用 EXTRACT-MIN 来选择下一个要模拟的事件。当一个新事件产生时，模拟器通过调用 INSERT 将其插入最小优先级队列中。在第 23 章和第 24 章的内容中，我们将会看到最小优先队列的其他用途，特别是对 DECREASE-KEY 操作的使用。

显然，优先队列可以用堆来实现。对一个像作业调度或事件驱动模拟器这样的应用程序来说，优先队列的元素对应着应用程序中的对象。通常，我们需要确定哪个对象对应一个给定的优先队列元素，反之亦然。因此，在用堆来实现优先队列时，需要在堆中的每个元素里存储对应对象的**句柄**（handle）。句柄（如一个指针或一个整型数等）的准确含义依赖于具体的应用程序。同样，在应用程序的对象中，我们也需要存储一个堆中对应元素的句柄。通常，这一句柄是数组的下标。由于在堆的操作过程中，元素会改变其在数组中的位置，因此，在具体的实现中，在重新确定堆元素位置时，我们也需要更新相应应用程序对象中的数组下标。因为对应用程序对象的访问细节强烈依赖于应用程序及其实现方式，所以这里我们不做详细讨论。需要强调的是，这些句柄也需要被正确地维护。

现在，我们来讨论如何实现最大优先队列的操作。过程 HEAP-MAXIMUM 可以在 $\Theta(1)$ 时间内实现 MAXIMUM 操作。

```
HEAP-MAXIMUM(A)
1   return A[1]
```

过程 HEAP-EXTRACT-MAX 实现 EXTRACT-MAX 操作。它与 HEAPSORT 过程中的 **for** 循环体部分（第 3~5 行）很相似。

```
HEAP-EXTRACT-MAX(A)
1   if A.heap-size < 1
2       error "heap underflow"
3   max = A[1]
4   A[1] = A[A.heap-size]
5   A.heap-size = A.heap-size − 1
6   MAX-HEAPIFY(A, 1)
7   return max
```

HEAP-EXTRACT-MAX 的时间复杂度为 $O(\lg n)$。因为除了时间复杂度为 $O(\lg n)$ 的 MAX-HEAPIFY 以外，它的其他操作都是常数阶的。

HEAP-INCREASE-KEY 能够实现 INCREASE-KEY 操作。在优先队列中，我们希望增加关键字的优先队列元素由对应的数组下标 i 来标识。这一操作需要首先将元素 $A[i]$ 的关键字更新为新值。因为增大 $A[i]$ 的关键字可能会违反最大堆的性质，所以上述操作采用了类似于 2.1 节 INSERTION-SORT 中插入循环（算法第 5~7 行）的方式，在从当前结点到根结点的路径上，为新增的关键字寻找恰当的插入位置。在 HEAP-INCREASE-KEY 的操作过程中，当前元素会不断地与其父结点进行比较，如果当前元素的关键字较大，则当前元素与其父结点进行交换。这一过程会不断地重复，直到当前元素的关键字小于其父结点时终止，因为此时已经重新符合了最大堆的性质。（准确的循环不变量表示见练习 6.5-5。）

```
HEAP-INCREASE-KEY(A, i, key)
1   if key < A[i]
```

2   **error** "new key is smaller than current key"
3 $A[i] = key$
4 **while** $i > 1$ and $A[\text{PARENT}(i)] < A[i]$
5 exchange $A[i]$ with $A[\text{PARENT}(i)]$
6 $i = \text{PARENT}(i)$

图 6-5 显示了 HEAP-INCREASE-KEY 的一个操作过程。在包含 n 个元素的堆上，HEAP-INCREASE-KEY 的时间复杂度是 $O(\lg n)$。这是因为在算法第 3 行做了关键字更新的结点到根结点的路径长度为 $O(\lg n)$。

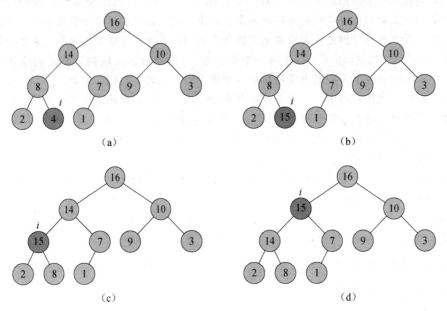

图 6-5 HEAP-INCREASE-KEY 的操作过程。(a)图 6-4(a)中的最大堆，其中下标为 i 的结点以深色阴影显示。(b)该结点的关键字增加到 15。(c)经过第 4~6 行的 **while** 循环的一次迭代，该结点与其父结点交换关键字，同时下标 i 的指示上移到其父结点。(d)经过再一次迭代后得到的最大堆。此时，$A[\text{PARENT}(i)] \geqslant A[i]$。现在，最大堆的性质成立，程序终止

MAX-HEAP-INSERT 能够实现 INSERT 操作。它的输入是要被插入到最大堆 A 中的新元素的关键字。MAX-HEAP-INSERT 首先通过增加一个关键字为 $-\infty$ 的叶结点来扩展最大堆。然后调用 HEAP-INCREASE-KEY 为新结点设置对应的关键字，同时保持最大堆的性质。

MAX-HEAP-INSERT(A, key)
1 $A.heap\text{-}size = A.heap\text{-}size + 1$
2 $A[A.heap\text{-}size] = -\infty$
3 HEAP-INCREASE-KEY(A, A.heap-size, key)

在包含 n 个元素的堆上，MAX-HEAP-INSERT 的运行时间为 $O(\lg n)$。

总之，在一个包含 n 个元素的堆中，所有优先队列的操作都可以在 $O(\lg n)$ 时间内完成。

练习

6.5-1 试说明 HEAP-EXTRACT-MAX 在堆 $A = \langle 15, 13, 9, 5, 12, 8, 7, 4, 0, 6, 2, 1 \rangle$ 上的操作过程。

6.5-2 试说明 MAX-HEAP-INSERT(A, 10)在堆 $A = \langle 15, 13, 9, 5, 12, 8, 7, 4, 0, 6, 2, 1 \rangle$ 上的操作过程。

6.5-3 要求用最小堆实现最小优先队列，请写出 HEAP-MINIMUM、HEAP-EXTRACT-MIN、HEAP-DECREASE-KEY 和 MIN-HEAP-INSERT 的伪代码。

6.5-4 在 MAX-HEAP-INSERT 的第 2 行，为什么我们要先把关键字设为 $-\infty$，然后又将其增加到所需的值呢？

6.5-5 试分析在使用下列循环不变量时，HEAP-INCREASE-KEY 的正确性：

在算法的第 4～6 行 **while** 循环每次迭代开始的时候，子数组 $A[1..A.heap\text{-}size]$ 要满足最大堆的性质。如果有违背，只有一个可能：$A[i]$ 大于 $A[\text{PARENT}(i)]$。

这里，你可以假定在调用 HEAP-INCREASE-KEY 时，$A[1..A.heap\text{-}size]$ 是满足最大堆性质的。

6.5-6 在 HEAP-INCREASE-KEY 的第 5 行的交换操作中，一般需要通过三次赋值来完成。想一想如何利用 INSERTION-SORT 内循环部分的思想，只用一次赋值就完成这一交换操作？

6.5-7 试说明如何使用优先队列来实现一个先进先出队列，以及如何使用优先队列来实现栈。（队列和栈的定义见 10.1 节。）

6.5-8 HEAP-DELETE(A, i) 操作能够将结点 i 从堆 A 中删除。对于一个包含 n 个元素的堆，请设计一个能够在 $O(\lg n)$ 时间内完成的 HEAP-DELETE 操作。

6.5-9 请设计一个时间复杂度为 $O(n\lg k)$ 的算法，它能够将 k 个有序链表合并为一个有序链表，这里 n 是所有输入链表包含的总的元素个数。（提示：使用最小堆来完成 k 路归并。）

思考题

6-1 （用插入的方法建堆） 我们可以通过反复调用 MAX-HEAP-INSERT 实现向一个堆中插入元素，考虑 BUILD-MAX-HEAP 的如下实现方式：

```
BUILD-MAX-HEAP'(A)
1    A.heap-size = 1
2    for i = 2 to A.length
3        MAX-HEAP-INSERT(A, A[i])
```

  a. 当输入数据相同的时候，BUILD-MAX-HEAP 和 BUILD-MAX-HEAP′ 生成的堆是否总是一样？如果是，请证明；否则，请举出一个反例。

  b. 证明：在最坏情况下，调用 BUILD-MAX-HEAP′ 建立一个包含 n 个元素的堆的时间复杂度是 $\Theta(n\lg n)$。

6-2 （对 d 叉堆的分析） d 叉堆与二叉堆很类似，但（一个可能的例外是）其中的每个非叶结点有 d 个孩子，而不是仅仅 2 个。

  a. 如何在一个数组中表示一个 d 叉堆？

  b. 包含 n 个元素的 d 叉堆的高度是多少？请用 n 和 d 表示。

  c. 请给出 EXTRACT-MAX 在 d 叉最大堆上的一个有效实现，并用 d 和 n 表示出它的时间复杂度。

  d. 给出 INSERT 在 d 叉最大堆上的一个有效实现，并用 d 和 n 表示出它的时间复杂度。

  e. 给出 INCREASE-KEY(A, i, k) 的一个有效实现。当 $k<A[i]$ 时，它会触发一个错误，否则执行 $A[i]=k$，并更新相应的 d 叉最大堆。请用 d 和 n 表示出它的时间复杂度。

6-3 （Young 氏矩阵） 在一个 $m\times n$ 的 **Young 氏矩阵**（Young tableau）中，每一行的数据都是从左到右排序的，每一列的数据都是从上到下排序的。Young 氏矩阵中也会存在一些值为 ∞ 的数据项，表示那些不存在的元素。因此，Young 氏矩阵可以用来存储 $r\leqslant mn$ 个有限的数。

164 ～ 165

166

a. 画出一个包含元素为{9，16，3，2，4，8，5，14，12}的 4×4 Young 氏矩阵。

b. 对于一个 $m \times n$ 的 Young 氏矩阵 Y 来说，请证明：如果 $Y[1,1]=\infty$，则 Y 为空；如果 $Y[m,n]<\infty$，则 Y 为满（即包含 mn 个元素）。

c. 请给出一个在 $m \times n$ Young 氏矩阵上时间复杂度为 $O(m+n)$ 的 EXTRACT-MIN 的算法实现。你的算法可以考虑使用一个递归过程，它可以把一个规模为 $m \times n$ 的问题分解为规模为 $(m-1) \times n$ 或者 $m \times (n-1)$ 的子问题（提示：考虑使用 MAX-HEAPIFY）。这里，定义 $T(p)$ 用来表示 EXTRACT-MIN 在任一 $m \times n$ 的 Young 氏矩阵上的时间复杂度，其中 $p=m+n$。给出并求解 $T(p)$ 的递归表达式，其结果为 $O(m+n)$。

d. 试说明如何在 $O(m+n)$ 时间内，将一个新元素插入到一个未满的 $m \times n$ 的 Young 氏矩阵中。

e. 在不用其他排序算法的情况下，试说明如何利用一个 $n \times n$ 的 Young 氏矩阵在 $O(n^3)$ 时间内将 n^2 个数进行排序。

f. 设计一个时间复杂度为 $O(m+n)$ 的算法，它可以用来判断一个给定的数是否存储在 $m \times n$ 的 Young 氏矩阵中。

本章注记

堆排序算法是由 Williams[357]发明的，他同时描述了如何利用堆来实现一个优先队列。BUILD-MAX-HEAP 则是由 Floyd[106]提出的。

在第 16、23 和 24 章中，我们会使用最小堆实现最小优先队列。在第 19 章中，我们会给出一个针对特定操作改进了时间界的算法实现。在第 20 章中，我们还给出了一个针对关键字来自有限非负整数集合的实现。

如果数据都是 b 位整型数，而且计算机内存也是可寻址的 b 位字所组成的，Fredman 和 Willard[115]给出了如何在 $O(1)$ 时间内实现 MINIMUM 和在 $O(\sqrt{\lg n})$ 时间内实现 INSERT、EXTRACT-MIN 操作的算法。Thorup[337]将时间复杂度的界降低到 $O(\lg\lg n)$。这一性能的提升是以使用了额外的存储空间为代价的，这可以用随机散列方法在线性空间中实现。

优先队列的一个重要的特殊情形是 EXTRACT-MIN 操作序列为**单调的**，即连续 EXTRACT-MIN 操作返回的值随着时间单调递增。这一情况会在一些重要的应用中出现，例如，第 24 章中将会介绍的 Dijkstra 单源最短路径算法和离散事件模拟等。在 Dijkstra 算法中，DECREASE-KEY 的实现效率非常重要。对于单调情形，如果数据是 $1，2，\cdots，C$ 范围内的整数，Ahuja、Melhorn、Orlin 和 Tarjan[8]利用称为基数堆（radix heap）的数据结构，实现了 $O(\lg C)$ 摊还时间内的 EXTRACT-MIN 和 INSERT 操作（摊还分析的内容请参见第 17 章），以及 $O(1)$ 时间内的 DECREASE-KEY。通过同时使用斐波那契堆（见第 19 章）和基数堆，这一时间界可以从 $O(\lg C)$ 降低到 $O(\sqrt{\lg C})$。通过将 Denardo 和 Fox[85]提出的多层桶结构与前文中提到的 Thorup 设计的堆相结合，Cherkassky、Goldberg 和 Silverstein[65]进一步把这一时间界降低到 $O(\lg^{1/3+\varepsilon} C)$。Raman[291]进一步改进这些结果，将其降低到 $O(\min(\lg^{1/4+\varepsilon} C, \lg^{1/3+\varepsilon} n))$，对任意固定值 $\varepsilon > 0$ 都成立。

快 速 排 序

对于包含 n 个数的输入数组来说，快速排序是一种最坏情况时间复杂度为 $\Theta(n^2)$ 的排序算法。虽然最坏情况时间复杂度很差，但是快速排序通常是实际排序应用中最好的选择，因为它的平均性能非常好：它的期望时间复杂度是 $\Theta(n\lg n)$，而且 $\Theta(n\lg n)$ 中隐含的常数因子非常小。另外，它还能够进行原址排序（见 2.1 节），甚至在虚存环境中也能很好地工作。

7.1 节将描述快速排序算法及它的一个重要的划分子程序。因为快速排序的运行情况比较复杂，在 7.2 节中，我们先对其性能进行一个直观的讨论，在本章的最后会给出一个准确的分析。在 7.3 节中，我们会介绍一个基于随机抽样的快速排序算法。这一算法的期望时间复杂度较好，而且没有什么特殊的输入会导致最坏情况的发生。7.4 节对这一随机算法的分析表明，其最坏情况时间复杂度是 $\Theta(n^2)$；在元素互异的情况下，期望时间复杂度 $O(n\lg n)$。

7.1 快速排序的描述

与归并排序一样，快速排序也使用了 2.3.1 节介绍的分治思想。下面是对一个典型的子数组 $A[p..r]$ 进行快速排序的三步分治过程：

分解：数组 $A[p..r]$ 被划分为两个（可能为空）子数组 $A[p..q-1]$ 和 $A[q+1..r]$，使得 $A[p..q-1]$ 中的每一个元素都小于等于 $A[q]$，而 $A[q]$ 也小于等于 $A[q+1..r]$ 中的每个元素。其中，计算下标 q 也是划分过程的一部分。

解决：通过递归调用快速排序，对子数组 $A[p..q-1]$ 和 $A[q+1..r]$ 进行排序。

合并：因为子数组都是原址排序的，所以不需要合并操作：数组 $A[p..r]$ 已经有序。

下面的程序实现快速排序：

```
QUICKSORT(A, p, r)
1  if  p < r
2      q = PARTITION(A, p, r)
3      QUICKSORT(A, p, q-1)
4      QUICKSORT(A, q+1, r)
```

为了排序一个数组 A 的全部元素，初始调用是 $\text{QUICKSORT}(A, 1, A.length)$。

数组的划分

算法的关键部分是 PARTITION 过程，它实现了对子数组 $A[p..r]$ 的原址重排。

```
PARTITION(A, p, r)
1  x = A[r]
2  i = p-1
3  for j = p to r-1
4      if A[j] ⩽ x
5          i = i + 1
6          exchange A[i] with A[j]
7  exchange A[i+1] with A[r]
8  return i + 1
```

图 7-1 显示了 PARTITION 如何在一个包含 8 个元素的数组上进行操作的过程。PARTITION 总是选择一个 $x=A[r]$ 作为**主元**（pivot element），并围绕它来划分子数组 $A[p..r]$。

随着程序的执行，数组被划分成 4 个(可能有空的)区域。在第 3～6 行的 **for** 循环的每一轮迭代的开始，每一个区域都满足一定的性质，如图 7-2 所示。我们将这些性质作为循环不变量：

在第 3～6 行循环体的每一轮迭代开始时，对于任意数组下标 k，有：

1. 若 $p \leqslant k \leqslant i$，则 $A[k] \leqslant x$。
2. 若 $i+1 \leqslant k \leqslant j-1$，则 $A[k] > x$。
3. 若 $k=r$，则 $A[k]=x$。

171

但是上述三种情况没有覆盖下标 j 到 $r-1$，对应位置的值与主元之间也不存在特定的大小关系。

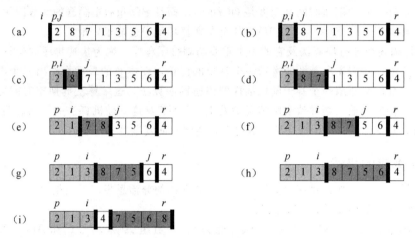

图 7-1　在一个样例数组上的 PARTITION 操作过程。数组项 $A[r]$ 是主元 x。浅阴影部分的数组元素都在划分的第一部分，其值都不大于 x。深阴影部分的元素都在划分的第二部分，其值都大于 x。无阴影的元素则是还未分入这两个部分中的任意一个。最后的白色元素就是主元 x。(a)初始的数组和变量设置。数组元素均未被放入前两个部分中的任何一个。(b)2 与它自身进行交换，并被放入了元素值较小的那个部分。(c)～(d)8 和 7 被添加到元素值较大的那个部分中。(e)1 和 8 进行交换，数值较小的部分规模增加。(f)数值 3 和 7 进行交换，数值较小的部分规模增加。(g)～(h)5 和 6 被包含进较大部分，循环结束。(i)在第 7～8 行中，主元被交换，这样主元就位于两个部分之间

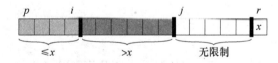

图 7-2　在子数组 $A[p..r]$ 上，PARTITION 维护了 4 个区域。$A[p..i]$ 区间内的所有值都小于等于 x，$A[i+1..j-1]$ 区间内的所有值都大于 x，$A[r]=x$。子数组 $A[j..r-1]$ 中的值可能属于任何一种情况

172

我们需要证明这个循环不变量在第一轮迭代之前是成立的，并且在每一轮迭代后仍然都成立。在循环结束时，该循环不变量还可以为证明正确性提供有用的性质。

初始化：在循环的第一轮迭代开始之前，$i=p-1$ 和 $j=p$。因为在 p 和 i 之间、$i+1$ 和 $j-1$ 之间都不存在值，所以循环不变量的前两个条件显然都满足。第 1 行中的赋值操作满足了第三个条件。

保持：如图 7-3 所示，根据第 4 行中条件判断的不同结果，我们需要考虑两种情况。图 7-3(a) 显示当 $A[j]>x$ 时的情况：循环体的唯一操作是 j 的值加 1。在 j 值增加后，对 $A[j-1]$，条件 2 成立，且所有其他项都保持不变。图 7-3(b) 显示当 $A[j] \leqslant x$ 时的情况：将 i 值加 1，交换 $A[i]$ 和 $A[j]$，再将 j 值加 1。因为进行了交换，现在有 $A[i] \leqslant x$，所以条件 1 得到满足。类似地，我们也能得到 $A[j-1]>x$。因为根据循环不变量，被交换进 $A[j-1]$ 的值总是大于 x 的。

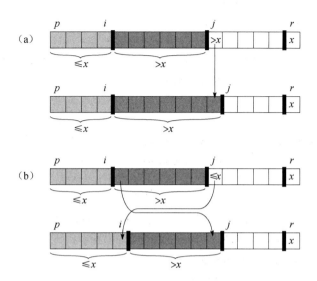

图 7-3 PARTITION 的一次迭代中会有两种可能的情况：(a)如果 $A[j]>x$，需要做的只是将
j 的值加 1，从而使循环不变量继续保持。(b)如果 $A[j] \leqslant x$，则将下标 i 的值加 1，并
交换 $A[i]$ 和 $A[j]$，再将 j 的值加 1。此时，循环不变量同样得到保持

终止：当终止时，$j=r$。于是，数组中的每个元素都必然属于循环不变量所描述的三个集合
的一个，也就是说，我们已经将数组中的所有元素划分成了三个集合：包含了所有小于等于 x 的
元素的集合、包含了所有大于 x 的元素的集合和只有一个元素 x 的集合。

在 PARTITION 的最后两行中，通过将主元与最左的大于 x 的元素进行交换，就可以将主
元移到它在数组中的正确位置上，并返回主元的新下标。此时，PARTITION 的输出满足划分步
骤规定的条件。实际上，一个更严格的条件也可以得到满足：在执行完 QUICKSORT 的第 2 行
之后，$A[q]$ 严格小于 $A[q+1..r]$ 内的每一个元素。

PARTITION 在子数组 $A[p..r]$ 上的时间复杂度是 $\Theta(n)$，其中 $n=r-p+1$（见练习 7.1-3）。

练习

7.1-1 参照图 7-1 的方法，说明 PARTITION 在数组 $A=\langle 13,19,9,5,12,8,7,4,21,2,$
$6,11\rangle$ 上的操作过程。

7.1-2 当数组 $A[p..r]$ 中的元素都相同时，PARTITION 返回的 q 值是什么？修改 PARTITION，使
得当数组 $A[p..r]$ 中所有元素的值都相同时，$q=\lfloor(p+r)/2\rfloor$。

7.1-3 请简要地证明：在规模为 n 的子数组上，PARTITION 的时间复杂度为 $\Theta(n)$。

7.1-4 如何修改 QUICKSORT，使得它能够以非递增序进行排序？

7.2 快速排序的性能

快速排序的运行时间依赖于划分是否平衡，而平衡与否又依赖于用于划分的元素。如果划
分是平衡的，那么快速排序算法性能与归并排序一样。如果划分是不平衡的，那么快速排序的性
能就接近于插入排序了。在本节中，我们将给出划分为平衡或不平衡时快速排序性能的非形式
化的分析。

最坏情况划分

当划分产生的两个子问题分别包含了 $n-1$ 个元素和 0 个元素时，快速排序的最坏情况发生
了（证明见 7.4.1 节）。不妨假设算法的每一次递归调用中都出现了这种不平衡划分。划分操作的
时间复杂度是 $\Theta(n)$。由于对一个大小为 0 的数组进行递归调用会直接返回，因此 $T(0)=\Theta(1)$，

于是算法运行时间的递归式可以表示为：

$$T(n) = T(n-1) + T(0) + \Theta(n) = T(n-1) + \Theta(n)$$

从直观上来看，每一层递归的代价可以被累加起来，从而得到一个算术级数（公式（A.2）），其结果为 $\Theta(n^2)$。实际上，利用代入法可以直接得到递归式 $T(n) = T(n-1) + \Theta(n)$ 的解为 $T(n) = \Theta(n^2)$（见练习 7.2-1）。

因此，如果在算法的每一层递归上，划分都是最大程度不平衡的，那么算法的时间复杂度就是 $\Theta(n^2)$。也就是说，在最坏情况下，快速排序算法的运行时间并不比插入排序更好。此外，当输入数组已经完全有序时，快速排序的时间复杂度仍然为 $\Theta(n^2)$。而在同样情况下，插入排序的时间复杂度为 $O(n)$。

最好情况划分

在可能的最平衡的划分中，PARTITION 得到的两个子问题的规模都不大于 $n/2$。这是因为其中一个子问题的规模为 $\lfloor n/2 \rfloor$，而另一个子问题的规模为 $\lceil n/2 \rceil - 1$。在这种情况下，快速排序的性能非常好。此时，算法运行时间的递归式为：

$$T(n) = 2T(n/2) + \Theta(n)$$

在上式中，我们忽略了一些余项以及减 1 操作的影响。根据主定理（定理 4.1）的情况 2，上述递归式的解为 $T(n) = \Theta(n \lg n)$。通过在每一层递归中都平衡划分子数组，我们得到了一个渐近时间上更快的算法。

平衡的划分

快速排序的平均运行时间更接近于其最好情况，而非最坏情况。详细的分析可以参看本书 7.4 节。理解这一点的关键就是理解划分的平衡性是如何反映到描述运行时间的递归式上的。

例如，假设划分算法总是产生 9:1 的划分，乍一看，这种划分是很不平衡的。此时，我们得到的快速排序时间复杂度的递归式为：

$$T(n) = T(9n/10) + T(n/10) + cn$$

这里，我们显式地写出了 $\Theta(n)$ 项中所隐含的常数 c。图 7-4 显示了这一递归调用所对应的递归树。注意，树中每一层的代价都是 cn，直到在深度 $\log_{10} n = \Theta(\lg n)$ 处达到递归的边界条件时为

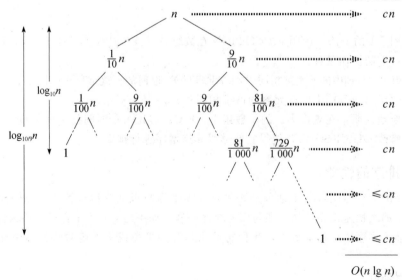

图 7-4 QUICKSORT 的一棵递归树，其中 PARTITION 总是产生 9:1 的划分。该树的时间复杂度为 $O(n \lg n)$。每个结点的值表示子问题的规模，每一层的代价显示在最右边。每一层的代价包含了 $\Theta(n)$ 项中隐含的常数 c

止，之后每层代价至多为 cn。递归在深度为 $\log_{10/9} n = \Theta(\lg n)$ 处终止。因此，快速排序的总代价为 $O(n\lg n)$。因此，即使在递归的每一层上都是 $9:1$ 的划分，直观上看起来非常不平衡，但快速排序的运行时间是 $O(n\lg n)$，与恰好在中间划分的渐近运行时间是一样的。实际上，即使是 $99:1$ 的划分，其时间复杂度仍然是 $O(n\lg n)$。事实上，任何一种常数比例的划分都会产生深度为 $\Theta(\lg n)$ 的递归树，其中每一层的时间代价都是 $O(n)$。因此，只要划分是常数比例的，算法的运行时间总是 $O(n\lg n)$。

|176

对于平均情况的直观观察

为了对快速排序的各种随机情况有一个清楚的认识，我们需要对遇到各种输入的出现频率做出假设。快速排序的行为依赖于输入数组中元素的值的相对顺序，而不是某些特定值本身。与 5.2 节中对雇用问题所做的概率分析类似，这里我们也假设输入数据的所有排列都是等概率的。

当对一个随机输入的数组运行快速排序时，想要像前面非形式化分析中所假设的那样，在每一层上都有同样的划分是不太可能的。我们预期某些划分会比较平衡，而另一些则会很不平衡。例如，在练习 7.2-6 中，会要求读者说明 PARTITION 所产生的划分中 80% 以上都比 $9:1$ 更平衡，而另 20% 的划分则比 $9:1$ 更不平衡。

在平均情况下，PARTITION 所产生的划分同时混合有"好"和"差"的划分。此时，在与 PARTITION 平均情况执行过程所对应的递归树中，好和差的划分是随机分布的。基于直觉，假设好和差的划分交替出现在树的各层上，并且好的划分是最好情况划分，而差的划分是最坏情况划分，图 7-5(a) 显示出了递归树的连续两层上的划分情况。在根结点处，划分的代价为 n，划分产生的两个子数组的大小为 $n-1$ 和 0，即最坏情况。在下一层上，大小为 $n-1$ 的子数组按最好情况划分成大小分别为 $(n-1)/2-1$ 和 $(n-1)/2$ 的子数组。在这里，我们假设大小为 0 的子数组的边界条件代价为 1。

在一个差的划分后面接着一个好的划分，这种组合产生出三个子数组，大小分别为 0、$(n-1)/2-1$ 和 $(n-1)/2$。这一组合的划分代价为 $\Theta(n)+\Theta(n-1)=\Theta(n)$。该代价并不比图 7-5(b) 中的更差。在图 7-5(b) 中，一层划分就产生出大小为 $(n-1)/2$ 的两个子数组，划分代价为 $\Theta(n)$。但是，后者的划分是平衡的！从直观上看，差划分的代价 $\Theta(n-1)$ 可以被吸收到好划分的代价 $\Theta(n)$ 中去，而得到的划分结果也是好的。因此，当好和差的划分交替出现时，快速排序的时间复杂度与全是好的划分时一样，仍然是 $O(n\lg n)$。区别只是 O 符号中隐含的常数因子要略大一些。在 7.4.2 节中，我们将给出一个关于随机输入情况下快速排序的期望时间复杂度的更严格的分析。

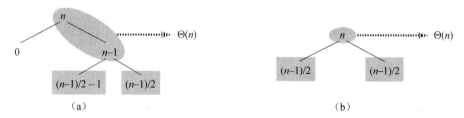

图 7-5 (a)一棵快速排序递归树的两层。在根结点这一层的划分代价是 n，产生了一个"坏"的划分：两个子数组的大小分别为 0 和 $n-1$。对大小为 $n-1$ 的子数组的划分代价为 $n-1$，并产生了一个"好"的划分：大小分别为 $(n-1)/2-1$ 和 $(n-1)/2$ 的子数组。(b)一棵非常平衡的递归树中的一层。在两棵树中，椭圆阴影所示的子问题的划分代价都是 $\Theta(n)$。可以看出，(a)中以矩形阴影显示的待解决子问题的规模并不大于(b)中对应的待解决子问题

练习

7.2-1 利用代入法证明：正如 7.2 节开头提到的那样，递归式 $T(n)=T(n-1)+\Theta(n)$ 的解为 $T(n)=\Theta(n^2)$。

7.2-2 当数组 A 的所有元素都具有相同值时，QUICKSORT 的时间复杂度是什么？

7.2-3 证明：当数组 A 包含的元素不同，并且是按降序排列的时候，QUICKSORT 的时间复杂度为 $\Theta(n^2)$。

7.2-4 银行一般会按照交易时间来记录某一账户的交易情况。但是，很多人却喜欢收到的银行对账单是按照支票号码的顺序来排列的。这是因为，人们通常都是按照支票号码的顺序来开出支票的，而商人也通常都是根据支票编号的顺序兑付支票。这一问题是将按交易时间排序的序列转换成按支票号排序的序列，它实质上是一个对几乎有序的输入序列进行排序的问题。请证明：在这个问题上，INSERTION-SORT 的性能往往要优于 QUICKSORT？

7.2-5 假设快速排序的每一层所做的划分的比例都是 $1-\alpha : \alpha$，其中 $0<\alpha\leqslant 1/2$ 且是一个常数。试证明：在相应的递归树中，叶结点的最小深度大约是 $-\lg n/\lg\alpha$，最大深度大约是 $-\lg n/\lg(1-\alpha)$（无需考虑整数舍入问题）。

*7.2-6 试证明：在一个随机输入数组上，对于任何常数 $0<\alpha\leqslant 1/2$，PARTITION 产生比 $1-\alpha : \alpha$ 更平衡的划分的概率约为 $1-2\alpha$。

7.3 快速排序的随机化版本

在讨论快速排序的平均情况性能的时候，我们的前提假设是：输入数据的所有排列都是等概率的。但是在实际工程中，这个假设并不会总是成立（见练习 7.2-4）。正如在 5.3 节中我们所看到的那样，有时我们可以通过在算法中引入随机性，从而使得算法对于所有的输入都能获得较好的期望性能。很多人都选择随机化版本的快速排序作为大数据输入情况下的排序算法。

在 5.3 节中，我们通过显式地对输入进行重新排列，使得算法实现随机化。当然，对于快速排序我们也可以这么做。但如果采用一种称为**随机抽样**（random sampling）的随机化技术，那么可以使得分析变得更加简单。与始终采用 $A[r]$ 作为主元的方法不同，随机抽样是从子数组 $A[p..r]$ 中随机选择一个元素作为主元。为达到这一目的，首先将 $A[r]$ 与从 $A[p..r]$ 中随机选出的一个元素交换。通过对序列 $p,\cdots,r$ 的随机抽样，我们可以保证主元元素 $x=A[r]$ 是等概率地从子数组的 $r-p+1$ 个元素中选取的。因为主元元素是随机选取的，我们期望在平均情况下，对输入数组的划分是比较均衡的。

对 PARTITION 和 QUICKSORT 的代码的改动非常小。在新的划分程序中，我们只是在真正进行划分前进行一次交换：

```
RANDOMIZED-PARTITION (A, p, r)
1   i = RANDOM(p, r)
2   exchange A[r] with A[i]
3   return PARTITION(A, p, r)
```

新的快速排序不再调用 PARTITION，而是调用 RANDOMIZED-PARTITION：

```
RANDOMIZED-QUICKSORT (A, p, r)
1   if p<r
2       q = RANDOMIZED-PARTITION (A, p, r)
3       RANDOMIZED-QUICKSORT (A, p, q-1)
4       RANDOMIZED-QUICKSORT (A, q+1, r)
```

我们将在下一节中分析这一算法。

练习

7.3-1 为什么我们分析随机化算法的期望运行时间，而不是其最坏运行时间呢？

7.3-2 在 RANDOMIZED-QUICKSORT 的运行过程中，在最坏情况下，随机数生成器 RANDOM 被调用了多少次？在最好情况下呢？以 Θ 符号的形式给出你的答案？

7.4 快速排序分析

在 7.2 节中，我们给出了在最坏情况下快速排序性能的直观分析，以及它速度比较快的原因。在本节中，我们要给出快速排序性能的更严谨的分析。我们首先从最坏情况分析开始，其方法可以用于 QUICKSORT 和 RANDOMIZED-QUICKSORT 的分析，然后给出 RANDOMIZED-QUICKSORT 的期望运行时间。

7.4.1 最坏情况分析

在 7.2 节中，我们可以看到，在最坏情况下，快速排序的每一层递归的时间复杂度是 $\Theta(n^2)$。从直观上来看，这也就是最坏情况下的运行时间。下面来证明这一点。

利用代入法（见 4.3 节），我们可以证明快速排序的时间复杂度为 $O(n^2)$。假设 $T(n)$ 是最坏情况下 QUICKSORT 在输入规模为 n 的数据集合上所花费的时间，则有递归式：

$$T(n) = \max_{0 \leqslant q \leqslant n-1} (T(q) + T(n-q-1)) + \Theta(n) \tag{7.1}$$

因为 PARTITION 函数生成的两个子问题的规模加总为 $n-1$，所以参数 q 的变化范围是 0 到 $n-1$。我们不妨猜测 $T(n) \leqslant cn^2$ 成立，其中 c 为常数。将此式代入递归式(7.1)中，得：

$$T(n) \leqslant \max_{0 \leqslant q \leqslant n-1} (cq^2 + c(n-q-1)^2) + \Theta(n)$$

$$= c \cdot \max_{0 \leqslant q \leqslant n-1} (q^2 + (n-q-1)^2) + \Theta(n)$$

表达式 $q^2 + (n-q-1)^2$ 在参数取值区间 $0 \leqslant q \leqslant n-1$ 的端点上取得最大值。由于该表达式对于 q 的二阶导数是正的（见练习 7.4-3），我们可以得到表达式的上界 $\max_{0 \leqslant q \leqslant n-1} (q^2 + (n-q-1)^2) \leqslant$ |180| $(n-1)^2 = n^2 - 2n + 1$，将其代入上式的 $T(n)$ 中，我们得到：

$$T(n) \leqslant cn^2 - c(2n-1) + \Theta(n) \leqslant cn^2$$

因为我们可以选择一个足够大的常数 c，使得 $c(2n-1)$ 项能显著大于 $\Theta(n)$ 项，所以有 $T(n) = O(n^2)$。在 7.2 节中，我们看到了特例：当划分非平衡的时候，快速排序的运行时间为 $\Omega(n^2)$。此外，在练习 7.4-1 中，要求你证明递归式(7.1)有另一个解 $T(n) = \Omega(n^2)$。因此，快速排序的（最坏情况）运行时间是 $\Theta(n^2)$。

7.4.2 期望运行时间

我们已经从直观上了解了为什么 RANDOMIZED-QUICKSORT 的期望运行时间是 $O(n \lg n)$：如果在递归的每一层上，RANDOMIZED-PARTITION 将任意常数比例的元素划分到一个子数组中，则算法的递归树的深度为 $\Theta(\lg n)$，并且每一层上的工作量都是 $O(n)$。即使在最不平衡的划分情况下，会增加一些新的层次，但总的运行时间仍然保持是 $O(n \lg n)$。要准确地分析 RANDOMIZED-QUICKSORT 的期望运行时间，首先要理解划分操作是如何进行的；然后，在此基础之上，推导出期望运行时间的一个 $O(\lg n)$ 的界。有了这一期望运行时间的上界，再加上 7.2 节中得到的最好情况界 $\Theta(n \lg n)$，我们就能得到 $\Theta(n \lg n)$ 这一期望运行时间。在这里，假设待排序的元素始终是互异的。

运行时间和比较操作

QUICKSORT 和 RANDOMIZED-QUICKSORT 除了如何选择主元元素有差异以外，其他方面完全相同。因此，我们可以在讨论 QUICKSORT 和 PARTITION 的基础上分析 RANDOMIZED-QUICKSORT。其中，RANDOMIZED-QUICKSORT 随机地从子数组中选择元素作为主元元素。

QUICKSORT 的运行时间是由在 PARTITION 操作上所花费的时间决定的。每次对 PARTITION 的调用时，都会选择一个主元元素，而且该元素不会被包含在后续的对 QUICKSORT 和 PARTITION 的递归调用中。因此，在快速排序算法的整个执行期间，至多只可能调用 PARTITION 操作 n 次。调用一次 PARTITION 的时间为 $O(1)$ 再加上一段循环时间。这段时间与第 3~6 行中 **for** 循环的迭代次数成正比。这一 **for** 循环的每一轮迭代都要在第 4 行进行一次比较：比较主元元素与数组 A 中另一个元素。因此，如果我们可以统计第 4 行被执行的总次数，就能够给出在 QUICKSORT 的执行过程中，**for** 循环所花时间的界了。

引理 7.1 当在一个包含 n 个元素的数组上运行 QUICKSORT 时，假设在 PARTITION 的第 4 行中所做比较的次数为 X，那么 QUICKSORT 的运行时间为 $O(n+X)$。

证明 根据上面的讨论，算法最多对 PARTITION 调用 n 次。每次调用都包括一个固定的工作量和执行若干次 **for** 循环。在每一次 **for** 循环中，都要执行第 4 行。 ■

因此，我们的目标是计算出 X，即所有对 PARTITION 的调用中，所执行的总的比较次数。我们并不打算分析在每一次 PARTITION 调用中做了多少次比较，而是希望能够推导出关于总的比较次数的一个界。为此，我们必须了解算法在什么时候对数组中的两个元素进行比较，什么时候不进行比较。为了便于分析，我们将数组 A 的各个元素重新命名为 $z_1, z_2, \cdots, z_n$，其中 z_i 是数组 A 中第 i 小的元素。此外，我们还定义 $Z_{ij} = \{z_i, z_{i+1}, \cdots, z_j\}$ 为 z_i 与 z_j 之间（含 i 和 j）的元素集合。

算法什么时候会比较 z_i 和 z_j 呢？为了回答这个问题，我们首先注意到每一对元素至多比较一次。为什么呢？因为各个元素只与主元元素进行比较，并且在某一次 PARTITION 调用结束之后，该次调用中所用到的主元元素就再也不会与任何其他元素进行比较了。

我们的分析要用到指示器随机变量（见 5.2 节）。定义

$$X_{ij} = \mathrm{I}\{z_i \text{ 与 } z_j \text{ 进行比较}\}$$

其中我们考虑的是比较操作是否在算法执行过程中任意时间发生，而不是局限在循环的一次迭代或对 PARTITION 的一次调用中是否发生。因为每一对元素至多被比较一次，所以我们可以很容易地刻画出算法的总比较次数：

$$X = \sum_{i=1}^{n-1} \sum_{j=i+1}^{n} X_{ij}$$

对上式两边取期望，再利用期望值的线性特性和引理 5.1，可以得到：

$$\mathrm{E}(X) = \mathrm{E}\Big[\sum_{i=1}^{n-1} \sum_{j=i+1}^{n} X_{ij}\Big] = \sum_{i=1}^{n-1} \sum_{j=i+1}^{n} \mathrm{E}[X_{ij}] = \sum_{i=1}^{n-1} \sum_{j=i+1}^{n} \Pr\{z_i \text{ 与 } z_j \text{ 进行比较}\} \qquad (7.2)$$

上式中的 $\Pr\{z_i \text{ 与 } z_j \text{ 进行比较}\}$ 还需要进一步计算。在我们的分析中，假设 RANDOMIZED-PARTITION 随机且独立地选择主元。

让我们考虑两个元素何时不会进行比较的情况。考虑快速排序的一个输入，它是由数字 1 到 10 所构成（顺序可以是任意的），并假设第一个主元是 7。那么，对 PARTITION 的第一次调用就将这些输入数字划分成两个集合：$\{1, 2, 3, 4, 5, 6\}$ 和 $\{8, 9, 10\}$。在这一过程中，主元 7 要与所有其他元素进行比较。但是，第一个集合中任何一个元素（例如 2）没有（也不会）与第二个集合中的任何元素（例如 9）进行比较。

通常我们假设每个元素的值是互异的，因此，一旦一个满足 $z_i < x < z_j$ 的主元 x 被选择后，我们就知道 z_i 和 z_j 以后再也不可能被比较了。另一种情况，如果 z_i 在 Z_{ij} 中的所有其他元素之前被选为主元，那么 z_i 就将与 Z_{ij} 中除了它自身以外的所有元素进行比较。类似地，如果 z_j 在 Z_{ij} 中其他元素之前被选为主元，那么 z_j 将与 Z_{ij} 中除自身以外的所有元素进行比较。在我们的例子中，值 7 和 9 要进行比较，因为 7 是 $Z_{7,9}$ 中被选为主元的第一个元素。与之相反的是，值 2 和 9 则始终不会被比较，因为从 $Z_{2,9}$ 中选择的第一个主元为 7。因此，z_i 与 z_j 会进行比较，当且仅当

Z_{ij} 中将被选为主元的第一个元素是 z_i 或者 z_j。

我们现在来计算这一事件发生的概率。在 Z_{ij} 中的某个元素被选为主元之前，整个集合 Z_{ij} 的元素都属于某一划分的同一分区。因此，Z_{ij} 中的任何元素都会等可能地被首先选为主元。因为集合 Z_{ij} 中有 $j-i+1$ 个元素，并且主元的选择是随机且独立的，所以任何元素被首先选为主元的概率是 $1/(j-i+1)$。于是，我们有：

$$\Pr\{z_i \text{ 与 } z_j \text{ 进行比较}\} = \Pr\{z_i \text{ 或 } z_j \text{ 是集合 } Z_{ij} \text{ 中选出的第一个主元}\}$$
$$= \Pr\{z_i \text{ 是集合 } Z_{ij} \text{ 中选出的第一个主元}\}$$
$$+ \Pr\{z_j \text{ 是集合 } Z_{ij} \text{ 中选出的第一个主元}\}$$
$$= \frac{1}{j-i+1} + \frac{1}{j-i+1} = \frac{2}{j-i+1} \qquad (7.3)$$

183

上式中第二行成立的原因在于其中涉及的两个事件是互斥的。将公式(7.2)和公式(7.3)综合起来，有：

$$\mathrm{E}[X] = \sum_{i=1}^{n-1} \sum_{j=i+1}^{n} \frac{2}{j-i+1}$$

在求这个累加和时，可以将变量做个变换($k=j-i$)，并利用公式(A.7)中给出的有关调和级数的界，得到：

$$\mathrm{E}[X] = \sum_{i=1}^{n-1} \sum_{j=i+1}^{n} \frac{2}{j-i+1} = \sum_{i=1}^{n-1} \sum_{k=1}^{n-i} \frac{2}{k+1} < \sum_{i=1}^{n-1} \sum_{k=1}^{n} \frac{2}{k} = \sum_{i=1}^{n-1} O(\lg n) = O(n \lg n) \quad (7.4)$$

于是，我们可以得出结论：使用 RANDOMIZED-PARTITION，在输入元素互异的情况下，快速排序算法的期望运行时间为 $O(n \lg n)$。

练习

7.4-1 证明：在递归式

$$T(n) = \max_{0 \leqslant q \leqslant n-1} (T(q) + T(n-q-1)) + \Theta(n)$$

中，$T(n) = \Omega(n^2)$。

7.4-2 证明：在最好情况下，快速排序的运行时间为 $\Omega(n \lg n)$。

184

7.4-3 证明：在 $q = 0, 1, \cdots, n-1$ 区间内，当 $q = 0$ 或 $q = n-1$ 时，$q^2 + (n-q-1)^2$ 取得最大值。

7.4-4 证明：RANDOMIZED-QUICKSORT 期望运行时间是 $\Omega(n \lg n)$。

7.4-5 当输入数据已经"几乎有序"时，插入排序速度很快。在实际应用中，我们可以利用这一特点来提高快速排序的速度。当对一个长度小于 k 的子数组调用快速排序时，让它不做任何排序就返回。当上层的快速排序调用返回后，对整个数组运行插入排序来完成排序过程。试证明：这一排序算法的期望时间复杂度为 $O(nk + n\lg(n/k))$。分别从理论和实践的角度说明我们应该如何选择 k?

★**7.4-6** 考虑对 PARTITION 过程做这样的修改：从数组 A 中随机选出三个元素，并用这三个元素的中位数（即这三个元素按大小排在中间的值）对数组进行划分。求以 α 的函数形式表示的、最坏划分比例为 $\alpha:(1-\alpha)$ 的近似概率，其中 $0 < \alpha < 1$。

思考题

7-1 （Hoare 划分的正确性） 本章中的 PARTITION 算法并不是其最初的版本。下面给出的是最早由 C. R. Hoare 所设计的划分算法：

HOARE-PARTITION(A, p, r)
1    $x = A[p]$

```
2    i = p - 1
3    j = r + 1
4    while TRUE
5        repeat
6            j = j - 1
7        until A[j] ⩽ x
8        repeat
9            i = i + 1
10       until A[j] ⩾ x
11       if i < j
12           exchange A[i] with A[j]
13       else return j
```

a. 试说明 HOARE-PARTITION 在数组 $A = \langle 13, 19, 9, 5, 12, 8, 7, 4, 11, 2, 6, 21 \rangle$ 上的操作过程，并说明在每一次执行第 4~13 行 **while** 循环时数组元素的值和辅助变量的值。

后续的三个问题要求读者仔细论证 HOARE-PARTITION 的正确性。在这里假设子数组 $A[p..r]$ 至少包含来 2 个元素，试证明下列问题：

b. 下标 i 和 j 可以使我们不会访问在子数组 $A[p..r]$ 以外的数组 A 的元素。

c. 当 HOARE-PARTITION 结束时，它返回的值 j 满足 $p \leqslant j < r$。

d. 当 HOARE-PARTITION 结束时，$A[p..j]$ 中的每一个元素都小于或等于 $A[j+1..r]$ 中的元素。

在 7.1 节的 PARTITION 过程中，主元（原来存储在 $A[r]$ 中）是与它所划分的两个分区分离的。与之对应，在 HOARE-PARTITION 中，主元（原来存储在 $A[p]$ 中）是存在于分区 $A[p..j]$ 或 $A[j+1..r]$ 中的。因为有 $p \leqslant j < r$，所以这一划分总是非平凡的。

e. 利用 HOARE-PARTITION，重写 QUICKSORT 算法。

7-2（针对相同元素值的快速排序） 在 7.4.2 节对随机化快速排序的分析中，我们假设输入元素的值是互异的，在本题中，我们将看看如果这一假设不成立会出现什么情况。

a. 如果所有输入元素的值都相同，那么随机化快速排序的运行时间会是多少？

b. PARTITION 过程返回一个数组下标 q，使得 $A[p..q-1]$ 中的每个元素都小于或等于 $A[q]$，而 $A[q+1..r]$ 中的每个元素都大于 $A[q]$。修改 PARTITION 代码来构造一个新的 PARTITION$'(A, p, r)$，它排列 $A[p..r]$ 的元素，返回值是两个数组下标 q 和 t，其中 $p \leqslant q \leqslant t \leqslant r$，且有

- $A[q..t]$ 中的所有元素都相等。
- $A[p..q-1]$ 中的每个元素都小于 $A[q]$。
- $A[t+1..r]$ 中的每个元素都大于 $A[q]$。

与 PARTITION 类似，新构造的 PARTITION$'$ 的时间复杂度是 $\Theta(r-p)$。

c. 将 RANDOMIZED-QUICKSORT 过程改为调用 PARTITION$'$，并重新命名为 RANDOMIZED-QUICKSORT$'$。修改 QUICKSORT 的代码构造一个新的 QUICKSORT$'(A, p, r)$，它调用 RANDOMIZED-PARTITION$'$，并且只有分区内的元素互不相同的时候才做递归调用。

d. 在 QUICKSORT$'$ 中，应该如何改变 7.4.2 节中的分析方法，从而避免所有元素都是互异的这一假设？

7-3（另一种快速排序的分析方法） 对随机化版本的快速排序算法，还有另一种性能分析方法，这一方法关注于每一次单独递归调用的期望运行时间，而不是比较的次数。

a. 证明：给定一个大小为 n 的数组，任何特定元素被选为主元的概率为 $1/n$。利用这一点来定义指示器随机变量 $X_i = I\{$第 i 小的元素被选为主元$\}$，$E[X_i]$ 是什么？

b. 设 $T(n)$ 是一个表示快速排序在一个大小为 n 的数组上的运行时间的随机变量，试证明：

$$\mathrm{E}\big[T(n)\big] = \mathrm{E}\Big[\sum_{q=1}^{n} X_q\big(T(q-1) + T(n-q) + \Theta(n)\big)\Big] \tag{7.5}$$

c. 证明公式(7.5)可以重写为：

$$\mathrm{E}\big[T(n)\big] = \frac{2}{n}\sum_{q=2}^{n-1}\mathrm{E}\big[T(q)\big] + \Theta(n) \tag{7.6}$$

d. 证明：

$$\sum_{k=2}^{n-1} k\lg k \leqslant \frac{1}{2}n^2\lg n - \frac{1}{8}n^2 \tag{7.7}$$

（提示：可以将该累加式分成两个部分，一部分是 $k=2, 3, \cdots, \lceil n/2\rceil-1$，另一部分是 $k=\lceil n/2\rceil, \cdots, n-1$。）

e. 利用公式(7.7)中给出的界证明：公式(7.6)中的递归式有解 $\mathrm{E}\big[T(n)\big]=\Theta(n\lg n)$。（提示：使用代入法，证明对于某个正常数 a 和足够大的 n，有 $\mathrm{E}\big[T(n)\big]\leqslant an\lg n$。）

187

7-4　（快速排序的栈深度）　7.1 节中的 QUICKSORT 算法包含了两个对其自身的递归调用。在调用 PARTITION 后，QUICKSORT 分别递归调用了左边的子数组和右边的子数组。QUICKSORT 中的第二个递归调用并不是必须的。我们可以用一个循环控制结构来代替它。这一技术称为**尾递归**，好的编译器都提供这一功能。考虑下面这个版本的快速排序，它模拟了尾递归情况：

TAIL-RECURSIVE-QUICKSORT(A, p, r)

```
1  while p < r
2      // Partition and sort left subarray.
3      q = PARTITION(A, p, r)
4      TAIL-RECURSIVE-QUICKSORT(A, p, q-1)
5      p = q+1
```

a. 证明：TAIL-RECURSIVE-QUICKSORT$(A, 1, A.length)$ 能正确地对数组 A 进行排序。编译器通常使用**栈**来存储递归执行过程中的相关信息，包括每一次递归调用的参数等。最新调用的信息存在栈的顶部，而第一次调用的信息存在栈的底部。当一个过程被调用时，其相关信息被**压入**栈中；当它结束时，其信息则被**弹出**。因为我们假设数组参数是用指针来指示的，所以每次过程调用只需要 $O(1)$ 的栈空间。**栈深度**是在一次计算中会用到的栈空间的最大值。

b. 请描述一种场景，使得针对一个包含 n 个元素数组的 TAIL-RECURSIVE-QUICKSORT 的栈深度是 $\Theta(n)$。

c. 修改 TAIL-RECURSIVE-QUICKSORT 的代码，使其最坏情况下栈深度是 $\Theta(\lg n)$，并且能够保持 $O(n\lg n)$ 的期望时间复杂度。

7-5　（三数取中划分）　一种改进 RANDOMIZED-QUICKSORT 的方法是在划分时，要从子数组中更细致地选择作为主元的元素（而不是简单地随机选择）。常用的做法是三数取中法：从子数组中随机选出三个元素，取其中位数作为主元（见练习 7.4-6）。对于这个问题的分析，我们不妨假设数组 $A[1..n]$ 的元素是互异的且有 $n\geqslant 3$。我们用 $A'[1..n]$ 来表示已排好序的数组。用三数取中法选择主元 x，并定义 $p_i=\Pr\{x=A'[i]\}$。

188

a. 对于 $i=2, 3, \cdots, n-1$，请给出以 n 和 i 表示的 p_i 的准确表达式（注意 $p_1=p_n=0$）。

b. 与平凡实现相比，在这种实现中，选择 $x=A'[\lfloor(n+1)/2\rfloor]$（即 $A[1..n]$ 的中位数）的值作为主元的概率增加了多少？假设 $n\rightarrow\infty$，请给出这一概率的极限值。

c. 如果我们定义一个"好"划分意味着主元选择 $x=A'[i]$，其中 $n/3\leqslant i\leqslant 2n/3$。与平凡实现

相比，这种实现中得到一个好划分的概率增加了多少？（提示：用积分来近似累加和。）

d. 证明：对快速排序而言，三数取中法只影响其时间复杂度 $\Omega(n\lg n)$ 的常数项因子。

7-6 （对区间的模糊排序） 考虑这样的一种排序问题：我们无法准确知道待排序的数字是什么。但对于每一个数，我们知道它属于实数轴上的某个区间。也就是说，我们得到了 n 个形如 $[a_i, b_i]$ 的闭区间，其中 $a_i \leqslant b_i$。我们的目标是实现这些区间的**模糊排序**，即对 $j=1, 2, \cdots, n$，生成一个区间的排列 $\langle i_1, i_2, \cdots, i_n \rangle$，且存在 $c_j \in [a_i, b_i]$，满足 $c_1 \leqslant c_2 \leqslant \cdots \leqslant c_n$。

a. 为 n 个区间的模糊排序设计一个随机算法。你的算法应该具有算法的一般结构，它可以对左边端点（即 a_i 的值）进行快速排序，同时它也能利用区间的重叠性质来改善时间性能。（当区间重叠越来越多的时候，区间的模糊排序问题会变得越来越容易。你的算法应能充分利用这一重叠性质。）

b. 证明：在一般情况下，你的算法的期望运行时间为 $\Theta(n\lg n)$。但是，当所有的区间都有重叠的时候，算法的期望运行时间为 $\Theta(n)$（也就是说，存在一个值 x，对所有的 i，都有 $x \in [a_i, b_i]$。）你的算法不必显式地检查这种情况，而是随着重叠情况的增加，算法的性能自然地提高。

189

本章注记

快速排序是由 Hoare[170]首先提出的。思考题 7-1 中给出了 Hoare 的原始版本。7.1 节中给出的 PARTITION 是由 N. Lomuto 提出的。而 7.4 节中的分析是由 Avrim Blum 给出的。Sedgewick[305]和 Bentley[43]都对实现的细节及其影响给出了很好的描述。

Mcllroy[248]说明了如何设计出一个"杀手级对手"（killer adversary），它能够产生一个数组，在这个数组上，快速排序的几乎所有实现的运行时间都是 $\Theta(n^2)$。如果实现是随机化的，这一对

190

手可以在观察到快速排序算法的随机选择之后，再产生出这一数组。

线性时间排序

到目前为止，我们已经介绍了几种能在 $O(n\lg n)$ 时间内排序 n 个数的算法。归并排序和堆排序达到了最坏情况下的上界；快速排序在平均情况下达到该上界。而且，对于这些算法中的每一个，我们都能给出 n 个输入数值，使得该算法能在 $\Omega(n\lg n)$ 时间内完成。

这些算法都有一个有趣的性质：在排序的最终结果中，各元素的次序依赖于它们之间的比较。我们把这类排序算法称为**比较排序**。到目前为止，我们介绍的所有排序算法都是比较排序。

8.1 节将证明对包含 n 个元素的输入序列来说，任何比较排序在最坏情况下都要经过 $\Omega(n\lg n)$ 次比较。因此，归并排序和堆排序是渐近最优的，并且任何已知的比较排序最多就是在常数因子上优于它们。

8.2 节、8.3 节和 8.4 节讨论三种线性时间复杂度的排序算法：计数排序、基数排序和桶排序。当然，这些算法是用运算而不是比较来确定排序顺序的。因此，下界 $\Omega(n\lg n)$ 对它们是不适用的。

8.1 排序算法的下界

在一个比较排序算法中，我们只使用元素间的比较来获得输入序列 $\langle a_1, a_2, \cdots, a_n\rangle$ 中的元素间次序的信息。也就是说，给定两个元素 a_i 和 a_j，可以执行 $a_i<a_j$、$a_i\leqslant a_j$、$a_i=a_j$、$a_i\geqslant a_j$ 或者 $a_i>a_j$ 中的一个比较操作来确定它们之间的相对次序。我们不能用其他方法观察元素的值或者它们之间的次序信息。

不失一般性，在本节中，我们不妨假设所有的输入元素都是互异的。给定了这个假设后，$a_i=a_j$ 的比较就没有意义了。因此，我们可以假设不需要这种比较。同时，注意到 $a_i\leqslant a_j$、$a_i\geqslant a_j$、$a_i>a_j$ 和 $a_i<a_j$ 都是等价的，因为通过它们所得到的关于 a_i 和 a_j 的相对次序的信息是相同的。这样，又可以进一步假设所有比较采用的都是 $a_i\leqslant a_j$ 形式。

决策树模型

比较排序可以被抽象为一棵决策树。**决策树**是一棵完全二叉树，它可以表示在给定输入规模情况下，某一特定排序算法对所有元素的比较操作。其中，控制、数据移动等其他操作都被忽略了。图 8-1 显示了 2.1 节中插入排序算法作用于包含三个元素的输入序列的决策树情况。

在决策树中，每个内部结点都以 $i:j$ 标记，其中 i 和 j 满足 $1\leqslant i, j\leqslant n$，$n$ 是输入序列中的元素个数。每个叶结点上都标注一个序列 $\langle\pi(1),$ $\pi(2), \cdots, \pi(n)\rangle$（序列的相关背景知识参阅 C.1 节）。排序算法的执行对应于一条从树的根结点到叶结点的路径。每一个内部结点表示一次比较 $a_i\leqslant a_j$。左子树表示一旦我们确定 $a_i\leqslant a_j$ 之后的后续比较，右子树则表示在确定了 $a_i>a_j$ 后的后续比较。当到达一个叶结点时，表示排序算法已

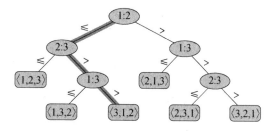

图 8-1　作用于 3 个元素时的插入排序决策树。标记为 $i:j$ 的内部结点表示 a_i 和 a_j 之间的比较。排列为 $\langle\pi(1), \pi(2), \cdots,$ $\pi(n)\rangle$ 的叶结点表示得到的顺序 $a_{\pi(1)}\leqslant$ $a_{\pi(2)}\leqslant\cdots\leqslant a_{\pi(n)}$。加了阴影的路径表示在对输入序列 $\langle a_1=6, a_2=8, a_3=5\rangle$ 进行排序时所做的决策；叶结点上的排列 $\langle3, 1, 2\rangle$ 表示排序的结果是 $a_3=5\leqslant$ $a_1=6\leqslant a_2=8$。对于输入元素来说，共有 $3! = 6$ 种可能的排列，因此决策树至少包含 6 个叶结点

经确定了一个顺序 $a_{\pi(1)} \leqslant a_{\pi(2)} \leqslant \cdots \leqslant a_{\pi(n)}$。因为任何正确的排序算法都能够生成输入的每一个排列，所以对一个正确的比较排序算法来说，n 个元素的 $n!$ 种可能的排列都应该出现在决策树的叶结点上。而且，每一个叶结点都必须是可以从根结点经由某条路径到达的，该路径对应于比较排序的一次实际执行过程（我们称这种叶结点为"可达的"）。因此，在后续内容中，我们将只考虑每一种排列都是一个可达的叶结点的决策树。

最坏情况的下界

在决策树中，从根结点到任意一个可达叶结点之间最长简单路径的长度，表示的是对应的排序算法中最坏情况下的比较次数。因此，一个比较排序算法中的最坏情况比较次数就等于其决策树的高度。同时，当决策树中每种排列都是以可达的叶结点的形式出现时，该决策树高度的下界也就是比较排序算法运行时间的下界。下面的定理给出这样的一个下界。

定理 8.1 在最坏情况下，任何比较排序算法都需要做 $\Omega(n\lg n)$ 次比较。

证明 根据前面的讨论，对于一棵每个排列都是一个可达的叶结点的决策树来说，树的高度完全可以被确定。考虑一棵高度为 h、具有 l 个可达叶结点的决策树，它对应一个对 n 个元素所做的比较排序。因为输入数据的 $n!$ 种可能的排列都是叶结点，所以有 $n! \leqslant l$。由于在一棵高为 h 的二叉树中，叶结点的数目不多于 2^h，我们得到：

$$n! \leqslant l \leqslant 2^h$$

对该式两边取对数，有

$$h \geqslant \lg(n!) \qquad \text{（因为 lg 函数是单调递增的）}$$
$$= \Omega(n\lg n) \qquad \text{（由公式(3.19)）} \qquad \blacksquare$$

推论 8.2 堆排序和归并排序都是渐近最优的比较排序算法。

证明 堆排序和归并排序的运行时间上界为 $O(n\lg n)$，这与定理 8.1 给出的最坏情况的下界 $\Omega(n\lg n)$ 是一致的。 $\blacksquare$

练习

8.1-1 在一棵比较排序算法的决策树中，一个叶结点可能的最小深度是多少？

8.1-2 不用斯特林近似公式，给出 $\lg(n!)$ 的渐近紧确界。利用 A.2 节中介绍的技术来求累加和
$$\sum_{k=1}^{n} \lg k$$

8.1-3 证明：对 $n!$ 种长度为 n 的输入中的至少一半，不存在能达到线性运行时间的比较排序算法。如果只要求对 $1/n$ 的输入达到线性时间呢？$1/2^n$ 呢？

8.1-4 假设现有一个包含 n 个元素的待排序序列。该序列由 n/k 个子序列组成，每个子序列包含 k 个元素。一个给定子序列中的每个元素都小于其后继子序列中的所有元素，且大于其前驱子序列中的每个元素。因此，对于这个长度为 n 的序列的排序转化为对 n/k 个子序列中的 k 个元素的排序。试证明：这个排序问题中所需比较次数的下界是 $\Omega(n\lg k)$。（提示：简单地将每个子序列的下界进行合并是不严谨的。）

8.2 计数排序

计数排序假设 n 个输入元素中的每一个都是在 0 到 k 区间内的一个整数，其中 k 为某个整数。当 $k=O(n)$ 时，排序的运行时间为 $\Theta(n)$。

计数排序的基本思想是：对每一个输入元素 x，确定小于 x 的元素个数。利用这一信息，就可以直接把 x 放到它在输出数组中的位置上了。例如，如果有 17 个元素小于 x，则 x 就应该在第 18 个输出位置上。当有几个元素相同时，这一方案要略做修改。因为不能把它们放在同一个输出位置上。

在计数排序算法的代码中，假设输入是一个数组 $A[1..n]$，$A.length = n$。我们还需要两个数组：$B[1..n]$ 存放排序的输出，$C[0..k]$ 提供临时存储空间。

194

COUNTING-SORT(A, B, k)

```
 1  let C[0..k] be a new array
 2  for i = 0 to k
 3      C[i] = 0
 4  for j = 1 to A.length
 5      C[A[j]] = C[A[j]] + 1
 6  // C[i] now contains the number of elements equal to i.
 7  for i = 1 to k
 8      C[i] = C[i] + C[i−1]
 9  // C[i] now contains the number of elements less than or equal to i.
10  for j = A.length downto 1
11      B[C[A[j]]] = A[j]
12      C[A[j]] = C[A[j]] − 1
```

图 8-2 图示了计数排序的运行过程。在第 2～3 行 **for** 循环的初始化操作之后，数组 C 的值全被置为 0；第 4～5 行的 **for** 循环遍历每一个输入元素。如果一个输入元素的值为 i，就将 $C[i]$ 值加 1。于是，在第 5 行执行完后，$C[i]$ 中保存的就是等于 i 的元素的个数，其中 $i=0, 1, \cdots, k$。第 7～8 行通过加总计算确定对每一个 $i=0, 1, \cdots, k$，有多少输入元素是小于或等于 i 的。

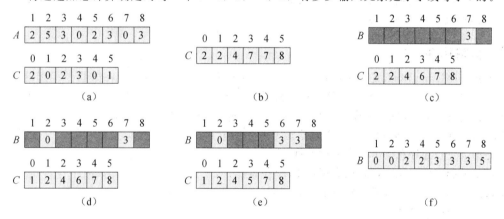

图 8-2 COUNTING-SORT 在输入数组 $A[1..8]$ 上的处理过程，其中 A 中的每一个元素都是不大于 $k=5$ 的非负整数。(a)第 5 行执行后的数组 A 和辅助数组 C 的情况。(b)第 8 行执行后，数组 C 的情况。(c)～(e)分别显示了第 10～12 行的循环体迭代了一次、两次和三次之后，输出数组 B 和辅助数组 C 的情况。其中，数组 B 中只有浅色阴影部分有元素值填充。(f)最终排好序的输出数组 B

195

最后，在第 10～12 行的 **for** 循环部分，把每个元素 $A[j]$ 放到它在输出数组 B 中的正确位置上。如果所有 n 个元素都是互异的，那么当第一次执行第 10 行时，对每一个 $A[j]$ 值来说，$C[A[j]]$ 就是 $A[j]$ 在输出数组中的最终正确位置。这是因为共有 $C[A[j]]$ 个元素小于或等于 $A[j]$。因为所有的元素可能并不都是互异的，所以，我们每将一个值 $A[j]$ 放入数组 B 中以后，都要将 $C[A[j]]$ 的值减 1。这样，当遇到下一个值等于 $A[j]$ 的输入元素(如果存在)时，该元素可以直接被放到输出数组中 $A[j]$ 的前一个位置上。

计数排序的时间代价是多少呢？第 2～3 行的 **for** 循环所花时间为 $\Theta(k)$，第 4～5 行的 **for** 循环所花时间为 $\Theta(n)$，第 7～8 行的 **for** 循环所花时间为 $\Theta(k)$，第 10～12 行的 **for** 循环所花时间为 $\Theta(n)$。这样，总的时间代价就是 $\Theta(k+n)$。在实际工作中，当 $k=O(n)$ 时，我们一般会采用计数排序，这时的运行时间为 $\Theta(n)$。

计数排序的下界优于我们在 8.1 节中所证明的 $\Omega(n\lg n)$，因为它并不是一个比较排序算法。事实上，它的代码中完全没有输入元素之间的比较操作。相反，计数排序是使用输入元素的实际值来确定其在数组中的位置。当我们脱离了比较排序模型的时候，$\Omega(n\lg n)$ 这一下界就不再适用了。

计数排序的一个重要性质就是它是**稳定的**：具有相同值的元素在输出数组中的相对次序与它们在输入数组中的相对次序相同。也就是说，对两个相同的数来说，在输入数组中先出现的数，在输出数组中也位于前面。通常，这种稳定性只有当进行排序的数据还附带卫星数据时才比较重要。计数排序的稳定性很重要的另一个原因是：计数排序经常会被用作基数排序算法的一个子过程。我们将在下一节中看到，为了使基数排序正确运行，计数排序必须是稳定的。

练习

8.2-1 参照图 8-2 的方法，说明 COUNTING-SORT 在数组 $A = \langle 6, 0, 2, 0, 1, 3, 4, 6, 1, 3, 2\rangle$ 上的操作过程。

8.2-2 试证明 COUNTING-SORT 是稳定的。

8.2-3 假设我们在 COUNTING-SORT 的第 10 行循环的开始部分，将代码改写为：

```
10    for  j = 1 to A. length
```

试证明该算法仍然是正确的。它还稳定吗？

8.2-4 设计一个算法，它能够对于任何给定的介于 0 到 k 之间的 n 个整数先进行预处理，然后在 $O(1)$ 时间内回答输入的 n 个整数中有多少个落在区间 $[a..b]$ 内。你设计的算法的预处理时间应为 $\Theta(n+k)$。

8.3　基数排序

基数排序（radix sort）是一种用在卡片排序机上的算法，现在你只能在博物馆找到这种卡片排序机了。一张卡片有 80 列，在每一列上机器可以选择在 12 个位置中的任一处穿孔。通过机械操作，我们可以对排序机"编程"来检查每个卡片中的给定列，然后根据穿孔的位置将它们分别放入 12 个容器中。操作员就可以逐个容器地来收集卡片，其中第一个位置穿孔的卡片在最上面，其次是第二个位置穿孔的卡片，依此类推。

对十进制数字来说，每列只会用到 10 个位置（另两个位置用于编码非数值字符）。一个 d 位数将占用 d 列。因为卡片排序机一次只能查看一列，所以要对 n 张卡片上的 d 位数进行排序，就需要设计一个排序算法。

从直观上来看，你可能会觉得应该按最高有效位进行排序，然后对得到的每个容器递归地进行排序，最后再把所有结果合并起来。遗憾的是，为了排序一个容器中的卡片，10 个容器中的 9 个都必须先放在一边。这一过程产生了许多要保存的临时卡片（见练习 8.3-5）。

与人们直观感受相悖的是，基数排序是先按最低有效位进行排序来解决卡片排序问题的。然后算法将所有卡片合并成一叠，其中 0 号容器中的卡片都在 1 号容器中的卡片之前，而 1 号容器中的卡片又在 2 号容器中的卡片前面，依此类推。之后，用同样的方法按次低有效位对所有的卡片进行排序，并把排好的卡片再次合并成一叠。重复这一过程，直到对所有的 d 位数字都进行了排序。此时，所有卡片已按 d 位数完全排好序。所以，对这一叠卡片的排序仅需要进行 d 轮。图 8-3 说明了"一叠"7 张 3 位数卡片的基数排序过程。

为了确保基数排序的正确性，一位数排序算法必须是稳定的。卡片排序机所执行的排序是稳定

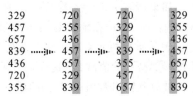

图 8-3　一个由 7 个 3 位数组成的列表的基数排序过程。最左边的一列是输入数据，其余各列显示了由低位到高位连续进行排序后列表的情况。阴影指出了进行排序的位

的，但操作员必须确保卡片从容器中被取出时不改变顺序，即使一个容器中的所有卡片在该位都是相同的数字也要确保这一点。

197

在一台典型的串行随机存取计算机上，我们有时会用基数排序来对具有多关键字域的记录进行排序。例如，我们希望用三个关键字（年、月和日）来对日期进行排序。对这个问题，我们可以使用基于特殊比较函数的排序算法：给定两个日期，先比较年，如果相同，再比较月，如果还是相同，就比较日。我们也可以采用另一种方法，用一种稳定排序算法对这些信息进行三次排序：先日，再月，最后是年。

基数排序的代码是非常直观的。在下面的代码中，我们假设 n 个 d 位的元素存放在数组 A 中，其中第 1 位是最低位，第 d 位是最高位。

```
RADIX-SORT(A, d)
1   for i = 1 to d
2       use a stable sort to sort array A on digit i
```

引理 8.3　给定 n 个 d 位数，其中每一个数位有 k 个可能的取值。如果 RADIX-SORT 使用的稳定排序方法耗时 $\Theta(n+k)$，那么它就可以在 $\Theta(d(n+k))$ 时间内将这些数排好序。

证明　基数排序的正确性可以通过对被排序的列进行归纳而加以证明（见练习 8.3-3）。对算法时间代价的分析依赖于所使用的稳定的排序算法。当每位数字都在 0 到 $k-1$ 区间内（这样它就有 k 个可能的取值），且 k 的值不太大的时候，计数排序是一个好的选择。对 n 个 d 位数来说，每一轮排序耗时 $\Theta(n+k)$。共有 d 轮，因此基数排序的总时间为 $\Theta(d(n+k))$。　■

当 d 为常数且 $k=O(n)$ 时，基数排序具有线性的时间代价。在更一般的情况中，我们可以灵活地决定如何将每个关键字分解成若干位。

198

引理 8.4　给定 n 个 b 位数和任何正整数 $r\leqslant b$，如果 RADIX-SORT 使用的稳定排序算法对数据取值区间是 0 到 k 的输入进行排序耗时 $\Theta(n+k)$，那么它就可以在 $\Theta((b/r)(n+2^r))$ 时间内将这些数排好序。

证明　对于一个值 $r\leqslant b$，每个关键字可以看做 $d=\lceil b/r \rceil$ 个 r 位数。每个数都是在 0 到 2^r-1 区间内的一个整数，这样就可以采用计数排序，其中 $k=2^r-1$。（例如，我们可以将一个 32 位的字看做是 4 个 8 位的数，于是有 $b=32$，$r=8$，$k=2^r-1=255$ 和 $d=b/r=4$）。每一轮排序花费时间为 $\Theta(n+k)=\Theta(n+2^r)$，计数排序花费的总时间代价为 $\Theta(d(n+2^r))=\Theta((b/r)(n+2^r))$。　■

对于给定的 n 和 b，我们希望所选择的 $r(r\leqslant b)$ 值能够最小化表达式 $(b/r)(n+2^r)$。如果 $b<\lfloor \lg n \rfloor$，则对于任何满足 $r\leqslant b$ 的 r，都有 $(n+2^r)=\Theta(n)$。显然，选择 $r=b$ 得到的时间代价为 $(b/b)(n+2^b)=\Theta(n)$，这一结果是渐近意义上最优的。如果 $b\geqslant \lfloor \lg n \rfloor$，选择 $r=\lfloor \lg n \rfloor$ 可以得到偏差不超过常数系数范围内的最优时间代价。下面我们来详细说明这一点。选择 $r=\lfloor \lg n \rfloor$，得到的运行时间为 $\Theta(bn/\lg n)$。随着将 r 的值逐步增大到大于 $\lfloor \lg n \rfloor$ 后，分子中的 2^r 项比分母中的 r 项增加得快。因此，将 r 增大到大于 $\lfloor \lg n \rfloor$ 后，得到的时间代价为 $\Omega(bn/\lg n)$。反之，如果将 r 减小到 $\lfloor \lg n \rfloor$ 之下，则 b/r 项会变大，而 $n+2^r$ 项仍保持为 $\Theta(n)$。

基数排序是否比基于比较的排序算法（如快速排序）更好呢？通常情况，如果 $b=O(\lg n)$，而且我们选择 $r\approx \lg n$，则基数排序的运行时间为 $\Theta(n)$。这一结果看上去要比快速排序的期望运行时间代价 $\Theta(n\lg n)$ 更好一些。但是，在这两个表达式中，隐含在 Θ 符号背后的常数项因子是不同的。在处理 n 个关键字时，尽管基数排序执行的循环轮数会比快速排序要少，但每一轮它所耗费的时间要长得多。哪一个排序算法更合适依赖于具体实现和底层硬件的特性（例如，快速排序通常可以比基数排序更有效地使用硬件的缓存），以及输入数据的特征。此外，利用计数排序作为中间稳定排序的基数排序不是原址排序，而很多 $\Theta(n\lg n)$ 时间的比较排序是原址排序。因此，当主存的容量比较宝贵时，我们可能会更倾向于像快速排序这样的原址排序算法。

练习

8.3-1 参照图 8-3 的方法，说明 RADIX-SORT 在下列英文单词上的操作过程：COW，DOG，SEA，RUG，ROW，MOB，BOX，TAB，BAR，EAR，TAR，DIG，BIG，TEA，NOW，FOX。

8.3-2 下面的排序算法中哪些是稳定的：插入排序、归并排序、堆排序和快速排序？给出一个能使任何排序算法都稳定的方法。你所给出的方法带来的额外时间和空间开销是多少？

8.3-3 利用归纳法来证明基数排序是正确的。在你所给出的证明中，在哪里需要假设所用的底层排序算法是稳定的？

8.3-4 说明如何在 $O(n)$ 时间内，对 0 到 n^3-1 区间内的 n 个整数进行排序。

*8.3-5 在本节给出的第一个卡片排序算法中，为排序 d 位十进制数，在最坏情况下需要多少轮排序？在最坏情况下，操作员需要记录多少堆卡片？

8.4 桶排序

桶排序（bucket sort）假设输入数据服从均匀分布，平均情况下它的时间代价为 $O(n)$。与计数排序类似，因为对输入数据作了某种假设，桶排序的速度也很快。具体来说，计数排序假设输入数据都属于一个小区间内的整数，而桶排序则假设输入是由一个随机过程产生，该过程将元素均匀、独立地分布在 $[0, 1)$ 区间上（见 C.2 节中均匀分布的定义）。

桶排序将 $[0，1)$ 区间划分为 n 个相同大小的子区间，或称为**桶**。然后，将 n 个输入数分别放到各个桶中。因为输入数据是均匀、独立地分布在 $[0，1)$ 区间上，所以一般不会出现很多数落在同一个桶中的情况。为了得到输出结果，我们先对每个桶中的数进行排序，然后遍历每个桶，按照次序把各个桶中的元素列出来即可。

在桶排序的代码中，我们假设输入是一个包含 n 个元素的数组 A，且每个元素 $A[i]$ 满足 $0 \leqslant A[i] < 1$。此外，算法还需要一个临时数组 $B[0..n-1]$ 来存放链表（即桶），并假设存在一种用于维护这些链表的机制（10.2 节将介绍如何实现链表的一些基本操作）。

BUCKET-SORT(A)

1 $n = A.length$
2 let $B[0..n-1]$ be a new array
3 **for** $i = 0$ **to** $n-1$
4   make $B[i]$ an empty list
5 **for** $i = 1$ **to** n
6   insert $A[i]$ into list $B[\lfloor nA[i] \rfloor]$
7 **for** $i = 0$ **to** $n-1$
8   sort list $B[i]$ with insertion sort
9 concatenate the lists $B[0], B[1], \cdots, B[n-1]$ together in order

图 8-4 显示了在一个包含 10 个元素的输入数组上的桶排序过程。

为了验证算法的正确性，我们先来看看两个元素 $A[i]$ 和 $A[j]$。不失一般性，不妨假设 $A[i] \leqslant A[j]$。由于 $\lfloor nA[i] \rfloor \leqslant \lfloor nA[j] \rfloor$，元素 $A[i]$ 或者与

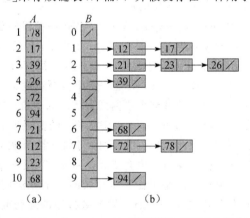

图 8-4 在 $n=10$ 时，BUCKET-SORT 的操作过程。(a)输入数组 $A[1..10]$。(b)在算法的第 8 行之后，$B[0..9]$ 中的已排序链表（桶）的情况。第 i 个桶中存放的是半开区间 $[i/10，(i+1)/10)$ 中的值。排好序的输出是由链表 $B[0]$，$B[1]$，…，$B[9]$ 依次连接而成的

$A[j]$ 被放入同一个桶中，或者被放入一个下标更小的桶中。如果 $A[i]$ 和 $A[j]$ 在同一个桶中，则第 7~8 行中的 **for** 循环会将它们按适当的顺序排列。如果 $A[i]$ 和 $A[j]$ 落入了不同的桶中，则第 9 行会将它们按适当的顺序排列。因此，桶排序算法是正确的。

现在来分析桶排序的运行时间。我们注意到，在最坏情况下，除第 8 行以外，所有其他各行时间代价都是 $O(n)$。我们还需要分析第 8 行中 n 次插入排序调用所花费的总时间。

现在来分析调用插入排序的时间代价。假设 n_i 是表示桶 $B[i]$ 中元素个数的随机变量，因为插入排序的时间代价是平方阶的（见 2.2 节），所以桶排序的时间代价为：

$$T(n) = \Theta(n) + \sum_{i=0}^{n-1} O(n_i^2)$$

我们现在来分析桶排序在平均情况下的运行时间。通过对输入数据取期望，我们可以计算出期望的运行时间。对上式两边取期望，并利用期望的线性性质，我们有：

$$\begin{aligned}
\mathrm{E}[T(n)] &= \mathrm{E}\Big[\Theta(n) + \sum_{i=0}^{n-1} O(n_i^2)\Big] \\
&= \Theta(n) + \sum_{i=0}^{n-1} \mathrm{E}[O(n_i^2)] \quad \text{（利用期望的线性性质）} \\
&= \Theta(n) + \sum_{i=0}^{n-1} O(\mathrm{E}[n_i^2]) \quad \text{（利用公式(C.22)）}
\end{aligned} \tag{8.1}$$

我们断言：

$$\mathrm{E}[n_i^2] = 2 - 1/n \tag{8.2}$$

对所有 $i=0, 1, \cdots, n-1$ 成立。这一点不足为奇：因为输入数组 A 的每一个元素是等概率地落入任意一个桶中，所以每一个桶 i 具有相同的期望值 $\mathrm{E}[n_i^2]$。为了证明公式(8.2)，我们定义指示器随机变量：对所有 $i=0, 1, \cdots, n-1$ 和 $j=1, 2, \cdots, n$，

$$X_{ij} = \mathrm{I}\{A[j] \text{ 落入桶 } i\}$$

因此，

$$n_i = \sum_{j=1}^{n} X_{ij}$$

为了计算 $\mathrm{E}[n_i^2]$，我们展开平方项，并重新组合各项：

$$\begin{aligned}
\mathrm{E}[n_i^2] &= \mathrm{E}\Big[\Big(\sum_{j=1}^{n} X_{ij}\Big)^2\Big] = \mathrm{E}\Big[\sum_{j=1}^{n}\sum_{k=1}^{n} X_{ij} X_{ik}\Big] = \mathrm{E}\Big[\sum_{j=1}^{n} X_{ij}^2 + \sum_{1 \leqslant j \leqslant n}\sum_{\substack{1 \leqslant k \leqslant n \\ k \neq j}} X_{ij} X_{ik}\Big] \\
&= \sum_{j=1}^{n} \mathrm{E}[X_{ij}^2] + \sum_{1 \leqslant j \leqslant n}\sum_{\substack{1 \leqslant k \leqslant n \\ k \neq j}} \mathrm{E}[X_{ij} X_{ik}]
\end{aligned} \tag{8.3}$$

其中，最后一行是根据数学期望的线性性质得出的。我们分别计算这两项累加和，指示器随机变量 X_{ij} 为 1 的概率是 $1/n$，其他情况下是 0。于是有：

$$\mathrm{E}[X_{ij}^2] = 1^2 \cdot \frac{1}{n} + 0^2 \cdot \Big(1 - \frac{1}{n}\Big) = \frac{1}{n}$$

当 $k \neq j$ 时，随机变量 X_{ij} 和 X_{ik} 是独立的，因此有：

$$\mathrm{E}[X_{ij} X_{ik}] = \mathrm{E}[X_{ij}]\mathrm{E}[X_{ik}] = \frac{1}{n} \cdot \frac{1}{n} = \frac{1}{n^2}$$

将这两个期望值带入公式(8.3)，我们得到：

$$\mathrm{E}[n_i^2] = \sum_{j=1}^{n} \frac{1}{n} + \sum_{1 \leqslant j \leqslant n}\sum_{\substack{1 \leqslant k \leqslant n \\ k \neq j}} \frac{1}{n^2} = n \cdot \frac{1}{n} + n(n-1) \cdot \frac{1}{n^2} = 1 + \frac{n-1}{n} = 2 - \frac{1}{n}$$

到此，公式(8.2)得证。

利用公式(8.1)中的期望值，我们可以得出结论：桶排序的期望运行时间为

$$\Theta(n) + n \cdot O(2 - 1/n) = \Theta(n)$$

即使输入数据不服从均匀分布，桶排序也仍然可以线性时间内完成。只要输入数据满足下列性质：所有桶的大小的平方和与总的元素数呈线性关系，那么通过公式(8.1)，我们就可以知道：桶排序仍然能在线性时间完成。

练习

8.4-1 参照图 8-4 的方法，说明 BUCKET-SORT 在数组 $A = \langle 0.79, 0.13, 0.16, 0.64, 0.39, 0.20, 0.89, 0.53, 0.71, 0.42 \rangle$ 上的操作过程。

8.4-2 解释为什么桶排序在最坏情况下运行时间是 $\Theta(n^2)$？我们应该如何修改算法，使其在保持平均情况为线性时间代价的同时，最坏情况下时间代价为 $O(n \lg n)$？

8.4-3 设 X 是一个随机变量，用于表示在将一枚硬币抛掷两次时，正面朝上的次数。$\mathrm{E}[X^2]$ 是多少呢？$\mathrm{E}^2[X]$ 是多少呢？

★8.4-4 在单位圆内给定 n 个点，$p_i = (x_i, y_i)$，对所有 $i = 1, 2, \cdots, n$，有 $0 < x_i^2 + y_i^2 \leqslant 1$。假设所有的点服从均匀分布，即在单位元的任一区域内找到给定点的概率与该区域的面积成正比。请设计一个在平均情况下有 $\Theta(n)$ 时间代价的算法，它能够按照点到原点之间的距离 $d_i = \sqrt{x_i^2 + y_i^2}$ 对这 n 个点进行排序。（提示：在 BUCKET-SORT 中，设计适当的桶大小，用以反映各个点在单位圆中的均匀分布情况。）

★8.4-5 定义随机变量 X 的**概率分布函数** $P(x)$ 为 $P(x) = \Pr\{X \leqslant x\}$。假设有 n 个随机变量 X_1，$X_2, \cdots, X_n$ 服从一个连续概率分布函数 P，且它可以在 $O(1)$ 时间内被计算得到。设计一个算法，使其能够在平均情况下在线性时间内完成这些数的排序。

思考题

8-1 （比较排序的概率下界） 在这一问题中，我们将证明对于给定的 n 个互异的输入元素，任何确定或随机的比较排序算法，其概率运行时间都有下界 $\Omega(n \lg n)$。首先来分析一个确定的比较排序算法 A，其决策树为 T_A。假设 A 的输入的每一种排列情况都是等可能的。

a. 假设 T_A 的每个叶结点都标有在给定的随机输入情况下到达该结点的概率。证明：恰有 $n!$ 个叶结点标有 $1/n!$，其他的叶结点标记为 0。

b. 定义 $D(T)$ 表示一棵决策树 T 的外部路径长度，即 $D(T)$ 是 T 的所有叶结点深度的和。假设 T 为一棵有 $k > 1$ 个叶结点的决策树，LT 和 RT 分别是 T 的左子树和右子树。证明：$D(T) = D(LT) + D(RT) + k$。

c. 定义 $d(k)$ 为所有具有 $k > 1$ 个叶结点的决策树 T 的最小 $D(T)$ 值。证明：$d(k) = \min_{1 \leqslant i \leqslant k-1} \{d(i) + d(k-i) + k\}$。（提示：考虑一棵能够取得该最小值的、有 k 个叶结点的决策树 T。设 i_0 是 LT 中的叶结点数，$k - i_0$ 是 RT 中的叶结点数。）

d. 证明：d 对于给定的 $k(k > 1)$ 和 $i(1 \leqslant i \leqslant k-1)$，函数 $i \lg i + (k-i) \lg(k-i)$ 在 $i = k/2$ 处取得最小值，并有结论 $d(k) = \Omega(k \lg k)$。

e. 证明：$D(T_A) = \Omega(n! \lg(n!))$，并得出在平均情况下，排序 n 个元素的时间代价为 $\Omega(n \lg n)$ 这一结论。

现在来考虑一个随机化的比较排序 B。通过引入两种结点，我们可以将决策树模型扩展来处理随机化的情况。这两种结点是：普通的比较结点和"随机化"结点。随机化结点刻画了算法 B 中所做的形如 RANDOM$(1, r)$ 的随机选择情况。该类结点有 r 个子结点，在算法执行过程中，每一个子结点等概率地被选择。

f. 证明：对任何随机化比较排序算法 B，总存在一个确定的比较排序算法 A，其期望的比较次数不多于 B 的比较次数。 205

8-2 （线性时间原址排序）　假设有一个包含 n 个待排序数据记录的数组，且每条记录的关键字的值为 0 或 1。对这样一组记录进行排序的算法可能具备如下三种特性中的一部分：

1. 算法的时间代价是 $O(n)$。
2. 算法是稳定的。
3. 算法是原址排序，除了输入数组之外，算法只需要固定的额外存储空间。

a. 给出一个满足上述条件 1 和条件 2 的算法。

b. 给出一个满足上述条件 1 和条件 3 的算法。

c. 给出一个满足条件 2 和条件 3 的算法。

d. 你设计的算法(a)～(c)中的任一个是否可以用于 RADIX-SORT 的第 2 行作为基础排序方法，从而使 RADIX-SORT 在排序有 b 位关键字的 n 条记录时的时间代价是 $O(bn)$？如果可以，请解释应如何处理；如果不行，请说明原因。

e. 假设有 n 条记录，其中所有关键字的值都在 1 到 k 的区间内。你应该如何修改计数排序，使得它可以在 $O(n+k)$ 时间内完成对 n 条记录的原址排序。除输入数组外，你可以 $O(k)$ 使用大小的额外存储空间。你给出的算法是稳定的吗？（提示：当 $k=3$ 时，你应该如何做?）

8-3 （变长数据项的排序）

a. 给定一个整数数组，其中不同的整数所包含的数字的位数可能不同，但该数组中，所有整数中包含的总数字位数为 n。设计一个算法，使其可以在 $O(n)$ 时间内对该数组进行排序。

b. 给定一个字符串数组，其中不同的字符串所包含的字符数可能不同，但所有字符串中的总字符个数为 n。设计一个算法，使其可以在 $O(n)$ 时间内对该数组进行排序。（注意：此处的顺序是指标准的字典序，例如 $a<ab<b$。）

8-4 （水壶）　假设给了你 n 个红色的水壶和 n 个蓝色的水壶。它们的形状和尺寸都各不相同。所有的红色水壶中所盛的水都不一样多，蓝色水壶也是如此。而且，对于每一个红色水壶来说，都有一个对应的蓝色水壶，两者盛有一样多的水；反之亦然。 206

你的任务是找出所有的所盛水量一样多的红色水壶和蓝色水壶，并将它们配成一对。为此，可以执行如下操作：挑出一对水壶，其中一个是红色的，另一个是蓝色的，将红色水壶中倒满水，再将水倒入蓝色的水壶中。通过这一操作，可以判断出这个红色水壶是否比蓝色水壶盛的水更多，或者两者是一样多的。假设这样的比较需要花费一个单位时间。你的目标是找出一个算法，它能够用最少的比较次数来确定所有水壶的配对。注意，你不能直接比较两个红色或两个蓝色的水壶。

a. 设计一个确定性算法，它能够用 $\Theta(n^2)$ 次比较来完成所有水壶的配对。

b. 证明：解决该问题算法的比较次数下界为 $\Omega(n\lg n)$。

c. 设计一个随机算法，其期望的比较次数为 $O(n\lg n)$，并证明这个界是正确的。对你的算法来说，最坏情况下的比较次数是多少？

8-5 （平均排序）　假设我们不是要完全排序一个数组，而只是要求数组中的元素在平均情况下是升序的。更准确地说，如果对所有的 $i=1, 2, \cdots, n-k$ 有下式成立，我们就称一个包含 n 个元素的数组 A 为 k 排序的（k-sorted）：

$$\frac{\sum_{j=i}^{i+k-1} A[j]}{k} \leqslant \frac{\sum_{j=i+1}^{i+k} A[j]}{k}$$

a. 一个数组是 1 排序的，表示什么含义？

b. 给出对数字 1，2，$\cdots$，10 的一个排列，它是 2 排序的，但不是完全有序的。

c. 证明：一个包含 n 个元素的数组是 k 排序的，当且仅当对所有的 $i=1, 2, \cdots, n-k$，有 $A[i] \leqslant A[i+k]$。

d. 设计一个算法，它能在 $O(n\lg(n/k))$ 时间内对一个包含 n 个元素的数组进行 k 排序。

当 k 是一个常数时，也可以给出 k 排序算法的下界。

e. 证明：我们可以在 $O(n\lg k)$ 时间内对一个长度为 n 的 k 排序数组进行全排序。（提示：可以利用练习 6.5-9 的结果。）

f. 证明：当 k 是一个常数时，对包含 n 个元素的数组进行 k 排序需要 $\Omega(n\lg n)$ 的时间。（提示：可以利用前面解决比较排序的下界的方法。）

8-6（合并有序列表的下界） 合并两个有序列表是我们经常会遇到的问题。作为 MERGE-SORT 的一个子过程，我们在 2.3.1 节中已经遇到过这一问题。对这一问题，我们将证明在最坏情况下，合并两个都包含 n 个元素的有序列表所需的比较次数的下界是 $2n-1$。

首先，利用决策树来说明比较次数有一个下界 $2n-o(n)$。

a. 给定 $2n$ 个数，请算出共有多少种可能的方式将它们划分成两个有序的列表，其中每个列表都包含 n 个数。

b. 利用决策树和(a)的答案，证明：任何能够正确合并两个有序列表的算法都至少要进行 $2n-o(n)$ 次比较。

现在我们来给出一个更紧确界 $2n-1$。

c. 请说明：如果两个元素在有序序列中是连续的，且它们分别来自不同的列表，则它们必须进行比较。

d. 利用你对上一部分的回答，说明合并两个有序列表时的比较次数下界为 $2n-1$。

8-7（0-1 排序引理和列排序） 针对两个数组元素 $A[i]$ 和 $A[j]$（$i<j$）的**比较交换**操作的形式如下：

COMPARE-EXCHANGE(A, i, j)
1　if $A[i] > A[j]$
2　　exchange $A[i]$ with $A[j]$

经过比较交换操作之后，我们得到 $A[i] \leqslant A[j]$。

遗忘比较交换算法是指算法只按照事先定义好的操作执行，即需要比较的位置下标必须事先确定好。虽然算法可能依靠待排序元素个数，但它不能依赖待排序元素的值，也不能依赖任何之前的比较交换操作的结果。例如，下面是一个基于遗忘比较交换算法的插入排序：

INSERTION-SORT (A)
1　for $j = 2$ to $A.length$
2　　for $i = j - 1$ downto 1
3　　　COMPARE-EXCHANGE($A, i, i + 1$)

0-1 **排序引理**提供了有力的方法来证明一个遗忘比较交换算法可以产生正确的排序结果。该引理表明，如果一个遗忘比较交换算法能够对所有只包含 0 和 1 的输入序列排序，那么它也可以对包含任意值的输入序列排序。

你可以用反例来证明 0-1 排序引理：如果一个遗忘比较交换算法不能对一个包含任意值的序列进行排序，那么它也不能对某个 0-1 序列进行排序。不妨假设一个遗忘比较交换算法 X 未能对数组 $A[1..n]$ 排序。设 $A[p]$ 是算法 X 未能将其放到正确位置的最小的元素，而 $A[q]$ 是被算法 X 放在 $A[p]$ 原本应该在的位置上的元素。定义一个只包含 0 和 1 的数组 $B[1..n]$ 如下：

$$B[i] = \begin{cases} 0 & \text{若 } A[i] \leqslant A[p] \\ 1 & \text{若 } A[i] > A[p] \end{cases}$$

a. 讨论：当 $A[q] > A[p]$ 时，有 $B[p] = 0$ 和 $B[q] = 1$。

b. 为了完成 0-1 排序引理的证明，请先证明算法 X 不能对数组 B 正确地排序。

现在，需要用 0-1 排序引理来证明一个特别的排序算法的正确性。**列排序**算法是用于包含 n 个元素的矩形数组的排序。这一矩形数组有 r 行 s 列（因此 $n = rs$），满足下列三个限制条件：

- r 必须是偶数
- s 必须是 r 的因子
- $r \geqslant 2s^2$

当列排序完成时，矩形数组是**列优先有序**的：按照列从上到下，从左到右，都是单调递增的。

如果不包括 n 的值的计算，列排序需要 8 步操作。所有奇数步都一样：对每一列单独进行排序。每一个偶数步是一个特定的排列。具体如下：

1. 对每一列进行排序。
2. 转置这个矩形数组，并重新规整化为 r 行 s 列的形式。也就是说，首先将最左边的一列放在前 r/s 行，然后将下一列放在第二个 r/s 行，依此类推。
3. 对每一列进行排序。
4. 执行第 2 步排列操作的逆操作。

209

5. 对每一列进行排序。
6. 将每一列的上半部分移到同一列的下半部分位置，将每一列的下半部分移到下一列的上半部分，并将最左边一列的上半部分置为空。此时，最后一列的下半部分成为新的最右列的上半部分，新的最右列的下半部分为空。
7. 对每一列进行排序。
8. 执行第 6 步排列操作的逆操作。

图 8-5 显示了一个在 $r = 6$ 和 $s = 3$ 时的列排序步骤（即使这个例子违背了 $r \geqslant 2s^2$ 的条件，列排序仍然有效）。

10	14	5		4	1	2		4	8	10		1	3	6		1	4	11
8	7	17		8	3	5		12	16	18		2	5	7		3	8	14
12	1	6		10	7	6		1	3	7		4	8	10		6	10	17
16	9	11		12	9	11		9	14	15		9	13	15		2	9	12
4	15	2		16	14	13		2	5	6		11	14	17		5	13	16
18	3	13		18	15	17		11	13	17		12	16	18		7	15	18
(a)				(b)				(c)				(d)				(e)

1	4	11		5	10	16		4	10	16		1	7	13
2	8	12		6	13	17		5	11	17		2	8	14
3	9	14		7	15	18		6	12	18		3	9	15
5	10	16		1	4	11		1	7	13		4	10	16
6	13	17		2	8	12		2	8	14		5	11	17
7	15	18		3	9	14		3	9	15		6	12	18
(f)				(g)				(h)				(i)

图 8-5 列排序的步骤。(a)6 行 3 列的输入数组。(b)第 1 步排序操作之后的情况。(c)第 2 步转置和规整化后的情况。(d)第 3 步排序操作之后的情况。(e)执行完第 4 步的情况，即反转第 2 步排列操作。(f)第 5 步排序操作之后的情况。(g)第 6 步移动后的情况。(h)第 7 步排序操作之后的情况。(i)执行完第 8 步的情况，即反转第 6 步排列操作。现在数组已经是列优先有序了

c. 讨论：即使不知道奇数步采用了什么排序算法，我们也可以把列排序看做一种遗忘比较交换算法。

210

  虽然似乎很难让人相信列排序也能实现排序，但是你可以利用 0-1 排序引理来证明这一点。因为列排序可以看做是一种遗忘比较交换算法，所以我们可以使用 0-1 排序引理。下面一些定义有助于你使用这一引理。如果数组中的某个区域只包含全 0 或者全 1，我们定义这个区域是**干净的**。否则，如果这个区域包含的是 0 和 1 的混合，则称这个区域是**脏的**。这里，假设输入数据只包含 0 和 1，且输入数据能够被转换为 r 行 s 列。

d. 证明：经过第 1～3 步，数组由三部分组成：顶部一些由全 0 组成的干净行，底部一些由全 1 组成的干净行，以及中间最多 s 行脏的行。

e. 证明：经过第 4 步之后，如果按照列优先原则读取数组，先读到的是全 0 的干净区域，最后是全 1 的干净区域，中间是由最多 s^2 个元素组成的脏的区域。

f. 证明：第 5～8 步产生一个全排序的 0-1 输出，并得到结论：列排序可以正确地对任意输入值排序。

g. 现在假设 s 不能被 r 整除。证明：经过第 1～3 步，数组的顶部有一些全 0 的干净行，底部有一些全 1 的干净行，中间是最多 $2s-1$ 行脏行。那么与 s 相比，在 s 不能被 r 整除时，r 至少要有多大才能保证列排序的正确性？

h. 对第 1 步做一个简单修改，使得我们可以在 s 不能被 r 整除时，也保证 $r \geqslant 2s^2$，并且证明在这一修改后，列排序仍然正确。

本章注记

  用于研究比较排序的决策树模型首先是由 Ford 和 Johnson[110] 提出的。Knuth[211] 有关排序的综述中涉及了排序问题的很多变形，包括本章所给出的排序问题复杂度的信息论下界。Ben-Or[39] 利用泛化的决策树模型对排序的下界进行了全面分析。

  根据 Knuth 所述，计数排序是由 H. H. Seward 于 1954 年提出的，而且他还提出了将计数排序与基数排序结合起来的思想。基数排序是从最低有效位开始的，这是一种机械式卡片排序机的操作员们所广泛采用的通用算法。根据 Knuth 所述，L. J. Comrie 于 1929 年首次在一篇描述卡片穿孔机文档中介绍了这一方法。自从 1956 年，桶排序就已经开始被使用了。当时这一基本思想是由 E. J. Isaac 和 R. C. Singleton[188] 提出的。

  Munro 和 Raman[263] 给出一个稳定的排序算法，它在最坏情况下需要执行 $O(n^{1+\epsilon})$ 次比较，

211

其中 $0 < \epsilon \leqslant 1$ 是任意的固定常数。尽管任一 $O(n \lg n)$ 时间算法所需比较次数更少，但 Munro 和 Raman 的算法仅需要将数据移动 $O(n)$ 次，而且它是原址排序。

  许多研究人员都对如何在 $O(n \lg n)$ 时间内对 n 个 b 位整数进行排序做过研究，并已经获得了一些有益的成果，其中每一项成果都对计算模型做了略有不同的假设，对算法的限制也稍有差异。所有这些成果都假设计算机内存被划分成可寻址的 b 位字。Fredman 和 Willard[115] 引入融合树 (fusion tree) 这一数据结构，它可以在 $O(n \lg n / \lg \lg n)$ 时间内对 n 个整数进行排序。Andersson[16] 将这一界改善为 $O(n\sqrt{\lg n})$。这些算法要用到乘法和几个预先计算好的常量。Andersson、Hagerup、Nilsson 和 Raman[17] 给出了一种不用乘法可以在 $O(n \lg \lg n)$ 时间内对 n 个整数进行排序的算法。但是，该算法所需要的存储空间以 n 来表示的话，可能是无界的。利用乘法散列技术，我们可以将所需的存储空间降至 $O(n)$，最坏情况运行时间的界 $O(n \lg \lg n)$ 成为期望运行时间的界。通过一般化 Andersson[16] 提出的指数搜索树，Thorup[335] 给出一个 $O(n(\lg \lg n)^2)$ 时间的排序算法，该算法不使用乘法和随机化，并且只需要线性存储空间。Han[158] 把这些技术与一些新的想法结合起来，将排序算法的界改善至 $O(n \lg \lg n \lg \lg \lg n)$ 时间。尽管上述算法有着重要的理论突破，但都太复杂。就目前的情况来看，它们不太可能在实践中与现有的排序算法竞争。

212

  思考题 8-7 中的列排序算法是由 Leighton[227] 提出的。

中位数和顺序统计量

在一个由 n 个元素组成的集合中，第 i 个顺序统计量（order statistic）是该集合中第 i 小的元素。例如，在一个元素集合中，**最小值**是第 1 个顺序统计量（$i=1$），**最大值**是第 n 个顺序统计量（$i=n$）。用非形式化的描述来说，一个**中位数**（median）是它所属集合的"中点元素"。当 n 为奇数时，中位数是唯一的，位于 $i=(n+1)/2$ 处。当 n 为偶数时，存在两个中位数，分别位于 $i=n/2$ 和 $i=n/2+1$ 处。因此，如果不考虑 n 的奇偶性，中位数总是出现在 $i=\lfloor(n+1)/2\rfloor$ 处（**下中位数**）和 $i=\lceil(n+2)/2\rceil$ 处（**上中位数**）。为了简便起见，本书中所用的"中位数"都是指下中位数。

本章将讨论从一个由 n 个互异的元素构成的集合中选择第 i 个顺序统计量的问题。为了方便起见，假设集合中的元素都是互异的，但实际上我们所做的都可以推广到集合中包含重复元素的情形。我们将这一问题形式化定义为如下的**选择问题**：

输入：一个包含 n 个（互异的）数的集合 A 和一个整数 i，$1 \leqslant i \leqslant n$。

输出：元素 $x \in A$，且 A 中恰好有 $i-1$ 个其他元素小于它。

我们可以在 $O(n\lg n)$ 时间内解决这个选择问题，因为我们可以用堆排序或归并排序对输入数据进行排序，然后在输出数组中根据下标找出第 i 个元素即可。本章将介绍一些更快的算法。

在 9.1 节中，我们将讨论从一个集合中选择最小元素和最大元素的问题。对于一般化选择问题的更有意思的讨论将在接下来的两节中进行。9.2 节将分析一个实用的随机算法，它在元素互异的假设条件下可以达到 $O(n)$ 的期望运行时间。9.3 节将给出一个更具有理论意义的算法，它在最坏情况下的运行时间为 $O(n)$。

9.1 最小值和最大值

在一个有 n 个元素的集合中，需要做多少次比较才能确定其最小元素呢？我们可以很容易地给出 $n-1$ 次比较这个上界：依次遍历集合中的每个元素，并记录下当前最小元素。在下面的程序中，我们假设该集合元素存放在数组 A 中，且 $A.length=n$：

```
MINIMUM(A)
1   min = A[1]
2   for i = 2 to A.length
3       if min > A[i]
4           min = A[i]
5   return min
```

当然，最大值也可以通过 $n-1$ 次比较找出来。

这是我们能得到的最好结果吗？是的，对于确定最小值问题，我们可以得到其下界就是 $n-1$ 次比较。对于任意一个确定最小值的算法，可以把它看成是在各元素之间进行的一场锦标赛。每次比较都是锦标赛中的一场比赛，两个元素中较小的获胜。需要注意的是，除了最终获胜者以外，每个元素都至少要输掉一场比赛。因此，我们得到结论：为了确定最小值，必须要做 $n-1$ 次比较。因此，从所执行的比较次数来看，算法 MINIMUM 是最优的。

同时找到最小值和最大值

在某些应用中，我们必须要找出一个包含 n 个元素的集合中的最小值和最大值。例如，一个图形程序可能需要转换一组（x, y）数据，使之能适合一个矩形显示器或其他图形输出装置。为了做到这一点，程序必须首先确定每个坐标中的最小值和最大值。

就这一点来说，用渐近最优的 $\Theta(n)$ 次比较，在 n 个元素中同时找到最小值和最大值的方法是显然的：只要分别独立地找出最小值和最大值，这各需要 $n-1$ 次比较，共需 $2n-2$ 次比较。

事实上，我们只需要最多 $3\lfloor n/2 \rfloor$ 次比较就可以同时找到最小值和最大值。具体的方法是记录已知的最小值和最大值。但我们并不是将每一个输入元素与当前的最小值和最大值进行比较——这样做的代价是每个元素需要 2 次比较，而是对输入元素成对地进行处理。首先，我们将一对输入元素相互进行比较，然后把较小的与当前最小值比较，把较大的与当前最大值进行比较。这样，对每两个元素共需 3 次比较。

如何设定已知的最小值和最大值的初始值依赖于 n 是奇数还是偶数。如果 n 是奇数，我们就将最小值和最大值的初值都设为第一个元素的值，然后成对地处理余下的元素。如果 n 是偶数，就对前两个元素做一次比较，以决定最小值和最大值的初值，然后与 n 是奇数的情形一样，成对地处理余下的元素。

下面来分析一下总的比较次数。如果 n 是奇数，那么总共进行 $3\lfloor n/2 \rfloor$ 次比较。如果 n 是偶数，则是先进行一次初始比较，然后进行 $3(n-2)/2$ 次比较，共 $3n/2-2$ 次比较。因此，不管是哪一种情况，总的比较次数至多是 $3\lfloor n/2 \rfloor$。

练习

9.1-1 证明：在最坏情况下，找到 n 个元素中第二小的元素需要 $n+\lceil \lg n \rceil -2$ 次比较。（提示：可以同时找最小元素。）

*9.1-2 证明：在最坏情况下，同时找到 n 个元素中最大值和最小值的比较次数的下界是 $\lceil 3n/2 \rceil -2$。（提示：考虑有多少个数有成为最大值或最小值的潜在可能，然后分析一下每一次比较会如何影响这些计数。）

9.2 期望为线性时间的选择算法

一般选择问题看起来要比找最小值这样的简单问题更难。但令人惊奇的是，这两个问题的渐近运行时间却是相同的，$\Theta(n)$。本节将介绍一种解决选择问题的分治算法。RANDOMIZED-SELECT 算法是以第 7 章的快速排序算法为模型的。与快速排序一样，我们仍然将输入数组进行递归划分。但与快速排序不同的是，快速排序会递归处理划分的两边，而 RANDOMIZED-SELECT 只处理划分的一边。这一差异会在性能分析中体现出来：快速排序的期望运行时间是 $\Theta(n\lg n)$，而 RANDOMIZED-SELECT 的期望运行时间为 $\Theta(n)$。这里，假设输入数据都是互异的。

RANDOMIZED-SELECT 利用了 7.3 节介绍的 RANDOMIZED-PARTITION 过程。与 RANDOMIZED-QUICKSORT 一样，因为它的部分行为是由随机数生成器的输出决定的，所以 RANDOMIZED-SELECT 也是一个随机算法。以下是 RANDOMIZED-SELECT 的伪代码，它返回数组 $A[p..r]$ 中第 i 小的元素。

```
RANDOMIZED-SELECT(A, p, r, i)
1  if p == r
2      return A[p]
3  q = RANDOMIZED-PARTITION(A, p, r)
4  k = q-p+1
5  if i == k          // the pivot value is the answer
6      return A[q]
7  else if i < k
8      return RANDOMIZED-SELECT(A, p, q-1, i)
9  else return RANDOMIZED-SELECT(A, q+1, r, i-k)
```

RANDOMIZED-SELECT 的运行过程如下：第 1 行检查递归的基本情况，即 $A[p..r]$ 中只包括一个元素。在这种情况下，i 必然等于 1，在第 2 行，我们只需将 $A[p]$ 返回作为第 i 小的元素即可。其他情况，就会调用第 3 行的 RANDOMIZED-PARTITION，将数组 $A[p..r]$ 划分为两个（可能为空的）子数组 $A[p..q-1]$ 和 $A[q+1..r]$，使得 $A[p..q-1]$ 中的每个元素都小于或等于 $A[q]$，而 $A[q]$ 小于 $A[q+1..r]$ 中的每个元素。与快速排序中一样，我们称 $A[q]$ 为**主元**（pivot）。RANDOMIZED-SELECT 的第 4 行计算子数组 $A[p..q]$ 内的元素个数 k，即处于划分的低区的元素的个数加 1，这个 1 指主元。然后，第 5 行检查 $A[q]$ 是否是第 i 小的元素。如果是，第 6 行就返回 $A[q]$。否则，算法要确定第 i 小的元素落在两个子数组 $A[p..q-1]$ 和 $A[q+1..r]$ 的哪一个之中。如果 $i<k$，则要找的元素落在划分的低区。第 8 行就在低区的子数组中进一步递归查找。如果 $i>k$，则要找的元素落在划分的高区中。因为我们已经知道了有 k 个值小于 $A[p..r]$ 中第 i 小的元素，即 $A[p..q]$ 内的元素，所以，我们所要找的元素必然是 $A[q+1..r]$ 中的第 $i-k$ 小的元素。它在第 9 行中被递归地查找。上述程序看起来允许递归调用含有 0 个元素的子数组，但练习 9.2-1 要求证明这种情况不可能发生。

RANDOMIZED-SELECT 的最坏情况运行时间为 $\Theta(n^2)$，即使是找最小元素也是如此，因为在每次划分时可能极不走运地总是按余下的元素中最大的来进行划分，而划分操作需要 $\Theta(n)$ 时间。我们也将看到该算法有线性的期望运行时间，又因为它是随机化的，所以不存在一个特定的会导致其最坏情况发生的输入数据。

为了分析 RANDOMIZED-SELECT 的期望运行时间，我们设该算法在一个含有 n 个元素的输入数组 $A[p..r]$ 上的运行时间是一个随机变量，记为 $T(n)$。下面我们可以得到 $E[T(n)]$ 的一个上界：程序 RANDOMIZED-PARTITION 能等概率地返回任何元素作为主元。因此，对每一个 $k(1\leqslant k\leqslant n)$，子数组 $A[p..q]$ 有 k 个元素（全部小于或等于主元）的概率是 $1/n$。对所有 $k=1$，2，$\cdots$，n，定义指示器随机变量 X_k 为：

$$X_k = I\{子数组 \ A[p..q] \ 正好包含 \ k \ 个元素\}$$

然后，假设元素是互异的，我们有：

$$E[X_k] = 1/n \tag{9.1}$$

当调用 RANDOMIZED-SELECT 并选择 $A[q]$ 作为主元时，事先并不知道是否会立即得到正确答案而结束，或者在子数组 $A[p..q-1]$ 上递归，或者在子数组 $A[q+1..r]$ 上递归。这个决定依赖于第 i 小的元素相对于 $A[q]$ 落在哪个位置。假设 $T(n)$ 是单调递增的，通过评估最大可能的输入数据递归调用所需时间，我们可以给出递归调用所需时间的上界。也就是说，为了得到上界，我们假定第 i 个元素总是在划分中包含较大元素的一边。对一个给定的 RANDOMIZED-SELECT，指示器随机变量 X_k 恰好在给定的 k 值上取值 1，对其他值都为 0。当 $X_k=1$ 时，我们可能要递归处理的两个子数组的大小分别为 $k-1$ 和 $n-k$。因此可以得到递归式：

$$T(n) \leqslant \sum_{k=1}^{n} X_k \cdot (T(\max(k-1,n-k)) + O(n))$$
$$= \sum_{k=1}^{n} X_k \cdot T(\max(k-1,n-k)) + O(n)$$

两边取期望值，得到

$$E[T(n)] \leqslant E\left[\sum_{k=1}^{n} X_k \cdot T(\max(k-1,n-k)) + O(n)\right]$$
$$= \sum_{k=1}^{n} E[X_k \cdot T(\max(k-1,n-k))] + O(n) \quad (期望的线性性质)$$
$$= \sum_{k=1}^{n} E[X_k] \cdot E[T(\max(k-1,n-k))] + O(n) \quad (利用公式(C.24))$$

$$= \sum_{k=1}^{n} \frac{1}{n} \cdot \mathrm{E}\big[T(\max(k-1, n-k))\big] + O(n) \quad (\text{利用公式}(9.1))$$

公式(C.24)的应用依赖于 X_k 和 $T(\max(k-1, n-k))$ 是独立的随机变量。练习 9.2-2 要求证明这个命题。

下面来考虑一下表达式 $\max(k-1, n-k)$。我们有

$$\max(k-1, n-k) = \begin{cases} k-1 & \text{若 } k > \lceil n/2 \rceil \\ n-k & \text{若 } k \leqslant \lceil n/2 \rceil \end{cases}$$

如果 n 是偶数，则从 $T(\lceil n/2 \rceil)$ 到 $T(n-1)$ 的每一项在总和中恰好出现两次。如果 n 是奇数，除了 $T(\lfloor n/2 \rfloor)$ 出现一次以外，其他这些项也都会出现两次。因此，我们有

$$\mathrm{E}[T(n)] \leqslant \frac{2}{n} \sum_{k=\lfloor n/2 \rfloor}^{n-1} \mathrm{E}[T(k)] + O(n)$$

我们将用替代法来得到 $\mathrm{E}[T(n)] = O(n)$。假设对满足这个递归式初始条件的某个常数 c，有 $\mathrm{E}[T(n)] \leqslant cn$。假设对小于某个常数的 n，有 $T(n) = O(1)$（稍后将用到这个常数）。同时，还要选择一个常数 a，使得对所有的 $n>0$，上式中 $O(n)$ 项所描述的函数（用来表示算法运行时间中的非递归部分）有上界 an。利用这个归纳假设，可以得到：

$$\mathrm{E}[T(n)] \leqslant \frac{2}{n} \sum_{k=\lfloor n/2 \rfloor}^{n-1} ck + an$$

$$= \frac{2c}{n} \Big(\sum_{k=1}^{n-1} k - \sum_{k=1}^{\lfloor n/2 \rfloor - 1} k \Big) + an$$

$$= \frac{2c}{n} \Big(\frac{(n-1)n}{2} - \frac{(\lfloor n/2 \rfloor - 1)\lfloor n/2 \rfloor}{2} \Big) + an$$

$$\leqslant \frac{2c}{n} \Big(\frac{(n-1)n}{2} - \frac{(n/2-2)(n/2-1)}{2} \Big) + an$$

$$= \frac{2c}{n} \Big(\frac{n^2-n}{2} - \frac{n^2/4 - 3n/2 + 2}{2} \Big) + an$$

$$= \frac{c}{n} \Big(\frac{3n^2}{4} + \frac{n}{2} - 2 \Big) + an$$

$$= c \Big(\frac{3n}{4} + \frac{1}{2} - \frac{2}{n} \Big) + an$$

$$\leqslant \frac{3cn}{4} + \frac{c}{2} + an$$

$$= cn - \Big(\frac{cn}{4} - \frac{c}{2} - an \Big)$$

为了完成证明，还需要证明：对足够大的 n，最后一个表达式至多是 cn，等价地，$cn/4 - c/2 - an \geqslant 0$。如果在上式两边加上 $c/2$，并且提取因子 n，就可以得到 $n(c/4-a) \geqslant c/2$。只要我们选择的常数 c 能够满足 $c/4-a>0$，即 $c>4a$，就可以将两边同除以 $c/4-a$，得到

$$n \geqslant \frac{c/2}{c/4-a} = \frac{2c}{c-4a}$$

因此，如果假设对所有 $n < 2c/(c-4a)$，都有 $T(n) = O(1)$，那么就有 $\mathrm{E}[T(n)] = O(n)$。我们可以得出这样的结论：假设所有元素是互异的，在期望线性时间内，我们可以找到任一顺序统计量，特别是中位数。

练习

9.2-1 证明：在 RANDOMIZED-SELECT 中，对长度为 0 的数组，不会进行递归调用。

9.2-2 请讨论：指示器随机变量 X_k 和 $T(\max(k-1, n-k))$ 是独立的。

9.2-3 给出 RANDOMIZED-SELECT 的一个基于循环的版本。

9.2-4 假设用 RANDOMIZED-SELECT 去选择数组 $A=\langle 3，2，9，0，7，5，4，8，6，1\rangle$ 的最小元素，给出能够导致 RANDOMIZED-SELECT 最坏情况发生的一个划分序列。

219

9.3 最坏情况为线性时间的选择算法

我们现在来看一个最坏情况运行时间为 $O(n)$ 的选择算法。像 RANDOMIZED-SELECT 一样，SELECT 算法通过对输入数组的递归划分来找出所需元素，但是，在该算法中能够保证得到对数组的一个好的划分。SELECT 使用的也是来自快速排序的确定性划分算法 PARTITION（见 7.1 节），但做了修改，把划分的主元也作为输入参数。

通过执行下列步骤，算法 SELECT 可以确定一个有 $n>1$ 个不同元素的输入数组中第 i 小的元素。（如果 $n=1$，则 SELECT 只返回它的唯一输入数值作为第 i 小的元素。）

1. 将输入数组的 n 个元素划分为 $\lfloor n/5 \rfloor$ 组，每组 5 个元素，且至多只有一组由剩下的 $n \bmod 5$ 个元素组成。

2. 寻找这 $\lceil n/5 \rceil$ 组中每一组的中位数：首先对每组元素进行插入排序，然后确定每组有序元素的中位数。

3. 对第 2 步中找出的 $\lceil n/5 \rceil$ 个中位数，递归调用 SELECT 以找出其中位数 x（如果有偶数个中位数，为了方便，约定 x 是较小的中位数）。

4. 利用修改过的 PARTITION 版本，按中位数的中位数 x 对输入数组进行划分。让 k 比划分的低区中的元素数目多 1，因此 x 是第 k 小的元素，并且有 $n-k$ 个元素在划分的高区。

5. 如果 $i=k$，则返回 x。如果 $i<k$，则在低区递归调用 SELECT 来找出第 i 小的元素。如果 $i>k$，则在高区递归查找第 $i-k$ 小的元素。

为分析 SELECT 的运行时间，我们先要确定大于划分主元 x 的元素个数的下界。图 9-1 给出了一些形象的说明。在第 2 步找出的中位数中，至少有一半大于或等于中位数的中位数 $x^{\ominus}$。因此，在这 $\lceil n/5 \rceil$ 个组中，除了当 n 不能被 5 整除时产生的所含元素少于 5 的那个组和包含 x 的那个组之外，至少有一半的组中有 3 个元素大于 x。不算这两个组，大于 x 的元素个数至少为：

$$3\left(\left\lceil\frac{1}{2}\left\lceil\frac{n}{5}\right\rceil\right\rceil-2\right)\geqslant\frac{3n}{10}-6$$

类似地，至少有 $3n/10-6$ 个元素小于 x。因此，在最坏情况下，在第 5 步中，SELECT 的递归调用最多作用于 $7n/10+6$ 个元素。

现在，我们可以设计一个递归式来推导 SELECT 算法的最坏情况运行时间 $T(n)$ 了。步骤 1、2 和 4 需要 $O(n)$ 时间。（步骤 2 是对大小为 $O(1)$ 的集合调用 $O(n)$ 次插入排序。）步骤 3 所需时间为 $T(\lceil n/5 \rceil)$，步骤 5 所需时间至多为 $T(7n/10+6)$。

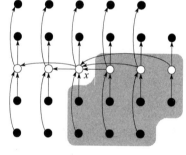

220

图 9-1 对算法 SELECT 的分析。所有 n 个元素都由小圈来表示，并且每一组的 5 个元素在同一列上。其中，每组的中位数用白色圈表示，而中位数的中位数 x 也被标识出来（当查找偶数个元素的中位数时，使用较小的中位数）。箭头从较大的元素指向较小的元素，从图中可以看出，在 x 的右边，每一个包含 5 个元素的组中有 3 个元素大于 x。在 x 的左边，每一个包含 5 个元素的组中有 3 个元素小于 x。大于 x 的元素的背景以阴影来显示

$\ominus$ 因为我们假设这些数是互异的，所以除了 x 以外的所有元素都大于或小于 x。

这里，我们假设 T 是单调递增的，此外，我们还要作如下假设(这一假设初看起来似乎没有什么动机)，即任何少于 140 个元素的输入需要 $O(1)$ 时间。后面，我们很快就会说明这个魔数 140 的起源。根据上述假设，可以得到如下递归式：

$$T(n) \leqslant \begin{cases} O(1) & \text{若 } n < 140 \\ T(\lceil n/5 \rceil) + T(7n/10 + 6) + O(n) & \text{若 } n \geqslant 140 \end{cases}$$

我们用替换法来证明这个运行时间是线性的。更明确地说，我们将证明对某个适当大的常数 c 和所有的 $n > 0$，有 $T(n) \leqslant cn$。首先，假设对某个适当大的常数 c 和所有的 $n < 140$，有 $T(n) \leqslant cn$；如果 c 足够大，这个假设显然成立。同时，还要挑选一个常数 a，使得对所有的 $n > 0$，上述公式中的 $O(n)$ 项所对应的函数(用来描述算法运行时间中的非递归部分)有上界 an。将这个归纳假设代入上述递归式的右边，得到：

$$\begin{aligned} T(n) &\leqslant c \lceil n/5 \rceil + c(7n/10 + 6) + an \\ &\leqslant cn/5 + c + 7cn/10 + 6c + an \\ &= 9cn/10 + 7c + an \\ &= cn + (-cn/10 + 7c + an) \end{aligned}$$

如果下式成立，上式最多是 cn：

$$-cn/10 + 7c + an \leqslant 0 \qquad (9.2)$$

当 $n > 70$ 时，不等式(9.2)等价于不等式 $c \geqslant 10a(n/(n-70))$。因为假设 $n > 140$，所以有 $n/(n-70) \leqslant 2$。因此，选择 $c \geqslant 20a$ 就能够满足不等式(9.2)。(注意，这里常数 140 并没有什么特别之处，我们可以用任何严格大于 70 的整数来替换它，然后再相应地选择 c 即可。)因此，最坏情况下 SELECT 的运行时间是线性的。

与比较排序一样(见 8.1 节)，SELECT 和 RANDOMIZED-SELECT 也是通过元素间的比较来确定它们之间的相对次序的。在第 8 章中，我们知道在比较模型中，即使是在平均情况下，排序仍然需要 $\Omega(n\lg n)$ 时间(见思考题 8-1)。第 8 章的线性时间排序算法在输入上作了一些假设。相反，本章中的线性时间选择算法不需要任何关于输入的假设。它们不受限于 $\Omega(n\lg n)$ 的下界约束，因为它们没有使用排序就解决了选择问题。因此，在本章引言部分介绍的排序和索引方法不是解决选择问题的渐近高效率方法。

练习

9.3-1 在算法 SELECT 中，输入元素被分为每组 5 个元素。如果它们被分为每组 7 个元素，该算法仍然会是线性时间吗？证明：如果分成每组 3 个元素，SELECT 的运行时间不是线性的。

9.3-2 分析 SELECT，并证明：如果 $n \geqslant 140$，则至少 $\lceil n/4 \rceil$ 个元素大于中位数的中位数 x，至少 $\lceil n/4 \rceil$ 个元素小于 x？

9.3-3 假设所有元素都是互异的，说明在最坏情况下，如何才能使快速排序的运行时间为 $O(n\lg n)$。

*9.3-4 对一个包含 n 个元素的集合，假设一个算法只使用比较来确定第 i 小的元素，证明：无需额外的比较操作，它也能找到第 $i-1$ 小的元素和第 $n-i$ 大的元素。

9.3-5 假设你已经有了一个最坏情况下是线性时间的用于求解中位数的"黑箱"子程序。设计一个能在线性时间内解决任意顺序统计量的选择问题算法。

9.3-6 对一个包含 n 个元素的集合来说，k **分位数**是指能把有序集合分成 k 个等大小集合的第 $k-1$ 个顺序统计量。给出一个能找出某一集合的 k 分位数的 $O(n\lg k)$ 时间的算法。

9.3-7 设计一个 $O(n)$ 时间的算法，对于一个给定的包含 n 个互异元素的集合 S 和一个正整数 $k \leqslant n$，该算法能够确定 S 中最接近中位数的 k 个元素。

9.3-8 设 $X[1..n]$ 和 $Y[1..n]$ 为两个数组，每个都包含 n 个有序的元素。请设计一个 $O(\lg n)$ 时间的算法来找出数组 X 和 Y 中所有 $2n$ 个元素的中位数。

9.3-9 Olay 教授是一家石油公司的顾问。这家公司正在计划建造一条从东向西的大型输油管道，这一管道将穿越一个有 n 口油井的油田。公司希望有一条管道支线沿着最短路径从每口油井连接到主管道(方向或南或北)，如图 9-2 所示。给定每口油井的 x 和 y 坐标，教授应该如何选择主管道的最优位置，使得各直线的总长度最小？证明：该最优位置可以在线性时间内确定。 ⟨223⟩

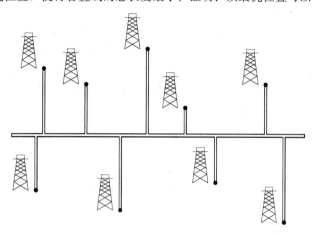

图 9-2　Olay 教授需要确定东西向石油管道的位置，使得南北向的支线管道的总长度最小

思考题

9-1 (有序序列中的 i 个最大数)　给定一个包含 n 个元素的集合，我们希望利用基于比较的算法找出按顺序排列的前 i 个最大元素。请设计能实现下列每一项要求，并且具有最佳渐近最坏情况运行时间的算法，以 n 和 i 来表示算法的运行时间：

a. 对输入数据排序，并找出前 i 个最大数。

b. 对输入数据建立一个最大优先队列，并调用 EXTRACT-MAX 过程 i 次。

c. 利用一个顺序统计量算法来找到第 i 大的元素，然后用它作为主元划分输入数组，再对前 i 大的数排序。 ⟨224⟩

9-2 (带权中位数)　对分别具有正权重 w_1，w_2，…，w_n，且满足 $\sum_{i=1}^{n} w_i = 1$ 的 n 个互异元素 x_1，x_2，…，x_n 来说，带权中位数 x_k(较小中位数)是满足如下条件的元素：

$$\sum_{x_i < x_k} w_i < \frac{1}{2}$$

和

$$\sum_{x_i > x_k} w_i \leqslant \frac{1}{2}$$

例如，如果元素是 0.1，0.35，0.05，0.1，0.15，0.05，0.2，并且每个元素的权重等于本身(即对所有 $i=1$，2，…，7，都有 $w_i = x_i$)，那么中位数是 0.1，而带权中位数是 0.2。

a. 证明：如果对所有 $i=1$，2，…，n 都有 $w_i = 1/n$，那么 x_1，x_2，…，x_n 的中位数就是 x_i 的带权中位数。

b. 利用排序，设计一个最坏情况下 $O(n \lg n)$ 时间的算法，可以得到 n 个元素的带权中位数。

c. 说明如何利用像 9.3 节的 SELECT 这样的线性时间中位数算法，在 $\Theta(n)$ 最坏情况时间内求出带权中位数。

邮局位置问题的定义如下：给定权重分别为 w_1，w_2，…，w_n 的 n 个点 p_1，p_2，…，p_n，我们希望找到一个点 p（不一定是输入点中的一个），使得 $\sum_{i=1}^{n} w_i d(p, p_i)$ 最小，这里 $d(a, b)$ 表示点 a 与 b 之间的距离。

d. 证明：对一维邮局位置问题，带权中位数是最好的解决方法，其中，每个点都是一个实数，点 a 与 b 之间的距离是 $d(a, b) = |a-b|$。

e. 请给出二维邮局位置问题的最好解决方法：其中的点是 (x, y) 的二维坐标形式，点 $a = (x_1, y_1)$ 与 $b = (x_2, y_2)$ 之间的距离是 Manhattan 距离，即 $d(a, b) = |x_1 - x_2| + |y_1 - y_2|$。

9-3（小顺序统计量） 要在 n 个数中选出第 i 个顺序统计量，SELECT 在最坏情况下需要的比较次数 $T(n)$ 满足 $T(n) = \Theta(n)$。但是，隐含在 Θ 记号中的常数项是非常大的。当 i 相对 n 来说很小时，我们可以实现一个不同的算法，它以 SELECT 作为子程序，但在最坏情况下所做的比较次数更少。

a. 设计一个能用 $U_i(n)$ 次比较在 n 个元素中找出第 i 小元素的算法，其中，

$$U_i(n) = \begin{cases} T(n) & \text{若 } i \geqslant n/2 \\ \lfloor n/2 \rfloor + U_i(\lceil n/2 \rceil) + T(2i) & \text{其他} \end{cases}$$

（提示：从 $\lfloor n/2 \rfloor$ 个不相交对的两两比较开始，然后对由每对中的较小元素构成的集合进行递归。）

b. 证明：如果 $i < n/2$，则 $U_i(n) = n + O(T(2i) \lg(n/i))$。

c. 证明：如果 i 是小于 $n/2$ 的常数，则有 $U_i(n) = n + O(\lg n)$。

d. 证明：如果对所有 $k \geqslant 2$ 有 $i = n/k$，则 $U_i(n) = n + O(T(2n/k) \lg k)$。

9-4（随机选择的另一种分析方法） 在这个问题中，我们用指示器随机变量来分析 RANDOMIZED-SELECT，这一方法类似于 7.4.2 节中所用的对 RANDOMIZED-QUICKSORT 的分析方法。

与快速排序中的分析一样，我们假设所有的元素都是互异的，输入数组 A 的元素被重命名为 z_1，z_2，…，z_n，其中 z_i 是第 i 小的元素。因此，调用 RANDOMIZED-SELECT(A，1，n，k) 返回 z_k。

对所有 $1 \leqslant i < j \leqslant n$，设

$$X_{ijk} = \text{I}\{\text{在执行算法查找 } z_k \text{ 期间}, z_i \text{ 与 } z_j \text{ 进行过比较}\}$$

a. 给出 $\text{E}[X_{ijk}]$ 的准确表达式。（提示：你的表达式可能有不同的值，依赖于 i、j、k 的值。）

b. 设 X_k 表示在找到 z_k 时 A 中元素的总比较次数，证明：

$$\text{E}[X_k] \leqslant 2 \left(\sum_{i=1}^{k} \sum_{j=k}^{n} \frac{1}{j-i+1} + \sum_{j=k+1}^{n} \frac{j-k-1}{j-k+1} + \sum_{i=1}^{k-2} \frac{k-i-1}{k-i+1} \right)$$

c. 证明：$\text{E}[X_k] \leqslant 4n$。

d. 假设 A 中的元素都是互异的，证明：RANDOMIZED-SELECT 的期望运行时间是 $O(n)$。

本章注记

最坏情况下线性时间查找中位数的算法是由 Blum、Floyd、Pratt、Rivest 和 Tarjan[50] 设计的。快速的随机化版本则是由 Hoare[169] 提出的。Floyd 与 Rivest[108] 设计了一个改进的随机化版本，它递归地从一个小的样本集中选取元素作为划分的主元。

目前，确定中位数所需的精确比较次数仍然是未知的。Bent 与 John[41] 给出了一个寻找中位数的比较次数的下界，即 $2n$。Schönhage、Paterson 和 Pippenger[302] 给出了一个 $3n$ 的上界。Dor 和 Zwick 证明了上述这两个界，并给出了一个略小的上界 $2.95n$[93]，他们给出的下界是 $(2+\varepsilon)n$[94]，以一个很小的正数 ε，略微改进了 Dor 等人[92] 的结果。Paterson[272] 描述了这些结果以及其他相关的工作。

数 据 结 构

集合作为计算机科学的基础，就如同它们在数学中所起的作用。数学中的集合是不变的，而由算法操作的集合却在整个过程中能增大、缩小或发生其他变化。我们称这样的集合是动态的。下面的五章将介绍在计算机上表示和操作有限动态集合的一些基本技术。

不同的算法可能需要对集合执行不同的操作。例如，许多算法只需要能在一个集合中插入和删除元素，以及测试元素是否属于集合。支持这些操作的动态集合称为**字典**(dictionary)。其他一些算法需要更复杂的操作。例如，第 6 章堆数据结构这部分中介绍的最小优先队列，它支持向集合插入一个元素和从中取出一个最小元素的操作。实现动态集合的关键取决于必须支持的一些集合操作。

动态集合的元素

在动态集合的典型实现中，每个元素都由一个对象来表示，如果有一个指向对象的指针，就能对其各个属性进行检查和操作。(10.3 节讨论了在编程环境中对象和指针的实现，而这些对象和指针并没有作为基本的数据类型。)一些类型的动态集合假定对象中的一个属性为标识**关键字**(key)。如果关键字全不相同，可以将动态集合视为一个关键字值的集合。对象可能包含**卫星数据**，它们与其他对象属性一起移动，除此之外，集合实现不使用它们。对象也可以有由集合操作使用的属性；这些属性可能包含有关集合中其他对象的数据或指针。

一些动态集合以其关键字来自于某个全序集为前提条件，比如实数集合或按通常字典序排序的所有单词。例如，全序关系允许定义一个集合的最小元素，也可以确定比集合中一个给定元素大的下一个元素。

动态集合上的操作

动态集合上的操作可以分为两类：简单返回有关集合信息的**查询**操作和改变集合的**修改**操作。下面列出一些标准操作。任何具体应用通常只需要这些操作中的若干个就可以实现。

SEARCH(S, k)：一个查询操作，给定一个集合 S 和关键字 k，返回指向 S 中某个元素的指针 x，使得 $x.key=k$；如果 S 中没有这样的元素，则返回 NIL。

INSERT(S, x)：一个修改操作，将由 x 指向的元素加入到集合 S 中。通常假定元素 x 中集合 S 所需要的每个属性都已经被初始化好了。

DELETE(S, x)：一个修改操作，给定指针 x 指向集合 S 中的一个元素，从 S 中删除 x。（注意，这个操作取一个指向元素 x 的指针作为输入，而不是一个关键字的值。）

MINIMUM(S)：一个查询操作，在全序集 S 上返回一个指向 S 中具有最小关键字元素的指针。

MAXIMUM(S)：一个查询操作，在全序集 S 上返回一个指向 S 中具有最大关键字元素的指针。

SUCCESSOR(S, x)：一个查询操作，给定关键字属于全序集 S 的一个元素 x，返回 S 中比 x 大的下一个元素的指针；如果 x 为最大元素，则返回 NIL。

PREDECESSOR(S, x)：一个查询操作，给定关键字属于全序集 S 的一个元素 x，返回 S 中比 x 小的前一个元素的指针；如果 x 为最小元素，则返回 NIL。

230

在某些情况下，能够将 SUCCESSOR 和 PREDECESSOR 查询操作推广应用到一些具有相同关键字的集合上。对于一个有 n 个关键字的集合，通常的假设是调用一次 MAXIMUM 后再调用 $n-1$ 次 SUCCESSOR，就可以按序枚举出该集合中的所有元素。

度量一个集合操作的执行时间通常要对照这个集合的大小。例如，第 13 章描述了一种数据结构，对于规模为 n 的集合，它能在时间 $O(\lg n)$ 内完成上面列出的每个操作。

第三部分概览

第 10～14 章描述能够用于实现动态集合的几种数据结构；本书后面将使用其中多种构造解决各种不同问题的有效算法。另一种重要的堆数据结构在第 6 章中已经介绍过了。

第 10 章给出一些简单数据结构的使用基础，如栈、队列、链表和有根树。本章还要说明在不支持对象和指针作为基本类型的编程环境中如何实现它们。如果读者学习过编程课程或相关入门课程，那么对其中的大部分内容应该是熟悉的。

第 11 章介绍散列表，它支持字典操作 INSERT、DELETE 和 SEARCH。最坏情况下，散列表上完成一次 SEARCH 操作需要 $\Theta(n)$ 时间，但散列表上操作的期望时间为 $O(1)$。散列分析依赖于概率论，不过本章的大部分内容并不需要这方面的背景知识。

第 12 章介绍二叉搜索树，它支持上面所列出的所有动态集合操作。最坏情况下，在有 n 个元素的一棵树上，一次操作需要 $\Theta(n)$ 时间；然而在随机构建的一棵二叉搜索树上，其一次操作的期望时间为 $O(\lg n)$。二叉搜索树作为其他许多数据结构的基础。

第 13 章介绍红黑树，这是二叉搜索树的一个变种。与普通的二叉搜索树不同，红黑树保证了较好的性能：最坏情况下各种操作只需要 $O(\lg n)$ 时间。一棵红黑树是一种平衡搜索树；第五部分中的第 18 章给出了另一种类型的平衡搜索树，称为 B 树。虽然红黑树的工作机制有点复杂，但是不用仔细研究这些机制也能了解大部分性质。然而，读者通览一下本章的代码还是非常有益处的。

第 14 章给出如何将红黑树进行扩张，使其支持上面所列基本操作之外的一些操作。首先，对红黑树进行扩张，使得对关键字集合能够动态地维护顺序统计量。接着，给出红黑树的另一种不同扩张方式，用于实数区间的维护。

231

基本数据结构

在本章中，我们要讨论如何通过使用指针的简单数据结构来表示动态集合。虽然运用指针可以构造多种复杂的数据结构，但这里只介绍几种基本的结构：栈、队列、链表和有根树。此外，我们还要介绍由数组构造对象和指针的方法。

10.1 栈和队列

栈和队列都是动态集合，且在其上进行 DELETE 操作所移除的元素是预先设定的。在**栈**（stack）中，被删除的是最近插入的元素：栈实现的是一种**后进先出**（last-in，first-out，LIFO）策略。类似地，在队列（queue）中，被删去的总是在集合中存在时间最长的那个元素：队列实现的是一种**先进先出**（first-in，first-out，FIFO）策略。在计算机上实现栈和队列有几种有效方式。本节将介绍如何利用一个简单的数组实现这两种结构。

栈

栈上的 INSERT 操作称为压入（PUSH），而无元素参数的 DELETE 操作称为弹出（POP）。这两个名称使人联想到现实中的栈，比如餐馆里装有弹簧的摞盘子的栈。盘子从栈中弹出的次序刚好同它们压入的次序相反，这是因为只有最上面的盘子才能被取下来。

如图 10-1 所示，可以用一个数组 $S[1..n]$ 来实现一个最多可容纳 n 个元素的栈。该数组有一个属性 $S.top$，指向最新插入的元素。栈中包含的元素为 $S[1..S.top]$，其中 $S[1]$ 是栈底元素，而 $S[S.top]$ 是栈顶元素。

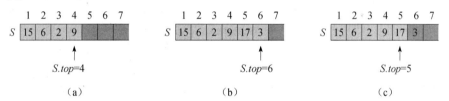

图 10-1 栈 S 的数组实现。只有出现在浅灰色格子里的才是栈内元素。(a)栈 S 有 4 个元素。栈顶元素为 9。(b)调用 PUSH(S，17) 和 PUSH(S，3) 后的栈 S。(c)调用 POP(S) 并返回最后压入的元素 3 的栈 S。虽然元素 3 仍在数组里，但它已不在栈内了，此时在栈顶的是元素 17

当 $S.top = 0$ 时，栈中不包含任何元素，即栈是**空**（empty）的。要测试一个栈是否为空可以用查询操作 STACK-EMPTY。如果试图对一个空栈执行弹出操作，则称栈下溢（underflow），这通常是一个错误。如果 $S.top$ 超过了 n，则称栈上溢（overflow）。（在下面的伪代码实现中，我们不考虑栈的上溢问题。）

栈的几种操作只需分别用几行代码来实现：

```
STACK-EMPTY(S)
1  if S.top == 0
2      return TRUE
3  else return FALSE
```

```
PUSH(S, x)
1  S.top = S.top + 1
2  S[S.top] = x
```

POP(S)

1 **if** STACK-EMPTY(S)
2   **error** "underflow"
3 **else** $S.top = S.top - 1$
4   **return** $S[S.top + 1]$

233 图 10-1 所示为修改后的 PUSH 和 POP 操作的执行结果。三种栈操作的执行时间都为 $O(1)$。

队列

队列上的 INSERT 操作称为入队(ENQUEUE),DELETE 操作称为出队(DEQUEUE);正如栈的 POP 操作一样,DEQUEUE 操作也没有元素参数。队列的先进先出特性类似于收银台前排队等待结账的一排顾客。队列有**队头** (head)和**队尾**(tail),当有一个元素入队时,它被放在队尾的位置,就像一个新到来的顾客排在队伍末端一样。而出队的元素则总是在队头的那个,就像排在队伍前面等待最久的那个顾客一样。

图 10-2 表明利用数组 $Q[1..n]$ 来实现一个最多容纳 $n-1$ 个元素的队列的一种方式。该队列有一个属性 $Q.head$ 指向队头元素。而属性 $Q.tail$ 则指向下一个新元素将要插入的位置。队列中的元素存放在位置 $Q.head$, $Q.head+1$, …, $Q.tail-1$,并在最后的位置"环绕",感觉好像位置 1 紧邻在位置 n 后面形成一个环序。当 $Q.head = Q.tail$ 时,队列为空。初始时有 $Q.head = Q.tail=1$。如果试图从空队列中删除一个

234 元素,则队列发生下溢。当 $Q.head = Q.tail+1$ 时,队列是满的,此时若试图插入一个元素,则队列发生上溢。

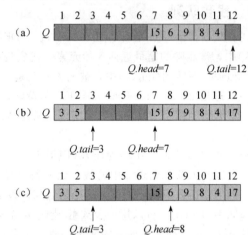

图 10-2 利用数组 $Q[1..12]$ 实现一个队列。只有出现在浅灰色格子里的才是队列的元素。(a)队列包含 5 个元素,位于 $Q[7..11]$。(b)依次调用 ENQUEUE(Q, 17)、 ENQUEUE(Q, 3) 和 ENQUEUE(Q, 5)后队列的构成。(c)在调用 DEQUEUE(Q)并返回原队头的关键字值 15 后,队列的构成。此时新的队头元素的关键字为 6

在下面 ENQUEUE 和 DEQUEUE 程序中,我们省略了对下溢和上溢的检查。(练习 10.1-4 要求读者给出检查两种错误情况的代码。)在下列伪代码中,假设 $n=Q.length$。

ENQUEUE(Q, x)

1 $Q[Q.tail] = x$
2 **if** $Q.tail == Q.length$
3      $Q.tail = 1$
4 **else** $Q.tail = Q.tail + 1$

DEQUEUE(Q)

1 $x = Q[Q.head]$
2 **if** $Q.head == Q.length$
3      $Q.head = 1$
4 **else** $Q.head = Q.head + 1$
5 **return** x

图 10-2 所示为 ENQUEUE 和 DEQUEUE 操作的执行结果。两种操作的执行时间都为 $O(1)$。

练习

10.1-1 仿照图 10-1，画图表示依次执行操作 PUSH(S, 4)、PUSH(S, 1)、PUSH(S, 3)、POP(S)、PUSH(S, 8)和 POP(S)每一步的结果，栈 S 初始为空，存储于数组 $S[1..6]$ 中。

10.1-2 说明如何在一个数组 $A[1..n]$ 中实现两个栈，使得当两个栈的元素个数之和不为 n 时，两者都不会发生上溢。要求 PUSH 和 POP 操作的运行时间为 $O(1)$。

10.1-3 仿照图 10-2，画图表示依次执行操作 ENQUEUE(Q, 4)、ENQUEUE(Q, 1)、ENQUEUE(Q, 3)、DEQUEUE(Q)、ENQUEUE(Q, 8)和 DEQUEUE(Q)每一步的结果，队列初始为空，存储于数组 $Q[1..6]$ 中。

10.1-4 重写 ENQUEUE 和 DEQUEUE 的代码，使之能处理队列的下溢和上溢。

10.1-5 栈插入和删除元素只能在同一端进行，队列的插入操作和删除操作分别在两端进行，与它们不同的，有一种**双端队列**(deque)，其插入和删除操作都可以在两端进行。写出 4 个时间均为 $O(1)$ 的过程，分别实现在双端队列的两端插入和删除元素的操作，该队列是用一个数组实现的。

10.1-6 说明如何用两个栈实现一个队列，并分析相关队列操作的运行时间。

10.1-7 说明如何用两个队列实现一个栈，并分析相关栈操作的运行时间。

235

10.2 链表

链表(linked list)是一种这样的数据结构，其中的各对象按线性顺序排列。数组的线性顺序是由数组下标决定的，然而与数组不同的是，链表的顺序是由各个对象里的指针决定的。链表为动态集合提供了一种简单而灵活的表示方法，并且能支持 10.1 节中列出的所有操作(但未必非常有效)。

如图 10-3 所示，**双向链表**(doubly linked list)L 的每个元素都是一个对象，每个对象有一个关键字 key 和两个指针：$next$ 和 $prev$。对象中还可以包含其他的辅助数据(或称卫星数据)。设 x 为链表的一个元素，$x.next$ 指向它在链表中的后继元素，$x.prev$ 则指向它的前驱元素。如果 $x.prev$＝NIL，则元素 x 没有前驱，因此是链表的第一个元素，即链表的**头**(head)。如果 $x.next$＝NIL，则元素 x 没有后继，因此是链表的最后一个元素，即链表的**尾**(tail)。属性 $L.head$ 指向链表的第一个元素。如果 $L.head$＝NIL，则链表为空。

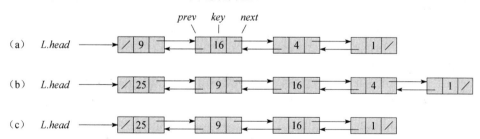

图 10-3 (a)表示动态集合{1, 4, 9, 16}的双向链表 L。链表中的每个元素都是一个对象，拥有关键字和指向前后对象的指针(用箭头表示)。表尾的 $next$ 属性和表头的 $prev$ 属性都是 NIL，用一个斜杠表示。属性 $L.head$ 指向表头元素。(b)在执行 LIST-INSERT(L, X)之后(这里 $x.key$＝25)，链表以关键字为 25 的新对象作为新的表头。该新对象指向原来关键字为 9 的表头元素。(c)随后调用 LIST-DELETE(L, X)的结果，其中 x 指向关键字为 4 的对象

链表可以有多种形式。它可以是单链接的或双链接的，可以是已排序的或未排序的，可以是循环的或非循环的。如果一个链表是**单链接的**(singly linked)，则省略每个元素中的 $prev$ 指针。

如果链表是**已排序**(sorted)的，则链表的线性顺序与链表元素中关键字的线性顺序一致；据此，最小的元素就是表头元素，而最大的元素则是表尾元素。如果链表是**未排序**(unsorted)的，则各元素可以以任何顺序出现。在**循环链表**(circular list)中，表头元素的 $prev$ 指针指向表尾元素，而表尾元素的 $next$ 指针则指向表头元素。我们可以将循环链表想象成一个各元素组成的圆环。在本节余下的部分中，我们假设所处理的链表都是未排序的且是双链接的。

链表的搜索

过程 LIST-SEARCH(L, k) 采用简单的线性搜索方法，用于查找链表 L 中第一个关键字为 k 的元素，并返回指向该元素的指针。如果链表中没有关键字为 k 的对象，则该过程返回 NIL。对于图 10-3(a)中的链表，调用 LIST-SEARCH$(L, 4)$ 返回指向第三个元素的指针，而调用 LIST-SEARCH$(L, 7)$ 则返回 NIL。

```
LIST-SEARCH(L, k)
1  x = L.head
2  while x ≠ NIL and x.key ≠ k
3      x = x.next
4  return x
```

要搜索一个有 n 个对象的链表，过程 LIST-SEARCH 在最坏情况下的运行时间为 $\Theta(n)$，因为可能需要搜索整个链表。

链表的插入

给定一个已设置好关键字 key 的元素 x，过程 LIST-INSERT 将 x"连接入"到链表的前端，如图 10-3(b)所示。

```
LIST-INSERT(L, x)
1  x.next = L.head
2  if L.head ≠ NIL
3      L.head.prev = x
4  L.head = x
5  x.prev = NIL
```

（我们知道属性符号是可以嵌套的，因此 $L.head.prev$ 表示的是 $L.head$ 所指向的对象的 $prev$ 属性。）在一个含 n 个元素的链表上执行 LIST-INSERT 的运行时间是 $O(1)$。

链表的删除

过程 LIST-DELETE 将一个元素 x 从链表 L 中移除。该过程要求给定一个指向 x 的指针，然后通过修改一些指针，将 x"删除出"该链表。如果要删除具有给定关键字值的元素，则必须先调用 LIST-SEARCH 找到该元素。

```
LIST-DELETE(L, x)
1  if x.prev ≠ NIL
2      x.prev.next = x.next
3  else L.head = x.next
4  if x.next ≠ NIL
5      x.next.prev = x.prev
```

图 10-3(c)展示了从链表中删除一个元素的操作。LIST-DELETE 的运行时间为 $O(1)$。但如果要删除具有给定关键字的元素，则最坏情况下需要的时间为 $\Theta(n)$，因为需要先调用 LIST-SEARCH 找到该元素。

哨兵

如果可以忽视表头和表尾处的边界条件，则 LIST-DELETE 的代码可以更简单些：

LIST-DELETE$'(L, x)$

1    $x.\,prev.\,next = x.\,next$

2    $x.\,next.\,prev = x.\,prev$

哨兵(sentinel)是一个哑对象,其作用是简化边界条件的处理。例如,假设在链表 L 中设置一个对象 $L.\,nil$,该对象代表 NIL,但也具有和其他对象相同的各个属性。对于链表代码中出现的每一处对 NIL 的引用,都代之以对哨兵 $L.\,nil$ 的引用。如图 10-4 所示,这样的调整将一个常规的双向链表转变为一个**有哨兵的双向循环链表**(circular, doubly linked list with a sentinel),哨兵 $L.\,nil$ 位于表头和表尾之间。属性 $L.\,nil.\,next$ 指向表头,$L.\,nil.\,prev$ 指向表尾。类似地,表尾的 $next$ 属性和表头的 $prev$ 属性同时指向 $L.\,nil$。因为 $L.\,nil.\,next$ 指向表头,我们就可以去掉属性 $L.\,head$,并把对它的引用代替为对 $L.\,nil.\,next$ 的引用。图 10-4(a)显示,一个空的链表只由一个哨兵构成,$L.\,nil.\,next$ 和 $L.\,nil.\,prev$ 同时指向 $L.\,nil$。

238

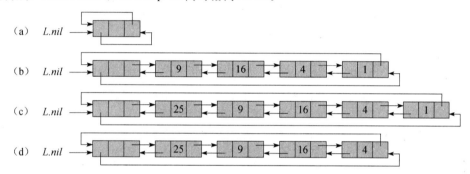

图 10-4   带哨兵的双向循环链表。哨兵 $L.\,nil$ 位于表头和表尾之间。由于可通过 $L.\,nil.\,next$ 访问表头,属性 $L.\,head$ 就不需要了。(a)空链表。(b)图 10-3(a)中的链表,表头关键字为 9,表尾关键字为 1。(c)执行 LIST-INSERT$'(L, x)$后的链表,其中 $x.\,key=25$。新插入的对象成为表头。(d)删除关键字为 1 的对象后的链表。新的表尾是关键字为 4 的对象

LIST-SEARCH 的代码和之前基本保持不变,只是将对 NIL 和 $L.\,head$ 的引用如前所述加以调整:

LIST-SEARCH$'(L, k)$

1    $x = L.\,nil.\,next$

2   **while** $x \neq L.\,nil$ and $x.\,key \neq k$

3       $x = x.\,next$

4   **return** x

我们使用前述的仅含两行代码的过程 LIST-DELETE$'$可以实现元素的删除。下面的过程则实现元素的插入:

239

LIST-INSERT$'(L, x)$

1    $x.\,next = L.\,nil.\,next$

2    $L.\,nil.\,next\,.\,prev = x$

3    $L.\,nil.\,next = x$

4    $x.\,prev = L.\,nil$

图 10-4 展示了 LIST-INSERT$'$和 LIST-DELETE$'$在该链表实例上的执行结果。

哨兵基本不能降低数据结构相关操作的渐近时间界,但可以降低常数因子。在循环语句中使用哨兵的好处往往在于可以使代码简洁,而非提高速度。举例来说,使用哨兵使链表的代码变得简洁了,但在 LIST-INSERT$'$和 LIST-DELETE$'$过程上仅节约了 $O(1)$ 的时间。然而,在另一些情况下,哨兵的使用使循环语句的代码更紧凑,从而降低了运行时间中 n 或 n^2 等项的系数。

我们应当慎用哨兵。假如有许多个很短的链表,它们的哨兵所占用的额外的存储空间会造成严重的存储浪费。本书中,仅当可以真正简化代码时才使用哨兵。

练习

10.2-1 单链表上的动态集合操作 INSERT 能否在 $O(1)$ 时间内实现?DELETE 操作呢?

10.2-2 用一个单链表 L 实现一个栈。要求操作 PUSH 和 POP 的运行时间仍为 $O(1)$。

10.2-3 用一个单链表 L 实现一个队列。要求操作 ENQUEUE 和 DEQUEUE 的运行时间仍为 $O(1)$。

10.2-4 如前所述,LIST-SEARCH′ 过程中的每一次循环迭代都需要两个测试:一是检查 $x \neq L.nil$,另一个是检查 $x.key \neq k$。试说明如何在每次迭代中省略对 $x \neq L.nil$ 的检查。

10.2-5 使用单向循环链表实现字典操作 INSERT、DELETE 和 SEARCH,并给出所写过程的运行时间。

10.2-6 动态集合操作 UNION 以两个不相交的集合 S_1 和 S_2 作为输入,并返回集合 $S = S_1 \cup S_2$,包含 S_1 和 S_2 的所有元素。该操作通常会破坏集合 S_1 和 S_2。试说明如何选用一种合适的表类数据结构,来支持 $O(1)$ 时间的 UNION 操作。

10.2-7 给出一个 $\Theta(n)$ 时间的非递归过程,实现对一个含 n 个元素的单链表的逆转。要求除存储链表本身所需的空间外,该过程只能使用固定大小的存储空间。

*10.2-8 说明如何在每个元素仅使用一个指针 $x.np$(而不是通常的两个指针 $next$ 和 $prev$)的情况下实现双向链表。假设所有指针的值都可视为 k 位的整型数,且定义 $x.np = x.next$ XOR $x.prev$,即 $x.next$ 和 $x.prev$ 的 k 位异或。(NIL 的值用 0 表示。)注意要说明获取表头所需的信息,并说明如何在该表上实现 SEARCH、INSERT 和 DELETE 操作,以及如何在 $O(1)$ 时间内实现该表的逆转。

10.3 指针和对象的实现

当有些语言不支持指针和对象数据类型时,应当如何实现它们呢?本节将会介绍在没有显式的指针数据类型的情况下实现链式数据结构的两种方法。我们将利用数组和数组下标来构造对象和指针。

对象的多数组表示

对每个属性使用一个数组表示,可以来表示一组有相同属性的对象。图 10-5 举例说明了如何用三个数组实现图 10-3(a)所示的链表。数组 key 存放该动态集合中现有的关键字,指针则分别存储在数组 $next$ 和 $prev$ 中。对于一个给定的数组下标 x,三个数组项 $key[x]$、$next[x]$ 和 $prev[x]$ 一起表示链表中一个对象。根据这种解释,指针 x 即为数组 key、$next$ 和 $prev$ 的一个共同下标。

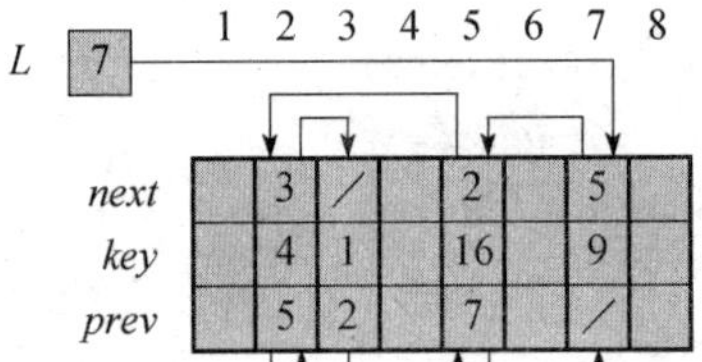

图 10-5 用数组 key、$next$ 和 $prev$ 表示图 10-3(a) 中的链表。每一列数组项表示一个单一的对象。数组内存放的指针对应于上方所示的数组下标;箭头给出其形象表示。浅阴影的位置存放的是表内元素。变量 L 存放表头元素的下标

在图 10-3(a)所示的链表中,关键字为 4 的对象紧邻关键字为 16 的对象之后。在图 10-5 中,关键字 4 出现在 $key[2]$,关键字 16 出现在 $key[5]$,因此 $next[5]=2$,$prev[2]=5$。尽管常数 NIL 出现在表尾的 $next$ 属性和表头的 $prev$ 属性中,但我们通常用一个不能代表数组中任何实际位置的整数(如 0 或 -1)来表示。此外变量 L 存放表头元素的下标。

对象的单数组表示

计算机内存的字往往从整数 0 到 $M-1$ 进行编址,其中 M 是一个足够大的整数。在许多程

序设计语言中，一个对象在计算机内存中占据一组连续的存储单元。指针仅仅是该对象所在的第一个存储单元的地址，要访问对象内其他存储单元可以在指针上加上一个偏移量。

在不支持显式的指针数据类型的编程环境下，我们可以采用同样的策略来实现对象。图 10-6 举例说明了如何用单个数组 A 存储图 10-3(a)和图 10-5 所示的链表。一个对象占用一段连续的子数组 $A[j..k]$，对象中的每个属性对应于从 0 到 $k-j$ 之间的一个偏移量，指向该对象的指针就是下标 j。在图 10-6 中，对应于属性 key、$next$ 和 $prev$ 的偏移量分别为 0、1 和 2。给定一个指针 i，要读取 $i.prev$ 的值，只需在指针的值 i 上加上偏移量 2，所以要读取的是 $A[i+2]$。

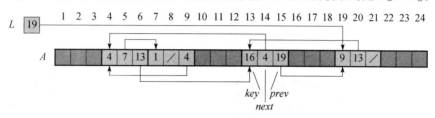

图 10-6　用单个数组 A 表示图 10-3(a)和 10-5 所示的链表。每个链表元素的对象都
　　　　在数组中占用一段连续的长度为 3 的子数组。三个属性 key、$next$ 和 $prev$ 所
　　　　对应的偏移量分别是 0、1 和 2。指向某个对象的指针就是该对象内第一个
　　　　元素的下标。存放链表元素的对象标示成浅阴影，箭头指示链表的顺序

这种单数组的表示法比较灵活，因为它允许不同长度的对象存储于同一数组中。管理一组异构的对象比管理一组同构的对象（即所有对象有相同的属性）更困难。由于我们考虑的数据结构大多都是由同构的元素构成，因此采用对象的多数组表示法足够满足我们的需求。

对象的分配与释放

向一个双向链表表示的动态集合中插入一个关键字，就必须分配一个指向该链表表示中尚未利用的对象的指针。因此，有必要对链表表示中尚未利用的对象空间进行管理，使其能够被分配。在某些系统中，由**垃圾收集器**（garbage collector）负责确定哪些对象是未使用的。然而许多应用非常简单，可由自己负责将未使用的对象返回给存储管理器。我们将以多数组表示的双向链表为例，探讨同构对象的分配与释放（或称去分配）问题。

假设多数组表示法中的各数组长度为 m，且在某一时刻该动态集合含有 $n \leqslant m$ 个元素。则 n 个对象代表现存于该动态集合中的元素，而余下的 $m-n$ 个对象是**自由的**（free）；这些自由对象可用来表示将要插入该动态集合的元素。

我们把自由对象保存在一个单链表中，称为**自由表**（free list）。自由表只使用 $next$ 数组，该数组只存储链表中的 $next$ 指针。自由表的头保存在全局变量 $free$ 中。当由链表 L 表示的动态集合非空时，自由表可能会和链表 L 相互交错，如图 10-7 所示。注意，该表示中的每个对象不是在链表 L 中，就在自由表中，但不会同时属于两个表。

自由表类似于一个栈：下一个被分配的对象就是最后被释放的那个。我们可以分别利用栈操作 PUSH 和 POP 的链表实现形式来实现分配和释放对象的过程。假设下述过程中的全局变量 $free$ 指向自由表的第一个元素。

```
ALLOCATE-OBJECT()
1  if free == NIL
2      error "out of space"
3  else x = free
4      free = x.next
5      return x
```

FREE-OBJECT(x)

1 $x.next = free$
2 $free = x$

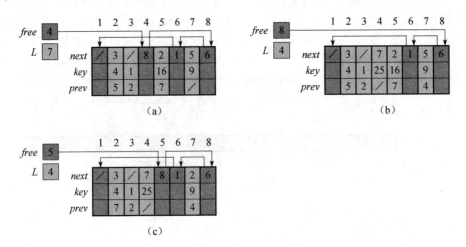

图 10-7 过程 ALLOCATE-OBJECT 和 FREE-OBJECT 的执行结果。(a)图 10-5 中的链表(浅阴影部分)和自由表(深阴影部分)。箭头标示自由表的结构。(b)调用 ALLOCATE-OBJECT()(返回下标 4)、将 $key[4]$ 设为 25、再调用 LIST-INSERT(L, 4)处理的结果。新自由表的头为原自由表中 $next[4]$ 所指的对象 8。(c)执行 LIST-DELETE(L, 5),然后调用 FREE-OBJECT(5)。对象 5 成为新自由表的表头,对象 8 紧随其后

初始时自由表含有全部 n 个未分配的对象。一旦自由表用完,再运行 ALLOCATE-OBJECT 过程将提示出错。我们甚至可以让多个链表共用一个自由表。图 10-8 显示了两个链表和一个自由表通过数组 key、$next$ 和 $prev$ 彼此交错在一起。

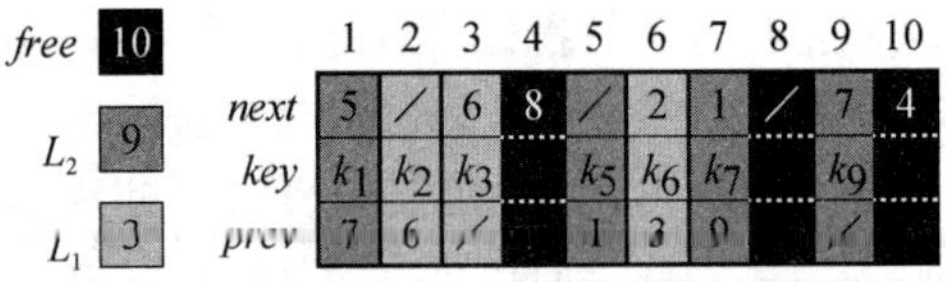

上述两个过程运行时间都为 $O(1)$,因而是非常实用的。我们可以将其改造,让对象中的任意一个属性都可以像自由表的 $next$ 属性一样使用,从而使其可以对任何同构的对象组都适用。

图 10-8 两个链表 L_1(浅阴影)和 L_2(深阴影)与一个自由表(黑色)彼此交错

练习

10.3-1 画图表示序列$\langle 13, 4, 8, 19, 5, 11\rangle$,其存储形式为多数组表示的双向链表。同样画出单数组表示的形式。

10.3-2 对一组同构对象用单数组表示法实现,写出过程 ALLOCATE-OBJECT 和 FREE-OBJECT。

10.3-3 在 ALLOCATE-OBJECT 和 FREE-OBJECT 过程的实现中,为什么不需要设置或重置对象的 $prev$ 属性呢?

10.3-4 我们往往希望双向链表的所有元素在存储器中保持紧凑,例如,在多数组表示中占用前 m 个下标位置。(在页式虚拟存储的计算环境下,即为这种情况。)假设除指向链表本身的指针外没有其他指针指向该链表的元素,试说明如何实现过程 ALLOCATE-OBJECT 和 FREE-OBJECT,使得该表示保持紧凑。(提示:使用栈的数组实现。)

10.3-5 设 L 是一个长度为 n 的双向链表,存储于长度为 m 的数组 key、$prev$ 和 $next$ 中。假设这些数组由维护双链自由表 F 的两个过程 ALLOCATE-OBJECT 和 FREE-OBJECT 进行管理。又假设 m 个元素中,恰有 n 个元素在链表 L 上,$m-n$ 个在自由表上。给定链表 L 和自由表 F,试写出一个过程 COMPACTIFY-LIST(L, F),用来移动 L 中的元素使其

占用数组中 1，2，…，n 的位置，调整自由表 F 以保持其正确性，并且占用数组中 $n+1$，$n+2$，…，m 的位置。要求所写的过程运行时间应为 $\Theta(n)$，且只使用固定量的额外存储空间。请证明所写的过程是正确的。

245

10.4　有根树的表示

上一节介绍的表示链表的方法可以推广到任意同构的数据结构上。本节中，我们专门讨论用链式数据结构表示有根树的问题。我们将首先讨论二叉树，然后给出针对结点的孩子数任意的有根树的表示方法。

树的结点用对象表示。与链表类似，假设每个结点都含有一个关键字 key。其余我们感兴趣的属性包括指向其他结点的指针，它们随树的种类不同会有所变化。

二叉树

图 10-9 展示了在二叉树 T 中如何利用属性 p、$left$ 和 $right$ 存放指向父结点、左孩子和右孩子的指针。如果 $x.p=$ NIL，则 x 是根结点。如果结点 x 没有左孩子，则 $x.left=$ NIL，右孩子的情况与此类似。属性 $T.root$ 指向整棵树 T 的根结点。如果 $T.root=$ NIL，则该树为空。

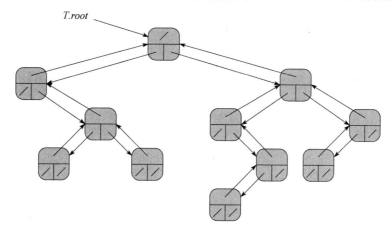

图 10-9　二叉树 T 的表示。每个结点 x 都含有属性 $x.p$（上）、$x.left$（左下）和 $x.right$（右下）。关键字 key 在图中未显示

分支无限制的有根树

二叉树的表示方法可以推广到每个结点的孩子数至多为常数 k 的任意类型的树：只需要将 $left$ 和 $right$ 属性用 $child_1$，$child_2$，…，$child_k$ 代替。当孩子的结点数无限制时，这种方法就失效了，因为我们不知道应当预先分配多少个属性（在多数组表示法中就是多少个数组）。此外，即使孩子数 k 限制在一个大的常数以内，但若多数结点只有少量的孩子，则会浪费大量存储空间。

所幸的是，有一个巧妙的方法可以用来表示孩子数任意的树。该方法的优势在于，对任意 n 个结点的有根树，只需要 $O(n)$ 的存储空间。这种**左孩子右兄弟表示法**（left-child, right-sibling representation）如图 10-10 所示。和前述方法类似，每个结点都包含一个父结点指针 p，且 $T.root$ 指向树 T 的根结点。然而，每个结点中不是包含指向每个孩子的指针，而是只有两个指针：

1. $x.left$-$child$ 指向结点 x 最左边的孩子结点。

2. $x.right$-$sibling$ 指向 x 右侧相邻的兄弟结点。

如果结点 x 没有孩子结点，则 $x.left$-$child=$ NIL；如果结点 x 是其父结点的最右孩子，则 $x.right$-$sibling=$ NIL。

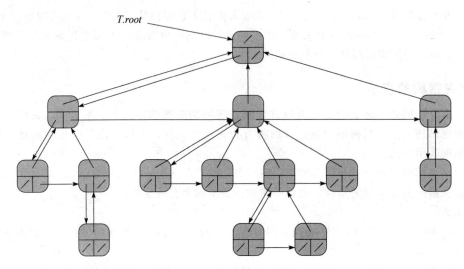

图 10-10　树 T 的左孩子右兄弟表示法。每个结点 x 都含有属性 $x.p$（上）、$x.left\text{-}child$（左下）和 $x.right\text{-}sibling$（右下）。关键字 key 在图中未显示

树的其他表示方法

我们有时也用其他方法表示有根树。例如在第 6 章中，我们对一棵完全二叉树使用堆来表示，堆用一个单数组加上堆的最末结点的下标表示。第 21 章中的树只需向根结点方向遍历，因此只需提供父结点的指针，而没有指向孩子结点的指针。还有许多其他的表示方法。哪种方法最优取决于具体应用。

练习

10.4-1　画出下列属性表所示的二叉树，其根结点下标为 6。

下标	key	left	right
1	12	7	3
2	15	8	NIL
3	4	10	NIL
4	10	5	9
5	2	NIL	NIL
6	18	1	4
7	7	NIL	NIL
8	14	6	2
9	21	NIL	NIL
10	5	NIL	NIL

10.4-2　给定一个 n 结点的二叉树，写出一个 $O(n)$ 时间的递归过程，将该树每个结点的关键字输出。

10.4-3　给定一个 n 结点的二叉树，写出一个 $O(n)$ 时间的非递归过程，将该树每个结点的关键字输出。可以使用一个栈作为辅助数据结构。

10.4-4　对于一个含 n 个结点的任意有根树，写出一个 $O(n)$ 时间的过程，输出其所有关键字。该树以左孩子右兄弟表示法存储。

*10.4-5　给定一个 n 结点的二叉树，写出一个 $O(n)$ 时间的非递归过程，将该树每个结点的关键字输出。要求除该树本身的存储空间外只能使用固定量的额外存储空间，且在过程中不得修改该树，即使是暂时的修改也不允许。

246
∼
247

248

*10.4-6 任意有根树的左孩子右兄弟表示法中每个结点用到三个指针：*left-child*、*right-sibling* 和 *parent*。对于任何结点，都可以在常数时间到达其父结点，并在与其孩子数呈线性关系的时间内到达所有孩子结点。说明如何在每个结点中只使用两个指针和一个布尔值的情况下，使结点的父结点或者其所有孩子结点可以在与其孩子数呈线性关系的时间内到达。

思考题

10-1 （链表间的比较） 对于下表中的 4 种链表，所列的每种动态集合操作在最坏情况下的渐近运行时间是多少？

	未排序的单链表	已排序的单链表	未排序的双向链表	已排序的双向链表
SEARCH(L, k)				
INSERT(L, x)				
DELETE(L, x)				
SUCCESSOR(L, x)				
PREDECESSOR(L, x)				
MINIMUM(L)				
MAXIMUM(L)				

249

10-2 （利用链表实现可合并堆） **可合并堆**（mergeable heap）支持以下操作：MAKE-HEAP（创建一个空的可合并堆）、INSERT、MINIMUM、EXTRACT-MIN 和 UNION。⊖说明在下列前提下如何用链表实现可合并堆。试着使各操作尽可能高效。分析每个操作按动态集合规模的运行时间。

a. 链表是已排序的。

b. 链表是未排序的。

c. 链表是未排序的，且待合并的动态集合是不相交的。

10-3 （搜索已排序的紧凑链表） 练习 10.3-4 讨论了如何将含 n 个元素的链表紧凑地维持在数组的前 n 个位置。假设所有的关键字均不相同，且紧凑链表是已排序的，即对所有的 $i=1$，2，…，n 且 $next[i] \neq NIL$，有 $key[i] < key[next[i]]$。又假设有一个变量 L 存放链表的首元素的下标。在这些假设下，试说明可以利用下列随机算法在 $O(\sqrt{n})$ 的期望时间内搜索链表。

COMPACT-LIST-SEARCH(L, n, k)
```
1   i = L
2   while i ≠ NIL and key[i] < k
3       j = RANDOM(1, n)
4       if key[i] < key[j] and key[j] ⩽ k
5           i = j
6           if key[i] == k
7               return i
8       i = next[i]
9   if i == NIL or key[i] > k
10      return NIL
11  else return i
```

⊖ 由于我们已经定义了一个支持 MINIMUM 和 EXTRACT-MIN 操作的可合并堆，我们也可以将它视为一个可合并最小堆。再者，如果这个堆支持 MAXIMUM 和 EXTRACT-MAX 操作，就是一个可合并最大堆。

如果忽略过程中第 3～7 行，就得到一个普通的搜索已排序链表的算法，其中下标 i 依次指向链表的各个位置。当下标 i 越出表的末端或 $key[i] \geqslant k$ 时，搜索终止。在后一种情况中，如果 $key[i] = k$，显然，我们已找到值为 k 的关键字。但如果 $key[i] > k$，则我们永远也找不到值为 k 的关键字，因而终止查找是正确的。

第 3～7 行意图向前跳至某个随机选择的位置 j。当 $key[j]$ 大于 $key[i]$ 而不大于 k 时，这种跳跃是有益的。因为这种情况下，j 在链表中标识了一个正常搜索中 i 将要到达的位置。由于该链表是紧凑的，所以在 1 到 n 中任意选择一个 j 都会指向链表中的某个对象，而不会是自由表中的某个位置。

我们不直接分析 COMPACT-LIST-SEARCH 的性能，而是要分析一个相关的算法 COMPACT-LIST-SEARCH′，该算法执行两个独立的循环。该算法增加了一个参数 t，用来决定第一个循环迭代次数的上限。

COMPACT-LIST-SEARCH′ (L, n, k, t)

```
1   i = L
2   for q = 1 to t
3       j = RANDOM(1, n)
4       if key[i] < key[j] and key[j] ≤ k
5           i = j
6           if key[i] == k
7               return i
8   while i ≠ NIL and key[i] < k
9       i = next[i]
10  if i == NIL or key[i] > k
11      return NIL
12  else return i
```

为了比较算法 COMPACT-LIST-SEARCH (L, n, k) 和 COMPACT-LIST-SEARCH′ (L, n, k, t) 的执行过程，假定调用 RANDOM $(1, n)$ 所返回的整数序列在两个算法中是一样的。

a. 假设 COMPACT-LIST-SEARCH (L, n, k) 中第 2～8 行的 **while** 循环经过了 t 次迭代。论证 COMPACT-LIST-SEARCH′ (L, n, k, t) 会返回同样的结果，且 COMPACT-LIST-SEARCH′ 中的 **for** 循环和 **while** 循环的迭代次数之和至少为 t。

在 COMPACT-LIST-SEARCH′ (L, n, k, t) 的调用中，设随机变量 X_t 描述了第 2～7 行的 **for** 循环经 t 次迭代后链表中从位置 i 到目标关键字 k 之间的距离（即通过 $next$ 指针链）。

b. 论证 COMPACT-LIST-SEARCH′ (L, n, k, t) 的期望运行时间为 $O(t + E[X_t])$。

c. 证明：$E[X_t] \leqslant \sum_{r=1}^{n} (1 - r/n)^t$。（提示：利用等式(C. 25)。）

d. 证明：$\sum_{r=0}^{n-1} r^t \leqslant n^{t+1}/(t+1)$。

e. 证明：$E[X_t] \leqslant n/(t+1)$。

f. 证明：COMPACT-LIST-SEARCH′ (L, n, k, t) 的期望运行时间为 $O(t + n/t)$。

g. 证明：COMPACT-LIST-SEARCH 的期望运行时间为 $O(\sqrt{n})$。

h. 为什么要假设 COMPACT-LIST-SEARCH 中的所有关键字均不相同？论证当链表中包含重复的关键字时，随机跳跃不一定能降低渐近时间。

本章注记

Aho、Hopcroft、Ullman[6]和 Knuth[209]都是基本数据结构方面的优秀参考资料。很多其他的教材都介绍了基本的数据结构及其在某种特定编程语言下的实现。这类教材包括 Goodrich 和 Tamassia[147]、Main[241]、Shaffer[311]，以及 Weiss[352，353，354]。Gonnet[145]则提供了许多数据结构操作性能方面的实验数据。

栈和队列作为计算机科学中的数据结构，它们的起源已不得而知，因为早在数字计算机发明以前，相应的概念就已经在数学和论文出版形式的商业应用中出现了。Knuth[209]提到了 A. M. Turing 在 1947 年为子程序的链接问题发展了栈技术。

基于指针的数据结构也似乎是来自于一项民间发明。根据 Knuth 的说法，显然，指针在早期的磁鼓式存储器计算机中就被使用了。G. M. Hopper 于 1951 年发明的 A-1 语言将代数式表示成二叉树的形式。Knuth 认为，由 A. Newell、J. C. Shaw 和 H. A. Simon 于 1956 年提出的 IPL-II 语言，真正意识到了指针的重要性并促进了指针的使用。他们于 1957 年提出的 IPL-III 语言包含了具体的栈操作。

252

散 列 表

许多应用都需要一种动态集合结构，它至少要支持 INSERT、SEARCH 和 DELETE 字典操作。例如，用于程序语言编译的编译器维护了一个符号表，其中元素的关键字为任意字符串，它与程序中的标识符相对应。散列表(hash table)是实现字典操作的一种有效数据结构。尽管最坏情况下，散列表中查找一个元素的时间与链表中查找的时间相同，达到了 $\Theta(n)$。然而在实际应用中，散列查找的性能是极好的。在一些合理的假设下，在散列表中查找一个元素的平均时间是 $O(1)$。

散列表是普通数组概念的推广。由于对普通数组可以直接寻址，使得能在 $O(1)$ 时间内访问数组中的任意位置。11.1 节将更详细地讨论直接寻址。如果存储空间允许，我们可以提供一个数组，为每个可能的关键字保留一个位置，以利用直接寻址技术的优势。

当实际存储的关键字数目比全部的可能关键字总数要小时，采用散列表就成为直接数组寻址的一种有效替代，因为散列表使用一个长度与实际存储的关键字数目成比例的数组来存储。在散列表中，不是直接把关键字作为数组的下标，而是根据关键字计算出相应的下标。11.2 节介绍这种技术的主要思想，着重介绍通过"链接"(chaining)方法解决"冲突"(collision)。所谓冲突，就是指多个关键字映射到数组的同一个下标。11.3 节介绍如何利用散列函数根据关键字计算出数组的下标。另外，还将介绍和分析散列技术的几种变形。11.4 节介绍"开放寻址法"(open addressing)，它是处理冲突的另一种方法。散列是一种极其有效和实用的技术：基本的字典操作平均只需要 $O(1)$ 的时间。11.5 节介绍当关键字集合是静态存储(即关键字集合一旦存入后就不再改变)时，"完全散列"(perfect hashing)如何能够在 $O(1)$ 的最坏情况时间内完成关键字查找。

11.1 直接寻址表

当关键字的全域 U 比较小时，直接寻址是一种简单而有效的技术。假设某应用要用到一个动态集合，其中每个元素都是取自于全域 $U=\{0, 1, \cdots, m-1\}$ 中的一个关键字，这里 m 不是一个很大的数。另外，假设没有两个元素具有相同的关键字。

为表示动态集合，我们用一个数组，或称为**直接寻址表**(direct-address table)，记为 $T[0 .. m-1]$。其中每个位置，或称为**槽**(slot)，对应全域 U 中的一个关键字。图 11-1 描绘了该方法。槽 k 指向集合中一个关键字为 k 的元素。如果该集合中没有关键字为 k 的元素，则 $T[k]=$NIL。

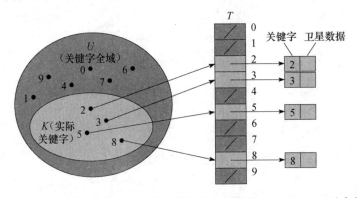

图 11-1　如何用一个直接寻址表 T 来实现动态集合。全域 $U=\{0, 1, \cdots, 9\}$ 中的每个关键字都对应于表中的一个下标值。由实际关键字构成的集合 $K=\{2, 3, 5, 8\}$ 决定表中的一些槽，这些槽包含指向元素的指针。而另一些槽包含 NIL，用深阴影表示

几个字典操作实现起来比较简单：

DIRECT-ADDRESS-SEARCH(T,k)

1 **return** $T[k]$

DIRECT-ADDRESS-INSERT(T,x)

1 $T[x.key]=x$

DIRECT-ADDRESS-DELETE(T,x)

1 $T[x.key]=$ NIL

上述的每一个操作都只需 $O(1)$ 时间。

对于某些应用，直接寻址表本身就可以存放动态集合中的元素。也就是说，并不把每个元素的关键字及其卫星数据都放在直接寻址表外部的一个对象中，再由表中某个槽的指针指向该对象，而是直接把该对象存放在表的槽中，从而节省了空间。我们使用对象内的一个特殊关键字来表明该槽为空槽。而且，通常不必存储该对象的关键字属性，因为如果知道一个对象在表中的下标，就可以得到它的关键字。然而，如果不存储关键字，我们就必须有某种方法来确定某个槽是否为空。

练习

11.1-1 假设一动态集合 S 用一个长度为 m 的直接寻址表 T 来表示。请给出一个查找 S 中最大元素的过程。你所给的过程在最坏情况下的运行时间是多少？

11.1-2 **位向量**（bit vector）是一个仅包含 0 和 1 的数组。长度为 m 的位向量所占空间要比包含 m 个指针的数组少得多。请说明如何用一个位向量来表示一个包含不同元素（无卫星数据）的动态集合。字典操作的运行时间应为 $O(1)$。

11.1-3 试说明如何实现一个直接寻址表，表中各元素的关键字不必都不相同，且各元素可以有卫星数据。所有三种字典操作（INSERT、DELETE 和 SEARCH）的运行时间应为 $O(1)$。（不要忘记 DELETE 要处理的是被删除对象的指针变量，而不是关键字。）

*11.1-4 我们希望在一个非常大的数组上，通过利用直接寻址的方式来实现一个字典。开始时，该数组中可能包含一些无用信息，但要对整个数组进行初始化是不太实际的，因为该数组的规模太大。请给出在大数组上实现直接寻址字典的方案。每个存储对象占用 $O(1)$ 空间；SEARCH、INSERT 和 DELETE 操作的时间均为 $O(1)$；并且对数据结构初始化的时间为 $O(1)$。（提示：可以利用一个附加数组，处理方式类似于栈，其大小等于实际存储在字典中的关键字数目，以帮助确定大数组中某个给定的项是否有效。）

11.2 散列表

直接寻址技术的缺点是非常明显的：如果全域 U 很大，则在一台标准的计算机可用内存容量中，要存储大小为 $|U|$ 的一张表 T 也许不太实际，甚至是不可能的。还有，实际存储的关键字集合 K 相对 U 来说可能很小，使得分配给 T 的大部分空间都将浪费掉。

当存储在字典中的关键字集合 K 比所有可能的关键字的全域 U 要小许多时，散列表需要的存储空间要比直接寻址表少得多。特别地，我们能将散列表的存储需求降至 $\Theta(|K|)$，同时散列表中查找一个元素的优势仍得到保持，只需要 $O(1)$ 的时间。问题是这个界是针对平均情况时间的，而对直接寻址来说，它是适用于最坏情况时间的。

在直接寻址方式下，具有关键字 k 的元素被存放在槽 k 中。在散列方式下，该元素存放在槽 $h(k)$ 中；即利用**散列函数**（hash function）h，由关键字 k 计算出槽的位置。这里，函数 h 将关键字

的全域 U 映射到**散列表**(hash table) $T[0..m-1]$ 的槽位上：

$$h:U \to \{0,1,\cdots,m-1\}$$

这里散列表的大小 m 一般要比 $|U|$ 小得多。我们可以说一个具有关键字 k 的元素被**散列**到槽 $h(k)$ 上，也可以说 $h(k)$ 是关键字 k 的**散列值**。图 11-2 描述了这个基本方法。散列函数缩小了数组下标的范围，即减小了数组的大小，使其由 $|U|$ 减小为 m。

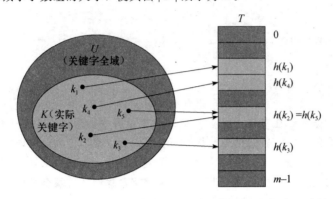

图 11-2　用一个散列函数 h 将关键字映射到散列表的槽中，关键字
k_2 和 k_5 映射到同一个槽中，因而产生了冲突

　　这里存在一个问题：两个关键字可能映射到同一个槽中。我们称这种情形为**冲突**(collision)。幸运的是，我们能找到有效的方法来解决冲突。

　　当然，理想的解决方法是避免所有的冲突。我们可以试图选择一个合适的散列函数 h 来做到这一点。一个想法就是使 h 尽可能的"随机"，从而避免冲突或者使冲突的次数最小化。实际上，术语"散列"原意就是随机混杂和拼凑，即体现了这种思想。（当然，一个散列函数 h 必须是确定的，因为某一个给定的输入 k 应始终产生相同的结果 $h(k)$。）但是，由于 $|U| > m$，故至少有两个关键字其散列值相同，所以要想完全避免冲突是不可能的。因此，我们一方面可以通过精心设计的散列函数来尽量减少冲突的次数，另一方面仍需要有解决可能出现冲突的办法。

　　本节余下的部分要介绍一种最简单的冲突解决方法，称为**链接法**(chaining)。11.4 节还要介绍另一种冲突解决方法，称为**开放寻址法**(open addressing)。

通过链接法解决冲突

　　在链接法中，把散列到同一槽中的所有元素都放在一个链表中，如图 11-3 所示。槽 j 中有一个指针，它指向存储所有散列到 j 的元素的链表的表头；如果不存在这样的元素，则槽 j 中为 NIL。

　　在采用链接法解决冲突后，散列表 T 上的字典操作就很容易实现。

CHAINED-HASH-INSERT(T,x)
1　insert x at the head of list $T[h(x.key)]$

CHAINED-HASH-SEARCH(T,k)
1　search for an element with key k in list $T[h(k)]$

CHAINED-HASH-DELETE(T,x)
1　delete x from the list $T[h(x.key)]$

　　插入操作的最坏情况运行时间为 $O(1)$。插入过程在某种程度上要快一些，因为假设待插入的元素 x 没有出现在表中；如果需要，可以在插入前执行一个搜索来检查这个假设（需付出额外代价）。查找操作的最坏情况运行时间与表的长度成正比。下面还将对此操作进行更详细的分析。

如图 11-3 所示，如果散列表中的链表是双向链接的，则删除一个元素 x 的操作可以在 $O(1)$ 时间内完成。（注意到，CHAINED-HASH-DELETE 以元素 x 而不是它的关键字 k 作为输入，所以无需先搜索 x。如果散列表支持删除操作，则为了能够更快地删除某一元素，应该将其链表设计为双向链接的。如果表是单链接的，则为了删除元素 x，我们首先必须在表 $T[h(x.key)]$ 中找到元素 x，然后通过更改 x 前驱元素的 $next$ 属性，把 x 从链表中删除。在单链表情况下，删除和查找操作的渐近运行时间相同。）

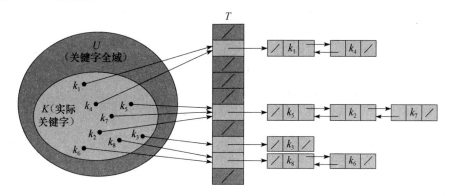

图 11-3 通过链接法解决冲突。每个散列表槽 $T[j]$ 都包含一个链表，其中所有关键字的散列值均为 j。例如，$h(k_1)=h(k_4)$，还有 $h(k_5)=h(k_7)=h(k_2)$。这个链表可能是单链表，也可能是双向链表；图中链表画为双链，因为删除操作比较快

链接法散列的分析

采用链接法后散列的性能怎么样呢？特别地，要查找一个具有给定关键字的元素需要多长时间呢？

给定一个能存放 n 个元素的、具有 m 个槽位的散列表 T，定义 T 的**装载因子**（load factor）α 为 n/m，即一个链的平均存储元素数。我们的分析将借助 α 来说明，α 可以小于、等于或大于 1。

用链接法散列的最坏情况性能很差：所有的 n 个关键字都散列到同一个槽中，从而产生出一个长度为 n 的链表。这时，最坏情况下查找的时间为 $\Theta(n)$，再加上计算散列函数的时间，如此就和用一个链表来链接所有的元素差不多了。显然，并不是因为散列表的最坏情况性能差，就不使用它。（11.5 节中介绍的完全散列能够在关键字集合为静态时，提供比较好的最坏情况性能。）

散列方法的平均性能依赖于所选取的散列函数 h，将所有的关键字集合分布在 m 个槽位上的均匀程度。11.3 节将讨论这些问题，现在我们先假定任何一个给定元素等可能地散列到 m 个槽中的任何一个，且与其他元素被散列到什么位置上无关。我们称这个假设为**简单均匀散列**（simple uniform hashing）。

对于 $j=0$，1，$\cdots$，$m-1$，列表 $T[j]$ 的长度用 n_j 表示，于是有

$$n = n_0 + n_1 + \cdots + n_{m-1} \tag{11.1}$$

并且 n_j 的期望值为 $E[n_j]=\alpha=n/m$。

假定可以以 $O(1)$ 时间内计算出散列值 $h(k)$，从而查找关键字为 k 的元素的时间线性地依赖于表 $T[h(k)]$ 的长度 $n_{h(k)}$。先不考虑计算散列函数和访问槽 $h(k)$ 的 $O(1)$ 时间，我们来看看查找算法查找元素的期望数，即为比较元素的关键字是否为 k 而检查的表 $T[h(k)]$ 中的元素数。分两种情况来考虑。在第一种情况中，查找不成功：表中没有一个元素的关键字为 k。在第二种情况中，成功地查找到关键字为 k 的元素。

定理 11.1 在简单均匀散列的假设下，对于用链接法解决冲突的散列表，一次不成功查找的平均时间为 $\Theta(1+\alpha)$。

证明 在简单均匀散列的假设下，任何尚未被存储在表中的关键字 k 都等可能地被散列到 m

个槽中的任何一个。因而，当查找一个关键字 k 时，在不成功的情况下，查找的期望时间就是查找至链表 $T[h(k)]$ 末尾的期望时间，这一时间的期望长度为 $E[n_{h(k)}]=\alpha$。于是，一次不成功的查找平均要检查 α 个元素，并且所需要的总时间（包括计算 $h(k)$ 的时间）为 $\Theta(1+\alpha)$。 ∎

对于成功的查找来说，情况略有不同，这是因为每个链表并不是等可能地被查找到的。替代的是，某个链表被查找到的概率与它所包含的元素数成正比。然而，期望的查找时间仍然是 $\Theta(1+\alpha)$。

定理 11.2 在简单均匀散列的假设下，对于用链接法解决冲突的散列表，一次成功查找所需的平均时间为 $\Theta(1+\alpha)$。

证明 假定要查找的元素是表中存放的 n 个元素中任何一个，且是等可能的。在对元素 x 的一次成功查找中，所检查的元素数就是 x 所在的链表中 x 前面的元素数多 1。在该链表中，因为新的元素都是在表头插入的，所以出现在 x 之前的元素都是在 x 之后插入的。为了确定所检查元素的期望数目，对 x 所在的链表，在 x 之后插入到表中的期望元素数加 1，再对表中的 n 个元素 x 取平均。设 x_i 表示插入到表中的第 i 个元素，$i=1,2,\cdots,n$，并设 $k_i=x_i.key$。对关键字 k_i 和 k_j，定义指示器随机变量 $X_{ij}=I\{h(k_i)=h(k_j)\}$。在简单均匀散列的假设下，有 $\Pr\{h(k_i)=h(k_j)\}=1/m$，从而根据引理 5.1，有 $E[X_{ij}]=1/m$。于是，在一次成功的查找中，所检查元素的期望数目为

$$E\left[\frac{1}{n}\sum_{i=1}^{n}\left(1+\sum_{j=i+1}^{n}X_{ij}\right)\right]=\frac{1}{n}\sum_{i=1}^{n}\left(1+\sum_{j=i+1}^{n}E[X_{ij}]\right) \quad \text{（由期望的线性性）}$$

$$=\frac{1}{n}\sum_{i=1}^{n}\left(1+\sum_{j=i+1}^{n}\frac{1}{m}\right)=1+\frac{1}{nm}\sum_{i=1}^{n}(n-i)$$

$$=1+\frac{1}{nm}\left(\sum_{i=1}^{n}n-\sum_{i=1}^{n}i\right)=1+\frac{1}{nm}\left(n^2-\frac{n(n+1)}{2}\right) \quad \text{（由等式（A.1)）}$$

$$=1+\frac{n-1}{2m}=1+\frac{\alpha}{2}-\frac{\alpha}{2n}$$

因此，一次成功的查找所需要的全部时间（包括计算散列函数的时间）为 $\Theta(2+\alpha/2-\alpha/2n)=\Theta(1+\alpha)$。 ∎

上面的分析意味着什么呢？如果散列表中槽数至少与表中的元素数成正比，则有 $n=O(m)$，从而 $\alpha=n/m=O(m)/m=O(1)$。所以，查找操作平均需要常数时间。当链表采用双向链接时，插入操作在最坏情况下需要 $O(1)$ 时间，删除操作最坏情况下也需要 $O(1)$ 时间，因而，全部的字典操作平均情况下都可以在 $O(1)$ 时间内完成。

练习

11.2-1 假设用一个散列函数 h 将 n 个不同的关键字散列到一个长度为 m 的数组 T 中。假设采用的是简单均匀散列，那么期望的冲突数是多少？更准确地，集合 $\{\{k,l\}：k\neq l$，且 $h(k)=h(l)\}$ 基的期望值是多少？

11.2-2 对于一个用链接法解决冲突的散列表，说明将关键字 $5,28,19,15,20,33,12,17,10$ 插入到该表中的过程。设该表中有 9 个槽位，并设其散列函数为 $h(k)=k \bmod 9$。

11.2-3 Marley 教授做了这样一个假设，即如果将链模式改动一下，使得每个链表都能保持已排好序的顺序，散列的性能就可以有较大的提高。Marley 教授的改动对成功查找、不成功查找、插入和删除操作的运行时间有何影响？

11.2-4 说明在散列表内部，如何通过将所有未占用的槽位链接成一个自由链表，来分配和释放元素所占的存储空间。假定一个槽位可以存储一个标志、一个元素加上一个或两个指针。所有的字典和自由链表操作均应具有 $O(1)$ 的期望运行时间。该自由链表需要是双

向链表吗？或者，是不是单链表就足够了呢？

11.2-5 假设将一个具有 n 个关键字的集合存储到一个大小为 m 的散列表中。试说明如果这些关键字均源于全域 U，且 $|U| > nm$，则 U 中还有一个大小为 n 的子集，其由散列到同一槽位中的所有关键字构成，使得链接法散列的查找时间最坏情况下为 $\Theta(n)$。

11.2-6 假设将 n 个关键字存储到一个大小为 m 且通过链接法解决冲突的散列表中，同时已知每条链的长度，包括其中最长链的长度 L，请描述从散列表的所有关键字中均匀随机地选择某一元素并在 $O(L \cdot (1 + 1/\alpha))$ 的期望时间内返回该关键字的过程。

261

11.3 散列函数

本节将讨论一些关于如何设计好的散列函数的问题，并介绍三种具体方法。其中的两种方法（用除法进行散列和用乘法进行散列）本质上属于启发式方法，而第三种方法（全域散列）则利用了随机技术来提供可证明的良好性能。

好的散列函数的特点

一个好的散列函数应（近似地）满足简单均匀散列假设：每个关键字都被等可能地散列到 m 个槽位中的任何一个，并与其他关键字已散列到哪个槽位无关。遗憾的是，一般无法检查这一条件是否成立，因为很少能知道关键字散列所满足的概率分布，而且各关键字可能并不是完全独立的。

有时，我们知道关键字的概率分布。例如，如果各关键字都是随机的实数 k，它们独立均匀地分布于 $0 \leqslant k < 1$ 范围中，那么散列函数

$$h(k) = \lfloor km \rfloor$$

就能满足简单均匀散列的假设条件。

在实际应用中，常常可以运用启发式方法来构造性能好的散列函数。设计过程中，可以利用关键字分布的有用信息。例如，在一个编译器的符号表中，关键字都是字符串，表示程序中的标识符。一些很相近的符号经常会出现在同一个程序中，如 pt 和 pts。好的散列函数应能将这些相近符号散列到相同槽中的可能性最小化。

一种好的方法导出的散列值，在某种程度上应独立于数据可能存在的任何模式。例如，"除法散列"（11.3.1 节中要介绍）用一个特定的素数来除所给的关键字，所得的余数即为该关键字的散列值。假定所选择的素数与关键字分布中的任何模式都是无关的，这种方法常常可以给出好的结果。

最后，注意到散列函数的某些应用可能会要求比简单均匀散列更强的性质。例如，可能希望某些很近似的关键字具有截然不同的散列值（使用 11.4 节中定义的线性探查技术时，这一性质特别有用）。11.3.3 节中将介绍的全域散列（universal hashing）通常能够提供这些性质。

262

将关键字转换为自然数

多数散列函数都假定关键字的全域为自然数集 $\mathbf{N} = \{0, 1, 2, \cdots\}$。因此，如果所给关键字不是自然数，就需要找到一种方法来将它们转换为自然数。例如，一个字符串可以被转换为按适当的基数符号表示的整数。这样，就可以将标识符 pt 转换为十进制整数对 (112, 116)，这是因为在 ASCII 字符集中，p=112，t=116。然后，以 128 为基数来表示，pt 即为 $(112 \times 128) + 116 = 14\,452$。在一特定的应用场合，通常还能设计出其他类似的方法，将每个关键字转换为一个（可能是很大的）自然数。在后面的内容中，假定所给的关键字都是自然数。

11.3.1 除法散列法

在用来设计散列函数的除法散列法中，通过取 k 除以 m 的余数，将关键字 k 映射到 m 个槽

中的某一个上，即散列函数为：

$$h(k) = k \bmod m$$

例如，如果散列表的大小为 $m=12$，所给关键字 $k=100$，则 $h(k)=4$。由于只需做一次除法操作，所以除法散列法是非常快的。

当应用除法散列法时，要避免选择 m 的某些值。例如，m 不应为 2 的幂，因为如果 $m=2^p$，则 $h(k)$ 就是 k 的 p 个最低位数字。除非已知各种最低 p 位的排列形式为等可能的，否则在设计散列函数时，最好考虑关键字的所有位。练习 11.3-3 要求读者证明，当 k 是一个按基数 2^p 表示的字符串时，选 $m=2^p-1$ 可能是一个糟糕的选择，因为排列 k 的各字符并不会改变其散列值。

一个不太接近 2 的整数幂的素数，常常是 m 的一个较好的选择。例如，假定我们要分配一张散列表并用链接法解决冲突，表中大约要存放 $n=2\,000$ 个字符串，其中每个字符有 8 位。如果我们不介意一次不成功的查找需要平均检查 3 个元素，这样分配散列表的大小为 $m=701$。选择 701 这个数的原因是，它是一个接近 $2\,000/3$ 但又不接近 2 的任何次幂的素数。把每个关键字 k 视为一个整数，则散列函数如下：

$$h(k) = k \bmod 701$$

11.3.2 乘法散列法

构造散列函数的乘法散列法包含两个步骤。第一步，用关键字 k 乘上常数 $A(0<A<1)$，并提取 kA 的小数部分。第二步，用 m 乘以这个值，再向下取整。总之，散列函数为：

$$h(k) = \lfloor m(kA \bmod 1) \rfloor$$

这里"$kA \bmod 1$"是取 kA 的小数部分，即 $kA-\lfloor kA \rfloor$。

乘法散列法的一个优点是对 m 的选择不是特别关键，一般选择它为 2 的某个幂次（$m=2^p$，p 为某个整数），这是因为我们可以在大多数计算机上，按下面所示方法较容易地实现散列函数。假设某计算机的字长为 w 位，而 k 正好可用一个单字表示。限制 A 为形如 $s/2^w$ 的一个分数，其中 s 是一个取自 $0<s<2^w$ 的整数。参见图 11-4，先用 w 位整数 $s=A \cdot 2^w$ 乘上 k，其结果是一个 $2w$ 位的值 $r_1 2^w + r_0$，这里 r_1 为乘积的高位字，r_0 为乘积的低位字。所求的 p 位散列值中，包含了 r_0 的 p 个最高有效位。

虽然这个方法对任何的 A 值都适用，但对某些值效果更好。最佳的选择与待散列的数据的特征有关。Knuth[211]认为

$$A \approx (\sqrt{5}-1)/2 = 0.618\,033\,988\,7\cdots \tag{11.2}$$

是个比较理想的值。

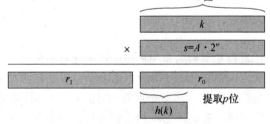

图 11-4　散列的乘法方法。关键字 k 的 w 位表示乘上 $s=A \cdot 2^w$ 的 w 位值。在乘积的低 w 位中，p 个最高位构成了所需的散列值 $h(k)$

作为一个例子，假设 $k=123\,456$，$p=14$，$m=2^{14}=16\,384$，且 $w=32$。依据 Knuth 的建议，取 A 为形如 $s/2^{32}$ 的分数，它与 $(\sqrt{5}-1)/2$ 最为接近，于是 $A=2\,654\,435\,769/2^{32}$。那么，$k \times s = 327\,706\,022\,297\,664 = (76\,300 \times 2^{32}) + 17\,612\,864$，从而有 $r_1=76\,300$ 和 $r_0=17\,612\,864$。r_0 的 14 个最高有效位产生了散列值 $h(k)=67$。

*11.3.3 全域散列法

如果让一个恶意的对手来针对某个特定的散列函数选择要散列的关键字，那么他会将 n 个关

键字全部散列到同一个槽中，使得平均的检索时间为 $\Theta(n)$。任何一个特定的散列函数都可能出现这种令人恐怖的最坏情况。唯一有效的改进方法是随机地选择散列函数，使之独立于要存储的关键字。这种方法称为**全域散列**（universal hashing），不管对手选择了怎么样的关键字，其平均性能都很好。

全域散列法在执行开始时，就从一组精心设计的函数中，随机地选择一个作为散列函数。就像在快速排序中一样，随机化保证了没有哪一种输入会始终导致最坏情况性能。因为随机地选择散列函数，算法在每一次执行时都会有所不同，甚至对于相同的输入都会如此。这样就可以确保对于任何输入，算法都具有较好的平均情况性能。再回到编译器的符号表的例子，在全域散列方法中，可以发现程序员对标识符的选择就不会总是导致较差的散列性能了。仅当编译器选择了一个随机的散列函数，使得标识符的散列效果较差时，才会出现较差的性能。但出现这种情况的概率很小，并且这一概率对任何相同大小的标识符集来说都是一样的。

设 $\mathcal{H}$ 为一组有限散列函数，它将给定的关键字全域 U 映射到 $\{0, 1, \cdots, m-1\}$ 中。这样的一个函数组称为**全域的**（universal），如果对每一对不同的关键字 k，$l \in U$，满足 $h(k)=h(l)$ 的散列函数 $h \in \mathcal{H}$ 的个数至多为 $|\mathcal{H}|/m$。换句话说，如果从 $\mathcal{H}$ 中随机地选择一个散列函数，当关键字 $k \neq l$ 时，两者发生冲突的概率不大于 $1/m$，这也正好是从集合 $\{0, 1, \cdots, m-1\}$ 中独立地随机选择 $h(k)$ 和 $h(l)$ 时发生冲突的概率。

下面的定理表明，全域散列函数类的平均性态是比较好的。注意 n_i 表示链表 $T[i]$ 的长度。

定理 11.3 如果 h 选自一组全域散列函数，将 n 个关键字散列到一个大小为 m 的表 T 中，并用链接法解决冲突。如果关键字 k 不在表中，则 k 被散列至其中的链表的期望长度 $\mathrm{E}[n_{h(k)}]$ 至多为 $\alpha = n/m$。如果关键字 k 在表中，则包含关键字 k 的链表的期望长度 $\mathrm{E}[n_{h(k)}]$ 至多为 $1 + \alpha$。

证明 注意到，此处的期望值与散列函数的选择有关，且不依赖于任何有关关键字分布的假设。对于每对不同的关键字 k 和 l，定义指示器随机变量 $X_{kl} = \mathrm{I}\{h(k)=h(l)\}$。因为由全域散列函数的定义，一对关键字发生冲突的概率至多为 $1/m$，我们有 $\Pr\{h(k)=h(l)\} \leqslant 1/m$。根据引理 5.1，所以有 $\mathrm{E}[X_{kl}] \leqslant 1/m$。

接下来，对每个关键字 k，定义随机变量 Y_k，它表示与 k 散列到同一槽位中的非 k 的其他关键字的数目。于是，有

$$Y_k = \sum_{\substack{l \in T \\ l \neq k}} X_{kl}$$

从而，有

$$\mathrm{E}[Y_k] = \mathrm{E}\Big[\sum_{\substack{l \in T \\ l \neq k}} X_{kl}\Big] = \sum_{\substack{l \in T \\ l \neq k}} \mathrm{E}[X_{kl}] \qquad （根据期望的线性性）$$

$$\leqslant \sum_{\substack{l \in T \\ l \neq k}} \frac{1}{m}$$

余下部分的证明按关键字 k 是否在表 T 中，分情况讨论：

- 如果 $k \notin T$，则 $n_{h(k)} = Y_k$，并且 $|\{l: l \in T \text{ 且 } l \neq k\}| = n$。于是，$\mathrm{E}[n_{h(k)}] = \mathrm{E}[Y_k] \leqslant n/m = \alpha$。
- 如果 $k \in T$，那么由于关键字 k 出现在链表 $T[h(k)]$ 中，且计数 Y_k 中并没有包括关键字 k，因而有 $n_{h(k)} = Y_k + 1$，并且 $|\{l: l \in T \text{ 且 } l \neq k\}| = n-1$。于是，$\mathrm{E}[n_{h(k)}] = \mathrm{E}[Y_k] + 1 \leqslant (n-1)/m + 1 = 1 + \alpha - 1/m < 1 + \alpha$。 ■

下面的推论说明全域散列法达到了期望的效果：现在对手已经无法通过选择一个操作序列来迫使达到最坏情况运行时间了。通过在运行时聪明地随机选择散列函数，就可以确保每一个操作序列都具有良好的平均情况运行时间。

推论 11.4 对于一个具有 m 个槽位且初始时为空的表，利用全域散列法和链接法解决冲突，

需要 $\Theta(n)$ 的期望时间来处理任何包含了 n 个 INSERT、SEARCH 和 DELETE 的操作序列，其中该序列包含了 $O(m)$ 个 INSERT 操作。

证明 由于插入操作的数目为 $O(m)$，有 $n=O(m)$，从而有 $\alpha=O(1)$。INSERT 操作和 DELETE 操作需要常量时间，由定理 11.3，每一个 SEARCH 操作的期望时间为 $O(1)$。于是，根据期望值的线性性质可知，整个 n 个操作序列的期望时间为 $O(n)$。因为每个操作所用时间为 $\Omega(1)$，所以 $\Theta(n)$ 的界成立。 ∎

设计一个全域散列函数类

设计一个全域散列函数类很容易，只需一点数论方面的知识即可加以证明。读者如果对数论不熟悉，可以先阅读第 31 章。

首先，选择一个足够大的素数 p，使得每一个可能的关键字 k 都落在 0 到 $p-1$ 的范围内（包括 0 和 $p-1$）。设 $\mathbf{Z}_p$ 表示集合 $\{0, 1, \cdots, p-1\}$，$\mathbf{Z}_p^*$ 表示集合 $\{1, 2, \cdots, p-1\}$。由于 p 是一个素数，故可以用第 31 章中给出的方法来求解模 p 的方程。因为我们假定了关键字全域的大小大于散列表中的槽数，故有 $p>m$。

现在，对于任何 $a\in\mathbf{Z}_p^*$ 和任何 $b\in\mathbf{Z}_p$，定义散列函数 h_{ab}。利用一次线性变换，再进行模 p 和模 m 的归约，有

$$h_{ab}(k) = ((ak + b)\bmod p)\bmod m \tag{11.3}$$

例如，如果 $p=17$ 和 $m=6$，则有 $h_{3,4}(8)=5$。所有这样的散列函数构成的函数簇为

$$\mathcal{H}_{pm} = \{h_{ab} : a \in \mathbf{Z}_p^*,\quad b \in \mathbf{Z}_p\} \tag{11.4}$$

每一个散列函数 h_{ab} 都将 $\mathbf{Z}_p$ 映射到 $\mathbf{Z}_m$。这一类散列函数具有一个良好的性质，即输出范围的大小 m 是任意的，不必是一个素数。11.5 节将用到这一特性。由于对 a 来说有 $p-1$ 种选择，对 b 来说有 p 种选择，故 $\mathcal{H}_{pm}$ 中包含 $p(p-1)$ 个散列函数。

定理 11.5 由公式 (11.3) 和公式 (11.4) 定义的散列函数簇 $\mathcal{H}_{pm}$ 是全域的。

证明 考虑 $\mathbf{Z}_p$ 中的两个不同关键字 k 和 l，即 $k\neq l$。对于某一个给定的散列函数 h_{ab}，设

$$r = (ak + b)\bmod p$$
$$s = (al + b)\bmod p$$

首先，注意到 $r\neq s$。这是为什么？因为

$$r-s \equiv a(k-l)\pmod p$$

可以导出 $r\neq s$，这是因为 p 为素数，且 a 和 $(k-1)$ 模 p 的结果均不为 0，于是根据定理 31.6，它们的乘积模 p 后也不为 0。于是，计算任何 $h_{ab}\in\mathcal{H}_{pm}$ 时，不同的输入 k 和 l 会被映射至不同的值 r 和 s（模 p）；在模 p 层次上，尚不存在冲突。此外，数对 $(a, b)(a\neq0)$ 有 $p(p-1)$ 种可能的选择，其中的每一种都会产生一个不同的结果数对 $(r, s)(r\neq s)$，这是因为给定 r 和 s 后，可以解出 a 和 b：

$$a = ((r-s)((k-l)^{-1}\bmod p))\bmod p$$
$$b = (r-ak)\bmod p$$

其中 $((k-l)^{-1}\bmod p)$ 表示 $k-l$ 倒数后的模 p。因为仅有 $p(p-1)$ 种可能的数对 $(r, s)(r\neq s)$，所以在数对 $(a, b)(a\neq0)$ 与数对 $(r, s)(r\neq s)$ 之间，存在一个一一对应关系。于是，对任何给定的输入对 k 和 l，如果从 $\mathbf{Z}_p^* \times \mathbf{Z}_p$ 中均匀地随机选择 (a, b)，则结果数对 (r, s) 就等可能地为任何不同的数值对（模 p）。

因此，当 r 和 s 为随机选择的不同的值（模 p）时，不同的关键字 k 和 l 发生冲突的概率等于 $r\equiv s\pmod m$ 的概率。对于某个给定的 r 值，s 的可能取值就为余下的 $p-1$ 种，其中满足 $s\neq r$ 且 $s\equiv r\pmod m$ 的 s 值的数目至多为：

$$\lceil p/m \rceil - 1 \leqslant ((p+m-1)/m) - 1 \qquad \text{（根据不等式 (3.6)）}$$

$$= (p-1)/m$$

当模 m 进行归约时，s 与 r 发生冲突的概率至多为 $((p-1)/m)/(p-1)=1/m$。

所以，对于任何不同的数对 k，$l \in \mathbf{Z}_p$，有

$$\Pr\{h_{ab}(k) = h_{ab}(l)\} \leqslant 1/m$$

于是，$\mathcal{H}_{pm}$ 的确是全域的。 ∎

练习

11.3-1 假设我们希望查找一个长度为 n 的链表，其中每一个元素都包含一个关键字 k 并具有散列值 $h(k)$。每一个关键字都是长字符串。那么在表中查找具有给定关键字的元素时，如何利用各元素的散列值呢？

11.3-2 假设将一个长度为 r 的字符串散列到 m 个槽中，并将其视为一个以 128 为基数的数，要求应用除法散列法。我们可以很容易地把数 m 表示为一个 32 位的机器字，但对长度为 r 的字符串，由于它被当做以 128 为基数的数来处理，就要占用若干个机器字。假设应用除法散列法来计算一个字符串的散列值，那么如何才能在除了该串本身占用的空间外，只利用常数个机器字？

11.3-3 考虑除法散列法的另一种版本，其中 $h(k)=k \bmod m$，$m=2^p-1$，k 为按基数 2^p 表示的字符串。试证明：如果串 x 可由串 y 通过其自身的字符置换排列导出，则 x 和 y 具有相同的散列值。给出一个应用的例子，其中这一特性在散列函数中是不希望出现的。

11.3-4 考虑一个大小为 $m=1\,000$ 的散列表和一个对应的散列函数 $h(k)=\lfloor m(kA \bmod 1)\rfloor$，其中 $A=(\sqrt{5}-1)/2$，试计算关键字 61、62、63、64 和 65 被映射到的位置。

*11.3-5 定义一个从有限集合 U 到有限集合 B 上的散列函数簇 $\mathcal{H}$ 为 ε 全域的，如果对 U 中所有的不同元素对 k 和 l，都有

$$\Pr\{h(k) = h(l)\} \leqslant \varepsilon$$

其中概率是相对从函数簇 $\mathcal{H}$ 中随机抽取的散列函数 h 而言的。试证明：一个 ε 全域的散列函数簇必定满足：

$$\varepsilon \geqslant \frac{1}{|B|} - \frac{1}{|U|}$$

*11.3-6 设 U 为由取自 $\mathbf{Z}_p$ 中的值构成的 n 元组集合，并设 $B=\mathbf{Z}_p$，其中 p 为素数。对于一个取自 U 的输入 n 元组 $\langle a_0, a_1, \cdots, a_{n-1}\rangle$，定义其上的散列函数 $h_b: U \rightarrow B(b \in \mathbf{Z}_p)$ 为：

$$h_b(\langle a_0, a_1, \cdots, a_{n-1}\rangle) = \left(\sum_{j=0}^{n-1} a_j b^j\right) \bmod p$$

并且设 $\mathcal{H}=\{h_b: b \in \mathbf{Z}_p\}$。根据练习 11.3-5 中 ε 全域的定义，证明 $\mathcal{H}$ 是 $((n-1)/p)$ 全域的。（提示：见练习 31.4-4。）

11.4 开放寻址法

在**开放寻址法**（open addressing）中，所有的元素都存放在散列表里。也就是说，每个表项或包含动态集合的一个元素，或包含 NIL。当查找某个元素时，要系统地检查所有的表项，直到找到所需的元素，或者最终查明该元素不在表中。不像链接法，这里既没有链表，也没有元素存放在散列表外。因此在开放寻址法中，散列表可能会被填满，以至于不能插入任何新的元素。该方法导致的一个结果便是装载因子 α 绝对不会超过 1。

当然，也可以将用作链接的链表存放在散列表未用的槽中（见练习 11.2-4），但开放寻址法的好处就在于它不用指针，而是计算出要存取的槽序列。于是，不用存储指针而节省的空间，使得可以用同样的空间来提供更多的槽，潜在地减少了冲突，提高了检索速度。

为了使用开放寻址法插入一个元素，需要连续地检查散列表，或称为**探查**(probe)，直到找到一个空槽来放置待插入的关键字为止。检查的顺序不一定是 0，1，…，$m-1$(这种顺序下的查找时间为 $\Theta(n)$)，而是要依赖于待插入的关键字。为了确定要探查哪些槽，我们将散列函数加以扩充，使之包含探查号(从 0 开始)以作为其第二个输入参数。这样，散列函数就变为：

$$h:U \times \{0,1,\cdots,m-1\} \to \{0,1,\cdots,m-1\}$$

对每一个关键字 k，使用开放寻址法的**探查序列**(probe sequence)

$$\langle h(k,0),h(k,1),\cdots,h(k,m-1) \rangle$$

是 $\langle 0，1，\cdots，m-1 \rangle$ 的一个排列，使得当散列表逐渐填满时，每一个表位最终都可以被考虑为用来插入新关键字的槽。在下面的伪代码中，假设散列表 T 中的元素为无卫星数据的关键字；关键字 k 等同于包含关键字 k 的元素。每个槽或包含一个关键字，或包含 NIL(如果该槽为空)。HASH-INSERT 过程以一个散列表 T 和一个关键字 k 为输入，其要么返回关键字 k 的存储槽位，要么因为散列表已满而返回出错标志。

```
HASH-INSERT(T,k)
1   i=0
2   repeat
3       j=h(k,i)
4       if T[j]==NIL
5           T[j]=k
6               return j
7       else i=i+1
8   until i==m
9   error "hash table overflow"
```

查找关键字 k 的算法的探查序列与将 k 插入时的算法一样。因此，查找过程中碰到一个空槽时，查找算法就(非成功地)停止，因为如果 k 在表中，它就应该在此处，而不会在探查序列随后的位置上(之所以这样说，是假定了关键字不会从散列表中删除)。过程 HASH-SEARCH 的输入为一个散列表 T 和一个关键字 k，如果槽 j 中包含了关键字 k，则返回 i；如果 k 不在表 T 中，则返回 NIL。

```
HASH-SEARCH(T,k)
1   i=0
2   repeat
3       j=h(k,i)
4       if T[j]==k
5           return j
6       i=i+1
7   until T[j]==NIL or i==m
8   return NIL
```

从开放寻址法的散列表中删除操作元素比较困难。当我们从槽 i 中删除关键字时，不能仅将 NIL 置于其中来标识它为空。如果这样做，就会有问题：在插入关键字 k 时，发现槽 i 被占用了，则 k 就被插入到后面的位置上；此时将槽 i 中的关键字删除后，就无法检索到关键字 k 了。有一个解决办法，就是在槽 i 中置一个特定的值 DELETED 替代 NIL 来标记该槽。这样就要对过程 HASH-INSERT 做相应的修改，将这样的一个槽当做空槽，使得在此仍然可以插入新的关键字。对 HASH-SEARCH 无需做什么改动，因为它在搜索时会绕过 DELETED 标识。但是，当我们使用特殊的值 DELETED 时，查找时间就不再依赖于装载因子 α 了。为此，在必须删除关键字的应用中，更常见的做法是采用链接法来解决冲突。

在我们的分析中，做一个**均匀散列**（uniform hashing）的假设：每个关键字的探查序列等可能地为$\langle 0, 1, \cdots, m-1\rangle$的$m!$种排列中的任一种。均匀散列将前面定义过的简单均匀散列的概念加以了一般化，推广到散列函数的结果不只是一个数，而是一个完整的探查序列。然而，真正的均匀散列是难以实现的，在实际应用中，常常采用它的一些近似方法（如下面定义的双重散列等）。

有三种技术常用来计算开放寻址法中的探查序列：线性探查、二次探查和双重探查。这几种技术都能保证对每个关键字k，$\langle h(k, 0), h(k, 1), \cdots, h(k, m-1)\rangle$都是$\langle 0, 1, \cdots, m-1\rangle$的一个排列。但是，这些技术都不能满足均匀散列的假设，因为它们能产生的不同探查序列数都不超过m^2个（均匀散列要求有$m!$个探查序列）。在三种技术中，双重散列产生的探查序列数最多，似乎能给出最好的结果。

271

线性探查

给定一个普通的散列函数$h': U \rightarrow \{0, 1, \cdots, m-1\}$，称之为**辅助散列函数**（auxiliary hash function），**线性探查**（linear probing）方法采用的散列函数为：

$$h(k, i) = (h'(k) + i) \bmod m, \quad i = 0, 1, \cdots, m-1$$

给定一个关键字k，首先探查槽$T[h'(k)]$，即由辅助散列函数所给出的槽位。再探查槽$T[h'(k)+1]$，依此类推，直至槽$T[m-1]$。然后，又绕到槽$T[0]$，$T[1]$，$\cdots$，直到最后探查到槽$T[h'(k)-1]$。在线性探查方法中，初始探查位置决定了整个序列，故只有m种不同的探查序列。

线性探查方法比较容易实现，但它存在着一个问题，称为**一次群集**（primary clustering）。随着连续被占用的槽不断增加，平均查找时间也随之不断增加。群集现象很容易出现，这是因为当一个空槽前有i个满的槽时，该空槽为下一个将被占用的概率是$(i+1)/m$。连续被占用的槽就会变得越来越长，因而平均查找时间也会越来越大。

二次探查

二次探查（quadratic probing）采用如下形式的散列函数：

$$h(k, i) = (h'(k) + c_1 i + c_2 i^2) \bmod m \tag{11.5}$$

其中h'是一个辅助散列函数，c_1和c_2为正的辅助常数，$i = 0, 1, \cdots, m-1$。初始的探查位置为$T[h'(k)]$，后续的探查位置要加上一个偏移量，该偏移量以二次的方式依赖于探查序号i。这种探查方法的效果要比线性探查好得多，但是，为了能够充分利用散列表，c_1、c_2和m的值要受到限制。思考题 11-3 给出了一种选择这几个参数的方法。此外，如果两个关键字的初始探查位置相同，那么它们的探查序列也是相同的，这是因为$h(k_1, 0) = h(k_2, 0)$蕴涵着$h(k_1, i) = h(k_2, i)$。这一性质可导致一种轻度的群集，称为**二次群集**（secondary clustering）。像在线性探查中一样，初始探查位置决定了整个序列，这样也仅有m个不同的探查序列被用到。

双重散列

双重散列（double hashing）是用于开放寻址法的最好方法之一，因为它所产生的排列具有随机选择排列的许多特性。双重散列采用如下形式的散列函数：

$$h(k, i) = (h_1(k) + i h_2(k)) \bmod m$$

其中h_1和h_2均为辅助散列函数。初始探查位置为$T[h_1(k)]$，后续的探查位置是前一个位置加上偏移量$h_2(k)$模m。因此，不像线性探查或二次探查，这里的探查序列以两种不同方式依赖于关键字k，因为初始探查位置、偏移量或者二者都可能发生变化。图 11-5 给出了一个使用双重散列法进行插入的例子。

272

为了能查找整个散列表，值$h_2(k)$必须要与表的大小m互素（见练习 11.4-4）。有一种简便的方法确保这个条件成立，就是取m为 2 的幂，并设计一个总产生奇数的h_2。另一种方法是取m为素数，并设计一个总是返回较m小的正整数的函数h_2。例如，我们可以取m为素数，并取

$$h_1(k) = k \bmod m, h_2(k) = 1 + (k \bmod m')$$

其中 m' 略小于 m（比如，$m-1$）。例如，如果
$k = 123\,456$，$m = 701$，$m' = 700$，则有 $h_1(k) =$
80，$h_2(k) = 257$，可知我们的第一个探查位置
为 80，然后检查每第 257 个槽（模 m），直到找
到该关键字，或者遍历了所有的槽。

当 m 为素数或者 2 的幂时，双重散列法中
用到了 $\Theta(m^2)$ 种探查序列，而线性探查或二次
探查中用了 $\Theta(m)$ 种，故前者是后两种方法的一
种改进。因为每一对可能的 $(h_1(k)，h_2(k))$ 都
会产生一个不同的探查序列。因此，对于 m 的
每一种可能取值，双重散列的性能看起来就非
常接近"理想的"均匀散列的性能。

尽管除素数和 2 的幂以外的 m 值在理论上
也能用于双重散列中，但是在实际中，要高效
地产生 $h_2(k)$ 确保使其与 m 互素，将变得更加
困难。部分原因是这些数的相对密度 $\phi(m)/m$
可能较小（见公式（31.24））。

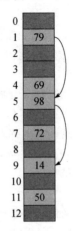

图 11-5　双重散列法的插入。此处，散列表的大小
为 13，$h_1(k) = k \bmod 13$，$h_2(k) = 1 +$
$(k \bmod 11)$。因为 $14 \equiv 1 (\bmod 13)$，且 $14 \equiv$
$3(\bmod 11)$，故在探查了槽 1 和槽 5，并发现
它们被占用后，关键字 14 被插入到槽 9 中

开放寻址散列的分析

像在链接法中的分析一样，开放寻址法的分析也是以散列表的装载因子 $\alpha = n/m$ 来表达的。
当然，使用开放寻址法，每个槽中至多只有一个元素，因而 $n \le m$，也就意味着 $\alpha \le 1$。

假设采用的是均匀散列。在这种理想的方法中，用于插入或查找每一个关键字 k 的探查序列
$\langle h(k, 0), h(k, 1), \cdots, h(k, m-1)\rangle$ 等可能地为 $\langle 0, 1, \cdots, m-1\rangle$ 的任意一种排列。当然，
每一个给定的关键字有其相应的唯一固定的探查序列。我们这里想说的是，考虑到关键字空间
上的概率分布及散列函数施于这些关键字上的操作，每一种探查序列都是等可能的。

现在就来分析在均匀散列的假设下，用开放寻址法来进行散列时探查的期望次数。先来分
析一次不成功查找时的探查次数。

定理 11.6　给定一个装载因子为 $\alpha = n/m < 1$ 的开放寻址散列表，并假设是均匀散列的，则
对于一次不成功的查找，其期望的探查次数至多为 $1/(1-\alpha)$。

证明　在一次不成功的查找中，除了最后一次探查，每一次探查都要检查一个被占用但并
不包含所求关键字的槽，最后检查的槽是空的。先定义随机变量 X 为一次不成功查找的探查次
数，再定义事件 $A_i(i = 1, 2, \cdots)$ 为第 i 次探查且探查到的是一个已经被占用的槽。那么，事件
$\{X \ge i\}$ 即为事件 $A_1 \cap A_2 \cap \cdots \cap A_{i-1}$ 的交集。下面通过给出 $\Pr\{A_1 \cap A_2 \cap \cdots \cap A_{i-1}\}$ 的界来得到
$\Pr\{X \ge i\}$ 的界。根据练习 C.2-5，有

$$\Pr\{A_1 \cap A_2 \cap \cdots \cap A_{i-1}\} = \Pr\{A_1\} \cdot \Pr\{A_2 \mid A_1\} \cdot \Pr\{A_3 \mid A_1 \cap A_2\} \cdots$$
$$\Pr\{A_{i-1} \mid A_1 \cap A_2 \cap \cdots \cap A_{i-2}\}$$

由于有 n 个元素和 m 个槽，所以 $\Pr\{A_1\} = n/m$。对于 $j > 1$，在前 $j-1$ 次探查到的都是已占用槽
的前提下，第 j 次探查且探查到的仍是已占用槽的概率是 $(n-j+1)/(m-j+1)$。这是因为要在
$(m-(j-1))$ 个未探查的槽中，查找余下的 $(n-(j-1))$ 个元素中的某一个。由均匀散列的假设
知，这一概率为这两个量的比值。注意到 $n < m$，对于所有 $j(0 \le j < m)$，就有 $(n-j)/(m-j) \le$
n/m。于是，对所有 $i(1 \le i \le m)$，有

$$\Pr\{X \ge i\} = \frac{n}{m} \cdot \frac{n-1}{m-1} \cdot \frac{n-2}{m-2} \cdots \frac{n-i+2}{m-i+2} \le \left(\frac{n}{m}\right)^{i-1} = \alpha^{i-1}$$

现在，再利用公式(C.25)来得出探查期望数的界：

$$\mathrm{E}[X] = \sum_{i=1}^{\infty} \Pr\{X \geqslant i\} \leqslant \sum_{i=1}^{\infty} \alpha^{i-1} = \sum_{i=0}^{\infty} \alpha^i = \frac{1}{1-\alpha} \qquad \blacksquare$$

$1/(1-\alpha)=1+\alpha+\alpha^2+\alpha^3+\cdots$ 的这个界有一个直观的解释。无论如何，总要进行第一次探查。第一次探查发现的是一个已占用的槽时，必须要进行第二次探查，进行第二次探查的概率大约为 α。前两次探查所发现的槽均是已占用时，需要进行第三次探查，进行第三次探查的概率大约为 α^2，等等。

如果 α 是一个常数，由定理 11.6 可知，一次不成功查找的运行时间为 $O(1)$。例如，如果散列表一半是满的，一次不成功查找的平均探查数至多是 $1/(1-0.5)=2$。如果散列表是 90% 满的，则平均探查数至多为 $1/(1-0.9)=10$。

根据定理 11.6，几乎直接可以得到 HASH-INSERT 过程的性能。

推论 11.7 假设采用的是均匀散列，平均情况下，向一个装载因子为 α 的开放寻址散列表中插入一个元素至多需要做 $1/(1-\alpha)$ 次探查。

证明 只有当表中有空槽时，才可以插入新元素，故 $\alpha<1$。插入一个关键字要先做一次不成功的查找，然后将该关键字置入第一个遇到的空槽中。所以，期望的探查次数至多为 $1/(1-\alpha)$。 $\blacksquare$

对于一次成功的查找，需要稍做一些工作来得到探查的期望次数。

定理 11.8 对于一个装载因子为 $\alpha<1$ 的开放寻址散列表，一次成功查找中的探查期望数至多为

$$\frac{1}{\alpha}\ln\frac{1}{1-\alpha}$$

假设采用均匀散列，且表中的每个关键字被查找的可能性是相同的。

证明 查找关键字 k 的探查序列与插入关键字为 k 的元素的探查序列是相同的。根据推论 11.7，如果 k 是第 $(i+1)$ 个被插入表中的关键字，则对 k 的一次查找中，探查的期望次数至多为 $1/(1-i/m)=m/(m-i)$。对散列表中所有 n 个关键字求平均，则得到一次成功查找的探查期望次数为：

$$\frac{1}{n}\sum_{i=0}^{n-1}\frac{m}{m-i} = \frac{m}{n}\sum_{i=0}^{n-1}\frac{1}{m-i} = \frac{1}{\alpha}\sum_{k=m-n+1}^{m}\frac{1}{k} \leqslant \frac{1}{\alpha}\int_{m-n}^{m}(1/x)\,\mathrm{d}x \qquad (由不等式(A.12))$$

$$= \frac{1}{\alpha}\ln\frac{m}{m-n} = \frac{1}{\alpha}\ln\frac{1}{1-\alpha} \qquad \blacksquare$$

如果散列表是半满的，则一次成功的查找中，探查的期望数小于 1.387。如果散列表为 90% 满的，则探查的期望数小于 2.559。

练习

11.4-1 考虑用开放寻址法将关键字 10、22、31、4、15、28、17、88、59 插入到一长度为 $m=11$ 的散列表中，辅助散列函数为 $h'(k)=k$。试说明分别用线性探查、二次探查($c_1=1$，$c_2=3$)和双重散列($h_1(k)=k$，$h_2(k)=1+(k \bmod(m-1))$)将这些关键字插入散列表的过程。

11.4-2 试写出 HASH-DELETE 的伪代码；修改 HASH-INSERT，使之能处理特殊值 DELETED。

11.4-3 考虑一个采用均匀散列的开放寻址散列表。当装载因子为 3/4 和 7/8 时，试分别给出一次不成功查找和一次成功查找的探查期望数上界。

*11.4-4 假设采用双重散列来解决冲突，即所用的散列函数为 $h(k,i)=(h_1(k)+ih_2(k))\bmod m$。试证明：如果对某个关键字 k，m 和 $h_2(k)$ 有最大公约数 $d\geqslant 1$，则在对关键字 k 的一次

不成功查找中，在返回槽 $h_1(k)$ 之前，要检查散列表中第 $(1/d)$ 个元素。于是，当 $d=1$ 时，m 与 $h_2(k)$ 互素，查找操作可能要检查整个散列表。（提示：见第 31 章。）

*11.4-5 考虑一个装载因子为 α 的开放寻址散列表。找出一个非零的 α 值，使得一次不成功查找的探查期望数是一次成功查找的探查期望数的 2 倍。这两个探查期望数可以使用定理 11.6 和定理 11.8 中给定的上界。

*11.5 完全散列

使用散列技术通常是个好的选择，不仅是因为它有优异的平均情况性能，而且当关键字集合是**静态**(static)时，散列技术也能提供出色的最坏情况性能。所谓静态，就是指一旦各关键字存入表中，关键字集合就不再变化了。一些应用存在着天然的静态关键字集合，如程序设计语言中的保留字集合，或者 CD-ROM 上的文件名集合。一种散列方法称为**完全散列**(perfect hashing)，如果该方法进行查找时，能在最坏情况下用 $O(1)$ 次访存完成。

我们采用两级的散列方法来设计完全散列方案，在每级上都使用全域散列。图 11-6 描述了该方法。

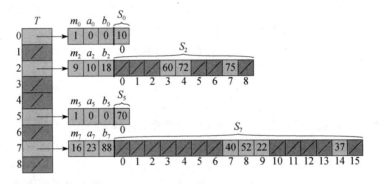

图 11-6　利用完全散列技术来存储关键字集合 $K = \{10, 22, 37, 40, 52, 60, 70, 72, 75\}$。外层的散列函数为 $h(k) = ((ak+b) \bmod p) \bmod m$，这里 $a=3$，$b=42$，$p=101$，$m=9$。例如，$h(75)=2$，因此，关键字 75 散列到表 T 的槽 2 中。一个二级散列表 S_j 中存储了所有散列到槽 j 中的关键字。散列表 S_j 的大小为 $m_j = n_j^2$，并且相关的散列函数为 $h_j(k) = ((a_j k + b_j) \bmod p) \bmod m_j$。因为 $h_2(75)=7$，故关键字 75 被存储在二级散列表 S_2 的槽 7 中。二级散列表没有冲突，因而查找操作在最坏情况下所需的时间为常数

第一级与带链接的散列表基本上是一样的：利用从某一全域散列函数簇中仔细选出的一个散列函数 h，将 n 个关键字散列到 m 个槽中。

然而，我们采用了一个较小的**二次散列表**(secondary hash table)S_j 及相关的散列函数 h_j，而不是将散列到槽 j 中的所有关键字建立一个链表。利用精心选择的散列函数 h_j，可以确保在第二级上不出现冲突。

但是，为了确保在第二级上不出现冲突，需要让散列表 S_j 的大小 m_j 为散列到槽 j 中的关键字数 n_j 的平方。尽管 m_j 对 n_j 的这种二次依赖看上去可能使得总体存储需求很大，但我们会在后面说明，通过适当地选择第一级散列函数，可以将预期使用的总体存储空间限制为 $O(n)$。

我们采用的散列函数是选自 11.3.3 节中的全域散列函数类。第一级散列函数选自类 $\mathcal{H}_{pm}$，其中 p 是一个比任何关键字值都要大的素数（见 11.3.3 节）。那些散列到槽 j 中的关键字通过利用一个从类 $\mathcal{H}_{p,m_j}$ 中选出的散列函数 h_j，被重新散列到一个大小为 m_j 的二次散列表 S_j 中。⊖

⊖　当 $n_j = m_j = 1$ 时，我们并不是真的需要为槽 j 选择一个散列函数；当为这样的槽选择一个散列函数 $h_{a,b}(k) = ((ak+b) \bmod p) \bmod m_j$ 时，我们也只是用了 $a=b=0$。

下面分两步进行。首先，要确定如何才能保证第二级散列表中不发生冲突。其次，要说明使用总体存储空间的期望数为 $O(n)$，这里包括主散列表和所有的二级散列表所占的空间。

定理 11.9 如果从一个全域散列函数类中随机选出散列函数 h，将 n 个关键字存储在一个大小为 $m=n^2$ 的散列表中，那么表中出现冲突的概率小于 $1/2$。

证明 共有 $\binom{n}{2}$ 对关键字可能发生冲突；如果 h 是从一个全域散列函数类 $\mathcal{H}$ 中随机选出，那么每一对关键字冲突的概率为 $1/m$。设 X 是一个统计冲突次数的随机变量。当 $m=n^2$ 时，期望的冲突次数为：

$$\mathrm{E}[X] = \binom{n}{2} \cdot \frac{1}{n^2} = \frac{n^2-n}{2} \cdot \frac{1}{n^2} < \frac{1}{2}$$

（注意，这里的分析类似于 5.4.1 节中关于生日悖论的分析。）再运用马尔可夫不等式(C.30)，$\Pr\{X \geqslant t\} \leqslant \mathrm{E}[X]/t$，将 $t=1$ 代入，即完成证明。∎

在定理 11.9 所描述的情形（即 $m=n^2$）中，对于一个从 $\mathcal{H}$ 中随机选出的散列函数 h，较有可能不发生冲突。给定待散列的包含 n 个关键字的集合 K（注意 K 是静态的），只需几次随机的尝试，就能比较容易地找出一个没有冲突的散列函数 h。

但当 n 比较大时，一个大小为 $m=n^2$ 的散列表还是很大的。因此，我们采用两级散列方法，并利用定理 11.9 中的做法，对每个槽中的关键字仅进行一次散列。一个外层的（或称为第一级的）散列函数 h 用于将各关键字散列到 $m=n$ 个槽中。那么，如果有 n_j 个关键字被散列到了槽 j 中，可以用一个大小为 $m_j=n_j^2$ 的二级散列表 S_j 来提供无冲突的常数时间查找。

现在再来看看如何确保所用总体存储空间为 $O(n)$ 的问题。由于第 j 个二级散列表的大小 m_j 以所存储的关键字数 n_j 的平方方式增长，因而存在着这样一种风险，即所需的总体存储空间量可能会很大。

如果第一级散列表的大小为 $m=n$，则用于存储主散列表、大小为 m_j 的二级散列表，以及用于存储二次散列函数 h_j 的参数 a_j 和 b_j（a_j 和 b_j 定义取自 11.3.3 节中类 $\mathcal{H}_{p,m}$ 的二次散列函数 h_j，对于 $n_j=1$ 和 $a=b=0$ 除外）的存储空间总量为 $O(n)$。下面的定理和一个推论给出了所有二级散列表的大小加起来后的期望值的界。第二个推论给出了所有二级散列表的大小加起来后超过线性时的概率的一个上界（实际上，后面的证明中，超过线性是指等于或大于 $4n$）。

定理 11.10 如果从某一个全域散列函数类中随机选出散列函数 h，用它将 n 个关键字存储到一个大小为 $m=n$ 的散列表中，则有

$$\mathrm{E}\left[\sum_{j=0}^{m-1} n_j^2\right] < 2n$$

这里 n_j 为散列到槽 j 中的关键字数。

证明 我们从下面的恒等式开始，这个等式对任何非负的整数 a 成立：

$$a^2 = a + 2\binom{a}{2} \tag{11.6}$$

于是，有

$$\mathrm{E}\left[\sum_{j=0}^{m-1} n_j^2\right] = \mathrm{E}\left[\sum_{j=0}^{m-1}\left(n_j + 2\binom{n_j}{2}\right)\right] \qquad （由式(11.6)）$$

$$= \mathrm{E}\left[\sum_{j=0}^{m-1} n_j\right] + 2\mathrm{E}\left[\sum_{j=0}^{m-1}\binom{n_j}{2}\right] \qquad （由期望的线性性）$$

$$= \mathrm{E}[n] + 2\mathrm{E}\left[\sum_{j=0}^{m-1}\binom{n_j}{2}\right] \qquad （由式(11.1)）$$

$$= n + 2E\left[\sum_{j=0}^{m-1}\binom{n_j}{2}\right] \qquad \text{（因为 } n \text{ 不是一个随机变量）}$$

为了计算和式 $\sum_{j=0}^{m-1}\binom{n_j}{2}$，注意到它正是散列表中发生冲突的关键字的总对数。根据全域散列性质，这一和式的期望值至多为

$$\binom{n}{2}\frac{1}{m} = \frac{n(n-1)}{2m} = \frac{n-1}{2}$$

因为 $m=n$。于是

$$E\left[\sum_{j=0}^{m-1}n_j^2\right] \leqslant n + 2\frac{n-1}{2} = 2n - 1 < 2n \qquad \blacksquare$$

推论 11.11 如果从某一全域散列函数类中随机选出散列函数 h，用它将 n 个关键字存储到一个大小为 $m=n$ 的散列表中，并将每个二次散列表的大小设置为 $m_j = n_j^2 (j=0, 1, \cdots, m-1)$，则在一个完全散列方案中，存储所有二次散列表所需的存储总量的期望值小于 $2n$。

证明 因为 $m_j = n_j^2 (j=0, 1, \cdots, m-1)$，由定理 11.10 给出

$$E\left[\sum_{j=0}^{m-1}m_j\right] = E\left[\sum_{j=0}^{m-1}n_j^2\right] < 2n \qquad (11.7)$$

证毕。 $\blacksquare$

推论 11.12 如果从某一全域散列函数类中随机选出散列函数 h，用它将 n 个关键字存储到一个大小为 $m=n$ 的散列表中，并将每个二级散列表的大小置为 $m_j = n_j^2 (j=0, 1, \cdots, m-1)$，则用于存储所有二级散列表的存储总量等于或大于 $4n$ 的概率小于 $1/2$。

证明 再应用马尔可夫不等式(C.30)，即 $\Pr\{X \geqslant t\} \leqslant E[X]/t$，并将 $X = \sum_{j=0}^{m-1}m_j$ 和 $t=4n$ 代入不等式(11.7)：

$$\Pr\left\{\sum_{j=0}^{m-1}m_j \geqslant 4n\right\} \leqslant \frac{E\left[\sum_{j=0}^{m-1}m_j\right]}{4n} < \frac{2n}{4n} = 1/2 \qquad \blacksquare$$

从推论 11.12 可以看出，只需从全域散列函数类中随机选出几个散列函数，尝试几次就可以快速地找到一个所需存储量较为合理的函数。

练习

*11.5-1 假设采用了开放寻址法和均匀散列技术将 n 个关键字插入到一个大小为 m 的散列表中。设 $p(n, m)$ 为没有冲突发生的概率。试证明：$p(n, m) \leqslant e^{-n(n-1)/2m}$。（提示：见式(3.12)。）论证当 n 超过 $\sqrt{m}$ 时，不发生冲突的概率快速趋于 0。

思考题

11-1 （散列最长探查的界） 采用开放寻址法，用一个大小为 m 的散列表来存储 $n(n \leqslant m/2)$ 个数据项目。

a. 假设采用均匀散列，证明：对于 $i=1, 2, \cdots, n$，第 i 次插入需要严格多于 k 次探查的概率至多为 2^{-k}。

b. 证明：对于 $i=1, 2, \cdots, n$，第 i 次插入需要多于 $2\lg n$ 次探查的概率为 $O(1/n^2)$。

设随机变量 X_i 表示第 i 次插入所需的探查次数。在上面(b)中已证明 $\Pr\{X_i > 2\lg n\} = O(1/n^2)$。设随机变量 $X = \max\limits_{1 \leqslant i \leqslant n} X_i$ 表示 n 次插入中所需探查数的最大值。

c. 证明：$\Pr\{X > 2\lg n\} = O(1/n)$。

d. 证明：最长探查序列的期望长度为 $\mathrm{E}[x] = O(\lg n)$。

282

11-2 (链接法中槽大小的界) 假设有一个含 n 个槽的散列表，向表中插入 n 个关键字，并用链接法来解决冲突问题。每个关键字被等可能地散列到每个槽中。所有关键字被插入后，设 M 是各槽中所含关键字数的最大值。读者的任务是证明 M 的期望值 $\mathrm{E}[M]$ 的一个上界为 $O(\lg n/\lg\lg n)$。

a. 证明：正好有 k 个关键字被散列到某一特定槽中的概率 Q_k 为

$$Q_k = \left(\frac{1}{n}\right)^k \left(1 - \frac{1}{n}\right)^{n-k} \binom{n}{k}$$

b. 设 P_k 为 $M = k$ 的概率，即包含最多关键字的槽中有 k 个关键字的概率。证明：$P_k \leqslant nQ_k$。

c. 应用斯特林近似公式(3.18)来证明：$Q_k \leqslant e^k/k^k$。

d. 证明：存在常数 $c > 1$，使得 $Q_{k_0} < 1/n^3$ 对 $k_0 = c\lg n/\lg\lg n$ 成立。并有结论：对 $k \geqslant k_0 = c\lg n/\lg\lg n$，$P_k < 1/n^2$ 成立。

e. 证明：

$$\mathrm{E}[M] \leqslant \Pr\left\{M > \frac{c\lg n}{\lg\lg n}\right\} \cdot n + \Pr\left\{M \leqslant \frac{c\lg n}{\lg\lg n}\right\} \cdot \frac{c\lg n}{\lg\lg n}$$

并有结论：$\mathrm{E}[M] = O(\lg n/\lg\lg n)$。

11-3 (二次探查) 假设要在一个散列表(表中的各个位置为 0，1，$\cdots$，$m-1$)中查找关键字 k，并假设有一个散列函数 h 将关键字空间映射到集合 $\{0, 1, \cdots, m-1\}$ 上，查找方法如下：

1. 计算值 $j = h(k)$，置 $i = 0$。

2. 探查要找的关键字 k 的位置 j，或者找到了，或者该位置为空，并结束查找。

3. 置 $i = i+1$。如果 $i = m$，则表已满，于是终止探查；否则，设 $j = (i+j) \bmod m$，返回到步骤 2。

    假设 m 是 2 的幂。

a. 通过给出等式(11.5)中 c_1 和 c_2 的适当值，来证明该方案是一般的"二次探查"法的一个实例。

b. 证明：在最坏情况下，这个算法要检查表中的每一个位置。

283

11-4 (散列和认证) 设 $\mathcal{H}$ 为一个散列函数类，其中的每个散列函数 $h \in \mathcal{H}$ 将关键字全域 U 映射到 $\{0, 1, \cdots, m-1\}$ 上。我们称 $\mathcal{H}$ 是 **k 全域的**(k-universal)，如果对每个由 k 个不同的关键字 $\langle x^{(1)}, x^{(2)}, \cdots, x^{(k)} \rangle$ 构成的固定序列，以及从 $\mathcal{H}$ 中随机选出的任意散列函数 h，序列 $\langle h(x^{(1)}), h(x^{(2)}), \cdots, h(x^{(k)}) \rangle$ 是 m^k 个长度为 k 的序列(其元素取自 $\{0, 1, \cdots, m-1\}$)中任意一个的可能性相同。

a. 证明：如果散列函数簇 $\mathcal{H}$ 是 2 全域的，则它是全域的。

b. 设全域 U 为取自 $\mathbf{Z}_p = \{0, 1, \cdots, p-1\}$ 中数值的 n 元组集合，此处 p 为素数。考虑元素 $x = \langle x_0, x_1, \cdots, x_{n-1} \rangle \in U$。对于任意的 n 元组 $a = \langle a_0, a_1, \cdots, a_{n-1} \rangle \in U$，定义散列函数 h_a 为

$$h_a(x) = \left(\sum_{j=0}^{n-1} a_j x_j\right) \bmod p$$

并设 $\mathcal{H} = \{h_a\}$。证明：$\mathcal{H}$ 是全域的，但不是 2 全域的。(提示：寻找一个关键字，使得 $\mathcal{H}$ 中所有散列函数对其都得到相同的值。)

c. 假设将(b)中的 $\mathcal{H}$ 略作修改：对任意的 $a \in U$ 和任意的 $b \in \mathbf{Z}_p$，定义

$$h'_{ab}(x) = \Big(\sum_{j=0}^{n-1} a_j x_j + b \Big) \bmod p$$

且 $\mathcal{H}' = \{h'_{ab}\}$。论证 $\mathcal{H}'$ 是 2 全域的。（提示：考虑固定的 n 元组 $x \in U$ 和 $y \in U$，对某个 i 有 $x_i \neq y_i$。当 a_i 和 b 包括 $\mathbf{Z}_p$ 时，$h'_{ab}(x)$ 和 $h'_{ab}(y)$ 会如何？）

d. 假设 Alice 和 Bob 悄悄地约定了一个取自 2 全域散列函数簇 $\mathcal{H}$ 中的散列函数 h。每个 $h \in \mathcal{H}$ 将关键字全域 U 映射到 $\mathbf{Z}_p$ 上，此处 p 为素数。后来，Alice 通过互联网向 Bob 发送了一个消息 m，其中 $m \in U$。她同时还通过发送一个认证标记 $t = h(m)$ 来向 Bob 认证这一消息，而 Bob 则要检查他所接收到的 (m, t) 对是否确实满足 $t = h(m)$。假设某一对手半路中截获了 (m, t)，并试图将该值对替换为另一值对 (m', t') 来欺骗 Bob。论证无论该对手的计算机性能多好，他成功地欺骗 Bob 接受 (m', t') 的概率至多为 $1/p$，即使他知道所用的散列函数簇 $\mathcal{H}$。

本章注记

在有关散列算法的分析书籍中，Knuth[211] 和 Gonnet[145] 都是很好的参考书。Knuth 认为，H. P. Luhn(1953) 首先提出了散列表技术，以及用于解决冲突的链接方法。在大约相同的时间，G. M. Amdahl 首先提出了开放寻址法的思想。

Carter 和 Wegman[58] 于 1979 年引入了全域散列函数类的概念。

Fredman、Komlós 和 Szemerédi[112] 针对静态关键字集合（见 11.5 节），提出了完全散列方案。Dietzfelbinger 等人[86] 后来又将这一方法扩展至动态关键字集合上，其处理插入和删除操作的摊还期望时间为 $O(1)$。

二叉搜索树

搜索树数据结构支持许多动态集合操作，包括 SEARCH、MINIMUM、MAXIMUM、PREDECESSOR、SUCCESSOR、INSERT 和 DELETE 等。因此，我们使用一棵搜索树既可以作为一个字典又可以作为一个优先队列。

二叉搜索树上的基本操作所花费的时间与这棵树的高度成正比。对于有 n 个结点的一棵完全二叉树来说，这些操作的最坏运行时间为 $\Theta(\lg n)$。然而，如果这棵树是一条 n 个结点组成的线性链，那么同样的操作就要花费 $\Theta(n)$ 的最坏运行时间。在 12.4 节中，我们将看到一棵随机构造的二叉搜索树的期望高度为 $O(\lg n)$，因此这样一棵树上的动态集合的基本操作的平均运行时间是 $\Theta(\lg n)$。

实际上，我们并不能总是保证随机地构造二叉搜索树，然而可以设计二叉搜索树的变体，来保证基本操作具有好的最坏情况性能。第 13 章给出了一个这样的变形，即红黑树，它的树高为 $O(\lg n)$。第 18 章将介绍 B 树，它特别适用于二级（磁盘）存储器上的数据库维护。

在给出二叉搜索树的基本性质之后，随后几节介绍如何遍历一棵二叉搜索树来按序输出各个值，如何在一棵二叉搜索树上查找一个值，如何查找最小或最大元素，如何查找一个元素的前驱和后继，以及如何对一棵二叉搜索树进行插入和删除。树的这些基本数学性质见附录 B。

12.1 什么是二叉搜索树

顾名思义，一棵二叉搜索树是以一棵二叉树来组织的，如图 12-1 所示。这样一棵树可以使用一个链表数据结构来表示，其中每个结点就是一个对象。除了 key 和卫星数据之外，每个结点还包含属性 $left$、$right$ 和 p，它们分别指向结点的左孩子、右孩子和双亲。如果某个孩子结点和父结点不存在，则相应属性的值为 NIL。根结点是树中唯一父指针为 NIL 的结点。

286

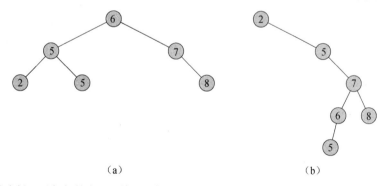

(a)　　　　　　　　　　　(b)

图 12-1　二叉搜索树。对任何结点 x，其左子树中的关键字最大不超过 $x.key$，其右子树中的关键字最小不低于 $x.key$。不同的二叉搜索树可以代表同一组值的集合。大部分搜索树操作的最坏运行时间与树的高度成正比。(a)一棵包含 6 个结点、高度为 2 的二叉搜索树。(b)一棵包含相同关键字、高度为 4 的低效二叉搜索树

二叉搜索树中的关键字总是以满足二叉搜索树性质的方式来存储：

设 x 是二叉搜索树中的一个结点。如果 y 是 x 左子树中的一个结点，那么 $y.key \leqslant x.key$。如果 y 是 x 右子树中的一个结点，那么 $y.key \geqslant x.key$。

因此，在图 12-1(a)中，树根的关键字为 6，在其左子树中有关键字 2、5 和 5，它们均不大于 6；而在其右子树中有关键字 7 和 8，它们均不小于 6。这个性质对树中的每个结点都成立。例如，

树根的左孩子为关键字 5，不小于其左子树中的关键字 2 并且不大于其右子树中的关键字 5。

二叉搜索树性质允许我们通过一个简单的递归算法来按序输出二叉搜索树中的所有关键字，这种算法称为**中序遍历**(inorder tree walk)算法。这样命名的原因是输出的子树根的关键字位于其左子树的关键字值和右子树的关键字值之间。(类似地，**先序遍历**(preorder tree walk)中输出的根的关键字在其左右子树的关键字值之前，而**后序遍历**(postorder tree walk)输出的根的关键字在其左右子树的关键字值之后。)调用下面的过程 INORDER-TREE-WALK($T.root$)，就可以输出一棵二叉搜索树 T 中的所有元素。

INORDER-TREE-WALK(x)

1 **if** $x \neq$ NIL
2   INORDER-TREE-WALK($x.left$)
3   print $x.key$
4   INORDER-TREE-WALK($x.right$)

作为一个例子，对于图 12-1 中的两棵二叉搜索树，中序遍历输出的关键字次序均为 2，5，5，6，7，8。根据二叉搜索树性质，可以直接应用归纳法证明该算法的正确性。

遍历一棵有 n 个结点的二叉搜索树需要耗费 $\Theta(n)$ 的时间，因为初次调用之后，对于树中的每个结点这个过程恰好要自己调用两次：一次是它的左孩子，另一次是它的右孩子。下面的定理给出了执行一次中序遍历耗费线性时间的一个证明。

定理 12.1 如果 x 是一棵有 n 个结点子树的根，那么调用 INORDER-TREE-WALK(x)需要 $\Theta(n)$ 时间。

证明 当 INORDER-TREE-WALK 作用于一棵有 n 个结点子树的根时，用 $T(n)$ 表示需要的时间。由于 INORDER-TREE-WALK 要访问这棵子树的全部 n 个结点，所以有 $T(n)=\Omega(n)$。下面要证明 $T(n)=O(n)$。

由于对于一棵空树，INORDER-TREE-WALK 需要耗费一个小的常数时间(因为测试 $x\neq$ NIL)，因此对某个常数 $c>0$，有 $T(0)=c$。

对 $n>0$，假设调用 INORDER-TREE-WALK 作用在一个结点 x 上，x 结点左子树有 k 个结点且其右子树有 $n-k-1$ 个结点，则执行 INORDER-TREE-WALK(x)的时间由 $T(n)\leqslant T(k)+T(n-k-1)+d$ 限界，其中常数 $d>0$。此式反映了执行 INORDER-TREE-WALK(x)的一个时间上界，其中不包括递归调用所花费的时间。

使用替换法，通过证明 $T(n)\leqslant(c+d)n+c$，可以证得 $T(n)=O(n)$。对于 $n=0$，有 $(c+d)\cdot 0+c=c=T(0)$。对于 $n>0$，有

$$T(n)\leqslant T(k)+T(n-k-1)+d=((c+d)k+c)+((c+d)(n-k-1)+c)+d$$
$$=(c+d)n+c-(c+d)+c+d=(c+d)n+c$$

于是，便完成了定理的证明。 ∎

练习

12.1-1 对于关键字集合{1，4，5，10，16，17，21}，分别画出高度为 2、3、4、5 和 6 的二叉搜索树。

12.1-2 二叉搜索树性质与最小堆性质(见 6.1 节)之间有什么不同？能使用最小堆性质在 $O(n)$ 时间内按序输出一棵有 n 个结点树的关键字吗？可以的话，请说明如何做，否则解释理由。

12.1-3 设计一个执行中序遍历的非递归算法。(提示：一种容易的方法是使用栈作为辅助数据结构；另一种较复杂但比较简洁的做法是不使用栈，但要假设能测试两个指针是否相等。)

12.1-4　对于一棵有 n 个结点的树，请设计在 $\Theta(n)$ 时间内完成的先序遍历算法和后序遍历算法。

12.1-5　因为在基于比较的排序模型中，完成 n 个元素的排序，其最坏情况下需要 $\Omega(n \lg n)$ 时间。试证明：任何基于比较的算法从 n 个元素的任意序列中构造一棵二叉搜索树，其最坏情况下需要 $\Omega(n \lg n)$ 的时间。

12.2　查询二叉搜索树

我们经常需要查找一个存储在二叉搜索树中的关键字。除了 SEARCH 操作之外，二叉搜索树还能支持诸如 MINIMUM、MAXIMUM、SUCCESSOR 和 PREDECESSOR 的查询操作。本节将讨论这些操作，并且说明在任何高度为 h 的二叉搜索树上，如何在 $O(h)$ 时间内执行完每个操作。

查找

我们使用下面的过程在一棵二叉搜索树中查找一个具有给定关键字的结点。输入一个指向树根的指针和一个关键字 k，如果这个结点存在，TREE-SEARCH 返回一个指向关键字为 k 的结点的指针；否则返回 NIL。

289

TREE-SEARCH(x,k)

1　**if** $x ==$ NIL or $k == x.key$
2　　　**return** x
3　**if** $k < x.key$
4　　　**return** TREE-SEARCH($x.left$,k)
5　**else return** TREE-SEARCH($x.right$,k)

这个过程从树根开始查找，并沿着这棵树中的一条简单路径向下进行，如图 12-2 所示。对于遇到的每个结点 x，比较关键字 k 与 $x.key$。如果两个关键字相等，查找就终止。如果 k 小于 $x.key$，查找在 x 的左子树中继续，因为二叉搜索树性质蕴涵了 k 不可能被存储在右子树中。对称地，如果 k 大于 $x.key$，查找在右子树中继续。从树根开始递归期间遇到的结点就形成了一条向下的简单路径，所以 TREE-SEARCH 的运行时间为 $O(h)$，其中 h 是这棵树的高度。

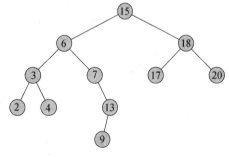

我们可以采用 **while** 循环来展开递归，用一种迭代方式重写这个过程。对于大多数计算机，迭代版本的效率要高得多。

图 12-2　一棵二叉搜索树上的查询。为了查找这棵树中关键字为 13 的结点，从树根开始沿着 15 → 6 → 7 → 13 路径进行查找。这棵树中最小的关键字为 2，它是从树根开始一直沿着 $left$ 指针被找到的。最大的关键字 20 是从树根开始一直沿着 $right$ 指针被找到的。关键字为 15 的结点的后继是关键字为 17 的结点，因为它是 15 的右子树中的最小关键字。关键字为 13 的结点没有右子树，因此它的后继是最低的祖先并且其左孩子也是一个祖先。这种情况下，关键字为 15 的结点就是它的后继

290

ITERATIVE-TREE-SEARCH(x,k)

1　**while** $x \neq$ NIL and $k \neq x.key$
2　　　**if** $k < x.key$
3　　　　　$x = x.left$
4　　　**else** $x = x.right$
5　**return** x

最大关键字元素和最小关键字元素

通过从树根开始沿着 $left$ 孩子指针直到遇到一个 NIL，我们总能在一棵二叉搜索树中找到一个元素，如图 12-2 所示。下面的过程返回了一个指向在以给定结点 x 为根的子树中的最小元素的指针，这里假设不

为 NIL：

```
TREE-MINIMUM(x)
1  while x.left ≠ NIL
2      x = x.left
3  return x
```

二叉搜索树性质保证了 TREE-MINIMUM 是正确的。如果结点 x 没有左子树，那么由于 x 右子树中的每个关键字都至少大于或等于 $x.key$，则以 x 为根的子树中的最小关键字是 $x.key$。如果结点 x 有左子树，那么由于其右子树中没有关键字小于 $x.key$，且在左子树中的每个关键字不大于 $x.key$，则以 x 为根的子树中的最小关键字一定在以 $x.left$ 为根的子树中。

TREE-MAXIMUM 的伪代码是对称的，如下：

```
TREE-MAXIMUM(x)
1  while x.right ≠ NIL
2      x = x.right
3  return x
```

这两个过程在一棵高度为 h 的树上均能在 $O(h)$ 时间内执行完，因为与 TREE-SEARCH 一样，它们所遇到的结点均形成了一条从树根向下的简单路径。

后继和前驱

给定一棵二叉搜索树中的一个结点，有时候需要按中序遍历的次序查找它的后继。如果所有的关键字互不相同，则一个结点 x 的后继是大于 $x.key$ 的最小关键字的结点。一棵二叉搜索树的结构允许我们通过没有任何关键字的比较来确定一个结点的后继。如果后继存在，下面的过程将返回一棵二叉搜索树中的结点 x 的后继；如果 x 是这棵树中的最大关键字，则返回 NIL。

```
TREE-SUCCESSOR(x)
1  if x.right ≠ NIL
2      return TREE-MINIMUM(x.right)
3  y = x.p
4  while y ≠ NIL and x == y.right
5      x = y
6      y = y.p
7  return y
```

把 TREE-SUCCESSOR 的伪代码分为两种情况。如果结点 x 的右子树非空，那么 x 的后继恰是 x 右子树中的最左结点，通过第 2 行中的 TREE-MINIMUM($x.right$) 调用可以找到。例如，在图 12-2 中，关键字为 15 的结点的后继是关键字为 17 的结点。

另一方面，正如练习 12.2-6 所要做的，如果结点 x 的右子树为空并有一个后继 y，那么 y 就是 x 的最底层祖先，并且 y 的左孩子也是 x 的一个祖先。在图 12-2 中，关键字为 13 的结点的后继是关键字为 15 的结点。为了找到 y，只需简单地从 x 开始沿树而上直到遇到这样一个结点：这个结点是它的双亲的左孩子。TREE-SUCCESSOR 中的第 3~7 行正是处理这种情况。

在一棵高度为 h 的树上，TREE-SUCCESSOR 的运行时间为 $O(h)$，因为该过程或者遵从一条简单路径沿树向上或者遵从简单路径沿树向下。过程 TREE-PREDECESSOR 与 TREE-SUCCESSOR 是对称的，其运行时间也为 $O(h)$。

即使关键字非全不相同，我们仍然定义任何结点 x 的后继和前驱为分别调用 TREE-SUCCESSOR(x) 和 TREE-PREDECESSOR(x) 所返回的结点。

总之，我们已经证明了下面的定理。

定理 12.2 在一棵高度为 h 的二叉搜索树上，动态集合上的操作 SEARCH、MINIMUM、MAXIMUM、SUCCESSOR 和 PREDECESSOR 可以在 $O(h)$ 时间内完成。

292

练习

12. 2-1 假设一棵二叉搜索树中的结点在 1 到 1 000 之间，现在想要查找数值为 363 的结点。下面序列中哪个不是查找过的序列？

　　a. 2，252，401，398，330，344，397，363。

　　b. 924，220，911，244，898，258，362，363。

　　c. 925，202，911，240，912，245，363。

　　d. 2，399，387，219，266，382，381，278，363。

　　e. 935，278，347，621，299，392，358，363。

12. 2-2 写出 TREE-MINIMUM 和 TREE-MAXIMUM 的递归版本。

12. 2-3 写出过程 TREE-PREDECESSOR 的伪代码。

12. 2-4 Bunyan 教授认为他发现了一个二叉搜索树的重要性质。假设在一棵二叉搜索树中查找一个关键字 k，查找结束于一个树叶。考虑三个集合：A 为查找路径左边的关键字集合；B 为查找路径上的关键字集合；C 为查找路径右边的关键字集合。Bunyan 教授声称：任何 $a \in A$，$b \in B$ 和 $c \in C$，一定满足 $a \leqslant b \leqslant c$。请给出该教授这个论断的一个最小可能的反例。

12. 2-5 证明：如果一棵二叉搜索树中的一个结点有两个孩子，那么它的后继没有左孩子，它的前驱没有右孩子。

12. 2-6 考虑一棵二叉搜索树 T，其关键字互不相同。证明：如果 T 中一个结点 x 的右子树为空，且 x 有一个后继 y，那么 y 一定是 x 的最底层祖先，并且其左孩子也是 x 的祖先。（注意到，每个结点都是它自己的祖先。）

12. 2-7 对于一棵有 n 个结点的二叉搜索树，有另一种方法来实现中序遍历，先调用 TREE-MINIMUM 找到这棵树中的最小元素，然后再调用 $n-1$ 次的 TREE-SUCCESSOR。证明：该算法的运行时间为 $\Theta(n)$。

293

12. 2-8 证明：在一棵高度为 h 的二叉搜索树中，不论从哪个结点开始，k 次连续的 TREE-SUCCESSOR 调用所需时间为 $O(k+h)$。

12. 2-9 设 T 是一棵二叉搜索树，其关键字互不相同；设 x 是一个叶结点，y 为其父结点。证明：$y.key$ 或者是 T 树中大于 $x.key$ 的最小关键字，或者是 T 树中小于 $x.key$ 的最大关键字。

12.3 插入和删除

　　插入和删除操作会引起由二叉搜索树表示的动态集合的变化。一定要修改数据结构来反映这个变化，但修改要保持二叉搜索树性质的成立。正如下面将看到的，插入一个新结点带来的树修改要相对简单些，而删除的处理有些复杂。

插入

　　要将一个新值 v 插入到一棵二叉搜索树 T 中，需要调用过程 TREE-INSERT。该过程以结点 z 作为输入，其中 $z.key = v$，$z.left = $ NIL，$z.right = $ NIL。这个过程要修改 T 和 z 的某些属性，来把 z 插入到树中的相应位置上。

```
TREE-INSERT(T, z)
1    y = NIL
```

```
2   x = T.root
3   while x ≠ NIL
4       y = x
5       if z.key < x.key
6           x = x.left
7       else x = x.right
8   z.p = y
9   if y == NIL
10      T.root = z          // tree T was empty
11  elseif z.key < y.key
12      y.left = z
13  else y.right = z
```

294

图 12-3 显示了 TREE-INSERT 是如何工作的。正如过程 TREE-SEARCH 和 ITERATIVE-TREE-SEARCH 一样,TREE-INSERT 从树根开始,指针 x 记录了一条向下的简单路径,并查找要替换的输入项 z 的 NIL。该过程保持**遍历指针**(trailing pointer)y 作为 x 的双亲。初始化后,第 3~7 行的 **while** 循环使得这两个指针沿树向下移动,向左或向右移动取决于 $z.key$ 和 $x.key$ 的比较,直到 x 变为 NIL。这个 NIL 占据的位置就是输入项 z 要放置的地方。我们需要遍历指针 y,这是因为找到 NIL 时要知道 z 属于哪个结点。第 8~13 行设置相应的指针,使得 z 插入其中。

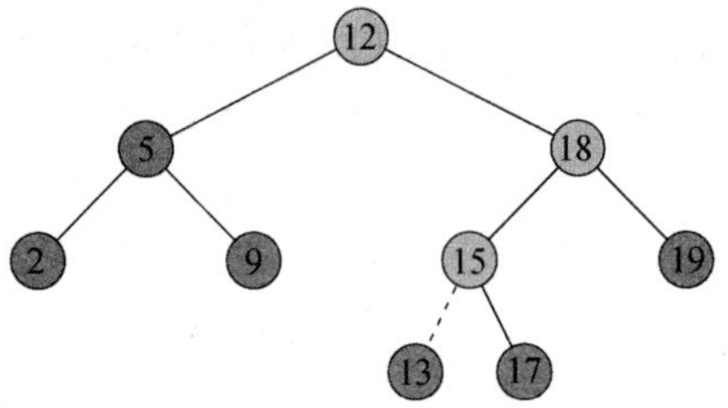

图 12-3 将关键字为 13 的数据项插入到一棵二叉搜索树中。浅阴影结点指示了一条从树根向下到要插入数据项位置处的简单路径。虚线表示了为插入数据项而加入的树中的一条链

与其他搜索树上的原始操作一样,过程 TREE-INSERT 在一棵高度为 h 的树上的运行时间为 $O(h)$。

删除

从一棵二叉搜索树 T 中删除一个结点 z 的整个策略分为三种基本情况(如下所述),但只有一种情况有点棘手。

- 如果 z 没有孩子结点,那么只是简单地将它删除,并修改它的父结点,用 NIL 作为孩子来替换 z。
- 如果 z 只有一个孩子,那么将这个孩子提升到树中 z 的位置上,并修改 z 的父结点,用 z 的孩子来替换 z。
- 如果 z 有两个孩子,那么找 z 的后继 y(一定在 z 的右子树中),并让 y 占据树中 z 的位置。z 的原来右子树部分成为 y 的新的右子树,并且 z 的左子树成为 y 的新的左子树。这种情况稍显麻烦(如下所述),因为还与 y 是否为 z 的右孩子相关。

295

从一棵二叉搜索树 T 中删除一个给定的结点 z,这个过程取指向 T 和 z 的指针作为输入参数。考虑在图 12-4 中显示的 4 种情况,它与前面概括出的三种情况有些不同。

- 如果 z 没有左孩子(图 12-4(a)),那么用其右孩子来替换 z,这个右孩子可以是 NIL,也可以不是。当 z 的右孩子是 NIL 时,此时这种情况归为 z 没有孩子结点的情形。当 z 的右孩子非 NIL 时,这种情况就是 z 仅有一个孩子结点的情形,该孩子是其右孩子。
- 如果 z 仅有一个孩子且为其左孩子(图 12-4(b)),那么用其左孩子来替换 z。
- 否则,z 既有一个左孩子又有一个右孩子。我们要查找 z 的后继 y,这个后继位于 z 的右子树中并且没有左孩子(见练习 12.2-5)。现在需要将 y 移出原来的位置进行拼接,并替换树中的 z。
- 如果 y 是 z 的右孩子(图 12-4(c)),那么用 y 替换 z,并仅留下 y 的右孩子。

- 否则，y 位于 z 的右子树中但并不是 z 的右孩子(图 12-4(d))。在这种情况下，先用 y 的右孩子替换 y，然后再用 y 替换 z。

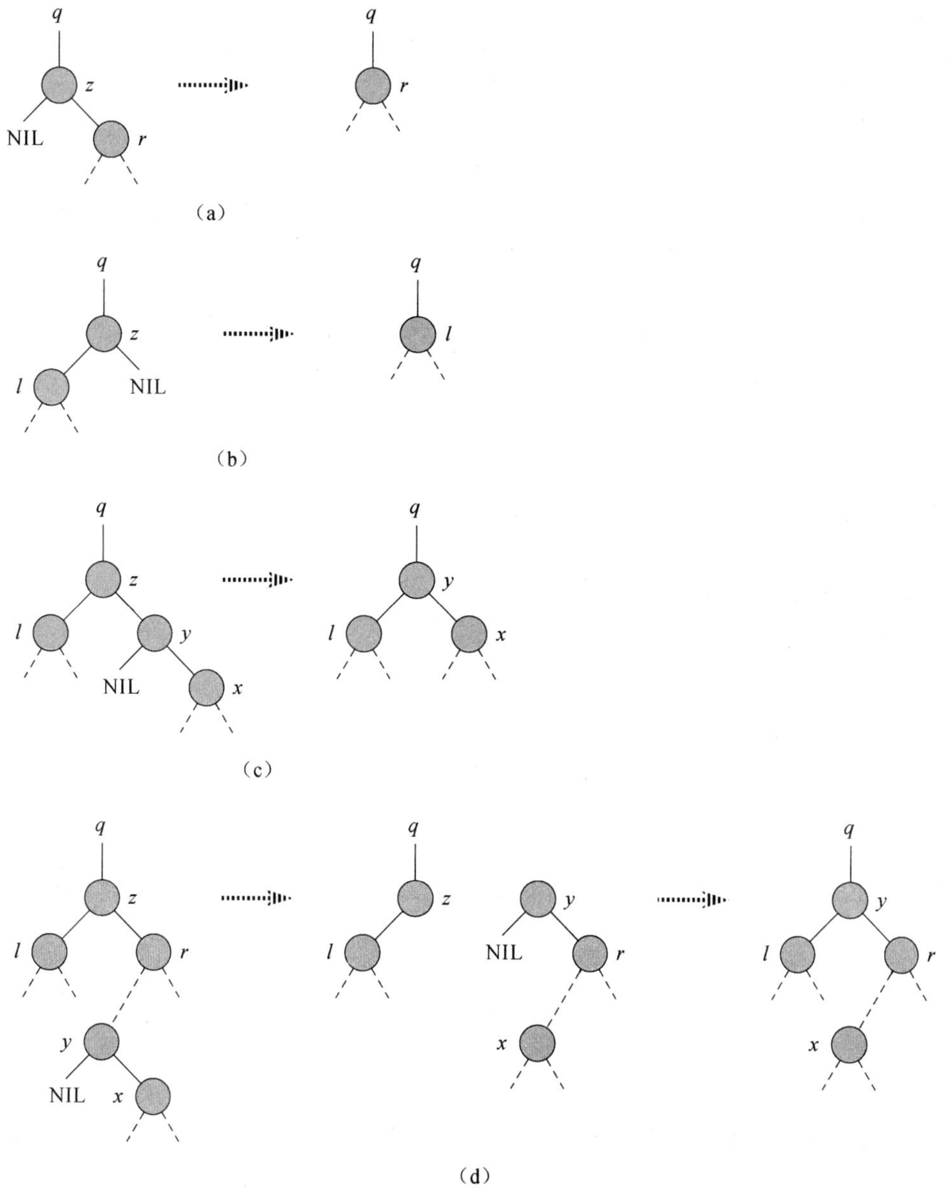

（a）

（b）

（c）

（d）

图 12-4 从一棵二叉搜索树中删除结点 z。结点 z 可以是树根，可以是结点 q 的一个左孩子，也可以是 q 的一个右孩子。(a)结点 z 没有左孩子。用其右孩子 r 来替换 z，其中 r 可以是 NIL，也可以不是。(b)结点 z 有一个左孩子 l 但没有右孩子。用 l 来替换 z。(c)结点 z 有两个孩子，其左孩子是结点 l，其右孩子 y 还是其后继，y 的右孩子是结点 x。用 y 替换 z，修改使 l 成为 y 的左孩子，但保留 x 仍为 y 的右孩子。(d)结点 z 有两个孩子(左孩子 l 和右孩子 r)，并且 z 的后继 $y \neq r$ 位于以 r 为根的子树中。用 y 自己的右孩子 x 来代替 y，并且置 y 为 r 的双亲。然后，再置 y 为 q 的孩子和 l 的双亲

为了在二叉搜索树内移动子树，定义一个子过程 TRANSPLANT，它是用另一棵子树替换一棵子树并成为其双亲的孩子结点。当 TRANSPLANT 用一棵以 v 为根的子树来替换一棵以 u 为根的子树时，结点 u 的双亲就变为结点 v 的双亲，并且最后 v 成为 u 的双亲的相应孩子。

TRANSPLANT(T, u, v)

1 **if** $u.p == $ NIL
2      $T.root = v$
3 **elseif** $u == u.p.left$
4      $u.p.left = v$
5 **else** $u.p.right = v$
6 **if** $v \neq$ NIL
7      $v.p = u.p$

第 1~2 行处理 u 是 T 的树根的情况。否则，u 是其双亲的左孩子或右孩子。如果 u 是一个左孩子，第 3~4 行负责 $u.p.left$ 的更新；如果 u 是一个右孩子，第 5 行更新 $u.p.right$。我们允许 v 为 NIL，如果 v 为非 NIL 时，第 6~7 行更新 $v.p$。注意到，TRANSPLANT 并没有处理 $v.left$ 和 $v.right$ 的更新；这些更新都由 TRANSPLANT 的调用者来负责。

利用现成的 TRANSPLANT 过程，下面是从二叉搜索树 T 中删除结点 z 的删除过程：

TREE-DELETE(T, z)

1 **if** $z.left == $ NIL
2   TRANSPLANT($T, z, z.right$)
3 **elseif** $z.right == $ NIL
4   TRANSPLANT($T, z, z.left$)
5 **else** $y = $ TREE-MINIMUM($z.right$)
6   **if** $y.p \neq z$
7   TRANSPLANT($T, y, y.right$)
8          $y.right = z.right$
9          $y.right.p = y$
10   TRANSPLANT(T, z, y)
11     $y.left = z.left$
12     $y.left.p = y$

TREE-DELETE 过程处理 4 种情况如下。第 1~2 行处理结点 z 没有左孩子的情况，第 3~4 行处理 z 有一个左孩子但没有右孩子情况。第 5~12 行处理剩下的两种情况，也就是 z 有两个孩子的情形。第 5 行查找结点 y，它是 z 的后继。因为 z 的右子树非空，这样后继一定是这个子树中具有最小关键字的结点，因此就调用 TREE-MINIMUM($z.right$)。如前所述，y 没有左孩子。将 y 移出它原来位置进行拼接，并替换树中的 z。如果 y 是 z 的右孩子，那么第 10~12 行用 y 替换 z 并成为 z 的双亲的一个孩子，用 z 的左孩子替换 y 的左孩子。如果 y 不是 z 的左孩子，第 7~9 行用 y 的右孩子替换 y 并成为 y 的双亲的一个孩子，然后将 z 的右孩子转变为 y 的右孩子，最后第 10~12 行用 y 替换 z 并成为 z 的双亲的一个孩子，再用 z 的左孩子替换为 y 的左孩子。

除了第 5 行调用 TREE-MINIMUM 之外，TREE-DELETE 的每一行，包括调用 TRANSPLANT，都只花费常数时间。因此，在一棵高度为 h 的树上，TREE-DELETE 的运行时间为 $O(h)$。

总之，我们证明了下面的定理。

定理 12.3 在一棵高度为 h 的二叉搜索树上，实现动态集合操作 INSERT 和 DELETE 的运行时间均为 $O(h)$。 ■

练习

12.3-1 给出 TREE-INSERT 过程的一个递归版本。

12.3-2 假设通过反复向一棵树中插入互不相同的关键字来构造一棵二叉搜索树。证明：在这棵树中查找关键字所检查过的结点数目等于先前插入这个关键字所检查的结点数目加 1。

12.3-3 对于给定的 n 个数的集合，可以通过先构造包含这些数据的一棵二叉搜索树（反复使用 TREE-INSERT 逐个插入这些数），然后按中序遍历输出这些数的方法，来对它们排序。这个排序算法的最坏情况运行时间和最好情况运行时间各是多少？

12.3-4 删除操作可交换吗？可交换的含义是，先删除 x 再删除 y 留下的结果树与先删除 y 再删除 x 留下的结果树完全一样。如果是，说明为什么？否则，给出一个反例。

12.3-5 假设为每个结点换一种设计，属性 $x.p$ 指向 x 的双亲，属性 $x.succ$ 指向 x 的后继。试给出使用这种表示法的二叉搜索树 T 上 SEARCH、INSERT 和 DELETE 操作的伪代码。这些伪代码应在 $O(h)$ 时间内执行完，其中 h 为树 T 的高度。（提示：应该设计一个返回某个结点的双亲的子过程。）

12.3-6 当 TREE-DELETE 中的结点 z 有两个孩子时，应该选择结点 y 作为它的前驱，而不是作为它的后继。如果这样做，对 TREE-DELETE 应该做些什么必要的修改？一些人提出了一个公平策略，为前驱和后继赋予相等的优先级，这样得到了较好的实验性能。如何对 TREE-DELETE 进行修改来实现这样一种公平策略？

12.4 随机构建二叉搜索树

我们已经证明了二叉搜索树上的每个基本操作都能在 $O(h)$ 时间内完成，其中 h 为这棵树的高度。然而，随着元素的插入和删除，二叉搜索树的高度是变化的。例如，如果 n 个关键字按严格递增的次序被插入，则这棵树一定是高度为 $n-1$ 的一条链。另外，练习 B.5-4 说明了 $h \geqslant \lfloor \lg n \rfloor$。和快速排序一样，我们可以证明其平均情形性能更接近于最好情形，而不是最坏情形时的性能。

遗憾的是，当一棵二叉搜索树同时由插入和删除操作生成时，我们对这棵树的平均高度了解的甚少。当树是由插入操作单独生成时，分析就会变得容易得多。因此，我们定义 n 个关键字的一棵**随机构建二叉搜索树**（randomly built binary search tree）为按随机次序插入这些关键字到一棵初始的空树中而生成的树，这里输入关键字的 $n!$ 个排列中的每个都是等可能地出现。（练习 12.4-3 要求读者证明，这个概念与假定每棵含有 n 个关键字的二叉搜索树为等可能的概念不同。）接下来，这里要证明下面的定理。

定理 12.4 一棵有 n 个不同关键字的随机构建二叉搜索树的期望高度为 $O(\lg n)$。

证明 从定义三个随机变量开始，这些随机变量有助于度量一棵随机构建二叉搜索树。用 X_n 表示一棵有 n 个不同关键字的随机构建二叉搜索树的高度，并定义**指数高度**（exponential height）$Y_n = 2^{X_n}$。当构造一棵有 n 个关键字的二叉搜索树时，选择一个关键字作为树根，并设 R_n 为一个随机变量，表示这个关键字在 n 个关键字集合中的**秩**（rank），即 R_n 代表的是这些关键字排好序后这个关键字应占据的位置。R_n 的值对于集合 $\{1, 2, \cdots, n\}$ 中的任何元素都是等可能的。如果 $R_n = i$，那么根的左子树是一棵有 $i-1$ 个关键字的随机构建二叉搜索树，并且右子树是一棵有 $n-i$ 个关键字的随机构建二叉搜索树。因为二叉树的高度比根的两棵子树较高的那棵子树大 1，因此二叉树的指数高度是根的两棵子树较高的那棵子树的 2 倍。如果 $R_n = i$，则有

$$Y_n = 2 \cdot \max(Y_{i-1}, Y_{n-i})$$

作为基础情况，设 $Y_1 = 1$，因为 1 个结点的树的指数高度是 $2^0 = 1$，为了方便起见，我们定义 $Y_0 = 0$。

接下来，定义指示器随机变量 $Z_{n,1}, Z_{n,2}, \cdots, Z_{n,n}$，其中 $Z_{n,i} = I\{R_n = i\}$。因为 R_n 对于集合 $\{1, 2, \cdots, n\}$ 中的任何元素都是等可能的，即有 $\Pr\{R_n = i\} = 1/n$，其中 $i = 1, 2, \cdots, n$，所以由引理 5.1，有

$$E[Z_{n,i}] = 1/n \tag{12.1}$$

其中 $i=1,2,\cdots,n$。由于 $Z_{n,i}$ 恰有一个值为 1，其余所有的值为 0，因此有

$$Y_n = \sum_{i=1}^{n} Z_{n,i}(2 \cdot \max(Y_{i-1}, Y_{n-i}))$$

下面将证明 $E[Y_n]$ 是 n 的一个多项式，由此最终推出 $E[X_n]=O(\lg n)$。

指示器随机变量 $Z_{n,i}=I\{R_n=i\}$ 独立于 Y_{i-1} 和 Y_{n-i} 的值。已经选择了 $R_n=i$，左子树（其指数高度是 Y_{i-1}）是由 $i-1$ 个关键字随机构建的，其每个元素的秩都小于 i。这棵子树就像任何其他由 $i-1$ 个关键字随机构建的二叉搜索树一样。除了所包含的关键字数目之外，这棵子树的结构完全不受 $R_n=i$ 选择的影响，因此随机变量 Y_{i-1} 和 $Z_{n,i}$ 是独立的。同样，右子树（其指数高度是 Y_{n-i}）是由 $n-i$ 个关键字随机构建的，其每个元素的秩都大于 i。它的结构独立于 R_n 的值，因此随机变量 Y_{n-i} 和 $Z_{n,i}$ 是独立的。所以，有

$$\begin{aligned}
E[Y_n] &= E\Big[\sum_{i=1}^{n} Z_{n,i}(2 \cdot \max(Y_{i-1},Y_{n-i}))\Big] && \\
&= \sum_{i=1}^{n} E[Z_{n,i}(2 \cdot \max(Y_{i-1},Y_{n-i}))] && \text{（由期望的线性性质）} \\
&= \sum_{i=1}^{n} E[Z_{n,i}]E[2 \cdot \max(Y_{i-1},Y_{n-i})] && \text{（由独立性）} \\
&= \sum_{i=1}^{n} \frac{1}{n} \cdot E[2 \cdot \max(Y_{i-1},Y_{n-i})] && \text{（由式(12.1)）} \\
&= \frac{2}{n} \sum_{i=1}^{n} E[\max(Y_{i-1},Y_{n-i})] && \text{（由式(C.22)）} \\
&\leqslant \frac{2}{n} \sum_{i=1}^{n} (E[Y_{i-1}]+E[Y_{n-i}]) && \text{（由练习 C.3-4）}
\end{aligned}$$

在上面最后一个和式中，因为 $E[Y_0]$，$E[Y_1]$，$\cdots$，$E[Y_{n-1}]$ 中每一项均出现两次，一次作为 $E[Y_{i-1}]$，一次作为 $E[Y_{n-i}]$，所以有下面的递归式：

301

$$E[Y_n] \leqslant \frac{4}{n} \sum_{i=0}^{n-1} E[Y_i] \tag{12.2}$$

使用替换法，下面证明对于所有的正整数 n，递归式(12.2)有解

$$E[Y_n] \leqslant \frac{1}{4}\binom{n+3}{3}$$

在求解过程中，将使用下面的等式：

$$\sum_{i=0}^{n-1}\binom{i+3}{3} = \binom{n+3}{4} \tag{12.3}$$

（练习 12.4-1 要求读者去证明这个等式。）

对于基础情况，注意到两个界 $0=Y_0=E[Y_0]\leqslant(1/4)\binom{3}{3}=1/4$ 和 $1=Y_1=E[Y_1]\leqslant(1/4)\binom{1+3}{3}=1$ 成立。对于归纳情况，有

$$\begin{aligned}
E[Y_n] &\leqslant \frac{4}{n} \sum_{i=0}^{n-1} E[Y_i] \leqslant \frac{4}{n} \sum_{i=0}^{n-1} \frac{1}{4}\binom{i+3}{3} && \text{（由归纳假设）} \\
&= \frac{1}{n} \sum_{i=0}^{n-1}\binom{i+3}{3} = \frac{1}{n}\binom{n+3}{4} && \text{（由式(12.3)）} \\
&= \frac{1}{n} \cdot \frac{(n+3)!}{4!(n-1)!} = \frac{1}{4} \cdot \frac{(n+3)!}{3!n!} = \frac{1}{4}\binom{n+3}{3}
\end{aligned}$$

虽然我们有了 $E[Y_n]$ 界，但最终的目标是要得到 $E[X_n]$ 的界。正如练习 12.4-4 要求读者证明的函数 $f(x) = 2^x$ 是凸的。因此，应用 Jensen 不等式（C. 26），也就有

$$2^{E[X_n]} \leqslant E[2^{X_n}] = E[Y_n]$$

如下可得：

$$2^{E[X_n]} \leqslant \frac{1}{4} \binom{n+3}{3} = \frac{1}{4} \cdot \frac{(n+3)(n+2)(n+1)}{6} = \frac{n^3 + 6n^2 + 11n + 6}{24}$$

302

两边取对数，得到 $E[X_n] = O(\lg n)$。 ∎

练习

12. 4-1 证明等式（12.3）。

12. 4-2 请描述这样一棵有 n 个结点的二叉搜索树，其树中结点的平均深度为 $\Theta(\lg n)$，但这棵树的高度是 $\omega(\lg n)$。一棵有 n 个结点的二叉搜索树中结点的平均深度为 $\Theta(\lg n)$，给出这棵树高度的一个渐近上界。

12. 4-3 说明含有 n 个关键字的随机选择二叉搜索树的概念，这里每一棵 n 个结点的二叉搜索树是等可能地被选择，不同于本节中给出的随机构建二叉搜索树的概念。（提示：当 $n=3$ 时，列出所有的可能。）

12. 4-4 证明：函数 $f(x) = 2^x$ 是凸的。

*12. 4-5 考虑 RANDOMIZED-QUICKSORT 操作在 n 个互不相同的输入数据的序列上。证明：对于任何常数 $k > 0$，$n!$ 种输入排列除了其中的 $O(1/n^k)$ 种之外，运行时间都为 $O(n \lg n)$。

思考题

12-1 （带有相同关键字的二叉搜索树） 相同关键字给二叉搜索树的实现带来了问题。

   a. 当用 TREE-INSERT 将 n 个其中带有相同关键字的数据插入到一棵初始为空的二叉搜索树中时，其渐近性能是多少？

   建议通过在第 5 行之前测试 $z.key$ 和 $x.key$ 和在第 11 行之前测试 $z.key = y.key$ 的方法，来对 TREE-INSERT 进行改进。如果相等，根据下面的策略之一来实现。对于每个策略，得到将 n 个其中带有相同关键字的数据插入到一棵初始为空的二叉搜索树中的渐近性能。（对第 5 行描述的策略是比较 z 和 x 的关键字，用于第 11 行的策略是用 y 代替 x。）

303

   b. 在结点 x 设置一个布尔标志 $x.b$，并根据 $x.b$ 的值，置 x 为 $x.left$ 或 $x.right$。当插入一个与 x 关键字相同的结点时，每次访问 x 时交替地置 $x.b$ 为 FALSE 或 TRUE。

   c. 在 x 处设置一个与 x 关键字相同的结点列表，并将 z 插入到该列表中。

   d. 随机地置 x 为 $x.left$ 或 $x.right$。（给出最坏情况性能，并非形式地导出期望运行时间。）

12-2 （基数树） 给定两个串 $a = a_0 a_1 \cdots a_p$ 和 $b = b_0 b_1 \cdots b_q$，这里每个 a_i 和 b_j 是以字符集的某种次序出现的，如果下面两种规则之一成立，就称串 a **按字典序小于**(lexicographically less than)串 b：

   1. 存在一个整数 j，其中 $0 \leqslant j \leqslant \min(p, q)$，使得对所有的 $i = 0, 1, \cdots, j-1$，$a_i = b_i$ 成立，且 $a_j < b_j$。

   2. $p < q$，且对所有的 $i = 0, 1, \cdots, p$，$a_i = b_i$。

   例如，如果 a 和 b 是位串，那么 10 100 < 10 110（由规则 1，取 $j = 3$），10 100 < 101 000（由规则 2）。这种次序类似于英语字典中使用的排序。

   基数树(radix tree)数据结构如图 12-5 所示，这个树存储了位串 1011、10、011、100 和 0。

当对一个关键字 $a=a_0a_1\cdots a_p$ 进行查找时，在深度为 i 的一个结点处，如果 $a_i=0$，则走左侧；如果 $a_i=1$，则走右侧。设 S 是一个不同位串组成的集合，各个串长度值和为 n。说明如何使用一棵基数树在 $\Theta(n)$ 时间内按字典序对 S 进行排序。对于图 12-5 所示的例子，排序输出的应该是序列 0、011、10、100、1011。

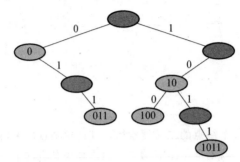

图 12-5　一棵基数树存储了位串 1011、10、011、100 和 0。每个结点的关键字可以通过从树根到该结点的一条简单路径来确定。这样就没有必要在这些结点中存储关键字；图中出现的关键字仅仅作为描述之用。如果一些结点的关键字不在树中，它们就被标为深阴影；这些结点的存在仅是为了建立起一条通往其他结点的路径

12-3 （随机构建二叉搜索树中的平均结点深度）　在本题中，要证明有 n 个结点的一棵随机构建二叉搜索树中的结点平均深度为 $O(\lg n)$。虽然这个结果弱于定理 12.4，但我们使用的方法显露出构建一棵二叉搜索树与 7.3 节中的 RANDOMIZED-QUICKSORT 的执行之间有着惊人的相似之处。

定义一棵二叉树 T 的**路径总长度**（total path length）$P(T)$ 为 T 中所有结点 x 的深度之和，对每个结点 x 的深度表示为 $d(x,T)$。

a. 证明：T 中的一个结点平均深度是

$$\frac{1}{n}\sum_{x\in T}d(x,T)=\frac{1}{n}P(T)$$

因此，我们希望进一步证明 $P(T)$ 的期望值为 $O(n\lg n)$。

b. 设 T_L 和 T_R 分别表示树 T 的左子树和右子树，证明：如果 T 有 n 个结点，则
$$P(T)=P(T_L)+P(T_R)+n-1$$

c. 设 $P(n)$ 表示有 n 个结点的随机构建二叉搜索树的平均路径总长度，证明：
$$P(n)=\frac{1}{n}\sum_{i=0}^{n-1}(P(i)+P(n-i-1)+n-1)$$

d. 说明如何将 $P(n)$ 重写为：
$$P(n)=\frac{2}{n}\sum_{k=1}^{n-1}P(k)+\Theta(n)$$

e. 思考题 7-3 曾给出随机快速排序的另一种分析，试证明结论：$P(n)=O(n\lg n)$。

在快速排序的每次递归调用时，总要选择一个随机划分元来为待排序的元素集合进行划分。二叉搜索树的每个结点都是对以该结点为根的子树中所有元素进行划分。

f. 请给出快速排序的一种实现，使快速排序中对一组元素的比较与将这些元素插入一棵二叉搜索树中所需的比较恰好相同。（这些比较的次序可以不同，但出现的比较一定要一样。）

12-4 （不同二叉树的数目）　设 b_n 表示含有 n 个结点的不同二叉树的数目。在本题中，试给出一个求 b_n 的公式和一个渐近估计。

a. 证明：$b_0=1$ 且对 $n\geqslant 1$，有

$$b_n = \sum_{k=0}^{n-1} b_k b_{n-1-k}$$

b. 参考思考题 4-4 中生成函数的定义，设 $B(x)$ 是下面的生成函数：

$$B(x) = \sum_{n=0}^{\infty} b_n x^n$$

证明：$B(x) = xB(x)^2 + 1$，因此以闭形式表示 $B(x)$ 的一种方式是

$$B(x) = \frac{1}{2x}(1 - \sqrt{1-4x})$$

$f(x)$ 在点 $x = a$ 处的**泰勒展开式**（Taylor expansion）为

$$f(x) = \sum_{k=0}^{\infty} \frac{f^{(k)}(a)}{k!}(x-a)^k$$

这里 $f^{(k)}(x)$ 是在 x 处的 k 阶导数。

c. 使用 $\sqrt{1-4x}$ 在 $x = 0$ 处的泰勒展开式，证明：

$$b_n = \frac{1}{n+1}\binom{2n}{n}$$

306

（即第 n 个 Catalan 数）。（如果读者愿意，可以不用泰勒展开式，而是将二项展开式 (C.4) 推广到非整数的指数 n 上去，也就是对于任何实数 n 和任何整数 k，当 $k \geq 0$ 时，$\binom{n}{k}$ 可以表示为 $n(n-1)\cdots(n-k+1)/k!$，否则为 0。）

d. 证明：$b_n = \frac{4^n}{\sqrt{\pi}n^+}(1 + O(1/n))$。

本章注记

Knuth[211] 一书提供了对简单二叉搜索树及其许多变形的很好讨论。二叉搜索树似乎在 20 世纪 50 年代的后期由许多人独立提出和发现。基数树经常被称为"检索树"（tries），它来自于单词"retrieval"的中间字母。Knuth[211] 也讨论过它们。

许多教材包括本书的前两个版本，对于删除一棵二叉搜索树中两个孩子都存在的结点，都给出了一个稍简单的方法。我们不是用 z 的后继 y 来替代结点 z，而是删除结点 y，但复制 y 的关键字和其卫星数据到结点 z 中。这种方法的缺陷是实际被删除的结点也许并不是被传递到删除过程中的那个结点。如果一个程序的其他部分要维持指向树中一些结点的指针，那么它们可能被这些指向已删除结点的"过时"指针带来错误影响。虽然本书新版中给出的删除方法略显复杂，但它保证了删除结点 z 的调用删除了结点 z 而仅删除该结点。

当在构建树前已知各个关键字的查找频率时，15.5 节将讨论如何构建一棵最优的二叉搜索树。也就是说，给定了每个关键字的查找频率和查找落在树中各关键字之间值的频率，我们能构建一棵二叉搜索树，使得服从这些查找频率的查找集合检查结点数目最少。

12.4 节中的证明给出了一棵随机构建二叉搜索树的期望高度的界，这一工作归功于 Aslam [24]。Martínez 和 Roura[243] 给出了用于二叉搜索树的插入和删除的随机算法，该算法使得使用这两种操作的结果树是一棵随机二叉搜索树。然而，他们对于随机二叉搜索树的定义不同于本章中的随机构建二叉搜索树，只是略微不同而已。

307

红　黑　树

第 12 章介绍了一棵高度为 h 的二叉搜索树，它可以支持任何一种基本动态集合操作，如 SEARCH、PREDECESSOR、SUCCESSOR、MINIMUM、MAXIMUM、INSERT 和 DELETE 等，其时间复杂度均为 $O(h)$。因此，如果搜索树的高度较低时，这些集合操作会执行得较快。然而，如果树的高度较高时，这些集合操作可能并不比在链表上执行得快。红黑树（red-black tree）是许多"平衡"搜索树中的一种，可以保证在最坏情况下基本动态集合操作的时间复杂度为 $O(\lg n)$。

13.1　红黑树的性质

红黑树是一棵二叉搜索树，它在每个结点上增加了一个存储位来表示结点的**颜色**，可以是 RED 或 BLACK。通过对任何一条从根到叶子的简单路径上各个结点的颜色进行约束，红黑树确保没有一条路径会比其他路径长出 2 倍，因而是近似于**平衡的**。

树中每个结点包含 5 个属性：*color*、*key*、*left*、*right* 和 *p*。如果一个结点没有子结点或父结点，则该结点相应指针属性的值为 NIL。我们可以把这些 NIL 视为指向二叉搜索树的叶结点（外部结点）的指针，而把带关键字的结点视为树的内部结点。

一棵红黑树是满足下面**红黑性质**的二叉搜索树：

1. 每个结点或是红色的，或是黑色的。
2. 根结点是黑色的。
3. 每个叶结点（NIL）是黑色的。
4. 如果一个结点是红色的，则它的两个子结点都是黑色的。
5. 对每个结点，从该结点到其所有后代叶结点的简单路径上，均包含相同数目的黑色结点。

图 13-1(a) 显示了一个红黑树的例子。

为了便于处理红黑树代码中的边界条件，使用一个哨兵来代表 NIL（参见 10.2 节）。对于一棵红黑树 T，哨兵 $T.nil$ 是一个与树中普通结点有相同属性的对象。它的 *color* 属性为 BLACK，而其他属性 *p*、*left*、*right* 和 *key* 可以设为任意值。如图 13-1(b) 所示，所有指向 NIL 的指针都用指向哨兵 $T.nil$ 的指针替换。

使用哨兵后，就可以将结点 x 的 NIL 孩子视为一个普通结点，其父结点为 x。尽管可以为树内的每一个 NIL 新增一个不同的哨兵结点，使得每个 NIL 的父结点都有这样的良定义，但这种做法会浪费空间。取而代之的是，使用一个哨兵 $T.nil$ 来代表所有的 NIL：所有的叶结点和根结点的父结点。哨兵的属性 *p*、*left*、*right* 和 *key* 的取值并不重要，尽管为了方便起见可以在程序中设定它们。

我们通常将注意力放在红黑树的内部结点上，因为它们存储了关键字的值。在本章的后面部分，所画的红黑树都忽略了叶结点，如图 13-1(c) 所示。

从某个结点 x 出发（不含该结点）到达一个叶结点的任意一条简单路径上的黑色结点个数称为该结点的**黑高**（black-height），记为 $\mathrm{bh}(x)$。根据性质 5，黑高的概念是明确定义的，因为从该结点出发的所有下降到其叶结点的简单路径的黑结点个数都相同。于是定义红黑树的黑高为其根结点的黑高。

下面的引理说明了为什么红黑树是一种好的搜索树。

引理 13.1　一棵有 n 个内部结点的红黑树的高度至多为 $2\lg(n+1)$。

证明　先证明以任一结点 x 为根的子树中至少包含 $2^{\mathrm{bh}(x)}-1$ 个内部结点。要证明这点，对 x 的高度进行归纳。如果 x 的高度为 0，则 x 必为叶结点（$T.nil$），且以 x 为根结点的子树至少包含

$2^{\mathrm{bh}(x)}-1=2^0-1=0$ 个内部结点。对于归纳步骤，考虑一个高度为正值且有两个子结点的内部结点 x。每个子结点有黑高 $\mathrm{bh}(x)$ 或 $\mathrm{bh}(x)-1$，其分别取决于自身的颜色是红还是黑。由于 x 子结点的高度比 x 本身的高度要低，可以利用归纳假设得出每个子结点至少有 $2^{\mathrm{bh}(x)-1}-1$ 个内部结点的结论。于是，以 x 为根的子树至少包含 $(2^{\mathrm{bh}(x)-1}-1)+(2^{\mathrm{bh}(x)-1}-1)+1=2^{\mathrm{bh}(x)}-1$ 个内部结点，因此得证。

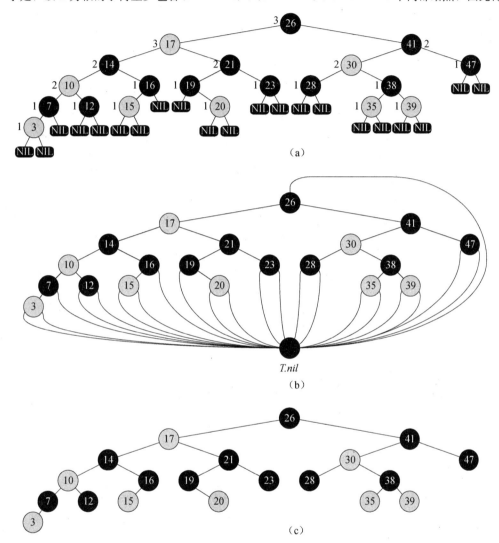

图 13-1　一棵红黑树，其中黑结点涂黑，红结点以浅阴影表示。在一棵红黑树内，每个结点或红或黑，红结点的两个子结点都是黑色，且从每个结点到其后代叶结点的每条简单路径上，都包含相同数目的黑结点。(a)每个标为 NIL 的叶结点都是黑的。每个非 NIL 结点都标上它的黑高；NIL 的黑高为 0。(b)同样的这棵红黑树，不是用一个个的 NIL 表示，而用一个总是黑色的哨兵 $T.nil$ 来代替，它的黑高也被省略。根结点的父结点也是这个哨兵。(c)同样的这棵红黑树，其叶结点与根结点的父结点全部被省略。本章的其余部分也采用这种画图方式

为完成引理的证明，设 h 为树的高度。根据性质 4，从根到叶结点(不包括根结点)的任何一条简单路径上都至少有一半的结点为黑色。因此，根的黑高至少为 $h/2$；于是有

$$n \geqslant 2^{h/2}-1$$

把 1 移到不等式的左边，再对两边取对数，得到 $\lg(n+1) \geqslant h/2$，或者 $h \leqslant 2\lg(n+1)$。　　■

由该引理可知，动态集合操作 SEARCH、MINIMUM、MAXIMUM、SUCCESSOR 和

PREDECESSOR 可在红黑树上在 $O(\lg n)$ 时间内执行，因为这些操作在一棵高度为 h 的二叉搜索树上的运行时间为 $O(h)$（参见第 12 章），而任何包含 n 个结点的红黑树又都是高度为 $O(\lg n)$ 的二叉搜索树。（当然，在第 12 章的算法中，NIL 的引用必须用 $T.nil$ 来代替。）虽然当给定一棵红黑树作为输入时，第 12 章的算法 TREE-INSERT 和 TREE-DELETE 的运行时间为 $O(\lg n)$，但是这两个算法并不直接支持动态集合操作 INSERT 和 DELETE，因为它们并不能保证被这些操作修改过的二叉搜索树仍是红黑树。那么如何在时间 $O(\lg n)$ 内支持这两个操作呢，我们将在 13.3 节和 13.4 节中介绍。

练习

13.1-1 按照图 13-1(a) 的方式，画出在关键字集合 $\{1, 2, \cdots, 15\}$ 上高度为 3 的完全二叉搜索树。以三种不同方式向图中加入 NIL 叶结点并对各结点着色，使所得的红黑树的黑高分别为 2、3 和 4。

13.1-2 对图 13-1 中的红黑树，画出对其调用 TREE-INSERT 操作插入关键字 36 后的结果。如果插入的结点被标为红色，所得的树是否还是一棵红黑树？如果该结点被标为黑色呢？

13.1-3 定义一棵松弛红黑树（relaxed red-black tree）为满足红黑性质 1、3、4 和 5 的二叉搜索树。换句话说，根结点可以是红色或是黑色。考虑一棵根结点为红色的松弛红黑树 T。如果将 T 的根结点标为黑色而其他都不变，那么所得到的是否还是一棵红黑树？

13.1-4 假设将一棵红黑树的每一个红结点"吸收"到它的黑色父结点中，使得红结点的子结点变成黑色父结点的子结点（忽略关键字的变化）。当一个黑结点的所有红色子结点都被吸收后，它可能的度为多少？所得的树的叶结点深度如何？

13.1-5 证明：在一棵红黑树中，从某结点 x 到其后代叶结点的所有简单路径中，最长的一条至多是最短一条的 2 倍。

13.1-6 在一棵黑高为 k 的红黑树中，内部结点最多可能有多少个？最少可能有多少个？

13.1-7 试描述一棵含有 n 个关键字的红黑树，使其红色内部结点个数与黑色内部结点个数的比值最大。这个比值是多少？该比值最小的树又是怎样呢？比值是多少？

13.2 旋转

搜索树操作 TREE-INSERT 和 TREE-DELETE 在含 n 个关键字的红黑树上，运行花费时间为 $O(\lg n)$。由于这两个操作对树做了修改，结果可能违反 13.1 节中列出的红黑性质。为了维护这些性质，必须要改变树中某些结点的颜色以及指针结构。

指针结构的修改是通过**旋转**（ratation）来完成的，这是一种能保持二叉搜索树性质的搜索树局部操作。图 13-2 中给出了两种旋转：左旋和右旋。当在某个结点 x 上做左旋时，假设它的右孩子为 y 而不是 $T.nil$；x 可以为其右孩子不是 $T.nil$ 结点的树内任意结点。左旋以 x 到 y 的链为"支轴"进行。它使 y 成为该子树新的根结点，x 成为 y 的左孩子，y 的左孩子成为 x 的右孩子。

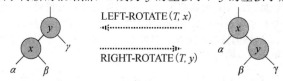

图 13-2 二叉搜索树上的旋转操作。操作 LEFT-ROTATE (T, x) 通过改变常数数目的指针，可以将右边两个结点的结构转变成左边的结构。左边的结构可以使用相反的操作 RIGHT-ROTATE (T, y) 来转变成右边的结构。字母 α、β 和 γ 代表任意的子树。旋转操作保持了二叉搜索树的性质：α 的关键字在 $x.key$ 之前，$x.key$ 在 β 的关键字之前，β 的关键字在 $y.key$ 之前，$y.key$ 在 γ 的关键字之前

在 LEFT-ROTATE 的伪代码中，假设 $x.right \neq T.nil$ 且根结点的父结点为 $T.nil$。

LEFT-ROTATE(T, x)

```
1    y = x.right                    // set y
2    x.right = y.left               // turn y's left subtree into x's right subtree
3    if y.left ≠ T.nil
4        y.left.p = x
5    y.p = x.p                      // link x's parent to y
6    if x.p == T.nil
7        T.root = y
8    elseif x == x.p.left
9        x.p.left = y
10   else x.p.right = y
11   y.left = x                     // put x on y's left
12   x.p = y
```

图 13-3 给出了一个 LEFT-ROTATE 操作修改二叉搜索树的例子。RIGHT-ROTATE 操作的代码是对称的。LEFT-ROTATE 和 RIGHT-ROTATE 都在 $O(1)$ 时间内运行完成。在旋转操作中只有指针改变，其他所有属性都保持不变。

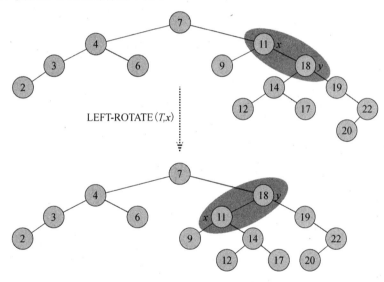

图 13-3 过程 LEFT-ROTATE(T, x)修改二叉搜索树的例子。输入的树
和修改过的树进行中序遍历，产生相同的关键字值列表

练习

13.2-1 写出 RIGHT-ROTATE 的伪代码。

13.2-2 证明：在任何一棵有 n 个结点的二叉搜索树中，恰有 $n-1$ 种可能的旋转。

13.2-3 设在图 13-2 左边一棵树中，a、b 和 c 分别为子树 α、β 和 γ 中的任意结点。当结点 x 左旋之后，a、b 和 c 的深度会如何变化？

13.2-4 证明：任何一棵含 n 个结点的二叉搜索树可以通过 $O(n)$ 次旋转，转变为其他任何一棵含 n 个结点的二叉搜索树。（提示：先证明至多 $n-1$ 次右旋足以将树转变为一条右侧伸展的链。）

***13.2-5** 如果能够使用一系列的 RIGHT-ROTATE 调用把一个二叉搜索树 T_1 变为二叉搜索树 T_2，则称 T_1 可以**右转**（right-converted）成 T_2。试给出一个例子表示两棵树 T_1 和 T_2，其中 T_1 不能够右转成 T_2。然后，证明：如果 T_1 可以右转成 T_2，那么它可以通过 $O(n^2)$ 次 RIGHT-ROTATE 调用来实现右转。

312
~
314

13.3 插入

我们可以在 $O(\lg n)$ 时间内完成向一棵含 n 个结点的红黑树中插入一个新结点。为了做到这一点，利用 TREE-INSERT 过程（参见 12.3 节）的一个略作修改的版本来将结点 z 插入树 T 内，就好像 T 是一棵普通的二叉搜索树一样，然后将 z 着为红色。（练习 13.3-1 要求解释为什么选择将结点 z 着为红色，而不是黑色。）为保证红黑性质能继续保持，我们调用一个辅助程序 RB-INSERT-FIXUP 来对结点重新着色并旋转。调用 RB-INSERT(T, z) 在红黑树 T 内插入结点 z，假设 z 的 key 属性已被事先赋值。

```
RB-INSERT(T, z)
 1  y = T. nil
 2  x = T. root
 3  while x ≠ T. nil
 4      y = x
 5      if z. key < x. key
 6          x = x. left
 7      else x = x. right
 8  z. p = y
 9  if y == T. nil
10      T. root = z
11  elseif z. key < y. key
12      y. left = z
13  else y. right = z
14  z. left = T. nil
15  z. right = T. nil
16  z. color = RED
17  RB-INSERT-FIXUP(T, z)
```

过程 TREE-INSERT 和 RB-INSERT 之间有 4 处不同。第一，TREE-INSERT 内的所有 NIL 都被 $T.nil$ 代替。第二，RB-INSERT 的第 14～15 行置 $z.left$ 和 $z.right$ 为 $T.nil$，以保持合理的树结构。第三，在第 16 行将 z 着为红色。第四，因为将 z 着为红色可能违反其中的一条红黑性质，所以在 RB-INSERT 的第 17 行中调用 RB-INSERT-FIXUP(T, z) 来保持红黑性质。

315

```
RB-INSERT-FIXUP(T, z)
 1  while z. p. color == RED
 2      if z. p == z. p. p. left
 3          y = z. p. p. right
 4          if y. color == RED
 5              z. p. color = BLACK          // case 1
 6              y. color = BLACK             // case 1
 7              z. p. p. color = RED         // case 1
 8              z = z. p. p                  // case 1
 9          else if z == z. p. right
10              z = z. p                     // case 2
```

11	LEFT-ROTATE(T, z)	// case 2
12	$z.p.color =$ BLACK	// case 3
13	$z.p.p.color =$ RED	// case 3
14	RIGHT-ROTATE($T, z.p.p$)	// case 3
15	**else**(same as **then** clause	
	with "right" and "left" exchanged)	
16	$T.root.color =$ BLACK	

为了理解 RB-INSERT-FIXUP 过程如何工作，把代码分为三个主要的步骤。首先，要确定当结点 z 被插入并着为红色后，红黑性质中有哪些不能继续保持。其次，应分析第 1～15 行中 **while** 循环的总目标。最后，要分析 **while** 循环体中的三种情况[⊖]，看看它们是如何完成目标的。图 13-4 给出一个范例，显示在一棵红黑树上 RB-INSERT-FIXUP 如何操作。

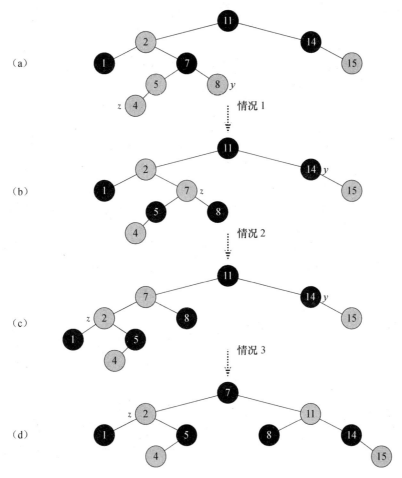

图 13-4   RB-INSERT-FIXUP 操作。(a)插入后的结点 z。由于 z 和它的父结点 $z.p$ 都是红色的，所以违反了性质 4。由于 z 的叔结点 y 是红色的，可以应用程序中的情况 1。结点被重新着色，并且指针 z 沿树上升，所得的树如(b)所示。再一次 z 及其父结点又都为红色，但 z 的叔结点 y 是黑色的。因为 z 是 $z.p$ 的右孩子，可以应用情况 2。在执行 1 次左旋之后，所得结果树见(c)。现在，z 是其父结点的左孩子，可以应用情况 3。重新着色并执行一次右旋后得(d)中的树，它是一棵合法的红黑树

⊖ 情况 2 可以转为情况 3，于是这两种情况就不是各自独立的了。

在调用 RB-INSERT-FIXUP 操作时，哪些红黑性质可能会被破坏呢？性质 1 和性质 3 继续成立，因为新插入的红结点的两个子结点都是哨兵 $T.nil$。性质 5，即从一个指定结点开始的每条简单路径上的黑结点的个数都是相等的，也会成立，因为结点 z 代替了（黑色）哨兵，并且结点 z 本身是有哨兵孩子的红结点。这样来看，仅可能被破坏的就是性质 2 和性质 4，即根结点需要为黑色以及一个红结点不能有红孩子。这两个性质可能被破坏是因为 z 被着为红色。如果 z 是根结点，则破坏了性质 2；如果 z 的父结点是红结点，则破坏了性质 4。图 13-4(a)显示在插入结点 z 之后性质 4 被破坏的情况。

第 1~15 行中的 **while** 循环在每次迭代的开头保持下列 3 个部分的不变式：

a. 结点 z 是红结点。

b. 如果 $z.p$ 是根结点，则 $z.p$ 是黑结点。

c. 如果有任何红黑性质被破坏，则至多只有一条被破坏，或是性质 2，或是性质 4。如果性质 2 被破坏，其原因为 z 是根结点且是红结点。如果性质 4 被破坏，其原因为 z 和 $z.p$ 都是红结点。

c 部分处理红黑性质的破坏，相比 a 部分和 b 部分来说，显得更是 RB-INSERT-FIXUP 保持红黑性质的中心内容，我们以此来理解代码中的各种情形。由于将注意力集中在结点 z 以及树中靠近它的结点上，所以有助于从 a 部分得知 z 为红结点。当在第 2、3、7、8、13 和 14 行中引用 $z.p.p$ 时，我们使用 b 部分来表明它的存在。

需要证明在循环的第一次迭代之前循环不变式为真，每次迭代都保持这个循环不变式成立，并且在循环终止时，这个循环不变式会给出一个有用的性质。

先从初始化和终止的不变式证明开始。然后，依据细致地考察循环体如何工作，来证明循环在每次迭代中都保持这个循环不变式。同时，还要说明循环的每次迭代会有两种可能的结果：或者指针 z 沿着树上移，或者执行某些旋转后循环终止。

初始化：在循环的第一次迭代之前，从一棵正常的红黑树开始，并新增一个红结点 z。

要证明当 RB-INSERT-FIXUP 被调用时，不变式的每个部分都成立。

a. 当调用 RB-INSERT-FIXUP 时，z 是新增的红结点。

b. 如果 $z.p$ 是根，那么 $z.p$ 开始是黑色的，且在调用 RB-INSERT-FIXUP 之前保持不变。

c. 注意到在调用 RB-INSERT-FIXUP 时，性质 1、性质 3 和性质 5 成立。

如果违反了性质 2，则红色根结点一定是新增结点 z，它是树中唯一的内部结点。因为 z 的父结点和两个子结点都是黑色的哨兵，没有违反性质 4。这样，对性质 2 的违反是整棵树中唯一违反红黑性质的地方。

如果违反了性质 4，则由于 z 的子结点是黑色哨兵，且该树在 z 加入之前没有其他性质的违反，所以违反必然是因为 z 和 $z.p$ 都是红色的。而且，没有其他红黑性质被违反。

终止：循环终止是因为 $z.p$ 是黑色的。（如果 z 是根结点，那么 $z.p$ 是黑色哨兵 $T.nil$。）这样，树在循环终止时没有违反性质 4。根据循环不变式，唯一可能不成立的是性质 2。第 16 行恢复这个性质，所以当 RB-INSERT-FIXUP 终止时，所有的红黑性质都成立。

保持：实际需要考虑 **while** 循环中的 6 种情况，而其中三种与另外三种是对称的。这取决于第 2 行中 z 的父结点 $z.p$ 是 z 的祖父结点 $z.p.p$ 的左孩子，还是右孩子。我们只给出 $z.p$ 是左孩子时的代码。根据循环不变式的 b 部分，如果 $z.p$ 是根结点，那么 $z.p$ 是黑色的，可知结点 $z.p.p$ 存在。因为只有在 $z.p$ 是红色时才进入一次循环迭代，所以 $z.p$ 不可能是根结点。因此，$z.p.p$ 存在。

情况 1 和情况 2、情况 3 的区别在于 z 父亲的兄弟结点（或称为"叔结点"）的颜色不同。第 3 行使 y 指向 z 的叔结点 $z.p.p.right$，在第 4 行测试 y 的颜色。如果 y 是红色的，那么执行情况 1。否则，控制转向情况 2 和情况 3 上。在所有三种情况中，z 的祖父结点 $z.p.p$ 是黑色的，因为它的

父结点 $z.p$ 是红色的，故性质 4 只在 z 和 $z.p$ 之间被破坏了。

情况 1：z 的叔结点 y 是红色的

图 13-5 显示了情况 1（第 5～8 行）的情形，这种情况在 $z.p$ 和 y 都是红色时发生。因为 $z.p.p$ 是黑色的，所以以将 $z.p$ 和 y 都着为黑色，以此解决 z 和 $z.p$ 都是红色的问题，将 $z.p.p$ 着为红色以保持性质 5。然后，把 $z.p.p$ 作为新结点 z 来重复 **while** 循环。指针 z 在树中上移两层。

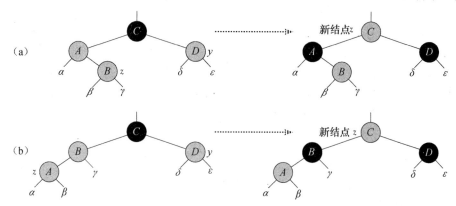

图 13-5 过程 RB-INSERT-FIXUP 中的情况 1。性质 4 被违反，因为 z 和它的父结点 $z.p$ 都是红色的。无论 z 是一个右孩子（图(a)）还是一个左孩子（图(b)），都同样处理。每一棵子树 α、β、γ、δ 和 ε 都有一个黑色根结点，而且具有相同的黑高。情况 1 的代码改变了某些结点的颜色，但保持了性质 5：从一个结点向下到一个叶结点的所有简单路径都有相同数目的黑结点。**while** 循环将结点 z 的祖父 $z.p.p$ 作为新的 z 以继续迭代。现在性质 4 的破坏只可能发生在新的红色结点 z 和它的父结点之间，条件是如果父结点也为红色的

现在，证明情况 1 在下一次循环迭代的开头会保持这个循环不变式。用 z 表示当前迭代中的结点 z，用 $z' = z.p.p$ 表示在下一次迭代第 1 行测试时的结点 z。

a. 因为这次迭代把 $z.p.p$ 着为红色，结点 z' 在下次迭代的开始是红色的。

b. 在这次迭代中结点 $z'.p$ 是 $z.p.p.p$，且这个结点的颜色不会改变。如果它是根结点，则在此次迭代之前它是黑色的，且它在下次迭代的开头仍然是黑色的。

c. 我们已经证明情况 1 保持性质 5，而且它也不会引起性质 1 或性质 3 的破坏。

如果结点 z' 在下一次迭代开始时是根结点，则在这次迭代中情况 1 修正了唯一被破坏的性质 4。由于 z' 是红色的而且是根结点，所以性质 2 成为唯一被违反的性质，这是由 z' 导致的。

如果结点 z' 在下一次迭代开始时不是根结点，则情况 1 不会导致性质 2 的破坏。情况 1 修正了在这次迭代的开始唯一违反的性质 4。然后它把 z' 着为红色而 $z'.p$ 不变。如果 $z'.p$ 是黑色的，则没有违反性质 4。如果 $z'.p$ 是红色的，则把 z' 着为红色会在 z' 与 $z'.p$ 之间造成性质 4 的违反。

情况 2：z 的叔结点 y 是黑色的且 z 是一个右孩子

情况 3：z 的叔结点 y 是黑色的且 z 是一个左孩子

在情况 2 和情况 3 中，z 的叔结点 y 是黑色的。通过 z 是 $z.p$ 的右孩子还是左孩子来区别这两种情况。第 10～11 行构成了情况 2，它和情况 3 一起显示在图 13-6 中。在情况 2 中，结点 z 是它的父结点的右孩子。可以立即使用一个左旋来将此情形转变为情况 3（第 12～14 行），此时结点 z 为左孩子。因为 z 和 $z.p$ 都是红色的，所以该旋转对结点的黑高和性质 5 都无影响。无论是直接进入情况 2，还是通过情况 3 进入情况 2，z 的叔结点 y 总是黑色的，因为否则就要执行情况 1。此外，结点 $z.p.p$ 存在，因为已经推断在执行第 2 行和第 3 行时该结点存在，且在第 10 行将 z 往上移一层，然后在第 11 行将 z 往下移一层之后，$z.p.p$ 的身份保持不变。在情况 3 中，改变某些结点的颜色并做一次右旋，以保持性质 5。这样，由于在一行中不再有两个红色结点，

所有的处理到此完毕。因为此时 $z.p$ 是黑色的，所以无需再执行一次 **while** 循环。

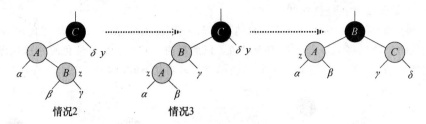

图 13-6 过程 RB-INSERT-FIXUP 中的情况 2 和情况 3。如同情况 1，由于 z 和它的父结点 $z.p$ 都是红色的，性质 4 在情况 2 或情况 3 中会被破坏。每一棵子树 α、β、γ 和 δ 都有一个黑色根结点（α、β 和 γ 是由性质 4 而来，δ 也有黑色根结点，因为否则将导致情况 1），而且具有相同的黑高。通过左旋将情况 2 转变为情况 3，以保持性质 5：从一个结点向下到一个叶结点的所有简单路径都有相同数目的黑结点。情况 3 引起某些结点颜色的改变，以及一个同样为了保持性质 5 的右旋。然后 **while** 循环终止，因为性质 4 已经得到了满足：一行中不再有两个红色结点

现在来证明情况 2 和情况 3 保持了循环不变式。（正如已经讨论的，$z.p$ 在第 1 行中下一次测试会是黑色，循环体不会再次执行。）

a. 情况 2 让 z 指向红色的 $z.p$。在情况 2 和情况 3 中 z 或 z 的颜色都不再改变。

b. 情况 3 把 $z.p$ 着成黑色，使得如果 $z.p$ 在下一次迭代开始时是根结点，则它是黑色的。

c. 如同情况 1，性质 1、性质 3 和性质 5 在情况 2 与情况 3 中得以保持。

由于结点 z 在情况 2 和情况 3 中都不是根结点，所以性质 2 没有被破坏。情况 2 和情况 3 不会引起性质 2 的违反，因为唯一着为红色的结点在情况 3 中通过旋转成为一个黑色结点的子结点。

情况 2 和情况 3 修正了对性质 4 的违反，也不会引起对其他红黑性质的违反。

证明了循环的每一次迭代都会保持循环不变式之后，也就证明了 RB-INSERT-FIXUP 能够正确地保持红黑性质。

[321]

分析

RB-INSERT 的运行时间怎样呢？由于一棵有 n 个结点的红黑树的高度为 $O(\lg n)$，因此 RB-INSERT 的第 1~16 行要花费 $O(\lg n)$ 时间。在 RB-INSERT-FIXUP 中，仅当情况 1 发生，然后指针 z 沿着树上升 2 层，**while** 循环才会重复执行。所以 **while** 循环可能被执行的总次数为 $O(\lg n)$。因此，RB-INSERT 总共花费 $O(\lg n)$ 时间。此外，该程序所做的旋转从不超过 2 次，因为只要执行了情况 2 或情况 3，**while** 循环就结束了。

练习

13.3-1 在 RB-INSERT 的第 16 行，将新插入的结点 z 着为红色。注意到，如果将 z 着为黑色，则红黑树的性质 4 就不会被破坏。那么为什么不选择将 z 着为黑色呢？

13.3-2 将关键字 41、38、31、12、19、8 连续地插入一棵初始为空的红黑树之后，试画出该结果树。

13.3-3 假设图 13-5 和图 13-6 中子树 α、β、γ、δ 和 ε 的黑高都是 k。给每张图中的每个结点标上黑高，以验证图中所示的转换能保持性质 5。

13.3-4 Teach 教授担心 RB-INSERT-FIXUP 可能将 $T.nil.color$ 设为 RED，这时，当 z 为根时，第 1 行的测试就不会让循环终止。通过讨论 RB-INSERT-FIXUP 永远不会将 $T.nil.color$ 设置为 RED，来说明这位教授的担心是没有必要的。

13.3-5 考虑一棵用 RB-INSERT 插入 n 个结点而成的红黑树。证明：如果 $n>1$，则该树至少有一个红结点。

13.3-6 说明如果红黑树的表示中不提供父指针，应当如何有效地实现 RB-INSERT。 322

13.4 删除

与 n 个结点的红黑树上的其他基本操作一样，删除一个结点要花费 $O(\lg n)$ 时间。与插入操作相比，删除操作要稍微复杂些。

从一棵红黑树中删除结点的过程是基于 TREE-DELETE 过程（见 12.3 节）而来的。首先，需要特别设计一个供 TREE-DELETE 调用的子过程 TRANSPLANT，并将其应用到红黑树上：

RB-TRANSPLANT(T, u, v)
1 **if** $u.p == T.nil$
2      $T.root = v$
3 **elseif** $u == u.p.left$
4      $u.p.left = v$
5 **else** $u.p.right = v$
6 $v.p = u.p$

过程 RB-TRANSPLANT 与 TRANSPLANT 有两点不同。首先，第 1 行引用哨兵 $T.nil$ 而不是 NIL。其次，第 6 行对 $v.p$ 的赋值是无条件执行：即使 v 指向哨兵，也要对 $v.p$ 赋值。实际上，当 $v = T.nil$ 时，也能给 $v.p$ 赋值。

过程 RB-DELETE 与 TREE-DELETE 类似，只是多了几行伪代码。多出的几行代码记录结点 y 的踪迹，y 有可能导致红黑性质的破坏。当想要删除结点 z，且此时 z 的子结点少于 2 个时，z 从树中删除，并让 y 成为 z。当 z 有两个子结点时，y 应该是 z 的后继，并且 y 将移至树中的 z 位置。在结点被移除或者在树中移动之前，必须记住 y 的颜色，并且记录结点 x 的踪迹，将 x 移至树中 y 的原来位置，因为结点 x 也可能引起红黑性质的破坏。删除结点 z 之后，RB-DELETE 调用一个辅助过程 RB-DELETE-FIXUP，该过程通过改变颜色和执行旋转来恢复红黑性质。 323

RB-DELETE(T, z)
1 $y = z$
2 $y\text{-}original\text{-}color = y.color$
3 **if** $z.left == T.nil$
4      $x = z.right$
5   RB-TRANSPLANT(T, z, $z.right$)
6 **elseif** $z.right == T.nil$
7      $x = z.left$
8   RB-TRANSPLANT(T, z, $z.left$)
9 **else** $y = $ TREE-MINIMUM($z.right$)
10     $y\text{-}original\text{-}color = y.color$
11     $x = y.right$
12   **if** $y.p == z$
13         $x.p = y$
14   **else** RB-TRANSPLANT(T, y, $y.right$)
15         $y.right = z.right$
16         $y.right.p = y$
17   RB-TRANSPLANT(T, z, y)
18     $y.left = z.left$
19     $y.left.p = y$
20     $y.color = z.color$
21 **if** $y\text{-}original\text{-}color ==$ BLACK
22   RB-DELETE-FIXUP(T, x)

虽然 RB-DELETE 包含的伪代码行数几乎是 TREE-DELETE 的 2 倍，但这两个过程具有相同的基本结构。在 RB-DELETE 中能够找到 TREE-DELETE 的每一行语句（其中 NIL 被替换成了 $T.nil$，而调用 TRANSPLANT 换成了调用 RB-TRANSPLANT），其执行的条件相同。

下面是两个过程之间的其他区别：

- 始终维持结点 y 为从树中删除的结点或者移至树内的结点。当 z 的子结点少于 2 个时，第 1 行将 y 指向 z，并因此要移除。当 z 有两个子结点时，第 9 行将 y 指向 z 的后继，这与 TREE-DELETE 相同，y 将移至树中 z 的位置。

- 由于结点 y 的颜色可能改变，变量 $y\text{-}original\text{-}color$ 存储了发生改变前的 y 颜色。第 2 行和第 10 行在给 y 赋值之后，立即设置该变量。当 z 有两个子结点时，则 $y\neq z$ 且结点 y 移至红黑树中结点 z 的原始位置；第 20 行给 y 赋予和 z 一样的颜色。我们需要保存 y 的原始颜色，以在 RB-DELETE 结束时测试它；如果它是黑色的，那么删除或移动 y 会引起红黑性质的破坏。

[324]

- 正如前面讨论过的，我们保存结点 x 的踪迹，使它移至结点 y 的原始位置上。第 4、7 和 11 行的赋值语句令 x 或指向 y 的唯一子结点或指向哨兵 $T.nil$（如果 y 没有子结点）。（回忆一下 12.3 节 y 没有左孩子的情形。）

- 因为结点 x 移动到结点 y 的原始位置，属性 $x.p$ 总是被设置指向树中 y 父结点的原始位置，甚至当 x 是哨兵 $T.nil$ 时也是这样。除非 z 是 y 的原始父结点（该情况只在 z 有两个孩子且它的后继 y 是 z 的右孩子时发生），否则对 $x.p$ 的赋值在 RB-TRANSPLANT 的第 6 行。（注意到，在第 5、8 或 14 行调用 RB-TRANSPLANT 时，传递的第 2 个参数与 x 相同。）然而，当 y 的原父结点是 z 时，我们并不想让 $x.p$ 指向 y 的原始父结点，因为要在树中删除该结点。由于结点 y 将在树中向上移动占据 z 的位置，第 13 行将 $x.p$ 设置为 y，使得 $x.p$ 指向 y 父结点的原始位置，甚至当 $x=T.nil$ 时也是这样。

- 最后，如果结点 y 是黑色，就有可能已经引入了一个或多个红黑性质被破坏的情况，所以在第 22 行调用 RB-DELETE-FIXUP 来恢复红黑性质。如果 y 是红色，当 y 被删除或移动时，红黑性质仍然保持，原因如下：

  1. 树中的黑高没有变化。
  2. 不存在两个相邻的红结点。因为 y 在树中占据了 z 的位置，再考虑到 z 的颜色，树中 y 的新位置不可能有两个相邻的红结点。另外，如果 y 不是 z 的右孩子，则 y 的原右孩子 x 代替 y。如果 y 是红色，则 x 一定是黑色，因此用 x 替代 y 不可能使两个红结点相邻。
  3. 如果 y 是红色，就不可能是根结点，所以根结点仍旧是黑色。

如果结点 y 是黑色，则会产生三个问题，可以通过调用 RB-DELETE-FIXUP 进行补救。第一，如果 y 是原来的根结点，而 y 的一个红色的孩子成为新的根结点，这就违反了性质 2。第二，如果 x 和 $x.p$ 是红色的，则违反了性质 4。第三，在树中移动 y 将导致先前包含 y 的任何简单路径上黑结点个数少 1。因此，y 的任何祖先都不满足性质 5。改正这一问题的办法是将现在占有 y 原来位置的结点 x 视为还有一重额外的黑色。也就是说，如果将任意包含结点 x 的简单路径上黑结点个数加 1，则在这种假设下，性质 5 成立。当将黑结点 y 删除或移动时，将其黑色

[325]

"下推"给结点 x。现在问题变为结点 x 可能既不是红色，又不是黑色，从而违反了性质 1。现在的结点 x 是双重黑色或者红黑色，这就分别给包含 x 的简单路径上黑结点数贡献了 2 或 1。x 的 $color$ 属性仍然是 RED（如果 x 是红黑色的）或者 BLACK（如果 x 是双重黑色的）。换句话说，结点额外的黑色是针对 x 结点的，而不是反映在它的 $color$ 属性上的。

现在我们来看看过程 RB-DELETE-FIXUP 是如何恢复搜索树的红黑性质的。

RB-DELETE-FIXUP(T, x)

```
1   while x ≠ T.root and x.color == BLACK
2       if x == x.p.left
3           w = x.p.right
4           if w.color == RED
5               w.color = BLACK              // case 1
6               x.p.color = RED              // case 1
7               LEFT-ROTATE(T, x.p)          // case 1
8               w = x.p.right                // case 1
9           if w.left.color == BLACK and w.right.color == BLACK
10              w.color = RED                // case 2
11              x = x.p                      // case 2
12          else if w.right.color == BLACK
13                  w.left.color = BLACK     // case 3
14                  w.color = RED            // case 3
15                  RIGHT-ROTATE(T, w)       // case 3
16                  w = x.p.right            // case 3
17              w.color = x.p.color          // case 4
18              x.p.color = BLACK            // case 4
19              w.right.color = BLACK        // case 4
20              LEFT-ROTATE(T, x.p)          // case 4
21              x = T.root                   // case 4
22      else (same as then clause with "right" and "left" exchanged)
23  x.color = BLACK
```

过程 RB-DELETE-FIXUP 恢复性质 1、性质 2 和性质 4。练习 13.4-1 和 13.4-2 要求读者说明这个过程是如何恢复性质 2 和性质 4 的，因此，本节的其余部分将专注于性质 1。第 1～22 行中 **while** 循环的目标是将额外的黑色沿树上移，直到：

1. x 指向红黑结点，此时在第 23 行中，将 x 着为（单个）黑色。
2. x 指向根结点，此时可以简单地"移除"额外的黑色。
3. 执行适当的旋转和重新着色，退出循环。

在 **while** 循环中，x 总是指向一个具有双重黑色的非根结点。在第 2 行中要判断 x 是其父结点 $x.p$ 的左孩子还是右孩子。（已经给出了 x 为左孩子时的代码；x 为右孩子的第 22 行的代码是对称的。）保持指针 w 指向 x 的兄弟。由于结点 x 是双重黑色的，故 w 不可能是 $T.nil$，因为否则，从 $x.p$ 至（单黑色）叶子 w 的简单路径上的黑结点个数就会小于从 $x.p$ 到 x 的简单路径上的黑结点数。

图 13-7 给出了代码中的 4 种情况[一]。在具体研究每一种情况之前，先看看如何证实每种情况中的变换保持性质 5。关键思想是在每种情况中，从子树的根（包括根）到每棵子树 α，β，…，ζ 之间的黑结点个数（包括 x 的额外黑色）并不被变换改变。因此，如果性质 5 在变换之前成立，那么变换之后也仍然成立。举例说明，图 13-7(a)说明了情况 1，在变换前后，根结点至子树 α 或 β 之间的黑结点数都是 3。（再次记住，结点 x 增加了额外一重黑色。）类似地，在变换前后根结点至子树 γ、δ、ε 和 ζ 中的任何一个之间的黑结点数都是 2。在图 13-7(b)中，计数时还要包括所示子树的根结点的 color 属性的值 c，它或是 RED 或是 BLACK。如果定义 count(RED)=0 以及 count(BLACK)=1，那么变换前后根结点至 α 的黑结点数都为 2+count(c)。在此情况下，变换

326

[一] 参见过程 RB-INSERT-FIXUP，RB-DELETE-FIXUP 中的 4 种情况并不是完全独立的。

之后新结点 x 具有 $color$ 属性值 c，但是这个结点的颜色是红黑（如果 $c=$ RED）或者双重黑色的（如果 $c=$ BLACK）。其他情况可以类似地加以验证（见练习 13.4-5）。

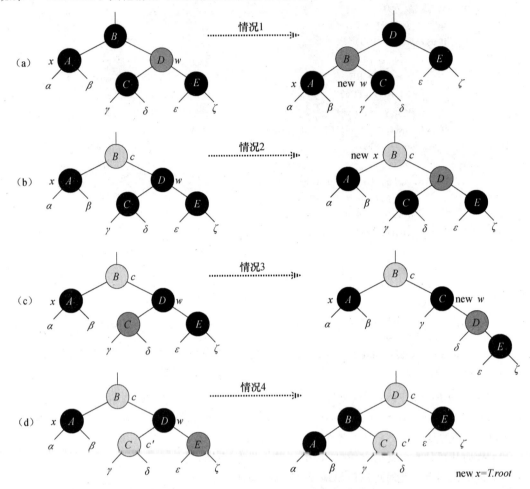

图 13-7　过程 RB-DELETE-FIXUP 中 **while** 循环的各种情况。加黑的结点 $color$ 属性为 BLACK，深阴影的结点 $color$ 属性为 RED，浅阴影的结点 $color$ 属性用 c 和 c' 表示，它既可为 RED 也可为 BLACK。字母 α，β，…，ζ 代表任意的子树。在每种情况中，通过改变某些结点的颜色及/或进行一次旋转，可以将左边的结构转化为右边的结构。x 指向的任何结点都具有额外的一重黑色而成为双重黑色或红黑色。只有情况 2 引起循环重复。（a）通过交换结点 B 和 D 的颜色以及执行一次左旋，可将情况 1 转化为情况 2、3 或 4。（b）在情况 2 中，在将结点 D 着为红色，并将 x 设为指向结点 B 后，由指针 x 所表示的额外黑色沿树上升。如果通过情况 1 进入情况 2，则 **while** 循环结束，因为新的结点 x 是红黑的，因此其 $color$ 属性 c 是 RED。（c）通过交换结点 C 和 D 的颜色并执行一次右旋，可以将情况 3 转换成情况 4。（d）在情况 4 中，通过改变某些结点的颜色并执行一次左旋（不违反红黑性质），可以将由 x 表示的额外黑色去掉，然后循环终止

情况 1：x 的兄弟结点 w 是红色的

情况 1（见 RB-DELETE-FIXUP 的第 5～8 行和图 13-7（a））发生在结点 x 的兄弟结点 w 为红色时。因为 w 必须有黑色子结点，所以可以改变 w 和 $x.p$ 的颜色，然后对 $x.p$ 做一次左旋而不违反红黑树的任何性质。现在，x 的新兄弟结点是旋转之前 w 的某个子结点，其颜色为黑色。这样，就将情况 1 转换为情况 2、3 或 4 处理。

当结点 w 为黑色时，属于情况 2、3 和 4；这些情况是由 w 的子结点的颜色来区分的。

情况 2：x 的兄弟结点 w 是黑色的，而且 w 的两个子结点都是黑色的

在情况 2（见 RB-DELETE-FIXUP 的第 10～11 行和图 13-7(b)）中，w 的两个子结点都是黑色的。因为 w 也是黑色的，所以从 x 和 w 上去掉一重黑色，使得 x 只有一重黑色而 w 为红色。为了补偿从 x 和 w 中去掉的一重黑色，在原来是红色或黑色的 $x.p$ 上新增一重额外的黑色。通过将 $x.p$ 作为新结点 x 来重复 **while** 循环。注意到，如果通过情况 1 进入到情况 2，则新结点 x 是红黑色的，因为原来的 $x.p$ 是红色的。因此，新结点 x 的 $color$ 属性值 c 为 RED，并且在测试循环条件后循环终止。然后，在第 23 行中将新结点 x 着为（单一）黑色。

情况 3：x 的兄弟结点 w 是黑色的，w 的左孩子是红色的，w 的右孩子是黑色的

情况 3（见第 13～16 行和图 13-7(c)）发生在 w 为黑色且其左孩子为红色、右孩子为黑色时。可以交换 w 和其左孩子 $w.left$ 的颜色，然后对 w 进行右旋而不违反红黑树的任何性质。现在 x 的新兄弟结点 w 是一个有红色右孩子的黑色结点，这样我们就将情况 3 转换成了情况 4。

情况 4：x 的兄弟结点 w 是黑色的，且 w 的右孩子是红色的

情况 4（见第 17～21 行和图 13-7(d)）发生在结点 x 的兄弟结点 w 为黑色且 w 的右孩子为红色时。通过进行某些颜色修改并对 $x.p$ 做一次左旋，可以去掉 x 的额外黑色，从而使它变为单重黑色，而且不破坏红黑树的任何性质。将 x 设置为根后，当 **while** 循环测试其循环条件时，循环终止。

分析

RB-DELETE 的运行时间怎样呢？因为含 n 个结点的红黑树的高度为 $O(\lg n)$，不调用 RB-DELETE-FIXUP 时该过程的总时间代价为 $O(\lg n)$。在 RB-DELETE-FIXUP 中，情况 1、3 和 4 在各执行常数次数的颜色改变和至多 3 次旋转后便终止。情况 2 是 **while** 循环可以重复执行的唯一情况，然后指针 x 沿树上升至多 $O(\lg n)$ 次，且不执行任何旋转。所以，过程 RB-DELETE-FIXUP 要花费 $O(\lg n)$ 时间，做至多 3 次旋转，因此 RB-DELETE 运行的总时间为 $O(\lg n)$。

练习

13.4-1 在执行 RB-DELETE-FIXUP 之后，证明：树根一定是黑色的。

13.4-2 在 RB-DELETE 中，如果 x 和 $x.p$ 都是红色的，证明：可以通过调用 RB-DELETE-FIXUP(T，x) 来恢复性质 4。

13.4-3 在练习 13.3-2 中，将关键字 41、38、31、12、19、8 连续插入一棵初始的空树中，从而得到一棵红黑树。请给出从该树中连续删除关键字 8、12、19、31、38、41 后的红黑树。

13.4-4 在 RB-DELETE-FIXUP 代码的哪些行中，可能会检查或修改哨兵 $T.nil$？

13.4-5 在图 13-7 的每种情况中，给出所示子树的根结点至每棵子树 α，β，…，ζ 之间的黑结点个数，并验证它们在转换之后保持不变。当一个结点的 $color$ 属性为 c 或 c' 时，在计数中用记号 $\text{count}(c)$ 或 $\text{count}(c')$ 来表示。

13.4-6 Skelton 和 Baron 教授担心在 RB-DELETE-FIXUP 的情况 1 开始时，结点 $x.p$ 可能不是黑色的。如果这两位教授是对的，则第 5～6 行就是错的。证明：$x.p$ 在情况 1 开始时必是黑色的，从而说明这两位教授没有担心的必要。

13.4-7 假设用 RB-INSERT 将一个结点 x 插入一棵红黑树，紧接着又用 RB-DELETE 将它从树中删除。结果的红黑树与初始的红黑树是否一样？证明你的答案。

327
～
330

思考题

13-1 （持久动态集合） 有时在算法的执行过程中，我们会发现在更新一个动态集合时，需要维护其过去的版本。我们称这样的集合为**持久的**（persistent）。实现持久集合的一种方法是每当该集合被修改时，就将其完整地复制下来，但是这种方法会降低一个程序的执行速度，而且占用过多的空间。有时候，我们可以做得更好些。

考虑一个有 INSERT、DELETE 和 SEARCH 操作的持久集合 S，我们使用如图 13-8(a) 所示的二叉搜索树来实现。对集合的每一个版本都维护一个不同的根。为了将关键字 5 插入到集合中，创建一个具有关键字 5 的新结点。该结点成为具有关键字 7 的新结点的左孩子，因为我们不能更改具有关键字 7 的已存在结点。类似地，具有关键字 7 的新结点成为具有关键字 8 的新结点的左孩子，后者的右孩子为具有关键字 10 的已存在结点。关键字为 8 的新结点又成为关键字为 4 的新根结点 r' 的右孩子，而 r' 的左孩子是关键字为 3 的已存在结点。这样，我们只是复制了树的一部分，新树共享了原树的一些结点，如图 13-8(b) 所示。

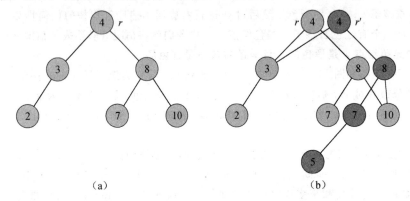

（a）　　　　　　　（b）

图 13-8　(a)包含关键字 2、3、4、7、8、10 的一棵二叉搜索树。(b)插入关键字 5 后得到的持久二叉搜索树。该集合的最新版本包括由根 r' 出发可到达的结点，而前一个版本包括由根 r 可到达的结点。深阴影的结点是插入关键字 5 时增加的

假设树中每个结点都有属性 key、$left$ 和 $right$，但没有属性 $parent$。（参见练习 13.3-6。）

a. 对于一棵一般的持久二叉搜索树，为插入一个关键字 k 或删除一个结点 y，需要改变哪些结点。

b. 请写出一个过程 PERSISTENT-TREE-INSERT，使得在给定一棵持久树 T 和一个要插入的关键字 k 时，它返回将 k 插入 T 后得到的新的持久树 T'。

c. 如果持久二叉搜索树 T 的高度为 h，实现 PERSISTENT-TREE-INSERT 过程的时间和空间需求分别是多少？（空间需求与新分配的结点数成正比。）

d. 假设在每个结点中增加一个父结点属性。这种情况下，PERSISTENT-TREE-INSERT 需要做一些额外的复制工作。证明：PERSISTENT-TREE-INSERT 的时间需求和空间需求为 $\Omega(n)$，其中 n 为树中的结点个数。

e. 说明如何利用红黑树来保证每次插入或删除的最坏情况运行时间和空间为 $O(\lg n)$。

13-2 （红黑树上的连接操作）　连接(join)操作取两个动态集合 S_1、S_2 和一个元素 x，使得对任何 $x_1 \in S_1$ 和 $x_2 \in S_2$，有 $x_1.key \leqslant x.key \leqslant x_2.key$。该操作返回一个集合 $S = S_1 \cup \{x\} \cup S_2$。在这个问题中，讨论如何在红黑树上实现连接操作。

a. 给定一棵红黑树 T，其黑高被存放在新属性 $T.bh$ 中。证明：在不需要树中结点的额外存储空间和不增加渐近运行时间的前提下，RB-INSERT 和 RB-DELETE 可以维护这个属性。并证明：当沿 T 下降时，可以对每个被访问的结点在 $O(1)$ 时间内确定其黑高。

要求实现操作 RB-JOIN(T_1, x, T_2)，它销毁 T_1 和 T_2 并返回一棵红黑树 $T = T_1 \cup \{x\} \cup T_2$。设 n 为 T_1 和 T_2 中的结点总数。

b. 假设 $T_1.bh \geqslant T_2.bh$。试描述一个 $O(\lg n)$ 时间的算法，使之能从黑高为 $T_2.bh$ 的结点中选出具有最大关键字的 T_1 中的黑结点 y。

c. 设 T_y 是以 y 为根结点的子树。试说明如何在不破坏二叉搜索树性质的前提下，在 $O(1)$ 时间内用 $T_y \cup \{x\} \cup T_2$ 来取代 T_y。

d. 要保持红黑性质 1、3 和 5，应将 x 着成什么颜色？试说明如何在 $O(\lg n)$ 时间内维护性质 2 和性质 4。

e. 论证使用(b)部分的假设是不失一般性的，并描述当 $T_1.bh \leqslant T_2.bh$ 时所出现的对称情况。

f. 证明：RB-JOIN 的运行时间是 $O(\lg n)$。

13-3 （AVL 树） AVL 树是一种**高度平衡的**(height balanced)二叉搜索树：对每一个结点 x，x 的左子树与右子树的高度差至多为 1。要实现一棵 AVL 树，需要在每个结点内维护一个额外的属性：$x.h$ 为结点 x 的高度。与任何其他的二叉搜索树 T 一样，假设 $T.root$ 指向根结点。

a. 证明：一棵有 n 个结点的 AVL 树高度为 $O(\lg n)$。（提示：证明高度为 h 的 AVL 树至少有 F_h 个结点，其中 F_h 是斐波那契数列的第 h 个数。）

b. 要在一棵 AVL 树中插入一个结点，首先以二叉搜索树的顺序把该结点放在适当的位置上。此时，这棵树可能就不再是高度平衡的。具体来说，某些结点的左子树与右子树的高度差可能会到 2。请描述一个过程 BALANCE(x)，输入一棵以 x 为根的子树，其左子树与右子树都是高度平衡的，而且它们的高度差至多是 2，即 $|x.right.h - x.left.h| \leqslant 2$，并将这棵以 x 为根的子树转变为高度平衡的。（提示：使用旋转。）

c. 利用(b)来描述一个递归过程 AVL-INSERT(x, z)，该操作输入一个 AVL 树中的结点 x 以及一个新创建的结点 z（其关键字已经填入），然后将 z 添加到以 x 为根的子树中，并保持 x 是一棵 AVL 树的根结点。和 12.3 节中的 TREE-INSERT 一样，假设 $z.key$ 已经被填入，且 $z.left = \text{NIL}$，$z.right = \text{NIL}$；再假设 $z.h = 0$。因此要把结点 z 插入到 AVL 树 T 中，需要调用 AVL-INSERT($T.root, z$)。

d. 证明：在一棵 n 个结点的 AVL 树上 AVL-INSERT 操作需花费 $O(\lg n)$ 时间，且执行 $O(1)$ 次旋转。

13-4 （treap 树） 如果将一个含 n 个元素的集合插入到一棵二叉搜索树中，所得到的树可能会相当不平衡，从而导致查找时间很长。然而从 12.4 节可知，随机构造二叉搜索树是趋向于平衡的。因此，一般来说，要为一组固定的元素建立一棵平衡树，可以采用的一种策略就是先随机排列这些元素，然后按照排列的顺序将它们插入到树中。

如果没法同时得到所有的元素，应该怎样处理呢？如果一次收到一个元素，是否仍然能用它们来随机建立一棵二叉搜索树？

我们将通过考察一个数据结构来正面回答这个问题。一棵 treap 树是一棵更改了结点排序方式的二叉搜索树。图 13-9 显示了一个例子。通常，树内的每个结点 x 都有一个关键字值 $x.key$。另外，还要为每个结点指定 $x.priority$，它是一个独立选取的随机

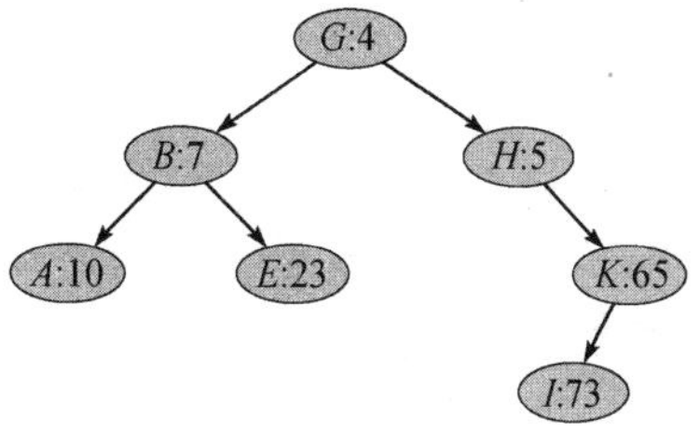

图 13-9 一棵 treap 树。每个结点 x 都用 $x.key : x.priority$ 来标记。例如，根结点的关键字是 G，优先级为 4

数。假设所有的优先级都是不同的，而且所有的关键字也是不同的。treap 树的结点被排列成让关键字遵循二叉搜索树的性质，且优先级遵循最小堆顺序性质：

- 如果 v 是 u 的左孩子，则 $v.key < u.key$。
- 如果 v 是 u 的右孩子，则 $v.key > u.key$。

- 如果 v 是 u 的孩子，则 $v.priority > u.priority$。

（这两个性质的结合就是这种树被称为"treap"树的原因：它同时具有二叉搜索树和堆的特征。）

　　用以下方式考虑 treap 树是会有帮助的。假设将已有相应关键字的结点 x_1，x_2，…，x_n 插入到一棵 treap 树内。得到的 treap 树是通过将这些结点以它们的优先级（随机选取的）顺序插入一棵正常的二叉搜索树形成的，即 $x_i.priority < x_j.priority$ 表示 x_i 在 x_j 之前被插入。

a. 证明：给定一个已有相应关键字和优先级（互异）的结点 x_1，x_2，…，x_n 组成的集合，存在唯一的一棵 treap 树与这些结点相关联。

b. 证明：treap 树的期望高度是 $\Theta(\lg n)$，因此在 treap 内查找一个值所花的时间为 $\Theta(\lg n)$。

让我们看看如何将一个新的结点插入到一个已存在的 treap 树中。要做的第一件事就是将一个随机的优先级赋予这个新结点。然后调用称为 TREAT-INSERT 的插入算法，其操作如图 13-10 所示。

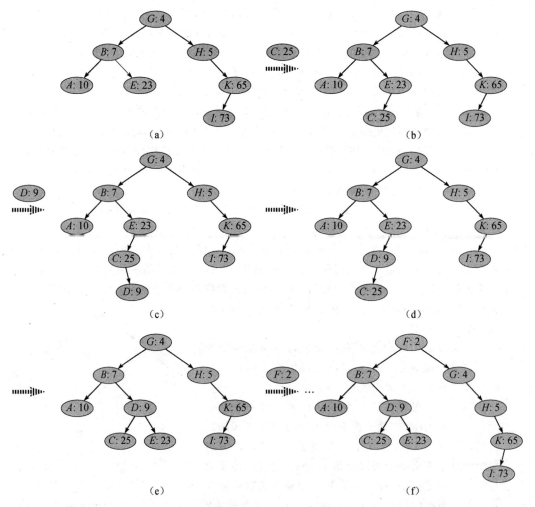

图 13-10　TREAP-INSERT 操作。(a)在插入之前的原 treap 树。(b)插入一个关键字为 C、优先级为 25 的结点之后的 treap 树。(c)～(d)插入一个关键字为 D、优先级为 9 的结点时的中间阶段。(e)在 (c)和(d)的插入完成后的 treap 树。(f)在插入一个关键字为 F、优先级为 2 的结点后的 treap 树

c. 解释 TREAP-INSERT 是如何工作的。说明其思想并给出伪代码。（提示：执行通常的

二叉搜索树插入过程，然后做旋转来恢复最小堆顺序的性质。）

d. 证明：TREAP-INSERT 的期望运行时间是 $\Theta(\lg n)$。

TREAP-INSERT 先执行一个查找，然后做一系列旋转。虽然这两种操作的期望运行时间相同，但它们的实际代价不同。查找操作从 treap 树中读取信息而不做修改。相反，旋转操作会改变 treap 树内的父结点和子结点的指针。在大部分的计算机上，读取操作要比写入操作快很多。所以我们希望 TREAP-INSERT 执行少量的旋转。后面将说明所执行旋转的期望次数有一个常数界。

为此，需要做一些定义，如图 13-11 所示。一棵二叉搜索树 T 的**左脊柱**（left spine）是从根结点到有最小关键字的结点的简单路径。换句话说，左脊柱是从根结点开始只包含左边缘的简单路径。对称地，T 的**右脊柱**（right spine）是从根结点开始只包含右边缘的简单路径。一条脊柱的长度是它包含的结点数目。

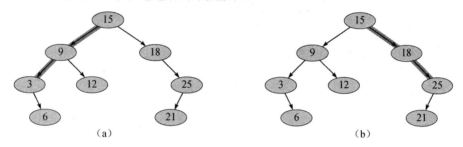

图 13-11　一棵二叉搜索树的脊柱。左脊柱在(a)中用阴影表示，右脊柱在(b)中用阴影表示

e. 考虑利用 TREAP-INSERT 插入结点 x 后的 treap T。设 C 为 x 左子树的右脊柱的长度，D 为 x 右子树的左脊柱的长度。证明：在插入 x 期间所执行的旋转的总次数等于 $C+D$。

现在来计算 C 和 D 的期望值。不失一般性，假设关键字为 1，2，…，n，因为只是将它们两两比较。

对 treap T 中的结点 x 和 y，其中 $y \neq x$，设 $k = x.key$ 以及 $i = y.key$。定义指示器随机变量

$$X_{ik} = \mathrm{I}\{y \text{ 在 } x \text{ 的左子树的右脊柱中}\}$$

f. 证明：$X_{ik} = 1$ 当且仅当 $y.priority > x.priority$，$y.key < x.key$ 成立，且对于每个满足 $y.key < z.key < x.key$ 的 z，有 $y.priority < z.priority$。

g. 证明：

$$\Pr\{X_{ik} = 1\} = \frac{(k-i-1)!}{(k-i+1)!} = \frac{1}{(k-i+1)(k-i)}$$

h. 证明：

$$\mathrm{E}[C] = \sum_{j=1}^{k-1} \frac{1}{j(j+1)} = 1 - \frac{1}{k}$$

i. 利用对称性证明：

$$\mathrm{E}[D] = 1 - \frac{1}{n-k+1}$$

j. 得出如下结论：当在一棵 treap 树中插入一个结点时，执行旋转的期望次数小于 2。

本章注记

使搜索树平衡的想法源自 Adel'son-Vel'skiǐ 和 Landis[2]，他们在 1962 年提出了一类称为"AVL 树"的平衡搜索树，如思考题 13-3 所述。另外一类称为"2-3 树"的搜索树是由

336

J. E. Hopcroft 在 1970 年提出的(未发表)。2-3 树是通过操纵结点的度数来维持平衡的。Bayer 和 McCreight[35]提出了一种 2-3 树的推广,称为 B 树,有关内容将在第 18 章中介绍。

红黑树是由 Bayer[34]以"对称的二叉 B 树"的名字发明的。Guibas 和 Sedgewick[155]仔细研究了它们的性质,并引入了红/黑着色的有关约定。Andersson[15]提出了一种代码更简单些的红黑树变种。Weiss[351]把这种变种称为 AA 树。AA 树和红黑树类似,只是左边的孩子永远不能为红色。

思考题 13-4 中的 treap 树是由 Seidel 和 Aragon[309]提出的。它们是 LEDA[253]内字典的默认实现,LEDA 是一组精心实现的数据结构和算法。

平衡二叉树还有很多其他的变种,包括带权平衡树[264]、k 近邻树[245],以及替罪羊树[127]。或许其中最有趣的要数 Sleator 和 Tarjan[320]提出的"伸展树",它可以"自我调整"。(参见 Tarjan[330],该文给出了有关伸展树的详细描述。)伸展树不需要明确的平衡条件(如颜色)来维持平衡。替代的是,每次存取时"伸展操作"(涉及旋转)在树内执行。在一棵有 n 个结点的树上每个操作的摊还代价是 $O(\lg n)$(参见第 17 章)。

跳表[286]是另一种平衡的二叉树。跳表是扩充了一些额外指针的链表。在一个包含 n 个元素的跳表上,每一种字典操作都在 $O(\lg n)$ 期望时间内执行。

数据结构的扩张

一些工程应用需要的只是一些"教科书"中的标准数据结构，比如双链表、散列表或二叉搜索树等，然而也有许多其他的应用需要对现有数据结构进行少许地创新和改造，但是只在很少情况下需要创造出一类全新类型的数据结构。更经常的是，通过存储额外信息的方法来扩张一种标准的数据结构，然后对这种数据结构，编写新的操作来支持所需要的应用。然而对数据结构的扩张并不总是简单直接的，因为添加的信息必须要能被该数据结构上的常规操作更新和维护。

本章讨论通过扩张红黑树构造出的两种数据结构。14.1 节介绍一种支持一般动态集合上顺序统计操作的数据结构。通过这种数据结构，我们可以快速地找到一个集合中的第 i 小的数，或给出一个指定元素在集合的全序中的位置。14.2 节抽象出数据结构的扩张过程，并给出一个简化红黑树扩张的定理。14.3 节使用这个定理来设计一种用于维护由区间（如时间区间）构成的动态集合的数据结构。给定一个要查询的区间，我们能快速地找到集合中一个能与其重叠的区间。

14.1 动态顺序统计

第 9 章中介绍了顺序统计的概念。n 个元素集合中的第 $i(i \in \{1, 2, \cdots, n\})$ 个顺序统计量就是简单地规定为该集合中的具有第 i 小关键字的元素。对于一个无序的集合，我们知道能够在 $O(n)$ 的时间内确定任何的顺序统计量。本节将介绍如何修改红黑树，使得可以在 $O(\lg n)$ 时间内确定任何的顺序统计量。我们还将看到如何在 $O(\lg n)$ 时间内计算一个元素的秩，即它在集合线性序中的位置。

图 14-1 显示了一种支持快速顺序统计操作的数据结构。**顺序统计树**（order-statistic tree）T 只是简单地在每个结点上存储附加信息的一棵红黑树。在红黑树的结点 x 中，除了通常属性 $x.key$、$x.color$、$x.p$、$x.left$ 和 $x.right$ 之外，还包括另一个属性 $x.size$。这个属性包含了以 x 为根的子树（包括 x 本身）的（内）结点数，即这棵子树的大小。如果定义哨兵的大小为 0，也就是设置 $T.nil.size$ 为 0，则有等式：

$$x.size = x.left.size + x.right.size + 1$$

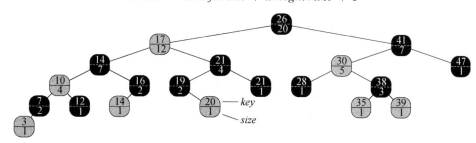

图 14-1　一棵顺序统计树，它是一棵扩张的红黑树。浅阴影结点为红色，深阴影结点为黑色。除了通常的红黑树所具有的属性外，每个结点 x 还具有属性 $x.size$，即以 x 为根的子树（除哨兵外）的结点个数

在一棵顺序统计树中，我们并不要求关键字各不相同。（例如，图 14-1 中的树就包含了两个值为 14 的关键字和两个值为 21 的关键字。）在有相等关键字的情况下，前面秩的定义便不再适合。为此，我们通过定义一个元素的秩为在中序遍历树时输出的位置，来消除原顺序统计树定义的不确定性。如图 14-1 所示，存储在黑色结点的关键字 14 的秩为 5，存储在红色结点的关键字 14 的秩为 6。

查找具有给定秩的元素

在说明插入和删除过程中如何维护 $size$ 信息之前，我们先来讨论利用这个附加信息来实现

的两个顺序统计查询。首先一个操作是对具有给定秩的元素的检索。过程 OS-SELECT(x, i)返回一个指针，其指向以 x 为根的子树中包含第 i 小关键字的结点。为找出顺序统计树 T 中的第 i 小关键字，我们调用过程 OS-SELECT($T.root$, i)。

```
OS-SELECT(x,i)
1   r = x.left.size + 1
2   if i == r
3       return x
4   elseif i < r
5       return OS-SELECT(x.left,i)
6   else return OS-SELECT(x.right,i−r)
```

OS-SELECT 的第 1 行计算以 x 为根的子树中结点 x 的秩 r。$x.left.size$ 的值是对以 x 为根的子树进行中序遍历后排在 x 之前的结点个数。因此，$x.left.size+1$ 就是以 x 为根的子树中结点 x 的秩。如果 $i=r$，那么结点 x 就是第 i 小元素，这样第 3 行返回 x。如果 $i<r$，那么第 i 小元素在 x 的左子树中，因此在第 5 行中对 $x.left$ 进行递归调用。如果 $i>r$，那么第 i 小元素在 x 的右子树中。因为在对以 x 为根的子树进行中序遍历时，共有 r 个元素排在 x 的右子树之前，故在以 x 为根的子树中第 i 小元素就是以 $x.right$ 为根的子树中第($i-r$)小元素。第 6 行通过递归调用来确定这个元素。

为明白 OS-SELECT 是如何操作的，考察在图 14-1 所示的顺序统计树上查找第 17 小元素的查找过程。以 x 为根开始，其关键字为 26，$i=17$。因为 26 的左子树的大小为 12，故它的秩为 13。因此，秩为 17 的结点是 26 的右子树中第 $17-13=4$ 小的元素。递归调用后，x 为关键字 41 的结点，$i=4$。因为 41 的左子树大小为 5，故它的秩为 6。这样，可以知道秩为 4 的结点是 41 的左子树中第 4 小元素。再次递归调用后，x 为关键字 30 的结点，在其子树中它的秩为 2。如此，再进行一次递归调用，就能找到以关键字 38 的结点为根的子树中第 $4-2=2$ 小的元素。它的左子树大小为 1，这意味着它就是第 2 小元素。最终，该过程返回一个指向关键字为 38 的结点的指针。

因为每次递归调用都在顺序统计树中下降一层，OS-SELECT 的总时间最差与树的高度成正比。又因为该树是一棵红黑树，其高度为 $O(\lg n)$，其中 n 为数的结点数。所以，对于 n 个元素的动态集合，OS-SELECT 的运行时间为 $O(\lg n)$。

确定一个元素的秩

给定指向顺序统计树 T 中结点 x 的指针，过程 OS-RANK 返回对 T 中序遍历对应的线性序中 x 的位置。

```
OS-RANK(T,x)
1   r = x.left.size+1
2   y = x
3   while y ≠ T.root
4       if y == y.p.right
5           r = r + y.p.left.size+1
6       y = y.p
7   return r
```

这个过程工作如下。我们可以认为 x 的秩是中序遍历次序排在 x 之前的结点数再加上 1(代表 x 自身)。OS-RANK 保持了以下的循环不变式：

第 3～6 行 **while** 循环的每次迭代开始，r 为以结点 y 为根的子树中 $x.key$ 的秩。

下面使用这个循环不变式来说明 OS-RANK 能正确地工作。

初始化：第一次迭代之前，第 1 行置 r 为以 x 为根的子树中 $x.key$ 的秩。第 2 行置 $y=x$，使得首次执行第 3 行中的测试时，循环不变式为真。

保持：在每一次 **while** 循环迭代的最后，都要置 $y = y.p$。这样，我们必须要证明：如果 r 是在循环体开始处以 y 为根的子树中 $x.key$ 的秩，那么 r 是在循环体结尾处以 $y.p$ 为根的子树中 $x.key$ 的秩。在 **while** 循环的每次迭代中，考虑以 $y.p$ 为根的子树。我们对以结点 y 为根的子树已经计数了以中序遍历次序先于 x 的结点个数，故要加上以 y 的兄弟结点为根的子树以中序遍历次序先于 x 的结点数，如果 $y.p$ 也先于 x，则该计数还要加 1。如果 y 是左孩子，$y.p$ 和 $y.p$ 的右子树中的所有结点都不会先于 x，r 保持不变；否则，y 是右孩子，并且 $y.p$ 和 $y.p$ 左子树中的所有结点都先于 x，于是在第 5 行中，将当前的 r 值再加上 $y.p.left.size + 1$。

终止：当 $y = T.root$ 时，循环终止，此时以 y 为根的子树是一棵完整树。因此，r 的值就是这棵完整树中 $x.key$ 的秩。

作为一个例子，当我们在图 14-1 的顺序统计树上运行 OS-RANK，以确定关键字为 38 的结点的秩时，在 **while** 循环的开始处，$y.key$ 和 r 的一系列值如下：

迭　代	$y.key$	r
1	38	2
2	30	4
3	41	4
4	26	17

342

该过程返回的秩为 17。

因为 **while** 循环的每次迭代耗费 $O(1)$ 时间，且 y 在每次迭代中沿树上升一层，所以最坏情况下 OS-RANK 的运行时间与树的高度成正比：在 n 个结点的顺序统计树上为 $O(\lg n)$。

对子树规模的维护

给定每个结点的 $size$ 属性后，OS-SELECT 和 OS-RANK 能迅速计算出所需的顺序统计信息。然而除非能用红黑树上经过修改的基本操作对 $size$ 属性加以有效的维护，否则，我们的工作将变得没意义。下面就来说明在不影响插入和删除操作的渐近运行时间的前提下，如何维护子树规模。

由 13.3 节可知，红黑树上的插入操作包括两个阶段。第一阶段从根开始沿树下降，将新结点插入作为某个已有结点的孩子。第二阶段沿树上升，做一些变色和旋转操作来保持红黑树性质。

在第一阶段中为了维护子树的规模，对由根至叶子的路径上遍历的每一个结点 x，都增加 $x.size$ 属性。新增加结点的 $size$ 为 1。由于一条遍历的路径上共有 $O(\lg n)$ 个结点，故维护 $size$ 属性的额外代价为 $O(\lg n)$。

在第二阶段，对红黑树结构上的改变仅仅是由旋转所致，旋转次数至多为 2。此外，旋转是一种局部操作：它仅会使两个结点的 $size$ 属性失效，而围绕旋转操作的链就是与这两个结点关联。参照 13.2 节的 LEFT-ROTATE(T, x) 代码，增加下面两行：

13　$y.size = x.size$

14　$x.size = x.left.size + x.right.size + 1$

图 14-2 说明了 $size$ 属性是如何被更新的。对 RIGHT-ROTATE 做相应的改动。

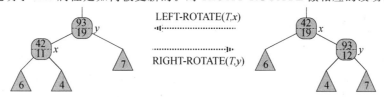

图 14-2　在旋转过程中修改子树的大小。与围绕旋转的链相关联的两个结点，它们的 $size$ 属性要更新。这些更新是局部的，仅需要存储在 x 和 y 中的 $size$ 信息，以及图中三角形子树的根中的 $size$ 信息

因为在红黑树的插入过程中至多进行两次旋转，所以在第二阶段更新 $size$ 属性只需要 $O(1)$ 的额外时间。因此，对一棵有 n 个结点的顺序统计树插入元素所需要的总时间为 $O(\lg n)$，从渐近意义上看，这与一般的红黑树是一样的。

红黑树上的删除操作也包括两个阶段：第一阶段对搜索树进行操作，第二阶段做至多三次旋转，其他对结构没有任何影响（见 13.4 节）。第一阶段中，要么将结点 y 从树中删除，要么将它在树中上移。为了更新子树的规模，我们只需要遍历一条由结点 y（从它在树中的原始位置开始）至根的简单路径，并减少路径上每个结点的 $size$ 属性的值。因为在 n 个结点的红黑树中，这样一条路径的长度为 $O(\lg n)$，所以第一阶段维护 $size$ 属性所耗费的额外时间为 $O(\lg n)$。第二阶段采用与插入相同的方式来处理删除操作中的 $O(1)$ 次旋转。所以对有 n 个结点的顺序统计树进行插入与删除操作，包括维护 $size$ 属性，都只需要 $O(\lg n)$ 的时间。

练习

14.1-1 对于图 14-1 中的红黑树 T，说明执行 OS-SELECT($T.root$, 10) 的过程。

14.1-2 对于图 14-1 中的红黑树 T 和关键字 $x.key$ 为 35 的结点 x，说明执行 OS-RANK(T, x) 的过程。

14.1-3 写出 OS-SELECT 的非递归版本。

14.1-4 写出一个递归过程 OS-KEY-RANK(T, k)，以一棵顺序统计树 T 和一个关键字 k 作为输入，要求返回 k 在由 T 表示的动态集合中的秩。假设 T 的所有关键字都不相同。

14.1-5 给定 n 个元素的顺序统计树中的一个元素 x 和一个自然数 i，如何在 $O(\lg n)$ 的时间内确定 x 在该树线性序中的第 i 个后继？

14.1-6 在 OS-SELECT 或 OS-RANK 中，注意到无论什么时候引用结点的 $size$ 属性都是为了计算一个秩。相应地，假设每个结点都存储它在以自己为根的子树中的秩。试说明在插入和删除时，如何维护这个信息。（注意，这两种操作都可能引起旋转。）

14.1-7 说明如何在 $O(n\lg n)$ 时间内，利用顺序统计树对大小为 n 的数组中的逆序对（见思考题 2-4）进行计数。

*14.1-8 现有一个圆上的 n 条弦，每条弦都由其端点来定义。请给出一个能在 $O(n\lg n)$ 时间内确定圆内相交弦对数的算法。（例如，如果 n 条弦都为直径，它们相交于圆心，则正确的答案为 $\binom{n}{2}$。）假设任意两条弦都不会共享端点。

14.2 如何扩张数据结构

对基本的数据结构进行扩张以支持一些附加功能，在算法设计过程中是相当常见的。在下一节中，我们将再次通过对数据结构进行扩张，来设计一种支持区间操作的数据结构。本节先来介绍这种扩张过程的步骤，同时证明一个定理，在许多情况下，该定理使得我们可以很容易地扩张红黑树。

扩张一种数据结构可以分为 4 个步骤：
1. 选择一种基础数据结构。
2. 确定基础数据结构中要维护的附加信息。
3. 检验基础数据结构上的基本修改操作能否维护附加信息。
4. 设计一些新操作。

以上仅作为一个一般模式，读者不应盲目地按照上面给定的次序来执行这些步骤。大多数的设计工作都包含试探和纠错的成分，过程中的所有步骤通常都可以并行进行。例如，如果我们不能有效地维护附加信息，那么确定附加信息以及设计新的操作(步骤 2 和步骤 4)就没有任何意义。然而，这个 4 步法可以使读者在扩张数据结构时，目标明确且有条不紊。

在 14.1 节设计顺序统计树时，我们就依照了这 4 个步骤。对于步骤 1，选择红黑树作为基础数据结构。红黑树是一种合适的选择，这源于它能有效地支持一些基于全序的动态集合操作，如 MINIMUM、MAXIMUM、SUCCESSOR 和 PREDECESSOR。

对于步骤 2，添加了 $size$ 属性，在每个结点 x 中的 $size$ 属性存储了以 x 为根的子树的大小。一般地，附加信息可使得各种操作更加有效。例如，我们本可以仅用树中存储的关键字来实现 OS-SELECT 和 OS-RANK，但它们却不能在 $O(\lg n)$ 运行时间内完成。有时候，附加信息是指针类信息，而不是具体的数据，如练习 14.2-1。

对于步骤 3，我们保证了插入和删除操作仍能在 $O(\lg n)$ 时间内维护 $size$ 属性。比较理想的是，只需要更新该数据结构中的几个元素就可以维护附加信息。例如，如果把每个结点的秩存储在树中，那么 OS-SELECT 和 OS-RANK 能够较快运行，但是当插入一个新的最小元素时，会导致树中每个结点的秩发生变化。如果我们存储的是子树的大小，则插入一个新的元素时仅会使 $O(\lg n)$ 个结点的信息发生改变。

对于步骤 4，我们设计了新操作 OS-SELECT 和 OS-RANK。归根结底，一开始考虑去扩张一个数据结构的原因就是为了满足新操作的需要。然而有时并不是为了设计一些新操作，而是利用附加信息来加速已有的操作，如练习 14.2-1。

对红黑树的扩张

当红黑树作为基础数据结构时，可以证明，某些类型的附加信息总是可以用插入和删除操作来进行有效的维护，从而使步骤 3 非常容易做到。下面定理的证明与 14.1 节用顺序统计树来维护 $size$ 属性的论证类似。

定理 14.1(红黑树的扩张) 设 f 是 n 个结点的红黑树 T 扩张的属性，且假设对任一结点 x，f 的值仅依赖于结点 x、$x.left$ 和 $x.right$ 的信息，还可能包括 $x.left.f$ 和 $x.right.f$。那么，我们可以在插入和删除操作期间对 T 的所有结点的 f 值进行维护，并且不影响这两个操作的 $O(\lg n)$ 渐近时间性能。

证明 证明的主要思想是，对树中某结点 x 的 f 属性的变动只会影响到 x 的祖先。也就是说，修改 $x.f$ 只需要更新 $x.p.f$，改变 $x.p.f$ 的值只需要更新 $x.p.p.f$，如此沿树向上。一旦更新到 $T.root.f$，就不再有其他任何结点依赖于新值，于是过程结束。因为红黑树的高度为 $O(\lg n)$，所以改变某结点的 f 属性要耗费 $O(\lg n)$ 时间，来更新被该修改所影响的所有结点。

一个结点 x 插入到树 T 由两个阶段构成(见 13.3 节)。第一阶段是将 x 作为一个已有结点 $x.p$ 的孩子被插入。$x.f$ 的值可以在 $O(1)$ 时间内计算出。因为根据假设，$x.f$ 仅依赖于 x 本身的其他属性信息和 x 的子结点中的信息，而此时 x 的子结点都是哨兵 $T.nil$。当 $x.f$ 被计算出时，这个变化就沿树向上传播。这样，插入第一阶段的全部时间为 $O(\lg n)$。在第二阶段期间，树结构的仅有变动来源于旋转操作。由于在一次旋转过程中仅有两个结点发生变化，所以每次旋转更新 f 属性的全部时间为 $O(\lg n)$。又因为插入操作中的旋转次数至多为 2，所以插入的总时间为 $O(\lg n)$。

与插入操作类似，删除操作也由两个阶段构成(见 13.4 节)。在第一阶段中，当被删除的结点从树中移除时，树发生变化。如果被删除的结点当时有两个孩子，那么它的后继移入被删除结点的位置。这些变化引起 f 的更新传播的代价至多为 $O(\lg n)$，因为这些变化对树的修改是局部的。第二阶段对红黑树的修复至多需要三次旋转，且每次旋转至多需要 $O(\lg n)$ 的时间就可完成 f 的更新传播。因此，和插入一样，删除的总时间也是 $O(\lg n)$。 ■

在很多情况下，比如维护顺序统计树的 $size$ 属性，一次旋转后更新的代价为 $O(1)$，而并不是定理 14.1 中所给出的 $O(\lg n)$。练习 14.2-3 就给出这样的一个例子。

练习

14.2-1 通过为结点增加指针的方式，试说明如何在扩张的顺序统计树上，支持每一动态集合查询操作 MINIMUM、MAXIMUM、SUCCESSOR 和 PREDECESSOR 在最坏时间 $O(1)$ 内完成。顺序统计树上的其他操作的渐近性能不应受影响。

14.2-2 能否在不影响红黑树任何操作的渐近性能的前提下，将结点的黑高作为树中结点的一个属性来维护？说明如何做，如果不能，请说明理由。如何维护结点的深度？

*14.2-3 设 $\otimes$ 为一个满足结合律的二元运算符，a 为红黑树中每个结点上的一个要维护的属性。假设在每个结点 x 上增加一个属性 f，使 $x.f = x_1.a \otimes x_2.a \otimes \cdots \otimes x_m.a$，其中 x_1，x_2，…，x_m 是以 x 为根的子树中按中序次序排列的所有结点。说明在一次旋转后，如何在 $O(1)$ 时间内更新 f 属性。对你的扩张稍做修改，使得它能够应用到顺序统计树的 $size$ 属性中。

*14.2-4 希望设计一个操作 RB-ENUMERATE(x, a, b)，来对红黑树进行扩张。该操作输出所有的关键字 k，使得在以 x 为根的红黑树中有 $a \leqslant k \leqslant b$。描述如何在 $\Theta(m + \lg n)$ 时间内实现 RB-ENUMERATE，其中 m 为输出的关键字数目，n 为树中的内部结点数。（提示：不需要向红黑树中增加新的属性。）

14.3 区间树

在这一节里，我们将扩张红黑树来支持由区间构成的动态集合上的一些操作。**闭区间**（closed interval）是一个实数的有序对 $[t_1, t_2]$，其中 $t_1 \leqslant t_2$。区间 $[t_1, t_2]$ 表示了集合 $\{t \in \mathbf{R}: t_1 \leqslant t \leqslant t_2\}$。**开**（open）区间和**半开**（half-open）区间分别略去了集合的两个或一个端点。在本节中，我们假设区间都是闭的，将结果推广至开和半开区间上是自然和直接的。

区间便于表示占用一连续时间段的一些事件。例如，查询一个由时间区间数据构成的数据库，去找出给定时间区间内发生了什么事件。本节中介绍的数据结构可用来有效地维护这样一个区间数据库。

我们可以把一个区间 $[t_1, t_2]$ 表示成一个对象 i，其中属性 $i.low = t_1$ 为**低端点**（low endpoint），属性 $i.high = t_2$ 为**高端点**（high endpoint）。我们称区间 i 和 i' **重叠**（overlap），如果 $i \cap i' \neq \varnothing$，即如果 $i.low \leqslant i'.high$ 且 $i'.low \leqslant i.high$。如图 14-3 所示，任何两个区间 i 和 i' 满足**区间三分律**（interval trichotomy），即下面三条性质之一成立：

a. i 和 i' 重叠。

b. i 在 i' 的左边（也就是 $i.high < i'.low$）。

c. i 在 i' 的右边（也就是 $i'.high < i.low$）。

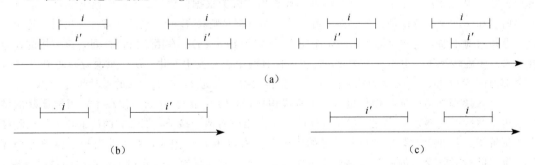

图 14-3 两个闭区间 i 和 i' 的区间三分律。(a)如果 i 和 i' 重叠，又分为 4 种情况；每种情况都有 $i.low \leqslant i'.high$ 且 $i'.low \leqslant i.high$。(b)区间没有重叠且 $i.high < i'.low$。(c)区间没有重叠且 $i'.high < i.low$

区间树（interval tree）是一种对动态集合进行维护的红黑树，其中每个元素 x 都包含一个区

间 $x.int$。区间树支持下列操作：

INTERVAL-INSERT(T，x)：将包含区间属性 int 的元素 x 插入到区间树 T 中。

INTERVAL-DELETE(T，x)：从区间树 T 中删除元素 x。

INTERVAL-SEARCH(T，i)：返回一个指向区间树 T 中元素 x 的指针，使 $x.int$ 与 i 重叠；若此元素不存在，则返回 $T.nil$。

图 14-4 说明了区间树是如何表达一个区间集合的。我们将按照 14.2 节中的 4 步法，来分析区间树以及区间树上各种操作的设计。

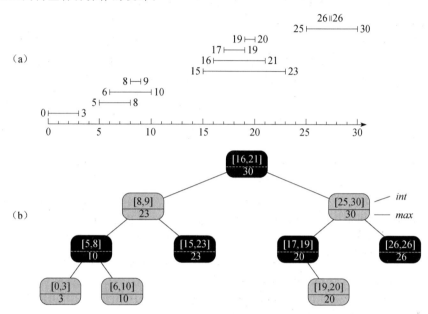

图 14-4　一棵区间树。(a)10 个区间的集合，它们按左端点自底向上顺序示出。(b)表示它们的区间树。每个结点 x 包含一个区间，显示在虚线的上方；一个以 x 为根的子树中所包含的区间端点的最大值，显示在虚线的下方。这棵树的中序遍历列出按左端点顺序排列的各个结点

步骤 1：基础数据结构

我们选择这样一棵红黑树，其每个结点 x 包含一个区间属性 $x.int$，且 x 的关键字为区间的低端点 $x.int.low$。因此，该数据结构按中序遍历列出的就是按低端点的次序排列的各区间。

步骤 2：附加信息

每个结点 x 中除了自身区间信息之外，还包含一个值 $x.max$，它是以 x 为根的子树中所有区间的端点的最大值。

步骤 3：对信息的维护

我们必须验证 n 个结点的区间树上的插入和删除操作能否在 $O(\lg n)$ 时间内完成。通过给定区间 $x.int$ 和结点 x 的子结点的 max 值，可以确定 $x.max$ 值：

$$x.max = \max(x.int.high, x.left.max, x.right.max)$$

这样，根据定理 14.1 可知，插入和删除操作的运行时间为 $O(\lg n)$。事实上，在一次旋转后，更新 max 属性只需 $O(1)$ 的时间，如练习 14.2-3 和练习 14.3-1 所示。

步骤 4：设计新的操作

这里我们仅需要唯一的一个新操作 INTERVAL-SEARCH(T，i)，它是用来找出树 T 中与区间 i 重叠的那个结点。若树中与 i 重叠的结点不存在，则下面过程返回指向哨兵 $T.nil$ 的指针。

INTERVAL-SEARCH(T,i)

1    $x = T.root$

2   **while** $x \neq T.nil$ and i does not overlap $x.int$

3   **if** $x.left \neq T.nil$ and $x.left.max \geqslant i.low$

4            $x = x.left$

5   **else** $x = x.right$

6   **return** x

查找与 i 重叠的区间 x 的过程从以 x 为根的树根开始，逐步向下搜索。当找到一个重叠区间或者 x 指向 $T.nil$ 时过程结束。由于基本循环的每次迭代耗费 $O(1)$ 的时间，又因为 n 个结点的红黑树的高度为 $O(\lg n)$，所以 INTERVAL-SEARCH 过程耗费 $O(\lg n)$ 的时间。

在说明 INTERVAL-SEARCH 的正确性之前，先来看一下这个过程在图 14-4 所示的区间树上是如何查找的。假设要找一个与区间 $i = [22, 25]$ 重叠的区间。开始时 x 为根结点，它包含区间 $[16, 21]$，与 i 不重叠。由于 $x.left.max = 23$ 大于 $i.low = 22$，所以这时以这棵树根的左孩子作为 x 继续循环。现在结点 x 包含区间 $[8, 9]$，仍不与 i 重叠。此时，$x.left.max = 10$ 小于 $i.low = 22$，因此以 x 的右孩子作为新的 x 继续循环。现在，由于结点 x 所包含的区间 $[15, 23]$ 与 i 重叠，过程结束并返回这个结点。

现在来看一个查找不成功的例子。假设要在图 14-4 所示的区间树中找出与 $i = [11, 14]$ 重叠的区间。再一次，开始时 x 为根。因为根包含的区间 $[16, 21]$ 不与 i 重叠，且 $x.left.max = 23$ 大于 $i.low = 11$，则转向左边包含区间 $[8, 9]$ 的结点。区间 $[8, 9]$ 仍不与 i 重叠，且 $x.left.max = 10$ 小于 $i.low = 11$，因此我们转向右子树。（注意，其左子树中没有一个区间与 i 重叠。）这时区间 $[15, 23]$ 仍不与 i 重叠，且它的左孩子为 $T.nil$，故向右转，循环结束，返回 $T.nil$。

要明白 INTERVAL-SEARCH 的正确性，我们必须理解为什么该过程只需检查一条由根开始的简单路径即可。该过程的基本思想是在任意结点 x 上，如果 $x.int$ 不与 i 重叠，则查找总是沿着一个安全的方向进行：如果树中包含一个与 i 重叠的区间，则该区间必定会被找到。下面的定理更精确地叙述了这个性质。

351

定理 14.2 INTERVAL-SEARCH(T, i) 的任意一次执行，或者返回一个其区间与 i 重叠的结点，或者返回 $T.nil$，此时树 T 中没有任何结点的区间与 i 重叠。

证明 当 $x = T.nil$ 或 i 与 $x.int$ 重叠时，第 2～5 行的 **while** 循环终止。后一种情况，过程返回 x，显然是正确的。因此，主要考虑前一种情况，也就是当 $x = T.nil$ 时 **while** 循环终止的情况。

对第 2～5 行的 **while** 循环使用如下的循环不变式：

如果树 T 包含与 i 重叠的区间，那么以 x 为根的子树必包含此区间。

循环不变式使用如下：

初始化：在第一次迭代之前，第 1 行置 x 为 T 的根，循环不变式成立。

保持：在 **while** 循环的每次迭代中，第 4 行或第 5 行被执行。下面将证明循环不变式在这两种情况下都能成立。

如果执行第 5 行，则由于第 3 行的分支条件，有 $x.left = T.nil$ 或 $x.left.max < i.low$。如果 $x.left = T.nil$，则以 $x.left$ 为根的子树显然不包含与 i 重叠的区间，所以置 x 为 $x.right$ 以保持这个不变式。因此，假设 $x.left \neq T.nil$ 且 $x.left.max < i.low$。如图 14-5(a) 所示，对 x 左子树的任一区间 i'，都有

$$i'.high \leqslant x.left.max < i.low$$

根据区间三分律，i' 和 i 不重叠。因此，x 的左子树不包含与 i 重叠的任何区间，置 x 为 $x.right$ 使循环不变式保持成立。

另外，如果是第 4 行被执行，我们将证明循环不变式的对等情况。也就是说，如果在以 $x.left$ 为根的子树中没有与 i 重叠的区间，则树的其他部分也不会包含与 i 重叠的区间。因为第 4 行被执行，是由于第 3 行的分支条件导致的，所以有 $x.left.max \geqslant i.low$。根据 max 属性的定义，在 x 的左子树中必定存在某区间 i'，满足：

$$i'.high = x.left.max \geqslant i.low$$

（图 14-5(b)显示了这种情况。）因为 i 和 i' 不重叠，又因为 $i'.high < i.low$ 不成立，所以根据区间三分律有 $i.high < i'.low$。区间树是以区间的低端点为关键字的，所以搜索树性质隐含了对 x 右子树中的任意区间 i''，有

$$i.high < i'.low \leqslant i''.low$$

图 14-5 在定理 14.2 的证明中用到的各个区间。在每种情况下，$x.left.max$ 的值用虚线表示。(a)向右查找。在 x 的左子树中没有与之重叠的区间 i'。(b)向左查找。x 的左子树中包含与 i 重叠的区间(此状态未显示)，或者 x 左子树中有一个区间 i'，满足 $i'.high = x.left.max$。既然 i 与 i' 不重叠，则与 x 右子树任意区间 i'' 都不重叠，因为 $i'.low \leqslant i''.low$

根据区间三分律，i 和 i'' 不重叠。我们得出这样的结论，即不管 x 的左子树中是否存在与 i 重叠的区间，置 x 为 $x.left$ 保持循环不变式成立。

终止：如果循环在 $x = T.nil$ 时终止，则表明在以 x 为根的子树中，没有与 i 重叠的区间。循环不变式的对等情况说明了 T 中不包含与 i 重叠的区间，故返回 $x = T.nil$ 是正确的。 ■

因此，过程 INTERVAL-SEARCH 是正确的。

练习

14.3-1 写出作用于区间树的结点且在 $O(1)$ 时间内更新 max 属性的过程 LEFT-ROTATE 的伪代码。

14.3-2 改写 INTERVAL-SEARCH 的代码，使得当所有区间都是开区间时，它也能正确地工作。

14.3-3 请给出一个有效的算法，对一个给定的区间 i，返回一个与 i 重叠且具有最小低端点的区间；或者当这样的区间不存在时返回 $T.nil$。

14.3-4 给定一棵区间树 T 和一个区间 i，请描述如何在 $O(\min(n，k\lg n))$ 时间内列出 T 中所有与 i 重叠的区间，其中 k 为输出的区间数。(提示：一种简单的方法是做若干次查询，并且在这些查询操作中修改树，另一种略微复杂点的方法是不对树进行修改。)

14.3-5 对区间树 T 和一个区间 i，请修改有关区间树的过程来支持新的操作 INTERVAL-SEARCH-EXACTLY(T，i)，它返回一个指向 T 中结点 x 的指针，使得 $x.int.low = i.low$ 且 $x.int.high = i.high$；或者，如果 T 不包含这样的区间时返回 $T.nil$。所有的操作(包括 INTERVAL-SEARCH-EXACTLY)对于包含 n 个结点的区间树的运行时间都应为 $O(\lg n)$。

14.3-6 说明如何来维护一个支持操作 MIN-GAP 的一些数的动态集 Q，使得该操作能给出 Q 中两个最接近的数之间的差值。例如，$Q = \{1，5，9，15，18，22\}$，则 MIN-GAP 返回 $18 - 15 = 3$，因为 15 和 18 是 Q 中两个最接近的数。要使得操作 INSERT、DELETE、

SEARCH 和 MIN-GAP 尽可能高效，并分析它们的运行时间。

*14.3-7 VLSI 数据库通常将一块集成电路表示成一组矩形，假设每个矩形的边都平行于 x 轴或者 y 轴，这样可以用矩形的最小和最大的 x 轴与 y 轴坐标来表示一个矩形。请给出一个 $O(n\lg n)$ 时间的算法，来确定 n 个这种表示的矩形集合中是否存在两个重叠的矩形。你的算法不一定要输出所有重叠的矩形，但对于一个矩形完全覆盖另一个（即使边界线不相交），一定能给出正确的判断。（提示：移动一条"扫描"线，穿过所有的矩形。）

思考题

14-1 （最大重叠点） 假设我们希望记录一个区间集合的**最大重叠点**（a point of maximum overlap），即被最多数目区间所覆盖的那个点。

354

    a. 证明：最大重叠点一定是其中一个区间的端点。

    b. 设计一个数据结构，使得它能够有效地支持 INTERVAL-INSERT、INTERVAL-DELETE，以及返回最大重叠点的 FIND-POM 操作。（提示：使红黑树记录所有的端点。左端点关联 +1 值，右端点关联 −1 值，并且给树中的每个结点扩张一个额外信息来维护最大重叠点。）

14-2 （Josephus 排列） 定义 Josephus 问题如下：假设 n 个人围成一个圆圈，给定一个正整数 m 且 $m \leq n$。从某个指定的人开始，沿环将遇到的每第 m 个人移出队伍。每个人移出之后，继续沿环数剩下来的人。这个过程直到所有的 n 个人都被移出后结束。每个人移出的次序定义了一个来自整数 $1, 2, \cdots, n$ 的 (n, m)-Josephus 排列。例如，$(7, 3)$-Josephus 排列为 $\langle 3, 6, 2, 7, 5, 1, 4 \rangle$。

    a. 假设 m 是常数，描述一个 $O(n)$ 时间的算法，使得对于给定的 n，能够输出 (n, m)-Josephus 排列。

    b. 假设 m 不是常数，描述一个 $O(n\lg n)$ 时间的算法，使得对于给定的 n，能够输出 (n, m)-Josephus 排列。

本章注记

在 Preparata 和 Shamos［282］的书中，描述了出现在 H. Edelsbrunner（1980）和 E. M. McCreight(1981)所引用文献内的一些区间树。该书详细介绍了一种区间树，给定包含 n 个区间的静态数据库，它能够在 $O(k+\lg n)$ 时间内，列出所有与指定查询区间重叠的 k 个区间。

355

高级设计和分析技术

这一部分介绍了设计和分析高效算法的三种重要技术：动态规划(第15章)、贪心算法(第16章)和摊还分析(第17章)。本书前三部分介绍了其他一些广泛使用的技术，例如，分治策略、随机化方法和递归技术。这一部分中介绍的技术在某种程度上更为复杂，但可以帮助我们解决很多计算问题。这一部分所介绍的主题在本书随后的部分中还会用到。

动态规划通常用来解决最优化问题，在这类问题中，我们通过做出一组选择来达到最优解。在做出每个选择的同时，通常会生成与原问题形式相同的子问题。当多于一个选择子集都生成相同的子问题时，动态规划技术通常就会很有效，其关键技术就是对每个这样的子问题都保存其解，当其重复出现时即可避免重复求解。第15章展示这种简单的思想有时可以将指数时间的算法转换为多项式时间的算法。

与动态规划算法类似，贪心算法通常用于最优化问题，我们做出一组选择来达到最优解。贪心算法的思想是每步选择都追求局部最优。一个简单的例子是找零问题：为了最小化找零的硬币数量，我们反复选择不大于剩余金额的最大面额的硬币。贪心方法对很多问题都能求得最优解，而且速度比动态规划方法快得多。但是，我们并不总能简单地判断出贪心算法是否有效。第16章介绍拟阵理论，它提供了相应的数学基础，可以帮助我们证明一个贪心算法生成最优解。

我们使用摊还分析方法分析一类特定的算法，这类算法执行一组相似的操作组成的序列。摊还分析并不是通过分别分析每个操作的实际代价的界来分析操作序列的代价的界，而是直接分析序列整体的实际代价的界。这种方法的一个好处是，虽然某些操作的代价可能很高，但其他很多操作的代价可能很低。换句话说，很多操作的运行时间都会在最坏情况时间之内。摊还分析并不仅仅是一种分析工具，它还是一种思考算法设计的方式，因为算法设计和算法运行时间的分析常常是交织在一起的。第17章将介绍三种摊还分析方法。

第 15 章

Introduction to Algorithms，Third Edition

动态规划

动态规划(dynamic programming)与分治方法相似，都是通过组合子问题的解来求解原问题(在这里，“programming”指的是一种表格法，并非编写计算机程序)。如第 2 章和第 4 章所述，分治方法将问题划分为互不相交的子问题，递归地求解子问题，再将它们的解组合起来，求出原问题的解。与之相反，动态规划应用于子问题重叠的情况，即不同的子问题具有公共的子子问题(子问题的求解是递归进行的，将其划分为更小的子子问题)。在这种情况下，分治算法会做许多不必要的工作，它会反复地求解那些公共子子问题。而动态规划算法对每个子子问题只求解一次，将其解保存在一个表格中，从而无需每次求解一个子子问题时都重新计算，避免了这种不必要的计算工作。

动态规划方法通常用来求解**最优化问题**(optimization problem)。这类问题可以有很多可行解，每个解都有一个值，我们希望寻找具有最优值(最小值或最大值)的解。我们称这样的解为问题的一个最优解(an optimal solution)，而不是最优解(the optimal solution)，因为可能有多个解都达到最优值。

我们通常按如下 4 个步骤来设计一个动态规划算法：

1. 刻画一个最优解的结构特征。
2. 递归地定义最优解的值。
3. 计算最优解的值，通常采用自底向上的方法。
4. 利用计算出的信息构造一个最优解。

步骤 1～3 是动态规划算法求解问题的基础。如果我们仅仅需要一个最优解的值，而非解本身，可以忽略步骤 4。如果确实要做步骤 4，有时就需要在执行步骤 3 的过程中维护一些额外信息，以便用来构造一个最优解。

359 下面我们将展示如何用动态规划方法来求解一些最优化问题。15.1 节研究如何将长钢条切割成短钢条，使得总价值最高。15.2 节解决如何用最少的标量乘法操作完成一个矩阵链相乘的运算。基于这些动态规划求解问题的例子，15.3 节讨论适合用动态规划方法求解的问题应该具备的两个关键特征。接下来，15.4 节展示如何用动态规划方法找到两个序列的最长公共子序列。最后，15.5 节用动态规划方法解决在已知关键字分布的前提下，如何构造最优二叉搜索树。

15.1 钢条切割

我们第一个应用动态规划的例子是求解一个如何切割钢条的简单问题。Serling 公司购买长钢条，将其切割为短钢条出售。切割工序本身没有成本支出。公司管理层希望知道最佳的切割方案。

假定我们知道 Serling 公司出售一段长度为 i 英寸的钢条的价格为 p_i($i=1, 2, \cdots$，单位为美元)。钢条的长度均为整英寸。图 15-1 给出了一个价格表的样例。

长度i	1	2	3	4	5	6	7	8	9	10
价格p_i	1	5	8	9	10	17	17	20	24	30

图 15-1　钢条价格表样例。每段长度为 i 英寸的钢条为公司带来 p_i 美元的收益

钢条切割问题是这样的：给定一段长度为 n 英寸的钢条和一个价格表 p_i($i=1, 2, \cdots, n$)，求切割钢条方案，使得销售收益 r_n 最大。注意，如果长度为 n 英寸的钢条的价格 p_n 足够大，最优解可能就是完全不需要切割。

考虑 $n=4$ 的情况。图 15-2 给出了 4 英寸钢条所有可能的切割方案，包括根本不切割的方案。

我们发现，将一段长度为 4 英寸的钢条切割为两段各长 2 英寸的钢条，将产生 $p_2+p_2=5+5=10$ 的收益，为最优解。

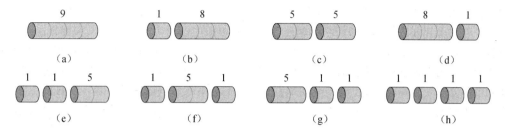

图 15-2　4 英寸钢条的 8 种切割方案。根据图 15-1 中的价格表，在每段钢条之上标记了它的价格。最优策略为方案(c)——将钢条切割为两段长度均为 2 英寸的钢条——总价值为 10

长度为 n 英寸的钢条共有 2^{n-1} 种不同的切割方案，因为在距离钢条左端 $i(i=1,2,\cdots,n-1)$ 英寸处，我们总是可以选择切割或不切割$^{\ominus}$。我们用普通的加法符号表示切割方案，因此 $7=2+2+3$ 表示将长度为 7 英寸的钢条切割为三段——两段长度为 2 英寸、一段长度为 3 英寸。如果一个最优解将钢条切割为 k 段(对某个 $1\leqslant k\leqslant n$)，那么最优切割方案

$$n=i_1+i_2+\cdots+i_k$$

将钢条切割为长度分别为 $i_1,i_2,\cdots,i_k$ 的小段，得到最大收益

$$r_n=p_{i_1}+p_{i_2}+\cdots+p_{i_k}$$

对于上述价格表样例，我们可以观察所有最优收益值 $r_i(i=1,2,\cdots,10)$ 及对应的最优切割方案：

$r_1=1$，切割方案 $1=1$(无切割)

$r_2=5$，切割方案 $2=2$(无切割)

$r_3=8$，切割方案 $3=3$(无切割)

$r_4=10$，切割方案 $4=2+2$

$r_5=13$，切割方案 $5=2+3$

$r_6=17$，切割方案 $6=6$(无切割)

$r_7=18$，切割方案 $7=1+6$ 或 $7=2+2+3$

$r_8=22$，切割方案 $8=2+6$

$r_9=25$，切割方案 $9=3+6$

$r_{10}=30$，切割方案 $10=10$(无切割)

更一般地，对于 $r_n(n\geqslant1)$，我们可以用更短的钢条的最优切割收益来描述它：

$$r_n=\max(p_n,r_1+r_{n-1},r_2+r_{n-2},\cdots,r_{n-1}+r_1)\tag{15.1}$$

第一个参数 p_n 对应不切割，直接出售长度为 n 英寸的钢条的方案。其他 $n-1$ 个参数对应另外 $n-1$ 种方案：对每个 $i=1,2,\cdots,n-1$，首先将钢条切割为长度为 i 和 $n-i$ 的两段，接着求解这两段的最优切割收益 r_i 和 r_{n-i}(每种方案的最优收益为两段的最优收益之和)。由于无法预知哪种方案会获得最优收益，我们必须考察所有可能的 i，选取其中收益最大者。如果直接出售原钢条会获得最大收益，我们当然可以选择不做任何切割。

注意到，为了求解规模为 n 的原问题，我们先求解形式完全一样，但规模更小的子问题。即当完成首次切割后，我们将两段钢条看成两个独立的钢条切割问题实例。我们通过组合两个相

$\ominus$　如果我们要求按长度非递减的顺序切割小段钢条，可能的切割方案会少得多。例如，对 $n=4$，我们只需考虑 5 种切割方案：图 15-2 中的(a)、(b)、(c)、(e)和(h)。切割方案的数量可由**划分函数**(partition function)给出，此函数近似等于 $e^{\pi\sqrt{2n/3}}/4n\sqrt{3}$。此值小于 2^{n-1}，但仍远远大于任何 n 的多项式。我们将不再探究此问题。

关子问题的最优解，并在所有可能的两段切割方案中选取组合收益最大者，构成原问题的最优解。我们称钢条切割问题满足**最优子结构**(optimal substructure)性质：问题的最优解由相关子问题的最优解组合而成，而这些子问题可以独立求解。

除了上述求解方法外，钢条切割问题还存在一种相似的但更为简单的递归求解方法：我们将钢条从左边切割下长度为 i 的一段，只对右边剩下的长度为 $n-i$ 的一段继续进行切割（递归求解），对左边的一段则不再进行切割。即问题分解的方式为：将长度为 n 的钢条分解为左边开始一段，以及剩余部分继续分解的结果。这样，不做任何切割的方案就可以描述为：第一段的长度为 n，收益为 p_n，剩余部分长度为 0，对应的收益为 $r_0=0$。于是我们可以得到公式(15.1)的简化版本：

$$r_n = \max_{1 \leqslant i \leqslant n}(p_i + r_{n-i}) \tag{15.2}$$

在此公式中，原问题的最优解只包含一个相关子问题（右端剩余部分）的解，而不是两个。

自顶向下递归实现

下面的过程实现了公式(15.2)的计算，它采用的是一种直接的自顶向下的递归方法。

```
CUT-ROD(p, n)
1  if n == 0
2      return 0
3  q = -∞
4  for i = 1 to n
5      q = max(q, p[i] + CUT-ROD(p, n-i))
6  return q
```

过程 CUT-ROD 以价格数组 $p[1..n]$ 和整数 n 为输入，返回长度为 n 的钢条的最大收益。若 $n=0$，不可能有任何收益，所以 CUT-ROD 的第 2 行返回 0。第 3 行将最大收益 q 初始化为 $-\infty$，以便第 4~5 行的 **for** 循环能正确计算 $q = \max_{1 \leqslant i \leqslant n}(p_i + \text{CUT-ROD}(p, n-i))$，第 6 行返回计算结果。利用简单的归纳法，可以证明此结果与公式(15.2)计算出的最大收益 r_n 是相等的。

如果你用熟悉的编程语言实现 CUT-ROD，并在你的计算机上运行它，你会发现，一旦输入规模稍微变大，程序运行时间会变得相当长。例如，对 $n=40$，程序至少运行好几分钟，很可能超过一小时。实际上，你会发现，每当将 n 增大 1，程序运行时间差不多就会增加 1 倍。

为什么 CUT-ROD 的效率这么差？原因在于，CUT-ROD 反复地用相同的参数值对自身进行递归调用，即它反复求解相同的子问题。图 15-3 显示了 $n=4$ 时的调用过程：CUT-ROD(p, n) 对 $i=1,2,\cdots,n$ 调用 CUT-ROD$(p, n-i)$，等价于对 $j=0, 1, \cdots, n-1$ 调用 CUT-ROD(p, j)。当这个过程递归展开时，它所做的工作量（用 n 的函数的形式描述）会爆炸性地增长。

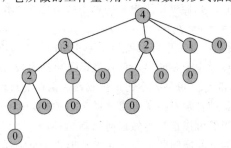

图 15-3　这棵递归调用树显示了 $n=4$ 时，CUT-ROD(p, n) 的递归调用过程。每个结点的标号为对应子问题的规模 n，因此，从父结点 s 到子结点 t 的边表示从钢条左端切下长度为 $s-t$ 的一段，然后继续递归求解剩余的规模为 t 的子问题。从根结点到叶结点的一条路径对应长度为 n 的钢条的 2^{n-1} 种切割方案之一。一般来说，这棵递归调用树共有 2^n 个结点，其中有 2^{n-1} 个叶结点

为了分析 CUR-ROD 的运行时间，令 $T(n)$ 表示第二个参数值为 n 时 CUT-ROD 的调用次数。此值等于递归调用树中根为 n 的子树中的结点总数，注意，此值包含了根结点对应的最初的一次调用。因此 $T(0)=1$，且

$$T(n) = 1 + \sum_{j=0}^{n-1} T(j) \tag{15.3}$$

第一项"1"表示函数的第一次调用（递归调用树的根结点），$T(j)$ 为调用 CUT-ROD(p, $n-i$) 所产生的所有调用（包括递归调用）的次数，此处 $j=n-i$。练习 15.1-1 要求证明：

$$T(n) = 2^n \tag{15.4}$$

即 CUT-ROD 的运行时间为 n 的指数函数。

回过头看，CUT-ROD 的指数运行时间并不令人惊讶。对于长度为 n 的钢条，CUT-ROD 显然考察了所有 2^{n-1} 种可能的切割方案。递归调用树中共有 2^{n-1} 个叶结点，每个叶结点对应一种可能的钢条切割方案。对每条从根到叶的路径，路径上的标号给出了每次切割前右边剩余部分的长度（子问题的规模）。也就是说，标号给出了对应的切割点（从钢条右端测量）。

使用动态规划方法求解最优钢条切割问题

我们现在展示如何将 CUT-ROD 转换为一个更高效的动态规划算法。

动态规划方法的思想如下所述。我们已经看到，朴素递归算法之所以效率很低，是因为它反复求解相同的子问题。因此，动态规划方法仔细安排求解顺序，对每个子问题只求解一次，并将结果保存下来。如果随后再次需要此子问题的解，只需查找保存的结果，而不必重新计算。因此，动态规划方法是付出额外的内存空间来节省计算时间，是典型的时空权衡（time-memory trade-off）的例子。而时间上的节省可能是非常巨大的：可能将一个指数时间的解转化为一个多项式时间的解。如果子问题的数量是输入规模的多项式函数，而我们可以在多项式时间内求解出每个子问题，那么动态规划方法的总运行时间就是多项式阶的。

动态规划有两种等价的实现方法，下面以钢条切割问题为例展示这两种方法。

第一种方法称为**带备忘的自顶向下法**（top-down with memoization）⊖。此方法仍按自然的递归形式编写过程，但过程会保存每个子问题的解（通常保存在一个数组或散列表中）。当需要一个子问题的解时，过程首先检查是否已经保存过此解。如果是，则直接返回保存的值，从而节省了计算时间；否则，按通常方式计算这个子问题。我们称这个递归过程是**带备忘的**（memoized），因为它"记住"了之前已经计算出的结果。

第二种方法称为**自底向上法**（bottom-up method）。这种方法一般需要恰当定义子问题"规模"的概念，使得任何子问题的求解都只依赖于"更小的"子问题的求解。因而我们可以将子问题按规模排序，按由小至大的顺序进行求解。当求解某个子问题时，它所依赖的那些更小的子问题都已求解完毕，结果已经保存。每个子问题只需求解一次，当我们求解它（也是第一次遇到它）时，它的所有前提子问题都已求解完成。

两种方法得到的算法具有相同的渐近运行时间，仅有的差异是在某些特殊情况下，自顶向下方法并未真正递归地考察所有可能的子问题。由于没有频繁的递归函数调用的开销，自底向上方法的时间复杂性函数通常具有更小的系数。

下面给出的是自顶向下 CUT-ROD 过程的伪代码，加入了备忘机制：

MEMOIZED-CUT-ROD(p,n)
1 let $r[0..n]$ be a new array
2 **for** $i = 0$ **to** n

⊖ 此处并不是拼写错误，确实是 memoization，而非 memorization。memoization 源自 memo，为备忘之意，因为这种方法记录子问题的解，以备随后查找。

```
3     r[i] = -∞
4  return MEMOIZED-CUT-ROD-AUX(p,n,r)

MEMOIZED-CUT-ROD-AUX(p,n,r)
1  if r[n] ≥ 0
2      return r[n]
3  if n == 0
4      q = 0
5  else q = -∞
6      for i = 1 to n
7          q = max(q, p[i] + MEMOIZED-CUT-ROD-AUX(p,n-i,r))
8  r[n] = q
9  return q
```

这里，主过程 MEMOIZED-CUT-ROD 将辅助数组 $r[0..n]$ 的元素均初始化为 $-\infty$，这是一种常见的表示"未知值"的方法（已知的收益总是非负值）。然后它会调用辅助过程 MEMOIZED-CUT-ROD-AUX。

过程 MEMOIZED-CUT-ROD-AUX 是最初的 CUT-ROD 引入备忘机制的版本。它首先检查所需值是否已知（第 1 行），如果是，则第 2 行直接返回保存的值；否则，第 3~7 行用通常方法计算所需值 q，第 8 行将 q 存入 $r[n]$，第 9 行将其返回。

自底向上版本更为简单：

```
BOTTOM-UP-CUT-ROD(p,n)
1  let r[0..n] be a new array
2  r[0] = 0
3  for j = 1 to n
4      q = -∞
5      for i = 1 to j
6          q = max(q, p[i] + r[j-i])
7      r[j] = q
8  return r[n]
```

自底向上版本 BOTTOM-UP-CUT-ROD 采用子问题的自然顺序：若 $i<j$，则规模为 i 的子问题比规模为 j 的子问题"更小"。因此，过程依次求解规模为 $j=0,1,\cdots,n$ 的子问题。

过程 BOTTOM-UP-CUT-ROD 的第 1 行创建一个新数组 $r[0..n]$ 来保存子问题的解，第 2 行将 $r[0]$ 初始化为 0，因为长度为 0 的钢条没有收益。第 3~6 行对 $j=1,2,\cdots,n$ 按升序求解每个规模为 j 的子问题。求解规模为 j 的子问题的方法与 CUT-ROD 所采用的方法相同，只是现在直接访问数组元素 $r[j-i]$ 来获得规模为 $j-i$ 的子问题的解（第 6 行），而不必进行递归调用。第 7 行将规模为 j 的子问题的解存入 $r[j]$。最后，第 8 行返回 $r[n]$，即最优解 r_n。

自底向上算法和自顶向下算法具有相同的渐近运行时间。过程 BOTTOM-UP-CUT-ROD 的主体是嵌套的双重循环，内层 for 循环（第 5~6 行）的迭代次数构成一个等差数列，不难分析过程的运行时间为 $\Theta(n^2)$。自顶向下的 MEMOIZED-CUT-ROD 的运行时间也是 $\Theta(n^2)$，其分析略难一些：当求解一个之前已计算出结果的子问题时，递归调用会立即返回，即 MEMOIZED-CUT-ROD 对每个子问题只求解一次，而它求解了规模为 $0,1,\cdots,n$ 的子问题；为求解规模为 n 的子问题，第 6~7 行的循环会迭代 n 次；因此，MEMOIZED-CUT-ROD 进行的所有递归调用执行此 for 循环的迭代次数也是一个等差数列，其和也是 $\Theta(n^2)$，与 BOTTOM-UP-CUT-ROD 内

层 **for** 循环的迭代总次数一样（我们在这里实际上用到了某种形式的聚合分析（aggregate analysis），聚合分析方法的细节将在 17.1 节介绍）。

子问题图

当思考一个动态规划问题时，我们应该弄清所涉及的子问题及子问题之间的依赖关系。

问题的**子问题图**准确地表达了这些信息。图 15-4 显示了 $n=4$ 时钢条切割问题的子问题图。

367

它是一个有向图，每个顶点唯一地对应一个子问题。若求子问题 x 的最优解时需要直接用到子问题 y 的最优解，那么在子问题图中就会有一条从子问题 x 的顶点到子问题 y 的顶点的有向边。例如，如果自顶向下过程在求解 x 时需要直接递归调用自身来求解 y，那么子问题图就包含从 x 到 y 的一条有向边。我们可以将子问题图看做自顶向下递归调用树的"简化版"或"收缩版"，因为树中所有对应相同子问题的结点合并为图中的单一顶点，相关的所有边都从父结点指向子结点。

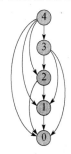

图 15-4　$n=4$ 时，钢条切割问题的子问题图。顶点的标号给出了子问题的规模。有向边 (x, y) 表示当求解子问题 x 时需要子问题 y 的解。此图实际上是图 15-3 中递归调用树的简化版——树中标号相同的结点收缩为图中的单一顶点，所有边均从父结点指向子结点

自底向上的动态规划方法处理子问题图中顶点的顺序为：对于一个给定的子问题 x，在求解它之前求解邻接至它的子问题 y（回忆 B.4 节，邻接关系不一定是对称的）。用第 22 章中的术语说，自底向上动态规划算法是按"逆拓扑序"（reverse topological sort）或"反序的拓扑序"（topological sort of the transpose）（参见 22.4 节）来处理子问题图中的顶点。换句话说，对于任何子问题，直至它依赖的所有子问题均已求解完成，才会求解它。类似地，我们可以用第 22 章中的术语"深度优先搜索"（depth-first search）来描述（带备忘机制的）自顶向下动态规划算法处理子问题图的顺序（参见 22.3 节）。

子问题图 $G=(V, E)$ 的规模可以帮助我们确定动态规划算法的运行时间。由于每个子问题只求解一次，因此算法运行时间等于每个子问题求解时间之和。通常，一个子问题的求解时间与子问题图中对应顶点的度（出射边的数目）成正比，而子问题的数目等于子问题图的顶点数。因此，通常情况下，动态规划算法的运行时间与顶点和边的数量呈线性关系。

重构解

前文给出的钢条切割问题的动态规划算法返回最优解的收益值，但并未返回解本身（一个长度列表，给出切割后每段钢条的长度）。我们可以扩展动态规划算法，使之对每个子问题不仅保存最优收益值，还保存对应的切割方案。利用这些信息，我们就能输出最优解。

下面给出的是 BOTTOM-UP-CUT-ROD 的扩展版本，它对长度为 j 的钢条不仅计算最大收益值 r_j，还保存最优解对应的第一段钢条的切割长度 s_j：

368

```
EXTENDED-BOTTOM-UP-CUT-ROD(p,n)
1    let r[0..n]and s[0..n]be new arrays
2    r[0]=0
3    for j = 1 to n
4        q=-∞
5        for i = 1 to j
6            if q < p[i]+r[j-i]
7                q=p[i]+r[j-i]
8                s[j]=i
```

```
9      r[j]=q
10     return r and s
```

此过程与 BOTTOM-UP-CUT-ROD 很相似，差别只是在第 1 行创建了数组 s，并在求解规模为 j 的子问题时将第一段钢条的最优切割长度 i 保存在 $s[j]$ 中（第 8 行）。

下面的过程接受两个参数：价格表 p 和钢条长度 n，然后调用 EXTENDED-BOTTOM-UP-CUT-ROD 来计算切割下来的每段钢条的长度 $s[1..n]$，最后输出长度为 n 的钢条的完整的最优切割方案：

```
PRINT-CUT-ROD-SOLUTION(p,n)
1    (r,s)=EXTENDED-BOTTOM-UP-CUT-ROD(p,n)
2    while n>0
3        print s[n]
4        n=n-s[n]
```

对于前文给出的钢条切割的实例，EXTENDED-BOTTOM-UP-CUT-ROD$(p,10)$ 会返回下面的数组：

i	0	1	2	3	4	5	6	7	8	9	10
$r[i]$	0	1	5	8	10	13	17	18	22	25	30
$s[i]$	0	1	2	3	2	2	6	1	2	3	10

对此例调用 PRINT-CUT-ROD-SOLUTION$(p,10)$ 只会输出 10，但对 $n=7$，会输出最优方案 r_7 切割出的两段钢条的长度 1 和 6。

练习

15.1-1 由公式(15.3)和初始条件 $T(0)=1$，证明公式(15.4)成立。

15.1-2 举反例证明下面的"贪心"策略不能保证总是得到最优切割方案。定义长度为 i 的钢条的**密度**为 p_i/i，即每英寸的价值。贪心策略将长度为 n 的钢条切割下长度为 l $(1 \leqslant i \leqslant n)$ 的一段，其密度最高。接下来继续使用相同的策略切割长度为 $n-i$ 的剩余部分。

15.1-3 我们对钢条切割问题进行一点修改，除了切割下的钢条段具有不同价格 p_i 外，每次切割还要付出固定的成本 c。这样，切割方案的收益就等于钢条段的价格之和减去切割的成本。设计一个动态规划算法解决修改后的钢条切割问题。

15.1-4 修改 MEMOIZED-CUT-ROD，使之不仅返回最优收益值，还返回切割方案。

15.1-5 斐波那契数列可以用递归式(3.22)定义。设计一个 $O(n)$ 时间的动态规划算法计算第 n 个斐波那契数。画出子问题图。图中有多少顶点和边？

15.2 矩阵链乘法

下一个例子是求解矩阵链相乘问题的动态规划算法。给定一个 n 个矩阵的序列（矩阵链）$\langle A_1, A_2, \cdots, A_n \rangle$，我们希望计算它们的乘积

$$A_1 A_2 \cdots A_n \tag{15.5}$$

为了计算表达式(15.5)，我们可以先用括号明确计算次序，然后利用标准的矩阵相乘算法进行计算。由于矩阵乘法满足结合律，因此任何加括号的方法都会得到相同的计算结果。我们称有如下性质的矩阵乘积链为**完全括号化的**(fully parenthesized)：它是单一矩阵，或者是两个完全括号化的矩阵乘积链的积，且已外加括号。例如，如果矩阵链为 $\langle A_1, A_2, A_3, A_4 \rangle$，则共有 5 种完全括号化的矩阵乘积链：

$$(A_1(A_2(A_3A_4)))$$
$$(A_1((A_2A_3)A_4))$$
$$((A_1A_2)(A_3A_4))$$
$$((A_1(A_2A_3))A_4)$$
$$(((A_1A_2)A_3)A_4)$$

对矩阵链加括号的方式会对乘积运算的代价产生巨大影响。我们先来分析两个矩阵相乘的代价。下面的伪代码给出了两个矩阵相乘的标准算法,它是 4.2 节 SQUARE-MATRIX-MULTIPLY 过程的推广。属性 $rows$ 和 $columns$ 是矩阵的行数和列数。

```
MATRIX-MULTIPLY(A,B)
1   if A.columns≠B.rows
2       error "incompatible dimensions"
3   else let C be a new A.rows×B.columns matrix
4       for i = 1 to A.rows
5           for j = 1 to B.columns
6               c_{ij} = 0
7               for k = 1 to A.columns
8                   c_{ij} = c_{ij} + a_{ik} · b_{kj}
9   return C
```

两个矩阵 A 和 B 只有**相容**(compatible),即 A 的列数等于 B 的行数时,才能相乘。如果 A 是 $p \times q$ 的矩阵,B 是 $q \times r$ 的矩阵,那么乘积 C 是 $p \times r$ 的矩阵。计算 C 所需时间由第 8 行的标量乘法的次数决定,即 pqr。下文中我们将用标量乘法的次数来表示计算代价。

我们以矩阵链 $\langle A_1, A_2, A_3 \rangle$ 相乘为例,来说明不同的加括号方式会导致不同的计算代价。假设三个矩阵的规模分别为 10×100、100×5 和 5×50。如果按 $((A_1A_2)A_3)$ 的顺序计算,为计算 A_1A_2(规模 10×5),需要做 $10 \cdot 100 \cdot 5 = 5\,000$ 次标量乘法,再与 A_3 相乘又需要做 $10 \cdot 5 \cdot 50 = 2\,500$ 次标量乘法,共需 $7\,500$ 次标量乘法。如果按 $(A_1(A_2A_3))$ 的顺序,计算 A_2A_3(规模 100×50),需 $100 \cdot 5 \cdot 50 = 25\,000$ 次标量乘法,A_1 再与之相乘又需 $10 \cdot 100 \cdot 50 = 50\,000$ 次标量乘法,共需 $75\,000$ 次标量乘法。因此,按第一种顺序计算矩阵链乘积要比第二种顺序快 10 倍。

矩阵链乘法问题(matrix-chain multiplication problem)可描述如下:给定 n 个矩阵的链 $\langle A_1, A_2, \cdots, A_n \rangle$,矩阵 A_i 的规模为 $p_{i-1} \times p_i (1 \leqslant i \leqslant n)$,求完全括号化方案,使得计算乘积 $A_1A_2 \cdots A_n$ 所需标量乘法次数最少。

371

注意,求解矩阵链乘法问题并不是要真正进行矩阵相乘运算,我们的目标只是确定代价最低的计算顺序。确定最优计算顺序所花费的时间通常要比随后真正进行矩阵相乘所节省的时间(例如仅进行 $7\,500$ 次标量乘法而不是 $75\,000$ 次)要少。

计算括号化方案的数量

在用动态规划方法求解矩阵链乘法问题之前,我们先来说服自己——穷举所有可能的括号化方案不会产生一个高效的算法。对一个 n 个矩阵的链,令 $P(n)$ 表示可供选择的括号化方案的数量。当 $n=1$ 时,由于只有一个矩阵,因此只有一种完全括号化方案。当 $n \geqslant 2$ 时,完全括号化的矩阵乘积可描述为两个完全括号化的部分积相乘的形式,而两个部分积的划分点在第 k 个矩阵和第 $k+1$ 个矩阵之间,k 为 $1, 2, \cdots, n-1$ 中的任意一个值。因此,我们可以得到如下递归公式:

$$P(n) = \begin{cases} 1 & \text{如果 } n = 1 \\ \sum_{k=1}^{n-1} P(k)P(n-k) & \text{如果 } n \geqslant 2 \end{cases} \tag{15.6}$$

思考题 12-4 要求证明一个相似的递归公式产生的序列为**卡塔兰数**（Catalan numbers），这个序列的增长速度为 $\Omega(4^n/n^{3/2})$。练习 15.2-3 要求证明递归公式 (15.6) 的结果为 $\Omega(2^n)$。因此，括号化方案的数量与 n 呈指数关系，通过暴力搜索穷尽所有可能的括号化方案来寻找最优方案，是一个糟糕的策略。

应用动态规划方法

下面用动态规划方法来求解矩阵链的最优括号化方案，我们还是按照本章开头提出的 4 个步骤进行：

1. 刻画一个最优解的结构特征。
2. 递归地定义最优解的值。

372

3. 计算最优解的值，通常采用自底向上的方法。
4. 利用计算出的信息构造一个最优解。

我们按顺序进行这几个步骤，清楚地展示针对本问题每个步骤应如何做。

步骤 1：最优括号化方案的结构特征

动态规划方法的第一步是寻找最优子结构，然后就可以利用这种子结构从子问题的最优解构造出原问题的最优解。在矩阵链乘法问题中，此步骤的做法如下所述。为方便起见，我们用符号 $A_{i..j}(i \leqslant j)$ 表示 $A_i A_{i+1} \cdots A_j$ 乘积的结果矩阵。可以看出，如果问题是非平凡的，即 $i < j$，那么为了对 $A_i A_{i+1} \cdots A_j$ 进行括号化，我们就必须在某个 A_k 和 A_{k+1} 之间将矩阵链划分开（k 为 $i \leqslant k < j$ 间的整数）。也就是说，对某个整数 k，我们首先计算矩阵 $A_{i..k}$ 和 $A_{k+1..j}$，然后再计算它们的乘积得到最终结果 $A_{i..j}$。此方案的计算代价等于矩阵 $A_{i..k}$ 的计算代价，加上矩阵 $A_{k+1..j}$ 的计算代价，再加上两者相乘的计算代价。

下面我们给出本问题的最优子结构。假设 $A_i A_{i+1} \cdots A_j$ 的最优括号化方案的分割点在 A_k 和 A_{k+1} 之间。那么，继续对"前缀"子链 $A_i A_{i+1} \cdots A_k$ 进行括号化时，我们应该直接采用独立求解它时所得的最优方案。这样做的原因是什么呢？如果不采用独立求解 $A_i A_{i+1} \cdots A_k$ 所得的最优方案来对它进行括号化，那么可以将此最优解代入 $A_i A_{i+1} \cdots A_j$ 的最优解中，代替原来对子链 $A_i A_{i+1} \cdots A_k$ 进行括号化的方案（比 $A_i A_{i+1} \cdots A_k$ 最优解的代价更高），显然，这样得到的解比 $A_i A_{i+1} \cdots A_j$ 原来的"最优解"代价更低：产生矛盾。对子链 $A_{k+1} A_{k+2} \cdots A_j$，我们有相似的结论：在原问题 $A_i A_{i+1} \cdots A_j$ 的最优括号化方案中，对子链 $A_{k+1} A_{k+2} \cdots A_j$ 进行括号化的方法，就是它自身的最优括号化方案。

现在我们展示如何利用最优子结构性质从子问题的最优解构造原问题的最优解。我们已经看到，一个非平凡的矩阵链乘法问题实例的任何解都需要划分链，而任何最优解都是由子问题实例的最优解构成的。因此，为了构造一个矩阵链乘法问题实例的最优解，我们可以将问题划分为两个子问题（$A_i A_{i+1} \cdots A_k$ 和 $A_{k+1} A_{k+2} \cdots A_j$ 的最优括号化问题），求出子问题实例的最优解，然后将子问题的最优解组合起来。我们必须保证在确定分割点时，已经考察了所有可能的划分点，这样就可以保证不会遗漏最优解。

373

步骤 2：一个递归求解方案

下面用子问题的最优解来递归地定义原问题最优解的代价。对矩阵链乘法问题，我们可以将对所有 $1 \leqslant i \leqslant j \leqslant n$ 确定 $A_i A_{i+1} \cdots A_j$ 的最小代价括号化方案作为子问题。令 $m[i, j]$ 表示计算矩阵 $A_{i..j}$ 所需标量乘法次数的最小值，那么，原问题的最优解——计算 $A_{1..n}$ 所需的最低代价就是 $m[1, n]$。

我们可以递归定义 $m[i, j]$ 如下。对于 $i = j$ 时的平凡问题，矩阵链只包含唯一的矩阵 $A_{i..i} = A_i$，因此不需要做任何标量乘法运算。所以，对所有 $i = 1, 2, \cdots, n$，$m[i, i] = 0$。若 $i < j$，我们利用步骤 1 中得到的最优子结构来计算 $m[i, j]$。我们假设 $A_i A_{i+1} \cdots A_j$ 的最优括号化方案的分

割点在矩阵 A_k 和 A_{k+1} 之间，其中 $i \leqslant k < j$。那么，$m[i, j]$ 就等于计算 $A_{i..k}$ 和 $A_{k+1..j}$ 的代价加上两者相乘的代价的最小值。由于矩阵 A_i 的大小为 $p_{i-1} \times p_i$，易知 $A_{i..k}$ 与 $A_{k+1..j}$ 相乘的代价为 $p_{i-1} p_k p_j$ 次标量乘法运算。因此，我们得到

$$m[i, j] = m[i, k] + m[k+1, j] + p_{i-1} p_k p_j$$

此递归公式假定最优分割点 k 是已知的，但实际上我们是不知道的。不过，k 只有 $j - i$ 种可能的取值，即 $k = i, i+1, \cdots, j-1$。由于最优分割点必在其中，我们只需检查所有可能情况，找到最优者即可。因此，$A_i A_{i+1} \cdots A_j$ 最小代价括号化方案的递归求解公式变为：

$$m[i, j] = \begin{cases} 0 & \text{如果 } i = j \\ \min_{i \leqslant k < j} \{ m[i, k] + m[k+1, j] + p_{i-1} p_k p_j \} & \text{如果 } i < j \end{cases} \quad (15.7)$$

$m[i, j]$ 的值给出了子问题最优解的代价，但它并未提供足够的信息来构造最优解。为此，我们用 $s[i, j]$ 保存 $A_i A_{i+1} \cdots A_j$ 最优括号化方案的分割点位置 k，即使得 $m[i, j] = m[i, k] + m[k+1, j] + p_{i-1} p_k p_j$ 成立的 k 值。

步骤 3：计算最优代价

现在，我们可以很容易地基于递归公式(15.7)写出一个递归算法，来计算 $A_1 A_2 \cdots A_n$ 相乘的最小代价 $m[1, n]$。像我们在钢条切割问题一节中所看到的，以及即将在 15.3 节中看到的那样，此递归算法是指数时间的，并不比检查所有括号化方案的暴力搜索方法更好。

注意到，我们需要求解的不同子问题的数目是相对较少的：每对满足 $1 \leqslant i \leqslant j \leqslant n$ 的 i 和 j 对应一个唯一的子问题，共有 $\binom{n}{2} + n = \Theta(n^2)$ 个。递归算法会在递归调用树的不同分支中多次遇到同一个子问题。这种子问题重叠的性质是应用动态规划的另一个标识（第一个标识是最优子结构）。

我们采用自底向上表格法代替基于公式(15.7)的递归算法来计算最优代价（我们将在 15.3 节中给出对应的带备忘的自顶向下方法）。下面给出的过程 MATRIX-CHAIN-ORDER 实现了自底向上表格法。此过程假定矩阵 A_i 的规模为 $p_{i-1} \times p_i (i = 1, 2, \cdots, n)$。它的输入是一个序列 $p = \langle p_0, p_1, \cdots, p_n \rangle$，其长度为 $p.length = n+1$。过程用一个辅助表 $m[1..n, 1..n]$ 来保存代价 $m[i, j]$，用另一个辅助表 $s[1..n-1, 2..n]$ 记录最优值 $m[i, j]$ 对应的分割点 k。我们就可以利用表 s 构造最优解。

为了实现自底向上方法，我们必须确定计算 $m[i, j]$ 时需要访问哪些其他表项。公式(15.7)显示，$j - i + 1$ 个矩阵链相乘的最优计算代价 $m[i, j]$ 只依赖于那些少于 $j - i + 1$ 个矩阵链相乘的最优计算代价。也就是说，对 $k = i, i+1, \cdots, j-1$，矩阵 $A_{i..k}$ 是 $k - i + 1 < j - i + 1$ 个矩阵的积，矩阵 $A_{k+1..j}$ 是 $j - k < j - i + 1$ 个矩阵的积。因此，算法应该按长度递增的顺序求解矩阵链括号化问题，并按对应的顺序填写表 m。对矩阵链 $A_i A_{i+1} \cdots A_j$ 最优括号化的子问题，我们认为其规模为链的长度 $j - i + 1$。

MATRIX-CHAIN-ORDER(p)

```
1   n = p.length - 1
2   let m[1..n,1..n] and s[1..n-1,2..n] be new tables
3   for i = 1 to n
4       m[i,i] = 0
5   for l = 2 to n          // l is the chain length
6       for i = 1 to n-l+1
7           j = i+l-1
8           m[i,j] = ∞
9           for k = i to j-1
```

10	$q = m[i, k] + m[k+1, j] + p_{i-1}p_k p_j$
11	**if** $q < m[i, j]$
12	$m[i, j] = q$
13	$s[i, j] = k$
14	**return** m and s

375

算法首先在第 3～4 行对所有 $i = 1, 2, \cdots, n$ 计算 $m[i, i] = 0$（长度为 1 的链的最小计算代价）。接着在第 5～13 行 **for** 循环的第一个循环步中，利用递归公式 (15.7) 对所有 $i = 1, 2, \cdots,$ $n-1$ 计算 $m[i, i+1]$（长度 $l = 2$ 的链的最小计算代价）。在第二个循环步中，算法对所有 $i = 1,$ $2, \cdots, n-2$ 计算 $m[i, i+2]$（长度 $l = 3$ 的链的最小计算代价），依此类推。在每个循环步中，第 10～13 行计算代价 $m[i, j]$ 时仅依赖于已经计算出的表项 $m[i, k]$ 和 $m[k+1, j]$。

图 15-5 展示了对一个长度为 6 的矩阵链执行此算法的过程。由于我们定义 $m[i, j]$ 仅在 $i \leqslant j$ 时有意义，因此表 m 只使用主对角线之上的部分。图中的表是经过旋转的，主对角线已经旋转到了水平方向。矩阵链的规模列在了图的下方。在这种布局中，我们可以看到子矩阵链 $A_i A_{i+1} \cdots$ A_j 相乘的代价 $m[i, j]$ 恰好位于始于 A_i 的东北至西南方向的直线与始于 A_j 的西北至东南方向的直线的交点上。表中同一行中的表项都对应长度相同的矩阵链。MATRIX-CHAIN-ORDER 按自下而上、自左至右的顺序计算所有行。当计算表项 $m[i, j]$ 时，会用到乘积 $p_{i-1}p_k p_j(k = i, i+$ $1, \cdots, j-1)$，以及 $m[i, j]$ 西南方向和东南方向上的所有表项。

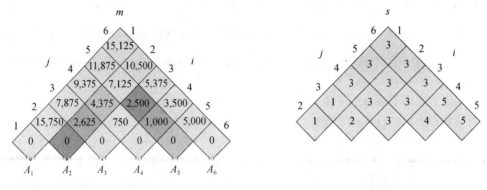

图 15-5 当 $n = 6$ 和矩阵规模如下表时，MATRIX-CHAIN-ORDER 计算出的 m 表和 s 表。

矩阵	A_1	A_2	A_3	A_4	A_5	A_6
规模	30×35	35×15	15×5	5×10	10×20	20×25

我们将两个表进行了旋转，使得主对角线方向变为水平方向。表 m 只使用主对角线和上三角部分，表 s 只使用上三角部分。6 个矩阵相乘所需的最少标量乘法运算次数为 $m[1, 6] = 15\,125$。表中有些表项被标记了深色阴影，相同的阴影表示过程在第 10 行中计算 $m[2, 5]$ 时同时访问了这些表项：

$$m[2, 5] = \min \begin{cases} m[2, 2] + m[3, 5] + p_1 p_2 p_5 = 0 + 2\,500 + 35 \cdot 15 \cdot 20 & = 13\,000 \\ m[2, 3] + m[4, 5] + p_1 p_3 p_5 = 2\,625 + 1\,000 + 35 \cdot 5 \cdot 20 & = 7\,125 \\ m[2, 4] + m[5, 5] + p_1 p_4 p_5 = 4\,375 + 0 + 35 \cdot 10 \cdot 20 & = 11\,375 \end{cases}$$
$$= 7\,125$$

简单分析 MATRIX-CHAIN-ORDER 的嵌套循环结构，可以看到算法的运行时间为 $O(n^3)$。循环嵌套的深度为三层，每层的循环变量（l、i 和 k）最多取 $n-1$ 个值。练习 15.2-5 要求证明此算法的运行时间实际上是 $\Omega(n^3)$。算法还需要 $\Theta(n^2)$ 的内存空间来保存表 m 和 s。因此，MATRIX-CHAIN-ORDER 比起穷举所有可能的括号化方案来寻找最优解的指数阶算法要高效得多。

步骤 4：构造最优解

虽然 MATRIX-CHAIN-ORDER 求出了计算矩阵链乘积所需的最少标量乘法运算次数，但它并未直接指出如何进行这种最优代价的矩阵链乘法计算。表 $s[1..n-1, 2..n]$ 记录了构造最优解所需的信息。每个表项 $s[i, j]$ 记录了一个 k 值，指出 $A_i A_{i+1} \cdots A_j$ 的最优括号化方案的分割点应在 A_k 和 A_{k+1} 之间。因此，我们知道 $A_{1..n}$ 的最优计算方案中最后一次矩阵乘法运算应该是 $A_{1..s[1,n]} A_{s[1,n]+1..n}$。我们可以用相同的方法递归地求出更早的矩阵乘法的具体计算过程，因为 $s[1, s[1, n]]$ 指出了计算 $A_{1..s[1,n]}$ 时应进行的最后一次矩阵乘法运算；$s[s[1, n]+1, n]$ 指出了计算 $A_{s[1,n]+1..n}$ 时应进行的最后一次矩阵乘法运算。下面给出的递归过程可以输出 $\langle A_i, A_{i+1}, \cdots, A_j \rangle$ 的最优括号化方案，其输入为 MATRIX-CHAIN-ORDER 得到的表 s 及下标 i 和 j。调用 PRINT-OPTIMAL-PARENS$(s, 1, n)$ 即可输出 $\langle A_1, A_2, \cdots, A_n \rangle$ 的最优括号化方案。

PRINT-OPTIMAL-PARENS(s, i, j)

1   **if** $i == j$
2   print "A"$_i$
3   **else** print "("
4   PRINT-OPTIMAL-PARENS$(s, i, s[i,j])$
5   PRINT-OPTIMAL-PARENS$(s, s[i,j]+1, j)$
6   print ")"

对图 15-5 中的例子，调用 PRINT-OPTIMAL-PARENS$(s, 1, 6)$ 输出括号化方案

$$((A_1(A_2 A_3))((A_4 A_5)A_6))$$

376～377

练习

15.2-1 对矩阵规模序列 $\langle 5, 10, 3, 12, 5, 50, 6 \rangle$，求矩阵链最优括号化方案。

15.2-2 设计递归算法 MATRIX-CHAIN-MULTIPLY(A, s, i, j)，实现矩阵链最优代价乘法计算的真正计算过程，其输入参数为矩阵序列 $\langle A_1, A_2, \cdots, A_n \rangle$，MATRIX-CHAIN-ORDER 得到的表 s，以及下标 i 和 j。（初始调用应为 MATRIX-CHAIN-MULTIPLY$(A, s, 1, n)$。）

15.2-3 用代入法证明递归公式(15.6)的结果为 $\Omega(2^n)$。

15.2-4 对输入链长度为 n 的矩阵链乘法问题，描述其子问题图：它包含多少个顶点？包含多少条边？这些边分别连接哪些顶点？

15.2-5 令 $R(i, j)$ 表示在一次调用 MATRIX-CHAIN-ORDER 过程中，计算其他表项时访问表项 $m[i, j]$ 的次数。证明：

$$\sum_{i=1}^{n} \sum_{j=i}^{n} R(i,j) = \frac{n^3 - n}{3}$$

（提示：证明中可用到公式(A.3)。）

15.2-6 证明：对 n 个元素的表达式进行完全括号化，恰好需要 $n-1$ 对括号。

15.3 动态规划原理

虽然我们已经用动态规划方法解决了两个问题，但你可能还是弄不清应该在何时使用动态规划。从工程角度看，在什么情况下应该寻求用动态规划方法求解问题呢？在本节中，我们关注适合应用动态规划方法求解的最优化问题应该具备的两个要素：最优子结构和子问题重叠。我们还会再次讨论备忘方法，更深入地讨论在自顶向下方法中如何借助备忘机制来充分利用子问题重叠特性。

378

最优子结构

用动态规划方法求解最优化问题的第一步就是刻画最优解的结构。如前文所述，如果一个问题的最优解包含其子问题的最优解，我们就称此问题具有最优子结构性质。因此，某个问题是否适合应用动态规划算法，它是否具有最优子结构性质是一个好线索（当然，具有最优子结构性质也可能意味着适合应用贪心策略，参见第 16 章）。使用动态规划方法时，我们用子问题的最优解来构造原问题的最优解。因此，我们必须小心确保考察了最优解中用到的所有子问题。

本章到目前为止介绍的两个问题都具有最优子结构性质。在 15.1 节中，我们观察到，长度为 n 的钢条的最优切割方案是由第一次切割后（如果最优切割方案需要进行切割）得到的两段钢条的最优切割方案组成的。在 15.2 节中，我们看到 $A_iA_{i+1}\cdots A_j$ 的最优括号化方案首先在 A_k 和 A_{k+1} 之间进行划分，然后对 $A_iA_{i+1}\cdots A_k$ 和 $A_{k+1}A_{k+2}\cdots A_j$ 继续进行最优括号化。

你会发现，在发掘最优子结构性质的过程中，实际上遵循了如下的通用模式：

1. 证明问题最优解的第一个组成部分是做出一个选择，例如，选择钢条第一次切割位置，选择矩阵链的划分位置等。做出这次选择会产生一个或多个待解的子问题。

2. 对于一个给定问题，在其可能的第一步选择中，你假定已经知道哪种选择才会得到最优解。你现在并不关心这种选择具体是如何得到的，只是假定已经知道了这种选择。

3. 给定可获得最优解的选择后，你确定这次选择会产生哪些子问题，以及如何最好地刻画子问题空间。

4. 利用"剪切－粘贴"（cut-and-paste）技术证明：作为构成原问题最优解的组成部分，每个子问题的解就是它本身的最优解。证明这一点是利用反证法：假定子问题的解不是其自身的最优解，那么我们就可以从原问题的解中"剪切"掉这些非最优解，将最优解"粘贴"进去，从而得到原问题一个更优的解，这与初始的解是原问题最优解的前提假设矛盾。如果原问题的最优解包含多个子问题，通常它们都很相似，我们可以将针对一个子问题的"剪切－粘贴"论证方法稍加修改，用于其他子问题。

一个刻画子问题空间的好经验是，保持子问题空间尽可能简单，只在必要时才扩展它。例如，我们在求解钢条切割问题时，子问题空间中包含的问题为：对每个 i 值，长度为 i 的钢条的最优切割问题。这个子问题空间很有效，因此我们不必尝试更一般性（从而也更大）的子问题空间。

与之相对的，假定我们试图限制矩阵链 $A_1A_2\cdots A_j$ 乘法问题的子问题空间。如前所述，最优括号化方案必然在某个位置 $k(1 \le k < j)$ 处，即 A_k 和 A_{k+1} 之间对矩阵链进行划分。除非我们能保证 k 永远等于 $j-1$，否则我们会发现得到两个形如 $A_1A_2\cdots A_k$ 和 $A_{k+1}A_{k+2}\cdots A_j$ 的子问题，而后者的形式与 $A_1A_2\cdots A_j$ 是不同的。因此，对矩阵链乘法问题，我们必须允许子问题在"两端"都可以变化，即允许子问题 $A_iA_{i+1}\cdots A_j$ 中 i 和 j 都可变。

对于不同问题领域，最优子结构的不同体现在两个方面：

1. 原问题的最优解中涉及多少个子问题，以及

2. 在确定最优解使用哪些子问题时，我们需要考察多少种选择。

在钢条切割问题中，长度为 n 的钢条的最优切割方案仅仅使用一个子问题（长度为 $n-i$ 的钢条的最优切割），但我们必须考察 i 的 n 种不同取值，来确定哪一个会产生最优解。$A_iA_{i+1}\cdots A_j$ 的矩阵链乘法问题中，最优解使用两个子问题，我们需要考察 $j-i$ 种情况。对于给定的矩阵链划分位置——矩阵 A_k，我们需要求解两个子问题——$A_iA_{i+1}\cdots A_k$ 和 $A_{k+1}A_{k+2}\cdots A_j$ 的括号化方案——而且两个子问题都必须求解最优方案。一旦我们确定了子问题的最优解，就可以在 $j-i$ 个候选的 k 中选取最优者。

我们可以用子问题的总数和每个子问题需要考察多少种选择这两个因素的乘积来粗略分析动态规划算法的运行时间。对于钢条切割问题，共有 $\Theta(n)$ 个子问题，每个子问题最多需要考察 n 种选择，因此运行时间为 $O(n^2)$。矩阵链乘法问题共有 $\Theta(n^2)$ 个子问题，每个子问题最多需要考察 $n-1$ 种选择，因此运行时间为 $O(n^3)$。（练习 15.2-5 要求证明运行时间实际为 $\Theta(n^3)$。）

子问题图也可用来做同样的分析。图中每个顶点对应一个子问题，而需要考察的选择对应关联至子问题顶点的边。回忆一下，钢条切割问题的子问题图有 n 个顶点，每个顶点最多 n 条边，因此运行时间为 $O(n^2)$。对于矩阵链乘法问题，子问题图会有 $\Theta(n^2)$ 个顶点，而每个顶点最多有 $n-1$ 条边，因此共有 $O(n^3)$ 个顶点和边。 |380|

在动态规划方法中，我们通常自底向上地使用最优子结构。也就是说，首先求得子问题的最优解，然后求原问题的最优解。在求解原问题过程中，我们需要在涉及的子问题中做出选择，选出能得到原问题最优解的子问题。原问题最优解的代价通常就是子问题最优解的代价再加上由此次选择直接产生的代价。例如，对于钢条切割问题，我们首先求解子问题，确定长度为 $i=0$，1，$\cdots$，$n-1$ 的钢条的最优切割方案，然后利用公式(15.2)确定哪个子问题的解构成长度为 n 的钢条的最优切割方案。此次选择本身所产生的代价就是公式(15.2)中的 p_i。在矩阵链乘法问题中，我们先确定子矩阵链 $A_iA_{i+1}\cdots A_j$ 的最优括号化方案，然后选择划分位置 A_k，选择本身所产生的代价就是 $p_{i-1}p_kp_j$。

在第 16 章中，我们将介绍"贪心算法"，它与动态规划有很多相似之处。特别是，能够应用贪心算法的问题也必须具有最优子结构性质。贪心算法和动态规划最大的不同在于，它并不是首先寻找子问题的最优解，然后在其中进行选择，而是首先做出一次"贪心"选择——在当时(局部)看来最优的选择——然后求解选出的子问题，从而不必费心求解所有可能相关的子问题。令人惊讶的是，在某些情况下这一策略也能得到最优解！

一些微妙之处

在尝试使用动态规划方法时要小心，要注意问题是否具有最优子结构性质。考虑下面两个问题，其中都是给定一个有向图 $G=(V,E)$ 和两个顶点 $u,v\in V$。

无权(unweighted)最短路径[⊖]：找到一条从 u 到 v 的边数最少的路径。这条路径必然是简单路径，因为如果路径中包含环，将环去掉显然会减少边的数量。 |381|

无权最长路径：找到一条从 u 到 v 的边数最多的简单路径。这里必须加上简单路径的要求，因为我们可以不停地沿着环走，从而得到任意长的路径。

下面我们证明无权最短路径问题具有最优子结构性质。假设 $u\neq v$，则问题是非平凡的。这样，从 u 到 v 的任意路径 p 都必须包含一个中间顶点，比如 w(注意，w 可能是 u 或 v)。因此，我们可以将路径 $u\overset{p}{\leadsto}v$ 分解为两条子路径 $u\overset{p_1}{\leadsto}w\overset{p_2}{\leadsto}v$。显然，$p$ 的边数等于 p_1 的边数加上 p_2 的边数。于是，我们断言：如果 p 是从 u 到 v 的最优(即最短)路径，那么 p_1 必须是从 u 到 w 的最短路径。为什么呢？我们可以用"剪切-粘贴"方法来证明：如果存在另一条从 u 到 w 的路径 p_1'，其边数比 p_1 少，那么可以剪切掉 p_1，将 p_1' 粘贴上，构造出一条比 p 边数更少的路径 $u\overset{p_1'}{\leadsto}w\overset{p_2}{\leadsto}v$，与 p 最优的假设矛盾。对称地，p_2 必须是从 w 到 v 的最短路径。因此，我们可以通过考察所有中间顶点 w 来求 u 到 v 的最短路径，对每个中间顶点 w，求 u 到 w 和 w 到 v 的最短路径，然后选择两条路径之和最短的顶点 w。在 25.2 节中，我们将使用这种最优子结构的一个变形来求解加权有向图的所有顶点对间最短路径问题。

你可能已经倾向于假设无权最长简单路径问题也具有最优子结构性质。毕竟，如果我们将

⊖ 此处使用术语"无权"，是为了将本问题与加权图最短路径问题区分开来，加权图最短路径问题将在第 24 章和第 25 章中介绍。我们可以使用第 22 章中介绍的宽度优先搜索技术来求解无权最短路径问题。

最长简单路径 $u \overset{p}{\leadsto} v$ 分解为子路径 $u \overset{p_1}{\leadsto} w \overset{p_2}{\leadsto} v$，难道 p_1 不应该是从 u 到 w 的最长简单路径，p_2 不应该是从 w 到 v 的最长简单路径吗？但答案是否定的！图 15-6 给出了一个例子。考虑路径 $q \rightarrow$

$r \rightarrow t$，它是从 q 到 t 的最长简单路径。$q \rightarrow r$ 是从 q 到 r 的最长简单路径吗？不是的，$q \rightarrow s \rightarrow t \rightarrow r$ 是一条更长的简单路径。$r \rightarrow t$ 是从 r 到 t 的最长简单路径吗？同样不是，$r \rightarrow q \rightarrow s \rightarrow t$ 比它更长。

图 15-6 此例显示了无权有向图最长简单路径问题不具有最优子结构性质。路径 $q \rightarrow r \rightarrow t$ 是从 q 到 t 的一条最长简单路径，但 $q \rightarrow r$ 不是从 q 到 r 的一条最长简单路径，$r \rightarrow t$ 同样不是从 r 到 t 的一条最长简单路径

这个例子说明，最长简单路径问题不仅缺乏最优子结构性质，由子问题的解组合出的甚至都不是原问题的"合法"解。如果我们组合最长简单路径 $q \rightarrow s \rightarrow t \rightarrow r$ 和 $r \rightarrow q \rightarrow s \rightarrow t$，得到的是路径 $q \rightarrow s \rightarrow t \rightarrow r \rightarrow q \rightarrow s \rightarrow t$，并不是简单路径。

的确，无权最长简单路径问题看起来不像有任何形式的最优子结构。对此问题尚未找到有效的动态规划算法。实际上，此问题是 NP 完全的，我们在第 34 章中将会看到，这意味着我们不太可能找到多项式时间的求解方法。

为什么最长简单路径问题的子结构与最短路径有这么大的差别？原因在于，虽然最长路径问题和最短路径问题的解都用到了两个子问题，但两个最长简单路径子问题是相关的，而两个最短路径子问题是**无关的**（independent）。这里，子问题无关的含义是，同一个原问题的一个子问题的解不影响另一个子问题的解。对图 15-6 中的例子，求 q 到 t 的最长简单路径可以分解为两个子问题：求 q 到 r 的最长简单路径和 r 到 t 的最长简单路径。对于前者，我们选择路径 $q \rightarrow s \rightarrow t \rightarrow r$，其中用到了顶点 s 和 t。由于两个子问题的解的组合必须产生一条简单路径，因此我们在求解第二个子问题时就不能再用这两个顶点了。但如果在求解第二个子问题时不允许使用顶点 t，就根本无法进行下去了，因为 t 是原问题解的路径终点，是必须用到的，还不像子问题解的"接合"顶点 r 那样可以不用。这样，由于一个子问题的解使用了顶点 s 和 t，在另一个子问题的解中就不能再使用它们，但其中至少一个顶点在求解第二个子问题时又必须用到，而获得最优解则两个都要用到。因此，我们说两个子问题是相关的。换个角度来看，我们所面临的困境就是：求解一个子问题时用到了某些资源（在本例中是顶点），导致这些资源在求解其他子问题时不可用。

那么，求解最短路径的子问题间又为什么是无关的呢？根本原因在于，最短路径子问题间是不共享资源的。我们可以断言：如果一个顶点 w 出现在 u 到 v 的最短路径上，那么可以通过拼接任意的最短路径 $u \overset{p_1}{\leadsto} w$ 和任意的最短路径 $w \overset{p_2}{\leadsto} v$ 来构造 u 到 v 的最短路径。我们可以保证，除了 w，其他任何顶点都不会同时出现在 p_1 和 p_2 上。原因何在？假定某个顶点 $x \neq w$ 同时出现在路径 p_1 和 p_2 上，我们就可以将 p_1 分解为 $u \overset{p_{ux}}{\leadsto} x \rightsquigarrow w$，将 p_2 分解为 $w \rightsquigarrow x \overset{p_{xv}}{\leadsto} v$。根据最优子结构性质，路径 p 的边数等于 p_1 和 p_2 边数之和，假定为 e。接下来我们构造一条 u 到 v 的路径 $p' = u \overset{p_{ux}}{\leadsto} x \overset{p_{xv}}{\leadsto} v$。由于已经删掉 x 到 w 和 w 到 x 的路径，每条路径至少包含一条边，因此 p' 最多包含 $e-2$ 条边，与 p 为最短路径的假设矛盾。因此，我们可以保证最短路径问题的子问题间是无关的。

15.1 节和 15.2 节讨论的两个问题都具有子问题无关性质。在矩阵链乘法问题中，子问题为子链 $A_i A_{i+1} \cdots A_k$ 和 $A_{k+1} A_{k+2} \cdots A_j$ 的乘法问题。子链是互不相交的，因此任何矩阵都不会同时包含在两条子链中。在钢条切割问题中，为了确定长度为 n 的钢条的最优切割方案，我们考察所有长度为 $i (i=0, 1, \cdots, n-1)$ 的钢条的最优切割方案。由于长度为 n 的问题的最优解只包含一个子问题的解（我们切掉了第一段），子问题无关性显然是可以保证的。

重叠子问题

适合用动态规划方法求解的最优化问题应该具备的第二个性质是子问题空间必须足够"小"，

即问题的递归算法会反复地求解相同的子问题,而不是一直生成新的子问题。一般来讲,不同子问题的总数是输入规模的多项式函数为好。如果递归算法反复求解相同的子问题,我们就称最优化问题具有**重叠子问题**(overlapping subproblems)性质⊖。与之相对的,适合用分治方法求解的问题通常在递归的每一步都生成全新的子问题。动态规划算法通常这样利用重叠子问题性质:对每个子问题求解一次,将解存入一个表中,当再次需要这个子问题时直接查表,每次查表的代价为常量时间。

在 15.1 节中,我们简单分析了钢条切割问题的递归算法是如何通过指数次的递归调用来求解小的子问题。而我们的动态规划算法将运行时间从递归算法的指数阶降为平方阶。

为了详细说明重叠子问题性质,我们重新考察矩阵链乘法问题。我们再看图 15-5,发现 MATRIX-CHAIN-ORDER 在求解高层的子问题时,会反复查找低层上子问题的解。例如,算法会访问表项 $m[3,4]$ 4 次:分别在计算 $m[2,4]$、$m[1,4]$、$m[3,5]$ 和 $m[3,6]$ 时。如果我们每次都重新计算 $m[3,4]$,而不是简单地查表,那么运行时间会急剧上升。为了更好地理解,请看下面的递归过程,它计算矩阵链乘法 $A_{i..j}=A_iA_{i+1}\cdots A_j$ 所需最少标量乘法运算次数 $m[i,j]$,而计算过程是低效的。这个过程直接基于递归式(15.7)。

```
RECURSIVE-MATRIX-CHAIN(p,i,j)
1  if i==j
2      return 0
3  m[i,j]=∞
4  for k = i to j−1
5      q = RECURSIVE-MATRIX-CHAIN (p,i,k)
              + RECURSIVE-MATRIX-CHAIN (p,k+1,j)
              + p_{i-1}p_kp_j
6      if q<m[i,j]
7          m[i,j]=q
8  return m[i,j]
```

图 15-7 显示了调用 RECURSIVE-MATRIX-CHAIN(p, 1, 4)所产生的递归调用树。每个结点都标记出了参数 i 和 j。可以看到,某些 i、j 值对出现了许多次。

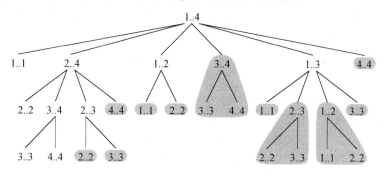

图 15-7　RECURSIVE-MATRIX-CHAIN(p, 1, 4)的递归调用树。每个结点都包含参数 i 和 j。每棵阴影子树的计算,在 MEMOIZED-MATRIX-CHAIN 中被一次查表操作代替

实际上,我们可以证明此过程计算 $m[1,n]$ 的时间至少是 n 的指数函数。令 $T(n)$ 表示 RECURSIVE-MATRIX-CHAIN 计算 n 个矩阵的矩阵链的最优括号化方案所花费的时间。由于第

⊖　一个问题是否适合用动态规划求解同时依赖于子问题的无关性和重叠性,这看起来很奇怪。虽然这两个要求听起来似乎是矛盾的,但它们描述的是不同的概念,而不是同一个坐标轴上的两个点。两个子问题如果不共享资源,它们就是独立的。而重叠是指两个子问题实际上是同一个子问题,只是作为不同问题的子问题出现而已。

384

1~2 行和第 6~7 行至少各花费单位时间，第 5 行的加法运算也是如此，因此我们得到如下递归式：

$$T(1) \geqslant 1$$

$$T(n) \geqslant 1 + \sum_{k=1}^{n-1} (T(k) + T(n-k) + 1), n > 1$$

注意，对 $i = 1, 2, \cdots, n-1$，每一项 $T(i)$ 在公式中以 $T(k)$ 的形式出现了一次，还以 $T(n-k)$ 的形式出现了一次，而求和项中累加了 $n-1$ 个 1，在求和项之前还加了 1，因此公式可改写为：

$$T(n) \geqslant 2 \sum_{i=1}^{n-1} T(i) + n \qquad\qquad (15.8)$$

下面用代入法证明 $T(n) = \Omega(2^n)$。特别地，我们将证明，对所有 $n \geqslant 1$，$T(n) \geqslant 2^{n-1}$ 都成立。基本情况很简单，因为 $T(1) \geqslant 1 = 2^0$，利用数学归纳法，对 $n \geqslant 2$，我们有

$$T(n) \geqslant 2 \sum_{i=1}^{n-1} 2^{i-1} + n = 2 \sum_{i=0}^{n-2} 2^i + n = 2(2^{n-1} - 1) + n \qquad (\text{由公式}(A.5))$$

$$= 2^n - 2 + n \geqslant 2^{n-1}$$

因此，调用 RECURSIVE-MATRIX-CHAIN(p, 1, n) 所做的总工作量至少是 n 的指数函数。

将此自顶向下的递归算法（无备忘）与自底向上的动态规划算法进行比较，后者要高效得多，因为它利用了重叠子问题性质。矩阵链乘法问题只有 $\Theta(n^2)$ 个不同的子问题，动态规划算法对每个子问题只求解一次。而递归算法则相反，对每个子问题，每当在递归树中（递归调用时）遇到它，都要重新计算一次。凡是一个问题的自然递归算法的递归调用树中反复出现相同的子问题，而不同子问题的总数很少时，动态规划方法都能提高（有时还是极大地提高）效率。

重构最优解

从实际考虑，我们通常将每个子问题所做的选择存在一个表中，这样就不必根据代价值来重构这些信息。

对矩阵链乘法问题，利用表 $s[i, j]$，我们重构最优解时可以节省很多时间。假定我们没有维护 $s[i, j]$ 表，只是在表 $m[i, j]$ 中记录了子问题的最优代价。当我们确定 $A_i A_{i+1} \cdots A_j$ 的最优括号化方案用到了哪些子问题时，就需要检查所有 $j-i$ 种可能，而 $j-i$ 并不是一个常数。因此，对一个给定问题的最优解，重构它用到了哪些子问题就需花费 $\Theta(j-i) = \omega(1)$ 的时间。而通过在 $s[i, j]$ 中保存 $A_i A_{i+1} \cdots A_j$ 的划分位置，我们重构每次选择只需 $O(1)$ 时间。

备忘

如我们在 15.1 节钢条切割问题中所见，我们可以保持自顶向下策略，同时达到与自底向上动态规划方法相似的效率。思路就是对自然但低效的递归算法加入**备忘**机制。与自底向上方法一样，我们维护一个表记录子问题的解，但仍保持递归算法的控制流程。

带备忘的递归算法为每个子问题维护一个表项来保存它的解。每个表项的初值设为一个特殊值，表示尚未填入子问题的解。当递归调用过程中第一次遇到子问题时，计算其解，并存入对应表项。随后每次遇到同一个子问题，只是简单地查表，返回其解[⊖]。

下面给出的是带备忘的 RECURSIVE-MATRIX-CHAIN 版本。注意它与带备忘的自顶向下钢条切割算法的相似之处。

MEMOIZED-MATRIX-CHAIN (p)

⊖ 这种方法假定我们预先已经知道所有可能的子问题参数（子问题空间），并已在表项和子问题间建立起对应关系。另一个更通用的备忘方法是使用散列技术，以子问题参数为关键字。

```
1   n = p. length − 1
2   let m[1..n, 1..n] be a new table
3   for i = 1 to n
4       for j = i to n
5           m[i, j] = ∞
6   return LOOKUP-CHAIN(m, p, 1, n)
```

LOOKUP-CHAIN(m, p, i, j)

```
1   if m[i, j] < ∞
2       return m[i, j]
3   if i == j
4       m[i, j] = 0
5   else for k = i to j − 1
6           q = LOOKUP-CHAIN(m, p, i, k)
                + LOOKUP-CHAIN(m, p, k+1, j) + p_{i−1} p_k p_j
7           if q < m[i, j]
8               m[i, j] = q
9   return m[i, j]
```

　　MEMOIZED-MATRIX-CHAIN 与 MATRIX-CHAIN-ORDER 一样维护一个表 $m[1..n,$ $1..n]$，来保存计算出的矩阵 $A_{i..j}$ 的最小计算代价 $m[i, j]$。每个表项被初始化为 ∞，表示还未存入过值。调用 LOOKUP-CHAIN(m，p，i，j)时，如果第 1 行发现 $m[i, j] < \infty$，就直接返回之前已经计算出的代价 $m[i, j]$（第 2 行）；否则，像 RECURSIVE-MATRIX-CHAIN 一样计算最小代价，存入 $m[i, j]$，并返回。因此，虽然 LOOKUP-CHAIN(m，p，i，j)总是返回 $m[i, j]$ 的值，但只在第一次（以特定的参数 i 和 j 调用时才真正计算。

　　图 15-7 说明了与 RECURSIVE-MATRIX-CHAIN 相比，MEMOIZED-MATRIX-CHAIN 是如何节省时间的。阴影子树表示那些直接查表获得而非重新计算的值。

　　与自底向上动态规划算法 MATRIX-CHAIN-ORDER 类似，MEMOIZED-MATRIX-CHAIN 的运行时间为 $O(n^3)$。MEMOIZED-MATRIX-CHAIN 的第 5 行运行了 $\Theta(n^2)$ 次。我们可以将对 LOOKUP-CHAIN 的调用分为两类：

　　1. 调用时 $m[i, j] = \infty$，因此第 3～9 行会执行。

　　2. 调用时 $m[i, j] < \infty$，因此 LOOKUP-CHAIN 执行第 2 行，简单返回值。

388

第一种调用会发生 $\Theta(n^2)$ 次，每个表项一次。第二种调用均为第一种调用所产生的递归调用。而无论何时一个 LOOKUP-CHAIN 的调用继续进行递归调用，都会产生 $O(n)$ 次递归调用。因此，第二种调用共有 $O(n^3)$ 次，每次花费 $O(1)$ 时间，而第一种调用每次花费 $O(n)$ 时间再加上它产生的递归调用的时间。因此，算法的总时间为 $O(n^3)$，备忘技术将一个 $\Omega(2^n)$ 时间的算法转换为一个 $O(n^3)$ 时间的算法。

　　总之，为求解矩阵链乘法问题，我们既可以用带备忘的自顶向下动态规划算法，也可以用自底向上的动态规划算法，时间复杂性均为 $O(n^3)$。两种方法都利用了重叠子问题性质。不同的子问题一共只有 $\Theta(n^2)$ 个，对每个子问题，两种方法都只计算一次。而没有备忘机制的自然递归算法的运行时间为指数阶，因为它会反复求解相同的子问题。

　　通常情况下，如果每个子问题都必须至少求解一次，自底向上动态规划算法会比自顶向下备忘算法快（都是 $O(n^3)$ 时间，相差一个常量系数），因为自底向上算法没有递归调用的开销，表的维护开销也更小。而且，对于某些问题，我们可以利用表的访问模式来进一步降低时空代价。相反，如果子问题空间中的某些子问题完全不必求解，备忘方法就会体现出优势了，因为它只会求解那些绝对必要的子问题。

练习

15.3-1 对于矩阵链乘法问题，下面两种确定最优代价的方法哪种更高效？第一种方法是穷举所有可能的括号化方案，对每种方案计算乘法运算次数，第二种方法是运行 RECURSIVE-MATRIX-CHAIN。证明你的结论。

15.3-2 对一个 16 个元素的数组，画出 2.3.1 节中 MERGE-SORT 过程运行的递归调用树。解释备忘技术为什么对 MERGE-SORT 这种分治算法无效。

15.3-3 考虑矩阵链乘法问题的一个变形：目标改为最大化矩阵序列括号化方案的标量乘法运算次数，而非最小化。此问题具有最优子结构性质吗？

15.3-4 如前所述，使用动态规划方法，我们首先求解子问题，然后选择哪些子问题用来构造原问题的最优解。Capulet 教授认为，我们不必为了求原问题的最优解而总是求解出所有子问题。她建议，在求矩阵链乘法问题的最优解时，我们总是可以在求解子问题之前选定 $A_iA_{i+1}\cdots A_j$ 的划分位置 A_k（选定的 k 使得 $p_{i-1}p_kp_j$ 最小）。请找出一个反例，证明这个贪心方法可能生成次优解。

15.3-5 对 15.1 节的钢条切割问题加入限制条件：假定对于每种钢条长度 $i(i=1, 2, \cdots, n-1)$，最多允许切割出 l_i 段长度为 i 的钢条。证明：15.1 节所描述的最优子结构性质不再成立。

15.3-6 假定你希望兑换外汇，你意识到与其直接兑换，不如进行多种外币的一系列兑换，最后兑换到你想要的那种外币，可能会获得更大收益。假定你可以交易 n 种不同的货币，编号为 $1, 2, \cdots, n$，兑换从 1 号货币开始，最终兑换为 n 号货币。对每两种货币 i 和 j，给定汇率 r_{ij}，意味着你如果有 d 个单位的货币 i，可以兑换 dr_{ij} 个单位的货币 j。进行一系列的交易需要支付一定的佣金，金额取决于交易的次数。令 c_k 表示 k 次交易需要支付的佣金。证明：如果对所有 $k=1, 2, \cdots, n$，$c_k=0$，那么寻找最优兑换序列的问题具有最优子结构性质。然后请证明：如果佣金 c_k 为任意值，那么问题不一定具有最优子结构性质。

15.4 最长公共子序列

在生物应用中，经常需要比较两个（或多个）不同生物体的 DNA。一个 DNA 串由一串称为**碱基**（base）的分子组成，碱基有腺嘌呤、鸟嘌呤、胞嘧啶和胸腺嘧啶 4 种类型。我们用英文单词首字母表示 4 种碱基，这样就可以将一个 DNA 串表示为有限集{A，C，G，T}上的一个字符串（参见附录 C 中对字符串的定义）。例如，某种生物的 DNA 可能为 S_1=ACCGGTCGAGTGCGCGGAAGCCGGCCGAA，另一种生物的 DNA 可能为 S_2=GTCGTTCGGAATGCCGTTGCTCTGTAAA。我们比较两个 DNA 串的一个原因是希望确定它们的"相似度"，作为度量两种生物相近程度的指标。我们可以用很多不同的方式来定义相似度，实际上也确实已经出现了很多相似度的定义。例如，如果一个 DNA 串是另一个 DNA 串的子串，那么可以说它们是相似的（第 32 章讨论了如何求解此问题）。但在我们的例子中，S_1 和 S_2 都不是对方的子串。我们还可以这样来定义相似性：如果将一个串转换为另一个串所需的操作很少，那么可以说两个串是相似的（思考题 15-5 讨论了此概念）。另一种衡量串 S_1 和 S_2 的相似度的方式是：寻找第三个串 S_3，它的所有碱基也都出现在 S_1 和 S_2 中，且在三个串中出现的顺序都相同，但在 S_1 和 S_2 中不要求连续出现。可以找到的 S_3 越长，就可以认为 S_1 和 S_2 的相似度越高。在我们的例子中，最长的 S_3 为 GTCGTCGGAAGCCGGCCGAA。

我们将最后一种相似度的概念命名为最长公共子序列问题。一个给定序列的子序列，就是将给定序列中零个或多个元素去掉之后得到的结果。其形式化定义如下：给定一个序列 $X=\langle x_1, x_2, \cdots, x_m\rangle$，另一个序列 $Z=\langle z_1, z_2, \cdots, z_k\rangle$ 满足如下条件时称为 X 的**子序列**（subsequence），即存在一个

严格递增的 X 的下标序列 $\langle i_1, i_2, \cdots, i_k \rangle$，对所有 $j=1, 2, \cdots, k$，满足 $x_{i_j} = z_j$。例如，$Z=\langle B, C, D, B \rangle$ 是 $X=\langle A, B, C, B, D, A, B \rangle$ 的子序列，对应的下标序列为 $\langle 2, 3, 5, 7 \rangle$。

给定两个序列 X 和 Y，如果 Z 既是 X 的子序列，也是 Y 的子序列，我们称它是 X 和 Y 的**公共子序列**（common subsequence）。例如，如果 $X=\langle A, B, C, B, D, A, B \rangle$，$Y=\langle B, D, C, A, B, A \rangle$，那么序列 $\langle B, C, A \rangle$ 就是 X 和 Y 的公共子序列。但它不是 X 和 Y 的最长公共子序列（LCS），因为它长度为 3，而 $\langle B, C, B, A \rangle$ 也是 X 和 Y 的公共子序列，其长度为 4。$\langle B, C, B, A \rangle$ 是 X 和 Y 的最长公共子序列，$\langle B, D, A, B \rangle$ 也是，因为 X 和 Y 不存在长度大于等于 5 的公共子序列。

最长公共子序列问题（longest-common-subsequence problem）给定两个序列 $X=\langle x_1, x_2, \cdots, x_m \rangle$ 和 $Y=\langle y_1, y_2, \cdots, y_n \rangle$，求 X 和 Y 长度最长的公共子序列。本节将展示如何用动态规划方法高效地求解 LCS 问题。

步骤 1：刻画最长公共子序列的特征

如果用暴力搜索方法求解 LCS 问题，就要穷举 X 的所有子序列，对每个子序列检查它是否也是 Y 的子序列，记录找到的最长子序列。X 的每个子序列对应 X 的下标集合 $\{1, 2, \cdots, m\}$ 的一个子集，所以 X 有 2^m 个子序列，因此暴力方法的运行时间为指数阶，对较长的序列是不实用的。

但是，如下面的定理所示，LCS 问题具有最优子结构性质。我们将看到，子问题的自然分类对应两个输入序列的"前缀"对。前缀的严谨定义如下：给定一个序列 $X=\langle x_1, x_2, \cdots, x_m \rangle$，对 $i=0, 1, \cdots, m$，定义 X 的第 i 前缀为 $X_i=\langle x_1, x_2, \cdots, x_i \rangle$。例如，若 $X=\langle A, B, C, B, D, A, B \rangle$，则 $X_4=\langle A, B, C, B \rangle$，$X_0$ 为空串。

定理 15.1（LCS 的最优子结构）　令 $X=\langle x_1, x_2, \cdots, x_m \rangle$ 和 $Y=\langle y_1, y_2, \cdots, y_n \rangle$ 为两个序列，$Z=\langle z_1, z_2, \cdots, z_k \rangle$ 为 X 和 Y 的任意 LCS。

1. 如果 $x_m=y_n$，则 $z_k=x_m=y_n$ 且 Z_{k-1} 是 X_{m-1} 和 Y_{n-1} 的一个 LCS。
2. 如果 $x_m \neq y_n$，那么 $z_k \neq x_m$ 意味着 Z 是 X_{m-1} 和 Y 的一个 LCS。
3. 如果 $x_m \neq y_n$，那么 $z_k \neq y_n$ 意味着 Z 是 X 和 Y_{n-1} 的一个 LCS。

证明　（1）如果 $z_k \neq x_m$，那么可以将 $x_m=y_n$ 追加到 Z 的末尾，得到 X 和 Y 的一个长度为 $k+1$ 的公共子序列，与 Z 是 X 和 Y 的最长公共子序列的假设矛盾。因此，必然有 $z_k=x_m=y_n$。这样，前缀 Z_{k-1} 是 X_{m-1} 和 Y_{n-1} 的一个长度为 $k-1$ 的公共子序列。我们希望证明它是一个 LCS。利用反证法，假设存在 X_{m-1} 和 Y_{n-1} 的一个长度大于 $k-1$ 的公共子序列 W，则将 $x_m=y_n$ 追加到 W 的末尾会得到 X 和 Y 的一个长度大于 k 的公共子序列，矛盾。

（2）如果 $z_k \neq x_m$，那么 Z 是 X_{m-1} 和 Y 的一个公共子序列。如果存在 X_{m-1} 和 Y 的一个长度大于 k 的公共子序列 W，那么 W 也是 X_m 和 Y 的公共子序列，与 Z 是 X 和 Y 的最长公共子序列的假设矛盾。

（3）与情况（2）对称。　■

定理 15.1 告诉我们，两个序列的 LCS 包含两个序列的前缀的 LCS。因此，LCS 问题具有最优子结构性质。我们马上还会看到，其递归算法也具有重叠子问题性质。

步骤 2：一个递归解

定理 15.1 意味着，在求 $X=\langle x_1, x_2, \cdots, x_m \rangle$ 和 $Y=\langle y_1, y_2, \cdots, y_n \rangle$ 的一个 LCS 时，我们需要求解一个或两个子问题。如果 $x_m=y_n$，我们应该求解 X_{m-1} 和 Y_{n-1} 的一个 LCS。将 $x_m=y_n$ 追加到这个 LCS 的末尾，就得到 X 和 Y 的一个 LCS。如果 $x_m \neq y_n$，我们必须求解两个子问题：求 X_{m-1} 和 Y 的一个 LCS 与 X 和 Y_{n-1} 的一个 LCS。两个 LCS 较长者即为 X 和 Y 的一个 LCS。由于这些情况覆盖了所有可能性，因此我们知道必然有一个子问题的最优解出现在 X 和 Y 的

391
392

LCS 中。

我们可以很容易看出 LCS 问题的重叠子问题性质。为了求 X 和 Y 的一个 LCS，我们可能需要求 X 和 Y_{n-1} 的一个 LCS 及 X_{m-1} 和 Y 的一个 LCS。但是这几个子问题都包含求解 X_{m-1} 和 Y_{n-1} 的 LCS 的子子问题。很多其他子问题也都共享子子问题。

与矩阵链乘法问题相似，设计 LCS 问题的递归算法首先要建立最优解的递归式。我们定义 $c[i,j]$ 表示 X_i 和 Y_j 的 LCS 的长度。如果 $i=0$ 或 $j=0$，即一个序列长度为 0，那么 LCS 的长度为 0。根据 LCS 问题的最优子结构性质，可得如下公式：

$$c[i,j] = \begin{cases} 0 & \text{若 } i=0 \text{ 或 } j=0 \\ c[i-1,j-1]+1 & \text{若 } i,j>0 \text{ 且 } x_i=y_j \\ \max(c[i,j-1],c[i-1,j]) & \text{若 } i,j>0 \text{ 且 } x_i \neq y_j \end{cases} \qquad (15.9)$$

观察到在递归公式中，我们通过限制条件限定了需要求解哪些子问题。当 $x_i=y_j$ 时，我们可以而且应该求解子问题：X_{i-1} 和 Y_{j-1} 的一个 LCS。否则，应该求解两个子问题：X_i 和 Y_{j-1} 的一个 LCS 及 X_{i-1} 和 Y_j 的一个 LCS。在之前讨论过的钢条切割问题和矩阵链乘法问题的动态规划算法中，根据问题的条件，我们没有排除任何子问题。不过，LCS 问题并非唯一根据条件排除子问题的动态规划算法。例如，编辑距离问题(见思考题 15-5)也具有这种特点。

步骤 3：计算 LCS 的长度

根据公式(15.9)，我们可以很容易地写出一个指数时间的递归算法来计算两个序列的 LCS 的长度。但是，由于 LCS 问题只有 $\Theta(mn)$ 个不同的子问题，我们可以用动态规划方法自底向上地计算。

过程 LCS-LENGTH 接受两个序列 $X=\langle x_1, x_2, \cdots, x_m \rangle$ 和 $Y=\langle y_1, y_2, \cdots, y_n \rangle$ 为输入。它将 $c[i,j]$ 的值保存在表 $c[0..m, 0..n]$ 中，并按**行主次序**(row-major order)计算表项(即首先由左至右计算 c 的第一行，然后计算第二行，依此类推)。过程还维护一个表 $b[1..m, 1..n]$，帮助构造最优解。$b[i,j]$ 指向的表项对应计算 $c[i,j]$ 时所选择的子问题最优解。过程返回表 b 和表 c，$c[m,n]$ 保存了 X 和 Y 的 LCS 的长度。

```
LCS-LENGTH(X,Y)
 1  m = X.length
 2  n = Y.length
 3  let b[1..m,1..n] and c[0..m,0..n] be new tables
 4  for i = 1 to m
 5      c[i,0] = 0
 6  for j = 0 to n
 7      c[0,j] = 0
 8  for i = 1 to m
 9      for j = 1 to n
10          if x_i == y_j
11              c[i,j] = c[i-1,j-1]+1
12              b[i,j] = "↖"
13          elseif c[i-1,j] ≥ c[i,j-1]
14              c[i,j] = c[i-1,j]
15              b[i,j] = "↑"
16          else c[i,j] = c[i,j-1]
17              b[i,j] = "←"
18  return c and b
```

图 15-8 显示了 LCS-LENGTH 对输入序列 $X=\langle A, B, C, B, D, A, B \rangle$ 和 $Y=\langle B, D, C,$

A，B，A〉生成的结果。过程的运行时间为 $\Theta(mn)$，因为每个表项的计算时间为 $\Theta(1)$。

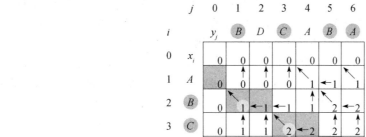

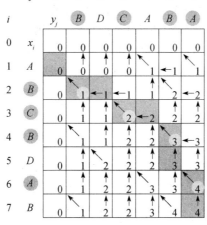

图 15-8　图中给出了 LCS-LENGTH 对 $X=\langle A,B,C,B,D,A,B\rangle$ 和 $Y=\langle B,D,C,A,B,A\rangle$ 计算出的表 c 和表 b。第 i 行和第 j 列的方格包含了 $c[i,j]$ 的值和 $b[i,j]$ 记录的箭头。表项 $c[7,6]$〈表的右下角〉中的 4 即为 X 和 Y 的一个 LCS〈B,C,B,A〉的长度。对所有 i，$j>0$，表项 $c[i,j]$ 仅依赖于是否 $x_i=y_j$ 以及 $c[i-1,j]$、$c[i,j-1]$ 和 $c[i-1,j-1]$ 的值，这些值都会在 $c[i,j]$ 之前计算出来。为了构造 LCS 中的元素，从右下角开始沿着 $b[i,j]$ 的箭头前进即可，如图中阴影方格序列。阴影序列中每个 "↖" 对应的表项（高亮显示）表示 $x_i=y_j$ 是 LCS 的一个元素

步骤 4：构造 LCS

我们可以用 LCS-LENGTH 返回的表 b 快速构造 $X=\langle x_1,x_2,\cdots,x_m\rangle$ 和 $Y=\langle y_1,y_2,\cdots,y_n\rangle$ 的 LCS，只需简单地从 $b[m,n]$ 开始，并按箭头方向追踪下去即可。当在表项 $b[i,j]$ 中遇到一个 "↖" 时，意味着 $x_i=y_j$ 是 LCS 的一个元素。按照这种方法，我们可以按逆序依次构造出 LCS 的所有元素。下面的递归过程会按正确的顺序打印出 X 和 Y 的一个 LCS。对它的起始调用为 PRINT-LCS$(b,X,X.length,Y.length)$。

```
PRINT-LCS(b,X,i,j)
1   if i==0 or j==0
2       return
3   if b[i,j]=="↖"
4       PRINT-LCS(b,X,i-1,j-1)
5       print x_i
6   elseif b[i,j]=="↑"
7       PRINT-LCS(b,X,i-1,j)
8   else PRINT-LCS(b,X,i,j-1)
```

对图 15-8 中的表 b，此过程会打印出 $BCBA$。过程的运行时间为 $O(m+n)$，因为每次递归调用 i 和 j 至少有一个会减少 1。

算法改进

一旦设计出一个算法，通常情况下你都会发现它在时空开销上有改进的余地。一些改进可以简化代码，将性能提高常数倍，但除此之外不会产生性能方面的渐近性提升。而另一些改进可以带来时空上巨大的渐近性提升。

例如，对 LCS 算法，我们完全可以去掉表 b。每个 $c[i,j]$ 项只依赖于表 c 中的其他三项：$c[i-1,j]$、$c[i,j-1]$ 和 $c[i-1,j-1]$。给定 $c[i,j]$ 的值，我们可以在 $O(1)$ 时间内判断出在

计算 $c[i, j]$ 时使用了这三项中的哪一项。因此，我们可以用一个类似 PRINT-LCS 的过程在 $O(m+n)$ 时间内完成重构 LCS 的工作，而且不必使用表 b。但是，虽然这种方法节省了 $\Theta(mn)$ 的空间，但计算 LCS 所需的辅助空间并未渐近减少，因为无论如何表 c 都需要 $\Theta(mn)$ 的空间。

不过，LCS-LENGTH 的空间需求是可以渐近减少的，因为在任何时刻它只需要表 c 中的两行：当前正在计算的一行和前一行(实际上，练习 15.4-4 要求设计一个算法，只使用一行多一点的空间来计算 LCS 的长度)。如果我们只需计算 LCS 的长度，这一改进是有效的。但如果需要重构 LCS 中的元素，这么小的表空间所保存的信息不足以在 $O(m+n)$ 时间内完成重构工作。

练习

15.4-1 求〈1，0，0，1，0，1，0，1〉和〈0，1，0，1，1，0，1，1，0〉的一个 LCS。

15.4-2 设计伪代码，利用完整的表 c 及原始序列 $X=\langle x_1, x_2, \cdots, x_m \rangle$ 和 $Y=\langle y_1, y_2, \cdots, y_n \rangle$ 来重构 LCS，要求运行时间为 $O(m+n)$，不能使用表 b。

15.4-3 设计 LCS-LENGTH 的带备忘的版本，运行时间为 $O(mn)$。

15.4-4 说明如何只使用表 c 中 $2 \times \min(m, n)$ 个表项及 $O(1)$ 的额外空间来计算 LCS 的长度。然后说明如何只用 $\min(m, n)$ 个表项及 $O(1)$ 的额外空间完成相同的工作。

15.4-5 设计一个 $O(n^2)$ 时间的算法，求一个 n 个数的序列的最长单调递增子序列。

*15.4-6 设计一个 $O(n\lg n)$ 时间的算法，求一个 n 个数的序列的最长单调递增子序列。(提示：注意到，一个长度为 i 的候选子序列的尾元素至少不比一个长度为 $i-1$ 候选子序列的尾元素小。因此，可以在输入序列中将候选子序列链接起来。)

15.5 最优二叉搜索树

假定我们正在设计一个程序，实现英语文本到法语的翻译。对英语文本中出现的每个单词，我们需要查找对应的法语单词。为了实现这些查找操作，我们可以创建一棵二叉搜索树，将 n 个英语单词作为关键字，对应的法语单词作为关联数据。由于对文本中的每个单词都要进行搜索，我们希望花费在搜索上的总时间尽量少。通过使用红黑树或其他平衡搜索树结构，我们可以假定每次搜索时间为 $O(\lg n)$。但是，单词出现的频率是不同的，像"the"这种频繁使用的单词有可能位于搜索树中远离根的位置上，而像"machicolation"这种很少使用的单词可能位于靠近根的位置上。这样的结构会减慢翻译的速度，因为在二叉树搜索树中搜索一个关键字需要访问的结点数等于包含关键字的结点的深度加 1。我们希望文本中频繁出现的单词被置于靠近根的位置⊖。而且，文本中的一些单词可能没有对应的法语单词⊖，这些单词根本不应该出现在二叉搜索树中。在给定单词出现频率的前提下，我们应该如何组织一棵二叉搜索树，使得所有搜索操作访问的结点总数最少呢？

这个问题称为**最优二叉搜索树**(optimal binary search tree)问题。其形式化定义如下：给定一个 n 个不同关键字的已排序的序列 $K=\langle k_1, k_2, \cdots, k_n \rangle$(因此 $k_1 < k_2 < \cdots < k_n$)，我们希望用这些关键字构造一棵二叉搜索树。对每个关键字 k_i，都有一个概率 p_i 表示其搜索频率。有些要搜索的值可能不在 K 中，因此我们还有 $n+1$ 个"伪关键字"$d_0, d_1, d_2, \cdots, d_n$ 表示不在 K 中的值。d_0 表示所有小于 k_1 的值，d_n 表示所有大于 k_n 的值，对 $i=1, 2, \cdots, n-1$，伪关键字 d_i 表示所有在 k_i 和 k_{i+1} 之间的值。对每个伪关键字 d_i，也都有一个概率 q_i 表示对应的搜索频率。图 15-9 显示了对一个 $n=5$ 个关键字的集合构造的两棵二叉搜索树。每个关键字 k_i 是一个内部结点，而每个伪关键字 d_i 是一个叶结点。每次搜索要么成功(找到某个关键字 k_i)要么失败(找到某

⊖ 如果文本的主题是城堡建筑，我们可能希望 machicolation 出现在靠近根的位置。
⊖ 是的，machicolation 有对应的法语单词：mâchicoulis。

个伪关键字 d_i），因此有如下公式：

$$\sum_{i=1}^{n} p_i + \sum_{i=0}^{n} q_i = 1 \qquad (15.10)$$

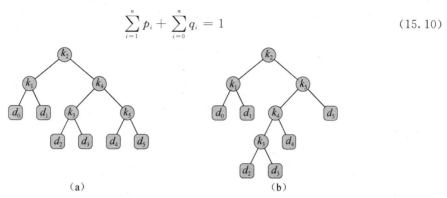

图 15-9　对一个 $n=5$ 的关键字集合及如下的搜索概率，构造的两棵二叉搜索树：

i	0	1	2	3	4	5
p_i		0.15	0.10	0.05	0.10	0.20
q_i	0.05	0.10	0.05	0.05	0.05	0.10

(a)期望搜索代价为 2.80 的二叉搜索树。(b)期望搜索代价为 2.75(最优)的二叉搜索树

由于我们知道每个关键字和伪关键字的搜索概率，因而可以确定在一棵给定的二叉搜索树 T 中进行一次搜索的期望代价。假定一次搜索的代价等于访问的结点数，即此次搜索找到的结点在 T 中的深度再加 1。那么在 T 中进行一次搜索的期望代价为：

$$\mathrm{E}[T\ \text{中搜索代价}] = \sum_{i=1}^{n} (\mathrm{depth}_T(k_i) + 1) \cdot p_i + \sum_{i=0}^{n} (\mathrm{depth}_T(d_i) + 1) \cdot q_i$$

$$= 1 + \sum_{i=1}^{n} \mathrm{depth}_T(k_i) \cdot p_i + \sum_{i=0}^{n} \mathrm{depth}_T(d_i) \cdot q_i \qquad (15.11)$$

398

其中 depth_T 表示一个结点在树 T 中的深度。最后一个等式是由公式(15.10)推导而来。在图 15-9(a) 中，我们逐结点计算期望搜索代价：

结　点	深　度	概　率	贡　献
k_1	1	0.15	0.30
k_2	0	0.10	0.10
k_3	2	0.05	0.15
k_4	1	0.10	0.20
k_5	2	0.20	0.60
d_0	2	0.05	0.15
d_1	2	0.10	0.30
d_2	3	0.05	0.20
d_3	3	0.05	0.20
d_4	3	0.05	0.20
d_5	3	0.10	0.40
合计			2.80

对于一个给定的概率集合，我们希望构造一棵期望搜索代价最小的二叉搜索树，我们称之为**最优二叉搜索树**。图 15-9(b)所示的二叉搜索树就是给定概率集合的最优二叉搜索树，其期望代价为 2.75。这个例子显示，最优二叉搜索树不一定是高度最矮的。而且，概率最

高的关键字也不一定出现在二叉搜索树的根结点。在此例中，关键字 k_5 的搜索概率最高，但最优二叉搜索树的根结点为 k_2（在所有以 k_5 为根的二叉搜索树中，期望搜索代价最小者为 2.85）。

与矩阵链乘法问题相似，对本问题来说，穷举并检查所有可能的二叉搜索树不是一个高效的算法。对任意一棵 n 个结点的二叉树，我们都可以通过对结点标记关键字 k_1，k_2，…，k_n 构造出一棵二叉搜索树，然后向其中添加伪关键字作为叶结点。在思考题12-4中，我们会看到 n 个结点的二叉树的数量为 $\Omega(4^n/n^{3/2})$，因此穷举法需要检查指数棵二叉搜索树。不出意外，我们将使用动态规划方法求解此问题。

步骤1：最优二叉搜索树的结构

为了刻画最优二叉搜索树的结构，我们从观察子树特征开始。考虑一棵二叉搜索树的任意子树。它必须包含连续关键字 k_i，…，k_j，$1 \leqslant i \leqslant j \leqslant n$，而且其叶结点必然是伪关键字 d_{i-1}，…，d_j。

我们现在可以给出二叉搜索树问题的最优子结构：如果一棵最优二叉搜索树 T 有一棵包含关键字 k_i，…，k_j 的子树 T'，那么 T' 必然是包含关键字 k_i，…，k_j 和伪关键字 d_{i-1}，…，d_j 的子问题的最优解。我们依旧用剪切-粘贴法来证明这一结论。如果存在子树 T''，其期望搜索代价比 T' 低，那么我们将 T' 从 T 中删除，将 T'' 粘贴到相应位置，从而得到一棵期望搜索代价低于 T 的二叉搜索树，与 T 最优的假设矛盾。

我们需要利用最优子结构性质来证明，我们可以用子问题的最优解构造原问题的最优解。给定关键字序列 k_i，…，k_j，其中某个关键字，比如说 $k_r(i \leqslant r \leqslant j)$，是这些关键字的最优子树的根结点。那么 k_r 的左子树就包含关键字 k_i，…，k_{r-1}（和伪关键字 d_{i-1}，…，d_{r-1}），而右子树包含关键字 k_{r+1}，…，k_j（和伪关键字 d_r，…，d_j）。只要我们检查所有可能的根结点 $k_r(i \leqslant r \leqslant j)$，并对每种情况分别求解包含 k_i，…，k_{r-1} 及包含 k_{r+1}，…，k_j 的最优二叉搜索树，即可保证找到原问题的最优解。

这里还有一个值得注意的细节——"空子树"。假定对于包含关键字 k_i，…，k_j 的子问题，我们选定 k_i 为根结点。根据前文论证，k_i 的左子树包含关键字 k_i，…，k_{i-1}。我们将此序列解释为不包含任何关键字。但请注意，子树仍然包含伪关键字。按照惯例，我们认为包含关键字序列 k_i，…，k_{i-1} 的子树不含任何实际关键字，但包含单一伪关键字 d_{i-1}。对称地，如果选择 k_j 为根结点，那么 k_j 的右子树包含关键字 k_{j+1}，…，k_j——此右子树不包含任何实际关键字，但包含伪关键字 d_j。

步骤2：一个递归算法

我们已经准备好给出最优解值的递归定义。我们选取子问题域为：求解包含关键字 k_i，…，k_j 的最优二叉搜索树，其中 $i \geqslant 1$，$j \leqslant n$ 且 $j \geqslant i-1$（当 $j = i-1$ 时，子树不包含实际关键字，只包含伪关键字 d_{i-1}）。定义 $e[i,j]$ 为在包含关键字 k_i，…，k_j 的最优二叉搜索树中进行一次搜索的期望代价。最终，我们希望计算出 $e[1,n]$。

$j = i-1$ 的情况最为简单，由于子树只包含伪关键字 d_{i-1}，期望搜索代价为 $e[i, i-1] = q_{i-1}$。

当 $j \geqslant i$ 时，我们需要从 k_i，…，k_j 中选择一个根结点 k_r，然后构造一棵包含关键字 k_i，…，k_{r-1} 的最优二叉搜索树作为其左子树，以及一棵包含关键字 k_{r+1}，…，k_j 的二叉搜索树作为其右子树。当一棵子树成为一个结点的子树时，期望搜索代价有何变化？由于每个结点的深度都增加了1，根据公式（15.11），这棵子树的期望搜索代价的增加值应为所有概率之和。对于包含关键字 k_i，…，k_j 的子树，所有概率之和为

$$w(i,j) = \sum_{l=i}^{j} p_l + \sum_{l=i-1}^{j} q_l \tag{15.12}$$

因此，若 k_r 为包含关键字 k_i，…，k_j 的最优二叉搜索树的根结点，我们有如下公式：

$$e[i,j] = p_r + (e[i,r-1] + w(i,r-1)) + (e[r+1,j] + w(r+1,j))$$

注意

$$w(i,j) = w(i,r-1) + p_r + w(r+1,j)$$

因此 $e[i, j]$ 可重写为

$$e[i,j] = e[i,r-1] + e[r+1,j] + w(i,j) \tag{15.13}$$

递归公式(15.13)假定我们知道哪个结点 k 应该作为根结点。如果选取期望搜索代价最低者作为根结点，可得最终递归公式：

$$e[i,j] = \begin{cases} q_{i-1} & \text{若 } j = i-1 \\ \min\limits_{i \leqslant r \leqslant j}\{e[i,r-1] + e[r+1,j] + w(i,j)\} & \text{若 } i \leqslant j \end{cases} \tag{15.14}$$

$e[i, j]$ 的值给出了最优二叉搜索树的期望搜索代价。为了记录最优二叉搜索树的结构，对于包含关键字 k_i，$\cdots$，$k_j(1 \leqslant i \leqslant j \leqslant n)$ 的最优二叉搜索树，我们定义 $root[i, j]$ 保存根结点 k_r 的下标 r。虽然我们将看到如何计算 $root[i, j]$ 的值，但是利用这些值来构造最优二叉搜索树的问题将留作练习（练习 15.5-1）。

步骤 3：计算最优二叉搜索树的期望搜索代价

现在，你可能已经注意到我们求解最优二叉搜索树和矩阵链乘法的一些相似之处。它们的子问题都由连续的下标子域组成。而公式(15.14)的直接递归实现，也会与矩阵链乘法问题的直接递归算法一样低效。因此，我们设计替代的高效算法，我们用一个表 $e[1..n+1, 0..n]$ 来保存 $e[i, j]$ 值。第一维下标上界为 $n+1$ 而不是 n，原因在于对于只包含伪关键字 d_n 的子树，我们需要计算并保存 $e[n+1, n]$。第二维下标下界为 0，是因为对于只包含伪关键字 d_0 的子树，我们需要计算并保存 $e[1, 0]$。我们只使用表中满足 $j \geqslant i-1$ 的表项 $e[i, j]$。我们还使用一个表 $root$，表项 $root[i, j]$ 记录包含关键字 k_i，$\cdots$，k_j 的子树的根。我们只使用此表中满足 $1 \leqslant i \leqslant j \leqslant n$ 的表项 $root[i, j]$。

我们还需要另一个表来提高计算效率。为了避免每次计算 $e[i, j]$ 时都重新计算 $w(i, j)$，我们将这些值保存在表 $w[1..n+1, 0..n]$ 中，这样每次可节省 $\Theta(j-i)$ 次加法。对基本情况，令 $w[i, i-1] = q_{i-1}(1 \leqslant i \leqslant n+1)$。对 $j \geqslant i$ 的情况，可如下计算：

$$w[i,j] = w[i,j-1] + p_j + q_j \tag{15.15}$$

这样，对 $\Theta(n^2)$ 个 $w[i, j]$，每个的计算时间为 $\Theta(1)$。

下面的伪代码接受概率列表 p_1，$\cdots$，p_n 和 q_0，$\cdots$，q_n 及规模 n 作为输入，返回表 e 和 $root$。

```
OPTIMAL-BST(p,q,n)
1   let e[1..n+1,0..n],w[1..n+1,0..n],and root[1..n,1..n]be new tables
2   for i=1 to n+1
3       e[i,i-1]=q_{i-1}
4       w[i,i-1]=q_{i-1}
5   for l=1 to n
6       for i = 1 to n-l+1
7           j = i+l-1
8           e[i,j]=∞
9           w[i,j]=w[i,j-1]+p_j+q_j
10          for r =i to j
11              t =e[i,r-1]+e[r+1,j]+w[i,j]
12              if t<e[i,j]
13                  e[i,j]=t
14                  root[i,j]=r
15  return e and root
```

根据前文的描述，以及与 15.2 节的算法 MATRIX-CHAIN-ORDER 的相似性，很容易理解此算法。第 2～4 行的 **for** 循环初始化 $e[i, i-1]$ 和 $w[i, i-1]$ 的值。第 5～14 行的 **for** 循环利用递归式(15.14)和递归式(15.15)来对所有 $1 \leqslant i \leqslant j \leqslant n$ 计算 $e[i, j]$ 和 $w[i, j]$。在第一个循环步中，$l=1$，循环对所有 $i=1, 2, \cdots, n$ 计算 $e[i, i]$ 和 $w[i, i]$。第二个循环步中，$l=2$，对所有 $i=1, 2, \cdots, n-1$ 计算 $e[i, i+1]$ 和 $w[i, i+1]$，依此类推。第 10～14 行的内层 **for** 循环，逐个尝试下标 r，确定哪个关键字 k_r 作为根结点可以得到包含关键字 $k_i, \cdots, k_j$ 的最优二叉搜索树。这个 **for** 循环在找到更好的关键字作为根结点时，会将其下标 r 保存在 $root[i, j]$ 中。

图 15-10 给出了 OPTIMAL-BST 输入图 15-9 中的关键字分布后计算出的表 $e[i, j]$、$w[i, j]$ 和 $root[i, j]$。与图 15-5 中矩阵链乘法问题的输出结果一样，本图中的表也进行了旋转，对角线旋转到了水平方向。OPTIMAL-BST 按自底向上的顺序逐行计算，在每行中由左至右计算每个表项。

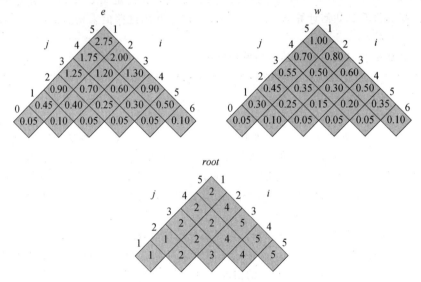

图 15-10 对图 15-9 中的关键字分布，OPTIMAL-BST 计算出的表 $e[i, j]$、$w[i, j]$ 和 $root[i, j]$。表进行了旋转，使得对角线旋转到水平方向

与 MATRIX-CHAIN-ORDER 一样，OPTIMAL-BST 的时间复杂度也是 $\Theta(n^3)$。由于它包含三重 **for** 循环，而每层循环的下标最多取 n 个值，因此很容易得出其运行时间为 $O(n^3)$。OPTIMAL-BST 的循环下标的范围与 MATRIX-CHAIN-ORDER 不完全一样，但每个方向最多相差 1。因此，与 MATRIX-CHAIN-ORDER 一样，OPTIMAL-BST 的运行时间为 $\Omega(n^3)$（从而得出运行时间为 $\Theta(n^3)$）。

练习

15.5-1 设计伪代码 CONSTRUCT-OPTIMAL-BST$(root)$，输入为表 $root$，输出是最优二叉搜索树的结构。例如，对图 15-10 中的 $root$ 表，应输出

k_2 为根

k_1 为 k_2 的左孩子

d_0 为 k_1 的左孩子

d_1 为 k_1 的右孩子

k_5 为 k_2 的右孩子

k_4 为 k_5 的左孩子

k_3 为 k_4 的左孩子

d_2 为 k_3 的左孩子

d_3 为 k_3 的右孩子

d_4 为 k_4 的右孩子

d_5 为 k_5 的右孩子

与图 15-9(b)中的最优二叉搜索树对应。

15.5-2 若 7 个关键字的概率如下所示,求其最优二叉搜索树的结构和代价。

i	0	1	2	3	4	5	6	7
p_i		0.04	0.06	0.08	0.02	0.10	0.12	0.14
q_i	0.06	0.06	0.06	0.06	0.05	0.05	0.05	0.05

15.5-3 假设 OPTIMAL-BST 不维护表 $w[i, j]$,而是在第 9 行利用公式(15.12)直接计算 $w(i, j)$,然后在第 11 行使用此值。如此改动会对渐近时间复杂性有何影响?

*15.5-4 Knuth[212]已经证明,对所有 $1 \leqslant i < j \leqslant n$,存在最优二叉搜索树,其根满足 $root[i, j-1] \leqslant root[i, j] \leqslant root[i+1, j]$。利用这一特性修改算法 OPTIMAL-BST,使得运行时间减少为 $\Theta(n^2)$。

思考题

15-1 (有向无环图中的最长简单路径) 给定一个有向无环图 $G = (V, E)$,边权重为实数,给定图中两个顶点 s 和 t。设计动态规划算法,求从 s 到 t 的最长加权简单路径。子问题图是怎样的?算法的效率如何?

404

15-2 (最长回文子序列) 回文(palindrome)是正序与逆序相同的非空字符串。例如,所有长度为 1 的字符串、civic、racecar、aibohphobia(害怕回文之意)都是回文。

设计高效算法,求给定输入字符串的最长回文子序列。例如,给定输入 character,算法应该返回 carac。算法的运行时间是怎样的?

15-3 (双调欧几里得旅行商问题) 在**欧几里得旅行商问题**中,给定平面上 n 个点作为输入,希望求出连接所有 n 个点的最短巡游路线。图 15-11(a)给出了一个 7 点问题的解。此问题是 NP 难问题,因此大家相信它并不存在多项式时间的求解算法(参见第 34 章)。

J. L. Bentley 建议将问题简化,限制巡游路线为**双调巡游**(bitonic tours),即从最左边的点开始,严格向右前进,直至最右边的点,然后调头严格向左前进,直至回到起始点。图 15-11(b)给出了相同 7 个点的最短双调巡游路线。问题简化之后,存在一个多项式时间的算法。

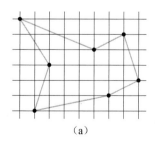 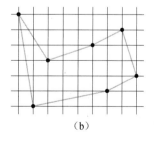

(a)　　　　　　　　　　　(b)

图 15-11 给定平面上 7 个点,显示在一个单位网格中。(a)最短闭合巡游路线,长度约为 24.89,此路线不是双调的。(b)同样点集的最短双调巡游路线,长度约为 25.58

设计一个 $O(n^2)$ 时间的最优双调巡游路线算法。你可以认为任何两个点的 x 坐标均不同,且所有实数运算都花费单位时间。(提示:由左至右扫描,对巡游路线的两个部分分别维护可能的最优解。)

15-4 (整齐打印) 考虑整齐打印问题，即在打印机上用等宽字符打印一段文本。输入文本为 n 个单词的序列，单词长度分别为 l_1，l_2，$\cdots$，l_n 个字符。我们希望将此段文本整齐打印在若干行上，每行最多 M 个字符。"整齐"的标准是这样的。如果某行包含第 i 到第 j $(i \leqslant j)$ 个单词，且单词间隔为一个空格符，则行尾的额外空格符数量为 $M - j + i - \sum_{k=i}^{j} l_k$，此值必须为非负的，否则一行内无法容纳这些单词。我们希望能最小化所有行的（除最后一行外）额外空格数的立方之和。设计一个动态规划算法，在打印机上整齐打印一段 n 个单词的文本。分析算法的时间和空间复杂性。

15-5 (编辑距离) 为了将一个文本串 $x[1..m]$ 转换为目标串 $y[1..n]$，我们可以使用多种变换操作。我们的目标是，给定 x 和 y，求将 x 转换为 y 的一个变换操作序列。我们使用一个数组 z 保存中间结果，假定它足够大，可存下中间结果的所有字符。初始时，z 是空的，结束时，应有 $z[j] = y[j]$，$j = 1$，2，$\cdots$，n。我们维护两个下标 i 和 j，分别指向 x 中位置和 z 中位置，变换操作允许改变 z 的内容和这两个下标。初始时，$i = j = 1$。在转换过程中应处理 x 的所有字符，这意味着在变换操作结束时，应有 $i = m + 1$。

我们可以使用如下 6 种变换操作：

复制（copy）——从 x 复制一个字符到 z，即进行赋值 $z[j] = x[i]$，并将两个下标 i 和 j 都增 1。此操作处理了 $x[i]$。

替换（replace）——将 x 中一个字符替换为另一个字符 c，$z[j] = c$，并将两个下标 i 和 j 都增 1。此操作处理了 $x[i]$。

删除（delete）——删除 x 中一个字符，即将 i 增 1，j 不变。此操作处理了 $x[i]$。

插入（insert）——将字符 c 插入 z 中，$z[j] = c$，将 j 增 1，i 不变。此操作未处理 x 中字符。

旋转（twiddle，即交换）——将 x 中下两个字符复制到 z 中，但交换顺序，$z[j] = x[i+1]$ 且 $z[j+1] = x[i]$，将 i 和 j 都增 2。此操作处理了 $x[i]$ 和 $x[i+1]$。

终止（kill）——删除 x 中剩余字符，令 $i = m + 1$。此操作处理了 x 中所有尚未处理的字符。如果执行此操作，则转换过程结束。

下面给出了将源字符串 algorithm 转换为目标字符串 altruistic 的一种变换操作序列，下划线指出执行一个变换操作后两个下标的位置：

操 作	x	z
初始字符串	algorithm	_
复制	algorithm	a_
复制	algorithm	al_
替换为 t	algorithm	alt_
删除	algorithm	alt_
复制	algorithm	altr_
插入 u	algorithm	altru_
插入 i	algorithm	altrui_
插入 s	algorithm	altruis_
旋转	algorithm	altruisti_
插入 c	algorithm	altruistic_
终止	algorithm_	altruistic_

注意，还有其他方法将 algorithm 转换为 altruistic。

每个变换操作都有相应的代价。具体的代价依赖于特定的应用，但我们假定每个操作的代价是一个已知的常量。我们还假定复制和替换的代价小于删除和插入的组合代价，否则复制和替换操作就没有意义了。一个给定的变换操作序列的代价为其中所有变换操作的代价之和。在上例中，将 algorithm 转换为 altruistic 的代价为

$$(3 \cdot \text{cost}(\text{复制})) + \text{cost}(\text{替换}) + \text{cost}(\text{删除}) + (4 \cdot \text{cost}(\text{插入})) + \text{cost}(\text{旋转}) + \text{cost}(\text{终止})$$

a. 给定两个字符串 $x[1..m]$ 和 $y[1..n]$ 以及变换操作的代价，x 到 y **编辑距离**（edit distance）是将 x 转换为 y 的最小代价的变换操作序列的代价值。设计动态规划算法，求 $x[1..m]$ 到 $y[1..n]$ 的编辑距离并打印最优变换操作序列。分析算法的时间和空间复杂度。

编辑距离问题是 DNA 序列对齐问题的推广（参考其他文献，如 Setubal 和 Meidanis［310，3.2 节］）。已有多种方法可以通过对齐两个 DNA 序列来衡量它们的相似度。有一种对齐方法是将空格符插入到两个序列 x 和 y 中，可以插入到任何位置（包括两端），使得结果序列 x' 和 y' 具有相同的长度，但不会在相同的位置出现空格符（即不存在位置 j 使得 $x'[j]$ 和 $y'[j]$ 都是空格符）。然后为每个位置"打分"，位置 j 的分数为：

- $+1$，如果 $x'[j] = y'[j]$ 且不是空格符。
- -1，如果 $x'[j] \neq y'[j]$ 且都不是空格符。
- -2，$x'[j]$ 或 $y'[j]$ 是空格符。

对齐方案的分数为每个位置的分数之和。例如，给定序列 $x =$ GATCGGCAT 和 $y =$ CAATGTGAATC，一种对齐方案为

```
G ATCG GCAT
CAAT GTGAATC
-*++*++-++*
```

$+$ 表示该位置分数为 $+1$，$-$ 表示分数为 -1，$*$ 表示分数为 -2，因此此方案的总分数为 $6 \cdot 1 - 2 \cdot 1 - 4 \cdot 2 = -4$。

b. 解释如何将最优对齐问题转换为编辑距离问题，使用的操作为变换操作复制、替换、删除、插入、旋转和终止的子集。

15-6（公司聚会计划） 一位公司主席正在向 Stewart 教授咨询公司聚会的计划。公司的内部结构关系是层次化的，即员工按主管-下属关系构成一棵树，根结点为公司主席。人事部按"宴会交际能力"为每个员工打分，分值为实数。为了使所有参加聚会的员工都感到愉快，主席不希望员工及其直接主管同时出席。

公司主席向 Stewart 教授提供公司结构树，采用 10.4 节介绍的左孩子右兄弟表示法描述。书中每个结点除了保存指针外，还保存员工的名字和宴会交际评分。设计算法，求宴会交际评分之和最大的宾客名单。分析算法的时间复杂度。

15-7（译码算法） 我们可以通过在有向图 $G = (V, E)$ 上使用动态规划方法来实现语音识别。对每条边 $(u, v) \in E$ 打上一个声音标签 $\sigma(u, v)$，该声音来自于有限声音集 Σ。这样的标签图就成为一个特定人说限定语言的形式化模型。图中从特定顶点 $v_0 \in V$ 开始的每条路径都对应模型产生的一个可能的声音序列。对于一条有向路径，我们定义其标签为路径中边的标签的简单连结。

a. 设计高效算法，对给定的带边标签的图 G、特定顶点 v_0 及 Σ 上的声音序列 $s = \langle \sigma_1, \sigma_2, \cdots \sigma_k \rangle$，返回 G 中从 v_0 开始的一条路径，s 为该路径的标签（如果存在这样的路径）。否则，算法应返回 NO-SUCH-PATH。分析算法的时间复杂度（提示：你可能发现第 22 章中的概念可以用于此题）。

现在，假定每条边$(u, v) \in E$都关联一个非负概率$p(u, v)$，它表示从顶点u开始，经过边(u, v)，产生对应的声音的概率。任何顶点的出射边的概率之和均为1。一条路径的概率定义为路径上边的概率之积。对于从v_0开始的一条路径，我们可以将其概率看做从v_0开始进行"随机游走"（random walk），最后恰巧经过这条路径的概率。所谓"随机游走"，是指当位于顶点u时，随机选择一条出射边前进，每条边被选中的概率就是它所关联的概率。

b. 扩展(a)中的算法，使得返回的路径是从v_0开始且标签为s的路径中概率最大者。分析算法的时间复杂性。

15-8 (基于接缝裁剪(seam carving)的图像压缩) 给定一幅彩色图像，它由一个$m \times n$的像素数组$A[1..m, 1..n]$构成，每个像素是一个红绿蓝(RGB)亮度的三元组。假定我们希望轻度压缩这幅图像。具体地，我们希望从每一行中删除一个像素，使得图像变窄一个像素。但为了避免影响视觉效果，我们要求相邻两行中删除的像素必须位于同一列或相邻列。也就是说，删除的像素构成从顶端行到底端行的一条"接缝"(seam)，相邻像素均在垂直或对角线方向上相邻。

a. 证明：可能的接缝的数量是m的指数函数，假定$n > 1$。

b. 假定现在对每个像素$A[i, j]$我们都已计算出一个实型的"破坏度"$d[i, j]$，表示删除像素$A[i, j]$对图像可视效果的破坏程度。直观地，一个像素的破坏度越低，它与相邻像素的相似度越高。再假定一条接缝的破坏度定义为它包含的像素的破坏度之和。设计算法，寻找破坏度最低的接缝。分析算法的时间复杂度。

15-9 (字符串拆分) 某种字符串处理语言允许程序员将一个字符串拆分为两段。由于此操作需要复制字符串，因此要花费n个时间单位来将一个n个字符的字符串拆为两段。假定一个程序员希望将一个字符串拆分为多段，拆分的顺序会影响所花费的总时间。例如，假定这个程序员希望将一个20个字符的字符串在第2个、第8个以及第10个字符后进行拆分（字符由左至右，从1开始升序编号）。如果她按由左至右的顺序进行拆分，则第一次拆分花费20个时间单位，第二次拆分花费18个时间单位（在第8个字符外拆分3～20间的字符串），而第三次拆分花费12个时间单位，共花费50个时间单位。但如果她按由右至左的顺序进行拆分，第一次拆分花费20个时间单位，第二次拆分花费10个时间单位，而第三次拆分花费8个时间单位，共花费38个时间单位。还可以按其他顺序，比如，她可以首先在第8个字符处进行拆分（时间20），接着在左边一段第2个字符处进行拆分（时间8），最后在右边一段第10个字符处进行拆分（时间12），总时间为40。

设计算法，对给定的拆分位置，确定最小代价的拆分顺序。更形式化地，给定一个n个字符的字符串S和一个保存m个拆分点的数组$L[1..m]$，计算拆分的最小代价，以及最优拆分序列。

15-10 (投资策略规划) 你所掌握的算法知识帮助你从Acme计算机公司获得了一份令人兴奋的工作，签约奖金1万美元。你决定利用这笔钱进行投资，目标是10年后获得最大回报。你决定请Amalgamated投资公司管理你的投资，该公司的投资回报规则如下。该公司提供n种不同的投资，从$1 \sim n$编号。在第j年，第i种投资的回报率为r_{ij}。换句话说，如果你在第j年在第i种投资投入d美元，那么在第j年年底，你会得到dr_{ij}美元。回报率是有保证的，即未来10年每种投资的回报率均已知。你每年只能做出一次投资决定。在每年年底，你既可以将钱继续投入到上一年选择的投资种类中，也可以转移到其他投资中（转移到已有的投资种类，或者新的投资种类）。如果跨年时你不做投资转移，需要支付f_1美元的费用，否则，需要支付f_2美元的费用，其中$f_2 > f_1$。

a. 如上所述，本问题允许你每年将钱投入到多种投资中。证明：存在最优投资策略，每年都将所有钱投入到单一投资中（记住最优投资策略只需最大化 10 年的回报，无需关心任何其他目标，如最小化风险）。

b. 证明：规划最优投资策略问题具有最优子结构性质。

c. 设计最优投资策略规划算法，分析算法时间复杂度。

d. 假定 Amalgamated 投资公司在上述规则上又加入了新的限制条款，在任何时刻你都不能在任何单一投资种类中投入 15 000 美元以上。证明：最大化 10 年回报问题不再具有最优子结构性质。

15-11 （库存规划） Rinky Dink 公司是一家制造溜冰场冰面修整设备的公司。这种设备每个月的需求量都在变化，因此公司希望设计一种策略来规划生产，需求是给定的，即它虽然是波动的，但可预测的。公司希望设计接下来 n 个月的生产计划。对第 i 个月，公司知道需求 d_i，即该月能够销售出去的设备的数量。令 $D = \sum_{i=1}^{n} d_i$ 为后 n 个月的总需求。公司雇用的全职员工，可以提供一个月制造 m 台设备的劳动力。如果公司希望一个月内制造多于 m 台设备，可以雇用额外的兼职劳动力，雇用成本为每制造一台机器付出 c 美元。而且，如果在月末有设备尚未售出，公司还要付出库存成本。保存 j 台设备的成本可描述为一个函数 $h(j)$，$j=1, 2, \cdots, D$，其中对所有 $1 \leqslant j \leqslant D$，$h(j) \geqslant 0$，对 $1 \leqslant j \leqslant D-1$，$h(j) \leqslant h(j+1)$。

设计库存规划算法，在满足所有需求的前提下最小化成本。算法运行时间应为 n 和 D 的多项式函数。

15-12 （签约棒球自由球员） 假设你是一支棒球大联盟球队的总经理。在赛季休季期间，你需要签入一些自由球员。球队老板给你的预算为 X 美元，你可以使用少于 X 美元来签入球员，但如果超支，球队老板就会解雇你。

你正在考虑在 N 个不同位置签入球员，在每个位置上，有 P 个该位置的自由球员供你选择⊖。由于你不希望任何位置过于臃肿，因此每个位置最多签入一名球员（如果在某个特定位置上你没有签入任何球员，则意味着计划继续使用现有球员）。

为了确定一名球员的价值，你决定使用一种称为"VORP"，或"球员替换价值"（value over replacement player）的统计评价指标（sabermetric）⊖。球员的 VORP 值越高，其价值越高。但 VORP 值高的球员的签约费用并不一定比 VORP 值低的球员高，因为还有球员价值之外的因素影响签约费用。

对于每个可选择的自由球员，你知道他的三方面信息：

- 他打哪个位置。
- 他的签约费用。
- 他的 VORP。

设计一个球员选择算法，使得总签约费用不超过 X 美元，而球员的总 VORP 最大。你可以假定每位球员的签约费用是 10 万美元的整数倍。算法应输出签约球员的总 VORP 值、总签约费用，以及球员名单。分析算法的时间和空间复杂度。

⊖ 虽然一支棒球队有 9 个位置，但 N 不一定等于 9，因为一些总经理可能对场上位置有特殊的考虑。例如，某位总经理可能将右手投手和左手投手当做不同的"位置"，类似地，他还可能将开局投手、长打后援投手（可以打多局的后援投手）以及短后援投手（通常最多打一局的后援投手）也作为不同的位置。

⊖ sabermetric 指将统计分析方法应用于棒球技术统计。它提供了多种评价球员个体的相对价值的方法。

411

本章注记

R. Bellman 从 1955 年开始系统地研究动态规划方法。此处以及线性规划中的"规划"（programming）一词指的是一种表格法。虽然在这之前就已经有利用动态规划思想的优化技术，但 Bellman[37] 给这个领域建立了坚实的数学基础。

Galil 和 Park[125] 根据表格的大小和每个表项所依赖的其他表项的数量对动态规划算法进行了分类。如果一个动态规划算法的表格大小为 $O(n^t)$，每个表项依赖其他 $O(n^e)$ 个表项，则称这是一个 tD/eD 的动态规划算法。例如，15.2 节的矩阵链乘法算法是 $2D/1D$ 的，而 15.4 节的最长公共子序列算法是 $2D/0D$ 的。

Hu 和 Shing[182, 183] 给出了矩阵链乘法问题的一个 $O(n \lg n)$ 时间的算法。

最长公共子序列问题的 $O(mn)$ 时间的算法看起来像个民间算法。Knuth[70] 提出了 LCS 问题是否存在次平方时间算法的讨论。Masek 和 Paterson[244] 给出了肯定的回答，他们给出了一个 $O(mn/\lg n)$ 时间的算法，其中 $n \leqslant m$ 且序列是从一个有限集中选取的。对于元素不会在一个输入序列中重复出现的特殊情况，Szymanski[326] 给出了一个 $O((n+m) \lg (n+m))$ 时间的算法。很多这种结果都可以扩展到字符串编辑距离问题（思考题 15-5）。

Gilbert 和 Moore[133] 早期的一篇关于变长二进制编码的论文已经被用来对所有概率 p_i 均为 0 的情况构造最优二叉搜索树，算法的时间复杂性为 $O(n^3)$。Aho、Hopcroft 和 Ullman[5] 提出了 15.5 节的算法。练习 15.5-4 则是 Knuth[212] 提出的。Hu 和 Tucker[184] 设计了一个算法，可以用 $O(n^2)$ 的时间和 $O(n)$ 的空间求解所有概率 p_i 均为 0 的情况。最终，Knuth 将此算法的时间降为 $O(n \lg n)$。

思考题 15-8 是 Avidan 和 Shamir[27] 提出的，他们在 Web 上发布了一个精彩的视频，来演示这种图像压缩技术。

贪 心 算 法

求解最优化问题的算法通常需要经过一系列的步骤，在每个步骤都面临多种选择。对于许多最优化问题，使用动态规划算法来求最优解有些杀鸡用牛刀了，可以使用更简单、更高效的算法。**贪心算法**(greedy algorithm)就是这样的算法，它在每一步都做出当时看起来最佳的选择。也就是说，它总是做出局部最优的选择，寄希望这样的选择能导致全局最优解。本章介绍一些贪心算法能找到最优解的最优化问题。在学习本章之前，你应该学习第 15 章动态规划，特别是应认真学习 15.3 节。

贪心算法并不保证得到最优解，但对很多问题确实可以求得最优解。我们首先在 16.1 节介绍一个简单但非平凡的问题——活动选择问题，这是一个可以用贪心算法求得最优解的问题。首先考虑用动态规划方法解决这个问题，然后证明一直做出贪心选择就可以得到最优解，从而得到一个贪心算法。16.2 节会回顾贪心方法的基本要素，并给出一个直接的方法，可用来证明贪心算法的正确性。16.3 节提出贪心技术的一个重要应用：设计数据压缩编码(Huffman 编码)。在 16.4 节中，我们讨论一种称为"拟阵"(matroid)的组合结构的理论基础，贪心算法总是能获得这种结构的最优解。最后，16.5 节将拟阵应用于单位时间任务调度问题，每个任务均有截止时间和超时惩罚。

贪心方法是一种强有力的算法设计方法，可以很好地解决很多问题。在后面的章节中，我们会提出很多利用贪心策略设计的算法，包括最小生成树(minimum-spanning-tree)算法(第 23 章)、单源最短路径的 Dijkstra 算法(第 24 章)，以及集合覆盖问题的 Chvátal 贪心启发式算法(第 35 章)。最小生成树算法提供了一个经典的贪心方法的例子。虽然可以独立学习本章和第 23 章，但你会发现两章结合学习，效果更好。

414

16.1 活动选择问题

我们的第一个例子是一个调度竞争共享资源的多个活动的问题，目标是选出一个最大的互相兼容的活动集合。假定有一个 n 个**活动**(activity)的集合 $S=\{a_1, a_2, \cdots, a_n\}$，这些活动使用同一个资源(例如一个阶梯教室)，而这个资源在某个时刻只能供一个活动使用。每个活动 a_i 都有一个**开始时间** s_i 和一个**结束时间** f_i，其中 $0 \leqslant s_i < f_i < \infty$。如果被选中，任务 a_i 发生在半开时间区间 $[s_i, f_i)$ 期间。如果两个活动 a_i 和 a_j 满足 $[s_i, f_i)$ 和 $[s_j, f_j)$ 不重叠，则称它们是**兼容的**。也就是说，若 $s_i \geqslant f_j$ 或 $s_j \geqslant f_i$，则 a_i 和 a_j 是兼容的。在**活动选择问题**中，我们希望选出一个最大兼容活动集。假定活动已按结束时间的单调递增顺序排序：

$$f_1 \leqslant f_2 \leqslant f_3 \leqslant \cdots \leqslant f_{n-1} \leqslant f_n \qquad (16.1)$$

(稍后，我们会看到这一假设的好处)。例如，考虑下面的活动集合 S：

i	1	2	3	4	5	6	7	8	9	10	11
s_i	1	3	0	5	3	5	6	8	8	2	12
f_i	4	5	6	7	9	9	10	11	12	14	16

对于这个例子，子集 $\{a_3, a_9, a_{11}\}$ 由相互兼容的活动组成。但它不是一个最大集，因为子集 $\{a_1, a_4, a_8, a_{11}\}$ 更大。实际上，$\{a_1, a_4, a_8, a_{11}\}$ 是一个最大兼容活动子集，另一个最大子集是 $\{a_2, a_4, a_9, a_{11}\}$。

下面分几个步骤来解决这个问题。我们可以通过动态规划方法将这个问题分为两个子问题，然后将两个子问题的最优解整合成原问题的一个最优解。在确定该将哪些子问题用于最优解时，要考虑几种选择。读者稍后会发现，贪心算法只需考虑一个选择（即贪心的选择），在做贪心选择时，子问题之一必是空的，因此，只留下一个非空子问题。基于这些观察，我们将找到一种递归贪心算法来解决活动调度问题，并将递归算法转化为迭代算法，以完成贪心方法的过程。虽然本节介绍的步骤比典型的贪心算法的设计过程更为复杂，但它们说明了贪心算法和动态规划之间的关系。

活动选择问题的最优子结构

我们容易验证活动选择问题具有最优子结构性质。令 S_{ij} 表示在 a_i 结束之后开始，且在 a_j 开始之前结束的那些活动的集合。假定我们希望求 S_{ij} 的一个最大的相互兼容的活动子集，进一步假定 A_{ij} 就是这样一个子集，包含活动 a_k。由于最优解包含活动 a_k，我们得到两个子问题：寻找 S_{ik} 中的兼容活动（在 a_i 结束之后开始且 a_k 开始之前结束的那些活动）以及寻找 S_{kj} 中的兼容活动（在 a_k 结束之后开始且在 a_j 开始之前结束的那些活动）。令 $A_{ik}=A_{ij}\bigcap S_{ik}$ 和 $A_{kj}=A_{ij}\bigcap S_{kj}$，这样 A_{ik} 包含 A_{ij} 中那些在 a_k 开始之前结束的活动，A_{kj} 包含 A_{ij} 中那些在 a_k 结束之后开始的活动。因此，我们有 $A_{ij}=A_{ik}\bigcup\{a_k\}\bigcup A_{kj}$，而且 S_{ij} 中最大兼容任务子集 A_{ij} 包含 $|A_{ij}|=|A_{ik}|+|A_{kj}|+1$ 个活动。

我们仍然用剪切－粘贴法证明最优解 A_{ij} 必然包含两个子问题 S_{ik} 和 S_{kj} 的最优解。否则，如果可以找到 S_{kj} 的一个兼容活动子集 A'_{kj}，满足 $|A'_{kj}|>|A_{kj}|$，则可以将 A'_{kj} 而不是 A_{kj} 作为 S_{ij} 的最优解的一部分。这样就构造出一个兼容活动集，其大小 $|A_{ik}|+|A'_{kj}|+1>|A_{ik}|+|A_{kj}|+1=|A_{ij}|$，与 A_{ij} 是最优解的假设矛盾。对子问题 S_{ik} 类似可证。

这样刻画活动选择问题的最优子结构，意味着我们可以用动态规划方法求解活动选择问题。如果用 $c[i,j]$ 表示集合 S_{ij} 的最优解的大小，则可得递归式

$$c[i,j]=c[i,k]+c[k,j]+1$$

当然，如果不知道 S_{ij} 的最优解包含活动 a_k，就需要考查 S_{ij} 中所有活动，寻找哪个活动可获得最优解，于是

$$c[i,j]=\begin{cases}0 & \text{若 } S_{ij}=\varnothing \\ \max_{a_k\in S_{ij}}\{c[i,k]+c[k,j]+1\} & \text{若 } S_{ij}\neq\varnothing\end{cases} \tag{16.2}$$

于是接下来可以设计一个带备忘机制的递归算法，或者使用自底向上法填写表项。但我们可能忽略了活动选择问题的另一个重要性质，而这一性质可以极大地提高问题求解速度。

贪心选择

假如我们无需求解所有子问题就可以选择出一个活动加入到最优解，将会怎样？这将使我们省去递归式(16.2)中固有的考查所有选择的过程。实际上，对于活动选择问题，我们只需考虑一个选择：贪心选择。

对于活动选择问题，什么是贪心选择？直观上，我们应该选择这样一个活动，选出它后剩下的资源应能被尽量多的其他任务所用。现在考虑可选的活动，其中必然有一个最先结束。因此，直觉告诉我们，应该选择 S 中最早结束的活动，因为它剩下的资源可供它之后尽量多的活动使用。（如果 S 中最早结束的活动有多个，我们可以选择其中任意一个）。换句话说，由于活动已按结束时间单调递增的顺序排序，贪心选择就是活动 a_1。选择最早结束的活动并不是本问题唯一的贪心选择方法，练习 16.1-3 要求设计其他贪心选择方法。

当做出贪心选择后，只剩下一个子问题需要我们求解：寻找在 a_1 结束后开始的活动。为什么不需要考虑在 a_1 开始前结束的活动呢？因为 $s_1<f_1$ 且 f_1 是最早结束的活动，所以不会有活动的结束时间早于 s_1。因此，所有与 a_1 兼容的活动都必须在 a_1 结束之后开始。

而且，我们已经证明活动选择问题具有最优子结构性质。令 $S_k=\{a_i\in S: s_i\geqslant f_k\}$ 为在 a_k 结束后开始的任务集合。当我们做出贪心选择，选择了 a_1 后，剩下的 S_1 是唯一需要求解的子问题$^\ominus$。最优子结构性质告诉我们，如果 a_1 在最优解中，那么原问题的最优解由活动 a_1 及子问题 S_1 中所有活动组成。

现在还剩下一个大问题：我们的直觉是正确的吗？贪心选择——最早结束的活动——总是最优解的一部分吗？下面的定理证明了这一点。

定理 16.1 考虑任意非空子问题 S_k，令 a_m 是 S_k 中结束时间最早的活动，则 a_m 在 S_k 的某个最大兼容活动子集中。

证明 令 A_k 是 S_k 的一个最大兼容活动子集，且 a_j 是 A_k 中结束时间最早的活动。若 $a_j=a_m$，则已经证明 a_m 在 S_k 的某个最大兼容活动子集中。若 $a_j\neq a_m$，令集合 $A_k'=A_k-\{a_j\}\bigcup\{a_m\}$，即将 A_k 中的 a_j 替换为 a_m。A_k' 中的活动都是不相交的，因为 A_k 中的活动都是不相交的，a_j 是 A_k 中结束时间最早的活动，而 $f_m\leqslant f_j$。由于 $|A_k'|=|A_k|$，因此得出结论 A_k' 也是 S_k 的一个最大兼容活动子集，且它包含 a_m。∎

因此，我们看到虽然可以用动态规划方法求解活动选择问题，但并不需要这样做（此外，我们并未检查活动选择问题是否具有重叠子问题性质）。相反，我们可以反复选择最早结束的活动，保留与此活动兼容的活动，重复这一过程，直至不再有剩余活动。而且，因为我们总是选择最早结束的活动，所以选择的活动的结束时间必然是严格递增的。我们只需按结束时间的单调递增顺序处理所有活动，每个活动只考查一次。

求解活动选择问题的算法不必像基于表格的动态规划算法那样自底向上进行计算。相反，可以自顶向下进行计算，选择一个活动放入最优解，然后，对剩余的子问题（包含与已选择的活动兼容的活动）进行求解。贪心算法通常都是这种自顶向下的设计：做出一个选择，然后求解剩下的那个子问题，而不是自底向上地求解出很多子问题，然后再做出选择。

递归贪心算法

我们已经看到如何绕过动态规划方法而使用自顶向下的贪心算法来求解活动选择问题，现在我们可以设计一个直接的递归过程来实现贪心算法。过程 RECURSIVE-ACTIVITY-SELECTOR 的输入为两个数组 s 和 $f^\ominus$，表示活动的开始和结束时间，下标 k 指出要求解的子问题 S_k，以及问题规模 n。它返回 S_k 的一个最大兼容活动集。我们假定输入的 n 个活动已经按结束时间的单调递增顺序排列好（公式(16.1)）。如果未排好序，我们可以在 $O(n\lg n)$ 时间内对它们进行排序，结束时间相同的活动可以任意排列。为了方便算法初始化，我们添加一个虚拟活动 a_0，其结束时间 $f_0=0$，这样子问题 S_0 就是完整的活动集 S。求解原问题即可调用 RECURSIVE-ACTIVITY-SELECTOR$(s, f, 0, n)$。

```
RECURSIVE-ACTIVITY-SELECTOR(s, f, k, n)
1   m=k+1
2   while m≤n and s[m]<f[k]                    // find the first activity in Sₖ to finish
3       m=m+1
4   if m ≤ n
5       return {aₘ}∪RECURSIVE-ACTIVITY-SELECTOR(s, f, m, n)
6   else return ∅
```

图 16-1 显示了算法的执行过程。在一次递归调用 RECURSIVE-ACTIVITY-SELECTOR$(s,$

$\ominus$ 我们有时用 S_k 表示子问题而不是活动集合。根据上下文，可以很清楚地判定 S_k 表示一个活动集还是以该活动集为输入的子问题。

$\ominus$ 因为伪代码把 s 和 f 作为数组，所以用方括号而不是下标来指向它们。

f，k，n)的过程中，第2～3行 **while** 循环查找 S_k 中最早结束的活动。循环检查 a_{k+1}，a_{k+2}，$\cdots$，a_n，直至找到第一个与 a_k 兼容的活动 a_m，此活动满足 $s_m \geqslant f_k$。如果循环因为查找成功而结束，第5行返回$\{a_m\}$与 RECURSIVE-ACTIVITY-SELECTOR(s, f, m, n)返回的 S_m 的最大子集的并集。循环也可能因为 $m > n$ 而终止，这意味着我们已经检查了 S_k 中所有活动，未找到与 a_k 兼容者。在此情况下，$S_k = \varnothing$，因此第6行返回 $\varnothing$。

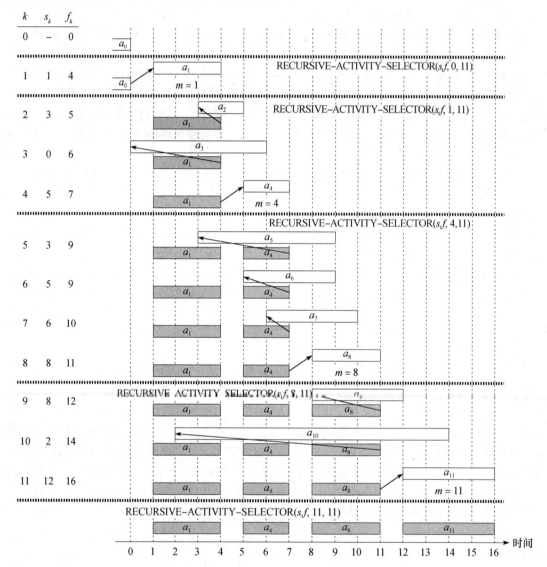

图 16-1 对前文给出的 11 个活动执行 RECURSIVE-ACTIVITY-SELECTOR 的过程。每次递归调用中处理的活动位于水平线之间。虚拟活动 a_0 于时刻 0 结束，因此第一次调用 RECURSIVE-ACTIVITY-SELECTOR$(s, f, 0, 11)$会选择活动 a_1。在每次递归调用中，被选择的活动用阴影表示，而白底方框表示正在处理的活动。如果一个活动的开始时间早于最近选中的活动的结束时间(两者间的箭头是指向左侧的)，它将被丢弃。否则(箭头指向右侧)，将选择该活动。最后一次递归调用 RECURSIVE-ACTIVITY-SELECTOR$(s, f, 11, 11)$返回 $\varnothing$。选择的活动的最终结果集为$\{a_1, a_4, a_8, a_{11}\}$

假定活动已经按结束时间排好序，则递归调用 RECURSIVE-ACTIVITY-SELECTOR$(s, f, 0, n)$的运行时间为 $\Theta(n)$，我们稍后证明这个结论。在整个递归调用过程中，每个活动被且只被第 2 行的 **while** 循环检查一次。特别地，活动 a_i 在 $k<i$ 的最后一次调用中被检查。

迭代贪心算法

我们可以很容易地将算法转换为迭代形式。过程 RECURSIVE-ACTIVITY-SELECTOR 几乎就是"尾递归"（参见思考题 7-4）：它以一个对自身的递归调用再接一次并集操作结尾。将一个尾递归过程改为迭代形式通常是很直接的，实际上，某些特定语言的编译器可以自动完成这一工作。如前所述，RECURSIVE-ACTIVITY-SELECTOR 用来求解子问题 S_k，即由最后完成的任务组成的子问题。

过程 GREEDY-ACTIVITY-SELECTOR 是过程 RECURSIVE-ACTIVITY-SELECTOR 的一个迭代版本。它也假定输入活动已按结束时间单调递增顺序排好序。它将选出的活动存入集合 A 中，并将 A 返回调用者。

GREEDY-ACTIVITY-SELECTOR(s, f)

```
1   n = s. length
2   A = {a₁}
3   k = 1
4   for m = 2 to n
5       if s[m] ≥ f[k]
6           A = A ∪ {aₘ}
7           k = m
8   return A
```

过程执行如下。变量 k 记录了最近加入集合 A 的活动的下标，它对应递归算法中的活动 a_k。由于我们按结束时间的单调递增顺序处理活动，f_k 总是 A 中活动的最大结束时间。也就是说，

$$f_k = \max\{f_i : a_i \in A\} \tag{16.3}$$

第 2～3 行选择活动 a_1，将 A 的初值设置为只包含此活动，并将 k 的初值设为此活动的下标。第 4～7 行的 **for** 循环查找 S_k 中最早结束的活动。循环依次处理每个活动 a_m，a_m 若与之前选出的活动兼容，则将其加入 A，这样选出的 a_m 必然是 S_k 中最早结束的活动。为了检查活动 a_m 是否与 A 中所有活动都兼容，过程检查公式(16.3)是否成立，即检查活动的开始时间 s_m 是否不早于最近加入到 A 中的活动的结束时间 f_k。如果活动 a_m 是兼容的，第 6～7 行将其加入 A 中，并将 k 设置为 m。GREEDY-ACTIVITY-SELECTOR(s，f)返回的集合 A 与 RECURSIVE-ACTIVITY-SELECTOR(s，f，0，n)返回的集合完全相同。

与递归版本类似，在输入活动已按结束时间排序的前提下，GREEDY-ACTIVITY-SELECTOR 的运行时间为 $\Theta(n)$。

练习

16.1-1 根据递归式(16.2)为活动选择问题设计一个动态规划算法。算法应该按前文定义计算最大兼容活动集的大小 $c[i, j]$ 并生成最大集本身。假定输入的活动已按公式(16.1)排好序。比较你的算法和 GREEDY-ACTIVITY-SELECTOR 的运行时间。

16.1-2 假定我们不再一直选择最早结束的活动，而是选择最晚开始的活动，前提仍然是与之前选出的所有活动均兼容。描述如何利用这一方法设计贪心算法，并证明算法会产生最优解。

16.1-3 对于活动选择问题，并不是所有贪心方法都能得到最大兼容活动子集。请举例说明，在剩余兼容活动中选择持续时间最短者不能得到最大集。类似地，说明在剩余兼容活动中选择与其他剩余活动重叠最少者，以及选择最早开始者均不能得到最优解。

16.1-4 假定有一组活动，我们需要将它们安排到一些教室，任意活动都可以在任意教室进行。我们希望使用最少的教室完成所有活动。设计一个高效的贪心算法求每个活动应该在哪个教室进行。

（这个问题称为**区间图着色问题**(interval-graph color problem)。我们可以构造一个区间图，顶点表示给定的活动，边连接不兼容的活动。要求用最少的颜色对顶点进行着色，使得所有相邻顶点颜色均不相同——这与使用最少的教室完成所有活动的问题是对应的。）

16.1-5 考虑活动选择问题的一个变形：每个活动 a_i 除了开始和结束时间外，还有一个值 v_i。目标不再是求规模最大的兼容活动子集，而是求值之和最大的兼容活动子集。也就是说，选择一个兼容活动子集 A，使得 $\sum_{a_k \in A} v_k$ 最大化。设计一个多项式时间的算法求解此问题。

16.2　贪心算法原理

贪心算法通过做出一系列选择来求出问题的最优解。在每个决策点，它做出在当时看来最佳的选择。这种启发式策略并不保证总能找到最优解，但对有些问题确实有效，如活动选择问题。本节讨论贪心方法的一些一般性质。

16.1 节中设计贪心算法的过程比通常的过程繁琐一些，我们当时经过了如下几个步骤：

1. 确定问题的最优子结构。

2. 设计一个递归算法(对活动选择问题，我们给出了递归式(16.2)，但跳过了基于此递归式设计递归算法的步骤)。

3. 证明如果我们做出一个贪心选择，则只剩下一个子问题。

4. 证明贪心选择总是安全的(步骤 3、4 的顺序可以调换)。

5. 设计一个递归算法实现贪心策略。

6. 将递归算法转换为迭代算法。

在这个过程中，我们详细地看到了贪心算法是如何以动态规划方法为基础的。例如，在活动选择问题中，我们首先定义了子问题 S_{ij}，其中 i 和 j 都是可变的。然后我们发现，如果总是做出贪心选择，则可以将子问题限定为 S_k 的形式。

与这种繁琐的过程相反，我们可以通过贪心选择来改进最优子结构，使得选择后只留下一个子问题。在活动选择问题中，我们可以一开始就将第二个下标去掉，将子问题定义为 S_k 的形式。然后，我们可以证明，贪心选择(S_k 中最早结束的活动 a_m)与剩余兼容活动集的最优解组合在一起，就会得到 S_k 的最优解。更一般地，我们可以按如下步骤设计贪心算法：

1. 将最优化问题转化为这样的形式：对其做出一次选择后，只剩下一个子问题需要求解。

2. 证明做出贪心选择后，原问题总是存在最优解，即贪心选择总是安全的。

3. 证明做出贪心选择后，剩余的子问题满足性质：其最优解与贪心选择组合即可得到原问题的最优解，这样就得到了最优子结构。

在本章剩余部分中，我们将使用这种更直接的设计方法。但我们应该知道，在每个贪心算法之下，几乎总有一个更繁琐的动态规划算法。

我们如何证明一个贪心算法是否能求解一个最优化问题呢？并没有适合所有情况的方法，但贪心选择性质和最优子结构是两个关键要素。如果我们能够证明问题具有这些性质，就向贪心算法迈出了重要一步。

贪心选择性质

第一个关键要素是**贪心选择性质**(greedy-choice property)：我们可以通过做出局部最优(贪心)选择来构造全局最优解。换句话说，当进行选择时，我们直接做出在当前问题中看来最优的选择，而不必考虑子问题的解。

这也是贪心算法与动态规划的不同之处。在动态规划方法中，每个步骤都要进行一次选择，但选择通常依赖于子问题的解。因此，我们通常以一种自底向上的方式求解动态规划问题，先求解较小的子问题，然后是较大的子问题（我们也可以自顶向下求解，但需要备忘机制。当然，即使算法是自顶向下进行计算，我们仍然需要先求解子问题再进行选择）。在贪心算法中，我们总是做出当时看来最佳的选择，然后求解剩下的唯一的子问题。贪心算法进行选择时可能依赖之前做出的选择，但不依赖任何将来的选择或是子问题的解。因此，与动态规划先求解子问题才能进行第一次选择不同，贪心算法在进行第一次选择之前不求解任何子问题。一个动态规划算法是自底向上进行计算的，而一个贪心算法通常是自顶向下的，进行一次又一次选择，将给定问题实例变得更小。

当然，我们必须证明每个步骤做出贪心选择能生成全局最优解。如定理 16.1 所示，这种证明通常首先考查某个子问题的最优解，然后用贪心选择替换某个其他选择来修改此解，从而得到一个相似但更小的子问题。

如果进行贪心选择时我们不得不考虑众多选择，通常意味着可以改进贪心选择，使其更为高效。例如，在活动选择问题中，假定我们已经将活动按结束时间单调递增顺序排好序，则对每个活动能够只需处理一次。通过对输入进行预处理或者使用适合的数据结构（通常是优先队列），我们通常可以使贪心选择更快速，从而得到更高效的算法。 [424]

最优子结构

如果一个问题的最优解包含其子问题的最优解，则称此问题具有**最优子结构**性质。此性质是能否应用动态规划和贪心方法的关键要素。我们还是以 16.1 节的活动选择问题为例，如果一个子问题 S_{ij} 的最优解包含活动 a_k，那么它必然也包含子问题 S_{ik} 和 S_{kj} 的最优解。给定这样的最优子结构，我们可以得出结论，如果知道 S_{ij} 的最优解应该包含哪个活动 a_k，就可以组合 a_k 以及 S_{ik} 和 S_{kj} 的最优解中所有活动来构造 S_{ij} 的最优解。基于对最优子结构的这种观察结果，我们就可以设计出递归式(16.2)来描述最优解值的计算方法。

当应用于贪心算法时，我们通常使用更为直接的最优子结构。如前所述，我们可以假定，通过对原问题应用贪心选择即可得到子问题。我们真正要做的全部工作就是论证：将子问题的最优解与贪心选择组合在一起就能生成原问题的最优解。这种方法隐含地对子问题使用了数学归纳法，证明了在每个步骤进行贪心选择会生成原问题的最优解。

贪心对动态规划

由于贪心和动态规划策略都利用了最优子结构性质，你可能会对一个可用贪心算法求解的问题设计一个动态规划算法，或者相反，对一个实际上需要用动态规划求解的问题使用了贪心方法。为了说明两种方法之间的细微差别，我们研究一个经典最优化问题的两个变形。

0-1 背包问题(0-1 knapsack problem)是这样的：一个正在抢劫商店的小偷发现了 n 个商品，第 i 个商品价值 v_i 美元，重 w_i 磅，v_i 和 w_i 都是整数。这个小偷希望拿走价值尽量高的商品，但他的背包最多能容纳 W 磅重的商品，W 是一个整数。他应该拿哪些商品呢？（我们称这个问题 [425] 是 0-1 背包问题，因为对每个商品，小偷要么把它完整拿走，要么把它留下；他不能只拿走一个商品的一部分，或者把一个商品拿走多次。）

在**分数背包问题**(fractional knapsack problem)中，设定与 0-1 背包问题是一样的，但对每个商品，小偷可以拿走其一部分，而不是只能做出二元(0-1)选择。你可以将 0-1 背包问题中的商品想象为金锭，而分数背包问题中的商品更像金砂。

两个背包问题都具有最优子结构性质。对 0-1 背包问题，考虑重量不超过 W 而价值最高的装包方案。如果我们将商品 j 从此方案中删除，则剩余商品必须是重量不超过 $W-w_j$ 的价值最高的方案(小偷只能从不包括商品 j 的 $n-1$ 个商品中选择拿走哪些)。

　　虽然两个问题相似,但我们用贪心策略可以求解分数背包问题,而不能求解 0-1 背包问题。为了求解分数背包问题,我们首先计算每个商品的每磅价值 v_i/w_i。遵循贪心策略,小偷首先尽量多地拿走每磅价值最高的商品。如果该商品已全部拿走而背包尚未满,他继续尽量多地拿走每磅价值第二高的商品,依此类推,直至达到重量上限 W。因此,通过将商品按每磅价值排序,贪心算法的运行时间为 $O(n\lg n)$。我们将分数背包问题的贪心选择性质的证明留作练习 16.2-1。

　　为了说明这一贪心策略对 0-1 背包问题无效,考虑图 16-2(a)所示的问题实例。此例包含 3 个商品和一个能容纳 50 磅重量的背包。商品 1 重 10 磅,价值 60 美元。商品 2 重 20 磅,价值 100 美元。商品 3 重 30 磅,价值 120 美元。因此,商品 1 的每磅价值为 6 美元,高于商品 2 的每磅价值(5 美元)和商品 3 的每磅价值(4 美元)。因此,上述贪心策略会首先拿走商品 1。但是,如图 16-2(b)的实例分析所示,最优解应该拿走商品 2 和商品 3,而留下商品 1。拿走商品 1 的两种方案都是次优的。

　　但是,如图 16-2(c)所示,对于分数背包问题,上述贪心策略首先拿走商品 1,是可以生成最优解的。拿走商品 1 的策略对 0-1 背包问题无效是因为小偷无法装满背包,空闲空间降低了方案的有效每磅价值。在 0-1 背包问题中,当我们考虑是否将一个商品装入背包时,必须比较包含此商品的子问题的解与不包含它的子问题的解,然后才能做出选择。这会导致大量的重叠子问题——动态规划的标识,练习 16.2-2 要求你证明可以用动态规划方法求解 0-1 背包问题。

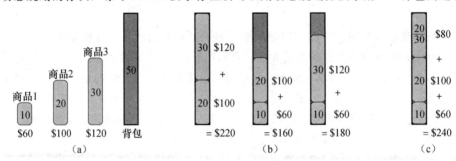

图 16-2　一个实例,说明贪心策略对 0-1 背包问题无效。(a)小偷必须选择所示三个商品的一个子集,总重量不超过 50 磅。(b)最优子集由商品 2 和商品 3 组成。虽然商品 1 有最大的每磅价值,但包含它的任何解都是次优的。(c)对于分数背包问题,按每磅价值降序拿走商品会生成一个最优解

练习

16.2-1 证明:分数背包问题具有贪心选择性质。

16.2-2 设计动态规划算法求解 0-1 背包问题,要求运行时间为 $O(nW)$,n 为商品数量,W 是小偷能放进背包的最大商品总重量。

16.2-3 假定在 0-1 背包问题中,商品的重量递增序与价值递减序完全一样。设计一个高效算法求此背包问题的变形的最优解,证明你的算法是正确的。

16.2-4 Gekko 教授一直梦想用直排轮滑的方式横穿北达科他州。他计划沿 U. S. 2 号高速公路横穿,这条高速公路从明尼苏达州东部边境的大福克斯市到靠近蒙大拿州西部边境的威利斯顿市。教授计划带两公升水,在喝光水之前能滑行 m 英里(由于北达科他州地势相对平坦,教授无需担心在上坡路段喝水速度比平地或下坡路段快)。教授从大福克斯市出发时带整整两公升水。他携带的北达科他州官方地图显示了 U. S. 2 号公路上所有可以补充水的地点,以及这些地点间的距离。

> 教授的目标是最小化横穿途中补充水的次数。设计一个高效的方法，以帮助教授确定应该在哪些地点补充水。证明你的策略会生成最优解，分析其运行时间。

16.2-5 设计一个高效算法，对实数线上给定的一个点集$\{x_1, x_2, \cdots, x_n\}$，求一个单位长度闭区间的集合，包含所有给定的点，并要求此集合最小。证明你的算法是正确的。

*16.2-6 设计算法，在 $O(n)$ 时间内求解分数背包问题。

16.2-7 给定两个集合 A 和 B，各包含 n 个正整数。你可以按需要任意重排每个集合。重排后，令 a_i 为集合 A 的第 i 个元素，b_i 为集合 B 的第 i 个元素。于是你得到回报 $\prod_{i=1}^{n} a_i^{b_i}$。设计算法最大化你的回报。证明你的算法是正确的，并分析运行时间。

16.3 赫夫曼编码

赫夫曼编码可以很有效地压缩数据：通常可以节省 20%～90% 的空间，具体压缩率依赖于数据的特性。我们将待压缩数据看做字符序列。根据每个字符的出现频率，赫夫曼贪心算法构造出字符的最优二进制表示。

假定我们希望压缩一个 10 万个字符的数据文件。图 16-3 给出了文件中所出现的字符和它们的出现频率。也就是说，文件中只出现了 6 个不同字符，其中字符 a 出现了 45 000 次。

	a	b	c	d	e	f
频率（千次）	45	13	12	16	9	5
定长编码	000	001	010	011	100	101
变长编码	0	101	100	111	1101	1100

图 16-3　一个字符编码问题。一个 100 000 个字符的文件，只包含 a~f 6 个不同字符，出现频率如上表所示。如果为每个字符指定一个 3 位的码字，我们可以将文件编码为 300 000 位的长度。但使用上表所示的变长编码，我们可以仅用 224 000 位编码文件

我们有很多方法可以表示这个文件的信息。在本节中，我们考虑一种**二进制字符编码**（或简称**编码**）的方法，每个字符用一个唯一的二进制串表示，称为**码字**。如果使用**定长编码**，需要用 3 位来表示 6 个字符：a＝000，b＝001，…，f＝101。这种方法需要 300 000 个二进制位来编码文件。是否有更好的编码方案呢？

变长编码（variable-length code）可以达到比定长编码好得多的压缩率，其思想是赋予高频字符短码字，赋予低频字符长码字。图 16-3 显示了本例的一种变长编码：1 位的串 0 表示 a，4 位的串 1100 表示 f。因此，这种编码表示此文件共需

$$(45 \cdot 1 + 13 \cdot 3 + 12 \cdot 3 + 16 \cdot 3 + 9 \cdot 4 + 5 \cdot 4) \cdot 1\,000 = 224\,000 \text{ 位}$$

与定长编码相比节约了 25% 的空间。实际上，我们将看到，这是此文件的最优字符编码。

前缀码

我们这里只考虑所谓**前缀码**（prefix code）⊖，即没有任何码字是其他码字的前缀。虽然我们这里不会证明，但与任何字符编码相比，前缀码确实可以保证达到最优数据压缩率，因此我们只关注前缀码，不会丧失一般性。

任何二进制字符码的编码过程都很简单，只要将表示每个字符的码字连接起来即可完成文件压缩。例如，使用图 16-3 所示的变长前缀码，我们可以将 3 个字符的文件 abc 编码为 0 · 101 · 100＝0101100，"·"表示连结操作。

前缀码的作用是简化解码过程。由于没有码字是其他码字的前缀，编码文件的开始码字是无歧义的。我们可以简单地识别出开始码字，将其转换回原字符，然后对编码文件剩余部分重复

⊖ 可能"无前缀码"是一个更好的名字，但在相关文献中，"前缀码"是一致认可的标准术语。

这种解码过程。在我们的例子中，二进制串 001011101 可以唯一地解析为 0·0·101·1101，解码为 aabe。

解码过程需要前缀码的一种方便的表示形式，以便我们可以容易地截取开始码字。一种二叉树表示可以满足这种需求，其叶结点为给定的字符。字符的二进制码字用从根结点到该字符叶结点的简单路径表示，其中 0 意味着"转向左孩子"，1 意味着"转向右孩子"。图 16-4 给出了两个编码示例的二叉树表示。注意，编码树并不是二叉搜索树，因为叶结点并未有序排列，而内部结点并不包含字符关键字。

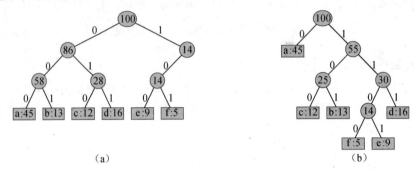

图 16-4   图 16-3 中编码方案的二叉树表示。每个叶结点标记了一个字符及其出现频率。每个内部结点标记了其子树中叶结点的频率之和。(a)对应定长编码 a＝000，…，f＝101 的二叉树。(b)对应最优前缀码 a＝0，b＝101，…，f＝1100 的二叉树

文件的最优编码方案总是对应一棵满(full)二叉树，即每个非叶结点都有两个孩子结点(参见练习 16.3-2)。前文给出的定长编码实例不是最优的，因为它的二叉树表示并非满二叉树，如图 16-4(a)所示：它包含以 10 开头的码字，但不包含以 11 开头的码字。现在我们可以只关注满二叉树了，因此可以说，若 C 为字母表且所有字符的出现频率均为正数，则最优前缀码对应的树恰有 $|C|$ 个叶结点，每个叶结点对应字母表中一个字符，且恰有 $|C|-1$ 个内部结点(参见练习 B.5-3)。

给定一棵对应前缀码的树 T，我们可以容易地计算出编码一个文件需要多少个二进制位。对于字母表 C 中的每个字符 c，令属性 $c.freq$ 表示 c 在文件中出现的频率，令 $d_T(c)$ 表示 c 的叶结点在树中的深度。注意，$d_T(c)$ 也是字符 c 的码字的长度。则编码文件需要

$$B(T) = \sum_{c \in C} c.freq \cdot d_T(c) \tag{16.4}$$

个二进制位，我们将 $B(T)$ 定义为 T 的**代价**。

构造赫夫曼编码

赫夫曼设计了一个贪心算法来构造最优前缀码，被称为**赫夫曼编码**(Huffman code)。与16.2 节中我们的观察一致，它的正确性证明也依赖于贪心选择性质和最优子结构。接下来，我们并不是先证明这些性质成立然后再设计算法，而是先设计算法。这样做可以帮助我们明确算法是如何做出贪心选择的。

在下面给出的伪代码中，我们假定 C 是一个 n 个字符的集合，而其中每个字符 $c \in C$ 都是一个对象，其属性 $c.freq$ 给出了字符的出现频率。算法自底向上地构造出对应最优编码的二叉树 T。它从 $|C|$ 个叶结点开始，执行 $|C|-1$ 个"合并"操作创建出最终的二叉树。算法使用一个以属性 $freq$ 为关键字最小优先队列 Q，以识别两个最低频率的对象将其合并。当合并两个对象时，得到的新对象的频率设置为原来两个对象的频率之和。

HUFFMAN(C)

1   $n = |C|$

```
2   Q=C
3   for i = 1 to n−1
4       allocate a new node z
5       z.left = x = EXTRACT-MIN(Q)
6       z.right = y = EXTRACT-MIN(Q)
7       z.freq = x.freq + y.freq
8       INSERT(Q, z)
9   return EXTRACT-MIN(Q)                          // return the root of the tree
```

对前文给出的例子，赫夫曼算法的执行过程如图 16-5 所示。由于字母表包含 6 个字母，初始队列大小为 $n=6$，需要 5 个合并步骤构造二叉树。最终的二叉树表示最优前缀码。一个字母的码字为根结点到该字母叶结点的简单路径上边标签的序列。

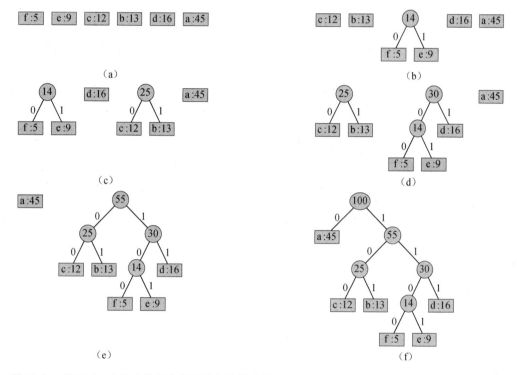

图 16-5 对图 16-3 中给出的频率执行赫夫曼算法的过程。每一部分显示了优先队列的内容，已按频率递增顺序排好序。在每个步骤，频率最低的两棵树进行合并。叶结点用矩形表示，每个叶结点包含一个字符及其频率。内部结点用圆圈表示，包含其孩子结点的频率之和。内部结点指向左孩子的边标记为 0，指向右孩子的边标记为 1。一个字母的码字对应从根到其叶结点的路径上的边的标签序列。(a)初始集合有 $n=6$ 个结点，每个结点对应一个字母。(b)~(e)为中间步骤。(f)为最终的编码树

第 2 行用 C 中字符初始化最小优先队列 Q。第 3~8 行的 **for** 循环反复从队列中提取两个频率最低的结点 x 和 y，将它们合并为一个新结点 z，替代它们。z 的频率为 x 和 y 的频率之和(第 7 行)。结点 z 将 x 作为其左孩子，将 y 作为其右孩子(顺序是任意的，交换左右孩子会生成一个不同的编码，但代价完全一样)。经过 $n-1$ 次合并后，第 9 行返回队列中剩下的唯一结点——编码树的根结点。

如果我们不使用变量 x 和 y(第 5、6 行直接对 $z.left$ 和 $z.right$ 直接赋值，将第 7 行改为 $z.freq=z.left.freq+z.right.freq$)，算法还是会生成相同的结果，但后面在证明算法正确性时，我们需要用到结点名 x 和 y。因此，保留 x 和 y 更方便。

为了分析赫夫曼算法的运行时间，我们假定 Q 是使用最小二叉堆实现的（参见第 6 章）。对一个 n 个字符的集合 C，我们在第 2 行用 BUILD-MIN-HEAP 过程（参见 6.3 节）将 Q 初始化，花费时间为 $O(n)$。第 3~8 行的 **for** 循环执行了 $n-1$ 次，且每个堆操作需要 $O(\lg n)$ 的时间，所以循环对总时间的贡献为 $O(n\lg n)$。因此，处理一个 n 个字符的集合，HUFFMAN 的总运行时间为 $O(n\lg n)$。如果将最小二叉堆换为 van Emde Boas 树（参见第 20 章），我们可以将运行时间减少为 $O(n\lg\lg n)$。

赫夫曼算法的正确性

为了证明贪心算法 HUFFMAN 是正确的，我们证明确定最优前缀码的问题具有贪心选择和最优子结构性质。下面的引理证明问题具有贪心选择性质。

引理 16.2 令 C 为一个字母表，其中每个字符 $c\in C$ 都有一个频率 $c.freq$。令 x 和 y 是 C 中频率最低的两个字符。那么存在 C 的一个最优前缀码，x 和 y 的码字长度相同，且只有最后一个二进制位不同。

证明 证明的思路是令 T 表示任意一个最优前缀码所对应的编码树，对其进行修改，得到表示另外一个最优前缀码的编码树，使得在新树中，x 和 y 是深度最大的叶结点，且它们为兄弟结点。如果可以构造这样一棵树，那么 x 和 y 的码字将有相同长度，且只有最后一位不同。

令 a 和 b 是 T 中深度最大的兄弟叶结点。不失一般性，假定 $a.freq\leqslant b.freq$ 且 $x.freq\leqslant y.freq$。由于 $x.freq$ 和 $y.freq$ 是叶结点中最低的两个频率，而 $a.freq$ 和 $b.freq$ 是两个任意频率，因此，我们有 $x.freq\leqslant a.freq$ 且 $y.freq\leqslant b.freq$。

在证明的剩余部分，有可能 $x.freq=a.freq$ 或 $y.freq=b.freq$ 成立。但是，如果 $x.freq=b.freq$，则有 $a.freq=b.freq=x.freq=y.freq$（参见练习 16.3-1），此时引理显然是成立的。因此，我们假定 $x.freq\neq b.freq$，这意味着 $x\neq b$。

如图 16-6 所示，我们在 T 中交换 x 和 a 生成一棵新树 T'，并在 T' 中交换 b 和 y 生成一棵新树 T''，那么在 T'' 中 x 和 y 是深度最深的两个兄弟叶结点（注意，如果 $x=b$ 但 $y\neq a$，那么 T'' 中 x 和 y 不是深度最深的兄弟叶结点）。由公式（16.4），T 和 T' 的代价差为

$$
\begin{aligned}
B(T)-B(T') &= \sum_{c\in C} c.freq \cdot d_T(c) - \sum_{c\in C} c.freq \cdot d_{T'}(c) \\
&= x.freq \cdot d_T(x) + a.freq \cdot d_T(a) - x.freq \cdot d_{T'}(x) - a.freq \cdot d_{T'}(a) \\
&= x.freq \cdot d_T(x) + a.freq \cdot d_T(a) - x.freq \cdot d_T(a) - a.freq \cdot d_T(x) \\
&= (a.freq - x.freq)(d_T(a) - d_T(x)) \\
&\geqslant 0
\end{aligned}
$$

因为 $a.freq-x.freq$ 和 $d_T(a)-d_T(x)$ 都是非负的。更具体地，$a.freq-x.freq$ 是非负的，因为 x 是出现频率最低的叶结点；$d_T(a)-d_T(x)$ 是非负的，因为 a 是 T 中深度最深的叶结点。类似地，交换 y 和 b 也不能增加代价，所以 $B(T')-B(T'')$ 也是非负的。因此 $B(T'')\leqslant B(T)$，由于 T 是最优的，我们有 $B(T)\leqslant B(T'')$，这意味着 $B(T'')=B(T)$。因此，T'' 也是最优树，且 x 和 y 是其中深度最深的兄弟叶结点，引理成立。 ∎

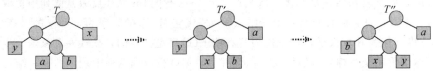

图 16-6 对引理 16.2 的证明中关键步骤的说明。在最优树 T 中，叶结点 a 和 b 是最深的叶结点中的两个，并且是兄弟。叶结点 x 和 y 为赫夫曼算法首先合并的两个叶结点；它们出现于 T 中任意位置上。假设 $x\neq b$，叶结点 a 和 x 交换得到树 T'，然后交换叶结点 b 和 y 得到树 T''。因为每次交换并不增加代价，所以所得的树 T'' 也是最优树

433

引理 16.2 说明，不失一般性，通过合并来构造最优树的过程，可以从合并出现频率最低的两个字符这样一个贪心选择开始。为什么这是一个贪心选择？我们可以将一次合并操作的代价看做被合并的两项的频率之和。练习 16.3-4 要求证明编码树构造的总代价等于所有合并操作的代价之和。在每个步骤可选的所有合并操作中，HUFFMAN 选择是代价最小的那个。

〔434〕

下面的引理证明了构造最优前缀码的问题具有最优子结构性质。

引理 16.3 令 C 为一个给定的字母表，其中每个字符 $c \in C$ 都定义了一个频率 $c.freq$。令 x 和 y 是 C 中频率最低的两个字符。令 C' 为 C 去掉字符 x 和 y，加入一个新字符 z 后得到的字母表，即 $C' = C - \{x, y\} \bigcup \{z\}$。类似 C，也为 C' 定义 $freq$，不同之处只是 $z.freq = x.freq + y.freq$。令 T' 为字母表 C' 的任意一个最优前缀码对应的编码树。于是我们可以将 T' 中叶结点 z 替换为一个以 x 和 y 为孩子的内部结点，得到树 T，而 T 表示字母表 C 的一个最优前缀码。

证明 首先说明如何用树 T' 的代价 $B(T')$ 来表示树 T 的代价 $B(T)$，方法是考虑公式（16.4）中每项的代价。对于每个字符 $c \in C - \{x, y\}$，我们有 $d_T(c) = d_{T'}(c)$，因此 $c.freq \cdot d_T(c) = c.freq \cdot d_{T'}(c)$。由于 $d_T(x) = d_T(y) = d_{T'}(z) + 1$，我们有

$$x.freq \cdot d_T(x) + y.freq \cdot d_T(y) = (x.freq + y.freq)(d_{T'}(z) + 1)$$
$$= z.freq \cdot d_{T'}(z) + (x.freq + y.freq)$$

于是可以得到结论

$$B(T) = B(T') + x.freq + y.freq$$

或者等价地

$$B(T') = B(T) - x.freq - y.freq$$

现在用反证法来证明引理。假定 T 对应的前缀码并不是 C 的最优前缀码。存在最优编码树 T'' 满足 $B(T'') < B(T)$。不失一般性（由引理 16.2），T'' 包含兄弟结点 x 和 y。令 T''' 为将 T'' 中 x、y 及它们的父结点替换为叶结点 z 得到的树，其中 $z.freq = x.freq + y.freq$。于是

$$B(T''') = B(T'') - x.freq - y.freq < B(T) - x.freq - y.freq = B(T')$$

与 T' 对应 C' 的一个最优前缀码的假设矛盾。因此，T 必然表示字母表 C 的一个最优前缀码。 ■

定理 16.4 过程 HUFFMAN 会生成一个最优前缀码。

证明 由引理 16.2 和引理 16.3 即可得。 ■

〔435〕

练习

16.3-1 请解释，在引理 16.2 的证明中，为什么若 $x.freq = b.freq$，则有 $a.freq = b.freq = x.freq = y.freq$。

16.3-2 证明：一棵不满的二叉树不可能对应一个最优前缀码。

16.3-3 如下所示，8 个字符对应的出现频率是斐波那契数列的前 8 个数，此频率集合的赫夫曼编码是怎样的？

a：1 b：1 c：2 d：3 e：5 f：8 g：13 h：21

你能否推广你的结论，求频率集为前 n 个斐波那契数的最优前缀码？

16.3-4 证明：编码树的总代价还可以表示为所有内部结点的两个孩子结点的联合频率之和。

16.3-5 证明：如果我们将字母表中字符按频率单调递减排序，那么存在一个最优编码，其码字长度是单调递增的。

16.3-6 假定我们有字母表 $C = \{0, 1, \cdots, n-1\}$ 上的一个最优前缀码，我们希望用最少的二进制位传输此编码。说明如何仅用 $2n - 1 + n \lceil \lg n \rceil$ 位表示 C 上的任意最优前缀码。（提示：通过对树的遍历，用 $2n - 1$ 位说明编码树的结构。）

16.3-7 推广赫夫曼算法，使之能生成三进制的码字（即码字由符号 0、1、2 组成），并证明你的

算法能生成最优三进制码。

16.3-8 假定一个数据文件由 8 位字符组成，其中所有 256 个字符出现的频率大致相同：最高的频率也低于最低频率的 2 倍。证明：在此情况下，赫夫曼编码并不比 8 位固定长度编码更高效。

16.3-9 证明：对于一个由随机生成的 8 位字符组成的文件，没有任何压缩方法可以望将其压缩，哪怕只是压缩一位。（提示：比较可能的文件数量和可能的编码文件数量。）

*16.4 拟阵和贪心算法

本节概略介绍一种与贪心算法相关的漂亮的理论。该理论描述了很多贪心方法生成最优解的情形，它涉及一种称为"拟阵"的组合结构。虽然这种理论不能涵盖贪心方法适用的所有情况（例如，它不能用于 16.1 节的活动选择问题或 16.3 节的赫夫曼编码问题），但它确实覆盖了很多有实际意义的情况。而且，这种理论的扩展还覆盖了其他很多应用，参见本章末尾的注记。

拟阵

一个**拟阵**(matroid)就是一个满足如下条件的序偶 $M = (S, \mathcal{I})$：

1. S 是一个有限集。

2. $\mathcal{I}$ 是 S 的子集的一个非空族，这些子集称为 S 的**独立子集**，使得如果 $B \in \mathcal{I}$ 且 $A \subseteq B$，则 $A \in \mathcal{I}$。如果 $\mathcal{I}$ 满足此性质，则称之为**遗传的**。注意，空集 $\varnothing$ 必然是 $\mathcal{I}$ 的成员。

3. 若 $A \in \mathcal{I}$、$B \in \mathcal{I}$ 且 $|A| < |B|$，那么存在某个元素 $x \in B - A$，使得 $A \cup \{x\} \in \mathcal{I}$，则称 M 满足**交换性质**。

"拟阵"一词最早是 Hassler Whitney 提出的。他当时在研究**矩阵拟阵**，其中 S 是一个给定矩阵的所有行，而行之间的独立性质与通常意义上的线性无关性质是等价的。练习 16.4-2 要求证明，这个结构定义了一个拟阵。

另一个拟阵的例子是**图拟阵**(graphic matroid) $M_G = (S_G, \mathcal{I}_G)$，它定义在一个给定的无向图 $G = (V, E)$ 之上：

- S_G 定义为 E，即 G 的边集。
- 如果 A 是 E 的子集，则 $A \in \mathcal{I}_G$ 当且仅当 A 是无圈的。也就是说，一组边 A 是独立的当且仅当子图 $G_A = (V, A)$ 形成一个森林。

图拟阵 M_G 与最小生成树问题是紧密相关的，第 23 章会详细讨论。

定理 16.5 如果 $G = (V, E)$ 是一个无向图，则 $M_G = (S_G, \mathcal{I}_G)$ 是一个拟阵。

证明 显然 $S_G = E$ 是一个有限集。而且，$\mathcal{I}_G$ 是遗传的，因为森林的子集还是森林。换句话说，从一个无圈的边集中删除边不会产生圈。

因此，接下来只需证明 M_G 满足交换性质。假定 $G_A = (V, A)$ 和 $G_B = (V, B)$ 是 G 的森林，且 $|B| > |A|$。也就是说，A 和 B 是无圈边集，且 B 包含更多的边。

我们有结论：$F = (V_F, E_F)$ 恰好包含 $|V_F| - |E_F|$ 棵树。为了证明此结论，假定 F 包含 t 棵树，其中第 i 棵树包含 v_i 个顶点和 e_i 条边。于是有

$$|E_F| = \sum_{i=1}^{t} e_i = \sum_{i=1}^{t} (v_i - 1) \qquad \text{（由定理 B.2）}$$

$$= \sum_{i=1}^{t} v_i - t = |V_F| - t$$

这意味着 $t = |V_F| - |E_F|$。因此，森林 G_A 包含 $|V| - |A|$ 棵树，森林 G_B 包含 $|V| - |B|$ 棵树。

由于森林 G_B 中树的数量比森林 G_A 少，它必然包含某棵树 T，其中两个顶点在森林 G_A 中属于两棵不同的树。而且，由于 T 是连通的，它必然包含一条边 (u, v)，使得顶点 u 和 v 在森林 G_A 中属于两棵不同的树。由于边 (u, v) 连接了森林 G_A 中两棵不同的树中的顶点，可以将边 (u, v) 加入森林 G_A，而不会产生圈。因此，M_G 满足交换性质。至此，已证明 M_G 是拟阵。 ∎

给定一个拟阵 $M=(S, \mathcal{I})$，如果对一个集合 $A \in \mathcal{I}$ 和一个元素 $x \notin A$，将 x 加入 A 会保持独立性质，则称 x 是 A 的一个**扩展**。也就是说，如果 $A \cup \{x\} \in \mathcal{I}$，则 x 是 A 的一个扩展。我们以图拟阵 M_G 为例，如果 A 是一个边独立集，那么边 e 是 A 的一个扩展当且仅当 e 不在 A 中且将 e 加入 A 中不会形成圈。

对拟阵 M 中的一个独立子集 A，如果它不存在扩展，则称它是**最大的**。也就是说，如果 A 不包含于任何更大的 M 的独立子集中，则 A 是最大的。下面的性质通常很有用。

定理 16.6 拟阵中所有最大独立子集都具有相同大小。

证明 假定命题不成立，拟阵 M 存在一个最大独立子集 A 和另一个更大的独立子集 B。那么，交换性质意味着对于某个 $x \in B-A$，我们可以将 A 扩展为一个更大的独立子集 $A \cup \{x\}$，与 A 是最大独立子集的假设矛盾。■

作为此定理的一个示例，我们考虑一个连通无向图 G 的图拟阵 M_G。M_G 的每个最大独立子集必定是一棵边数为 $|V|-1$，连接了 G 的所有顶点的自由树。这样一棵树称为 G 的**生成树**。

如果一个拟阵 $M=(S, \mathcal{I})$ 关联一个权重函数 w，为每个元素 $x \in S$ 赋予一个严格大于 0 的权重 $w(x)$，则称 M 是**加权的**。通过求和，可将权重函数 w 扩展到 S 的任意子集 A：

$$w(A) = \sum_{x \in A} w(x)$$

例如，如果令 $w(e)$ 表示图拟阵 M_G 中边 e 的权重，那么 $w(A)$ 就表示边集 A 中所有边的权重之和。

加权拟阵上的贪心算法

很多可以用贪心算法得到最优解的问题都可以形式化为在一个加权拟阵中寻找最大权重独立子集的问题。也就是说，给定一个加权拟阵 $M=(S, \mathcal{I})$，我们希望寻找独立集 $A \in \mathcal{I}$ 使得 $w(A)$ 最大。我们称这种独立且具有最大可能权重的子集为拟阵的**最优**子集。由于任何元素 $x \in S$ 的权重 $w(x)$ 都是正的，则最优子集必然是最大独立子集——它总是有助于使 A 尽可能大。

例如，在**最小生成树问题**中，给定一个连通无向图 $G=(V, E)$ 和一个长度函数 w，使得 $w(e)$ 表示边 e 的长度（正值）（这里我们用"长度"表示图中边的原始权重，用"权重"表示关联的拟阵的权重）。我们希望找到一个边的子集，能连接所有顶点，且具有最小总长度。为了将此问题描述为寻找拟阵最优子集的问题，考虑加权拟阵 M_G，其权重函数为 w'，这里 $w'(e) = w_0 - w(e)$，其中 w_0 为大于最大边长度的值。在此加权拟阵中，所有权重均为正，且最优子集即为原图中的最小总长度生成树。更具体地，每个最大独立子集 A 都对应一棵 $|V|-1$ 条边的生成树，而且由于对所有最大独立子集 A，有

$$w'(A) = \sum_{e \in A} w'(e) = \sum_{e \in A}(w_0 - w(e)) = (|V|-1)w_0 - \sum_{e \in A} w(e) = (|V|-1)w_0 - w(A)$$

因此，最大化 $w'(A)$ 必然最小化 $w(A)$。因此，任何能求得任意拟阵中最优子集 A 的算法，均可求解最小生成树问题。

第 23 章将给出最小生成树的算法，但现在我们给出适用于任何加权拟阵的算法。算法接受一个加权拟阵 $M=(S, \mathcal{I})$ 及其关联的正加权函数 w 作为输入，返回最优子集 A。在我们的伪代码中，我们用 $M.S$ 和 $M.\mathcal{I}$ 表示 M 的组成部分，加权函数表示为 w。这个算法是一个贪心算法，因为它按权重单调递减的顺序考虑每个元素 $x \in S$，如果 $A \cup \{x\}$ 是独立的，就立即将 x 加入到累积集合 A 中。

GREEDY(M, w)

1    $A = \varnothing$

2   sort $M.S$ into monotonically decreasing order by weight w

3   **for** each $x \in M.S$, taken in monotonically decreasing order by weight $w(x)$

4   **if** $A \cup \{x\} \in M.\mathcal{I}$

5           $A = A \cup \{x\}$

6   **return** A

第 4 行检查加入 x 后 A 是否保持独立集性质，若是，则在第 5 行将 x 加入 A，否则丢弃 x。由于空集是独立的，且每步 **for** 循环都保持 A 的独立性，因此由归纳法可知，A 始终是独立的。因此，GREEDY 总是返回一个独立子集 A。稍后，我们将会看到 A 是具有最大可能权重的子集，因而是一个最优子集。

GREEDY 的运行时间很容易分析。令 n 表示 $|S|$，则排序阶段花费时间为 $O(n \lg n)$。第 4 行严格执行了 n 次，每次处理 S 的一个元素。第 4 行每执行一次需检查一个集合 $A \cup \{x\}$ 是否独立。如果每次检查花费时间为 $O(f(n))$，则算法运行时间为 $O(n \lg n + n f(n))$。

现在我们证明 GREEDY 返回一个最优子集。

引理 16.7（拟阵具有贪心选择性质）　假定 $M = (S, \mathcal{I})$ 是一个加权拟阵，加权函数为 w，且 S 已按权重单调递减顺序排序。令 x 是 S 中第一个满足 $\{x\}$ 独立的元素（如果存在）。如果存在这样的 x，那么存在 S 的一个最优子集 A 包含 x。

证明　如果不存在这样的 x，唯一的独立子集是空集，引理显然成立。否则，令 B 为任意非空最优子集。假定 $x \notin B$，因为否则的话，显然 B 就是我们要找的包含 x 的最优子集 A。

我们有结论 B 中元素的权重都不大于 $w(x)$。原因在于，我们观察到 $y \in B$ 意味着 $\{y\}$ 是独立的（因为 $B \in \mathcal{I}$ 且 $\mathcal{I}$ 是遗传的），因此我们选择 x 的方式（第一个形成独立集的元素）保证了对任意 $y \in B$，有 $w(x) \geqslant w(y)$。

于是可以这样构造集合 A。以 $A = \{x\}$ 开始，由于 x 的性质，集合 A 保证是独立的。使用交换性质，反复寻找 B 中一个可以加入 A 中的新元素（同时保持 A 的独立性），直至 $|A| = |B|$。此时，A 和 B 的差别仅在于 A 包含 x，而 B 包含另一个元素 y。也就是说，$A = B - \{y\} \cup \{x\}$，y 为 B 中某个元素，且

$$w(A) = w(B) - w(y) + w(x) \geqslant w(B)$$

由于集合 B 是最优的，因此集合 A 必然也是最优的，且包含 x。　■

下面证明如果一个元素在初始时不是最优的选择，那么在随后也不会被选入最优集合中。

引理 16.8　令 $M = (S, \mathcal{I})$ 是一个拟阵。如果 x 是 S 中一个元素，而且是 S 的某个独立子集 A 的一个扩展，则 x 也是 $\varnothing$ 的一个扩展。

证明　由于 x 是 A 的一个扩展，可知 $A \cup \{x\}$ 独立的。由于 $\mathcal{I}$ 是遗传的，$\{x\}$ 必然是独立的。因此，x 是 $\varnothing$ 的一个扩展。　■

推论 16.9　令 $M = (S, \mathcal{I})$ 是一个拟阵。如果 x 是 S 中一个元素，且它不是 $\varnothing$ 的一个扩展，那么它也不是 S 的任何独立子集 A 的扩展。

证明　此推论为引理 16.8 的逆否命题。　■

推论 16.9 表明，任何元素如果首次不能用于构造独立集，则之后永远也不可能被用到了。因此，GREEDY 跳过 S 中那些不是 $\varnothing$ 的扩展的起始元素，不会导致错误结果，因为那些元素永远不会被用到。

引理 16.10（拟阵具有最优子结构性质）　令 $M = (S, \mathcal{I})$ 是一个加权拟阵，x 是 S 中第一个被 GREEDY 算法选出的元素，则接下来寻找一个包含 x 的最大权重独立子集的问题归结为寻找加权拟阵 $M' = (S', \mathcal{I}')$ 的一个最大权重独立子集的问题，其中

$$S' = \{y \in S : \{x, y\} \in \mathcal{I}\}$$
$$\mathcal{I}' = \{B \subseteq S - \{x\} : B \cup \{x\} \in \mathcal{I}\}$$

M' 的权重函数就是 M 的权重函数，但只局限于 S' 中元素。（我们称 M' 为 M 在元素 x 上的**收缩**（contraction）。）

证明 若 A 是 M 的任意一个包含 x 的最大权重独立子集，则 $A'=A-\{x\}$ 是 M' 的一个独立子集。相反，任何 M' 的独立子集 A' 可生成 M 的独立子集 $A=A'\bigcup\{x\}$。由于对两种情况均有 $w(A)=w(A')+w(x)$，因此 M 的包含 x 的最大权重独立子集必然生成 M' 的最大权重独立子集，反之亦然。 ■

定理 16.11(拟阵上贪心算法的正确性) 若 $M=(S,\mathcal{I})$ 是一个加权拟阵，权重函数是 w，那么 GREEDY(M,w) 返回一个最优子集。

证明 由推论 16.9，GREEDY 跳过的任何不是 $\varnothing$ 的扩展的起始元素可永远丢弃，因为这些元素永远不会被用到。一旦 GREEDY 算法选出第一个元素 x，引理 16.7 表明算法将 x 加入 A 不会导致错误结果，因为必然存在包含 x 的最优子集。最终，引理 16.10 说明剩下的问题就是如何寻找拟阵 M' 的最优子集了，M' 是 M 在 x 上的收缩。在 GREEDY 将 A 设置为 $\{x\}$ 后，我们可以将之后它的所有步骤解释为拟阵 $M'=(S',\mathcal{I}')$ 上的操作，因为对所有集合 $B\in\mathcal{I}'$，B 在 M' 中独立当且仅当 $B\bigcup\{x\}$ 在 M 中独立。因此，GREEDY 随后的操作将会找到 M' 的一个最大权重独立子集，而其所有操作的总体效果就是找到 M 的一个最大权重独立子集。 ■ |442|

练习

16.4-1 证明：若 S 是任意一个有限集，$\mathcal{I}_k$ 是 S 的所有规模不超过 k 的子集的集合$(k\leqslant|S|)$，则 $(S,\mathcal{I}_k)$ 是一个拟阵。

*__**16.4-2**__ 给定某个域(如实数域)上的 $m\times n$ 矩阵 T，证明：$(S,\mathcal{I})$ 是一个拟阵，其中 S 是 T 的列的集合，且 $A\in\mathcal{I}$ 当且仅当 A 中的列是线性无关的。

*__**16.4-3**__ 证明：若 $(S,\mathcal{I})$ 是一个拟阵，则 $(S,\mathcal{I}')$ 也是一个拟阵，其中

$$\mathcal{I}' = \{A':S-A' \text{包含某些最大独立子集} A\in\mathcal{I}\}$$

即 $(S,\mathcal{I}')$ 的最大独立子集恰好是 $(S,\mathcal{I})$ 的最大独立子集的补集。

*__**16.4-4**__ 令 S 是一个有限集，S_1，S_2，$\cdots$，S_k 是 S 的一个划分，这些集合都是非空且不相交的。定义结构$(S,\mathcal{I})$ 满足条件$\mathcal{I}=\{A:|A\bigcap S_i|\leqslant1,\ i=1,2,\cdots,k\}$。证明：$(S,\mathcal{I})$ 是一个拟阵。也就是说，与划分中所有子集都最多有一个共同元素的集合 A 组成的集合构成了拟阵的独立集。

16.4-5 对于一个所需最优化解为最小权重最大独立子集的加权拟阵问题，如何将其权重函数进行转换，使其变为标准的加权拟阵问题？详细论证你的转换方法是正确的。

*16.5 用拟阵求解任务调度问题

一个可以用拟阵来求解的有趣问题是单处理器上的单位时间任务最优调度问题，其中每个任务有一个截止时间以及错过截止时间后的惩罚值。问题看起来很复杂，但我们可以用一个异常简单的方法求解它——将其转换为一个拟阵并用贪心算法求解。

单位时间任务是严格需要一个时间单位来完成的作业，如运行于计算机上的一个程序。给定一个单位时间任务的有限集合 S，对 S 的一个**调度**是指 S 的一个排列，它指明了任务执行的顺序。第一个被调度的任务开始于时刻 0，终止于时刻 1，第二个任务开始于时刻 1，终止于时刻 2，依此类推。 |443|

单处理器上带截止时间和惩罚的单位时间任务调度问题有如下输入：

- n 个单位时间任务的集合 $S=\{a_1,a_1,\cdots,a_n\}$。
- n 个整数**截止时间** d_1，d_1，$\cdots$，d_n，每个 d_i 满足 $1\leqslant d_i\leqslant n$，我们期望任务 a_i 在时间 d_i 之前完成。
- n 个非负权重或**惩罚** w_1，w_2，$\cdots$，w_n，若任务 a_i 在时间 d_i 之前没有完成，我们就会受

到 w_i 这么多的惩罚，如果任务在截止时间前完成，则不会受到惩罚。

我们希望找到 S 的一个调度方案，能最小化超过截止时间导致的惩罚总和。

考虑一个给定的调度方案。如果方案中一个任务在截止时间后完成，我们称它是**延迟**的（late）；否则，我们称它是**提前**的（early）。对于任意调度方案，我们总是可以将其转换为**提前优先形式**（early-first form），即将提前的任务都置于延迟的任务之前。原因在于，如果某个提前任务 a_i 位于某个延迟任务 a_j 之后，我们可以交换它们的位置，显然 a_i 仍然是提前的，a_j 仍然是延迟的。

而且，我们总是可以将一个任意的调度方案转换为**规范形式**（canonical form）——提前任务都在延迟任务之前，且提前任务按截止时间单调递增的顺序排列。为了进行这种转换，我们首先将调度方案转换为提前优先形式。然后，只要调度方案中存在两个提前任务 a_i 和 a_j，分别在时刻 k 和 $k+1$ 完成，使得 $d_j < d_i$，我们就交换 a_i 和 a_j 的位置。由于交换前 a_j 是提前的，我们有 $k+1 \leqslant d_j$，因此 $k+1 < d_i$，因而交换后 a_i 是提前的。由于 a_j 被移动到更靠前的时间，因此在交换后它保持提前。

这样，寻找最优调度方案的问题就归结为寻找提前任务子集 A 的问题。确定 A 之后，我们可以将 A 中元素按截止时间递增的顺序排列，然后将延迟任务（即 $S-A$）以任意顺序排列其后，就得到了最优调度方案的规范形式。

对于一个任务集合 A，如果存在一个调度方案，使 A 中所有任务都不延迟，则称 A 是**独立的**。显然，一个调度方案的提前任务集合构成一个独立任务集。令 $\mathcal{I}$ 表示所有独立任务集的集合。

下面我们考虑如何确定一个给定集合 A 是否独立的问题。对 $t=0，1，2，\cdots，n$，令 $N_t(A)$ 表示 A 中截止时间小于等于 t 的任务数。注意，对任意集合 A 均有 $N_0(A)=0$。

引理 16.12 对任意任务集合 A，下面性质是等价的：

1. A 是独立的。

2. 对 $t=0，1，2，\cdots，n$，有 $N_t(A) \leqslant t$。

3. 如果 A 中任务按截止时间单调递增的顺序调度，那么不会有任务延迟。

证明 为了证明由（1）可得（2），我们证明逆否命题：如果对某个 t，$N_t(A) > t$，则集合 A 的任何调度方案都会有任务延迟的情况发生，因为超过 t 个任务必须在时刻 t 前完成（而每个任务都花费一个时间单位）。因此，由（1）可得到（2）。如果（2）成立，则（3）必然也成立：当按截止时间单调递增顺序调度任务时，不会发生"卡住"的现象，因为（2）成立意味着第 i 大的截止时间至少是 i。最后，由（3）显然能推导出（1）。■

利用引理 16.12 的性质 2，我们可以简单地计算出一个给定任务集合是否独立（参见练习 16.5-2）。

最小化延迟任务的惩罚之和的问题与最大化提前任务的惩罚之和是等价的。下面的定理确保我们可以使用贪心算法求出总惩罚最大的独立任务集 A。

定理 16.13 如果 S 是一个给定了截止时间的单位时间任务集合，$\mathcal{I}$ 是所有独立任务集合的集合，则对应的系统 $(S, \mathcal{I})$ 是一个拟阵。

证明 每个独立任务集合的子集必然也是独立的。为了证明交换性质，假定 B 和 A 是独立任务集合，且 $|B| > |A|$。令 k 是满足 $N_t(B) \leqslant N_t(A)$ 的最大的 t（这样 t 肯定是存在的，因为 $N_0(A) = N_0(B) = 0$）。由于 $N_n(B) = |B|$ 且 $N_n(A) = |A|$，但 $|B| > |A|$，因此对 $k+1 \leqslant j \leqslant n$ 间的所有 j，必然有 $k < n$ 及 $N_j(B) > N_j(A)$。因此，B 比 A 包含更多截止时间为 $k+1$ 的任务。令 a_i 为 $B-A$ 中截止时间为 $k+1$ 的任务，令 $A' = A \cup \{a_i\}$。

下面利用引理 16.12 的性质 2 证明 A' 必然是独立的。因为 A 是独立的，对 $0 \leqslant t \leqslant k$，我们有

$N_t(A') = N_t(A) \leqslant t$。因为 B 是独立的,对 $k < t \leqslant n$,我们有 $N_t(A') \leqslant N_t(B) \leqslant t$。因此,$A'$ 是独立的,从而得证 $(S, \mathcal{I})$ 是一个拟阵。 ■

由定理 16.11,我们可以用贪心算法求出一个最大权重的独立任务集 A。然后可以创建一个最优调度方案,以 A 中任务为提前任务。这个算法是求解单处理器上带截止时间和惩罚的单位时间任务调度问题的一种高效算法。使用 GREEDY 的运行时间为 $O(n^2)$,因为算法共进行了 $O(n)$ 独立性检查,每次花费 $O(n)$ 时间(参见练习 16.5-2)。思考题 16-4 给出了一个更快的实现。

445

图 16-7 给出了单处理器上带截止时间和惩罚的单位时间任务调度问题的一个例子。在此例中,贪心算法按顺序选择任务 a_1,a_2,a_3 和 a_4,然后拒绝 a_5(因为 $N_4(\{a_1, a_2, a_3, a_4, a_5\}) = 5$)和 a_6(因为 $N_4(\{a_1, a_2, a_3, a_4, a_6\}) = 5$),最后接受 a_7。最终的最优调度为

	任务						
a_i	1	2	3	4	5	6	7
d_i	4	2	4	3	1	4	6
w_i	70	60	50	40	30	20	10

图 16-7 单处理器上带截止时间和惩罚的单位时间任务调度问题的一个实例

$$\langle a_2, a_4, a_1, a_3, a_7, a_5, a_6 \rangle$$

总惩罚为 $w_5 + w_6 = 50$。

练习

16.5-1 对图 16-7 给出的调度问题的实例,将每个惩罚值 w_i 替换为 $80 - w_i$,求解修改后的问题。

16.5-2 说明如何利用引理 16.12 的性质 2 在 $O(|A|)$ 时间内确定一个给定任务集合 A 是独立的。

思考题

16-1 (找零问题) 考虑用最少的硬币找 n 美分零钱的问题。假定每种硬币的面额都是整数。

   a. 设计贪心算法求解找零问题,假定有 25 美分、10 美分、5 美分和 1 美分 4 种面额的硬币。证明你的算法能找到最优解。

446

   b. 假定硬币面额是 c 的幂,即面额为 c^0,c^1,$\cdots$,c^k,c 和 k 为整数,$c > 1$,$k \geqslant 1$。证明:贪心算法总能得到最优解。

   c. 设计一组硬币面额,使得贪心算法不能保证得到最优解。这组硬币面额中应该包含 1 美分,使得对每个零钱值都存在找零方案。

   d. 设计一个 $O(nk)$ 时间的找零算法,适用于任何 k 种不同面额的硬币,假定总是包含 1 美分硬币。

16-2 (最小平均完成时间调度问题) 假定给定任务集合 $S = \{a_1, a_2, \cdots, a_n\}$,其中任务 a_i 在启动后需要 p_i 个时间单位完成。你有一台计算机来运行这些任务,每个时刻只能运行一个任务。令 c_i 表示任务 a_i 的**完成时间**,即任务 a_i 被执行完的时间。你的目标是最小化平均完成时间,即最小化 $(1/n) \sum_{i=1}^{n} c_i$。例如,假定有两个任务 a_1 和 a_2,$p_1 = 3$,$p_2 = 5$,如果 a_2 首先运行,然后运行 a_1,则 $c_2 = 5$,$c_1 = 8$,平均完成时间为 $(5 + 8)/2 = 6.5$。如果 a_1 先于 a_2 执行,则 $c_1 = 3$,$c_2 = 8$,平均完成时间为 $(3 + 8)/2 = 5.5$。

   a. 设计算法,求平均完成时间最小的调度方案。任务的执行都是非抢占的,即一旦 a_i 开始运行,它就持续运行 p_i 个时间单位。证明你的算法能最小化平均完成时间,并分析算法的运行时间。

   b. 现在假定任务并不是在任意时刻都可以开始执行,每个任务都有一个**释放时间** r_i,在此时间之后才可以开始。此外假定任务执行是可以**抢占的**(preemption),这样任务可以被

挂起，稍后再重新开始。例如，一个任务 a_i 的运行时间为 $p_i=6$，释放时间为 $r_i=1$，它可能在时刻 1 开始运行，在时刻 4 被抢占。然后在时刻 10 恢复运行，在时刻 11 再次被抢占，最后在时刻 13 恢复运行，在时刻 15 运行完毕。任务 a_i 共运行了 6 个时间单位，但运行时间被分割成三部分。在此情况下，a_i 的完成时间为 15。设计算法，对此问题求解平均运行时间最小的调度方案。证明你的算法确实能最小化完成时间，分析算法的运行时间。

16-3 (无环子图)

a. 一个无向图 $G=(V, E)$ 的**关联矩阵**(incidence matrix)是一个 $|V| \times |E|$ 的矩阵 M，若边 e 关联于顶点 v，则 $M_{ve}=1$，否则 $M_{ve}=0$。论证 M 的一个列集合在整数模 2 的域上线性无关当且仅当对应的边集无环。

b. 假定我们对一个无向图 $G=(V, E)$ 的每条边都关联一个非负权重 $w(e)$。设计一个高效算法，求权重之和最大的无环边集。

c. 令 $G=(V, E)$ 是任意的有向图，定义 $(E, \mathcal{I})$ 满足 $A \in \mathcal{I}$ 当且仅当 A 不包含任何有向环。给出一个有向图 G 的例子，使得关联的系统 $(E, \mathcal{I})$ 不是一个拟阵。指出定义中哪个条件使得系统 $(E, \mathcal{I})$ 不是拟阵。

d. 无自环的有向图 $G=(V, E)$ 的**关联矩阵**是一个 $|V| \times |E|$ 的矩阵 M，若边 e 从顶点 v 发出，则 $M_{ve}=-1$，若边 e 指向顶点 v，则 $M_{ve}=1$，否则 $M_{ve}=0$。证明：如果 M 的一个列集合线性无关，那么对应的边集不包含有向环。

e. 练习 16.4-2 告诉我们任意矩阵 M 的线性无关的列集合的集合构成一个拟阵。仔细解释 (c) 和 (e) 的结果为什么不矛盾。什么情况下边集无环与关联矩阵中对应列集合线性无关这两个问题间没有完美的对应关系？

16-4 (调度问题变形) 对 16.5 节中带截止时间和惩罚的单位时间任务调度问题，考虑如下算法。初始时令 n 个时间槽均为空，时间槽 i 为单位时间长度，结束于时刻 i。我们按惩罚值单调递减的顺序处理所有任务。当处理任务 a_j 时，如果存在不晚于 a_j 的截止时间 d_j 的空时间槽，则将 a_j 分配到其中最晚的那个。如果不存在这样的时间槽，将 a_j 分配到晨晚的空时间槽。

a. 证明：此算法总能得到最优解。

b. 利用 21.3 节提出的快速不相交集合森林来高效实现此算法。假定输入任务集合已经按惩罚值单调递减的顺序排序。分析实现程序的运行时间。

16-5 (离线缓存) 现代计算机使用缓存技术将少量数据保存于快速内存中。虽然程序可能访问大量数据，但通过将主存中少量数据保存在**缓存**(cache)——容量小但更快的内存中，还是可以大幅度降低访问时间。当一个计算机程序运行时，它对内存进行 n 次内存访问 $\langle r_1, r_1, \cdots, r_n \rangle$，每个请求访问一个特定数据元素。例如，一个程序访问 4 个不同元素 $\{a, b, c, d\}$，访问请求序列为 $\langle d, b, d, b, d, a, c, d, b, a, c, b \rangle$。令 k 为缓存的规模。当缓存已经保存了 k 个元素，而程序访问第 $(k+1)$ 个元素时，系统必须决定，对于此访问请求及之后的请求，要将哪 k 个元素保存在缓存中。更准确地，对每个请求 r_i，缓存管理算法检查元素 r_i 已经在缓存中。如果已在，就产生一次**缓存命中**(cache hit)；否则，产生一次**缓存未命中**(cache miss)。若产生缓存未命中，系统从主存中提取 r_i，同时缓存管理算法必须决定是否将 r_i 保留在缓存中。如果算法决定保留 r_i 且缓存中已经保存了 k 个元素，则它必须将某个元素逐出缓存来为 r_i 腾出空间。缓存管理算法逐出数据的目标是在处理整个访问请求序列的过程中缓存未命中的次数最少。

通常，缓存管理是一个在线问题。也就是说，我们在决定将哪些数据保留在缓存中时，并不知道未来的访问请求是什么。但是，我们这里考虑此问题的离线版本，即预先知道完整的请求序列（包含 n 个访问请求）及缓存规模 k，目标仍是最小化缓存未命中次数。

我们可以用一种称为**将来最远**（furthest-in-future）的贪心策略求解离线缓存问题，此策略选择逐出缓存的数据的方法是选择在请求序列中下一次访问距离最远的数据。

a. 编写使用将来最远策略的缓存管理器的伪代码。输入是请求序列 $\langle r_1, r_2, \cdots, r_n \rangle$ 和缓存规模 k，输出为决策结果序列——处理每个请求时逐出缓存的是哪个数据（如果需要逐出）。分析算法的运行时间。

b. 证明：离线缓存问题具有最优子结构性质。

c. 证明：将来最远策略可以保证最小缓存未命中次数。 $\boxed{449}$

本章注记

读者可以在 Lawler[224] 及 Papadimitriou 和 Steiglitz[271] 的书中找到更多关于贪心算法和拟阵的内容。

虽然拟阵理论早在 Whitney[355] 1935 年的文章中就已出现，但贪心算法最早用于组合优化问题的文献是 Edmonds[101] 1971 年的文章。

本书中关于活动选择问题的贪心算法正确性的证明基于 Gavril[131] 的证明；Lawler 在文献 [224] 中，Horowitz、Sahni 和 Rajasekaran 在文献 [181] 中，Brassard 和 Bratley 在文献 [54] 中都研究过任务调度问题。

赫夫曼编码是 1952 年发明的 [185]；Lelewer 和 Hirschberg 在文献 [231] 中综述了 1987 年之前的数据压缩算法。

Korte 和 Lovász[216~219] 最早提出了广义拟阵（greedoid）理论，这是拟阵理论的一种扩展，极大地推广了本章中介绍的拟阵理论。 $\boxed{450}$

摊 还 分 析

在**摊还分析**（amortized analysis）中，我们求数据结构的一个操作序列中所执行的所有操作的平均时间，来评价操作的代价。这样，我们就可以说明一个操作的平均代价是很低的，即使序列中某个单一操作的代价很高。摊还分析不同于平均情况分析，它并不涉及概率，它可以保证最坏情况下每个操作的平均性能。

本章前三节介绍了摊还分析中最常用的三种技术。17.1 节介绍聚合分析（aggregate analysis），这种方法用来确定一个 n 个操作的序列的总代价的上界 $T(n)$。因而每个操作的平均代价为 $T(n)/n$。我们将平均代价作为每个操作的摊还代价，因此所有操作具有相同的摊还代价。

17.2 节介绍核算法（accounting method），用来分析每个操作的摊还代价。当存在不止一种操作时，每种操作的摊还代价可能是不同的。核算法将序列中某些较早的操作的"余额"（overcharge）作为"预付信用"（prepaid credit）储存起来，与数据结构中的特定对象相关联。在操作序列中随后的部分，储存的信用即可用来为那些缴费少于实际代价的操作支付差额。

17.3 节讨论势能法（potential method），与核算法类似，势能法也是分析每个操作的摊还代价，而且也是通过较早操作的余额来补偿稍后操作的差额。势能法将信用作为数据结构的"势能"储存起来，与核算法不同，它将势能作为一个整体储存，而不是将信用与数据结构中单个对象关联分开储存。

我们将使用两个例子来介绍这三种方法。一个例子是带有额外 MULTIPOP 操作的栈，该操作一次性从栈中弹出多个对象。另一个例子是二进制计数器，它从 0 开始计数，通过 INCREMENT 操作实现计数。

当学习本章时，要记住在摊还分析中赋予对象的费用仅仅是用来分析而已，不需要也不应该出现在程序中。例如，在利用核算法进行分析时，如果我们将一定的信用赋予对象 x，那么并不需要在程序中将相应的值赋予对象的某个属性，如 $x.credit$。

通过做摊还分析，通常可以获得对某种特定数据结构的认识，这种认识有助于优化设计。例如，在 17.4 节中，我们将用势能法分析一个动态扩充和收缩的表。

17.1　聚合分析

利用**聚合分析**，我们证明对所有 n，一个 n 个操作的序列最坏情况下花费的总时间为 $T(n)$。因此，在最坏情况下，每个操作的平均代价，或**摊还代价**为 $T(n)/n$。注意，此摊还代价是适用于每个操作的，即使序列中有多种类型的操作也是如此。本章中，我们将要学习的另外两种方法——核算法和势能法，对不同类型的操作可能赋予不同的摊还代价。

栈操作

第一个聚合分析的例子是分析扩充了新操作的栈。10.1 节提出了两种基本的栈操作，时间复杂性均为 $O(1)$：

PUSH(S, x)：将对象 x 压入栈 S 中。

POP(S)：将栈 S 的栈顶对象弹出，并返回该对象。对空栈调用 POP 会产生一个错误。

由于两个操作都是 $O(1)$ 时间的，我们假定其代价均为 1。因此一个 n 个 PUSH 和 POP 操作的序列的总代价为 n，而 n 个操作的实际运行时间为 $\Theta(n)$。

我们现在增加一个新的栈操作 MULTIPOP(S, k)，它删除栈 S 栈顶的 k 个对象，如果栈中对象数少于 k，则将整个栈的内容都弹出。当然，我们假定 k 是正整数，否则 MULTIPOP 会保持栈不变。在下面的伪代码中，STACK-EMPTY 在当前栈中没有任何对象时返回 TRUE，否则返回 FALSE。

```
MULTIPOP(S, k)
1   while not STACK-EMPTY(S) and k>0
2       POP(S)
3       k=k-1
```

图 17-1 给出了 MULTIPOP 的一个例子。

在一个包含 s 个对象的栈上执行 MULTIPOP(S, k) 操作的运行时间应该是怎样的呢？真正的运行时间是与实际执行的 POP 操作的次数呈线性关系的，因此，我们可以用 PUSH 和 POP 操作的抽象代价 1 来分析描述 MULTIPOP 的代价。**while** 循环执行的次数等于从栈中弹出的对象数，等于 $\min(s, k)$。每个循环步调用一次 POP（第 2 行）。因此，MULTIPOP 的总代价为 $\min(s, k)$，而真正的运行时间为此代价的线性函数。

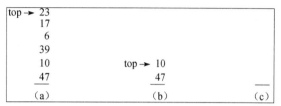

图 17-1 对栈 S 进行 MULTIPOP 操作，栈的初始格局如(a)所示。通过 MULTIPOP$(S, 4)$ 弹出栈顶 4 个对象，结果如(b)所示。因为栈中剩下的对象不足 7 个，下一个操作 MULTIPOP$(S, 7)$ 将栈清空，如(c)所示

我们来分析一下一个由 n 个 PUSH、POP 和 MULTIPOP 组成的操作序列在一个空栈上的执行情况。序列中一个 MULTIPOP 操作的最坏情况代价为 $O(n)$，因为栈的大小最大为 n。因此，任意一个栈操作的最坏情况时间为 $O(n)$，从而一个 n 个操作的序列的最坏情况代价为 $O(n^2)$，因为序列可能包含 $O(n)$ 个 MULTIPOP 操作，每个的执行代价为 $O(n)$。虽然这个分析是正确的，但我们通过单独分析每个操作的最坏情况代价得到的操作序列的最坏情况时间 $O(n^2)$，并不是一个确界。

通过使用聚合分析，我们考虑整个序列的 n 个操作，可以得到更好的上界。实际上，虽然一个单独的 MULTIPOP 操作可能代价很高，但在一个空栈上执行 n 个 PUSH、POP 和 MULTIPOP 的操作序列，代价至多是 $O(n)$。这是为什么呢？当将一个对象压入栈后，我们至多将其弹出一次。因此，对一个非空的栈，可以执行的 POP 操作的次数（包括了 MULTIPOP 中调用 POP 的次数）最多与 PUSH 操作的次数相当，即最多 n 次。因此，对任意的 n 值，任意一个由 n 个 PUSH、POP 和 MULTIPOP 组成的操作序列，最多花费 $O(n)$ 时间。一个操作的平均时间为 $O(n)/n=O(1)$。在聚合分析中，我们将每个操作的摊还代价设定为平均代价。因此，在此例中，所有三种栈操作的摊还代价都是 $O(1)$。

再次强调，虽然我们已经证明一个栈操作的平均代价，也就是平均运行时间为 $O(1)$，但并未使用概率分析。我们实际上得出的是一个 n 个操作的序列的最坏情况运行时间 $O(n)$，再除以 n 得到了每个操作的平均代价，或者说摊还代价。

二进制计数器递增

作为聚合分析的另一个例子，我们来看一个 k 位二进制计数器递增的问题，计数器的初值为 0。我们用一个位数组 $A[0..k-1]$ 作为计数器，其中 $A.length=k$。当计数器中保存的二进制值为 x 时，x 的最低位保存在 $A[0]$ 中，而最高位保存在 $A[k-1]$ 中，因此 $x=\sum_{i=0}^{k-1} A[i] \cdot 2^i$。初始时 $x=0$，因此对所有 $i=0, 1, \cdots, k-1$，$A[i]=0$。为了将 1（模 2^k）加到计数器的值上，我们使用如下过程：

```
INCREMENT(A)
1   i=0
2   while i < A.length and A[i]==1
```

```
3        A[i]=0
4        i=i+1
5    if i < A. length
6        A[i]=1
```

图 17-2 显示了将一个二进制计数器递增 16 次的情况，初始值为 0，最终变为 16。当每次开始执行第 2～4 行的 **while** 循环时，我们希望将 1 加在第 i 位上。如果 $A[i]=1$，那么加 1 操作会将第 i 位翻转为 0，并产生一个进位——在下一步循环迭代时将 1 加到第 $i+1$ 位上。否则，循环结束，此时若有 $i<k$，我们知道 $A[i]=0$，因此第 6 行将 1 加到第 i 位上——将第 i 位翻转为 1。每次 INCREMENT 操作的代价与翻转的二进制位的数目呈线性关系。

与上一个关于栈的例子类似，对此算法的运行时间进行粗略的分析会得到一个正确但不紧的界。最坏情况下 INCREMENT 执行一次花费 $\Theta(k)$ 时间，最坏情况当数组 A 所有位都为 1 时发生。因此，对初值为 0 的计数器执行 n 个 INCREMENT 操作最坏情况下花费 $O(nk)$ 时间。

计数器值	$A[7]$	$A[6]$	$A[5]$	$A[4]$	$A[3]$	$A[2]$	$A[1]$	$A[0]$	总代价
0	0	0	0	0	0	0	0	0	0
1	0	0	0	0	0	0	0	1	1
2	0	0	0	0	0	0	1	0	3
3	0	0	0	0	0	0	1	1	4
4	0	0	0	0	0	1	0	0	7
5	0	0	0	0	0	1	0	1	8
6	0	0	0	0	0	1	1	0	10
7	0	0	0	0	0	1	1	1	11
8	0	0	0	0	1	0	0	0	15
9	0	0	0	0	1	0	0	1	16
10	0	0	0	0	1	0	1	0	18
11	0	0	0	0	1	0	1	1	19
12	0	0	0	0	1	1	0	0	22
13	0	0	0	0	1	1	0	1	23
14	0	0	0	0	1	1	1	0	25
15	0	0	0	0	1	1	1	1	26
16	0	0	0	1	0	0	0	0	31

图 17-2 一个 8 位的二进制计数器，经过 16 次的 INCREMENT 操作，其值从 0 增长到 16。发生翻转而取得下一个值的位加了阴影。右边给出了位翻转所需的运行代价。注意总代价始终不超过 INCREMENT 操作总次数的 2 倍

对于 n 个 INCREMENT 操作组成的序列，我们可以得到一个更紧的界——最坏情况下代价为 $O(n)$，因为不可能每次 INCREMENT 操作都翻转所有的二进制位。如图 17-2 所示，每次调用 INCREMENT 时 $A[0]$ 确实都会翻转。而下一位 $A[1]$，则只是每两次调用翻转一次，这样，对一个初值为 0 的计数器执行一个 n 个 INCREMENT 操作的序列，只会使 $A[1]$ 翻转 $\lfloor n/2 \rfloor$ 次。类似地，$A[2]$ 每 4 次调用才翻转一次，即执行一个 n 个 INCREMENT 操作的序列的过程中翻转 $\lfloor n/4 \rfloor$ 次。一般地，对一个初值为 0 的计数器，在执行一个由 n 个 INCREMENT 操作组成的序列的过程中，$A[i]$ 会翻转 $\lfloor n/2^i \rfloor$ 次 $(i=0, 1, \cdots, k-1)$。对 $i \geqslant k$，$A[i]$ 不存在，因此也就不会翻转。因此，由公式 (A.6) 知，在执行 INCREMENT 序列的过程中进行的翻转操作的总数为

$$\sum_{i=0}^{k-1} \left\lfloor \frac{n}{2^i} \right\rfloor < n \sum_{i=0}^{\infty} \frac{1}{2^i} = 2n$$

因此，对一个初值为 0 的计数器，执行一个 n 个 INCREMENT 操作的序列的最坏情况时间为 $O(n)$。每个操作的平均代价，即摊还代价为 $O(n)/n=O(1)$。

练习

17.1-1 如果栈操作包括 MULTIPUSH 操作，它将 k 个数据项压入栈中，那么栈操作的摊还代价的界还是 $O(1)$ 吗？

17.1-2 证明：如果 k 位计数器的例子中允许 DECREMENT 操作，那么 n 个操作的运行时间可能达到 $\Theta(nk)$。

17.1-3 假定我们对一个数据结构执行一个由 n 个操作组成的操作序列，当 i 严格为 2 的幂时，第 i 个操作的代价为 i，否则代价为 1。使用聚合分析确定每个操作的摊还代价。

17.2 核算法

用**核算法**（accounting method）进行摊还分析时，我们对不同操作赋予不同费用，赋予某些操作的费用可能多于或少于其实际代价。我们将赋予一个操作的费用称为它的**摊还代价**。当一个操作的摊还代价超出其实际代价时，我们将差额存入数据结构中的特定对象，存入的差额称为**信用**。对于后续操作中摊还代价小于实际代价的情况，信用可以用来支付差额。因此，我们可以将一个操作的摊还代价分解为其实际代价和信用（存入的或用掉的）。不同的操作可能有不同的摊还代价。这种方法不同于聚合分析中所有操作都赋予相同摊还代价的方式。

我们必须小心地选择操作的摊还代价。如果我们希望通过分析摊还代价来证明每个操作的平均代价的最坏情况很小，就应确保操作序列的总摊还代价给出了序列总真实代价的上界。而且，与聚合分析一样，这种关系必须对所有操作序列都成立。如果用 c_i 表示第 i 个操作的真实代价，用 $\hat{c}_i$ 表示其摊还代价，则对任意 n 个操作的序列，要求

$$\sum_{i=1}^{n} \hat{c}_i \geqslant \sum_{i=1}^{n} c_i \tag{17.1}$$

数据结构中存储的信用恰好等于总摊还代价与总实际代价的差值，即 $\sum_{i=1}^{n} \hat{c}_i - \sum_{i=1}^{n} c_i$。由不等式（17.1）知，数据结构所关联的信用必须一直为非负值。如果在某个步骤，我们允许信用为负值（前面操作缴费不足，承诺在随后补齐账户欠费），那么当时的总摊还代价就会低于总实际代价，对于到那个时刻为止的操作序列，总摊还代价就不再是总实际代价的上界了。因此，我们必须注意保持数据结构中的总信用永远为非负值。

栈操作

为了说明摊还分析的核算法，我们回到栈的例子。回顾前面的内容，操作的实际代价为

PUSH	1
POP	1
MULTIPOP	$\min(k, s)$

其中 k 是提供给 MULTIPOP 的参数，s 是调用时栈的规模。我们为这些操作赋予如下摊还代价：

PUSH	2
POP	0
MULTIPOP	0

注意，MULTIPOP 的摊还代价是一个常数（0），而其实际代价是变量。在此例中，所有三个摊还代价都是常数。一般来说，所考虑的操作的摊还代价可能各不相同，渐近性也可能不同。

我们将证明，通过按摊还代价缴费，我们可以支付任意的栈操作序列（的实际代价）。假定使用 1 美元来表示一个单位的代价。我们从一个空栈开始。回忆 10.1 节中数据结构栈和自助餐店里一叠盘子间的类比。当将一个盘子放在一叠盘子的最上面，我们用 1 美元支付压栈操作的实际代价，将剩余的 1 美元存为信用（共缴费 2 美元）。在任何时间点，栈中的每个盘子都存储了与之对应的 1 美元的信用。

每个盘子存储的 1 美元，实际上是作为将来它被弹出栈时代价的预付费。当执行一个 POP 操作时，并不缴纳任何费用，而是使用存储在栈中的信用来支付其实际代价。为了弹出一个盘

子，我们取出此盘子的 1 美元的信用来支付 POP 操作的实际代价。因此，通过为 PUSH 操作多缴一点费，我们可以在 POP 时不缴纳任何费用。

而且，对于 MULTIPOP 操作，我们也可以不缴纳任何费用。为了弹出第一个盘子，我们将其 1 美元信用取出来支付此 POP 操作的实际代价。为了弹出第二个盘子，我们再次取出盘子的 1 美元信用来支付此 POP 操作的实际代价，依此类推。因此，预付的费用总是足够支付 MULTIPOP 操作的代价。换句话说，由于栈中的每个盘子都存有 1 美元的信用，而栈中的盘子数始终是非负的，因此可以保证信用值也总是非负的。因此，对任意 n 个 PUSH、POP、MULTIPOP 操作组成的序列，总摊还代价为总实际代价的上界。由于总摊还代价为 $O(n)$，因此总实际代价也是。

二进制计数器递增

作为核算法的另一个例子，我们分析在一个从 0 开始的二进制计数器上执行 INCREMENT 操作。如我们之前所观察到的，此操作的运行时间与翻转的位数成正比，因此对此例，可以将翻转的位数作为操作的代价。我们再次使用 1 美元表示一个单位的代价（在此例中是翻转 1 位）。

在摊还分析中，对一次置位操作，我们设其摊还代价为 2 美元。当进行置位时，用 1 美元支付置位操作的实际代价，并将另外 1 美元存为信用，用来支付将来复位操作的代价。在任何时刻，计数器中任何为 1 的位都存有 1 美元的信用，这样对于复位操作，我们就无需缴纳任何费用，使用存储的 1 美元信用即可支付复位操作的代价。

现在可以确定 INCREMENT 的摊还代价。**while** 循环中复位操作的代价用该位储存的 1 美元来支付。INCREMENT 过程至多置位一次（第 6 行），因此，其摊还代价最多为 2 美元。计数器中 1 的个数永远不会为负，因此，任何时刻信用值都是非负的。所以，对于 n 个 INCREMENT 操作，总摊还代价为 $O(n)$，为总实际代价的上界。

练习

17.2-1 假定对一个规模永远不会超过 k 的栈执行一个栈操作序列。执行 k 个操作后，我们复制整个栈来进行备份。通过为不同的栈操作赋予合适的摊还代价，证明：n 个栈操作（包括复制栈）的代价为 $O(n)$。

17.2-2 用核算法重做练习 17.1-3。

17.2-3 假定我们不仅对计数器进行增 1 操作，还会进行置 0 操作（即将所有位复位）。设检测或修改一个位的时间为 $\Theta(1)$，说明如何用一个位数组来实现计数器，使得对一个初值为 0 的计数器执行一个由任意 n 个 INCREMENT 和 RESET 操作组成的序列花费时间 $O(n)$。（提示：维护一个指针一直指向最高位的 1。）

17.3 势能法

势能法摊还分析并不将预付代价表示为数据结构中特定对象的信用，而是表示为“势能”，或简称“势”，将势能释放即可用来支付未来操作的代价。我们将势能与整个数据结构而不是特定对象相关联。

势能法工作方式如下。我们将对一个初始数据结构 D_0 执行 n 个操作。对每个 $i = 1，2，\cdots，n$，令 c_i 为第 i 个操作的实际代价，令 D_i 为在数据结构 D_{i-1} 上执行第 i 个操作得到的结果数据结构。**势函数** Φ 将每个数据结构 D_i 映射到一个实数 $\Phi(D_i)$，此值即为关联到数据结构 D_i 的**势**。第 i 个操作的**摊还代价** $\hat{c}_i$ 用势函数 Φ 定义为：

$$\hat{c}_i = c_i + \Phi(D_i) - \Phi(D_{i-1}) \tag{17.2}$$

因此，每个操作的摊还代价等于其实际代价加上此操作引起的势能变化。由公式（17.2），n 个操

作的总摊还代价为

$$\sum_{i=1}^{n} \hat{c}_i = \sum_{i=1}^{n} (c_i + \Phi(D_i) - \Phi(D_{i-1})) = \sum_{i=1}^{n} c_i + \Phi(D_n) - \Phi(D_0) \tag{17.3}$$

第二个等式是根据公式(A.9)推导出来的，因为 $\Phi(D_i)$ 项是交叠的，可以消去。

如果能定义一个势函数 Φ，使得 $\Phi(D_n) \geqslant \Phi(D_0)$，则总摊还代价 $\sum_{i=1}^{n} \hat{c}_i$ 给出了总实际代价 $\sum_{i=1}^{n} c_i$ 的一个上界。实际中，我们不是总能知道将要执行多少个操作。因此，如果对所有 i，我们 |459|
要求 $\Phi(D_i) \geqslant \Phi(D_0)$，则可以像核算法一样保证总能提前支付。我们通常将 $\Phi(D_0)$ 简单定义为 0，然后说明对所有 i，有 $\Phi(D_i) \geqslant 0$。（处理的一种简单方法参见练习 17.3-1，其中 $\Phi(D_0) \neq 0$。）

直觉上，如果第 i 个操作的势差 $\Phi(D_i) - \Phi(D_{i-1})$ 是正的，则摊还代价 $\hat{c}_i$ 表示第 i 个操作多付费了，数据结构的势增加。如果势差为负，则摊还代价表示第 i 个操作少付费了，势减少用于支付操作的实际代价。

公式(17.2)和公式(17.3)定义的摊还代价依赖于势函数 Φ 的选择。不同的势函数会产生不同的摊还代价，但摊还代价仍为实际代价的上界。在选择势函数时，我们常常发现可以做出一定的权衡，是否使用最佳势函数依赖于对时间界的要求。

栈操作

为了展示势能法，我们再次回到栈操作 PUSH、POP 和 MULTIPOP 的例子。我们将一个栈的势函数定义为其中的对象数量。对于初始的空栈 D_0，我们有 $\Phi(D_0) = 0$。由于栈中对象数目永远不可能为负，因此，第 i 步操作得到的栈 D_i 具有非负的势，即

$$\Phi(D_i) \geqslant 0 = \Phi(D_0)$$

因此，用 Φ 定义的 n 个操作的总摊还代价即为实际代价的一个上界。

下面计算不同栈操作的摊还代价。如果第 i 个操作是 PUSH 操作，此时栈中包含 s 个对象，则势差为

$$\Phi(D_i) - \Phi(D_{i-1}) = (s+1) - s = 1$$

则由公式(17.2)，PUSH 操作的摊还代价为

$$\hat{c}_i = c_i + \Phi(D_i) - \Phi(D_{i-1}) = 1 + 1 = 2$$

|460|

假设第 i 个操作是 MULTIPOP(S, k)，将 $k' = \min(k, s)$ 个对象弹出栈。对象的实际代价为 k'，势差为

$$\Phi(D_i) - \Phi(D_{i-1}) = -k'$$

因此，MULTIPOP 的摊还代价为

$$\hat{c}_i = c_i + \Phi(D_i) - \Phi(D_{i-1}) = k' - k' = 0$$

类似地，普通 POP 操作的摊还代价也为 0。

每个操作的摊还代价都是 $O(1)$，因此，n 个操作的总摊还代价为 $O(n)$。由于我们已经论证了 $\Phi(D_i) \geqslant \Phi(D_0)$，因此，$n$ 个操作的总摊还代价为总实际代价的上界。所以 n 个操作的最坏情况时间为 $O(n)$。

二进制计数器递增

作为势能法的另一个例子，我们再次分析二进制计数器递增问题。这一次，我们将计数器执行 i 次 INCREMENT 操作后的势定义为 b_i——i 次操作后计数器中 1 的个数。

我们来计算 INCREMENT 操作的摊还代价。假设第 i 个 INCREMENT 操作将 t_i 个位复位，则其实际代价至多为 $t_i + 1$，因为除了复位 t_i 个位之外，还至多置位 1 位。如果 $b_i = 0$，则第 i 个操作将所有 k 位都复位了，因此 $b_{i-1} = t_i = k$。如果 $b_i > 0$，则 $b_i = b_{i-1} - t_i + 1$。无论哪种情况，$b_i \leqslant b_{i-1} - t_i + 1$，势差为

$$\Phi(D_i) - \Phi(D_{i-1}) \leqslant (b_{i-1} - t_i + 1) - b_{i-1} = 1 - t_i$$

因此，摊还代价为

$$\hat{c}_i = c_i + \Phi(D_i) - \Phi(D_{i-1}) \leqslant (t_i + 1) + (1 - t_i) = 2$$

如果计数器从 0 开始，则 $\Phi(D_0) = 0$。由于对所有 i 均有 $\Phi(D_i) \geqslant 0$，因此，一个 n 个 INCREMENT 操作的序列的总摊还代价是总实际代价的上界，所以 n 个 INCREMENT 操作的最坏情况时间为 $O(n)$。

势能法给出了分析计数器问题的一个简单方法，即使计数器不是从 0 开始也可以分析。计数器初始时包含 b_0 个 1，经过 n 个 INCREMENT 操作后包含 b_n 个 1，其中 $0 \leqslant b_0$，$b_n \leqslant k$（回顾前文，k 是计数器二进制位的数目）。于是可以将公式(17.3)改写为

$$\sum_{i=1}^{n} c_i = \sum_{i=1}^{n} \hat{c}_i - \Phi(D_n) + \Phi(D_0) \tag{17.4}$$

对所有 $1 \leqslant i \leqslant n$，我们有 $\hat{c}_i \leqslant 2$。由于 $\Phi(D_0) = b_0$ 且 $\Phi(D_n) = b_n$，n 个 INCREMENT 操作的总实际代价为

$$\sum_{i=1}^{n} c_i \leqslant \sum_{i=1}^{n} 2 - b_n + b_0 = 2n - b_n + b_0$$

特别要注意，由于 $b_0 \leqslant k$，因此只要 $k = O(n)$，总实际代价就是 $O(n)$。换句话说，如果至少执行 $n = \Omega(k)$ 个 INCREMENT 操作，不管计数器初值是什么，总实际代价都是 $O(n)$。

练习

17.3-1 假定有势函数 Φ，对所有 i 满足 $\Phi(D_i) \geqslant \Phi(D_0)$，但 $\Phi(D_0) \neq 0$。证明：存在势函数 Φ'，使得 $\Phi'(D_0) = 0$，对所有 $i \geqslant 1$ 满足 $\Phi'(D_i) \geqslant 0$，且使用 Φ' 的摊还代价与使用 Φ 的摊还代价相同。

17.3-2 使用势能法重做练习 17.1-3。

17.3-3 考虑一个包含 n 个元素的普通二叉最小堆数据结构，它支持 INSERT 和 EXTRACT-MIN 操作，最坏情况时间均为 $O(\lg n)$。给出一个势函数 Φ，使得 INSERT 操作的摊还代价为 $O(\lg n)$，而 EXTRACT-MIN 操作的摊还代价为 $O(1)$，证明它是正确的。

17.3-4 执行 n 个 PUSH、POP 和 MULTIPOP 栈操作的总代价是多少？假定初始时栈中包含 s_0 个对象，结束后包含 s_n 个对象。

17.3-5 假定计数器初值不是 0，而是包含 b 个 1 的二进制数。证明：若 $n = \Omega(b)$，则执行 n 个 INCREMENT 操作的代价为 $O(n)$。（不要假定 b 是常量。）

17.3-6 证明：如何用两个普通的栈实现一个队列（练习 10.1-6），使得每个 ENQUEUE 和 DEQUEUE 操作的摊还代价为 $O(1)$。

17.3-7 为动态整数多重集 S（允许包含重复值）设计一种数据结构，支持如下两个操作：
INSERT(S, x) 将 x 插入 S 中。
DELETE-LARGER-HALF(S) 将最大的 $\lceil |S|/2 \rceil$ 个元素从 S 中删除。
解释如何实现这种数据结构，使得任意 m 个 INSERT 和 DELETE-LARGER-HALF 操作的序列能在 $O(m)$ 时间内完成。还要实现一个能在 $O(|S|)$ 时间内输出所有元素的操作。

17.4 动态表

对某些应用程序，我们可能无法预先知道它会将多少个对象存储在表中。我们为一个表分配一定的内存空间，随后可能会发现不够用。于是必须为其重新分配更大的空间，并将所有对象从原表中复制到新的空间中。类似地，如果从表中删除了很多对象，可能为其重新分配一个更小的内存空间就是值得的。在本节中，我们研究这种动态扩张和收缩表的问题。我们将使用摊还分

析证明，虽然插入和删除操作可能会引起扩张或收缩，从而有较高的实际代价，但它们的摊还代价都是 $O(1)$。而且，我们将看到如何保证动态表中的空闲空间相对于总空间的比例永远不超过一个常量分数。

我们假定动态表支持 TABLE-INSERT 和 TABLE-DELETE 操作。TABLE-INSERT 将一个数据项插入表中，它占用一个**槽**（slot），即保存一个数据项的空间。同样，TABLE-DELETE 从表中删除一个数据项，从而释放一个槽。用什么样的数据结构来组织动态表并不重要：我们可以使用栈（10.1 节）、堆（第 6 章）或者散列表（第 11 章）。我们也可以使用数组或数组集来实现对象的存储，如 10.3 节中的方法。

我们会发现，分析散列方法时（第 11 章）引入的一个概念用于本节可以方便摊还分析。我们将一个非空表 T 的**装载因子** $\alpha(T)$ 定义为表中存储的数据项的数量除以表的规模（槽的数量）。我们赋予空表（没有数据项）的规模为 0，并将其装载因子定义为 1。如果一个动态表的装载因子被限定在一个常量之下，则其空闲空间相对于总空间的比例永远也不会超过一个常数。

我们首先分析只允许插入数据项的情况，然后考虑既允许插入也允许删除的一般情况。

17. 4. 1　表扩张

我们假定表的存储空间是一个槽的数组。当所有槽都已被使用时，表被填满，此时装载因子为 1$^{\ominus}$。在某些软件环境中，当试图向一个满的表插入一个数据项时，唯一的选择是报错退出。但我们假定，我们的软件环境与很多现代软件系统一样，提供了一个内存管理系统，可以根据要求分配和释放内存块。因此，当试图向一个满的表插入一个数据项时，我们可以**扩张**表——分配一个包含更多槽的新表。由于我们总是需要表位于连续的内存空间中，因此必须为更大的新表分配一个新的数组，然后将数据项从旧表复制到新表中。

一个常用的分配新表的启发式策略是：为新表分配 2 倍于旧表的槽。如果只允许插入操作，那么装载因子总是保持在 1/2 以上，因此，浪费的空间永远不会超过总空间的一半。

在下面的伪代码中，我们假定 T 是一个对象，对应表。属性 $T.table$ 保存指向表的存储空间的指针，$T.num$ 保存表中的数据项数量，$T.size$ 保存表的规模（槽数）。初始时令表为空：$T.num = T.size = 0$。

```
TABLE-INSERT(T, x)
 1    if T.size == 0
 2        allocate T.table with 1 slot
 3        T.size = 1
 4    if T.num == T.size
 5        allocate new-table with 2 · T.size slots
 6        insert all items in T.table into new-table
 7        free T.table
 8        T.table = new-table
 9        T.size = 2 · T.size
10    insert x into T.table
11    T.num = T.num + 1
```

注意，此处有两个"插入"过程：TABLE-INSERT 自身及第 6 行和第 10 行的**基本插入**（elementary insertion）过程。我们可以将每次基本插入操作的代价设定为 1，然后用基本插入操作的次数来描述 TABLE-INSERT 的运行时间。假定 TABLE-INSERT 的实际运行时间与插入数

$\ominus$　在某些情况下，例如在一个开地址的散列表中，我们可能将表满定义为装载因子等于某个严格小于 1 的常数（参见练习 17.4-1）。

据项的时间呈线性关系，即第 2 行分配初始表的开销为常量，而第 5 行和第 7 行分配与释放内存空间的开销是由第 6 行的数据复制代价决定的。我们称第 5～9 行执行了一次**扩张**动作。

接下来，我们分析对一个空表执行 n 个 TABLE-INSERT 操作的代价。第 i 个操作的代价 c_i 是怎样的呢？如果当前的表有空间容纳新的数据项（或者这是第一个插入操作），则 $c_i = 1$，因为只需执行一次基本插入操作（第 10 行）。但如果当前表满，会发生一次扩张，则 $c_i = i$：第 10 行基本插入操作的代为 1，再加上第 6 行将数据项从旧表复制到新表的代价 $i-1$。如果执行 n 个操作，一个操作的最坏情况时间为 $O(n)$，从而可得 n 个操作总运行时间的上界 $O(n^2)$。

这不是一个紧确界，因为在执行 n 个 TABLE-INSERT 操作的过程中，扩张操作是很少的。具体地说，仅当 $i-1$ 恰为 2 的幂时，第 i 个操作才会引起一次扩张。一次插入操作的摊还代价实际上是 $O(1)$，我们可以用聚合分析来证明这一点。第 i 个操作的代价为

$$c_i = \begin{cases} i & \text{若 } i-1 \text{ 恰为 2 的幂} \\ 1 & \text{其他} \end{cases}$$

因此，n 个 TABLE-INSERT 操作的总代价为

$$\sum_{i=1}^{n} c_i \leqslant n + \sum_{j=0}^{\lfloor \lg n \rfloor} 2^j < n + 2n = 3n$$

由于包含至多 n 个代价为 1 的操作，而其他操作的代价形成一个等比数列，所以我们得到了上述结果。由于 n 个 TABLE-INSERT 操作的总代价以 $3n$ 为上界，因此，单一操作的摊还代价至多为 3。

通过使用核算法，我们会对为什么一次 TABLE-INSERT 操作的摊还代价应该为 3 有一点感觉。直观上，处理每个数据项要付出 3 次基本插入操作的代价：将它插入当前表中，当表扩张时移动它，当表扩张时移动另一个已经移动过一次的数据项。例如，假定表的规模在一次扩张后变为 m，则表中保存了 $m/2$ 个数据项，且它当前没有储存任何信用。我们为每次插入操作付 3 美元。立刻发生的基本插入操作花去 1 美元。我们将另外 1 美元储存起来作为插入数据项的信用。我们将最后 1 美元储存起来作为已在表中的 $m/2$ 个数据项中某一个的信用，这样，当表中保存了 m 个数据项已满时，每个数据项都储存了 1 美元，用于支付扩张时基本插入操作的代价。

我们也可以用势能法来分析 n 个 TABLE-INSERT 操作的序列，我们还将在 17.4.2 节中用势能法设计一个摊还代价为 $O(1)$ 的 TABLE-DELETE 操作。我们定义一个势函数 Φ，在扩张操作之后其值为 0，而表满时其值为表的规模，这样就可以用势能来支付下次扩张的代价。势函数定义为

$$\Phi(T) = 2 \cdot T.num - T.size \tag{17.5}$$

可以满足上述要求。当一次扩张后，我们有 $T.num = T.size/2$，因此 $\Phi(T) = 0$。而扩张之前，我们有 $T.num = T.size$，因此 $\Phi(T) = T.num$。势的初值为 0，且表总是至少半满的，即 $T.num \geqslant T.size/2$，于是 $\Phi(T)$ 总是非负的。因此，n 个 TABLE-INSERT 操作的摊还代价之和给出了实际代价之和的上界。

为了分析第 i 个 TABLE-INSERT 操作的摊还代价，我们令 num_i 表示第 i 个操作后表中数据项的数量，$size_i$ 表示第 i 个操作后表的总规模，Φ_i 表示第 i 个操作后的势。初始时，我们有 $num_0 = 0$，$size_0 = 0$ 及 $\Phi_0 = 0$。

如果第 i 个 TABLE-INSERT 操作没有触发扩张，那么有 $size_i = size_{i-1}$，此操作的摊还代价为

$$\begin{aligned} \hat{c}_i &= c_i + \Phi_i - \Phi_{i-1} \\ &= 1 + (2 \cdot num_i - size_i) - (2 \cdot num_{i-1} - size_{i-1}) \\ &= 1 + (2 \cdot num_i - size_i) - (2(num_i - 1) - size_i) \\ &= 3 \end{aligned}$$

如果第 i 个 TABLE-INSERT 操作触发了一次扩张，则有 $size_i = 2 \cdot size_{i-1}$ 及 $size_{i-1} = num_{i-1} = num_i - 1$，这意味着 $size_i = 2 \cdot (num_i - 1)$。因此，此操作的摊还代价为

$$\hat{c}_i = c_i + \Phi_i - \Phi_{i-1}$$
$$= num_i + (2 \cdot num_i - size_i) - (2 \cdot num_{i-1} - size_{i-1})$$
$$= num_i + (2 \cdot num_i - 2 \cdot (num_i - 1)) - (2(num_i - 1) - (num_i - 1))$$
$$= num_i + 2 - (num_i - 1)$$
$$= 3$$

图 17-3 画出了 num_i、$size_i$ 和 Φ_i 随 i 变化的情况。注意势是如何累积来支付表扩张代价的。

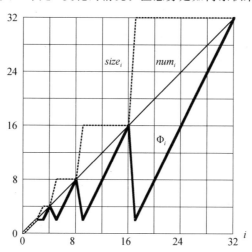

图 17-3 执行 n 个 TABLE-INSERT 操作过程中,表中数据项数量 num_i、表规模 $size_i$ 及势 $\Phi_i = 2 \cdot num_i - size_i$ 的变化,每个值都是在第 i 个操作后测量。细线显示了 num_i 的变化,虚线显示了 $size_i$ 的变化,粗线显示了 Φ_i 的变化。注意,在一次扩张前,势变为表中数据项的数量,因此可以用来支付将所有数据项移动到新表所需的代价。而扩张之后,势变为 0,但会立即变为 2——引起扩张的那个数据项被插入表中

17.4.2 表扩张和收缩

为了实现 TABLE-DELETE 操作,将指定数据项从表中删除是很简单的。但为了限制浪费的空间,我们可以在装载因子变得太小时对表进行**收缩**操作。表收缩与表扩张是类似的操作:当表中的数据项数量下降得太少时,我们分配一个新的更小的表,然后将数据项从旧表复制到新表中。之后可以释放旧表占用的内存空间,将其归还内存管理系统。理想情况下,我们希望保持两个性质:

- 动态表的装载因子有一个正的常数的下界。
- 一个表操作的摊还代价有一个常数上界。

我们假定用基本插入、删除操作的次数来衡量动态表操作的代价。

你可能认为当插入一个数据项到满表时应该将表规模加倍,那么当删除一个数据项导致表空间利用率不到一半时就应该将表规模减半。此策略可以保证表的装载因子永远不会低于 1/2,但遗憾的是,这会导致操作的摊还代价过大。考虑如下场景。我们对一个表 T 执行 n 个操作,其中 n 恰好是 2 的幂。前 $n/2$ 个操作是插入,由之前的分析可知,其总代价为 $\Theta(n)$。在插入序列结束时,$T.num = T.size = n/2$。接下来的 $n/2$ 个操作是这样的:

插入、删除、删除、插入、插入、删除、删除、插入、插入、…

第一个插入操作导致表规模扩张至 n。接下来两个删除操作导致表规模收缩至 $n/2$。接下来两个插入操作引起另一次扩张,依此类推。每次扩张和收缩的代价为 $\Theta(n)$,而收缩和扩张的次数为 $\Theta(n)$。因此,n 个操作的总代价为 $\Theta(n^2)$,使得每个操作的摊还代价为 $\Theta(n)$。

　　此策略的缺点是很明显的：在表扩张之后，我们无法删除足够多的数据项来为收缩操作支付费用；类似地，在表收缩之后，我们无法插入足够多的表项来支付扩张操作。

　　我们可以改进此策略，允许表的装载因子低于 1/2。具体地，当向一个满表插入一个新数据项时，我们仍然将表规模加倍，但只有当装载因子小于 1/4 而不是 1/2 时，我们才将表规模减半。因此装载因子的下界为 1/4。

　　可能我们直觉上认为装载因子为 1/2 比较理想，而表的势此时应该为 0。随着装载因子偏离 1/2，势应该增长，使得当扩张或收缩表时，表已经储存了足够的势来支付复制所有数据项至新表的代价。因此，我们需要这样一个势函数，当装载因子增长为 1 或下降为 1/4 时，势函数值增长为 T.num。而表扩张或收缩之后，装载因子重新变为 1/2，而表的势降回 0。

　　我们略过 TABLE-DELETE 的代码，因为它与 TABLE-INSERT 完全类似。对于分析，我们需要假定无论何时表中数据项数量下降为 0，都会将表占用的内存空间释放掉。也就是说，若 $T.num=0$，则 $T.size=0$。

　　现在我们用势能法分析 n 个 TABLE-INSERT 和 TABLE-DELETE 操作组成的序列的代价。首先定义一个势函数 Φ，在扩张或收缩操作之后其值为 0，而当装载因子增长到 1 或降低到 1/4 时，累积到足够支付扩张或收缩操作代价的值。我们将非空表 T 的装载因子定义为 $\alpha(T) = T.num / T.size$。由于对空表 $T.num=T.size=0$ 且 $\alpha(T)=1$，因此，无论表是否为空，我们总是有 $T.num = \alpha(T) \cdot T.size$。定义势函数如下：

$$\Phi(T) = \begin{cases} 2 \cdot T.num - T.size & \text{若 } \alpha(T) \geqslant 1/2 \\ T.size/2 - T.num & \text{若 } \alpha(T) < 1/2 \end{cases} \tag{17.6}$$

观察到空表的势为 0，且势永远不可能为负。因此，用势函数 Φ 定义的操作序列的总摊还代价是总实际代价的上界。

　　在进行精确分析之前，我们先观察图 17-4 所示的势函数的一些特性。注意到，当装载因子为 1/2 时，势为 0。当装载因子为 1 时，$T.size=T.num$，意味着 $\Phi(T) = T.num$，因此，势足够支付插入操作引起的表扩张的代价。当装载因子为 1/4 时，我们有 $T.size=4 \cdot T.num$，这意味着 $\Phi(T) = T.num$，因此，势也足够支付删除操作引起的表收缩的代价。

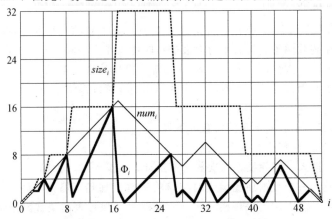

图 17-4　执行 n 个 TABLE-INSERT 和 TABLE-DELETE 操作的过程中，表中数据项数量 num_i、表规模 $size_i$ 及势的变化情况，其中势的定义为

$$\Phi_i = \begin{cases} 2 \cdot num_i - size_i & \text{若 } \alpha_i \geqslant 1/2 \\ size_i/2 - num_i & \text{若 } \alpha_i < 1/2 \end{cases}$$

　　　　每个值都是在第 i 个操作后测量得到的。细线显示了 num_i 的变化，虚线显示了 $size_i$ 的变化，粗线显示了 Φ_i 的变化。注意，在一次扩张前，势累积到表中数据项的数量，因此可以用来支付扩张过程中数据项移动的代价。同样，在一次收缩前，势也累积到表中数据项的数量

为了分析 n 个 TABLE-INSERT 和 TABLE-DELETE 操作的序列，令 c_i 表示第 i 个操作的实际代价，$\hat{c}_i$ 为用势函数 Φ 定义的摊还代价，num_i 表示表中第 i 个操作后存储的数据项的数量，$size_i$ 表示第 i 个操作后表的规模，α_i 表示第 i 个操作后的装载因子，Φ_i 表示第 i 个操作后的势。初始时，$num_0 = 0$，$size_0 = 0$，$\alpha_0 = 1$，$\Phi_0 = 0$。

首先分析第 i 个操作为 TABLE-INSERT 的情况。若 $\alpha_{i-1} \geqslant 1/2$，分析与 17.4.1 节表扩张的分析相同。无论表是否扩张，操作的摊还代价 $\hat{c}_i$ 至多为 3。若 $\alpha_{i-1} < 1/2$，则第 i 个操作并不能令表扩张，因为只有当 $\alpha_{i-1} = 1$ 时表才会扩张。若 α_i 也小于 $1/2$，则第 i 个操作的摊还代价为

$$
\begin{aligned}
\hat{c}_i &= c_i + \Phi_i - \Phi_{i-1} \\
&= 1 + (size_i/2 - num_i) - (size_{i-1}/2 - num_{i-1}) \\
&= 1 + (size_i/2 - num_i) - (size_i/2 - (num_i - 1)) \\
&= 0
\end{aligned}
$$

若 $\alpha_{i-1} < 1/2$ 但 $\alpha_i \geqslant 1/2$，则

$$
\begin{aligned}
\hat{c}_i &= c_i + \Phi_i - \Phi_{i-1} \\
&= 1 + (2 \cdot num_i - size_i) - (size_{i-1}/2 - num_{i-1}) \\
&= 1 + (2(num_{i-1} + 1) - size_{i-1}) - (size_{i-1}/2 - num_{i-1}) \\
&= 3 \cdot num_{i-1} - \frac{3}{2} size_{i-1} + 3 \\
&= 3\alpha_{i-1} size_{i-1} - \frac{3}{2} size_{i-1} + 3 \\
&< \frac{3}{2} size_{i-1} - \frac{3}{2} size_{i-1} + 3 \\
&= 3
\end{aligned}
$$

因此，一个 TABLE-INSERT 操作的摊还代价至多为 3。

我们现在来分析第 i 个操作是 TABLE-DELETE 的情况。在此情况下，$num_i = num_{i-1} - 1$。若 $\alpha_{i-1} < 1/2$，则必须考虑删除操作是否引起表收缩。如果未引起表收缩操作，则 $size_i = size_{i-1}$ 且操作的摊还代价为

$$
\begin{aligned}
\hat{c}_i &= c_i + \Phi_i - \Phi_{i-1} \\
&= 1 + (size_i/2 - num_i) - (size_{i-1}/2 - num_{i-1}) \\
&= 1 + (size_i/2 - num_i) - (size_i/2 - (num_i + 1)) \\
&= 2
\end{aligned}
$$

若 $\alpha_{i-1} < 1/2$ 且第 i 个操作触发了收缩操作，则操作的实际代价为 $c_i = num_i + 1$，因为我们删除了一个数据项，又移动了 num_i 个数据项。我们知道 $size_i/2 = size_{i-1}/4 = num_{i-1} = num_i + 1$，因此操作的摊还代价为

$$
\begin{aligned}
\hat{c}_i &= c_i + \Phi_i - \Phi_{i-1} \\
&= (num_i + 1) + (size_i/2 - num_i) - (size_{i-1}/2 - num_{i-1}) \\
&= (num_i + 1) + ((num_i + 1) - num_i) - ((2 \cdot num_i + 2) - (num_i + 1)) \\
&= 1
\end{aligned}
$$

当第 i 个操作是 TABLE-DELETE 且 $\alpha_{i-1} \geqslant 1/2$ 时，摊还代价上界是一个常数，我们将这个分析过程留作练习 17.4-2。

总之，由于每个操作的摊还代价的上界是一个常数，在一个动态表上执行任意 n 个操作的实际运行时间是 $O(n)$。

469
~
470

练习

17.4-1 假定我们希望实现一个动态的开地址散列表。为什么我们需要当装载因子达到一个严格

小于 1 的值 α 时就认为表满？简要描述如何为动态开地址散列表设计一个插入算法，使得每个插入操作的摊还代价的期望值为 $O(1)$。为什么每个插入操作的实际代价的期望值不必对所有插入操作都是 $O(1)$？

17.4-2 证明：如果动态表的 $\alpha_{i-1} \geqslant 1/2$ 且第 i 个操作是 TABLE-DELETE，那么用势函数公式(17.6)定义的操作的摊还代价的上界是一个常数。

17.4-3 假定我们改变表收缩的方式，不是当装载因子小于 1/4 时将表规模减半，而是当装载因子小于 1/3 时将表规模变为原来的 2/3。使用势函数

$$\Phi(T) = |2 \cdot T.num - T.size|$$

471

证明：使用此策略，TABLE-DELETE 操作的摊还代价的上界是一个常数。

思考题

17-1 (位逆序的二进制计数器) 第 30 章介绍了一个称为快速傅里叶变换(Fast Fourier Transform，FFT)的重要算法。FFT 算法的第一步是对一个输入数组 $A[0..n-1]$ 执行一个称为**位逆序置换**(bit-reversal permutation)的操作，数组的长度 $n=2^k$，k 是一个非负整数。这个置换操作将下标的二进制表示互为逆序的数组元素进行交换。

我们将每个下标 a 表示为一个 k 位二进制序列 $\langle a_{k-1}, a_{k-2}, \cdots, a_0 \rangle$，其中 $a = \sum_{i=0}^{k-1} a_i 2^i$。我们定义

$$\text{rev}_k(\langle a_{k-1}, a_{k-2}, \cdots, a_0 \rangle) = \langle a_0, a_1, \cdots, a_{k-1} \rangle$$

因此，

$$\text{rev}_k(a) = \sum_{i=0}^{k-1} a_{k-i-1} 2^i$$

例如，若 $n=16$(或等价地，$k=4$)，则 $\text{rev}_k(3) = 12$，因为 3 的 4 位二进制表示为 0011，其逆序为 1100，是 12 的 4 位二进制表示。

a. 设计一个运行时间为 $\Theta(k)$ 的函数 rev_k，编写算法在 $O(nk)$ 时间内对长度为 $n=2^k$ 的数组执行位逆序置换。

我们可以使用一个基于摊还分析的算法来改进位逆序置换操作的运行时间。我们可以维护一个"位逆序计数器"，并设计一个过程 BIT-REVERSED-INCREMENT，当给定一个位逆序计数器值 a，该过程能得到 $\text{rev}_k(\text{rev}_k(a)+1)$。例如，若 $k=4$，位逆序计数器从 0 开始，则连续调用 BIT-REVERSED-INCREMENT 会得到序列

$$0000, 1000, 0100, 1100, 0010, 1010, \cdots = 0, 8, 4, 12, 2, 10 \cdots$$

b. 假定你的计算机的每个机器字保存 k 位二进制数，而一个机器字中的值进行一次任意偏移量的左/右移位、位与、位或等操作只需单位时间。设计一个 BIT-REVERSED-INCREMENT 过程，能使一个 n 个元素的数组上的位逆序置换操作在 $O(n)$ 时间内完成。

c. 假定在单位时间内你只能完成左/右移一位的操作。还可能实现 $O(n)$ 时间的位逆序置换操作吗？

472

17-2 (动态二分查找) 有序数组上的二分查找花费对数时间，但插入一个新元素的时间与数组规模呈线性关系。我们可以通过维护多个有序数组来提高插入性能。

具体地，假定我们希望支持 n 元集合上的 SEARCH 和 INSERT 操作。令 $k = \lceil \lg(n+1) \rceil$，令 n 的二进制表示为 $\langle n_{k-1}, n_{k-2}, \cdots, n_0 \rangle$。我们维护 k 个有序数组 $A_0, A_1, \cdots, A_{k-1}$，对 $i=0, 1, \cdots, k-1$，数组 A_i 的长度为 2^i。每个数组或满或空，取决于 $n_i=1$ 还是 $n_i=0$。因此，所有 k 个数组中保存的元素总数为 $\sum_{i=0}^{k-1} n_i 2^i = n$。虽然单独每个数组都是有序的，

但不同数组中的元素之间不存在特定的大小关系。

a. 设计算法，实现这种数据结构上的 SEARCH 操作，分析其最坏情况运行时间。

b. 设计 INSERT 算法。分析最坏情况运行时间和摊还时间。

c. 讨论如何实现 DELETE。

17-3 （摊还加权平衡树） 考虑扩充普通二叉搜索树，为每个结点 x 增加属性 $x.size$，此属性给出了根为 x 的子树中关键字的数量。令 α 是 $1/2 \leqslant \alpha < 1$ 之间的一个常数。当 $x.left.size \leqslant \alpha \cdot x.size$ 且 $x.right.size \leqslant \alpha \cdot x.size$ 时，我们称结点 x 是 α **平衡的**。如果树中每个结点都是 α 平衡的，则称树整体是 α **平衡的**。G. Varghese 提出了如下摊还方法来维护加权平衡树。

a. 在某种意义上，一棵 $1/2$ 平衡树达到了极限的平衡。给定任意一棵二叉搜索树中的一个结点 x，证明：如何重建以 x 为根的子树，使得它变为 $1/2$ 平衡的。你的算法的运行时间应该为 $\Theta(x.size)$，可以使用 $O(x.size)$ 的辅助空间。

b. 证明：在一棵 n 个结点的 α 平衡二叉搜索树中执行一次搜索操作的最坏情况时间为 $O(\lg n)$。

对于本问题的剩余部分，假定常数 α 严格大于 $1/2$。假定你实现的 INSERT 和 DELETE 算法与普通 n 结点二叉搜索树的算法是一样的，差别仅在于，如果发现树中任何结点不再是 α 平衡的，则在最高的不平衡结点，对以它为根的子树执行"重建"，使其变为 $1/2$ 平衡的。

我们用势能法分析此重建方法。对于二叉搜索树 T 中的一个结点 x，定义

$$\Delta(x) = |x.left.size - x.right.size|$$

定义 T 的势函数为

$$\Phi(T) = c \sum_{x \in T : \Delta(x) \geqslant 2} \Delta(x)$$

其中 c 是一个足够大的常数，它依赖于 α。

c. 证明：任意二叉搜索树的势都是非负的，$1/2$ 平衡树的势为 0。

d. 假定 m 个单位的势够支付重建 m 结点子树的代价。相对于 α 来说，c 应该多大才能使得重建一棵非 α 平衡的子树的摊还时间为 $O(1)$。

e. 证明：在一棵 n 结点的 α 平衡树中插入一个结点或删除一个结点的摊还时间为 $O(\lg n)$。

17-4 （重构红黑树的代价） 红黑树有 4 种基本的**结构性修改**（structural modification）操作：结点插入、结点删除、旋转及更改颜色。我们已经看到 RB-INSERT 和 RB-DELETE 操作仅使用 $O(1)$ 次旋转、结点插入和结点删除操作来维持红黑树的性质，但它们可能需要很多次更改颜色操作。

a. 设计一个 n 结点的合法的红黑树，使得调用 RB-INSERT 添加第 $n+1$ 个结点会引起 $\Omega(\lg n)$ 次颜色更改。然后设计一个 n 结点的合法的红黑树，使得调用 RB-DELETE 删除一个特定结点会引起 $\Omega(\lg n)$ 次颜色更改。

虽然每个操作所引起的颜色更改的最坏情况次数可能是对数的，但我们可以证明，在一个空红黑树上执行任意 m 个 RB-INSERT 和 RB-DELETE 操作构成的序列，最坏情况也只会引起 $O(m)$ 次结构性修改。注意，我们将每次颜色更改都计为一次结构性修改。

b. RB-INSERT-FIXUP 和 RB-DELETE-FIXUP 的代码的主循环都处理一些**终结性**的情况：一旦遇到这些情况，会导致循环在常数次操作后终止。对于 RB-INSERT-FIXUP 和 RB-DELETE-FIXUP 中处理的各种情况，指出其中哪些是终结性的，哪些不是。（提示：参见图 13-5、图 13-6 和图 13-7。）

473
474

我们首先分析仅仅执行插入操作时引起的结构性修改。令 T 为一棵红黑树，定义 $\Phi(T)$ 是 T 中红结点数量。假定一个单位的势可以支付 RB-INSERT-FIXUP 的三种情况的任意一种所引起的结构性修改的代价。

c. 令 T' 表示对 T 应用 RB-INSERT-FIXUP 的情况 1 得到的结果。证明：$\Phi(T') = \Phi(T) - 1$。

d. 当使用 RB-INSERT 向一棵红黑树中插入一个结点时，我们可以将操作分解为三部分。列出 RB-INSERT 的第 $1 \sim 16$ 行引起的结构性改变和势的变化，以及 RB-INSERT-FIXUP 的非终结性情况引起的变化和终结性情况引起的变化。

e. 使用(d)证明：任意一次 RB-INSERT 执行所导致的结构性修改的摊还次数为 $O(1)$。

我们现在希望证明既执行插入也执行删除时，所引起的结构性修改次数为 $O(m)$。对每个结点 x，我们定义

$$w(x) = \begin{cases} 0 & \text{若 } x \text{ 是红结点} \\ 1 & \text{若 } x \text{ 是黑结点且没有红孩子} \\ 0 & \text{若 } x \text{ 是黑结点且有一个红孩子} \\ 2 & \text{若 } x \text{ 是黑结点且有两个红孩子} \end{cases}$$

现在定义红黑树 T 的势函数为

$$\Phi(T) = \sum_{x \in T} w(x)$$

且令 T' 为对 T 应用 RB-INSERT-FIXUP 或 RB-DELETE-FIXUP 的任意非终结性情况后的结果。

f. 证明：对 RB-INSERT-FIXUP 的任意非终结性情况，有 $\Phi(T') \leqslant \Phi(T) - 1$。证明：RB-INSERT-FIXUP 的任意一次调用所引起的结构性修改的摊还次数为 $O(1)$。

g. 证明：对 RB-DELETE-FIXUP 的任意非终结性情况，有 $\Phi(T') \leqslant \Phi(T) - 1$。证明：RB-DELETE-FIXUP 的任意一次调用所引起的结构性修改的摊还次数为 $O(1)$。

h. 证明：任意 m 个 RB-INSERT 和 RB-DELETE 操作构成的序列最坏情况下执行 $O(m)$ 次结构性修改。

17-5 （移至前端自组织列表的竞争分析） **自组织列表**是 n 个元素的链表，每个元素有一个唯一的关键字。当我们在列表中搜索元素时，需要给定一个关键字，我们搜索的是具有这个关键字的元素。

一个自组织列表有两个重要性质：

1. 为了在列表中查找一个元素，我们必须从表头开始遍历列表，直至遇到具有给定关键字的元素位置。如果此元素是列表的第 k 个元素，则查找代价为 k。

2. 我们可以在任意一个操作后根据给定规则重排列表元素，产生一定的代价。我们可以使用任何我们喜欢的启发式策略来决定如何重排列表。

假定从一个给定的 n 个元素的列表开始，并且给定了一个访问序列——关键字搜索序列 $\sigma = \langle \sigma_1, \sigma_2, \cdots, \sigma_m \rangle$。序列的代价是序列中单个访问的代价之和。

在多种可能的列表重排方法中，本问题关注相邻元素转置操作——交换相邻元素在列表中的位置，一次转置的代价为单位时间。你可以用势函数证明：针对移至前端列表的重排问题，一种特定的启发式策略的代价最坏情况也不会超过任何其他启发式策略的代价的 4 倍，即使其他启发式策略预先知道访问序列！我们称这种分析为**竞争分析**。

对于一个启发式策略 H 和列表的一个给定的初始顺序，我们将序列 σ 的访问代价记为 $C_H(\sigma)$。令 m 表示 σ 中访问的数量。

a. 证明：若启发式策略 H 预先不知道访问序列，那么利用 H 来处理访问序列 σ 的最坏情况代价为 $C_H(\sigma) = \Omega(mn)$。

当使用**移至前端**启发式策略时，搜索到元素 x 后，我们将 x 移动到列表的第一个位置（即列表的前端）。

令 $\mathrm{rank}_L(x)$ 表示元素 x 在列表 L 中的序号，即 x 在 L 中的位置。例如，若 x 是 L 中第 4 个元素，那么 $\mathrm{rank}_L(x)=4$。令 c_i 表示用移至前端策略处理访问 σ_i 的代价，包括在列表中查找元素的代价和通过一系列相邻元素转置操作将其移至列表前端的代价。

b. 证明：如果 σ_i 使用移至前端策略在 L 中访问元素 x，则 $c_i=2\cdot\mathrm{rank}_L(x)-1$。

现在我们比较移至前端策略与其他任何按照上述两个性质处理访问序列的启发式策略 H。策略 H 可能按任何它想用的方式转置列表中的元素，它甚至可能预先知道整个访问序列。

令 L_i 表示使用移至前端策略处理访问 σ_i 后得到的列表，L_i^* 表示使用策略 H 后得到的列表。我们用 c_i 表示移动前端策略的代价，c_i^* 表示策略 H 的代价。假定策略 H 在处理访问 σ_i 时执行 t_i^* 次转置。

c. 在(b)中，你证明了 $c_i=2\cdot\mathrm{rank}_{L_{i-1}}(x)-1$。现在证明：$c_i^*=\mathrm{rank}_{L_{i-1}^*}(x)+t_i^*$。

我们定义**逆序**(inversion)关系：L_i 中一对元素 y 和 z，在 L_i 中 y 在 z 之前，在 L_i^* 中 z 在 y 之前。假定处理完访问序列 $\langle\sigma_1,\sigma_2,\cdots,\sigma_i\rangle$，$L_i$ 中有 q_i 个逆序关系。然后，我们定义一个势函数 Φ，将 L_i 映射到实数 $\Phi(L_i)=2q_i$。例如，如果 L_i 有元素 $\langle e,c,a,d,b\rangle$，而 L_i^* 有元素 $\langle c,a,b,d,e\rangle$，那么 L_i 有 5 个逆序 $((e,c),(e,a),(e,d),(e,b),(d,b))$，因此 $\Phi(L_i)=10$。观察到对所有 i，都有 $\Phi(L_i)\geqslant0$，并且如果移至前端策略和策略 H 从相同的列表 L_0 开始，那么 $\Phi(L_0)=0$。

d. 证明：转置操作要么将势增加 2，要么减少 2。

假定访问 σ_i 查找元素 x。为了理解势是如何根据 σ_i 来变化的，我们将除 x 之外的元素划分为 4 个集合，划分的依据是在第 i 次访问之前它们在列表中的位置：

- 集合 A 包含在 L_{i-1} 和 L_{i-1}^* 中都位于 x 之前的元素。
- 集合 B 包含在 L_{i-1} 中位于 x 之前的元素，在 L_{i-1}^* 中位于 x 之后的元素。
- 集合 C 包含在 L_{i-1} 中位于 x 之后的元素，在 L_{i-1}^* 中位于 x 之前的元素。
- 集合 D 包含在 L_{i-1} 和 L_{i-1}^* 中都位于 x 之后的元素。

e. 证明：$\mathrm{rank}_{L_{i-1}}(x)=|A|+|B|+1$ 且 $\mathrm{rank}_{L_{i-1}^*}(x)=|A|+|C|+1$。

f. 证明：处理访问 σ_i 会引起势的变化

$$\Phi(L_i)-\Phi(L_{i-1})\leqslant 2(|A|-|B|+t_i^*)$$

其中，t_i^* 表示用启发式策略 H 处理访问 σ_i 期间执行的转置操作次数。

我们定义处理访问 σ_i 的摊还代价为 $\hat{c}_i=c_i+\Phi(L_i)-\Phi(L_{i-1})$。

g. 证明：处理访问 σ_i 的摊还代价的上界为 $4c_i^*$。

h. 证明：使用移至前端策略处理访问序列 σ 的代价 $C_{\mathrm{MTF}}(\sigma)$ 至多是用其他任何启发式策略 H 处理 σ 的代价 $C_H(\sigma)$ 的 4 倍，假定两种启发式策略都是从相同的列表开始处理访问序列。

本章注记

Aho、Hopcroft 和 Ullman [5] 使用聚合分析方法来确定不相交集合森林上的操作的运行时间；我们将在第 21 章用势能法来分析这种数据结构。Tarjan [331] 考察了摊还分析的核算法和势能法，并提出了多个应用。他将核算法的提出归功于多位作者，包括 M. R. Brown、R. E. Tarjan、S. Huddleston 和 K. Mehlhorn，将势能法归功于 D. D. Sleator，而"摊还"一词则归功于 D. D. Sleator 和 R. E. Tarjan。

势函数对证明某些特定类型的问题的下界也很有用。对问题的每个局面，我们定义一个势函数将局面映射到一个实数。接着确定初始局面的势 Φ_{init}，结束局面的势 Φ_{final} 及任何步骤引起的最大势变化 $\Delta\Phi_{max}$，则步骤数至少为 $|\Phi_{final} - \Phi_{init}| / |\Delta\Phi_{max}|$。这方面的例子包括用势能法证明 I/O 复杂性的下界，出现在 Cormen、Sundquist 和 Wisniewski[79]的工作中、Floyd[107]的工作中及 Aggarwal 和 Vitter[3]的工作中。Krumme、Cybenko 和 Venkataraman[221]将势能法用于证明**流言**问题的下界：在一个图中从每个顶点传输一个独一无二的数据项到所有其他顶点。

思考题 17-5 提及的移至前端启发式策略在实际应用中效果非常好。而且，当我们查找到一个元素时，我们可以在常量时间内将它从列表中原来位置抽离并放置在列表前端，我们可以证明移至前端策略的代价至多是其他任何启发式策略的代价的 2 倍，再次重申，即使其他策略预先知道完整的访问序列也是如此。

478

高级数据结构

这部分再回过来讨论支持动态数据集上操作的数据结构，但是在比第三部分更高的层次上进行。例如，其中有两章要广泛地使用在第 17 章中介绍的摊还分析技术。

第 18 章介绍 B 树，这是为磁盘存储而专门设计的一类平衡搜索树。由于磁盘操作比随机存取存储器要慢得多，因此度量 B 树的性能，不仅要考虑动态集合操作消耗了多少计算时间，而且还要考虑这些操作执行了多少次磁盘存取。对每个 B 树操作，磁盘存取的次数随着 B 树的高度增加。

第 19 章给出一种可合并堆的实现，它支持 INSERT、MINIMUM、EXTRACT-MIN 和 UNION 操作[○]。UNION 操作合并两个堆。第 19 章中介绍的数据结构——斐波那契堆还支持 DELETE 和 DECREASE-KEY 操作。我们使用摊还时间界来度量斐波那契堆的性能。在斐波那契堆上，INSERT、MINIMUM 和 UNION 操作仅花费 $O(1)$ 的实际时间和摊还时间，EXTRACT-MIN 和 UNION 操作要花费 $O(\lg n)$ 的摊还时间。然而，斐波那契堆的最显著优点是 DECREASE-KEY 操作只需花费 $O(1)$ 的摊还时间。正是由于该操作只需常数摊还时间，才使得斐波那契堆成为某些迄今为止渐近最快的图问题算法的核心部分。

注意到，当关键字是有限范围内的整数时，排序算法可以超越 $\Omega(n\lg n)$ 时间的下界。第 20 章提出了这样一个问题：当关键字同为有限范围内的整数时，是否可以设计一种数据结构，使其支持动态集上的 SEARCH、INSERT、DELETE、MINIMUM、MAXIMUN、SUCCESSOR 和 PREDECESSOR 操作仅花费 $O(\lg n)$ 时间。答案告诉我们可以做到，那就是通过使用一种称为 van Emde Boas 树的递归数据结构。如果关键字是唯一整数且来自集合 $\{0, 1, 2, \cdots, u-1\}$，这里 u 恰是 2 的幂，那么 van Emde Boas 树就能

○ 如思考题 10-2 中一样，我们已经定义了支持 MINIMUM 和 EXTRACT-MIN 的可合并堆，因此可以把它称为可合并的最小堆。或者，如果它支持 MAXIMUM 和 EXTRACT-MAX，则它是一个可合并的最大堆。除非我们另外指定，可合并的堆默认就是可合并的最小堆。

在 $O(\lg\lg u)$ 的时间内完成上述的每个操作。

最后，第 21 章介绍用于不相交集合的一些数据结构。由 n 个元素构成的全域被划分成若干动态集合。开始时，每个元素属于由其自身所构成的单元集合。操作 UNION 将两个集合进行合并，而查询操作 FIND-SET 则可以确定给定的元素当前所属的那个集合。通过将每个集合表示为一棵简单有根树的方法，就可以得到一些惊人的快速的操作：一个由 m 个操作构成的序列，其运行时间为 $O(m\alpha(n))$，这里 $\alpha(n)$ 是一个增长得极慢的函数——在任何可想象的应用中 $\alpha(n)$ 至多为 4。证明这个时间界的摊还分析是比较复杂的，而其数据结构却是简单的。

这一部分包含的主题不是仅仅上面提到的这几种"高级"数据结构，还包含如下一些其他高级数据结构：

- **动态树**，由 Sleator 和 Tarjan[319]引入，并由 Tarjan[330]所论述，它维护一个不相交的有根树的森林。每棵树内的每条边都有一个实数值的代价。动态树支持查询双亲、根、边的代价，以及从一个结点到根的路径上的最小边代价的查询。这种树允许的操作有：割边，更新从一个结点到根的路径上所有边的代价，将一个根链接到另一棵树，以及将某个结点变为其所在树的根。在动态树的一种实现中，对每种操作具有 $O(\lg n)$ 的摊还时间界；在另一种更复杂的实现中，最坏情况时间界为 $O(\lg n)$。动态树被用于一些渐近最快的网络流算法中。

- **伸展树**(splay trees)，由 Sleator 和 Tarjan[320]发展而来，并再由 Tarjan[330]所论述，是二叉搜索树的一种形式。在其上进行的标准搜索树操作的摊还时间为 $O(\lg n)$。伸展树的应用之一是简化动态树。

482

- **持久数据结构**允许在过去版本的数据结构上进行查询，甚至有时候可以进行更新。Driscoll、Sarnak、Sleator 和 Tarjan[97]给出了只需很小的时空代价就可以使链式数据结构持久化的技术。思考题 13-1 给出一个持久动态集的简单示例。

- 正如在第 20 章中介绍的，一些数据结构允许在关键字的一个带限制全域上实现一个更快的字典操作(INSERT、DELETE 和 SEARCH)。利用这些限制的优点，它们能够得到比基于比较的数据结构更好的最坏情况渐近运行时间。Fredman 和 Willard[115]引入了**聚合树**(fusion trees)，它是当限制全域为整数时，第一种允许更快的字典操作的数据结构。他们说明了如何在 $O(\lg n/\lg\lg n)$ 时间内实现这些操作。几个后来的数据结构，包括**指数搜索树**[16]，也给出某些或全部字典操作的改进的界，本书的章节注记中会提到它们。

- **动态图数据结构**在允许通过插入或删除顶点或边的操作来改变图结构的同时，还支持各种查询。支持查询的例子包括顶点连通性[166]、边连通性、最小生成树[165]、双连通性，以及传递闭包[164]。

483

本书的章节注记中还会提到另外一些数据结构。

B 树

B 树是为磁盘或其他直接存取的辅助存储设备而设计的一种平衡搜索树。B 树类似于红黑树（第 13 章），但它们在降低磁盘 I/O 操作数方面要更好一些。许多数据库系统使用 B 树或者 B 树的变种来存储信息。

B 树与红黑树的不同之处在于 B 树的结点可以有很多孩子，从数个到数千个。也就是说，一个 B 树的"分支因子"可以相当大，尽管它通常依赖于所使用的磁盘单元的特性。B 树类似于红黑树，就是每棵含有 n 个结点的 B 树的高度为 $O(\lg n)$。然而，一棵 B 树的严格高度可能比一棵红黑树的高度要小许多，这是因为它的分支因子，也就是表示高度的对数的底数可以非常大。因此，我们也可以使用 B 树在时间 $O(\lg n)$ 内完成一些动态集合的操作。

B 树以一种自然的方式推广了二叉搜索树。图 18-1 给出了一棵简单的 B 树。如果 B 树的一个内部结点 x 包含 $x.n$ 个关键字，那么结点 x 就有 $x.n+1$ 个孩子。结点 x 中的关键字就是分隔点，它把结点 x 中所处理的关键字的属性分隔为 $x.n+1$ 个子域，每个子域都由 x 的一个孩子处理。当在一棵 B 树中查找一个关键字时，基于对存储在 x 中的 $x.n$ 个关键字的比较，做出一个 $(x.n+1)$ 路的选择。叶结点的结构与内部结点的结构不同，18.1 节将讨论这些差别。

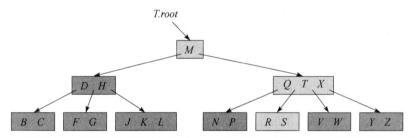

图 18-1　一棵关键字为英语中辅音字母的 B 树。一个内部结点 x 包含 $x.n$ 个关键字以及 $x.n+1$ 个孩子，所有叶结点处于树中相同的深度。浅阴影的结点是在查找字母 R 时检查过的结点

18.1 节给出 B 树的精确定义，并证明了 B 树的高度仅随它所包含的结点数按对数增长。18.2 节介绍如何在 B 树中查找和插入一个关键字，18.3 节讨论删除操作。然而，在开始之前，需要弄清楚为什么针对磁盘设计的数据结构不同于针对随机访问的主存所设计的数据结构。

辅存上的数据结构

计算机系统利用各种技术来提供存储能力。一个计算机系统的**主存**（primary memory 或 main memory）通常由硅存储芯片组成。这种技术每位的存储代价一般要比磁存储技术（如磁带或磁盘）高不止一个数量级。许多计算机系统还有基于磁盘的**辅存**（secondary storage）；这种辅存的容量通常要比主存的容量高出至少两个数量级。

图 18-2 是一个典型的磁盘驱动器。驱动

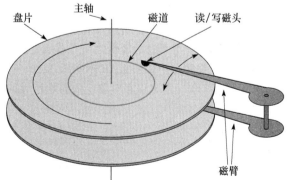

图 18-2　一个典型的磁盘驱动器。它包括了一个或多个绕主轴旋转的盘片（这里画出的是两个）。每个盘片通过磁臂末端的磁头来读写。这些磁臂围绕着一个共同的旋转轴旋转。当读/写磁头静止时，由它下方经过的磁盘表面就是一个磁道

器由一个或多个**盘片**（platter）组成，它们以一个固定的速度绕着一个共同的**主轴**（spindle）旋转。
每个盘的表面覆盖着一层可磁化的物质。驱动器通过**磁臂**（arm）末尾的**磁头**（head）来读/写盘片。
磁臂可以将磁头向主轴移近或移远。当一个给定的磁头处于静止时，它下面经过的磁盘表面称
为一个**磁道**（track）。多个盘片增加的仅仅是磁盘驱动器的容量，而不影响性能。

尽管磁盘比主存便宜并且具有更多的容量，但是它们比主存慢很多，因为它们有机械运动
的部分[⊖]。磁盘有两个机械运动的部分：盘片旋转和磁臂移动。在撰写本书时，商用磁盘的旋转
速度是 5 400～15 000 转/分钟（RPM）。通常看到的 15 000RPM 的速度是用于服务器级的驱动器
上，7 200RPM 的速度用于台式机的驱动器上，5 400RPM 的速度用于笔记本的驱动器上。尽管
7 200RPM 看上去很快，但是旋转一圈需要 8.33ms，比硅存储的常见存取时间 50ns 要高出 5 个
数量级。也就是说，如果不得不等待一个磁盘旋转完整的一圈，让一个特定的项到达读/写磁头
下方，在这个时间内，我们可能存取主存超过 100 000 次。平均来讲，只需等待半圈，但硅存储
存取时间和磁盘存储存取时间的差距仍然是巨大的。移动磁臂也要耗费时间。在撰写本书时，商
用磁盘的平均存取时间在 8～11ms 范围内。

为了摊还机械移动所花费的等待时间，磁盘会一次存取多个数据项而不是一个。信息被分
为一系列相等大小的在柱面内连续出现的位**页面**（page），并且每个磁盘读或写一个或多个完整的
页面。对于一个典型的磁盘来说，一页的长度可能为 $2^{11}～2^{14}$ 字节。一旦读/写磁头正确定位，并
且盘片已经旋转到所要页面的开头位置，对磁盘的读或写就完全电子化了（除了磁盘的旋转外），
磁盘能够快速地读或写大量的数据。

通常，定位到一页信息并将其从磁盘里读出的时间要比对读出信息进行检查的时间要长得
多。因此，本章将对运行时间的两个主要组成成分分别加以考虑：

- 磁盘存取次数。
- CPU（计算）时间。

我们使用需要读出或写入磁盘的信息的页数来衡量磁盘存取次数。注意到，磁盘存取时间
并不是常量——它依赖于当前磁道和所需磁道之间的距离以及磁盘的初始旋转状态。但是，我
们仍然使用读或写的页数作为磁盘存取总时间的主要近似值。

在一个典型的 B 树应用中，所要处理的数据量非常大，以至于所有数据无法一次装入主存。
B 树算法将所需页面从磁盘复制到主存，然后将修改过的页面写回磁盘。在任何时刻，B 树算法
都只需在主存中保持一定数量的页面。因此，主存的大小并不限制被处理的 B 树的大小。

用以下的伪代码来对磁盘操作进行建模。设 x 为指向一个对象的指针。如果该对象正在主
存中，那么可以像平常一样引用该对象的各个属性：如 $x.key$。然而，如果 x 所指向的对象驻留
在磁盘上，那么在引用它的属性之前，必须先执行 DISK-READ(x)，将该对象读入主存中。（假
设如果 x 已经在主存中，那么 DISK-READ(x) 不需要磁盘存取，即它是个空操作。）类似地，操
作 DISK-WRITE(x) 用来保存对象 x 的属性所做的任何修改。也就是说，一个对象操作的典型模
式如下：

```
x = a pointer to some object
DISK-READ(x)
operations that access and/or modify the attributes of x
DISK-WRITE(x)          // omitted if no attributes of x were changed
other operations that access but do not modify attributes of x
```

在任何时刻，这个系统可以在主存中只保持有限的页数。假定系统不再将被使用的页从主

⊖ 在撰写本书时，固态硬盘刚刚出现在消费市场。尽管它们比机械的磁盘驱动器快，但是它们每 GB 的成本更高，
  并且比机械磁盘驱动器的容量更小。

存中换出；后面的 B 树算法会忽略这一点。

由于在大多数系统中，一个 B 树算法的运行时间主要由它所执行的 DISK-READ 和 DISK-WRITE 操作的次数决定，所以我们希望这些操作能够读或写尽可能多的信息。因此，一个 B 树结点通常和一个完整磁盘页一样大，并且磁盘页的大小限制了一个 B 树结点可以含有的孩子个数。

对存储在磁盘上的一棵大的 B 树，通常看到分支因子在 50～2 000 之间，具体取决于一个关键字相对于一页的大小。一个大的分支因子可以大大地降低树的高度以及查找任何一个关键字所需的磁盘存取次数。图 18-3 显示的是一棵分支因子为 1001、高度为 2 的 B 树，它可以存储超过 10 亿个关键字。不过，由于根结点可以持久地保存在主存中，所以在这棵树中查找某个关键字至多只需两次磁盘存取。

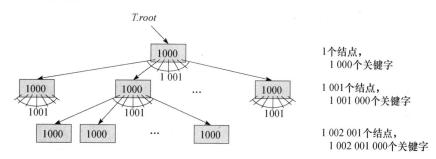

图 18-3　一棵高度为 2 的 B 树包含 10 亿多个关键字。显示在每个结点 x 内的是 $x.n$，表示 x 中关键字个数。每个内部结点及叶结点包含 1 000 个关键字。这棵 B 树在深度 1 上有 1 001 个结点，在深度 2 上有超过 100 万个叶结点

18.1　B 树的定义

为简单起见，我们假定，就像二叉搜索树和红黑树中一样，任何和关键字相联系的"**卫星数据**"（satellite information）将与关键字一样存放在同一个结点中。实际上，人们可能只是为每个关键字存放一个指针，这个指针指向存放该关键字的卫星数据的磁盘页。这一章的伪代码都隐含地假设了当一个关键字从一个结点移动到另一个结点时，无论是与关键字相联系的卫星数据，还是指向卫星数据的指针，都会随着关键字一起移动。一个常见的 B 树变种，称为 **B$^+$ 树**（B$^+$-tree），它把所有的卫星数据都存储在叶结点中，内部结点只存放关键字和孩子指针，因此最大化了内部结点的分支因子。

一棵 B 树 T 是具有以下性质的有根树（根为 $T.root$）：

1. 每个结点 x 有下面属性：

a. $x.n$，当前存储在结点 x 中的关键字个数。

b. $x.n$ 个关键字本身 $x.key_1$，$x.key_2$，$\cdots$，$x.key_{x.n}$，以非降序存放，使得 $x.key_1 \leqslant x.key_2 \leqslant \cdots \leqslant x.key_{x.n}$。

c. $x.leaf$，一个布尔值，如果 x 是叶结点，则为 TRUE；如果 x 为内部结点，则为 FALSE。

2. 每个内部结点 x 还包含 $x.n+1$ 个指向其孩子的指针 $x.c_1$，$x.c_2$，$\cdots$，$x.c_{x.n+1}$。叶结点没有孩子，所以它们的 c_i 属性没有定义。

3. 关键字 $x.key_i$ 对存储在各子树中的关键字范围加以分割：如果 k_i 为任意一个存储在以 $x.c_i$ 为根的子树中的关键字，那么

$$k_1 \leqslant x.key_1 \leqslant k_2 \leqslant x.key_2 \leqslant \cdots \leqslant x.key_{x.n} \leqslant k_{x.n+1}$$

4. 每个叶结点具有相同的深度，即树的高度 h。

5. 每个结点所包含的关键字个数有上界和下界。用一个被称为 B 树的**最小度数**（minmum

degree)的固定整数 $t \geqslant 2$ 来表示这些界:

a. 除了根结点以外的每个结点必须至少有 $t-1$ 个关键字。因此,除了根结点以外的每个内部结点至少有 t 个孩子。如果树非空,根结点至少有一个关键字。

b. 每个结点至多可包含 $2t-1$ 个关键字。因此,一个内部结点至多可有 $2t$ 个孩子。当一个结点恰好有 $2t-1$ 个关键字时,称该结点是**满的**(full)。$^{\ominus}$

$t=2$ 时的 B 树是最简单的。每个内部结点有 2 个、3 个或 4 个孩子,即一棵 **2-3-4 树**。然而在实际中,t 的值越大,B 树的高度就越小。

B 树的高度

B 树上大部分的操作所需的磁盘存取次数与 B 树的高度是成正比的。现在来分析 B 树最坏情况下的高度。

定理 18.1 如果 $n \geqslant 1$,那么对任意一棵包含 n 个关键字、高度为 h、最小度数 $t \geqslant 2$ 的 B 树 T,有

$$h \leqslant \log_t \frac{n+1}{2}$$

证明 B 树 T 的根至少包含一个关键字,而且所有其他的结点至少包含 $t-1$ 个关键字。因此,高度为 h 的 B 树 T 在深度 1 至少包含 2 个结点,在深度 2 至少包含 $2t$ 个结点,在深度 3 至少包含 $2t^2$ 个结点,等等,直到深度 h 至少有 $2t^{h-1}$ 个结点。图 18-4 给出了 $h=3$ 时的一棵树。因此,关键字的个数 n 满足不等式:

$$n \geqslant 1 + (t-1) \sum_{i=1}^{h} 2t^{i-1} = 1 + 2(t-1)\left(\frac{t^h-1}{t-1}\right) = 2t^h - 1$$

由简单的代数变换,可以得到 $t^h \leqslant (n+1)/2$。两边取以 t 为底的对数就证明了定理。 ∎

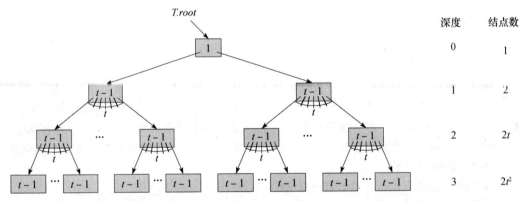

图 18-4 一棵高度为 3 的 B 树可以包含的最小可能关键字个数。每个结点 x 内部显示的是 $x.n$

与红黑树对比,这里我们看到了 B 树的能力。尽管二者的高度都以 $O(\lg n)$ 的速度增长(注意 t 是个常数),但对 B 树来说,对数的底可以大很多倍。因此,对大多数树的操作来说,要检查的结点数在 B 树中要比在红黑树中少大约 $\lg t$ 的因子。由于在一棵树中检查任意一个结点都需要一次磁盘访问,所以 B 树避免了大量的磁盘访问。

练习

18.1-1 为什么不允许最小度数 $t=1$?

18.1-2 当 t 取何值时,图 18-1 所示的树是一棵合法的 B 树?

$\ominus$ 另一个常见的 B 树变种称为 B^* 树,它要求每个内部结点至少是 2/3 满的,而不像 B 树要求的至少是半满的。

18.1-3 请给出表示{1, 2, 3, 4, 5}的最小度数为 2 的所有合法 B 树。

18.1-4 一棵高度为 h 的 B 树中，可以存储最多多少个关键字？用最小度数 t 的函数表示。

18.1-5 如果红黑树中每个黑结点吸收它的红色孩子，并把它们的孩子并入作为自己的孩子，描述这个结果的数据结构。

18.2 B 树上的基本操作

本节将给出 B-TREE-SEARCH、B-TREE-CREATE 和 B-TREE-INSERT 操作的细节。在这些过程中，我们采用两个约定：

- B 树的根结点始终在主存中，这样无需对根做 DISK-READ 操作；然而，当根结点被改变后，需要对根结点做一次 DISK-WRITE 操作。
- 任何被当做参数的结点在被传递之前，都要对它们先做一次 DISK-READ 操作。

我们给出的过程都是"单程"算法，即它们从树的根开始向下，没有任何返回向上的过程。

搜索 B 树

搜索一棵 B 树和搜索一棵二叉搜索树很相似，只是在每个结点所做的不是二叉或者"两路"分支选择，而是根据结点的孩子数做多路分支选择。更严格地说，对每个内部结点 x，做的是一个 $(x.n+1)$ 路的分支选择。

B-TREE-SEARCH 是定义在二叉搜索树上的 TREE-SEARCH 过程的一个直接推广。它的输入是一个指向某子树根结点 x 的指针，以及要在该子树中搜索的一个关键字 k。因此，顶层调用的形式为 B-TREE-SEARCH($T.root$, k)。如果 k 在 B 树中，那么 B-TREE-SEARCH 返回的是由结点 y 和使得 $y.key_i = k$ 的下标 i 组成的有序对(y, i)；否则，过程返回 NIL。

491

```
B-TREE-SEARCH(x, k)
1   i = 1
2   while i ≤ x.n and k > x.key_i
3       i = i + 1
4   if i ≤ x.n and k == x.key_i
5       return (x, i)
6   elseif x.leaf
7       return NIL
8   else DISK-READ(x, c_i)
9       return B-TREE-SEARCH(x.c_i, k)
```

利用一个线性搜索过程，第 1~3 行找出最小下标 i，使得 $k \leq x.key_i$，若找不到，则置 i 为 $x.n+1$。第 4~5 行检查是否已经找到该关键字，如果找到，则返回；否则，第 6~9 行结束这次不成功查找（如果 x 是叶结点），或者在对孩子结点执行必要的 DISK-READ 后，递归搜索 x 的相应子树。

图 18-1 显示了 B-TREE-SEARCH 的操作过程。浅阴影的结点是在搜索关键字 R 的过程中被检查的结点。

就像二叉搜索树的 TREE-SEARCH 过程一样，在递归过程中所遇到的结点构成了一条从树根向下的简单路径。因此，由 B-TREE-SEARCH 过程访问的磁盘页面数为 $O(h) = O(\log_t n)$，其中 h 为 B 树的高，n 为 B 树中所含关键字个数。由于 $x.n < 2t$，所以第 2~3 行的 **while** 循环在每个结点中花费的时间为 $O(t)$，总的 CPU 时间为 $O(th) = O(t\log_t n)$。

创建一棵空的 B 树

为构造一棵 B 树 T，先用 B-TREE-CREATE 来创建一个空的根结点，然后调用 B-TREE-INSERT 来添加新的关键字。这些过程都要用到一个辅助过程 ALLOCATE-NODE，它在 $O(1)$

时间内为一个新结点分配一个磁盘页。我们可以假定由 ALLOCATE-NODE 所创建的结点并不需要 DISK-READ，因为磁盘上还没有关于该结点的有用信息。

```
B-TREE-CREATE(T)
1   x = ALLOCATE-NODE()
2   x.leaf = TRUE
3   x.n = 0
4   DISK-WRITE(x)
5   T.root = x
```

492

B-TREE-CREATE 需要 $O(1)$ 次的磁盘操作和 $O(1)$ 的 CPU 时间。

向 B 树中插入一个关键字

B 树中插入一个关键字要比二叉搜索树中插入一个关键字复杂得多。像二叉搜索树中一样，要查找插入新关键字的叶结点的位置。然而，在 B 树中，不能简单地创建一个新的叶结点，然后将其插入，因为这样得到的树将不再是合法的 B 树。相反，我们是将新的关键字插入一个已经存在的叶结点上。由于不能将关键字插入一个满的叶结点，故引入一个操作，将一个满的结点 y(有 $2t-1$ 个关键字)按其**中间关键字**(median key) $y.key_t$ **分裂**(split)为两个各含 $t-1$ 个关键字的结点。中间关键字被提升到 y 的父结点，以标识两棵新树的划分点。但是如果 y 的父结点也是满的，就必须在插入新的关键字之前将其分裂，最终满结点的分裂会沿着树向上传播。

与一棵二叉搜索树一样，可以在从树根到叶这个单程向下过程中将一个新的关键字插入 B 树中。为了做到这一点，我们并不是等到找出插入过程中实际要分裂的满结点时才做分裂。相反，当沿着树往下查找新的关键字所属位置时，就分裂沿途遇到的每个满结点(包括叶结点本身)。因此，每当要分裂一个满结点 y 时，就能确保它的父结点不是满的。

分裂 B 树中的结点

过程 B-TREE-SPLIT-CHILD 的输入是一个非满的内部结点 x(假定在主存中)和一个使 $x.c_i$ (也假定在主存中)为 x 的满子结点的下标 i。该过程把这个子结点分裂成两个，并调整 x，使之包含多出来的孩子。要分裂一个满的根，首先要让根成为一个新的空根结点的孩子，这样才能使用 B-TREE-SPLIT-CHILD。树的高度因此增加 1；分裂是树长高的唯一途径。

图 18-5 显示了这个过程。满结点 $y = x.c_i$ 按照其中间关键字 S 进行分裂，S 被提升到 y 的父结点 x。y 中的那些大于中间关键字的关键字都置于一个新的结点 z 中，它成为 x 的一个新的孩子。

493

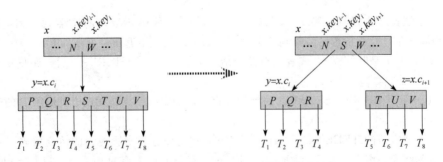

图 18-5　分裂一个 $t=4$ 的结点。结点 $y = x.c_i$ 分为两个结点 y 和 z，y 的中间关键字 S 被提升到 y 的父结点中

```
B-TREE-SPLIT-CHILD(x, i)
1   z = ALLOCATE-NODE()
2   y = x.c_i
3   z.leaf = y.leaf
```

4    $z.n = t - 1$
5   **for** $j = 1$ **to** $t - 1$
6        $z.key_j = y.key_{j+t}$
7   **if** not $y.leaf$
8   **for** $j = 1$ **to** t
9            $z.c_j = y.c_{j+t}$
10    $y.n = t - 1$
11   **for** $j = x.n + 1$ **downto** $i + 1$
12        $x.c_{j+1} = x.c_j$
13    $x.c_{i+1} = z$
14   **for** $j = x.n$ **downto** i
15        $x.key_{j+1} = x.key_j$
16    $x.key_i = y.key_t$
17    $x.n = x.n + 1$
18   DISK-WRITE(y)
19   DISK-WRITE(z)
20   DISK-WRITE(x)

B-TREE-SPLIT-CHILD 以直接的"剪贴"方式工作。这里 x 是被分裂的结点，y 是 x 的第 i 个孩子（见第 2 行）。开始时，结点 y 有 $2t$ 个孩子（$2t-1$ 个关键字），在分裂后减少至 t 个孩子（$t-1$ 个关键字）。结点 z 取走 y 的 t 个最大的孩子（$t-1$ 个关键字），并且 z 成为 x 的新孩子，它在 x 的孩子表中仅位于 y 之后。y 的中间关键字上升到 x 中，成为分隔 y 和 z 的关键字。

第 1～9 行创建结点 z，并将 y 的 $t-1$ 个关键字以及相应的 t 个孩子给它。第 10 行调整 y 的关键字个数。最后，第 11～17 行将 z 插入为 x 的一个孩子，并提升 y 的中间关键字到 x 来分隔 y 和 z，然后调整 x 的关键字个数。第 18～20 行写出所有修改过的磁盘页面。B-TREE-SPLIT-CHILD 占用的 CPU 时间为 $\Theta(t)$，是由第 5～6 行和第 8～9 行的循环引起的。（其他循环执行 $O(t)$ 次迭代。）这个过程执行 $O(1)$ 次磁盘操作。

以沿树单程下行方式向 B 树插入关键字

在一棵高度为 h 的 B 树 T 中，以沿树单程下行方式插入一个关键字 k 的操作需要 $O(h)$ 次磁盘存取。所需要的 CPU 时间为 $O(th) = O(t\log_t n)$。过程 B-TREE-INSERT 利用 B-TREE-SPLIT-CHILD 来保证递归始终不会降至一个满结点上。

B-TREE-INSERT(T, k)
1    $r = T.root$
2   **if** $r.n == 2t - 1$
3        $s =$ ALLOCATE-NODE()
4        $T.root = s$
5        $s.leaf =$ FALSE
6        $s.n = 0$
7        $s.c_1 = r$
8   B-TREE-SPLIT-CHILD(s, 1)
9   B-TREE-INSERT-NONFULL(s, k)
10   **else** B-TREE-INSERT-NONFULL(r, k)

第 3～9 行处理了根结点 r 为满的情况：原来的根结点被分裂，一个新的结点 s（有两个孩子）成为根。对根进行分裂是增加 B 树高度的唯一途径。图 18-6 说明了这种情况。与二叉搜索树不同，B 树高度的增加发生在顶部而不是底部。过程通过调用 B-TREE-INSERT-NONFULL 完成将关键字 k 插入以非满的根结点为根的树中。B-TREE-INSERT-NONFULL 在需要时沿树向下递

494

归，在必要时通过调用 B-TREE-SPLIT-CHILD 来保证任何时刻它所递归处理的结点都是非满的。

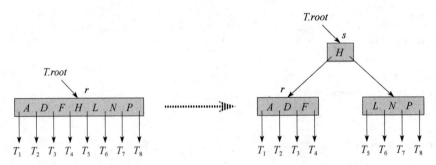

图 18-6 分裂 $t=4$ 的根。根结点 r 一分为二，并创建了一个新结点 s。新的根包含了 r 的中间关键字，且以 r 的两半作为孩子。当根被分裂时，B 树的高度增加 1

辅助的递归过程 B-TREE-INSERT-NONFULL 将关键字插入结点 x，要求假定在调用该过程时 x 是非满的。操作 B-TREE-INSERT 和递归操作 B-TREE-INSERT-NONFULL 保证了这个假设成立。

```
B-TREE-INSERT-NONFULL(x, k)
 1  i = x.n
 2  if x.leaf
 3      while i ⩾ 1 and k < x.key_i
 4          x.key_{i+1} = x.key_i
 5          i = i - 1
 6      x.key_{i+1} = k
 7      x.n = x.n + 1
 8      DISK-WRITE(x)
 9  else while i ⩾ 1 and k < x.key_i
10          i    i   1
11      i = i + 1
12      DISK-READ(x.c_i)
13      if x.c_i.n == 2t - 1
14          B-TREE-SPLIT-CHILD(x, i)
15          if k > x.key_i
16              i = i + 1
17      B-TREE-INSERT-NONFULL(x.c_i, k)
```

过程 B-TREE-INSERT-NONFULL 的工作方式如下。第 3~8 行处理 x 是叶结点的情况，将关键字 k 插入 x。如果 x 不是叶结点，则必须将 k 插入以内部结点 x 为根的子树中适当的叶结点中去。这种情况下，第 9~11 行决定向 x 的哪个子结点递归下降。第 13 行检查是否是递归降至了一个满子结点上，若是，则第 14 行用 B-TREE-SPLIT-CHILD 将该子结点分裂为两个非满的孩子，第 15~16 行确定向两个孩子中的哪一个下降是正确的。（注意，在第 16 行中 i 增加 1 后无需做 DISK-READ($x.c_i$)，因为这种情况下递归会降至一个刚刚由 B-TREE-SPLIT-CHILD 创建的子结点上。）第 13~16 行的真正作用就是保证该程序始终不会降至一个满结点上。然后第 17 行递归地将 k 插入合适的子树中。图 18-7 说明了向 B 树中插入关键字的各种情况。

对一棵高度为 h 的 B 树来说，B-TREE-INSERT 要做 $O(h)$ 次磁盘存取，因为在每次调用 B-TREE-INSERT-NONFULL 之间，只做了 $O(1)$ 次 DISK-READ 和 DISK-WRITE 操作。所占用的总 CPU 时间为 $O(th) = O(t \log_t n)$。因为 B-TREE-INSERT-NONFULL 是尾递归的，所以它也

可以用一个 **while** 循环来实现，从而说明了在任何时刻，需要留在主存中的页面数为 $O(1)$。

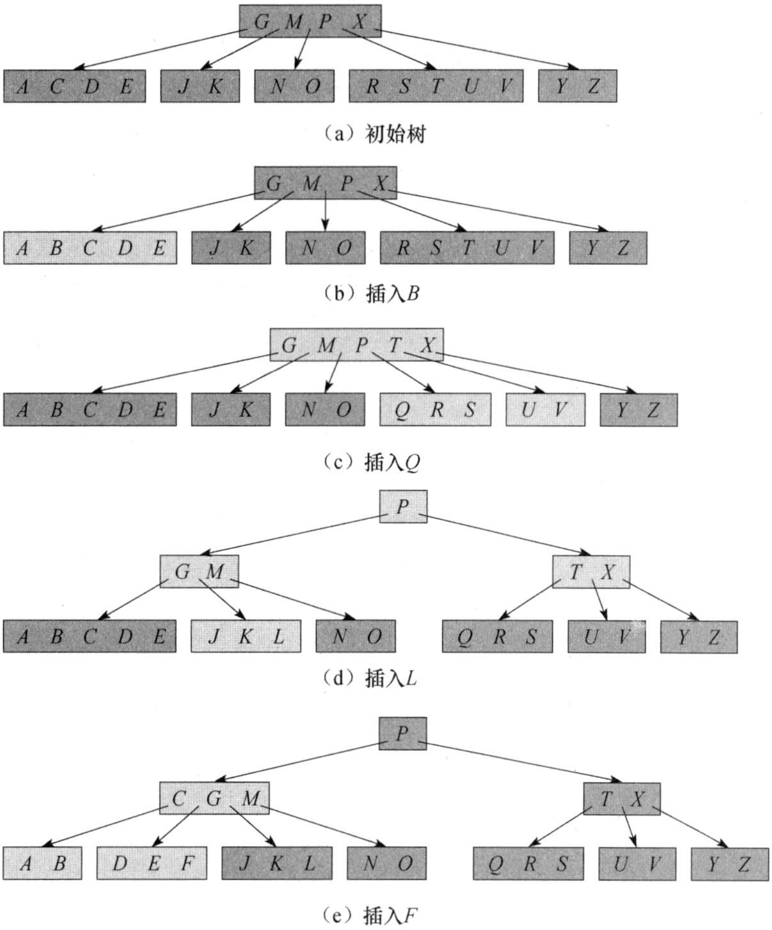

（a）初始树

（b）插入 B

（c）插入 Q

（d）插入 L

（e）插入 F

图 18-7 向 B 树中插入关键字。这棵 B 树的最小度数 t 为 3，所以一个结点至多可包含 5 个关键字。在插入过程中被修改的结点由浅阴影标记。(a)这个例子初始时的树。(b)向初始树中插入 B 后的结果；这是一个对叶结点的简单插入。(c)将 Q 插入前一棵树中的结果。结点 $RSTUV$ 被分裂为两个分别包含 RS 和 UV 的结点，关键字 T 被提升到根中，Q 被插入两半的最左边(RS 结点)。(d)将 L 插入前一棵树中的结果。由于根结点是满的，所以它立即被分裂，同时 B 树的高度增加 1。然后 L 被插入包含 JK 的叶结点中。(e)将 F 插入前一棵树中的结果。在将 F 插入两半的最右边(DE 结点)之前，结点 $ABCDE$ 会进行分裂

练习

18.2-1 请给出关键字 F、S、Q、K、C、L、H、T、V、W、M、R、N、P、A、B、X、Y、D、Z、E 依序插入一棵最小度数为 2 的空 B 树的结果。只要画出在某些结点分裂之前的结构以及最终的结构。

18.2-2 请解释在什么情况下(如果有的话)，在调用 B-TREE-INSERT 的过程中，会执行冗余的 DISK-READ 或 DISK-WRITE 操作。(所谓冗余的 DISK-READ，是指对已经在主存中的某页做 DISK-READ。冗余的 DISK-WRITE 是指将已经存在于磁盘上的某页又完全相同地重写一遍。)

18.2-3 请说明如何在一棵 B 树中找出最小关键字，以及如何找出某一给定关键字的前驱。

*18.2-4 假设关键字{1, 2, …, n}被插入一棵最小度数为 2 的空 B 树中，那么最终的 B 树有多少个结点？

497 ~ 498

18.2-5 因为叶结点无需指向孩子结点的指针，那么对同样大小的磁盘页面，可选用一个与内部结点不同的(更大的)t 值。请说明如何修改 B 树的创建和插入过程来处理这个变化。

18.2-6 假设 B-TREE-SEARCH 的实现是在每个结点内采用二分查找，而不是线性查找。证明：无论怎样选择 t(t 为 n 的函数)，这种实现所需的 CPU 时间都为 $O(\lg n)$。

18.2-7 假设磁盘硬件允许我们任意选择磁盘页面的大小，但读取磁盘页面的时间是 $a+bt$，其中 a 和 b 为规定的常数，t 为确定磁盘页大小后的 B 树的最小度数。请描述如何选择 t 以(近似地)最小化 B 树的查找时间。对 $a=5$ms 和 $b=10$ms，请给出 t 的一个最优值。

18.3 从 B 树中删除关键字

B 树上的删除操作与插入操作类似，只是略微复杂一点，因为可以从任意一个结点中删除一个关键字，而不仅仅是叶结点，而且当从一个内部结点删除一个关键字时，还要重新安排这个结点的孩子。与插入操作一样，必须防止因删除操作而导致树的结构违反 B 树性质。就像必须保证一个结点不会因为插入而变得太大一样，必须保证一个结点不会在删除期间变得太小(根结点除外，因为它允许有比最少关键字数 $t-1$ 还少的关键字个数)。一个简单插入算法，如果插入关键字的路径上结点满，可能需要向上回溯；与此类似，一个简单删除算法，当要删除关键字的路径上结点(非根)有最少的关键字个数时，也可能需要向上回溯。

过程 B-TREE-DELETE 从以 x 为根的子树中删除关键字 k。我们设计的这个过程必须保证无论何时，结点 x 递归调用自身时，x 中关键字个数至少为最小度数 t。注意到，这个条件要求比通常 B 树中的最少关键字个数多一个以上，使得有时在递归下降至子结点之前，需要把一个关键字移到子结点中。这个加强的条件允许在一趟下降过程中，就可以将一个关键字从树中删除，无需任何"向上回溯"(有一个例外，后面会解释)。对下面的 B 树上删除操作的规定应当这样理解，如果根结点 x 成为一个不含任何关键字的内部结点(这种情况可能出现在图 18-8 中的情况 2c 和情况 3b 中)，那么 x 就要被删除，x 的唯一孩子 $x.c_1$ 成为树的新根，从而树的高度降低 1，同时也维持树根必须包含至少一个关键字的性质(除非树是空的)。

499

现在我们来简要地介绍删除操作是如何工作的，而不是给出其伪代码。图 18-8 描绘了从 B 树中删除关键字的各种情况。

1. 如果关键字 k 在结点 x 中，并且 x 是叶结点，则从 x 中删除 k。

2. 如果关键字 k 在结点 x 中，并且 x 是内部结点，则做以下操作：

a. 如果结点 x 中前于 k 的子结点 y 至少包含 t 个关键字，则找出 k 在以 y 为根的子树中的前驱 k'。递归地删除 k'，并在 x 中用 k' 代替 k。(找到 k' 并删除它可在沿树下降的单过程中完成。)

b. 对称地，如果 y 有少于 t 个关键字，则检查结点 x 中后于 k 的子结点 z。如果 z 至少有 t 个关键字，则找出 k 在以 z 为根的子树中的后继 k'。递归地删除 k'，并在 x 中用 k' 代替 k。(找到 k' 并删除它可在沿树下降的单过程中完成。)

c. 否则，如果 y 和 z 都只含有 $t-1$ 个关键字，则将 k 和 z 的全部合并进 y，这样 x 就失去了 k 和指向 z 的指针，并且 y 现在包含 $2t-1$ 个关键字。然后释放 z 并递归地从 y 中删除 k。

3. 如果关键字 k 当前不在内部结点 x 中，则确定必包含 k 的子树的根 $x.c_i$(如果 k 确实在树中)。如果 $x.c_i$ 只有 $t-1$ 个关键字，必须执行步骤 3a 或 3b 来保证降至一个至少包含 t 个关键字的结点。然后，通过对 x 的某个合适的子结点进行递归而结束。

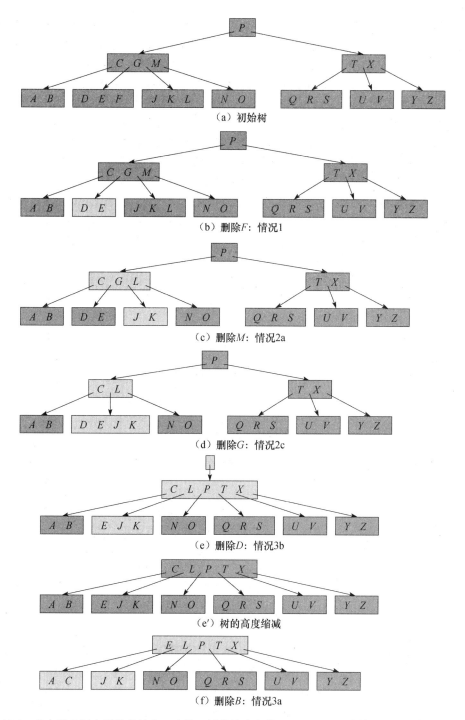

（a）初始树

（b）删除 F：情况1

（c）删除 M：情况2a

（d）删除 G：情况2c

（e）删除 D：情况3b

（e′）树的高度缩减

（f）删除 B：情况3a

图 18-8　从一棵 B 树中删除关键字。这棵 B 树的最小度数 $t=3$，因此一个结点（非根）包含的关键字个数不能少于两个。被修改了的结点都以浅阴影标记。(a)图 18-7e 中的 B 树。(b)删除 F。这是情况 1：从一个叶结点中进行的简单删除。(c)删除 M。这是情况 2a：M 的前驱 L 提升并占据 M 的位置。(d)删除 G。这是情况 2c：G 下降以构成结点 DEGJK，然后从这个叶结点中删除 G（情况 1）。(e)删除 D。这是情况 3b：递归不能降至结点 CL，因为它仅有两个关键字，所以将 P 下降并与 CL 和 TX 合并以构成 CLPTX；然后将 D 从这个叶结点中删除（情况 1）。(e′)在(e)之后，根结点被删除，树的高度减小 1。(f)删除 B。这是情况 3a：移动 C 以填补 B 的位置，移动 E 以填补 C 的位置

　　a. 如果 $x.c_i$ 只含有 $t-1$ 个关键字，但是它的一个相邻的兄弟至少包含 t 个关键字，则将 x 中的某一个关键字降至 $x.c_i$ 中，将 $x.c_i$ 的相邻左兄弟或右兄弟的一个关键字升至 x，将该兄弟中相应的孩子指针移到 $x.c_i$ 中，这样就使得 $x.c_i$ 增加了一个额外的关键字。

　　b. 如果 $x.c_i$ 以及 $x.c_i$ 的所有相邻兄弟都只包含 $t-1$ 个关键字，则将 $x.c_i$ 与一个兄弟合并，即将 x 的一个关键字移至新合并的结点，使之成为该结点的中间关键字。

　　由于一棵 B 树中的大部分关键字都在叶结点中，我们可以预期在实际中，删除操作最经常用于从叶结点中删除关键字。这样 B-TREE-DELETE 过程只要沿树下降一趟即可，不需要向上回溯。然而，当要删除某个内部结点的关键字时，该过程也要沿树下降一趟，但可能还要返回删除了关键字的那个结点，以用其前驱或后继来取代被删除的关键字(情况 2a 和情况 2b)。

　　尽管这个过程看起来很复杂，但对一棵高度为 h 的 B 树，它只需要 $O(h)$ 次磁盘操作，因为在递归调用该过程之间，仅需 $O(1)$ 次对 DISK-READ 和 DISK-WRITE 的调用。所需 CPU 时间为 $O(th) = O(t\log_t n)$。

练习

18.3-1 请说明依次从图 18-8(f)中删除 C、P 和 V 后的结果。

18.3-2 请写出 B-TREE-DELETE 的伪代码。

思考题

18-1 (辅存上的栈) 考虑在一个有着相对少量的快速主存但有着相对大量较慢的磁盘存储空间的计算机上实现一个栈的问题。操作 PUSH 和 POP 操作的对象为单字。我们希望计算机支持的栈可以增长得很大，以至于无法全部装入主存中，因此它的大部分都要放在磁盘上。

　　一种简单但低效的栈实现方法是将整个栈存放在磁盘上。在主存中保持一个栈的指针，它指向栈顶元素的磁盘地址。如果该指针的值为 p，则栈顶元素是磁盘的 $\left\lfloor\dfrac{p}{m}\right\rfloor$ 页上的第 $(p \bmod m)$ 个字，这里 m 为每页所含的字数。

502

　　为了实现 PUSH 操作，我们增加栈指针，从磁盘将适当的页读到主存中，复制要被压入栈的元素到该页上适当字的位置，最后将该页写回到磁盘。POP 操作与之类似。我们减小栈指针，从磁盘上读入所需的页，再返回栈顶元素。我们不需要写回该页，因为它没有被修改。

　　因为磁盘操作代价相对较高，我们统计任何实现的两部分代价：总的磁盘存取次数和总的 CPU 时间。任何对一个包含 m 个字的页面的磁盘存取，都会引起一次磁盘存取和 $\Theta(m)$ 的 CPU 时间。

a. 从渐近意义上看，使用这种简单实现，在最坏的情况下，n 个栈操作需要多少次磁盘存取？CPU 时间又是多少？(用 m 和 n 来表示这个问题及后面几个问题的答案。)

　　现在考虑栈的另一种实现，即在主存中始终保持存放栈中的一页。(还用少量的主存来记录当前哪一页在主存中。)只有相关的磁盘页驻留在主存中，才能执行栈操作。如果需要，可以将当前主存中的页写回磁盘，并且可以从磁盘向主存读入新的一页。如果相关的磁盘页已经在主存，那么就无需任何磁盘存取。

b. 最坏情况下，n 个 PUSH 操作所需的磁盘存取次数是多少？所需的 CPU 时间是多少？

c. 最坏情况下，n 个栈操作所需的磁盘存取次数是多少？所需的 CPU 时间是多少？

　　假设现在是在主存中保持栈的 2 页(此外还有少量的字来记录哪些页在主存中)的实现。

d. 请描述如何管理栈页，使得任何栈操作的摊还磁盘存取次数为 $O(1/m)$，摊还 CPU 时间为 $O(1)$。

18-2 （连接与分裂 2-3-4 树）　连接操作输入两个动态集合 S' 和 S''，以及一个元素 x，使得对任何 $x' \in S'$ 和 $x'' \in S''$，有 $x'.key < x.key < x''.key$。它返回一个集合 $S = S' \cup \{x\} \cup S''$。分裂操作就像一个"逆"连接操作：给定一个动态集合 S 和一个元素 $x \in S$，它创建了一个集合 S'，其包含 $S - \{x\}$ 中所有关键字小于 $x.key$ 的元素；同时创建了一个集合 S''，其包含 $S - \{x\}$ 中所有关键字大于 $x.key$ 的元素。在这个问题中，我们讨论如何在 2-3-4 树上实现这些操作。为方便起见，假定所有元素都只包含关键字，并且所有的关键字都不相同。

503

a. 对 2-3-4 树中的每个结点 x，说明如何将以 x 为根的子树的高度作为一个属性 $x.height$ 来维护。要确保所给出的实现不影响查找、插入和删除的渐近运行时间。

b. 说明如何实现连接操作。给定两棵 2-3-4 树 T' 与 T'' 和一个关键字 k，连接操作应在 $O(1 + |h' - h''|)$ 运行时间内完成，其中 h' 和 h'' 分别是树 T' 和 T'' 的高度。

c. 考虑从一棵 2-3-4 树 T 的根到一个给定关键字 k 的简单路径 p，T 中小于 k 的关键字集合 S'，以及 T 中大于 k 的关键字集合 S''。证明：p 将 S' 分为一个树的集合 $\{T'_0, T'_1, \cdots, T'_m\}$ 和一个关键字的集合 $\{k'_1, k'_2, \cdots, k'_m\}$，且对任何关键字 $y \in T'_{i-1}$ 和 $z \in T'_i$（$i = 1, 2, \cdots, m$），都有 $y < k_i' < z$。T'_{i-1} 和 T'_i 的高度之间有什么关系？请说明 p 是如何将 S'' 分为树集合和关键字集合的。

d. 请说明如何实现 T 上的分裂操作。利用连接操作将 S' 中的关键字拼成一棵简单的 2-3-4 树 T'，将 S'' 中的关键字拼成一棵简单的 2-3-4 树 T''。分裂操作的运行时间要求为 $O(\lg n)$，这里 n 是 T 中的关键字个数。（提示：连接的代价应是套迭的。）

本章注记

Knuth[211]、Aho、Hopcroft 和 Ullman[5]，以及 Sedgewick[306]给出了平衡树方案和 B 树的进一步讨论。Comer[74]提供了 B 树的一个综述。Guibas 和 Sedgewick[155]讨论了包括红黑树和 2-3-4 树在内的各种平衡树方案之间的关系。

在 1970 年，J. E. Hopcroft 发明了 2-3 树，它是 B 树和 2-3-4 树的前身，它的每个内部结点都有两个或三个孩子结点。Bayer 和 McCreight[35]在 1972 年提出了 B 树；他们并没有解释为什么要取这个名字。

Bender、Demaine 和 Farach-Colton[40]研究了面对存储层次影响，如何让 B 树的操作高效地执行。他们提出了一个**缓存无关**（cache-oblivious）算法，该算法可以在不用显式地了解存储层次中数据传输规模的情况下高效地工作。

504

斐波那契堆

斐波那契堆数据结构有两种用途。第一种，它支持一系列操作，这些操作构成了所谓的"可合并堆"。第二种，斐波那契堆的一些操作可以在常数摊还时间内完成，这使得这种数据结构非常适合于需要频繁调用这些操作的应用。

可合并堆

可合并堆(mergeable heap)是支持以下 5 种操作的一种数据结构，其中每个元素都有一个关键字：

MAKE-HEAP()：创建和返回一个新的不含任何元素的堆。

INSERT(H, x)：将一个已填入关键字的元素 x 插入堆 H 中。

MINIMUM(H)：返回一个指向堆 H 中具有最小关键字元素的指针。

EXTRACT-MIN(H)：从堆 H 中删除最小关键字的元素，并返回一个指向该元素的指针。

UNION(H_1, H_2)：创建并返回一个包含堆 H_1 和堆 H_2 中所有元素的新堆。堆 H_1 和堆 H_2 由这一操作"销毁"。

除了以上可合并堆的操作外，斐波那契堆还支持以下两种操作：

DECREASE-KEY(H, x, k)：将堆 H 中元素 x 的关键字赋予新值 k。假定新值 k 不大于当前的关键字。[⊖]

DELETE(H, x)：从堆 H 中删除元素 x。

如图 19-1 所示，如果没有 UNION 操作，如同堆排序(第 6 章)中使用的普通二叉堆，其操作性能相当好。除了 UNION 操作外，二叉堆的其他操作均可在最坏情况时间为 $O(\lg n)$ 下完成。

但是，如果需要支持 UNION 操作，则二叉堆的性能就很差。通过把两个分别包含要被合并二叉堆的数组进行链接，然后运行 BUILD-MIN-HEAP(参考 6.3 节)的方式来实现 UNION 操作，其最坏情形下需要 $\Theta(n)$ 时间。

另一方面，斐波那契堆对于操作 INSERT、UNION 和 DECREASE-KEY，比起二叉堆有更好的渐近时间界，而对于剩下的几种操作，它们有相同的渐近运行时间。然而，注意，图 19-1 中斐波那契堆的运行时间是摊还时间界，而不是每个操作的最坏情形时间界。UNION 操作在斐波那契堆中仅仅需要常数摊还时间，这比二叉堆的最坏情形下的线性时间要好得多(当然，假定为一个摊还时间界)。

操 作	二叉堆（最坏情形）	斐波那契堆（摊还）
MAKE-HEAP	$\Theta(1)$	$\Theta(1)$
INSERT	$\Theta(\lg n)$	$\Theta(1)$
MINIMUM	$\Theta(1)$	$\Theta(1)$
EXTRACT-MIN	$\Theta(\lg n)$	$O(\lg n)$
UNION	$\Theta(n)$	$\Theta(1)$
DECREASE-KEY	$\Theta(\lg n)$	$\Theta(1)$
DELETE	$\Theta(\lg n)$	$O(\lg n)$

图 19-1 可合并堆的两种实现方式下各操作的运行时间。在操作时堆中的项数用 n 表示

理论上的斐波那契堆与实际中的斐波那契堆

从理论角度来看，当 EXTRACT-MIN 和 DELETE 数目相比于其他操作小得多的时候，斐波那契堆尤其适用。这种情形出现在许多应用中。例如，一些图问题算法可能每条边调用一次 DECREASE-KEY。对于有很多边的稠密图，每次调用 DECREASE-KEY 需要 $\Theta(1)$ 摊还时间，相比起二叉堆最坏情况时间 $\Theta(\lg n)$，其积累起来是个很大的改进。一些问题(如计算最小生成树

⊖ 正如在第五部分的导言中提到的，我们默认的可合并堆是可合并最小堆，因此，使用操作 MINIMUM、EXTRACT-MIN 和 DECREASE-KEY。同样，我们可以定义一个**可合并最大堆**(mergeable max-heap)，具有操作 MAXIMUM、EXTRACT-MAX 和 INCREASE-KEY。

（第 23 章）和寻找单源最短路径（第 24 章））的快速算法必不可少地要用到斐波那契堆。

然而从实际角度来看，除了某些需要管理大量数据的应用外，对于大多数应用，斐波那契堆的常数因子和编程复杂性使得它比起普通二叉（或 k 叉）堆并不那么适用。因此，对斐波那契堆的研究主要出于理论兴趣。如果能开发出一个简单得多的数据结构，而且它的摊还时间界与斐波那契堆相同，那么它将非常实用。

二叉堆和斐波那契堆对于 SEARCH 操作的支持均比较低效；可能需要花费一段时间才能找到具有给定关键字的元素。为此，涉及给定元素的操作（如 DECREASE-KEY 和 DELETE）均需要一个指针指向这个元素，并且指针作为输入的一部分。正如 6.5 节对优先级队列的讨论中所述，当在应用中使用一个可合并堆时，通常在可合并堆的每个元素中存储一个句柄指向相关应用对象，同样在每个应用对象中也存储一个句柄指向可合并堆中相关元素。这些句柄的确切作用依赖于应用和它的实现。

如同所看到的一些其他数据结构，斐波那契堆也是基于有根树的。我们把每一个元素表示成树中的一个结点，每个结点具有一个 key 属性。在这一章的剩下部分，将使用"结点"来代替"元素"。我们也将忽略结点插入之前和删除之后的内存分配和释放问题，而不是假定调用堆操作的代码来处理这些细节问题。

19.1 节将定义斐波那契堆，讨论如何表示它，并给出用于分析摊还时间的势函数。19.2 节展示怎样实现可合并堆操作和如何得到图 19-1 中所述的摊还时间界。剩下的两个操作 DECREASE-KEY 和 DELETE 是 19.3 节的重点。最后，19.4 节完成理论分析的主要环节，并解释这个数据结构名字的由来。

19.1 斐波那契堆结构

一个斐波那契堆是一系列具有**最小堆序**（min-heap ordered）的有根树的集合。也就是说，每棵树均遵循**最小堆性质**（min-heap property）：每个结点的关键字大于或等于它的父结点的关键字。图 19-2(a)是一个斐波那契堆的例子。

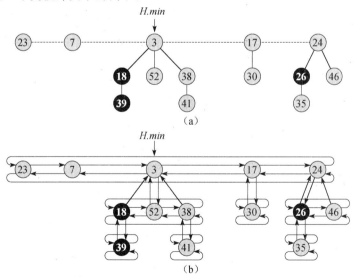

图 19-2 (a)一个包含 5 棵最小堆序树和 14 个结点的斐波那契堆。虚线标出了根链表。堆中最小的结点是包含关键字 3 的结点。黑色的结点是被标记的。这个斐波那契堆的势是 5+2×3=11。(b)一个更加完整的表示，显示出了指针 p（向上箭头）、$child$（向下箭头）、$left$ 和 $right$（横向箭头）。本章剩下的图省略了这些细节，因为该图中显示的所有信息均可从(a)图中推断出来

如图 19-2(b)所示，每个结点 x 包含一个指向它父结点的指针 $x.p$ 和一个指向它的某一个孩子的指针 $x.child$。x 的所有孩子被链接成一个环形的双向链表，称为 x 的**孩子链表**（child list）。孩子链表中的每个孩子 y 均有指针 $y.left$ 和 $y.right$，分别指向 y 的左兄弟和右兄弟。如果 y 是仅有的一个孩子，则 $y.left = y.right = y$。孩子链表中各兄弟出现的次序是任意的。

环形双向链表（参考 10.2 节）应用在斐波那契堆中有两个优点。第一，可以在 $O(1)$ 时间内从一个环形双向链表的任何位置插入一个结点或删除一个结点。第二，给定两个这种链表，可以用 $O(1)$ 时间把它们链接（或把它们"捻接"在一起）成一个环形双向链表。在斐波那契堆操作的描述中，我们将非正式地提到这些操作，实现细节留给读者去补充。

每个结点有另外两个属性。把结点 x 的孩子链表中的孩子数目储存在 $x.degree$。布尔值属性 $x.mark$ 指示结点 x 自从上一次成为另一个结点的孩子后，是否失去过孩子。新产生的结点是未被标记的，并且当结点 x 成为另一个结点的孩子时，它便成为未被标记结点。直到 19.3 节的 DECREASE-KEY 操作，我们才把所有的 $mark$ 属性值设为 FALSE。

通过指针 $H.min$ 来访问一个给定的斐波那契堆 H，该指针指向具有最小关键字的树的根结点，我们把这个结点称为斐波那契堆的**最小结点**（minimum node）。如果不止一个根结点具有最小关键字，那么这些根结点中的任何一个都有可能成为最小结点。如果一个斐波那契堆 H 是空的，那么 $H.min$ 为 NIL。

在斐波那契堆中，所有树的根都用其 $left$ 和 $right$ 指针链成一个环形的双链表，该双链表称为斐波那契堆的**根链表**（root list）。因此，指针 $H.min$ 指向根链表中关键字最小的那个结点。根链表中的树次序可以任意。

我们还要用到斐波那契堆 H 的另一个属性：$H.n$，表示 H 中当前的结点数目。

势函数

正如上面提到的，将使用 17.3 节中的势方法来分析斐波那契堆操作的性能。对于一个给定的斐波那契堆 H，用 $t(H)$ 来表示 H 中根链表中树的数目，用 $m(H)$ 来表示 H 中已标记的结点数目。然后，定义斐波那契堆 H 的势函数 $\Phi(H)$ 如下：

$$\Phi(H) = t(H) + 2m(H) \tag{19.1}$$

（19.3 节会给出这样定义的一些直观解释。）例如，图 19-2 中所示的斐波那契堆的势为 $5+2\times3=11$。一系列斐波那契堆的势等于各个斐波那契堆势的和。假定势的一个单位可以支付常数数目的工作，该常数要足够大，能够支付我们可能遇到的任何特定的常数时间的工作。

假定斐波那契堆应用开始时，都没有堆。因此，势初始值为 0，而且根据公式（19.1），势在随后的任何时间内均不为负。依据公式（17.3），对于某一操作序列来说，总的摊还代价的上界就是其总的实际代价的上界。

最大度数

在本章剩下几节中，对于摊还分析均假定，在一个 n 个结点的斐波那契堆中任何结点的最大度数都有上界 $D(n)$。在此我们不证明这一假定，但是如果仅仅是支持可合并堆的操作，那么 $D(n) \leqslant \lfloor \lg n \rfloor$（思考题 19-2d 要求读者证明这一性质。）在 19.3 节和 19.4 节中，当支持 DECREASE-KEY 和 DELETE 操作时，也要求 $D(n) = O(\lg n)$。

19.2 可合并堆操作

斐波那契堆上的一些可合并堆操作要尽可能长地延后执行。不同的操作可以进行性能平衡。例如，用将一个结点加入根链表的方式来插入一个结点，这样仅需耗费常数时间。如果从空的斐波那契堆开始，插入 k 结点，斐波那契堆将由一个正好包含 k 个结点的根链表组成。如果在斐波那契堆 H 上执行一个 EXTRACT-MIN 操作，在移除 $H.min$ 指向的结点后，将不得不遍历根链表中剩下的 $k-1$ 个结点来找出新的最小结点，这里便存在性能平衡问题。只要我们在执行 EXTRACT-

MIN 操作中遍历整个根链表，并且把结点合并到最小堆序树中以减小根链表的规模。下面将看到，不论根链表在执行 EXTRACT-MIN 操作之前是什么样子，执行完该操作之后，根链表中的每个结点要求有一个与根链表中其他结点均不同的度数，这使得根链表的规模最大是 $D(n)+1$。

创建一个新的斐波那契堆

创建一个空的斐波那契堆，MAKE-FIB-HEAP 过程分配并返回一个斐波那契堆对象 H，其中 $H.n=0$ 和 $H.min=$ NIL，H 中不存在树。因为 $t(H)=0$ 和 $m(H)=0$，空斐波那契堆的势为 $\Phi(H)=0$。因此，MAKE-FIB-HEAP 的摊还代价等于它的实际代价 $O(1)$。

插入一个结点

下面的过程将结点 x 插入斐波那契堆 H 中，假定该结点已经被分配，$x.key$ 已经被赋值。

FIB-HEAP-INSERT(H,x)
1　$x.degree=0$
2　$x.p=$ NIL
3　$x.child=$ NIL
4　$x.mark=$ FALSE
5　**if** $H.min==$ NIL
6　　　create a root list for H containing just x
7　　　$H.min=x$
8　**else** insert x into H's root list
9　　　**if** $x.key < H.min.key$
10　　　　$H.min=x$
11　$H.n=H.n+1$

510

第 1～4 行初始化结点 x 的一些属性。第 5 行测试斐波那契堆 H 是否为空。如果为空，那么第 6～7 行使得 x 成为 H 的根链表中唯一的结点，并将 $H.min$ 指向 x；否则，第 8～10 行将结点 x 插入 H 的根链表中，如果有必要，就更新 $H.min$。最后，第 11 行 $H.n$ 增 1 来反映新结点的加入。图 19-3 展示了一个具有关键字 21 的结点插入图 19-2 所示的斐波那契堆中。

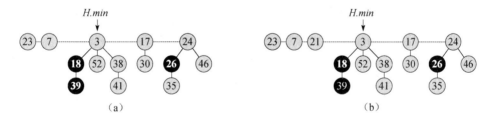

图 19-3　将一个结点插入斐波那契堆。(a)斐波那契堆 H。(b)插入关键字为 21 的结点后的斐波那契那契堆 H。该结点自成一棵最小堆序树，然后被插入根链表中，成为根的左兄弟

为了确定 FIB-HEAP-INSERT 的摊还代价，设 H 是输入的斐波那契堆，H' 是结果斐波那契堆。那么 $t(H')=t(H)+1$ 和 $m(H')=m(H)$，并且势的增加量为：
$$((t(H)+1)+2m(H))-(t(H)+2m(H))=1$$
由于实际代价为 $O(1)$，因此摊还代价为 $O(1)+1=O(1)$。

寻找最小结点

斐波那契堆的最小结点可以通过指针 $H.min$ 得到。因此，可以在 $O(1)$ 的实际代价内找到最小结点。由于 H 的势没有发生变化，因此该操作的摊还代价等于它的实际代价 $O(1)$。

两个斐波那契堆的合并

下面的过程合并斐波那契堆 H_1 和 H_2，并在该过程中销毁 H_1 和 H_2。它简单地将 H_1 和 H_2 的根链表链接，然后确定新的最小结点。之后，表示 H_1 和 H_2 的对象将不再使用。

511

FIB-HEAP-UNION(H_1, H_2)

1   H = MAKE-FIB-HEAP()
2   $H.min = H_1.min$
3   concatenate the root list of H_2 with the root list of H
4   **if** ($H_1.min$ == NIL) or ($H_2.min \neq$ NIL and $H_2.min.key < H_1.min.key$)
5       $H.min = H_2.min$
6   $H.n = H_1.n + H_2.n$
7   **return** H

第 1~3 行将 H_1 和 H_2 的根链表链接成为 H 的新根链表。第 2、4、5 行设定 H 的最小结点，第 6 行将 $H.n$ 设为所有结点的个数。第 7 行返回作为结果的斐波那契堆 H。与 FIB-HEAP-INSERT 过程相同，所有的根结点仍为根结点。

势函数的变化为：

$$\Phi(H) - (\Phi(H_1) + \Phi(H_2)) = (t(H) + 2m(H)) - ((t(H_1) + 2m(H_1)) + (t(H_2) + 2m(H_2)))$$
$$= 0$$

因为 $t(H) = t(H_1) + t(H_2)$ 和 $m(H) = m(H_1) + m(H_2)$，所以 FIB-HEAP-UNION 的摊还代价等于它的实际代价 $O(1)$。

抽取最小结点

抽取最小结点的过程是本节所介绍的操作中最为复杂的一个。这里还要介绍前面提到的在根链表中合并树的延后工作。下面的伪代码是抽取最小结点的。为了简便该代码，假定当一个结点从链表中移除后，留在链表中的指针要被更新，但是抽取出的结点中的指针并不改变。该代码还调用一个辅助过程 CONSOLIDATE，稍后将介绍。

FIB-HEAP-EXTRACT-MIN(H)

1   $z = H.min$
2   **if** $z \neq$ NIL
3   **for** each child x of z
4   add x to the root list of H
5          $x.p$ = NIL
6   remove z from the root list of H
7   **if** z == $z.right$
8          $H.min$ = NIL
9   **else** $H.min = z.right$
10   CONSOLIDATE(H)
11      $H.n = H.n - 1$
12 **return** z

如图 19-4 所示，FIB-HEAP-EXTRACT-MIN 首先将最小结点的每个孩子变为根结点，并从根链表中删除该最小结点。然后通过把具有相同度数的根结点合并的方法来链接成根链表，直到每个度数至多只有一个根在根链表中。

首先第 1 行保存一个指向最小结点的指针 z，该程序最后返回这个指针。如果 z 为 NIL，那么斐波那契堆为空，可以结束；否则，在第 3~5 行中让 z 的所有孩子成为 H 的根结点（把它们插入根链表），并在第 6 行从根链表中移除 z，这样 z 便从 H 中删除了。执行完第 6 行之后，如果 z 是它自身的右兄弟，那么 z 是根链表中仅有的一个结点并且它没有孩子结点。这样所有剩下的工作是在返回 z 之前，第 8 行使斐波那契堆成为空堆。否则，把指针 $H.min$ 指向根链表中除 z 之外的某个根结点（这里是 z 的右兄弟），该根结点没有必要一定是 FIB-HEAP-EXTRACT-MIN 执行完后的新的最小结点。图 19-4(b)所示的是图 19-4(a)执行完第 9 行之后的斐波那契堆。

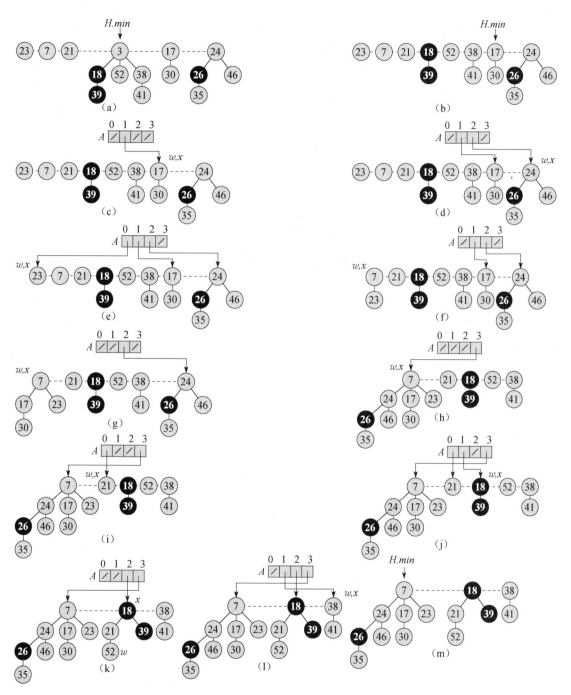

图 19-4　FIB-HEAP-EXTRACT-MIN 的执行过程。(a)斐波那契堆 H。(b)从根链表中移除最小结点 z 并把它的孩子加入根链表后的情形。(c)~(e)过程 CONSOLIDATE 中第 4~14 行 **for** 循环的前三次迭代中，每一次迭代完后的树以及数组 A 的情况。该过程对根链表的处理是从 $H.min$ 指向的结点开始的，并沿着 $right$ 指针的方向进行。每个图都显示出了每一次迭代之后的 w 和 x 值。(f)~(h)**for** 循环接下来的一次迭代，显示了第 7~13 行的 **while** 循环每一次迭代之后的 w 和 x 值。图(f)展示了 **while** 循环第一次执行后的情形。关键字为 23 的结点被链接到关键字为 7 的结点，后者也是 x 当前所指向的结点。图(g)中，关键字为 17 的结点被链接到关键字为 7 的结点，后者仍由 x 所指向。图(h)中，关键字为 24 的结点被链接到关键字为 7 的结点。由于之前 $A[3]$ 没有指向任何结点，在 **for** 的这一次迭代后，$A[3]$ 被设为指向结果树的根结点。(i)~(l)**for** 循环剩下的 4 次迭代中每一次迭代后的情形。(m)依据数组 A 重构根链表以及确定新的 $H.min$ 指针后的斐波那契堆 H

下一步是**合并**(consolidating) H 的根链表，通过调用 CONSOLIDATE(H) 来减少斐波那契堆中树的数目。合并根链表的过程为重复执行以下步骤，直到根链表中的每一个根有不同的度数。

1. 在根链表中找到两个具有相同度数的根 x 和 y。不失一般性，假定 $x.key \leqslant y.key$。

2. 把 y 链接到 x：从根链表中移除 y，调用 FIB-HEAP-LINK 过程，使 y 成为 x 的孩子。该过程将 $x.degree$ 属性增 1，并清除 y 上的标记。

过程 CONSOLIDATE 使用一个辅助数组 $A[0..D(H.n)]$ 来记录根结点对应的度数的轨迹。如果 $A[i] = y$，那么当前的 y 是一个具有 $y.degree = i$ 的根。当然，为了分配数组必须知道如何计算最大度数的上界 $D(H.n)$，但这些将在 19.4 节中介绍。

```
CONSOLIDATE(H)
 1  let A[0..D(H.n)] be a new array
 2  for i = 0 to D(H.n)
 3      A[i] = NIL
 4  for each node w in the root list of H
 5      x = w
 6      d = x.degree
 7      while A[d] ≠ NIL
 8          y = A[d]   // another node with the same degree as x
 9          if x.key > y.key
10              exchange x with y
11          FIB-HEAP-LINK(H, y, x)
12          A[d] = NIL
13          d = d + 1
14      A[d] = x
15  H.min = NIL
16  for i = 0 to D(H.n)
17      if A[i] ≠ NIL
18          if H.min == NIL
19              create a root list for H containing just A[i]
20              H.min = A[i]
21          else insert A[i] into H's root list
22              if A[i].key < H.min.key
23                  H.min = A[i]
```

```
FIB-HEAP-LINK(H, y, x)
 1  remove y from the root list of H
 2  make y a child of x, incrementing x.degree
 3  y.mark = FALSE
```

具体地说，CONSOLIDATE 过程工作如下。第 1~3 行分配数组 A，并将数组 A 的每个元素初始化为 NIL。第 4~14 行的 **for** 循环处理根链表中的每个根结点 w。由于要把根链接起来，因此 w 可能被链接到其他的结点上，不再是一个根。然而，w 必然在以某个结点 x 为根树内，x 可能是也可能不是 w 本身。因为想要每个根都有不同的度数，所以查找数组 A 来确定是否有某个根 y 与 x 有相同度数。如果有，则把根 x 和 y 链接起来，并保证链接完后 x 仍然是一个根。也就是说，如果 y 的关键字小于 x 的关键字，则先交换指向这两个根的指针，再把 y 链接到 x。在 y 链接到 x 以后，x 的度数增加 1，继续执行这个过程，把 x 和另一个与 x 的新度数相同的根链接，直到处理过的根没有与 x 有相同的度数。然后，将 A 的相应关元素指向 x。这样处理后续根时，已经记录 x 是已处理过的根中具有该度数的唯一一根。当这个 **for** 循环结束时，每个度数下至多只有一个根，数组 A 指向每个剩下的根。

第 7～13 行的 **while** 循环重复地将包含结点 w 的以 x 为根的树与和 x 度数相同的根相链接，直到没有其他的根与 x 有相同的度数。这个 **while** 循环维持了如下的不变式：

在 **while** 循环的每次迭代开始处，$d=x.degree$

使用这一循环不变式如下：

初始化：第 6 行确保第一次进入该循环时，该循环不变式成立。

保持：在 **while** 循环的每一次迭代中，$A[d]$ 指向某个根 y。因为 $d=x.degree=y.degree$，因此要链接 x 和 y。不论 x 和 y 中哪个具有更小的关键字，链接操作之后，该结点成为另一个结点的父结点，因此如有必要，第 9～10 行交换指向 x 和 y 的指针。接下来，在第 11 行通过调用 FIB-HEAP-LINK(H，y，x) 把 y 链接到 x。这个调用增加了 $x.degree$ 值，而 $y.degree$ 仍为 d。结点 y 不再是一个根结点，因此第 12 行从数组 A 中删除指向它的指针。由于调用 FIB-HEAP-LINK 增加了 $x.degree$ 的值，第 13 行恢复不变式 $d=x.degree$。

终止：重复 **while** 循环直到 $A[d]=$ NIL，在这种情形下，没有其他的根与 x 有相同的度数。**while** 循环结束后，在第 14 行将 $A[d]$ 设为 x，并执行 **for** 循环的下一轮迭代。

图 19-4(c)～(e)示出了第 4～14 行 **for** 循环前三轮迭代后的数组 A 和结果树。在 **for** 循环的下一轮迭代中，发生了三次链接，它们的结果如图 19-4(f)～(h)所示。图 19-4(i)～(l)展示了 **for** 循环接下来 4 轮迭代后的结果。

其余的工作就是清理。一旦第 4～14 行的 **for** 循环完成，第 15 行清空根链表，第 16～23 行依据数组 A 来重构根链表。最后得到的斐波那契堆如图 19-4(m)所示。根链表合并完后，FIB-HEAP-EXTARCT-MIN 在第 11 行减小 $H.n$，在第 12 行返回指向被删除的结点 z 的指针，然后结束程序。

现在来证明从一个 n 个结点的斐波那契堆中抽取最小结点的摊还代价为 $O(D(n))$。设 H 表示执行 FIB-HEAP-EXTARCT-MIN 操作之前的斐波那契堆。

517

首先给出抽取最小结点的实际代价。FIB-HEAP-EXTARCT-MIN 最多处理最小结点的 $D(n)$ 个孩子，再加上 CONSOLIDATE 中第 2～3 行和第 16～23 行的工作，合计需要的时间代价为 $O(D(n))$。剩下的是分析 CONSOLIDATE 中第 4～14 行的 **for** 循环代价，这一部分我们使用聚合分析。因为原始的根链表中有 $t(H)$ 个结点，减去抽取出的结点，再加上抽取出的结点的孩子结点（至多为 $D(n)$），所以调用 CONSOLIDATE 时根链表的大小最大为 $D(n)+t(H)-1$。给定第 4～14 行 **for** 循环的一轮迭代中，第 7～13 行的 **while** 循环的迭代次数取决于根链表。但是我们知道每次调用 **while** 循环，总有一个根结点被链接到另一个上，因此 **for** 循环的所有迭代中，**while** 循环的总次数最多为根链表中根的数目。因此，**for** 循环的总工作量最多与 $D(n)+t(H)$ 成正比。所以，抽取最小结点的总实际工作量为 $O(D(n)+t(H))$。

抽取最小结点之前的势为 $t(H)+2m(H)$，因为最多有 $D(n)+1$ 个根留下且在该过程中没有任何结点被标记，所以在该操作之后势最大为 $(D(n)+1)+2m(H)$。所以摊还代价最多为：

$$O(D(n)+t(H))+((D(n)+1)+2m(H))-(t(H)+2m(H))$$
$$=O(D(n))+O(t(H))-t(H)$$
$$=O(D(n))$$

因为可以增大势的单位来支配隐藏在 $O(t(H))$ 中的常数。直观上讲，由于每次链接操作均把根的数目减小 1，因此每次链接操作的代价可以由势的减小来支付。我们将在 19.4 节中看到 $D(n)=O(\lg n)$，因此抽取最小结点的摊还代价为 $O(\lg n)$。

练习

19.2-1　给出图 19-4(m)中的斐波那契堆调用 FIB-HEAP-EXTRACT-MIN 后得到的斐波那契堆。

19.3 关键字减值和删除一个结点

本节介绍如何在 $O(1)$ 的摊还时间内减小斐波那契堆中某个结点的关键字的值，以及如何在 $O(D(n))$ 摊还时间内从一个 n 个结点的斐波那契堆中删除一个结点。19.4 节将证明最大度数 $D(n)$ 是 $O(\lg n)$，这可以推出 FIB-HEAP-EXTRACT-MIN 和 FIB-HEAP-DELETE 能在 $O(\lg n)$ 的摊还时间代价内完成。

关键字减值

在下面 FIB-HEAP-DECREASE-KEY 操作的伪代码中，与前面一样假定从一个链表中移除一个结点不改变被移除的结点的任何结构属性。

FIB-HEAP-DECREASE-KEY(H, x, k)
1 **if** $k > x.key$
2   **error** "new key is greater than current key"
3 $x.key = k$
4 $y = x.p$
5 **if** $y \neq$ NIL and $x.key < y.key$
6   CUT(H, x, y)
7   CASCADING-CUT(H, y)
8 **if** $x.key < H.min.key$
9      $H.min = x$

CUT(H, x, y)
1 remove x from the child list of y, decrementing $y.degree$
2 add x to the root list of H
3 $x.p =$ NIL
4 $x.mark =$ FALSE

CASCADING-CUT(H, y)
1 $z = y.p$
2 **if** $z \neq$ NIL
3   **if** $y.mark ==$ FALSE
4          $y.mark =$ TRUE
5   **else** CUT(H, y, z)
6   CASCADING-CUT(H, z)

FIB-HEAP-DECREASE-KEY 过程工作如下。第 1～3 行保证新的关键字不比 x 的当前关键字大，然后把新的关键字赋值给 x。如果 x 是根结点，或者如果 $x.key \geqslant y.key$，此处 y 是 x 的父结点，那么不需要进行结构上的任何改变，因为没有违反最小堆序。第 4～5 行即为测试这一条件。

如果违反了最小堆序，那么需要进行很多改变。首先在第 6 行**切断**(cuting)x。CUT 过程"切断"x 与其父结点 y 之间的链接，使 x 成为根结点。

我们使用 $mark$ 属性来得到需要的时间界。该属性记录了每个结点的一小段历史。假定下面的步骤已经发生在结点 x 上：

1. 在某个时刻，x 是根。
2. 然后 x 被链接到另一个结点(成为孩子结点)。
3. 然后 x 的两个孩子被切断操作移除。

一旦失掉第二个孩子，就切断 x 与其父结点的链接，使它成为一个新的根。如果发生了第 1 步和第 2 步且 x 的一个孩子被切掉，那么属性 $x.mark$ 为 TRUE。因此，由于 CUT 过程执行了第 1 步，所以它在第 4 行清除 $x.mark$。（现在我们知道了为什么 FIB-HEAP-LINK 中第 3 行清除 $y.mark$：因为结点 y 正被链接到另一个结点上，即上面的第 2 步正被执行。下一次如果 y 的一个孩子被切掉，则 $y.mark$ 将被设为 TRUE。）

我们的工作还没有完成，因为 x 可能是其父结点 y 被链接到另一个结点后被切掉的第二个孩子。因此，FIB-HEAP-DECREASE-KEY 的第 7 行尝试在结点 y 上执行一次**级联切断**（cascading-cut）操作。如果 y 是一个根结点，那么 CASCADING-CUT 的第 2 行测试将使得该过程返回。如果 y 是未被标记的结点，既然它的第一个孩子已经被切掉，那么该过程在第 4 行标记它，并返回。然而，如果 y 是被标记过的，则 y 刚刚失去了它的第二个孩子，那么 y 在第 5 行被切掉，且第 6 行 CASCADING-CUT 递归调用它本身来处理 y 的父结点 z。CASCADING-CUT 过程沿着树一直递归向上，直到它遇到根结点或者一个未被标记的结点。

一旦所有的级联切断都完成，如果有必要，FIB-HEAP-DECREASE-KEY 的第 8～9 行就更新 $H.min$，然后结束程序。唯一一个关键字发生改变的结点是关键字被减小的结点 x。因此，新的最小结点要么是原来的最小结点，要么是结点 x。

图 19-5 展示了两次调用 FIB-HEAP-DECREASE-KEY 的执行过程，初始的斐波那契堆如图 19-5(a)所示。图 19-5(b)所示的是第一次调用，其中不涉及任何级联切断。图 19-5(c)～(e)中所示的是第二次调用，其中引发了两次级联切断。

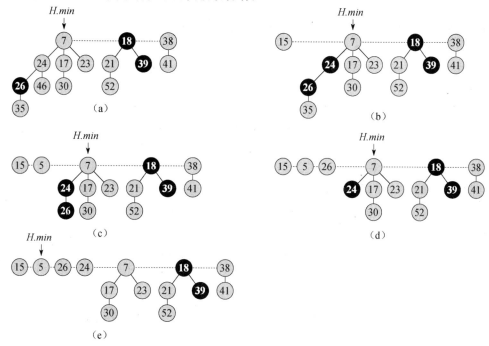

图 19-5 FIB-HEAP-DECREASE-KEY 的两次调用。(a)初始的斐波那契堆。(b)关键字为 46 的结点将关键字减小到 15。该结点成为一个根结点，它的父结点（具有关键字 24）之前没有被标记，现在被标记了。(c)～(e)关键字为 35 的结点将关键字减小到 5。图(c)中，该结点的关键字已经为 5，变为根结点。它的父结点（关键字为 26）是被标记过的，因此需要调用一个级联切断操作。关键字为 26 的结点被从父结点上剪切下来，成为图(d)中的一个未被标记的根。另一个级联切断操作需要执行，因为关键字为 24 的结点也已经被标记。该结点被从它的父结点上剪切下来，成为图(e)中的一个未被标记的根。因为关键字为 7 的结点是个根，所以级联切断操作在此结束。（即使这个结点不是根，级联操作也会结束，因为它未被标记。）图(e)展示了 FIB-HEAP-DECREASE-KEY 操作后的结果，其中 $H.min$ 指向了新的最小结点

现在来证明 FIB-HEAP-DECREASE-KEY 的摊还代价为 $O(1)$。先来推导它的实际代价。FIB-HEAP-DECREASE-KEY 过程需要 $O(1)$ 的时间，还需加上级联切断操作的时间。假定一个给定的 FIB-HEAP-DECREASE-KEY 调用中，要调用 c 次 CASCADING-CUT（FIB-HEAP-DECREASE-KEY 中第 7 行的调用引发了 CASCADING-CUT 的 $c-1$ 次递归调用）。CASCADING-CUT 的每一次调用（不包括递归调用）需要 $O(1)$ 的时间。因此，包含所有的递归调用后，FIB-HEAP-DECREASE-KEY 的实际代价为 $O(c)$。

接下来计算势的变化。设 H 是 FIB-HEAP-DECREASE-KEY 操作执行之前的斐波那契堆。FIB-HEAP-DECREASE-KEY 的第 6 行调用 CUT 创建了一棵以结点 x 为根的新树，并清除了 x 的标记位（该标记位可能已经是 FALSE）。除了最后一次调用，其他每一次调用 CASCADING-CUT，均切掉一个标记过的结点并清除该结点的标记位。此后，斐波那契堆包含 $t(H)+c$ 棵树（原来的 $t(H)$ 棵数，$c-1$ 棵被级联切断操作产生的树，以及以结点 x 为根的树），而且最多有 $m(H)-c+2$ 个被标记的结点（$c-1$ 个结点被级联切断操作清除标记，最后一次调用 CASCADING-CUT 可能又标记了一个结点）。因此势的变化最多为：

$$((t(H)+c)+2(m(H)-c+2))-(t(H)+2m(H))=4-c$$

因此，FIB-HEAP-DECREASE-KEY 的摊还代价至多是

$$O(c)+4-c=O(1)$$

因为可以将势的单位增大到能支配 $O(c)$ 中隐藏的常数。

现在读者应该清楚为什么在定义势函数时，要包含一个 2 倍于标记结点数目的项。当一个标记的结点 y 被一个级联切断操作切掉时，它的标记位被清空，这使得势减小 2。一个单位的势支付切断和标记位的清除，另一个单位补偿了因为结点 y 变成根而增加的势。

删除一个结点

下面的伪代码在 $O(D(n))$ 的摊还时间内从一个具有 n 个结点的斐波那契堆中删除一个结点。假定在斐波那契堆中任何关键字的当前值均不为 $-\infty$。

FIB-HEAP-DELETE(H, x)
1 FIB-HEAP-DECREASE-KEY($H, x, -\infty$)
2 FIB-HEAP-EXTRACT-MIN(H)

FIB-HEAP-DELETE 把唯一的最小关键字 $-\infty$ 赋予 x，将 x 变为斐波那契堆中最小的结点。然后 FIB-HEAP-EXTRACT-MIN 过程从斐波那契堆中移除 x。FIB-HEAP-DELETE 的摊还时间为 FIB-HEAP-DECREASE-KEY 的 $O(1)$ 摊还时间与 FIB-HEAP-EXTRACT-MIN 的 $O(D(n))$ 摊还时间之和。因为在 19.4 节中将证明 $D(n)=O(\lg n)$，所以 FIB-HEAP-DELETE 的摊还时间为 $O(\lg n)$。

练习

19.3-1 假定斐波那契堆中一个根 x 被标记了。解释 x 是如何成为一个被标记的根的。试说明 x 是否被标记对分析并没有影响，即使它不是一个先被链接到另一个结点，后又丢失了一个孩子的根。

19.3-2 使用聚合分析来证明 FIB-HEAP-DECREASE-KEY 的 $O(1)$ 摊还时间是每一个操作的平均代价。

19.4 最大度数的界

要证明 FIB-HEAP-EXTARCT-MIN 和 FIB-HEAP-DELETE 的摊还时间为 $O(\lg n)$，必需证明一个具有 n 个结点的斐波那契堆中任意结点的度数的上界 $D(n)$ 为 $O(\lg n)$。特别地，要证明

$D(n) \leqslant \lfloor \log_\phi n \rfloor$，这里 ϕ 是公式(3.24)中定义的黄金分割率：

$$\phi = (1 + \sqrt{5})/2 = 1.61803 \cdots$$

这个分析的关键如下。对于斐波那契堆中的每个结点 x，定义 $\text{size}(x)$ 为以 x 为根的子树中包括 x 本身在内的结点个数(注意 x 并不是必须在根链表中，它可以是任意的结点。)我们将证明 $\text{size}(x)$ 是 $x.degree$ 的幂。请记住：$x.degree$ 始终是 x 的度数的准确计数。

引理 19.1 设 x 是斐波那契堆中的任意结点，并假定 $x.degree = k$。设 y_1，y_2，$\cdots$，y_k 表示 x 的孩子，并以它们链入 x 的先后顺序排列，则 $y_1.degree \geqslant 0$，且对于 $i = 2$，3，$\cdots$，k，有 $y_i.degree \geqslant i - 2$。

证明 显然，$y_1.degree \geqslant 0$。对于 $i \geqslant 2$，注意到当 y_i 被链入 x 的时候，y_1，y_2，$\cdots$，y_{i-1} 已经是 x 的孩子，因此一定有 $x.degree \geqslant i - 1$。因为结点 y_i 只有在 $x.degree = y_i.degree$ 的时候，才会被链入 x(执行操作 CONSOLIDATE)，此时也一定有 $y_i.degree \geqslant i - 1$。从这之后，结点 y_i 最多失去一个孩子，因为如果它失去了两个孩子，它将被从 x 中剪切掉(执行操作 CASCADING-CUT)。综上，$y_i.degree \geqslant i - 2$。 ■

我们终于可以解释"斐波那契堆"这个名字的由来了。回顾 3.2 节，对于 $k = 0$，1，2，$\cdots$，第 k 个斐波那契数被定义为如下递归式：

$$F_k = \begin{cases} 0 & \text{如果 } k = 0 \\ 1 & \text{如果 } k = 1 \\ F_{k-1} + F_{k-2} & \text{如果 } k \geqslant 2 \end{cases}$$

下面的引理给出了另一种表示 F_k 的方法。

523

引理 19.2 对于所有的整数 $k \geqslant 0$，

$$F_{k+2} = 1 + \sum_{i=0}^{k} F_i$$

证明 对 k 进行归纳。当 $k = 0$ 时，

$$1 + \sum_{i=0}^{0} F_i = 1 + F_0 = 1 + 0 = F_2$$

现做归纳假设 $F_{k+1} = 1 + \sum_{i=0}^{k-1} F_i$，那么有

$$F_{k+2} = F_k + F_{k+1} = F_k + \left(1 + \sum_{i=0}^{k-1} F_i\right) = 1 + \sum_{i=0}^{k} F_i$$ ■

引理 19.3 对于所有的整数 $k \geqslant 0$，斐波那契数的第 $k+2$ 个数满足 $F_{k+2} \geqslant \phi^k$。

证明 对 k 进行归纳。归纳基础是 $k = 0$ 和 $k = 1$ 的情形。当 $k = 0$ 时，有 $F_2 = 1 = \phi^0$，并且当 $k = 1$ 时，有 $F_3 = 2 > 1.619 > \phi^1$。归纳步是对于 $k \geqslant 2$，假定对于 $i = 0$，1，$\cdots$，$k - 1$，有 $F_{i+2} > \phi^i$。回顾 ϕ 是等式(3.23)$x^2 = x + 1$ 的正根。因此，有

$$\begin{aligned} F_{k+2} &= F_{k+1} + F_k \\ &\geqslant \phi^{k-1} + \phi^{k-2} \quad \text{(根据归纳假设)} \\ &= \phi^{k-2}(\phi + 1) \\ &= \phi^{k-2} \cdot \phi^2 \quad \text{(根据等式(3.23))} \\ &= \phi^k \end{aligned}$$ ■

下面的引理和推论完成了整个分析。

524

引理 19.4 设 x 是斐波那契堆中的任意结点，并设 $k = x.degree$，则有 $\text{size}(x) \geqslant F_{k+2} \geqslant \phi^k$，其中 $\phi = (1 + \sqrt{5})/2$。

证明 设 s_k 表示斐波那契堆中度数为 k 的任意结点的最小可能 size。平凡地，$s_0 = 1$，$s_1 = 2$。s_k 最大为 $\text{size}(x)$，且因为往一个结点上添加孩子不能减小该结点的 size，s_k 的值随着 k 单调递

增。在任意斐波那契堆中，考虑某个结点 z，有 $z.degree = k$ 和 $\mathrm{size}(z) = s_k$。因为 $s_k \leqslant \mathrm{size}(x)$，所以可以通过计算 s_k 的下界来得到 $\mathrm{size}(x)$ 的一个下界。与引理 19.1 一样，用 y_1，y_2，$\cdots$，y_k 表示结点 z 的孩子，并按照它们链入该结点的先后顺序排列。为了求 s_k 的界，把 z 本身和 z 的第一个孩子 y_1（$\mathrm{size}(y_1) \geqslant 1$）各算一个，则有

$$\mathrm{size}(x) \geqslant s_k \geqslant 2 + \sum_{i=2}^{k} s_{y_i.degree} \geqslant 2 + \sum_{i=2}^{k} s_{i-2}$$

其中最后一行由引理 19.1（因此有 $y_i.degree \geqslant i-2$），以及 s_k 的单调性（因此有 $s_{y_i.degree} \geqslant s_{i-2}$）得到。

现在对 k 进行归纳证明，对于所有的非负整数 k，有 $s_k \geqslant F_{k+2}$。归纳基础，$k=0$ 和 $k=1$ 时显然成立。对于归纳步，假定 $k \geqslant 2$ 且对于 $i=0$，1，$\cdots$，$k-1$，均有 $s_k \geqslant F_{i+2}$，则有

$$s_k \geqslant 2 + \sum_{i=2}^{k} s_{i-2} \geqslant 2 + \sum_{i=2}^{k} F_i = 1 + \sum_{i=0}^{k} F_i$$
$$= F_{k+2} \quad \text{（根据引理 19.2）}$$
$$\geqslant \phi^k \quad \text{（根据引理 19.3）}$$

[525] 于是就证明了 $\mathrm{size}(x) \geqslant s_k \geqslant F_{k+2} \geqslant \phi^k$。 ■

推论 19.5   一个 n 个结点的斐波那契堆中任意结点的最大度数 $D(n)$ 为 $O(\lg n)$。

证明   设 x 是一个 n 个结点的斐波那契堆中的任意结点，并设 $k = x.degree$。依据引理 19.4，有 $n \geqslant \mathrm{size}(x) \geqslant \phi^k$。取以 ϕ 为底的对数，得到 $k \leqslant \log_\phi n$。（实际上，因为 k 是整数，所以 $k \leqslant \lfloor \log_\phi n \rfloor$。）所以，任意结点的最大度数 $D(n)$ 为 $O(\lg n)$。 ■

练习

19.4-1   Pinocchio 教授声称一个 n 个结点的斐波那契堆的高度是 $O(\lg n)$ 的。对于任意的正整数 n，试给出经过一系列斐波那契堆操作后，可以创建出一个斐波那契堆，该堆仅仅包含一棵具有 n 个结点的线性链的树，以此来说明该教授是错误的。

19.4-2   假定对级联切断操作进行推广，对于某个整数常数 k，只要一个结点失去了它的第 k 个孩子，就将其从它的父结点上剪切掉（19.3 节中为 $k=2$ 的情形）。k 取什么值时，有 $D(n) = O(\lg n)$。

思考题

19-1   （删除操作的另一种实现）   Pisano 教授提出了下面的 FIB-HEAP-DELETE 过程的一个变种，声称如果删除的结点不是由 $H.min$ 指向的结点，那么该程序运行得更快。

```
PISANO-DELETE(H, x)
1   if x == H.min
2       FIB-HEAP-EXTRACT-MIN(H)
3   else y = x.p
4       if y ≠ NIL
5           CUT(H, x, y)
6           CASCADING-CUT(H, y)
7       add x's child list to the root list of H
8       remove x from the root list of H
```

[526]

a. 该教授的声称是基于第 7 行可以在 $O(1)$ 实际时间内完成的这一假设，它的程序可以运行得更快。该假设有什么问题吗？

b. 当 x 不是由 $H.min$ 指向时，给出 PISANO-DELETE 实际时间的一个好上界。你给出的

上界应该以 $x.degree$ 和调用 CASCADING-CUT 的次数 c 这两个参数来表示。

c. 假定调用 PISANO-DELETE(H, x)，并设 H' 是执行后得到的斐波那契堆。假定结点 x 不是一个根，用 $x.degree$、c、$t(H)$ 和 $m(H)$ 来表示 H' 势的界。

d. 证明：PISANO-DELETE 的摊还时间渐近地不好于 FIB-HEAP-DELETE 的摊还时间，即使在 $x \neq H.min$ 时也是如此。

19-2 （二项树和二项堆）　二项树 B_k 是一棵递归定义的有序树(参看 B.5.2 节)。如图 19-6(a)所示，二项树 B_0 仅包含一个结点。二项树 B_k 是由两个二项树 B_{k-1} 组成的，这两棵树按照一棵树的根是另一棵树根的最左孩子的方式链接。图 19-6(b)所示为二项树 B_0 到 B_4。

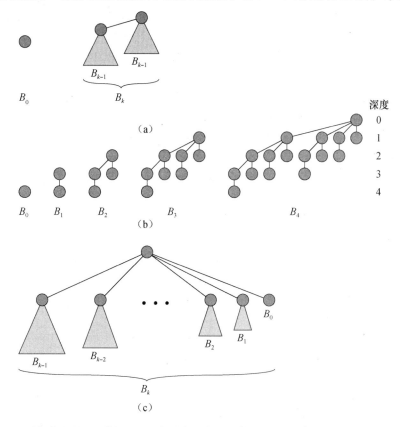

图 19-6　(a)递归定义的二项树 B_k。三角形表示有根子树。(b)二项树 B_0 到 B_4。B_4 中结点的深度数已经给出。(c)另一种角度看二项树 B_k

a. 对于二项树 B_k，证明：

1. 一共有 2^k 个结点。

2. 树的高度是 k。

3. 对于 $i=0$, 1, $\cdots$, k，深度为 i 的结点恰有 $\binom{k}{i}$ 个。

4. 根的度数为 k，它比其他任意结点的度数都要大。此外，如图 19-6(c)所示，如果把根的孩子从左到右编号为 $k-1$, $k-2$, $\cdots$, 0，那么孩子 i 是子树 B_i 的根。

　　二项堆(binomial heap)H 是具备如下性质的二项树的集合：

1. 每个结点具有一个关键字（与斐波那契堆相同）。

2. H 中的每个二项树遵循最小堆性质。

3. 对于任意的非负整数 k，H 中最多有一个二项树的根的度数为 k。

b. 假定一个二项堆 H 一共有 n 个结点。讨论 H 中包含的二项树与 n 的二进制表示之间的关系。并证明 H 最多由 $\lfloor \lg n \rfloor + 1$ 棵二项树组成。

假定按如下方式表述二项堆。用 10.4 节中的左孩子、右邻兄弟方案来表示二项堆中的每一棵二项树。每个结点包含一个关键字，指向它父结点的指针、指向它最左孩子的指针和指向与它右邻兄弟的指针（这些指针一些情况下是 NIL），以及它的度数（如同斐波那契堆，表示为有多少个孩子）。这些根组成了一个单向链接的根链表，并以根的度数从小到大排列。可以通过一个指向根链表第一个结点的指针来访问二项堆。

527 ~ 528

c. 完整描述如何表示一个二项堆（例如，对属性进行命名，描述属性值什么时候为 NIL，定义根链表是怎么组织的），并说明如何用与本章中实现斐波那契堆一样的方式来实现在二项堆上同样的 7 个操作。每一个操作的最坏时间应该为 $O(\lg n)$，其中 n 为二项堆中的结点数目（或对于 UNION 操作，为要被合并的两个二项堆中的结点数）。MAKE-HEAP 操作应为常数时间。

d. 假定仅仅要实现在一个斐波那契堆上的可合并堆操作（即并不实现 DECREASE-KEY 和 DELETE 操作）。斐波那契堆中的树与二项堆中的树有何相似之处？有什么区别？证明在一个 n 个结点的斐波那契堆中最大度数最多为 $\lfloor \lg n \rfloor$。

e. McGee 教授提出了一个基于斐波那契堆的新的数据结构。一个 McGee 堆具有与斐波那契堆相同的结构，并且只支持可合并堆操作。除了插入和合并在最后一步中合并根链表外，其他操作的实现方式均与斐波那契堆中的实现方式相同。McGee 堆上各操作的最坏情况运行时间是多少？

19-3（更多的斐波那契堆操作） 想要扩展斐波那契堆 H 支持两个新操作，要求不改变斐波那契堆其他操作的摊还时间。

a. 操作 FIB-HEAP-CHANGE-KEY(H, x, k) 将结点 x 中关键字的值改为 k。给出 FIB-HEAP-CHANGE-KEY 的一个有效实现，并分析当 k 大于、小于或等于 $x.key$ 时，各情形下的摊还运行时间。

b. 给出 FIB-HEAP-PRUNE(H, r) 的一个有效实现，该操作从 H 中删除 $q = \min(r, H.n)$ 个结点。可以选择任意 q 个结点来删除。试分析你的实现的摊还运行时间。（提示：可能需要修改数据结构以及势函数。）

19-4（2-3-4 堆） 第 18 章介绍了 2-3-4 树，树中每个内部结点（而不是根）有 2 个、3 个或 4 个孩子，且所有的叶结点有相同的深度。在本问题中，实现支持可合并堆操作的 2-3-4 堆。

529

2-3-4 堆以下几点与 2-3-4 树不同。在 2-3-4 堆中，仅仅叶结点存储关键字，并且每个叶结点 x 仅仅在属性 $x.key$ 中存储一个关键字。叶结点中的关键字可能以任意顺序存在。每个内部结点 x 包含一个值 $x.small$，它等于以 x 为根的子树中叶结点存储的最小的关键字。根 r 包含一个属性 $r.height$，存储树的高度。最后，2-3-4 堆设计为存放在主存中，这样磁盘的读/写是不需要的。

实现下面的 2-3-4 堆操作。在一个具有 n 个元素的 2-3-4 堆上，(a)~(e) 中每一个操作应该在 $O(\lg n)$ 时间内完成。(f) 中的 UNION 操作应该在 $O(\lg n)$ 时间内完成，其中 n 为输入的两个堆元素个数之和。

a. MINIMUM，该操作返回一个指向具有最小关键字的叶结点的指针。

b. DECREASE-KEY，该操作将一个给定的叶结点 x 的关键字减小为给定的值 $k \leqslant x.key$。

c. INSERT，该操作插入一个关键字为 k 的叶结点 x。

d. DELETE，该操作删除一个给定的叶结点 x。

e. EXTRACT-MIN，该操作抽取具有最小关键字的叶结点。

f. UNION，该操作合并两个 2-3-4 堆，并返回一个单独的 2-3-4 堆，销毁掉输入的堆。

本章注记

　　Fredman 和 Tarjan[114]提出了斐波那契堆。他们的论文也描述了斐波那契堆在一些问题上的应用：单源最短路径、所有点对之间的最短路径、加权二分图匹配和最小生成树问题。

　　随后，Driscoll、Gabow、Shrairman 和 Tarjan[96]设计了有别于斐波那契堆的"松散堆"，该堆有两个变体。一个具有与斐波那契堆相同的摊还时间界。另一个允许 DECREASE-KEY 在 $O(1)$ 的最坏情况时间（不是摊还时间）内完成，DEXTACT-MIN 和 DELETE 在 $O(\lg n)$ 最坏情况时间内完成。松散堆在并行算法中也要比斐波那契堆更优越些。

　　在第 6 章的"本章注记"中，也提到一些其他数据结构，当 EXTRACT-MIN 调用的返回值序列随时间单调递增并且这些值在某一特定的范围内是整数时，这些数据结构支持更快的 DECREASE-KEY 操作。 530

van Emde Boas 树

在前面几章中，我们见过了一些支持优先队列操作的数据结构，如第 6 章的二叉堆、第 13 章的红黑树[⊖]和第 19 章的斐波那契堆。在这些数据结构中，不论是最坏情况或摊还情况，至少有一项重要操作只需 $O(\lg n)$ 时间。实际上，由于这些数据结构都是基于关键字比较来做决定的，因此，8.1 节中排序下界 $\Omega(n\lg n)$ 说明至少有一个操作必需 $\Omega(\lg n)$ 的时间。这是为什么呢？因为如果 INSERT 和 EXTRACT-MIN 操作均需要 $o(\lg n)$ 时间，那么可以通过先执行 n 次 INSERT 操作，接着再执行 n 次 EXTRACT-MIN 操作来实现 $o(n\lg n)$ 时间内对 n 个关键字的排序。

然而，第 8 章中我们见到过，有时可以利用关键字所包含的附加信息来完成 $o(n\lg n)$ 时间内的排序。特别地，对于计数排序，每个关键字都是介于 $0\sim k$ 之间的整数，这样排序 n 个关键字能在 $\Theta(n+k)$ 时间内完成，而当 $k= O(n)$ 时，排序时间为 $\Theta(n)$。

由于当关键字是有界范围内的整数时，能够规避排序的 $\Omega(n\lg n)$ 下界的限制，那么在类似的场景下，我们应弄清楚在 $o(\lg n)$ 时间内是否可以完成优先队列的每个操作。在本章中，我们将看到：van Emde Boas 树支持优先队列操作以及一些其他操作，每个操作最坏情况运行时间为 $O(\lg\lg n)$。而这种数据结构限制关键字必须为 $0\sim n-1$ 的整数且无重复。

明确地讲，van Emde Boas 树支持在动态集合上运行时间为 $O(\lg\lg n)$ 的操作：SEARCH、INSERT、DELETE、MINIMUM、MAXIMUM、SUCCESSOR 和 PREDECESSOR。本章只关注关键字的存储，而不讨论卫星数据。由于只是考虑要求不允许重复存储的关键字去实现一个更简单的 MEMBER(S，x) 操作 (而不是去描述稍复杂的 SEARCH 操作)，该操作通过返回一个布尔值来指示 x 是否在动态集合 S 内。

到目前为止，参数 n 有两个不同的用法：一个为动态集合中元素的个数，另一个为元素的可能取值范围。为避免混淆，以下用 n 表示集合中当前元素的个数，用 u 表示元素的可能取值范围，这样每个 van Emde Boas 树操作在 $O(\lg\lg u)$ 时间内运行完。要存储的关键字值的**全域** (universe) 集合为 $\{0$，1，2，$\cdots$，$u-1\}$，u 为全域的大小。本章始终假定 u 恰为 2 的幂，即 $u= 2^k$，其中整数 $k\geqslant 1$。

20.1 节开始会讨论一些简单的方法，为后续内容的学习做铺垫。在 20.2 节中，这些方法会被逐一改进，从而引入 van Emde Boas 结构的原型，它是递归的但并未达到 $O(\lg\lg u)$ 的运行时间。20.3 节对原型 van Emde Boas 结构进行改进，发展为 van Emde Boas 树，并且介绍如何在 $O(\lg\lg u)$ 时间内实现每个操作。

20.1 基本方法

本节讨论动态集合的几种存储方法。虽然这些操作都无法达到想要的 $O(\lg\lg u)$ 运行时间界，但这些方法有助于理解本章后面介绍的 van Emde Boas 树。

直接寻址

直接寻址 (见 11.1 节) 提供了一种存储动态集合的最简单方法。由于本章只关注存储关键字，如练习 11.1-2 中讨论过的，可以将用于动态集合的直接寻址法简化为一个位向量。我们维护一

⊖ 第 13 章并没有直接给出关于如何实现 EXTRACT-MIN 和 DECREASE-KEY 的讨论，但是我们能很容易为支持 MINIMUM、DELETE 和 INSERT 操作的任何数据结构构建这些操作。

个 u 位的数组 $A[0..u-1]$，以存储一个值来自全域 $\{0, 1, 2, \cdots, u-1\}$ 的动态集合。若值 x 属于动态集合，则元素 $A[x]$ 为 1；否则，$A[x]$ 为 0。虽然利用位向量方法可以使 INSERT、DELETE 和 MEMBER 操作的运行时间为 $O(1)$，然而其余操作（MINIMUM、MAXIMUM、SUCCESSOR 和 PREDECESSOR）在最坏情况下仍需 $\Theta(u)$ 的运行时间，这是因为操作需要扫描 $\Theta(u)$ 个元素。[⊖] 例如，如果一个集合只包含值 0 和 $u-1$，则要查找 0 的后继，就需要查询 1 到 $u-2$ 的所有结点，直到发现 $A[u-1]$ 中的 1 为止。 532

叠加的二叉树结构

我们能够使用位向量上方叠加的一棵位二叉树的方法，来缩短对位向量的长扫描。图 20-1 显示了一个例子。位向量的全部元素组成了二叉树的叶子，并且每个内部结点为 1 当且仅当其子树中任一个叶结点包含 1。换句话说，内部结点中存储的位就是其两个孩子的逻辑或。

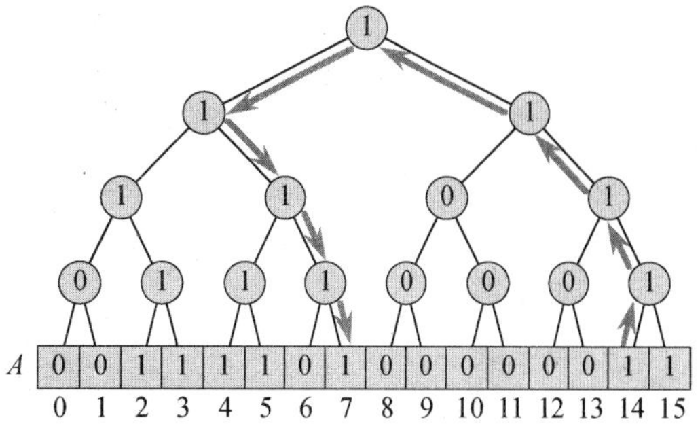

现在使用这种树结构和未经修饰的位向量，具有最坏情况运行时间为 $\Theta(u)$ 的操作如下：

- 查找集合中的最小值，从树根开始，箭头朝下指向叶结点，总是走最左边包含 1 的结点。
- 查找集合中的最大值，从树根开始，箭头朝下指向叶结点，总是走最右边包含 1 的结点。

图 20-1 一棵位向量上方叠加的位二叉树，它表示集合 $\{2, 3, 4, 5, 7, 14, 15\}$，其中 $u=16$。每个内部结点为 1 当且仅当其子树内的某个叶结点为 1。箭头表示确定 14 的前驱所沿循的路径 533

- 查找 x 的后继，从 x 所在的叶结点开始，箭头朝上指向树根，直到从左侧进入一个结点，其右孩子结点 z 为 1。然后从结点 z 出发箭头向下，始终走最左边包含 1 的结点（即查找以 z 为根的子树中的最小值）。

- 查找 x 的前驱，从 x 所在的叶结点开始，箭头朝上指向树根，直到从右侧进入一个结点，其左孩子结点 z 为 1。然后从结点 z 出发箭头向下，始终走最右边包含 1 的结点（即查找以 z 为根的子树中的最大值）。

图 20-1 显示了查找 14 的前驱 7 所走的路径。

我们也适当地讨论了 INSERT 和 DELETE 操作。当插入一个值时，从该叶结点到根的简单路径上每个结点都置为 1。当删除一个值时，从该叶结点出发到根，重新计算这个简单路径上每个内部结点的位值，该值为其两个孩子的逻辑或。

由于树的高度为 $\lg u$，上面每个操作至多沿树进行一趟向上和一趟向下的过程，因此每个操作的最坏情况运行时间为 $O(\lg u)$。

这种方法仅仅比红黑树好一点。MEMBER 操作的运行时间只有 $O(1)$，而红黑树却需要花费 $O(\lg n)$ 时间。另外，如果存储的元素个数 n 比全域大小 u 小得多，那么对于所有的其他操作，红黑树要快些。

叠加的一棵高度恒定的树

如果叠加一棵度更大的树，会发生什么情况？假设全域的大小为 $u=2^{2k}$，这里 k 为某个整数，那么 $\sqrt{u}$ 是一个整数。我们叠加一棵度为 $\sqrt{u}$ 的树，来代替位向量上方叠加的二叉树。图 20-2(a) 展示了这样的一棵树，其中位向量与图 20-1 中一样。结果树的高度总是为 2。

⊖ 本章始终假设：如果动态集合为空，则 MINIMUM 和 MAXIMUM 返回 NIL；如果给定的元素没有后继或前驱，则 SUCCESSOR 和 PREDECESSOR 分别返回 NIL。

同以前一样，每个内部结点存储的是其子树的逻辑或，所以深度为 1 的 $\sqrt{u}$ 个内部结点是每组 $\sqrt{u}$ 个值的合计（即逻辑或）。如图 20-2(b) 所示，可以为这些结点定义一个数组 $summary[0..\sqrt{u}-1]$，其中 $summary[i]$ 包含 1 当且仅当其子数组 $A[i\sqrt{u}..(i+1)\sqrt{u}-1]$ 包含 1。我们称 A 的这个 $\sqrt{u}$ 位子数组为第 i 个簇（cluster）。对于一个给定的值 x，位 $A[x]$ 出现在簇号为 $\lfloor x/\sqrt{u}\rfloor$ 中。现在，INSERT 变成一个 $O(1)$ 运行时间的操作：要插入 x，置 $A[x]$ 和 $summary[\lfloor x/\sqrt{u}\rfloor]$ 为 1。此外，使用 summary 数组可以在 $O(\sqrt{u})$ 运行时间内实现 MINIMUM、MAXIMUM、SUCCESSOR、PREDECESSOR 和 DELETE 操作：

- 查找最小（最大）值，在 summary 数组中查找最左（最右）包含 1 的项，如 $summary[i]$，然后在第 i 个簇内顺序查找最左（最右）的 1。
- 查找 x 的后继（前驱），先在 x 的簇中向右（左）查找。如果发现 1，则返回这个位置作为结果；否则，令 $i=\lfloor x/\sqrt{u}\rfloor$，然后从下标 i 开始在 summary 数组中向右（左）查找。找到第一个包含 1 的位置就得到这个簇的下标。再在该簇中查找最左（最右）的 1，这个位置的元素就是后继（前驱）。
- 删除值 x，设 $i=\lfloor x/\sqrt{u}\rfloor$。将 $A[x]$ 置为 0，然后置 $summary[i]$ 为第 i 个簇中所有位的逻辑或。

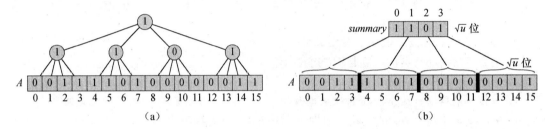

(a)　　　　　　　　　　　　　　(b)

图 20-2　(a) 位向量上叠加的一棵度为 $\sqrt{u}$ 的树，其位向量同图 20-1。每个内部结点存储的是其子树中各位的逻辑或。(b) 一个同样的结构，只是深度为 1 的内部结点被作为一个数组 $summary[0..\sqrt{u}-1]$ 有所不同，其中 $summary[i]$ 存储其子数组 $A[i\sqrt{u},,(i+1)\sqrt{u}-1]$ 的逻辑或

在上述的每个操作中，最多对两个大小为 $\sqrt{u}$ 位的簇以及 summary 数组进行搜索，所以每个操作耗费 $O(\sqrt{u})$ 时间。

初看起来，似乎并没有取得好的效果。叠加的二叉树得到了时间为 $O(\lg u)$ 的操作，其渐近地快于 $O(\sqrt{u})$。然而，使用度为 $\sqrt{u}$ 的树是产生 van Emde Boas 树的关键思想。下一节继续沿着这条路线讨论下去。

练习

20.1-1 修改本节中的数据结构，使其支持重复关键字。

20.1-2 修改本节中的数据结构，使其支持带有卫星数据的关键字。

20.1-3 使用本节的数据结构会发现，查找 x 的后继和前驱并不依赖于 x 当时是否包含在集合中。当 x 不包含在树中时，试说明如何在一棵二叉搜索树中查找 x 的后继。

20.1-4 假设不使用一棵叠加的度为 $\sqrt{u}$ 的树，而是使用一棵叠加的度为 $u^{1/k}$ 的树，这里 k 是大于 1 的常数，则这样的一棵树的高度是多少？又每个操作将需要多长时间？

20.2 递归结构

在本节中，我们对位向量上度为 $\sqrt{u}$ 的叠加树想法进行修改。上一节中，用到了大小为 $\sqrt{u}$ 的

summary 数组，数组的每项都指向一个大小为 $\sqrt{u}$ 的另一个结构。现在使用结构递归，每次递归都以平方根大小缩减全域。一全域初始大小为 u，使用包含 $\sqrt{u} = u^{1/2}$ 项数的结构，其各项又是包含 $u^{1/4}$ 项数的结构，而 $u^{1/4}$ 结构中的每项又是包含 $u^{1/8}$ 项数的结构，依此类推，降低到项数为 2 的基本大小时为止。

为简单起见，本节中假设 $u = 2^{2^k}$，其中 k 为整数，因此 u，$u^{1/2}$，$u^{1/4}$，…都为整数。这个限制在实际应用中过于严格，因为仅仅只允许 u 的值在序列 2，4，16，256，65 536，…中。下一节会看到如何放宽这个假设，而只假定对某个整数 k，$u = 2^k$。由于本节描述的结构仅作为真正 van Emde Boas 树的一个准备，为了帮助理解，我们就容忍了这个限制。

注意到，我们的目标是使得这些操作达到 $O(\lg\lg u)$ 的运行时间，思考如何才能达到这样的运行时间。在 4.3 节的最后，通过变量替换法，能够得到递归式

$$T(n) = 2T(\lfloor\sqrt{n}\rfloor) + \lg n \qquad (20.1)$$

的解为 $T(n) = O(\lg n\lg\lg n)$。考虑一个相似但更简单的递归式：

$$T(u) = T(\sqrt{u}) + O(1) \qquad (20.2)$$

如果使用同样的变量替换方法，则递归式(20.2)的解为 $T(u) = O(\lg\lg u)$。令 $m = \lg u$，那么 $u = 2^m$，则有

$$T(2^m) = T(2^{m/2}) + O(1)$$

现在重命名 $S(m) = T(2^m)$，新的递归式为

$$S(m) = S(m/2) + O(1)$$

应用主方法的情况 2，这个递归式的解为 $S(m) = O(\lg m)$。将 $S(m)$ 变回到 $T(u)$，得到

$$T(u) = T(2^m) = S(m) = O(\lg m) = O(\lg\lg u)$$

递归式(20.2)将指导数据结构上的查找。我们要设计一个递归的数据结构，该数据结构每层递归以 $\sqrt{u}$ 为因子缩减规模。当一个操作遍历这个数据结构时，在递归到下一层次前，其在每一层耗费常数时间。递归式(20.2)刻画了运行时间的这个特征。

这里有另一种途径来理解项 $\lg\lg u$ 如何最终成为递归式(20.2)的解。正如我们所看到的，每层递归数据结构的全域大小是序列 u，$u^{1/2}$，$u^{1/4}$，$u^{1/8}$，…。如果考虑每层需要多少位来存储全域，那么顶层需要 $\lg u$，而后面每一层需要前一层的一半位数。一般来说，如果以 b 位开始并且每层减少一半的位数，那么 $\lg b$ 层递归之后，只剩下一位。因为 $b = \lg u$，那么 $\lg\lg u$ 层之后，全域大小就为 2。

现在回头来看图 20-2 中的数据结构，一个给定的值 x 在簇编号 $\lfloor x/\sqrt{u}\rfloor$ 中。如果把 x 看做 $\lg u$ 位的二进制整数，那么簇编号 $\lfloor x/\sqrt{u}\rfloor$ 由 x 中最高 $(\lg u)/2$ 位决定。在 x 簇中，x 出现在位置 $x \bmod \sqrt{u}$ 中，是由 x 中最低 $(\lg u)/2$ 位决定。后面需要这种方式来处理下标，因此定义以下一些函数将会有用：

$$\text{high}(x) = \lfloor x/\sqrt{u}\rfloor$$
$$\text{low}(x) = x \bmod \sqrt{u}$$
$$\text{index}(x, y) = x\sqrt{u} + y$$

函数 $\text{high}(x)$ 给出了 x 的最高 $(\lg u)/2$ 位，即为 x 的簇号。函数 $\text{low}(x)$ 给出了 x 的最低 $(\lg u)/2$ 位，即为 x 在它自己簇中的位置。函数 $\text{index}(x, y)$ 从 x 和 y 产生一个元素编号，其中 x 为元素编号中最高 $(\lg u)/2$ 位，y 为元素编号中最低 $(\lg u)/2$ 位。我们有恒等式 $x = \text{index}(\text{high}(x), \text{low}(x))$。这些函数中使用的 u 值始终为调用这些函数的数据结构的全域大小，u 的值随递归结构改变。

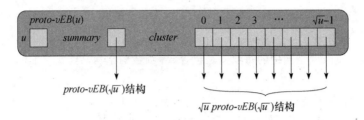

图 20-3 当 $u \geq 4$ 时，一个 $proto\text{-}vEB(u)$ 结构中的信息。这个结构包含全域大小 u、指向 $proto\text{-}vEB(\sqrt{u})$ 结构的指针 $summary$，以及一个有 $\sqrt{u}$ 个指针指向 $proto\text{-}vEB(\sqrt{u})$ 结构的数组 $cluster[1..\sqrt{u}-1]$

20.2.1 原型 van Emde Boas 结构

根据递归式(20.2)中的启示，我们设计一个递归数据结构来支持这些操作。虽然这个数据结构对于某些操作达不到 $O(\lg \lg u)$ 运行时间的目标，但它可以作为将在 20.3 节中见到的 van Emde Boas 树的基础。

对于全域 $\{0, 1, 2, \cdots, u-1\}$，定义**原型 van Emde Boas 结构**(proto van Emde Boas structure)或 **proto-vEB 结构**(proto-vEB structure)，记作 $proto\text{-}vEB(u)$，可以如下递归定义。每个 $proto\text{-}vEB(u)$ 结构都包含一个给定全域大小的属性 u。另外，它包含以下特征：

- 如果 $u=2$，那么它是基础大小，只包含一个两个位的数组 $A[0..1]$。
- 否则，对某个整数 $k \geq 1$，$u=2^{2^k}$，于是有 $u \geq 4$。除了全域大小 u 之外，$proto\text{-}vEB(u)$ 还具有以下属性(如图 20-3 所示)：
  - 一个名为 $summary$ 的指针，指向一个 $proto\text{-}vEB(\sqrt{u})$ 结构。
  - 一个数组 $cluster[1..\sqrt{u}-1]$，存储 $\sqrt{u}$ 个指针，每个指针都指向一个 $proto\text{-}vEB(\sqrt{u})$ 结构。

元素 x 递归地存储在编号为 $\text{high}(x)$ 的簇中，作为该簇中编号为 $\text{low}(x)$ 的元素，这里 $0 \leq x < u$。

在前一节的二层结构中，每个结点存储一个大小为 $\sqrt{u}$ 的 $summary$ 数组，其中每个元素包含一个位。从每个元素的下标，我们可以计算出大小为 $\sqrt{u}$ 的子数组的开始下标。在 $proto\text{-}vEB$ 结构中，使用显指针而不是下标计算的方法。$summary$ 数组包含了 $proto\text{-}vEB$ 结构中递归存储的 $summary$ 位向量，并且 $cluster$ 数组包含了 $\sqrt{u}$ 个指针。

图 20-4 显示了一个完全展开的 $proto\text{-}vEB(16)$ 结构，它表示集合 $\{2, 3, 4, 5, 7, 14, 15\}$。如果值 i 在由 $summary$ 指向的 $proto\text{-}vEB$ 结构中，那么第 i 个簇包含了被表示集合中的某个值。与常数高度的树一样，$cluster[i]$ 表示 $i\sqrt{u}$ 到 $(i+1)\sqrt{u}-1$ 的那些值，这些值形成了第 i 个簇。

在基础层上，实际动态集合的元素被存储在一些 $proto\text{-}vEB(2)$ 结构中，而余下的 $proto\text{-}vEB(2)$ 结构则存储 $summary$ 位。在每个非 $summary$ 基础结构的底部，数字表示它存储的位。例如，标记为"element 6，7"的 $proto\text{-}vEB(2)$ 结构在 $A[0]$ 中存储位 6(0，因为元素 6 不在集合中)，并在 $A[1]$ 中存储位 7(1，因为元素 7 在集合中)。

与簇一样，每个 $summary$ 只是一个全域大小为 $\sqrt{u}$ 的动态集合，而且每个 $summary$ 表示为一个 $proto\text{-}vEB(\sqrt{u})$ 结构。主 $proto\text{-}vEB(16)$ 结构的 4 个 $summary$ 位都在最左侧的 $proto\text{-}vEB(4)$ 结构中，并且它们最终出现在 2 个 $proto\text{-}vEB(2)$ 结构中。例如，标记为"clusters 2，3"的 $proto\text{-}vEB(2)$ 结构有 $A[0]=0$，含义为 $proto\text{-}vEB(16)$ 结构的簇 2(包含元素 8、9、10、11)都为 0；并且 $A[1]=1$，说明 $proto\text{-}vEB(16)$ 结构的簇 3(包含元素 12、13、14、15)至少有一个为 1。每个 $proto\text{-}vEB(4)$ 结构都指向自身的 $summary$，而 $summary$ 自己存储为一个 $proto\text{-}vEB(2)$ 结构。

例如，查看标为"elements 0，1"左侧的那个 *proto-vEB*(2)结构。因为 $A[0]=0$，所以"elements 0，1"结构都为 0；由于 $A[1]=1$，因此"elements 2，3"结构至少有一个 1。

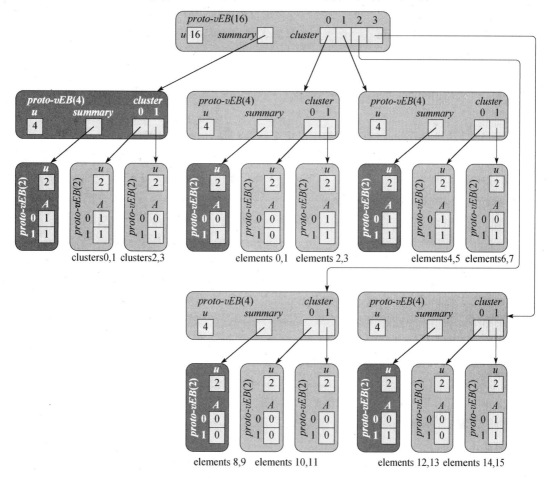

图 20-4　一个 *proto-vEB*(16)结构表示了集合{2，3，4，5，7，14，15}。在 *cluster*[0..3]中的指针指向 4 个 *proto-vEB*(4)结构，而且还指向一个 *summary* 结构，这个 *summary* 结构也是一个 *proto-vEB*(4)结构。每个 *proto-vEB*(4)结构在 *cluster*[0..1]中指向 2 个 *proto-vEB*(2)结构，以及指向一个 *proto-vEB*(2)结构的 *summary*。每个 *proto-vEB*(2)结构只包含一个 2 位的数组 $A[0..1]$。"elements i，j"上方的 *proto-vEB*(2)结构存储实际动态集合的位 i 和 j，并且"clusters i，j"上方的 *proto-vEB*(2)结构存储顶层 *proto-vEB*(16)结构中的簇 i 和 j 的 *summary* 位。为清晰起见，深阴影部分表示一个 *proto-vEB* 结构的顶层，其存储它的双亲结构的 *summary* 信息；这样一个 *proto-vEB* 结构不同于具有同样全域大小的其他任何 *proto-vEB* 结构

20.2.2　原型 van Emde Boas 结构上的操作

下面将讨论如何在一个 *proto-vEB* 结构上执行一些操作。先看查询操作 MEMBER、MINIMUM、MAXIMUM 和 SUCCESSOR，这些操作不改变 *proto-vEB* 结构。接下来讨论 INSERT 和 DELETE 操作。另外，留下 MAXIMUM 和 PREDECESSOR 操作作为练习 20.2-1，它们分别与 MINIMUM 和 SUCCESSOR 是对称的。

MEMBER、SUCCESSOR、PREDECESSOR、INSERT 和 DELETE 操作都取一个参数 x 和一个 *proto-vEB* 结构 V 作为输入参数。这些操作均假定 $0 \leqslant x < V.u$。

判断一个值是否在集合中

要实现 MEMBER(x)操作，就需要在一个适当的 $proto\text{-}vEB(2)$ 结构中找到相应于 x 的位。借助全部的 $summary$ 结构，这个操作能够在 $O(\lg\lg u)$ 时间内完成。下面的过程以一个 $proto\text{-}vEB$ 结构 V 和一个值 x 作为输入，返回一个位值表示 x 是否在 V 包含的动态集合中。

```
PROTO-vEB-MEMBER(V, x)
1   if V.u == 2
2       return V.A[x]
3   else return PROTO-vEB-MEMBER(V.cluster[high(x)], low(x))
```

PROTO-vEB-MEMBER 过程工作如下。第 1 行测试是否为基础情形，其中 V 是一个 $proto\text{-}vEB(2)$ 结构。第 2 行处理基础情形，简单地返回数组 A 的一个相应位。第 3 行处理递归情形，"钻入"到相应更小的 $proto\text{-}vEB$ 结构。值 high(x) 表示要访问的 $proto\text{-}vEB(\sqrt{u})$ 结构，值 low(x) 表示要查询的 $proto\text{-}vEB(\sqrt{u})$ 结构中的元素。

在图 20-4 中，我们看一下在 $proto\text{-}vEB(16)$ 结构中调用 PROTO-vEB-MEMBER(V, 6) 会发生什么。由于当 $u=16$ 时，high(6)=1，则递归到右上方的 $proto\text{-}vEB(4)$ 结构，并且查询该结构的元素 low(6)=2。在这次递归调用中，$u=4$，这样还需要进行递归。对于 $u=4$，就有 high(2)=1 和 low(2)=0，所以要查询右上方的 $proto\text{-}vEB(2)$ 结构中的元素 0。这次递归调用就到了基础情形，所以通过递归调用链返回 $A[0]=0$。因此，得到 PROTO-vEB-MEMBER(V, 6) 返回 0 的结果，表示 6 不在集合内。

为了确定 PROTO-vEB-MEMBER 的运行时间，令 $T(u)$ 表示 $proto\text{-}vEB(u)$ 结构上的运行时间。每次递归调用耗费常数时间，其不包括由递归调用自身所产生的时间。当 PROTO-vEB-MEMBER 做一次递归调用时，它在 $proto\text{-}vEB(\sqrt{u})$ 结构上产生一次调用。因此，运行时间可以用递归表达式 $T(u) = T(\sqrt{u}) + O(1)$ 表示，该递归式就是前面的递归式（20.2）。它的解为 $T(u) = O(\lg\lg u)$，所以 PROTO-vEB-MEMBER 的运行时间为 $O(\lg\lg u)$。

查找最小元素

现在我们讨论如何实现 MINIMUM 操作。过程 PROTO-vEB-MINIMUM(V) 返回 $proto\text{-}vEB$ 结构 V 中的最小元素；如果 V 代表的是一个空集，则返回 NIL。

```
PROTO-vEB-MINIMUM(V)
 1   if V.u == 2
 2       if V.A[0] == 1
 3           return 0
 4       elseif V.A[1] == 1
 5           return 1
 6       else return NIL
 7   else min-cluster = PROTO-vEB-MINIMUM(V.summary)
 8       if min-cluster == NIL
 9           return NIL
10       else offset = PROTO-vEB-MINIMUM(V.cluster[min-cluster])
11           return index(min-cluster, offset)
```

这个过程工作如下。第 1 行判断是否为基础情形，第 2～6 行平凡地处理基础情形。第 7～11 行处理递归情形。首先，第 7 行查找包含集合元素的第一个簇号。做法是通过在 $V.summary$ 上递归调用 PROTO-vEB-MINIMUM 来进行，其中 $V.summary$ 是一个 $proto\text{-}vEB(\sqrt{u})$ 结构。第 7 行将这个簇号赋值给变量 $min\text{-}cluster$。如果集合为空，那么递归调用返回 NIL，第 9 行返回 NIL。如果集合非空，集合的最小元素就存在于编号为 *min-cluster* 的簇中。第 10 行中的递归调用是查找最小元素在这个簇中的偏移量。最后，第 11 行由簇号和偏移量来构造这个最小元素的值，并返回。

虽然查询 *summary* 信息允许我们快速地找到包含最小元素的簇，但是由于这个过程需要 2 次调用 *proto-vEB*($\sqrt{u}$)结构，所以在最坏情况下运行时间超过 $O(\lg\lg u)$。令 $T(u)$ 表示在 *proto-vEB*(u)结构上的 PROTO-vEB-MINIMUM 操作的最坏情况运行时间，有下面递归式：

$$T(u) = 2T(\sqrt{u}) + O(1) \tag{20.3}$$

再一次利用变量替换法来求解此递归式，令 $m=\lg u$，可以得到：

$$T(2^m) = 2T(2^{m/2}) + O(1)$$

重命名 $S(m)=T(2^m)$，得到：

$$S(m) = 2S(m/2) + O(1)$$

利用主方法的情况 1，解得 $S(m) = \Theta(m)$。将 $S(m)$ 换回为 $T(u)$，可以得到 $T(u) = T(2^m) = S(m) = \Theta(m) = \Theta(\lg u)$。因此，由于有第二个递归调用，PROTO-vEB-MINIMUM 的运行时间为 $\Theta(\lg u)$，而不是 $\Theta(\lg\lg u)$。

查找后继

SUCCESSOR 的运行时间更长。在最坏情况下，它需要做 2 次递归调用和 1 次 PROTO-vEB-MINIMUM 调用。过程 PROTO-vEB-SUCCESSOR(V, x)返回 *proto-vEB* 结构 V 中大于 x 的最小元素；或者，如果 V 中不存在大于 x 的元素，则返回 NIL。它不要求 x 一定属于该集合，但假定 $0 \leqslant x < V.u$。

```
PROTO-vEB-SUCCESSOR(V, x)
 1  if V.u == 2
 2      if x == 0 and V.A[1] == 1
 3          return 1
 4      else return NIL
 5  else offset = PROTO-vEB-SUCCESSOR(V.cluster[high(x)], low(x))
 6      if offset ≠ NIL
 7          return index(high(x), offset)
 8      else succ-cluster = PROTO-vEB-SUCCESSOR(V.summary, high(x))
 9          if succ-cluster == NIL
10              return NIL
11          else offset = PROTO-vEB-MINIMUM(V.cluster[succ-cluster])
12              return index(succ-cluster, offset)
```

PROTO-vEB-SUCCESSOR 过程工作如下。与通常一样，第 1 行判断是否为基础情形，第 2~4 行平凡处理：当 $x=0$ 和 $A[1]=1$ 时，才能在 *proto-vEB*(2)结构中找到 x 的后继。第 5~12 行处理递归情形。第 5 行在 x 的簇内查找其后继，并将结果赋给变量 *offset*。第 6 行判断这个簇中是否存在 x 的后继；若存在，第 7 行计算并返回其值，否则，必须在其他簇中查找。第 8 行将下一个非空簇号赋给变量 *succ-cluster*，并利用 *summary* 信息来查找后继。第 9 行判断 *succ-cluster* 是否为 NIL，如果所有后继簇是空的，第 10 行返回 NIL。如果 *succ-cluster* 不为 NIL，第 11 行将编号为 *succ-cluster* 的簇中第一个元素赋值给 *offset*，并且第 12 行计算并返回这个簇中的最小元素。

在最坏情况下，PROTO-vEB-SUCCESSOR 在 *proto-vEB*($\sqrt{u}$)结构上做 2 次自身递归调用和 1 次 PROTO-vEB-MINIMUM 调用。所以，最坏情况下，PROTO-vEB-SUCCESSOR 的运行时间用下面递归式表示：

$$T(u) = 2T(\sqrt{u}) + \Theta(\lg\sqrt{u}) = 2T(\sqrt{u}) + \Theta(\lg u)$$

可以用求解递归式(20.1)的方法来得出上面递归式的解 $T(u) = \Theta(\lg u \lg\lg u)$。因此，PROTO-vEB-SUCCESSOR 是渐近地慢于 PROTO-vEB-MINIMUM。

插入元素

要插入一个元素，需要将其插入相应的簇中，并还要将这个簇中的 *summary* 位设为1。过程 PROTO-vEB-INSERT(V，x) 将 x 插入 *proto-vEB* 结构 V 中。

PROTO-vEB-INSERT(V, x)

1 **if** $V.u == 2$
2      $V.A[x] = 1$
3 **else** PROTO-vEB-INSERT($V.cluster[\text{high}(x)]$, low($x$))
4   PROTO-vEB-INSERT($V.summary$, high(x))

在基础情形中，第 2 行把数组 A 中的相应位设为1。在递归情形中，第 3 行的递归调用将 x 插入相应的簇中，并且第 4 行将该簇中的 *summary* 位置为1。

因为 PROTO-vEB-INSERT 在最坏情况下做 2 次递归调用，其运行时间可由递归式（20.3）来表示。所以，PROTO-vEB-INSERT 的运行时间为 $\Theta(\lg u)$。

删除元素

删除操作比插入操作要更复杂些。当插入新元素时，插入时总是将一个 *summary* 位置为1，然而删除时却不总是将同样的 *summary* 位置为0。我们需要判断相应的簇中是否存在为 1 的位。对于已定义的 *proto-vEB* 结构，本来需要检查簇内的所有 $\sqrt{u}$ 位是否为 1。取而代之的是，可以在 *proto-vEB* 结构中添加一个属性 n，来记录其拥有的元素个数。我们把 PROTO-vEB-DELETE 的实现留为练习 20.2-2 和练习 20.2-3。

很显然，必须要修改 *proto-vEB* 结构，使得每个操作降至至多只进行一次递归调用。下一节将讨论如何去做。

练习

544

20.2-1 写出 PROTO-vEB-MAXIMUM 和 PROTO-vEB-PREDECESSOR 过程的伪代码。

20.2-2 写出 PROTO-vEB-DELETE 的伪代码。通过扫描簇内的相关位，来更新相应的 *summary* 位。并且你实现的伪代码的最坏情况运行时间是多少？

20.2-3 为每个 *proto-vEB* 结构增加属性 n，以给出其所在集合中的元素个数，然后写出 PROTO-vEB-DELETE 的伪代码，要求使用属性 n 来确定何时将 *summary* 重置为 0。你的伪代码的最坏情况运行时间是多少？由于加入了新的属性 n，其他的操作要改变吗？这些变化会影响到它们的运行时间吗？

20.2-4 修改 *proto-vEB* 结构，以支持重复关键字。

20.2-5 修改 *proto-vEB* 结构，以支持带有卫星数据的关键字。

20.2-6 写出一个创建 *proto-vEB*(u) 结构的伪代码。

20.2-7 试说明如果 PROTO-vEB-MINIMUM 中的第 9 行被执行，则 *proto-vEB* 结构为空。

20.2-8 假设设计了这样一个 *proto-vEB* 结构，其中每个簇数组仅有 $u^{1/4}$ 个元素。那么每个操作的运行时间是多少？

20.3 van Emde Boas 树及其操作

前一节中的 *proto-vEB* 结构已经接近运行时间为 $O(\lg \lg u)$ 的目标。其缺陷是大多数操作要进行多次递归。在本节中，我们要设计一个类似于 *proto-vEB* 结构的数据结构，但要存储稍多一些的信息，由此可以去掉一些递归的需求。

在 20.2 节，注意到针对全域大小 $u = 2^{2^k}$，其中 k 为整数，此假设有非常大的局限性，u 的可能值为一个非常稀疏的集合。因此从这点上，我们将允许全域大小 u 为任何一个 2 的幂，而且当 $\sqrt{u}$ 不为整数（即 u 为 2 的奇数次幂 $u=2^{2k+1}$，其中某个整数 $k \geqslant 0$）时，把一个数的 $\lg u$ 位分割成最 545 高 $\lceil (\lg u)/2 \rceil$ 位和最低 $\lfloor (\lg u)/2 \rfloor$ 位。为方便起见，把 $2^{\lceil (\lg u)/2 \rceil}$ 记为 $\sqrt[\uparrow]{u}$（u 的上平方根），$2^{\lfloor (\lg u)/2 \rfloor}$ 记为 $\sqrt[\downarrow]{u}$（u 的下平方根），于是有 $u = \sqrt[\uparrow]{u} \cdot \sqrt[\downarrow]{u}$。当 u 为 2 的偶数次幂（$u=2^{2k}$，其中 k 为某个整数）时，有 $\sqrt[\uparrow]{u} = \sqrt[\downarrow]{u} = \sqrt{u}$。由于现在允许 u 是一个 2 的奇数次幂，从 20.2 节中重定义一些有用的函数：

$$\mathrm{high}(x) = \lfloor x/\sqrt[\downarrow]{u} \rfloor$$
$$\mathrm{low}(x) = x \bmod \sqrt[\downarrow]{u}$$
$$\mathrm{index}(x, y) = x\sqrt[\downarrow]{u} + y$$

20.3.1　van Emde Boas 树

van Emde Boas 树或 vEB 树是在 *proto-vEB* 结构的基础上修改而来的。我们将全域大小为 u 的 vEB 树记为 $vEB(u)$。如果 u 不为 2 的基础情形，那么属性 *summary* 指向一棵 $vEB(\sqrt[\uparrow]{u})$ 树，而且数组 $cluster[0..\sqrt[\uparrow]{u}-1]$ 指向 $\sqrt[\uparrow]{u} vEB(\sqrt[\downarrow]{u})$ 树。如图 20-5 所示，一棵 vEB 树含有 *proto-vEB* 结构中没有的两个属性：

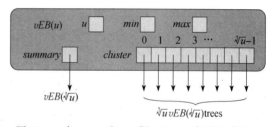

- *min* 存储 vEB 树中的最小元素。
- *max* 存储 vEB 树中的最大元素。

进一步地，存储在 *min* 中的元素并不出现在任何递归的 $vEB(\sqrt[\downarrow]{u})$ 树中，这些树是由 *cluster* 数组指向它们的。因此在 $vEB(u)$ 树 V 中存储的元素为 $V.min$ 再加上由 $V.cluster[0..\sqrt[\uparrow]{u}-1]$ 指向的递归存储在 $vEB(\sqrt[\downarrow]{u})$ 树中的元素。注意到，

图 20-5　当 $u>2$ 时，一棵 $vEB(u)$ 树中的信息。结构包含大小为 u 的全域、元素 *min* 和 *max*、指向一个 $vEB(\sqrt[\uparrow]{u})$ 树的指针 *summary*，以及指向 $vEB(\sqrt[\downarrow]{u})$ 树的 $\sqrt[\uparrow]{u}$ 个指针的数组 $cluster[0..\sqrt[\uparrow]{u}-1]$

当一棵 vEB 树中包含两个或两个以上元素时，我们以不同方式处理 *min* 和 *max*：存储在 *min* 中 546 的元素不出现在任何簇中，而存储在 *max* 中的元素却不是这样。

因为基础情形的大小为 2，这样一棵 $vEB(2)$ 树中的相应 *proto-vEB*(2) 结构并不需要数组 A。然而，我们可以从其 *min* 和 *max* 属性来确定它的元素。在一棵不包含任何元素的 vEB 树中，不管全域的大小 u 如何，*min* 和 *max* 均为 NIL。

图 20-6 显示了一棵 $vEB(16)$ 树 V，包含集合 $\{2, 3, 4, 5, 7, 14, 15\}$。因为最小的元素是 2，所以 $V.min$ 等于 2，而且即使 $\mathrm{high}(2)=0$，元素 2 也不会出现在由 $V.cluster[0]$ 所指向的 $vEB(4)$ 树中：注意到 $V.cluster[0].min$ 等于 3，因此元素 2 不在这棵 vEB 树中。类似地，因为 $V.cluster[0].min$ 等于 3，而且 $V.cluster[0]$ 中只包含元素 2 和 3，所以 $V.cluster[0]$ 内的 $vEB(2)$ 簇为空。

min 和 *max* 属性是减少 vEB 树上这些操作的递归调用次数的关键。这两个属性有 4 个方面的作用：

1. MINIMUM 和 MAXIMUM 操作甚至不需要递归，因为可以直接返回 *min* 和 *max* 的值。

2. SUCCESSOR 操作可以避免一个用于判断值 x 的后继是否位于 $\mathrm{high}(x)$ 中的递归调用。这是因为 x 的后继位于 x 簇中，当且仅当 x 严格小于 x 簇的 *max*。对于 PREDECESSOR 和 *min* 情况，可以对照得到。

3. 通过 *min* 和 *max* 的值，可以在常数时间内告知一棵 vEB 树是否为空、仅含一个元素或两个以上元素。这种能力将在 INSERT 和 DELETE 操作中发挥作用。如果 *min* 和 *max* 都为 NIL，

那么 vEB 树为空。如果 min 和 max 都不为 NIL 但彼此相等，那么 vEB 树仅含一个元素。如果 min 和 max 都不为 NIL 且不等，那么 vEB 树包含两个或两个以上元素。

4. 如果一棵 vEB 树为空，那么可以仅更新它的 min 和 max 值来实现插入一个元素。因此，可以在常数时间内向一棵空 vEB 树中插入元素。类似地，如果一棵 vEB 树仅含一个元素，也可以仅更新 min 和 max 值在常数时间内删除这个元素。这些性质可以缩减递归调用链。

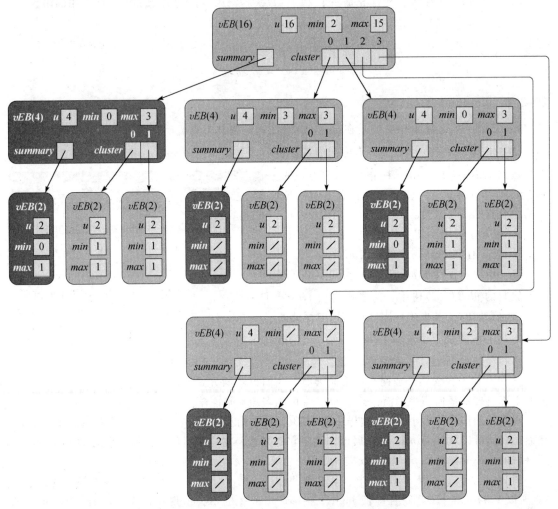

图 20-6　对应于图 20-4 中 proto-vEB 树的一棵 $vEB(16)$ 树。它存储集合{2，3，4，5，7，14，15}。斜杠表示 NIL 值。存储在 vEB 树中的 min 属性的值不会出现在它的任何一个簇中。这里深阴影与图 20-4 的表示一样

547
~
548

即使全域大小 u 为 2 的奇数次幂，vEB 树中 $summary$ 和 $cluster$ 大小的差异不会影响操作的渐近运行时间。实现 vEB 树操作的递归过程的运行时间可由下面递归式来刻画：

$$T(u) \leqslant T(\sqrt[\uparrow]{u}) + O(1) \tag{20.4}$$

这个递归式与式(20.2)相似，我们用类似的方法求解它。令 $m = \lg u$，重写为：

$$T(2^m) \leqslant T(2^{\lceil m/2 \rceil}) + O(1)$$

注意到，对所有 $m \geqslant 2$，$\lceil m/2 \rceil \leqslant 2m/3$，可以得到

$$T(2^m) \leqslant T(2^{2m/3}) + O(1)$$

令 $S(m) = T(2^m)$，上式重写为：

$$S(m) \leqslant S(2m/3) + O(1)$$

根据主方法的情况 2，有解 $S(m) = O(\lg m)$。（对于渐近解，分数 2/3 与 1/2 没有任何差别，因为应用主方法时，得到 $\log_{3/2} 1 = \log_2 1 = 0$。）于是我们有

$$T(u) = T(2^m) = S(m) = O(\lg m) = O(\lg \lg u)$$

在使用 van Emde Boas 树之前，一定要知道全域大小 u，这样才能够创建一个大小合适且初始为空的 van Emde Boas 树。正如思考题 20-1 所要说明的，一棵 van Emde Boas 树的总空间需求是 $O(u)$，直接地创建一棵空 vEB 树需要 $O(u)$ 时间。相反，红黑树的建立只需常数时间。因此，不应使用一棵 van Emde Boas 树用于仅仅执行少量操作的情况，因为建立数据结构的时间要超过单个操作节省的时间。这个缺点并不严重，我们通常可以使用像数组或链表这样简单的数据结构来存储少量数据。

20.3.2　van Emde Boas 树的操作

现在来介绍 van Emde Boas 树的操作。与原型 van Emde Boas 结构所做的一样，首先介绍查询操作，然后是 INSERT 和 DELETE 操作。由于在一棵 vEB 树中最小元素和最大元素之间的不对称性（当一棵 vEB 树至少包含两个元素时，最小元素不出现在簇中，而最大元素在簇中），我们会给出所有 5 个查询操作的伪代码。正如原型 van Emde Boas 结构上的操作，这里操作取输入参数 V 和 x，其中 V 是一棵 van Emde Boas 树，x 是一个元素，假定 $0 \leqslant x < V.u$。

查找最小元素和最大元素

因为最小元素和最大元素分别存储在 min 和 max 属性中，所以两个操作均只有一行代码，耗费常数时间：

549

```
vEB-TREE-MINIMUM(V)
1  return V.min
```
```
vEB-TREE-MAXIMUM(V)
1  return V.max
```

判断一个值是否在集合中

过程 vEB-TREE-MEMBER(V, x) 有一个递归情形，其与 PROTO-vEB-MEMBER 中的类似，然而基础情形却稍微不同。我们仍然会直接检查 x 是否等于最小元素或者最大元素。由于 vEB 树并不像 *proto-vEB* 结构那样存储位信息，所以设计 vEB-TREE-MEMBER 返回 TRUE 或 FALSE 而不是 0 或 1。

```
vEB-TREE-MEMBER(V, x)
1  if x == V.min or x == V.max
2      return TRUE
3  elseif V.u == 2
4      return FALSE
5  else return vEB-TREE-MEMBER(V.cluster[high(x)], low(x))
```

第 1 行判断 x 是否与最小元素或者最大元素相等。如果是，第 2 行返回 TRUE；否则，第 3 行检查执行基础情形。因为一棵 $vEB(2)$ 树中除了 min 和 max 中的元素外，不包含其他元素，所以如果为基础情形，第 4 行返回 FALSE。另一种可能就是不是基础情形，且 x 既不等于 min 也不等于 max，这时由第 5 行中的递归调用来处理。

递归式（20.4）表明了过程 vEB-TREE-MEMBER 的运行时间，这个过程的运行时间为 $O(\lg \lg u)$。

查找后继和前驱

接下来介绍怎样实现 SUCCESSOR 操作。回想过程 PROTO-vEB-SUCCESSOR(V, x) 要进

行两个递归调用：一个是判断 x 的后继是否和 x 一样被包含在 x 的簇中；如果不包含，另一个递归调用就是要找出包含 x 后继的簇。由于能在 vEB 树中很快地访问最大值，这样可以避免进行两次递归调用，并且使一次递归调用或是簇上的或是 $summary$ 上的，并非两者同时进行。

vEB-TREE-SUCCESSOR(V, x)

1　**if** $V.u == 2$
2　　　**if** $x == 0$ and $V.max == 1$
3　　　　　**return** 1
4　　　**else return** NIL
5　**elseif** $V.min \neq$ NIL and $x < V.min$
6　　　**return** $V.min$
7　**else** $max\text{-}low =$ vEB-TREE-MAXIMUM($V.cluster[\text{high}(x)]$)
8　　　**if** $max\text{-}low \neq$ NIL and $\text{low}(x) < max\text{-}low$
9　　　　　$offset =$ vEB-TREE-SUCCESSOR($V.cluster[\text{high}(x)]$, $\text{low}(x)$)
10　　　　**return** index($\text{high}(x)$, $offset$)
11　　　**else** $succ\text{-}cluster =$ vEB-TREE-SUCCESSOR($V.summary$, $\text{high}(x)$)
12　　　　**if** $succ\text{-}cluster ==$ NIL
13　　　　　　**return** NIL
14　　　　**else** $offset =$ vEB-TREE-MINIMUM($V.cluster[succ\text{-}cluster]$)
15　　　　　　**return** index($succ\text{-}cluster$, $offset$)

这个过程有 6 个返回语句和几种情形处理。第 2～4 行处理基础情形，如果查找的是 0 的后继并且 1 在元素 2 的集合中，那么第 3 行返回 1；否则第 4 行返回 NIL。

如果不是基础情形，下面第 5 行判断 x 是否严格小于最小元素。如果是，那么第 6 行返回这个最小元素。

如果进入第 7 行，那么不属于基础情形，并且 x 大于或等于 vEB 树 V 中的最小元素值。第 7 行把 x 簇中的最大元素赋值给 $max\text{-}low$。如果 x 簇存在大于 x 的元素，那么可确定 x 的后继就在 x 簇中。第 8 行测试这种情况。如果 x 的后继在 x 簇内，那么第 9 行确定 x 的后继在簇中的位置，第 10 行采用与 PROTO-vEB-SUCCESSOR 第 7 行相同的方式返回后继。

如果 x 大于等于 x 簇中的最大元素，则进入第 11 行。在这种情况下，第 11～15 行采用与 PROTO-vEB-SUCCUSSOR 中第 8～12 行相同的方式查找 x 的后继。

递归式(20.4)为 vEB-TREE-SUCCESSOR 的运行时间，这很容易明白。根据第 7 行测试的结果，过程在第 9 行(在全域大小为 $\sqrt{u}$ 的 vEB 树上)或者第 11 行(在全域大小为 $\sqrt{u}$ 的 vEB 树上)对自身进行递归调用。在两种情况中，一次递归调用是在全域大小至多为 $\sqrt{u}$ 的 vEB 树上进行的。过程的剩余部分，包括调用 vEB-TREE-MINIMUM 和 vEB-TREE-MAXIMUM，耗费时间为 $O(1)$。所以 vEB-TREE-SUCCESSOR 的最坏情况运行时间为 $O(\lg\lg u)$。

vEB-TREE-PREDECESSOR 过程与 vEB-TREE-SUCCESSOR 是对称的，但是多了一种附加情况：

vEB-TREE-PREDECESSOR(V, x)

1　**if** $V.u == 2$
2　　　**if** $x == 1$ and $V.min == 0$
3　　　　　**return** 0
4　　　**else return** NIL
5　**elseif** $V.max \neq$ NIL and $x > V.max$
6　　　**return** $V.max$
7　**else** $min\text{-}low =$ vEB-TREE-MINIMUM($V.cluster[\text{high}(x)]$)
8　　　**if** $min\text{-}low \neq$ NIL and $\text{low}(x) > min\text{-}low$
9　　　　　$offset =$ vEB-TREE-PREDECESSOR($V.cluster[\text{high}(x)]$, $\text{low}(x)$)

```
10              return index(high(x), offset)
11      else pred-cluster = vEB-TREE-PREDECESSOR(V. summary, high(x))
12          if pred-cluster == NIL
13              if V. min ≠ NIL and x > V. min
14                  return V. min
15              else return NIL
16          else offset = vEB-TREE-MAXIMUM(V. cluster[pred-cluster])
17              return index(pred-cluster, offset)
```

第 13～14 行就是处理这个附加情况。这个附加情况出现在 x 的前驱存在，而不在 x 簇中。在 vEB-TREE-SUCCESSOR 中，如果 x 的后继不在 x 簇中，那么断定它一定在一个更高编号的簇中。但是如果 x 的前驱是 vEB 树 V 中的最小元素，那么后继不存在于任何一个簇中。第 13 行就是检查这个条件，而且第 14 行返回最小元素。

与 vEB-TREE-SUCCESSOR 相比，这个附加情况并不影响 vEB-TREE-PREDECESSOR 的渐近运行时间，所以它的最坏情况运行时间为 $O(\lg\lg u)$。

插入一个元素

现在讨论如何向一棵 vEB 树中插入一个元素。回想 PROTO-vEB-INSERT 操作进行两次递归调用：一次是插入元素，另一次是将元素的簇号插入 $summary$ 中。然而 vEB-TREE-INSERT 只进行一次递归调用。怎样才能做到只用一次递归呢？当插入一个元素时，在操作的簇中要么已经包含另一个元素，要么不包含任何元素。如果簇已包含另一个元素，那么簇编号已存在于 $summary$ 中，因此我们不需要进行递归调用。如果簇不包含任何元素，那么即将插入的元素成为簇中唯一的元素，所以我们不需要进行一次递归来将元素插入一棵空 vEB 树中：

$$\boxed{552}$$

```
vEB-EMPTY-TREE-INSERT(V, x)
1   V. min = x
2   V. max = x
```

利用上面这个过程，这里给出 vEB-TREE-INSERT(V, x) 的伪代码，假设 x 不在 vEB 树 V 所表示的集合中：

```
vEB-TREE-INSERT(V, x)
 1  if V. min == NIL
 2      vEB-EMPTY-TREE-INSERT(V, x)
 3  else if x < V. min
 4          exchange x with V. min
 5      if V. u > 2
 6          if vEB-TREE-MINIMUM(V. cluster[high(x)]) == NIL
 7              vEB-TREE-INSERT(V. summary, high(x))
 8              vEB-EMPTY-TREE-INSERT(V. cluster[high(x)], low(x))
 9          else vEB-TREE-INSERT(V. cluster[high(x)], low(x))
10      if x > V. max
11          V. max = x
```

这个过程的工作如下。第 1 行判断 V 是否是一棵空 vEB 树，如果是，第 2 行处理这种比较简单的情况。第 3～11 行假定 V 非空，因此某个元素会被插入 V 中的一个簇中。而这个元素不一定是通过参数传递进来的元素 x。如果 $x < min$，如第 3 行，那么 x 需要作为新的 min。然而旧的 min 元素也应该保留，所以旧的 min 元素需要被插入 V 某个簇中。在这种情况下，第 4 行对 x 和 min 互换，这样将旧的 min 元素插入 V 的某个簇中。

仅当 V 不是一棵基础情形的 vEB 树时，第 6~9 行才会被执行。第 6 行判断 x 簇是否为空。如果是，第 7 行将 x 的簇号插入 $summary$ 中，第 8 行处理将 x 插入空簇中的这种简单情况。如果 x 簇当前非空，则第 9 行将 x 插入它的簇中。在这种情况，无需更新 $summary$，因为 x 的簇号已经存在于 $summary$ 中。

最后，如果 $x > max$，那么第 10~11 行更新 max。注意到，如果 V 是一棵非空的基础情形下的 vEB 树，那么第 3~4 行和第 10~11 行相应地更新 min 和 max。

这里，我们也能容易明白 vEB-TREE-INSERT 的运行时间可以用递归式 (20.4) 表示。根据第 6 行的判断结果，或者执行第 7 行（在全域大小为 $\sqrt{u}$ 的 vEB 树上）中的递归调用，或者执行第 9 行（在全域大小为 $\sqrt{u}$ 的 vEB 树上）中的递归调用。在两种情况下，其中一个递归调用是在全域大小至多为 $\sqrt{u}$ 的 vEB 树上。由于 vEB-TREE-INSERT 操作的剩余部分运行时间为 $O(1)$，所以整个运行时间为 $O(\lg \lg u)$。

删除一个元素

下面将介绍如何从 vEB 树删除一个元素。过程 vEB-TREE-DELETE(V, x) 假设 x 是 vEB 树所表示的集合中的一个元素。

```
vEB-TREE-DELETE(V, x)

 1  if V.min == V.max
 2      V.min = NIL
 3      V.max = NIL
 4  elseif V.u == 2
 5      if x == 0
 6          V.min = 1
 7      else V.min = 0
 8      V.max = V.min
 9  else if x == V.min
10      first-cluster = vEB-TREE-MINIMUM(V.summary)
11      x = index(first-cluster,
                vEB-TREE-MINIMUM(V.cluster[first-cluster]))
12      V.min = x
13  vEB-TREE-DELETE(V.cluster[high(x)], low(x))
14  if vEB-TREE-MINIMUM(V.cluster[high(x)]) == NIL
15      vEB-TREE-DELETE(V.summary, high(x))
16      if x == V.max
17          summary-max = vEB-TREE-MAXIMUM(V.summary)
18          if summary-max == NIL
19              V.max = V.min
20          else V.max = index(summary-max,
                    vEB-TREE-MAXIMUM(V.cluster[summary-max]))
21  elseif x == V.max
22      V.max = index(high(x),
                vEB-TREE-MAXIMUM(V.cluster[high(x)]))
```

vEB-TREE-DELETE 过程工作如下。如果 vEB 树 V 只包含一个元素，那么很容易删除这个元素，如同将一个元素插入一棵空 vEB 树中一样：只要置 min 和 max 为 NIL。第 1~3 行处理这种情况。否则，V 至少有两个元素。第 4 行判断 V 是否为一棵基础情形的 vEB 树，如果是，第 5~8 行置 min 和 max 为另一个留下的元素。

第 9~22 行假设 V 包含两个或两个以上的元素，并且 $u \geqslant 4$。在这种情况下，必须从一个簇中删除元素。然而从一个簇中删除的元素可能不一定是 x，这是因为如果 x 等于 min，当 x 被删除后，簇中的某个元素会成为新的 min，并且必须从簇中删除这个元素。如果第 9 行得出正是这种情况，那么第 10 行将变量 $first\text{-}cluster$ 置为除了 min 外的最小元素所在的簇号，并且第 11 行置 x 为这个簇中最小元素的值。在第 12 行中，这个元素成为新的 min，由于 x 已经置为它的值，所以这是要从簇中删除的元素。

当执行到第 13 行时，需要从簇中删除 x，不论 x 是从参数传递而来的，还是 x 是成为新的 min 元素。第 13 行从簇中删除 x。第 14 行判断删除后的簇是否变为空，如果是，则第 15 行要将这个簇号从 $summary$ 中移除。在更新 $summary$ 之后，可能还要更新 max。第 16 行判断是否正在删除 V 中的最大元素，如果是，则第 17 行将编号为最大的非空簇编号赋值给变量 $summary\text{-}max$。（调用 vEB-TREE-MAXIMUM($V.summary$）执行是因为已经在 $V.summary$ 上递归调用了 vEB-TREE-DELETE，因此有必要的话，$V.summary.max$ 已被更新。）如果所有 V 的簇都为空，那么 V 中剩余的元素只有 min；第 18 行检查这种情况，第 19 行相应地更新 max。否则，第 20 行把编号最高簇中的最大元素赋值给 max。（如果这个簇是已删除元素所在的簇，再依靠第 13 行中的递归调用完成簇中的 max 更正。）

最后来处理由于 x 被删除后，x 簇不为空的情况。虽然在这种情况下不需要更新 $summary$，但是要更新 max。第 21 行判断是否为这种情况，如果是，第 22 行更新 max（再依靠递归调用来更正 max）。

现在来说明 vEB-TREE-DELETE 的最坏情况运行时间为 $O(\lg\lg u)$。初看起来，可能认为递归式 (20.4) 不适用，因为 vEB-TREE-DELETE 会进行两次递归调用：一次在第 13 行，另一次在第 15 行。虽然过程可能两次递归调用都执行，但是要看看实际发生了什么。为了第 15 行的递归调用，第 14 行必须确定 x 簇为空。当在第 13 行进行递归调用时，如果 x 是其簇中的唯一元素，此为 x 簇为空的唯一方式。然而如果 x 是其簇中的唯一元素，则递归调用耗费的时间为 $O(1)$，因为只执行第 1～3 行。于是，有了两个互斥的可能：

- 第 13 行的递归调用占用常数时间。
- 第 15 行的递归调用不会发生。

无论哪种情况，vEB-TREE-DELETE 的运行时间仍可用递归式 (20.4) 表示，因此最坏情况运行时间为 $O(\lg\lg u)$。

练习

20.3-1 修改 vEB 树以支持重复关键字。

20.3-2 修改 vEB 树以支持带有卫星数据的关键字。

20.3-3 写出创建空 van Emde Boas 树过程的伪代码。

20.3-4 如果调用 vEB-TREE-INSERT 来插入一个已包含在 vEB 树中的元素，会出现什么情况？如果调用 vEB-TREE-DELETE 来删除一个不包含在 vEB 树中的元素，会出现什么情况？解释这些函数为什么有相应的运行状况？怎样修改 vEB 树和操作，使得常数时间内能判断一个元素是否在其中？

20.3-5 假设我们创建一个包含 $u^{1/k}$ 个簇（而不是全域大小为 $\sqrt{u}$ 的 $\sqrt{u}$ 个簇）的 vEB 树，其每个簇的全域大小为 $u^{1-1/k}$，其中 $k>1$，而且 k 为常数。如果恰当地修改这些操作，则这些操作的运行时间是多少？为了分析方便，假设 $u^{1/k}$ 和 $u^{1-1/k}$ 总是为整数。

20.3-6 创建一个全域大小为 u 的 vEB 树，需要 $O(u)$ 的运行时间。假设我们想得到确切时间。如果 vEB 树中每个操作的摊还时间为 $O(\lg\lg u)$，那么最小的操作数 n 是多少？

思考题

20.1 (van Emde Boas 树的空间需求) 这个问题讨论 van Emde Boas 树的空间需求，并给出一种修改数据结构的方法，使其空间需求依赖元素个数 n，而不是全域大小 u。为简单起见，假设 $\sqrt{u}$ 总是为整数。

a. 解释为什么下面的递归式表示全域大小为 u 的 van Emde Boas 的空间需求 $P(u)$。

$$P(u) = (\sqrt{u} + 1)P(\sqrt{u}) + \Theta(\sqrt{u}) \qquad (20.5)$$

b. 证明：递归式(20.5)的解为 $P(u) = O(u)$。

   为了减少空间需求，定义一棵**缩减空间的 van Emde Boas 树**（reduced-space van Emde Boas tree），或 **RS-vEB 树**。RS-vEB 树是一棵 vEB 树，但做出了如下修改：

- 属性 $V.cluster$ 并不是一个指向全域大小为 $\sqrt{u}$ 的 vEB 树的简单指针数组，而是一个散列表（见第 11 章），以动态表的方式来存储（见 17.4 节）。相应于 $V.cluster$ 的数组版本，而散列表存储指向全域大小为 $\sqrt{u}$ 的 RS-vEB 树的指针。于是要查找第 i 个簇，就在散列表中查找关键字 i，所以可以用在散列表中的简单搜索找到第 i 个簇。
- 散列表只存储指向非空簇的指针，在散列表中搜索一个空簇，返回 NIL，表示这个簇为空。
- 如果所有的簇为空，则属性 $V.summary$ 为 NIL；否则，$V.summary$ 指向全域大小为 $\sqrt{u}$ 的 RS-vEB 树。

因为散列表使用动态表来实现，所以需要的空间与非空簇的数量成正比。

   当需要向空 RS-vEB 树插入一个元素时，调用下面的过程创建 RS-vEB 树，其中参数 u 是 RS-vEB 树的全域大小：

```
CREATE-NEW-RS-vEB-TREE(u)
1   allocate a new vEB tree V
2   V.u = u
3   V.min = NIL
4   V.max − NIL
5   V.summary = NIL
6   create V.cluster as an empty dynamic hash table
7   return V
```

c. 修改 vEB-TREE-INSERT 过程的伪代码，来形成 RS-vEB-TREE-INSERT(V, x)的伪代码，实现将 x 插入 RS-vEB 树 V 中，并且调用相应的 CREATE-NEW-RS-vEB-TREE。

d. 修改 vEB-TREE-SUCCESSOR 过程的伪代码，来形成 RS-vEB-TREE-SUCCESSOR(V, x)的伪代码，实现返回 x 在 RS-vEB 树 V 中的后继，或者如果 x 在 V 中无后继，则返回 NIL。

e. 在简单均匀散列的假设下，证明：你实现的 RS-vEB-TREE-INSERT 和 RS-vEB-TREE-SUCCESSOR 的期望运行时间为 $O(\lg\lg u)$。

f. 假设从不删除 vEB 树中的元素，证明：RS-vEB 树结构的空间需求为 $O(n)$，其中 n 是存储在 RS-vEB 树中的实际元素个数。

g. 相比 vEB 树，RS-vEB 树具有另一个优点：创建树的时间较少。创建一棵空 RS-vEB 树需要多长时间？

20-2 (y-fast 检索树) 本题讨论的是 D. Willard 的 y-fast 检索树，它与 van Emde Boas 树类似。一个全域大小为 u 的 y-fast 检索树的 MEMBER、MINIMUM、MAXIMUM、PREDECESSOR 和 SUCCESSOR 操作的最坏情况运行时间为 $O(\lg\lg u)$。INSERT 和

DELETE 操作的摊还时间为 $O(\lg\lg u)$。像缩减空间的 van Emde Boas 树一样(见思考题 20-1)，y-fast 检索树存储 n 个元素的空间仅需要 $O(n)$ 空间。y-fast 检索树的设计依赖于完全散列(见 11.5 节)。

假设创建一个完全散列表作为初步的结构，该散列表中不仅包含动态集合中的每个元素，而且还包含这些元素的二进制前缀。例如，如果 $u=16$，那么 $\lg u=4$，并且 $x=13$ 在集合中，由于 13 的二进制表示为 1101，因此完全散列表应含有串 1、11、110 和 1101。除了该散列表外，还要创建一个该集合当前元素以升序排列的双向链表。

a. 这个数据结构的空间需求是多少?

b. 如何在 $O(1)$ 时间内完成 MINIMUM 和 MAXIMUM 操作? 如何在 $O(\lg\lg u)$ 时间内完成 MEMBER、PREDECESSOR 和 SUCCESSOR 操作? 如何在 $O(\lg u)$ 时间内完成 INSERT 和 DELETE 操作?

为了将空间需求减少到 $O(n)$，我们对数据结构做出如下修改:

- 将 n 个元素分成大小为 $\lg u$ 的 $n/\lg u$ 个组。(假设 $\lg u$ 可以整除 n。)第一组由最小的 $\lg u$ 个元素组成，第二组由下面 $\lg u$ 个最小的元素组成，依此类推。
- 对每个组都设置一个"代表"。第 i 组的代表至少与组里的最大元素一样大，而且比第 $i+1$ 组的最小元素要小。(最后一组的代表可以是最大的可能元素 $u-1$。)注意，代表可能是一个值并不包含在集合中。
- 把每组的 $\lg u$ 个元素存储到一个平衡二叉搜索树中，比如红黑树。每个代表指向它所在组中的平衡二叉搜索树，而且每个平衡二叉搜索树指向它的代表。
- 完全散列表仅存储这些代表，也是用双向链表按升序排列来存储。

我们称这种结构为一个 y-fast 检索树。

c. 说明一个 y-fast 检索树存储 n 个元素的空间需求仅为 $O(n)$。

d. 说明使用 y-fast 检索树，如何在 $O(\lg\lg u)$ 时间内完成 MINIMUM 和 MAXIMUM 操作?

e. 说明如何在 $O(\lg\lg u)$ 时间内完成 MEMBER 操作?

f. 说明如何在 $O(\lg\lg u)$ 时间内完成 PREDECESSOR 和 SUCCESSOR 操作?

g. 解释为什么 INSERT 和 DELETE 操作要耗费 $O(\lg\lg u)$ 时间?

h. 在 y-fast 检索树中每组需要精确的 $\lg u$ 个元素存储，试说明如何放松这个存储需求来保证在 $O(\lg\lg u)$ 摊还时间内完成 INSERT 和 DELETE 操作，并同时不影响其他操作的渐近运行时间。

本章注记

本章的数据结构是以 P. van Emde Boas 命名的，他于 1975 年提出了初步的想法[339]。以后 van Emde Boas[340]和 van Emde Boas、Kaas 和 Zijlstra[341]的数篇论文精练了该想法并发表。随后 Mehlhorn 和 Näher[252]进行了扩展，应用到素数大小的全域上。Mehlhorn 的著作[249]包含了与本章略为不同的 van Emde Boas 树的实现方法。

利用 van Emde Boas 树的思想，Dementiev 等人[83]开发了一个非递归的三层搜索树，并在实验中要快于 van Emde Boas 树的实现。

Wang 和 Lin[347]设计了一个 van Emde Boas 树的硬件流水版本，这个版本使得每个操作均有常数的摊还运行时间，其中使用了 $O(\lg\lg u)$ 步流水过程。

Pătraşcu 和 Thorup[273，274]得到了查找前驱操作的一个下界，并说明了 van Emde Boas 的这个操作是最优的，即使允许引入随机化方法仍是最优的。

用于不相交集合的数据结构

一些应用涉及将 n 个不同的元素分成一组不相交的集合。这些应用经常需要进行两种特别的操作：寻找包含给定元素的唯一集合和合并两个集合。本章将介绍如何维护一种数据结构来实现这些操作。

21.1 节描述不相交集合数据结构所支持的各种操作，并给出一个简单的应用。在 21.2 节中，我们可以看到使用一种简单链表结构来实现不相交集合。21.3 节给出一种使用有根树表示的更有效方法。使用树表示的运行时间理论上好于线性时间，然而对于所有的实际应用它却是线性的。21.4 节定义并讨论一个增长非常快的函数和其增长极慢的逆函数，这种逆函数应用在基于树实现上的各种操作的运行时间中。然后，应用复杂的摊还分析方法，证明一个近似线性运行时间的上界。

21.1 不相交集合的操作

一个**不相交集合数据结构**(disjoint-set data structure)维护了一个不相交动态集的集合 $\mathcal{S}=\{S_1, S_2, \cdots, S_k\}$。我们用一个**代表**(representative)来标识每个集合，它是这个集合的某个成员。在一些应用中，我们不关心哪个成员被用来作为代表，仅仅关心的是 2 次查询动态集合的代表中，如果这些查询没有修改动态集合，则这两次查询应该得到相同的答案。其他一些应用可能会需要一个预先说明的规则来选择代表，比如选择这个集合中最小的成员(当然假设集合中的元素能被比较次序)。

如同我们已经探讨过的动态集合的其他实现，用一个对象表示一个集合的每个元素。设 x 表示一个对象，我们希望支持以下三个操作：

[561]

MAKE-SET(x)：建立一个新的集合，它的唯一成员(因而为代表)是 x。因为各个集合是不相交的，故 x 不会出现在别的某个集合中。

UNION(x, y)：将包含 x 和 y 的两个动态集合(表示为 S_x 和 S_y)合并成一个新的集合，即这两个集合的并集。假定在操作之前这两个集合是不相交的。虽然 UNION 的很多实现中特别地选择 S_x 或 S_y 的代表作为新的代表，然而结果集的代表可以是 $S_x \cup S_y$ 的任何成员。由于我们要求各个集合不相交，故要"消除"原有的集合 S_x 和 S_y，即把它们从 $\mathcal{S}$ 中删除。实际上，我们经常把其中一个集合的元素并入另一个集合中，来代替删除操作。

FIND-SET(x)：返回一个指针，这个指针指向包含 x 的(唯一)集合的代表。

贯穿本章，我们使用两个参数来分析不相交集合数据结构的运行时间：一个参数是 n，表示 MAKE-SET 操作的次数；另一个是 m，表示 MAKE-SET、UNION 和 FIND-SET 操作的总次数。因为各个集合是不相交的，所以每个 UNION 操作减少一个集合。因此，$n-1$ 次 UNION 操作后，只有一个集合留下来。也就是说，UNION 操作的次数至多是 $n-1$。也要注意到，由于 MAKE-SET 操作被包含在总操作次数 m 中，因此有 $m \geqslant n$。这里我们假设 n 个 MAKE-SET 操作总是最先执行的 n 个操作。

不相交集合数据结构的一个应用

不相交集合数据结构的许多应用之一是确定无向图的连通分量(见 B.4 节)。例如，图 21-1(a)显示了一个包含 4 个连通分量的图。

下面的 CONNECTED-COMPONENTS 过程使用不相交集合操作来计算一个图的连通分量。一旦 CONNECTED-COMPONENTS 预处理了该图，过程 SAME-COMPONENT 就回答两个顶点是否在同一个连通分量的询问。⊖（在下面的伪代码中，图 G 的顶点集用 $G.V$ 表示，边集用 $G.E$ 表示。） 562

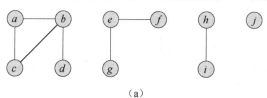

（a）

处理的边	不相交集合组									
初始集合	$\{a\}$	$\{b\}$	$\{c\}$	$\{d\}$	$\{e\}$	$\{f\}$	$\{g\}$	$\{h\}$	$\{i\}$	$\{j\}$
(b,d)	$\{a\}$	$\{b,d\}$	$\{c\}$		$\{e\}$	$\{f\}$	$\{g\}$	$\{h\}$	$\{i\}$	$\{j\}$
(e,g)	$\{a\}$	$\{b,d\}$	$\{c\}$		$\{e,g\}$	$\{f\}$		$\{h\}$	$\{i\}$	$\{j\}$
(a,c)	$\{a,c\}$	$\{b,d\}$			$\{e,g\}$	$\{f\}$		$\{h\}$	$\{i\}$	$\{j\}$
(h,i)	$\{a,c\}$	$\{b,d\}$			$\{e,g\}$	$\{f\}$		$\{h,i\}$		$\{j\}$
(a,b)	$\{a,b,c,d\}$				$\{e,g\}$	$\{f\}$		$\{h,i\}$		$\{j\}$
(e,f)	$\{a,b,c,d\}$				$\{e,f,g\}$			$\{h,i\}$		$\{j\}$
(b,c)	$\{a,b,c,d\}$				$\{e,f,g\}$			$\{h,i\}$		$\{j\}$

（b）

图 21-1 （a）一个包含 4 个连通分量的图：$\{a, b, c, d\}$，$\{e, f, g\}$，$\{h, i\}$，$\{j\}$。（b）处理每条边后的不相交集的集合

CONNECTED-COMPONENTS(G)

1 **for** each vextex $v \in G.V$
2   MAKE-SET(v)
3 **for** each edge $(u,v) \in G.E$
4   **if** FIND-SET(u) $\neq$ FIND-SET(v)
5   UNION(u,v)

SAME-COMPONENT(u,v)

1 **if** FIND-SET(u) == FIND-SET(v)
2   **return** TRUE
3 **else return** FALSE

过程 CONNECTED-COMPONENTS 开始时，将每个顶点 v 放在它自己的集合中。然后，对于每条边 (u, v)，它将包含 u 和 v 的集合进行合并。由练习 21.1-2，处理完所有的边之后，两个顶点在相同的连通分量当且仅当与之对应的对象在相同的集合中。因此，CONNECTED-COMPONENTS 以这种方式计算出的集合，使得过程 SAME-COMPONENT 能确定两个顶点是否在相同的连通分量中。图 21-1(b) 示出了 CONNECTED-COMPONENTS 如何计算不相交集合。 563

在该连通分量算法的实际实现中，图和不相交集合数据结构的表示需要相互引用。也就是说，一个表示顶点的对象会包含一个指向与之对应的不相交集合对象的指针；反之亦然。这些编程细节取决于实现的编程语言，这里不再赘述。

练习

21.1-1 假设 CONNECTED-COMPONENTS 作用于一个无向图 $G = (V, E)$，这里 $V = \{a, b, c, d, e, f, g, h, i, j, k\}$，且 E 中的边以如下的顺序处理：(d, i)，(f, k)，

⊖ 当图的边集是静态（即不随时间而改变）时，我们可以通过使用深度优先搜索来快速地计算连通分量（见练习 22.3-12）。然而，有时候边是动态被加入的，我们需要在加入每条边时，对连通分量进行维护。在这种情况下，这里给定的实现比对于每个新边都运行一次新的深度优先搜索要高效得多。

(g, i)、(b, g)、(a, h)、(i, j)、(d, k)、(b, j)、(d, f)、(g, j)、(a, e)。请列出在每次执行完第 3～5 行后各连通分量的顶点。

21.1-2 证明：CONNECTED-COMPONENTS 处理完所有的边后，两个顶点在相同的连通分量中当且仅当它们在同一个集合中。

21.1-3 在 CONNECTED-COMPONENTS 作用于一个有 k 个连通分量的无向图 $G = (V, E)$ 的过程中，FIND-SET 需要调用多少次？UNION 需要调用多少次？用 $|V|$、$|E|$ 和 k 来表示你的答案。

21.2 不相交集合的链表表示

图 21-2(a) 给出了一个实现不相交集数据结构的简单方法：每个集合用一个自己的链表来表示。每个集合的对象包含 head 属性和 tail 属性，head 属性指向表的第一个对象，tail 属性指向表的最后一个对象。链表中的每个对象都包含一个集合成员、一个指向链表中下一个对象的指针和一个指回到集合对象的指针。在每个链表中，对象可以以任意的次序出现。代表是链表中第一个对象的集合成员。

用这种链表表示，MAKE-SET 操作和 FIND-SET 操作是非常方便的，只需 $O(1)$ 的时间。要执行 MAKE-SET(x) 操作，我们需要创建一个只有 x 对象的新的链表。对于 FIND-SET(x)，仅沿着 x 对象的返回指针返回到集合对象，然后返回 head 指向对象的成员。例如，在图 21-2(a) 中，FIND-SET(g) 的调用将返回 f。

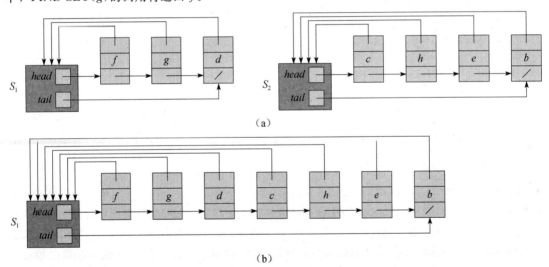

图 21-2 (a) 两个集合的链表表示。令集合 S_1 包含成员 d、f 和 g，代表为 f；集合 S_2 包含成员 b、c、e 和 h，代表为 c。链表中的每个对象包含一个集合成员、一个指向链表中下一个对象的指针和一个返回到集合对象的指针。每个集合对象有 head 和 tail 指针分别指向第一个对象和最后一个对象。(b) UNION(g, e) 的结果，使得包含 e 的链表加到包含 g 的链表中。结果集合的代表为 f。e 链表的集合对象被删除

合并的一个简单实现

在使用链表集合表示的实现中，UNION 操作的最简单实现明显比 MAKE-SET 或 FIND-SET 花费的时间多。如图 21-2(b) 所示，我们通过把 y 所在的链表拼接到 x 所在的链表实现了 UNION(x, y)。x 所在的链表的代表成为结果集的代表。利用 x 所在链表的 tail 指针，可以迅速地找到拼接 y 所在的链表的位置。因为 y 所在的链表的所有成员加入了 x 所在的链表中，此时可以删除 y 所在的链表的集合对象。遗憾的是，对于 y 所在链表的每个对象，我们必须更新指向

集合对象的指针，这将花费的时间与 y 所在链表长度呈线性关系。例如在图 21-2 中，UNION (g,e) 促使 b、c、e 和 h 对象的指针被更新。

事实上，我们能轻松构建一个在 n 个对象上需要 $\Theta(n^2)$ 时间的 m 个操作序列。假设有对象 x_1，x_2，…，x_n。如图 21-3 所示，执行 n 个 MAKE-SET 操作，后面跟着执行 $n-1$ 个 UNION 操作，因而有 $m=2n-1$。执行 n 个 MAKE-SET 操作需要 $\Theta(n)$ 的时间。由于第 i 个 UNION 操作更新 i 个对象，因此所有的 $n-1$ 个 UNION 操作更新的对象的总数为：

操　作	更新的对象数
MAKE-SET(x_1)	1
MAKE-SET(x_2)	1
⋮	⋮
MAKE-SET(x_n)	1
UNION(x_2, x_1)	1
UNION(x_3, x_2)	2
UNION(x_4, x_3)	3
⋮	⋮
UNION(x_n, x_{n-1})	$n-1$

$$\sum_{i=1}^{n-1} i = \Theta(n^2)$$

总的操作数为 $2n-1$，这样每个操作平均需要 $\Theta(n)$ 的时间。也就是说，一个操作的摊还时间为 $\Theta(n)$。

图 21-3　使用链表集合表示和 UNION 的简单实现，在 n 个对象上的 $2n-1$ 个操作序列需要 $\Theta(n^2)$ 总时间，或者每个操作平均时间为 $\Theta(n)$

一种加权合并的启发式策略

在最坏情况下，上面给出的 UNION 过程的每次调用平均需要 $\Theta(n)$ 的时间，这是因为需要把一个较长的表拼接到一个较短的表上，此时必须对较长表的每个成员更新其指向集合对象的指针。现在换一种做法，假设每个表中还包含了表的长度（这是很容易维护的）以及拼接次序可以任意的话，我们总是把较短的表拼接到较长的表中。使用这种简单的**加权合并启发式策略**（weighted-union heuristic），如果两个集合都有 $\Omega(n)$ 个成员，则单个的 UNION 操作仍然需要 $\Omega(n)$ 的时间。然而下面的定理表明，一个具有 m 个 MAKE-SET、UNION 和 FIND-SET 操作的序列（其中有 n 个是 MAKE-SET 操作）需要耗费 $O(m+n\lg n)$ 的时间。

定理 21.1　使用不相交集合的链表表示和加权合并启发式策略，一个具有 m 个 MAKE-SET、UNION 和 FIND-SET 操作的序列（其中有 n 个是 MAKE-SET 操作）需要的时间为 $O(m+n\lg n)$。

565 ~ 566

证明　由于每个 UNION 操作合并两个不相交集，因此总共至多执行 $n-1$ 个 UNION 操作。现在来确定由这些 UNION 操作所花费时间的上界。我们先确定每个对象指向它的集合对象的指针被更新次数的上界。考虑某个对象 x，我们知道每次 x 的指针被更新，x 早先一定在一个规模较小的集合当中。因此第一次 x 的指针被更新时，结果集一定至少有 2 个成员。类似地，下次 x 的指针被更新时结果集一定至少有 4 个成员。一直继续下去，注意到对于任意的 $k \leqslant n$，在 x 的指针被更新 $\lceil \lg k \rceil$ 次后，结果集一定至少有 k 个成员。因为最大集合至多包含 n 个成员，故每个对象的指针在所有的 UNION 操作中最多被更新 $\lceil \lg n \rceil$ 次。因此在所有的 UNION 操作中被更新的对象的指针总数为 $O(n\lg n)$。当然，我们也必须考虑 $tail$ 指针和表长度的更新，而它们在每个 UNION 操作中只花费 $\Theta(1)$ 时间。所以总共花在 UNION 操作的时间为 $O(n\lg n)$。

整个 m 个操作的序列所需的时间很容易求出。每个 MAKE-SET 和 FIND-SET 操作需要 $O(1)$ 时间，它们的总数为 $O(m)$。所以整个序列的总时间是 $O(m+n\lg n)$。

练习

21.2-1　使用链表表示和加权合并启发式策略，写出 MAKE-SET、FIND-SET 和 UNION 操作的伪代码。并指定你在集合对象和表对象中所使用的属性。

21.2-2　给出下面程序的结果数据结构，并回答该程序中 FIND-SET 操作返回的答案。这里使用加权合并启发式策略的链表表示。

```
1  for i=1 to 16
```

```
2        MAKE-SET(x_i)
3    for i=1 to 15 by 2
4        UNION(x_i, x_{i+1})
5    for i=1 to 13 by 4
6        UNION(x_i, x_{i+2})
7    UNION(x_1, x_5)
8    UNION(x_{11}, x_{13})
9    UNION(x_1, x_{10})
10   FIND-SET(x_2)
11   FIND-SET(x_9)
```

假定如果包含 x_i 和 x_j 的集合有相同的大小，则 UNION(x_i, x_j)表示将 x_j 所在的表链接到 x_i 所在的表后。

21. 2-3 对定理 21.1 的整体证明进行改造，得到使用链表表示和加权合并启发式策略下的 MAKE-SET 和 FIND-SET 的摊还时间上界为 $O(1)$，以及 UNION 的摊还时间上界为 $O(\lg n)$。

21. 2-4 请给出图 21-3 所示操作序列的一个运行时间的渐近紧确界，假定使用链表表示和加权合并启发式策略。

21. 2-5 Gompers 教授猜想也许有可能在每个集合对象中仅使用一个指针，而不是两个指针（*head* 和 *tail*），同时仍然保留每个链表元素的 2 个指针。请说明教授的猜想是有道理的，并通过描述如何使用一个链表来表示每个集合，使得每个操作与本章中描述的操作有相同的运行时间，来加以解释。同时描述这些操作是如何工作的。你的方法应该允许使用加权合并启发式策略，并与本节所描述的有相同效果。（提示：使用一个链表的尾作为集合的代表。）

21. 2-6 假设对 UNION 过程做一个简单的改动，在采用链表表示中拿掉让集合对象的 *tail* 指针总指向每个表的最后一个对象的要求。无论是使用还是不使用加权合并启发式策略，这个修改不应该改变 UNION 过程的渐近运行时间。（提示：而不是把一个表链接到另一个表后面，将它们拼接在一起。）

21.3 不相交集合森林

在一个不相交集合更快的实现中，我们使用有根树来表示集合，树中每个结点包含一个成员，每棵树代表一个集合。在一个**不相交集合森林**(disjoint-set forest)中（如图 21-4(a)所示），每个成员仅指向它的父结点。每棵树的根包含集合的代表，并且是其自己的父结点。正如我们将要看到的那样，虽然使用这种表示的直接算法并不比使用链表表示的算法快，但通过引入两种启发式策略（"按秩合并"和"路径压缩"），我们能得到一个渐近最优的不相交集合数据结构。

我们执行以下三种不相交集合操作：MAKE-SET 操作简单地创建一棵只有一个结点的树，FIND-SET 操作通过沿着指向父结点的指针找到树的根。这一通向根结点的简单路径上所访问的结点构成了**查找路径**(find path)。UNION 操作（如

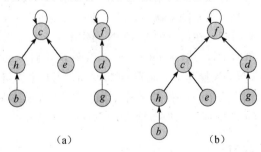

图 21-4 一个不相交集合森林。(a)两棵树表示图 21-2 中的两个集合。左边的树表示集合{b, c, e, h}，其中 c 作为集合的代表；右边的树表示集合{d, f, g}，f 作为集合的代表。(b)UNION(e, g)的结果

图 21-4(b)所示)使得一棵树的根指向另外一棵树的根。

改进运行时间的启发式策略

到目前为止，我们还没有对使用链表的实现做出改进。一个包含 $n-1$ 个 UNION 操作的序列可以构造出一棵恰好含有 n 个结点的线性链的树。然而，通过使用两种启发式策略，我们能获得一个几乎与总的操作数 m 呈线性关系的运行时间。

第一种启发式策略是**按秩合并**(union by rank)，它类似于链表表示中使用的加权合并启发式策略。显而易见的做法是，使具有较少结点的树的根指向具有较多结点的树的根。这里并不显式地记录每个结点为根的子树的大小，而是采用一种易于分析的方法。对于每个结点，维护一个秩，它表示该结点高度的一个上界。在使用按秩合并策略的 UNION 操作中，我们可以让具有较小秩的根指向具有较大秩的根。

第二种启发式策略是**路径压缩**(path compression)，也相当简单和高效。正如图 21-5 所示，在 FIND-SET 操作中，使用这种策略可以使查找路径中的每个结点直接指向根。路径压缩并不改变任何结点的秩。

⎡569⎤

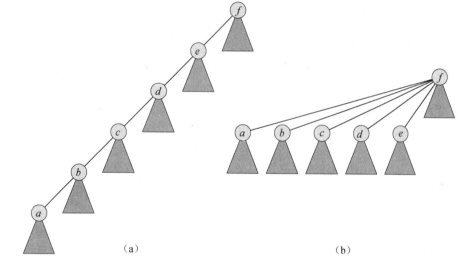

| (a) | (b) |

图 21-5　操作 FIND-SET 过程中的路径压缩。箭头和根结点的自环被略去了。(a)在执行 FIND-SET(a)之前代表一个集合的树。三角形代表一棵子树，其根为图中示出的结点。每个结点有一个指向父结点的指针。(b)在执行 FIND-SET(a)之后的同一个集合。现在在查找路径上每个结点都直接指向了根

实现不相交集合森林的伪代码

为了使用按秩合并的启发式策略实现一个不相交集合森林，我们必须记录下秩的变化情况。对于每个结点 x，维护一个整数值 $x.rank$，它代表 x 的高度(从 x 到某一后代叶结点的最长简单路径上边的数目)的一个上界。当 MAKE-SET 创建一个单元素集合时，这个树上的单结点有一个为 0 的初始秩。每一个 FIND-SET 操作不改变任何秩。UNION 操作有两种情况，取决于两棵树的根是否有相同的秩。如果根没有相同的秩，就让较大秩的根成为较小秩的根的父结点，但秩本身保持不变。另一种情况是两个根有相同的秩时，任意选择两个根中的一个作为父结点，并使它的秩加 1。

下面把这种方法表示伪代码。用 $x.p$ 代表结点 x 的父结点。LINK 过程是由 UNION 调用的一个子过程，以指向两个根的指针作为输入。

⎡570⎤

```
MAKE-SET(x)
1   x.p = x
2   x.rank = 0
```

UNION(x,y)

1　LINK(FIND-SET(x), FIND-SET(y))

LINK(x,y)

1　**if** $x.rank > y.rank$

2　　　$y.p = x$

3　**else** $x.p = y$

4　　　**if** $x.rank == y.rank$

5　　　　　$y.rank = y.rank + 1$

带有路径压缩的 FIND-SET 过程非常简单：

FIND-SET(x)

1　**if** $x \neq x.p$

2　　　$x.p = $ FIND-SET($x.p$)

3　**return** $x.p$

FIND-SET 过程是一种**两趟方法**（two-pass method）：当它递归时，第一趟沿着查找路径向上直到找到根，当递归回溯时，第二趟沿着搜索树向下更新每个结点，使其直接指向根。FIND-SET(x)的每次调用在第 3 行返回 $x.p$。如果 x 是根，那么 FIND-SET 跳过第 2 行并返回 $x.p$，也就是 x；这是递归到底的情形。否则，第 2 行执行，并且参数为 $x.p$ 的递归调用返回一个指向根的指针。第 2 行更新结点 x 并让其直接指向根结点，然后第 3 行返回这个指针。

启发式策略对运行时间的影响

如果单独使用按秩合并或路径压缩，它们每一个都能改善不相交集合森林上操作的运行时间，而一起使用这两种启发式策略时，这种改善更大。单独来看，按秩合并产生的运行时间为 $O(m\lg n)$（见练习 21.4-4），并且这个界是紧的（见练习 21.3-3）。尽管这里不打算来证明它，然而对于一个具有 n 个 MAKE-SET 操作（因此最多有 $n-1$ 个 UNION 操作）和 f 个 FIND-SET 操作的序列，单独使用路径压缩启发式策略给出的最坏情况运行时间为 $\Theta(n + f \cdot (1 + \log_{2+f/n} n))$。

当同时使用按秩合并与路径压缩时，最坏情况的运行时间为 $O(m\alpha(n))$，这里 $\alpha(n)$ 是一个增长非常慢的函数，其定义将在 21.4 节给出。在任何一个可以想得到的不相交集合数据结构的应用中，都有 $\alpha(n) \leqslant 4$；因此，我们可以认为在所有实际应用中，其运行时间与 m 呈线性关系。然而，严格地说，它是超线性的。21.4 节将证明这个上界。

练习

21.3-1 用按秩合并与路径压缩启发式策略的不相交集合森林重做练习 21.2-2。

21.3-2 写出使用路径压缩的 FIND-SET 过程的非递归版本。

21.3-3 给出一个包含 m 个 MAKE-SET、UNION 和 FIND-SET 操作的序列（其中有 n 个是 MAKE-SET 操作），当仅使用按秩合并时，需要 $\Omega(m\lg n)$ 的时间。

21.3-4 假设想要增加一个 PRINT-SET(x)操作，它是对于给定的结点 x 打印出 x 所在集合的所有成员，顺序可以任意。如何对一棵不相交集合森林的每个结点仅增加一个属性，使得 PRINT-SET(x)所花费的时间同 x 所在集合元素的个数呈线性关系，并且其他操作的渐近运行时间不改变。这里假设我们可在 $O(1)$ 的时间内打印出集合的每个成员。

★21.3-5 证明：任何具有 m 个 MAKE-SET、UNION 和 FIND-SET 操作的序列，这里所有的 LINK 操作都出现在 FIND-SET 操作之前，如果同时使用路径压缩和按秩合并启发式策略，则这些操作只需 $O(m)$ 的时间。在同样情况下，如果只使用路径压缩启发式策略，又会如何？

*21.4　带路径压缩的按秩合并的分析

如 21.3 节中提到的，对于 n 个元素上的 m 个不相交集合操作，联合使用按秩合并与路径压缩启发式策略后的运行时间是 $O(m\alpha(n))$。在本节中，我们将考察 α 函数，看看 α 函数增长到底有多慢。然后使用摊还分析中的势方法来证明这一运行时间。

一个增长非常慢的函数与其增长非常慢的逆函数

对于整数 $k \geq 0$ 与 $j \geq 1$，定义函数 $A_k(j)$ 为：

$$A_k(j) = \begin{cases} j+1 & \text{如果 } k = 0 \\ A_{k-1}^{(j+1)}(j) & \text{如果 } k \geq 1 \end{cases}$$

其中表达式 $A_{k-1}^{(j+1)}(j)$ 采用了 3.2 节给出的函数迭代记号。具体来讲，对 $i \geq 1$，有 $A_{k-1}^{(0)}(j) = j$ 和 $A_{k-1}^{(i)}(j) = A_{k-1}(A_{k-1}^{(i-1)}(j))$。我们称参数 k 为函数 A 的**级**（level）。

函数 $A_k(j)$ 随着 j 和 k 严格递增。为了了解该函数增长有多快，先要得到 $A_1(j)$ 和 $A_2(j)$ 的闭形式表示。

引理 21.2　对于任意整数 $j \geq 1$，有 $A_1(j) = 2j + 1$。

证明　先对 i 使用归纳法来证明 $A_0^{(i)}(j) = j + i$。对于归纳基础，有 $A_0^{(0)}(j) = j = j + 0$。对于归纳步，假设 $A_0^{(i-1)}(j) = j + (i-1)$。然后 $A_0^{(i)}(j) = A_0(A_0^{(i-1)}(j)) = (j+(i-1)) + 1 = j + i$。最后，我们有 $A_1(j) = A_0^{(j+1)}(j) = j + (j+1) = 2j + 1$。　■

引理 21.3　对于任意整数 $j \geq 1$，有 $A_2(j) = 2^{j+1}(j+1) - 1$。

证明　先对 i 使用归纳法来证明 $A_1^{(i)}(j) = 2^i(j+1) - 1$。对于归纳基础，有 $A_1^{(0)}(j) = j = 2^0(j+1) - 1$。对于归纳步，假设 $A_1^{(i-1)}(j) = 2^{i-1}(j+1) - 1$。然后 $A_1^{(i)}(j) = A_1(A_1^{(i-1)}(j)) = A_1(2^{i-1}(j+1) - 1) = 2 \cdot (2^{i-1}(j+1) - 1) + 1 = 2^i(j+1) - 2 + 1 = 2^i(j+1) - 1$。最后，我们有 $A_2(j) = A_1^{(j+1)}(j) = 2^{j+1}(j+1) - 1$。　■

现在对于级 $k = 0，1，2，3，4$，我们简单地考察 $A_k(1)$ 就能看到 $A_k(j)$ 增长得有多快了。根据 $A_0(k)$ 的定义以及上面的引理，有 $A_0(1) = 1 + 1 = 2$，$A_1(1) = 2 \cdot 1 + 1 = 3$ 和 $A_2(1) = 2^{1+1} \cdot (1+1) - 1 = 7$。我们同样有

$$A_3(1) = A_2^{(2)}(1) = A_2(A_2(1)) = A_2(7) = 2^8 \cdot 8 - 1 = 2^{11} - 1 = 2\,047$$

并且有

$$A_4(1) = A_3^{(2)}(1) = A_3(A_3(1)) = A_3(2\,047) = A_2^{(2\,048)}(2\,047) \gg A_2(2\,047)$$
$$= 2^{2\,048} \cdot 2\,048 - 1 > 2^{2\,048} = (2^4)^{512} = 16^{512} \gg 10^{80}$$

这就是客观宇宙中所有原子的估计数目。（符号"$\gg$"代表"远大于"。）

对于整数 $n \geq 0$，我们定义函数 $A_k(n)$ 的逆函数如下：

$$\alpha(n) = \min\{k : A_k(1) \geq n\}$$

也就是说，$\alpha(n)$ 是满足 $A_k(1)$ 至少为 n 的最小的级 k。根据上面的 $A_k(1)$ 值，可以知道：

$$\alpha(n) = \begin{cases} 0 & \text{对 } 0 \leq n \leq 2 \\ 1 & \text{对 } n = 3 \\ 2 & \text{对 } 4 \leq n \leq 7 \\ 3 & \text{对 } 8 \leq n \leq 2\,047 \\ 4 & \text{对 } 2\,048 \leq n \leq A_4(1) \end{cases}$$

只有对于那些非常大的"天文数字"的 n 值（比 $A_4(1)$ 还大的值，一个巨大的数），才会有 $\alpha(n) > 4$，所以对于所有实际的应用，都有 $\alpha(n) \leq 4$。

秩的性质

在本节剩下的部分，我们证明使用按秩合并与路径压缩启发式策略的不相交集合操作的运

行时间界为 $O(m\alpha(n))$。为了证明这个界，首先证明秩的一些简单性质。

引理 21.4 对于所有的结点 x，有 $x.rank \leqslant x.p.rank$，如果 $x \neq x.p$，则此式是严格不等式。$x.rank$ 的初始值为 0，并且随时间而增加，直到 $x \neq x.p$；从此以后，$x.rank$ 的值就不再发生变化。$x.p.rank$ 的值随时间单调递增。

证明 使用 21.3 节中 MAKE-SET、UNION 和 FIND-SET 的实现，对操作数使用归纳法，其证明是直接的。该证明留为练习 21.4-1。 ∎

推论 21.5 从任何一个结点指向根的简单路径上，结点的秩是严格递增的。 ∎

引理 21.6 每个结点的秩最大为 $n-1$。

证明 每个结点的秩从 0 开始，并且只有执行了 LINK 操作，它才会增加。因为最多有 $n-1$ 个 UNION 操作，所以同样最多有 $n-1$ 个 LINK 操作。因为每个 LINK 操作或者不改变任何的秩，或者将某结点的秩加 1，所以所有的秩最大为 $n-1$。 ∎

引理 21.6 提供了一个关于结点秩的较弱的界。事实上，每个结点的秩最大为 $\lfloor \lg n \rfloor$（见练习 21.4-2）。然而，引理 21.6 的这个较松的界已足够满足我们的要求。

时间界的证明

我们将利用摊还分析中的势方法（见 17.3 节）来证明 $O(m\alpha(n))$ 的时间界。在进行摊还分析时，为了方便起见，我们假设不调用 UNION 操作，而是调用 LINK 操作。也就是说，因为 LINK 过程的参数是指向两个根的指针，故我们独立使用相应的 FIND-SET 操作。下面的引理说明即使因调用 UNION 而导致额外的 FIND-SET 操作，其渐近运行时间仍然保持不变。

引理 21.7 假设通过将每个 UNION 转换成两个 FIND-SET 操作，后再接一个 LINK 操作，我们可以把 m' 个 MAKE-SET、UNION 和 FIND-SET 操作的序列 S' 转换成 m 个 MAKE-SET、LINK 和 FIND-SET 操作的序列 S。那么，如果操作序列 S 的运行时间为 $O(m\alpha(n))$，则序列 S' 的运行时间为 $O(m'\alpha(n))$。

证明 由于序列 S' 中的每个 UNION 操作被转换成 S 中的三个操作，于是有 $m' \leqslant m \leqslant 3m'$。因为 $m = O(m')$，所以如果转换后的序列 S 的时间界为 $O(m\alpha(n))$，就蕴涵着原序列 S' 的时间界为 $O(m'\alpha(n))$。 ∎

在本节剩下的部分，假设 m' 个 MAKE-SET、UNION 和 FIND-SET 操作的初始序列被转换成 m 个 MAKE-SET、LINK 和 FIND-SET 操作的序列。现在证明转换后的序列的运行时间界为 $O(m\alpha(n))$，并且应用引理 21.7 证明 m' 个操作的初始序列的运行时间界为 $O(m'\alpha(n))$。

势函数

我们使用的势函数在 q 个操作之后，对不相交集合森林中的每个结点 x 都指派了一个势 $\phi_q(x)$。把所有的结点的势加起来就得到了整个森林的势：$\Phi_q = \sum_x \phi_q(x)$，其中 Φ_q 代表 q 次操作之后森林的势。在第一次操作之前，森林是空的，任意置 $\Phi_q = 0$。势 Φ_q 从来不为负值。

$\phi_q(x)$ 的值取决于在第 q 次操作之后，x 是否是一棵树的根。如果是或者如果 $x.rank = 0$，那么 $\phi_q(x) = \alpha(n) \cdot x.rank$。

现在假定第 q 次操作之后，x 不是一个树根且 $x.rank \geqslant 1$。此时在定义 $\phi_q(x)$ 之前，需要定义两个关于 x 的辅助函数。先定义

$$\text{level}(x) = \max\{k : x.p.rank \geqslant A_k(x.rank)\}$$

也就是说，$\text{level}(x)$ 是 A_k 的一个最大级 k，其中 A_k 是作用于 x 的秩的函数，并且 A_k 不大于 x 的父结点的秩。

我们断言：

$$0 \leqslant \text{level}(x) < \alpha(n) \tag{21.1}$$

成立。它可以如下推出：

$$x.p.rank \geqslant x.rank + 1 \quad （根据引理 21.4）$$
$$= A_0(x.rank) \quad （根据 A_0(j) 的定义）$$

这意味着 $level(x) \geqslant 0$，并且有：

$$A_{\alpha(n)}(x.rank) \geqslant A_{\alpha(n)}(1) \quad （因为 A_k(j) 是严格递增的）$$
$$\geqslant n \quad （根据 \alpha(n) 的定义）$$
$$> x.p.rank \quad （根据引理 21.6）$$

这意味着 $level(x) < \alpha(n)$。注意到，由于 $x.p.rank$ 是随时间单调递增的，这样 $level(x)$ 也随时间单调递增。

当 $x.rank \geqslant 1$ 时，第二个辅助函数是：

$$iter(x) = \max\{i : x.p.rank \geqslant A_{level(x)}^{(i)}(x.rank)\}$$

也就是说，$iter(x)$ 是可以迭代地实施 $A_{level(x)}$ 的最大次数，开始时将 $A_{level(x)}$ 应用于 x 的秩，直至在获得一个大于 x 的父结点的秩的值之前迭代停止。

当 $x.rank \geqslant 1$ 时，我们有

$$1 \leqslant iter(x) \leqslant x.rank \tag{21.2}$$

成立，它可以如下推出：

$$x.p.rank \geqslant A_{level(x)}(x.rank) \quad （根据 level(x) 的定义）$$
$$= A_{level(x)}^{(1)}(x.rank) \quad （根据函数迭代的定义）$$

这意味着 $iter(x) \geqslant 1$，并且有

$$A_{level(x)}^{(x.rank+1)}(x.rank) = A_{level(x)+1}(x.rank) \quad （根据 A_k(j) 的定义）$$
$$> x.p.rank \quad （根据 level(x) 的定义）$$

这意味着 $iter(x) \leqslant x.rank$。注意到，由于 $x.p.rank$ 是随时间单调递增的，为了使 $iter(x)$ 能够减小，$level(x)$ 必须增加。只要 $level(x)$ 保持不变，$iter(x)$ 一定是增加或者保持不变。

使用本处定义的这些辅助函数，就可以来定义 q 次操作之后结点 x 的势：

$$\phi_q(x) = \begin{cases} \alpha(n) \cdot x.rank & 如果 x 是一个树根或 x.rank = 0 \\ (\alpha(n) - level(x)) \cdot x.rank - iter(x) & 如果 x 不是一个树根并且 x.rank \geqslant 1 \end{cases}$$

接下来给出结点势的一些有用的性质。

引理 21.8　对于每个结点 x 和所有操作的计数 q，我们有

$$0 \leqslant \phi_q(x) \leqslant \alpha(n) \cdot x.rank$$

证明　如果 x 是一个树根或者 $x.rank = 0$，那么根据定义，有 $\phi_q(x) = \alpha(n) \cdot x.rank$。现在假设 x 并不是一个树根且 $x.rank \geqslant 1$。通过最大化 $level(x)$ 和 $iter(x)$ 来得到 $\phi_q(x)$ 的一个下界。根据界(21.1)，有 $level(x) \leqslant \alpha(n) - 1$；并且根据界(21.2)，有 $iter(x) < x.rank$。所以，有

$$\phi_q(x) = (\alpha(n) - level(x)) \cdot x.rank - iter(x)$$
$$\geqslant (\alpha(n) - (\alpha(n) - 1)) \cdot x.rank - x.rank = x.rank - x.rank = 0$$

类似地，通过最小化 $level(x)$ 和 $iter(x)$ 来获得 $\phi_q(x)$ 的一个上界。根据界(21.1)，有 $level(x) \geqslant 0$；并且根据界(21.2)，有 $iter(x) \geqslant 1$。所以，有

$$\phi_q(x) \leqslant (\alpha(n) - 0) \cdot x.rank - 1 = \alpha(n) \cdot x.rank - 1 < \alpha(n) \cdot x.rank \qquad ■$$

推论 21.9　如果结点 x 不是一个根结点，并且 $x.rank > 0$，则 $\phi_q(x) < \alpha(n) \cdot x.rank$。　■

势的变化与操作的摊还代价

现在我们准备来分析不相交集合操作是如何影响结点的势的。理解了每个操作引起的势的变化，就能确定每个操作的摊还代价。

引理 21.10　设 x 是一个非根结点，并且假设第 q 个操作是 LINK 或 FIND-SET。那么在第 q 次操作之后，$\phi_q(x) \leqslant \phi_{q-1}(x)$。此外，如果 $x.rank \geqslant 1$，并且 $level(x)$ 或 $iter(x)$ 是由于第 q 次操

作而发生了改变，那么 $\phi_q(x) \leqslant \phi_{q-1}(x) - 1$。也就是说，$x$ 的势不可能增加，并且如果它有正的秩，同时 level(x) 或 iter(x) 发生改变，则 x 的势至少下降 1。

证明 因为 x 不是一个树根，所以第 q 个操作并不改变 x 的秩，又因为在前 n 次 MAKE-SET 操作后，n 并不发生改变，所以 $\alpha(n)$ 也同样不发生变化。因此在第 q 个操作后，x 的势公式的这些成分保持相同。如果 $x.rank = 0$，那么 $\phi_q(x) = \phi_{q-1}(x) = 0$。现在假设 $x.rank \geqslant 1$。

前面说过，level(x) 随时间单调递增。如果第 q 个操作使得 level(x) 不发生改变，那么 iter(x) 或者增加，或者保持不变。如果 level(x) 和 iter(x) 都不变，则 $\phi_q(x) = \phi_{q-1}(x)$。如果 level$(x)$ 没有变化，而 iter(x) 增加了，则它至少增加 1，因而有 $\phi_q(x) \leqslant \phi_{q-1}(x) - 1$。

最后，如果第 q 个操作增加 level(x) 的值，并且至少增加 1，那么 $(\alpha(n) - \text{level}(x)) \cdot x.rank$ 的值至少下降 $x.rank$。因为 level(x) 的值增加了，iter(x) 的值可能下降，但是根据界 (21.2)，下降最多只有 $x.rank - 1$。于是，由 iter(x) 的改变导致的势的增加量少于由 level(x) 的改变导致的势的减少量，因此可以得出结论：$\phi_q(x) \leqslant \phi_{q-1}(x) - 1$。 ∎

下面的三个引理说明每个 MAKE-SET、LINK 和 FIND-SET 操作的摊还代价都是 $O(\alpha(n))$。回顾公式 (17.2) 可知，每个操作的摊还代价是它的实际成本加上操作本身导致的势的增量。

引理 21.11 每个 MAKE-SET 操作的摊还代价为 $O(1)$。

证明 假设第 q 个操作是 MAKE-SET(x)，这个操作创建秩为 0 的结点 x，并使得 $\phi_q(x) = 0$。由于没有其他的秩或势的改变，所以 $\Phi_q = \Phi_{q-1}$。注意到，MAKE-SET 操作的实际成本为 $O(1)$，从而本引理得证。 ∎

引理 21.12 每个 LINK 操作的摊还代价为 $O(\alpha(n))$。

证明 假设第 q 个操作是 LINK(x, y)。LINK 操作的实际成本为 $O(1)$。不失一般性，假设这个 LINK 使 y 成为 x 的父结点。

为了确定 LINK 所导致的势的改变，我们注意到势可能改变的结点只有 x、y 和操作前 y 的子结点。下面证明由于 LINK 导致的势增加的唯一结点是 y，并且它的增量最多为 $\alpha(n)$：

- 根据引理 21.10，对于那些在 LINK 操作之前为 y 的孩子的任何一个结点，其势都不会因为 LINK 操作而增加。
- 根据 $\phi_q(x)$ 的定义可知，由于 x 是第 q 个操作之前的一个根，$\phi_{q-1}(x) = \alpha(n) \cdot x.rank$。如果 $x.rank = 0$，那么 $\phi_q(x) = \phi_{q-1}(x) = 0$；否则，

$$\phi_q(x) < \alpha(n) \cdot x.rank \,(\text{根据推论 21.9})$$
$$= \phi_{q-1}(x)$$

  所以 x 的势减小了。
- 因为 y 在这个 LINK 操作之前是一个根，所以 $\phi_{q-1}(y) = \alpha(n) \cdot y.rank$。这个 LINK 操作使得 y 成为一个根，并且它使得 y 的秩不变或增加 1。因此 $\phi_q(y) = \phi_{q-1}(y)$ 或 $\phi_q(y) = \phi_{q-1}(y) + \alpha(n)$。

因此，由于这个 LINK 操作导致势至多增加 $\alpha(n)$，所以这个 LINK 操作的摊还代价是 $O(1) + \alpha(n) = O(\alpha(n))$。 ∎

引理 21.13 每个 FIND-SET 操作的摊还代价为 $O(\alpha(n))$。

证明 假设第 q 个操作是 FIND-SET，并且查找路径包含 s 个结点。这个 FIND-SET 操作的实际成本为 $O(s)$。下面将要证明由于执行 FIND-SET 操作，没有结点的势会增加，并且在查找路径上最少有 $\max(0, s - (\alpha(n) + 2))$ 个结点使得它们的势至少减少 1。

为了证明没有结点的势会增加，首先对除根以外的所有结点应用引理 21.10。然后，如果 x 是根，那么它的势是 $\alpha(n) \cdot x.rank$，其值不变。

现在证明至少有 $\max(0, s-(\alpha(n)+2))$ 个结点使得它们的势至少下降 1。假设 x 是查找路径上一个满足 $x.rank > 0$ 的结点，且在查找路径上的某处，x 后跟某一个非根结点 y，它在 FIND-SET 操作之前有 $\text{level}(y) = \text{level}(x)$。（注意在查找路径上，$y$ 不需要紧跟在结点 x 的后面。）在查找路径上，除了至多 $\alpha(n)+2$ 个结点以外，其他所有结点都满足关于 x 的限制。那些不满足限制的是查找路径上的第一个结点（因为它的秩为 0）、最后一个结点（因为它是根）和路径上最后一个满足 $\text{level}(w) = k$ 的结点，这里 $k = 0, 1, 2, \cdots, \alpha(n)-1$。

让我们固定这样一个结点 x，下面证明 x 的势至少下降 1。假设 $k = \text{level}(x) = \text{level}(y)$。在由 FIND-SET 操作引起路径压缩之前，我们有：

$$x.p.rank \geq A_k^{(\text{iter}(x))}(x.rank) \quad （根据 \text{iter}(x) 的定义）$$
$$y.p.rank \geq A_k(y.rank) \quad （根据 \text{level}(y) 的定义）$$
$$y.rank \geq x.p.rank \quad （根据推论 21.5，并因为在查找路径上 y 跟在 x 的后面）$$

将这些不等式组合在一起，并设 i 为路径压缩前 $\text{iter}(x)$ 的值，我们有：

$$
\begin{aligned}
y.p.rank &\geq A_k(y.rank) \\
&\geq A_k(x.p.rank) \quad （因为 A_k(j) 是严格递增的）\\
&\geq A_k(A_k^{(\text{iter}(x))}(x.rank)) \\
&= A_k^{(i+1)}(x.rank)
\end{aligned}
$$

[580]

因为路径压缩将使得 x 与 y 有相同的父结点，那么在路劲压缩之后，有 $x.p.rank = y.p.rank$，并且路径压缩并不减少 $y.p.rank$。因为 $x.rank$ 并没有改变，在路径压缩之后就有 $x.p.rank \geq A_k^{(i+1)}(x.rank)$。因此，路径压缩将致使 $\text{iter}(x)$ 增加（至少增加到 $i+1$）或致使 $\text{level}(x)$ 增加（当 $\text{iter}(x)$ 至少增加到 $x.rank+1$ 时才发生）。不管发生哪种情况，根据引理 21.10，有 $\phi_q(x) \leq \phi_{q-1}(x) - 1$。所以，$x$ 的势至少下降 1。

FIND-SET 操作的摊还代价是实际成本加上势的改变量。实际成本为 $O(s)$，并且我们已经证明势总共下降了至少 $\max(0, s-(\alpha(n)+2))$。因此，摊还代价最多为 $O(s) - (s-(\alpha(n)+2)) = O(s) - s + O(\alpha(n)) = O(\alpha(n))$，后面等式是因为我们能放大势的单位去消除在 $O(s)$ 中包含的内部常量。　∎

把上面的引理综合在一起，就可以产生下面的定理。

定理 21.14　一组 m 个 MAKE-SET、UNION 和 FIND-SET 操作的序列，其中 n 个是 MAKE-SET 操作，它能在一个不相交集合森林上使用按秩合并与路径压缩在最坏情况时间 $O(m\,\alpha(n))$ 内处理完。

证明　根据引理 21.7、引理 21.11、引理 21.12 和引理 21.13，即可得证。　∎

练习

21.4-1　证明引理 21.4。

21.4-2　证明：每个结点的秩最多为 $\lfloor \lg n \rfloor$。

21.4-3　根据练习 21.4-2 的结论，对于每个结点 x，需要多少位（bit）来存储 $x.rank$？

21.4-4　利用练习 21.4-2，请给出一个简单的证明，证明在一个不相交集合森林上使用按秩合并策略而不使用路径压缩策略的运行时间为 $O(m \lg n)$。

21.4-5　Dante 教授认为，因为各结点的秩在一条指向根的简单路径上是严格递增的，所以结点的级沿着路径也一定是单调递增的。换句换说，如果 $x.rank > 0$，并且 $x.p$ 不是一个根，那么 $\text{level}(x) \leq \text{level}(x.p)$。请问这位教授的想法正确吗？

[581]

*21.4-6　考虑函数 $\alpha'(n) = \min\{k : A_k(1) \geq \lg(n+1)\}$。证明：对于 n 的所有实际值，有 $\alpha'(n) \leq 3$，并利用练习 21.4-2，说明如何去修改势函数的参数来证明对于一组 m 个 MAKE-SET、UNION 和 FIND-SET 操作的序列（其中 n 个是 MAKE-SET 操作），我们能在一个

不相交集合森林上使用按秩合并与路径压缩在最坏情况时间 $O(m\alpha'(n))$ 内处理完。

思考题

21-1 （脱机最小值） **脱机最小值问题**(off-line minimum problem)是使用 INSERT 和 EXTRACT-MIN 操作维护一个元素取自域 $\{1, 2, \cdots, n\}$ 的动态集合 T。给定一组包含 n 个 INSERT 和 m 个 EXTRACT-MIN 的调用序列 S，其中属于 $\{1, 2, \cdots, n\}$ 中的每个关键字只被插入一次。我们希望确定每个 EXTRACT-MIN 调用返回的是哪个关键字。特别地，希望对一个 $extracted[1..m]$ $(i=1, 2, \cdots, m)$ 数组进行填充，其中 $extracted[i]$ 是由第 i 次 EXTRACT-MIN 调用所返回的关键字。该问题是"脱机的"，其含义就是在确定任何返回的关键字之前处理整个序列 S。

    a. 在下面脱机最小值问题的实例中，每个操作 INSERT(i) 用一个 i 值来表示，并且每个 EXTRACT-MIN 用字母 E 来表示：

$$4,8,\text{E},3,\text{E},9,2,6,\text{E},\text{E},\text{E},1,7,\text{E},5$$

    将正确的值填入 $extracted$ 数组。

    为了设计出解决此问题的算法，我们把序列 S 划分成若干个同构的子序列，即如下表示 S：

$$\text{I}_1,\text{E},\text{I}_2,\text{E},\text{I}_3,\cdots,\text{I}_m,\text{E},\text{I}_{m+1}$$

这里每个 E 代表单次 EXTRACT-MIN 调用，并且每个 I_j 代表一个（可能为空的）INSERT 调用序列。对于每个子序列 I_j，开始时把由这些操作插入的关键字插入一个集合 K_j，如果 I_j 为空，那么它也为空。然后执行下面的程序：

```
OFF-LINE-MINIMUM(m,n)
1  for i = 1 to n
2      determine j such that i ∈ K_j
3      if j ≠ m + 1
4          extracted[j] = i
5          let l be the smallest value greater than j
                for which set K_l exists
6          K_l = K_j ∪ K_l, destroying K_j
7  return extracted
```

    b. 证明：由 OFF-LINE-MINIMUM 返回的数组 $extracted$ 是正确的。

    c. 描述如何用不相交集合数据结构来高效实现 OFF-LINE-MINIMUM。给出实现的最坏情况运行时间的紧确界。

21-2 （深度确定） 在**深度确定**(depth-determination)问题中，我们通过以下三个操作来维护一个有根树的森林 $\mathcal{F} = \{T_i\}$：

    MAKE-TREE(v)：创建一棵只包含唯一结点 v 的树。

    FIND-DEPTH(v)：返回结点 v 在树中的深度。

    GRAFT(r, v)：使得结点 r（假定它为一棵树的树根）成为结点 v 的孩子（假定它在另一棵树中，但是它本身可能是、也可能不是一棵树的根）。

    a. 假设采用类似于不相交集合森林的树表示：$v.p$ 是结点 v 的父结点，除了 v 是根时 $v.p=v$ 的这种情况。进一步假设，我们可以通过置 $r.p=v$ 来实现 GRAFT(r,v)，并且可以通过沿着查找路径上升至根，返回一个除 v 以外的结点数来实现 FIND-DEPTH(v)。证明：一组 m 个 MAKE-TREE、FIND-DEPTH 和 GRAFT 操作的序列的最坏情况运行时间是 $\Theta(m^2)$。

通过使用按秩合并与路径压缩启发式策略，能减少最坏情况运行时间。我们使用不相交集合森林 $\mathcal{S}=\{S_i\}$，其中每个集合 S_i（它本身是一棵树）对应于一棵森林 $\mathcal{F}$ 中的树 T_i。然而，集合 S_i 中的树结构没有必要对应于 T_i 的树结构。实际上，S_i 的实现并没有记录准确的父子关系，但它允许我们确定 T_i 中任意结点的深度。

关键的思想是维护每个结点 v 的一个"伪距离"$v.d$，它被定义为使得沿着从 v 到它的集合 S_i 的根的简单路径上的伪距离之和等于 T_i 中结点 v 的深度。也就是说，如果从 v 到它在 S_i 的根的简单路径为 v_0，v_1，$\cdots$，v_k（这里 $v_0=v$ 并且 v_k 是 S_i 的根），那么结点 v 在树 T_i 上的深度为 $\sum_{j=0}^{k} v_j.d$。

b. 给出 MAKE-TREE 的一种实现。

c. 说明应如何修改 FIND-SET 来实现 FIND-DEPTH。你的实现要采用路径压缩，并且它的运行时间应与查找路径的长度呈线性关系。试确保你的实现能正确地更新伪距离。

d. 说明如何实现 GRAFT(r, v)，它通过修改 UNION 和 LINK 过程来合并包含 r 和 v 的集合。试确保你的实现能正确地更新伪距离。并注意到，集合 S_i 的根没有必要是对应树 T_i 的根。

e. 试给出一组 m 个 MAKE-TREE、FIND-DEPTH 和 GRAFT 操作的序列（其中 n 个是 MAKE-TREE 操作）最坏情况运行时间的一个紧确界。

21-3（Tarjan 的脱机最小公共祖先算法）　在一棵有根树 T 中，两个结点 u 和 v 的**最小公共祖先**（least common ancestor）w 是结点 u 和 v 的一个共同祖先，且它有最大的深度。在**脱机最小公共祖先问题**（off-line least-common-ancestors problem）中，给定一棵有根树 T 和一个在 T 中的无序结点对的任意集合 $P=\{\{u, v\}\}$，我们希望确定 P 中每对的最小公共祖先。

为了解决脱机最小公共祖先问题，下面的过程通过对 LCA$(T.root)$ 的初始调用，来执行对 T 的树遍历。假设在执行遍历之前，每个结点被着色为白色。

```
LCA(u)
 1   MAKE-SET(u)
 2   FIND-SET(u).ancestor = u
 3   for each child v of u in T
 4       LCA(v)
 5       UNION(u, v)
 6       FIND-SET(u).ancestor = u
 7   u.color = BLACK
 8   for each node v such that {u, v} ∈ P
 9       if v.color == BLACK
10           print "The least common ancestor of "
                 u "and" v "is" FIND-SET(v).ancestor
```

a. 证明：对每对 $\{u, v\}\in P$，第 10 行恰好只执行一次。

b. 证明：在调用 LCA(u) 时，不相交集合数据结构的集合数等于 T 中 u 的深度。

c. 证明：对于每对 $\{u,v\} \in P$，LCA 能正确地输出 u 和 v 的最小公共祖先。

d. 假设我们使用 21.3 节中的不相交集合数据结构实现，试分析 LCA 的运行时间。

本章注记

不相交集合数据结构的许多重要结果至少应部分归功于 R. E. Tarjan。Tarjan[328，330]使用聚合分析，给出了第一个紧确上界，它是用增长极慢的 Ackermann 函数的逆函数 $\hat{\alpha}(m,n)$ 来表示的。（在 21.4 节给出的 $A_k(j)$ 类似于 Ackermann 函数，并且函数 $\alpha(n)$ 类似于这个逆函数。对于

所有可想象的 m 和 n，$\alpha(n)$ 和 $\hat{\alpha}(m，n)$ 的值都至多为 4。）一个 $O(m\lg^* n)$ 的上界早期由 Hopcroft 与 Ullman[5，179]所证明。21.4 节中的叙述是改编自 Tarjan[332]后来所做的分析，其中 Tarjan 的工作又是基于 Kozen[220]的分析而做出的。对于 Tarjan 早期给出的上界，Harfst 和 Reingold[16]给出了一个基于势的版本。

　　Tarjan 和 van Leeuwen[333]讨论了各种路径压缩启发式策略，包括"一趟方法"，这种方法有时在性能上可以给出比两趟方法更好的常数因子。与 Tarjan 早期对基本路径压缩启发式策略的分析一样，Tarjan 和 van Leeuwen 给出的分析是聚合分析。Harfst 和 Reingold[161]后来证明了应如何对势函数做一个小的改动，便可将他们的路径压缩分析方法应用到这些一趟的方法中。Gabow 和 Tarjan[121]证明了在某些特定的应用中，不相交集合操作可以做到在 $O(m)$ 时间内运行。

　　Tarjan[329]证明了在任意满足特定技术条件的不相交集合数据结构上，操作所需要的时间下界为 $\Omega(m\,\hat{\alpha}(m,n))$。这个下界后来由 Fredman 和 Saks[113]推广，他们证明了在最坏情况下，必须访问 $\Omega(m\,\hat{\alpha}(m,n))(\lg n)$ 位的内存字。

Introduction to Algorithms，Third Edition

图　算　法

由于图论问题渗透整个计算机科学，图算法对于计算机学科至关重要。成百上千的计算问题最后都可以归约为图论问题。本书的第六部分就对图论里面比较重要的一些问题进行讨论。

第 22 章讨论如何在计算机里表示一张图，然后对图的广度优先搜索和深度优先搜索算法进行讨论。同时，该章还将讨论深度优先搜索的两个应用：有向图的拓扑排序和将有向图分解为强连通子图。

第 23 章阐述如何计算图的最小生成树。最小生成树要解决的问题是在一个每条边都有权重的图里，以最小权重之和来连接所有的结点。计算最小生成树的算法很好地展示了贪心算法(关于贪心算法，请参阅本书第 16 章的内容)。

第 24 章和第 25 章讨论如何在权重图里计算两个结点之间的最短路径。其中，第 24 章描述如何找到从给定源结点至所有其他结点的最短路径，而第 25 章则讨论所有结点对之间的最短路径。

第 26 章讨论如何在流网络中计算出最大流。这里的流网络指的是一个有向图，其中有一个结点为发出流量的源结点，一个结点为流量汇集的汇点，图中每条边上的权重代表该条边所允许的最大流量，也称为边的容量。流网络问题是一种通用问题，它的表现形式多种多样，一个优秀的计算最大流的算法可以有效解决各种相关的问题。

对图算法进行讨论需要有一些约定和表述。给定图 $G = (V, E)$，当对该图上的一个算法的运行时间进行表述时，我们通常以图的结点数 $|V|$ 和边的条数 $|E|$ 作为输入的规模。也就是说，我们用的是两个参数，而不是一个参数，来描述输入的规模。对这些参数，我们采用通常的约定来进行表述。在渐近记号(如大 O 表示或大 Θ 表示)中，也仅当在此种表示法里，符号 V 代表 $|V|$，符号 E 代表 $|E|$。例如，我们可以说，"某算法运

行的时间为 $O(VE)$ ", 意味着算法运行的时间为 $O(|V||E|)$。这种约定使运行时间的表达式更容易被理解, 而又不会产生模糊性。

本书采用的另一种约定涉及伪代码。本书用 $G.V$ 来表示图 G 的结点集, 用 $G.E$ 表示图 G 的边集合。也就是说, 在伪代码中, 我们将结点和边看做是图的属性。

基本的图算法

本章将介绍图的表示和图的搜索。图的搜索指的是系统化地跟随图中的边来访问图中的每个结点。图搜索算法可以用来发现图的结构。许多的图算法在一开始都会先通过搜索来获得图的结构，其他的一些图算法则是对基本的搜索加以优化。可以说，图的搜索技巧是整个图算法领域的核心。

22.1 节对图的两种最常见的计算机表示法进行讨论。这两种表示法分别是邻接链表和邻接矩阵。22.2 节讲解一种简单的图搜索算法，称为广度优先搜索，并演示如何创建一棵广度优先树。22.3 节讲解深度优先搜索，同时对此种搜索所访问的结点之间的次序进行讨论，并对这方面的一些标准结果进行证明。22.4 节给出深度优先搜索的一个实际应用：有向无环图中的拓扑排序。22.5 节则讨论深度优先搜索的另一个实际应用：在有向图中计算强连通分量。

22.1 图的表示

对于图 $G = (V, E)$，可以用两种标准表示方法表示。一种表示法将图作为邻接链表的组合，另一种表示法则将图作为邻接矩阵来看待。两种表示方法都既可以表示无向图，也可以表示有向图。邻接链表因为在表示**稀疏图**（边的条数 $|E|$ 远远小于 $|V|^2$ 的图）时非常紧凑而成为通常的选择。本书给出的多数图算法都假定作为输入的图是以邻接链表方式进行表示的。不过，在**稠密图**（$|E|$ 接近 $|V|^2$ 的图）的情况下，我们可能倾向于使用邻接矩阵表示法。另外，如果需要快速判断任意两个结点之间是否有边相连，可能也需要使用邻接矩阵表示法。例如，第 25 章将讨论的最短路径算法中的两种算法都以邻接矩阵来表示图。

对于图 $G = (V, E)$ 来说，其**邻接链表表示**由一个包含 $|V|$ 条链表的数组 Adj 所构成，每个结点有一条链表。对于每个结点 $u \in V$，邻接链表 $Adj[u]$ 包含所有与结点 u 之间有边相连的结点 v，即 $Adj[u]$ 包含图 G 中所有与 u 邻接的结点（也可以说，该链表里包含指向这些结点的指针）。由于邻接链表代表的是图的边，在伪代码里，我们将数组 Adj 看做是图的一个属性，就如我们将边集合 E 看做是图的属性一样。因此，在伪代码里，我们将看到 $G.Adj[u]$ 这样的表示。图 22-1(a)给出的是一个无向图，图 22-1(b)给出的是图 22-1(a)的邻接链表表示。类似地，图 22-2(b)给出的是图 22-2(a)的有向图的邻接链表表示。

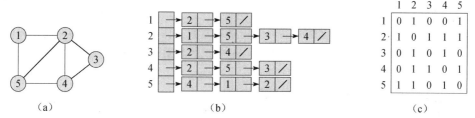

图 22-1　无向图的两种表示。(a)一个有 5 个结点和 7 条边的无向图 G。(b)G 的邻接链表表示。(c)G 的邻接矩阵表示

如果 G 是一个有向图，则对于边 (u, v) 来说，结点 v 将出现在链表 $Adj[u]$ 里，因此，所有邻接链表的长度之和等于 $|E|$。如果 G 是一个无向图，则对于边 (u, v) 来说，结点 v 将出现在链表 $Adj[u]$ 里，结点 u 将出现在链表 $Adj[v]$ 里，因此，所有邻接链表的长度之和等于 $2|E|$。但不管是有向图还是无向图，邻接链表表示法的存储空间需求均为 $\Theta(V+E)$，这正是我们所希望

的数量级。

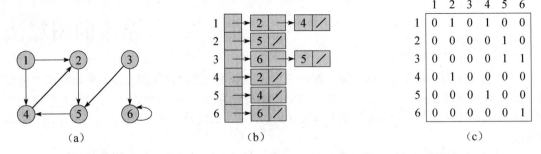

图 22-2　有向图的两种表示。(a)一个有 6 个结点和 8 条边的有向图 G。(b)G 的邻接链表表示。
(c)G 的邻接矩阵表示

对邻接链表稍加修改，即可以用来表示**权重图**。权重图是图中的每条边都带有一个相关的**权重**的图。该权重值通常由一个 $w: E \to \mathbf{R}$ 的**权重函数**给出。例如，设 $G = (V, E)$ 为一个权重图，其权重函数为 w，我们可以直接将边 $(u, v) \in E$ 的权重值 $w(u, v)$ 存放在结点 u 的邻接链表里。从这种意义上说，邻接链表表示法的鲁棒性很高，可以对其进行简单修改来支持许多其他的图变种。

邻接链表的一个潜在缺陷是无法快速判断一条边 (u, v) 是否是图中的一条边，唯一的办法是在邻接链表 $Adj[u]$ 里面搜索结点 v。邻接矩阵表示则克服了这个缺陷，但付出的代价是更大的存储空间消耗（存储空间的渐近数量级更大）（关于如何在邻接链表上进行快速边搜索的信息，请参阅练习 22.1-8）。

对于**邻接矩阵表示**来说，我们通常会将图 G 中的结点编为 $1, 2, \cdots, |V|$，这种编号可以是任意的。在进行此种编号之后，图 G 的邻接矩阵表示由一个 $|V| \times |V|$ 的矩阵 $A = (a_{ij})$ 予以表示，该矩阵满足下述条件：

$$a_{ij} = \begin{cases} 1 & 若 (i,j) \in E \\ 0 & 其他 \end{cases}$$

图 22-1(c) 和图 22-2(c) 分别给出的是图 22-1(a) 的无向图和图 22-2(a) 的有向图的邻接矩阵表示。不管一个图有多少条边，邻接矩阵的空间需求皆为 $\Theta(V^2)$。

从图 22-1(c) 可以看到，无向图的邻接矩阵是一个对称矩阵。由于在无向图中，边 (u, v) 和边 (v, u) 是同一条边，无向图的邻接矩阵 A 就是自己的转置，即 $A = A^{\mathrm{T}}$。在某些应用中，可能只需要存放对角线及其以上的这部分邻接矩阵（即半个矩阵），从而将图存储空间需求减少几乎一半。

与邻接链表表示法一样，邻接矩阵也可以用来表示权重图。例如，如果 $G = (V, E)$ 为一个权重图，其权重函数为 w，则我们直接将边 $(u, v) \in E$ 的权重 $w(u, v)$ 存放在邻接矩阵中的第 u 行第 v 列记录上。对于不存在的边，则在相应的行列记录上存放值 NIL。不过，对于许多问题来说，用 0 或者 ∞ 来表示一条不存在的边可能更为便捷。

590
~
591

虽然邻接链表表示法和邻接矩阵表示法在渐近意义下至少是一样空间有效的，但邻接矩阵表示法更为简单，因此在图规模比较小时，我们可能更倾向于使用邻接矩阵表示法。而且，对于无向图来说，邻接矩阵还有一个优势：每个记录项只需要 1 位的空间。

表示图的属性

对图进行操作的多数算法需要维持图中结点或边的某些属性。这些属性可以使用通常的表述法来进行表示，如 $v.d$ 表示结点 v 的属性 d。当使用一对结点来表示一条边的时候，我们也可以使用同样风格的表述。例如，如果边有一种属性 f，则边 (u, v) 的这种属性可以表示为

$(u, v).f$。对于表示和理解算法而言，这种属性表述足够清晰。

不过，在算法的实际程序里面实现结点和边的属性则完全是另外一回事情。没有什么最好的办法来存放和访问结点与边的属性。对于给定的场景，我们所做出的决定可能依赖于诸多因素：所使用的程序设计语言、需要实现的算法和程序中使用图的方式等因素。如果使用邻接链表来表示图，一种可能的方法是使用额外的数组来表示结点属性，如一个与 Adj 数组相对应的数组 $d[1..|V|]$。如果与 u 邻接的结点都在 $Adj[u]$ 中，则属性 $u.d$ 将存放在数组项 $d[u]$ 里。还有许多其他方法可以用来实现属性的表示。例如，在面向对象的程序设计语言里，结点属性可以表示为 Vertex 类下面的一个子类中的实例变量。

练习

22.1-1 给定有向图的邻接链表，需要多长时间才能计算出每个结点的出度（发出的边的条数）？多长时间才能计算出每个结点的入度（进入的边的条数）？

22.1-2 给定一棵有 7 个结点的完全二叉树的邻接链表，请给出等价的邻接矩阵表示。这里假设结点的编号为从 1～7。

22.1-3 有向图 $G = (V, E)$ 的**转置**是图 $G^T = (V, E^T)$，这里 $E^T = \{(v, u) \in V \times V : (u, v) \in E\}$。因此，图 G^T 就是将有向图 G 中所有边的方向反过来而形成的图。对于邻接链表和邻接矩阵两种表示，请给出从图 G 计算出 G^T 的有效算法，并分析算法的运行时间。

592

22.1-4 给定多图 $G = (V, E)$ 的邻接链表（多图是允许重复边和自循环边的图），请给出一个时间为 $O(V + E)$ 的算法，用来计算该图的"等价"无向图 $G' = (V, E')$ 的邻接链表表示。这里 E' 是将 E 中的冗余边和自循环边删除后余下的边。删除冗余边指的是将两个结点之间的多条边替换为一条边。

22.1-5 有向图 $G = (V, E)$ 的**平方图**是图 $G^2 = (V, E^2)$，这里，边 $(u, v) \in E^2$ 当且仅当图 G 包含一条最多由两条边构成的从 u 到 v 的路径。请给出一个有效算法来计算图 G 的平方图 G^2。这里图 G 既可以以邻接链表表示，也可以以邻接矩阵表示。请分析算法的运行时间。

22.1-6 多数以邻接矩阵作为输入的图算法的运行时间为 $\Omega(V^2)$，但也有例外。给定图 G 的邻接矩阵表示，请给出一个 $O(V)$ 时间的算法来判断有向图 G 是否存在一个**通用汇点**（universal sink）。通用汇点指的是入度为 $|V| - 1$ 但出度为 0 的结点。

22.1-7 有向无环图 $G = (V, E)$ 的**关联矩阵**（incidence matrix）是一个满足下述条件的 $|V| \times |E|$ 矩阵 $B = (b_{ij})$：

$$b_{ij} = \begin{cases} -1 & \text{如果边 } j \text{ 从结点 } i \text{ 发出} \\ 1 & \text{如果边 } j \text{ 进入结点 } i \\ 0 & \text{其他} \end{cases}$$

请说明矩阵乘积 BB^T 里的每一个元素代表什么意思。这里 B^T 是矩阵 B 的转置。

22.1-8 假定数组 $Adj[u]$ 的每个记录项不是链表，而是一个散列表，里面包含的是 $(u, v) \in E$ 的结点 v。如果每条边被查询的概率相同，则判断一条边是否在图中的期望时间值是多少？这种表示方式的缺陷是什么？请为每条边链表给出一个不同的数据结构来解决这个问题。与散列表相比较，你所给出的新方法存在什么缺陷吗？

593

22.2　广度优先搜索

广度优先搜索是最简单的图搜索算法之一，也是许多重要的图算法的原型。Prim 的最小生成树算法（请参见 23.2 节）和 Dijkstra 的单源最短路径算法（请参见 24.3 节）都使用了类似广度优先搜索的思想。

给定图 $G = (V, E)$ 和一个可以识别的**源**结点 s，广度优先搜索对图 G 中的边进行系统性的探索来发现可以从源结点 s 到达的所有结点。该算法能够计算从源结点 s 到每个可到达的结点的距离（最少的边数），同时生成一棵"广度优先搜索树"。该树以源结点 s 为根结点，包含所有可以从 s 到达的结点。对于每个从源结点 s 可以到达的结点 v，在广度优先搜索树里从结点 s 到结点 v 的简单路径所对应的就是图 G 中从结点 s 到结点 v 的"最短路径"，即包含最少边数的路径。该算法既可以用于有向图，也可以用于无向图。

广度优先搜索之所以如此得名是因为该算法始终是将已发现结点和未发现结点之间的边界，沿其广度方向向外扩展。也就是说，算法需要在发现所有距离源结点 s 为 k 的所有结点之后，才会发现距离源结点 s 为 $k+1$ 的其他结点。

为了跟踪算法的进展，广度优先搜索在概念上将每个结点涂上白色、灰色或黑色。所有结点在一开始的时候均涂上白色。在算法推进过程中，这些结点可能会变成灰色或者黑色。在搜索过程中，第一次遇到一个结点就称该结点被"**发现**"，此时该结点的颜色将发生改变。因此，凡是灰色和黑色的结点都是已被发现的结点。但广度优先搜索对灰色和黑色结点加以区别，以确保搜索按照广度优先模式进行推进$^{\ominus}$。如果边 $(u, v) \in E$ 且结点 u 是黑色，则结点 v 既可能是灰色也可能是黑色。也就是说，所有与黑色结点邻接的结点都已经被发现。对于灰色结点来说，其邻接结点中可能存在未被发现的白色结点。灰色结点所代表的就是已知和未知两个集合之间的边界。

在执行广度优先搜索的过程中将构造出一棵广度优先树。一开始，该树仅含有根结点，就是源结点 s。在扫描已发现结点 u 的邻接链表时，每当发现一个白色结点 v，就将结点 v 和边 (u, v) 同时加入该棵树中。在广度优先树中，称结点 u 是结点 v 的**前驱**或者**父结点**。由于每个结点最多被发现一次，它最多只有一个父结点。广度优先树中的祖先和后代关系皆以相对于根结点 s 的位置来进行定义：如果结点 u 是从根结点 s 到结点 v 的简单路径上的一个结点，则结点 u 是结点 v 的祖先，结点 v 是结点 u 的后代。

594

在下面给出的广度优先搜索过程 BFS 中，假定输入图 $G = (V, E)$ 是以邻接链表所表示的。该算法为图中每个结点赋予了一些额外的属性：我们将每个结点 u 的颜色存放在属性 $u.color$ 里，将 u 的前驱结点存放在属性 $u.\pi$ 里。如果 u 没有前驱结点（例如，如果 $u = s$ 或者结点 u 尚未被发现），则 $u.\pi = $ NIL。属性 $u.d$ 记录的是广度优先搜索算法所计算出的从源结点 s 到结点 u 之间的距离。该算法使用一个先进先出的队列 Q（请参见 10.1 节）来管理灰色结点集。

```
BFS(G, s)
1   for each vertex u ∈ G.V − {s}
2       u.color = WHITE
3       u.d = ∞
4       u.π = NIL
5   s.color = GRAY
6   s.d = 0
7   s.π = NIL
8   Q = ∅
9   ENQUEUE(Q, s)
10  while Q ≠ ∅
```

$\ominus$ 我们对灰色和黑色结点加以区分的目的是帮助理解广度优先搜索是如何运行的。事实上，如练习 22.2-3 所示，即使不对这两种颜色的结点进行区分，获得的结果仍然是相同的。

```
11      u = DEQUEUE(Q)
12      for each v ∈ G. Adj[u]
13          if v. color == WHITE
14              v. color = GRAY
15              v. d = u. d + 1
16              v. π = u
17              ENQUEUE(Q, v)
18      u. color = BLACK
```

图 22-3 描述的是 BFS 在一个样本图上的推进过程。

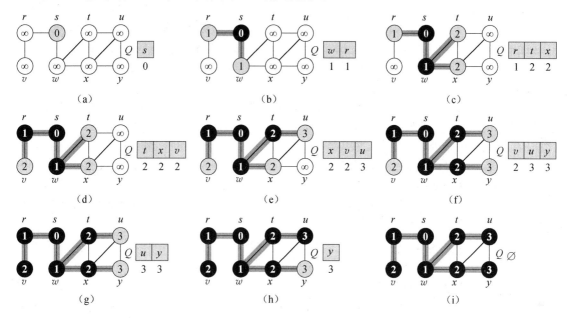

图 22-3　BFS 在无向图上的运行过程。添加了阴影的边是被 BFS 发现的边。每个结点 u 里面记录的是 $u.d$ 的值。图中还给出了在算法第 10～18 行的 **while** 循环每次开始时的队列 Q 的内容。结点距离标记在队列相应结点的下方

过程 BFS 的工作过程如下。除了源结点 s 以外，算法的第 1～4 行将所有结点涂上白色，将每个结点 u 的 $u.d$ 属性设置为无穷，将每个结点的父结点设置为 NIL。第 5 行将源结点 s 涂上灰色，因为该结点在算法开始时已被发现。第 6 行将 $s.d$ 初始化为 0，第 7 行将源结点 s 的前驱设置为 NIL。第 8～9 行对队列 Q 进行初始化，该队列的初始状态仅包含源结点 s。

算法第 10～18 行的 **while** 循环一直执行到图中不再有灰色结点时结束。如前所示，灰色结点指的是已被发现的结点，但其邻接链表尚未被完全检查。该 **while** 循环的不变式如下：

在算法第 10 行的测试中，队列 Q 里面包含的是灰色结点集合。

虽然我们不打算使用循环不变式来证明算法的正确性，但容易看出，该不变式在第 1 次循环前成立，且每次循环过程都维持该不变式的成立。在第 1 次循环开始之前，唯一的灰色结点，也是队列 Q 里面的唯一结点，是源结点 s。算法第 11 行取出队列 Q 的队头结点 u，将其从队列中删除。第 12～17 行的 **for** 循环对结点 u 的邻接链表中的每个结点 v 进行考察。如果结点 v 是白色的，则该结点尚未被发现，算法执行第 14～17 行的程序来发现该结点：算法将结点 v 涂上灰色，将其距离 $v.d$ 设置为 $u.d+1$，并且将结点 u 记录为结点 v 的父结点 $v.\pi$，将其插入队列 Q 的末尾。算法在检查完结点 u 的邻接链表里的所有结点后将 u 涂上黑色（第 18 行）。由于一个结点在涂上灰色（第 14 行）的同时被加入队列 Q 中（第 17 行），而结点在从队列里删除（第 11 行）的同时

被涂上黑色(第 18 行),所以我们前面给出的循环不变式一直得到保持。

广度优先搜索的结果可能依赖于对每个结点的邻接结点的访问顺序(第 12 行):广度优先树可能会不一样,但本算法所计算出来的距离 d 都是一样的。(请参阅练习 22.2-5。)

分析

在证明广度优先搜索算法的各种性质前,我们先来分析该算法的运行时间。在这里,我们将使用 17.1 节介绍的聚合分析。在初始化操作结束后,广度优先搜索不会再给任何结点涂上白色,因此,第 13 行的测试可以确保每个结点的入队次数最多为一次,因而出队最多一次。入队和出队的时间均为 $O(1)$,因此,对队列进行操作的总时间为 $O(V)$。因为算法只在一个结点出队的时候才对该结点的邻接链表进行扫描,所以每个邻接链表最多只扫描一次。由于所有邻接链表的长度之和是 $\Theta(E)$,用于扫描邻接链表的总时间为 $O(E)$。初始化操作的成本是 $O(V)$,因此广度优先搜索的总运行时间为 $O(V+E)$。因此,广度优先搜索的运行时间是图 G 的邻接链表大小的一个线性函数。

最短路径

在本节开始的时候,我们曾说过,广度优先搜索能够找出从给定源结点 $s \in V$ 到所有可以到达的结点之间的距离。我们定义从源结点 s 到结点 v 的**最短路径距离** $\delta(s,v)$ 为从结点 s 到结点 v 之间所有路径里面最少的边数。如果从结点 s 到结点 v 之间没有路径,则 $\delta(s,v) = \infty$。我们称从结点 s 到结点 v 的长度为 $\delta(s,v)$ 的路径为 s 到 v 的**最短路径**⊖。在证明广度优先搜索可以正确计算出最短路径距离之前,我们先来讨论最短路径距离的一个重要性质。

引理 22.1 给定 $G=(V,E)$,G 为一个有向图或无向图,设 $s \in V$ 为任意结点,则对于任意边 $(u,v) \in E$,$\delta(s,v) \leqslant \delta(s,u)+1$。

证明 如果结点 u 是可以从源结点 s 到达的结点,则 v 也是从 s 可以到达的结点。在这种情况下,从源结点 s 到结点 v 的最短路径距离不可能比从 s 到 u 的最短路径距离加上边 (u,v) 更长,因此,上述不等式成立。如果结点 u 不能从 s 到达,则 $\delta(s,u) = \infty$,不等式显然成立。■

我们现在来证明 BFS 能够正确计算出每个结点 $v \in V$ 的 $v.d = \delta(s,v)$。首先证明 $v.d$ 是 $\delta(s,v)$ 的一个上界。

引理 22.2 设 $G=(V,E)$ 为一个有向图或无向图,假定 BFS 以给定结点 $s \in V$ 作为源结点在图 G 上运行。那么在 BFS 终结时,对于每个结点 $v \in V$,BFS 所计算出的 $v.d$ 满足 $v.d \geqslant \delta(s,v)$。

证明 我们通过对算法里面 ENQUEUE 操作的次数进行归纳来证明本引理。我们的归纳假设是:对于所有的结点 $v \in V$,$v.d \geqslant \delta(s,v)$。

归纳的基础是 BFS 在第 9 行将源结点 s 加入队列 Q 后的场景。此时,因为 $s.d = 0 = \delta(s,s)$,并且对于所有的结点 $v \in V - \{s\}$,$v.d = \infty \geqslant \delta(s,v)$,所以归纳假设成立。

对于归纳步,考虑从结点 u 进行邻接链表搜索时所发现的白色结点 v。根据归纳假设,有 $u.d \geqslant \delta(s,u)$。从算法第 15 行的赋值操作和引理 22.1 可知,

$$v.d = u.d + 1 \geqslant \delta(s,u) + 1 \geqslant \delta(s,v)$$

结点 v 在这之后被加入到队列 Q 里,并且因为 v 在入队时涂上灰色而不会再次入队,因此,第 14~17 行的 **then** 子句仅在白色结点上执行。所以,$v.d$ 的值不再会发生变化,我们的归纳假设成立。■

要证明 $v.d = \delta(s,v)$,首先需要更加精确地研究队列 Q 在 BFS 过程中是如何操作的。下面的引理将证明在任意时刻,队列里面最多包含两个不同的 d 值。

⊖ 在第 24 章和第 25 章中,我们将把对最短路径的研究推广到权重图上。在权重图里,每条边都有一个实数权重,一条路径的权重是组成该路径的所有边的权重之和。本章所讨论的图为无权重图,即所有边的权重为单位权重。

引理 22.3 假定 BFS 在图 $G = (V, E)$ 上运行的过程中，队列 Q 包含的结点为 $\langle v_1, v_2, \cdots, v_r \rangle$，这里 v_1 是队列 Q 的头，v_r 是队列 Q 的尾。那么 $v_r.d \leqslant v_1.d + 1$，并且对于 $i = 1, 2, \cdots, r-1$，$v_i.d \leqslant v_{i+1}.d$。

证明 我们仍然通过对算法里面入队操作的次数进行归纳来证明本引理。在初始情况下，队列 Q 里仅包含源结点 s，引理直接成立。

对于归纳步，我们必须证明在入队和出队操作时，引理都成立。如果头结点 v_1 被删除，v_2 将变为队列里新的头结点（如果队列在删除头结点后为空，则引理直接成立）。根据归纳假设，我们有 $v_1.d \leqslant v_2.d$。但是我们有 $v_r.d \leqslant v_1.d + 1 \leqslant v_2.d + 1$，且余下的不等式不受影响。因此，在 v_2 为头结点时引理依然成立。

为了理解在将一个结点加入队列时发生了什么事情，我们需要对算法进行更加细致的检查。在算法的第 17 行将结点 v 加入队列 Q 时，该结点成为结点 v_{r+1}。在这个时候，我们已经删除了结点 u，并正在对该结点的邻接链表进行检查。根据归纳假设，新的头结点 v_1 满足 $v_1.d \geqslant u.d$。因此，$v_{r+1}.d = v.d = u.d + 1 \leqslant v_1.d + 1$。根据归纳假设，我们还有 $v_r.d \leqslant u.d + 1$，因此，$v_r.d \leqslant u.d + 1 = v.d = v_{r+1}.d$，余下的不等式不受影响。因此，当结点 v 加入队列时引理仍然成立。 ■

下面的推论表明，在结点加入到队列时，d 值随时间推移单调增长。

推论 22.4 假定在执行 BFS 时，结点 v_i 和结点 v_j 都加入到队列 Q 里，并且 v_i 在 v_j 前面入队，则在 v_j 入队时，我们有 $v_i.d \leqslant v_j.d$。

证明 根据引理 22.3，以及每个结点获得的 d 值都是有限的且 BFS 过程中最多只取一次 d 值的性质，可以立即得到推论 22.4。 ■

我们现在可以来证明广度优先搜索算法能够正确计算出最短路径距离。

定理 22.5（广度优先搜索的正确性） 设 $G = (V, E)$ 为一个有向图或无向图，又假设 BFS 以 s 为源结点在图 G 上运行。那么在算法执行过程中，BFS 将发现从源结点 s 可以到达的所有结点 $v \in V$，并在算法终止时，对于所有的 $v \in V$，$v.d = \delta(s, v)$。而且，对于任意可以从 s 到达的结点 $v \neq s$，从源结点 s 到结点 v 的其中一条最短路径为从结点 s 到结点 $v.\pi$ 的最短路径再加上边 $(v.\pi, v)$。

599

证明 我们使用反证法来证明本定理，假定某些结点获取的 d 值并不等于其最短路径距离。设 v 为这样一个结点，则其最短路径距离为 $\delta(s, v)$，而其所取得的 d 值不等于该数值，显然 $v \neq s$。根据引理 22.2，$v.d \geqslant \delta(s, v)$，因此有 $v.d > \delta(s, v)$。另外，结点 v 必定是从 s 可以到达的，因为如果不是这样，则将出现 $\delta(s, v) = \infty \geqslant v.d$。设 u 为从源结点 s 到结点 v 的最短路径上结点 v 的直接前驱结点，则 $\delta(s, v) = \delta(s, u) + 1$。因为 $\delta(s, u) < \delta(s, v)$，并且因为我们对结点 v 的选择，所以有 $u.d = \delta(s, u)$。将这些分析合并起来有：

$$v.d > \delta(s, v) = \delta(s, u) + 1 = u.d + 1 \tag{22.1}$$

我们现在来考虑 BFS 选择将结点 v 从队列 Q 里取出的时间（第 11 行）。在这个时候，结点 v 可以是任何颜色。而我们将证明，在每种情况下（即不管 v 是何种颜色的结点），我们都将导出与不等式 (22.1) 矛盾的情形。如果 v 是白色结点，则算法的第 15 行将设置 $v.d = u.d + 1$，这与不等式 (22.1) 矛盾。如果 v 是黑色，则该结点已经从队列里删除，根据推论 22.4，我们有 $v.d \leqslant u.d$，再次与不等式 (22.1) 矛盾。如果 v 是灰色，则 v 是在某个结点 w 出队时被涂上灰色的，而结点 w 在结点 u 之前出队，并且 $v.d = w.d + 1$。根据推论 22.4，$w.d \leqslant u.d$，因此有 $v.d = w.d + 1 \leqslant u.d + 1$，这再次与不等式 (22.1) 相矛盾。

因此，我们得出结论，对于所有的 $v \in V$，$v.d = \delta(s, v)$。所有从 s 可以到达的结点 v 都必定被发现，否则将有 $\infty = v.d > \delta(s, v)$。而要获得最终的结论，只要注意到如果 $v.\pi = u$，则 $v.d =$

$u.d+1$。因此，通过将从源结点 s 到结点 $v.\pi$ 的最短路径加上边 $(v.\pi, v)$，我们即可以获得从源结点 s 到结点 v 的最短路径。∎

广度优先树

过程 BFS 在对图进行搜索的过程中将创建一棵广度优先树，如图 22-3 所示。该棵树对应的是 π 属性。更形式化地说，对于图 $G = (V,E)$ 和源结点 s，我们定义图 G 的**前驱子图**为 $G_\pi = (V_\pi, E_\pi)$，其中 $V_\pi = \{v \in V: v.\pi \neq \text{NIL}\} \bigcup \{s\}$，$E_\pi = \{(v.\pi, v): v \in V_\pi - \{s\}\}$。

600

如果 V_π 由从源结点 s 可以到达的结点组成，并且对于所有的 $v \in V_\pi$，子图 G_π 包含一条从源结点 s 到结点 v 的唯一简单路径，且该路径也是图 G 里面从源结点 s 到结点 v 之间的一条最短路径，则前驱子图 G_π 是一棵**广度优先树**。广度优先树实际上就是一棵树，因为它是连通的，并且 $|E_\pi| = |V_\pi| - 1$（请参阅本书的定理 B.2）。我们称 E_π 中的边为**树边**。

下面的引理表明 BFS 过程所生成的前驱子图是一棵广度优先树。

引理 22.6 当运行在一个有向或无向图 $G = (V,E)$ 上时，BFS 过程所建造出来的 π 属性使得前驱子图 $G_\pi = (V_\pi, E_\pi)$ 成为一棵广度优先树。

证明 BFS 在第 16 行设置 $v.\pi = u$ 当且仅当 $(u, v) \in E$ 并且 $\delta(s,v) < \infty$，即如果结点 v 可以从源结点 s 到达，V_π 由从源结点 s 可以到达的 V 集合里面的结点所组成。由于 G_π 形成一棵树，根据定理 B.2，该树包含从源结点 s 到 V_π 集合里每个结点的一条唯一简单路径。通过递归应用定理 22.5，我们可以获得每条这样的路径也是图 G 里面的一条最短路径。∎

下面的伪代码将打印出从源结点 s 到结点 v 的一条最短路径上的所有结点，这里假定 BFS 已经计算出一棵广度优先树。

```
PRINT-PATH(G, s, v)
1  if v == s
2      print s
3  elseif v.π == NIL
4      print "no path from" s "to" v "exists"
5  else PRINT-PATH(G, s, v.π)
6      print v
```

因为每次递归调用时的路径都比前一次调用中的路径少一个结点，所以该过程的运行时间是关于所输出路径上顶点数的一个线性函数。

练习

22.2-1 请计算出在有向图 22-2(a) 上运行广度优先搜索算法后的 d 值和 π 值。这里假定结点 3 为算法所用的源结点。

601

22.2-2 请计算出在图 22-3 所示无向图上运行广度优先搜索算法后的 d 值和 π 值。这里假定结点 u 为算法所用的源结点。

22.2-3 证明：使用单个位来存放每个结点的颜色即可。这个论点可以通过证明将算法第 18 行的伪代码删除后，BFS 过程生成的结果不变来得到。

22.2-4 如果将输入的图用邻接矩阵来表示，并修改算法来应对此种形式的输入，请问 BFS 的运行时间将是多少？

22.2-5 证明：在广度优先搜索算法里，赋给结点 u 的 $u.d$ 值与结点在邻接链表里出现的次序无关。使用图 22-3 作为例子，证明：BFS 所计算出的广度优先树可以因邻接链表中的次序不同而不同。

22.2-6 举出一个有向图 $G = (V, E)$ 的例子，对于源结点 $s \in V$ 和一组树边 $E_\pi \subseteq E$，使得对于每个结点 $v \in V$，图 (V, E_π) 中从源结点 s 到结点 v 的唯一简单路径也是图 G 中的一条最短路径，但是，不管邻接链表里结点之间的次序如何，边集 E_π 都不能通过在图 G 上运行 BFS 来获得。

22.2-7 职业摔跤手可以分为两种类型："娃娃脸"（"好人"）型和"高跟鞋"（"坏人"）型。在任意一对职业摔跤手之间都有可能存在竞争关系。假定有 n 个职业摔跤手，并且有一个给出竞争关系的 r 对摔跤手的链表。请给出一个时间为 $O(n+r)$ 的算法来判断是否可以将某些摔跤手划分为"娃娃脸"型，而剩下的划分为"高跟鞋"型，使得所有的竞争关系均只存在于娃娃脸型和高跟鞋型选手之间。如果可以进行这种划分，则算法还应当生成一种这样的划分。

*22.2-8 我们将一棵树 $T=(V,E)$ 的**直径**定义为 $\max_{u,v \in V} \delta(u,v)$，也就是说，树中所有最短路径距离的最大值即为树的直径。请给出一个有效算法来计算树的直径，并分析算法的运行时间。

22.2-9 设 $G=(V,E)$ 为一个连通无向图。请给出一个 $O(V+E)$ 时间的算法来计算图 G 中的一条这样的路径：该路径正反向通过 E 中每条边恰好一次（该路径通过每条边两次，但这两次的方向相反）。如果给你大量的分币作为奖励，请描述如何在迷宫中找出一条路。

602

22.3 深度优先搜索

深度优先搜索所使用的策略就像其名字所隐含的：只要可能，就在图中尽量"深入"。深度优先搜索总是对最近才发现的结点 v 的出发边进行探索，直到该结点的所有出发边都被发现为止。一旦结点 v 的所有出发边都被发现，搜索则"回溯"到 v 的前驱结点（v 是经过该结点才被发现的），来搜索该前驱结点的出发边。该过程一直持续到从源结点可以达到的所有结点都被发现为止。如果还存在尚未发现的结点，则深度优先搜索将从这些未被发现的结点中任选一个作为新的源结点，并重复同样的搜索过程。该算法重复整个过程，直到图中的所有结点都被发现为止[⊖]。

像广度优先搜索一样，在对已被发现的结点 u 的邻接链表进行扫描时，每当发现一个结点 v 时，深度优先搜索算法都将对这个事件进行记录，将 v 的前驱属性 $v.\pi$ 设置为 u。不过，与广度优先搜索不同的是，广度优先搜索的前驱子图形成一棵树，而深度优先搜索的前驱子图可能由多棵树组成，因为搜索可能从多个源结点重复进行。因此，我们给深度优先搜索的**前驱子图**所下的定义与对广度优先搜索前驱子图所下的定义略有不同：设图 $G_\pi = (V, E_\pi)$，其中 $E_\pi = \{(v.\pi, v): v \in V$ 且 $v.\pi \neq \text{NIL}\}$。深度优先搜索的前驱子图形成一个由多棵**深度优先树**构成的**深度优先森林**。森林 E_π 中的边仍然称为**树边**。

像广度优先搜索算法一样，深度优先搜索算法在搜索过程中也是对结点进行涂色来指明结点的状态。每个结点的初始颜色都是白色，在结点被**发现**后变为灰色，在其邻接链表被扫描**完成**后变为黑色。该方法可以保证每个结点仅在一棵深度优先树中出现，因此，所有的深度优先树是不相交的（disjoint）。

除了创建一个深度优先搜索森林外，深度优先搜索算法还在每个结点盖上一个**时间戳**。每个结点 v 有两个时间戳：第一个时间戳 $v.d$ 记录结点 v 第一次被发现的时间（涂上灰色的时候），第二个时间戳 $v.f$ 记录的是搜索完成对 v 的邻接链表扫描的时间（涂上黑色的时候）。这些时间戳

603

⊖ 也许看上去有点随意，在讨论广度优先搜索算法时，我们将源结点的数量限制为一个，而深度优先搜索则可以有多个源结点。虽然从概念上看，广度优先搜索可以从多个源结点开始搜索，深度优先搜索也可以限制为从一个源结点开始，但本书所采取的方法所反映的是这些搜索结果是如何被使用的。广度优先搜索通常用来寻找从特定源结点出发的最短路径距离（及其相关的前驱子图），而深度优先搜索则常常作为另一个算法里的一个子程序，我们将在本章后面的时候看到这点。

提供了图结构的重要信息，通常能够帮助推断深度优先搜索算法的行为。

下面的深度优先搜索算法的伪代码将其发现结点 u 的时刻记录在属性 $u.d$ 中，将其完成对结点 u 处理的时刻记录在属性 $u.f$ 中。因为 $|V|$ 个结点中每个结点只能有一个发现事件和一个完成事件，所以这些时间戳都是处于 1 和 $2|V|$ 之间的整数。很显然，对于每个结点 u，我们有：

$$u.d < u.f \tag{22.2}$$

结点 u 在时刻 $u.d$ 之前为白色，在时刻 $u.d$ 和 $u.f$ 之间为灰色，在时刻 $u.f$ 之后为黑色。

下面的伪代码给出的是基本的深度优先搜索算法。输入图 G 既可以是无向图，也可以是有向图。变量 $time$ 是一个全局变量，用来计算时间戳。

```
DFS(G)
1   for each vertex u ∈ G.V
2       u.color = WHITE
3       u.π = NIL
4   time = 0
5   for each vertex u ∈ G.V
6       if u.color == WHITE
7           DFS-VISIT(G, u)

DFS-VISIT(G, u)
1   time = time + 1          // white vertex u has just been discovered
2   u.d = time
3   u.color = GRAY
4   for each v ∈ G:Adj[u]    // explore edge (u, v)
5       if v.color == WHITE
6           v.π = u
7           DFS-VISIT(G, v)
8   u.color = BLACK          // blacken u; it is finished
9   time = time + 1
10  u.f = time
```

图 22-4 描述的是深度优先搜索算法在图 22-2 上运行的过程。

DFS 的运行过程如下。第 1～3 行将所有的结点涂成白色，将所有结点的 π 属性设置为 NIL。第 4 行将全局时间计数器进行复位。第 5～7 行依次对每个结点进行检查。当一个白色结点被发现时，则使用 DFS-VISIT 对结点进行访问。每次在算法第 7 行调用DFS-VISIT(G, u)时，结点 u 便成为深度优先森林中一棵新的深度优先树的根结点。当 DFS 算法返回时，每个结点 u 都已经被赋予一个**发现时间** $u.d$ 和一个**完成时间** $u.f$。

在每次对 DFS-VISIT(G, u)的调用中，结点 u 的初始颜色都是白色。算法的第 1 行将全局变量 $time$ 的值进行递增，第 2 行将 $time$ 的新值记录为发现时间 $u.d$，第 3 行将结点 u 涂上灰色。第 4～7 行对结点 u 的每个邻接结点 v 进行检查，并在 v 是白色的情况下递归访问结点v。随着每个结点 $v∈Adj[u]$在第 4 行被考虑，我们说深度优先搜索算法已经**探索**了边(u, v)。最后，在从结点 u 发出的每条边都被探索后，算法的第 8～10 行将结点 u 涂上黑色，对变量 $time$ 的值进行递增，并将完成时间记录在属性 $u.f$ 中。

注意，深度优先搜索的结果可能依赖于算法 DFS 中第 5 行对结点进行检查的次序和算法 DFS-VISIT 的第 4 行对一个结点的邻接结点进行访问的次序。不过，这些不同的访问次序在实际中并不会导致问题，因为我们通常可以对任意的深度优先搜索结果加以有效利用，并获得等价的结果。

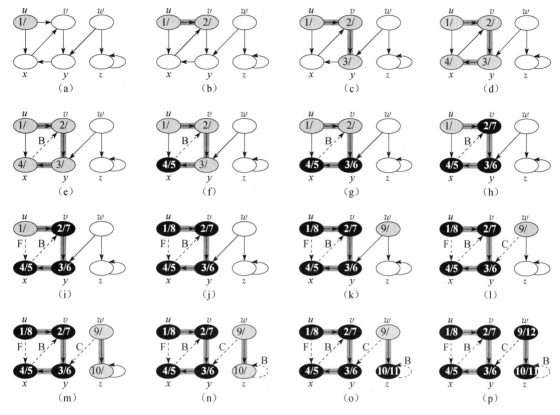

图 22-4 深度优先搜索算法 DFS 在有向图上的运行过程。随着算法对边的探索的推进，这些边或者变成有阴影的边（如果它们是树边），或者变为虚线边（其他情况）。非树边则根据其为后向（back）边、横向（cross）边或前向（forward）边而分别标记为 B、C 或 F。结点中的时间戳表明该结点的**发现时间和完成时间**

DFS 的运行时间是多少？如果排除调用 DFS-VISIT 的时间，第 1～3 行的循环和第5～7行的循环所需的时间为 $\Theta(V)$。就像对待广度优先搜索算法一样，我们在这里也使用聚合分析。对每个结点 $v \in V$ 来说，DFS-VISIT 被调用的次数刚好为一次，这是因为在对一个结点 u 调用 DFS-VISIT 时，该结点 u 必须是白色，而 DFS-VISIT 所做的第一件事情就是将结点 u 涂上灰色。在执行 DFS-VISIT(G, v) 的过程中，算法第 4～7 行的循环所执行的次数为 $|Adj[v]|$。由于 $\sum_{v \in V} |Adj[v]| = \Theta(E)$，执行 DFS-VISIT 第 4～7 行操作的总成本是 $\Theta(E)$。因此，深度优先搜索算法的运行时间为 $\Theta(V+E)$。

深度优先搜索的性质

深度优先搜索提供的是关于图结构的价值很高的信息。也许深度优先搜索最基本的性质是，其生成的前驱子图 G_π 形成一个由多棵树所构成的森林，这是因为深度优先树的结构与 DFS-VISIT 的递归调用结构完全对应。也就是说，$u = v.\pi$ 当且仅当 DFS-VISIT(G, v) 在算法对结点 u 的邻接链表进行搜索时被调用。此外，结点 v 是深度优先森林里结点 u 的后代当且仅当结点 v 在结点 u 为灰色的时间段里被发现。

深度优先搜索的另一个重要性质是，结点的发现时间和完成时间具有所谓的**括号化结构**（parenthesis structure）。如果以左括号"$(u$"来表示结点 u 的发现，以右括号"$u)$"来表示结点 u 的完成，则发现和完成的历史记载形成一个规整的表达式，这里"规整"的意思是所有的括号都适当地嵌套在一起。例如，对图 22-5(a)进行深度优先搜索所对应的括号化结构如图 22-5(b)所示。下面的定理提供了另一种对括号化结构进行描述的方法。

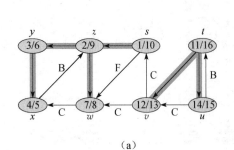 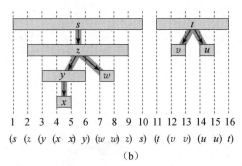

（a） （b）

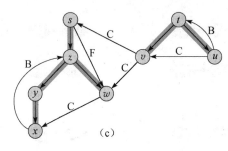

（c）

图 22-5 深度优先搜索的性质。(a)有向图上的深度优先搜索结果。与图 22-4 一样，每个结点都有自己的时间戳，边的类型也在图中予以注明。(b)每个结点的发现时间和完成时间所构成的区间对应图中所示的括号化结构。每个矩形区域横跨由相应结点的发现和完成时间所给出的时间区间。图中给出的边都是树边(非树边被略去了)。如果两个时间区间存在重叠，则其中一个区间必定完全囊括在另一个区间内部，而对应较小区间的结点是对应较大区间的结点的后代。(c)对图(a)所进行的重画，该图给出了深度优先树中所有的树边、往下的从祖先指向后代的前向边和往上的从后代指向祖先的后向边

定理 22.7(括号化定理)　在对有向或无向图 $G = (V, E)$ 进行的任意深度优先搜索中，对于任意两个结点 u 和 v 来说，下面三种情况只有一种成立：

- 区间 $[u.d, u.f]$ 和区间 $[v.d, v.f]$ 完全分离，在深度优先森林中，结点 u 不是结点 v 的后代，结点 v 也不是结点 u 的后代。
- 区间 $[u.d, u.f]$ 完全包含在区间 $[v.d, v.f]$ 内，在深度优先树中，结点 u 是结点 v 的后代。
- 区间 $[v.d, v.f]$ 完全包含在区间 $[u.d, u.f]$ 内，在深度优先树中，结点 v 是结点 u 的后代。

证明　我们从 $u.d < v.d$ 的情况开始。在该情况下，根据不等式 $v.d < u.f$ 是否成立又可以分为两种子情况。第一种子情况是在 $v.d < u.f$ 成立时，结点 v 在结点 u 仍然是灰色的时候被发现，这意味着结点 v 是结点 u 的后代。而且，因为结点 v 在结点 u 的后面被发现，其所有的出发边都已经被探索完，在搜索算法返回来继续处理结点 u 时，结点 v 的处理已经完成。在这种情况下，区间 $[v.d, v.f]$ 完全包含在区间 $[u.d, u.f]$ 内。在第二种子情况下，$u.f < v.d$，根据不等式(22.2)，我们有 $u.d < u.f < v.d < v.f$，因此，区间 $[u.d, u.f]$ 和区间 $[v.d, v.f]$ 是完全分离的，没有一个结点是在另一个结点为灰色的时候被发现的，因此，没有一个结点是另一个结点的后代。

对于 $v.d < u.d$ 的情况，证明过程类似，只不过将上述证明中的 u 和 v 进行对调即可。　　■

推论 22.8(后代区间的嵌套)　在有向或无向图 G 的深度优先森林中，结点 v 是结点 u 的真后代当且仅当 $u.d < v.d < v.f < u.f$ 成立。

证明　从定理 22.7 立即可得。　　　　　　　　　　　　　　　　　　　　　■

下面的定理给出的是在深度优先森林中，当一个结点是另一个结点的后代时的另一个重要特征。

定理 22.9(白色路径定理)　在有向或无向图 $G=(V,E)$ 的深度优先森林中，结点 v 是结点 u 的后代当且仅当在发现结点 u 的时间 $u.d$，存在一条从结点 u 到结点 v 的全部由白色结点所构成的路径。

证明　⇒：如果 $v=u$，则从结点 u 到结点 v 的路径仅包含结点 u，而该结点在算法设置 $u.d$ 的值时仍然是白色的。现在，假定在深度优先森林中，结点 v 是结点 u 的真后代。根据推论 22.8，我们有 $u.d<v.d$，因此结点 v 在时刻 $u.d$ 时为白色。由于结点 v 可以是 u 的任意后代，在深度优先森林中，从结点 u 到结点 v 的唯一简单路径上的所有结点在时刻 $u.d$ 时都是白色的。

⇐：假定在时刻 $u.d$ 时存在一条从结点 u 到结点 v 的全部由白色结点组成的路径，但结点 v 在深度优先树中却不是结点 u 的后代。不失一般性，假定从结点 u 到结点 v 的路径上除结点 v 以外的每个结点都成为 u 的后代(否则，可设 v 为路径上离结点 u 最近的没有成为结点 u 的后代的结点)。设结点 w 为路径上结点 v 的前驱，使得 w 是 u 的一个后代(事实上 w 和 u 可能是同一个结点)。根据推论 22.8，我们有 $w.f\leqslant u.f$。因为结点 v 必须在结点 u 被发现之后但在结点 w 的处理完成之前被发现，所以 $u.d<v.d<w.f\leqslant u.f$。根据定理 22.7，区间 $[v.d，v.f]$ 完全包含在区间 $[u.d，u.f]$ 中。根据推论 22.8，结点 v 最后必然成为结点 u 的后代。　　■

边的分类

深度优先搜索的另一个有趣的性质是，可以通过搜索来对输入图 $G=(V,E)$ 的边进行分类。每条边的类型可以提供关于图的重要信息。例如，在下一节的讨论中，我们将看到有向图是无环图当且仅当深度优先搜索不产生"后向"边(引理 22.11)。

对于在图 G 上运行深度优先搜索算法所生成的深度优先森林 G_π，我们可以定义 4 种边的类型：

1. **树边**：为深度优先森林 G_π 中的边。如果结点 v 是因算法对边 (u,v) 的探索而首先被发现，则 (u,v) 是一条树边。

2. **后向边**：后向边 (u,v) 是将结点 u 连接到其在深度优先树中(一个)祖先结点 v 的边。由于有向图中可以有自循环，自循环也被认为是后向边。

3. **前向边**：是将结点 u 连接到其在深度优先树中一个后代结点 v 的边 (u,v)。

4. **横向边**：指其他所有的边。这些边可以连接同一棵深度优先树中的结点，只要其中一个结点不是另外一个结点的祖先，也可以连接不同深度优先树中的两个结点。

在图 22-4 和图 22-5 中，每条边上的标签标明了该条边的类型。图 22-5(c)同时还描述了如何对图 22-5(a)进行重画，以便让所有的树边和前向边都朝下指，而所有的后向边都朝上指。事实上，我们可以将任何图都重画成这种模式。

在遇到某些边时，DFS 有足够的信息来对这些边进行分类。这里的关键是，当第一次探索边 (u,v) 时，结点 v 的颜色能够告诉我们关于该条边的一些信息。

1. 结点 v 为白色表明该条边 (u,v) 是一条树边。

2. 结点 v 为灰色表明该条边 (u,v) 是一条后向边。

3. 结点 v 为黑色表明该条边 (u,v) 是一条前向边或横向边。

第一种情况可以从算法的规范中立即推知。对于第二种情况，只要注意到，灰色结点总是形成一条线性的后代链，这条链对应当前活跃的 DFS-VISIT 调用栈；灰色结点的数量总是比深度优先森林中最近被发现的结点的深度多 1。而算法对图的探索总是从深度最深的灰色结点往前推进，因此，(从当前灰色结点)通向另一个灰色结点的边所到达的是当前灰色结点的祖先。第三种情况处理的是剩下的可能性。练习 22.3-5 将要求读者证明这种情况下的边(u, v)在 $u.d < v.d$ 时为前向边，在 $u.d > v.d$ 时为横向边。

在对边进行分类时，无向图可能给我们带来一些模糊性，因为边(u, v)和边(v, u)实际上是同一条边。在这种情况下，我们将边(u, v)划分为分类列表中第一种适合该边的类型。等价地（请参阅练习 22.3-6），我们也可以根据搜索时算法是先探索到边(u, v)还是边(v, u)来进行分类。

我们现在来证明，在对无向图的深度优先搜索中，从来不会出现前向边和横向边。

定理 22.10 在对无向图 G 进行深度优先搜索时，每条边要么是树边，要么是后向边。

证明 设(u, v)是 G 的任意一条边。不失一般性，假定 $u.d < v.d$。那么因为结点 v 在结点 u 的邻接链表中，搜索算法将在完成结点 u 的处理之前（即在结点 u 是灰色的时间段里）必定发现和完成对结点 v 的处理。如果在搜索算法第一次探索边(u, v)时，其方向是从结点 u 到结点 v，则结点 v 在该时刻之前没有被发现（颜色为白色），否则，搜索算法将已经从反方向探索了这条边。因此，在这种情况下，(u, v)成为一条树边。如果搜索算法第一次探索边(u, v)时是从结点 v 到结点 u 的方向，则(u, v)是一条后向边，因为在边(u, v)被第一次探索时，结点 u 仍然是灰色的。 ■

在本章后面的小节中，我们将看到这些定理的几种应用。

练习

22.3-1 画一个 3×3 的网格，行和列的抬头分别标记为白色、灰色和黑色。对于每个表单元(i, j)，请指出在对有向图进行深度优先搜索的过程中，是否可能存在一条边，连接一个颜色为 i 的结点和一个颜色为 j 的结点。对于每种可能的边，指明该种边的类型。另外，请针对无向图的深度优先搜索再制作一张这样的网格。

22.3-2 给出深度优先搜索算法在图 22-6 上的运行过程。假定深度优先搜索算法的第 5~7 行的 **for** 循环是以字母表顺序依次处理每个结点，并假定每条邻接链表皆以字母表顺序对里面的结点进行了排序。请给出每个结点的发现时间和完成时间，并给出每条边的分类。

图 22-6 用于练习 22.3-2 和 22.5-2 的有向图

22.3-3 给出图 22-4 的深度优先搜索的括号化结构。

22.3-4 证明：使用单个位来存放每个结点的颜色已经足够。这一点可以通过证明如下事实来得到：如果将 DFS-VISIT 的第 8 行删除，DFS 给出的结果相同。

22.3-5 证明边(u, v)是：
  a. 树边或前向边当且仅当 $u.d < v.d < v.f < u.f$。
  b. 后向边当且仅当 $v.d \leqslant u.d < u.f \leqslant v.f$。
  c. 横向边当且仅当 $v.d < v.f < u.d < u.f$。

22.3-6 证明：在无向图中，根据深度优先搜索算法是先探索(u, v)还是先探索(v, u)来将边(u, v)分类为树边或者后向边，与根据分类列表中的 4 种类型的次序进行分类是等价的。

22.3-7 请重写 DFS 算法的伪代码，以便使用栈来消除递归调用。

22.3-8 请给出如下猜想的一个反例：如果有向图 G 包含一条从结点 u 到结点 v 的路径，并且在对图 G 进行深度优先搜索时有 $u.d < v.d$，则结点 v 是结点 u 在深度优先森林中的一个后代。

22.3-9 请给出如下猜想的一个反例：如果有向图 G 包含一条从结点 u 到结点 v 的路径，则任何对图 G 的深度优先搜索都将导致 $v.d \leqslant u.f$。

22.3-10 修改深度优先搜索的伪代码，让其打印出有向图 G 的每条边及其分类。并指出，如果图 G 是无向图，要进行何种修改才能达到相同的效果。

22.3-11 请解释有向图的一个结点 u 怎样才能成为深度优先树中的唯一结点，即使结点 u 同时有入边和出边。

22.3-12 证明：我们可以在无向图 G 上使用深度优先搜索来获得图 G 的连通分量，并且深度优先森林所包含的树的棵数与 G 的连通分量数量相同。更准确地说，请给出如何修改深度优先搜索来让其给每个结点赋予一个介于 1 和 k 之间的整数值 $v.cc$，这里 k 是 G 的连通分量数，使得 $u.cc = v.cc$ 当且仅当结点 u 和结点 v 处于同一个连通分量中。

★22.3-13 对于有向图 $G = (V, E)$ 来说，如果 $u \leadsto v$ 意味着图 G 至多包含一条从 u 到 v 的简单路径，则图 G 是**单连通图**（singly connected）。请给出一个有效算法来判断一个有向图是否是单连通图。

22.4　拓扑排序

本节阐述如何使用深度优先搜索来对有向无环图进行拓扑排序。对于一个有向无环图 $G = (V, E)$ 来说，其**拓扑排序**是 G 中所有结点的一种线性次序，该次序满足如下条件：如果图 G 包含边 (u, v)，则结点 u 在拓扑排序中处于结点 v 的前面（如果图 G 包含环路，则不可能排出一个线性次序）。可以将图的拓扑排序看做是将图的所有结点在一条水平线上排开，图的所有有向边都从左指向右。因此，拓扑排序与本书第二部分所讨论的通常意义上的"排序"是不同的。

许多实际应用都需要使用有向无环图来指明事件的优先次序。图 22-7 描述的是 Bumstead 教授每天早上起床穿衣所发生的事件的次序图。教授必须先穿某些衣服，才能再穿其他衣服（如先穿袜子后才能再穿鞋）。有些服饰则可以以任意顺序穿上（如袜子和裤子之间可以以任意次序进行穿戴）。在图 22-7(a)所示的有向无环图中，有向边 (u, v) 表明服装 u 必须在服装 v 之前穿上。对该有向无环图进行拓扑排序所获得的就是一种合理穿衣的次序。图 22-7(b)将拓扑排序后的有向无环图在一条水平线上展示出来，在该水平线上，所有的有向边都从左指向右。

〔612〕

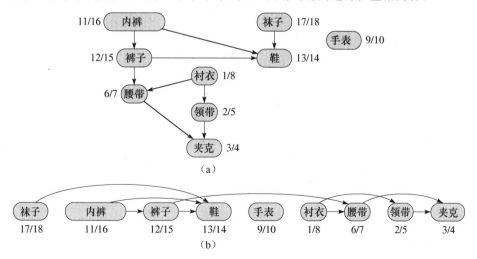

图 22-7　(a)Bumstead 教授对自己每天早上的穿衣进行的拓扑排序。每条有向边 (u, v) 表明服装 u 必须在服装 v 之前穿上。深度优先搜索的发现时间和完成时间注明在每个结点旁边。(b)以拓扑排序展示的同一个图，所有的结点按照其完成时间的逆序被排成从左至右的一条水平线。所有的有向边都从左指向右

下面的简单算法可以对一个有向无环图进行拓扑排序：

TOPOLOGICAL-SORT(G)

1 call DFS(G) to compute finishing times $v.f$ for each vertex v
2 as each vertex is finished, insert it onto the front of a linked list
3 **return** the linked list of vertices

图 22-7(b)描述的是经过拓扑排序后的结点次序，这个次序与结点的完成时间恰好相反。

我们可以在 $\Theta(V+E)$ 的时间内完成拓扑排序，因为深度优先搜索算法的运行时间为 $\Theta(V+E)$，将结点插入到链表最前端所需的时间为 $O(1)$，而一共只有 $|V|$ 个结点需要插入。

我们将使用下面的引理来证明拓扑排序算法的正确性，该引理描述的是有向无环图的特征。

引理 22.11 一个有向图 $G=(V,E)$ 是无环的当且仅当对其进行的深度优先搜索不产生后向边。

证明 $\Rightarrow$：假定对图 G 进行的深度优先搜索产生了一条后向边 (u,v)，则在深度优先森林中，结点 v 是结点 u 的祖先。因此，图 G 包含一条从 v 到 u 的路径，该路径与后向边 (u,v) 一起形成一个环路。

$\Leftarrow$：假定 G 包含一个环路 c。我们下面来证明深度优先搜索将产生一条后向边。设结点 v 是环路 c 上第一个被发现的结点，设 (u,v) 是环路 c 中结点 v 前面的一条边。在时刻 $v.d$，环路 c 中的结点形成一条从结点 v 到结点 u 的全白色结点路径。根据白色路径定理，结点 u 将在深度优先森林中成为结点 v 的后代。因此，(u,v) 是一条后向边。 ■

定理 22.12 拓扑排序算法 TOPOLOGICAL-SORT 生成的是有向无环图的拓扑排序。

证明 假定在有向无环图 $G=(V,E)$ 上运行 DFS 来计算结点的完成时间。我们只需要证明，对于任意一对不同的结点 $u,v \in V$，如果图 G 包含一条从结点 u 到结点 v 的边，则 $v.f < u.f$。考虑算法 DFS(G) 所探索的任意一条边 (u,v)。当这条边被探索时，结点 v 不可能是灰色，因为那样的话，结点 v 将是结点 u 的祖先，这样 (u,v) 将是一条后向边，与引理 22.11 矛盾。因此，结点 v 要么是白色，要么是黑色。如果结点 v 是白色，它将成为结点 u 的后代，因此 $v.f < u.f$。如果结点 v 是黑色，则对其全部的处理都已经完成，因此 $v.f$ 已经被设置。因为我们还需要对结点 u 进行探索，$u.f$ 尚需要设定。但一旦我们对 $u.f$ 进行设定，则其数值必定比 $v.f$ 大，即 $v.f < u.f$。因此，对于任意一条边 (u,v)，我们有 $v.f < u.f$。 ■

练习

22.4-1 给出算法 TOPOLOGICAL-SORT 运行于图 22-8 上时所生成的结点次序。这里的所有假设与练习 22.3-2 一样。

22.4-2 请给出一个线性时间的算法，算法的输入为一个有向无环图 $G=(V,E)$ 以及两个结点 s 和 t，算法的输出是从结点 s 到结点 t 之间的简单路径的数量。例如，对于图 22-8 所示的有向无环图，从结点 p 到结点 v 一共有 4 条简单路径，分别是 pov、$poryv$、$posryv$ 和 $psryv$。（本题仅要求计数简单路径的条数，而不要求将简单路径本身列举出来。）

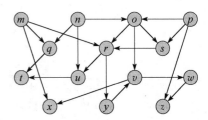

图 22-8 一个用于拓扑排序的有向无环图

22.4-3 给出一个算法来判断给定无向图 $G=(V,E)$ 是否包含一个环路。算法运行时间应该在 $O(V)$ 数量级，且与 $|E|$ 无关。

22.4-4 证明或反证下述论断：如果有向图 G 包含环路，则在算法 TOPOLOGICAL-SORT(G) 所生成的结点序列里，图 G 中与所生成序列不一致的"坏"边的条数最少。

22.4-5 在有向无环图 $G = (V, E)$ 上执行拓扑排序还有一种办法，就是重复寻找入度为 0 的结点，输出该结点，将该结点及从其发出的边从图中删除。请解释如何在 $O(V+E)$ 的时间内实现这种思想。如果图 G 包含环路，将会发生什么情况？

22.5　强连通分量

我们现在来考虑深度优先搜索的一个经典应用：将有向图分解为强连通分量。本节将阐述如何使用深度优先搜索来做到这一点。许多针对有向图的算法都以此种分解操作开始。在将图分解为强连通分量后，这些算法将分别运行在每个连通分量上，然后根据连通分量之间的连接结构将各个结果组合起来，从而获得最终所需的结果。

从本书附录 B 的讨论可知，有向图 $G = (V, E)$ 的强连通分量是一个最大结点集合 $C \subseteq V$，对于该集合中的任意一对结点 u 和 v 来说，路径 $u \leadsto v$ 和路径 $v \leadsto u$ 同时存在；也就是说，结点 u 和结点 v 可以互相到达。图 22-9 描述的是强连通分量的一个例子。

615

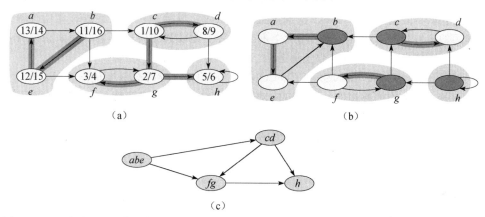

图 22-9　(a)有向图 G。每个加了阴影的区域是 G 的一个强连通分量。每个结点上注明了其在深度优先搜索中的发现时间和完成时间，所有的树边都加了额外的阴影。(b)图 G 的转置图 G^T，图中注明了由算法 STRONGLY-CONNECTED-COMPONENTS 第 3 行所计算出来的深度优先森林，所有树边都加上了额外的阴影。每个强连通分量对应一棵深度优先树。加了深阴影的结点 b、c、g 和 h 全部是深度优先树的根结点。这些深度优先树是在转置图 G^T 上运行深度优先搜索算法所获得的。(c)无环分量图 G^{SCC}，由对图 G 的强连通分量进行收缩而成，这种收缩将每个强连通分量收缩为一个结点，即由一个结点来替换整个连通分量

我们用于寻找强连通分量的算法需要用到图 $G = (V, E)$ 的转置，在练习 22.1-3 中将其定义为 $G^T = (V, E^T)$，这里 $E^T = \{(u, v) : (v, u) \in E\}$。也就是说，$E^T$ 由对图 G 中的边进行反向而获得。给定图 G 的邻接链表，创建 G^T 的时间为 $O(V+E)$。有趣的是，图 G 和图 G^T 的强连通分量完全相同：u 和 v 在图 G 中可以相互到达当且仅当它们在图 G^T 中可以相互到达。图 22-9(b)描述的就是图 22-9(a)的转置，我们在其强连通分量上加了阴影。

616

下面的线性时间(即 $\Theta(V+E)$ 时间)算法使用两次深度优先搜索来计算有向图 $G = (V, E)$ 的强连通分量。这两次深度优先搜索一次运行在图 G 上，一次运行在转置图 G^T 上。

STRONGLY-CONNECTED-COMPONENTS(G)

1　call DFS(G) to compute finishing times $u.f$ for each vertex u

2　compute G^T

3　call DFS(G^T), but in the main loop of DFS, consider the vertices
　　in order of decreasing $u.f$ (as computed in line 1)

4 output the vertices of each tree in the depth-first forest formed in line 3 as a
    separate strongly connected component

上述算法背后的思想来自于分量图 $G^{\text{SCC}}=(V^{\text{SCC}}，E^{\text{SCC}})$ 的一个关键性质，这个关键性质的定义如下：假定图 G 有强连通分量 C_1，C_2，$\cdots$，C_k。结点集 V^{SCC} 为 $\{v_1，v_2，\cdots，v_k\}$，对于图 G 的每个强连通分量 C_i 来说，该集合包含代表该分量的结点 v_i。如果对于某个 $x\in C_i$ 和 $y\in C_j$，图 G 包含一条有向边 $(x，y)$，则边 $(v_i，v_j)\in E^{\text{SCC}}$。从另一个角度来看，通过收缩所有相邻结点都在同一个强连通分量中的边，剩下的图就是 G^{SCC}。图 22-9(c) 描述的就是图 22-9(a) 的分量图。

分量图的关键性质就是：分量图是一个有向无环图。该事实可由下面的引理所推出。

引理 22.13 设 C 和 C' 为有向图 $G=(V，E)$ 的两个不同的强连通分量，设结点 u，$v\in C$，结点 u'，$v'\in C'$，假定图 G 包含一条从结点 u 到结点 u' 的路径 $u\rightsquigarrow u'$。那么图 G 不可能包含一条从结点 v' 到结点 v 的路径 $v'\rightsquigarrow v$。

证明 如果图 G 包含一条从结点 v' 到结点 v 的路径 $v'\rightsquigarrow v$，则 G 也将包含路径 $u\rightsquigarrow u'\rightsquigarrow v'$ 和 $v'\rightsquigarrow v\rightsquigarrow u$。因此，$u$ 和 u' 可以互相到达，从而与 C 和 C' 是不同的强连通分量的假设矛盾。 ■

在后面我们将看到，在进行第二次深度优先搜索时，以第一次深度优先搜索所计算出的结点完成时间的递减顺序来对结点进行考察，我们实际上是在以拓扑排序的次序来访问分量图中的结点（每个结点对应图 G 的一个强连通分量）。

因为算法 STRONGLY-CONNECTED-COMPONENTS 执行两次深度优先搜索，在讨论 $u.d$ 或 $u.f$ 时可能存在潜在的模糊性。在本节的讨论中，这些值指的都是第一次深度优先搜索（算法第 1 行）所计算出的发现时间和完成时间。

下面我们将结点的发现时间和完成时间的概念推广到结点集合上：如果结点集合 $U\subseteq V$，则定义 $d(U)=\min_{u\in U}\{u.d\}$ 和 $f(U)=\max_{u\in U}\{u.f\}$。也就是说，$d(U)$ 和 $f(U)$ 分别是结点集合 U 中所有结点里最早的发现时间和最晚的完成时间。

下面的引理及其推论给出的是一个关键性质，该性质将图 G 的强连通分量与第一次深度优先搜索所计算出的完成时间关联起来。

引理 22.14 设 C 和 C' 为有向图 $G=(V，E)$ 的两个不同的强连通分量。假如存在一条边 $(u，v)\in E$，这里 $u\in C$，$v\in C'$，则 $f(C)>f(C')$。

证明 根据深度优先搜索算法中最早发现的结点在哪个强连通分量里而分为两种情况进行考虑。

第一种情况：如果 $d(C)<d(C')$，设 x 为连通分量 C 中最早被发现的结点，那么在时刻 $x.d$，所有 C 和 C' 中的结点都是白色的。在该时刻，图 G 包含一条从结点 x 到 C 中每个结点的仅包含白色结点的路径。因为 $(u，v)\in E$，对于任意结点 $w\in C'$，在时刻 $x.d$ 时，G 中也存在一条从结点 x 到结点 w 的仅包含白色结点的路径 $x\rightsquigarrow u\rightarrow v\rightsquigarrow w$。根据白色路径定理，连通分量 C 和 C' 中的所有结点都成为深度优先树里结点 x 的后代。根据推论 22.8，结点 x 的完成时间比其所有的后代都晚，因此 $x.f=f(C)>f(C')$。

第二种情况：如果 $d(C)>d(C')$，设 y 为 C' 中最早被发现的结点，那么在时刻 $y.d$，所有 C' 中的结点都是白色的，且图 G 包含一条从结点 y 到 C' 中每个结点的仅包含白色结点的路径。根据白色路径定理，连通分量 C' 中的所有结点都将成为深度优先树里结点 y 的后代。根据推论 22.8，$y.f=f(C')$。在时刻 $y.d$ 时，连通分量 C 中的所有结点都是白色的。由于存在边 $(u，v)$ 将 C 连接到 C'，引理 22.13 告诉我们，不可能存在一条从 C' 到 C 的路径。因此，C 中的结点不可能从 y 到达。在时刻 $y.f$ 时，所有 C 中的结点仍然是白色。因此，对于任意结点 $w\in C$ 来说，我们有 $w.f>y.f$，这就意味着 $f(C)>f(C')$。 ■

下面的推论告诉我们，转置图 G^{T} 中连接不同强连通分量的每条边都是从完成时间较早（第一次深度优先搜索所计算出的完成时间）的分量指向完成时间较迟的分量。

推论 22.15　设 C 和 C' 为有向图 $G=(V, E)$ 的两个不同的强连通分量，假如存在一条边 $(u, v)\in E^T$，这里 $u\in C$，$v\in C'$，则 $f(C)<f(C')$。

〔618〕

证明　由于边 $(u, v)\in E^T$，我们有 $(v, u)\in E$。图 G 和图 G^T 的强连通分量相同，引理 22.14 告诉我们，$f(C)<f(C')$。　■

推论 22.15 是我们理解为什么强连通分量算法能够正确工作的关键。我们来看一下在进行第二次深度优先搜索时到底发生了什么。第二次深度优先搜索运行在图 G 的转置图 G^T 上。我们从完成时间最晚的强连通分量 C 开始。搜索算法从 C 中的某个结点 x 开始，访问 C 中的所有结点。根据推论 22.15，G^T 不可能包含从 C 到任何其他强连通分量的边，因此，从结点 x 开始的搜索不会访问任何其他分量中的结点。因此，以 x 为根结点的树仅包含 C 的所有结点。在完成对 C 中所有结点的访问后，算法第 3 行从另一个强连通分量 C' 选择一个结点作为根结点来继续进行深度优先搜索，这里 $f(C')$ 的取值在除 C 以外的所有强连通分量里面为最大。再一次，搜索算法将访问 C' 中的所有结点，但是根据推论 22.15，图 G^T 中从 C' 到任何其他连通分量的边必定是从 C' 到 C 的边，而这些边我们已经访问过。一般来说，当算法第 3 行对 G^T 的深度优先搜索访问任意一个强连通分量时，从该连通分量发出的所有边只能是通向已经被访问过的强连通分量。因此，每棵深度优先树恰恰是一个强连通分量。下面的定理对该论点进行了正式表述。

定理 22.16　算法 STRONGLY-CONNECTED-COMPONENTS 能够正确计算出有向图 G 的强连通分量。

证明　我们以算法第 3 行对图 G^T 进行深度优先搜索时所发现的深度优先树的棵数来进行归纳。我们的归纳假设是，算法第 3 行所生成的前面 k 棵树都是强连通分量。归纳证明的初始情况是 $k=0$ 时，归纳假设显然成立。

在归纳步，假定算法第 3 行所生成的前 k 棵树都是强连通分量，现在需要考虑第 $(k+1)$ 棵树。设该树的根结点为 u，结点 u 处于强连通分量 C 中。根据我们在算法第 3 行选择深度优先搜索的根结点的方式，对于任意除 C 以外且尚未被访问的强连通分量 C' 来说，有 $u.f=f(C)>f(C')$。根据归纳假设，在搜索算法访问结点 u 的时刻，C 中的所有结点都是白色的。根据白色路径定理，C 中的其他所有结点都是结点 u 在深度优先树中的后代。而且，根据归纳假设和推论 22.15，转置图 G^T 中所有从 C 发出的边只能是指向已经访问过的强连通分量。因此，除 C 以外的强连通分量中的结点不可能在对 G^T 进行深度优先搜索时成为结点 u 的后代。因此，转置图 G^T 里根结点为结点 u 的深度优先树中的所有结点恰好形成一个强连通分量。　■

〔619〕

我们也可以从另一个角度来看第二次深度优先搜索的运行过程。考虑转置图 G^T 的分量图 $(G^T)^{SCC}$。如果将第二次深度优先搜索所访问的每个强连通分量映射到 $(G^T)^{SCC}$ 的一个结点上，则第二次深度优先搜索将以拓扑排序次序的逆序来访问 $(G^T)^{SCC}$ 中的结点。如果将 $(G^T)^{SCC}$ 中的边翻转过来，我们将获得图 $((G^T)^{SCC})^T$。因为 $((G^T)^{SCC})^T=G^{SCC}$（请参阅练习 22.5-4），所以以第二次深度优先搜索是以拓扑排序次序访问 G^{SCC} 中的结点的。

练习

22.5-1　如果在图 G 中加入一条新的边，G 中的强连通分量的数量会发生怎样的变化？

22.5-2　给出算法 STRONGLY-CONNECTED-COMPONENTS 在图 22-6 上的运行过程。具体要求是，给出算法第 1 行所计算出的完成时间和第 3 行所生成的森林。假定 DFS 的第 5~7 行的循环是以字母表顺序来对结点进行处理，并且连接链表中的结点也是以字母表顺序排列好的。

22.5-3　Bacon 教授声称，如果在第二次深度优先搜索时使用原始图 G 而不是图 G 的转置图 G^T，并且以完成时间的递增次序来扫描结点，则计算强连通分量的算法将会更加简单。这个更加简单的算法总是能计算出正确的结果吗？

22.5-4 证明：对于任意有向图 G 来说，$((G^T)^{SCC})^T = G^{SCC}$。也就是说，转置图 G^T 的分量图的转置与图 G 的分量图相同。

22.5-5 给出一个时间复杂度为 $O(V+E)$ 的算法来计算有向图 $G=(V, E)$ 的分量图。请确保在算法所生成的分量图中，任意两个结点之间至多存在一条边。

22.5-6 给定有向图 $G=(V, E)$，请说明如何创建另一个图 $G'=(V, E')$，使得：(a)G' 的强连通分量与 G 的相同，(b)G' 的分量图与 G 的相同，以及(c)E' 所包含的边尽可能少。请给出一个计算图 G' 的快速算法。

22.5-7 给定有向图 $G=(V, E)$，如果对于所有结点对 $u, v \in V$，我们有 $u \rightsquigarrow v$ 或 $v \rightsquigarrow u$，则 G 是**半连通的**。请给出一个有效的算法来判断图 G 是否是半连通的。证明算法的正确性并分析其运行时间。

思考题

22-1 (**以广度优先搜索来对图的边进行分类**) 深度优先搜索将图中的边分类为树边、后向边、前向边和横向边。广度优先搜索也可以用来进行这种分类。具体来说，广度优先搜索将从源结点可以到达的边划分为同样的 4 种类型。

a. 证明在对无向图进行的广度优先搜索中，下面的性质成立：

1. 不存在后向边，也不存在前向边。
2. 对于每条树边 (u, v)，我们有 $v.d = u.d + 1$。
3. 对于每条横向边 (u, v)，我们有 $v.d = u.d$ 或 $v.d = u.d + 1$。

b. 证明在对有向图进行广度优先搜索时，下面的性质成立：

1. 不存在前向边。
2. 对于每条树边 (u, v)，我们有 $v.d = u.d + 1$。
3. 对于每条横向边 (u, v)，我们有 $v.d \leq u.d + 1$。
4. 对于每条后向边 (u, v)，我们有 $0 \leq v.d \leq u.d$。

22-2 (**衔接点、桥和双连通分量**) 设 $G=(V, E)$ 为一个连通无向图。图 G 的**衔接点**是指图 G 中的一个结点，删除该结点将导致图不连通。图 G 的**桥**是指图中的一条边，删除该条边，图就不再连通。图 G 的**双连通分量**是指一个最大的边集合，里面的任意两条边都处于同一条简单环路中。图 22-10 描述的就是这些概念的定义。我们可以使用深度优先搜索算法来判断图 G 的衔接点、桥和双连通分量。设 $G_\pi=(V, E_\pi)$ 为图 G 的深度优先树。

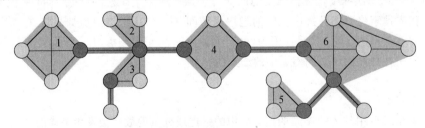

图 22-10 思考题 22-2 中所用到的连通无向图的衔接点、桥和双连通分量。图中深阴影的结点为衔接点，深阴影的边为桥，图中阴影覆盖的区域中的边(旁边示出了一个 bcc 编号)表示双连通分量

a. 证明：G_π 的根结点是图 G 的衔接点当且仅当它在 G_π 中至少有两个子结点。

b. 设结点 v 为 G_π 的一个非根结点。证明：v 是 G 的衔接点当且仅当结点 v 有一个子结点 s，且没有任何从结点 s 或任何 s 的后代结点指向 v 的真祖先的后向边。

c. 定义

$$v.\,low = \min \begin{cases} v.\,d \\ w.\,d \colon (u, w) \text{ 是结点 } v \text{ 的某个后代结点 } u \text{ 的一条后向边} \end{cases}$$

请说明如何在 $O(E)$ 的时间内为所有结点 v 计算出 $v.\,low$ 的值。

d. 说明如何在 $O(E)$ 时间内计算出图 G 的所有衔接点。

e. 证明：图 G 的一条边是桥当且仅当该边不属于 G 中的任何简单环路。

f. 说明如何在 $O(E)$ 时间内计算出图 G 的所有桥。

g. 证明：G 的双连通分量是 G 的非桥边的一个划分。

h. 给出一个 $O(E)$ 时间复杂度的算法来给图 G 的每条边 e 做出标记。这个标记是一个正整数 $e.\,bcc$ 且满足 $e.\,bcc = e'.\,bcc$ 当且仅当边 e 和边 e' 在同一个双连通分量中。

622

22-3（欧拉回路） 强连通有向图 $G = (V, E)$ 中的一个欧拉回路是指一条遍历图 G 中每条边恰好一次的环路。不过，这条环路可以多次访问同一个结点。

a. 证明：图 G 有一条欧拉回路当且仅当对于图中的每个结点 v，有 in-degree$(v) =$ out-degree(v)。

b. 给出一个复杂度为 $O(E)$ 的算法来找出图 G 的一条欧拉回路。（提示：对边不相交环路进行归并。）

22-4（可到达性） 设 $G = (V, E)$ 为一个有向图，且每个结点 $u \in V$ 都标有一个唯一的整数值标记 $L(u)$，$L(u)$ 的取值为集合 $\{1, 2, \cdots, |V|\}$。对于每个结点 $u \in V$，设 $R(u) = \{v \in V \colon u \rightsquigarrow v\}$ 为从结点 u 可以到达的所有结点的集合。定义 $\min(u)$ 为 $R(u)$ 中标记为最小的结点，即 $\min(u)$ 为结点 v，满足 $L(v) = \min\{L(w) \colon w \in R(u)\}$。请给出一个时间复杂度为 $O(V + E)$ 的算法来计算所有结点 $u \in V$ 的 $\min(u)$。

本章注记

Even[103] 和 Tarjan[330] 是非常好的关于图算法方面的参考资料。

广度优先搜索算法由 Moore[260] 在研究迷宫路径问题时所发现。Lee[226] 在研究电子线路板的排线问题时独立地发现了同一个算法。

Hopcroft 和 Tarjan[178] 提倡使用邻接链表而不是邻接矩阵来表示稀疏图，并最先认识到深度优先搜索算法的重要性。深度优先搜索在 20 世纪 50 年代晚期获得广泛使用，尤其是在人工智能方面。

Tarjan[327] 给出了一个找出强连通分量的线性时间算法。22.5 节所讨论的找出强连通分量的算法摘自于 Aho、Hopcroft 和 Ullman[6]，而该文的作者则将功劳归于 S. R. Kosaraju（未发表）和 M. Sharir[314]。Gabow[119] 也提出了一个计算强连通分量的算法，它的做法是收缩环路，并使用两个栈结构来保证算法以线性时间运行。Knuth[209] 第一个给出了计算图的拓扑排序的线性时间算法。

623

最小生成树

在电子电路设计中，我们常常需要将多个组件的针脚连接在一起。要连接 n 个针脚，我们可以使用 $n-1$ 根连线，每根连线连接两个针脚。很显然，我们希望所使用的连线长度最短。

我们可以将上述的布线问题用一个连通无向图 $G=(V, E)$ 来予以表示，这里的 V 是针脚的集合，E 是针脚之间的可能连接，并且对于每条边 $(u, v) \in E$，我们为其赋予权重 $w(u, v)$ 作为连接针脚 u 和针脚 v 的代价(也就是连线的长度)。我们希望找到一个无环子集 $T \subseteq E$，既能够将所有的结点(针脚)连接起来，又具有最小的权重，即 $w(T) = \sum_{(u,v) \in T} w(u, v)$ 的值最小。由于 T 是无环的，并且连通所有的结点，因此，T 必然是一棵树。我们称这样的树为(图 G 的)**生成树**，因为它是由图 G 所生成的。我们称求取该生成树的问题为**最小生成树问题**$^{\ominus}$。图 23-1 描述的是一个连通图及其最小生成树的例子。

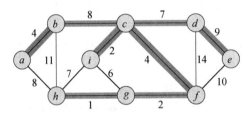

图 23-1　连通图的最小生成树。每条边上标记的数值为该条边的权重。在图中，属于最小生成树的边都加上了阴影。图中所示的生成树的总权重为 37。不过，该最小生成树并不是唯一的：删除边 (b, c)，然后加入边 (a, h)，将形成另一棵权重也是 37 的最小生成树

在本章中，我们将详细讨论解决最小生成树问题的两种算法：Kruskal 算法和 Prim 算法。如果使用普通的二叉堆，那么可以很容易地将这两个算法的时间复杂度限制在 $O(E \lg V)$ 的数量级内。但如果使用斐波那契堆，Prim 算法的运行时间将改善为 $O(E+V \lg V)$。此运行时间在 $|V|$ 远远小于 $|E|$ 的情况下较二叉堆有很大改进。

我们讨论的两种最小生成树算法都是贪心算法。如本书第 16 章所讨论的，贪心算法的每一步必须在多个可能的选择中选择一种。贪心算法推荐选择在当前看来最好的选择。这种策略一般并不能保证找到一个全局最优的解决方案。但是，对于最小生成树问题来说，我们可以证明，某些贪心策略确实能够找到一棵权重最小的生成树。虽然读者可能在阅读本章的内容时并没有将其与第 16 章的内容关联起来，但这里所阐述的贪心策略正是第 16 章所介绍的理论思想的一种经典应用。

因为树是图的一种，为了精确起见，我们在定义树时不仅要用到边，还必须用到结点。虽然本章在讨论树的时候关注的是它的边，但我们必须留意的是，树 T 中的结点是指由 T 中的边所连接的结点。

23.1　最小生成树的形成

假定有一个连通无向图 $G=(V, E)$ 和权重函数 $w: E \to \mathbf{R}$，我们希望找出图 G 的一棵最小生成树。本章所讨论的两种算法都使用贪心策略来解决这个问题，但它们使用贪心策略的方式却有所不同。

$\ominus$　术语"最小生成树"是术语"最小权重生成树"的简称。例如，我们并不打算将 T 中的边的条数减到最少，因为根据定理 B.2，生成树必须恰好有 $|V|-1$ 条边。

这个贪心策略可以由下面的通用方法来表述。该通用方法在每个时刻生长最小生成树的一条边，并在整个策略的实施过程中，管理一个遵守下述循环不变式的边集合 A：

在每遍循环之前，A 是某棵最小生成树的一个子集。

在每一步，我们要做的事情是选择一条边 (u, v)，将其加入到集合 A 中，使得 A 不违反循环不变式，即 $A \cup \{(u, v)\}$ 也是某棵最小生成树的子集。由于我们可以安全地将这种边加入到集合 A 而不会破坏 A 的循环不变式，因此称这样的边为集合 A 的 **安全边**。

625

GENERIC-MST(G, w)
1 $A = \varnothing$
2 **while** A does not form a spanning tree
3   find an edge (u, v) that is safe for A
4      $A = A \cup \{(u, v)\}$
5 **return** A

我们使用循环不变式的方式如下：

初始化：在算法第 1 行之后，集合 A 直接满足循环不变式。

保持：算法第 2 ~ 4 行的循环通过只加入安全边来维持循环不变式。

终止：所有加入到集合 A 中的边都属于某棵最小生成树，因此，算法第 5 行所返回的集合 A 必然是一棵最小生成树。

当然，这里的奥妙是算法的第 3 行：找到一条安全边。这条安全边必然存在，因为在执行算法第 3 行时，循环不变式告诉我们存在一棵生成树 T，满足 $A \subseteq T$。在第 2 ~ 4 行的 **while** 循环体内，集合 A 一定是 T 的真子集，因此，必然存在一条边 $(u, v) \in T$，使得 $(u, v) \notin A$，并且 (u, v) 对于集合 A 是安全的。

在本节剩下的篇幅里，我们将介绍辨认安全边的规则（定理 23.1）。下一节则讨论使用这条规则来快速找到安全边的两个算法。

我们首先需要一些定义。无向图 $G = (V, E)$ 的一个 **切割** $(S, V-S)$ 是集合 V 的一个划分，如图 23-2 所示。如果一条边 $(u, v) \in E$ 的一个端点位于集合 S，另一个端点位于集合 $V-S$，则称该条边 **横跨** 切割 $(S, V-S)$。如果集合 A 中不存在横跨该切割的边，则称该切割 **尊重** 集合 A。在横跨一个切割的所有边中，权重最小的边称为 **轻量级边**。注意，轻量级边可能不是唯一的。一般，如果一条边是满足某个性质的所有边中权重最小的，则称该条边是满足给定性质的一条 **轻量级边**。

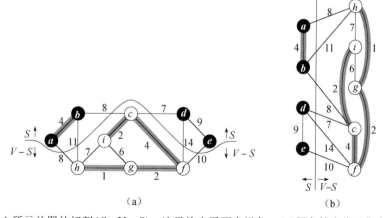

图 23-2　图 23-1 所示的图的切割 $(S, V-S)$，这里给出了两个视角。(a)黑色结点位于集合 S 中，白色结点位于集合 $V-S$ 中。横跨该切割的边是那些连接白色结点和黑色结点的边。边 (d, c) 是横跨该切割的唯一一条轻量级边。加了阴影的边属于子集 A：注意切割 $(S, V-S)$ 尊重集合 A，因为集合 A 中没有横跨该切割的边。(b)同一个图，只不过将集合 S 中的结点画在左边，集合 $V-S$ 中的结点画在右面。横跨切割的边所连接的一端是左面的结点，另一端是右面的结点

用来辨认安全边的规则由下面的定理给出。

定理 23.1 设 $G=(V, E)$ 是一个在边 E 上定义了实数值权重函数 w 的连通无向图。设集合 A 为 E 的一个子集，且 A 包括在图 G 的某棵最小生成树中，设 $(S, V-S)$ 是图 G 中尊重集合 A 的任意一个切割，又设 (u, v) 是横跨切割 $(S, V-S)$ 的一条轻量级边。那么边 (u, v) 对于集合 A 是安全的。

证明 设 T 是一棵包括 A 的最小生成树，并假定 T 不包含轻量级边 (u, v)；否则，我们已经证明完毕。现在来构建另一棵最小生成树 T'，我们通过剪切和粘贴来将 $A \cup \{(u, v)\}$ 包括在树 T' 中，从而证明 (u, v) 对于集合 A 来说是安全的。

边 (u, v) 与 T 中从结点 u 到结点 v 的简单路径 p 形成一个环路，如图 23-3 所示。由于结点 u 和结点 v 分别处在切割 $(S, V-S)$ 的两端，T 中至少有一条边属于简单路径 p 并且横跨该切割。设 (x, y) 为这样的一条边。因为切割 $(S, V-S)$ 尊重集合 A，边 (x, y) 不在集合 A 中。由于边 (x, y) 位于 T 中从 u 到 v 的唯一简单路径上，将该条边删除会导致 T 被分解为两个连通分量。将 (u, v) 加上去可将这两个连通分量连接起来形成一棵新的生成树 $T'=T-\{(x, y)\} \cup \{(u, v)\}$。

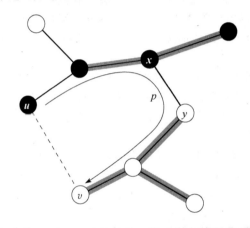

图 23-3 定理 23.1 的证明。黑色结点位于集合 S 里，白色结点位于集合 $V-S$ 里。图中仅描述了最小生成树 T 中的边，而没有绘出图 G 中的其他边。集合 A 中的边都加了阴影，边 (u, v) 是横跨切割 $(S, V-S)$ 的一条轻量级边。边 (x, y) 是树 T 里面从结点 u 到结点 v 的唯一简单路径上的一条边。要形成一棵包含 (u, v) 的最小生成树 T'，只需要在 T 中删除边 (x, y)，然后加上边 (u, v) 即可

下面证明 T' 是一棵最小生成树。由于边 (u, v) 是横跨切割 $(S, V-S)$ 的一条轻量级边并且边 (x, y) 也横跨该切割，我们有 $w(u, v) \leqslant w(x, y)$。因此，

$$w(T') = w(T) - w(x, y) + w(u, v) \leqslant w(T)$$

626
~
627

但是，T 是一棵最小生成树，我们有 $w(T) \leqslant w(T')$；因此，T' 一定也是一棵最小生成树。

下面还需要证明边 (u, v) 对于集合 A 来说是一条安全边。因为 $A \subseteq T$ 并且 $(x, y) \notin A$，所以有 $A \subseteq T'$；因此 $A \cup \{(u, v)\} \subseteq T'$。由于 T' 是最小生成树，(u, v) 对于集合 A 是安全的。 ■

定理 23.1 能够帮助我们更好地理解连通图 $G=(V, E)$ 上算法 GENERIC-MST 的工作原理。随着该算法的推进，集合 A 总是保持在无环状态；否则，包含 A 的最小生成树将包含一个环路，这将与树的定义相矛盾。在算法执行的任意时刻，图 $G_A=(V, A)$ 是一个森林，G_A 中的每个连通分量则是一棵树（某些树可能仅包含一个结点，如在算法开始时，集合 A 为空，而森林中包含 $|V|$ 棵树，每棵树中只有一个结点）。而且，由于 $A \cup \{(u, v)\}$ 必须是无环的，所有对于集合 A 为安全的边 (u, v) 所连接的是 G_A 中不同的连通分量。

GENERIC-MST 算法的第 2~4 行的 **while** 循环执行的总次数为 $|V|-1$ 次，因为该循环的每

遍历循环都找出最小生成树所需 $|V|-1$ 条边中的一条。在初始时，当 $A=\varnothing$ 时，G_A 中有 $|V|$ 棵树，每遍循环将树的数量减少 1 棵。当整个森林仅包含一棵树时，该算法就终止。

23.2 节中的两个算法将使用定理 23.1 的下列推论。

推论 23.2 设 $G=(V, E)$ 是一个连通无向图，并有定义在边集合 E 上的实数值权重函数 w。设集合 A 为 E 的一个子集，且该子集包括在 G 的某棵最小生成树里，并设 $C=(V_C, E_C)$ 为森林 $G_A=(V, A)$ 中的一个连通分量（树）。如果边 (u, v) 是连接 C 和 G_A 中某个其他连通分量的一条轻量级边，则边 (u, v) 对于集合 A 是安全的。

证明 切割 $(V_C, V-V_C)$ 尊重集合 A，边 (u, v) 是横跨该切割的一条轻量级边，因此，边 (u, v) 对于集合 A 是安全的。 ■

练习

23.1-1 设 (u, v) 是连通图 G 中的一条权重最小的边，证明：边 (u, v) 为图 G 的某棵最小生成树中的一条边。

23.1-2 Sabatier 教授猜想出了定理 23.1 的一个逆定理如下：设 $G=(V, E)$ 是一个连通无向图，并有定义在边集合 E 上的实数值权重函数 w。设集合 A 为 E 的一个子集，该子集包含在图 G 的某个最小生成树中。又设 $(S, V-S)$ 为 G 中任意尊重集合 A 的一个切割，边 (u, v) 是一条横跨切割 $(S, V-S)$ 且对于集合 A 安全的边。那么边 (u, v) 是该切割的一条轻量级边。请通过举出反例来证明 Sabatier 教授的猜想是不正确的。

23.1-3 证明：如果图 G 的一条边 (u, v) 包含在图 G 的某棵最小生成树中，则该条边是横跨图 G 的某个切割的一条轻量级边。

23.1-4 给出一个连通图的例子，使得边集合 $\{(u, v)$：存在一个切割 $(S, V-S)$，使得 (u, v) 是横跨该切割的一条轻量级边$\}$ 不形成一棵最小生成树。

23.1-5 设 e 为连通图 $G=(V, E)$ 的某条环路上权重最大的边。证明：图 $G'=(V, E-\{e\})$ 中存在一棵最小生成树，它也同时是 G 的最小生成树。也就是说，图 G 中存在一棵不包含边 e 的最小生成树。

23.1-6 证明：如果对于图的每个切割，都存在一条横跨该切割的唯一的轻量级边，则该图存在一棵唯一的最小生成树。并通过举出反例来证明其逆论断不成立。

23.1-7 证明：如果一个图的所有边的权重都是正值，则任意一个连接所有结点且总权重最小的一个边集合必然形成一棵树。另外，请举出例子来证明：如果允许某些边的权重为负值，则该论断不成立。

23.1-8 设 T 为图 G 的一棵最小生成树，设 L 为树 T 中一个边权重的有序列表。证明：对于图 G 的任何其他最小生成树 T'，列表 L 也是 T' 中一个边权重的有序列表。

23.1-9 设 T 为 $G=(V, E)$ 的一棵最小生成树，设 V' 为 V 的一个子集。设 T' 为由 V' 所诱导的 T 的子图，设 G' 为由 V' 诱导的 G 的子图。证明：如果 T' 是连通的，则 T' 是 G' 的一棵最小生成树。

23.1-10 给定图 G 和 G 的一棵最小生成树 T，假设减小了 T 中一条边的权重。证明：T 仍然是 G 的一棵最小生成树。更形式化地，设 T 为 G 的一棵最小生成树，G 的边权重由权重函数 w 给出。选择一条边 $(x, y) \in T$ 和一个正数 k，并定义下述的权重函数 w'：

$$w'(u, v) = \begin{cases} w(u, v) & \text{若 } (u, v) \neq (x, y) \\ w(x, y) - k & \text{若 } (u, v) = (x, y) \end{cases}$$

证明：T 仍然是 G 的一棵最小生成树，这里 G 的边权重由函数 w' 给出。

628

629

*23.1-11 给定图 G 和一棵最小生成树 T，假设减小了位于 T 之外的某条边的权重。请给出一个
在修改后的图中寻找最小生成树的算法。

23.2 Kruskal 算法和 Prim 算法

本节对最小生成树问题的两个经典算法进行讨论。这两种算法都是前一节所讨论的通用算法的细化，每种算法都使用一条具体的规则来确定 GENERIC-MST 算法第 3 行所描述的安全边。在 Kruskal 算法中，集合 A 是一个森林，其结点就是给定图的结点。每次加入到集合 A 中的安全边永远是权重最小的连接两个不同分量的边。在 Prim 算法里，集合 A 则是一棵树。每次加入到 A 中的安全边永远是连接 A 和 A 之外某个结点的边中权重最小的边。

Kruskal 算法

Kruskal 算法找到安全边的办法是，在所有连接森林中两棵不同树的边里面，找到权重最小的边 (u, v)。设 C_1 和 C_2 为边 (u, v) 所连接的两棵树。由于边 (u, v) 一定是连接 C_1 和其他某棵树的一条轻量级边，推论 23.2 隐含告诉我们，边 (u, v) 是 C_1 的一条安全边。很显然，Kruskal 算法属于贪心算法，因为它每次都选择一条权重最小的边加入到森林。

Kruskal 算法的实现与 21.1 节所讨论的计算连通分量的算法类似。我们使用一个不相交集合数据结构来维护几个互不相交的元素集合。每个集合代表当前森林中的一棵树。操作 FIND-SET(u) 用来返回包含元素 u 的集合的代表元素。我们可以通过测试 FIND-SET(u) 是否等于 FIND-SET(v) 来判断结点 u 和结点 v 是否属于同一棵树。Kruskal 算法使用 UNION 过程来对两棵树进行合并。

MST-KRUSKAL(G, w)
1 $A = \varnothing$
2 **for** each vertex $v \in G.V$
3   MAKE-SET(v)
4 sort the edges of $G.E$ into nondecreasing order by weight w
5 **for** each edge $(u, v) \in G.E$, taken in nondecreasing order by weight
6   **if** FIND-SET(v) $\neq$ FIND-SET(v)
7         $A = A \cup \{(u, v)\}$
8   UNION(u, v)
9 **return** A

图 23-4 描述的是 Kruskal 算法的工作过程。算法的第 1~3 行将集合 A 初始化为一个空集合，并创建 $|V|$ 棵树，每棵树仅包含一个结点。算法第 5~8 行的 **for** 循环按照权重从低到高的次序对每条边逐一进行检查。对于每条边 (u, v) 来说，该循环将检查端点 u 和端点 v 是否属于同一棵树。如果是，该条边不能加入到森林里（否则将形成环路）。如果不是，则两个端点分别属于不同的树，算法第 7 行将把这条边加入到集合 A 中，第 8 行则将两棵树中的结点进行合并。

对于图 $G = (V, E)$，Kruskal 算法的运行时间依赖于不相交集合数据结构的实现方式。假定使用 21.3 节所讨论的不相交集合森林实现，并增加按秩合并和路径压缩的功能，因为这是目前已知的渐近时间最快的实现方式。在这种实现模式下，算法第 1 行对集合 A 的初始化时间为 $O(1)$，第 4 行对边进行排序的时间为 $O(E \lg E)$（稍后将会讨论算法第 2~3 行 **for** 循环中的 $|V|$ 个 MAKE-SET 操作的代价）。算法第 5~8 行的 **for** 循环执行 $O(E)$ 个 FIND-SET 和 UNION 操作。与 $|V|$ 个 MAKE-SET 操作一起，这些操作的总运行时间为 $O((V+E)\alpha(V))$，这里 α 是 21.4 节所定义的一个增长非常缓慢的函数。由于假定图 G 是连通的，因此有 $|E| \geqslant |V| - 1$，所以不相交集合操作的时间代价为 $O(E\alpha(V))$。而且，由于 $\alpha(|V|) = O(\lg V) = O(\lg E)$，Kruskal 算法的总运行时间为 $O(E \lg E)$。如果再注意到 $|E| < |V|^2$，则有 $\lg |E| = O(\lg V)$，因此，我们可以将 Kruskal 算法的时间重新表示为 $O(E \lg V)$。

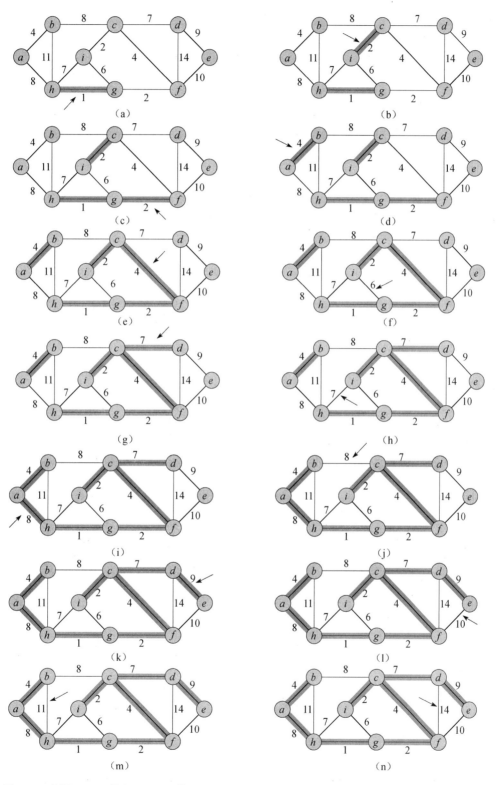

图 23-4　在图 23-1 上执行 Kruskal 算法的过程。加了阴影的边属于不断增长的森林 A。该算法按
照边的权重大小依次进行考虑。箭头指向的边是算法每一步所考察的边。如果该条边
将两棵不同的树连接起来，它就被加入到森林里，从而完成对两棵树的合并

Prim 算法

与 Kruskal 算法类似，Prim 算法也是 23.1 节所讨论的通用最小生成树算法的一个特例。Prim 算法的工作原理与 Dijkstra 的最短路径算法相似(该算法将在 24.3 节中讨论)。Prim 算法所具有的一个性质是集合 A 中的边总是构成一棵树。如图 23-5 所示，这棵树从一个任意的根结点 r 开始，一直长大到覆盖 V 中的所有结点时为止。算法每一步在连接集合 A 和 A 之外的结点的所有边中，选择一条轻量级边加入到 A 中。根据推论 23.2，这条规则所加入的边都是对 A 安全的边。因此，当算法终止时，A 中的边形成一棵最小生成树。本策略也属于贪心策略，因为每一步所加入的边都必须是使树的总权重增加量最小的边。

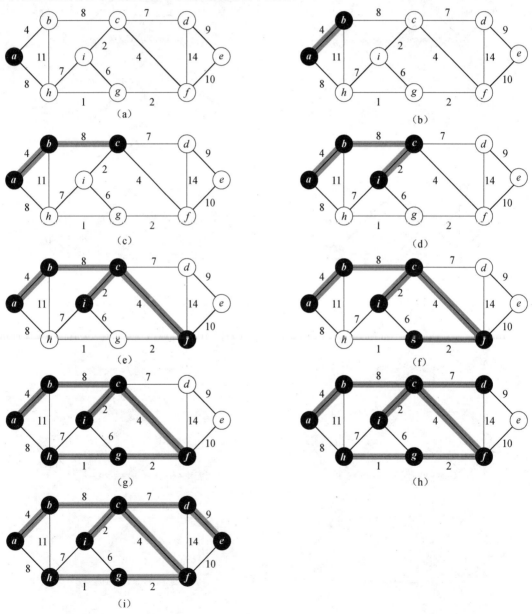

图 23-5　在图 23-1 上执行 Prim 算法的过程。初始的根结点为 a。加阴影的边和黑色的结点都属于树 A。在算法每一步，树中的结点就决定了图的一个切割，横跨该切割的一条轻量级边被加入到树中。例如，在图中的第 2 步，该算法可以选择将边 (b, c) 加入到树中，也可以选择将边 (a, h) 加入到树中，因为这两条边都是横跨该切割的轻量级边

为了有效地实现 Prim 算法，需要一种快速的方法来选择一条新的边，以便加入到由集合 A 中的边所构成的树里。在下面的伪代码中，连通图 G 和最小生成树的根结点 r 将作为算法的输入。在算法的执行过程中，所有不在树 A 中的结点都存放在一个基于 key 属性的最小优先队列 Q 中。对于每个结点 v，属性 $v.key$ 保存的是连接 v 和树中结点的所有边中最小边的权重。我们约定，如果不存在这样的边，则 $v.key=\infty$。属性 $v.\pi$ 给出的是结点 v 在树中的父结点。Prim 算法将 GENERIC-MST 中的集合 A 维持在 $A=\{(v,\ v.\pi)\colon v\in V-\{r\}-Q\}$ 的状态下。

当 Prim 算法终止时，最小优先队列 Q 将为空，而 G 的最小生成树 A 则是：

$$A=\{(v,v.\pi)\colon v\in V-\{r\}\}$$

MST-PRIM(G,w,r)

```
 1   for each u∈G.V
 2       u.key=∞
 3       u.π=NIL
 4   r.key=0
 5   Q=G.V
 6   while Q≠∅
 7       u=EXTRACT-MIN(Q)
 8       for each v∈G.Adj[u]
 9           if v∈Q and w(u,v)<v.key
10               v.π=u
11               v.key=w(u,v)
```

634
∼
635

图 23-5 描述的是 Prim 算法的工作过程。算法第 1～5 行将每个结点的 key 值设置为 ∞（除根结点 r 以外，根结点 r 的 key 值设置为 0，以便使该结点成为第一个被处理的结点），将每个结点的父结点设置为 NIL，并对最小优先队列 Q 进行初始化，使其包含图中所有的结点。该算法维持的循环不变式由 3 个部分组成，具体阐述如下。

在算法第 6～11 行的 **while** 循环的每遍循环之前，我们有：

1. $A=\{(v,\ v.\pi)\colon v\in V-\{r\}-Q\}$。

2. 已经加入到最小生成树的结点为集合 $V-Q$。

3. 对于所有的结点 $v\in Q$，如果 $v.\pi\neq$ NIL，则 $v.key<\infty$ 并且 $v.key$ 是连接结点 v 和最小生成树中某个结点的轻量级边 $(v,\ v.\pi)$ 的权重。

算法第 7 行将找出结点 $u\in Q$，该结点是某条横跨切割 $(V-Q,\ Q)$ 的轻量级边的一个端点（第 1 次循环时例外，此时因为算法的第 4 行，所以有 $u=r$）。接着将结点 u 从队列 Q 中删除，并将其加入到集合 $V-Q$ 中，也就是将边 $(u,\ u.\pi)$ 加入到集合 A 中。算法第 8～11 行的 **for** 循环将每个与 u 邻接但却不在树中的结点 v 的 key 和 π 属性进行更新，从而维持循环不变式的第 3 部分成立。

Prim 算法的运行时间取决于最小优先队列 Q 的实现方式。如果将 Q 实现为一个二叉最小优先队列（请参阅第 6 章的内容），我们可以使用 BUILD-MIN-HEAP 来执行算法的第 1～5 行，时间成本为 $O(V)$。**while** 循环中的语句一共要执行 $|V|$ 次，由于每个 EXTRACT-MIN 操作需要的时间成本为 $O(\lg V)$，EXTRACT-MIN 操作的总时间为 $O(V\lg V)$。由于所有邻接链表的长度之和为 $2|E|$，算法第 8～11 行的 **for** 循环的总执行次数为 $O(E)$。在 **for** 循环里面，我们可以在常数时间内完成对一个结点是否属于队列 Q 的判断，方法就是对每个结点维护一个标志位来指明该结点是否属于 Q，并在将结点从 Q 中删除的时候对该标志位进行更新。算法第 11 行的赋值操作涉及一个隐含的 DECREASE-KEY 操作，该操作在二叉最小堆上执行的时间成本为 $O(\lg V)$。因此，Prim 算法的总时间代价为 $O(V\lg V+E\lg V)=O(E\lg V)$。从渐近意义上来说，它与 Kruskal 算法的运行时间相同。

如果使用斐波那契堆来实现最小优先队列 Q，Prim 算法的渐近运行时间可以得到进一步改善。第 19 章的内容告诉我们，如果斐波那契堆中有 $|V|$ 个元素，则 EXTRACT-MIN 操作的时间摊还代价为 $O(\lg V)$，而 DECREASE-KEY 操作（用于实现算法第 11 行的操作）的摊还时间代价为 $O(1)$。因此，如果使用斐波那契堆来实现最小优先队列 Q，则 Prim 算法的运行时间将改进到 $O(E+V\lg V)$。

636

练习

23.2-1 对于同一个输入图，Kruskal 算法返回的最小生成树可以不同。这种不同来源于对边进行排序时，对权重相同的边进行的不同处理。证明：对于图 G 的每棵最小生成树 T，都存在一种办法来对 G 的边进行排序，使得 Kruskal 算法所返回的最小生成树就是 T。

23.2-2 假定我们用邻接矩阵来表示图 $G=(V, E)$。请给出 Prim 算法的一种简单实现，使其运行时间为 $O(V^2)$。

23.2-3 对于稀疏图 $G=(V, E)$，这里 $|E|=\Theta(V)$，使用斐波那契堆实现的 Prim 算法是否比使用二叉堆实现的算法更快？对于稠密图又如何呢？$|E|$ 和 $|V|$ 必须具备何种关系才能使斐波那契堆的实现在渐近级别上比二叉堆的实现更快？

23.2-4 假定图中的边权重全部为整数，且在范围 $1\sim|V|$ 内。在此种情况下，Kruskal 算法最快能多快？如果边的权重取值范围在 1 到某个常数 W 之间呢？

23.2-5 假定图中边的权重取值全部为整数，且在范围 $1\sim|V|$ 内。Prim 算法最快能多快？如果边的权重取值范围在 1 到某个常数 W 之间呢？

*23.2-6 假定一个图中所有的边权重均匀分布在半开区间 $[0, 1)$ 内。Prim 算法和 Kruskal 算法哪一个可以运行得更快？

*23.2-7 假定图 G 的一棵最小生成树已经被计算出来。如果在图中加入一个新结点及其相关的新边，我们需要多少时间来对最小生成树进行更新？

23.2-8 Borden 教授提出了一个新的分治算法来计算最小生成树。该算法的原理如下：给定图 $G=(V, E)$，将 V 划分为两个集合 V_1 和 V_2，使得 $|V_1|$ 和 $|V_2|$ 的差最多为 1。设 E_1 为端点全部在 V_1 中的边的集合，E_2 为端点全部在 V_2 中的边的集合。我们递归地解决两个子图 $G_1=(V_1, E_1)$ 和 $G_2=(V_2, E_2)$ 的最小生成树问题。最后，在边集合 E 中选择横跨切割 V_1 和 V_2 的最小权重的边来将求出的两棵最小生成树连接起来，从而形成一棵最后的最小生成树。

请证明该算法能正确计算出一棵最小生成树，或者举出反例来明说该算法不正确。

637

思考题

23-1 （次优最小生成树） 设 $G=(V, E)$ 为一连通无向图，其权重函数为 $w: E\rightarrow \mathbf{R}$，假定 $|E|\geqslant|V|$ 并且所有的权重都互不相同。我们定义一棵次优最小生成树如下：设 $\mathcal{T}$ 为 G 的所有生成树的集合，T' 为 G 的一棵最小生成树。那么**次优最小生成树**是生成树 T，其满足 $w(T)=\min\limits_{T''\in\mathcal{T}-\{T'\}}\{w(T'')\}$。

a. 证明：最小生成树是唯一的，但次优最小生成树则不一定是唯一的。

b. 设 T 为 G 的一棵最小生成树。证明：图 G 包含边 $(u, v)\in T$ 和边 $(x, y)\notin T$，使得 $T-\{(u, v)\}\bigcup\{(x, y)\}$ 是 G 的一棵次优最小生成树。

c. 设 T 为 G 的一棵最小生成树，对于任意两个结点 $u, v\in V$，设 $\max[u, v]$ 表示树 T 中从结点 u 到结点 v 的简单路径上最大权重的边，请给出一个 $O(V^2)$ 时间复杂度的算法来计算 $\max[u, v]$。

d. 给出一个有效算法来计算图 G 的次优最小生成树。

23-2 （稀疏图的最小生成树） 对于非常稀疏的图 $G=(V，E)$ 来说，我们可以对 Prim 算法进行进一步改善，改善后的时间将优于使用斐波那契堆时的 $O(E+V\lg V)$ 的运行时间。改善所用的方法就是对图 G 进行预处理来减少结点的数量，然后在减少结点数量后的图 G 上运行 Prim 算法。具体来说，对于每个结点 u，我们选择与结点 u 邻接的边中最小权重的边 $(u，v)$，将其加入到正在构建的最小生成树里。然后对所有选择的边进行收缩（请参阅 B.4 节的内容）。不过，我们不是一条一条地收缩每条边，而是首先找出连接到同一个新结点的结点集合。然后创建一个新的图，这个新的图就如每次收缩这样一条边所得出的一样，但我们是通过"重新命名"来实现。重新命名是根据每条边的端点所在的结点集合来进行。原始图中的多条边可能被重命名为同样的名。在这种情况下，重名的边中只有一条边留下，这条边对应原始边中最小权重的边。

在初始时，我们把将要构建的最小生成树 T 设为空，对于每条边 $(u，v)\in E$，对其属性进行如下的初始化操作：$(u，v).orig=(u，v)$，$(u，v).c=w(u，v)$。我们使用 $orig$ 属性来引用原始图中与收缩后的图的边相关的边。属性 c 记录边的权重，随着边的收缩，我们根据上面选择边权重的方法来更新这个属性。下面的 MST-REDUCE 算法以图 G 和树 T 作为输入，返回一个收缩后的图 G' 和更新后的属性 $orig'$ 与 c'。该算法同时选出图 G 中的边来构成最小生成树 T。

MST-REDUCE(G,T)

```
 1  for each v ∈ G.V
 2      v.mark=FALSE
 3      MAKE-SET(v)
 4  for each u ∈ G.V
 5      if u.mark==FALSE
 6          choose v ∈ G.Adj[u] such that(u.v).c is minimized
 7          UNION(u,v)
 8          T=T∪{(u,v).orig}
 9          u.mark=v.mark=TRUE
10  G'.V={FIND-SET(v):v∈G.V}
11  G'.E=∅
12  for each(x,y) ∈ G.E
13      u=FIND-SET(x)
14      v=FIND-SET(y)
15      if(u.v)∉G'.E
16          G'.E=G'.E∪{(u,v)}
17          (u,v).orig'=(x,y).orig
18          (u,v).c'=(x,y).c
19      else if(x,y).c<(u,v).c'
20          (u,v).orig'=(x,y).orig
21          (u,v).c'=(x,y).c
22  construct adjacency lists G'.Adj for G'
23  return G' and T
```

a. 设 T 为算法 MST-REDUCE 所返回的边的集合，设 A 为调用 MST-Prim($G'，c'，r$) 所生成的图 G' 的最小生成树，这里 c' 是 $G'.E$ 中边的权重属性，r 是 $G'.V$ 中的任意结点。证明：$T\cup\{(x，y).orig'：(x，y)\in A\}$ 是图 G 的一棵最小生成树。

b. 证明：$|G'.V|\leqslant|V|/2$。

c. 请说明要如何实现算法 MST-REDUCE，才能让其运行时间为 $O(E)$。（提示：使用简单的数据结构。）

d. 假定运行 MST-REDUCE 算法 k 次，使用前一次输出的图 G' 作为下一次的输入图 G，并在 T 中将边累积起来。证明：算法运行 k 次的总时间为 $O(kE)$。

e. 假定在运行 MST-REDUCE 算法 k 次后，就如在本题的(d)部分那样，我们通过调用算法 MST-Prim(G', c', r) 来运行 Prim 算法，这里图 G' 是最后一个阶段所返回的图，其权重属性为 c'，r 是 $G'.V$ 中的任意结点。请说明应当如何选择 k，才能使得整体的运行时间为 $O(E \lg\lg V)$。并证明你所选择的 k 使得总体的渐近运行时间为最短。

f. 对于 $|E|$ 的何种取值（以 $|V|$ 为单位来度量），这种带预处理的 Prim 算法的时间在渐近意义上要优于没有预处理的 Prim 算法的运行时间？

23-3 （瓶颈生成树） 无向图 G 的**瓶颈生成树** T 是 G 的一棵生成树，其最大边的权重是 G 的所有生成树中最小的。我们称瓶颈生成树 T 的值是 T 中最大权重边的权重。

a. 证明：最小生成树是瓶颈生成树。

本题的(a)部分显示，找出一棵瓶颈生成树并不比找出一棵最小生成树更难。在本题余下的部分，我们就来演示如何在线性时间内找到一棵瓶颈生成树。

b. 请给出一个线性时间的算法，在给定图 G 和整数 b 的情况下，能够判断瓶颈生成树的值是否最大不超过 b。

c. 使用本题(b)部分的算法，设计一个瓶颈生成树问题的线性时间算法，该算法将以(b)部分的算法作为子程序。（提示：考虑使用一个子程序来对边的集合进行收缩，就如思考题 23-2 中所描述的 MST-REDUCE 算法一样。）

640

23-4 （第三种最小生成树算法） 在本题中，我们给出三种不同算法的伪代码。每种算法的输入都是一个连通图和一个权重函数，返回值都是一个边的集合 T。对于每种算法，要么证明 T 是一棵最小生成树，要么证明 T 不是一棵最小生成树。同时给出每种算法的最有效的实现（不管该算法是否能够计算出最小生成树）。

a. MAYBE-MST-A(G,w)

```
1   sort the edges into nonincreasing order of edge weights w
2   T = E
3   for each edge e, taken in nonincreasing order by weight
4       if T − {e} is a connected graph
5           T = T − {e}
6   return T
```

b. MAYBE-MST-B(G,w)

```
1   T = ∅
2   for each edge e, taken in arbitrary order
3       if T ∪ {e} has no cycles
4           T = T ∪ {e}
5   return T
```

c. MAYBE-MST-C(G,w)

```
1   T = ∅
2   for each edge e, taken in arbitrary order
3       T = T ∪ {e}
4       if T has a cycle c
5           let e′ be a maximum-weight edge on c
6           T = T − {e′}
7   return T
```

本章注记

Tarjan[330]对最小生成树问题进行了综述并提供了非常好的参考资料。Graham 和 Hell [151]编撰了最小生成树问题的历史。

Tarjan 将第一个最小生成树算法归功于 O. Borůvka 于 1926 年所撰写的一篇论文。Borůvka 算法由运行 $O(\lg V)$ 遍 MST-REDUCE 算法组成（该算法在思考题 23-2 中有详细描述）。Kruskal 算法由 Kruskal[222]在 1956 年发表。众所周知的 Prim 算法的确由 Prim[285]所发明，但该算法在 1930 年就由 V. Jarník 发明过。

在寻找最小生成树时，贪心算法非常有效的原因是图的森林集合形成一个图拟阵（请参阅 16.4 节）。

当 $|E| = \Omega(V \lg V)$ 时，以斐波那契堆实现的 Prim 算法的运行时间为 $O(E)$。对于稀疏图来说，如果组合使用 Prim 算法、Kruskal 算法和 Borůvka 算法的思想，加上高级的数据结构，Fredman 和 Tarjan[114]描述了一个运行时间为 $O(E \lg^* V)$ 的最小生成树算法。Gabow、Galil、Spencer 和 Tarjan[120]将该算法进行了改进，改进后的运行时间为 $O(E \lg \lg^* V)$。Chazelle[60]给出了一个运行时间为 $O(E\alpha(E, V))$ 的最小生成树算法，这里 $\alpha(E, V)$ 是 Ackermann 函数的反函数。（关于 Ackermann 函数及其反函数的信息，请参阅第 21 章的注记。）与以前的最小生成树算法不同的是，Chazelle 算法并没有采用贪心策略。

一个与最小生成树相关的问题是**生成树的验证**问题。在该问题中，给定图 $G = (V, E)$ 和树 $T \subseteq E$，我们希望判断 T 是否是 G 的一棵最小生成树。King[203]给出了一个线性时间的验证算法来验证一棵生成树，该工作建立在 Komlos[215]和 Dixon、Rauch 和 Tarjan[90]的更早的工作基础之上。

上述的所有算法都是确定性的，都属于第 8 章所讨论的基于比较的模型。Karger、Klein 和 Tarjan[195]给出了一个随机化的最小生成树算法，其期望的时间复杂度为 $O(V + E)$。该算法对递归调用的使用有点类似 9.3 节所讨论的线性时间选择算法：首先对一个辅助问题进行递归调用，以识别出不可能属于任何最小生成树的边的子集 E'。然后，在边集合 $E - E'$ 上进行另一个递归调用，以找出最小生成树。该算法还使用了生成树验证的 Borůvka 算法和 King 算法中的一些思想。

Fredman 和 Willard[116]描述了一种非比较的确定性算法，可以在 $O(V + E)$ 时间内找到一棵最小生成树。在他们的算法中，需要假定所有的数据都是 b 位的整数，并且计算机的内存是由可寻址的 b 位字所组成。

641

642

单源最短路径

Patrick 教授希望找到一条从菲尼克斯(Phoenix)到印第安纳波利斯(Indianapolis)的最短路径。给定一幅美国的道路交通图，上面标有所有相邻城市之间的距离，Patrick 教授怎样才能找出这样一条最短的路径呢？

一种可能的办法当然是，先将从菲尼克斯到印第安纳波利斯的所有路径都找出来，将每条路径上的距离累加起来，然后选择其中最短的路径。但是，即使在不允许环路的情况下，也可以看得出来，Patrick 教授需要检查无数种可能的路径，而其中的大多数路径根本不值得检查。例如，一条从菲尼克斯经过西雅图再到印第安纳波利斯的路径显然不符合要求，因为西雅图已经偏离了目标方向好几百英里。

在本章以及第 25 章，我们将阐述如何高效地解决这个问题。在**最短路径问题**中，我们给定一个带权重的有向图 $G=(V，E)$ 和权重函数 $w：E \to \mathbf{R}$，该权重函数将每条边映射到实数值的权重上。图中一条路径 $p=\langle v_0，v_1，\cdots，v_k \rangle$ 的**权重** $w(p)$ 是构成该路径的所有边的权重之和：

$$w(p) = \sum_{i=1}^{k} w(v_{i-1}, v_i)$$

定义从结点 u 到结点 v 的**最短路径权重** $\delta(u，v)$ 如下：

$$\delta(u,v) = \begin{cases} \min\{w(p) : u \overset{p}{\rightsquigarrow} v\} & \text{如果存在一条从结点 } u \text{ 到结点 } v \text{ 的路径} \\ \infty & \text{其他} \end{cases}$$

从结点 u 到结点 v 的**最短路径**则定义为任何一条权重为 $w(p)=\delta(u，v)$ 的从 u 到 v 的路径 p。

在求取从菲尼克斯到印第安纳波利斯的最短路径的例子中，我们可以用一幅图来表示道路交通图：结点代表城市，边代表城市之间的道路，边上的权重代表道路的长度。我们的目标就是找出一条从给定城市菲尼克斯到给定城市印第安纳波利斯的最短路径。

当然，边上的权重也可以代表非距离的度量单位，如时间、成本、罚款、损失，或者任何其他可以随路径长度的增加而线性积累的数量以及我们想要最小化的数量。

22.2 节讨论的广度优先搜索算法就是一个求取最短路径的算法，但该算法只能用于无权重的图，即每条边的权重都是单位权重的图。由于许多广度优先搜索的概念来源于对带权重的图的最短路径的研究，读者可能需要先复习 22.2 节的内容，再继续本章的学习。

最短路径的几个变体

在本章，我们集中精力讨论**单源最短路径问题**：给定一个图 $G=(V，E)$，我们希望找到从给定**源结点** $s \in V$ 到每个结点 $v \in V$ 的最短路径。单源最短路径问题可以用来解决许多其他问题，其中就包括下面的几个最短路径的变体问题。

单目的地最短路径问题：找到从每个结点 v 到给定**目的地**结点 t 的最短路径。如果将图的每条边的方向翻转过来，我们就可以将这个问题转换为单源最短路径问题。

单结点对最短路径问题：找到从给定结点 u 到给定结点 v 的最短路径。如果解决了针对单个结点 u 的单源最短路径问题，那么也就解决了这个问题。而且，在该问题的所有已知算法中，最坏情况下的渐近运行时间都和最好的单源最短路径算法的运行时间一样。

所有结点对最短路径问题：对于每对结点 u 和 v，找到从结点 u 到结点 v 的最短路径。虽然可以针对每个结点运行一遍单源最短路径算法，但通常可以更快地解决这个问题。此外，该问题结构的本身就很有趣。第 25 章将详细讨论所有结点对最短路径问题。

最短路径的最优子结构

最短路径算法通常依赖最短路径的一个重要性质：两个结点之间的一条最短路径包含着其

他的最短路径。(第 26 章讨论的 Edmonds-Karp 最大流算法也依赖于这个性质。)回顾前面介绍的内容，最优子结构是可以使用动态规划(第 15 章)和贪心算法(第 16 章)的一个重要指标。我们将在 24.3 节讨论的 Dijkstra 算法就是一个贪心算法，而 Floyd-Warshall 算法则是一个动态规划算法，该算法能够找出所有结点对之间的最短路径(请参阅 25.2 节)。下面的引理精确地叙述了最短路径的最优子结构性质。

引理 24.1(最短路径的子路径也是最短路径)　给定带权重的有向图 $G=(V，E)$ 和权重函数 $w：E \rightarrow \mathbf{R}$。设 $p=\langle v_0，v_1，\cdots，v_k \rangle$ 为从结点 v_0 到结点 v_k 的一条最短路径，并且对于任意的 i 和 j，$0 \leqslant i \leqslant j \leqslant k$，设 $p_{ij}=\langle v_i，v_{i+1}，\cdots，v_j \rangle$ 为路径 p 中从结点 v_i 到结点 v_j 的子路径。那么 p_{ij} 是从结点 v_i 到结点 v_j 的一条最短路径。

证明　如果将路径 p 分解为 $v_0 \overset{p_{0i}}{\leadsto} v_i \overset{p_{ij}}{\leadsto} v_j \overset{p_{jk}}{\leadsto} v_k$，则有 $w(p)=w(p_{0i})+w(p_{ij})+w(p_{jk})$。现在，假设存在一条从 v_i 到 v_j 的路径 p'_{ij}，且 $w(p'_{ij})<w(p_{ij})$。则 $v_0 \overset{p_{0i}}{\leadsto} v_i \overset{p'_{ij}}{\leadsto} v_j \overset{p_{jk}}{\leadsto} v_k$ 是一条从结点 v_0 到结点 v_k 的权重为 $w(p_{0i})+w(p'_{ij})+w(p_{jk})$ 的路径，而该权重小于 $w(p)$。这与 p 是从 v_0 到 v_k 的一条最短路径这一假设相矛盾。　■

负权重的边

某些单源最短路径问题可能包括权重为负值的边。但如果图 $G=(V，E)$ 不包含从源结点 s 可以到达的权重为负值的环路，则对于所有的结点 $v \in V$，最短路径权重 $\delta(s，v)$ 都有精确定义，即使其取值是负数。如果图 G 包含从 s 可以达到的权重为负值的环路，则最短路径权重无定义。从 s 到该环路上的任意结点的路径都不可能是最短路径，因为我们只要沿着任何"最短"路径再遍历一次权重为负值的环路，则总是可以找到一条权重更小的路径。如果从结点 s 到结点 v 的某条路径上存在权重为负值的环路，我们定义 $\delta(s，v)=-\infty$。

图 24-1 描述的是负权重和权重为负值的环路对最短路径权重的影响。因为从结点 s 到结点 a 只有一条路径(路径 $\langle s，a \rangle$)，所以有 $\delta(s，a)=w(s，a)=3$。类似地，从结点 s 到结点 b 也只有一条路径，因此 $\delta(s，b)=w(s，a)+w(a，b)=3+(-4)=-1$。从结点 s 到结点 c 则有无数条路径：$\langle s，c \rangle$、$\langle s，c，d，c \rangle$、$\langle s，c，d，c，d，c \rangle$ 等。因为环路 $\langle c，d，c \rangle$ 的权重为 $6+(-3)=3>0$，从结点 s 到结点 c 的最短路径是 $\langle s，c \rangle$，其权重为 $\delta(s，c)=w(s，c)=5$。类似地，从结点 s 到结点 d 的最短路径为 $\langle s，c，d \rangle$，其权重为 $\delta(s，d)=w(s，c)+w(c，d)=11$。类似地，从结点 s 到结点 e 也有无数条路径：$\langle s，e \rangle$、$\langle s，e，f，e \rangle$、$\langle s，e，f，e，f，e \rangle$，等等。因为环路 $\langle e，f，e \rangle$ 的权重为 $3+(-6)=-3<0$，从结点 s 到结点 e 没有最短路径。通过遍历负权重环路 $\langle e，f，e \rangle$ 任意次数，可以找到权重为任意负值的从结点 s 到结点 e 的路径，因此 $\delta(s，e)=-\infty$。类似地，$\delta(s，f)=-\infty$。因为结点 g 可以从结点 f 到达，我们可以找到一条权重为任意负值的从结点 s 到结点 g 的路径，因此 $\delta(s，g)=-\infty$。结点 h、i 和 j 也形成一个权重为负值的环路，但它们不能从结点 s 到达，因此 $\delta(s，h)=\delta(s，i)=\delta(s，j)=\infty$。

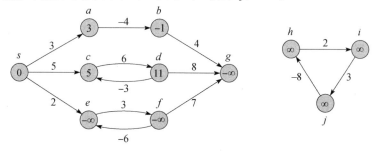

图 24-1　有向图中的负权重边。从源结点 s 到每个结点之间的最短路径的权重标记在每个结点中。因为结点 e 和结点 f 形成一个权重为负值且可以从结点 s 到达的环路，它们的最短路径权重为 $-\infty$。因为结点 g 可以从一个最短路径权重为 $-\infty$ 的结点到达，它的最短路径权重也是 $-\infty$。结点 h、i 和 j 不能从源结点 s 到达，因此，它们的最短路径权重为 ∞，即使它们也在一条权重为负值的环路上

某些最短路径算法(如 Dijkstra 算法)假设输入图的所有的边权重为非负值。例如，道路交通图的例子中所有权重都为正值。另外一些算法(如 Bellman-Ford 算法)，允许输入图中包含负权重的边。但只要没有可以从源结点到达的权重为负值的环路，就可以生成正确的答案。在通常情况下，如果存在一条权重为负值的环路，Bellman-Ford 算法可以侦测并报告其存在。

环路

一条最短路径可以包含环路吗？正如我们已经看到的，最短路径不能包含权重为负值的环路。而事实上，最短路径也不能包含权重为正值的环路，因为只要将环路从路径上删除就可以得到一条源结点和终结点与原来路径相同的一条权重更小的路径。也就是说，如果 $p=\langle v_0, v_1, \cdots, v_k \rangle$ 是一条路径，$c=\langle v_i, v_{i+1}, \cdots, v_j \rangle$ 是该路径上的一条权重为正值的环路(因此，$v_i=v_j$ 并且 $w(c)>0$)，则路径 $p'=\langle v_0, v_1, \cdots, v_i, v_{j+1}, v_{j+2}, \cdots, v_k \rangle$ 的权重 $w(p')=w(p)-w(c)<w(p)$，因此，p 不可能是从 v_0 到 v_k 的一条最短路径。

这样就只剩下权重为 0 的环路。我们可以从任何路径上删除权重为 0 的环路而得到另一条权重相同的路径。因此，如果从源结点 s 到终结点 v 存在一条包含权重为 0 的环路的最短路径，则也同时存在另一条不包含该环路的从结点 s 到结点 v 的最短路径。只要一条最短路径上还有权重为 0 的环路，我们就可以重复删除这些环路，直到得到一条不包括环路的最短路径。因此，不失一般性，我们可以假定在找到的最短路径中没有环路，即它们都是简单路径。由于图 $G=(V, E)$ 中的任意无环路径最多包含 $|V|$ 个不同的结点，它也最多包含 $|V|-1$ 条边。因此，我们可以将注意力集中到至多只包含 $|V|-1$ 条边的最短路径上。

最短路径的表示

在通常情况下，我们不但希望计算出最短路径权重，还希望计算出最短路径上的结点。我们对最短路径的表示与 22.2 节中对广度优先搜索树的表示类似。给定图 $G=(V, E)$，对于每个结点 v，我们维持一个**前驱结点** $v.\pi$。该前驱结点可能是另一个结点或者 NIL。本章的最短路径算法将对每个结点的 π 属性进行设置，这样，将从结点 v 开始的前驱结点链反转过来，就是从 s 到 v 的一条最短路径。因此，给定结点 v，且 $v.\pi \neq$ NIL，22.2 节中的程序 PRINT-PATH(G, s, v) 打印出的就是从结点 s 到结点 v 的一条最短路径。

但是，在运行最短路径算法的过程中，π 值并不一定能给出最短路径。如在广度优先搜索里一样，我们感兴趣的是由 π 值所诱导的**前驱子图** $G_\pi=(V_\pi, E_\pi)$。在这里，我们定义结点集 V_π 为图 G 中的前驱结点不为 NIL 的结点的集合，再加上源结点 s，即

$$V_\pi = \{v \in V : v.\pi \neq \text{NIL}\} \cup \{s\}$$

有向边集合 E_π 是由 V_π 中的结点的 π 值所诱导的边的集合，即

$$E_\pi = \{(v.\pi, v) \in E : v \in V_\pi - \{s\}\}$$

我们将证明本章的算法所生成的 π 值具有如下性质：在算法终止时，G_π 是一棵"最短路径树"。非形式化地说，最短路径树是一棵有根结点的树，该树包括了从源结点 s 到每个可以从 s 到达的结点的一条最短路径。一棵最短路径树有点类似于 22.2 节中的广度优先树，但它所包括的最短路径是以边的权重来定义的，而不是边的条数。更精确地说，设 $G=(V, E)$ 是一条带权重的有向图，其权重函数为 $w: E \rightarrow \mathbf{R}$，假定 G 不包含从 s 可以到达的权重为负值的环路，因此，所有的最短路径都有定义。一棵根结点为 s 的最短路径树是一个有向子图 $G'=(V', E')$，这里 $V' \subseteq V$，$E' \subseteq E$，满足：

1. V' 是图 G 中从源结点 s 可以到达的所有结点的集合。

2. G' 形成一棵根结点为 s 的树。

3. 对于所有的结点 $v \in V'$，图 G' 中从结点 s 到结点 v 的唯一简单路径是图 G 中从结点 s 到结点 v 的一条最短路径。

需要指出的是，最短路径不一定是唯一的，最短路径树也不一定是唯一的。例如，图 24-2 描述的是一个带权重的有向图和两棵根结点相同的最短路径树。

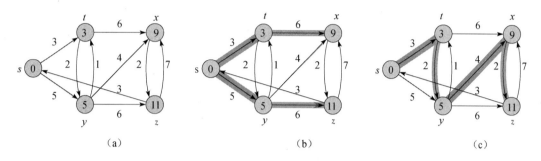

图 24-2　(a)带权重的有向图，具有从源结点 s 出发的最短路径权重。(b)加了阴影的边形成一棵根结点为 s 的最短路径树。(c)根结点相同的另一棵最短路径树

松弛操作

本章的算法需要使用**松弛**（relaxation）技术。对于每个结点 v 来说，我们维持一个属性 $v.d$，用来记录从源结点 s 到结点 v 的最短路径权重的上界。我们称 $v.d$ 为 s 到 v 的**最短路径估计**。我们使用下面运行时间为 $\Theta(V)$ 的算法来对最短路径估计和前驱结点进行初始化：

INITIALIZE-SINGLE-SOURCE(G, s)
1　**for** each vertex $v \in G.V$
2　　　$v.d = \infty$
3　　　$v.\pi = \text{NIL}$
4　$s.d = 0$

在初始化操作结束后，对于所有的结点 $v \in V$，我们有 $v.\pi = \text{NIL}$，$s.d = 0$，对于所有的结点 $v \in V - \{s\}$，我们有 $v.d = \infty$。

对一条边的 (u, v) 的**松弛**过程为：首先测试一下是否可以对从 s 到 v 的最短路径进行改善。测试的方法是，将从结点 s 到结点 u 之间的最短路径距离加上结点 u 与 v 之间的边权重，并与当前的 s 到 v 的最短路径估计进行比较，如果前者更小，则对 $v.d$ 和 $v.\pi$ 进行更新。松弛步骤⊖可能降低最短路径的估计值 $v.d$ 并更新 v 的前驱属性 $v.\pi$。下面的伪代码执行的就是对边 (u, v) 在 $O(1)$ 时间内进行的松弛操作：

RELAX(u, v, w)
1　**if** $v.d > u.d + w(u, v)$
2　　　$v.d = u.d + w(u, v)$
3　　　$v.\pi = u$

图 24-3 描述的是对一条边进行松弛的两个例子。在其中一个例子中，最短路径估计因松弛操作而减少了，在另一个例子中，最短路径估计则没有发生变化。

⊖　也许读者觉得使用"松弛"这个词来描述一种对距离上界进行收紧的操作有点不可思议。这个词的使用是有历史渊源的。一个松弛操作的结果可以看做是对限制条件 $v.d \leqslant u.d + w(u, v)$ 的放松。根据三角不等式（引理 24.10），该不等式在 $u.d = \delta(s, u)$ 和 $v.d = \delta(s, v)$ 时必须成立。也就是说，如果 $v.d \leqslant u.d + w(u, v)$，将不存在任何"压力"来满足该限制条件，因此，该限制条件是"松弛"的。

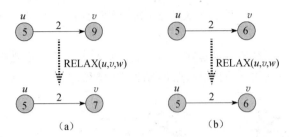

图 24-3　对权重 $w(u, v)=2$ 的边 (u, v) 进行的松弛操作。对每个结点的最短路径估计写在结点里面。(a)因为在松弛操作前有 $v.d > u.d + w(u, v)$，因而 $v.d$ 的值减小。(b)在对边进行松弛操作前有 $v.d \leqslant u.d + w(u, v)$，因此，松弛步骤维持 $v.d$ 的取值不变

　　本章的每个算法都将调用算法 INITIALIZE-SINGLE-SOURCE，然后重复对边进行松弛。而且，松弛是唯一导致最短路径估计和前驱结点发生变化的操作。本章所讨论的所有算法之间的不同之处是对每条边进行松弛的次数和松弛边的次序有所不同。Dijkstra 算法和用于有向无环图的最短路径算法对每条边仅松弛一次。Bellman-Ford 算法则对每条边松弛 $|V|-1$ 次。

最短路径和松弛操作的性质

　　为了证明本章所讨论算法的正确性，我们需要使用最短路径和松弛操作的一些性质。我们下面先陈述这些性质，24.5 节再来正式证明这些性质。为方便读者查阅，这里陈述的每条性质都给出了 24.5 节中对应的引理和推论。这些性质的后面 5 条都涉及最短路径估计或前驱子图，它们成立的前提是必须调用 INITIALIZE-SINGLE-SOURCE(G, s) 来对图进行初始化，并且所有对最短路径估计和前驱子图所进行的改变都是通过一系列的松弛步骤来实现的。

　　三角不等式性质(引理 24.10)　对于任何边 $(u, v) \in E$，我们有 $\delta(s, v) \leqslant \delta(s, u) + w(u, v)$。

　　上界性质(引理 24.11)　对于所有的结点 $v \in V$，我们总是有 $v.d \geqslant \delta(s, v)$。一旦 $v.d$ 的取值达到 $\delta(s, v)$，其值将不再发生变化。

　　非路径性质(推论 24.12)　如果从结点 s 到结点 v 之间不存在路径，则总是有 $v.d = \delta(s, v) = \infty$。

　　收敛性质(引理 24.14)　对于某些结点 $u, v \in V$，如果 $s \rightsquigarrow u \to v$ 是图 G 中的一条最短路径，并且在对边 (u, v) 进行松弛前的任意时间有 $u.d = \delta(s, u)$，则在之后的所有时间有 $v.d = \delta(s, v)$。

　　路径松弛性质(引理 24.15)　如果 $p = \langle v_0, v_1, \cdots, v_k \rangle$ 是从源结点 $s = v_0$ 到结点 v_k 的一条最短路径，并且我们对 p 中的边所进行松弛的次序为 $(v_0, v_1), (v_1, v_2), \cdots, (v_{k-1}, v_k)$，则 $v_k.d = \delta(s, v_k)$。该性质的成立与任何其他的松弛操作无关，即使这些松弛操作是与对 p 上的边所进行的松弛操作穿插进行的。

　　前驱子图性质(引理 24.17)　对于所有的结点 $v \in V$，一旦 $v.d = \delta(s, v)$，则前驱子图是一棵根结点为 s 的最短路径树。

本章概要

　　24.1 节对 Bellman-Ford 算法进行讨论。该算法解决的是一般情况下的单源最短路径问题。在一般情况下，边的权重可以为负值。Bellman-Ford 算法非常的简单，并且还能够侦测是否存在从源结点可以到达的权重为负值的环路。24.2 节将给出在有向无环图中计算单源最短路径的线性时间的算法。24.3 节讨论 Dijkstra 算法。该算法的时间复杂度低于 Bellman-Ford 算法，但却要求边的权重为非负值。24.4 节描述如何使用 Bellman-Ford 算法来解决线性规划中的一种特殊情况。最后，24.5 节将对上面陈述的最短路径和松弛操作的性质予以证明。

　　在对无穷量进行算术运算时，我们需要使用一些约定。假定对于任意实数 $a \neq -\infty$，有 $a + \infty = \infty + a = \infty$。同时，为了使我们的证明在有权重为负值的环路时也成立，还假定对于任意实数 $a \neq \infty$，有 $a + (-\infty) = (-\infty) + a = -\infty$。

　　本章所讨论的所有算法都假定有向图 G 以邻接链表的方式予以存放。此外，边的权重与边

本身存放在一起，这样在遍历每条邻接链表时，我们可以在 $O(1)$ 时间内获得边的权重。

24.1　Bellman-Ford 算法

Bellman-Ford 算法解决的是一般情况下的单源最短路径问题，在这里，边的权重可以为负值。给定带权重的有向图 $G=(V, E)$ 和权重函数 $w: E \rightarrow \mathbf{R}$，Bellman-Ford 算法返回一个布尔值，以表明是否存在一个从源结点可以到达的权重为负值的环路。如果存在这样一个环路，算法将告诉我们不存在解决方案。如果没有这种环路存在，算法将给出最短路径和它们的权重。

Bellman-Ford 算法通过对边进行松弛操作来渐近地降低从源结点 s 到每个结点 v 的最短路径的估计值 $v.d$，直到该估计值与实际的最短路径权重 $\delta(s, v)$ 相同时为止。该算法返回 TRUE 值当且仅当输入图不包含可以从源结点到达的权重为负值的环路。

BELLMAN-FORD(G,w,s)
1　INITIALIZE-SINGLE-SOURCE(G,s)
2　**for** $i=1$ **to** $|G.V|-1$
3　　　**for** each edge$(u,v) \in G.E$
4　　　　　RELAX(u,v,w)
5　**for** each edge$(u,v) \in G.E$
6　　　**if** $v.d > u.d + w(u.v)$
7　　　　　**return** FALSE
8　**return** TRUE

图 24-4 描述的是在有 5 个结点的图上运行 Bellman-Ford 算法的过程。在算法第 1 行对所有结点的 d 值和 π 值进行初始化后，算法对图的每条边进行 $|V|-1$ 次处理。每一次处理对应的是算法第 2～4 行 **for** 循环的一次循环，该循环对图的每条边进行一次松弛操作。图 24-4(b)～(e)描述的是对边进行 4 次松弛操作时，每一次松弛后的算法状态。在进行了 $|V|-1$ 次松弛操作后，算法第 5～8 行负责检查图中是否存在权重为负值的环路并返回与之相适应的布尔值。（我们将在稍后的篇幅里看到该检查为什么是正确的。）

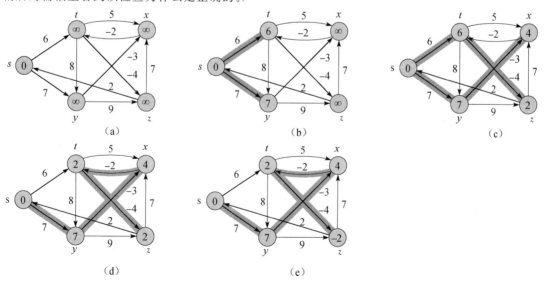

图 24-4　Bellman-Ford 算法的执行过程。源结点为 s，结点中的数值为该结点的 d 值，加了阴影的边表示前驱值：如果边(u, v)加了阴影，则 $v.\pi = u$。在本图的例子中，每一次的松弛操作对边的处理次序都是：(t, x)，(t, y)，(t, z)，(y, x)，(y, z)，(z, x)，(z, s)，(s, t)，(s, y)。(a)在第 1 次松弛操作前的场景。(b)～(e)在对边进行每次松弛操作后的场景。图(e)中的 d 值和 π 值为最终取值。在本例中，Bellman-Ford 算法返回的值为 TRUE

由于算法第 1 行的初始化操作所需时间为 $\Theta(V)$，第 2~4 行循环的运行时间为 $\Theta(E)$，且一共要进行 $|V|-1$ 次循环，第 5~7 行的 **for** 循环所需时间为 $O(E)$，Bellman-Ford 算法的总运行时间为 $O(VE)$。

要证明 Bellman-Ford 算法的正确性，首先证明在没有权重为负值的环路的情况下，该算法正确计算出从源结点可以到达的所有结点之间的最短路径权重。

引理 24.2　设 $G=(V, E)$ 为一个带权重的源结点为 s 的有向图，其权重函数为 $w: E \rightarrow \mathbf{R}$。假定图 G 不包含从源结点 s 可以到达的权重为负值的环路。那么在算法 BELLMAN-FORD 的第 2~4 行的 **for** 循环执行了 $|V|-1$ 次之后，对于所有从源结点 s 可以到达的结点 v，我们有 $v.d=\delta(s, v)$。

证明　我们通过使用路径松弛性质来证明本引理。考虑任意从源结点 s 可以到达的结点 v，设 $p=\langle v_0, v_1, \cdots, v_k \rangle$ 为从源结点 s 到结点 v 之间的任意一条最短路径，这里 $v_0=s$，$v_k=v$。因为最短路径都是简单路径，p 最多包含 $|V|-1$ 条边，因此 $k \leqslant |V|-1$。算法第 2~4 行的 **for** 循环每次松弛所有的 $|E|$ 条边。在第 i 次松弛操作时，这里 $i=1, 2, \cdots, k$，被松弛的边中包含边 (v_{i-1}, v_i)。根据路径松弛性质，$v.d=v_k.d=\delta(s, v_k)=\delta(s, v)$。　∎

651
～
652

推论 24.3　设 $G=(V, E)$ 是一带权重的源结点为 s 的有向图，其权重函数为 $w: E \rightarrow \mathbf{R}$。假定图 G 不包含从源结点 s 可以到达的权重为负值的环路，则对于所有结点 $v \in V$，存在一条从源结点 s 到结点 v 的路径当且仅当 BELLMAN-FORD 算法终止时有 $v.d < \infty$。

证明　该证明留给读者作为练习（请参阅练习 24.1-2）。　∎

定理 24.4（Bellman-Ford 算法的正确性）　设 BELLMAN-FORD 算法运行在一带权重的源结点为 s 的有向图 $G=(V, E)$ 上，该图的权重函数为 $w: E \rightarrow \mathbf{R}$。如果图 G 不包含从源结点 s 可以到达的权重为负值的环路，则算法将返回 TRUE 值，且对于所有结点 $v \in V$，前驱子图 G_π 是一棵根结点为 s 的最短路径树。如果图 G 包含一条从源结点 s 可以到达的权重为负值的环路，则算法将返回 FALSE 值。

证明　假定图 G 不包含从源结点 s 可以到达的权重为负值的环路。我们首先证明，对于所有结点 $v \in V$，在算法 BELLMAN-FORD 终止时，我们有 $v.d=\delta(s, v)$。如果结点 v 是从 s 可以到达的，则引理 24.2 证明了本论断。如果结点 v 不能从 s 到达，则该论断可以从非路径性质获得。因此，该论断得到证明。综合前驱子图性质和本论断可以推导出 G_π 是一棵最短路径树。现在，我们使用这个论断来证明 BELLMAN-FORD 算法返回的是 TRUE 值。在算法 BELLMAN-FORD 终止时，对于所有的边 $(u, v) \in E$，我们有

$$v.d = \delta(s, v)$$
$$\leqslant \delta(s, u) + w(u, v) \quad \text{（根据三角不等式）}$$
$$= u.d + w(u, v)$$

因此，算法第 6 行中没有任何测试可以让 BELLMAN-FORD 算法返回 FALSE 值。因此，它一定返回的是 TRUE 值。

现在，假定图 G 包含一个权重为负值的环路，并且该环路可以从源结点 s 到达；设该环路为 $c=\langle v_0, v_1, \cdots, v_k \rangle$，这里 $v_0=v_k$，则有

$$\sum_{i=1}^{k} w(v_{i-1}, v_i) < 0 \tag{24.1}$$

下面使用反证法。假设 Bellman-Ford 算法返回的是 TRUE 值，则 $v_i.d \leqslant v_{i-1}.d + w(v_{i-1}, v_i)$，这里 $i=1, 2, \cdots, k$。将环路 c 上的所有这种不等式加起来，我们有

$$\sum_{i=1}^{k} v_i.d \leqslant \sum_{i=1}^{k} (v_{i-1}.d + w(v_{i-1}, v_i)) = \sum_{i=1}^{k} v_{i-1}.d + \sum_{i=1}^{k} w(v_{i-1}, v_i)$$

653

由于 $v_0 = v_k$，环路 c 上面的每个结点在上述求和表达式 $\sum_{i=1}^{k} v_i.d$ 和 $\sum_{i=1}^{k} v_{i-1}.d$ 中刚好各出现一次，因此有

$$\sum_{i=1}^{k} v_i.d = \sum_{i=1}^{k} v_{i-1}.d$$

而且，根据推论 24.3，$v_i.d$ 对于 $i = 1$，2，$\cdots$，k 来说取的都是有限值，因此有

$$0 \leqslant \sum_{i=1}^{k} w(v_{i-1}, v_i)$$

而这与不等式(24.1)矛盾。因此，我们得出结论，如果图 G 不包含从源结点 s 可以到达的权重为负值的环路，则 Bellman-Ford 算法返回 TRUE 值，否则返回 FALSE 值。　■

练习

24.1-1 在图 24-4 上运行 Bellman-Ford 算法，使用结点 z 作为源结点。在每一遍松弛过程中，以图中相同的次序对每条边进行松弛，给出每遍松弛操作后的 d 值和 π 值。然后，把边 (z, x) 的权重改为 4，再次运行该算法，这次使用 s 作为源结点。

24.1-2 证明推论 24.3。

24.1-3 给定 $G = (V, E)$ 是一带权重且没有权重为负值的环路的有向图，对于所有结点 $v \in V$，从源结点 s 到结点 v 之间的最短路径中，包含边的条数的最大值为 m。（这里，判断最短路径的根据是权重，不是边的条数。）请对算法 BELLMAN-FORD 进行简单修改，可以让其在 $m+1$ 遍松弛操作之后终止，即使 m 不是事先知道的一个数值。

24.1-4 修改 Bellman-Ford 算法，使其对于所有结点 v 来说，如果从源结点 s 到结点 v 的一条路径上存在权重为负值的环路，则将 $v.d$ 的值设置为 $-\infty$。

*24.1-5 设 $G = (V, E)$ 为一带权重的有向图，其权重函数为 $w: E \to \mathbf{R}$。请给出一个时间复杂度为 $O(VE)$ 的算法，对于每个结点 $v \in V$，计算出数值 $\delta^*(v) = \min_{u \in V}\{\delta(u, v)\}$。

*24.1-6 假定 $G = (V, E)$ 为一带权重的有向图，并且图中存在一个权重为负值的环路。给出一个有效的算法来列出所有属于该环路上的结点。请证明算法的正确性。

654

24.2　有向无环图中的单源最短路径问题

根据结点的拓扑排序次序来对带权重的有向无环图 $G = (V, E)$ 进行边的松弛操作，我们便可以在 $\Theta(V + E)$ 时间内计算出从单个源结点到所有结点之间的最短路径。在有向无环图中，即使存在权重为负值的边，但因为没有权重为负值的环路，最短路径都是存在的。

我们的算法先对有向无环图进行拓扑排序（请参阅 22.4 节），以便确定结点之间的一个线性次序。如果有向无环图包含从结点 u 到结点 v 的一条路径，则 u 在拓扑排序的次序中位于结点 v 的前面。我们只需要按照拓扑排序的次序对结点进行一遍处理即可。每次对一个结点进行处理时，我们对从该结点发出的所有的边进行松弛操作。

```
DAG-SHORTEST-PATHS(G,w,s)
1  topologically sort the vertices of G
2  INITIALIZE-SINGLE-SOURCE(G,s)
3  for each vertex u, taken in topologically sorted order
4      for each vertex v ∈ G.Adj[u]
5          RELAX(u,v,w)
```

图 24-5 描述的是算法 DAG-SHORTEST-PATHS 的执行过程。

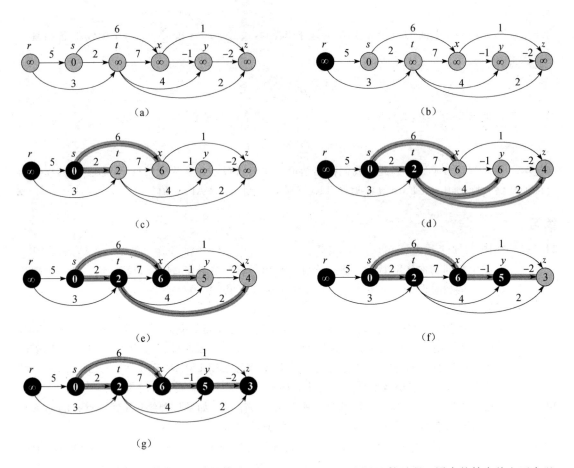

图 24-5 在有向无环图上执行最短路径算法 DAG-SHORTEST-PATHS 的过程。图中的结点从左至右以
拓扑排序的次序排列。源结点为 s，每个结点中的数值为 d 值，加了阴影的边表示 π 值。(a)在
算法第 3～5 行 **for** 循环开始前的场景。(b)~(g)第 3～5 行 **for** 循环在每次执行后的场景。每次
循环时新变为黑色的结点作为该次循环里的 u 结点。图(g)中所显示的各种值都是最后的取值

该算法的运行时间非常容易分析。如 22.4 节所描述的，算法第 1 行的拓扑排序时间为
$\Theta(V+E)$。第 2 行对 INITIALIZE-SINGLE-SOURCE 的调用所需时间为 $\Theta(V)$。第 3～5 行的 **for**
循环(外循环)对于每个结点执行一遍，因此，第 4～5 行的 **for** 循环(内循环)对每条边刚好松弛
一次。(注意，我们这里使用了聚合分析。)因为内循环每次的运行时间为 $\Theta(1)$，算法的总运行时
间为 $\Theta(V+E)$。对于以邻接链表法表示的图来说，这个时间为线性级。

下面的定理将证明 DAG-SHORTEST-PATHS 过程正确计算出所有的最短路径。

定理 24.5 如果带权重无环路的有向图 $G=(V,E)$ 有一个源结点 s，则在算法 DAG-
SHORTEST-PATHS 终止时，对于所有的结点 $v \in V$，我们有 $v.d = \delta(s,v)$，且前驱子图 G_π 是
一棵最短路径树。

证明 首先证明对于所有的结点 $v \in V$，在算法 DAG-SHORTEST-PATHS 终止时都有
$v.d = \delta(s,v)$。如果结点 v 不能从源结点 s 到达，则根据非路径性质有 $v.d = \delta(s,v) = \infty$。现在
假定结点 v 可以从结点 s 到达，因此，图中存在一条最短路径 $p = \langle v_0, v_1, \cdots, v_k \rangle$，这里 $v_0 = s$，
$v_k = v$。因为算法是按照拓扑排序的次序来对结点进行处理，所以对路径 p 上的边的放松次序为
$(v_0, v_1), (v_1, v_2), \cdots, (v_{k-1}, v_k)$。根据路径松弛性质，对于 $i = 0, 1, \cdots, k$，在算法终止时
有 $v_i.d = \delta(s, v_i)$。最后，根据前驱子图性质，G_π 是一棵最短路径树。 ∎

算法 DAG-SHORTEST-PATHS 的一个有趣的应用是在 **PERT** 图[⊖]的分析中进行关键路径的判断。PERT 图是一个有向无环图，在这种图中，每条边代表需要进行的工作，边上的权重代表执行该工作所需要的时间。如果边 (u, v) 进入结点 v，边 (v, x) 离开结点 v（从结点 v 发出），则工作 (u, v) 必须在工作 (v, x) 前完成。PERT 图中的一条路径代表的是一个工作执行序列。**关键路径**则是该有向无环图中一条最长的路径，该条路径代表执行任何工作序列所需的最长时间。因此，关键路径上的权重提供的是执行所有工作所需时间的下界。我们可以使用下面两种办法中的任意一种来找到 PERT 图中的关键路径：

- 将所有权重变为负数，然后运行 DAG-SHORTEST-PATHS。
- 运行 DAG-SHORTEST-PATHS，但进行如下修改：在 INITIALIZE-SINGLE-SOURCE 的第 2 行将 ∞ 替换为 $-\infty$，在 RELAX 过程中将">"替换为"<"。

练习

24.2-1 请在图 24-5 上运行 DAG-SHORTEST-PATHS，使用结点 r 作为源结点。

24.2-2 假定将 DAG-SHORTEST-PATHS 的第 3 行改为：

3   **for** the first $|V| - 1$ vertices，taken in topologically sorted order

证明：该算法的正确性保持不变。

24.2-3 上面描述的 PERT 图的公式有一点不太自然。在一个更自然的结构下，图中的结点代表要执行的工作，边代表工作之间的次序限制，即边 (u, v) 表示工作 u 必须在工作 v 之前执行。在这种结构的图中，我们将权重赋给结点，而不是边。请修改 DAG-SHORTEST-PATHS 过程，使得其可以在线性时间内找出这种有向无环图中一条最长的路径。

657

24.2-4 给出一个有效的算法来计算一个有向无环图中的路径总数。分析你自己的算法。

24.3 Dijkstra 算法

Dijkstra 算法解决的是带权重的有向图上单源最短路径问题，该算法要求所有边的权重都为非负值。因此，在本节的讨论中，我们假定对于所有的边 $(u, v) \in E$，都有 $w(u, v) \geqslant 0$。我们稍后将看到，如果所采用的实现方式合适，Dijkstra 算法的运行时间要低于 Bellman-Ford 算法的运行时间。

Dijkstra 算法在运行过程中维持的关键信息是一组结点集合 S。从源结点 s 到该集合中每个结点之间的最短路径已经被找到。算法重复从结点集 $V - S$ 中选择最短路径估计最小的结点 u，将 u 加入到集合 S，然后对所有从 u 发出的边进行松弛。在下面给出的实现方式中，我们使用一个最小优先队列 Q 来保存结点集合，每个结点的关键值为其 d 值。

DIJKSTRA. (G, w, s)
1   INITIALIZE-SINGLE-SOURCE(G, s)
2   $S = \varnothing$
3   $Q = G. V$
4   **while** $Q \neq \varnothing$
5       $u = $ EXTRACT-MIN(Q)
6       $S = S \cup \{u\}$
7   **for** each vertex $v \in G. Adj[u]$
8   RELAX(u, v, w)

⊖ "PERT"是"Program Evaluation and Review Technique"的缩写。

Dijkstra 算法对边的松弛操作如图 24-6 所示。算法第 1 行执行的是例行的 d 值和 π 值的初始化，第 2 行将集合 S 初始化为一个空集。算法所维持的不变式为 $Q=V-S$，该不变式在算法第 4~8 行的 **while** 循环过程中保持不变。算法第 3 行对最小优先队列 Q 进行初始化，将所有的结点 V 都放在该队列里。由于此时的 $S=\varnothing$，不变式在第 3 行执行完毕后成立。算法在每次执行第 4~8 行的 **while** 循环时，第 5 行从 $Q=V-S$ 集合中抽取结点 u，第 6 行将该结点加入到集合 S 里，从而继续保持不变式成立。（注意，在第一次执行该循环时，$u=s$。）结点 u 是集合 $V-S$ 中所有结点的最小最短路径估计。然后，在算法的第 7~8 行，我们对所有从结点 u 发出的边 (u,v) 进行松弛操作。如果一条经过结点 u 的路径能够使得从源结点 s 到结点 v 的最短路径权重比当前的估计值更小，则我们对 $v.d$ 的值和前驱 $v.\pi$ 的值进行更新。注意，在算法的第 3 行之后，我们再不会在队列 Q 中插入任何结点，而每个结点从 Q 中被抽取的次数和加入集合 S 的次数均为一次，因此，算法第 4~8 行的 **while** 循环的执行次数刚好为 $|V|$ 次。

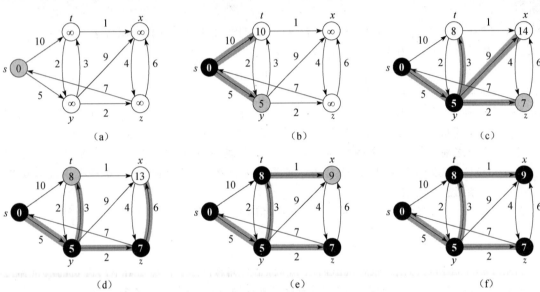

图 24-6 Dijkstra 算法的执行过程。源结点 s 为最左边的结点。每个结点中的数值为该结点的最短路径的估计值，加了阴影的边表明前驱值。黑色的结点属于集合 S，白色的结点属于最小优先队列 $Q=V-S$。(a) 算法第 4~8 行的 **while** 循环首次执行前的场景。加了阴影的结点为 d 值最小的结点，该结点在算法的第 5 行被选择为结点 u。(b)~(f) 每次成功执行 **while** 循环后的场景。每幅图里加了阴影的结点是被算法第 5 行所选择出的下一次循环所用的结点 u。图 (f) 中的 d 值和前驱值都是最终值

因为 Dijkstra 算法总是选择集合 $V-S$ 中“最轻”或“最近”的结点来加入到集合 S 中，该算法使用的是贪心策略。第 16 章详细讨论了贪心策略，但读者并不需要读过第 16 章的内容才能理解 Dijkstra 算法。虽然贪心策略并不总是能获得最优的结果，但正如下面的定理和推论所指出的，使用贪心策略的 Dijkstra 算法确实能够计算出最短路径。这里的关键是证明这样一个事实：该算法在每次选择结点 u 来加入到集合 S 时，有 $u.d=\delta(s,u)$。

定理 24.6（Dijkstra 算法的正确性） Dijkstra 算法运行在带权重的有向图 $G=(V,E)$ 时，如果所有权重为非负值，则在算法终止时，对于所有结点 $u\in V$，我们有 $u.d=\delta(s,u)$。

证明 我们使用下面的循环不变式：

在算法第 4~8 行的 **while** 语句的每次循环开始前，对于每个结点 $v\in S$，有 $v.d=\delta(s,v)$。

我们只需要证明对于每个结点 $u\in V$，当结点 u 被加入到集合 S 时，有 $u.d=\delta(s,u)$。一旦证明了 $u.d=\delta(s,u)$，就可以使用上界性质来证明该等式在后续的所有时间内保持成立。

初始化：初始时，$S=\varnothing$，因此，循环不变式直接成立。

保持：我们希望证明在每次循环中，对于加入到集合 S 的结点 u 来说，$u.d=\delta(s,u)$。我们使用反证法来证明此论断。设结点 u 是第一个在加入到集合 S 时使得该方程式不成立的结点，即 $u.d\neq\delta(s,u)$。我们下面将注意力集中到把结点 u 加入到集合 S 的这遍循环的开始，并通过对从结点 s 到结点 u 的最短路径进行检查来导出结论 $u.d=\delta(s,u)$。由于结点 s 是第一个加入到集合 S 中的结点，并且 $s.d=\delta(s,s)=0$，结点 u 必定与结点 s 不同，即 $u\neq s$。因为 $u\neq s$，在即将把结点 u 加入到集合 S 时，我们有 $S\neq\varnothing$。此时，一定存在某条从结点 s 到结点 u 的路径，否则，根据非路径性质将有 $u.d=\delta(s,u)=\infty$，而这将违反我们的假设 $u.d\neq\delta(s,u)$。因为至少存在一条从 s 到 u 的路径，所以也存在一条从 s 到 u 的最短路径 p。在将结点 u 加入到集合 S 之前，路径 p 连接的是集合 S 中的一个结点（即 s）和 $V-S$ 中的一个结点（即 u）。让我们考虑路径 p 上第一个满足 $y\in V-S$ 的结点 y，设 $x\in S$ 为结点 y 在路径 p 上的前驱，则如图 24-7 所示，我们可以将路径 p 分解为 $s\overset{p_1}{\rightsquigarrow}x\rightarrow y\overset{p_2}{\rightsquigarrow}u$。（路径 p_1 或者 p_2 可能不包含任何边。）

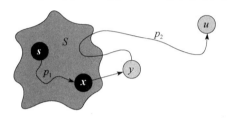

图 24-7 定理 24.6 的证明。集合 S 在将结点 u 加入之前为非空。我们将从源结点 s 到结点 u 的路径 p 分解为 $s\overset{p_1}{\rightsquigarrow}x\rightarrow y\overset{p_2}{\rightsquigarrow}u$，这里结点 y 是路径 p 上第一个不属于集合 S 的结点，结点 $x(x\in S)$ 为路径 p 上结点 y 的直接前驱结点。结点 x 和 y 是不同的结点，但可能有 $s=x$ 或者 $y=u$。路径 p_2 既可能重新进入集合 S，也可能不重新进入集合 S

我们断言：在将结点 u 加入到集合 S 时，$y.d=\delta(s,y)$。为了证明这一点，只要观察到 $x\in S$。然后，因为选择的结点 u 是第一个在加入到集合 S 时不满足条件 $u.d\neq\delta(s,u)$ 的结点，在将结点 x 加入到集合 S 时，有 $x.d=\delta(s,x)$。此时，边 (x,y) 将被松弛，根据收敛性质可以得出我们的断言。

现在可以通过反证来证明 $u.d=\delta(s,u)$。因为结点 y 是从结点 s 到结点 u 的一条最短路径上位于 u 前面的一个结点，并且所有的边权重均为非负值，所以有 $\delta(s,y)\leqslant\delta(s,u)$，因此，

$$
\begin{aligned}
y.d &= \delta(s,y) \\
&\leqslant \delta(s,u) \\
&\leqslant u.d\,(\text{根据上界性质})
\end{aligned}
\tag{24.2}
$$

但是，因为在算法第 5 行选择结点 u 时，结点 u 和 y 都在集合 $V-S$ 里，所以有 $u.d\leqslant y.d$。因此，式 (24.2) 中的两个不等式事实上都是等式，即

$$y.d=\delta(s,y)=\delta(s,u)=u.d$$

因此 $u.d=\delta(s,u)$，而这与我们所选择的结点 u 矛盾。因此，我们推断，在结点 u 被加入到集合 S 时有 $u.d=\delta(s,u)$，并且该等式在随后的所有时间内都保持成立。

终止：在算法终止时，$Q=\varnothing$。该事实与之前的不变式 $Q=V-S$ 一起说明了 $S=V$。因此，对于所有的结点 $u\in V$，有 $u.d=\delta(s,u)$。 ∎

推论 24.7 如果在带权重的有向图 $G=(V,E)$ 上运行 Dijkstra 算法，其中的权重皆为非负值，源结点为 s，则在算法终止时，前驱子图 G_π 是一棵根结点为 s 的最短路径树。

证明 从定理 24.6 和前驱子图性质可立即得知该推论。 ∎

分析

Dijkstra 算法的运行速度有多快呢？该算法执行三种优先队列操作来维持最小优先队列：INSERT(算法第 3 行所隐含的操作)、EXTRACT-MIN(算法第 5 行)和 DECREASE-KEY(隐含在算法第 8 行所调用的 RELAX 操作中)。该算法对每个结点调用一次 INSERT 和 EXTRACT-MIN 操作。因为每个结点仅被加入到集合 S 一次，邻接链表 $Adj[u]$ 中的每条边在整个算法运行期间也只被检查一次(算法第 7~8 行的 **for** 循环里)。由于所有邻接链表中的边的总数为 $|E|$，该 **for** 循环的执行次数一共为 $|E|$ 次，因此，该算法调用 DECREASE-KEY 最多 $|E|$ 次。(注意，我们这里还是使用的聚合分析。)

Dijkstra 算法的总运行时间依赖于最小优先队列的实现。我们首先考虑第一种情况：通过利用结点的编号为 $1\sim|V|$ 来维持最小优先队列。在这种情况下，我们将 $v.d$ 的值存放在数组的第 v 个记录里。每次 INSERT 和 DECREASE-KEY 操作的执行时间为 $O(1)$，每次 EXTRACT-MIN 的操作时间为 $O(V)$(因为需要搜索整个数组)，算法的总运行时间为 $O(V^2 + E) = O(V^2)$。

如果我们讨论的是稀疏图，特别地，如果 $E = o(V^2/\lg V)$，则可以使用二叉堆来实现最小优先队列，从而改善算法的运行时间。(如 6.5 节所讨论的，该实现应该在结点及其对应的堆元素里相互保存指向对方的句柄。)在这种模式下，每次 EXTRACT-MIN 操作的执行时间为 $O(\lg V)$。和前面一样，一共有 $|V|$ 次这样的操作。构建最小二叉堆的成本为 $O(V)$。每次 DECREASE-KEY 操作的执行时间为 $O(\lg V)$，而最多有 $|E|$ 次这样的操作。因此，算法的总运行时间为 $O((V+E)\lg V)$。若所有结点都可以从源结点到达，则该时间为 $O(E\lg V)$。若 $E = o(V^2/\lg V)$，则该时间成本相对于直接实现的 $O(V^2)$ 成本有所改善。

事实上，我们可以将 Dijkstra 算法的运行时间改善到 $O(V\lg V + E)$，方法是使用斐波那契堆来实现最小优先队列(请参阅第 19 章)。在这种实现下，每次 EXTRACT-MIN 操作的摊还代价为 $O(\lg V)$，每次 DECREASE-KEY 操作的摊还代价为 $O(1)$。从历史的角度上看，斐波那契堆提出的动机就是因为人们观察到 Dijkstra 算法调用的 DECREASE-KEY 操作通常比 EXTRACT-MIN 操作更多，因此，任何能够将 DECREASE-KEY 操作的摊还代价降低到 $o(\lg V)$ 而又不增加 EXTRACT-MIN 操作的摊还代价的方法都将产生比二叉堆的渐近性能更优的实现。

Dijkstra 算法既类似于广度优先搜索(请参阅 22.2 节)，也有点类似于计算最小生成树的 Prim 算法(请参阅 23.2 节)。它与广度优先搜索的类似点在于集合 S 对应的是广度优先搜索中的黑色结点集合：正如集合 S 中的结点的最短路径权重已经计算出来一样，在广度优先搜索中，黑色结点的正确的广度优先距离也已经计算出来。Dijkstra 算法像 Prim 算法的地方是，两个算法都使用最小优先队列来寻找给定集合(Dijkstra 算法中的 S 集合与 Prim 算法中逐步增长的树)之外的"最轻"结点，将该结点加入到集合里，并对位于集合外面的结点的权重进行相应调整。

练习

24.3-1 在图 24-2 上运行 Dijkstra 算法，第一次使用结点 s 作为源结点，第二次使用结点 z 作为源结点。以类似于图 24-6 的风格，给出每次 **while** 循环后的 d 值和 π 值，以及集合 S 中的所有结点。

24.3-2 请举出一个包含负权重的有向图，使得 Dijkstra 算法在其上运行时将产生不正确的结果。为什么在有负权重的情况下，定理 24.6 的证明不能成立呢？

24.3-3 假定将 Dijkstra 算法的第 4 行改为：

    4　**while** $|Q| > 1$

这种改变将让 **while** 循环的执行次数从 $|V|$ 次降低到 $|V| - 1$ 次。这样修改后的算法正确吗？

24.3-4 Gaedel 教授写了一个程序，他声称该程序实现了 Dijkstra 算法。对于每个结点 $v \in V$，

该程序生成值 $v.d$ 和 $v.\pi$。请给出一个时间复杂度为 $O(V+E)$ 的算法来检查教授所编写程序的输出。该算法应该判断每个结点的 d 和 π 属性是否与某棵最短路径树中的信息匹配。这里可以假设所有的边权重皆为非负值。

24.3-5 Newman 教授觉得自己发现了 Dijkstra 算法的一个更简单的证明。他声称 Dijkstra 算法对最短路径上面的每条边的松弛次序与该条边在该条最短路径中的次序相同，因此，路径松弛性质适用于从源结点可以到达的所有结点。请构造一个有向图来说明 Dijkstra 算法并不一定按照最短路径中边的出现次序来对边进行松弛，从而证明教授是错的。

24.3-6 给定有向图 $G=(V,E)$，每条边 $(u,v)\in E$ 有一个关联值 $r(u,v)$，该关联值是一个实数，其范围为 $0\leqslant r(u,v)\leqslant 1$，其代表的意思是从结点 u 到结点 v 之间的通信链路的可靠性。可以认为，$r(u,v)$ 代表的是从结点 u 到结点 v 之间的通信链路不失效的概率，并且假设这些概率之间相互独立。请给出一个有效的算法来找到任意两个结点之间最可靠的通信链路。

24.3-7 给定带权重的有向图 $G=(V,E)$，其权重函数为 $w: E\to\{1,2,\cdots,W\}$，这里 W 为某个正整数，我们还假设图中从源结点 s 到任意两个结点之间的最短路径的权重都不相同。现在，假设定义一个没有权重的有向图 $G'=(V\cup V',E')$。该图是将每条边 $(u,v)\in E$ 予以替换，替换所用的是 $w(u,v)$ 条具有单位权重的边。请问图 G' 一共有多少个结点？现在假设在 G' 上运行广度优先搜索算法，证明：G' 的广度优先搜索将 V 中结点涂上黑色的次序与 Dijkstra 算法运行在图 G 上时从优先队列中抽取结点的次序相同。 663

24.3-8 给定带权重的有向图 $G=(V,E)$，其权重函数为 $w: E\to\{0,1,2,\cdots,W\}$，这里 W 为某个非负整数。请修改 Dijkstra 算法来计算从给定源结点 s 到所有结点之间的最短路径。该算法时间应为 $O(WV+E)$。

24.3-9 修改练习 24.3-8 中的算法，使其运行时间为 $O((V+E)\lg W)$。（提示：在任意时刻，集合 $V-S$ 里有多少个不同的最短路径估计？）

24.3-10 假设给定带权重的有向图 $G=(V,E)$，从源结点 s 发出的边的权重可以为负值，而其他所有边的权重全部是非负值，同时，图中不包含权重为负值的环路。证明：Dijkstra 算法可以正确计算出从源结点 s 到所有其他结点之间的最短路径。

24.4　差分约束和最短路径

第 29 章研究的是通用的线性规划问题，在其讨论中，我们希望在满足一组线性不等式的条件下优化一个线性函数。本节将讨论线性规划中的一个特例，该特例可以被归约到单源最短路径问题。这样，我们可以通过运行 Bellman-Ford 算法来解决单源最短路径问题，从而解决这种特殊的线性规划问题。

线性规划

在通用的线性规划问题中，我们通常给定一个 $m\times n$ 的矩阵 A、一个 m 维的向量 b 和一个 n 维向量 c。我们希望找到一个 n 维向量 x，使得在由 $Ax\leqslant b$ 给定的 m 个约束条件下优化目标函数 $\sum_{i=1}^{n} c_i x_i$，这里的优化指的是使目标函数的取值最大。

虽然第 29 章描述的单纯形算法并不总是能够在多项式时间内完成，但却存在其他的运行时间为多项式时间的线性规划算法。线性规划问题的设置具有许多实际价值，我们这里仅给出两个理由来帮助读者理解。首先，如果我们知道可以将某个给定问题看做一个多项式规模的线性规划问题，则可以立即获得一个多项式时间的算法解。其次，对于线性规划的许多特殊情况，存在着更快的算法。例如，单源单目的地最短路径问题（练习 24.4-4）和最大流问题（练习 26.1-5）都是线性规划问题的特例。 664

有时候，我们并不关注目标函数，而仅仅是希望找到一个**可行解**，即找到任何满足 $Ax\leqslant b$

的向量 x，或者判断不存在可行解。我们下面来关注这样的一个可行性问题。

差分约束系统

在一个差分约束系统中，线性规划矩阵 A 的每一行包括一个 1 和一个 -1，其他所有项皆为 0。因此，由 $Ax \leqslant b$ 所给出的约束条件变为 m 个涉及 n 个变量的**差额限制条件**，其中的每个约束条件是如下所示的简单线性不等式：

$$x_j - x_i \leqslant b_k$$

这里 $1 \leqslant i$，$j \leqslant n$，$i \neq j$，并且 $1 \leqslant k \leqslant m$。

例如，我们考虑寻找一个满足下列条件的 5 维向量 $x = (x_i)$ 的问题：

$$\begin{bmatrix} 1 & -1 & 0 & 0 & 0 \\ 1 & 0 & 0 & 0 & -1 \\ 0 & 1 & 0 & 0 & -1 \\ -1 & 0 & 1 & 0 & 0 \\ -1 & 0 & 0 & 1 & 0 \\ 0 & 0 & -1 & 1 & 0 \\ 0 & 0 & -1 & 0 & 1 \\ 0 & 0 & 0 & -1 & 1 \end{bmatrix} \begin{bmatrix} x_1 \\ x_2 \\ x_3 \\ x_4 \\ x_5 \end{bmatrix} \leqslant \begin{bmatrix} 0 \\ -1 \\ 1 \\ 5 \\ 4 \\ -1 \\ -3 \\ -3 \end{bmatrix}$$

这个问题与寻找满足下列的 8 个差分约束条件的变量 x_1，x_2，x_3，x_4，x_5 的取值的问题等价：

$$x_1 - x_2 \leqslant 0 \tag{24.3}$$
$$x_1 - x_5 \leqslant -1 \tag{24.4}$$
$$x_2 - x_5 \leqslant 1 \tag{24.5}$$
$$x_3 - x_1 \leqslant 5 \tag{24.6}$$
$$x_4 - x_1 \leqslant 4 \tag{24.7}$$
$$x_4 - x_3 \leqslant -1 \tag{24.8}$$
$$x_5 - x_3 \leqslant -3 \tag{24.9}$$
$$x_5 - x_4 \leqslant -3 \tag{24.10}$$

这个问题的一个可能答案是 $x = (-5, -3, 0, -1, -4)$，读者可以对每个不等式进行验证来证明该向量确实是一个正确答案。事实上，这个问题的答案有多个。另一个答案是 $x' = (0, 2, 5, 4, 1)$。这两个答案之间存在着关联关系：向量 x' 中每个元素比向量 x 中的对应元素的取值大 5。我们在后面将看到，这种关系并不是巧合。

引理 24.8 设向量 $x = (x_1, x_2, \cdots, x_n)$ 为差分约束系统 $Ax \leqslant b$ 的一个解，设 d 为任意常数，则 $x + d = (x_1 + d, x_2 + d, \cdots, x_n + d)$ 也是该差分约束系统的一个解。

证明 对于每个 x_i 和 x_j，我们有 $(x_j + d) - (x_i + d) = x_j - x_i$。因此，若向量 x 满足 $Ax \leqslant b$，则向量 $x + d$ 也满足该条件。∎

差分约束系统在许多不同的应用里都会出现。例如，未知变量 x_i 可能代表的是事件发生的时间。每个约束条件给出的是在两个事件之间必须间隔的最短时间或最长时间。也许，这些事件代表的是产品装配过程中所必须执行的任务。如果在时刻 x_1 使用一种需要 2 个小时才能风干的粘贴剂材料，则我们需要等到该粘贴剂干了之后才能在时刻 x_2 安装部件，这样，我们就有约束条件 $x_2 \geqslant x_1 + 2$，或者等价地，$x_1 - x_2 \leqslant -2$。也许，我们可能要求部件必须在粘贴剂涂上后但在粘贴剂半干之前的时间段里安装上。在这种情况下，我们得到一对约束条件：$x_2 \geqslant x_1$ 和 $x_2 \leqslant x_1 + 1$，而这与差分约束系统 $x_1 - x_2 \leqslant 0$ 和 $x_2 - x_1 \leqslant 1$ 等价。

约束图

我们可以从图论的观点来理解差分约束系统。在一个 $Ax \leqslant b$ 的差分约束系统中，我们将

$m \times n$ 的线性规划矩阵 A 看做是一张由 n 个结点和 m 条边构成的图的关联矩阵的转置。（请参阅练习 22.1-7）。对于 $i=1, 2, \cdots, n$，图中的每个结点 v_i 对应 n 个未知变量 x_i 中的一个。图中的每条有向边则对应 m 个不等式中的一个。

正形式化地说，给定差分约束系统 $Ax \leqslant b$，其对应的**约束图**是一个带权重的有向图 $G=(V, E)$，这里：

$$V = \{v_0, v_1, \cdots, v_n\}$$

$$E = \{(v_i, v_j) : x_j - x_i \leqslant b_k \text{ 是一个约束条件}\} \bigcup \{(v_0, v_1), (v_0, v_2), (v_0, v_3), \cdots, (v_0, v_n)\}$$

666

约束图包含一个额外的结点 v_0，用来保证图中至少存在一个结点，从其出发可以到达所有其他的结点。因此，结点集合 V 由代表每个变量 x_i 的结点 v_i 和额外的结点 v_0 所组成。边集合 E 包含的是代表每个差分约束的边，再加上边 (v_0, v_i)，$i=1, 2, \cdots, n$。如果 $x_j - x_i \leqslant b_k$ 是一个差分约束条件，则边 (v_i, v_j) 的权重为 $w(v_i, v_j) = b_k$。所有从结点 v_0 发出的边的权重为 0。图 24-8 描述的是差分约束系统 (24.3)~(24.10) 的约束图。

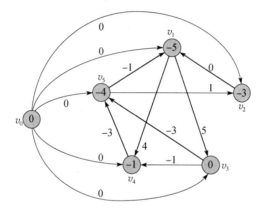

图 24-8   差分约束系统 (24.3)~(24.10) 所对应的约束图。每个结点 v_i 中的数值是 δ (v_0, v_i) 的值。该系统的一个可行解是 $x=(-5, -3, 0, -1, -4)$

下面的定理将证明可以通过在对应的约束图中寻找最短路径权重来找到一个差分约束系统的解。

定理 24.9   给定差分约束系统 $Ax \leqslant b$，设 $G=(V, E)$ 是该差分约束系统所对应的约束图。如果图 G 不包含权重为负值的环路，则

$$x = (\delta(v_0, v_1), \delta(v_0, v_2), \delta(v_0, v_3), \cdots, \delta(v_0, v_n)) \tag{24.11}$$

是该系统的一个可行解。如果图 G 包含权重为负值的环路，则该系统没有可行解。

证明   首先证明如果约束图不包含权重为负值的环路，则式 (24.11) 给出一个可行解。考虑任意一条边 $(v_i, v_j) \in E$，根据三角不等式，$\delta(v_0, v_j) \leqslant \delta(v_0, v_i) + w(v_i, v_j)$，即 $\delta(v_0, v_j) - \delta(v_0, v_i) \leqslant w(v_i, v_j)$。因此，如果设 $x_i = \delta(v_0, v_i)$ 和 $x_j = \delta(v_0, v_j)$，则 x_i 和 x_j 满足对应边 (v_i, v_j) 的差分约束条件 $x_j - x_i \leqslant w(v_i, v_j)$。

667

现在我们来证明如果约束图包含权重为负值的环路，则差分约束系统没有可行解。不失一般性，设权重为负值的环路为 $c = \langle v_1, v_2, \cdots, v_k \rangle$，这里 $v_1 = v_k$。（结点 v_0 不可能包含在环路 c 上，因为它没有进入的边。）环路 c 对应下面的差分约束条件组：

$$x_2 - x_1 \leqslant w(v_1, v_2)$$

$$x_3 - x_2 \leqslant w(v_2, v_3)$$

$$\vdots$$

$$x_{k-1} - x_{k-2} \leqslant w(v_{k-2}, v_{k-1})$$

$$x_k - x_{k-1} \leqslant w(v_{k-1}, v_k)$$

我们使用反证法来进行证明。假设向量 x 有一个满足上述 k 个不等式的解，则这个解必须同时满足将 k 个不等式加起来之后形成的新的不等式。如果将不等式的左边进行求和，每个未知变量 x_i 被加进来一次，被减去一次（记住，$v_1 = v_k$ 意味着 $x_1 = x_k$），使得左边的和为 0。不等式右面的和为 $w(c)$，因此有 $0 \leqslant w(c)$。但是 c 是一个权重为负值的环路，因此 $w(c) < 0$，这样我们得出矛盾：$0 \leqslant w(c) < 0$。 ■

求解差分约束系统

定理 24.9 告诉我们，可以使用 Bellman-Ford 算法来求解差分约束系统。因为约束图包含从源结点 v_0 到所有其他结点的边，任何权重为负值的环路都可以从结点 v_0 到达。如果 Bellman-Ford 算法返回 TRUE 值，则最短路径权重给出的是该系统的一个可行解。例如，在图 24-8 中，最短路径权重提供的可行解是 $x = (-5, -3, 0, -1, -4)$，根据引理 24.8，对于任意常数 d，$x = (d-5, d-3, d, d-1, d-4)$ 也是一个可行解。如果 Bellman-Ford 算法返回 FALSE 值，则差分约束系统没有可行解。

一个有 n 个未知变量和 m 个约束条件的差分约束系统所生成的约束图有 $n+1$ 个结点和 $n+m$ 条边。因此，使用 Bellman-Ford 算法，我们可以在 $O((n+1)(n+m)) = O(n^2 + nm)$ 时间内求解该系统。练习 24.4-5 将要求读者来修改算法，以使其能够在 $O(nm)$ 时间内完成运算，即使 m 远远小于 n。

练习

24.4-1 请给出下面差分约束系统的可行解或证明该系统没有可行解。

$$x_1 - x_2 \leqslant 1$$
$$x_1 - x_4 \leqslant -4$$
$$x_2 - x_3 \leqslant 2$$
$$x_2 - x_5 \leqslant 7$$
$$x_2 - x_6 \leqslant 5$$
$$x_3 - x_6 \leqslant 10$$
$$x_4 - x_2 \leqslant 2$$
$$x_5 - x_1 \leqslant -1$$
$$x_5 - x_4 \leqslant 3$$
$$x_6 - x_3 \leqslant -8$$

24.4-2 请给出下面差分约束系统的可行解或证明该系统没有可行解。

$$x_1 - x_2 \leqslant 4$$
$$x_1 - x_5 \leqslant 5$$
$$x_2 - x_4 \leqslant -6$$
$$x_3 - x_2 \leqslant 1$$
$$x_4 - x_1 \leqslant 3$$
$$x_4 - x_3 \leqslant 5$$
$$x_4 - x_5 \leqslant 10$$
$$x_5 - x_3 \leqslant -4$$
$$x_5 - x_4 \leqslant -8$$

24.4-3 约束图中从新结点 v_0 到其他结点之间的最短路径权重能够为正值吗？请解释。

24.4-4 请将单源单目的地最短路径问题表示为一个线性规划问题。

24.4-5 请稍微修改 Bellman-Ford 算法，使其能够在 $O(nm)$ 时间内解决由 n 个未知变量和 m 个约束条件所构成的差分约束系统问题。

24.4-6 假定在除差分约束系统外，我们希望处理形式为 $x_i = x_j + b_k$ 的**相等约束**。请说明如何修改 Bellman-Ford 算法来解决这种约束系统。

24.4-7 说明如何在一个没有额外结点 v_0 的约束图上运行类似 Bellman-Ford 的算法来求解差分约束系统。

*24.4-8 设 $Ax \leqslant b$ 为一个有 n 个变量和 m 个约束条件的差分约束系统。证明：在对应的约束图上运行 Bellman-Ford 算法将获得 $\sum_{i=1}^{n} x_i$ 的最大值，这里 $Ax \leqslant b$ 并且 $x_i \leqslant 0$。

*24.4-9 设 $Ax \leqslant b$ 为一个有 n 个变量和 m 个约束条件的差分约束系统。证明：在对应的约束图上运行 Bellman-Ford 算法将获得 $(\max\{x_i\} - \min\{x_i\})$ 的最小值，这里 $Ax \leqslant b$。如果该算法被用于安排建设工程的进度，请说明如何应用上述事实。

24.4-10 假定线性规划问题 $Ax \leqslant b$ 的矩阵 A 中每一行对应一个约束条件，具体来说，对应的是一个形式为 $x_i \leqslant b_k$ 的单个变量的约束条件，或一个形式为 $-x_i \leqslant b_k$ 的单变量约束条件。请说明如何修改 Bellman-Ford 算法来解决这变差分约束系统问题。

24.4-11 给出一个有效算法来解决 $Ax \leqslant b$ 的差分约束系统问题，这里 b 的所有元素为实数，所有的变量 x_i 都是整数。

*24.4-12 给出一个有效算法来解决 $Ax \leqslant b$ 的差分约束系统，这里 b 的所有元素为实数，而变量 x_i 中某个给定的子集是整数。

24.5　最短路径性质的证明

在贯穿本章的讨论中，我们的各种正确性证明都依赖于三角不等式、上界性质、非路径性质、收敛性质、路径松弛性质和前驱子图性质。在本章一开始，我们就给出了这些性质，但却没有给出证明。本节就来证明这些性质。

三角不等式性质

在研究广度优先搜索（22.2 节）算法时，我们在引理 22.1 中证明了无权重图里面最短路径的一个简单性质。三角不等式只不过是将该简单性质推广到带权重的图中。

引理 24.10（三角不等式）　设 $G = (V, E)$ 为一个带权重的有向图，其权重函数由 $w: E \rightarrow \mathbf{R}$ 给出，其源结点为 s。那么对于所有的边 $(u, v) \in E$，我们有

$$\delta(s, v) \leqslant \delta(s, u) + w(u, v)$$

证明　假定 p 是从源结点 s 到结点 v 的一条最短路径，则 p 的权重不会比任何从 s 到 v 的其他路径的权重大。具体来说，路径 p 的权重不会比这样一条特定的路径的权重大：从源结点 s 到结点 u 的一条最短路径，再加上边 (u, v) 而到达结点 v 的这条路径。

练习 24.5-3 将要求读者处理从源结点 s 到结点 v 没有最短路径的情况。　　　　■

最短路径估计值的松弛效果

下一组引理描述的是，在对一个带权重的有向图的边执行一系列松弛步骤时，最短路径估计值将会发生怎样的变化。这里假定图由算法 INITIALIZE-SINGLE-SOURCE 进行了初始化。

引理 24.11（上界性质）　设 $G = (V, E)$ 为一个带权重的有向图，其权重函数由 $w: E \rightarrow \mathbf{R}$ 给出，其源结点为 s，该图由算法 INITIALIZE-SINGLE-SOURCE(G, s) 执行初始化。那么对于所有的结点 $v \in V$，$v.d \geqslant \delta(s, v)$，并且该不变式在对图 G 的边进行任何次序的松弛过程中保持成立。而且，一旦 $v.d$ 取得其下界 $\delta(s, v)$ 后，将不再发生变化。

证明　我们使用归纳法来证明不变式（对于所有的结点 $v \in V$，$v.d \geqslant \delta(s, v)$），归纳的主体

是松弛步骤的数量。

　　基础步：在初始化之后，对于所有的结点 $v \in V$，$v.d \geqslant \delta(s, v)$ 显然成立。因为 $v.d = \infty$ 就意味着对于所有的结点 $v \in V - \{s\}$，$v.d \geqslant \delta(s, v)$。由于 $s.d = 0 \geqslant \delta(s, s)$（注意，如果源结点 s 处于一个权重为负值的环路上，则 $\delta(s, s) = -\infty$；否则，$\delta(s, s) = 0$）。

　　归纳步：考虑对边 (u, v) 的松弛操作。根据归纳假设，在松弛之前，对于所有的结点 $x \in V$，$x.d \geqslant \delta(s, x)$。而在对边 (u, v) 进行松弛的过程中，唯一可能发生改变的 d 值只有 $v.d$。如果该值发生变化，则有

$$
\begin{aligned}
v.d &= u.d + w(u,v) \\
&\geqslant \delta(s,u) + w(u,v) \quad \text{（根据归纳假设）} \\
&\geqslant \delta(s,v) \quad\quad\quad\quad\ \text{（根据三角不等式）}
\end{aligned}
$$

因此，循环不变式得到维持。

　　要证明 $v.d$ 的取值在达到 $v.d = \delta(s, v)$ 之后就不再变化，只要注意到在达到其取值的下界后，$v.d$ 无法再减小，因为我们刚刚证明了 $v.d \geqslant \delta(s, v)$，而该值也不可能增加，因为松弛操作从来不增加 d 的取值。　■

　　推论 24.12（非路径性质）　给定一个带权重的有向图 $G = (V, E)$，权重函数为 $w: E \rightarrow \mathbf{R}$，假定从源结点 $s \in V$ 到给定结点 $v \in V$ 之间不存在路径，则在该图由 INITIALIZE-SINGLE-SOURCE(G, s) 算法进行初始化后，我们有 $v.d = \delta(s, v) = \infty$，并且该等式作为不变式一直维持到图 G 的所有松弛操作结束。

　　证明　根据上界性质，我们总是有 $\infty = \delta(s, v) \leqslant v.d$，因此，$v.d = \infty = \delta(s, v)$。　■

　　引理 24.13　设 $G = (V, E)$ 为一个带权重的有向图，权重函数为 $w: E \rightarrow \mathbf{R}$，并且边 $(u, v) \in E$。那么在对边 (u, v) 进行松弛操作 RELAX(u, v, w) 后，有 $v.d \leqslant u.d + w(u, v)$。

　　证明　如果在对边 (u, v) 进行松弛操作前，有 $v.d > u.d + w(u, v)$，则在松弛操作后，有 $v.d = u.d + w(u, v)$。如果在松弛操作前有 $v.d \leqslant u.d + w(u, v)$，则松弛操作不会改变 $u.d$ 或 $v.d$ 的取值，因此在松弛操作后仍然有 $v.d \leqslant u.d + w(u, v)$。　■

　　引理 24.14（收敛性质）　设 $G = (V, E)$ 为一个带权重的有向图，权重函数为 $w: E \rightarrow \mathbf{R}$。设 $s \in V$ 为某个源结点，$s \rightsquigarrow u \rightarrow v$ 为图 G 中的一条最短路径，这里 $u, v \in V$。假定图 G 由 INITIALIZE-SINGLE-SOURCE(G, s) 算法进行初始化，并在这之后进行了一系列边的松弛操作，其中包括对边 (u, v) 的松弛操作 RELAX(u, v, w)。如果在对边 (u, v) 进行松弛操作之前的任意时刻有 $u.d = \delta(s, u)$，则在该松弛操作之后的所有时刻有 $v.d = \delta(s, v)$。

　　证明　根据上界性质，如果在对边 (u, v) 进行松弛前的某个时刻有 $u.d = \delta(s, u)$，则该等式在松弛操作后仍然成立。特别地，在对边 (u, v) 进行松弛后，我们有

$$
\begin{aligned}
v.d &\leqslant u.d + w(u,v) \quad \text{（根据引理 24.13）} \\
&= \delta(s,u) + w(u,v) \\
&= \delta(s,v) \quad\quad\quad\quad\ \text{（根据引理 24.1）}
\end{aligned}
$$

根据上界性质，我们有 $v.d \geqslant \delta(s, v)$。从该不等式可以得出结论 $v.d = \delta(s, v)$，并且该等式在此之后一直保持成立。　■

　　引理 24.15（路径松弛性质）　设 $G = (V, E)$ 为一个带权重的有向图，权重函数为 $w: E \rightarrow \mathbf{R}$。设 $s \in V$ 为某个源结点，考虑从源结点 s 到结点 v_k 的任意一条最短路径 $p = \langle v_0, v_1, \cdots, v_k \rangle$。如果图 G 由 INITIALIZE-SINGLE-SOURCE(G, s) 算法进行初始化，并在这之后进行了一系列的边松弛操作，其中包括对边 (v_0, v_1)，(v_1, v_2)，$\cdots$，(v_{k-1}, v_k) 按照所列次序而进行的松弛操作，则在所有这些松弛操作之后，我们有 $v_k.d = \delta(s, v_k)$，并且在此之后该等式一直保持成立。该性质的成立与其他边的松弛操作及次序无关。

证明　我们使用归纳法来证明该引理。我们的归纳假设是在最短路径 p 的第 i 条边被松弛之后，有 $v_i.d = \delta(s, v_i)$。对于基础步 $i=0$ 的情况，即在对路径 p 的任何一条边进行松弛操作之前，我们从初始化算法可以得出 $v_0.d = s.d = 0 = \delta(s, s)$。根据上界性质，$s.d$ 的取值在此初始化之后将不再发生变化。

对于归纳步，假定 $v_{i-1}.d = \delta(s, v_{i-1})$。我们来考虑在对边 (v_{i-1}, v_i) 进行松弛操作时将发生的事情。根据收敛性质，在对该条边进行松弛之后，我们有 $v_i.d = \delta(s, v_i)$，并且该等式在此之后一直保持成立。　　　　　　　　　　　　　　　　　　　　　　　　　■

松弛操作与最短路径树

我们现在来证明，一旦一个松弛操作序列导致最短路径估计值收敛到最短路径权重上，则由结果 π 值所诱导的前驱子图 G_π 是图 G 的一棵最短路径树。我们的证明将从下面的引理开始，该引理将证明前驱子图总是形成一棵根结点为源结点的有根树。

引理 24.16　设 $G = (V, E)$ 为一个带权重的有向图，权重函数为 $w: E \to \mathbf{R}$。设 $s \in V$ 为某个源结点，假定图 G 不包含从源结点 s 可以到达的权重为负值的环路，则在图 G 由 INITIALIZE-SINGLE-SOURCE(G, s) 算法进行初始化之后，前驱子图 G_π 形成根结点为源结点 s 的有根树，并且任何对图 G 的边进行的任意松弛操作都将维持该性质不变。

证明　在初始时，G_π 中的唯一结点是源结点 s，引理显然成立。考虑在一系列松弛操作后的前驱子图 G_π。首先证明 G_π 是无环路的。假定在松弛序列的某个步骤上在图 G_π 中创立了一个环路。设该环路为 $c = \langle v_0, v_1, \cdots, v_k \rangle$，这里 $v_0 = v_k$。那么 $v_i.\pi = v_{i-1}$，$i = 1, 2, \cdots, k$，并且，不失一般性，假定在对边 (v_{k-1}, v_k) 进行松弛操作时创建了 G_π 中的该条环路。

我们断言：所有环路 c 上的结点都可以从源结点 s 到达。为什么呢？环路 c 中的每个结点都有一个非空前驱结点，环路 c 上面的每个结点都在其取得一个非空 π 值时取得一个有限的最短路径估计值。根据上界性质，环路 c 上的每个结点有一个有限的最短路径权重，这就意味着该结点可以从源结点 s 到达。

我们下面来检查一下在调用 RELAX(v_{k-1}, v_k, w) 操作之前 c 上面的最短路径估计值，并证明 c 是一个权重为负值的环路，从而导出与我们的假设(G 不包含从源结点可以到达的权重为负值的环路)之间的矛盾。在该调用发生前，有 $v_i.\pi = v_{i-1}$，$i = 1, 2, \cdots, k-1$。因此，对于 $i = 1, 2, \cdots, k-1$，对 $v_i.d$ 的最后一次更新必定是 $v_i.d = v_{i-1}.d + w(v_{i-1}, v_i)$。如果 $v_{i-1}.d$ 在此之后发生变化，则一定是减少了。因此，在调用 RELAX(v_{k-1}, v_k, w) 操作之前，我们有

$$v_i.d \geqslant v_{i-1}.d + w(v_{i-1}, v_i), i = 1, 2, \cdots, k-1 \tag{24.12}$$

因为 $v_k.\pi$ 在该调用中发生改变，所以在此之前有

$$v_k.d > v_{k-1}.d + w(v_{k-1}, v_k)$$

将该不等式与不等式(24.12)中的 $k-1$ 个不等式进行求和，获得环路 c 上的最短路径估计的和值如下：

$$\sum_{i=1}^{k} v_i.d > \sum_{i=1}^{k} (v_{i-1}.d + w(v_{i-1}, v_i)) = \sum_{i=1}^{k} v_{i-1}.d + \sum_{i=1}^{k} w(v_{i-1}, v_i)$$

但由于环路 c 上的每个结点在每个求和中仅出现一次，因此有

$$\sum_{i=1}^{k} v_i.d = \sum_{i=1}^{k} v_{i-1}.d$$

该等式意味着

$$0 > \sum_{i=1}^{k} w(v_{i-1}, v_i)$$

因此，环路 c 上的权重之和为负值，这与我们的假设矛盾。

现在已经证明 G_π 是一个有向无环图。为了证明其形成一棵根结点为 s 的有根树，只要证明对于每个结点 $v \in V_\pi$，在图 G_π 中存在一条从源结点 s 到结点 v 的唯一简单路径即可（练习 B.5-2）。

首先证明对于结点 $v \in V_\pi$，在图 G_π 中存在一条从源结点 s 到结点 v 的路径。V_π 中包含的是那些具有非空 π 值的结点，再加上结点 s。这里可以用归纳法证明从源结点 s 到每个结点 $v \in V_\pi$ 之间都存在一条路径。该证明的细节留给读者作为练习（练习 24.5-6）。

为了完成对引理 24.16 的证明，我们还必须证明对于每个结点 $v \in V_\pi$，图 G_π 至多包含一条从 s 到 v 的简单路径。我们采用反证法。假定情况不是这样，即假定 G_π 中包含两条从源结点 s 到结点 v 的简单路径，设其分别为 $p_1: s \rightsquigarrow u \rightsquigarrow x \rightarrow z \rightsquigarrow v$ 和 $p_2: s \rightsquigarrow u \rightsquigarrow y \rightarrow z \rightsquigarrow v$，这里 $x \neq y$（不过，结点 u 可以是 s，结点 z 可以是 v），如图 24-9 所示。但是，$z.\pi = x$ 并且 $z.\pi = y$，这将得出矛盾的结论 $x = y$。因此，我们推断图 G_π 包含唯一一条从源结点 s 到结点 v 的简单路径，所以 G_π 形成一棵根结点为源结点 s 的有根树。■

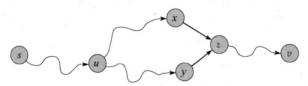

图 24-9 证明图 G_π 中从源结点 s 到结点 v 之间只存在唯一一条简单路径。如果存在两条路径 $p_1: s \rightsquigarrow u \rightsquigarrow x \rightarrow z \rightsquigarrow v$ 和 $p_2: s \rightsquigarrow u \rightsquigarrow y \rightarrow z \rightsquigarrow v$，这里 $x \neq y$，则 $z.\pi = x$ 并且 $z.\pi = y$，这将得出矛盾

我们现在可以证明，如果在执行一系列的松弛操作之后，所有结点都取得了其最后的最短路径权重，则前驱了图 G_π 为一棵最短路径树。

引理 24.17（前驱子图性质） 设 $G = (V, E)$ 为一个带权重的有向图，权重函数为 $w: E \rightarrow \mathbf{R}$。设 $s \in V$ 为源结点，假定图 G 不包含从源结点 s 可以到达的权重为负值的环路。假设调用 INITIALIZE-SINGLE-SOURCE(G, s) 算法对图 G 进行初始化，然后对图 G 的边进行任意次序的松弛操作。该松弛操作序列将针对所有的结点 $v \in V$ 生成 $v.d = \delta(s, v)$，则前驱子图 G_π 形成一棵根结点为 s 的最短路径树。

证明 要证明 G_π 形成一棵根结点为 s 的最短路径树，必须证明最短路径树的三条性质对于 G_π 都成立。要证明第一条性质，必须证明 V_π 是从源结点 s 可以到达的结点的集合。根据定义，最短路径权重 $\delta(s, v)$ 是有限值当且仅当结点 v 是从源结点 s 可以到达的，因此，从源结点 s 可以到达的结点就是那些有着有限 d 值的结点。但对于结点 $v \in V - \{s\}$，其被赋予有限 d 值当且仅当 $v.\pi \neq$ NIL。因此，V_π 中的结点就是那些可以从源结点 s 到达的结点。

第二条性质可以从引理 24.16 直接推导出来。

剩下的就是证明最短路径树的第三条性质：对于每个结点 $v \in V_\pi$，G_π 中的唯一简单路径 $s \rightsquigarrow v$ 也是图 G 从 s 到 v 的一条最短路径。设 G_π 中的唯一简单路径 $p = \langle v_0, v_1, \cdots, v_k \rangle$，这里 $v_0 = s$，$v_k = v$。对于 $i = 1, 2, \cdots, k$，我们有 $v_i.d = \delta(s, v_i)$ 和 $v_i.d \geqslant v_{i-1}.d + w(v_{i-1}, v_i)$。从这里我们可以得出结论 $w(v_{i-1}, v_i) \leqslant \delta(s, v_i) - \delta(s, v_{i-1})$。将路径 p 上的所有权重进行求和，有

$$w(p) = \sum_{i=1}^{k} w(v_{i-1}, v_i) \leqslant \sum_{i=1}^{k} (\delta(s, v_i) - \delta(s, v_{i-1}))$$
$$= \delta(s, v_k) - \delta(s, v_0) \qquad \text{（因为裂项相消和）}$$
$$= \delta(s, v_k) \qquad \text{（因为 } \delta(s, v_0) = \delta(s, s) = 0\text{）}$$

因此，$w(p) \leqslant \delta(s, v_k)$。由于 $\delta(s, v_k)$ 是从源结点 s 到结点 v_k 的任意一条路径权重的下界，我们推断 $w(p) = \delta(s, v_k)$，因此，p 确实是图 G 中从源结点 s 到结点 $v = v_k$ 的一条最短路径。■

练习

24.5-1 给出图 24-2 的与图中两棵最短路径树不同的另外两棵最短路径树。

24.5-2 $G=(V, E)$ 为一个带权重的有向图，权重函数为 $w：E \rightarrow \mathbf{R}$。设 $s \in V$ 为某个源结点。请举出一个例子，使得图 G 满足下列条件：对于每条边 $(u, v) \in E$，存在一棵根结点为 s 的包含边 (u, v) 的最短路径树，也包含一棵根结点为 s 的不包含边 (u, v) 的最短路径树。

24.5-3 对引理 24.10 的证明进行改善，使其可以处理最短路径权重为 ∞ 和 $-\infty$ 的情况。

24.5-4 设 $G=(V, E)$ 为一个带权重的有向图，权重函数为 $w：E \rightarrow \mathbf{R}$。假设调用 INITIALIZE-SINGLE-SOURCE(G, s) 算法对图 G 进行初始化。证明：如果一系列松弛操作将 $s.\pi$ 的值设置为一个非空值，则图 G 包含一个权重为负值的环路。

24.5-5 设 $G=(V, E)$ 为一个带权重的、无负值环路的有向图。设 $s \in V$ 为源结点，对于结点 $v \in V-\{s\}$，如果结点 v 可以从源结点 s 到达，我们允许 $v.\pi$ 是结点 v 在任意一条最短路径上的前驱；如果结点 v 不可以从源结点 s 到达，则 $v.\pi$ 为 NIL。请举出一个图例和一种 π 的赋值，使得 G_π 中形成一条环路。（根据引理 24.16，这样的一种赋值不可能由一系列松弛操作生成。）

24.5-6 设 $G=(V, E)$ 为一个带权重的有向图，权重函数为 $w：E \rightarrow \mathbf{R}$，且不包含权重为负值的环路。设 $s \in V$ 为源结点，假定图 G 由 INITIALIZE-SINGLE-SOURCE(G, s) 算法进行初始化。证明：对于每个结点 $v \in V_\pi$，G_π 中存在一条从源结点 s 到结点 v 的路径，并且该性质在任何松弛操作序列中维持为不变式。

24.5-7 设 $G=(V, E)$ 为一个带权重的有向图，且不包含权重为负值的环路。设 $s \in V$ 为源结点，假定图 G 由 INITIALIZE-SINGLE-SOURCE(G, s) 算法进行初始化。证明：对于所有结点 $v \in V$，存在一个由 $|V|-1$ 个松弛步骤所组成的松弛序列来生成 $v.d=\delta(s, v)$。

24.5-8 设 $G=(V, E)$ 为一个带权重的有向图，且包含一个可以从源结点 s 到达的权重为负值的环路。请说明如何构造一个 G 的边的松弛操作的无限序列，使得每一步松弛操作都能对某一个最短路径估计值进行更新。

677

思考题

24-1 （Yen 对 Bellman-Ford 算法的改进）　假定对 Bellman-Ford 算法中对边的每一遍松弛操作的次序做出如下规定：在第一遍松弛前，我们给输入图 $G=(V, E)$ 的所有结点赋予一个随机的线性次序 $v_1, v_2, \cdots, v_{|V|}$。然后，将边集合 E 划分为 $E_f \cup E_b$，这里 $E_f=\{(v_i, v_j) \in E：i<j\}$，$E_b=\{(v_i, v_j) \in E：i>j\}$。（假定图 G 不包含自循环，因此一条边要么属于 E_f，要么属于 E_b。）定义 $G_f=(V, E_f)$ 和 $G_b=(V, E_b)$。

a. 证明：G_f 是无环的，且其拓扑排序为 $\langle v_1, v_2, \cdots, v_{|V|} \rangle$；$G_b$ 是无环的，且其拓扑排序为 $\langle v_{|V|}, v_{|V|-1}, \cdots, v_1 \rangle$。

假定我们以下面的方式来实现 Bellman-Ford 算法的每一遍松弛操作：以 $v_1, v_2, \cdots, v_{|V|}$ 的次序访问每个结点，并对从每个结点发出的 E_f 边进行松弛。然后，再以次序 $v_{|V|}, v_{|V|-1}, \cdots, v_1$ 来访问每个结点，并对从每个结点发出的 E_b 边进行松弛。

b. 证明：在上述操作方式下，如果图 G 不包含从源结点 s 可以到达的权重为负值的环路，则在 $\lceil |V|/2 \rceil$ 遍松弛操作后，对于所有的结点 $v \in V$，有 $v.d=\delta(s, v)$。

c. 上述算法是否改善了 Bellman-Ford 算法的渐近运行时间？

24-2 （嵌套盒子）　假定有很多维度为 d 的盒子，对于盒子 $x=\langle x_1, x_2, \cdots, x_d \rangle$ 和 $y=\langle y_1, y_2, \cdots, y_d \rangle$ 的两个盒子来说，如果集合 $\{1, 2, \cdots, d\}$ 存在一个排列 π，使得 $x_{\pi(1)}<y_1$，$x_{\pi(2)}<y_2$，$\cdots$，$x_{\pi(d)}<y_d$，则称盒子 x **嵌套**在盒子 y 里面。

a. 证明：嵌套关系是传递的。

b. 给出一个有效算法来判断一个维度为 d 的盒子是否嵌套在另一个同样维度的盒子里。

c. 假定有一组 n 个 d 维的盒子 $\{B_1, B_2, \cdots, B_n\}$。请给出一个有效算法来找出最长序列 $\langle B_{i_1}, B_{i_2}, \cdots, B_{i_k} \rangle$，使得盒子 B_{i_j} 嵌套在盒子 $B_{i_{j+1}}$ 里，这里 $j=1, 2, \cdots, k-1$。请以 d 和 n 来表述算法的运行时间。

678

24-3（套利交易） 套利交易指的是使用货币汇率之间的差异来将一个单位的货币转换为多于一个单位的同种货币的行为。例如，假定 1 美元可以购买 49 印度卢比，1 印度卢比可以购买 2 日元，1 日元可以购买 0.0107 美元。那么通过在货币之间进行转换，一个交易商可以从 1 美元开始，购买 $49 \times 2 \times 0.0107 = 1.0486$ 美元，从而获得 4.86% 的利润。

假设给定 n 种货币 $c_1, c_2, \cdots, c_n$ 和一个 $n \times n$ 的汇率表 R，一个单位的 c_i 货币可以购买 $R[i, j]$ 单位的 c_j 货币。

a. 给出一个有效的算法来判断是否存在一个货币序列 $\langle c_{i_1}, c_{i_2}, \cdots, c_{i_k} \rangle$，使得

$$R[i_1, i_2] \cdot R[i_2, i_3] \cdots R[i_{k-1}, i_k] \cdot R[i_k, i_1] > 1$$

请分析算法的运行时间。

b. 给出一个有效算法来打印出这样的一个序列（如果存在这样一种序列）。分析算法的运行时间。

24-4（Gabow 的单源最短路径伸缩算法） 伸缩算法解决问题的方式如下：首先考虑相关输入值（如边的权重）的最高有效位，然后通过检查最高两个有效位来对初始解进行微调。这种算法渐次检查更多的最高有效位，每次对解进行微调，直到对所有输入位进行检查并计算出正确解为止。

在本题中，我们通过对边的权重进行伸缩来计算单源最短路径。给定有向图 $G=(V, E)$，图的所有边的权重皆为非负整数 w。设 $W = \max_{(u,v) \in E} \{w(u, v)\}$。我们的目标是设计一个运行时间为 $O(E \lg W)$ 的算法来计算最短路径。假设所有结点都可以从源结点到达。

该算法对边权重的二进制表示进行逐位检查，从最高有效位到最低有效位。具体来说，设 $k = \lceil \lg(W+1) \rceil$ 为 W 的二进制表示所需的位数，并且对于 $i=1, 2, \cdots, h$，设 $w_i(u, v) = \lfloor w(u, v)/2^{k-i} \rfloor$。也就是说，$w_i(u, v)$ 是由 $w(u, v)$ 的第 i 个最高有效位给出的"收缩"的 $w(u, v)$ 版本。（因此，对于所有边 $(u, v) \in E$，有 $w_k(u, v) = w(u, v)$。）例如，如果 $k=5$，并且 $(u, v)=25$，其二进制表示为 $\langle 11001 \rangle$，则 $w_3(u, v) = \langle 110 \rangle = 6$。又例如，如果 $w(u, v) = \langle 00100 \rangle = 4$，则 $w_3(u, v) = \langle 001 \rangle = 1$。定 $\delta_i(u, v)$ 为使用权重函数 w_i 的情况下从结点 u 到结点 v 的最短路径权重，则对于所有的结点 $u, v \in V$，有 $\delta_k(u, v) = \delta(u, v)$。对于给定源结点 s，该伸缩算法首先计算出对于所有结点 $v \in V$ 的所有最短路径权重 $\delta_1(s, v)$，然后再计算出 $\delta_2(s, v)$，这样一直下去，直到计算出 $\delta_k(s, v)$。假定 $|E| \geq |V|-1$，我们将看到从 δ_{i-1} 计算出 δ_i 所需的时间为 $O(E)$，因此，整个算法的运行时间为 $O(kE) = O(E \lg W)$。

679

a. 假定对于所有的结点 $v \in V$，有 $\delta(s, v) \leq |E|$。证明：可以在 $O(E)$ 的时间内计算出所有的 $\delta(s, v)$。

b. 证明：可以在 $O(E)$ 时间内计算出所有的 $\delta_1(s, v)$。

下面我们来专注于如何从 δ_{i-1} 计算出 δ_i。

c. 证明：对于 $i=2, 3, \cdots, k$，要么有 $w_i(u, v) = 2w_{i-1}(u, v)$，要么有 $w_i(u, v) = 2w_{i-1}(u, v)+1$。然后再证明：对于所有的结点 $v \in V$，

$$2\delta_{i-1}(s, v) \leq \delta_i(s, v) \leq 2\delta_{i-1}(s, v) + |V| - 1$$

d. 对于所有的 $(u, v) \in E$ 和 $i=2, 3, \cdots, k$，定义

$$\hat{w}_i(u,v) = w_i(u,v) + 2\delta_{i-1}(s,u) - 2\delta_{i-1}(s,v)$$

证明：对于所有的边 $(u, v) \in E$ 和 $i = 2, 3, \cdots, k$，重新计算过的边 (u, v) 的权重值 $\hat{w}_i(u, v)$ 是一个非负整数。

e. 在本小题中，我们定义 $\hat{\delta}_i(s, v)$ 为使用权重函数 $\hat{w}_i$ 时从源结点 s 到结点 v 的最短路径权重。证明：对于所有的边 $v \in V$ 和 $i = 2, 3, \cdots, k$，有 $\delta_i(s, v) = \hat{\delta}_i(s, v) + 2\delta_{i-1}(s, v)$，并且 $\hat{\delta}_i(s, v) \leqslant E$。

f. 说明如何在 $O(E)$ 时间内从 $\delta_{i-1}(s, v)$ 计算出 $\delta_i(s, v)$，并且得出结论：可以在 $O(E \lg W)$ 时间内计算出所有结点 v 的 $\delta(s, v)$。

24-5 （Karp 的最小平均权重环路算法） 设 $G = (V, E)$ 为一个带权重的有向图，权重函数为 $w: E \to \mathbf{R}$，设 $n = |V|$。定义 E 中边的环路 $c = \langle e_1, e_2, \cdots, e_k \rangle$ 的**平均权重**为

$$\mu(c) = \frac{1}{k} \sum_{i=1}^{k} w(e_i)$$ 680

设 $\mu^* = \min_c \mu(c)$，这里 c 为图 G 中所有的有向环路。我们称环路权重 $\mu(c) = \mu^*$ 的环路 c 为**最小平均权重环路**。本题要研究的是如何高效地计算出 μ^*。

假定在不失一般性的情况下，每个结点 $v \in V$ 都可以从源结点 s 到达。设 $\delta(s, v)$ 为从源结点 s 到结点 v 的最短路径权重，设 $\delta_k(s, v)$ 为从源结点 s 到结点 v 的恰好包含 k 条边的最短路径权重。如果不存在恰好 k 条边的从 s 到 v 的路径，则 $\delta_k(s, v) = \infty$。

a. 证明：如果 $\mu^* = 0$，则图 G 包含非负权重的环路，并且对于所有的结点 $v \in V$，

$$\delta(s, v) = \min_{0 \leqslant k \leqslant n-1} \delta_k(s, v)$$

b. 证明：如果 $\mu^* = 0$，则对于所有的结点 $v \in V$，

$$\max_{0 \leqslant k \leqslant n-1} \frac{\delta_n(s,v) - \delta_k(s,v)}{n-k} \geqslant 0$$

（提示：使用 (a) 部分的两个属性。）

c. 设 c 为一个权重为 0 的环路，并设 u 和 v 为 c 上的任意两个结点。假定 $\mu^* = 0$ 并且环路上从结点 u 到结点 v 的简单路径的权重为 x。证明：$\delta(s, v) = \delta(s, u) + x$。（提示：环路上从结点 v 到结点 u 的简单路径的权重为 $-x$。）

d. 证明：如果 $\mu^* = 0$，则在每个最小平均权重环路上都存在一个结点 v，满足

$$\max_{0 \leqslant k \leqslant n-1} \frac{\delta_n(s,v) - \delta_k(s,v)}{n-k} = 0$$

（提示：说明如何将一条最短路径扩展到最小平均权重环路上的任意结点，以找出到环路上下一个结点的最短路径。）

e. 证明：如果 $\mu^* = 0$，则在每个最小平均权重环路上都存在一个结点 v，满足

$$\min_{v \in V} \max_{0 \leqslant k \leqslant n-1} \frac{\delta_n(s,v) - \delta_k(s,v)}{n-k} = 0$$

f. 证明：如果给图 G 的每条边的权重加一个常数 t，则 μ^* 也增加 t。使用该事实来证明：

$$\mu^* = \min_{v \in V} \max_{0 \leqslant k \leqslant n-1} \frac{\delta_n(s,v) - \delta_k(s,v)}{n-k}$$

g. 给出一个时间复杂度为 $O(VE)$ 的算法来计算 μ^*。 681

24-6 （双调最短路径） 对于一个序列来说，如果该序列先是单调增长，然后再单调递减，或者在进行循环移位后，该序列成为先单调增长然后单调递减的序列，则该序列称为**双调序列**。例如，序列 $\langle 1, 4, 6, 8, 3, -2 \rangle$、$\langle 9, 2, -4, -10, -5 \rangle$ 和 $\langle 1, 2, 3, 4 \rangle$ 都是双调序列，但 $\langle 1, 3, 12, 4, 2, 10 \rangle$ 则不是双调序列。（请参阅思考题 15-3 中的双调欧几里得旅行商问题。）

假设给定有向图 $G=(V, E)$，权重函数为 $w: E \rightarrow \mathbf{R}$，并且所有的权重值都唯一，我们希望找到从源结点 s 出发的单源最短路径。不过，我们还有一条额外的信息：对于每个结点 $v \in V$，从源结点 s 到结点 v 的任意最短路径上的边的权重形成一个双调序列。

请给出最有效的算法来解决这个问题，并分析其运行时间。

本章注记

Dijkstra 算法[88]首次发表在 1959 年，但该次发表的论文里却没有提及优先队列。Bellman-Ford 算法是基于 Bellman[38]和 Ford[109]所独立提出来的算法。Bellman 还描述了最短路径和差分约束之间的关系。Lawler[224]考虑了民间流行的部分，描述了在有向无环图中解决最短路径的线性时间算法。

当边的权重为相对较小的非负整数时，我们可以有更有效的算法来解决单源最短路径问题。在 Dijkstra 算法中，EXTRACT-MIN 调用所返回的值随着时间单调递增。如第 6 章的注记所讨论的，在这种情况下，比起二叉堆和斐波那契堆来，我们可以使用多种数据结构来实现不同的、更加高效的优先队列操作。Ahuja、Mehlhorn、Orlin 和 Tarjan[8]给出了一个运行时间为 $O(E+V\sqrt{\lg W})$ 的算法，该算法适用于非负值的边权重，这里 W 是图中所有边权重中的最大值。最优的时间复杂度上界为 Thorup[337]给出的 $O(E \lg \lg V)$ 和 Raman[291]给出的 $O(E+V\min\{(\lg V)^{1/3+\epsilon}, (\lg W)^{1/4+\epsilon}\})$。这两种算法所使用的空间量依赖于下层的机器字的尺寸。虽然以输入的规模来看，其使用的空间是没有上界的，使用随机散列可以将该空间减少到与输入规模呈线性关系的程度。

对于权重为整数的无向图来说，Thorup[336]给出了一个运行时间为 $O(V+E)$ 的算法来解决单源最短路径问题。与前面段落中提到的各种算法相比，该算法并不是 Dijkstra 算法的一种实现，因为由 EXTRACT-MIN 调用所返回的值并不随着时间单调递增。

对于权重可以为负值的图来说，Gabow 和 Tarjan[122]给出了一个运行时间为 $O(\sqrt{V}E\lg(VW))$ 的算法，而 Goldberg[137]给出了一个运行时间为 $O(\sqrt{V}E\lg W)$ 的算法，这里 $W = \max_{(u,v)\in E}\{|w(u, v)|\}$。

Cherkassky、Goldberg 和 Radzik[64]对各种最短路径算法进行了细致的实验比较。

所有结点对的最短路径问题

在本章，我们考虑的问题是如何找到一个图中所有结点之间的最短路径。该问题在计算所有城市之间的交通道路距离时将出现。如第 24 章所述，我们给定的是一个带权重的有向图 $G = (V, E)$，其权重函数为 $w: E \rightarrow \mathbf{R}$，该函数将边映射到实数值的权重上。我们希望找到，对于所有的结点对 $u, v \in V$，一条从结点 u 到结点 v 的最短路径，其中一条路径的权重为组成该路径的所有边的权重之和。我们通常希望以表格的形式来表示输出：第 u 行第 v 列给出的是结点 u 到结点 v 的最短路径权重。

我们可以通过运行 $|V|$ 次单源最短路径算法来解决所有结点对之间的最短路径问题，每一次使用一个不同的结点作为源结点。如果所有的边的权重为非负值，那么可以使用 Dijkstra 算法。如果使用线性数组来实现最小优先队列，那么该算法的运行时间将是 $O(V^3 + VE) = O(V^3)$。使用二叉堆实现的最小优先队列将使算法的运行时间降低到 $O(VE \lg V)$，这个时间在稀疏图的情况下是一个较大改进。此外，也可以使用斐波那契堆来实现最小优先队列，这种情况下算法的运行时间为 $O(V^2 \lg V + VE)$。

如果图中有权重为负值的边，那么将不能使用 Dijkstra 算法。此时，我们必须运行效率更低的 Bellman-Ford 算法，每次使用一个不同的结点作为源结点。该算法的运行时间将是 $O(V^2 E)$，在稠密图的情况下，该运行时间为 $O(V^4)$。在本章，我们将看到如何能做得更好。此外，本章还讨论所有结点对最短路径问题与矩阵乘法之间的关系并对其代数结构进行一些研究。

与单源最短路径算法中使用邻接链表来表示图不同，本章的多数算法使用邻接矩阵来表示图。（不过，25.3 节讨论的用于稀疏图的 Johnson 算法使用的是邻接链表。）为了方便起见，假定结点的编号为 1，2，$\cdots$，$|V|$，因此，算法的输入将是一个 $n \times n$ 的矩阵 W，该矩阵代表的是一个有 n 个结点的有向图 $G = (V, E)$ 的边的权重。也就是说，$W = (w_{ij})$，其中

$$w_{ij} = \begin{cases} 0 & \text{若 } i = j \\ \text{有向边 } (i,j) \text{ 的权重} & \text{若 } i \neq j \text{ 且 } (i,j) \in E \\ \infty & \text{若 } i \neq j \text{ 且 } (i,j) \notin E \end{cases} \tag{25.1}$$

我们允许存在负权重的边，但目前仍然先假定图中不包括权重为负值的环路。

本章讨论的所有结点对最短路径算法的表格输出也是一个 $n \times n$ 的矩阵 $D = (d_{ij})$，其中 d_{ij} 代表的是从结点 i 到结点 j 的一条最短路径的权重。也就是说，如果用 $\delta(i, j)$ 来表示从结点 i 到结点 j 之间的最短路径权重（如第 24 章所示），则在算法终结时有 $d_{ij} = \delta(i, j)$。

为了解决所有结点对最短路径问题，我们不仅需要计算出最短路径权重，还需要计算出**前驱结点矩阵** $\Pi = (\pi_{ij})$，其中 π_{ij} 在 $i = j$ 或从 i 到 j 不存在路径时为 NIL，在其他情况下给出的是从结点 i 到结点 j 的某条最短路径上结点 j 的前驱结点。就如第 24 章的前驱子图 G_π 为给定源结点的一棵最短路径树一样，由矩阵 Π 的第 i 行所诱导的子图应当是一棵根结点为 i 的最短路径树。对于每个结点 $i \in V$，定义图 G 对于结点 i 的**前驱子图**为 $G_{\pi,i} = (V_{\pi,i}, E_{\pi,i})$，其中

$$V_{\pi,i} = \{j \in V : \pi_{ij} \neq \text{NIL}\} \cup \{i\} \qquad E_{\pi,i} = \{(\pi_{ij}, j) : j \in V_{\pi,i} - \{i\}\}$$

如果 $G_{\pi,i}$ 是一棵最短路径树，则下面的过程将打印出从结点 i 到结点 j 的一条最短路径。该算法是第 22 章的 PRINT-PATH 过程的一种修改版本。

```
PRINT-ALL-PAIRS-SHORTEST-PATH(Π, i, j)
1   if i == j
2       print i
```

684

```
3   elseif π_ij == NIL
4       print"no path from"i"to"j"exists"
5   else PRINT-ALL-PAIRS-SHORTEST-PATH(Π, i, π_ij)
6       print j
```

为了彰显本章将要讨论的所有结点对最短路径算法的本质特征，我们不可能像第 24 章阐述前驱子图那样花大篇幅去讨论前驱矩阵的建立及其性质。基本性质将在某些练习中讨论。

本章概述

25.1 节讨论如何用基于矩阵乘法的动态规划算法来解决所有结点对最短路径问题。如果使用"重复平方"技术，算法的运行时间为 $\Theta(V^3 \lg V)$。25.2 节给出另一种动态规划算法，即 Floyd-Warshall 算法。该算法的运行时间为 $\Theta(V^3)$。25.2 节同时还讨论如何在有向图中找出传递闭包的问题，该问题与所有结点对最短路径问题相关。最后，25.3 节讨论 Johnson 算法，该算法能够在 $O(V^2 \lg V + VE)$ 的时间内解决所有结点对最短路径问题，对大型稀疏图来说这是一个很好的算法。

在开始前，我们需要给出邻接矩阵表示的一些约定。首先，假定输入图 $G = (V, E)$ 有 n 个结点，因此，$n = |V|$。其次，使用大写字母来表示矩阵，如 W、L 或 D，而用带下标的小写字母来表示矩阵中的个体元素，如 w_{ij}、l_{ij} 或 d_{ij}。一些矩阵将有带括号的上标，如 $L^{(m)} = (l_{ij}^{(m)})$ 或 $D^{(m)} = (d_{ij}^{(m)})$，用来表示迭代。最后，对于一个给定的 $n \times n$ 矩阵 A，假定矩阵的维度 n 存储在属性 $A.rows$ 中。

25.1 最短路径和矩阵乘法

本节讨论有向图 $G = (V, E)$ 上所有结点对最短路径问题的一种动态规划算法。在动态规划的每个大循环里，我们将调用一个与矩阵乘法非常相似的操作，因此，该算法看上去就像是重复的矩阵乘法。我们将首先给出一个 $\Theta(V^4)$ 的算法，然后再将该算法改进到 $\Theta(V^3 \lg V)$。

在开始前，让我们简略地回顾第 15 章描述过的设计动态规划算法的步骤：

1. 分析最优解的结构。

2. 递归定义最优解的值。

3. 自底向上计算最优解的值。

我们将设计动态规划算法的第 4 步（即从计算出的最优解的值上构建最优解）留给读者作为练习。

最短路径的结构

我们从对最优解的结构开始进行分析。对于图 $G = (V, E)$ 的所有结点对最短路径问题，我们证明了（引理 24.1）一条最短路径的所有子路径都是最短路径。假定用邻接矩阵来表示输入图，即 $W = (w_{ij})$。考虑从结点 i 到结点 j 的一条最短路径 p，假定 p 至多包含 m 条边，还假定没有权重为负值的环路，且 m 为有限值。如果 $i = j$，则 p 的权重为 0 且不包含任何边。如果结点 i 和结点 j 不同，则将路径 p 分解为 $i \overset{p'}{\rightsquigarrow} k \rightarrow j$，其中路径 p' 至多包含 $m - 1$ 条边。根据引理 24.1，p' 是从结点 i 到结点 k 的一条最短路径，因此，$\delta(i, j) = \delta(i, k) + w_{kj}$。

所有结点对最短路径问题的递归解

现在设 $l_{ij}^{(m)}$ 为从结点 i 到结点 j 的至多包含 m 条边的任意路径中的最小权重。当 $m = 0$ 时，从结点 i 到结点 j 之间存在一条没有边的最短路径当且仅当 $i = j$。因此，

$$l_{ij}^{(m)} = \begin{cases} 0 & \text{如果 } i = j \\ \infty & \text{如果 } i \neq j \end{cases}$$

对于 $m \geqslant 1$，我们需要计算的 $l_{ij}^{(m)}$ 是 $l_{ij}^{(m-1)}$（从 i 到 j 最多由 $m-1$ 条边组成的最短路径的权重）的最小值和从 i 到 j 最多由 m 条边组成的任意路径的最小权重，我们通过对 j 的所有可能前驱 k 进行

检查来获得该值。因此递归定义

$$l_{ij}^{(m)} = \min(l_{ij}^{(m-1)}, \min_{1 \leqslant k \leqslant n} \{l_{ik}^{(m-1)} + w_{kj}\}) = \min_{1 \leqslant k \leqslant n} \{l_{ik}^{(m-1)} + w_{kj}\} \tag{25.2}$$

因为对于所有的 j 有 $w_{jj}=0$，所以上述式子中后面的等式成立。

但真正的最短路径权重 $\delta(i, j)$ 到底是多少呢？如果图 G 不包含权重为负值的环路，则对于每一对结点 i 和 j，如果 $\delta(i, j) < \infty$，从 i 到 j 之间存在一条最短路径。由于该路径是简单路径，其包含的边最多为 $n-1$ 条。从结点 i 到结点 j 的由多于 $n-1$ 条边构成的路径不可能有比从 i 到 j 的最短路径权重更小的权重。因此，真正的最短路径权重可以由下面的公式给出：

$$\delta(i,j) = l_{ij}^{(n-1)} = l_{ij}^{(n)} = l_{ij}^{(n+1)} = \cdots \tag{25.3}$$

687

自底向上计算最短路径权重

根据输入矩阵 $W=(w_{ij})$，现在可以计算出矩阵序列 $L^{(1)}$，$L^{(2)}$，$\cdots$，$L^{(n-1)}$，其中对于 $m=1$，2，$\cdots$，$n-1$，有 $L^{(m)}=(l_{ij}^{(m)})$。最后的矩阵 $L^{(n-1)}$ 包含的是最短路径的实际权重。注意，对于所有的结点 i 和 j，$L^{(1)}=(w_{ij})$，因此，$L^{(1)}=W$。

该算法的核心如下面的伪代码程序所示。该伪代码程序可以在给定 W 和 $L^{(m-1)}$ 的情况下，计算出 $L^{(m)}$。也就是说，该伪代码将最近计算出的最短路径扩展了一条边。

```
EXTEND-SHORTEST-PATHS(L,W)
1   n = L.rows
2   let L' = (l'_{ij}) be a new n×n matrix
3   for i = 1 to n
4       for j = 1 to n
5           l'_{ij} = ∞
6           for k = 1 to n
7               l'_{ij} = min(l'_{ij}, l_{ik} + w_{kj})
8   return L'
```

该过程计算在算法结束时返回的矩阵 $L'=(l'_{ij})$。计算该矩阵的方式是对于所有的 i 和 j 来计算等式(25.2)，使用 L 作为 $L^{(m-1)}$，L' 作为 $L^{(m)}$。（在写法上没有注明上标的目的是让输入和输出矩阵独立于变量 m。）由于有 3 层嵌套的 **for** 循环，该算法的运行时间为 $\Theta(n^3)$。

现在，我们可以看到该算法与矩阵乘法的关系了。假定我们希望计算矩阵乘积 $C=A\times B$，其中 A 和 B 均为 $n\times n$ 的矩阵。那么对于 i，$j=1$，2，$\cdots$，n，计算

$$c_{ij} = \sum_{k=1}^{n} a_{ik} \cdot b_{kj} \tag{25.4}$$

注意，如果在式(25.2)中进行如下替换：

$l^{(m-1)} \rightarrow a$

$w \rightarrow b$

$l^{(m)} \rightarrow c$

$\min \rightarrow +$

$+ \rightarrow \cdot$

则将获得式(25.4)。因此，如果对算法 EXTEND-SHORTEST-PATHS 进行上述替换，并用 0（加法操作 + 的不变量）来替换 ∞（求最小值操作 min 的不变量），则获得的就是与 4.2 节所描述的平方矩阵乘法同为时间 $\Theta(n^3)$ 的矩阵乘法。

688

```
SQUARE-MATRIX-MULTIPLY(A,B)
1   n = A.rows
2   let C be a new n×n matrix
3   for i = 1 to n
```

```
4       for j=1 to n
5           c_{ij}=0
6           for k=1 to n
7               c_{ij}=c_{ij}+a_{ik} · b_{kj}
8   return C
```

回到所有结点对最短路径问题，我们通过对最短路径一条边一条边地扩展来计算最短路径权重。设 $A·B$ 表示由算法 EXTEND-SHORTEST-PATHS$(A，B)$ 所返回的矩阵"乘积"，我们可以计算出下面由 $n-1$ 个矩阵所构成的矩阵序列：

$$L^{(1)}=L^{(0)} · W=W$$
$$L^{(2)}=L^{(1)} · W=W^2$$
$$L^{(3)}=L^{(2)} · W=W^3$$
$$\vdots$$
$$L^{(n-1)}=L^{(n-2)} · W=W^{n-1}$$

如上面所述，矩阵 $L^{(n-1)}=W^{n-1}$ 包含的是最短路径权重。下面的伪代码程序在 $\Theta(n^4)$ 时间内计算出该矩阵序列：

SLOW-ALL-PAIRS-SHORTEST-PATHS(W)

```
1   n=W.rows
2   L^{(1)}=W
3   for m=2 to n-1
4       let L^{(m)} be a new n×n matrix
5       L^{(m)}=EXTEND-SHORTEST-PATHS(L^{(m-1)},W)
6   return L^{(n-1)}
```

图 25-1 所示为一个图和在图上运行 SLOW-ALL-PAIRS-SHORTEST-PATHS 所计算出的矩阵序列 $L^{(m)}$。

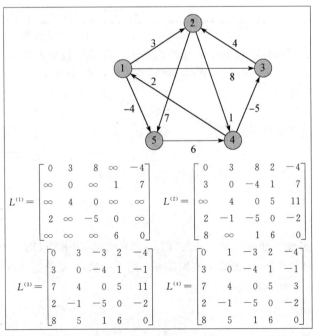

图 25-1　一个有向图和由 SLOW-ALL-PAIRS-SHORTEST-PATHS 所计算出的矩阵序列 $L^{(m)}$。读者可以自行验证 $L^{(5)}=L^{(4)}$，因此，对于所有的 $m \geqslant 4$，有 $L^{(m)}=L^{(4)}$

改进算法的运行时间

我们的目标并不是要计算所有的 $L^{(m)}$ 矩阵，我们感兴趣的仅仅是矩阵 $L^{(n-1)}$。回忆本书前面的内容可知，在没有权重为负值的环路的情况下，式(25.3)意味着对于所有的 $m \geqslant n-1$，我们有 $L^{(m)} = L^{(n-1)}$。正如传统的矩阵乘法是相关的，由 EXTEND-SHORTEST-PATHS 过程所定义的矩阵乘法也是相关的(请参阅练习 25.1-4)。因此，可以仅用 $\lceil \lg(n-1) \rceil$ 个矩阵乘积来计算矩阵 $L^{(n-1)}$。计算的方法如下：

$$L^{(1)} = W$$
$$L^{(2)} = W^2 = W \cdot W$$
$$L^{(4)} = W^4 = W^2 \cdot W^2$$
$$L^{(8)} = W^8 = W^4 \cdot W^4$$
$$\vdots$$
$$L^{\left(2^{\lceil \lg(n-1) \rceil}\right)} = W^{2^{\lceil \lg(n-1) \rceil}} = W^{2^{\lceil \lg(n-1) \rceil}} \cdot W^{2^{\lceil \lg(n-1) \rceil - 1}}$$

由于 $2^{\lceil \lg(n-1) \rceil} \geqslant n-1$，最后的乘积 $L^{\left(2^{\lceil \lg(n-1) \rceil}\right)}$ 等于 $L^{(n-1)}$。

下面的过程使用**重复平方**技术来计算上述矩阵序列。

FASTER-ALL-PAIRS-SHORTEST-PATHS(W)

```
1   n = W.rows
2   L^(1) = W
3   m = 1
4   while m < n-1
5       let L^(2m) be a new n×n matrix
6       L^(2m) = EXTEND-SHORTEST-PATHS(L^(m), L^(m))
7       m = 2m
8   return L^(m)
```

在算法第 4~7 行的 **while** 循环的每一次迭代，计算 $L^{(2m)} = (L^{(m)})^2$，整个计算从 $m=1$ 开始。在每次迭代的末尾，对 m 的取值进行加倍。最后的迭代通过实际计算 $L^{(2m)}$ 所计算出的是 $L^{(n-1)}$，其中，$n-1 \leqslant 2m < 2n-2$。根据式(25.3)，$L^{(2m)} = L^{(n-1)}$。下一次在执行算法第 4 行的测试时，m 已经加倍，因此现在 $m > n-1$，该测试将不通过，整个算法返回的是其最后所计算的矩阵。

因为 $\lceil \lg(n-1) \rceil$ 个矩阵中的每个矩阵的计算时间为 $\Theta(n^3)$，FASTER-ALL-PAIRS-SHORTEST-PATHS 的运行时间为 $\Theta(n^3 \lg n)$。由于该代码非常紧凑，没有包含任何精巧的数据结构，隐藏在 Θ 记号中的常数应该较小。

练习

25.1-1 在图 25-2 所示的带权重的有向图上运行算法 SLOW-ALL-PAIRS-SHORTEST-PATHS。给出循环的每次迭代所计算出的矩阵。然后用算法 FASTER-ALL-PAIRS-SHORTEST-PATHS 重新做一遍。

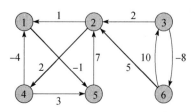

图 25-2 用于练习 25.1-1、25.2-1 和 25.3-1 的带权重的有向图

689
~
690

691

25.1-2 为什么要求对于所有的 $1 \leqslant i \leqslant n$，有 $w_{ii} = 0$？

25.1-3 在最短路径算法中使用的矩阵 $L^{(0)}$ 对应传统矩阵乘法里的什么？

$$L^{(0)} = \begin{bmatrix} 0 & \infty & \infty & \cdots & \infty \\ \infty & 0 & \infty & \cdots & \infty \\ \infty & \infty & 0 & \cdots & \infty \\ \vdots & \vdots & \vdots & \ddots & \vdots \\ \infty & \infty & \infty & \cdots & 0 \end{bmatrix}$$

25.1-4 证明：由 EXTEND-SHORTEST-PATHS 所定义的矩阵乘法是相关的。

25.1-5 说明如何将单源最短路径问题表示为矩阵和向量的乘积，并解释该乘积的计算过程如何对应 Bellman-Ford 算法？（请参阅 24.1 节。）

25.1-6 假定我们还希望在本节所讨论的算法里计算出最短路径上的结点。说明如何在 $O(n^3)$ 时间内从已经计算出的最短路径权重矩阵 L 计算出前驱矩阵 Π。

25.1-7 我们可以用计算最短路径权重的办法来计算最短路径上的结点。定义 $\pi_{ij}^{(m)}$ 为从 i 到 j 的至多包含 m 条边的任意最小权重路径上结点 j 的前驱。请修改 EXTEND-SHORTEST-PATHS 和 SLOW-ALL-PAIRS-SHORTEST-PATHS，使其在计算出矩阵 $L^{(1)}$，$L^{(2)}$，$\cdots$，$L^{(n-1)}$ 的同时，计算出矩阵 $\Pi^{(1)}$，$\Pi^{(2)}$，$\cdots$，$\Pi^{(n-1)}$。

25.1-8 本节所讨论的 FASTER-ALL-PAIRS-SHORTEST-PATHS 过程要求我们保存 $\lceil \lg(n-1) \rceil$ 个矩阵，由于每个矩阵有 n^2 个元素，总存储空间需求为 $\Theta(n^2 \lg n)$。请修改该算法，使其仅仅使用两个 $n \times n$ 的矩阵，从而将存储空间降至 $\Theta(n^2)$。

25.1-9 修改 FASTER-ALL-PAIRS-SHORTEST-PATHS，使其可以判断一个图是否包含一个权重为负值的环路。

692

25.1-10 给出一个有效算法来在图中找到最短长度的权重为负值的环路的长度（边的条数）。

25.2 Floyd-Warshall 算法

在本节的讨论中，我们使用一种不同的动态规划公式来解决所有结点对最短路径问题。所产生的算法称为 **Floyd-Warshall 算法**，其运行时间为 $\Theta(V^3)$。与前面的假设一样，负权重的边可以存在，但不能存在权重为负值的环路。如 25.1 节所述，我们仍然按照动态规划过程的通常步骤来阐述我们的算法。在对算法进行研究后，我们将提供一种类似的方法来找出有向图的传递闭包。

最短路径的结构

在 Floyd-Warshall 算法中，我们对一条最短路径的结构特征做出的描述与 25.1 节中的有所不同。Floyd-Warshall 算法考虑的是一条最短路径上的中间结点，这里，简单路径 $p = \langle v_1, v_2, \cdots, v_l \rangle$ 上的中间结点指的是路径 p 上除 v_1 和 v_l 之外的任意结点，也就是处于集合 $\{v_2, v_3, \cdots, v_{l-1}\}$ 中的结点。

Floyd-Warshall 算法依赖于下面的观察。假定图 G 的所有结点为 $V = \{1, 2, \cdots, n\}$，考虑其中的一个子集 $\{1, 2, \cdots, k\}$，这里 k 是某个小于 n 的整数。对于任意结点对 $i, j \in V$，考虑从结点 i 到结点 j 的所有中间结点均取自集合 $\{1, 2, \cdots, k\}$ 的路径，并且设 p 为其中权重最小的路径（路径 p 是简单路径）。Floyd-Warshall 算法利用了路径 p 和从 i 到 j 之间中间结点均取自集合 $\{1, 2, \cdots, k-1\}$ 的最短路径之间的关系。该关系依赖于结点 k 是否是路径 p 上的一个中间结点。

- 如果结点 k 不是路径 p 上的中间结点，则路径 p 上的所有中间结点都属于集合 $\{1$，2，$\cdots$，$k-1\}$。因此，从结点 i 到结点 j 的中间结点取自集合 $\{1$，2，$\cdots$，$k-1\}$ 的一条最短路径也是从结点 i 到结点 j 的中间结点取自集合 $\{1$，2，$\cdots$，$k\}$ 的一条最短路径。

- 如果结点 k 是路径 p 上的中间结点，则将路径 p 分解为 $i \overset{p_1}{\rightsquigarrow} k \overset{p_2}{\rightsquigarrow} j$，如图 25-3 所示。根据引理 24.1，$p_1$ 是从结点 i 到结点 k 的中间结点全部取自集合 $\{1$，2，$\cdots$，$k\}$ 的一条最短路径。事实上，我们可以得出更强的结论。因为结点 k 不是路径 p_1 上的中间结点，路径 p_1 上的所有中间结点都属于集合 $\{1$，2，$\cdots$，$k-1\}$。因此，p_1 是从结点 i 到结点 k 的中间结点全部取自集合 $\{1$，2，$\cdots$，$k-1\}$ 的一条最短路径。类似地，p_2 是从结点 k 到结点 j 的中间结点全部取自集合 $\{1$，2，$\cdots$，$k-1\}$ 的一条最短路径。

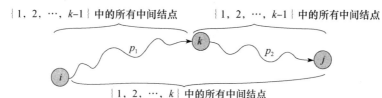

图 25-3　路径 p 是从结点 i 到结点 j 的一条最短路径，结点 k 是路径 p 上编号最大的中间结点。路径 p_1 是路径 p 上从结点 i 到结点 k 之间的一段，其所有中间结点取自集合 $\{1$，2，$\cdots$，$k-1\}$。从结点 k 到结点 j 的路径 p_2 也遵守同样的规则

所有结点对最短路径问题的一个递归解

基于上面的观察，我们可以定义一个不同于 25.1 节所描述的最短路径估计的递归公式。设 $d_{ij}^{(k)}$ 为从结点 i 到结点 j 的所有中间结点全部取自集合 $\{1$，2，$\cdots$，$k\}$ 的一条最短路径的权重。当 $k=0$ 时，从结点 i 到结点 j 的一条不包括编号大于 0 的中间结点的路径将没有任何中间结点。这样的路径最多只有一条边，因此，$d_{ij}^{(0)} = w_{ij}$。根据上面的讨论，递归定义 $d_{ij}^{(k)}$ 如下：

$$d_{ij}^{(k)} = \begin{cases} w_{ij} & \text{若 } k = 0 \\ \min(d_{ij}^{(k-1)}, d_{ik}^{(k-1)} + d_{kj}^{(k-1)}) & \text{若 } k \geqslant 1 \end{cases} \tag{25.5}$$

因为对于任何路径来说，所有的中间结点都属于集合 $\{1$，2，$\cdots$，$n\}$，矩阵 $D^{(n)} = (d_{ij}^{(n)})$ 给出的就是我们的最后答案：对于所有的 i，$j \in V$，$d_{ij}^{(n)} = \delta(i, j)$。

自底向上计算最短路径权重

根据递归公式(25.5)，我们可以使用下面的自底向上的算法以递增次序来计算 $d_{ij}^{(k)}$ 的值。该算法的输入为一个 $n \times n$ 的矩阵 W，该 W 由式(25.1)所定义。下面的算法返回的是最短路径权重矩阵 $D^{(n)}$。

```
FLOYD-WARSHALL(W)
1  n = W.rows
2  D^(0) = W
3  for k = 1 to n
4      let D^(k) = (d_ij^(k)) be a new n×n matrix
5      for i = 1 to n
6          for j = 1 to n
7              d_ij^(k) = min(d_ij^(k-1), d_ik^(k-1) + d_kj^(k-1))
8  return D^(n)
```

图 25-4 描述的是在图 25-1 上运行 Floyd-Warshall 算法所计算出的矩阵 $D^{(k)}$。

$$D^{(0)} = \begin{bmatrix} 0 & 3 & 8 & \infty & -4 \\ \infty & 0 & \infty & 1 & 7 \\ \infty & 4 & 0 & \infty & \infty \\ 2 & \infty & -5 & 0 & \infty \\ \infty & \infty & \infty & 6 & 0 \end{bmatrix} \quad \Pi^{(0)} = \begin{bmatrix} \text{NIL} & 1 & 1 & \text{NIL} & 1 \\ \text{NIL} & \text{NIL} & \text{NIL} & 2 & 2 \\ \text{NIL} & 3 & \text{NIL} & \text{NIL} & \text{NIL} \\ 4 & \text{NIL} & 4 & \text{NIL} & \text{NIL} \\ \text{NIL} & \text{NIL} & \text{NIL} & 5 & \text{NIL} \end{bmatrix}$$

$$D^{(1)} = \begin{bmatrix} 0 & 3 & 8 & \infty & -4 \\ \infty & 0 & \infty & 1 & 7 \\ \infty & 4 & 0 & \infty & \infty \\ 2 & 5 & -5 & 0 & -2 \\ \infty & \infty & \infty & 6 & 0 \end{bmatrix} \quad \Pi^{(1)} = \begin{bmatrix} \text{NIL} & 1 & 1 & \text{NIL} & 1 \\ \text{NIL} & \text{NIL} & \text{NIL} & 2 & 2 \\ \text{NIL} & 3 & \text{NIL} & \text{NIL} & \text{NIL} \\ 4 & 1 & 4 & \text{NIL} & 1 \\ \text{NIL} & \text{NIL} & \text{NIL} & 5 & \text{NIL} \end{bmatrix}$$

$$D^{(2)} = \begin{bmatrix} 0 & 3 & 8 & 4 & -4 \\ \infty & 0 & \infty & 1 & 7 \\ \infty & 4 & 0 & 5 & 11 \\ 2 & 5 & -5 & 0 & -2 \\ \infty & \infty & \infty & 6 & 0 \end{bmatrix} \quad \Pi^{(2)} = \begin{bmatrix} \text{NIL} & 1 & 1 & 2 & 1 \\ \text{NIL} & \text{NIL} & \text{NIL} & 2 & 2 \\ \text{NIL} & 3 & \text{NIL} & 2 & 2 \\ 4 & 1 & 4 & \text{NIL} & 1 \\ \text{NIL} & \text{NIL} & \text{NIL} & 5 & \text{NIL} \end{bmatrix}$$

$$D^{(3)} = \begin{bmatrix} 0 & 3 & 8 & 4 & -4 \\ \infty & 0 & \infty & 1 & 7 \\ \infty & 4 & 0 & 5 & 11 \\ 2 & -1 & -5 & 0 & -2 \\ \infty & \infty & \infty & 6 & 0 \end{bmatrix} \quad \Pi^{(3)} = \begin{bmatrix} \text{NIL} & 1 & 1 & 2 & 1 \\ \text{NIL} & \text{NIL} & \text{NIL} & 2 & 2 \\ \text{NIL} & 3 & \text{NIL} & 2 & 2 \\ 4 & 3 & 4 & \text{NIL} & 1 \\ \text{NIL} & \text{NIL} & \text{NIL} & 5 & \text{NIL} \end{bmatrix}$$

$$D^{(4)} = \begin{bmatrix} 0 & 3 & -1 & 4 & -4 \\ 3 & 0 & -4 & 1 & -1 \\ 7 & 4 & 0 & 5 & 3 \\ 2 & -1 & -5 & 0 & -2 \\ 8 & 5 & 1 & 6 & 0 \end{bmatrix} \quad \Pi^{(4)} = \begin{bmatrix} \text{NIL} & 1 & 4 & 2 & 1 \\ 4 & \text{NIL} & 4 & 2 & 1 \\ 4 & 3 & \text{NIL} & 2 & 1 \\ 4 & 3 & 4 & \text{NIL} & 1 \\ 4 & 3 & 4 & 5 & \text{NIL} \end{bmatrix}$$

$$D^{(5)} = \begin{bmatrix} 0 & 1 & -3 & 2 & -4 \\ 3 & 0 & -4 & 1 & -1 \\ 7 & 4 & 0 & 5 & 3 \\ 2 & -1 & -5 & 0 & -2 \\ 8 & 5 & 1 & 6 & 0 \end{bmatrix} \quad \Pi^{(5)} = \begin{bmatrix} \text{NIL} & 3 & 4 & 5 & 1 \\ 4 & \text{NIL} & 4 & 2 & 1 \\ 4 & 3 & \text{NIL} & 2 & 1 \\ 4 & 3 & 4 & \text{NIL} & 1 \\ 4 & 3 & 4 & 5 & \text{NIL} \end{bmatrix}$$

图 25-4　在图 25-1 上运行 Floyd-Warshall 算法所计算出的矩阵序列 $D^{(k)}$ 和 $\Pi^{(k)}$

　　Floyd-Warshall 算法的运行时间由算法第 3～7 行的 3 层嵌套的 **for** 循环所决定。因为算法第 7 行的每次执行时间为 $O(1)$，因此该算法的运行时间为 $\Theta(n^3)$。如 25.1 节中所描述的最终算法一样，该代码也非常紧凑，没有使用精巧的数据结构，隐藏在 Θ 表述后面的常数比较小。因此，即使对于输入规模为中等的图，Floyd-Warshall 算法的效率也相当好。

构建一条最短路径

　　在 Floyd-Warshall 算法中，可以有多种不同的方法来构建最短路径。一种办法是先计算最短路径权重矩阵 D，然后从 D 矩阵来构造前驱矩阵 Π。练习 25.1-6 将要求读者来实现该方法，并将算法的运行时间限制在 $O(n^3)$ 内。一旦给定了前驱矩阵 Π，PRINT-ALL-PAIRS-SHORTEST-PATH 过程将打印出给定最短路径上的所有结点。

　　另外，我们可以在计算矩阵 $D^{(k)}$ 的同时计算前驱矩阵 Π。具体来说，我们将计算一个矩阵序列 $\Pi^{(0)}$，$\Pi^{(1)}$，$\cdots$，$\Pi^{(n)}$，这里 $\Pi = \Pi^{(n)}$ 并且定义 $\pi_{ij}^{(k)}$ 为从结点 i 到结点 j 的一条所有中间结点都取自集合 $\{1, 2, \cdots, k\}$ 的最短路径上 j 的前驱结点。

　　我们可以给出 $\pi_{ij}^{(k)}$ 的一个递归公式。当 $k=0$ 时，从 i 到 j 的一条最短路径没有中间结点，因此，

$$\pi_{ij}^{(0)} = \begin{cases} \text{NIL} & \text{若 } i = j \text{ 或 } w_{ij} = \infty \\ i & \text{若 } i \neq j \text{ 且 } w_{ij} < \infty \end{cases} \tag{25.6}$$

对于 $k \geqslant 1$，如果考虑路径 $i \rightsquigarrow k \rightsquigarrow j$，这里 $k \neq j$，则所选择的结点 j 的前驱与我们选择的从结点 k 到结点 j 的一条中间结点全部取自集合 $\{1, 2, \cdots, k-1\}$ 的最短路径上的前驱是一样的。否

则，所选择的结点 j 的前驱与选择的从结点 i 到结点 j 的一条中间结点全部取自集合 $\{1, 2, \cdots, k-1\}$ 的最短路径上的前驱是一样的。也就是说，对于 $k \geqslant 1$，

$$\pi_{ij}^{(k)} = \begin{cases} \pi_{ij}^{(k-1)} & \text{若 } d_{ij}^{(k-1)} \leqslant d_{ik}^{(k-1)} + d_{kj}^{(k-1)} \\ \pi_{kj}^{(k-1)} & \text{若 } d_{ij}^{(k-1)} > d_{ik}^{(k-1)} + d_{kj}^{(k-1)} \end{cases} \tag{25.7}$$

我们把 $\Pi^{(k)}$ 矩阵的计算纳入到 Floyd-Warshall 过程里的工作留作练习（练习 25.2-3）。图 25-4 描述的是进行此种合并后的算法在图 25-1 上运行时所生成的 $\Pi^{(k)}$ 矩阵序列。该练习题同时还要求读者证明前驱子图 $G_{\pi,i}$ 是一棵根结点为 i 的最短路径树。练习 25.2-7 则要求读者设计一种不同的算法来构建最短路径。

有向图的传递闭包

给定有向图 $G=(V, E)$，结点集合为 $V=\{1, 2, \cdots, n\}$，我们希望判断对于所有的结点对 i 和 j，图 G 是否包含一条从结点 i 到结点 j 的路径。我们定义图 G 的**传递闭包**为图 $G^* = (V, E^*)$，其中 $E^* = \{(i, j)$：如果图 G 中包含一条从结点 i 到结点 j 的路径$\}$。

一种时间复杂度为 $\Theta(n^3)$ 的计算图 G 的传递闭包的办法是给 E 中的每条边赋予权重 1，然后运行 Floyd-Warshall 算法。如果存在一条从结点 i 到结点 j 的路径，则有 $d_{ij} < n$；否则，$d_{ij} = \infty$。

还有另一种类似的办法，其时间复杂度也是 $\Theta(n^3)$，但在实际场景中能够节省时间和空间。该办法以逻辑或操作（$\vee$）和逻辑与操作（$\wedge$）来替换 Floyd-Warshall 算法中的算术操作 min 和＋。对于 $i, j, k=1, 2, \cdots, n$，我们定义：如果图 G 中存在一条从结点 i 到结点 j 的所有中间结点都取自集合 $\{1, 2, \cdots, k\}$ 的路径，则 $t_{ij}^{(k)}$ 为 1；否则，$t_{ij}^{(k)}$ 为 0。我们构建传递闭包 $G^* = (V, E^*)$ 的方法为：将边 (i, j) 置于集合 E^* 当且仅当 $t_{ij}^{(n)}$ 为 1。一种与公式（25.5）相似的 $t_{ij}^{(k)}$ 递归定义如下：

$$t_{ij}^{(0)} = \begin{cases} 0 & \text{若 } i \neq j \text{ 且 } (i,j) \notin E \\ 1 & \text{若 } i = j \text{ 或 } (i,j) \in E \end{cases}$$

对于 $k \geqslant 1$，

$$t_{ij}^{(k)} = t_{ij}^{(k-1)} \vee (t_{ik}^{(k-1)} \wedge t_{kj}^{(k-1)}) \tag{25.8}$$

如 Floyd-Warshall 算法一样，我们以 k 递增的次序来计算矩阵 $T^{(k)} = (t_{ij}^{(k)})$。

697

```
TRANSITIVE-CLOSURE(G)
1   n = |G.V|
2   let T^(0) = (t_{ij}^(0)) be a new n×n matrix
3   for i = 1 to n
4       for j = 1 to n
5           if i == j or (i, j) ∈ G.E
6               t_{ij}^(0) = 1
7           else t_{ij}^(0) = 0
8   for k = 1 to n
9       let T^(k) = (t_{ij}^(k)) be a new n×n matrix
10      for i = 1 to n
11          for j = 1 to n
12              t_{ij}^(k) = t_{ij}^(k-1) ∨ (t_{ik}^(k-1) ∧ t_{kj}^(k-1))
13  return T^(n)
```

图 25-5 描述的是在一个样本图上运行 TRANSITIVE-CLOSURE(G) 过程所计算出的矩阵序列 $T^{(k)}$。如 Floyd-Warshall 算法一样，TRANSITIVE-CLOSURE(G) 过程的运行时间也是 $\Theta(n^3)$。在某些计算机上，对单个位值进行的逻辑操作比对数据整数字的算术操作要快。而且，因为直接的传递闭包算法仅使用布尔值，而不是整数值，其空间需求比 Floyd-Warshall 算法的空间需求要小一个数量级，这个数量级就是计算机存储里的一个字的规模。

698

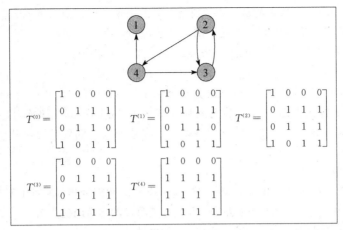

图 25-5 一个有向图和由 TRANSITIVE-CLOSURE(G)过程所计算出的矩阵 $T^{(k)}$

练习

25.2-1 在图 25-2 所示的带权重的有向图上运行 Floyd-Warshall 算法，给出外层循环的每一次迭代所生成的矩阵 $D^{(k)}$。

25.2-2 说明如何使用 25.1 节的技术来计算传递闭包。

25.2-3 请修改 Floyd-Warshall 算法，以便根据式(25.6)和(25.7)计算出矩阵 $\Pi^{(k)}$。再请严格证明：对于所有的结点 $i \in V$，前驱子图 $G_{\pi,i}$ 是一棵根结点为 i 的最短路径树。（提示：为了证明 $G_{\pi,i}$ 是无环的，可以首先证明根据 $\pi_{ij}^{(k)}$ 的定义，$\pi_{ij}^{(k)} = l$ 蕴涵着 $d_{ij}^{(k)} \geqslant d_{il}^{(ik)} + w_{lj}$。然后，再采用引理 24.16 的证明。）

25.2-4 如前所述，Floyd-Warshall 算法的空间需求为 $\Theta(n^3)$，因为要计算 $d_{ij}^{(k)}$，其中 i，j，$k = 1$，2，…，n。请证明下面所列出的去掉所有上标的算法是正确的，从而将 Floyd-Warshall 算法的空间需求降低到 $\Theta(n^2)$。

```
FLOYD-WARSHALL'(W)
1   n = W.rows
2   D = W
3   for k = 1 to n
4       for i = 1 to n
5           for j = 1 to n
6               d_ij = min(d_ij, d_ik + d_kj)
7   return D
```

25.2-5 假定我们修改式(25.7)对等式的处理办法如下：

$$\pi_{ij}^{(k)} = \begin{cases} \pi_{ij}^{(k-1)} & \text{若 } d_{ij}^{(k-1)} < d_{ik}^{(k-1)} + d_{kj}^{(k-1)} \\ \pi_{kj}^{(k-1)} & \text{若 } d_{ij}^{(k-1)} \geqslant d_{ik}^{(k-1)} + d_{kj}^{(k-1)} \end{cases}$$

请问这种前驱矩阵 Π 的定义正确吗？

25.2-6 我们怎样才能使用 Floyd-Warshall 算法的输出来检测权重为负值的环路？

25.2-7 在 Floyd-Warshall 算法中构建最短路径的另一种办法是使用 $\phi_{ij}^{(k)}$，其中 i，j，$k = 1$，2，…，n，$\phi_{ij}^{(k)}$ 是从结点 i 到结点 j 的一条中间所有结点都取自集合 $\{1, 2, …, k\}$ 的最短路径上编号最大的中间结点。请给出 $\phi_{ij}^{(k)}$ 的一个递归公式，并修改 Floyd-Warshall 过程来计算 $\phi_{ij}^{(k)}$ 的值，并重写 PRINT-ALL-PAIRS-SHORTEST-PATH 过程，使其以矩阵 $\Phi = (\phi_{ij}^{(n)})$ 作为输入。矩阵 Φ 与 15.2 节所讨论的链式矩阵乘法中的表格存在何种相似点？

25.2-8 给出一个 $O(VE)$ 时间复杂度的算法来计算有向图 $G = (V, E)$ 的传递闭包。

25.2-9 假定我们可以在 $f(|V|,|E|)$ 的时间内计算出一个有向无环图的传递闭包,其中 f 是一个自变量为 $|V|$ 和 $|E|$ 的单调递增函数。证明:计算一个通用的有向图 $G=(V,E)$ 的传递闭包 $G^*=(V,E^*)$ 的时间复杂度为 $f(|V|,|E|)+O(V+E^*)$。

25.3　用于稀疏图的 Johnson 算法

Johnson 算法可以在 $O(V^2\lg V+VE)$ 的时间内找到所有结点对之间的最短路径。对于稀疏图来说,Johnson 算法的渐近表现要优于重复平方法和 Floyd-Warshall 算法。Johnson 算法要么返回一个包含所有结点对的最短路径权重的矩阵,要么报告输入图包含一个权重为负值的环路。Johnson 算法在运行中需要使用 Dijkstra 算法和 Bellman-Ford 算法作为自己的子程序。

Johnson 算法使用的技术称为**重新赋予权重**。该技术的工作原理如下:如果图 $G=(V,E)$ 中所有的边权重 w 皆为非负值,我们可以通过对每个结点运行一次 Dijkstra 算法来找到所有结点对之间的最短路径;如果使用斐波那契堆最小优先队列,该算法的运行时间为 $O(V^2\lg V+VE)$。如果图 G 包含权重为负值的边,但没有权重为负值的环路,那么只要计算出一组新的非负权重值,然后使用同样的方法即可。新赋予的权重 $\hat{w}$ 必须满足下面两个重要性质: 700

1. 对于所有结点对 $u,v\in V$,一条路径 p 是在使用权重函数 w 时从结点 u 到结点 v 的一条最短路径,当且仅当 p 是在使用权重函数 $\hat{w}$ 时从 u 到 v 的一条最短路径。

2. 对于所有的边 (u,v),新权重 $\hat{w}(u,v)$ 为非负值。

正如我们将要看到的,我们可以对图 G 进行预处理,并在 $O(VE)$ 的时间内计算出 $\hat{w}$。

重新赋予权重来维持最短路径

下面的引理描述的是我们可以很容易地对边的权重进行重新赋值来满足上面的两个条件。我们使用 δ 表示从权重函数 w 所导出的最短路径权重,而用 $\hat{\delta}$ 表示从权重函数 $\hat{w}$ 所导出的最短路径权重。

引理 25.1(重新赋予权重并不改变最短路径)　给定带权重的有向图 $G=(V,E)$,其权重函数为 w: $E\rightarrow\mathbf{R}$,设 h: $V\rightarrow\mathbf{R}$ 为任意函数,该函数将结点映射到实数上。对于每条边 $(u,v)\in E$,定义

$$\hat{w}(u,v)=w(u,v)+h(u)-h(v) \tag{25.9}$$

设 $p=\langle v_0,v_1,\cdots,v_k\rangle$ 为从结点 v_0 到结点 v_k 的任意一条路径,那么 p 是在使用权重函数 w 时从结点 v_0 到结点 v_k 的一条最短路径,当且仅当 p 是在使用权重函数 $\hat{w}$ 时从结点 v_0 到结点 v_k 的一条最短路径,即 $w(p)=\delta(v_0,v_k)$ 当且仅当 $\hat{w}(p)=\hat{\delta}(v_0,v_k)$。而且,图 G 在使用权重函数 w 时不包含权重为负值的环路,当且仅当 p 在使用权重函数 $\hat{w}$ 也不包括权重为负值的环路。

证明　首先来证明

$$\hat{w}(p)=w(p)+h(v_0)-h(v_k) \tag{25.10}$$

我们有:

$$
\begin{aligned}
\hat{w}(p) &= \sum_{i=1}^{k}\hat{w}(v_{i-1},v_i) \\
&= \sum_{i=1}^{k}(w(v_{i-1},v_i)+h(v_{i-1})-h(v_i)) \\
&= \sum_{i=1}^{k}w(v_{i-1},v_i)+h(v_0)-h(v_k) \quad (\text{因为裂项相消和}) \\
&= w(p)+h(v_0)-h(v_k)
\end{aligned}
$$

701

因此,对于结点 v_0 到结点 v_k 的任意路径 p,我们有 $\hat{w}(p)=w(p)+h(v_0)-h(v_k)$。因为 $h(v_0)$ 和 $h(v_k)$ 不依赖于任何具体的路径,如果从结点 v_0 到结点 v_k 的一条路径在使用权重函数 w 时比另一条路径短,则其在使用权重函数 $\hat{w}$ 时也比另一条短。因此,$w(p)=\delta(v_0,v_k)$ 当且仅当 $\hat{w}(p)=\hat{\delta}(v_0,v_k)$。

最后,我们证明图 G 在使用权重函数 w 时包含一个权重为负值的环路当且仅当 p 在使用权重函数 $\hat{w}$ 也包含一个权重为负值的环路。考虑任意环路 $c=\langle v_0,v_1,\cdots,v_k\rangle$,其中 $v_0=v_k$。根据

式(25.10)，我们有 $\hat{w}(c) = w(c) + h(v_0) - h(v_k) = w(c)$。因此，环路 c 在使用权重函数 w 时为负值当且仅当其在使用权重函数 $\hat{w}$ 时也为负值。 ∎

通过重新赋值来生成非负权重

我们的下一个目标是确保第二个属性保持成立，即对于所有的边 $(u, v) \in E$，$\hat{w}(u, v)$ 为非负值。给定带权重的有向图 $G = (V, E)$，其权重函数为 $w: E \to \mathbf{R}$。我们制作一幅新图 $G' = (V', E')$，这里 $V' = V \cup \{s\}$，s 是一个新结点，$s \notin V$，$E' = E \cup \{(s, v): v \in V\}$。我们对权重函数 w 进行扩展，使得对于所有的结点 $v \in V$，$w(s, v) = 0$。注意，因为结点 s 没有进入的边，除了以 s 为源结点的最短路径外，图 G' 中没有其他包含结点 s 的最短路径。而且，图 G' 不包含权重为负值的环路当且仅当图 G 不包含权重为负值的环路。图 25-6(a) 描述的是对应图 25-1 图 G 的图 G'。

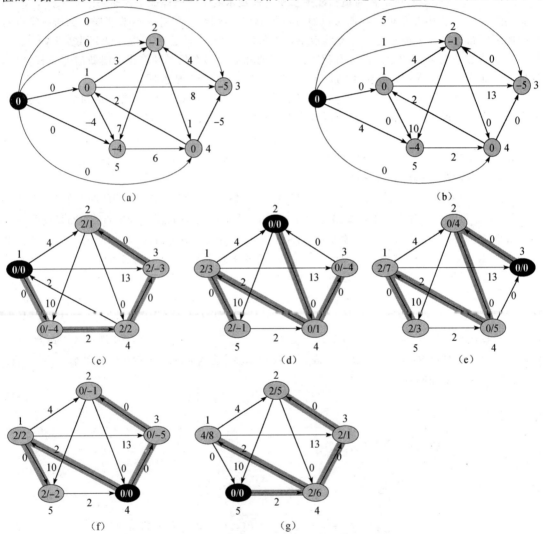

图 25-6　Johnson 所有结点对最短路径算法在图 25-1 上的运行过程。结点的编号位于结点之外。(a) 使用原始权重函数 w 的图 G'。新的结点 s 为黑色。在每个结点 v 里面标记的是 $h(v) = \delta(s, v)$ 的值。(b) 在对每条边 (u, v) 重新赋予权重后的图，重新赋值的函数为 $\hat{w}(u, v) = w(u, v) + h(u) - h(v)$。(c)~(g) 使用权重函数 $\hat{w}$ 在 G 的每个结点上运行 Dijkstra 算法的结果。在每一个部分中，源结点 u 是黑色，加了阴影的边是由算法计算出来的属于最短路径树里面的边。在每个结点 v 里面标记的是 $\hat{\delta}(u, v)$ 和 $\delta(u, v)$ 的值，中间由一个斜杠分开。$d_{uv} = \delta(u, v)$ 的值与 $\hat{\delta}(u, v) + h(v) - h(u)$ 的值相等

现在假定图 G 和图 G' 都不包含权重为负值的环路。让我们定义，对于所有的结点 $v \in V'$，$h(v) = \delta(s, v)$。根据三角不等式（引理 24.10），对于所有的边 $(u, v) \in E'$，有 $h(v) \leqslant h(u) + w(u, v)$。因此，如果我们根据式（25.9）来定义新的权重 $\hat{w}$，则有 $\hat{w}(u, v) = w(u, v) + h(u) - h(v) \geqslant 0$，至此我们满足了第二条性质。图 25-6(b) 描述的是对图 25-6(a) 的图进行权重重新赋值后的图 G'。

计算所有结点对之间的最短路径

Johnson 算法在执行过程中需要使用 Bellman-Ford 算法（见 24.1 节）和 Dijkstra 算法（见 24.3 节）作为子程序来计算所有结点对之间的最短路径。该算法假定所有的边都保存在邻接链表里，其返回的则是一个 $|V| \times |V|$ 的矩阵 $D = d_{ij}$，其中 $d_{ij} = \delta(i, j)$，或者报告输入图包含一个权重为负值的环路。对于所有结点对最短路径算法来说，我们通常假定结点的编号为从 $1 \sim |V|$。

702 ~ 703

```
JOHNSON(G,w)
 1  compute G', where G'.V = G.V ∪ {s},
        G'.E = G.E ∪ {(s,v) : v ∈ G.V}, and
        w(s,v) = 0 for all v ∈ G.V
 2  if BELLMAN-FORD(G',w,s) == FALSE
 3      print "the input graph contains a negative-weight cycle"
 4  else for each vertex v ∈ G'.V
 5          set h(v) to the value of δ(s,v)
                computed by the Bellman-Ford algorithm
 6      for each edge (u,v) ∈ G'.E
 7          ŵ(u,v) = w(u,v) + h(u) - h(v)
 8      let D = (d_uv) be a new n × n matrix
 9      for each vertex u ∈ G.V
10          run DIJKSTRA(G,ŵ,u) to compute δ̂(u,v) for all v ∈ G.V
11          for each vertex v ∈ G.V
12              d_uv = δ̂(u,v) + h(v) - h(u)
13      return D
```

上述代码所执行就是我们前面讨论的操作。算法第 1 行生成图 G'，第 2 行在图 G' 上运行 Bellman-Ford 算法，使用权重函数 w 和源结点 s。如果图 G'（也因此图 G）包含一条权重为负值的环路，算法的第 3 行将报告这个问题。算法第 4～12 行假定图 G' 不包含权重为负值的环路。第 4～5 行将 $h(v)$ 的值设置为由 Bellman-Ford 算法所计算出来的最短路径权重 $\delta(s, v)$。算法的第 6～7 行计算新的权重 $\hat{w}$。对于每一对结点 u，$v \in V$，算法的第 9～12 行的 **for** 循环通过调用 Dijkstra 算法来计算最短路径权重 $\hat{\delta}(u, v)$。算法第 12 行将根据式（25.10）所计算出来的最短路径权重 $\delta(u, v)$ 保存在矩阵元素 d_{uv} 里。最后，算法的第 13 行返回构造完毕的矩阵 D。图 25-6 描述的是 Johnson 算法的执行过程。

如果使用斐波那契堆来实现 Dijkstra 算法里面的最小优先队列，则 Johnson 算法的运行时间为 $O(V^2 \lg V + VE)$。使用更简单的二叉最小堆实现则运行时间为 $O(VE \lg V)$。在稀疏图的情况下，该时间仍然比 Floyd-Warshall 算法的时间表现要好。

练习

25.3-1 请在图 25-2 上使用 Johnson 算法来找到所有结点对之间的最短路径。给出算法计算出的 h 和 $\hat{w}$ 值。

25.3-2 在 Johnson 算法里，在集合 V 中加入新结点 s 产生 V' 的目的是什么？

25.3-3 假定对于所有的边 $(u, v) \in E$，我们有 $w(u, v) \geqslant 0$。请问权重函数 w 和 $\hat{w}$ 之间是什么关系？

704

25.3-4 Greenstreet 教授声称，他有一种比 Johnson 算法中所使用的更简单的办法来对边的权重进行重新赋值。设 $w^* = \min\limits_{(u, v) \in E} \{w(u, v)\}$，只要对所有的边 $(u, v) \in E$，定义 $\hat{w}(u, v) = w(u, v) - w^*$ 即可。请问这种重新赋值有什么错误？

25.3-5 假定在一个权重函数为 w 的有向图 G 上运行 Johnson 算法。证明：如果图 G 包含一条权重为 0 的环路 c，那么对于环路 c 上的每条边 (u, v)，$\hat{w}(u, v) = 0$。

25.3-6 Michener 教授声称，没有必要在 JOHNSON 算法的第 1 行创建一个新的源结点。他主张可以使用 $G' = G$，并设 s 为任意结点。请给出一个带权重的有向图例子，使得当将这位教授的想法用到 JOHNSON 算法中将导致错误的结果。然后，证明：如果图 G 是强连通的（每个结点都可以从其他每个结点到达），那么使用教授的修改意见后的 JOHNSON 算法将返回正确结果。

思考题

25-1 （动态图的传递闭包） 假定我们希望在将边插入到集合 E 中时维持有向图 $G = (V, E)$ 的传递闭包，即在插入每条边后，我们希望对到目前为止已插入边的传递闭包进行更新。假定图 G 开始时不包含任何边，并且传递闭包用布尔矩阵来表示。

a. 说明在加入一条新边到图 G 时，如何在 $O(V^2)$ 时间内更新图 $G = (V, E)$ 的传递闭包 $G^* = (V, E^*)$。

b. 给出一个图 G 和一条边 e，使得在将边 e 插入到图 G 后，更新传递闭包的时间复杂性为 $\Omega(V^2)$，而不管使用的是何种算法。

c. 描述一个有效的算法，使得在将边加入到图 G 中时更新传递闭包。对于任意 n 次插入的序列，算法运行的总时间应该是 $\sum\limits_{i=1}^{n} t_i = O(V^3)$，其中 t_i 是插入第 i 条边时更新传递闭包所用的时间。请证明你的算法确实达到了这个时间效率。

25-2 （ε 稠密图的最短路径） 对于图 $G = (V, E)$ 来说，如果 $|E| = \Theta(V^{1+\varepsilon})$，则图 G 为 ε 稠密图，其中 ε 为某个常数，且 $0 < \varepsilon \leqslant 1$。如果在 ε 稠密图的最短路径算法中使用 d 叉最小堆（请参阅本书的问题 6-2），则能使算法的运行时间相当于基于斐波那契堆的算法的运行时间，同时无需引入后者所使用的复杂数据结构。

a. INSERT、EXTRACT-MIN、DECREASE-KEY 的渐近运行时间是多少？请以 d 和元素个数 n 为参数予以表达。如果选择 $d = \Theta(n^\alpha)$，其中 $0 < \alpha \leqslant 1$，这些运行时间又是多少？请把这些时间与斐波那契堆的摊还代价进行比较。

b. 说明如何在 $O(E)$ 时间内，在一个 ε 稠密的有向图中计算出单源最短路径，这里假定该图不包含权重为负值的边。（提示：选一个以 ε 为自变量的函数作为 d。）

c. 说明如何在 $O(VE)$ 时间内，在一个 ε 稠密的有向图中计算出所有结点对之间的最短路径，这里假定该图不包含权重为负值的边。

d. 说明如何在 $O(VE)$ 时间内，在一个 ε 稠密的有向图中计算出所有结点对之间的最短路径，这里假定图中可以包含权重为负值的边，但不包含权重为负值的环路。

本章注记

Lawler[224]详细讨论了所有结点对之间的最短路径问题，但没有分析稀疏图的解。他将矩阵乘法算法归功于多人的努力。Floyd-Warshall 算法则来自于 Floyd[105]，其原理乃基于 Warshall[349]所提出的一个定理，该定理描述了如何计算布尔矩阵的传递闭包。Johnson 算法则来自于文献[192]。

一些研究人员对基于矩阵乘法的最短路径算法进行了各种改进。Fredman[111]提出了一种

706

不同的所有结点对之间的最短路径算法，该算法对边的权重和进行 $O(V^{5/2})$ 次比较，算法总运行时间为 $O(V^3(\lg\lg V/\lg V)^{1/3})$，这比 Floyd-Warshall 算法的时间复杂性稍微好一点。Han[159]则将该算法的时间复杂性降低到 $O(V^3(\lg\lg V/\lg V)^{5/4})$。另一类的研究则表明，我们可以将快速矩阵乘法（请参阅第 4 章注记）应用到所有结点对最短路径问题上。设 $O(n^\omega)$ 为 $n\times n$ 维矩阵快速乘法算法的运行时间；当前的 $\omega<2.376$[78]。Galil 和 Margalit[123，124]和 Seidel[308]设计出了时间复杂度为 $(V^\omega p(V))$ 的针对无向无权重图的所有结点对最短路径问题解决方案，其中 $p(n)$ 表示一个以 n 的多项式对数为界的特殊函数。在稠密图中，这些算法要比执行 $|V|$ 次广度优先搜索的时间复杂度 $O(VE)$ 要快。一些研究人员将这些结果推广到了带权重的无向图中，条件是这些权重值全部为整数，且在范围 $\{1，2，\cdots，W\}$ 之内。这些算法中渐近最快的是由 Shoshan 和 Zwick[316]所提出的，其运行时间为 $O(WV^\omega p(VW))$。

　　Karger、Koller 和 Phillips[196]和 McGeoch[247]独立地给出了一个依赖于 E^* 的时间界，这里 E^* 为边集合 E 中属于某条最短路径的边的集合。给定一个所有边的权重为非负的图，他们的算法的运行时间为 $O(VE^*+V^2\lg V)$，当 $|E^*|=o(E)$ 时，该时间复杂度比 Dijkstra 算法好了 $|V|$ 倍。

　　Baswana、Hariharan 和 Sen[33]对维持所有结点对最短路径和传递闭包信息的递减算法进行了讨论。递减算法允许将边删除操作和查询操作穿插进行；与之相比较的话，思考题 25-1 所要求的是一个递增算法，因为该题要求对边的操作是插入操作。Baswana、Hariharan 和 Sen 所提出的算法是一种随机算法，当一条路径存在时，他们的传递闭包算法可能有 $1/n^c$ 的概率不能报告该路径的存在，这里的 c 为任意大于 0 的正数。查询时间则有很高的概率为 $O(1)$。对于传递闭包，每次更新的摊还代价为 $O(V^{4/3}\lg^{1/3}V)$。对于所有结点对之间的最短路径，更新时间依赖于查询操作。对于仅给出最短路径权重的查询，每次更新的摊还代价为 $O(V^3/E\lg^2 V)$。如果要给出具体的最短路径，则摊销下来的更新代价为 $\min(O(V^{3/2}\sqrt{\lg V})，O(V^3/E\lg^2 V))$。Demetrescu 和 Italiano[84]说明了如何在既可以插入也可以删除边的情况下处理更新和查询操作，条件是每条给定的边的权重取值范围为实数，且有限定范围。

　　Aho、Hopcroft 和 Ullman[5]定义了一种称为"闭合半环"的代数结构来作为解决有向图路径问题的一般框架。Floyd-Warshall 算法和 25.2 节所讨论的传递闭包算法都可以看做是基于闭合半环的所有结点对最短路径算法的具体实例。Maggs 和 Plotkin[240]说明了如何使用闭合半环来找出最小生成树。

707

最　大　流

正如可以通过将道路交通图模型化为有向图来找到从一个城市到另一个城市之间的最短路径，我们也可以将一个有向图看做是一个"流网络"并使用它来回答关于物料流动方面的问题。设想一种物料从产生它的源结点经过一个系统，流向消耗该物料的汇点这样一个过程。源结点以某种稳定的速率生成物料，汇点则以同样的速率消耗物料。从直观上看，物料在系统中任何一个点上的"流量"就是物料移动的速率。这种流网络可以用来建模很多实际问题，包括液体在管道中的流动、装配线上部件的流动、电网中电流的流动和通信网络中信息的流动。

我们可以把流网络中每条有向边看做是物料的一个流通通道。每条通道有限定的容量，是物料流经该通道时的最大速率，如一条管道每小时可以流过 200 加仑的液体或一根电线可以经受 20 安培的电流。流网络中的结点则是通道的连接点。除了源结点和终结点外，物料在其他结点上只是流过，并不积累或聚集。换句话说，物料进入一个结点的速率必须与其离开该结点的速率相等。这个性质称为"流量守恒"，这里的流量守恒与 Kirchhoff 电流定律等价。

在最大流问题中，我们希望在不违反任何容量限制的情况下，计算出从源结点运送物料到汇点的最大速率。这是与流网络有关的所有问题中最简单的问题之一。我们在本章将会看到，这个问题可以由高效的算法解决。而且，最大流算法中的一些基本技巧可以用来解决其他网络流问题。

本章介绍两种解决最大流问题的一般方法。26.1 节给出流网络和流概念以及最大流问题的形式化定义。26.2 节描述 Ford 和 Fulkerson 提出的解决最大流问题的经典方法。26.3 节给出该方法的一种实际应用：在无向二分图（二分图）中找出最大匹配。26.4 节阐述重要的"推送-重贴标签"方法，该方法是许多网络流问题的快速算法的基石。26.5 节则讨论推送-重贴标签方法的一种具体实现——"前置重贴标签"算法，该算法的运行时间为 $O(V^3)$。虽然该算法并不是已知算法中最快的，但它演示了渐近最快算法中用到的某些技巧，并且在实际应用中也是非常有效的。

26.1　流网络

在本节中，我们将给出流网络的图论定义，讨论其性质，并精确地定义最大流问题。我们同时还引入一些有用的记号。

流网络和流

流网络 $G=(V, E)$ 是一个有向图，图中每条边 $(u, v) \in E$ 有一个非负的**容量值** $c(u, v) \geqslant 0$。而且，如果边集合 E 包含一条边 (u, v)，则图中不存在反方向的边 (v, u)。（随后我们将看到在这个限制下如何做。）如果 $(u, v) \notin E$，则为方便起见，定义 $c(u, v) = 0$，并且在图中不允许自循环。在流网络的所有结点中，我们特别分辨出两个特殊结点：**源结点** s 和**汇点** t。为方便起见，假定每个结点都在从源结点到汇点的某条路径上。也就是说，对于每个结点 $v \in V$，流网络都包含一条路径 $s \rightsquigarrow v \rightsquigarrow t$。因此，流网络图是连通的，并且由于除源结点外的每个结点都至少有一条进入的边，我们有 $|E| \geqslant |V| - 1$。图 26-1 描述的是一个流网络的例子。

我们现在可以给出流的形式化定义。设 $G=(V, E)$ 为一个流网络，其容量函数为 c。设 s 为网络的源结点，t 为汇点。G 中的**流**是一个实值函数 $f: V \times V \rightarrow \mathbf{R}$，满足下面的两条性质：

708

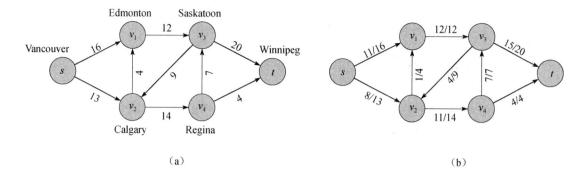

图 26-1 (a)Lucky 冰球公司货运问题的流网络 $G=(V, E)$。在该流网络中，温哥华的工厂是源结点 s，温尼伯的仓库是汇点 t。公司在运送冰球时要通过多个中间城市，但从城市 u 到城市 v 每天只能运送 $c(u, v)$ 个货箱。每条边上注明的是该条交通道路上的容量。(b)图 G 中的一个流 f，这里 $|f|=19$。每条边 (u, v) 上所注明的是 $f(u, v)/c(u, v)$。注意，这里的斜杠记号仅仅用来分开流和容量，并不代表除法操作

容量限制：对于所有的结点 u，$v \in V$，要求 $0 \leqslant f(u, v) \leqslant c(u, v)$。

流量守恒：对于所有的结点 $u \in V-\{s, t\}$，要求

$$\sum_{v \in V} f(v, u) = \sum_{v \in V} f(u, v)$$

当 $(u, v) \notin E$ 时，从结点 u 到结点 v 之间没有流，因此 $f(u, v)=0$。

我们称非负数值 $f(u, v)$ 为从结点 u 到结点 v 的流。一个流 f 的值 $|f|$ 定义如下：

$$|f| = \sum_{v \in V} f(s, v) - \sum_{v \in V} f(v, s) \tag{26.1}$$

也就是说，流 f 的值是从源结点流出的总流量减去流入源结点的总流量。（这里，符号 $|\cdot|$ 表示流的值，而不是绝对值或者基数值。）通常来说，一个流网络不会有任何进入源结点的边，因此，公式(26.1)中的求和项 $\sum_{v \in V} f(v, s)$ 将是 0。我们将其囊括在该公式里的原因是本章后面将要讨论残存网络，在此种网络中，流入源结点的流量十分重要。在**最大流问题**中，给定一个流网络 G、一个源结点 s、一个汇点 t，我们希望找到值最大的一个流。

在查看任何网络流问题的例子前，我们简略地对流的定义和流的两种性质进行探讨。容量限制性质说明，从一个结点到另一个结点之间的流必须为非负值且不能超过给定的容量限额。流量守恒性质说明，流入一个结点（指非源结点和非汇点）的总流量必须等于流出该结点的总流量，非形式化地称为"流入等于流出"。

流的一个例子

用流网络把图 26-1(a)所示的货运问题模型化。Lucky 冰球公司在温哥华有一家制造冰球的工厂（源结点 s），在温尼伯有一个存储产品的仓库（汇点 t）。Lucky 冰球公司从另一家公司租用货车来将冰球从工厂运送到仓库。因为货车按指定路线（边）在城市（结点）间行驶且其容量有限，Lucky 冰球公司在图 26-1(a)所示的每对城市 u 和 v 之间每天至多运送 $c(u, v)$ 箱产品。Lucky 冰球公司无权控制运输路线和货车的运输能力，因此无法改变图 26-1(a)所示的流网络。他们所能做的事情是，判断每天可以运送的最大货箱数 p，并按这一数量进行生产，因为生产出来的产品多于其运输能力没有什么意义。Lucky 冰球公司并不关心一个给定的冰球需要多长时间才能从工厂运送到仓库；他们关心的只是每天可以有 p 箱货物离开工厂，每天可以有 p 箱货物到达仓库。

由于从一个城市运送到另一个城市的货箱数量每天都有容量限制，因此可以在这个网络中

709
～
710

用流来模拟这种运输"流"。此外，我们的模型必须遵守流量守恒性质，因为在一种稳定的状态下，冰球进入一个中间城市的速率必须等于冰球离开该城市的速率。否则，货箱将在中间城市堆积起来。

使用反平行边来模拟问题

假定从埃德蒙顿到卡尔加里，货运公司提供给 Lucky 冰球公司 10 个货箱。很自然地，需要将该容量加入到我们的例子中，从而形成一个如图 26-2(a)所示的网络。但是这个网络却有一个问题：它违反了我们原来的假设——如果边$(v_1, v_2) \in E$，则$(v_2, v_1) \notin E$。我们称边(v_1, v_2)和边(v_2, v_1)为**反平行**(antiparallel)。因此，如果要使用反平行边来模拟一个流问题，必须将这种网络转换为一个等价的但不包括反平行边的网络。图 26-2(b)描述的就是这样一个等价网络。选择两条反平行边中的一条，在这个具体例子中是边(v_1, v_2)，通过加入一个新结点 v'来将其分解为两段，并以边(v_1, v')和(v', v_2)来替换边(v_1, v_2)。同时将两条新设立的边的容量设置为与原来的边的容量相同。这样得出的网络将满足我们的限制条件：如果一条边属于该网络，则其反向边不属于该网络。练习 26.1-1 将要求读者证明这样转换后的网络与原来的网络等价。

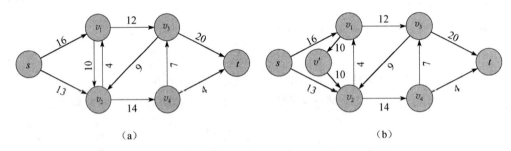

图 26-2　将一个包含反平行边的网络转换为一个等价的但不包括反平行边的网络。(a)一个包含反平行边(v_1, v_2)和(v_2, v_1)的流网络。(b)一个没有反平行边的等价网络。我们加入一个新结点 v'来将其分解为两段，以边(v_1, v')和(v', v_2)来替换边(v_1, v_2)，并将两条新设立的边的容量设置为与原来的边的容量相同

从上面的讨论可以看到，实际生活中的流问题可以自然地表示为一个带反平行边的网络。但如果不允许反平行边则将更为方便。幸运的是，我们有一个非常直接的办法将一个带有反平行边的网络转换为不带反平行边的网络。

具有多个源结点和多个汇点的网络

一个最大流问题可能有几个源结点和几个汇点，而不仅仅只有一个源结点和汇点。例如，Lucky 冰球公司可能有 m 家工厂$\{s_1, s_2, \cdots, s_m\}$和 n 个仓库$\{t_1, t_2, \cdots, t_n\}$，如图 26-3(a)所示。幸运的是，多个源结点和多个汇点的最大流问题并不比普通的最大流问题更难。

在具有多个源结点和多个汇点的网络中，确定最大流的问题可以归约为一个普通的最大流问题。图 26-3(b)描述的是如何将图 26-3(a)所示的网络转换为一个只有一个源结点和一个汇点的普通流网络。转换方法是加入一个**超级源结点** s，并对于 $i = 1, 2, \cdots, m$，加入有向边(s, s_i)和容量$c(s, s_i) = \infty$。我们同时创建一个新的**超级汇点** t，并且对于 $i = 1, 2, \cdots, n$，加入有向边(t_i, t)，其容量$c(t_i, t) = \infty$。从直观上看，图 26-3(a)所示网络中的任意流均对应于图 26-3(b)所示网络中的一个流，反之亦然。单源结点 s 能够给原来的多个源结点 s_i 提供所需要的流量，而单汇点 t 则可以消费原来所有汇点 t_i 所消费的流量。练习 26.1-2 将要求读者来形式化证明这两个问题是等价的。

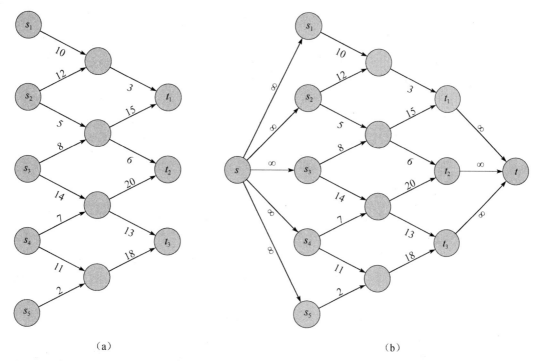

图 26-3 将一个多源结点多汇点的最大流问题转换为单源结点单汇点的最大流问题。(a)一个有 5 个源结点 $S=\{s_1, s_2, s_3, s_4, s_5\}$ 和 3 个汇点 $T=\{t_1, t_2, t_3\}$ 的流网络。(b)一个等价的单源结点单汇点的流网络。在原来的图(a)中加入了一个超级源结点 s,并从结点 s 到每个原来的源结点之间增加一条容量为无限的有向边。同时加入一个超级汇点 t,并从原来的每个汇点到 t 之间增加了一条容量为无限的有向边

练习

26.1-1 证明:在一个流网络中,将一条边分解为两条边所得到的是一个等价的网络。更形式化地说,假定流网络 G 包含边 (u, v),我们以如下方式创建一个新的流网络 G':创建一个新结点 x,用新的边 (u, x) 和 (x, v) 来替换原来的边 (u, v),并设置 $c(u, x) = c(x, v) = c(u, v)$。证明:$G'$ 中的一个最大流与 G 中的一个最大流具有相同的值。

26.1-2 将流的性质和定义推广到多个源结点和多个汇点的流问题上。证明:在多源结点多汇点流网络中,任意流均对应于通过增加一个超级源结点和超级汇点所形成的具有相同值的一个单源结点单汇点流中,反之亦然。

26.1-3 假定流网络 $G=(V, E)$ 违反了对于所有结点 $v \in V$,网络必须包括一条路径 $s \rightsquigarrow v \rightsquigarrow t$ 的假设。设 u 为这样一个结点:不存在路径 $s \rightsquigarrow u \rightsquigarrow t$。证明:$G$ 中必然存在一个最大流 f,使得对于所有结点 $v \in V$,$f(u, v) = f(v, u) = 0$。

711
~
713

26.1-4 设 f 为网络中的一个流,设 α 为一个实数,则 αf 称为**标量流积**,该标量流积是一个从 $V \times V$ 到 **R** 的函数,其定义如下:

$$(\alpha f)(u, v) = \alpha \cdot f(u, v)$$

证明:网络中的流形成一个**凸集**。也就是说,证明:如果 f_1 和 f_2 为两个流,则 $\alpha f_1 + (1 - \alpha) f_2$ 也是一个流,这里 $0 \leqslant \alpha \leqslant 1$。

26.1-5 将最大流问题表述为一个线性规划问题。

26.1-6 Adam 教授有两个儿子,可不幸的是,他们互相讨厌对方。随着时间的推移,问题变得如此严重,他们之间不仅不愿意一起走到学校,而且每个人都拒绝走另一个人当天所走

过的街区。两个孩子对于自己所走的路径与对方所走的路径在街角交叉并不在意。幸运的是，教授的房子和学校都位于街角上。但除此之外，教授不能肯定是否可以在满足上述条件的情况下把两个小孩送到同一所学校。教授有一份小镇的地图，试说明如何将这个问题转换为一个最大流问题，以便决定是否可以将孩子送到同一所学校。

26.1-7 假定除边的容量外，流网络还有**结点容量**。即对于每个结点 v，有一个极限值 $l(v)$，这是可以流经结点 v 的最大流量。请说明如何将一个带有结点容量的流网络 $G=(V, E)$ 转换为一个等价的但没有结点容量的流网络 $G'=(V', E')$，使得 G' 中的最大流与 G 中的最大流的取值一样。图 G' 里有多少个结点和多少条边？

26.2 Ford-Fulkerson 方法

本节讨论用来解决最大流问题的 Ford-Fulkerson 方法。之所以称其为"方法"而不是"算法"，是因为它包含了几种运行时间各不相同的具体实现。Ford-Fulkerson 方法依赖于三种重要思想，

714

它们与许多的流算法和问题有关，如残存网络、增广路径和切割。这些思想是最大流最小切割定理（定理 26.6）的精髓，该定理以流网络的切割来表述最大流的值。在本节的末尾，我们将给出 Ford-Fulkerson 方法的一种具体实现，并分析其运行时间。

Ford-Fulkerson 方法循环增加流的值。在开始的时候，对于所有的结点 u，$v\in V$，$f(u, v)=0$,给出的初始流值为 0。在每一次迭代中，我们将图 G 的流值进行增加，方法就是在一个关联的"残存网络" G_f 中寻找一条"增广路径"。一旦知道图 G_f 中一条增广路径的边，就可以很容易辨别出 G 中的一些具体的边，我们可以对这些边上的流量进行修改，从而增加流的值。虽然 Ford-Fulkerson 方法的每次迭代都增加流的值，但是对于图 G 的一条特定边来说，其流量可能增加，也可能减少；对某些边的流进行缩减可能是必要的，以便让算法可以将更多的流从源结点发送到汇点。重复对流进行这一过程，直到残存网络中不再存在增广路径为止。最大流最小切割定理将说明在算法终结时，该算法将获得一个最大流。

FORD-FULKERSON-METHOD(G,s,t)
1 initialize flow f to 0
2 **while** there exists an augmenting path p in the residual network G_f
3   augment flow f along p
4 **return** f

为了实现和分析 Ford-Fulkerson 方法，需要引入几个新的概念。

残存网络

从直观上看，给定流网络 G 和流量 f，残存网络 G_f 由那些仍有空间对流量进行调整的边构成。流网络的一条边可以允许的额外流量等于该边的容量减去该边上的流量。如果该差值为正，则将该条边置于图 G_f 中，并将其残存容量设置为 $c_f(u, v)=c(u, v)-f(u, v)$。对于图 G 中的边来说，只有能够允许额外流量的边才能加入到图 G_f 中。如果边 (u, v) 的流量等于其容量，则其 $c_f(u, v)=0$，该条边将不属于图 G_f。

残存网络 G_f 还可能包含图 G 中不存在的边。算法对流量进行操作的目标是增加总流量，为此，算法可能对某些特定边上的流量进行缩减。为了表示对一个正流量 $f(u, v)$ 的缩减，我们将边 (v, u) 加入到图 G_f 中，并将其残存容量设置为 $c_f(v, u)=f(u, v)$。也就是说，一条边所能允许的反向流量

715

最多将其正向流量抵消。残存网络中的这些反向边允许算法将已经发送出来的流量发送回去。而将流量从同一条边发送回去等同于缩减该条边的流量，这种操作在许多算法中都是必需的。

更形式化地，假定有一个流网络 $G=(V, E)$，其源结点为 s，汇点为 t。设 f 为图 G 中的一个流，考虑结点对 u，$v\in V$，定义**残存容量** $c_f(u, v)$ 如下：

$$c_f(u,v) = \begin{cases} c(u,v) - f(u,v) & \text{若} (u,v) \in E \\ f(v,u) & \text{若} (v,u) \in E \\ 0 & \text{其他} \end{cases} \tag{26.2}$$

因为假定边$(u, v) \in E$意味着$(v, u) \notin E$，对于每一对边来说，公式(26.2)中只有一种情况成立。

作为公式(26.2)的一个例子，如果$c(u, v) = 16$，并且$f(u, v) = 11$，则对$f(u, v)$可以增加的量最大为$c_f(u, v) = 5$，再多就将超过边(u, v)的容量限制。同时，允许算法从结点v向结点u最多返回11个单位的流量，因此，$c_f(v, u) = 11$。

给定一个流网络$G = (V, E)$和一个流f，则由f所诱导的图G的**残存网络**为$G_f = (V, E_f)$，其中

$$E_f = \{(u,v) \in V \times V : c_f(u,v) > 0\} \tag{26.3}$$

也就是说，正如我们在前面所承诺的，残存网络的每条边或**残存边**，必须允许大于0的流量通过。图26-4(a)是图26-1(b)的流网络G和流量f的重新绘制，图26-4(b)描述的是对应的残存网络G_f。E_f中的边要么是E中原有的边，要么是其反向边，因此有

$$|E_f| \leqslant 2|E|$$

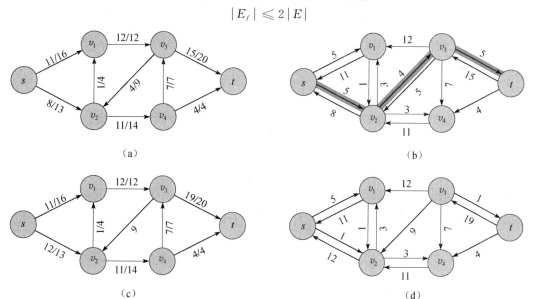

图26-4 (a)图26-1(b)中的流网络G和流f。(b)残存网络G_f，阴影覆盖的边为其增广路径p上加了阴影，其残存容量为$c_f(p) = c_f(v_2, v_3) = 4$。残存容量为0的边(如$(v_1, v_3)$)未在图中显示，这是本节所遵守的一个约定。(c)$G$中使用残存容量4沿路径$p$增加而导出的流。对于没有运送流量的边，如$(v_3, v_2)$，图中只标出了其容量，这是本节所遵守的另一个约定。(d)由图(c)的流所诱导出的残存网络

注意，残存网络G_f类似于一个容量为c_f的流网络，但该网络并不满足我们对流网络的定义，因为它可能包含边(u, v)和它的反向边(v, u)。除了这个区别外，残存网络具有与流网络同样的性质，我们可以在残存网络中定义一个流，它满足流的定义，但是针对的是残存网络G_f中的容量c_f。

残存网络中的一个流给我们指出的是一条路线图：如何在原来的流网络中增加流。如果f是G的一个流，f'是对应的残存网络G_f中的一个流，定义$f \uparrow f'$为流f'对流f的**递增**(augmentation)，它是一个从$V \times V$到$\mathbf{R}$的函数，其定义如下：

$$(f \uparrow f')(u,v) = \begin{cases} f(u,v) + f'(u,v) - f'(v,u) & \text{若} (u,v) \in E \\ 0 & \text{其他} \end{cases} \tag{26.4}$$

该定义背后的直观解释遵循残存网络的定义。因为在残存网络中将流量发送到反向边上等同于在原来的网络中缩减流量，所以将边(u, v)的流量增加$f'(u, v)$，但减少$f'(v, u)$。在残存网

络中将流量推送回去也称为**抵消操作**(cancellation)。例如，如果将 5 货箱的冰球从城市 u 发送到城市 v，同时将 2 货箱冰球从城市 v 发送到城市 u，那么可以等价(以最后结果来看)地将 3 个货箱从城市 u 发送到城市 v，而不从城市 v 发送任何货箱到城市 u。这类抵消操作对于任何最大流算法来说都是非常关键的。

引理 26.1 设 $G=(V,E)$ 为一个流网络，源结点为 s，汇点为 t，设 f 为 G 中的一个流。设 G_f 为由流 f 所诱导的 G 的残存网络，设 f' 为 G_f 中的一个流。那么式(26.4)所定义的函数 $f \uparrow f'$ 是 G 的一个流，其值为 $|f \uparrow f'| = |f| + |f'|$。

证明 首先证明 $f \uparrow f'$ 满足对 E 中每条边的容量限制性质，以及对每个结点 $v \in V - \{s, t\}$ 的流量守恒限制。

对于容量限制，注意到，如果边 $(u, v) \in E$，则 $c_f(v, u) = f(u, v)$。而且 $f'(v, u) \leqslant c_f(v, u) = f(u, v)$，因此，

$$
\begin{aligned}
(f \uparrow f')(u,v) &= f(u,v) + f'(u,v) - f'(v,u) \quad &\text{(根据式(26.4))} \\
&\geqslant f(u,v) + f'(u,v) - f(u,v) \quad &\text{(因为 } f'(v,u) \leqslant f(u,v)\text{)} \\
&= f'(u,v) \\
&\geqslant 0
\end{aligned}
$$

此外，

$$
\begin{aligned}
(f \uparrow f')(u,v) &= f(u,v) + f'(u,v) - f'(v,u) \quad &\text{(根据式(26.4))} \\
&\leqslant f(u,v) + f'(u,v) \quad &\text{(因为流量为非负值)} \\
&\leqslant f(u,v) + c_f(u,v) \quad &\text{(容量限制)} \\
&= f(u,v) + c(u,v) - f(u,v) \quad &\text{(根据 } c_f \text{ 的定义)} \\
&= c(u,v)
\end{aligned}
$$

对于流量守恒性质，因为 f 和 f' 均遵守流量守恒性质，对于所有的结点 $u \in V - \{s, t\}$，我们有，

$$
\begin{aligned}
\sum_{v \in V}(f \uparrow f')(u,v) &= \sum_{v \in V}(f(u,v) + f'(u,v) - f'(v,u)) \\
&= \sum_{v \in V}f(u,v) + \sum_{v \in V}f'(u,v) - \sum_{v \in V}f'(v,u) \\
&= \sum_{v \in V}f(v,u) + \sum_{v \in V}f'(v,u) - \sum_{v \in V}f'(u,v) \\
&= \sum_{v \in V}(f(v,u) + f'(v,u) - f'(u,v)) \\
&= \sum_{v \in V}(f \uparrow f')(v,u)
\end{aligned}
$$

因为流量守恒，所以上面的第 2 行推导出了第 3 行。

最后，计算 $f \uparrow f'$ 的值。回忆前面讨论过的内容，我们不允许图 G 中包含反平行边(但不禁止 G_f 中有这种边)，因此对于每个结点 $v \in V$，可以有边 (s, v) 或者 (v, s)，但不能二者同时存在。定义 $V_1 = \{v: (s, v) \in E\}$ 为有边从源结点 s 到达的结点集合，$V_2 = \{v: (v, s) \in E\}$ 为有边通往 s 的结点集合。我们有 $V_1 \cup V_2 \subseteq V$，并且因为不允许有反平行边，我们有 $V_1 \cap V_2 = \varnothing$。现在来计算

$$
\begin{aligned}
|f \uparrow f'| &= \sum_{v \in V}(f \uparrow f')(s,v) - \sum_{v \in V}(f \uparrow f')(v,s) \\
&= \sum_{v \in V_1}(f \uparrow f')(s,v) - \sum_{v \in V_2}(f \uparrow f')(v,s) \quad (26.5)
\end{aligned}
$$

这里的第 2 行成立是因为 $(f \uparrow f')(w, x)$ 的值在 $(w, x) \notin E$ 时为 0。现在将 $f \uparrow f'$ 的定义应用到式(26.5)上，然后对和值项进行重新排序与重组可以获得：

$$
|f \uparrow f'| = \sum_{v \in V_1}(f(s,v) + f'(s,v) - f'(v,s)) - \sum_{v \in V_2}(f(v,s) + f'(v,s) - f'(s,v))
$$

$$= \sum_{v \in V_1} f(s,v) + \sum_{v \in V_1} f'(s,v) - \sum_{v \in V_1} f'(v,s)$$

$$- \sum_{v \in V_2} f(v,s) - \sum_{v \in V_2} f'(v,s) + \sum_{v \in V_2} f'(s,v)$$

$$= \sum_{v \in V_1} f(s,v) - \sum_{v \in V_2} f(v,s)$$

$$+ \sum_{v \in V_1} f'(s,v) + \sum_{v \in V_2} f'(s,v) - \sum_{v \in V_1} f'(v,s) - \sum_{v \in V_2} f'(v,s)$$

$$= \sum_{v \in V_1} f(s,v) - \sum_{v \in V_2} f(v,s) + \sum_{v \in V_1 \cup V_2} f'(s,v) - \sum_{v \in V_1 \cup V_2} f'(v,s) \qquad (26.6)$$

在式(26.6)中,可以将 4 个求和项的范围都扩展到整个结点集合 V 上,因为每个额外的项的值都为 0(练习 26.2-1 将要求读者证明这一点)。因此有

$$|f \uparrow f'| = \sum_{v \in V} f(s,v) - \sum_{v \in V} f(v,s) + \sum_{v \in V} f'(s,v) - \sum_{v \in V} f'(v,s) = |f| + |f'| \qquad (26.7)$$

■

增广路径

给定流网络 $G=(V,E)$ 和流 f,**增广路径** p 是残存网络 G_f 中一条从源结点 s 到汇点 t 的简单路径。根据残存网络的定义,对于一条增广路径上的边 (u,v),我们可以增加其流量的幅度最大为 $c_f(u,v)$,而不会违反原始流网络 G 中对边 (u,v) 或 (v,u) 的容量限制。

图 26-4(b)中阴影覆盖的路径是一条增广路径。如果将图中的残存网络 G_f 看做一个流网络,那么可以对这条路径上每条边的流量增加 4 个单位,而不会违反容量限制,因为该条路径上最小的残存容量是 $c_f(v_2,v_3)=4$。我们称在一条增广路径 p 上能够为每条边增加的流量的最大值为路径 p 的**残存容量**,该容量由下面的表达式给出:

$$c_f(p) = \min\{c_f(u,v): (u,v) \ \text{属于路径} \ p\}$$

719

下面的引理将上面的论断阐述得更加精确。该引理的证明留给读者作为练习(练习 26.2-7)。

引理 26.2 设 $G=(V,E)$ 为一个流网络,设 f 为图 G 中的一个流,设 p 为残存网络 G_f 中的一条增广路径。定义一个函数 $f_p: V \times V \to \mathbf{R}$ 如下:

$$f_p(u,v) = \begin{cases} c_f(p) & \text{若} (u,v) \text{在} p \text{上} \\ 0 & \text{其他} \end{cases} \qquad (26.8)$$

则 f_p 是残存网络 G_f 中的一个流,其值为 $|f_p| = c_f(p) > 0$。 ■

下面的推论证明,如果将流 f 增加 f_p 的量,则将获得 G 的另一个流,该流的值更加接近最大值。图 26-4(c)所描述的是对图 26-4(a)的流 f 增加图 26-4(b)所示的 f_p 的量所获得的结果,而图 26-4(d)描述的则是残存网络 G_f。

推论 26.3 设 $G=(V,E)$ 为一个流网络,设 f 为 G 中的一个流,设 p 为残存网络 G_f 中的一条增广路径。设 f_p 由式(26.8)所定义,假定将 f 增加 f_p 的量,则函数 $f \uparrow f_p$ 是图 G 中的一个流,其值为 $|f \uparrow f_p| = |f| + |f_p| > |f|$。

证明 根据引理 26.1 和引理 26.2 可立即得到上述推论。 ■

流网络的切割

Ford-Fulkerson 方法的核心就是沿着增广路径重复增加路径上的流量,直到找一个最大流为止。我们怎么知道在算法终止时,确实找到了一个最大流呢?稍后将要证明的最大流最小切割定理告诉我们,一个流是最大流当且仅当其残存网络不包含任何增广路径。为了证明这个定理,首先来探讨一下流网络中的切割概念。

流网络 $G=(V,E)$ 中的一个切割 (S,T) 将结点集合 V 划分为 S 和 $T=V-S$ 两个集合,使得 $s \in S$,$t \in T$。(该定义与第 23 章讨论最小生成树时所定义的"切割"有些类似,只不过这里切

割的是有向图,而不是无向图,并且要求 $s \in S$,$t \in T$。)若 f 是一个流,则定义横跨切割 (S,T) 的**净流量** $f(S,T)$ 如下:

$$f(S,T) = \sum_{u \in S}\sum_{v \in T}f(u,v) - \sum_{u \in S}\sum_{v \in T}f(v,u) \tag{26.9}$$

切割 (S,T) 的**容量**是:

$$c(S,T) = \sum_{u \in S}\sum_{v \in T}c(u,v) \tag{26.10}$$

一个网络的最小切割是整个网络中容量最小的切割。

流的定义和切割容量的定义之间存在着不对称性,但这种不对称性是有意而为,并且很重要。对于容量来说,我们只计算从集合 S 发出进入集合 T 的边的容量,而忽略反方向边上的容量。对于流,我们考虑的则是从 S 到 T 的流量减去从 T 到 S 的反方向的流量。这种区别的原因在本节稍后就会清楚了。

图 26-5 描述的是图 26-1(b)的流网络的一个切割($\{s,v_1,v_2\}$, $\{v_3,v_4,t\}$)。横跨该切割的净流量是

$$f(v_1,v_3) + f(v_2,v_4) - f(v_3,v_2) = 12 + 11 - 4 = 19$$

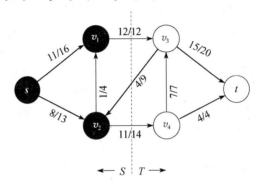

图 26-5 图 26-1(b)中流网络的一个切割 (S,T),其中 $S = \{s,v_1,v_2\}$,$T = \{v_3,v_4,t\}$。S 中的结点是黑色,T 中结点是白色。横跨 (S,T) 的净流量是 $f(S,T) = 19$,容量是 $c(S,T) = 26$

该切割的容量是

$$c(v_1,v_3) + c(v_2,v_4) = 12 + 14 = 26$$

下面的引理将证明对于给定流 f,横跨任何切割的净流量都相同,都等于 $|f|$,即流的值。

引理 26.4 设 f 为流网络 G 的一个流,该流网络的源结点为 s,汇点为 t,设 (S,T) 为流网络 G 的任意切割,则横跨切割 (S,T) 的净流量为 $f(S,T) = |f|$。

证明 对于任意结点 $u \in V-\{s,t\}$,重写流量守恒性质如下:

$$\sum_{v \in V}f(u,v) - \sum_{v \in V}f(v,u) = 0 \tag{26.11}$$

根据式(26.1)对 $|f|$ 的定义,并将式(26.11)左面的项加进来,针对所有结点 $S-\{s\}$ 进行求和,我们得到:

$$|f| = \sum_{v \in V}f(s,v) - \sum_{v \in V}f(v,s) + \sum_{v \in S-\{s\}}\left(\sum_{v \in V}f(u,v) - \sum_{v \in V}f(v,u)\right)$$

将右面的求和项展开并重新组合,可以获得:

$$|f| = \sum_{v \in V}f(s,v) - \sum_{v \in V}f(v,s) + \sum_{v \in S-\{s\}}\sum_{v \in V}f(u,v) - \sum_{v \in S-\{s\}}\sum_{v \in V}f(v,u)$$

$$= \sum_{v \in V}\left(f(s,v) + \sum_{v \in S-\{s\}}f(u,v)\right) - \sum_{v \in V}\left(f(v,s) + \sum_{v \in S-\{s\}}f(v,u)\right)$$

$$= \sum_{v \in V} \sum_{u \in S} f(u,v) - \sum_{v \in V} \sum_{u \in S} f(v,u)$$

因为 $V = S \cup T$ 并且 $S \cap T = \varnothing$，我们可以将上述表达式中针对集合 V 的求和分解为针对 S 和 T 的求和，得到：

$$|f| = \sum_{v \in S} \sum_{u \in S} f(u,v) + \sum_{v \in T} \sum_{u \in S} f(u,v) - \sum_{v \in S} \sum_{u \in S} f(v,u) - \sum_{v \in T} \sum_{u \in S} f(v,u)$$

$$= \sum_{v \in T} \sum_{u \in S} f(u,v) - \sum_{v \in T} \sum_{u \in S} f(v,u)$$

$$+ \Big(\sum_{v \in S} \sum_{u \in S} f(u,v) - \sum_{v \in S} \sum_{u \in S} f(v,u) \Big)$$

因为对于所有的结点 $x, y \in S$，项 $f(x, y)$ 在每个求和项中刚好出现一次，上述表达式括号里面的两个求和项实际上是一样的。因此，这些求和项相互抵消，我们有

$$|f| = \sum_{u \in S} \sum_{v \in T} f(u,v) - \sum_{v \in S} \sum_{u \in T} f(v,u) = f(S,T) \qquad \blacksquare$$

引理 26.4 的一个推论说明如何使用切割容量来限定一个流的值。

推论 26.5 流网络 G 中任意流 f 的值不能超过 G 的任意切割的容量。

证明 设 (S, T) 为流网络 G 的任意切割，设 f 为 G 中的任意流。根据引理 26.4 和容量限制性质，我们有

$$|f| = f(S,T) = \sum_{u \in S} \sum_{v \in T} f(u,v) - \sum_{u \in S} \sum_{v \in T} f(v,u)$$

$$\leqslant \sum_{u \in S} \sum_{v \in T} f(u,v) \leqslant \sum_{u \in S} \sum_{v \in T} c(u,v) = c(S,T) \qquad \blacksquare$$

推论 26.5 给出的一个直接结论是：一个流网络中最大流的值不能超过该网络最小切割的容量。这就是下面要来陈述和证明的非常重要的最大流最小切割定理。该定理表明一个最大流的值事实上等于一个最小切割的容量。

定理 26.6（最大流最小切割定理） 设 f 为流网络 $G = (V, E)$ 中的一个流，该流网络的源结点为 s，汇点为 t，则下面的条件是等价的：

1. f 是 G 的一个最大流。

2. 残存网络 G_f 不包括任何增广路径。

3. $|f| = c(S, T)$，其中 (S, T) 是流网络 G 的某个切割。

证明 (1)⇒(2)：使用反证法。假定 f 是 G 的一个最大流，但残存网络 G_f 同时包含一条增广路径 p。那么根据推论 26.3，对 f 增加流量 f_p（这里的 f_p 由式（26.8）给出）所形成的流是 G 中一个值严格大于 $|f|$ 的流，这与 f 是最大流的假设矛盾。

(2)⇒(3)：假定 G_f 不包含任何增广路径，也就是说，在残存网络 G_f 中不存在任何从源结点 s 到汇点 t 的路径。定义 $S = \{v \in V :$ 在 G_f 中存在一条从 s 到 v 的路径$\}$，$T = V - S$。显然，$s \in S$，而因为 G_f 中不存在从 s 到 t 的路径，所以 $t \notin S$。因此，划分 (S, T) 是流网络 G 的一个切割。现在考虑一对结点 $u \in S$ 和 $v \in T$。如果 $(u, v) \in E$，则必有 $f(u, v) = c(u, v)$，因为否则边 (u, v) 将属于 E_f，而这将把结点 v 置于集合 S 中。如果边 $(v, u) \in E$，则必有 $f(v, u) = 0$，因为否则 $c_f(u, v) = f(v, u)$ 将为正值，边 (u, v) 将属于 E_f，而这将把结点 v 置于集合 S 中。当然，如果边 (u, v) 和边 (v, u) 都不在集合 E 中，则 $f(u, v) = f(v, u) = 0$。因此有

$$f(S,T) = \sum_{u \in S} \sum_{v \in T} f(u,v) - \sum_{v \in T} \sum_{u \in S} f(v,u) = \sum_{u \in S} \sum_{v \in T} c(u,v) - \sum_{v \in T} \sum_{u \in S} 0 = c(S,T)$$

根据引理 26.4，$|f| = f(S, T) = c(S, T)$。

(3)⇒(1)：根据推论 26.5，对于所有切割 (S, T)，$|f| \leqslant c(S, T)$。因此，条件 $|f| = c(S, T)$ 隐含着 f 是一个最大流。 $\blacksquare$

基本的 Ford-Fulkerson 算法

在 Ford-Fulkerson 方法的每次迭代中，寻找某条增广路径 p，然后使用 p 来对流 f 进行修改（增加）。正如引理 26.2 和推论 26.3 所示，我们以 $f \uparrow f_p$ 来替换 f，从而获得一个值为 $|f| + |f_p|$ 的更大的流。在下面的算法实现中，通过为每条边 $(u, v) \in E^\ominus$ 更新流属性 $(u, v).f$ 来计算流网络 $G = (V, E)$ 中的最大流。如果边 $(u, v) \notin E$，则假设 $(u, v).f = 0$。另外，假设流网络的容量 $c(u, v)$ 都已经给出，如果边 $(u, v) \notin E$，则 $c(u, v) = 0$。根据式（26.2）来计算残存容量 $c_f(u, v)$。代码中的表达式 $c_f(p)$ 只是一个临时变量，用来存放路径 p 的残存容量。

FORD-FULKERSON(G, s, t)
1 **for** each edge $(u, v) \in G.E$
2      $(u, v).f = 0$
3 **while** there exists a path p from s to t in the residual network G_f
4      $c_f(p) = \min\{c_f(u, v) : (u, v) \text{ is in } p\}$
5   **for** each edge (u, v) in p
6   **if** $(u, v) \in E$
7              $(u, v).f = (u, v).f + c_f(p)$
8   **else** $(v, u).f = (v, u).f - c_f(p)$

FORD-FULKERSON 算法仅是对早先给出的 FORD-FULKERSON-METHOD 过程的简单扩展。图 26-6 所描述的是一个样本运行过程的每次迭代的结果。算法第 1~2 行将流 f 初始化为 0。算法第 3~8 行的 **while** 循环重复在残存网络 G_f 中寻找一条增广路径 p，然后使用残存容量 $c_f(p)$ 来对路径 p 上的流 f 进行加增。路径 p 上每条残存边要么是原来网络中的一条边，要么是原来网络中的边的反向边。算法第 6~8 行针对每种情况对流进行相应的更新：如果残存边是原来网络中的一条边，则加增流量，否则缩减流量。当不再有增广路径时，流 f 就是最大流。

FORD-FULKERSON 算法的分析

FORD-FULKERSON 算法的运行时间取决于算法第 3 行是如何寻找增广路径的。如果选择不好，算法可能不会终止：流的值会随着后续的递增而增加，但它却不一定收敛于最大的流值[⊖]。如果使用广度优先搜索（请参阅 22.2 节）来寻找增广路径，算法的运行时间将是多项式数量级。在证明该结果前，我们先来为任意选择增广路径的情况获取一个简单的上限，这里假定所选择的任意增广路径和所有的容量都是整数。

在实际情况中，最大流问题中的容量常常是整数。如果容量为有理数，则可以通过乘以某个系数来将其转换为整数。如果 f^* 表示转换后网络中的一个最大流，则在 FORD-FULKERSON 算法的一个直接实现中，执行第 3~8 行的 **while** 循环的次数最多为 $|f^*|$ 次，因为流量值在每次迭代中最少增加一个单位。

如果用来实现流网络 $G = (V, E)$ 的数据结构是合理的，并且寻找一条增广路径的算法时间是线性的，则整个 **while** 循环的执行将非常有效。假设有一个与有向图 $G' = (V, E')$ 相对应的数据结构，这里 $E' = \{(u, v) : (u, v) \in E \text{ 或} (v, u) \in E\}$。网络 G 中的边也是网络 G' 中的边，因此在这一数据结构中，保持其容量和流就非常简单了。给定网络 G 的一个流 f，残存网络 G_f 中的边由网络 G' 中所有满足条件 $c_f(u, v) > 0$ 的边 (u, v) 所构成，其中 c_f 遵守式（26.2）。因此，如果使用深度优先搜索或广度优先搜索，在一个残存网络中找到一条路径的时间应是 $O(V + E') = O(E)$。**while** 循环的每一遍执行所需的时间因此为 $O(E)$，这与算法第 1~2 行的初始化成本一样，从而整个 FORD-FULKERSON 算法的运行时间为 $O(E|f^*|)$。

⊖ 回顾 22.1 节的内容，我们使用同样的方式 $(u, v).f$ 来表示边 (u, v) 的属性 f，就如我们表示任何其他对象的属性一般。
⊖ 只有当边的容量为无理数时，Ford-Fulkerson 方法才有可能不能终止。

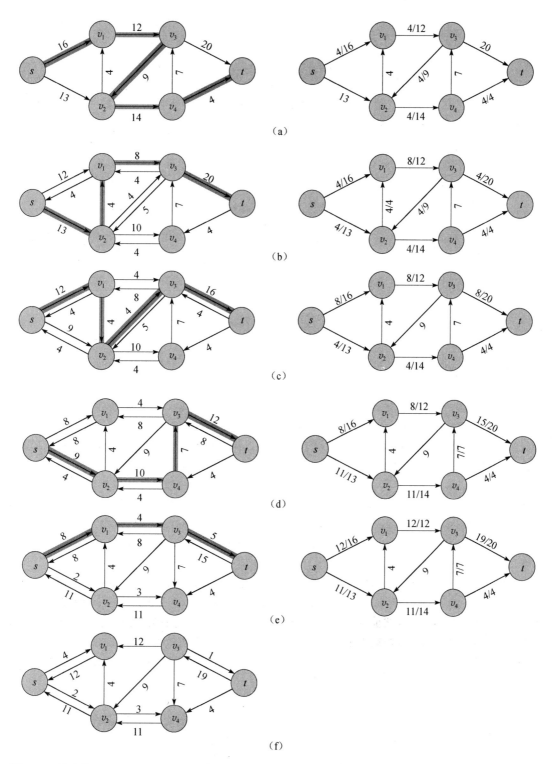

图 26-6 基本的 FORD-FULKERSON 算法的执行过程。（a）～（e）**while** 循环的每遍执行过程。每个图的左边部分描述的是算法第 3 行的残存网络 G_f，覆盖阴影的路径是增广路径 p。右边的图描述的是将流 f 增加 f_p 的量后所形成的新流 f。（a）图中残存网络就是输入网络 G。（f）在最后一次 **while** 循环测试时的残存网络。该网络没有增广路径，因此（e）图所显示的流 f 已经是最大流。在本例中，算法所发现的最大流的值为 23

当容量都是整数值且最优的流量值$|f^*|$较小时，FORD-FULKERSON算法的运行时间相当不错。图26-7(a)描述的是当$|f^*|$的取值较大时可能发生的情况。该网络的一个最大流取值为2 000 000：1 000 000 单位的流量流经路径$s{\rightarrow}u{\rightarrow}t$，另外 1 000 000 单位的流量流经路径 $s{\rightarrow}v{\rightarrow}t$。如果 FORD-FULKERSON 算法找到的第一条增广路径为 $s{\rightarrow}u{\rightarrow}v{\rightarrow}t$，如图26-7(a)所示，则在第一次迭代后，流的值为1。这样产生的残存网络如图26-7(b)所示，然后流的值将为2。图26-7(c)描述的是结果残存网络。在每个奇数次迭代中，选择增广路径$s{\rightarrow}u{\rightarrow}v{\rightarrow}t$，在每个偶数次迭代中，选择增广路径$s{\rightarrow}v{\rightarrow}u{\rightarrow}t$，并如此继续下去。这样将一共执行 2 000 000 次递增操作，每次将流量增加1个单位。

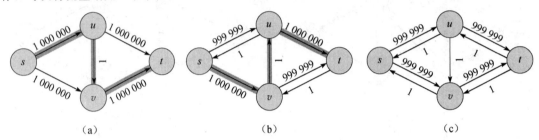

图26-7　(a)一个流网络，FORD-FULKERSON 算法运行的时间为$\Theta(E|f^*|)$，其中 f^* 是一个最大流，在本图中 $|f^*|=2\ 000\ 000$。覆盖阴影的路径是增广路径，其残存容量为1。(b)结果残存网络，增广路径不同于(a)部分的增广路径，但容量仍然为1。(c)结果残存网络

Edmonds-Karp 算法

我们可以通过在算法第3行寻找增广路径的操作中使用广度优先搜索来改善 FORD-FULKERSON 算法的效率。也就是说，我们在残存网络中选择的增广路径是一条从源结点 s 到汇点 t 的最短路径，其中每条边的权重为单位距离。我们称如此实现的 Ford-Fulkerson 方法为 **Edmonds-Karp 算法**。现在来证明 Edmonds-Karp 算法的运行时间为 $O(VE^2)$。

我们的分析取决于残存网络 G_f 中结点之间的距离。下面的引理使用符号 $\delta_f(u, v)$ 来表示残存网络 G_f 中从结点 u 到结点 v 的最短路径距离，其中每条边的权重为单位距离。

引理 26.7　如果 Edmonds-Karp 算法运行在流网络 $G=(V, E)$ 上，该网络的源结点为 s 汇点为 t，则对于所有的结点 $v\in V-\{s, t\}$，残存网络 G_f 中的最短路径距离 $\delta_f(s, v)$ 随着每次流量的递增而单调递增。

证明　我们的证明思路是，对于某个结点 $v\in V-\{s, t\}$，存在一个流量递增操作，导致从源结点 s 到结点 v 的最短路径距离减少，然后以此来导出一个矛盾。设 f 是在第一个导致某条最短路径距离减少的流量递增操作之前的流量，设 f' 为该流量递增操作之后的流量。设 v 为所有在递增操作中最短路径距离被减少的结点中，$\delta_{f'}(s, v)$ 最小的结点，因此，$\delta_{f'}(s, v)<\delta_f(s, v)$。设 $p=s{\leadsto}u{\rightarrow}v$ 为残存网络 $G_{f'}$ 中从源结点 s 到结点 v 的一条最短路径，因此，$(u, v)\in E_{f'}$，并且

$$\delta_{f'}(s, u) = \delta_{f'}(s, v) - 1 \tag{26.12}$$

因为无论怎样选择结点 v，我们知道从源结点 s 到结点 u 的距离并没有减少，即

$$\delta_{f'}(s, u) \geqslant \delta_f(s, u) \tag{26.13}$$

我们断言$(u, v)\notin E_f$，为什么呢？如果有$(u, v)\in E_f$，则有

$$\delta_f(s, v) \leqslant \delta_f(s, u) + 1 \quad （根据引理 24.10 的三角不等式）$$
$$\leqslant \delta_{f'}(s, u) + 1 \quad （根据不等式(26.13)）$$
$$= \delta_{f'}(s, v) \quad （根据等式(26.12)）$$

而上述结果与我们的假设 $\delta_{f'}(s, v)<\delta_f(s, v)$ 相矛盾。

如何才能有$(u, v)\notin E_f$ 且$(u, v)\in E_{f'}$？递增操作必定增加从结点 v 到结点 u 的流量。

Edmonds-Karp 算法总是沿最短路径来增加流，因此，残存网络 G_f 中从源结点 s 到结点 u 的最短路径上的最后一条边是 (v, u)。因此，

$$\delta_f(s, v) = \delta_f(s, u) - 1$$
$$\leqslant \delta_{f'}(s, u) - 1 \quad (\text{根据不等式}(26.13))$$
$$= \delta_{f'}(s, v) - 2 \quad (\text{根据等式}(26.12))$$

这与我们的假设 $\delta_{f'}(s, v) < \delta_f(s, v)$ 相矛盾。因此可以得出结论，我们关于存在这样一个结点 v 的假设是不正确的。■

下面的定理给出了 Edmonds-Karp 算法的迭代次数的上界。

定理 26.8 如果 Edmonds-Karp 算法运行在源结点为 s 汇点为 t 的流网络 $G = (V, E)$ 上，则该算法所执行的流量递增操作的总次数为 $O(VE)$。

证明 在残存网络 G_f 中，如果一条路径 p 的残存容量是该条路径上边 (u, v) 的残存容量，也就是说，如果 $c_f(p) = c_f(u, v)$，则称边 (u, v) 为增广路径 p 上的**关键边**。在沿一条增广路径增加流后，处于该条路径上的所有关键边都将从残存网络中消失。而且，任何一条增广路径上都至少存在一条关键边。我们将证明，对于 $|E|$ 中的每条边来说，其成为关键边的次数最多为 $|V|/2$ 次。

设 u 和 v 为集合 V 中的结点，这两个结点由 E 中的一条边连接在一起。由于增广路径都是最短路径，当边 (u, v) 第一次成为关键边时，我们有

$$\delta_f(s, v) = \delta_f(s, u) + 1$$

一旦对流进行增加后，边 (u, v) 就从残存网络中消失。以后，也不能重新出现在另一条增广路径上，直到从 u 到 v 的网络流减小后为止，并且只有当 (u, v) 出现在增广路径上时，这种情况才会发生。如果当这一事件发生时 f' 是 G 的流，则有

$$\delta_{f'}(s, u) = \delta_{f'}(s, v) + 1$$

由于根据引理 26.7，$\delta_f(s, v) \leqslant \delta_{f'}(s, v)$，因此有

$$\delta_{f'}(s, u) = \delta_{f'}(s, v) + 1 \geqslant \delta_f(s, v) + 1 = \delta_f(s, u) + 2$$

因此，从边 (u, v) 成为关键边到下一次再成为关键边，从源结点 s 到结点 u 的距离至少增加 2 个单位，而从源结点 s 到结点 u 的最初距离至少为 0，从 s 到 u 的最短路径上的中间结点中不可能包括结点 s、u 或者 t（因为边 (u, v) 处于一条增广路径上意味着 $u \neq t$）。因此，一直到结点 u 成为不可到达的结点前，其距离最多为 $|V| - 2$。因此，在边 (u, v) 第一次成为关键边时，它还可以至多再成为关键边 $(|V| - 2)/2 = |V|/2 - 1$ 次，即边 (u, v) 成为关键边的总次数为 $|V|/2$。由于一共有 $O(E)$ 对结点可以在一个残存网络中有边连接彼此，因此在 Edmonds-Karp 算法执行的全部过程中，关键边的总数为 $O(VE)$。每条增广路径至少有一条关键边，因此定理成立。■

由于在用广度优先搜索寻找增广路径时，FORD-FULKERSON 中的每次迭代可以在 $O(E)$ 时间内实现，所以 Edmonds-Karp 算法的总运行时间为 $O(VE^2)$。我们在后面将看到，推送-重贴标签算法能够取得更好的界。26.4 节给出了一个时间复杂度为 $O(V^2E)$ 的最大流算法，该算法是 26.5 节所讨论的 $O(V^3)$ 算法的基础。

练习

26.2-1 证明式 (26.6) 中的和值等于式 (26.7) 中的和值。

26.2-2 在图 26-1(b) 中，横跨切割 $(\{s, v_2, v_4\}, \{v_1, v_3, t\})$ 的流是多少？该切割的容量又是多少？

26.2-3 在图 26-1(a) 所示的流网络上演示 Edmonds-Karp 算法的执行过程。

26.2-4 在图 26-6 的例子中，对应图中所示最大流的最小切割是什么？在例子中出现的增广路

径里，哪一条路径抵消了先前被传输的流？

26.2-5 在26.1节中，我们通过增加具有无限容量的边，把一个多源结点多汇点的流网络转换为单源结点单汇点的流网络。证明：如果原来的多源结点多汇点网络的容量是有限的，则转换后的结果网络中任何一个流的值都是有限值。

26.2-6 假定在一个多源结点多汇点的流网络中，每个源结点 s_i 生产出恰好 p_i 个单位的流，因此，$\sum_{v \in V} f(s_i, v) = p_i$。假定每个汇点 t_j 消费恰好 q_j 个单位的流，因此 $\sum_{v \in V} f(v, t_j) = q_j$，其中 $\sum_i p_i = \sum_j q_j$。说明如何把寻找一个满足这些额外条件的流 f 的问题，转换为在一个单源结点单汇点的流网络中寻找最大流的问题。

26.2-7 证明引理 26.2。

26.2-8 假定我们对残存网络进行重新定义，禁止一切进入源结点 s 的边。证明：FORD-FULKERSON 算法仍然能够正确计算出最大流。

26.2-9 假定 f 和 f' 都是流网络 G 中的流，计算流 $f \uparrow f'$。加增后的流满足流量守恒性质吗？满足容量限制吗？

26.2-10 说明在流网络 $G=(V, E)$ 中，如何使用一个最多包含 $|E|$ 条增广路径的序列来找到一个最大流。（提示：找到最大流后再确定路径。）

26.2-11 无向图的**边连通性**是指使图变为非连通图所需要删除的最少边数 k。例如，树的边连通性为 1，所有结点形成的环路的边连通性为 2。请说明如何在最多 $|V|$ 个流网络上运行最大流算法来确定无向图 $G=(V, E)$ 的边连通性，这里的每个流网络的结点数为 $O(V)$，边的条数为 $O(E)$。

26.2-12 给定一个流网络 G，G 中包含进入源结点 s 的边。设 f 为网络 G 中的一个流，在该流中，其中一条进入源结点的边 (v, s) 有 $f(v, s) = 1$。证明：图 G 中必存在另一个流 f'，满足 $f'(v, s) = 0$，使得 $|f| = |f'|$。给出一个 $O(E)$ 时间复杂度的算法来在给定流 f 的情况下计算 f'，这里假定所有边的容量都是整数值。

26.2-13 假定我们希望找到一个流网络 G 的所有最小切割中包含边的条数最少的切割，这里假定 G 的所有容量都是整数值。说明如何修改 G 的容量来创建一个新的流网络 G'，使得 G' 中的任意一个最小切割是 G 中包含边的条数最少的最小切割。

26.3 最大二分匹配

    一些组合问题可以很容易地表述为最大流问题。26.1节所讨论的多源结点多汇点最大流问题就是一个例子。其他一些组合问题在表面上看似乎与流网络没有多少关系，但实际上却能够归约到最大流问题。本节就来讨论这样的一个问题：在一个二分图中找出一个最大匹配。为了解决这个问题，我们将用到由 Ford-Fulkerson 方法所提供的完整性性质（integrality property）。我们将看到如何使用 Ford-Fulkerson 方法在 $O(VE)$ 时间内来解决图 $G=(V, E)$ 的最大二分匹配问题。

最大二分匹配问题

    给定一个无向图 $G=(V, E)$，一个**匹配**是边的一个子集 $M \subseteq E$，使得对于所有结点 $v \in V$，子集 M 中最多有一条边与结点 v 相连。如果子集 M 中的某条边与结点 v 相连，则称结点 v 由 M 所**匹配**；否则，结点 v 就是**没有匹配**的。**最大匹配**是最大基数的匹配，也就是说，对于任意匹配 M'，有 $|M| \geq |M'|$ 的匹配 M。在本节的讨论中，我们将注意力集中在寻找二分图的最大匹配上。在一个二分图中，结点集合可以划分为 $V = L \cup R$，其中 L 和 R 是不相交的，并且边集合 E 中所有的边都横跨 L 和 R。进一步假定结点集合 V 中的每个结点至少有一条边。图 26-8 描述的是二分图中匹配的概念。

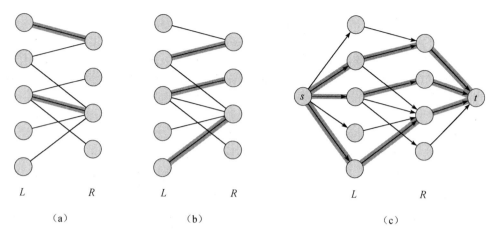

图 26-8 一个二分图 $G=(V, E)$，结点集划分为 $V=L \cup R$。(a)基数为 2 的匹配，由覆盖阴影的边所表示。(b)基数为 3 的最大匹配。(c)对应的流网络 G'，图中显示的是最大流。每条边的容量为单位容量。覆盖阴影的边的流量为 1，其他所有的边没有流量。从子集 L 指向子集 R 的覆盖阴影的边对应的是图(b)中最大匹配所用到的边

在二分图中寻找最大匹配问题有着许多的实际应用。例如，把一个机器集合 L 和要同时执行的任务集合 R 相匹配。E 中有边 (u, v) 就说明一台特定的机器 $u \in L$ 能够完成一项特定的任务 $v \in R$。最大匹配能够让尽可能多的机器运行起来。

寻找最大二分匹配

使用 Ford-Fulkerson 方法可以在关于 $|V|$ 和 $|E|$ 的多项式时间内，找出无向二分图 $G=(V, E)$ 的最大匹配。解决这一问题的关键技巧是构建一个流网络，其中的流对应于匹配，如图 26-8(c)所示。我们将二分图 G 所对应的流网络 $G'=(V', E')$ 定义如下：设源结点 s 和汇点 t 为不属于结点集 V 的新结点，并设 $V'=V \cup \{s, t\}$。如果图 G 的结点集划分为 $V=L \cup R$，则 E 中从 L 指向 R 的边都是流网络 G' 的边。此外，G' 中的边还包括如下的 $|V|$ 条新有向边：

$$E' = \{(s, u) : u \in L\} \cup \{(u, v) : (u, v) \in E\} \cup \{(v, t) : v \in R\}$$

要完成流网络的构建，需要给 E' 中的每条边赋予单位容量。由于结点集 V 中的每个结点至少有一条相连的边，$|E| \geqslant |V|/2$。因此，$|E| \leqslant |E'| = |E| + |V| \leqslant 3|E|$，所以 $|E'| = \Theta(E)$。

下面的引理证明了图 G 中的一个匹配直接对应 G 所对应的流网络 G' 中的一个流。对于流网络 $G=(V, E)$ 中的一个流 f 来说，如果对于所有的边 $(u, v) \in V \times V$，$f(u, v)$ 都是整数值，则称流 f 是**整数值**的。

引理 26.9 设 $G=(V, E)$ 为一个二分图，其结点划分为 $V=L \cup R$，设 $G'=(V', E')$ 是图 G 所对应的流网络。如果 M 是 G 中的一个匹配，则流网络 G' 中存在一个整数值的流 f，使得 $|f| = |M|$。相反，如果 f 是 G' 中的一个整数值的流，则 G 中存在一个匹配 M，使得 $|M| = |f|$。

证明 首先证明图 G 中的一个匹配 M 对应流网络 G' 中一个整数值的流 f。定义流 f 如下：如果边 $(u, v) \in M$，则 $f(s, u) = f(u, v) = f(v, t) = 1$。对于所有其他属于 E' 的边 (u, v)，定义 $f(u, v) = 0$。读者可以很容易地验证这样所定义的流 f 满足容量限制和流量守恒性质。

从直观上看，每条边 $(u, v) \in M$ 对应流网络 G' 中流经路径 $s \rightarrow u \rightarrow v \rightarrow t$ 的一个单位的流。而且，除了源结点 s 和汇点 t 之外，由子集 M 中的边所诱导的路径都是结点不相交的[○]。横跨切割 $(L \cup \{s\}, R \cup \{t\})$ 的净流量等于 $|M|$。因此，根据引理 26.4，流 f 的值为 $|f| = |M|$。

要证明反向的论断，设 f 为 G' 中的一个整数值的流，并设

732 ~ 733

[○] 除 s 和 t 之外，两条不同的路径中不存在相同的结点。——译者注

$$M = \{(u,v):u \in L, v \in R, 并且 f(u,v) > 0\}$$

每个结点 $u \in L$ 只有一条进入的边，即 (s, u)，其容量为 1。因此，每个结点 $u \in L$ 至多有 1 个单位的流进入，而如果有 1 个单位的流进入，根据流量守恒性质，离开该结点的流也必须有 1 个单位。此外，由于 f 是整数值的流，对于每个结点 $u \in L$，流入的这 1 个单位的流只能最多从一条边进入，也只能最多从一条边流出。因此，1 个单位的流进入结点 u 当且仅当恰好存在一个结点 $v \in R$，使得 $f(u, v) = 1$，并且在离开每个结点 $u \in L$ 的边中至多有一条出边带有正值的流。对每个结点 $v \in R$ 也有一个对称的结论。因此，集合 M 是一个匹配。

要证明 $|M| = |f|$，只要注意到对于每个匹配的结点 $u \in L$，有 $f(s, u) = 1$，并且对于每条边 $(u, v) \in E - M$，有 $f(u, v) = 0$。因此，横跨切割 $(L \cup \{s\}, R \cup \{t\})$ 的净流量 $f(L \cup \{s\}, R \cup \{t\})$ 等于 $|M|$。因此，根据引理 26.4，流的值为 $|f| = |M|$。　■

基于引理 26.9，我们希望得出结论，二分图 G 中的一个最大匹配对应于流网络 G' 中的一个最大流，并且，因此可以通过在对应流网络 G' 上运行一个最大流算法来计算图 G 中的最大匹配。这一推理过程中存在的唯一障碍是最大流算法可能返回流网络 G' 中一个非整数的流 $f(u, v)$，即使流的值 $|f|$ 本身必须是整数。不过，下面的定理将说明，如果使用 Ford-Fulkerson 方法，则这个问题不会发生。

定理 26.10（完整性定理）　如果容量函数 c 只能取整数值，则 Ford-Fulkerson 方法所生成的最大流 f 满足 $|f|$ 是整数值的性质。而且，对于所有的结点 u 和 v，$f(u, v)$ 的值都是整数。

734　**证明**　通过对迭代次数进行归纳来进行证明，具体证明留作练习 26.3-2。　■

下面来证明引理 26.9 的一个推论。

推论 26.11　二分图 G 中的一个最大匹配 M 的基数等于其对应的流网络 G' 中某一最大流 f 的值。

证明　下面的证明使用引理 26.9 中的术语。假定 M 是图 G 中的一个最大匹配，且其相应的流网络 G' 中的流 f 不是最大流。那么 G' 中存在一个最大流 f'，满足 $|f'| > |f|$。由于 G' 的容量都是整数值，因此，根据定理 26.10，可以假设 f' 是整数值。因此，f' 对应 G 中的一个匹配 M'，且其基数为 $|M'| = |f'| > |f| = |M|$，这与 M 是最大匹配这一假设相矛盾。用类似的方法可以证明：如果 f 是 G' 中的一个最大流，则其对应的匹配是 G 的一个最大匹配。　■

因此，给定一个二分无向图 G，可以通过创建流网络 G'，在其上运行 Ford-Fulkerson 方法来找到一个最大匹配。这个最大匹配 M 可以直接从找到的整数最大流 f 获得。由于二分图中的任何匹配的基数的最大值为 $\min(L, R) = O(V)$，G' 中的最大流的值为 $O(V)$。因此，可以在 $O(VE') = O(VE)$ 时间内找到一个二分图的最大匹配，因为 $|E'| = \Theta(E)$。

练习

26.3-1　在图 26-8(c) 上运行 Ford-Fulkerson 算法，给出每次流量递增后的残存网络。将集合 L 中的结点从上至下编号 1～5，集合 R 中的结点从上至下编号 6～9。对于每次迭代，选择字典次序最小的增广路径。

26.3-2　证明定理 26.10。

26.3-3　设 $G = (V, E)$ 是一个二分图，其结点划分为 $V = L \cup R$，设 $G' = (V', E')$ 为其对应的流网络。在 FORD-FULKERSON 执行过程中，对 G' 中找出的任意增广路径的长度给出一个适当的上界。

*26.3-4　**完全匹配**是指图中所有结点都得到匹配的匹配。设 $G = (V, E)$ 是结点划分为 $V = L \cup R$ 的无向二分图，其中 $|L| = |R|$。对于任意 $X \subseteq V$，定义 X 的**邻居**为：

$$N(X) = \{y \in V: 对某个 x \in X, (x, y) \in E\}$$

即由与 X 的某元素相邻的结点所构成的集合。请证明 Hall 定理：图 G 中存在一个完全

735　匹配当且仅当对于每个子集 $A \subseteq L$，有 $|A| \leqslant |N(A)|$。

⋆26.3-5 对于一个结点划分为 $V = L \cup R$ 的二分图 $G = (V, E)$ 来说，如果每个属于结点集合 V 的结点 v 的度数正好是 d，则称该二分图为 **d 正则**的。对于每个 d 正则的二分图，都有 $|L| = |R|$。证明：每个 d 正则二分图的匹配基数都是 $|L|$。（提示：证明对应的流网络的一个最小切割的容量为 $|L|$。）

⋆26.4 推送-重贴标签算法

在本节，我们讨论用来计算最大流的"推送-重贴标签"方法。到目前为止，许多渐近效率很高的最大流算法都是推送-重贴标签算法，最大流算法的最快实现也是基于推送-重贴标签方法。推送-重贴标签方法还能有效地解决其他流问题，如最小成本流问题。在本节的讨论中，我们将引入 Goldberg 的"通用"最大流算法，该算法有一个非常简单的实现，其运行时间为 $O(V^2 E)$，这个时间是对 Edmonds-Karp 算法的 $O(VE^2)$ 时间的一种改进。26.5 节将对通用算法进行调优，从而获得另一个运行时间为 $O(V^3)$ 的推送-重贴标签算法。

推送-重贴标签算法比 Ford-Fulkerson 方法的局域性更强。它不是对整个残存网络进行检查，然后选择一条增广路径，而是一个结点一个结点地进行查看，每一步只检查当前结点的邻结点。而且，与 Ford-Fulkerson 方法不同，推送-重贴标签算法并不在整个执行过程中保持流量守恒性质。不过，在执行过程中，推送-重贴标签算法却维持一个**预流**（preflow），该预流是一个 $V \times V \to \mathbf{R}$ 的函数 f，该函数满足容量限制性质和下面弱化了的流量守恒性质：对于所有的结点 $u \in V - \{s\}$，

$$\sum_{v \in V} f(v, u) - \sum_{v \in V} f(u, v) \geqslant 0$$

即进入一个结点的流可以超过流出该结点的流。我们称下面的量

$$e(u) = \sum_{v \in V} f(v, u) - \sum_{v \in V} f(u, v) \tag{26.14}$$

为进入结点 u 的**超额流**（excess flow）。一个结点的超额流是进入该结点的流超过流出该结点的流的部分。如果对于结点 $u \in V - \{s, t\}$，有 $e(u) > 0$，则称结点 u **溢出**（overflowing）。

我们将先描述推送-重贴标签方法后面的直觉思想。然后再讨论该方法所使用的两个操作："推送"预流和对结点进行"重贴标签"。最后，我们将给出一个一般的推送-重贴标签算法并分析其正确性和运行时间。

直观思想

我们可以通过观察液体流动的过程来理解推送-重贴标签方法所包含的直观思想：考虑一个流网络 $G = (V, E)$，我们可以将其看做是一个具有给定容量的、由相互连通的管道所构成的系统。如果将这个比喻应用到 Ford-Fulkerson 方法上，可以说网络中的每条增广路径均引发出一条无分支点、从源结点流向汇点的额外液体流。

Ford-Fulkerson 方法以迭代的方式加入更多的流，直到不能再加入时为止。

从直观上来看，一般的推送-重贴标签算法的思想在某种程度上来说有所不同。跟以前一样，有向边代表管道。但作为管道连通点的结点有两个有趣的性质。首先，为了容纳额外的流，每个结点有一个往外流的管道，通向一个任意大的可以累积这些液体的水库。其次，每个结点、其水库及其所有的管道连接点位于同一个平台上，该平台的高度随着算法的推进而增加。

结点的高度决定了流的推送方向：我们只从高处往低处推送流，也就是说，流只能从一个高度较高的结点向高度较低的结点推送。虽然从低结点到高结点的流可能是正的，但推送流的操作只向低处推送。我们将源结点的高度固定在 $|V|$，而汇点的高度固定在 0。所有其他结点的高度在初始时也都是 0，但将随着时间的推移不断增加。该算法首先从源结点往下发送尽可能多的流到汇点。其发送的量为源结点所发出的所有管道的容量之和；也就是说，它发送的容量为切割 $(s, V - \{s\})$ 的容量。当流进入一个中间结点时，它们被收集在该结点的水库中。从这里，我们最终将把它们向下面的结点推送。

736

我们可能发现，离开结点 u 的唯一没有充满流的管道通向的是一个与结点 u 处于同一个高度的结点或者比结点 u 更高的结点。在这种情况下，要消除溢出结点 u 的超额流量，必须增加该结点的高度，这就是所谓的"重贴标签"结点 u 的操作。我们将结点 u 的高度增加到比其最低的邻结点的高度多 1 个单位的高度，这里要求结点 u 到该邻结点的管道必须未被充满。因此，在一个结点被重贴标签后，它将至少有一个流出管道，并且可以通过它推送更多的流。

最终，所有可能到达汇点的流都已经到达汇点。因为所有管道都遵守容量限制性质，不能接受更多的流了。横跨任何切割的流量仍然由切割的容量所限制。为了让预流成为一个"合法"的流，本算法通过继续对结点进行重贴标签操作，使其高度高于源结点的高度 $|V|$，把收集在溢出结点的水库中的超额流量发送回源结点，正如我们将看到的，一旦所有的水库都为空，预流则不但是"合法"的流，而且还是一个最大流。

基本操作

根据前面的讨论，我们看到推送-重贴标签算法执行的基本操作有两个：从一个结点将超额的流推送到一个邻结点；对一个结点进行重贴标签操作(改变该结点的高度)。这些操作适用的场景依赖于结点的高度，下面我们就来给出结点高度的准确定义。

设 $G=(V, E)$ 是一个源结点为 s 汇点为 t 的流网络，设 f 为 G 的一个预流。如果函数 h：$V \rightarrow \mathbf{N}$ 满足 $h(s)=|V|$，$h(t)=0$，并且对于所有的边 $(u, v) \in E_f$，有 $h(u) \leqslant h(v)+1$，则 h 是一个**高度函数**[⊖]。

根据上面的定义，我们立即获得下面的引理。

引理 26.12 设 $G=(V, E)$ 为一个流网络，设 f 为 G 的预流，设 h 为 V 上的高度函数。对于任意两个结点 u，$v \in V$，如果 $h(u)>h(v)+1$，则 (u, v) 不是残存网络中的一条边。

推送操作

如果结点 u 是一个溢出结点，$c_f(u, v)>0$，并且 $h(u)=h(v)+1$，则基本操作 PUSH(u, v) 适用于结点 u 和 v。下面的伪代码所执行的任务是对预流 f 和 u、v 两个结点的超额流进行更新。该伪代码假设可以在给定 c 和 f 的情况下，在常数时间内计算出残存容量 $c_f(u, v)$。我们将存放在结点 u 上的超额流保存在属性 $u.e$ 上，将 u 的高度保存在属性 $u.h$ 中。表达式 $\Delta_f(u, v)$ 是一个临时变量，用来存放可以从结点 u 推送到结点 v 的流。

```
PUSH(u,v)
1  // Applies when: u is overflowing, c_f(u,v)>0, and u.h=v.h+1.
2  // Action: Push Δ_f(u,v)=min(u.e, c_f(u,v)) units of flow from u to v.
3    Δ_f(u,v)=min(u.e, c_f(u,v))
4    if(u,v)∈E
5      (u,v).f=(u,v).f+Δ_f(u,v)
6    else(v,u).f=(v,u).f-Δ_f(u,v)
7    u.e=u.e-Δ_f(u,v)
8    v.e=v.e+Δ_f(u,v)
```

PUSH 代码的工作原理如下。因为结点 u 有一个正的超额流 $u.e$，且边 (u, v) 的残存容量也是正值，所以可以增加从结点 u 流向结点 v 的流，增加的幅度为 $\Delta_f(u, v)=\min(u.e, c_f(u, v))$，这种幅度的流增加不会导致 $u.e$ 成为负值或者容量 $c(u, v)$ 被突破。算法第 3 行计算的是值 $\Delta_f(u, v)$，第 4～6 行负责对流 f 进行更新。算法第 5 行增加边 (u, v) 上的流，因为我们在将流推向一条也是原始边的残存边。第 6 行将边 (v, u) 上的流量进行缩减，因为该残存边实际上是原始网络中一条

⊖ 在文献中，高度函数也通常称为"距离函数"，一个结点的高度也称为"距离标签"。本书使用"高度"这个术语的原因是其更能揭示算法背后的直观思想。我们保留了"重贴标签"这个术语，用来代表增加一个结点高度的操作。一个结点的高度与其离汇点 t 的距离相关，正如在转置图 G^T 的一个广度优先搜索操作中所找到的。

边的反向边。最后，算法的第 7~8 行更新进入结点 u 和 v 的超额流。因此，如果在 PUSH 调用前 f 是预流，则在 PUSH 操作后，f 仍然是预流。

注意，虽然 PUSH 代码中没有什么操作依赖于结点 u 和结点 v 的高度，但是仍然限定该操作只能在满足条件 $u.h = v.h + 1$ 的情况下被调用。因此，我们只将超额流向高度差为 1 的下层结点推送。根据引理 26.12，在高度相差超过 1 的两个结点之间不存在残存边，因此，只要属性 h 确实是一个高度函数，向高度差超过 1 的下层结点推送流不能给我们带来任何价值。

我们称操作 PUSH(u, v) 为从结点 u 到结点 v 的一个推送操作。如果一个推送操作适用于某条从结点 u 发出的边 (u, v)，则称推送操作适用于结点 u。如果在该操作后，残存网络中的边 (u, v) 达到**饱和状态**（即在操作之后有 $c_f(u, v) = 0$），则该推送操作称为**饱和推送**；否则，该推送操作称为**非饱和推送**。如果一条边达到饱和状态，它将从残存网络中消失。下面的简单引理说明了非饱和推送所导致的一种结果。

引理 26.13 在从结点 u 到结点 v 的一个非饱和推送操作后，结点 u 将不再溢出。

证明 由于推送操作为非饱和操作，被推送的实际流量 $\Delta_f(u, v)$ 在推送操作前必定等于 $u.e$。由于 $u.e$ 被缩减的量就是这个量自身，因此，$u.e$ 在推送操作后的值将为 0。 ■

重贴标签操作

如果结点 u 溢出，并且对于所有的边 $(u, v) \in E_f$，有 $u.h \leqslant v.h$，则基本操作 RELABEL(u) 适用于结点 u。换句话说，我们可以对一个溢出结点进行重贴标签的操作。对于每个结点 v，如果存在从结点 u 到结点 v 的残存容量，但却因为结点 v 不在结点 u 的下方，而不能将流从 u 推送到 v，我们就可以对溢出结点 u 进行重贴标签操作。（回忆前面讨论的内容，根据定义，源结点 s 和汇点 t 都不可能溢出，因此 s 和 t 没有资格被重贴标签。）

```
RELABEL(u)
1  // Applies when: u is overflowing and for all v∈V such that(u,v)∈E_f,
        we have u. h≤v. h.
2  // Action:Increase the height of u.
3  u. h=1+min{v. h:(u,v)∈E_f}
```

当调用操作 RELABEL(u) 时，我们称结点 u 被重贴标签。注意，当结点 u 被重贴标签时，E_f 必须包含至少一条从结点 u 发出的边，这样将使得代码中的求最小值操作所针对的对象不是一个空集。这条性质可以从结点 u 是一个溢出结点的假设推导出来，而这又会进一步告诉我们：

$$u.e = \sum_{v \in V} f(v, u) - \sum_{v \in V} f(u, v) > 0$$

由于所有的流都是非负的，因此，必然至少有一个结点 v，使得 $(v, u).f > 0$。但是，$c_f(u, v) > 0$ 则意味着 $(u, v) \in E_f$。因此，操作 RELABEL(u) 给结点 u 所赋予的高度是高度函数所能允许的最大高度。

通用算法

通用的推送-重贴标签算法使用下面的子程序来在流网络中创建一个初始的预流：

```
INITIALIZE-PREFLOW(G,s)
1  for each vertexv∈G. V
2      v. h=0
3      v. e=0
4  for each edge(u,v)∈G. E
5      (u,v). f=0
6  s. h=│G. V│
7  for each vertexv∈s. Adj
```

```
8       (s,v).f=c(s,v)
9       v.e=c(s,v)
10      s.e=s.e-c(s,v)
```

INITIALIZE-PREFLOW 创建一个由下面公式定义的预流 f:

$$(u,v).f = \begin{cases} c(u,v) & \text{若 } u = s \\ 0 & \text{其他} \end{cases} \qquad (26.15)$$

也就是说,我们将从源结点 s 发出的所有边都充满流,而其他边上都没有流。对于每个与源结点 s 相邻的结点 v,一开始有 $v.e=c(s, v)$,并且将 $s.e$ 初始化为所有这些容量之和的相反数。该通用算法的初始高度函数由下面公式定义:

$$u.h = \begin{cases} |V| & \text{若 } u = s \\ 0 & \text{其他} \end{cases} \qquad (26.16)$$

式(26.16)所定义的是一个高度函数,因为满足条件 $u.h > v.h+1$ 的边 (u, v) 全都是那些满足条件 $u=s$ 的边,并且这些边都已经达到饱和状态,这就意味着这些边不在残存网络中。

先进行初始化,然后按非特定次序执行一个序列的推送和重贴标签操作,就能得出 GENERIC-PUSH-RELABEL 算法:

GENERIC-PUSH-RELABEL(G)
1   INITIALIZE-PREFLOW(G,s)
2   **while** there exists an applicable push or relabel operation
3   select an applicable push or relabel operation and perform it

下面的引理说明,只要存在溢出结点,两种基本操作就至少一种可以应用到该溢出结点上。

引理 26.14(可以对溢出结点执行推送或重贴标签操作) 设 $G=(V, E)$ 是一个源结点为 s 汇点为 t 的流网络,设 f 为一个预流,h 为 f 的任意高度函数。如果 u 是一个溢出结点,则要么可以对结点 u 执行推送操作,要么可以对其执行重贴标签操作。

证明 对于任意残存边 (u, v),有 $h(u) \leqslant h(v)+1$,因为 h 是一个高度函数。如果推送操作不适用于溢出结点 u,则对于所有的残存边 (u, v),必定有 $h(u) < h(v)+1$,而这意味着 $h(u) \leqslant h(v)$。因此,重贴标签操作必定适用于结点 u。 ■

推送-重贴标签方法的正确性

为了证明通用的推送-重贴标签算法解决了最大流问题,下面将首先证明如果该算法终止,预流 f 就是一个最大流。我们稍后再来证明该算法必将终止。下面首先来关注高度函数 h。

引理 26.15(结点高度从来不会降低) 在一个流网络 $G=(V, E)$ 上执行 GENERIC-PUSH-RELABEL 算法的过程中,对于每个结点 $u \in V$,其高度 $v.h$ 从来不会减少。而且,每当一个重贴标签操作应用到结点 u 上时,其高度 $u.h$ 至少增加 1 个单位。

证明 因为结点高度只在重贴标签操作时发生改变,所以只需要证明引理的第二个论断即可。如果将要对结点 u 进行重贴标签操作,则对于所有的结点 v,如果 $(u, v) \in E_f$,那么有 $u.h \leqslant v.h$。因此,$u.h < 1+\min\{v.h : (u, v) \in E_f\}$,所以该操作必定增加 $u.h$ 的值。 ■

引理 26.16 设 $G=(V, E)$ 是一个源结点为 s 汇点为 t 的流网络,则 GENERIC-PUSH-RELABEL 算法在 G 上执行的过程中,将维持属性 h 作为一个高度函数。

证明 通过对所执行的基本操作的次数进行归纳来予以证明。在初始状态时,h 是一个高度函数,正如我们已经观察到的。

我们断言:如果 h 是一个高度函数,则 RELABEL(u)的操作将保持 h 作为一个高度函数。如果残存边 $(u, v) \in E_f$ 从结点 u 发出,则 RELABEL(u)将确保在操作执行之后 $u.h \leqslant v.h+1$。现在考虑一条进入结点 u 的残存边 (w, u)。根据引理 26.15,在操作 RELABEL(u)之前有 $w.h \leqslant u.h+1$,这意味

着在该操作之后有 $w.h < u.h + 1$。因此，操作 RELABEL(u) 将保持 h 作为高度函数。

现在来考虑操作 PUSH(u, v)。该操作可能在 E_f 中增加一条边 (v, u)，并且还可能从 E_f 中删除边 (u, v)。在前面一种情况下，有 $v.h = u.h - 1 < u.h + 1$，因此 h 仍然是一个高度函数。在后面一种情况下，从残存网络中删除边 (u, v) 将删除相应的限制，因此 h 再次保持为一个高度函数。 ■

下面的引理给出高度函数的一个重要性质。

引理 26.17 设 $G = (V, E)$ 是一个源结点为 s 汇点为 t 的流网络，设 f 为 G 中的一个预流，h 为 V 上的一个高度函数。那么在残存网络 G_f 中不存在一条从源结点 s 到汇点 t 的路径。

证明 使用反证法。假定残存网络 G_f 中存在一条从源结点 s 到汇点 t 的路径 p，这里 $p = \langle v_0, v_1, \cdots, v_k \rangle$，$v_0 = s$，$v_k = t$。不失一般性，$p$ 是一条简单路径，因此 $k < |V|$。对于 $i = 0$, $1, \cdots, k-1$，边 $(v_i, v_{i+1}) \in E_f$。因为 h 是一个高度函数，所以有 $h(v_i) \leqslant h(v_{i+1}) + 1$，这里 $i = 0, 1, \cdots, k-1$。将路径 p 上的这些不等式全部加起来，得到 $h(s) \leqslant h(t) + k$。因为 $h(t) = 0$，所以有 $h(s) \leqslant k < |V|$，这与要求高度函数 $h(s) = |V|$ 相矛盾。 ■ 742

下面将证明如果通用的推送-重贴标签算法能够终止，则其所计算出的预流是一个最大流。

定理 26.18（通用的推送-重贴标签算法的正确性） 设 $G = (V, E)$ 是一个源结点为 s 汇点为 t 的流网络，如果算法 GENERIC-PUSH-RELABEL 在图 G 上运行时能够终止，则该算法所计算出的预流 f 是图 G 的一个最大流。

证明 在证明中将使用下面的循环不变式：

每次 GENERIC-PUSH-RELABEL 算法在执行第 2 行的 **while** 循环时，f 都是图 G 的一个预流。

初始化：INITIALIZE-PREFLOW 使得 f 是一个预流。

保持：位于算法第 2~3 行的 **while** 循环中的唯一操作是推送和重贴标签操作。重贴标签操作只影响高度属性，不影响流的值；因此，这些操作不影响 f 是否是一个预流。对于推送操作来说，正如前面所讨论的，如果 f 在推送操作前是一个预流，则在推送操作结束后仍然是一个预流。因此，循环不变式得到维持。

终止：在算法终止时，$V - \{s, t\}$ 中的每个结点的超额流量必定是 0，因为根据引理 26.14 和 f 总是一个预流的循环不变式，图中不存在溢出结点。因此，f 是一个流。而引理 26.16 说明，h 在终止时是一个高度函数，再根据引理 26.17，在残存网络 G_f 中不存在一条从源结点 s 到汇点 t 的路径。根据最大流最小切割定理（定理 26.6），f 是一个最大流。 ■

推送-重贴标签方法的分析

为了证明通用的推送-重贴标签算法确实会终止，我们将给出该算法所执行的操作的次数界。分别对如下三类操作求界：重贴标签操作、饱和推送操作和非饱和推送操作。在获得每种操作次数的界后，就可以直接构造一个运行时间为 $O(V^2 E)$ 的算法。但是，在进行这种分析之前，首先需要证明一个重要的引理。回顾前面所讨论的内容可知，我们允许在残存网络中有流入源结点的边。

引理 26.19 设 $G = (V, E)$ 是源结点为 s 汇点为 t 的一个流网络，设 f 是 G 中的一个预流。那么对于任意溢出结点 x，在残存网络 G_f 中存在一条从结点 x 到源结点 s 的简单路径。 743

证明 对于溢出结点 x，设 $U = \{v$：在 G_f 中存在一条从结点 x 到结点 v 的简单路径$\}$，并且为了使用反证法，假设 $s \notin U$，并设 $\overline{U} = V - U$。

使用式（26.14）对超额流量的定义，对 U 中的所有结点求和，并注意到 $V = U \cup \overline{U}$，我们获得

$$\sum_{u \in U} e(u) = \sum_{u \in U} \left(\sum_{v \in V} f(v, u) - \sum_{v \in V} f(u, v) \right)$$

$$= \sum_{u \in U} \left(\left(\sum_{v \in U} f(v, u) + \sum_{v \in \overline{U}} f(v, u) \right) - \left(\sum_{v \in U} f(u, v) + \sum_{v \in \overline{U}} f(u, v) \right) \right)$$

$$= \sum_{u \in U} \sum_{v \in U} f(v,u) + \sum_{u \in U} \sum_{v \in \overline{U}} f(v,u) - \sum_{u \in U} \sum_{v \in U} f(u,v) - \sum_{u \in U} \sum_{v \in \overline{U}} f(u,v)$$

$$= \sum_{u \in U} \sum_{v \in \overline{U}} f(v,u) - \sum_{u \in U} \sum_{v \in \overline{U}} f(u,v)$$

我们知道, $\sum_{u \in U} e(u)$ 必然为正值,因为对于 $x \in U$, $e(x) > 0$,除源结点 s 以外的所有结点都有非负值的超额流量,并且根据假设, $s \notin U$,因此有

$$\sum_{u \in U} \sum_{v \in \overline{U}} f(v,u) - \sum_{u \in U} \sum_{v \in \overline{U}} f(u,v) > 0 \qquad (26.17)$$

所有边上的流量均为非负值,因此,如果式(26.17)成立,则必须有 $\sum_{u \in U} \sum_{v \in \overline{U}} f(v,u) > 0$。因此,至少存在一对结点 $u' \in U$, $v' \in \overline{U}$,有 $f(v', u') > 0$。但是,如果 $f(v', u') > 0$,则必有一条残存边 (u', v'),这就意味着从结点 x 到结点 v' 存在一条简单路径(路径 $x \rightsquigarrow u' \rightarrow v'$),而这与 U 的定义矛盾。■

下面的引理将给出结点的高度的界,该引理的推论则对重贴标签操作的总次数进行了限定。

引理 26.20 设 $G = (V, E)$ 是源结点为 s 汇点为 t 的一个流网络,在 G 上执行算法 GENERIC-PUSH-RELABEL 过程中的任意时刻,对于所有结点 $u \in V$, $u.h \leq 2|V| - 1$。

证明 根据定义,源结点 s 和汇点 t 从来不会溢出,因此,它们的高度从来不会发生变化。所以总是有 $s.h = |V|$ 和 $t.h = 0$,显然,这两个值都不比 $2|V| - 1$ 大。

现在考虑任意结点 $u \in V - \{s, t\}$。在初始情况时, $u.h = 0 \leq 2|V| - 1$。我们将证明在每次重贴标签操作后,仍然有 $u.h \leq 2|V| - 1$。当结点 u 被重贴标签时,它必定是一个溢出结点,引理 26.19 告诉我们,在残存网络 G_f 中存在一条从结点 u 到结点 s 的简单路径 p。设 $p = \langle v_0, v_1, \cdots, v_k \rangle$,其中 $v_0 = u$, $v_k = s$,并且 $k \leq |V| - 1$,因为 p 是简单路径。对于 $i = 0, 1, \cdots, k-1$,我们有 $\langle v_i, v_{i+1} \rangle \in E_f$,因此,根据引理 26.16, $v_i.h \leq v_{i+1}.h + 1$。将这些不等式在路径 p 上进行扩展,得到 $u.h = v_0.h \leq v_k.h + k \leq s.h + (|V| - 1) = 2|V| - 1$。■

推论 26.21(重贴标签操作次数的界) 设 $G = (V, E)$ 是源结点为 s 汇点为 t 的一个流网络,则在 G 上执行算法 GENERIC-PUSH-RELABEL 的过程中,对每个结点所执行的重贴标签操作的次数最多为 $2|V| - 1$ 次,而所有重贴标签操作不会超过 $(2|V| - 1)(|V| - 2) < 2|V|^2$。

证明 集合 $V - \{s, t\}$ 中只有 $|V| - 2$ 个结点有可能需要进行重贴标签的操作。设结点 $u \in V - \{s, t\}$。RELABEL(u) 操作将增加 $u.h$ 的值。 $u.h$ 的值在初始情况时为 0,根据引理 26.20,它增长的幅度最多为 $2|V| - 1$。因此,每个结点 $u \in V - \{s, t\}$ 被重贴标签的次数最多为 $2|V| - 1$,而重贴标签操作的总次数最多为 $(2|V| - 1)(|V| - 2) < 2|V|^2$。■

引理 26.20 同时也帮助我们对饱和推送操作的次数进行限定。

引理 26.22(饱和推送操作次数的上界) 设 $G = (V, E)$ 是源结点为 s 汇点为 t 的一个流网络,则在 G 上执行算法 GENERIC-PUSH-RELABEL 的过程中,饱和推送操作的次数少于 $2|V||E|$。

证明 对于任意一对结点 u, $v \in V$,把从结点 u 到结点 v 和从结点 v 到结点 u 的饱和推送操作合并在一起计数,统称为结点 u 和结点 v 之间的饱和推送操作。如果存在任何这样的推送操作,则边 (u, v) 和边 (v, u) 中至少有一条是 E 中的一条边。现在假定从结点 u 到结点 v 之间发生了一次饱和推送操作。这时, $v.h = u.h - 1$。为了使从结点 u 到结点 v 的另一次推送操作可以发生,本算法必须首先将流从结点 v 推送到结点 u,而这种操作只有在 $v.h = u.h + 1$ 的情况下才能发生。由于 $u.h$ 的取值从来不会降低,为了让 $v.h = u.h + 1$ 能够成立, $v.h$ 的值必须增加至少 2 个单位。同理, $u.h$ 的值在两次从结点 v 到结点 u 的饱和推送操作之间必须增加至少 2 个单位。由于高度的初始值为 0,根据引理 26.20,高度从来不会超过 $2|V| - 1$,这意味着对于任意一个结点来说,其高度增加 2 个单位的次数都小于 $|V|$。由于在结点 u 和结点 v 之间的任意两次饱和

推送操作之间，$u.h$ 和 $v.h$ 两个值中，至少有一个值将增加 2 个单位，结点 u 和结点 v 之间的饱和推送操作的次数必定少于 $2|V|$。将该数值乘以边的条数，便可得出：饱和推送操作总次数的上界为 $2|V||E|$。 ∎

下面的引理对通用推送-重贴标签算法中的非饱和推送操作的次数进行了限制。

引理 26.23（非饱和推送操作次数的上界） 设 $G=(V, E)$ 是源结点为 s 汇点为 t 的一个流网络，则在 G 上执行算法 GENERIC-PUSH-RELABEL 的过程中，非饱和推送操作的次数少于 $4|V|^2(|V|+|E|)$。

证明 我们在证明中将使用聚合分析。首先定义势能函数 $\Phi=\sum_{v:e(v)>0} v.h$。在初始情况下，$\Phi=0$，且 Φ 的值在每次重贴操作、饱和推送操作和非饱和推送操作后都可能发生改变。饱和推送操作和重贴标签操作都会导致 Φ 值的增加，首先对这种增加的上界进行限定。然后再证明每个非饱和推送操作将 Φ 的值降低至少 1 个单位，并且使用这些限值来导出非饱和推送操作次数的上界。

让我们检查一下 Φ 值可能增长的两种方式。首先，对一个结点 u 进行重贴标签操作给 Φ 值带来的增加量少于 $2|V|$，因为用于求和的集合是相同的（或求和所覆盖的集合是相同的），而重贴标签操作不能将结点 u 的高度增加超过其最大可能的高度。根据引理 26.20，这个高度最多为 $2|V|-1$。其次，一个从结点 u 到结点 v 的饱和推送操作给 Φ 值所增加的量少于 $2|V|$，因为没有高度变化，并且只有结点 v 可能成为溢出结点，而结点 v 的高度最多为 $2|V|-1$。

现在来证明一个从结点 u 到结点 v 的非饱和推送将 Φ 的值降低至少 1 个单位。为什么这样说呢？在非饱和推送操作前，结点 u 在溢出，而结点 v 可能溢出，也可能没有溢出。根据引理 26.13，结点 u 在推送操作后不会再溢出。此外，除非 v 是源结点，否则它在推送操作后可能溢出，也可能不溢出。因此，势能函数 Φ 减少的量恰好是 $u.h$，并且其增加的量要么是 0，要么是 $v.h$。由于 $u.h-v.h=1$，净效果是势能函数至少降低一个单位。

因此，在算法的运行过程中，Φ 的总增长量都来源于重贴标签操作和饱和推送操作，而推论 26.21 和引理 26.22 将这种增长限制在少于 $(2|V|)(2|V|^2)+(2|V|)(2|V||E|)=4|V|^2(|V|+|E|)$ 的范围内。由于 $\Phi\geq0$，Φ 值减少的总量，也就是非饱和推送操作的总次数，小于 $4|V|^2(|V|+|E|)$。 ∎

在对重贴标签操作、饱和推送操作、非饱和推送操作的次数进行了限定后，我们就可以对 GENERIC-PUSH-RELABEL 算法进行分析，还可以对任何基于推送-重贴标签方法的算法进行分析。

定理 26.24 在任意流网络 $G=(V, E)$ 上执行 GENERIC-PUSH-RELABEL 算法的过程中，基本操作的总次数是 $O(V^2E)$。

证明 从推论 26.21 和引理 26.22 及引理 26.23 可立即推得定理中的结论。 ∎

因此，算法 GENERIC-PUSH-RELABEL 在 $O(V^2E)$ 个操作后终止。剩下的就是给出实现每个操作的有效方法和选择合适的操作予以执行。

推论 26.25 对于任意流网络 $G=(V, E)$，都存在一种通用推送-重贴标签算法的实现，其运行时间为 $O(V^2E)$。

证明 练习 26.4-2 要求读者来说明如何实现通用推送-重贴标签算法，使得每个重贴标签的操作成本为 $O(V)$，每个推送操作的成本为 $O(1)$。它同时还要求读者设计一个数据结构来允许用户在 $O(1)$ 时间内选择一个合适的操作。本推论将从这些结果中立即得到。 ∎

练习

26.4-1 证明：在算法 INITIALIZE-PREFLOW(G, s) 终止后，有 $s.e\leq-|f^*|$，其中 f^* 是流网络 G 的一个最大流。

26.4-2 说明如何实现通用推送-重贴标签算法，使得每个重贴标签的操作成本为 $O(V)$，每个推送操作的成本为 $O(1)$，并且可以在 $O(1)$ 时间内选择一个合适的操作，从而使得整个算法的运行时间为 $O(V^2 E)$。

26.4-3 证明：通用推送-重贴标签算法只用了总共 $O(VE)$ 的时间来执行所有 $O(V^2)$ 个重贴标签操作。

26.4-4 假定使用推送-重贴标签算法找到了流网络 $G=(V,E)$ 的一个最大流，给出一个快速算法来找到 G 的一个最小切割。

26.4-5 给出一个有效的推送-重贴标签算法，使得其可以在一个二分图中找到一个最大匹配。分析你的算法的效率。

26.4-6 假定在流网络 $G=(V,E)$ 中所有边的容量都在集合 $\{1, 2, \cdots, k\}$ 里。分析通用推送-重贴标签算法的运行时间，请以 $|V|$、$|E|$ 和 k 来予以表示。（提示：每条边在变为饱和之前可以支持多少次非饱和推送操作？）

26.4-7 证明：我们可以将 INITIALIZE-PREFLOW 算法的第 6 行改为如下：

$$6 \quad s.h = |G.V| - 2$$

而不会影响通用推送-重贴标签算法的正确性和渐近性能。

26.4-8 设 $\delta_f(u, v)$ 为残存网络 G_f 中从结点 u 到结点 v 的距离（边的条数）。证明：GENERIC-PUSH-RELABEL 算法维持 $u.h < |V|$ 的性质意味着 $u.h \leqslant \delta_f(u, t)$，维持性质 $u.h \geqslant |V|$ 则意味着 $u.h - |V| \leqslant \delta_f(u, s)$。

*26.4-9 如前一个练习，设 $\delta_f(u, v)$ 为残存网络 G_f 中从结点 u 到结点 v 的距离。请说明如何修改通用推送-重贴标签算法，以使得维持 $u.h < |V|$ 的性质意味着 $u.h = \delta_f(u, t)$，维持性质 $u.h \geqslant |V|$ 意味着 $u.h - |V| = \delta_f(u, s)$。你所设计算法用于维持该性质所用的总时间应该为 $O(VE)$。

26.4-10 证明：在流网络 $G=(V,E)$ 上运行 GENERIC-PUSH-RELABEL 算法所执行的非饱和推送操作的总次数为 $4|V|^2|E|$，这里假定 $|V| \geqslant 4$。

* 26.5 前置重贴标签算法

　　推送-重贴标签方法允许我们以任意次序执行基本操作。但是，如果仔细地选择这个次序，并对网络数据结构进行高效的管理，我们便可以以比推论 26.25 所给出的 $O(V^2 E)$ 时间复杂度更快的速度来解决最大流问题。下面将要讨论的算法是前置重贴标签算法，该算法是一个运行时间为 $O(V^3)$ 的推送-重贴标签算法，其运行时间在一般情况下不亚于 $O(V^2 E)$，而在稠密网络情况下要优于 $O(V^2 E)$。

　　前置重贴标签算法在执行过程维持一个网络中的结点的链表。算法从头到尾对链表进行扫描，每次选择一个溢出结点 u，然后对所选结点进行"释放"，即对所选结点执行推送操作和重贴标签操作，直到该结点不再拥有正值的超额流量为止。每次在算法对一个结点进行重贴标签操作时，我们都将该结点移动到链表的最前面（这就是"前置重贴标签算法"名字的由来），而算法则开始一次新的扫描。

　　前置重贴标签算法的正确性和时间复杂度分析都依赖于所谓的"许可边"的概念。许可边是指在残存网络中，流可以经其进行推送的边。在对由许可边所组成的网络的一些性质进行证明后，我们将研究结点的释放操作，然后阐述并分析前置重贴标签算法。

许可边和网络

　　设图 $G=(V,E)$ 是一个源结点为 s 汇点为 t 的流网络，f 是 G 的一个预流，h 是一个高度函数。对于边 (u, v)，如果 $c_f(u, v) > 0$ 且 $h(u) = h(v) + 1$，则边 (u, v) 是一条**许可边**。否则，

边 (u, v) 是**非许可边**。**许可网络**则指的是图 $G_{f,h} = (V, E_{f,h})$，其中 $E_{f,h}$ 是许可边的集合。

从上述定义可知，许可网络由那些可以在其上推送流的边所构成。下面的引理表明这种网络是一个有向无环图。

引理 26.26(许可网络是无环的) 如果图 $G = (V, E)$ 是一个源结点为 s 汇点为 t 的流网络，f 是 G 的一个预流，h 是一个高度函数，则许可网络 $G_{f,h} = (V, E_{f,h})$ 是无环的。

证明 使用反证法。假定许可网络 $G_{f,h}$ 包含一条环路 $p = \langle v_0, v_1, \cdots, v_k \rangle$，其中 $v_0 = v_k$ 且 $k > 0$。由于环路 p 上的每条边都是许可边，因此有 $h(v_{i-1}) = h(v_i) + 1$，$i = 1, 2, \cdots, k$。将这些等式加起来，我们有：

$$\sum_{i=1}^{k} h(v_{i-1}) = \sum_{i=1}^{k} (h(v_i) + 1) = \sum_{i=1}^{k} h(v_i) + k$$

因为环路 p 上的每个结点在两边的和式中各出现一次，因此得到矛盾的结果 $0 = k$。∎

下面的两个引理说明推送操作和重贴标签操作是如何改变许可网络的。

引理 26.27 如果图 $G = (V, E)$ 是一个源结点为 s 汇点为 t 的流网络，f 是 G 的一个预流，假定 h 是一个高度函数，如果结点 u 是一个溢出结点，且 (u, v) 是一条许可边，则 PUSH(u, v) 操作适用于结点 u 上。该操作不会创建任何新的许可边，但有可能导致边 (u, v) 成为非许可边。

证明 根据许可边的定义，可以从结点 u 往结点 v 推送流。由于结点 u 在溢出，PUSH(u, v) 操作适用于结点 u。从结点 u 到结点 v 推送流的操作所能创建的唯一的新残存边是边 (v, u)。由于 $v.h = u.h - 1$，边 (v, u) 不可能成为许可边。如果推送操作是一个饱和推送，则在操作之后有 $c_f(u, v) = 0$ 并且边 (u, v) 成为非许可边。∎

引理 26.28 设图 $G = (V, E)$ 是一个源结点为 s、汇点为 t 的流网络，f 是 G 的一个预流，假定 h 是一个高度函数，如果结点 u 是一个溢出结点，且不存在从结点 u 发出的许可边，则 RELABEL(u) 操作适用于结点 u。此外，在对结点 u 进行重贴标签操作后，将至少存在一条从结点 u 发出的许可边，但不存在进入结点 u 的许可边。

证明 如果结点 u 在溢出，则根据引理 26.14，推送操作或重贴标签操作可以应用于结点 u。如果没有从结点 u 发出的许可边，则不能从结点 u 往外推送任何流，因此，RELABEL(u) 操作可以应用于结点 u。在对 u 进行重贴标签操作后，将有 $u.h = 1 + \min\{v.h : (u, v) \in E_f\}$。因此，如果结点 v 是该集合中取值最小的结点，边 (u, v) 将成为非许可边。因此，在重贴标签操作后，将至少存在一条从结点 u 发出的许可边。

要证明在重贴标签操作后，不存在进入结点 u 的许可边，我们可以使用反证法。假定存在一个结点 v，使得 (v, u) 是一条许可边。那么在重贴标签操作后，有 $v.h = u.h + 1$，因此，在重贴标签之前有 $v.h > u.h + 1$。根据引理 26.12，在高度差超过 1 的结点对之间不存在残存边。而且，对一个结点进行重贴标签操作并不会改变残存网络。因此，边 (v, u) 不属于残存网络，从而它不可能是许可网络的一条边。∎

邻接链表

在前置重贴标签算法中，我们将所有的边都组织为"邻接链表"。给定流网络 $G = (V, E)$，对于结点 $u \in V$，其邻接链表 $u.N$ 是结点 u 在图 G 中的邻接结点所构成的一个单链表。因此，如果边 $(u, v) \in E$ 或者边 $(v, u) \in E$，则结点 v 将出现在链表 $u.N$ 中。邻接链表 $u.N$ 包含的结点恰好是那些可能存在残存边 (u, v) 的结点 v。属性 $u.N.head$ 指向的是邻接链表 $u.N$ 中的第一个结点，$v.next\text{-}neighbor$ 指向的是在链表 $u.N$ 中位于结点 v 后面的一个结点(即 v 的后继结点)。如果 v 是链表中的最后一个结点，则该指针的值为 NIL。

前置重贴标签算法以任意次序遍历每个邻接链表，该次序在算法的整个执行过程中维持不变。对于每个结点 u，属性 $u.current$ 指向的是 $u.N$ 链表中当前正在考虑的结点。在初始状态下，$u.current$ 被设置为 $u.N.head$。

释放溢出结点

对于溢出结点 u，如果将其所有多余的流通过许可边推送到相邻的结点上，则称该结点得到**释放**。在释放过程中，需要对结点 u 进行重贴标签操作，这使得从结点 u 发出的边成为许可边。下面是释放操作 DISCHARGE 的伪代码：

```
DISCHARGE(u)
1  while u.e > 0
2      v = u.current
3      if v == NIL
4          RELABEL(u)
5          u.current = u.N.head
6      elseif c_f(u,v) > 0 and u.h == v.h + 1
7          PUSH(u,v)
8      else u.current = v.next-neighbor
```

图 26-9 描述的是上述算法第 1～8 行 **while** 循环的几次执行。只要结点 u 还有正值的超额流量，该循环就持续执行。每次迭代执行下面三种操作中的一种，具体执行哪种操作取决于邻接链表 $u.N$ 中当前结点 v 的情况。

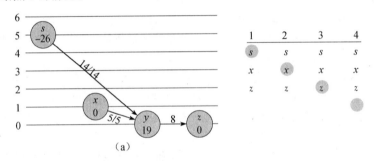

（a）

图 26-9 对结点 y 进行的释放操作。一共需要 15 遍 **while** 循环的 DISCHARGE 操作，才将结点 y 的所有超额流推送出去。图中仅显示了结点 y 的邻接结点和流网络中进入或离开结点 y 的边。在图的每个部分，结点中的数值为其在该部分图的第一次迭代开始时的超额流量值，每个结点都显示相应的高度标尺上。在每次迭代开始时，邻接链表 $y.N$ 的内容显示在图的右面，而迭代的次数显示在顶上。覆盖阴影的邻接结点是 $y.current$。(a)初始情况下，结点 y 上有 19 个单位的超额流量，并且 $y.current = s$。迭代 1、2 和 3 只不过是将 $y.current$ 指针往前推进，因为没有任何从结点 y 发出的许可边存在。在第 4 次迭代时，$y.current = $ NIL(邻接链表下面的覆盖阴影的圆圈)，因此，算法对结点 y 进行重贴标签操作，且 $y.current$ 被复位到邻接链表的开头。(b)在重贴标签操作后，结点 y 的高度为 1。在第 5 次和第 6 次迭代时，边(y, s)和边(y, x)都被发现是非许可边，但在第 7 次迭代中，算法将 8 个单位的超额流量从结点 y 推送到结点 z。因为这次推送，指针 $y.current$ 在该次迭代中没有往前推进。(c)因为第 7 次迭代的推送操作将边(y, z)推至饱和状态，该条边在第 8 次迭代时被发现是非许可边。在第 9 次迭代时，$y.current = $NIL，因此，算法对结点 y 将再次进行重贴标签操作，且 $y.current$ 被复位到链表的最前端。(d)在第 10 次迭代时，边(y, s)是非许可边，但第 11 次迭代时，算法将 5 个单位的超额流量从结点 y 推送到结点 x。(e)因为 $y.current$ 指针在第 11 次迭代时没有往前推进，在第 12 次迭代时，该算法发现边(y, x)是非许可边。第 13 次迭代则发现边(y, z)是非许可边，在第 14 次迭代时，算法对结点 y 进行重贴标签操作并对指针 $y.current$ 进行复位。(f)在第 15 次迭代时，算法将 6 个单位的超额流量从结点 y 推送到源结点 s。(g)结点 y 现在已经没有超额流量，DISCHARGE 算法终止。在本例中，算法 DISCHARGE 在开始和结束时，当前的指针都指向邻接链表的开头，但在一般情况下，这个假设不一定成立

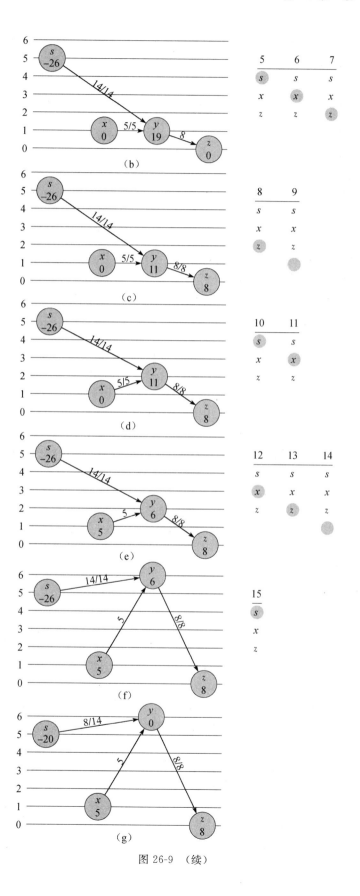

图 26-9 (续)

1. 如果结点 v 是 NIL，则运行至邻接链表 $u.N$ 的末尾。此时，算法第 4 行将对结点 u 进行重贴标签操作，算法第 5 行将结点 u 的当前邻结点设为邻接链表 $u.N$ 的第一个元素。（下面的引理 26.29 将证明重贴标签操作在本场景下是适用的。）

2. 如果结点 v 是非 NIL，并且边 (u,v) 是一条许可边（由算法第 6 行的测试所决定），则算法第 7 行将结点 u 的部分（也可能是全部）超额流量推送到结点 v 上。

3. 如果结点 v 是非 NIL，但边 (u,v) 是非许可边，则算法第 8 行将邻接链表 $u.N$ 中的 $u.current$ 指针往前推进一个位置。

这里请注意，如果针对一个溢出结点 u 来调用 DISCHARGE 操作，则 DISCHARGE 所执行的最后一个操作必定是对结点 u 所执行的推送操作。为什么？因为该算法终止的唯一条件是当 $u.e$ 为 0 时，重贴标签操作和将指针 $u.current$ 往前推进的操作都不会影响 $u.e$ 的取值。

我们必须确保，当 DISCHARGE 操作调用 PUSH 或 RELABEL 操作时，该操作确实是当时适用的操作。下面的引理将证明这个事实。

引理 26.29 如果 DISCHARGE 操作在第 7 行调用 PUSH(u,v) 操作，则推送操作适用于边 (u,v)。如果 DISCHARGE 操作在第 4 行调用 RELABEL(u) 操作，则重贴标签操作适用于结点 u。

751
～
753

证明 算法第 1 行和第 6 行的测试确保推送操作仅在该操作适用时才会被调用，因此，引理的第一部分得到证明。

要证明引理的第二格部分，根据算法第 1 行的测试和引理 26.28，我们只需要证明所有从结点 u 发出的边都是许可边即可。如果在 DISCHARGE(u) 的调用开始时，指针 $u.current$ 指向的是结点 u 的邻接链表的表头，在调用结束时指针指向的是链表的末尾之后，则结点 u 的所有发出边都是非许可边，并且重贴标签操作可以应用于结点 u。但是，在 DISCHARGE(u) 的调用过程中，指针 $u.current$ 仅仅遍历了链表的一部分，程序就结束并返回了。此时，我们可以针对其他结点调用 DISCHARGE(u) 操作，但 $u.current$ 指针将在下一次对 DISCHARGE(u) 的调用中继续在链表中向前推进。现在考虑对链表进行一次完整遍历时所发生的事情。在一次完整的遍历中，指针在开始时指向邻接链表 $u.N$ 的开头，结束时指向链表末尾的后面一个位置，即 $u.current=$ NIL。一旦 $u.current$ 指针到达了链表的末尾，算法就将对结点 u 进行重贴标签操作，并开始新一轮的遍历。在一次遍历中，如果 $u.current$ 指针要推进到结点 $v \in u.N$ 的后面，则边 (u,v) 必定在算法第 6 行的测试中被判定为非许可边。因此，在该次遍历结束时，每条从结点 u 发出的边都在遍历的某个阶段被裁定为非许可边。这里需要注意的关键是，在一次遍历的末尾，所有从结点 u 发出的边仍然是非许可边。为什么？根据引理 26.27，对于推送操作来说，不管流是从哪个结点所推送出来的，都不能创建任何许可边。因此，任何许可边必定由重贴标签操作所创建。但结点 u 在遍历中并没有进行重贴标签操作，根据引理 26.28，任何在遍历（这是调用 DISCHARGE(v) 的结果）中被重贴标签的结点 v 在重贴标签操作后将没有进入的许可边。因此，在遍历结束时，所有从结点 u 发出的边都仍是非许可边，而这就完成了我们的证明。 ■

前置重贴标签算法

在前置重贴标签算法中，我们维持一个链表 L，该表由 $V-\{s,t\}$ 中的所有结点构成。这里的关键性质是，链表 L 中的结点均按照许可网络里面的拓扑排序次序存放，就如我们将在下面的循环不变式中所看到的。（由引理 26.26 可知，许可网络是一个有向无环图。）

在前置重贴标签算法的伪代码中，假定针对每个结点 u，邻接链表 $u.N$ 都已经被创立。该算法同时还假定 $u.next$ 指针指向链表 L 中紧随结点 u 的结点（结点 u 的后继结点），并且，与往常一样，如果结点 u 是链表的最后一个结点，则 $u.next=$ NIL。

754

```
RELABEL-TO-FRONT(G,s,t)
1  INITIALIZE-PREFLOW(G,s)
2  L=G.V-{s,t},in any order
```

```
 3   for each vertex u ∈ G.V − {s,t}
 4       u.current = u.N.head
 5   u = L.head
 6   while u ≠ NIL
 7       old-height = u.h
 8       DISCHARGE(u)
 9       if u.h > old-height
10           move u to the front of list L
11       u = u.next
```

前置重贴标签算法的工作过程如下：算法第 1 行对网络的预流和高度进行初始化，初始化所用到的值与通用推送-重贴标签算法所用的值相同。算法第 2 行对链表 L 进行初始化，在该步初始化操作结束时，链表 L 中包含的是所有可能出现潜在溢出的结点，而结点之间的次序则是任意的。算法第 3~4 行对每个结点 u 的 current 指针进行初始化，使其指向结点 u 的邻接链表的第一个结点(表头结点)。

如图 26-10 所示，算法第 6~11 行的 **while** 循环对链表 L 进行遍历并释放结点。算法第 5 行从链表的第一个结点开始检查。每次通过 **while** 循环时，算法第 8 行对结点 u 进行释放操作。如果结点 u 在 DISCHARGE 过程执行了重贴标签操作，则算法的第 10 行负责将其移动到链表 L 的最前面。对于结点 u 来说，通过比较其释放操作前的高度与释放后的高度(第 9 行)，可以判断出结点 u 是否执行了重贴标签操作。结点在释放前的高度保存在算法第 7 行的变量 old-height 中。算法第 11 行以链表 L 中 u 结点后面的一个结点作为下一次迭代的基点。如果算法第 10 行将结点 u 移到了链表的最前面，则下一次迭代所用到的结点是 u 在新位置上的后继结点。

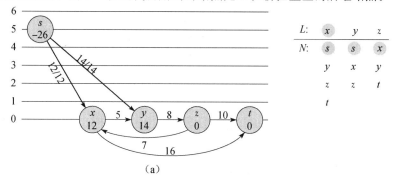

(a)

图 26-10 前置重贴标签算法的执行过程。(a)在 **while** 循环第一次迭代之前的流网络。在初始时，有 26 个单位的流从源结点 s 发出。图的右面显示的是初始链表 L=⟨x, y, z⟩。在初始情况下，u=x。在链表 L 中的每个结点之下为该结点的邻接链表，其中我们在当前的邻结点上加了阴影。算法对结点 x 进行释放操作，在该释放操作中，我们对其进行了重贴标签操作，操作后结点 x 的高度为 1，此外，算法还将结点 x 的 5 个单位的超额流量推送到结点 y，剩下的 7 个单位的超额流量推送到终结点 t。因为 x 执行了重贴标签操作，所以算法将其移动到链表 L 的最前面，在本图中，这种移动并不改变链表 L 的结构。(b)在结点 x 之后，链表 L 中的下一个被释放的结点是结点 y。图 26-9 描述的是在这种情况下释放结点 y 的详细过程。因为结点 y 也执行了重贴标签操作，它也被移动到链表 L 的开头。(c)现在，结点 x 在链表 L 中位于结点 y 的后面，因此它再次被释放，将所有 5 个单位的超额流量推送到终结点 t。因为结点 x 在本次释放操作中没有执行重贴标签操作，所以它在链表 L 中的位置保持不变。(d)由于结点 z 在链表 L 中紧随着结点 x，故该结点将被释放。其高度在重贴标签操作后为 1，其所有 8 个单位的超额流量都被推送到终结点 t。因为结点 z 执行了重贴标签操作，所以其也被移动到链表 L 的前端。(e)结点 y 现在位于结点 z 之后，因此将再次被释放。但是因为结点 y 已经没有超额流量，DISCHARGE 操作将立即返回，结点 y 维持在链表 L 中的位置不变。在此之后，结点 x 被释放。因为结点 x 也已经没有超额流量，DISCHARGE 操作将再一次返回，结点 x 维持原位置不变。此时，前置重贴标签算法到达链表 L 的末尾，算法终止。这时再没有溢出的结点，预流就是一个最大流

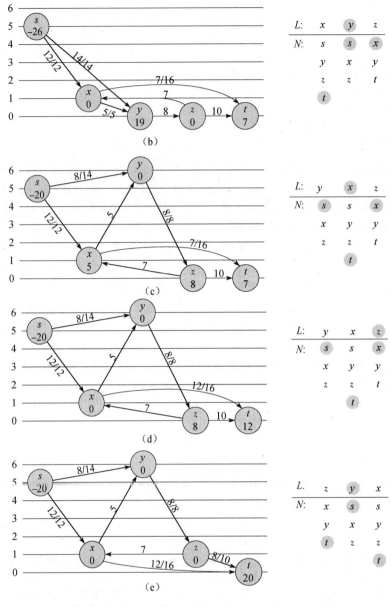

图 26-10 （续）

为了证明前置重贴标签算法确实计算出了一个最大流，我们将证明它就是通用推送-重贴标签算法的一种实现。首先，我们观察到，该算法仅在推送操作和重贴标签操作适用的时候才执行这些操作，因为引理 26.29 保证 DISCHARGE 操作只在这些操作适用的情况下才调用它们。剩下的只需要证明当前置重贴标签算法终止时，没有任何基本的操作可以适用。正确性论断的剩余部分依赖于下面的循环不变式：

在前置重贴标签算法第 6 行的测试中，链表 L 是可允许网络 $G_{f,h} = (V, E_{f,h})$ 中结点的一个拓扑排序，并且在链表 L 中位于结点 u 前面的结点没有超额流量。

初始化：执行 INITIALIZE-PREFLOW 操作后立即可得，$s.h = |V|$ 并且对于所有的 $v \in V - \{s\}$，$v.h = 0$。由于 $|V| \geqslant 2$（因为 V 至少包含源结点 s 和汇点 t），没有边是许可边。因此 $E_{f,h} = \varnothing$，并且集合 $V - \{s, t\}$ 中结点之间的任意次序都是 $G_{f,h}$ 的一个拓扑排序。

另外，因为在初始情况下，结点 u 是链表 L 的表头，它前面没有其他结点，因此在其前面没有超额流量的结点。

保持：要证明 while 循环的每次迭代都维持拓扑排序的次序，首先观察到许可网络只在推送操作和重贴标签操作中发生改变。根据引理 26.27，推送操作不能将边改变为许可边。因此，只有重贴标签操作能够创建许可边。但是，在对一个结点 u 进行重贴标签操作后，根据引理 26.28，不存在进入结点 u 的许可边，但可能有从结点 u 发出的许可边。因此，通过将 u 移动到链表 L 的前端，该算法确保所有从 u 发出的许可边都满足拓扑排序的次序。

755
~
757

为了证明在链表 L 中处于结点 u 前面的结点都没有超额流量，我们把下一个次迭代中将作为结点 u 的结点标记为 u'。在下一次迭代中位于结点 u' 之前的结点包括当前的结点 u（因为算法第 11 行），以及要么没有其他结点（如果结点 u 执行了重贴标签操作）要么与原来相同的结点（如果结点 u 没有执行重贴标签操作）。当对结点 u 进行释放时，结点 u 在此操作之后将没有超额流量。因此，如果结点 u 在释放过程中执行了重贴标签操作，则所有位于结点 u' 之前的结点都没有超额流量。如果结点 u 在释放过程中没有执行重贴标签操作，则链表中位于该结点之前的结点中没有任何结点在该次释放操作中获得多余的流量，因为链表 L 在释放操作的整个过程中都维持着拓扑排序的次序（正如前面已经指出的，许可边只能由重贴标签操作创建，而不能由推送操作创建），因此每次推送操作所导致的超额流量只能往链表后面的结点（结点 s 或 t）上移动。再一次，位于结点 u' 之前的结点中没有超额流量。

终止：当循环终止时，结点 u 刚刚超过了链表 L 的末尾，因此，循环不变式确保每个结点的超额流量为 0。因此，没有基本操作可以应用。

前置重贴标签算法的分析

我们现在来证明前置重贴标签算法在任何流网络 $G=(V, E)$ 上的运行时间为 $O(V^3)$。因为该算法是通用推送-重贴标签算法的一种实现，我们将充分利用推论 26.21 的结论。该推论告诉我们，每个结点的重贴标签操作次数不会超过 $O(V)$，而所有结点的重贴标签操作的总次数不会超过 $O(V^2)$。此外，练习 26.4-3 告诉我们，算法花在重贴标签操作上的总时间不会超过 $O(VE)$，而引理 26.22 则告诉我们，饱和推送操作的总次数为 $O(VE)$。

定理 26.30 前置重贴标签算法在任何流网络 $G=(V, E)$ 上的运行时间为 $O(V^3)$。

证明 考虑前置重贴标签算法中两次相邻的重贴标签操作之间的"区段"。这样的区段一共有 $O(V^2)$ 个，因为一共有 $O(V^2)$ 个重贴标签操作。每个区段由最多 $|V|$ 次 DISCHARGE 调用所组成。如果 DISCHARGE 操作不执行重贴标签操作，则下一次对 DISCHARGE 的调用针对的将是链表 L 中更往后的结点，而链表 L 的长度少于 $|V|$。如果 DISCHARGE 执行了重贴标签操作，下一次对 DISCHARGE 的调用将属于一个不同的区段。由于每个区段至多包含 $|V|$ 次对 DISCHARGE 的调用，而一共只有 $O(V^2)$ 个区段，因此，算法 RELABEL-TO-FRONT 第 8 行的 DISCHARGE 被调用的总次数为 $O(V^3)$。因此，算法 RELABEL-TO-FRONT 中 while 循环所执行的总工作，除掉 DISCHARGE 中所执行的工作后，最多为 $O(V^3)$。

758

现在必须对算法执行过程中 DISCHARGE 中的工作进行限定。DISCHARGE 操作中的 while 循环的每次迭代执行三种操作中的一种。下面将对执行每种操作的总工作量分别进行分析。

首先来分析重贴标签操作（算法的第 4～5 行）。练习 26.4-3 为所有 $O(V^2)$ 个重贴标签操作的运行时间提供一个 $O(VE)$ 的上界。

现在，假定算法第 8 行的 DISCHARGE 操作对指针 $u.current$ 指针进行了更新。在每次对一个结点 u 进行重贴标签操作时，更新操作将发生 $O(degree(u))$ 次，对于所有结点来说，这种操作一共发生 $O(V \cdot degree(u))$ 次。因此，根据握手引理（练习 B.4-1），对于所有的结点，将指针在邻接链表中往前推进的总工作量为 $O(VE)$。

DISCHARGE 所执行的第三种操作是推送操作(算法第 7 行)。我们已经知道饱和推送操作的总次数为 $O(VE)$。注意观察，如果算法执行一个非饱和推送操作，DISCHARGE 将立即返回，因为推送操作会将超额流量缩减到 0。因此，在每次 DISCHARGE 调用中最多只能有一次非饱和推送操作。正如我们已经看到的，DISCHARGE 被调用的次数为 $O(V^3)$，因此，用于执行非饱和推送操作的总时间成本为 $O(V^3)$。

因此，前置重贴标签算法的总运行时间为 $O(V^3 + VE)$，也就是 $O(V^3)$。 ■

练习

26.5-1 请以图 26-10 所示的方式，在图 26-1(a)所示的流网络上演示前置重贴标签算法的执行过程。假设链表 L 中结点的最初顺序是 $\langle v_1, v_2, v_3, v_4 \rangle$，并且各个邻接链表的内容如下：

$$v_1.N = \langle s, v_2, v_3 \rangle$$
$$v_2.N = \langle s, v_1, v_3, v_4 \rangle$$
$$v_3.N = \langle v_1, v_2, v_4, t \rangle$$
$$v_4.N = \langle v_2, v_3, t \rangle$$

*26.5-2 我们希望以如下方式来实现推送-重贴标签算法：在算法中维持一个先进先出的队列，用来存放溢出结点。算法重复将队列头部的结点进行释放，任何在释放前没有溢出但在释放后出现溢出的结点均被放置在队列的末尾。在队列头部的结点被释放后，该结点即被删除。当队列为空时，算法终止。说明如何实现该算法，以便在 $O(V^3)$ 时间内计算出一个最大流。

26.5-3 证明：如果 RELABEL 操作对 $u.h$ 的更新只是简单地计算 $u.h = u.h + 1$，通用算法仍然能够正确工作。另外，请说明该变化对前置重贴标签算法的分析会有何种影响？

*26.5-4 证明：如果总是释放高度最高的溢出结点，则可以使推送-重贴标签算法在 $O(V^3)$ 时间内完成。

26.5-5 假定在推送-重贴标签算法执行过程中的某个时刻，存在一个整数 $0 < k \leq |V| - 1$，使得没有任何一个结点的高度为 k(即不存在结点 v，使得 $v.h = k$)。证明：所有高度大于 k 的结点都位于某个最小切割的源结点这一边。如果这样一个 k 存在，则**跨越式启发**(gap heuristic)将对每个 $v.h > k$ 的结点 $v \in V - \{s\}$ 进行更新，将 $v.h$ 设置为 $\max(v.h, |V| + 1)$。证明：结果属性 h 是一个高度函数。(在实际中，跨越式启发对于高效率地实现推送-重贴标签算法起着关键作用。)

思考题

26-1 (逃逸问题) $n \times n$ 的**网格**是由 n 行和 n 列结点所构成的无向图，如图 26-11 所示。我们将位于第 i 行和第 j 列的结点表示为 (i, j)。除了位于边界的结点外，网络中其他所有结点都有刚好 4 个邻结点。边界结点指的是满足 $i = 1$、$i = n$、$j = 1$ 或 $j = n$ 的结点 (i, j)。在这样的网格里给定 $m \leq n^2$ 个起始结点 (x_1, y_1)，(x_2, y_2)，…，(x_m, y_m)，**逃逸问题**要做的事情是判断是否存在从这些起始结点到任意 m 个不同的边界结点之间的 m 条结点分离的路径(每条路径之间没有共同结点)。例如，在图 26-11(a)所示的网格中有一个逃逸线路，但图 26-11(b)的网格则没有逃逸线路。

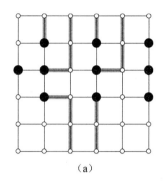 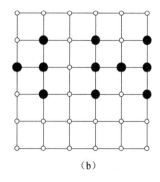

（a）　　　　　　　　　　　　　　（b）

图 26-11　用于逃逸问题的网格。黑色的点为起始结点，其他结点为白色。（a）有逃逸
　　　　线路的网格，逃逸线路上都加了阴影。（b）没有逃逸线路的网格

a. 考虑一个结点和边都有容量限制的流网络。也就是说，进入任何给定结点的正流都要
受到容量的限制。证明：在一个结点和边都有容量的流网络中确定最大流的问题可以
归约为同等规模流网络中的普通最大流问题。

b. 给出一个有效的算法来解决逃逸问题，并分析算法的运行时间。

26-2 （最小路径覆盖问题）　有向图 $G=(V,E)$ 的一个**路径覆盖**是指一个结点不相交的路径集
合 P，使得集合 V 中的每个结点恰好在 P 的一条路径上出现。路径的起始结点和终结点
可以是任意结点，也可以有任意的长度，包括 0 长度。图 G 的一个**最小路径覆盖**是一个包
含路径条数最少的路径覆盖。

a. 给出一个有效算法来找到有向无环图 $G=(V,E)$ 的一个最小路径覆盖。（提示：假定
$V=\{1,2,\cdots,n\}$，然后构建图 $G'=(V',E')$，其中
$$V'=\{x_0,x_1,\cdots,x_n\}\bigcup\{y_0,y_1,\cdots,y_n\}$$
$$E'=\{(x_0,x_i):i\in V\}\bigcup\{(y_i,y_0):i\in V\}\bigcup\{(x_i,y_j):(i,j)\in E\}$$
然后在图 G' 上运行最大流算法。）

b. 你的算法是否适用于带环路的有向图，请详细解释。

26-3 （算法咨询）　Gore 教授希望创办一家算法咨询公司。教授选出了算法中的 n 个重要子领
域（大概相当于本书的每个不同部分），并用集合 $A=\{A_1,A_2,\cdots,A_n\}$ 予以表示。在每
个子领域 A_k，教授可以用 c_k 美元聘请该领域的一位专家。咨询公司已经列出了一个潜在
工作的集合 $J=\{J_1,J_2,\cdots,J_m\}$。为了完成工作 J_i，公司需要在子领域的子集合 $R_i\subseteq A$
中聘请专家。每位专家可以同时从事多项工作。如果公司选择接受工作 J_i，则公司必须
在集合 R_i 中的所有子领域中聘请专家，同时，公司从该项目中可以收入的营业额
为 p_i 美元。

Gore 教授的工作是决定聘请哪些子领域的专家，接受哪些工作，以便使公司的净营业额
达到最高，这里净营业额指的是从工作中获得的总输入减去聘请专家的总成本的差额。

考虑下面的流网络 G。该网络包含一个源结点 s，结点 A_1，A_2，$\cdots$，A_n，结点 J_1，
J_2，$\cdots$，J_m，以及一个汇点 t。对于 $k=1,2,\cdots,n$，流网络包含一条边 (s,A_k)，其容
量为 $c(s,A_k)=c_k$，而对于 $i=1,2,\cdots,m$，流网络包含一条边 (J_i,t)，容量为
$c(J_i,t)=p_i$。对于 $k=1,2,\cdots,n$ 和 $i=1,2,\cdots,m$，如果 $A_k\in R_i$，则图 G 包含边
(A_k,J_i)，其容量为 $c(A_k,J_i)=\infty$。

a. 证明：如果对于一个有限容量的切割 (S,T)，有 $J_i\in T$，则对于每个结点 $A_k\in R_i$，有
$A_k\in T$。

760
761

b. 请说明如何从图 G 的一个最小切割的容量和给定的 p_i 值中计算公司的最大净收入。

c. 请给出一个有效算法来判断哪些工作应该接受,哪些专家应该聘请。分析算法的运行时间,并以 m、n 和 $r=\sum_{i=1}^{m}|R_i|$ 来予以表示。

26-4(最大流的更新) 设 $G=(V,E)$ 是一个源结点为 s 汇点为 t 的流网络,其容量全部为整数值。假定我们已经给定 G 的一个最大流。

a. 如果将单条边 $(u,v)\in E$ 的容量增加 1 个单位,请给出一个 $O(V+E)$ 时间的算法来对最大流进行更新。

b. 如果将单条边 $(u,v)\in E$ 的容量减少 1 个单位,请给出一个 $O(V+E)$ 时间的算法来对最大流进行更新。

26-5(使用伸缩操作来计算最大流) 设 $G=(V,E)$ 为一个源结点为 s 汇点为 t 的流网络,对于每条边 $(u,v)\in E$,其容量 $c(u,v)$ 为整数值。设 $C=\max_{(u,v)\in E}c(u,v)$。

a. 证明:图 G 的一个最小切割的容量最多为 $C|E|$。

b. 对于给定数值 K,说明如何在 $O(E)$ 时间内找到一条容量至少为 K 的增广路径,假如这样的路径存在。

使用下面的经过修改的 FORD-FULKERSON-METHOD 来计算图 G 的最大流:

MAX-FLOW-BY-SCALING(G,s,t)

```
1   C=max_{(u,v)∈E} c(u,v)
2   initialize flow f to 0
3   K=2^⌊lgC⌋
4   while K≥1
5       while there exists an augmenting path p of capacity at least K
6           augment flow f along p
7       K=K/2
8   return f
```

c. 证明:算法 MAX-FLOW-BY-SCALIING 返回的是一个最大流。

d. 证明:每次在算法第 4 行被执行时,残存网络 G_f 的一个最小切割的容量最多为 $2K|E|$。

e. 证明:对于每个数值 K,算法第 5～6 行的内部 **while** 循环执行的次数为 $O(E)$ 次。

f. 证明:算法 MAX-FLOW-BY-SCALING 可以在 $O(E^2\lg C)$ 时间内实现。

26-6(Hopcroft-Karp 二分匹配算法) 在本题中,为了找到一个二分图的最大匹配,我们将描述一个由 Hopcroft 和 Karp 提出的更快速算法。算法的运行时间为 $O(\sqrt{V}E)$。给定一个无向二分图 $G=(V,E)$,其中 $V=L\cup R$ 并且所有的边都恰好有一个端点在集合 L 中。设 M 为图 G 的一个匹配。对于图 G 中的一条简单路径 P,如果该路径的起点是 L 中一个未匹配的结点,终结点是集合 R 中一个未匹配的结点,而路径上的边交替属于 M 和 $E-M$,则称路径 P 是一条相对于 M 的增广路径(该增广路径的定义与流网络中的增广路径相关,但并不相同)。在本题中,我们将一条路径看做是一系列的边,而不是一系列的结点。一条关于匹配 M 的最短增广路径是一条包含最少边数的增广路径。

给定两个集合 A 和 B,**对称差** $A\oplus B$ 定义为 $(A-B)\cup(B-A)$,即仅在一个集合中出现的元素。

a. 证明:如果 M 是图 G 的一个匹配,P 是一条关于 M 的增广路径,则对称差 $M\oplus P$ 也是一个匹配并且 $|M\oplus P|=|M|+1$。另外,证明:如果 P_1,P_2,$\cdots$,P_k 为关于 M 的结点分离的增广路径,则对称差 $M\oplus(P_1\cup P_2\cup\cdots\cup P_k)$ 是一个基数为 $|M|+k$ 的匹配。

下面是 Hopcroft-Karp 二分匹配算法的一般结构：

HOPCROFT-KARP(G)

1　$M=\varnothing$
2　**repeat**
3　　let $\boldsymbol{\mathcal{P}}=\{P_1,P_2\cdots,P_k\}$ be a maximal set of vertex-disjoint
　　　　shortest augmenting paths with respect to M
4　　$M=M\oplus(P_1\bigcup P_2\bigcup\cdots\bigcup P_k)$
5　**until** $\boldsymbol{\mathcal{P}}==\varnothing$
6　**return** M

该问题的剩余部分要求读者分析上述算法的迭代次数（即 **repeat** 循环的迭代次数）并给出算法第 3 行的一种实现。

b. 给定图 G 的两个匹配 M 和 M^*，证明：图 $G'=(V,M\oplus M^*)$ 中的每个结点的度数最多为 2。同时证明图 G' 是由一些不相交的简单路径或环路组成。另外，试说明每条这样的简单路径或环中的边交替属于 M 和 M^*。证明：如果 $|M|\leqslant|M^*|$，则 $M\oplus M^*$ 至少包含 $|M^*|-|M|$ 条关于 M 的结点不相交的增广路径。

设 l 为关于匹配 M 的最短增广路径的长度，P_1，P_2，$\cdots$，P_k 为关于 M 的长度为 l 的结点不相交增广路径的最大集合。设 $M'=M\oplus(P_1\bigcup P_2\bigcup\cdots\bigcup P_k)$，并且假定 P 是相对于 M' 的一条最短增广路径。

c. 证明：如果路径 P 与路径 P_1，P_2，$\cdots$，P_k 之间没有共同结点，则路径 P 有多于 l 条边。

d. 现在假定路径 P 与路径 P_1，P_2，$\cdots$，P_k 之间存在共同结点。设 A 为边 $(M\oplus M')\oplus P$ 的集合。证明：$A=(P_1\bigcup P_2\bigcup\cdots\bigcup P_k)\oplus P$ 并且 $|A|\geqslant(k+1)l$。同时证明：路径 P 包含的边多于 l 条。

e. 证明：如果关于 M 的一条最短增广路径有 l 条边，则最大匹配的规模至多为 $|M|+|V|/(l+1)$。

f. 证明：Hopcroft-Karp 二分匹配算法中 **repeat** 循环的迭代次数至多为 $2\sqrt{V}$。（提示：在第 $\sqrt{V}$ 次迭代后，M 能增长多少？）

g. 给出一个 $O(E)$ 时间复杂性的算法，可以找到一个关于给定匹配 M 的结点不相交最短增广路径 P_1，P_2，$\cdots$，P_k 的最大集合。证明：算法 HOPCROFT-KARP 的总运行时间为 $O(\sqrt{V}E)$。

本章注记

Ahuja、Magnanti 和 Orlin[7]、Even[103]、Lawler[224]，Papadimitriou 和 Steiglitz[271] 和 Tarjan[330] 都是网络流及相关算法方面的很好的参考资料。Goldberg、Tardos 和 Tarjan[139] 对网络流问题的各种算法进行了概括，Schrijver[304] 则是一篇有趣的关于网络流领域的历史发展的评述。

Ford-Fulkerson 方法是由 Ford 和 Fulkerson[109] 提出的，他们首次形式化地研究了网络流领域中的诸多问题，包括最大流问题和二分匹配问题。Ford-Fulkerson 方法的许多早期实现都使用了广度优先搜索来寻找增广路径。Edmonds 和 Karp[102]、Dinic[89] 则相互独立地证明了这种策略是一种多项式时间算法。一个与此相关的使用块流（blocking flow）的思路也是由 Dinic[89] 首先提出的。Karzanov[202] 则首先提出了预流的概念。推送-重贴标签方法则归功于 Goldberg[136]、Goldberg 和 Tarjan[140]。Goldberg 和 Tarjan 给出了一个时间复杂度为 $O(V^3)$ 的算法，该算法使用一个队列来维持一个溢出结点的集合，他们同时还给出了一个使用动态树的算法，其运行时

764

间为 $O(VE \lg(V^2/E+2))$。其他一些研究人员则发明了基于推送-重贴标签操作的最大流算法。Ahuja 和 Orlin[9] 和 Ahuja、Orlin 和 Tarjan[10] 给出了使用伸缩操作来计算最大流的算法。Cheriyan 和 Maheshwari[62] 提出了将高度最大的溢出结点的流量推送出来的思想。Cheriyan 和 Hagerup[61] 提出了对邻接链表进行随机排列的想法，一些研究者[14, 204, 276] 则基于这一思想开发了更为聪明的去随机化操作，从而获得一系列更快的算法。King、Rao 和 Tarjan[204] 所描述的算法是这种算法中最快的，其运行时间为 $O(VE \log_{E/(V \lg V)} V)$。

到目前为止，在渐近意义上表现最快的最大流问题算法由 Goldberg 和 Rao[138] 所提出，其运行时间为 $O(\min(V^{2/3}, E^{1/2}) E \lg(V^2/E+2) \lg C)$，这里 $C = \max_{(u,v) \in E} c(u, v)$。该算法不使用推送-重贴标签方法，而是基于对块流的寻找。以前所有的最大流算法，包括本章所讨论的算法，都使用了距离的概念（推送-重贴标签算法使用了一个类似概念：高度），在这些算法中，每条边的隐含长度都为 1。而 Goldberg 和 Rao[138] 所提出的新算法采取了一种不同的思路，将高容量边的长度赋予 0 值，将低容量边的长度赋予 1 值。非形式化地，根据这些长度，从源结点到汇点的最短路径更可能拥有高容量，这意味着算法需要执行的迭代次数将较少。

在实际情况中，在基于增广路径或线性规划的最大流问题的解中，推送-重贴标签算法占据了主导地位。Cherkassky 和 Goldberg[63] 给出的研究说明了在实现推送-重贴标签算法时使用启发式操作的重要性。该文章提到了两种启发式操作：第一个启发式操作是在残存网络中周期性地执行广度优先搜索来获取更加精确的高度值；第二个启发式操作是所谓的跨越式启发，该启发式操作在练习 26.5-5 中进行了描述。Cherkassky 和 Goldberg 断定，最好的推送-重贴标签算法的变体是每次都选择释放高度值最大的溢出结点。

到目前为止，最好的解决最大二分匹配问题的算法是由 Hopcroft 和 Karp[176] 所发现，其运行时间为 $O(\sqrt{V}E)$，该算法在思考题 26-6 中有描述。Lovász 和 Plummer[239] 则是匹配问题方面非常好的参考书。

第七部分

Introduction to Algorithms, Third Edition

算法问题选编

这一部分中包含了一些选编的算法问题，扩展和补充了本书中前面介绍的内容。一些章节介绍新的计算模型，如电路或者并行计算机。其他的一些章节讨论一些特殊的领域，如计算几何学或者数论。最后两章讨论设计高效算法的一些已知的局限，并介绍一些应对这些局限的方法。

第 27 章给出一种基于动态多线程的并行计算模型。该章首先介绍该模型的基本理论，展示如何通过工作量和持续时间来量化并行性。然后讨论了几种非常有趣的多线程算法，包括矩阵相乘和归并排序。

第 28 章研究矩阵上操作的高效算法。该章中展示两种一般的方法——LU 分解和 LUP 分解——通过高斯消元法在 $O(n^3)$ 时间内求解线性方程组。此外，还证明矩阵求逆、矩阵乘法可以在同样的时间复杂度内完成。该章最后说明当一个线性方程组没有精确解时，如何计算最小二乘的近似解。

第 29 章研究线性规划，其中在给定有限资源和竞争约束的前提下，我们希望能够最大化或者最小化一个目标。线性规划问题产生于多种实际应用领域。这一章中涵盖如何形式化和解决线性规划问题的内容。介绍的方法包括最古老的线性规划算法——单纯形算法。和本书中很多算法不同的是，单纯形算法在最坏情形下并不能在多项式时间内完成，但是在实践中它相当有效并且得到了广泛的应用。

第 30 章研究多项式上的操作，并展示如何采用众所周知的信号处理技术——快速傅里叶变换（FFT）——在 $O(n \lg n)$ 时间内完成两个次数为 n 的多项式的乘法。该章中还讨论了 FFT 的高效实现方法，包括并行电路。

第 31 章展示整数数论算法。在回顾了初等数论以后，本章介绍了计算最大公约数的欧几里得算法，接着给出了求解模线性方程和计算一个整数的幂模另外一个整数的算法。本章还介绍了数论算法的一个重要应用：RSA 公钥加密系统。这个加密系统不仅能够用来加密消息，以使攻击者不能阅读消息，而且还能够提供数字签名。接着，本章展示了 Miller-Rabin 随机性素数测试，应用它可以非常高效地找到大素数。最后，本章介绍了 Pollard 提出的分解整数的"rho"启发式算法，并讨论了整数因子分解研究的现状。

第 32 章研究了一个在文本编辑程序中经常出现的问题：在给定的文本字符串中，找到一个给定模式字符串的所有出现位置。在讨论朴素方法后，本章展示了 Rabin 和 Karp 的一种很优美的方法。然后，在考察了一个基于有限自动机的高效解决方法以后，论述 Knuth-Morris-Pratt 算法，它通过巧妙的预先处理模式，修改了基于自动机的算法以节省空间。

第 33 章讨论计算几何中的一些问题。在讨论了计算几何的基本性质后，本章展示了如何采用一种"扫除"方法来高效判断一组线段是否有交点。两种找到一些点集合凸包的非常聪明的算法(Graham 扫描算法和 Jarvis 步进算法)也都说明了扫除方法的作用。本章最后，介绍了从平面中一些给定点集合中找到最邻近点对的有效算法。

第 34 章讨论 NP 完全问题。很多有趣的计算问题都是 NP 完全的，但是至今还没有解决这一问题的多项式时间算法。本章展示了判别一个问题是 NP 完全的问题技术。许多经典的问题被证明是 NP 完全的：判别一个图是否有一个哈密顿环，判别一个布尔表达式是否是可满足的，以及判别一个给定的整数集合是否存在一个子集，其元素之和等于给定的目标值。本章还证明了著名的旅行商问题是 NP 完全的。

第 35 章说明如何运用近似算法有效地找到 NP 完全问题的近似解。对于一些 NP 完全问题，接近最优解的近似解很容易找到，但是对于其他一些 NP 完全问题，即使使用已知的最好的近似算法，其性能也随着问题规模的增加而明显降低。本章介绍了这样一种可能性：对于一些问题，我们增加计算时间，就可能获得更好的近似解。本章通过讨论顶点覆盖问题(有权重和没有权重的情形)、3-CNF 可满足性的一个优化版本、旅行商问题、集合覆盖问题，以及子集和问题，阐述了这种可能性。

多线程算法

本书中绝大多数算法都是适合单处理器计算机上运行的**串行算法**（serial algorithm），即在任一时刻仅有一条指令被执行。本章我们将扩展算法模型，讨论**并行算法**（parallel algorithm）。并行算法能够在多处理器计算机上运行，并且允许多条指令同时执行。特别地，我们将探讨动态多线程算法的完美模型，它适合算法的设计和分析，并且能在实际应用中有效实现。

并行计算机（即拥有多个处理单元的计算机）已经越来越普遍，它们的价格和性能差异非常大。相对便宜的台式机和笔记本电脑中的**片上多处理器**（chip multiprocessor）都包含一块**多核**（multicore）的集成电路芯片，该芯片上装有多个处理"核"，每个核是一个完整的处理器并能访问共同的存储器。性价比适中的是一些单计算机（常常是一些简易的 PC 类机器）构成的集群，它们使用特定网络互连起来。价格最高的是超级计算机，它们大多使用定制的体系结构和定制的网络来提供高性能（每秒运行的指令条数）。

多处理器计算机已经以各种形式出现了数十年。在计算机科学发展的早期，虽然计算界为串行计算建立了随机存取的机器模型，然而对于并行计算，却没有任何单一模型被广泛认可。主要原因是，各个供应商在并行计算机的体系结构模型上还没有一致的意见。例如，一些并行计算机具有**共享存储**（shared memory）的特征，其中每个处理器都可以直接访问存储器的任何位置。另一些并行计算机则采用**分布式存储**（distributed memory），此时每个处理器的存储器是私有的，为了使一个处理器能访问另一个处理器的存储器，必须在处理器间发送一条显式消息。但随着多核技术的出现，现在每台新的笔记本电脑和台式机器都是一个共享存储的并行计算机，看起来似乎朝共享存储的多处理器方向发展。尽管这尚需一些时间来验证，但在本章中，我们介绍这种技术。

片上多处理器和其他共享存储并行计算机的编程都有一个共同之处，就是使用**静态线程**（static threading）。静态线程提供了一个"虚拟处理器"的软件抽象，即**线程**（thread），这些线程共享一个相同的存储器。每个线程维护一个关联的程序计数器，并能与其他线程相互独立地执行代码。操作系统加载一个线程到处理器上执行，并且在其他的线程需要运行时再把它交换出来。虽然操作系统允许程序员去创建和销毁线程，但这些操作相对较慢。因此，对于大多数应用，线程在计算期间都维持着，这是称之为"静态的"原因。

遗憾的是，共享存储并行计算机上直接使用静态线程编程比较困难并且容易出错。其中一个原因是，在线程间动态地划分任务使得每个线程接受大致相同的负载，这已成为一项较为复杂的工作。除了最简单的应用之外，程序员必须使用复杂的通信协议来实现一个任务的负载平衡调度。这种状况促使了**并发平台**（concurrency platform）的产生，它提供一个软件层来协调、调度和管理这些并行计算资源。一些并发平台作为运行时库来建立，而另一些则提供带有编译器和运行时支持的完整的并行语言。

动态多线程编程

动态多线程（dynamic multithreading）是一类重要的并发平台，也是本章将采用的模型。在动态多线程中，程序员只需描述应用中的并行性，不必关心通信协议、负载平衡和静态线程编程的其他各种问题。这种并发平台包含一个调度器，它能自动地进行负载平衡计算，大大减轻了程序员的负担。虽然动态多线程领域仍在发展，但它们几乎都支持两个特征：嵌套并行和并行循环。嵌套并行允许派生一个子过程，且允许派生的子过程在计算自己结果的同时调用者继续执行。并行循环如同普通的 **for** 循环一样，只是因循环中的迭代可以并发执行而有所不同。

这两个特征形成了本章将介绍的动态多线程模型的基础。这个模型的一个关键方面是，程序员只需指定计算中的逻辑并行、基础并发平台上的线程调度和线程间计算的负载平衡。我们将探讨该模型上的多线程算法，以及基础并发平台如何有效地调度计算。

动态多线程模型具有如下几个重要的优点：

- 它是串行编程模型的一个简单扩展。通过在伪代码中加入三个"并发"关键词（parallel、spawn 和 sync）来描述一个多线程算法。此外，如果从多线程伪代码中删除这些并发关键词，剩下的文本就是原问题的串行伪代码，我们称之为多线程算法的"串行化"。
- 它从理论上提供了一种基于"工作量"和"持续时间"概念的简洁方式来量化并行性。
- 许多涉及嵌套并行的多线程算法都比较自然地服从分治模式。此外，正如串行分治算法通过求解递归式来分析那样，这类多线程算法的分析也是如此。
- 该模型符合并行计算发展的实际情况。越来越多的并发平台支持动态多线程的一种形式或其他形式，包括 Cilk[51，118]、Cilk++[71]、OpenMP[59]、Task Parallel Library [230]，以及 Threading Building Blocks[292]。

27.1 节介绍动态多线程模型，并提出工作量、持续时间和并行度的度量标准，它们将用于分析多线程算法。27.2 节探讨如何使用多线程进行矩阵相乘。27.3 节讨论稍难些的多线程归并排序问题。

27.1 动态多线程基础

以递归计算斐波那契数为例，开始对动态多线程的探讨。回想一下，斐波那契数是由递归式（3.22）来定义的：

$$F_0 = 0$$
$$F_1 = 1$$
$$F_i = F_{i-1} + F_{i-2}, \quad i \geqslant 2$$

这是一个简单的、递归的串行算法，用于计算第 n 个斐波那契数。

FIB(n)

1 **if** $n \leqslant 1$
2   **return** n
3 **else** $x = \text{FIB}(n-1)$
4      $y = \text{FIB}(n-2)$
5   **return** $x+y$

读者应该并不想使用这种方法来计算较大的斐波那契数，因为这种方法做了很多重复的工作。图 27-1 展示了计算 F_6 时的递归过程实例树。例如，对 FIB(6)的调用会递归调用 FIB(5)，然后再调用 FIB(4)。但是，调用 FIB(5)又导致对 FIB(4)的调用。两个 FIB(4)实例都返回相同的计算结果（$F_4=3$）。因为 FIB 调用过程并不做保存，第二次 FIB(4)的调用重复做了第一次调用的工作。

设 $T(n)$ 表示 FIB(n)的运行时间。因为 FIB(n)包含两个递归调用，再加一项常数时间的其他工作，于是得到递归式：

$$T(n) = T(n-1) + T(n-2) + \Theta(1)$$

用替代法得到，递归式的解 $T(n)=\Theta(F_n)$。对于归纳假设，$T(n) \leqslant aF_n - b$，其中 $a>1$，$b>0$ 且都是常数。代入后，得到：

$$T(n) \leqslant (aF_{n-1} - b) + (aF_{n-2} - b) + \Theta(1) = a(F_{n-1} + F_{n-2}) - 2b + \Theta(1)$$

$$=aF_n - b - (b - \Theta(1)) \leqslant aF_n - b$$

取 b 足够大，大于 $\Theta(1)$ 所决定的常数。再取一个足够大的 a，满足初始条件。于是，由公式(3.25)得到分析界

$$T(n) = \Theta(\phi^n) \tag{27.1}$$

这里 $\phi = (1+\sqrt{5})/2$ 是黄金分割率。由于 F_n 以 n 指数增长，这个过程用来计算斐波那契数是个相当慢的方法。（更快的方法见思考题 31-3。）

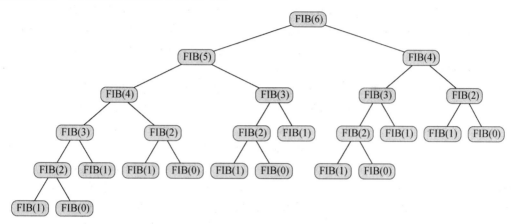

图 27-1　计算 FIB(6) 时递归计算过程的实例树。每个有相同参数的 FIB 实例，都做一样的工作并产生一样的结果，这是一个低效但有趣的计算斐波那契数的方法

　　尽管 FIB 过程不是一个计算斐波那契数的好方法，却是在多线程算法分析中说明关键概念的一个好例子。注意到 FIB(n) 中，第 3 行和第 4 行分别调用了两个递归函数 FIB($n-1$) 和 FIB($n-2$)，这两个递归函数是彼此独立的：它们能以两种次序中的一种被调用，并且调用进行的计算并不会影响到另一个。因此，这两个递归调用可以并行执行。

　　通过在伪代码中加入并发关键字 **spawn** 和 **sync** 来表示并行性。下面说明如何使用动态多线程来重写 FIB 过程：

P-FIB(n)
1　**if** $n \leqslant 1$
2　　　**return** n
3　**else** $x =$ **spawn** P-FIB($n-1$)
4　　　$y =$ P-FIB($n-2$)
5　　　**sync**
6　　　**return** $x+y$

注意到，如果从 P-FIB 中去掉并发关键字 **spawn** 和 **sync**，得到的伪代码和 FIB 完全相同（除了开头的函数名和两个递归调用需重命名外）。定义一个多线程算法的**串行化**（serialization）为去除掉多线程关键字 **spawn**、**sync** 和并行循环的 **parallel** 后的串行部分。实际上，多线程伪代码具有很好的特性，其串行化总是求解原问题的普通串行伪代码。

　　如在第 3 行中，当关键字 **spawn** 执行一个过程调用时，就出现了嵌套并行。**spawn** 的语义不同于传统的过程调用，执行调用 **spawn** 的过程（即父进程）可以与派生子过程（即子进程）并行执行，而不是像串行执行一样等待子过程计算完。这种情况下，派生子进程计算 P-FIB($n-1$) 的同时，父进程以并行方式可以继续计算第 4 行中的 P-FIB($n-2$)。因为 P-FIB 过程是递归的，这两个子过程调用自己又产生了嵌套并行，它们派生的子过程也是如此，因此产生了一个潜在的、非常大的子计算树，所有计算都能并行执行。

但是，关键字 **spawn** 并不意味着一个过程调用必须要与其派生子过程同时执行，这里只是允许这样。并发关键字表达了计算的**逻辑并行**(logical parallelism)，说明了计算中哪些部分可以并行处理。运行时由一个**调度器**(scheduler)负责，随着计算的展开决定哪些子计算实际并发执行，并将它们分配到可用的处理器上。接下来，我们将讨论调度器背后的知识。

直到执行了 **sync** 同步语句(见第 5 行)，一个过程才能安全地使用其派生子过程的返回值。关键字 **sync** 表明，过程在执行 **sync** 后面的语句前，必须等到它的所有派生子过程计算完成。在 P-FIB 过程中，在第 6 行 return 语句前需要有一个 **sync** 语句来避免不正常情况的出现，比如，在 x 被计算出来前就开始计算 x 与 y 的和。除了使用 **sync** 语句进行显式同步外，每个过程在返回前都隐式地执行一个 **sync** 语句，以此确保其所有的子过程均结束运行。

多线程执行的模型

将**多线程计算**(可由处理器执行的运行时指令的集合，代表多线程程序)看成一个有向无环图 $G=(V, E)$，又称为**计算有向无环图**(computation dag)，是非常有帮助的。例如，图 27-2 展示了对应于 P-FIB(4) 的计算有向无环图。从概念上讲，V 中的顶点代表指令，E 中的边代表指令间的依赖关系，其中 $(u, v) \in E$ 表示指令 u 必须在 v 之前执行。然而为了方便起见，如果一段指令中不包含并行控制(即没有 **spawn**、**sync** 和来自派生进程的 **return**，这种 **return** 是显式 **return** 语句，或是程序执行完毕后隐式执行的 **return**)，可以将它们串成一个**链**(strand)，这样每个链可以代表一个或者更多的指令。涉及并行控制的指令并不包含在链中，但它们会在有向无环图中被表示出来。例如，如果一个链有两个后继，则其中一个肯定是派生的；如果一个链有多个前驱，就表明由于有 **sync** 语句而将这些前驱汇合在一起。因此，在一般情况下，集合 V 就是链的集合，有向边集合 E 是由并行控制产生的链之间的关联。如果 G 有一条从链 u 到链 v 的有向路径，我们称这两个链是(逻辑上)**串联的**(in series)。否则，链 u 和链 v 是(逻辑上)**并联的** (in parallel)。

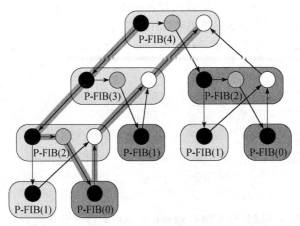

图 27-2　一个表示 P-FIB(4) 计算的有向无环图。每个圈代表一个链，黑圈代表基础情形⊖或是到第 3 行 P-FIB($n-1$) 派生语句前的部分程序(实例)；灰圈代表第 4 行调用 P-FIB ($n-2$) 到第 5 行 **sync** 前的部分程序，它执行完后一直要等待派生 P-FIB($n-1$) 的返回；白圈代表 **sync** 指令之后的程序，也就是 x 和 y 求和直到返回结果那部分。属于同一过程的一组链用圆角矩形圈起来，浅色阴影代表派生的过程，深色阴影代表调用的过程。派生边和调用边指向下，连接边水平指向右，返回边指向上。假设每条链的执行是 1 个单位时间，整个工作需要 17 个单位时间，因为这里有 17 个链。持续时间是 8 个单位时间，因为关键路径(使用阴影标出的边)包含了 8 个链

⊖　基础情形也就是问题实例的边界情形，如问题规模为 0 或 1 时。——译者注

能将多线程计算画成一个由链构成的有向图，并嵌入到一棵过程实例树中。例如，图 27-1
显示了 P-FIB(6) 的一棵过程实例树，其图中并没有显示链的详细结构。图 27-2 对树中的结点部
分进行了放大，显示了链中各个过程的组成。所有连接链的有向边或者在一个过程内执行，或者
沿着过程树的无向边执行。

我们能对一个计算有向无环图中的边进行分类，来表示不同链之间的依赖关系类型。图 27-2
中水平画出的一条**连接边**(continuation edge)(u, u') 将链 u 连接到它的后继 u' 上，它们在同一个
过程实例内。当链 u 派生链 v 时，有向无环图包含一条**派生边**(spawn edge)(u, v)，它在图中指
向下。**调用边**(call edge) 代表正常的过程调用，其也指向下。链 u 派生链 v 与链 u 调用链 v 不同，
因为派生导出一条从 u 到链 u' 的水平连接边，意味着 u' 可以和 v 同时执行，然而一个函数调用
却没有这条边。当一个链 u 返回到它的调用函数时，在函数调用过程中，链 x 是紧随在 **sync** 之
后的链，计算有向无环图中包含**返回边**(return edge)(u, x)，它的方向是向上的。计算开始于**初
始链**(initial strand)(图 27-2 中标为 P-FIB(4) 的黑色顶点)，且终止于**结束链**(final strand)(图 27-2
中标为 P-FIB(4) 的白色顶点)。

778

我们将会在一个理想并行计算机上研究多线程算法的执行，它包含一组处理器和**串行一致**
(sequentially consistent) 的共享存储器。串行一致意味着共享存储器可能在实际中同时执行多条
处理器的读和写指令，执行的结果与每一步中只有一个处理器的一条指令被执行的结果一样。
也就是说，存储器的行为就好像每条指令按照某种全局的线性次序以串行方式被执行，这种全
局次序维护着每个处理器产生的自身指令的次序。对于动态多线程计算，它是由并发平台自动
将指令调度到各个处理器上的。共享存储器的行为像是把多线程计算的指令交错地产生一个线
性次序，来实现计算有向无环图的一个偏序。程序的一次执行次序可以不同于另一次的执行次
序，这取决于调度。但是通过假定执行的某种线性次序与计算有向无环图一致，可以理解任意一
次执行的行为。

除了引入关于语义的假设，理想并行计算机模型还引入了一些性能假设。特别地，要假设这
种并行机中的每个处理器拥有同等的计算能力，并且忽略调度的开销。尽管最后一个假设听起
来过于乐观，实际上对于拥有充分的"并行度"(随后给出这个术语的精确定义)的算法，任务调度
的开销是十分小的。

性能度量

可以使用两种衡量标准来度量多线程算法的理论效率：工作量(work)和持续时间(span)。多
线程计算的工作量是指在一个处理器上执行整个计算的总时间。换句话说，工作量就是每个链
消耗时间的总和。如果计算有向无环图中的每个链耗费单位时间，那么工作量正是图中的顶点
数。持续时间则是计算有向无环图中沿着任意一条路径链的最长执行时间。同样，如果计算有向
无环图中每个链耗费单位时间，持续时间就是图中最长的路径或关键路径中的顶点数。(回想在
24.2 节中，可以在 $\Theta(V+E)$ 时间内在图 $G=(V, E)$ 中找到一条关键路径。)例如，图 27-2 计算有
向无环图中，总共有 17 个顶点且关键路径上有 8 个顶点，如果每个链耗费单位时间，则工作量
是 17 个单位时间，持续时间是 8 个单位时间。

779

一个多线程计算的实际运行时间不仅取决于其工作量和持续时间，也取决于有多少可用的
处理器数以及调度器如何对链进行处理器分配。为了表示多线程计算在 P 个处理器上的运行时
间，我们将用 P 作下标。例如，我们用 T_P 表示一个算法在 P 个处理器上的运行时间。工作量是
单个处理器上的运行时间，即 T_1。如果每个链都拥有自己的处理器(换句话说，也就是有无限多
的处理器)，此时的运行时间就是持续时间。于是用 T_∞ 来表示持续时间。

工作量和持续时间为 P 个处理器上的一个多线程计算提供了下界：

- 对于一个计算步，一台有 P 个处理器的理想并行计算机最多能做 P 个单位工作量，所以

在 T_P 时间内最多能做 PT_P 的工作量。因为要做的总工作量是 T_1，于是有 $PT_P \geqslant T_1$。两边都除以 P 后，就得到**工作量定律**（work law）：

$$T_P \geqslant T_1/P \tag{27.2}$$

- 一台有 P 个处理器的理想并行计算机不可能快于一台有无限个处理器的机器。从另一种方式看，一台有无限个处理器的机器可以只使用其中的 P 个处理器来模拟一台有 P 个处理器的计算机。因此，得到下面的**持续时间定律**（span law）：

$$T_P \geqslant T_\infty \tag{27.3}$$

用 T_1/T_P 来定义在 P 个处理器上进行计算的**加速比**（speedup），它表明在 P 个处理器上进行计算比在 1 个处理器上快了多少倍。根据工作量定律，有 $T_P \geqslant T_1/P$，即 $T_1/T_P \leqslant P$。因此，P 个处理器上的加速比至多为 P。当加速比随着处理器的数目线性增长（即 $T_1/T_P = \Theta(P)$）时，计算表现为**线性加速**（linear speedup）。当 $T_1/T_P = P$ 时，就是**完美线性加速**（perfect linear speedup）。

工作量与持续时间之比 T_1/T_∞ 给出了多线程计算的**并行度**（parallelism）。我们可以从三个角度来诠释并行度。作为一个比值，并行度表示沿着关键路径每一步可被并行执行的平均合计工作量。作为一个上界，并行度给出了最大的可能加速比，这是在任何数目的处理器上所能达到的。最后，也许是最重要的，并行度给出了获得完美线性加速的一个限制。具体地讲，一旦处理器数目超过了并行度，计算就不可能达到完美线性加速。为了明白最后一点，假设 $P > T_1/T_\infty$，此时由持续时间定律可以推得，加速比满足 $T_1/T_P \leqslant T_1/T_\infty < P$。此外，如果理想计算机中的处理器数 P 远远超过了并行度，即 $P \gg T_1/T_\infty$，那么就有 $T_1/T_P \ll P$，所以加速比会远小于处理器的数目。换句话说，我们使用超出并行度越多的处理器数目，加速比就会越不完美。

作为一个例子，考虑图 27-2 中的 P-FIB(4) 计算，假设每个链耗费单位时间。工作量为 $T_1 = 17$，持续时间为 $T_\infty = 8$，并行度是 $T_1/T_\infty = 17/8 = 2.125$。所以，不论使用多少个处理器，要达到加速比的翻番及更多都是不可能的。然而，对于更大的输入规模，我们将会看到 P-FIB(n) 展示出更大的并行度。

对于一台有 P 个处理器的理想计算机上执行的一个多线程计算，定义（并行）**松弛度**（slackness）为 $(T_1/T_\infty)/P = T_1/(PT_\infty)$，这是一个有关计算并行度超出机器中处理器数目的因子。因此，如果松弛度小于 1，就得不到完美线性加速，这是因为 $T_1/(PT_\infty) < 1$，且由持续时间定律知，P 个处理器上的加速比满足 $T_1/T_P \leqslant T_1/T_\infty < P$。实际上，随着松弛度从 1 降到 0，加速比越来越远离完美线性加速。然而，如果松弛度大于 1，每个处理器就有工作量方面的要求。后面我们将看到，随着松弛度从 1 开始继续增加，一个好的调度器可以使算法的加速比越来越接近完美线性加速。

调度

好的性能并不仅仅取决于减少工作量和持续时间，还有其他更多因素。链也要被有效地调度到并行机的各个处理器上。多线程编程模型并没有指定链到哪些处理器上执行。然而，可以依靠并发平台的调度器动态地将展开的计算映射到各个处理器上。在实际操作中，调度器将这些链映射为一些静态线程，操作系统再调度这些线程到各个处理器上执行，但对于调度的理解可以不考虑这一额外的间接层面。我们可以认为并发平台的调度器直接将这些链映射到处理器上。

多线程调度器必须在事先不知道何时链被派生和结束的情况下来进行调度计算，它必须是**在线**（on-line）的。此外，一个好的调度器能以分布式方式工作，其中实现调度器的线程协助计算中的负载平衡。已有一些好的在线分布式调度器，但分析它们十分复杂。

然而，为了使分析简单些，我们将探讨一个在线**集中式**（centralized）调度器，它知道任何给定时刻计算的全局状态。特别地，我们要分析**贪心调度器**(greedy scheduler)，它们在每个时间步内尽可能地分配更多的链到处理器上。如果在一个时间步内有至少 P 个链准备执行，我们称该时间步为**完全步**(complete step)，贪心调度器就是分配任何准备好的 P 个链到处理器上。如果少于 P 个链准备执行，此时称该时间步是一个**非完全步**(incomplete step)，并且调度器将每个准备好的链分配到其所在的处理器上。

由工作量定律，在 P 个处理器上希望的最优运行时间是 $T_P = T_1/P$。再由持续时间定律，希望的最好运行时间是 $T_P = T_\infty$。下面的定理证明了贪心调度是好的，其得到的运行时间上界是这两个下界的和。

定理 27.1 在有 P 个处理器的理想计算机上，贪心调度器执行一个工作量为 T_1 和持续时间为 T_∞ 的多线程计算的运行时间为：

$$T_P \leqslant T_1/P + T_\infty \tag{27.4}$$

证明 从完全步开始考虑。在每个完全步中，P 个处理器合计要执行 P 个工作量。现在用反证法，假设完全步数严格大于 $\lfloor T_1/P \rfloor$。那么，这些完全步的总工作量至少为：

$$P \cdot (\lfloor T_1/P \rfloor + 1) = P \lfloor T_1/P \rfloor + P$$
$$= T_1 - (T_1 \bmod P) + P \quad （根据公式(3.8)）$$
$$> T_1 \quad （根据不等式(3.9)）$$

因此，P 个处理器的工作量超过了计算需要的工作量，产生矛盾。于是得到完全步数至多为 $\lfloor T_1/P \rfloor$ 的结论。

现在，考虑非完全步。用 G 代表整个计算的有向无环图，不失一般性，假设每个链耗费单位时间。（可以用一串单位时间的链来替代每个较长时间的链。）用 G' 代表在非完全步开始时仍要执行的 G 的子图，G'' 代表在非完全步结束后其余要执行的子图。一条有向无环图中的最长路径必须是从一个入度为 0 的顶点开始的。由于贪心调度器中的非完全步执行了图 G' 中所有入度为 0 的链，G'' 中的最长路径长度一定比 G' 中的最长路径长度小 1。换句话说，一个非完全步使未执行的有向无环图的持续时间减小了 1。因此非完全步的数目至多为 T_∞。

因为每个时间步或是完全的或是非完全的，所以定理成立。 ∎ 〔782〕

以下是从定理 27.1 得到的推论，表明贪心调度器的性能总是很好。

推论 27.2 对于一台有 P 个处理器的理想并行计算机，使用贪心调度器调度的任何多线程计算的运行时间 T_P 都在最优时间的 2 倍以内。

证明 设 T_P^* 是一个由最优调度器在 P 个处理器的计算机上产生的最短时间，T_1 和 T_∞ 分别是工作量和持续时间。根据工作量和持续时间定律，即不等式(27.2)和(27.3)，可以得到 $T_P^* \geqslant \max(T_1/P, T_\infty)$，由定理 27.1 推得，

$$T_P \leqslant T_1/P + T_\infty \leqslant 2 \cdot \max(T_1/P, T_\infty) \leqslant 2T_P^* \qquad ∎$$

事实上，接下来的一个推论表明，随着松弛度的增长，对于任何多线程计算，贪心调度器可以达到近完美线性加速。

推论 27.3 设 T_P 是一个贪心调度器在 P 个处理器的理想并行计算机上调度多线程计算所产生的运行时间，T_1 和 T_∞ 分别是计算的工作量和持续时间。如果 $P \ll (T_1/T_\infty)$，则有 $T_P \approx T_1/P$，或等价地，一个接近 P 的加速比。

证明 如果假设 $P \ll T_1/T_\infty$，那么也有 $T_\infty \ll T_1/P$，因此根据定理 27.1 可以得到 $T_P \leqslant T_1/P + T_\infty \approx T_1/P$。又由工作量定律(27.2)得出 $T_P \geqslant T_1/P$，因此，我们有结论 $T_P \approx T_1/P$，或等价地，加速比是 $T_1/T_P \approx P$。 ∎

符号"$\ll$"意为"远小于"，但"远小于"是小多少呢？根据经验，松弛度 10 以上（即并行工作量

10 倍于处理器数及以上)一般可以达到好的加速比。此外,不等式(27.4)的贪心界中持续时间项小于每个处理器工作量的 10%,这适用于大多数应用场合。例如,如果一个计算只运行在 10 个或者 100 个处理器上,说并行度 1 000 000 大于 10 000 甚至是 100 的倍数差异,都是没有什么意义的。正如思考题 27-2 所示,有时候通过降低过度并行度的方法,可以得到考虑其他因素的更好算法,在合理数量的处理器上有较好的加速性能。

多线程算法的分析

现在有了多线程算法分析需要的所有工具,并有了不同处理器数目上的一些好的时间界。工作量的分析相对直观,因为它并不比分析一个普通的串行算法(即将多线程算法串行化)运行时间多做些什么,读者应该已经很熟悉了,因为本书大部分内容都是关于这些内容的!分析持续时间更有趣些,但是只要你掌握了,一般就不太难。下面用 P-FIB 程序来探讨该基本思想。

分析 P-FIB(n) 的工作量 $T_1(n)$ 没有任何困难,因为前面已经做过这个工作。P-FIB 的源程序本质上就是 FIB 的串行化版本,所以由等式(27.1),得到 $T_1(n) = T(n) = \Theta(\phi^n)$。

图 27-3 展示了如何分析持续时间。如果两个子计算是串行连接的,它们的持续时间相加就形成了混合计算的持续时间;而如果它们是并行连接的,混合计算的持续时间就是这两个子计算中持续时间最大的。对于 P-FIB(n),第 3 行中的派生调用 P-FIB$(n-1)$ 与第 4 行中的调用 P-FIB$(n-2)$ 并行执行。因此,可以将 P-FIB(n) 的持续时间表示为

$$T_\infty(n) = \max(T_\infty(n-1), T_\infty(n-2)) + \Theta(1)$$
$$= T_\infty(n-1) + \Theta(1)$$

解之可得 $T_\infty(n) = \Theta(n)$。

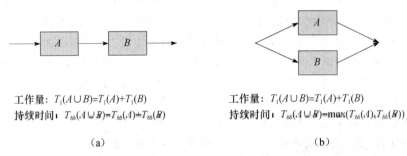

工作量: $T_1(A \cup B) = T_1(A) + T_1(B)$
持续时间: $T_\infty(A \cup B) = T_\infty(A) + T_\infty(B)$

(a)

工作量: $T_1(A \cup B) = T_1(A) + T_1(B)$
持续时间: $T_\infty(A \cup B) = \max(T_\infty(A), T_\infty(B))$

(b)

图 27-3 混合子计算的工作量和持续时间。(a)当两个子计算串行连接时,混合计算的工作量就是它们的工作量之和,持续时间是它们的持续时间之和。(b)当两个子计算并行连接时,混合计算的工作量虽是它们的工作量之和,但持续时间只是它们持续时间的最大值

P-FIB(n) 的并行度是 $T_1(n)/T_\infty(n) = \Theta(\phi^n/n)$,随着 n 变大,它增加得非常快。因此,即使在一个最大规模的并行计算机上,一个适当的 n 对于 P-FIB(n) 计算足以提供接近完美的线性加速,因为这个程序有着可观的并行松弛度。

并行循环

许多算法都包含循环,循环中的所有迭代能被并行执行。后面将会看到,使用 **spawn** 和 **sync** 关键字并行化这些循环,可以很方便地直接标注使得这些循环并发执行的迭代。利用 **parellel** 并发关键字,伪代码通过在 **for** 循环语句的 **for** 关键词前添加 **parallel** 来实现这个功能。

作为一个例子,考虑一个 $n \times n$ 阶的矩阵 $A = (a_{ij})$ 乘以一个 n 维向量 $x = (x_j)$,结果 n 维向量 $y = (y_i)$ 可用下式得到:

$$y_i = \sum_{j=1}^{n} a_{ij} x_j, i = 1, 2, \cdots, n$$

并行计算 y 的所有项来实现矩阵和向量相乘,具体如下:

```
MAT-VEC(A, x)
1   n = A.rows
2   let y be a new vector of length n
3   parallel for i = 1 to n
4       y_i = 0
5   parallel for i = 1 to n
6       for j = 1 to n
7           y_i = y_i + a_{ij}x_j
8   return y
```

在这段代码中，第 3 行和第 5 行中关键字 **parallel for** 表示各自循环的每个迭代都可以并发执行。编译器可以像分治子程序一样，使用嵌套并行来实现每个 **parallel for** 循环。例如，第 5~7 行中的 **parallel for** 循环可以调用 MAT-VEC-MAIN-LOOP(A, x, y, n, 1, n) 来实现，其中编译器产生如下的辅助子过程 MAT-VEC-MAIN-LOOP： 785

```
MAT-VEC-MAIN-LOOP(A, x, y, n, i, i')
1   if i == i'
2       for j = 1 to n
3           y_i = y_i + a_{ij}x_j
4   else mid = ⌊(i+i')/2⌋
5       spawn MAT-VEC-MAIN-LOOP(A, x, y, n, i, mid)
6       MAT-VEC-MAIN-LOOP(A, x, y, n, mid+1, i')
7       sync
```

这个代码递归地派生要执行循环的前一半迭代，同时并行地执行后一半迭代，然后执行一个 **sync**，从而创建一棵执行二叉树，树中的叶结点是各个循环迭代，如图 27-4 所示。

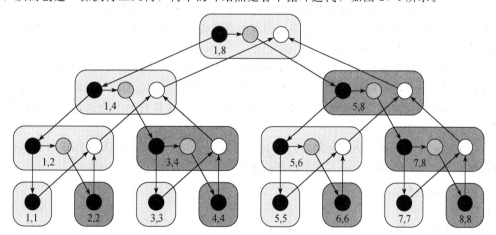

图 27-4　一个有向无环图表示 MAT-VEC-MAIN-LOOP(A, x, y, 8, 1, 8) 的计算。每个圆角矩形中的两个数字是过程调用(派生调用或普通调用)中最后两个参数的值(程序头中的 i 和 i')。黑圈代表链，这些链对应的或是基础情形或是直到第 5 行中派生过程 MAT-VEC-MAIN-LOOP 的程序段；灰圈代表链，这些链对应的是从第 6 行中的调用 MAT-VEC-MAIN-LOOP 直到第 7 行中的 **sync** 关键字前的那一部分程序，它们在第 5 行中派生子进程返回前都处于悬挂状态；白圈代表链，这些链对应的是关键字 **sync** 后直到程序返回前的那一部分程序，这部分很少，可以忽略

为了计算 $n×n$ 阶矩阵上 MAT-VEC 的工作量 $T_1(n)$，只需简单地计算它的串行化的运行时间，串行化版本可用普通 **for** 循环替代 **parallel for** 循环得到。因此，有 $T_1(n) = \Theta(n^2)$，因为第 5~7 行的双重嵌套循环是二次的执行时间。然而，前面的分析似乎忽略了实现并行循环时递归派 786

生的开销。实际上，与原串行程序相比，递归派生的开销确实增加了并行循环的工作量，但并没有改变工作量的渐近式。要知道什么原因，注意到由于递归过程实例树是一棵满的二叉树，内部结点的数目比叶结点的数目少1(参见练习 B.5-3)。每个内部结点划分递归范围耗费常数工作量，且每个叶结点对应于循环的一次迭代，这种情况消耗 $\Theta(n)$ 时间。因此，我们可以将递归派生的开销摊还到循环的每一个迭代上，所以最多将整个工作量增加一个常数因子。

作为一个实际问题，动态多线程并发平台有时候可以自动或者采用程序员控制的方式，用单个叶结点中执行多次而不是一次迭代的方法使得一个递归叶子**变粗**(coaren)，从而减少递归派生的开销。这种减少开销的方法是以减少并行度为代价的，但是如果计算有充分的并行松弛度，依然可以达到近完美线性加速。

分析一个并行循环结构的持续时间，也必须要考虑递归调用的开销。因为递归调用的深度是迭代数的对数函数，对于一个有 n 次迭代且第 i 次迭代的持续时间是 $iter_\infty(i)$ 的并行循环，整个持续时间是：

$$T_\infty(n) = \Theta(\lg n) + \max_{1 \leqslant i \leqslant n} iter_\infty(i)$$

例如，对于 $n \times n$ 阶矩阵的 MAT-VEC，第3~4行中的初始化并行循环的持续时间为 $\Theta(\lg n)$，因为该递归派生中每次迭代为常数时间的工作量。第5~7行中的双重嵌套循环的持续时间是 $\Theta(n)$，这是因为外层 **parallel for** 循环的每次迭代包含内层 **for** 循环的 n 次迭代。所以过程中余下的代码的持续时间是常数，因此整个过程的持续时间由双重嵌套循环决定，于是整个持续时间是 $\Theta(n)$。因为工作量是 $\Theta(n^2)$，所以并行度为 $\Theta(n^2)/\Theta(n) = \Theta(n)$。(练习 27.1-6 要求读者给出一个有更高并行度的实现。)

竞争条件

一个多线程算法是**确定的**(deterministic)，如果在同样的输入情况下总是做相同的事，且无论指令在多核计算机上如何被调度也是如此。一个多线程算法是**非确定的**(nondeterministic)，如果每次执行它做的事情有所不同。一个多线程算法意图确定地做一些事情，但常常会失败，究其原因是算法中包含了"确定性竞争"。

竞争条件是并发的祸根。比较著名的竞争错误有，导致 3 人死亡和多人重伤的 Therac 25 放射治疗仪事件，以及使得超过 5 000 万人失去了电力供应的 2003 年北美大停电事件。这些致命的错误非常难以察觉。你可能一直在实验室测试了数天都没有找到一个错误，却发现你的软件在现场偶然发生崩溃。

当两个逻辑上并行指令访问存储器同一位置且至少有一个指令执行写操作的时候，便会发生**确定性竞争**(determinacy race)。以下程序描述了一个竞争条件：

```
RACE-EXAMPLE()
1  x = 0
2  parallel for i = 1 to 2
3      x = x + 1
4  print x
```

在第 1 行中将 x 初始化为 0 后，RACE-EXAMPLE 产生两个并行链，它们都执行第 3 行的对 x 加 1 的操作。似乎 RACE-EXAMPLE 应总是输出 2(对应的串行化版本一定如此)，然而并行执行可能输出 1。我们来看一下这个异常是如何发生的。

当一个处理器对 x 进行加 1 操作时，该操作不是不可分的，而是由一系列指令组成：

1. 从存储器中读取 x 的值到处理器的寄存器中。
2. 对寄存器中的值加 1。
3. 将寄存器中的值写回到存储器中的 x。

图 27-5(a)展示了代表 RACE-EXAMPLE 执行的一个计算有向无环图，其中链已细分为各个指令。注意到，由于理想并行计算机支持顺序执行的一致性，因此我们能视一个多线程算法的某次并行执行为一组交错指令，该交错指令满足计算有向无环图中的关联。图 27-5(b)显示了产生异常结果的一次计算执行。x 的值存放在存储器中，r_1 和 r_2 是处理器的寄存器。在步骤 1 中，一个处理器将 x 的值置为 0。在步骤 2 和 3 中，处理器 1 从存储器中读取 x 存入它的寄存器 r_1 中，并且对它加 1，此时 r_1 的值为 1。此时，处理器 2 也正在运行指令 4～6。处理器 2 从存储器中读取 x 存入它的寄存器 r_2 中，并且对它加 1，此时 r_2 的值为 1，然后将这个值存入 x 中，x 的值为 1。现在，处理器 1 继续步骤 7，将 r_1 中的 1 存入 x，这并未使得 x 的值改变。因此，步骤 8 输出值 1 而不是 2，后者是串行化程序所期望的输出结果。

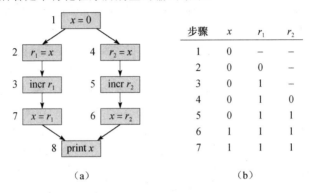

步骤	x	r_1	r_2
1	0	–	–
2	0	0	–
3	0	1	–
4	0	1	0
5	0	1	1
6	1	1	1
7	1	1	1

（a）　　　　　　　　　　（b）

图 27-5　RACE-EXAMPLE 中确定性竞争的例子。(a)计算有向无环图显示了各个指令间的关联性。r_1 和 r_2 为处理器中的寄存器。一些与竞争无关的指令被省略了，比如循环控制实现的指令。(b)一个引起错误的执行序列，图中显示了执行序列每一步存储器中 x 的值，以及寄存器 r_1 和 r_2 的值

我们能明白上面发生的情况。如果一个并行执行要求处理器 1 在处理器 2 之前执行完它的全部指令，则应该输出数值 2。反之，如果一个并行执行要求处理器 2 在处理器 1 之前执行完它的全部指令，则输出依然为 2。然而，两个处理器同时执行各自的指令，有可能如图中的例子，对 x 的一个更新便丢失了。

当然，许多执行并不导致这种错误。例如，如果执行顺序是⟨1，2，3，7，4，5，6，8⟩或者⟨1，4，5，6，2，3，7，8⟩，则均能得到正确的结果。这是一个确定性竞争问题。一般来说，大多数次序都产生正确的结果，比如任何左边的指令都比右边的指令先执行，反之也一样。但是一些指令交错的次序会产生错误结果。所以一些竞争特别难以检出。你可能测试了数天都没有发现错误，而在最后关键时刻现场体验了灾难性的系统崩溃。

虽然处理竞争有各种不同方法，包括使用互斥锁和其他的同步方法，但是对我们而言，简单的做法是确保并行运行的链是独立的：使它们之间不存在确定性竞争。因此，在一个 **parallel for** 结构中，所有迭代应该是独立的。在 **spawn** 和对应的 **sync** 之间，派生子过程的代码应该与父过程(包括其他派生过程和直接调用的程序)的代码相互独立。要注意的是传给派生子过程的参数应该在实际派生发生前在父过程中被计算出来，因而对于任何要访问那些派生子过程涉及的参数，都要在派生子过程执行完后再顺序地被访问。

788
～
789

下面的例子说明代码中十分容易出现竞争。这是一个多线程矩阵和向量相乘的错误实现，它是通过对内层 **for** 循环并行化得到的，持续时间是 $\Theta(\lg n)$。

MAT-VEC -WRONG (A, x)

1　$n = A.rows$

2　let y be a new vector of length n

```
3    parallel for i = 1 to n
4        y_i = 0
5    parallel for i = 1 to n
6        parallel for j = 1 to n
7            y_i = y_i + a_ij x_j
8    return y
```

遗憾的是，该过程是错误的，因为其第 7 行中更新 y_i 导致了竞争，这里对 j 的所有 n 个值都并发执行。练习 27.1-6 要求给出一个持续时间为 $\Theta(\lg n)$ 的正确实现。

有竞争的多线程算法有些时候是正确的。例如，两个并行的线程要存储相同的值到一个共享变量中，谁先写入都是一样的。但是总体上来说，存在竞争的代码是非法的。

国际象棋

用一个真实的故事来结束本节，该事件出现在世界级多线程象棋博弈程序的发展期间（★Socrates[80]）。以下为了阐述方便，对于程序的计时分析做了简化。这个程序的原型是运行在一台 32 个处理器的计算机上的，但最终运行在一台 512 个处理器的超级计算机上。那时，开发者在一个重要的测试平台上对程序进行了优化，使它在 32 个处理器的计算机上运行时间从 $T_{32} = 65$ 秒减少到了 $T'_{32} = 40$ 秒。然而，开发人员使用工作量和持续时间的性能度量来给优化版本下结论。在 32 个处理器的计算机上运行时间要快些，而在 512 个处理器的计算机上实际运行比原版本要慢。所以，他们放弃了这个"优化"。

这里是他们的分析。原版本程序的工作量 $T_1 = 2\,048$ 秒，持续时间 $T_\infty = 1$ 秒。如果将不等式（27.4）看做一个等式 $T_P = T_1/P + T_\infty$，并用它作为 P 个处理器上运行时间的一个近似，于是得到 $T_{32} = 2\,048/32 + 1 = 65$。对于优化版本，工作量为 $T'_1 = 1\,024$ 秒，持续时间变成了 $T'_\infty = 8$ 秒。再次使用近似方法，得到 $T'_{32} = 1\,024/32 + 8 = 40$。

但是，在 512 个处理器的计算机上测试时，两个版本的速度大小对换了。具体来说，我们有 $T_{512} = 2\,048/512 + 1 = 5$ 秒，$T'_{512} = 1\,024/512 + 8 = 10$ 秒。这个在 32 个处理器上可以加速的优化方法，在 512 个处理器上却比原程序慢了 1 倍。优化版本的持续时间是 8，不是 32 个处理器上运行时间的决定项，但在 512 个处理器上却变成了决定项，抵消了使用更多处理器带来的优势。

这个故事说明，工作量和持续时间可以作为一个推断性能的好工具，比实际测量运行时间要好。

练习

27.1-1 假设 P-FIB 中第 4 行派生调用 P-FIB$(n-2)$，而不是像原程序中使用普通调用的方法，则渐近工作量、持续时间和并行度各是多少？

27.1-2 请画出运行 P-FIB(5) 的计算有向无环图。假设计算中的每个链消耗单位时间，则该计算的工作量、持续时间和并行度各是多少？如何在 3 个处理器上调度这个计算有向无环图，要求使用贪心调度并用执行中的时间步给每个链做标记。

27.1-3 证明：贪心调度可以达到下面的时间界，该时间界稍微强于定理 27.1 给出的界：

$$T_P \leqslant \frac{T_1 - T_\infty}{P} + T_\infty \tag{27.5}$$

27.1-4 构造一个计算有向无环图，使得在相同数目的处理器上，一个贪心调度器的一次执行时间是某个贪心调度器的另一次执行时间的几乎 2 倍。描述这两种执行是如何进行的。

27.1-5 Karan 教授在处理器数为 4、10 和 64 的理想并行计算机上，使用一个贪心调度器分别测试了她的确定多线程算法，她的三次运行结果分别为 $T_4 = 80$ 秒、$T_{10} = 42$ 秒和 $T_{64} = 10$

秒。说明该教授是在说谎，还是实验不合适。（提示：使用工作量定律（27.2）、持续时

间定律（27.3），以及从练习 27.1-3 得到的不等式（27.5）。）

791

27.1-6 请给出一个计算 $n \times n$ 阶矩阵和 n 维向量相乘的多线程算法，要求并行度为 $\Theta(n^2/\lg n)$，

工作量为 $\Theta(n^2)$。

27.1-7 考虑下面原地完成 $n \times n$ 阶矩阵转置的多线程伪代码：

```
P-TRANSPOSE(A)
1  n = A.rows
2  parallel for j = 2 to n
3      parallel for i = 1 to j − 1
4          exchange a_ij with a_ji
```

试分析这个算法的工作量、持续时间和并行度。

27.1-8 假设将 P-TRANSPOSE（见练习 27.1-7）中第 3 行的 **parallel for** 循环替换成普通的 **for** 循

环。试分析改变后算法的工作量、持续时间和并行度。

27.1-9 假定 $T_P = T_1/P + T_\infty$，在多少个处理器的并行机上才能使国际象棋程序的两个版本的运

行速度一样快？

27.2　多线程矩阵乘法

在本节中，我们讨论如何进行多线程矩阵乘法，该问题的串行运行时间在 4.2 节已经介绍

了。下面的多线程算法是基于标准的三重嵌套算法及分治算法而得到的。

矩阵乘法的多线程算法

我们讨论的第一个算法是一个直接得到的算法，它是基于对 4.2 节的 SQUARE-MATRIX-

MULTIPLY 过程中的循环进行并行化的。

792

```
P-SQUARE-MATRIX-MULTIPLY(A, B)
1  n = A.rows
2  let C be a new n×n matrix
3  parallel for i = 1 to n
4      parallel for j = 1 to n
5          c_ij = 0
6          for k = 1 to n
7              c_ij = c_ij + a_ik · b_kj
8  return C
```

为了分析这个算法，注意到其串行化版本就是 SQUARE-MATRIX-MULTIPLY，因此容易

得到它的工作量 $T_1(n) = \Theta(n^3)$，与 SQUARE-MATRIX-MULTIPLY 的运行时间相同。持续时间

是 $T_\infty(n) = \Theta(n)$，因为它对应的是第 3 行开始的 **parallel for** 循环构成的递归树中的一条向下路

径，然后第 4 行开始的 **parallel for** 循环构成的递归树向下，再执行第 6 行开始的普通 **for** 循环的

所有 n 次迭代，结果整个持续时间为 $\Theta(\lg n) + \Theta(\lg n) + \Theta(n) = \Theta(n)$。所以并行度为 $\Theta(n^3)/\Theta(n) =$

$\Theta(n^2)$。练习 27.2-3 要求读者并行化内层循环并得到并行度为 $\Theta(n^3/\lg n)$，这里不能直接使用

parallel for，因为这样会导致数据竞争。

矩阵乘法的分治多线程算法

由于在 4.2 节中已学习过，用 Strassen 的分治策略可以在 $\Theta(n^{\lg 7}) = O(n^{2.81})$ 时间内完成 $n \times n$

阶矩阵乘法，这促使我们将目光转向多线程。如同在 4.2 节中做的那样，以对一个简单的分治算

法进行多线程处理来开始。

回想 SQUARE-MATRIX-MULTIPLY-RECURSIVE 过程，它将两个 $n \times n$ 矩阵 A 和 B 相乘

得到 $n \times n$ 矩阵 C，方法是将这三个矩阵都划分成 4 个 $n/2 \times n/2$ 的子矩阵：

$$A = \begin{bmatrix} A_{11} & A_{12} \\ A_{21} & A_{22} \end{bmatrix}, \quad B = \begin{bmatrix} B_{11} & B_{12} \\ B_{21} & B_{22} \end{bmatrix}, \quad C = \begin{bmatrix} C_{11} & C_{12} \\ C_{21} & C_{22} \end{bmatrix}$$

然后，我们重写矩阵乘积为：

$$\begin{bmatrix} C_{11} & C_{12} \\ C_{21} & C_{22} \end{bmatrix} = \begin{bmatrix} A_{11} & A_{12} \\ A_{21} & A_{22} \end{bmatrix} \begin{bmatrix} B_{11} & B_{12} \\ B_{21} & B_{22} \end{bmatrix}$$

$$= \begin{bmatrix} A_{11}B_{11} & A_{11}B_{12} \\ A_{21}B_{11} & A_{21}B_{12} \end{bmatrix} + \begin{bmatrix} A_{12}B_{21} & A_{12}B_{22} \\ A_{22}B_{21} & A_{22}B_{22} \end{bmatrix} \tag{27.6}$$

因此，做两个 $n \times n$ 矩阵相乘，要执行 8 次 $n/2 \times n/2$ 矩阵的乘法。下面的伪代码使用嵌套并行实现了这个分治策略。与 SQUARE-MATRIX-MULTIPLY-RECURSIVE 过程不同，P-MATRIX-MULTIPLY-RECUREIVE 过程将输出矩阵作为一个参数以避免不必要的矩阵分配。

```
P-MATRIX-MULTIPLY-RECURSIVE(C, A, B)
 1  n = A.rows
 2  if n == 1
 3      c₁₁ = a₁₁b₁₁
 4  else let T be a new n×n matrix
 5      partition A, B, C, and T into n/2×n/2 submatrices
            A₁₁, A₁₂, A₂₁, A₂₂; B₁₁, B₁₂, B₂₁, B₂₂; C₁₁, C₁₂, C₂₁, C₂₂;
            and T₁₁, T₁₂, T₂₁, T₂₂; respectively
 6      spawn P-MATRIX -MULTIPLY-RECURSIVE(C₁₁, A₁₁, B₁₁)
 7      spawn P-MATRIX -MULTIPLY-RECURSIVE(C₁₂, A₁₁, B₁₂)
 8      spawn P-MATRIX -MULTIPLY-RECURSIVE(C₂₁, A₂₁, B₁₁)
 9      spawn P-MATRIX -MULTIPLY-RECURSIVE(C₂₂, A₂₁, B₁₂)
10      spawn P-MATRIX -MULTIPLY-RECURSIVE(T₁₁, A₁₂, B₂₁)
11      spawn P-MATRIX -MULTIPLY-RECURSIVE(T₁₂, A₁₂, B₂₂)
12      spawn P-MATRIX -MULTIPLY-RECURSIVE(T₂₁, A₂₂, B₂₁)
13      P-MATRIX -MULTIPLY-RECURSIVE(T₂₂, A₂₂, B₂₂)
14      sync
15      parallel for i = 1 to n
16          parallel for j = 1 to n
17              cᵢⱼ = cᵢⱼ + tᵢⱼ
```

第 3 行是基础情形，进行的是 1×1 矩阵相乘。第 $4 \sim 17$ 行处理的是递归情况。在第 4 行中分配了一个临时矩阵 T，并且第 5 行将矩阵 A、B、C 和 T 划分成 $n/2 \times n/2$ 的子矩阵(与 4.2 节中的 SQUARE-MATRIX-MULTIPLY-RECURSIVE 过程一样，忽略使用下标来表示矩阵中的子矩阵而产生的小问题)。第 6 行中的递归调用置 C_{11} 为子矩阵乘积 $A_{11}B_{11}$，使得 C_{11} 等于式 (27.6)中和的两项中的第一项。类似地，第 $7 \sim 9$ 行置 C_{12}、C_{21} 和 C_{22} 等于式 (27.6) 中和的两项中的第一项。第 10 行置子矩阵 T_{11} 为子矩阵乘积 $A_{12}B_{21}$，使得 T_{11} 等于形成 C_{11} 和的两项中的第二项。第 $11 \sim 13$ 行分别置 T_{12}、T_{21} 和 T_{22} 为形成 C_{12}、C_{21} 与 C_{22} 和的两项中的第二项。前面的 7 个递归都是派生的，最后一个在主链中执行。第 14 行中的 **sync** 语句保证了第 $6 \sim 13$ 行中的所有子矩阵乘积都被计算，之后在第 $15 \sim 17$ 行中使用双重嵌套 **parallel for** 循环将 T 的乘积加入到 C 中。

我们首先分析 P-MATRIX-MULTIPLY-RECURSIVE 过程的工作量 $M_1(n)$，与它的原版本 SQUARE-MATRIX-MULTIPLY-RECURSIVE 的串行运行时间分析相同。在递归情况下，划分时间为 $\Theta(1)$，执行 8 个递归的 $n/2 \times n/2$ 矩阵相乘，最后执行工作量为 $\Theta(n^2)$ 的两个 $n \times n$ 矩阵的相加。因此，根据主定理的情况 1，工作量 $M_1(n)$ 的递归式是：

$$M_1(n) = 8M_1(n/2) + \Theta(n^2) = \Theta(n^3)$$

换句话说，多线程算法的工作量渐近地与 4.2 节中的 SQUARE-MATRIX-MULTIPLY 过程的运行时间一样，它们都使用了三重嵌套循环。

为了得到 P-MATRIX-MULTIPLY-RECURSIVE 过程的持续时间 $M_\infty(n)$，首先注意到划分时间是 $\Theta(1)$，这是由第 15~17 行中的双重嵌套 **parallel for** 循环的 $\Theta(\lg n)$ 持续时间决定的。由于 8 个并行递归调用都是在相同规模的矩阵上运行，因此递归调用的最大持续时间只是其中任何一个的持续时间。于是 P-MATRIX-MULTIPLY-RECURSIVE 的持续时间 $M_\infty(n)$ 的递归式是：

$$M_\infty(n) = M_\infty(n/2) + \Theta(\lg n) \tag{27.7}$$

对于这个递归式的求解，前面主定理的任何情况都不适用，但它满足练习 4.6-2 的条件。因此由练习 4.6-2，递归式 (27.7) 的解是 $M_\infty(n) = \Theta(\lg^2 n)$。

现在已经得到 P-MATRIX-MULTIPLY-RECUREIVE 的工作量和持续时间，我们可以计算出它的并行度 $M_1(n)/M_\infty(n) = \Theta(n^3/\lg^2 n)$，这个值非常大。

多线程 Strassen 算法

实现多线程 Strassen 算法的思路同 4.2 节中的 Strassen 算法大致相同，仅使用嵌套并行：

1. 与等式 (27.6) 中的一样，将输入矩阵 A 和 B 以及输出矩阵 C 划分成 $n/2 \times n/2$ 子矩阵。这一步使用下标计算，消耗了 $\Theta(1)$ 的工作量和持续时间。

2. 产生 10 个矩阵 S_1，S_2，…，S_{10}，它们都是 $n/2 \times n/2$ 子矩阵，并且是第 1 步中两个矩阵的和或差。通过使用双重嵌套 **parallel for** 循环，用 $\Theta(n^2)$ 工作量和 $\Theta(\lg n)$ 持续时间可以产生所有的 10 个矩阵。

3. 使用第 1 步中产生的子矩阵和第 2 步中产生的 10 个矩阵，递归地派生计算 7 个 $n/2 \times n/2$ 矩阵 P_1，P_2，…，P_7 的乘积。

4. 再次使用双重嵌套 **parallel for** 循环，对 P_i 矩阵进行加和减的各种组合，计算结果矩阵 C 中需要的子矩阵 C_{11}，C_{12}，C_{21}，C_{22}。可以在工作量为 $\Theta(n^2)$ 和持续时间为 $\Theta(\lg n)$ 内，计算得到全部的 4 个子矩阵。

为了分析这个算法，首先注意到串行化后的程序就是原串行程序，工作量就是串行化程序的运行时间，即 $\Theta(n^{\lg 7})$。对于 P-MATRIX-MULTIPLY-RECURSIVE，可以得到持续时间的一个递归式。在这种情况下，7 个递归调用是并行执行的，然而由于它们都是在同样大小的矩阵上进行的运算，因此如同 P-MATRIX-MULTIPLY-RECURSIVE 所做的那样，得到一样的递归式 (27.7)，其解为 $\Theta(\lg^2 n)$。所以，多线程 Strassen 方法的并行度是 $\Theta(n^{\lg 7}/\lg^2 n)$，这个数字仍然很大，但比 P-MATRIX-MULTIPLY-RECURSIVE 的并行度要小一些。

练习

27. 2-1 请画出在 2×2 矩阵上计算 P-SQUARE-MATRIX-MULTIPLY 的计算有向无环图，并在图中标出与算法执行中的链相对应的所有顶点。使用习惯表示法：派生调用和普通调用的边指向下，连接边水平指向右，返回边指向上。假设每个链消耗单位时间，试分析该计算的工作量、持续时间和并行度。

27. 2-2 对 P-MATRIX-MULTIPLY-RECURSIVE 过程，重做一遍练习 27.2-1。

27. 2-3 请给出工作量为 $\Theta(n^3)$，而持续时间仅为 $\Theta(\lg n)$ 的两个 $n \times n$ 矩阵相乘的多线程算法伪代码，并分析该算法。

27. 2-4 请给出 $p \times q$ 矩阵和 $q \times r$ 矩阵相乘的一个有效多线程算法的伪代码。即使任何 p、q 或 r 为 1，你的算法也要有好的并行性能。分析该算法。

27.2-5 请给出原地转置 $n \times n$ 矩阵的一个有效的多线程算法伪代码，使用分治法原地将 $n \times n$ 矩阵递归地划分为 4 个 $n/2 \times n/2$ 子矩阵。分析该算法。

27.2-6 请给出 Floyd-Warshall 算法（见 25.2 节）的一个有效多线程实现的伪代码，该算法在带权图上计算所有点对间的最短路径。分析该算法。

27.3 多线程归并排序

首先，在 2.3.1 节中，我们已学过串行的归并排序，并在 2.3.2 节中分析过它的运行时间为 $\Theta(n \lg n)$。由于归并排序应用了分治模式，于是使用嵌套并行似乎不是多线程化的一个好的候选方法。可以简单地修改原伪代码，改第一个递归调用为派生的：

MERGE-SORT$'(A, p, r)$

```
1  if p < r
2      q = ⌊(p+r)/2⌋
3      spawn MERGE-SORT'(A, p, q)
4      MERGE-SORT'(A, q+1, r)
5      sync
6      MERGE(A, p, q, r)
```

与它对应的串行算法一样，MERGE-SORT$'$ 对子数组 $A[p..r]$ 进行排序。完成第 3 行和第 4 行的两个递归子程序，这是使用第 5 行的 **sync** 语句来保证的，然后 MERGE-SORT$'$ 与本书中 2.3 节中的一样调用 MERGE 过程。

现在来分析 MERGE-SORT$'$。为此，先要分析 MERGE。前面介绍过它合并 n 个元素的串行运行时间是 $\Theta(n)$。因为 MERGE 是串行的，它的工作量和持续时间都是 $\Theta(n)$。于是，下面的递归式刻画了 MERGE-SORT$'$ 在 n 个元素上的工作量 $MS_1'(n)$：

$$MS_1'(n) = 2MS_1'(n/2) + \Theta(n) = \Theta(n \lg n)$$

它与归并排序的串行运行时间相同。由于 MERGE-SORT$'$ 中的两个递归调用可以并行执行，持续时间 MS_∞' 可由如下递归式给出：

$$MS_\infty'(n) = MS_\infty'(n/2) + \Theta(n) = \Theta(n)$$

于是，MERGE-SORT$'$ 的并行度就是 $MS_1'(n)/MS_\infty'(n) = \Theta(\lg n)$，这个并行度不是很好。例如，要排 1 000 万个元素，在数量不多的处理器上可以达到线性加速，但是在几百个处理器上加速不能得到有效的保持。

读者可能已经发现上面的多线程归并排序的并行性瓶颈在于：串行 MERGE 过程。虽然归并初看起来像是天生串行的，但实际上可以用嵌套并行来形成一个它的多线程版本。

用于多线程合并的分治策略是运用于数组 T 的子数组上的，如图 27-6 所示。假设长度为 $n_1 = r_1 - p_1 + 1$ 的有序子数组 $T[p_1..r_1]$ 和长度为 $n_2 = r_2 - p_2 + 1$ 的有序子数组 $T[p_2..r_2]$ 合并为另一个长度为 $n_3 = r_3 - p_3 + 1 = n_1 + n_2$ 的子数组 $A[p_3..r_3]$。不失一般性，可以简单假设 $n_1 \geqslant n_2$。

首先，找出子数组 $T[p_1..r_1]$ 的中间元素 $x = T[q_1]$，其中 $q_1 = \lfloor(p_1 + r_1)/2\rfloor$。由于子数组是有序的，$x$ 是 $T[p_1..r_1]$ 的中位数：数组 $T[p_1..q_1 - 1]$ 中的每个元素都不大于 x，并且数组 $T[q_1 + 1..r_1]$ 中的每个元素都不小于 x。然后，使用二分查找方法找子数组 $T[p_2..r_2]$ 中的下标 q_2，使得如果将 x 插入到 $T[q_2 - 1]$ 和 $T[q_2]$ 之间，子数组仍然有序。

下一步，将子数组 $T[p_1..r_1]$ 和 $T[p_2..r_2]$ 合并成数组 $A[p_3..r_3]$，具体如下：

1. 取 $q_3 = p_3 + (q_1 - p_1) + (q_2 - p_2)$。
2. 将 x 复制到 $A[q_3]$。
3. 递归地将 $T[p_1..q_1 - 1]$ 与 $T[p_2..q_2 - 1]$ 合并，并将合并结果存放到子数组 $A[p_3..q_3 - 1]$。
4. 递归地将 $T[q_1 + 1..r_1]$ 与 $T[q_2..r_2]$ 合并，并将合并结果存放到子数组 $A[q_3 + 1..r_3]$。

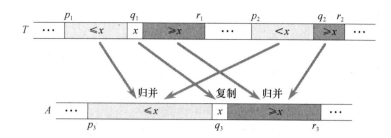

图 27-6　将两个有序子数组 $T[p_1..r_1]$ 和 $T[p_2..r_2]$ 并成子数组 $A[p_3..r_3]$ 的多线程合并思想。假设 $x=T[q_1]$ 是 $T[p_1..r_1]$ 的中值，q_2 为 $T[p_2..r_2]$ 中的一个位置，使得 x 落在 $T[q_2-1]$ 和 $T[q_2]$ 之间，子数组 $T[p_1..q_1-1]$ 和 $T[p_2..q_2-1]$（浅阴影部分）中的每个元素都小于或等于 x，并且子数组 $T[q_1+1..r_1]$ 和 $T[q_2+1..r_2]$（深阴影部分）中的每个元素都大于或等于 x。为了合并，计算下标 q_3，使得 x 属于 $A[p_3..r_3]$，将 x 复制到 $A[q_3]$，然后递归地将 $T[p_1..q_1-1]$ 和 $T[p_2..q_2-1]$ 合并到 $A[p_3..q_3-1]$，将 $T[q_1+1..r_1]$ 和 $T[q_2..r_2]$ 合并到 $A[q_3+1..r_3]$

当计算 q_3 时，差 q_1-p_1 是子数组 $T[p_1..q_1-1]$ 中的元素数目，差 q_2-p_2 是子数组 $T[p_2..q_2-1]$ 中的元素数目。因此，它们的和是子数组 $A[p_3..r_3]$ 中 x 加入前的元素数目。

当 $n_1=n_2=0$ 时为基础情况，此时合并两个空子数组无需做什么。由于已经假设子数组 $T[p_1..r_1]$ 的长度不短于 $T[p_2..r_2]$，即 $n_1\geqslant n_2$，因此只要检查 $n_1=0$，就能判别是否是基础情况。同样，当两个子数组中仅一个为空时，必须确保递归仍能正确处理。根据假设 $n_1\geqslant n_2$，这个空数组肯定是 $T[p_2..r_2]$。

现在，将这些想法用伪代码实现。以二分查找开始，用串行算法表示。过程 BINARY-SEARCH(x, T, p, r) 接受一个关键字 x 和一个子数组 $T[p..r]$，并返回下面的一个结果：

- 如果 $T[p..r]$ 为空（$r<p$），返回下标 p。
- 如果 $x\leqslant T[p]$，因此小于或等于 $T[p..r]$ 中的任何元素，则返回下标 p。
- 如果 $x>T[p]$，则返回在 $p<q\leqslant r+1$ 中满足 $T[q-1]<x$ 的最大下标 x。

伪代码如下：

```
BINARY-SEARCH(x, T, p, r)
1  low = p
2  high = max(p, r+1)
3  while low < high
4      mid = ⌊(low+high)/2⌋
5      if x ≤ T[mid]
6          high = mid
7      else low = mid+1
8  return high
```

798
～
799

调用 BINARY-SEARCH(x, T, p, r) 最坏情况下需要 $\Theta(\lg n)$ 的串行执行时间，这里 $n=r-p+1$ 是执行时子数组的大小。（见练习 2.3-5。）由于 BINARY-SEARCH 是一个串行过程，因此最坏情况下其工作量和持续时间都是 $\Theta(\lg n)$。

现在，准备写多线程归并过程的伪代码。与 2.3 节中的 MERGE 过程一样，P-MERGE 过程也要求将两个子数组合并到同一个数组内。然而不像 MERGE，P-MERGE 并不要求两个要合并子数组在合并后的数组中是相邻的。（即 P-MERGE 并不需要 $p_2=r_1+1$。）MERGE 和 P-MERGE 间的另一个差别是，P-MERGE 把一个输入参数作为输出子数组 A 中存储合并结果的位置值。调用 P-MERGE$(T, p_1, r_1, p_2, r_2, A, p_3)$ 将有序的子数组 $T[p_1..r_1]$ 和 $T[p_2..r_2]$ 合并到子数组

$A[p_3 .. r_3]$中，其中$r_3 = p_3 + (r_1 - p_1 + 1) + (r_2 - p_2 + 1) - 1 = p_3 + (r_1 - p_1) + (r_2 - p_2) + 1$并不作为一个输入参数提供。

```
P-MERGE(T, p₁, r₁, p₂, r₂, A, p₃)
1   n₁ = r₁ - p₁ + 1
2   n₂ = r₂ - p₂ + 1
3   if n₁ < n₂              // ensure that n₁ ≥ n₂
4       exchange p₁ with p₂
5       exchange r₁ with r₂
6       exchange n₁ with n₂
7   if n₁ == 0              // both empty?
8       return
9   else q₁ = ⌊(p₁ + r₁)/2⌋
10      q₂ = BINARY-SEARCH(T[q₁], T, p₂, r₂)
11      q₃ = p₃ + (q₁ - p₁) + (q₂ - p₂)
12      A[q₃] = T[q₁]
13      spawn P-MERGE(T, p₁, q₁-1, p₂, q₂-1, A, p₃)
14      P-MERGE(T, q₁+1, r₁, q₂ r₂, A, q₃+1)
15      sync
```

P-MERGE 工作过程如下。第 1~2 行分别计算子数组 $T[p_1 .. r_1]$ 和 $T[p_2 .. r_2]$ 的长度。第 3~6 行使得假设 $n_1 \geq n_2$ 成立。第 7 行检测问题的基础情形，使得子数组 $T[p_1 .. r_1]$ 为空时，$T[p_2 .. r_2]$ 也为空，于是就可以简单返回。第 9~15 行实现分治策略。第 9 行计算 $T[p_1 .. r_1]$ 的中间下标；第 10 行找到 $T[p_2 .. r_2]$ 中的点 q_2，使得 $T[p_2 .. q_2 - 1]$ 中的所有元素都小于 $T[q_1]$（这是相应的 x 值）并且 $T[q_2 .. p_2]$ 中的所有元素都至少大于 $T[q_1]$。第 11 行计算将输出子数组 $A[p_3 .. r_3]$ 划分为 $A[p_3 .. q_3 - 1]$ 和 $A[q_3 + 1 .. r_3]$ 的元素的下标 q_3，然后在第 12 行直接将 $T[q_1]$ 复制到 $A[q_3]$。

接下来，使用嵌套并行进行递归。第 13 行派生第一个子问题，并在第 14 行并行调用第二个子问题。第 15 行中的 **sync** 语句确保在主过程返回之前所有子问题都完成。（由于每个过程在返回前都隐含地执行一个 **sync**，因此可以省略第 15 行中的 **sync** 语句，但是为了养成一个好的编程习惯，应该加上它。）这里有一些使代码在子数组 $T[p_2 .. r_2]$ 为空时仍能正确运行的诀窍。每次递归调用时的工作方式是，将 $T[p_1 .. r_1]$ 的中位数置入输出子数组中，直到 $T[p_1 .. r_1]$ 自身变为空，即触及问题的基础情形。

多线程归并的分析

首先，推导 P-MERGE 的持续时间 $PM_\infty(n)$ 的递归式，这里两个子数组包含全部 $n = n_1 + n_2$ 个元素。由于第 13 行中的派生调用和第 14 行中的普通调用逻辑上是并行的，因此只需检查两个调用中代价较大的一个。关键是要了解最坏情况下，任何一个递归调用中涉及的元素最大数目至多为 $3n/4$，这可以从看后面的推导中看出。因为第 3~6 行保证了 $n_2 \leq n_1$，可以得到 $n_2 = 2n_2/2 \leq (n_1 + n_2)/2 = n/2$。在最坏情况下，两个递归调用中的一个将 $T[p_1 .. r_1]$ 的 $\lfloor n_1/2 \rfloor$ 个元素与 $T[p_2 .. r_2]$ 的所有 n_2 个元素进行合并，因此调用中涉及的元素数目是：

$$\lfloor n_1/2 \rfloor + n_2 \leq n_1/2 + n_2/2 + n_2/2 = (n_1 + n_2)/2 + n_2/2$$
$$\leq n/2 + n/4 = 3n/4$$

将其与第 10 行 BINARY-SEARCH 的调用成本 $\Theta(\lg n)$ 相加，得到下面最坏情况下持续时间的递归式：

$$PM_\infty(n) = PM_\infty(3n/4) + \Theta(\lg n) \tag{27.8}$$

（对于问题的基础情形，持续时间是 $\Theta(1)$，因为第 1~8 行执行的时间是常数）这个递归并不符合

第 27 章　多线程算法　•　471

主定理中任何一个情况，但它满足练习 4.6-2 的条件。所以，递归式(27.8)的解为 $PM_\infty(n) = \Theta(\lg^2 n)$。

现在分析 n 个元素上 P-MERGE 的工作量 $PM_1(n)$，可以推得是 $\Theta(n)$。因为 n 个元素的每一个必须要从数组 T 复制到数组 A，于是有 $PM_1(n) = \Omega(n)$。因此，剩下的只要证明 $PM_1(n) = O(n)$。

先推导出最坏情况下的工作量递归式。第 10 行中的二分查找在最坏情况下需要 $\Theta(\lg n)$ 成本，它由递归调用之外的其他工作决定。对于递归调用，注意到虽然第 13 行和第 14 行中的递归调用可以归并不同数目的元素，但这两个递归调用合起来最多归并 n 个元素(实际上是 $n-1$ 个元素，因为 $T[q_1]$ 不参与两个递归调用)。此外，如前面分析持续时间所介绍的，一个递归调用最多操作 $3n/4$ 个元素，所以可以得到递归式：

$$PM_1(n) = PM_1(\alpha n) + PM_1((1-\alpha)n) + O(\lg n) \qquad (27.9)$$

其中 α 的范围是 $1/4 \leqslant \alpha \leqslant 3/4$，而且对于每层的递归调用 α 可能取不同的值。

使用替换法，可以求得递归式(27.9)的解为 $PM_1(n) = O(n)$。假设对于某正常数 c_1 和 c_2 有 $PM_1(n) \leqslant c_1 n - c_2 \lg n$。通过替换，可以得到：

$$
\begin{aligned}
PM_1(n) &\leqslant (c_1 \alpha n - c_2 \lg(\alpha n)) + (c_1(1-\alpha)n - c_2 \lg((1-\alpha)n)) + \Theta(\lg n) \\
&= c_1(\alpha + (1-\alpha))n - c_2(\lg(\alpha n) + \lg((1-\alpha)n)) + \Theta(\lg n) \\
&= c_1 n - c_2(\lg\alpha + \lg n + \lg(1-\alpha) + \lg n) + \Theta(\lg n) \\
&= c_1 n - c_2 \lg n - (c_2(\lg n + \lg(\alpha(1-\alpha))) - \Theta(\lg n)) \\
&\leqslant c_1 n - c_2 \lg n
\end{aligned}
$$

由于可以取 c_2 的值足够大，使得 $c_2(\lg n + \lg(\alpha(1-\alpha)))$ 大于 $\Theta(\lg n)$ 项。进一步，可以取 c_1 足够大，使之满足递归式的基础情形。因为 P-MERGE 的工作量 $PM_1(n)$ 既满足 $\Omega(n)$ 又满足 $O(n)$，所以有 $PM_1(n) = \Theta(n)$。

最后，P-MERGE 的并行度是 $PM_1(n)/PM_\infty(n) = \Theta(n/\lg^2 n)$。

多线程归并排序

既然已经有一个很好的并行多线程归并算法，我们可以将它合并到多线程归并排序中。这个归并排序版本与先前提到的 MERGE-SORT′ 过程类似，但略有不同，它使用一个输入参数为输出子数组 B，数组 B 将存放已排好序的元素。特别地，调用 P-MERGE-SORT(A, p, r, B, s) 排序 $A[p..r]$ 中的元素，并将排序结果存到 $B[s..s+r-p]$ 中。

```
P-MERGE-SORT(A, p, r, B, s)
 1   n = r - p + 1
 2   if n == 1
 3       B[s] = A[p]
 4   else let T[1..n] be a new array
 5       q = ⌊(p+r)/2⌋
 6       q' = q - p + 1
 7       spawn P-MERGE-SORT(A, p, q, T, 1)
 8       P-MERGE-SORT(A, q+1, r, T, q'+1)
 9       sync
10       P-MERGE(T, 1, q', q'+1, n, B, s)
```

第 1 行计算了输入子数组 $A[p..r]$ 的元素数目 n，当数组仅有一个元素时，第 2~3 行处理此时的基础情形。第 4~6 行为第 7 行派生递归和第 8 行普通调用做准备，这两个调用可以并行处理。特别地，第 4 行申请了一个 n 元素的临时数组 T 来存放递归归并排序的结果。第 5 行计算 $A[p..r]$ 的下标 q，用于将元素划分成两个子数组 $A[p..q]$ 和 $A[q+1..r]$，它们将被递归排序，然后第 6 行继续计算出第一个子数组 $A[p..q]$ 中的元素数目 q'，第 8 行使用它来确定存放 $A[q+1..r]$ 排序结果的 T 的开始下标。此时，派生和递归调用都已执行，后面紧接着的是第 9 行的 **sync** 语句，**sync** 语句迫使主过程一直等到派生过程执行完为止。最后，第 10 行调用 P-MERGE 来归并存放在 $T[1..q']$ 和 $T[q'+1..n]$ 中的有序子数组，并将结果存放到输出的子数组 $B[s..s+r-p]$ 中。

多线程归并排序分析

从分析 P-MERGE-SORT 的工作量 $PMS_1(n)$ 开始，这比分析 P-MERGE 的工作量简单了许多。实际上，工作量可由下面的递归式得到：

$$PMS_1(n) = 2PMS_1(n/2) + PM_1(n) = 2PMS_1(n/2) + \Theta(n)$$

这个递归式与 2.3.1 节中的普通 MERGE-SORT 递归式（4.4）相同，根据主定理中的情况 2，解为 $PMS_1(n) = \Theta(n \lg n)$。

现在来分析和推导最坏情况下持续时间 $PMS_\infty(n)$ 的递归式。因为第 7~8 行中的两个递归调用 P-MERGE-SORT 是逻辑上并行的，可以忽略其中一个，得到递归式：

$$PMS_\infty(n) = PMS_\infty(n/2) + PM_\infty(n) = PMS_\infty(n/2) + \Theta(\lg^2 n) \qquad (27.10)$$

同递归式（27.8），主定理也不适用于递归式（27.10），但练习 4.6-2 可以。解得 $PMS_\infty(n) = \Theta(\lg^3 n)$，所以 P-MERGE-SORT 的持续时间是 $\Theta(\lg^3 n)$。

并行归并方法使得 P-MERGE-SORT 的并行度比 MERGE-SORT' 显著好。回想 MERGE-SORT' 的并行度，它调用串行 MERGE 过程，其并行度只有 $\Theta(\lg n)$。但对于 P-MERGE-SORT，其并行度有：

$$PMS_1(n)/PMS_\infty(n) = \Theta(n \lg n)/\Theta(\lg^3 n) = \Theta(n/\lg^2 n)$$

这在理论上和实践中都好了很多。实际中一个好的实现是通过加大基础情形规模以减少渐近符号中隐藏的常数因子，尽管会牺牲一些并行度。当数组规模充分小时，这种加大基础情形规模的方式也可以直接用到普通的串行排序上，也许是快速排序。

练习

27.3-1 试解释如何加大 P-MERGE 基础情形的规模。

27.3-2 与 P-MERGE 在较大数组中找一个中位数的方法不同，使用练习 9.3-8 的结果，请给出一个找出两个有序子数组中的所有元素的中位数的替代方法。再给出使用这个中位数查找方法的一个有效的多线程归并算法的伪代码。分析该算法。

27.3-3 如 7.1 节中的 PARTITION 过程，请给出一个有效的多线程算法，用划分元划分一个数组。你不必原地划分数组；使你的算法尽可能多地并行。分析该算法。（提示：可能需要一个辅助数组，并可能需要对输入元素做多于一趟的处理。）

27.3-4 请给出 30.2 节中的 RECURSIVE-FFT 的一个多线程版本，使实现尽可能多地并行。并分析该算法。

*27.3-5 请给出 9.2 节中的 RANDOMIZED-SELECT 的一个多线程版本，使实现尽可能多地并行。分析该算法。（提示：使用练习 27.3-3 中的划分算法。）

*27.3-6 如何实现 9.3 节的多线程 SELECT 算法，使实现尽可能多地并行。分析该算法。

思考题

27-1 （使用嵌套并行实现并行循环）考虑下面对两个 n 个元素的数组 $A[1..n]$ 和 $B[1..n]$ 进行相加，并将结果存放在 $C[1..n]$ 中的多线程算法。

SUM-ARRAYS(A, B, C)

1　**parallel for** $i=1$ **to** $A. length$

2　　$C[i]=A[i]+B[i]$

a. 按照 MAT-VEC-MAIN-LOOP 的样式，使用嵌套并行（**spawn** 和 **sync**）改写 SUM-ARRAYS 中的并行循环。分析你的实现的并行度。

考虑下面并行循环的两种实现，哪种实现包含了一个指定的 $grain\text{-}size$ 值：

SUM-ARRAYS$'$(A, B, C)

1　$n=A. length$

2　$grain\text{-}size=$?　　　　　　// to be determined

3　$r=\lceil n/grain\text{-}size \rceil$

4　**for** $k=0$ **to** $r-1$

5　　**spawn** ADD -SUBARRAY(A, B, C, $k \cdot grain\text{-}size+1$,

　　　　　　　　　　$\min((k+1) \cdot grain\text{-}size, n))$

6　**sync**

ADD-SUBARRAY(A, B, C, i, j)

1　**for** $k=i$ **to** j

2　　$C[k]=A[k]+B[k]$

b. 假定置 $grain\text{-}size=1$。以上实现的并行度是多少？

c. 请给出一个用 n 和 $grain\text{-}size$ 表示的 SUM-ARRAYS$'$ 持续时间公式，并求出对应最大并行度的最佳 $grain\text{-}size$ 值。

27-2 （节省矩阵乘法中的临时空间） P-MATRIX-MULTIPLY-RECURSIVE 过程的缺点是它需要分配一个 $n \times n$ 的临时矩阵 T，不利于 Θ 记号中的常数因子。然而 P-MATRIX-MULTIPLY-RECURSIVE 过程有很高的并行度。例如，如果忽略符号 Θ 中的常数因子，对于 $1\,000 \times 1\,000$ 的矩阵相乘，其并行度接近 $1\,000^3/10^2=10^7$，因为 $\lg 1\,000 \approx 10$。绝大多数并行计算机的处理器数目都远小于 $1\,000$ 万。

a. 描述一个多线程算法，该算法不需要临时矩阵 T 且持续时间以 $\Theta(n)$ 增长。（提示：模仿 P-MATRIX-MULTIPLY-RECURSIVE 中的一般策略，计算 $C=C+AB$，但可以并行初始化 C 并且要谨慎地在一个合适地方插入 **sync** 语句。）

b. 给出并求解该算法的工作量和持续时间的递归式。

c. 分析该算法的并行度。忽略符号 Θ 中的常数因子，估算 $1\,000 \times 1\,000$ 矩阵上的并行度。并与 P-MATRIX-MULTIPLY-RECURSIVE 的并行度比较。

27-3 （多线程矩阵算法）

a. 并行化 28.1 节中的 LU-DECOMPOSITION 过程，给出该算法的一个多线程版本的伪代码。使该算法尽可能多地并行，并分析它的工作量、持续时间和并行度。

b. 同样做 28.1 节中的 LUP-DECOMPOSITION 过程。

c. 同样做 28.1 节中的 LUP-SOLVE 过程。

d. 同样做基于等式（28.13）的对称正定矩阵求逆的一个多线程算法。

27-4 （多线程归约和前缀计算） 一个数组 $x[1..n]$ 的 $\otimes$ 归约（$\otimes$-reduction）就是 $y=x[1] \otimes x[2] \otimes \cdots \otimes x[n]$ 的值，其中 $\otimes$ 是一个结合操作符。

下面的程序串行计算了子数组 $x[i..j]$ 的 $\otimes$ 归约：

REDUCE(x, i, j)

1　$y=x[i]$

2　**for** $k=i+1$ **to** j

```
3        y=y⊗x[k]
4    return y
```

a. 应用嵌套并行实现一个多线程算法 P-REDUCE，以工作量为 $\Theta(n)$、持续时间为 $\Theta(\lg n)$ 的代价实现上面同样的功能。并分析该算法。

另一个相关问题是，在数组 $x[1..n]$ 上求解一个 ⊗**前缀计算**（⊗-prefix computation），有时候也称为 ⊗**扫描**（⊗-scan），其中 ⊗ 也是一个结合操作符。⊗扫描产生了如下数组 $y[1..n]$：

$$y[1] = x[1]$$
$$y[2] = x[1] \otimes x[2]$$
$$y[3] = x[1] \otimes x[2] \otimes x[3]$$
$$\vdots$$
$$y[n] = x[1] \otimes x[2] \otimes x[3] \otimes \cdots \otimes x[n]$$

也就是说，使用 ⊗ 操作符的数组 x 的所有前缀"和"。下面的串行 SCAN 过程计算了一个 ⊗ 前缀：

```
SCAN(x)
1    n=x.length
2    let y[1..n] be a new array
3    y[1]=x[1]
4    for i=2 to n
5        y[i]=y[i-1]⊗x[i]
6    return y
```

遗憾的是，多线程 SCAN 不是直接可以得到的。例如，改 **for** 循环为 **parallel for** 循环会产生竞争，因为循环体的每一步迭代都依赖前一个迭代。下面的 P-SCAN-1 过程实现了 ⊗前缀计算的并行，尽管十分低效：

```
P-SCAN-1(x)
1    n=x.length
2    let y[1..n] be a new array
3    P-SCAN-1-AUX(x, y, 1, n)
4    return y
```

```
P-SCAN-1-AUX(x, y, i, j)
1    parallel for l=i to j
2        y[l]=P-REDUCE(x, 1, l)
```

b. 分析 P-SCAN-1 过程的工作量、持续时间和并行度。

使用嵌套并行能得到一个更有效的 ⊗前缀计算，其过程如下：

```
P-SCAN-2(x)
1    n=x.length
2    let y[1..n] be a new array
3    P-SCAN-2-AUX(x, y, 1, n)
4    return y
```

```
P-SCAN-2-AUX(x, y, i, j)
1    if i==j
2        y[i]=x[i]
```

```
3   else k=⌊(i+j)/2⌋
4       spawn P-SCAN-2-AUX(x, y, i, k)
5       P-SCAN-2-AUX(x, y, k+1, j)
6       sync
7       parallel for l=k+1 to j
8           y[l]=y[k]⊗y[l]
```

c. 论证 P-SCAN-2 是正确的,并分析它的工作量、持续时间和并行度。

我们可以通过在数据上执行两趟不同的 ⊗ 前缀计算来改进 P-SCAN-1 和 P-SCAN-2。第一趟,收集不同的连续子数组 x 的"和"项,存入到一个临时数组 t 中;第二趟,使用 t 中的"和"项来计算出最终的结果 y。下面的伪代码实现了这种策略,但其中省去了一些表示:

808

```
P-SCAN-3(x)
1   n=x.length
2   let y[1..n] and t[1..n] be new arrays
3   y[1]=x[1]
4   if n>1
5       P-SCAN-UP(x, t, 2, n)
6       P-SCAN-DOWN(x[1], x, t, y, 2, n)
7   return y


P-SCAN-UP(x, t, i, j)
1   if i==j
2       return x[i]
3   else
4       k=⌊(i+j)/2⌋
5       t[k]=spawn P-SCAN-UP(x, t, i, k)
6       right=P-SCAN-UP(x, t, k+1, j)
7       sync
8       return _____            // fill in the blank


P-SCAN-DOWN(v, x, t, y, i, j)
1   if i==j
2       y[i]=v⊗x[i]
3   else
4       k=⌊(i+j)/2⌋
5       spawn P-SCAN-DOWN(_____, x, t, y, i, k)      // fill in the blank
6       P-SCAN-DOWN(_____, x, t, y, k+1, j)          // fill in the blank
7       sync
```

d. 对 P-SCAN-UP 第 8 行、P-SCAN-DOWN 第 5 行和第 6 行中的三个缺省表示进行填空。填完空后,论证 P-SCAN-3 是正确的。(提示:证明值 v 传给 P-SCAN-DWON(v, x, t, y, i, j),满足 $v=x[1]⊗x[2]⊗\cdots⊗x[i-1]$。)

e. 分析 P-SCAN-3 的工作量、持续时间和并行度。

27-5 (多线程一个简单的模板计算) 计算科学中存在很多这样一类的算法,这类算法对一个数组中的一些单元进行填值,所填值取决于已经计算出的邻近单元值,并且计算过程中这些信息一直不变。这种在计算期间邻近单元不发生改变的模式称为**模板**(stencil)计算。例如,15.4 节提供了一个计算最长公共子序列的模板算法,其中 $c[i, j]$ 的值只取决于 $c[i-1, j]$、

809

$c[i,j-1]$ 和 $c[i-1,j-1]$ 以及两个给定输入串中的元素 x_i 和 y_j。输入的序列是固定不变的，但算法在二维数组 c 中填写，使得在三个单元 $c[i-1,j]$、$c[i,j-1]$ 和 $c[i-1,j-1]$ 完成后才计算单元 $c[i,j]$。

本题中，我们探讨如何在一个 $n\times n$ 的数组 A 上使用嵌套并行来实现一个简单的模板计算，其中存入单元 $A[i,j]$ 的值仅取决于 $A[i',j']$，这里 $i'\leqslant i$，$j'\leqslant j$（并且当然有 $i'\neq i$ 或者 $j'\neq j$）。换句话说，一个单元的值只取决于它的上边值和左边单元的值，以及一些数组之外的静态信息。此外，整个过程中假设，一旦计算 $A[i,j]$ 时所需要的单元都已填写完，就可以在 $\Theta(1)$ 的时间内填入 $A[i,j]$。（与 15.4 节中的 LCS-LENGTH 过程一样。）

划分 $n\times n$ 的数组 A 为 4 个 $n/2\times n/2$ 的子数组：

$$A = \begin{bmatrix} A_{11} & A_{12} \\ A_{21} & A_{22} \end{bmatrix} \tag{27.11}$$

现在看到，可以递归地填入子数组 A_{11} 中的单元，因为它并不依赖其他三个子数组中的单元。一旦 A_{11} 完成，可以递归地并行填入 A_{12} 和 A_{21} 中的单元，这是因为它们都依赖于 A_{11} 但彼此之间不依赖。最后，递归地填入 A_{22} 中的单元。

a. 基于分解式(27.11)和上面的讨论，给出用分治算法 SIMPLE-STENCIL 来执行这个简单模板计算的多线程伪代码。（不用担心基础情形的处理，这取决于特定的模板。）给出并求解对应规模 n 的工作量和持续时间的递归式。并行度又是多少？

b. 修改上面题(a)的解答，将 $n\times n$ 的数组划分为 9 个 $n/3\times n/3$ 的子数组，递归下去使得尽可能得到更多的并行性。分析该算法。该算法与题(a)中的算法相比，并行度如何？

c. 对照题(a)和(b)，按如下推广。选择一个整数 $b\geqslant 2$。将一个 $n\times n$ 数组划分为 b^2 个子数组，每个大小都为 $n/b\times n/b$，递归下去使得尽可能得到更多的并行性。关于 n 和 b，该算法的工作量、持续时间和并行度各是多少？使用这种方法，证明：对任何选择的 $b\geqslant 2$，其并行度一定是 $o(n)$。（提示：最后一个问题，证明对于任何选择的 $b\geqslant 2$，并行度是 n 的指数，其指数严格小于 1。）

d. 给出一个求解这个简单模板问题的多线程算法的伪代码，使得并行度达到 $\Theta(n/\lg n)$。使用工作量和持续时间概念，论证该问题事实上有 $\Theta(n)$ 的固有并行度。然而，我们使用分治法的多线程伪代码，实际上达不到这个最大的并行度。

27-6 （随机多线程算法） 正如使用普通的串行算法一样，有时想要实现随机多线程算法。本题探讨如何修改各种性能度量来处理这些算法的期望行为。另外，要求设计并分析一个随机快速排序的多线程算法。

a. 用期望的表示方法，如何修改工作量定律(27.2)、持续时间定律(27.3)和贪心调度界(27.4)，来处理 T_P、T_1 和 T_∞ 都是随机变量的情形。

b. 考虑一个随机多线程算法，它在 1% 的时间里有 $T_1=10^4$ 和 $T_{10\,000}=1$，但在 99% 的时间里有 $T_1=T_{10\,000}=10^9$。说明一个随机多线程算法的加速比应该被定义为 $E[T_1]/E[T_P]$，而不是 $E[T_1/T_P]$。

c. 说明一个随机多线程算法的并行度应该被定义为 $E[T_1]/E[T_\infty]$。

d. 使用嵌套并行，多线程化 7.3 节中的 RANDOMIZED-QUICKSORT 算法。（注意不是并行化 RANDOMIZED-PARTITION。）给出 P-RANDOMIZED-QUICKSORT 的伪代码。

e. 分析给出的随机快速排序的多线程算法。（提示：回顾 9.2 节关于 RANDOMIZED-SELECT 的分析。）

本章注记

并行计算机、用于并行计算机的模型，以及用于并行编程的算法模型已经以各种形式出现好多年了。本书的前一版已包含了排序网络和 PRAM(并行随机访问计算机)模型。数据并行模型[48，168]是另一个流行的算法编程模型，它以向量和矩阵上的特别操作作为基本特征。 811

　　Graham[149]和 Brent[55]指出了已达到定理 27.1 中界的调度器。Eager、Zahorjan 和 Lazowska[98]表明任何贪心调度器都可以达到这个界，并提出了使用工作量和持续时间(尽管名称与这里不同)来分析并行算法的一般方法学。针对数据并行编程，Belloch[47]发展了一种基于工作量和持续时间(他称为计算"深度")的算法编程模型。Blumofe 和 Leiserson[52]为动态多线程给出了一个分布式调度算法，这个方法是基于随机"工作窃取"(work stealing)的，并证明了能达到界 $E[T_P] \leqslant T_1/P + O(T_\infty)$。Arora、Bulmofe、Plaxton[19]和 Blelloch、Gibbons、Matias[49]对动态多线程计算的调度，也提出了一个被证明性能是好的算法。

　　多线程伪代码和编程模型深受 MIT 的 Cilk[51，118]项目及 Cilk Arts 公司贡献的 Cilk++[71]后扩展至 C++的影响。本章中的许多多线程算法来自于 C. E. Leiserson 和 H. Prokop 未公开的讲义，它们已用 Cilk 或 Cilk++实现过了。多线程归并排序算法的灵感来自于 Akl[12]的一个算法。

　　串行一致性的概念来自于 Lamport[223]。 812

矩 阵 运 算

因为矩阵运算在科学计算中极为重要，所以处理矩阵的高效算法有很多实际应用。本章重点关注矩阵的乘法，以及求解联立线性方程组问题。附录 D 回顾了矩阵的基本原理。

28.1 节介绍利用 LUP 分解方法求解一组线性方程组。28.2 节探索矩阵乘法和矩阵求逆的密切关系。28.3 节讨论一类重要的矩阵，即对称正定矩阵，并说明我们如何用它们求超定线性方程组的最小二乘解。

在实践中产生的一个重要问题是**数值的稳定性**（numerical stability）。由于在实际的计算机中浮点数表示的精度有限，因此，在数值计算过程中舍入误差可能会被放大，从而导致不正确的结果，我们称这样的计算是**数值不稳定的**。在本章中，尽管我们会偶尔提及数值稳定性，但不会着重讨论这个问题。我们建议读者参考 Golub 和 Van Loan[144]（一本很好的论著），以全面了解数值稳定性方面的知识。

28.1 求解线性方程组

很多应用都需要求解一组线性方程组。我们可以把一个线性系统表示成一个矩阵方程，其中每个矩阵或向量元素属于一个域，通常是实数域 **R**。本节将讨论如何运用 LUP 分解方法来求解线性方程组。

我们先看一组具有 n 个未知变量 x_1，x_2，$\cdots$，x_n 的线性方程：

$$
\begin{aligned}
a_{11}x_1 + a_{12}x_2 + \cdots + a_{1n}x_n &= b_1 \\
a_{21}x_1 + a_{22}x_2 + \cdots + a_{2n}x_n &= b_2 \\
&\vdots \\
a_{n1}x_1 + a_{n2}x_2 + \cdots + a_{nn}x_n &= b_n
\end{aligned} \tag{28.1}
$$

同时满足式（28.1）中所有方程的一个关于 x_1，x_2，$\cdots$，x_n 的值的集合称为方程组的一个**解**。在本节中，我们只讨论 n 个未知变量 n 个方程的情形。

为方便起见，我们重写式（28.1）中的方程为如下矩阵向量等式：

$$
\begin{bmatrix}
a_{11} & a_{12} & \cdots & a_{1n} \\
a_{21} & a_{22} & \cdots & a_{2n} \\
\vdots & \vdots & \ddots & \vdots \\
a_{n1} & a_{n2} & \cdots & a_{nn}
\end{bmatrix}
\begin{bmatrix}
x_1 \\ x_2 \\ \vdots \\ x_n
\end{bmatrix}
=
\begin{bmatrix}
b_1 \\ b_2 \\ \vdots \\ b_n
\end{bmatrix}
$$

或等价地，设 $A=(a_{ij})$，$x=(x_i)$ 和 $b=(b_i)$，记为

$$
Ax = b \tag{28.2}
$$

如果 A 是非奇异矩阵，那么它具有逆 A^{-1}，于是

$$
x = A^{-1}b \tag{28.3}
$$

就是解向量。我们可以证明，x 是等式（28.2）的唯一解。证明如下：如果存在两个解 x 和 x'，那么 $Ax=Ax'=b$，令 I 表示一个单位矩阵，则有

$$
x = Ix = (A^{-1}A)x = A^{-1}(Ax) = A^{-1}(Ax') = (A^{-1}A)x' = x'
$$

在本节中，我们主要考虑 A 为非奇异矩阵的情况，或者等价地（根据定理 D.1），A 的秩等于未知变量的个数 n。然而对于其他可能的情形，也值得作简要讨论。如果方程的数目少于未知变量数目 n（或者更一般地，A 的秩小于 n），那么此线性方程组为**欠定的**（underdetermined）。一个

欠定方程组通常有无穷多解，但若方程组不一致，则可能无解。如果方程的数目超过未知变量数目 n，则该方程组为**超定的**（overdetermined），且方程组可能没有任何解。28.3 节讨论找出超定线性方程组好的近似解的重要问题。

　　现在我们回到求解关于 n 个等式 n 个未知变量的线性方程组 $Ax=b$ 上来。我们可以计算出 A^{-1}，然后利用等式(28.3)，用 A^{-1} 乘以 b，推出 $x=A^{-1}b$。这个方法在实践中会有数值不稳定的问题。所幸的是另一种方法（LUP 分解）具有数值稳定性，且在实践中运行速度要更快一些。

LUP 分解综述

　　LUP 分解背后的思想就是找出三个 $n\times n$ 矩阵 L、U 和 P，满足

$$PA = LU \tag{28.4}$$

其中，L 是一个单位下三角矩阵，U 是一个上三角矩阵，P 是一个置换矩阵。我们称满足式(28.4)的矩阵 L、U 和 P 为矩阵 A 的 **LUP 分解**。我们将说明每一个非奇异矩阵 A 都会有这样一种分解。

　　计算矩阵 A 的一个 LUP 分解的优点是，当相应矩阵（如矩阵 L 和 U）为三角矩阵时，我们会更容易求解线性系统。一旦我们计算出 A 的一个 LUP 分解，仅通过求解三角形线性系统，即可求解等式(28.2)$Ax=b$。$Ax=b$ 两边同时乘以 P，得到等价的方程 $PAx=Pb$，根据练习 D.1-4，这意味着对等式(28.1)进行置换。运用式(28.4)中的分解，我们得到

$$LUx = Pb$$

现在通过求解两个三角形线性系统就可得到该等式的解。定义 $y=Ux$，其中 x 就是要求的向量解。首先，通过一种称为"正向替换"的方法求解下三角系统

$$Ly = Pb \tag{28.5}$$

得到未知向量 y。然后，通过一种称为"反向替换"的方法求解上三角系统

$$Ux = y \tag{28.6}$$

得到未知变量 x。由于置换矩阵 P 是可逆的（练习 D.2-3），等式(28.4)的两边同时乘以 P^{-1} 推出 $P^{-1}PA=P^{-1}LU$，于是

$$A = P^{-1}LU \tag{28.7}$$

因此，向量 x 就是 $Ax=b$ 的解：

$$
\begin{aligned}
Ax &= P^{-1}LUx &\text{（根据等式(28.7)）}\\
   &= P^{-1}Ly &\text{（根据等式(28.6)）}\\
   &= P^{-1}Pb &\text{（根据等式(28.5)）}\\
   &= b
\end{aligned}
$$

　　我们下一步将说明正向替换与反向替换如何进行，然后解决如何计算 LUP 分解的问题。

正向替换与反向替换

　　已知 L、P 和 b，**正向替换**可在 $\Theta(n^2)$ 的时间内求解下三角系统(28.5)。为方便起见，我们用一个数组 $\pi[1..n]$ 简洁地表示置换 P。对 $i=1，2，\cdots，n$，元素 $\pi[i]$ 表示 $P_{i,\pi[i]}=1$，并且对 $j\neq\pi[i]$ 有 $P_{ij}=0$。因此，PA 第 i 行第 j 列的元素为 $a_{\pi[i],j}$，Pb 的第 i 个元素为 $b_{\pi[i]}$。因为 L 是单位下三角矩阵，我们可以重写等式(28.5)为：

$$
\begin{aligned}
y_1 &= b_{\pi[1]}\\
l_{21}y_1 + y_2 &= b_{\pi[2]}\\
l_{31}y_1 + l_{32}y_2 + y_3 &= b_{\pi[3]}\\
&\vdots\\
l_{n1}y_1 + l_{n2}y_2 + l_{n3}y_3 + \cdots + y_n &= b_{\pi[n]}
\end{aligned}
$$

第一个等式告诉我们 $y_1=b_{\pi[1]}$。求出 y_1 值后，我们把它代入第二个等式，推出

$$y_2 = b_{\pi[2]} - l_{21} y_1$$

现在，我们把 y_1 和 y_2 的值代入第三个等式，得到

$$y_3 = b_{\pi[3]} - (l_{31} y_1 + l_{32} y_2)$$

一般地，我们把 y_1，y_2，$\cdots$，y_{i-1} "正向替换"到第 i 个等式中，就可求解 y_i：

$$y_i = b_{\pi[i]} - \sum_{j=1}^{i-1} l_{ij} y_j$$

已经求解了 y，我们利用**反向替换**求解等式(28.6)中的 x，与正向替换类似。这里，我们先求解第 n 个等式，然后再反向一直求解到第一个等式。与正向替换一样，这个过程运行时间为 $\Theta(n^2)$。因为 U 是上三角矩阵，我们可以重写系统(28.6)为

$$
\begin{array}{rrrrr}
u_{11} x_1 + u_{12} x_2 + \cdots + & u_{1,n-2} x_{n-2} + & u_{1,n-1} x_{n-1} + & u_{1n} x_n = y_1 \\
u_{22} x_2 + \cdots + & u_{2,n-2} x_{n-2} + & u_{2,n-1} x_{n-1} + & u_{2n} x_n = y_2 \\
& & & \vdots \\
u_{n-2,n-2} x_{n-2} + & u_{n-2,n-1} x_{n-1} + & u_{n-2,n} x_n = y_{n-2} \\
& u_{n-1,n-1} x_{n-1} + & u_{n-1,n} x_n = y_{n-1} \\
& & u_{n,n} x_n = y_n
\end{array}
$$

因此可以如下相继求出 x_n，x_{n-1}，$\cdots$，x_1 的解：

$$x_n = y_n / u_{n,n}$$
$$x_{n-1} = (y_{n-1} - u_{n-1,n} x_n) / u_{n-1,n-1}$$
$$x_{n-2} = (y_{n-2} - (u_{n-2,n-1} x_{n-1} + u_{n-2,n} x_n)) / u_{n-2,n-2}$$
$$\vdots$$

或者，更一般地，

$$x_i = \left(y_i - \sum_{j=i+1}^{n} u_{ij} x_j \right) / u_{ii}$$

已知 P、L、U 和 b，过程 LUP-SOLVE 通过结合使用正向替换与反向替换，求出 x 的解。伪代码中假定维数 n 出现在属性 $L.rows$ 中，置换矩阵 P 用数组 π 表示。

```
LUP-SOLVE(L, U, π, b)
1   n = L.rows
2   let x and y be a new vector of length n
3   for i = 1 to n
4       y_i = b_{π[i]} − Σ_{j=1}^{i-1} l_{ij} y_j
5   for i = n downto 1
6       x_i = ( y_i − Σ_{j=i+1}^{n} u_{ij} x_j ) / u_{ij}
7   return x
```

过程 LUP-SOLVE 在第 3～4 行中通过正向替换求出 y 的解，然后在第 5～6 行中通过反向替换求出 x 的解。因为在每个 **for** 循环的求和内包括了一个隐含的循环，所以算法运行时间为 $\Theta(n^2)$。

作为这些方法的应用实例，考虑下面的线性方程组：

$$
\begin{bmatrix} 1 & 2 & 0 \\ 3 & 4 & 4 \\ 5 & 6 & 3 \end{bmatrix} x = \begin{bmatrix} 3 \\ 7 \\ 8 \end{bmatrix}
$$

其中

$$
A = \begin{bmatrix} 1 & 2 & 0 \\ 3 & 4 & 4 \\ 5 & 6 & 3 \end{bmatrix}, \quad b = \begin{bmatrix} 3 \\ 7 \\ 8 \end{bmatrix}
$$

并且我们希望求解未知量 x。LUP 分解如下：

$$L=\begin{bmatrix}1 & 0 & 0\\0.2 & 1 & 0\\0.6 & 0.5 & 1\end{bmatrix}, \quad U=\begin{bmatrix}5 & 6 & 3\\0 & 0.8 & -0.6\\0 & 0 & 2.5\end{bmatrix}, \quad P=\begin{bmatrix}0 & 0 & 1\\1 & 0 & 0\\0 & 1 & 0\end{bmatrix}$$

(你可能想验证 $PA=LU$。)采用正向替换，我们对 $Ly=Pb$ 求解 y：

$$\begin{bmatrix}1 & 0 & 0\\0.2 & 1 & 0\\0.6 & 0.5 & 1\end{bmatrix}\begin{bmatrix}y_1\\y_2\\y_3\end{bmatrix}=\begin{bmatrix}8\\3\\7\end{bmatrix}$$

通过先计算 y_1，然后计算 y_2，最后计算 y_3，得到

$$y=\begin{bmatrix}8\\1.4\\1.5\end{bmatrix}$$

利用反向替换，我们对 $Ux=y$ 求解 x： 818

$$\begin{bmatrix}5 & 6 & 3\\0 & 0.8 & -0.6\\0 & 0 & 2.5\end{bmatrix}\begin{bmatrix}x_1\\x_2\\x_3\end{bmatrix}=\begin{bmatrix}8\\1.4\\1.5\end{bmatrix}$$

通过首先计算 x_3，然后 x_2，最后 x_1，得到所需解

$$x=\begin{bmatrix}-1.4\\2.2\\0.6\end{bmatrix}$$

计算一个 LU 分解

现在我们已经证明对于一个非奇异矩阵 A，如果能创建出其 LUP 分解，那么运用正向替换与反向替换，可求出线性方程组 $Ax=b$ 的解。下面介绍如何高效地计算出矩阵 A 的一个 LUP 分解。我们先考虑 A 是 $n\times n$ 非奇异矩阵，且 P 不予考虑(或等价地，$P=I_n$)。在这种情况下，分解 $A=LU$。我们称这两个矩阵 L 和 U 为 A 的一个 **LU 分解**。

我们采用**高斯消元法**(Gaussian elimination)来创建一个 LU 分解。首先从其他方程中减去第一个方程的倍数，以把那些方程中的第一个变量消去。然后，从第三个及以后的方程中减去第二个方程的倍数，以把这些方程的第一个和第二个变量都消去。继续上述过程，直到系统变为一个上三角矩阵形式，实际上此矩阵就是 U。矩阵 L 是由消去变量所用的行的乘数组成。

采用递归算法实现这个策略。我们希望构造出一个 $n\times n$ 的非奇异矩阵 A 的一个 LU 分解。如果 $n=1$，则完成构造，因为我们可以选择 $L=I_1$，$U=A$。对于 $n>1$，我们把 A 拆成 4 部分：

$$A=\begin{bmatrix}a_{11} & a_{12} & \cdots & a_{1n}\\a_{21} & a_{22} & \cdots & a_{2n}\\\vdots & \vdots & \ddots & \vdots\\a_{n1} & a_{n2} & \cdots & a_{nn}\end{bmatrix}=\begin{bmatrix}a_{11} & w^{\mathrm{T}}\\v & A'\end{bmatrix}$$

其中 v 是一个 $n-1$ 维列向量，w^{T} 是一个 $n-1$ 维行向量，A' 是一个 $(n-1)\times(n-1)$ 矩阵。然后，利用矩阵代数(通过简单地从头至尾使用乘法来验证方程式)，我们可以把 A 分解为： 819

$$A=\begin{bmatrix}a_{11} & w^{\mathrm{T}}\\v & A'\end{bmatrix}=\begin{bmatrix}1 & 0\\v/a_{11} & I_{n-1}\end{bmatrix}\begin{bmatrix}a_{11} & w^{\mathrm{T}}\\0 & A'-vw^{\mathrm{T}}/a_{11}\end{bmatrix} \tag{28.8}$$

等式(28.8)的第一个矩阵与第二个矩阵中的 0 分别表示 $n-1$ 维行向量与 $n-1$ 维列向量。项 vw^{T}/a_{11} 是一个 $(n-1)\times(n-1)$ 矩阵，它是向量 v 与 w 外积矩阵的每一个元素除以 a_{11} 所得的矩阵，它与矩阵 A' 大小一致。所得 $(n-1)\times(n-1)$ 矩阵

$$A' - vw^{\mathrm{T}}/a_{11} \qquad\qquad (28.9)$$

称为矩阵 A 对于 a_{11} 的**舒尔补**(Schur complement)。

我们断言：如果 A 是非奇异的，那么舒尔补也是非奇异的。为什么？假设$(n-1)\times(n-1)$的舒尔补是奇异的，则根据定理 D.1，它的行秩严格小于 $n-1$。因为在矩阵的第一列的底部 $n-1$ 个元素

$$\begin{bmatrix} a_{11} & w^{\mathrm{T}} \\ 0 & A' - vw^{\mathrm{T}}/a_{11} \end{bmatrix}$$

全是 0，此矩阵的底部 $n-1$ 行的行秩必须严格小于 $n-1$。因此整个矩阵的行秩严格小于 n。应用练习 D.2-8 到式(28.8)，A 的行秩严格小于 n，且根据定理 D.1，我们导出 A 是奇异的，矛盾。

因为舒尔补是非奇异的，现在我们可以递归地找出它的一个 LU 分解。我们说

$$A' - vw^{\mathrm{T}}/a_{11} = L'U'$$

其中 L' 是单位下三角矩阵，U' 是上三角矩阵。然后，运用矩阵代数可得：

$$A = \begin{bmatrix} 1 & 0 \\ v/a_{11} & I_{n-1} \end{bmatrix} \begin{bmatrix} a_{11} & w^{\mathrm{T}} \\ 0 & A' - vw^{\mathrm{T}}/a_{11} \end{bmatrix} = \begin{bmatrix} 1 & 0 \\ v/a_{11} & I_{n-1} \end{bmatrix} \begin{bmatrix} a_{11} & w^{\mathrm{T}} \\ 0 & L'U' \end{bmatrix}$$

$$= \begin{bmatrix} 1 & 0 \\ v/a_{11} & L' \end{bmatrix} \begin{bmatrix} a_{11} & w^{\mathrm{T}} \\ 0 & U' \end{bmatrix} = LU$$

因而找出了我们所需的 LU 分解。（注意到，因为 L' 是单位下三角矩阵，所以 L 也是单位下三角矩阵；又因为 U' 是上三角矩阵，所以 U 也是上三角矩阵。）

当然，如果 $a_{11}=0$，这个方法就不适用了，因为会有除 0 的问题。如果舒尔补 $A' - vw^{\mathrm{T}}/a_{11}$ 的左上角元素为 0，这种方法也不可行，因为在下一次递归中我们就要除以该元素。在 LUP 分解中我们所除的元素称为**主元**(pivot)，它们处于矩阵 U 的对角线上。在 LUP 分解中我们包含一个置换矩阵 P 的原因是为了避免把 0 当做除数。采用置换来避免除数为 0（或一个很小的数，可能会引起数值不稳定性）的操作称为**选主元**(pivoting)。

保证 LU 分解总能进行的一类重要矩阵就是对称正定矩阵。这一类矩阵无需选主元，因此，我们可放心应用上述递归策略，无需担心除数为 0。我们将在 28.3 节中证明这一结论及其他一些结论。

我们对一个矩阵 A 进行 LU 分解的代码根据上述递归策略设计，只不过用一个迭代循环取代了递归过程。（这一转化是对"尾递归"过程（即最后的操作为自身递归调用的过程）进行标准的优化处理，参见思考题 7-4。）代码假定属性 $A.rows$ 表示 A 的维度。我们初始化矩阵 U，使得对角线以下元素均为 0；以及矩阵 L，使得对角线元素都是 1，对角线以上元素都是 0。每次迭代都作用于一个子方阵，以其左上角元素为主元来计算 v 和 w 向量以及舒尔补，这样又生成一个子方阵，下次迭代将作用于这个子方阵。

```
LU-DECOMPOSITION(A)
 1  n = A.rows
 2  let L and U be new n×n matrices
 3  initialize U with 0s below the diagonal
 4  initialize L with 1s on the diagonal and 0s above the diagonal
 5  for k = 1 to n
 6      u_kk = a_kk
 7      for i = k+1 to n
 8          l_ik = a_ik / u_kk        // a_ik holds v_i
 9          u_ki = a_ki               // a_ki holds w_i
10      for i = k+1 to n
11          for j = k+1 to n
12              a_ij = a_ij - l_ik u_kj
13  return L and U
```

从第5行开始的外层 **for** 循环对每个递归步骤迭代一次。在该循环内，第6行确定出主元为 $u_{kk}=a_{kk}$。第7～9行的 **for** 循环(当 $k=n$ 时，该循环不执行)采用 v 和 w^{T} 向量对 L 和 U 进行更新。第8行确定出向量 v 的各元素，并把 v_i 存放在 l_{ik} 中，第9行计算出向量 w^{T} 的各元素，并把 w_i^{T} 存放在 u_{ki} 中。最后，第10～12行计算舒尔补中的元素，并把它们存放在矩阵 A 中。(我们不必在第12行除以 a_{kk}，因为我们在第8行中计算 l_{ik} 时已经做过了。)因为第12行语句在三层嵌套之中，所以 LU-DECOMPOSITION 运行时间为 $\Theta(n^3)$。 821

图28-1显示了 LU-DECOMPOSITION 的操作过程。它展示了一个标准的优化过程，其中我们把 L 和 U 的重要元素都存储在矩阵 A 的合适位置上。也就是说，我们可以在每个元素 a_{ij} 和 l_{ij} (如果 $i>j$)或 u_{ij} (如果 $i\leqslant j$)之间建立某种对应关系，更新矩阵 A，使得此过程结束时，矩阵 A 包含 L 和 U。要从上面伪代码中获得此优化的伪代码，只需把上述代码中每处 l 或 u 用 a 取代即可。你很容易验证这一转换方法保持正确性。

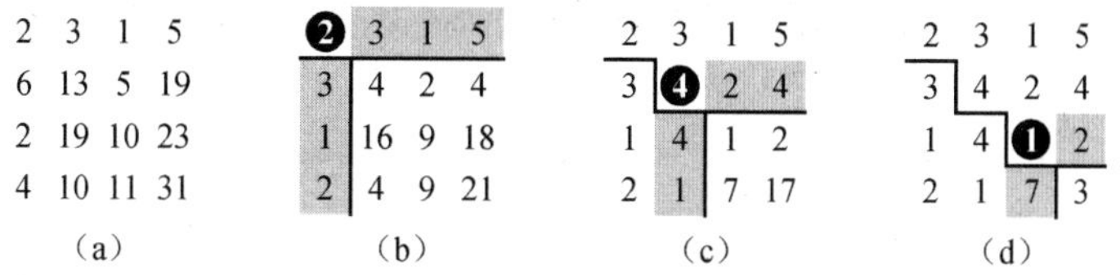

$$\underset{A}{\begin{bmatrix} 2 & 3 & 1 & 5 \\ 6 & 13 & 5 & 19 \\ 2 & 19 & 10 & 23 \\ 4 & 10 & 11 & 31 \end{bmatrix}} = \underset{L}{\begin{bmatrix} 1 & 0 & 0 & 0 \\ 3 & 1 & 0 & 0 \\ 1 & 4 & 1 & 0 \\ 2 & 1 & 7 & 1 \end{bmatrix}} \underset{U}{\begin{bmatrix} 2 & 3 & 1 & 5 \\ 0 & 4 & 2 & 4 \\ 0 & 0 & 1 & 2 \\ 0 & 0 & 0 & 3 \end{bmatrix}}$$

(e)

图28-1 LU-DECOMPOSITION 的运行过程。(a)矩阵 A。(b)黑色圆圈内的元素 $a_{11}=2$ 是主元，阴影列是 v/a_{11}，阴影行是 w^{T}。至此已计算好的 U 中元素在水平线之上，而 L 的元素在竖直线的左边。舒尔补矩阵 $A'-vw^{\mathrm{T}}/a_{11}$ 占据了右下方。(c)现在我们在(b)部分产生的舒尔补矩阵上操作。黑色圈内的元素 $a_{22}=4$ 是主元，阴影列和阴影行分别是 v/a_{22} 和 w^{T}(在舒尔补的划分中)。线条将这个矩阵分成目前已计算的 U 的元素(上)，目前已计算的 L 的元素(左)，以及新的舒尔补(右下)。(d)下一个步骤中，矩阵 A 被分解(当递归结束时，新的舒尔补中元素3成为 U 的一部分。)(e)此分解 $A=LU$ 822

计算一个 LUP 分解

一般而言，为了求解线性方程组 $Ax=b$，我们必须在 A 的非对角线元素中选主元以避免除数为0。除数为0当然是灾难性的。但是我们也希望避免除数很小(即使 A 是非奇异的)，否则会产生数值不稳定。因此，我们尽可能选一个较大的主元。

LUP 分解的数学原理与 LU 分解很类似。回顾前面的内容，已知一个 $n\times n$ 非奇异矩阵 A，我们希望找出一个置换矩阵 P、一个单位下三角矩阵 L 和一个上三角矩阵 U，满足条件 $PA=LU$。正如 LU 分解中所做的，在对矩阵 A 进行划分之前，我们先把一个非零元素(比如 a_{k1})，从第1列中某个位置移到该矩阵(1，1)的位置上。为了保证数值稳定性，我们选择第1列中具有最大绝对值的元素为 a_{k1}。(第1列不可能仅包含0元素，否则 A 是奇异的，因为根据定理 D.4 和 D.5，其行列式值为0。)为了使方程组仍然成立，我们把第1行与第 k 行互换，这等价于用一个置换矩阵 Q 乘以 A 的左边(练习 D.1-4)。因此，可以把 QA 写成

$$QA=\begin{bmatrix} a_{k1} & w^{\mathrm{T}} \\ v & A' \end{bmatrix}$$

其中 $v=(a_{21}, a_{31}, \cdots, a_{n1})^{\mathrm{T}}$，除了 a_{11} 取代 a_{k1}；$w^{\mathrm{T}}=(a_{k2}, a_{k3}, \cdots, a_{kn})$；$A'$ 是一个 $(n-1)\times$

$(n-1)$矩阵。因为$a_{k1} \neq 0$，现在可以执行与 LU 分解基本相同的线性代数运算，但现在能保证我们不会除以 0：

$$QA = \begin{bmatrix} a_{k1} & w^T \\ v & A' \end{bmatrix} = \begin{bmatrix} 1 & 0 \\ v/a_{k1} & I_{n-1} \end{bmatrix} \begin{bmatrix} a_{k1} & w^T \\ 0 & A' - vw^T/a_{k1} \end{bmatrix}$$

正如我们在 LU 分解中所看到的，如果 A 是非奇异的，那么舒尔补 $A' - vw^T/a_{k1}$ 也是非奇异的。因此，我们可以递归地找出它的一个 LUP 分解，包括单位下三角矩阵 L'、上三角矩阵 U' 和置换矩阵 P'，满足

$$P'(A' - vw^T/a_{k1}) = L'U'$$

定义

$$P = \begin{bmatrix} 1 & 0 \\ 0 & P' \end{bmatrix} Q$$

它是一个置换矩阵，因为它是两个置换矩阵的乘积(练习 D.1-4)。现在我们有

$$PA = \begin{bmatrix} 1 & 0 \\ 0 & P' \end{bmatrix} QA = \begin{bmatrix} 1 & 0 \\ 0 & P' \end{bmatrix} \begin{bmatrix} 1 & 0 \\ v/a_{k1} & I_{n-1} \end{bmatrix} \begin{bmatrix} a_{k1} & w^T \\ 0 & A' - vw^T/a_{k1} \end{bmatrix}$$

$$= \begin{bmatrix} 1 & 0 \\ P'v/a_{k1} & P' \end{bmatrix} \begin{bmatrix} a_{k1} & w^T \\ 0 & A' - vw^T/a_{k1} \end{bmatrix} = \begin{bmatrix} 1 & 0 \\ P'v/a_{k1} & I_{n-1} \end{bmatrix} \begin{bmatrix} a_{k1} & w^T \\ 0 & P'(A' - vw^T/a_{k1}) \end{bmatrix}$$

$$= \begin{bmatrix} 1 & 0 \\ P'v/a_{k1} & I_{n-1} \end{bmatrix} \begin{bmatrix} a_{k1} & w^T \\ 0 & L'U' \end{bmatrix} = \begin{bmatrix} 1 & 0 \\ P'v/a_{k1} & L' \end{bmatrix} \begin{bmatrix} a_{k1} & w^T \\ 0 & U' \end{bmatrix} = LU$$

这样推出了 LUP 分解。因为 L' 是单位下三角矩阵，所以 L 也是单位下三角矩阵；又因为 U' 是上三角矩阵，于是 U 也是上三角矩阵。

注意在上述推导中，与 LU 分解不同的是，我们必须把列向量 v/a_{k1} 和舒尔补 $A' - vw^T/a_{k1}$ 都乘以置换矩阵 P'。下面是 LUP 分解的伪代码：

```
LUP-DECOMPOSITION(A)
 1   n = A.rows
 2   let π[1..n] be a new array
 3   for i = 1 to n
 4       π[i] = i
 5   for k = 1 to n
 6       p = 0
 7       for i = k to n
 8           if |a_ik| > p
 9               p = |a_ik|
10               k' = i
11       if p == 0
12           error "singular matrix"
13       exchange π[k] with π[k']
14       for i = 1 to n
15           exchange a_ki with a_k'i
16       for i = k+1 to n
17           a_ik = a_ik / a_kk
18           for j = k+1 to n
19               a_ij = a_ij - a_ik a_kj
```

与 LU-DECOMPOSITION 一样，我们的 LUP-DECOMPOSITION 过程也采用一个循环迭代来替代递归。作为直接实现递归的一种改进，我们动态维护置换矩阵 P 作为一个数组 π，其中

$\pi[i]=j$ 意味着 P 的第 i 行第 j 列元素为 1。我们也实现了在矩阵 A 中"合适位置"计算 L 和 U 的代码。因此，当该过程停止时，

$$a_{ij} = \begin{cases} l_{ij} & \text{如果 } i > j \\ u_{ij} & \text{如果 } i \leqslant j \end{cases}$$

图 28-2 显示了 LUP-DECOMPOSITION 如何对一个矩阵进行分解。第 3~4 行初始化数组 π 来表示恒等变换。第 5 行开始的外层 **for** 循环实现了该递归过程。每执行一次外层循环，第 6~10 行确定要找出绝对值最大的元素 $a_{k'k}$，它在当前 $(n-k+1) \times (n-k+1)$ 矩阵的第一列（列 k）中，我们正在寻找这个矩阵的 LUP 分解。如果当前第一列中的所有元素都是 0，第 11~12 行报告该矩阵为奇异矩阵。为了选主元，我们在第 13 行用 $\pi[k]$ 交换 $\pi[k']$，在第 14~15 行中把矩阵 A 的第 k 行和第 k' 行交换，由此选出了主元 a_{kk}。（要对整行进行交换，因为在上述方法的推导中，不仅 $A'-vw^{\mathrm{T}}/a_{k1}$ 与 P' 相乘，而且 v/a_{k1} 也如此。）最后，第 16~19 行计算舒尔补所用的方法与 LU-DECOMPOSITION 中第 7~12 行的计算方法基本相同，不过这里操作记录在 A 中合适位置。

```
(a)
  1 | 2    0    2    0.6
  2 | 3    3    4    -2
  3 | ⑤    5    4    2
  4 | -1   -2   3.4  -1

(b)
  3 | ❺    5    4    2
  2 | 3    3    4    -2
  1 | 2    0    2    0.6
  4 | -1   -2   3.4  -1

(c)
  3 | ❺    5    4    2
  2 | 0.6  0    1.6  -3.2
  1 | 0.4  -2   0.4  -0.2
  4 | -0.2 -1   4.2  -0.6

(d)
  3 | 5    5    4    2
  2 | 0.6  0    1.6  -3.2
  1 | 0.4  ❷    0.4  -0.2
  4 | -0.2 -1   4.2  -0.6

(e)
  3 | 5    5    4    2
  1 | 0.4  ❷    0.4  -0.2
  2 | 0.6  0    1.6  -3.2
  4 | -0.2 -1   4.2  -0.6

(f)
  3 | 5    5    4    2
  1 | 0.4  ❷    0.4  -0.2
  2 | 0.6  0    1.6  -3.2
  4 | -0.2 0.5  4    -0.5

(g)
  3 | 5    5    4    2
  1 | 0.4  -2   0.4  -0.2
  2 | 0.6  0    1.6  -3.2
  4 | -0.2 0.5  ❹    -0.5

(h)
  3 | 5    5    4    2
  1 | 0.4  -2   0.4  -0.2
  4 | -0.2 0.5  ❹    -0.5
  2 | 0.6  0    1.6  -3.2

(i)
  3 | 5    5    4    2
  1 | 0.4  -2   0.4  -0.2
  4 | -0.2 0.5  ❹    -0.5
  2 | 0.6  0    0.4  -3
```

$$\begin{bmatrix} 0 & 0 & 1 & 0 \\ 1 & 0 & 0 & 0 \\ 0 & 0 & 0 & 1 \\ 0 & 1 & 0 & 0 \end{bmatrix} \begin{bmatrix} 2 & 0 & 2 & 0.6 \\ 3 & 3 & 4 & -2 \\ 5 & 5 & 4 & 2 \\ -1 & -2 & 3.4 & -1 \end{bmatrix} = \begin{bmatrix} 1 & 0 & 0 & 0 \\ 0.4 & 1 & 0 & 0 \\ -0.2 & 0.5 & 1 & 0 \\ 0.6 & 0 & 0.4 & 1 \end{bmatrix} \begin{bmatrix} 5 & 5 & 4 & 2 \\ 0 & -2 & 0.4 & -0.2 \\ 0 & 0 & 4 & -0.5 \\ 0 & 0 & 0 & -3 \end{bmatrix}$$

$$\quad\quad P \quad\quad\quad\quad\quad\quad A \quad\quad\quad\quad\quad\quad L \quad\quad\quad\quad\quad\quad U$$

(j)

图 28-2　LUP-DECOMPOSITION 的操作过程。(a) 输入矩阵 A 在左边采用了行的恒等变换。算法的第一步确定在第 3 行黑色圆圈中元素 5 是第一列的主元。(b) 第 1 行与第 3 行互换，并且置换被更新，阴影列和阴影行分别表示 v 和 w^{T}。(c) 向量 v 被 $v/5$ 所取代，且矩阵的右下方使用舒尔补来更新。线条将矩阵分割成 3 个区域：U 的元素（上）、L 的元素（左），以及舒尔补的元素（右下）。(d)~(f) 第二步。(g)~(i) 第三步。没有变化发生在第四（最后）步。(j) 此 LUP 分解为 $PA=LU$

因为 LUP-DECOMPOSITION 的三重循环结构，所以它的运行时间为 $\Theta(n^3)$，与 LU-DECOMPOSITION 运行时间完全一样。因此，选主元至多花费我们一个常数因子时间。

练习

28.1-1 采用正向替换法求解下面方程组：

$$\begin{bmatrix} 1 & 0 & 0 \\ 4 & 1 & 0 \\ -6 & 5 & 1 \end{bmatrix} \begin{bmatrix} x_1 \\ x_2 \\ x_3 \end{bmatrix} = \begin{bmatrix} 3 \\ 14 \\ -7 \end{bmatrix}$$

28.1-2 找到下面矩阵的一个 LU 分解：

$$\begin{bmatrix} 4 & -5 & 6 \\ 8 & -6 & 7 \\ 12 & -7 & 12 \end{bmatrix}$$

28.1-3 利用一个 LUP 分解来求解下面方程组：

$$\begin{bmatrix} 1 & 5 & 4 \\ 2 & 0 & 3 \\ 5 & 8 & 2 \end{bmatrix} \begin{bmatrix} x_1 \\ x_2 \\ x_3 \end{bmatrix} = \begin{bmatrix} 12 \\ 9 \\ 5 \end{bmatrix}$$

28.1-4 请描述一个对角矩阵的 LUP 分解。

28.1-5 请描述一个置换矩阵 A 的 LUP 分解，并证明它是唯一的。

28.1-6 证明：对所有 $n \geqslant 1$，存在一个 $n \times n$ 奇异矩阵，它具有一个 LU 分解。

28.1-7 在 LU-DECOMPOSITION 中，当 $k=n$ 时，是否有必要执行最外层的 **for** 循环迭代？LUP-DECOMPOSITION 中情况又如何？

28.2 矩阵求逆

虽然在实际应用中，我们一般不使用逆矩阵来求解线性方程组，而更倾向于运用一些数值稳定性更好的技术，如 LUP 分解，但是，有时候我们需要计算一个矩阵的逆矩阵。在本节中，我们论述如何利用 LUP 分解来计算一个矩阵的逆。我们还将证明矩阵乘法和计算逆矩阵问题具有相同难度，因为（在技术条件限制下）可以使用一个问题的算法在相同渐近时间内解决另外一个问题。因此，可以使用用于矩阵乘法的 Strassen 算法（参见 4.2 节）来求一个矩阵的逆矩阵。事实上，Strassen 原始论文的动机是表明有比普通方法更快的求解线性方程组方法。

通过 LUP 分解计算逆矩阵

假设有一个矩阵 A 的 LUP 分解，包括三个矩阵 L、U 和 P，满足 $PA = LU$。运用 LUP-SOLVE，可以在 $\Theta(n^2)$ 时间内求解一个具有 $Ax = b$ 形式的方程。因为 LUP 分解取决于 A 而不是 b，我们能在第二个方程 $Ax = b'$ 上运行 LUP-SOLVE，额外时间复杂度为 $\Theta(n^2)$。一般而言，一旦得到 A 的 LUP 分解，就可以在 $\Theta(kn^2)$ 时间内求解方程 $Ax = b$，k 的值因 b 的不同而改变。

我们可以考虑方程

$$AX = I_n \tag{28.10}$$

它以一个含 n 个方程（形式为 $Ax = b$）的方程组方式定义了矩阵 X，即 A 的逆矩阵。更准确地说，令 X_i 表示 X 的第 i 列，回顾单位向量 e_i 是 I_n 的第 i 列。于是可以利用 A 的 LUP 分解求解方程（28.10）中的 X，需分别求解每一个方程

$$AX_i = e_i$$

中的 X_i。一旦得到 LUP 分解，就可以在 $\Theta(n^2)$ 时间内计算 n 个 X_i 列中的每一个，因此可以在 $\Theta(n^3)$ 时间内从 A 的 LUP 分解计算 X。既然可以在 $\Theta(n^3)$ 时间内确定 A 的 LUP 分解，我们就可

以在 $\Theta(n^3)$ 时间内求出矩阵 A 的逆 A^{-1}。

矩阵乘法和矩阵求逆

现在我们说明，矩阵乘法获得的理论上的加速比，矩阵求逆的运算同样可以达到。实际上，我们可以证明更强的结论：从下面描述的角度来看，矩阵求逆运算等价于矩阵乘法运算。如果 $M(n)$ 表示求两个 $n \times n$ 矩阵乘积所需时间，那么可以在 $O(M(n))$ 时间内对一个 $n \times n$ 非奇异矩阵求逆。此外，如果 $I(n)$ 表示对一个非奇异的 $n \times n$ 矩阵求逆所需的时间，那么可以在 $O(I(n))$ 时间内对两个 $n \times n$ 矩阵求乘积。下面分别用两个定理来证明这些结论。

定理 28.1（矩阵乘法不比矩阵求逆困难） 如果能在 $I(n)$ 时间内求出一个 $n \times n$ 矩阵的逆，其中 $I(n) = \Omega(n^2)$ 且 $I(n)$ 满足正则性条件 $I(3n) = O(I(n))$，那么可以在 $O(I(n))$ 时间内求出两个 $n \times n$ 矩阵的乘积。

证明 设 A 和 B 为两个 $n \times n$ 矩阵，我们希望计算出其乘积 C。定义 $3n \times 3n$ 矩阵 D 为： 828

$$D = \begin{bmatrix} I_n & A & 0 \\ 0 & I_n & B \\ 0 & 0 & I_n \end{bmatrix}$$

D 的逆矩阵为：

$$D^{-1} = \begin{bmatrix} I_n & -A & AB \\ 0 & I_n & -B \\ 0 & 0 & I_n \end{bmatrix}$$

因而可以利用 D^{-1} 右上角 $n \times n$ 子矩阵计算出乘积 AB。

我们能在 $\Theta(n^2)$ 时间内构造出矩阵 D，时间复杂度也是 $O(I(n))$，因为假设 $I(n) = \Omega(n^2)$，根据 $I(n)$ 的正则性条件，可以在 $O(I(3n)) = O(I(n))$ 时间内转换 D。因此有 $M(n) = O(I(n))$。 ■

注意到，对任意常数 $c > 0$ 和 $d \geqslant 0$，只要 $I(n) = \Theta(n^c \lg^d n)$，$I(n)$ 就满足正则性条件。

证明矩阵求逆运算不比矩阵乘法运算更难这一命题依赖于对称正定矩阵的一些性质，这些性质我们将在 28.3 节中证明。

定理 28.2（矩阵求逆运算不比矩阵乘法运算更难） 如果能在 $M(n)$ 时间内计算出两个 $n \times n$ 实数矩阵的乘积，其中 $M(n) = \Omega(n^2)$ 且 $M(n)$ 满足两个正则性条件：对任意的 $k(0 \leqslant k \leqslant n)$，$M(n+k) = O(M(n))$；对某个常数 $c < 1/2$，$M(n/2) \leqslant cM(n)$。那么可以在 $O(M(n))$ 时间内计算出任何一个 $n \times n$ 非奇异实数矩阵的逆。

证明 我们这里对实数矩阵的情形证明定理成立。练习 28.2-6 要求把证明推广到元素是复数的矩阵。

可以假设 n 恰好是 2 的幂，因为对任意 $k > 0$，我们有

$$\begin{bmatrix} A & 0 \\ 0 & I_k \end{bmatrix}^{-1} = \begin{bmatrix} A^{-1} & 0 \\ 0 & I_k \end{bmatrix}$$

因此，通过挑选 k，使得 $n+k$ 为 2 的幂，扩大矩阵的规模到 2 的下一个整数次方，并从这个规模扩大的答案中得到我们需要的 A^{-1}。$M(n)$ 的第一个规则性条件保证这一扩展对运行时间的增长不会超过一个常数因子。

目前，假设 $n \times n$ 的矩阵 A 是对称正定的。我们把每一个 A 及其逆 A^{-1} 划分为 4 个 $n/2 \times n/2$ 的 829
子矩阵：

$$A = \begin{bmatrix} B & C^{\mathrm{T}} \\ C & D \end{bmatrix}, \quad A^{-1} = \begin{bmatrix} R & T \\ U & V \end{bmatrix} \tag{28.11}$$

那么，如果令

$$S = D - CB^{-1}C^{\mathrm{T}} \tag{28.12}$$

是 A 关于 B 的舒尔补(我们将在 28.3 节看到更多关于这种形式的舒尔补),我们有

$$A^{-1} = \begin{bmatrix} R & T \\ U & V \end{bmatrix} = \begin{bmatrix} B^{-1} + B^{-1}C^{\mathrm{T}}S^{-1}CB^{-1} & -B^{-1}C^{\mathrm{T}}S^{-1} \\ -S^{-1}CB^{-1} & S^{-1} \end{bmatrix} \tag{28.13}$$

因为 $AA^{-1} = I_n$,可以用矩阵乘法来验证。因为 A 是对称正定矩阵,根据 28.3 节中的引理 28.4 和引理 28.5,B 和 S 都是对称正定的。因此,根据 28.3 节的引理 28.3,逆矩阵 B^{-1} 和 S^{-1} 存在,并且由练习 D.2-6,B^{-1} 和 S^{-1} 都是对称的,于是 $(B^{-1})^{\mathrm{T}} = B^{-1}$ 和 $(S^{-1})^{\mathrm{T}} = S^{-1}$。所以,我们可以计算子矩阵 A^{-1} 的 R、T、U 和 V 如下,其中涉及的矩阵都是 $n/2 \times n/2$ 的:

1. 构造 A 的子矩阵 B、C、C^{T} 和 D。

2. 递归计算 B 的逆矩阵 B^{-1}。

3. 计算矩阵乘积 $W = CB^{-1}$,然后计算其转置矩阵 W^{T},它等于 $B^{-1}C^{\mathrm{T}}$(根据练习 D.1-2 以及 $(B^{-1})^{\mathrm{T}} = B^{-1}$)。

4. 计算矩阵乘积 $X = WC^{\mathrm{T}}$,它等于 $CB^{-1}C^{\mathrm{T}}$,然后计算矩阵 $S = D - X = D - CB^{-1}C^{\mathrm{T}}$。

5. 递归计算 S 的逆矩阵 S^{-1},并令 V 为 S^{-1}。

6. 计算矩阵乘积 $Y = S^{-1}W$,它等于 $S^{-1}CB^{-1}$,然后计算其转置 Y^{T},它等于 $B^{-1}C^{\mathrm{T}}S^{-1}$(根据练习 D.1-2,$(B^{-1})^{\mathrm{T}} = B^{-1}$ 以及 $(S^{-1})^{\mathrm{T}} = S^{-1}$)。设 T 为 $-Y^{\mathrm{T}}$,U 为 $-Y$。

7. 计算矩阵乘积 $Z = W^{\mathrm{T}}Y$,它等于 $B^{-1}C^{\mathrm{T}}S^{-1}CB^{-1}$,并设 R 为 $B^{-1} + Z$。

因此,我们可以通过在步骤 2 和 5 中对两个 $n/2 \times n/2$ 的矩阵求逆来对一个 $n \times n$ 的对称正定矩阵求逆;在步骤 3、4、6 和 7 中,执行 4 个 $n/2 \times n/2$ 矩阵乘法;外加 $O(n^2)$ 的额外时间从矩阵 A 中提取子矩阵,插入子矩阵到 A^{-1},以及在 $n/2 \times n/2$ 矩阵上执行常数数目的加法、减法和转置操作。我们得到递归式

830

$$I(n) \leqslant 2I(n/2) + 4M(n/2) + O(n^2) = 2I(n/2) + \Theta(M(n)) = O(M(n))$$

第一个等号成立是因为由定理中的第二个正则性条件推出 $4M(n/2) < 2M(n)$,以及我们假设 $M(n) = \Omega(n^2)$。第二个等号成立是因为定理的第二个正则性条件允许我们应用主定理(定理 4.1)的情况 3。

现在还需证明,当 A 可逆但不是对称正定矩阵时,我们对矩阵的乘法运算也可以达到和矩阵求逆运算一样的渐近运行时间。基本思想是对任意的非奇异矩阵 A,矩阵 $A^{\mathrm{T}}A$ 是对称的(根据练习 D.1-2)和正定的(根据定理 D.6)。然后,主要技巧在于把求 A 的逆矩阵问题转化成求 $A^{\mathrm{T}}A$ 的逆矩阵问题。

这一转化是基于下面的观察:当 A 为一个 $n \times n$ 非奇异矩阵时,我们有

$$A^{-1} = (A^{\mathrm{T}}A)^{-1}A^{\mathrm{T}}$$

因为 $((A^{\mathrm{T}}A)^{-1}A^{\mathrm{T}})A = (A^{\mathrm{T}}A)^{-1}(A^{\mathrm{T}}A) = I_n$,并且一个矩阵的逆矩阵是唯一的。因此,我们可以这样计算 A^{-1}:先把 A^{T} 与 A 相乘获得 $A^{\mathrm{T}}A$,然后运用上面的分治算法求出对称正定矩阵 $A^{\mathrm{T}}A$ 的逆矩阵,最后再把结果乘以 A^{T}。这三步中每一步运行时间为 $O(M(n))$,因此可以在 $O(M(n))$ 时间内求出任意非奇异实数矩阵的逆矩阵。 ■

定理 28.2 的证明过程说明,只要 A 是非奇异矩阵,就可以通过 LU 分解求解等式 $Ax = b$,而无需选主元。我们把等式两边同时乘以 A^{T},推出 $(A^{\mathrm{T}}A)x = A^{\mathrm{T}}b$。因为 A^{T} 是可逆的,所以这一变换不会影响解 x,于是可以通过计算 LU 的一个分解来分解对称正定矩阵 $A^{\mathrm{T}}A$。然后就可以对方程右端的 $A^{\mathrm{T}}b$ 应用正向替换和反向替换来求解 x。尽管这个方法在理论上是正确的,但实际上过程 LUP-DECOMPOSITION 执行得更快。LUP 分解需要的算术运算次数要少常数倍,并且从某种程度来说,LUP 分解有更好的数值性质。

练习

28.2-1 设 $M(n)$ 是两个 $n \times n$ 矩阵相乘所需时间,$S(n)$ 表示求 $n \times n$ 矩阵平方所需时间。证明:

求矩阵乘积与求矩阵平方实质上难度相同，即一个 $M(n)$ 时间的矩阵相乘算法意味着一个 $O(M(n))$ 时间的矩阵平方算法，一个 $S(n)$ 时间的矩阵平方算法意味着一个 $O(S(n))$ 时间的矩阵相乘算法。

831

28.2-2 设 $M(n)$ 是两个 $n\times n$ 矩阵相乘所需时间，$L(n)$ 为计算一个 $n\times n$ 矩阵的 LUP 分解所需时间。证明：求矩阵乘积运算与计算矩阵 LUP 分解实质上难度相同，即一个 $M(n)$ 时间的矩阵相乘算法意味着一个 $O(M(n))$ 时间的矩阵 LUP 分解算法，一个 $L(n)$ 时间的矩阵 LUP 分解算法意味着一个 $O(L(n))$ 时间的矩阵相乘算法。

28.2-3 设 $M(n)$ 是两个 $n\times n$ 矩阵相乘所需时间，$D(n)$ 表示求 $n\times n$ 矩阵行列式值所需时间。证明：求矩阵乘积运算与求行列式值实质上难度相同，即一个 $M(n)$ 时间的矩阵相乘算法意味着一个 $O(M(n))$ 时间的行列式算法，一个 $D(n)$ 时间的行列式算法意味着一个 $O(D(n))$ 时间的矩阵相乘算法。

28.2-4 设 $M(n)$ 是两个 $n\times n$ 布尔矩阵相乘所需时间，$T(n)$ 为找出 $n\times n$ 布尔矩阵的传递闭包所需时间（见 25.2 节）。证明：一个 $M(n)$ 时间的布尔矩阵相乘算法意味着一个 $O(M(n)\lg n)$ 时间的传递闭包算法，一个 $T(n)$ 时间的传递闭包算法意味着一个 $O(T(n))$ 时间的布尔矩阵相乘算法。

28.2-5 当矩阵元素属于整数模 2 所构成的域时，基于定理 28.2 的矩阵求逆算法是否仍然有效？请解释。

*28.2-6 推广定理 28.2 的矩阵求逆算法，使之能处理复数矩阵的情形，并证明你所给出的推广是正确的。（提示：用 A 的**共轭转置矩阵**（conjugate transpose）A^* 来替代 A 的转置矩阵，把 A 中的每个元素用其共轭复数来替代就得到 A^*。考虑用**埃尔米特**（Hermitian）**矩阵**来替代对称矩阵，埃尔米特矩阵就是满足 $A=A^*$ 的矩阵 A。）

28.3 对称正定矩阵和最小二乘逼近

对称正定矩阵有许多有趣和理想的性质。例如，它们都是非奇异矩阵，而且可以对其进行 LU 分解，而无需担心出现除数为 0 的情形。在本节中，我们将证明其他几条关于对称正定矩阵的重要性质，并且给出一个用最小二乘进行曲线拟合的有趣应用实例。

832

我们要证明的第一条性质可能是最基本的。

引理 28.3 任何对称正定矩阵都是非奇异矩阵。

证明 假设矩阵 A 是奇异的，那么由推论 D.3，存在一个非零向量 x，满足 $Ax=0$。因此，$x^{\mathrm{T}}Ax=0$，于是 A 不可能是正定矩阵。 ■

要证明我们可以对一个对称正定矩阵 A 进行 LU 分解而不会出现除数为 0 的情形，还需要涉及其他一些知识。我们先证明关于 A 的某些子矩阵的性质。定义 A 的第 k 个**主子矩阵**（leading submatrix）A_k 为 A 的前 k 行和前 k 列交叉元素组成的矩阵。

引理 28.4 如果 A 是一个对称正定矩阵，那么 A 的每一个主子矩阵都是对称正定的。

证明 每个主子矩阵 A_k 明显都是对称的。为了证明 A_k 是正定的，我们假设命题不真，然后导出矛盾。如果 A_k 不是正定的，那么存在一个 k 维向量 $x_k\neq0$，使得 $x_k^{\mathrm{T}}A_kx_k\leqslant0$。设 A 是 $n\times n$ 矩阵，于是

$$A = \begin{bmatrix} A_k & B^{\mathrm{T}} \\ B & C \end{bmatrix} \tag{28.14}$$

其中子矩阵 B 的大小是 $(n-k)\times k$，C 的大小是 $(n-k)\times(n-k)$。定义 n 维向量 $x=(x_k^{\mathrm{T}}\quad 0)^{\mathrm{T}}$，其中 x_k 之后有 $n-k$ 个 0。然后有

$$x^{\mathrm{T}}Ax = (x_k^{\mathrm{T}}\quad 0)\begin{bmatrix} A_k & B^{\mathrm{T}} \\ B & C \end{bmatrix}\begin{pmatrix} x_k \\ 0 \end{pmatrix} = (x_k^{\mathrm{T}}\quad 0)\begin{pmatrix} A_kx_k \\ Bx_k \end{pmatrix} = x_k^{\mathrm{T}}A_kx_k \leqslant 0$$

833 这与 A 是正定矩阵矛盾。   ■

现在我们考虑舒尔补的几条基本性质。设 A 是一个对称正定矩阵，A_k 是 A 的 $k \times k$ 主子矩阵。根据等式(28.14)再次把 A 划分。我们推广式(28.9)，定义矩阵 A 关于 A_k 的**舒尔补**为

$$S = C - BA_k^{-1}B^T \tag{28.15}$$

(根据引理 28.4，A_k 是对称正定的；所以根据引理 28.3 可知，A_k^{-1} 存在，且 S 定义完备。)注意，设 $k=1$，我们前面对舒尔补的定义(28.9)与等式(28.15)是一致的。

下面的一个引理说明，对称正定矩阵的舒尔补自身也是对称正定的。我们在定理 28.2 中用到了该结论，并要用其推论来证明对称正定矩阵的 LU 分解的正确性。

引理 28.5(舒尔补引理) 如果 A 是一个对称正定矩阵，A_k 是 A 的 $k \times k$ 主子矩阵，那么 A 关于 A_k 的舒尔补是对称正定的。

证明 因为 A 是对称的，所以子矩阵 C 也是对称的。根据练习 D.2-6，乘积 $BA_k^{-1}B^T$ 是对称的，再根据练习 D.1-1，S 是对称的。

现在还要说明 S 是正定的。考虑等式(28.14)中对 A 的划分。对任何非零向量 x，根据 A 是正定的假设，有 $x^TAx>0$。我们把 x 拆成两个子向量 y 和 z，分别与 A_k 和 C 相容。因为 A_k^{-1} 存在，所以运用矩阵运算的技巧，我们有

$$x^TAx = (y^T \quad z^T)\begin{bmatrix} A_k & B^T \\ B & C \end{bmatrix}\begin{bmatrix} y \\ z \end{bmatrix} = (y^T \quad z^T)\begin{bmatrix} A_ky + B^Tz \\ By + Cz \end{bmatrix} = y^TA_ky + y^TB^Tz + z^TBy + z^TCz$$

$$= (y + A_k^{-1}B^Tz)^TA_k(y + A_k^{-1}B^Tz) + z^T(C - BA_k^{-1}B^T)z \tag{28.16}$$

(用乘法从头至尾验证。)最后一个等式发展成二次型的"完全平方"。(参见练习 28.3-2。)

因为 $x^TAx>0$ 对任意非零向量 x 成立，我们可任意挑选一个非零向量 z，然后选择 $y = -A_k^{-1}B^Tz$，这样就把等式(28.16)中第一项消去，剩下

$$z^T(C - BA_k^{-1}B^T)z = z^TSz$$

834 作为表达式的值。因此对任意 $z \neq 0$，我们有 $z^TSz = x^TAx > 0$，于是 S 是正定的。   ■

推论 28.6 一个对称正定矩阵的 LU 分解永远不会出现除数为 0 的情形。

证明 设 A 是一个对称正定矩阵。我们将证明一个比推论更强的结论：每个主元都严格为正。第一个主元为 a_{11}。设 e_1 是第一个单位向量，由此得到 $a_{11} = e_1^TAe_1 > 0$。因为 LU 分解的第一步产生 A 关于 $A_1 = (a_{11})$ 的舒尔补，根据归纳法，由引理 28.5 推出所有的主元都是正值。   ■

最小二乘逼近

对给定一组数据的点进行曲线拟合是对称正定矩阵的一个重要应用。假设已知 m 个数据点

$$(x_1, y_1), (x_2, y_2), \cdots, (x_m, y_m)$$

其中已知 y_i 受到测量误差的影响。我们希望确定一个函数 $F(x)$，对 $i=1, 2, \cdots, m$，使得近似误差

$$\eta_i = F(x_i) - y_i \tag{28.17}$$

很小。函数 F 的形式依赖于我们碰到的问题。这里假设它的形式为一个线性加权和：

$$F(x) = \sum_{j=1}^{n} c_j f_j(x)$$

其中和项的个数 n 和特定的**基函数**(basis function)f_j 取决于我们对问题的先验知识。一种通常的选择是 $f_j(x) = x^{j-1}$，这说明

$$F(x) = c_1 + c_2x + c_3x^2 + \cdots + c_nx^{n-1}$$

是一个 x 的 $n-1$ 次多项式。因此，给定 m 个数据点 (x_1, y_1)，(x_2, y_2)，$\cdots$，(x_m, y_m)，我们希望计算出 n 个系数 $c_1, c_2, \cdots, c_n$，使得误差 $\eta_1, \eta_2, \cdots, \eta_m$ 最小。

通过选择 $n=m$，在等式(28.17)中，我们可以精确计算每个 y_i。这样的一个高次函数 F 吻合

数据，但也"吻合噪声"，且当用来从前面未知的 x 值预测 y 时，通常会给出很差的结果。通常较好的做法是选择比 m 小很多的 n，寄希望通过选择系数 c_j，我们可以获得一个函数 F，能够发现数据点中的重要模式，而不过多地受噪声影响。对于选择 n 存在一些理论上的原则，但这超出了本书的范围。在任何情况下，一旦选定了比 m 小的 n 值，就得到了我们希望近似求解的一个超定方程组。现在我们来说明如何进行。

设

$$A = \begin{bmatrix} f_1(x_1) & f_2(x_1) & \cdots & f_n(x_1) \\ f_1(x_2) & f_2(x_2) & \cdots & f_n(x_2) \\ \vdots & \vdots & \ddots & \vdots \\ f_1(x_m) & f_2(x_m) & \cdots & f_n(x_m) \end{bmatrix}$$

表示基函数在给定点值的矩阵，即 $a_{ij} = f_j(x_i)$。设 $c = (c_k)$ 表示所求系数组成的 n 维向量。于是

$$Ac = \begin{bmatrix} f_1(x_1) & f_2(x_1) & \cdots & f_n(x_1) \\ f_1(x_2) & f_2(x_2) & \cdots & f_n(x_2) \\ \vdots & \vdots & \ddots & \vdots \\ f_1(x_m) & f_2(x_m) & \cdots & f_n(x_m) \end{bmatrix} \begin{bmatrix} c_1 \\ c_2 \\ \vdots \\ c_n \end{bmatrix} = \begin{bmatrix} F(x_1) \\ F(x_2) \\ \vdots \\ F(x_m) \end{bmatrix}$$

是由 y 的"预测值"组成的 m 维向量。因此，

$$\eta = Ac - y$$

是**近似误差**（approximation error）的 m 维向量。

为了使近似误差最小，我们选择使误差向量 η 的范数最小，这样得出一个**最小二乘解**，因为

$$\|\eta\| = \left(\sum_{i=1}^{m} \eta_i^2 \right)^{1/2}$$

又因为

$$\|\eta\|^2 = \|Ac - y\|^2 = \sum_{i=1}^{m} \left(\sum_{j=1}^{n} a_{ij} c_j - y_i \right)^2$$

我们可以通过对 $\|\eta\|^2$ 求关于 c_k 的微分并让结果为 0，来求出 $\|\eta\|$ 的最小值：

$$\frac{\mathrm{d}\|\eta\|^2}{\mathrm{d}c_k} = \sum_{i=1}^{m} 2\left(\sum_{j=1}^{n} a_{ij} c_j - y_i \right) a_{ik} = 0 \qquad (28.18)$$

对 $k = 1, 2, \cdots, n$，式（28.18）中的 n 个等式等价于矩阵方程

$$(Ac - y)^{\mathrm{T}} A = 0$$

或等价于（利用练习 D.1-2）

$$A^{\mathrm{T}}(Ac - y) = 0$$

这意味着

$$A^{\mathrm{T}} A c = A^{\mathrm{T}} y \qquad (28.19)$$

在统计学中，该式称为**正规方程**（normal equation）。由练习 D.1-2 可知，$A^{\mathrm{T}} A$ 是对称矩阵，并且若 A 是列满秩，则根据定理 D.6 可知，$A^{\mathrm{T}} A$ 也是正定矩阵。因此，$(A^{\mathrm{T}} A)^{-1}$ 存在，方程（28.19）的解为

$$c = ((A^{\mathrm{T}} A)^{-1} A^{\mathrm{T}}) y = A^{+} y \qquad (28.20)$$

其中矩阵 $A^{+} = ((A^{\mathrm{T}} A)^{-1} A^{\mathrm{T}})$ 称为矩阵 A 的**伪逆矩阵**（pseudoinverse）。伪逆矩阵是逆矩阵概念在 A 不是方阵时的自然推广。（请比较等式（28.20）作为 $Ac = y$ 的近似解，$A^{-1} b$ 作为 $Ax = b$ 的精确解。）

作为最小二乘拟合的一个例子，假设有 5 个数据点：

$$(x_1, y_1) = (-1, 2)$$
$$(x_2, y_2) = (1, 1)$$
$$(x_3, y_3) = (2, 1)$$

$$(x_4, y_4) = (3, 0)$$
$$(x_5, y_5) = (5, 3)$$

在图 28-3 中用黑点表示。我们希望用一个二次多项式 $F(x) = c_1 + c_2 x + c_3 x^2$ 对这些点进行拟合。

我们首先给出基函数值的矩阵

$$A = \begin{bmatrix} 1 & x_1 & x_1^2 \\ 1 & x_2 & x_2^2 \\ 1 & x_3 & x_3^2 \\ 1 & x_4 & x_4^2 \\ 1 & x_5 & x_5^2 \end{bmatrix} = \begin{bmatrix} 1 & -1 & 1 \\ 1 & 1 & 1 \\ 1 & 2 & 4 \\ 1 & 3 & 9 \\ 1 & 5 & 25 \end{bmatrix}$$

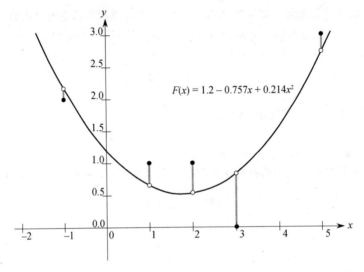

图 28-3 对 5 个数据点的集合 $\{(-1, 2), (1, 1), (2, 1), (3, 0), (5, 3)\}$ 用一个二次多项式进行最小二乘拟合。黑色点是数据点，白点是由多项式 $F(x) = 1.2 - 0.757x + 0.214x^2$ 预测的估计值，此二次多项式使得平方误差之和最小。每条阴影线表示一个数据点的误差

其伪逆矩阵为

$$A^+ = \begin{bmatrix} 0.500 & 0.300 & 0.200 & 0.100 & -0.100 \\ -0.388 & 0.093 & 0.190 & 0.193 & -0.088 \\ 0.060 & -0.036 & -0.048 & -0.036 & 0.060 \end{bmatrix}$$

y 乘以 A^+，我们得到系数向量

$$c = \begin{bmatrix} 1.200 \\ -0.757 \\ 0.214 \end{bmatrix}$$

它对应于二次多项式

$$F(x) = 1.200 - 0.757x + 0.214x^2$$

在最小二乘意义上，该式是对给定数据的最接近的二次拟合。

在实际应用中，我们按如下方式求正规方程（28.19）的解：用 y 乘以 A^T，然后找出 $A^T A$ 的一个 LU 分解。如果 A 满秩，$A^T A$ 可保证为非奇异的，因为它是对称正定的。（参见练习 D.1-2 和定理 D.6。）

练习

28.3-1 证明：一个对称正定矩阵对角线上的每一个元素部是正的。

28.3-2 设 $A=\begin{bmatrix} a & b \\ b & c \end{bmatrix}$ 是一个 2×2 的对称正定矩阵。运用类似引理 28.5 证明过程中用过的"完全平方"来证明该行列式的值 $ac-b^2$ 是正的。

28.3-3 证明：一个对称正定矩阵中值最大的元素在对角线上。

28.3-4 证明：一个对称正定矩阵的每一个主子矩阵的行列式值都是正的。

28.3-5 设 A_k 表示对称正定矩阵 A 的第 k 个主子矩阵。证明：在 LU 分解过程中，$\det(A_k)/\det(A_{k-1})$ 是第 k 个主元，其中为方便起见，$\det(A_0)=1$。

28.3-6 找出具有形式 $F(x)=c_1+c_2 x \lg x + c_3 e^x$ 的函数，使其为下面数据点的最优最小二乘拟合：$(1, 1)$，$(2, 1)$，$(3, 3)$，$(4, 8)$。

28.3-7 请说明伪逆矩阵 A^+ 满足下面 4 个等式：

$$AA^+A = A$$
$$A^+AA^+ = A^+$$
$$(AA^+)^T = AA^+$$
$$(A^+A)^T = A^+A$$

思考题

28-1 （三对角线性方程组） 考察三对角矩阵：

$$A = \begin{bmatrix} 1 & -1 & 0 & 0 & 0 \\ -1 & 2 & -1 & 0 & 0 \\ 0 & -1 & 2 & -1 & 0 \\ 0 & 0 & -1 & 2 & -1 \\ 0 & 0 & 0 & -1 & 2 \end{bmatrix}$$

a. 求出矩阵 A 的一个 LU 分解。

b. 通过正向替换与反向替换求解方程 $Ax=(1 \quad 1 \quad 1 \quad 1 \quad 1)^T$。

c. 求 A 的逆矩阵。

d. 请说明对任意的 $n\times n$ 对称正定三对角矩阵 A 和任意 n 维向量 b，如何通过运用一个 LU 分解可在 $O(n)$ 时间内求解方程 $Ax=b$。论证在最坏情况下，任何基于求 A^{-1} 的方法在渐近意义下要花费更多的时间。

e. 请说明对任意 $n\times n$ 非奇异的三对角矩阵 A 和任意 n 维向量 b，如何运用一个 LUP 分解在 $O(n)$ 时间内求解方程 $Ax=b$。

28-2 （样条） 把一组点插值到一条曲线中的一种实用方法是采用**三次样条**（cubic spline）。已知 $n+1$ 个点值对组成的集合 $\{(x_i, y_i): i=0, 1, \cdots, n\}$，其中 $x_0<x_1<\cdots<x_n$。我们希望拟合出这些点的分段三次曲线（样条）$f(x)$。也就是说，曲线 $f(x)$ 由 n 个三次多项式 $f_i(x)=a_i+b_i x+c_i x^2+d_i x^3 (i=0, 1, \cdots, n-1)$ 组成，其中如果 x 落在区间 $x_i\leqslant x\leqslant x_{i+1}$，那么曲线的值由 $f(x)=f_i(x-x_i)$ 给出。把三次多项式"粘和"在一起的点 x_i 称为**结**（knot）。为了简单起见，假定对 $i=0, 1, \cdots, n$，有 $x_i=i$。

为了保证 $f(x)$ 的连续性，我们要求当 $i=0, 1, \cdots, n-1$ 时，

$$f(x_i) = f_i(0) = y_i$$
$$f(x_{i+1}) = f_i(1) = y_{i+1}$$

为了保证 $f(x)$ 足够光滑，我们还要求当 $i=0$，1，$\cdots$，$n-2$ 时，在每个结的一阶导数是连续的：

$$f'(x_{i+1}) = f_i'(1) = f_{i+1}'(0)$$

a. 假定当 $i=0$，1，$\cdots$，n 时，我们不仅知道点值对 $\{(x_i，y_i)\}$，而且知道每个结的一阶导数 $D_i = f'(x_i)$。请用值 y_i、y_{i+1}、D_i 和 D_{i+1} 来表示每个系数 a_i、b_i、c_i 和 d_i。（记住 $x_i=i$。）根据点值对和一阶导数计算出 $4n$ 个系数需要多少时间？

　　如何选择 $f(x)$ 在每个结的一阶导数仍然是个问题。一种方法是要求当 $i=0$，1，$\cdots$，$n-2$ 时，二阶导数在每个结处连续：

$$f''(x_{i+1}) = f_i''(1) = f_{i+1}''(0)$$

在第一个结和最后一个结，假设 $f''(x_0) = f''(0) = 0$ 以及 $f''(x_n) = f_{n-1}''(1) = 0$；这些假设使 $f(x)$ 成为一个**自然**三次样条。

b. 利用二阶导数的连续性限制，说明当 $i=1$，2，$\cdots$，$n-1$ 时，

$$D_{i-1} + 4D_i + D_{i+1} = 3(y_{i+1} - y_{i-1}) \tag{28.21}$$

c. 请说明

$$2D_0 + D_1 = 3(y_1 - y_0) \tag{28.22}$$

$$D_{n-1} + 2D_n = 3(y_n - y_{n-1}) \tag{28.23}$$

d. 重写等式 $(28.21)\sim(28.23)$ 为包含未知量向量 $D = \langle D_0，D_1，\cdots，D_n \rangle$ 的矩阵方程。你所给的方程中矩阵具有什么性质？

e. 论证：运用自然三次样条可以在 $O(n)$ 时间内对一组 $n+l$ 个点值对进行插值（参见思考题 28-1）。

f. 请说明当 x_i 不一定等于 i 时，如何确定出一个自然三次样条对一组 $n+l$ 个满足 $x_0 < x_1 < \cdots < x_n$ 的点 $(x_i，y_i)$ 进行插值。你必须求解什么样的矩阵方程？你所给出的算法运行速度有多快？

本章注记

很多优秀的教科书中，对数值和科学计算的描述都比我们论述的内容要详细得多。下面的参考材料特别值得阅读：George 和 Liu[132]，Golub 和 Van Loan[144]，Press、Teukolsky、Vetterling 和 Flannery[283，284]，以及 Strang[323，324]。

Golub 和 Van Loan[144]讨论了数值稳定性。他们说明为什么 $\det(A)$ 不一定是矩阵 A 的稳定性的好指标，提出采用 $\|A\|_\infty \cdot \|A^{-1}\|_\infty$，其中 $\|A\|_\infty = \max\limits_{1 \leqslant i \leqslant n} \sum\limits_{j=1}^{n} |a_{ij}|$。他们还讨论了如何计算该值而不用实际计算 A^{-1}。

高斯消元法是 LU 和 LUP 分解的基础，是第一个求解线性方程组的系统方法。它也是最早的数值算法之一。尽管更早之前人们就知道这个方法，但它的发现一般归功于 C. F. Gauss（1777—1855）。Strassen 在他的很有名的文章[325]中，展示了可以在 $O(n^{\lg 7})$ 时间内对一个 $n \times n$ 矩阵求逆。Winograd[358]最早证明矩阵乘法不比矩阵求逆困难，反向的证明归功于 Aho、Hopcroft 和 Ullman[5]。

另外一种重要的矩阵分解是**奇异值分解**（Singular Value Decomposition，SVD）。SVD 把一个 $m \times n$ 矩阵 A 分解成 $A = Q_1 \Sigma Q_2^T$，其中 Σ 是一个只在对角线上有非零元素的 $m \times n$ 矩阵，Q_1 是一个列互相标准正交的 $m \times m$ 矩阵，Q_2 也是一个列互相标准正交的 $n \times n$ 矩阵。如果两个向量内积为 0 并且每个向量范数为 1，则它们是**标准正交**的。Strang 的著作[323，324]以及 Golub 和 Van Loan[144]中包含对 SVD 很好的处理。

Strang[324]有一个关于对称正定矩阵和一般线性代数的很好的介绍。

线 性 规 划

在给定有限的资源和竞争约束情况下，很多问题都可以表述为最大化或最小化某个目标。如果可以把目标描述为某些变量的一个线性函数，而且可以将资源的约束指定为这些变量的等式或不等式，那么我们得到一个**线性规划问题**（linear-programming problem）。线性规划出现在许多实际应用中。我们从研究一次政治选举的应用开始。

一个政治问题

假设你是一位政治家，试图赢得一场选举。你的选区有三种不同类型的区域——市区、郊区和乡村。这些区域分别有 100 000、200 000 和 50 000 个登记选民。尽管不是所有登记选民都会去投票站投票，但为了确保当选，你希望这三个选区中每一个选区都至少有一半登记选民投票给你。

你是正直、可敬的，并且从不支持你不相信的政策。然而你意识到，在某些地方，某些议题对赢取选票会更有效。你的首要议题是修筑更多的道路、枪支管制、农场补贴，以及增加汽油税以改进公共交通。根据你的竞选班子的研究，你可以估计通过在每项议题上花费 1 000 美元做广告，在每个选区可以赢取或输掉多少选票。图 29-1 的表格给出这种信息。在此表格中，每个条目表明通过花费 1 000 美元广告费支持某个特定议题，在市区、郊区或乡村可以赢得选民的千人数，负数项表示失去的选民数。你的任务是计算出需要花费最少的钱数，以赢得 50 000 张市区选票、100 000 张郊区选票和 25 000 张乡村选票。

政策	市区	郊区	乡村
修路	-2	5	3
枪支管制	8	2	-5
农场补贴	0	0	10
汽油税	10	0	-2

图 29-1 政策对选民的影响。每项表示通过 1 000 美元广告费支持一项特定政策，
可赢得的市区、郊区或乡村的选民的千人数。负数项表示将失去的选票数

你可以通过反复试验，设计一种策略赢得所需选票数，但你的这种策略可能不是花费最少的。例如，你可以支出 20 000 美元广告费修筑道路、0 美元给枪支管制、4 000 美元给农场补贴、9 000 美元给汽油税。在这种情况下，你将赢得 $20(-2)+0(8)+4(0)+9(10)=50$ 千张市区选票，$20(5)+0(2)+4(0)+9(0)=100$ 千张郊区选票，以及 $20(3)+0(-5)+4(10)+9(-2)=82$ 千张乡村选票。你将在市区和郊区正好赢得你想要的票数，而在乡村地区超过所需票数。（事实上，在乡村地区，得到的选票比选民数量还多。）为了累积这些选票，需要付出 $20+0+4+9=33$ 千美元的广告费。

自然地，你可能怀疑是否你的策略是最好的。也就是说，你是否能花更少的广告费来达到你的这些目标？额外的反复试验或许可以帮你回答这个问题，但为什么不用一个系统化的方法来回答这样的问题呢？为此，我们将以数学化的语言来描述这个问题。我们引入 4 个变量：

- x_1 是花费在修筑道路广告上的金额（千美元）。
- x_2 是花费在枪支管制广告上的金额（千美元）。

- x_3 是花费在农场补贴广告上的金额(千美元)。
- x_4 是花费在汽油税广告上的金额(千美元)。

我们可以将赢得至少 50 000 张市区选票的需求写成

$$-2x_1 + 8x_2 + 0x_3 + 10x_4 \geqslant 50 \tag{29.1}$$

类似地,我们可以将赢得至少 100 000 张郊区选票和 25 000 张乡村选票的需求写成

$$5x_1 + 2x_2 + 0x_3 + 0x_4 \geqslant 100 \tag{29.2}$$

以及

$$3x_1 - 5x_2 + 10x_3 - 2x_4 \geqslant 25 \tag{29.3}$$

任何一组满足不等式(29.1)~(29.3)的变量 x_1,x_2,x_3,x_4 取值,构成一种能够赢得足够数量选票的策略。为了使花费尽可能小,你希望最小化广告的费用。也就是说,你想要最小化如下表达式:

$$x_1 + x_2 + x_3 + x_4 \tag{29.4}$$

尽管在政治竞选中负面的广告宣传时常发生,但是不可能有负的广告费用。因此,我们要求

$$x_1 \geqslant 0, \quad x_2 \geqslant 0, \quad x_3 \geqslant 0, \quad x_4 \geqslant 0 \tag{29.5}$$

将不等式(29.1)~(29.3)以及(29.5)和最小化目标式(29.4)联系起来,我们得到"线性规划"问题。我们将这个问题形式化为:

最小化　　　　　$x_1 + x_2 + x_3 + x_4$ 　　　　　　　　　(29.6)

满足约束条件

$$\begin{aligned}
-2x_1 + 8x_2 + 0x_3 + 10x_4 &\geqslant 50 & (29.7)\\
5x_1 + 2x_2 + 0x_3 + 0x_4 &\geqslant 100 & (29.8)\\
3x_1 - 5x_2 + 10x_3 - 2x_4 &\geqslant 25 & (29.9)\\
x_1, x_2, x_3, x_4 &\geqslant 0 & (29.10)
\end{aligned}$$

这个线性规划的解可得出一个最优策略。

一般线性规划

在一般线性规划问题中,我们希望优化一个满足一组线性不等式约束的线性函数。已知一组实数 a_1,a_2,…,a_n 和一组变量 x_1,x_2,…,x_n。我们给出定义在这些变量上的一个**线性函数** f:

$$f(x_1, x_2, \cdots, x_n) = a_1 x_1 + a_2 x_2 + \cdots + a_n x_n = \sum_{j=1}^{n} a_j x_j$$

如果 b 是一个实数而 f 是一个线性函数,则等式

$$f(x_1, x_2, \cdots, x_n) = b$$

是**线性等式**,而不等式

$$f(x_1, x_2, \cdots, x_n) \leqslant b$$

和

$$f(x_1, x_2, \cdots, x_n) \geqslant b$$

是**线性不等式**。我们使用一般的词语**线性约束**来表示线性等式或线性不等式。在线性规划中,不允许严格的不等式[⊖]。形式化地描述如下:一个**线性规划问题**是一个线性函数最小化或最大化的问题,该线性函数服从一组有限个线性约束。如果我们要最小化,则称此线性规划为**最小化线性规划**;如果我们要最大化,则称此线性规划为**最大化线性规划**。

本章的剩余部分将介绍线性规划的形式化和求解。虽然已有一些线性规划的多项式时间算法,但在本章中我们并不研究它们。取而代之,我们将研究单纯形算法,它是最古老的线性规划算法。单纯形算法的最坏情况运行时间不是多项式阶的,但是它在实际应用中相当高效,因此得到广泛应用。

⊖ 意即约束条件都包含等号。——译者注

线性规划综述

为了描述线性规划的性质和算法，我们发现使用规范形式来表示它们是很方便的。在本章中，我们使用两种形式：**标准**和**松弛**。29.1 节将给出它们的精确定义。非正式地，在标准型中的线性规划是满足线性不等式约束的一个线性函数的最大化，而松弛类型的线性规划是满足线性等式约束的线性函数的最大化。我们通常使用标准型来表示线性规划，但当描述单纯形算法的细节时，使用松弛形式会比较方便。从现在开始，我们将注意力放在满足一组具有 m 个线性不等式约束的具有 n 个变量的线性函数的最大化上。

首先考虑下面具有两个变量的线性规划：

最大化 $\qquad\qquad\qquad\qquad x_1 \quad + \quad x_2$ (29.11)

满足约束

$$4x_1 \quad - \quad x_2 \quad \leqslant \quad 8 \tag{29.12}$$

$$2x_1 \quad + \quad x_2 \quad \leqslant \quad 10 \tag{29.13}$$

$$5x_1 \quad - \quad 2x_2 \quad \geqslant \quad -2 \tag{29.14}$$

$$x_1, \ x_2 \quad \geqslant \quad 0 \tag{29.15}$$

我们称所有满足约束式(29.12)~(29.15)的变量 x_1 和 x_2 的取值为线性规划的一个**可行解**。如果我们在 (x_1, x_2) 笛卡儿坐标系中画出这些约束，如图 29-2(a)所示，我们可以看到可行解的集合（图形中是阴影部分）在二维空间中构成一个凸形区域[⊖]。这个凸形区域称为**可行区域**，希望最大化的函数称为**目标函数**。概念上，我们可在可行区域内每个点上对目标函数 x_1+x_2 求值；我们将目标函数在一个特定点上的值称为**目标值**。接下来，我们可以找出一个有最大目标值的点作为最优解。在这个例子中（以及大多数线性规划中），可行区域包含无限数目的点，所以我们希望找出一个高效的方式来找到一个取最大目标值的点，而无需在可行区域的每个点上对目标函数求值。

846

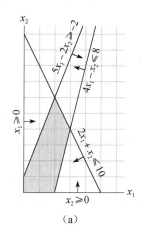
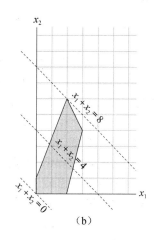

(a)　　　　　　　　　　　　　(b)

图 29-2　(a)式(29.12)~(29.15)给出的线性规划。每个约束以一条直线和一个方向来表示，约束的交集（即可行区域）以阴影表示。(b)虚线分别表示目标值为 0、4 和 8 的点。线性规划的最优解是 $x_1=2$，$x_2=6$，目标值为 8

在二维中，我们可以通过一个图形化的步骤来求最优解。对任意给定的 z，$x_1+x_2=z$ 上点的集合是斜率为 -1 的一条直线。如果画出 $x_1+x_2=0$，则得到通过原点的斜率为 -1 的直线，如图 29-2(b)所示。这条直线和可行区域的交集是一个目标值为 0 的可行解的集合。在这种情形下，此直线和此可行解的交集是单点$(0, 0)$。更一般地，对任意的 z，直线 $x_1+x_2=z$ 与可行区

847

⊖　一个凸区域的直观解释是，该区域的任意两点之间连一条线段，线段上的点也全在该区域中。

域的交集是目标值为 z 的可行解的集合。图 29-2(b) 表示了直线 $x_1 + x_2 = 0$，$x_1 + x_2 = 4$ 和 $x_1 + x_2 = 8$。因为在图 29-2 中可行区域是有界的，所以必定存在某个最大值 z，使得直线 $x_1 + x_2 = z$ 和可行区域的交集非空。任何让此情况出现的点都是线性规划的一个最优解，在本例中，最优解是 $x_1 = 2$ 和 $x_2 = 6$，目标值是 8。

线性规划的最优解出现在可行区域的一个顶点上并不是偶然的。直线 $x_1 + x_2 = z$ 与可行区域相交的 z 的最大值必在可行区域的边界上，因此，这条直线与可行区域的边界的交集要么是一个单独顶点，要么是一条线段。如果交集是一个单独顶点，那么只有一个最优解，就是该顶点。如果交集是一条线段，那么此线段上的每一点必有相同的目标值；特别地，此线段的两个端点都是最优解。因为线段的每个端点都是一个顶点，所以此情况下最优解也在一个顶点上。

虽然不容易用图形表示超过两个变量的线性规划，但是同样的直觉仍然成立。如果有三个变量，则每个约束对应于三维空间的一个半空间。这些半空间的交集形成可行区域。目标函数取目标值 z 的点集合现在是一个平面（假设没有非退化的情形出现）。如果目标函数的系数都是非负的，而且如果原点是线性规划的一个可行解，那么当把这个平面沿目标函数的垂直方向移开原点时，我们就找到一系列的点，其目标值是递增的（如果原点不是可行解，或者目标函数的某些系数是负的，则直观图形会变得稍微复杂些）。如同在二维空间一样，因为可行区域是凸的，取得最优目标值的点集合必然包含可行区域的一个顶点。类似地，如果有 n 个变量，每个约束定义了 n 维空间中的一个半空间。我们称这些半空间的交集形成的可行区域为**单纯形**。目标函数现在是一个超平面，并且因为它的凸性，一个最优解仍在单纯形的一个顶点上取得。

单纯形算法以一个线性规划作为输入，输出一个最优解。它从单纯形的某个顶点开始，执行顺序迭代。在每次迭代中，它沿着单纯形的一条边从当前顶点移动到一个目标值不小于（通常是大于）当前顶点的相邻顶点。当达到一个局部的最大值，即存在一个顶点，所有相邻顶点的目标值都小于该顶点的目标值，单纯形算法终止。因为可行区域是凸的，且目标函数是线性的，所以该局部最优实际上是全局最优。在 29.4 节中，我们将使用"对偶"的概念来说明单纯形算法输出解确实是最优的。

尽管几何的视角给出了单纯形算法操作过程的一个很好的直观解释，但在 29.3 节详尽阐述单纯形算法的细节时，我们将不会再直接谈到几何的视角。取而代之，我们采用一种代数的视角。首先将给定的线性规划写成松弛形式，即线性等式的集合。这些线性等式通过其他称为"非基本变量"的变量来表示某些称为"基本变量"的变量。我们从一个顶点移动到另一个顶点，伴随着将一个基本变量变为非基本变量，以及将一个非基本变量变为基本变量。我们称这个操作为一个"主元"，且从代数的角度，它只不过是将线性规划重写成等价的松弛型。

上述的双变量的例子是非常简单的。我们将在本章中讨论几个更详细的例子。这些议题包括识别无解的线性规划、无有限最优解的线性规划，以及原点不是可行解的线性规划。

线性规划的应用

线性规划有大量的应用。任何一本运筹学的教科书上都充满了线性规划的例子，且现在大多数商学院都将线性规划作为一种标准工具讲授给学生，前面的选举场景是一个典型的例子。下面是其他两个线性规划的例子：

- 一家航空公司希望调度它的飞行机组人员。美国联邦航空委员会提出了许多限制，例如每个机组成员可以连续工作的小时数，以及要求一个特定机组在每个月内只能在一种机型上工作。这家航空公司想要在其所有航班上安排机组人员，并尽可能少地使用机组人员。

- 一家石油公司想要确定在何处钻井采油。在一个特定位置钻井有相应的费用，且根据地质勘探结果还可以知道可供开采的石油的桶数。这家公司用来布置新油井的预算有限，并且希望在这个预算下，让回报的石油量最大。

我们也使用线性规划来建模与求解图与组合问题，如本书中出现的那些问题。在 24.4 节中，我们已经看到一个用来求解差分约束系统的线性规划的特殊例子。29.2 节将研究如何将一些图和网络流问题形式化为线性规划问题。35.4 节将利用线性规划作为一种工具，来找出另一个图问题的一个近似解。

849

线性规划算法

本章研究单纯形算法。当此算法被精心实现时，在实际中通常能够快速地解决一般的线性规划问题。然而对于某些刻意仔细设计的输入，单纯形算法会需要指数时间。线性规划的第一个多项式时间算法是**椭球算法**，它在实际中运行缓慢。第二类多项式时间的算法称为**内点法**。与单纯形算法（即沿着可行区域的外部移动，并在每次迭代中维护一个对应单纯形顶点的可行解）相比，这类算法在可行区域的内部移动。中间阶段的解尽管是可行的，但未必是单纯形的顶点，但最终的解是一个顶点。对于大规模的输入，内点算法的性能可与单纯形算法相当，有时甚至会更快。本章注记会给出更多关于这些算法的信息。

如果我们在一个线性规划中加入额外的要求，所有的变量都取整数值，那么就得到了一个**整数线性规划**。练习 34.5-3 要求证明，仅找出此问题的一个可行解就是 NP 难的；因为还没有已知的多项式时间算法能解任意一个 NP 难的问题，于是还没有已知的整数线性规划的多项式时间算法。相比而言，我们可以在多项式时间内求解一般的线性规划问题。

在本章中，如果有一个线性规划，其变量为 $x = (x_1, x_2, \cdots, x_n)$，而且希望引用这些变量的一个特定值，我们将使用记号 $\overline{x} = (\overline{x_1}, \overline{x_2}, \cdots, \overline{x_n})$。

29.1　标准型和松弛型

本节描述两种我们在描述和使用线性规划时有用的形式：标准型和松弛型。在标准型中，所有的约束都是不等式，而在松弛型中，约束都是等式（除非要求变量非负的约束）。

标准型

在**标准型**中，我们已知 n 个实数 $c_1, c_2, \cdots c_n$；m 个实数 $b_1, b_2, \cdots b_m$，以及 mn 个实数 a_{ij}，其中 $i = 1, 2, \cdots, m$，$j = 1, 2, \cdots, n$。我们希望找到 n 个实数 $x_1, x_2, \cdots x_n$，

850

最大化
$$\sum_{j=1}^{n} c_j x_j \tag{29.16}$$

满足约束条件：
$$\sum_{j=1}^{n} a_{ij} x_j \leqslant b_i, \quad i = 1, 2, \cdots, m \tag{29.17}$$
$$x_j \geqslant 0, \quad j = 1, 2, \cdots, n \tag{29.18}$$

推广我们为两个变量的线性规划引入的术语，我们称表达式 (29.16) 为**目标函数**，式 (29.17) 和式 (29.18) 中的 $n + m$ 个不等式为**约束**。式 (29.18) 中的 n 个约束称为**非负约束**。一个任意的线性规划不必有非负约束，但是标准型需要。有时我们发现将一个线性规划表示为一个更紧凑的形式会很方便。如果构造一个 $m \times n$ 矩阵 $A = (a_{ij})$，一个 m 维的向量 $b = (b_i)$，一个 n 维向量 $c = (c_j)$，以及一个 n 维向量 $x = (x_j)$，那么可以重写式 (29.16) ～ (29.18) 中定义的线性规划为

最大化
$$c^T x \tag{29.19}$$
满足约束
$$Ax \leqslant b \tag{29.20}$$
$$x \geqslant 0 \tag{29.21}$$

在式 (29.19) 中，$c^T x$ 是两个向量的内积。在式 (29.20) 中，Ax 是一个矩阵向量乘积，而在式 (29.21) 中，$x \geqslant 0$ 表示向量 x 的每个条目必须是非负的。我们看到，可以用一个元组 (A, b, c)

来表示一个标准型的线性规划，而且默认 A、b 和 c 总是有上面的维数约定。

我们现在介绍描述线性规划解的术语。其中有些名词在先前双变量的例子中已经使用过。若变量的一个设置 $\bar{x}$ 满足所有约束条件，则称之为一个**可行解**，而不满足至少一个约束条件的变量设置 $\bar{x}$ 称为一个**不可行解**。我们称一个解 $\bar{x}$ 拥有**目标值** $c^{\mathrm{T}}\bar{x}$。在所有可行解中，目标值最大的一个可行解是一个**最优解**，且我们称其目标值 $c^{\mathrm{T}}\bar{x}$ 为**最优目标值**。如果一个线性规划没有可行解，则称此线性规划为**不可行的**；否则称它是**可行的**。如果一个线性规划有一些可行解但没有有限的最优目标值，则称此线性规划是**无界的**。练习 29.1-9 要求说明即使可行区域无界，线性规划仍可以存在一个有限的最优目标值。

转换线性规划为标准型

已知一个线性函数满足若干线性约束，要求最小化或最大化它，我们总可以将这个线性规划转换成标准型。一个线性规划可能由于如下 4 个原因之一而不是标准型：

1. 目标函数可能是最小化，而不是最大化。
2. 可能有变量不具有非负约束。
3. 可能有**等式约束**，即有一个等号而不是一个小于等于号。
4. 可能有**不等式约束**，但不是小于等于号，而是一个大于等于号。

当把一个线性规划 L 转换为另一个线性规划 L' 时，我们希望从 L' 的一个最优解能推出 L 的一个最优解。为了准确表达这个想法，我们定义线性规划**等价**的概念：对两个最大化线性规划 L 和 L'，如果对 L 每个目标值为 z 的可行解 $\bar{x}$，都存在一个对应的 L' 的目标值为 z 的可行解 $\bar{x}'$，且对 L' 每个目标值为 z 的可行解 $\bar{x}'$，都存在一个对应的 L 的目标值为 z 的可行解 $\bar{x}'$，则称 L 和 L' 是等价的。（这个定义并不意味着可行解之间的一一对应关系。）此外，对一个最小化线性规划 L 和一个最大化线性规划 L'，如果对于 L 的每个目标值为 z 的可行解 $\bar{x}$，存在一个相应的 L' 的目标值为 $-z$ 的可行解 $\bar{x}'$，而且对于 L' 的每个目标值为 z 的可行解 $\bar{x}'$，存在一个相应的 L 的目标值为 $-z$ 的可行解 $\bar{x}'$，则称 L 和 L' 是等价的。

现在我们来说明如何逐一消除上面列出的每个可能问题。在消除每个问题之后，我们将表明新的线性规划和原来是等价的。

为将一个最小化线性规划 L 转换成一个等价的最大化线性规划 L'，只需对目标函数中的系数取负即可。因为 L 和 L' 有相同的可行解集合，且对任意的可行解，L 的目标值是 L' 的目标值的负数，于是这两个线性规划是等价的。例如，如果我们有线性规划

最小化　　　　　　　　　　　　$-2x_1 + 3x_2$

满足约束

$$
\begin{array}{rcrcl}
x_1 & + & x_2 & = & 7 \\
x_1 & - & 2x_2 & \leqslant & 4 \\
x_1 & & & \geqslant & 0
\end{array}
$$

我们将目标函数的系数取负，得到

最大化　　　　　　　　　　　　$2x_1 - 3x_2$

满足约束

$$
\begin{array}{rcrcl}
x_1 & + & x_2 & = & 7 \\
x_1 & - & 2x_2 & \leqslant & 4 \\
x_1 & & & \geqslant & 0
\end{array}
$$

接下来，我们说明如何将某些变量不具有非负约束的线性规划转换成每个变量都有非负约束的线性规划。假设某个变量 x_j 不具有非负约束。那么把 x_j 每次出现的地方都以 $x_j' - x_j''$ 来替换，并增加非负约束 $x_j' \geqslant 0$ 和 $x_j'' \geqslant 0$。因此，如果目标函数有一个项为 $c_j x_j$，将其替换为 $c_j x_j' - c_j x_j''$，而且如果约束 i 有一个项为 $a_{ij} x_j$，则将其替代为 $a_{ij} x_j' - a_{ij} x_j''$。新的线性规划的任意可行

解 $\hat{x}$ 对应于原来线性规划的一个可行解 $\overline{x}$，其中 $\overline{x}_j = \hat{x}'_j - \hat{x}''_j$，而且具有相同的目标值。同样，原来线性规划的一个可行解 $\overline{x}$ 对应于新的线性规划的可行解 $\hat{x}$，其中，若 $\overline{x}_j \geqslant 0$，则 $\hat{x}'_j = \overline{x}_j$ 且 $\hat{x}''_j = 0$；或者若 $\overline{x}_j < 0$，则 $\hat{x}''_j = -\overline{x}_j$ 且 $\hat{x}'_j = 0$。不管 $\overline{x}_j$ 的符号如何，这两个线性规划具有相同的目标值。因此，这两个线性规划是等价的。我们把这个转换方案应用到每一个不具有非负约束的变量上，得出一个等价的线性规划，其中所有的变量都具有非负约束。

继续这个例子，我们想确认每个变量都有一个对应的非负约束。变量 x_1 具有这样的非负约束，但变量 x_2 没有。因此，我们用两个变量 x_2' 和 x_2'' 来代替 x_2，并且修改线性规划为

最大化 $\qquad\qquad\qquad\qquad 2x_1 - 3x_2' + 3x_2''$

满足约束

$$
\begin{aligned}
x_1 \;+\; x_2' \;-\; x_2'' \;&=\; 7 \\
x_1 \;-\; 2x_2' \;+\; 2x_2'' \;&\leqslant\; 4 \\
x_1,\; x_2',\; x_2'' \;&\geqslant\; 0
\end{aligned}
\tag{29.22}
$$

接下来，我们将等式约束转换为不等式约束。假设一个线性规划有一个等式约束 $f(x_1, x_2, \cdots, x_n) = b$。因为当且仅当 $x \geqslant y$ 和 $x \leqslant y$ 时 $x = y$，所以可以用一对不等式约束 $f(x_1, x_2, \cdots, x_n) \leqslant b$ 和 $f(x_1, x_2, \cdots, x_n) \geqslant b$ 来替换这个等式约束。对每个等式约束重复这个替换，于是推出全是不等式约束的一个线性规划。

最后，我们可以通过将大于等于的约束乘以 -1，把大于等于约束转换成小于等于约束。也就是说，任何形如

$$
\sum_{j=1}^{n} a_{ij} x_j \geqslant b_i
$$

的不等式等价于

$$
\sum_{j=1}^{n} -a_{ij} x_j \leqslant -b_i
$$

因此，通过 $-a_{ij}$ 替换每个系数 a_{ij}，$-b_i$ 替换 b_i，我们得到一个等价的小于等于的约束。

结束我们的例子，通过用两个不等式替换约束式(29.22)中的等式，得到

最大化 $\qquad\qquad\qquad\qquad 2x_1 - 3x_2' + 3x_2''$

满足约束
$$
\begin{aligned}
x_1 \;+\; x_2' \;-\; x_2'' \;&\leqslant\; 7 \\
x_1 \;+\; x_2' \;-\; x_2'' \;&\geqslant\; 7 \\
x_1 \;-\; 2x_2' \;+\; 2x_2'' \;&\leqslant\; 4 \\
x_1,\; x_2',\; x_2'' \;&\geqslant\; 0
\end{aligned}
\tag{29.23}
$$

最后，我们对约束式(29.23)取负。为了保持变量名的一致性，我们将 x_2' 更名为 x_2，x_2'' 更名为 x_3，于是就得到标准型

最大化 $\qquad\qquad\qquad\qquad 2x_1 - 3x_2 + 3x_3$ $\qquad\qquad\qquad$ (29.24)

满足约束

$$
\begin{aligned}
x_1 \;+\; x_2 \;-\; x_3 \;&\leqslant\; 7 & (29.25) \\
-x_1 \;-\; x_2 \;+\; x_3 \;&\leqslant\; -7 & (29.26) \\
x_1 \;-\; 2x_2 \;+\; 2x_3 \;&\leqslant\; 4 & (29.27) \\
x_1,\; x_3,\; x_3 \;&\geqslant\; 0 & (29.28)
\end{aligned}
$$

转换线性规划为松弛型

为了利用单纯形算法高效地求解线性规划，我们更喜欢将其表示成某些约束是等式约束的形式。更准确地说，我们将把它转换成只有非负约束是不等式约束，而其他约束都是等式约束的形式。设

854

$$\sum_{j=1}^{n} a_{ij}x_j \leqslant b_i \tag{29.29}$$

是一个不等式约束。我们引入一个新的变量 s，并重写不等式（29.29）为两个约束

$$s = b_i - \sum_{j=1}^{n} a_{ij}x_i \tag{29.30}$$

$$s \geqslant 0 \tag{29.31}$$

我们称 s 是一个**松弛变量**，因为它度量了等式（29.29）左右之间的**松弛**或差别。

（我们将马上看到为什么将此松弛变量写在约束等式的左边很方便。）因为不等式（29.29）为真当且仅当等式（29.30）为真和不等式（29.31）皆为真，我们可以对线性规划的每个不等式约束进行这样的转换，得到一个等价的线性规划，其中只有非负约束是不等式。当从标准型转换到松弛型时，我们将使用 x_{n+i}（而不是 s）表示与第 i 个不等式相关的松弛变量。因此，第 i 个约束是

$$x_{n+i} = b_i - \sum_{j=1}^{n} a_{ij}x_i \tag{29.32}$$

以及非负约束 $x_{n+i} \geqslant 0$。

通过转换一个标准型线性规划的每个约束，我们得到一个不同形式的线性规划。例如，对式（29.24）～（29.28）中描述的线性规划，我们引入松弛变量 x_4、x_5 和 x_6，于是得到

最大化

$$2x_1 - 3x_2 + 3x_3 \tag{29.33}$$

满足约束

$$
\begin{array}{rcrcrcrcr}
x_4 & = & 7 & - & x_1 & - & x_2 & + & x_3 \\
\end{array} \tag{29.34}
$$

$$
\begin{array}{rcrcrcrcr}
x_5 & = & -7 & + & x_1 & + & x_2 & - & x_3 \\
\end{array} \tag{29.35}
$$

$$
\begin{array}{rcrcrcrcr}
x_6 & = & 4 & - & x_1 & + & 2x_2 & - & 2x_3 \\
\end{array} \tag{29.36}
$$

$$x_1, x_2, x_3, x_4, x_5, x_6 \geqslant 0 \tag{29.37}$$

在这个线性规划中，除了非负约束外，所有约束都是等式，而且每个变量都满足非负约束。我们把每个等式约束写成一个变量在等式左边，其余所有变量在等式右边。而且每个等式右边都有相同的变量集合，且这些变量也是出现在目标函数中仅有的变量。我们称等式左边的变量为**基本变量**，而等式右边的变量为**非基本变量**。

对于满足这些条件的线性规划，我们有时会省略词语"最大化"和"满足约束"，以及明显的非负约束要求。我们也会使用变量 z 来表示目标函数值。我们称这样的导出形式为**松弛型**。如果把式（29.33）～（29.37）中的线性规划表示成松弛型，将得到

855

$$
\begin{array}{rcrcrcrcr}
z & = & & & 2x_1 & - & 3x_2 & + & 3x_3 \\
\end{array} \tag{29.38}
$$

$$
\begin{array}{rcrcrcrcr}
x_4 & = & 7 & - & x_1 & - & x_2 & + & x_3 \\
\end{array} \tag{29.39}
$$

$$
\begin{array}{rcrcrcrcr}
x_5 & = & -7 & + & x_1 & + & x_2 & - & x_3 \\
\end{array} \tag{29.40}
$$

$$
\begin{array}{rcrcrcrcr}
x_6 & = & 4 & - & x_1 & + & 2x_2 & - & 2x_3 \\
\end{array} \tag{29.41}
$$

如标准型一样，我们发现使用更简洁的记号来描述一个松弛型会很方便。如我们将在 29.3 节看到的那样，当单纯形算法运行时，基本变量和非基本变量集合将发生改变。我们用 N 来表示非基本变量下标的集合，用 B 来表示基本变量下标的集合。我们总有 $|N| = n$，$|B| = m$，以及 $N \cup B = \{1, 2, \cdots, n+m\}$。等式将被 B 的元素索引，等式右边的变量将被 N 的元素索引。和标准型一样，我们用 b_i、c_j 和 a_{ij} 表示常数项和系数。我们还使用 v 来表示目标函数的一个可选常数项。（稍后我们可以看到，包含此常数项的目标函数将会更容易确定其值。）因此，我们可以简洁地定义一个松弛型，用一个元组 (N, B, A, b, c, v) 来表示松弛型

$$z = v + \sum_{j \in N} c_j x_j \tag{29.42}$$

$$x_i = b_i - \sum_{j \in N} a_{ij}x_j, \quad i \in B \tag{29.43}$$

其中所有的变量 x 都是非负的。因为在式 (29.43) 中减去和式 $\sum_{j \in N} a_{ij} x_j$ ，实际上这里的 a_{ij} 是"出现"在松弛型中系数的负值。

例如，在松弛型

$$z = 28 - \frac{x_3}{6} - \frac{x_5}{6} - \frac{2x_6}{3}$$

$$x_1 = 8 + \frac{x_3}{6} + \frac{x_5}{6} - \frac{x_6}{3}$$

$$x_2 = 4 - \frac{8x_3}{3} - \frac{2x_5}{3} + \frac{x_6}{3}$$

$$x_4 = 18 - \frac{x_3}{2} + \frac{x_5}{2}$$

中，我们有 $B = \{1, 2, 4\}$ ，$N = \{3, 5, 6\}$ ，

856

$$A = \begin{bmatrix} a_{13} & a_{15} & a_{16} \\ a_{23} & a_{25} & a_{26} \\ a_{43} & a_{45} & a_{46} \end{bmatrix} = \begin{bmatrix} -1/6 & -1/6 & 1/3 \\ 8/3 & 2/3 & -1/3 \\ 1/2 & -1/2 & 0 \end{bmatrix} \quad b = \begin{bmatrix} b_1 \\ b_2 \\ b_4 \end{bmatrix} = \begin{bmatrix} 8 \\ 4 \\ 18 \end{bmatrix}$$

$c = (c_3 \ c_5 \ c_6)^{\mathrm{T}} = (-1/6 -1/6 -2/3)^{\mathrm{T}}$ ，以及 $v = 28$ 。注意，A、b 和 c 的下标值不必是连续整数的集合；它们依赖于索引集合 B 和 N 。作为一个例子，A 中的元素是出现在松弛型中系数的负值，观察到 x_1 的等式中包含项 $x_3/6$ ，而系数 a_{13} 实际上是 $-1/6$ ，而不是 $+1/6$ 。

练习

29.1-1 如果将式 $(29.24) \sim (29.28)$ 中的线性规划表示成式 $(29.19) \sim (29.21)$ 中的紧凑记号形式，则 n、m、A、b 和 c 分别是什么？

29.1-2 请给出式 $(29.24) \sim (29.28)$ 中线性规划的三个可行解。每个解的目标值是什么？

29.1-3 在式 $(29.38) \sim (29.41)$ 的松弛型中，N、B、A、b、c 和 v 是什么？

29.1-4 将下面线性规划转换成标准型：

最小化　　　　　　　　　　　　$2x_1 + 7x_2 + x_3$

满足约束

857

$$\begin{array}{rcrcrcr} x_1 & & & - & x_3 & = & 7 \\ 3x_1 & + & x_2 & & & \geqslant & 24 \\ & & x_2 & & & \geqslant & 0 \\ & & & & x_3 & \leqslant & 0 \end{array}$$

29.1-5 将下面线性规划转换成松弛型：

最大化　　　　　　　　　　　　$2x_1 - 6x_3$

满足约束

$$\begin{array}{rcrcrcr} x_1 & + & x_2 & - & x_3 & \leqslant & 7 \\ 3x_1 & - & x_2 & & & \geqslant & 8 \\ -x_1 & + & 2x_2 & + & 3x_3 & \geqslant & 0 \\ & & x_1, x_2, x_3 & & & \geqslant & 0 \end{array}$$

其中基本变量和非基本变量是什么？

29.1-6 说明下面线性规划是不可解的：

最大化　　　　　　　　　　　　$3x_1 - 2x_2$

满足约束

$$x_1 + x_2 \leqslant 2$$

$$-2x_1 \quad - \quad 2x_2 \quad \leqslant \quad -10$$
$$x_1, \quad x_2 \quad \geqslant \quad 0$$

29.1-7 说明下面线性规划是无界的:

最大化 $\qquad\qquad\qquad\qquad\qquad x_1 - x_2$

满足约束

$$-2x_1 \quad + \quad x_2 \quad \leqslant \quad -1$$
$$-x_1 \quad - \quad 2x_2 \quad \leqslant \quad -2$$
$$x_1, \quad x_2 \quad \geqslant \quad 0$$

29.1-8 假设有一个 n 个变量和 m 个约束的一般线性规划,并且假设将其转换成标准型。请给出所得线性规划中变量和约束数目的一个上界。

858

29.1-9 请给出一个线性规划的例子,其中可行区域是无界的,但最优目标值是有界的。

29.2 将问题表达为线性规划

尽管本章中我们将把重点放在单纯形算法上,但是识别出一个问题是否可以形式化为一个线性规划也很重要。一旦把一个问题形式化成一个多项式规模的线性规划,就可以用椭球算法或内点法在多项式时间内解决之。很多线性规划的软件包可以高效地解决问题,于是一旦问题被表示成一个线性规划后,这样的一种软件包就可以求解之。

我们将会看到一些具体的线性规划问题的实例。首先从前面已经研究过的两个问题开始:单源最短路径问题(参见第 24 章)和最大流问题(参见第 26 章)。然后,我们再描述最小费用流问题。尽管最小费用流问题存在一个不基于线性规划的多项式时间算法,但我们将不讨论此算法。最后,我们要介绍多商品流问题,目前唯一已知的多项式时间算法是基于线性规划的。

在第 6 部分解决图问题时,我们使用了属性记号,比如 $v.d$ 和 $(u, v).f$。然而线性规划通常使用下标变量,而不是具有附加属性的对象。因此,当需要表示线性规划中的变量时,我们将通过下标来表示顶点和边。例如,我们表示顶点 v 的最短路径的权重不是用 $v.d$,而是用 d_v。类似地,我们表示顶点 u 到顶点 v 的流不是用 $(u, v).f$,而是用 f_{uv}。对于问题的给定输入数量,比如边的权重或者容量,我们将继续用 $w(u, v)$ 和 $c(u, v)$ 这样的记号。

最短路径

我们可以把单源最短路径问题形式化为一个线性规划。在这一节中,我们将重点关注如何对单对最短路径问题形式化,把推广到更一般的单源最短路径问题留作练习 29.2-3。

在单对最短路径问题中,已知一个带权有向图 $G=(V, E)$,加权函数 $w: E \to \mathbf{R}$ 把边映射到实数权值、一个源顶点 s,以及一个目的顶点 t。我们希望计算从 s 到 t 的一条最短路径的权值 d_t。为了把此问题表示成一个线性规划,需要确定变量和约束的一个集合来定义何时有从 s 到 t 的一条最短路径。幸运的是,Bellman-Ford 算法正好完成此事。当 Bellman-Ford 算法终止时,对每个顶点 v,它已计算了一个值 d_v(这里使用的是下标记号,而不是属性记号),使得对每条边

859

$(u, v) \in E$,有 $d_v \leqslant d_u + w(u, v)$。源顶点初始得到一个值 $d_s = 0$,之后不会改变。因此,我们得到如下的线性规划,来计算从 s 到 t 的最短路径权值:

最大化 $\qquad\qquad\qquad\qquad\qquad d_t \qquad\qquad\qquad\qquad\qquad\qquad$ (29.44)

满足约束

$$d_v \leqslant d_u + w(u,v) \quad ,(u,v) \in E \qquad\qquad\qquad (29.45)$$
$$d_s = 0 \qquad\qquad\qquad\qquad\qquad\qquad\qquad\qquad (29.46)$$

你可能会觉得奇怪,这个线性规划最大化目标函数,而关注的是计算最短路径。我们并不想最小化目标函数,因为这样的话对所有的 $v \in V$,设置 $\overline{d_v} = 0$ 生成的此线性规划的一个最优解并不是

最短路径问题的解。我们之所以最大化，是因为最短路径问题的一个最优解把每一个 $\overline{d}_v$ 设置成 $\min\limits_{u:(u,v)\in E}\{\overline{d}_u+w(u,v)\}$，使得 $\overline{d}_v$ 是小于等于集合 $\{\overline{d}_u+w(u,v)\}$ 中所有值的最大值。对从 s 到 t 的一条最短路径上的所有顶点 v，我们希望最大化 d_v，在所有顶点 v 上都满足上述约束条件，并且最大化 d_t 以实现此目的。

这个线性规划中有 $|V|$ 个变量 d_v，对于每个顶点 $v\in V$ 有一个相应变量。另外，还有 $|E|+1$ 个约束：每条边上有一个，外加源顶点总有值为 0 的最短路径权值为额外约束。

最大流

接下来，我们可以把最大流问题表示成线性规划。回顾最大流问题，已知一个有向图 $G=(V,E)$，其中每条边 $(u,v)\in E$ 有一个非负的容量 $c(u,v)\geqslant0$，以及两个特别的顶点：源点 s 和汇点 t。如 26.1 节中所定义的，一个流是一个非负的实数值函数 $f:V\times V\rightarrow\mathbf{R}$，它满足容量限制和流量守恒性。最大流是满足这些约束且最大化流量值的流，其中流量值是从源点流出的总流量值减去进入源点的总流量。因此，流满足线性约束并且一个流的值是一个线性函数。我们还假设若 $(u,v)\notin E$，则 $c(u,v)=0$，且没有反平行的边，因此可以将这个最大流问题表示为一个线性规划：

最大化
$$\sum_{v\in V}f_{sv}-\sum_{v\in V}f_{vs} \tag{29.47}$$

满足约束

$$f_{uv}\leqslant c(u,v) \qquad 对每个\ u,v\in V \tag{29.48}$$

$$\sum_{v\in V}f_{vu}=\sum_{v\in V}f_{uv} \qquad 对每个\ u\in V-\{s,t\} \tag{29.49}$$

$$f_{uv}\geqslant0 \qquad 对每个\ u,v\in V \tag{29.50}$$

860

这个线性规划有 $|V|^2$ 个变量，对应于每一对顶点之间的流，另外还有 $2|V|^2+|V|-2$ 个约束。

通常求解一个较小规模的线性规划会更加有效。为了方便记号表示，式 (29.47)~(29.50) 中的线性规划隐含了每对满足 $(u,v)\notin E$ 的顶点对 u、v 的容量 0 及值为 0 的流。把这个线性规划重写为有 $O(V+E)$ 个约束的表示会更高效。练习 29.2-5 要求你做到这一点。

最小费用流

在这一节中，我们使用了线性规划来解决已知存在高效算法的问题。事实上，为一个问题设计一个高效的专用算法，比如用于单源最短路径问题的 Dijkstra 算法，或者用于最大流问题的推送-重贴标签（push-relabel）方法，在理论和实践中通常比线性规划更加高效。

线性规划的真正能力来自其求解新问题的能力。回顾在本章开始政治家面临的问题——获得足够数量的选票，而不用花费太多金钱，本书之前所介绍的任何算法都不能解决此问题，然而我们可以用线性规划求解它。很多书中都有大量真实世界中可被线性规划解决的问题的例子。对各种我们可能还不知道高效算法的问题，线性规划也特别有用。

例如，考虑最大流问题的如下推广。假设每条边 (u,v) 除了有容量 $c(u,v)$ 外，还有一个实数值的费用 $a(u,v)$。如同在最大流问题中一样，我们假设如果 $(u,v)\notin E$，$c(u,v)=0$，并且这里没有反平行边。如果通过边 (u,v) 传送 f_{uv} 个单位的流，那么产生了一个费用 $a(u,v)f_{uv}$。同时还给定了一个流目标 d。我们希望从 s 到 t 发送 d 个单位的流，同时使得流上发生的总费用 $\sum_{(u,v)\in E}a(u,v)f_{uv}$ 最小。这个问题被称为**最小费用流问题**。

图 29-3 (a) 显示了最小费用流的一个例子。我们希望从 s 到 t 发送 4 个单位的流，同时产生最小的总费用。任何特定的合法流，即一个满足约束 (29.48)~(29.50) 的函数，产生一个总费用 $\sum_{(u,v)\in E}a(u,v)f_{uv}$。我们希望找到一个特殊的 4 个单位的流，能够最小化这个费用。

图 29-3 (b) 给出了一个最优解，总费用为

$$\sum_{(u,v)\in E}a(u,v)f_{uv}=(2\cdot2)+(5\cdot2)+(3\cdot1)+(7\cdot1)+(1\cdot3)=27$$

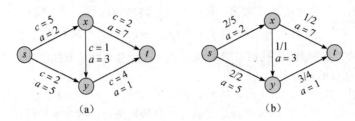

图 29-3 (a)一个最小费用流问题的例子。我们用 c 表示容量，a 表示费用。顶点 s 是源顶点，t 是汇点，而且我们希望从 s 发送 4 个单位的流到 t。(b)此最小费用流的一个解，其中 4 个单位的流从 s 被发送到 t。对于每条边，流和容量写成流/容量的形式

目前有专门为最小费用流问题设计的多项式时间算法，但是它们已超出了本书的范围。不过，我们可以把最小费用流问题表示成一个线性规划问题。此线性规划问题看起来和一个最大流问题很类似，它有额外的约束（即流值正好是 d 个单位），而且还有新的目标函数最小化费用：

最小化

$$\sum_{(u,v)\in E} a(u,v) f_{uv} \tag{29.51}$$

满足约束

$$f_{uv} \leqslant c(u,v) \quad \text{对每个 } u,v \in V$$

$$\sum_{v \in V} f_{vu} - \sum_{v \in V} f_{uv} = 0 \quad \text{对每个 } u \in V - \{s,t\}$$

$$\sum_{v \in V} f_{sv} - \sum_{v \in V} f_{vs} = d$$

$$f_{uv} \geqslant 0 \quad \text{对每个 } u,v \in V \tag{29.52}$$

多商品流

作为最后一个例子，我们考虑另外一个流问题。假设 26.1 节中的 Lucky Puck 公司决定多样化它的生产线，不只生产冰球，还生产球杆和头盔。每件装备都是在它自己的工厂内制造，有自己的仓库，而且每天必须从工厂运送到仓库。球杆是在温哥华制造，必须要运送到萨斯卡通，而头盔是在埃德蒙顿制造，必须要运送到里贾那。运输网络的容量并没有改变，然而不同的物品或者商品必须共用同一个网络。

这个例子是**多商品流问题**的一个实例。在此问题中，我们仍给定一个有向图 $G=(V, E)$，其中每条边 $(u, v) \in E$ 有一个非负的容量 $c(u, v) \geqslant 0$。与最大流问题一样，我们默认对 $(u, v) \notin E$ 有 $c(u, v) = 0$，另外，此图没有反平行边。此外，我们还知道 k 种不同的商品 K_1，K_2，$\cdots$，K_k，其中用三元组 $K_i = (s_i, t_i, d_i)$ 来详细说明商品 i。这里，顶点 s_i 是商品 i 的源点，顶点 t_i 是商品 i 的汇点；d_i 是商品 i 的需求，即该商品从 s_i 到 t_i 所需流量值。我们定义商品 i 的流，用 f_i 表示（于是 f_{iuv} 是商品 i 从顶点 u 到顶点 v 的流）为一个满足流量守恒和容量约束的实数值函数。现在我们定义汇聚流 f_{uv} 为各种商品流的总和，于是 $f_{uv} = \sum_{i=1}^{k} f_{iuv}$。边 (u, v) 上的汇聚流不能超过边 (u, v) 的容量。在这个问题中，我们不会去最小化任何目标函数；只需确定是否存在这样的一个流。因此，我们写了一个没有目标函数的线性规划：

最小化 $\quad 0$

满足约束

$$\sum_{i=1}^{k} f_{iuv} \leqslant c(u,v) \quad \text{对每个 } u,v \in V$$

$$\sum_{v \in V} f_{iuv} - \sum_{v \in V} f_{ivu} = 0 \quad \text{对每个 } i = 1,2,\cdots,k \text{ 以及 } u \in V - \{s_i, t_i\}$$

$$\sum_{v \in V} f_{i,s_i,v} - \sum_{v \in V} f_{i,v,s_i} = d_i \qquad 对每个 i = 1,2,\cdots,k$$

$$f_{iuv} \geqslant 0 \qquad 对每个 u, v \in V 以及对每个 i = 1,2,\cdots,k$$

这个问题唯一已知的多项式时间算法是将它表示成一个线性规划，然后用一个多项式时间的线性规划算法解决。

练习

29.2-1 请将单对最短路径线性规划从式(29.44)～(29.46)转换成标准型。

29.2-2 请明确写出求图 24-2(a)中从结点 s 到结点 y 的最短路径的线性规划。

29.2-3 在单源最短路径问题中，我们希望找出从源点 s 到所有顶点 $v \in V$ 的最短路径权值。给定一个图 G，请写出一个线性规划，其解具有如下性质：对每个顶点 $v \in V$，d_v 是从 s 到 v 的最短路径权值。

29.2-4 请明确写出求图 26-1(a)中最大流的线性规划。

29.2-5 请重写最大流式(29.47)～(29.50)的线性规划，使得它只使用 $O(V+E)$ 个约束。

29.2-6 请写出一个线性规划，给定一个二部图 $G=(V, E)$，求解最大二分匹配问题。

29.2-7 在**最小费用多商品流问题**中，给定有向图 $G=(V, E)$，其中每条边 $(u, v) \in E$ 有一个非负的容量 $c(u, v) \geqslant 0$ 和一个费用 $a(u, v)$。与多商品流问题一样，我们已知 k 种不同的商品 K_1, K_2, $\cdots$, K_k，其中用三元组 $K_i = (s_i, t_i, d_i)$ 来详细说明商品 i。与多商品流问题一样，我们为商品 i 定义流 f_i，在边 (u, v) 上定义汇聚流 f_{uv}。一个可行流满足在每条边 (u, v) 上汇聚流不超过边 (u, v) 的容量。一个流的费用是 $\sum_{u,v \in V} a(u,v) f_{uv}$，目标是寻找具有最小费用的可行流。请将这个问题表示为一个线性规划。

29.3 单纯形算法

单纯形算法是求解线性规划的经典方法。和本书其他算法相比较而言，它的执行时间在最坏的情况下并不是多项式。然而，它确实使我们对线性规划有深刻的理解，并且在实际中此算法通常相当快速。

除了本章稍早描述的几何解释外，单纯形算法与 28.1 节中讨论的高斯消元法有些类似。高斯消元法从一个解未知的线性等式系统开始。在每次迭代中，我们把这个系统重写为具有一些额外结构的等价形式。经过一定次数的迭代后，我们已重写这个系统，使得它的解很容易得到。单纯形算法以一种类似的方式进行，而且可以将其看成不等式上的高斯消元法。

现在我们描述隐藏在单纯形算法每轮迭代背后的主要思想。每轮迭代都关联一个"基本解"，我们很容易从线性规划的松弛型中得到此"基本解"：将每个非基本变量设为 0，并从等式约束中计算基本变量的值。每轮迭代把一个松弛型转换成一个等价的松弛型。关联的基本可行解的目标值将会不小于上一轮的迭代，通常会更大一些。为了增大目标值，我们选择一个非基本变量，使得如果从 0 开始增加变量值，目标值也会增加。变量值能够增加的幅度受限于其他的约束条件。特别地，我们增加它，直到某基本变量变为 0。然后重写松弛型，交换此基本变量和选定的非基本变量。尽管我们已经使用了一个特殊的变量设置来引导算法，并会将其用于我们的证明中，但此算法并不显式地保持该解。它简单地重写此线性规划，直到一个最优解变得"明显"。

单纯形算法的一个例子

我们从一个扩展例子开始。考虑下面标准型的线性规划：

最大化 $\qquad\qquad\qquad\qquad 3x_1 + x_2 + 2x_3 \qquad\qquad\qquad$ (29.53)

满足约束

$$x_1 \quad + \quad x_2 \quad + \quad 3x_3 \quad \leqslant \quad 30 \qquad (29.54)$$

$$2x_1 \quad + \quad 2x_2 \quad + \quad 5x_3 \quad \leqslant \quad 24 \qquad (29.55)$$

$$4x_1 \quad + \quad x_2 \quad + \quad 2x_3 \quad \leqslant \quad 36 \qquad (29.56)$$

$$x_1, \ x_2, \ x_3 \quad \geqslant \quad 0 \qquad (29.57)$$

为了利用单纯形算法,必须将此线性规划转换成松弛型;我们在 29.1 节看到了如何做到这一点。松弛除了是一个代数操作外,也是一个有用的算法概念。回顾在 29.1 节中,每个变量有一个对应的非负约束,如果一个等式约束的非基本变量的一个特定设置导致其基本变量变为 0,则称这个等式约束对这个特定设置是**紧**的。类似地,非基本变量的一个设置可以使一个基本变量变为负性的,称为**违反**这个约束。因此,松弛变量显式地维护每个约束与紧的状态有多远,于是这些松弛变量能帮我们确定可以将非基本变量增大多少而不违反任何约束。

将松弛变量 x_4、x_5 和 x_6 分别关联于不等式(29.54)~(29.56),并将线性规划写成松弛型,我们得到

$$z \quad = \qquad\qquad 3x_1 \quad + \quad x_2 \quad + \quad 2x_3 \qquad (29.58)$$

$$x_4 \quad = \quad 30 \quad - \quad x_1 \quad - \quad x_2 \quad - \quad 3x_3 \qquad (29.59)$$

$$x_5 \quad = \quad 24 \quad - \quad 2x_1 \quad - \quad 2x_2 \quad - \quad 5x_3 \qquad (29.60)$$

$$x_6 \quad = \quad 36 \quad - \quad 4x_1 \quad - \quad x_2 \quad - \quad 2x_3 \qquad (29.61)$$

这个约束系统中式(29.59)~(29.61)有 3 个等式和 6 个变量。变量 x_1、x_2 和 x_3 的任意设置定义了 x_4、x_5 和 x_6 的值;因此,这个等式系统有无限个解。如果所有的 $x_1, x_2, \cdots, x_6$ 都是非负的,则解是可行的,可行解的数量也是无限的。像这样的一个系统的无限个可行解在稍后的证明中会有用处。我们将集中于**基本解**:把等式右边所有(非基本)变量设为 0,然后计算等式左边(基本)变量的值。在这个例子中,基本解为 $(\bar{x}_1, \bar{x}_2, \cdots, \bar{x}_6) = (0, 0, 0, 30, 24, 36)$,其目标值为 $z = (3 \cdot 0) + (1 \cdot 0) + (2 \cdot 0) = 0$。注意到,这个基本解对每个 $i \in B$ 设定 $\bar{x}_i = b_i$。单纯形算法的每次迭代会重写等式集合和目标函数,以便将一个不同的变量集合放在右边。因此,会将一个不同的基本解与重写过的问题联系起来。我们强调重写绝不会以任何方式改变基本的线性规划;每次迭代中的问题都与前一次迭代中的问题有相同的可行解集合。然而,问题确实与前一次迭代问题有着不同的基本解。

如果一个基本解也是可行的,则称其为**基本可行解**。在单纯形算法的执行中,基本解几乎总是基本可行解。然而,我们将在 29.5 节中看到,在单纯形算法的前面几次迭代中,基本解可能不是可行的。

在每次迭代中,我们的目标是重新整理线性规划,使得基本解有一个更大的目标值。我们选择一个在目标函数中系数为正的非基本变量 x_e,而且尽可能增加 x_e 的值而不违反任何约束。变量 x_e 成为基本变量,并且某个其他变量 x_l 变成非基本变量。其他基本变量和目标函数的值也可能改变。

继续这个例子,让我们来考虑增加 x_1 的值。当增加 x_1 时,x_4、x_5 和 x_6 的值都减小。因为对每个变量有一个非负约束,所以我们不能允许它们中任何一个变成负值。如果 x_1 增加到 30 以上,那么 x_4 变成负值;而当 x_1 分别增加到 12 和 9 以上,x_5 和 x_6 也变成负值。第 3 个约束(式(29.61))是最紧的约束,它限制了我们可以将 x_1 的值增加多少。因此,我们互换 x_1 和 x_6,解方程式(29.61),于是得到

$$x_1 = 9 - \frac{x_2}{4} - \frac{x_3}{2} - \frac{x_6}{4} \qquad (29.62)$$

为了重写右边包含 x_6 的其他等式,我们用等式(29.62)来取代 x_1。在等式(29.59)中也如此,我们得到

$$x_4 = 30 - x_1 - x_2 - 3x_3 = 30 - \left(9 - \frac{x_2}{4} - \frac{x_3}{2} - \frac{x_6}{4}\right) - x_2 - 3x_3$$

$$= 21 - \frac{3x_2}{4} - \frac{5x_3}{2} + \frac{x_6}{4} \tag{29.63}$$

类似地，我们可以把等式(29.62)、约束式(29.60)以及目标函数(29.58)联系起来，重写我们的线性规划为如下形式：

$$z = 27 + \frac{x_2}{4} + \frac{x_3}{2} - \frac{3x_6}{4} \tag{29.64}$$

$$x_1 = 9 - \frac{x_2}{4} - \frac{x_3}{2} - \frac{x_6}{4} \tag{29.65}$$

$$x_4 = 21 - \frac{3x_2}{4} - \frac{5x_3}{2} + \frac{x_6}{4} \tag{29.66}$$

$$x_5 = 6 - \frac{3x_2}{2} - 4x_3 + \frac{x_6}{2} \tag{29.67}$$

我们称此操作为一个**转动**。如上面所展示的，一个转动选取一个非基本变量 x_e（称为**替入变量**）和一个基本变量 x_l（称为**替出变量**），然后替换二者的角色。

等式(29.64)~(29.67)中描述的线性规划等价于等式(29.58)~(29.61)中描述的线性规划。我们在单纯形算法中执行了两个操作：重写等式使得变量在等式的左边与右边之间移动，以及替换一个等式为另一个等式。第一个操作显然建立了一个等价的问题，而第二个操作通过简单的线性代数也建立了一个等价问题。（参见习题 29.3-3。）

为了说明等价性，观察到初始的基本解(0，0，0，30，24，36)满足新的等式(29.65)~(29.67)，且目标值为 $27 + (1/4) \cdot 0 + (1/2) \cdot 0 - (3/4) \cdot 36 = 0$。新的线性规划关联的基本解将非基本变量的值设为 0，于是得到(9，0，0，21，6，0)，目标值为 $z = 27$。简单的算术证明这个解也满足等式(29.59)~(29.61)，且当插入目标函数(29.58)时，目标值为 $(3 \cdot 9) + (1 \cdot 0) + (2 \cdot 0) = 27$。

继续该例子，我们希望找到一个可增加值的新变量。我们不想增加 x_6，因为当它的值增加时，目标值减小。我们可以尝试增加 x_2 或 x_3；设选择 x_3。我们可以将 x_3 的值增加到多少而不违反任何约束？约束式(29.65)限制它为 18，约束式(29.66)限制它为 42/5，而约束式(29.67)限制它为 3/2。第三个约束又是最紧的，因此重写第三个约束，使得 x_3 在等式左边 x_5 在右边。然后将这个新等式 $x_3 = 3/2 - 3x_2/8 - x_5/4 + x_6/8$ 替换进等式(29.64)~(29.66)中，得到新的但等价的系统

$$z = \frac{111}{4} + \frac{x_2}{16} - \frac{x_5}{8} - \frac{11x_6}{16} \tag{29.68}$$

$$x_1 = \frac{33}{4} - \frac{x_2}{16} + \frac{x_5}{8} - \frac{5x_6}{16} \tag{29.69}$$

$$x_3 = \frac{3}{2} - \frac{3x_2}{8} - \frac{x_5}{4} + \frac{x_6}{8} \tag{29.70}$$

$$x_4 = \frac{69}{4} + \frac{3x_2}{16} + \frac{5x_5}{8} - \frac{x_6}{16} \tag{29.71}$$

这个系统存在关联的基本解(33/4，0，3/2，69/4，0，0)，目标值为 111/4。现在增加目标值的唯一方法是增加 x_2。这三个约束分别给出了上界 132、4 和 ∞（我们从约束(29.71)中得到上界 ∞。因为当增加 x_2 时，基本变量 x_4 的值也增加。因此，此约束对 x_2 增加多少没有限制）。我们将 x_2 增加到 4，它变成非基本的。然后，为 x_2 解等式(29.70)，并代入其他等式得到

$$z = 28 - \frac{x_3}{6} - \frac{x_5}{6} - \frac{2x_6}{3} \tag{29.72}$$

$$x_1 = 8 + \frac{x_3}{6} + \frac{x_5}{6} - \frac{x_6}{3} \tag{29.73}$$

$$x_2 = 4 - \frac{8x_3}{3} - \frac{2x_5}{3} + \frac{x_6}{3} \qquad (29.74)$$

$$x_4 = 18 - \frac{x_3}{2} + \frac{x_5}{2} \qquad (29.75)$$

此时，这个目标函数中所有系数都是负的。正如我们将在本章后面看到的，这种情况只在已重写线性规划，使得基本解是一个最优解时才发生。因此，对于这个问题，解(8，4，0，18，0，0)的目标值28是最优的。现在回到式(29.53)~(29.57)中给出的原始线性规划。原始的线性规划中仅有变量 x_1、x_2 和 x_3，于是解是 $x_1 = 8$，$x_2 = 4$，$x_3 = 0$，目标值为 $(3 \cdot 8) + (1 \cdot 4) + (2 \cdot 0) = 28$。注意，在最终解中松弛变量的值度量了每个不等式中松弛剩余多少。松弛变量 x_4 等于18，且在不等式(29.54)中，左边值为 $8+4+0=12$，比右边的值30小了18。松弛变量 x_5 和 x_6 为0，确实在不等式(29.55)和(29.56)中左右两边相等。还观察到即使在初始松弛型中系数是整数，但其他线性规划的系数不必是整数，过渡解也不一定是整数。而且，线性规划的最终解也不必是整数；这个例中存在一个整数解纯属巧合。

转动

现在形式化主元的过程。过程 PIVOT 以一个松弛型为输入，给定元组(N，B，A，b，c，v)、替出变量 x_l 的下标 l，以及替入变量 x_e 的下标 e。它返回描述新松弛型的元组($\hat{N}$，$\hat{B}$，$\hat{A}$，$\hat{b}$，$\hat{c}$，$\hat{v}$)。（再次回顾，$m \times n$ 阶矩阵 A 和 $\hat{A}$ 的元素实际上都是松弛型中系数的负值。）

```
PIVOT(N,B,A,b,c,v,l,e)
 1   // Compute the coefficients of the equation for new basic variable xₑ.
 2   let Â be a new m×n matrix
 3   b̂ₑ = bₗ/aₗₑ
 4   for each j ∈ N−{e}
 5       âₑⱼ = aₗⱼ/aₗₑ
 6   âₑₗ = 1/aₗₑ
 7   // Compute the coefficients of the remaining constraints.
 8   for each i ∈ B−{l}
 9       b̂ᵢ = bᵢ − aᵢₑ b̂ₑ
10       for each j ∈ N−{e}
11           âᵢⱼ = aᵢⱼ − aᵢₑ âₑⱼ
12       âᵢₗ = −aᵢₑ âₑₗ
13   // Compute the objective function.
14   v̂ = v + cₑ b̂ₑ
15   for each j ∈ N−{e}
16       ĉⱼ = cⱼ − cₑ âₑⱼ
17   ĉₗ = −cₑ âₑₗ
18   // Compute new sets of basic and nonbasic variables.
19   N̂ = N−{e} ∪ {l}
20   B̂ = B−{l} ∪ {e}
21   return (N̂, B̂, Â, b̂, ĉ, v̂)
```

PIVOT 执行如下。第3~6行通过重写 x_l 在左边的等式将 x_e 置于等式左边，来计算 x_e 的新等式中的系数。第8~12行通过将每个 x_e 替换为这个新等式的右边来更新剩下的等式。第14~17行对目标函数进行同样替换，第19~20行更新非基本变量和基本变量集合。第21行返回新的松弛型。如给出的一样，如 $a_{le} = 0$，PIVOT 将产生除0的错误，但如我们将在引理29.2和引理29.12的证明中看到的那样，仅当 $a_{le} \neq 0$ 时调用 PIVOT。

现在我们总结 PIVOT 对基本解中变量值的影响。

引理 29.1 考虑当 $a_{le} \neq 0$ 时对 PIVOT(N，B，A，b，c，v，l，e)的调用。令调用返回值为 $(\hat{N}, \hat{B}, \hat{A}, \hat{b}, \hat{c}, \hat{v})$，令 $\bar{x}$ 表示调用之后的基本解。那么

1. 对每个 $j \in \hat{N}$，$\bar{x}_j = 0$。
2. $\bar{x}_e = b_l / a_{le}$。
3. 对每个 $i \in \hat{B} - \{e\}$，$\bar{x}_i = b_i - a_{ie} \hat{b}_e$。

证明 第一个命题成立，因为基本解总是将所有的非基本变量设为 0。当我们将约束

$$x_i = \hat{b}_i - \sum_{j \in \hat{N}} \hat{a}_{ij} x_j$$

中的每个非基本变量都设为 0 时，对每个 $i \in \hat{B}$，有 $\bar{x}_i = \hat{b}_i$。因为 $e \in \hat{B}$，由 PIVOT 的第 3 行推出

$$\bar{x}_e = \hat{b}_e = b_l / a_{le}$$

这样就证明了第二个命题。类似地，对每个 $i \in \hat{B} - \{e\}$，利用第 9 行得出

$$\bar{x}_i = \hat{b}_i = b_i - a_{ie} \hat{b}_e$$

这样证明了第三个命题。 ■

正式的单纯形算法

现在我们可以对单纯形算法进行形式化了，先前已用例子说明。这个例子是特别好的一个，我们还有其他几个问题需要考虑：

- 如何确定一个线性规划是不是可行的？
- 如果此线性规划是可行的，但初始基本解不可行，那么怎么办？
- 如何确定一个线性规划是否无界？
- 如何选择替入变量和替出变量？

在 29.5 节中，我们将说明如何确定一个问题是否可行，如果可行，如何找出一个初始基本解是可行的松弛型。因此，假设有一个过程 INITIALIZE-SIMPLEX(A，b，c)，输入为一个标准型的线性规划，即一个 $m \times n$ 的矩阵 $A = (a_{ij})$，一个 m 维向量 $b = (b_i)$，一个 n 维向量 $c = (c_j)$。如果这个问题是不可行的，此过程返回一个消息说明此线性规划不可行，然后终止。否则，此过程返回一个初始基本解可行的松弛型。

如前所述，子过程 SIMPLEX 以一个标准型的线性规划作为输入。它返回一个 n 维向量 $\bar{x} = (\bar{x}_j)$，为式(29.19)~(29.21)中描述的线性规划的一个最优解。

```
SIMPLEX(A, b, c)
1   (N, B, A, b, c) = INITIALIZE-SIMPLEX(A, b, c)
2   let Δ be a new vector of length m
3   while some index j ∈ N has c_j > 0
4       choose an index e ∈ N for which c_e > 0
5       for each index i ∈ B
6           if a_ie > 0
7               Δ_i = b_i / a_ie
8           else Δ_i = ∞
9       choose an index l ∈ B that minimizes Δ_l
10      if Δ_l == ∞
11          return "unbounded"
12      else (N, B, A, b, c, v) = PIVOT(N, B, A, b, c, v, l, e)
13  for i = 1 to n
14      if i ∈ B
15          x̄_i = b_i
16      else x̄_i = 0
```

870

17 **return**$(\overline{x}_1, \overline{x}_2, \cdots, \overline{x}_n)$

子过程 SIMPLEX 执行如下。在第 1 行，它调用上面所述的过程 INITIALIZE-SIMPLEX(A, b, c)，要么确定这个线性规划是不可行的，要么返回一个初始基本解可行的松弛型。第3~12行中的 **while** 循环形成了算法的主体部分。如果目标函数中所有系数都是负值，那么 **while** 循环终止。否则，第 4 行选择一个变量 x_e，作为替入变量，其系数在目标函数中为正值。尽管我们可以选择任意系数为正的变量作为替入变量，但仍假设使用某个事先制定的确定性规则。接下来，第5~9行检查每个约束，然后挑选出一个约束，此约束能够最严格地限制 x_e 值增加的幅度，而又不违反任何非负约束；和这个约束相关联的基本变量是 x_l。再一次，我们可以从多个变量中自由选择一个作为替出变量，但假设使用某个预先制定的确定性规则。如果没有约束能够限制替入变量所增加的幅度，算法在第 11 行返回"无界"。否则，第 12 行通过调用上面所述的 PIVOT(N, B, A, b, c, v, l, e)，交换替出变量与替入变量的角色。第13~16行通过把所有的非基本变量设为 0 及把每个基本变量 $\overline{x}_i$ 设为 b_i，来计算初始线性规划变量的一个解 $\overline{x}_1$, $\overline{x}_2$, $\cdots$, $\overline{x}_n$，接着第 17 行返回这些值。

为了说明 SIMPLEX 是正确的，首先说明如果 SIMPLEX 有一个初始可行解并且最终会停止，则它要么返回一个可行解，要么确定此线性规划是无界的。然后，我们说明 SIMPLEX 会停止。最后，我们在 29.4 节(定理 29.10)中说明返回解是最优的。

引理 29.2 给定一个线性规划(A, b, c)。假设在 SIMPLEX 第 1 行中对 INITIALIZE-SIMPLEX 的调用返回一个基本解可行的松弛型。如果 SIMPLEX 在第 17 行返回一个解，则这个解是此线性规划的一个可行解。如果 SIMPLEX 在第 11 行返回"无界"，则此线性规划是无界的。

证明 我们使用下面三部分的循环不变式：

在第 3~12 行 **while** 循环部分的每次迭代开始，

1. 此松弛型等价于调用 INITIALIZE-SIMPLEX 返回的松弛型。
2. 对每个 $i \in B$，我们有 $b_i \geqslant 0$。
3. 此松弛型相关的基本解是可行的。

初始化：对第一次迭代，此松弛型的等价性是平凡的。在引理的表述中，假设在 SIMPLEX 的第 1 行调用 INITIALIZE-SIMPLEX 时返回一个基本解可行的松弛型。因此，不变式的第三部分为真。因为这个基本解可行，每一个基本变量 x_i 是非负的。此外，因为这个基本解把每一个基本变量 x_i 设为 b_i，对所有的 $i \in B$，我们有 $b_i \geqslant 0$。因此，不变式的第二部分成立。

保持：我们将说明 **while** 循环的每一次迭代维持了循环不变式，假设第 11 行的 **return** 语句没有执行。在讨论终止时，将处理第 11 行执行的情形。通过调用 PIVOT 过程，此 **while** 循环的一次迭代把基本变量与非基本变量交换。根据练习 29.3-3，此松弛型与前一次迭代中的形式等价，根据循环不变式，也与初始松弛型等价。

现在来论证循环不变式的第二个部分。假设在 **while** 循环每次迭代的开始，对每个 $i \in B$，$b_i \geqslant 0$，我们将说明第 12 行调用 PIVOT 之后，这些不等式依然成立。因为变量 b_i 和基本变量的集合 B 的唯一改变发生在此赋值中，这就足以说明第 12 行维持了这部分的不变式。令 b_i、a_{ij} 和 B 表示 PIVOT 调用之前的值，$\hat{b}_i$ 表示从 PIVOT 返回的值。

首先，观察到 $\hat{b}_e \geqslant 0$，这是因为根据循环不变式有 $b_l \geqslant 0$，根据 SIMPLEX 的第 6 行和第 9 行，有 $a_{le} > 0$，根据 PIVOT 的第 3 行，有 $\hat{b}_e = b_l / a_{le}$。

对于剩下的下标 $i \in B - \{l\}$，我们有

$$\hat{b}_i = b_i - a_{ie}\hat{b}_e \qquad \text{(根据 PIVOT 的第 9 行)}$$
$$= b_i - a_{ie}(b_l / a_{le}) \qquad \text{(根据 PIVOT 的第 3 行)} \qquad (29.76)$$

我们有两种情况要考虑，$a_{ie} > 0$ 或 $a_{ie} \leqslant 0$。如果 $a_{ie} > 0$，则因选择 l 使得对所有的 $i \in B$，

$$b_l / a_{le} \leqslant b_i / a_{ie} \qquad (29.77)$$

我们有

$$\hat{b}_i = b_i - a_{ie}(b_l / a_{le}) \quad (根据式(29.76))$$
$$\geqslant b_i - a_{ie}(b_i / a_{ie}) \quad (根据式(29.77))$$
$$= b_i - b_i = 0$$

因而 $\hat{b}_i \geqslant 0$。如果 $a_{ie} \leqslant 0$，则因为 a_{ie}、b_i 和 b_l 都是非负的，式(29.76)意味着 $\hat{b}_i$ 也必为非负的。

现在我们表明基本解是可行的，即所有的变量具有非负值。非基本变量被设为 0，从而是非负的。而每个基本变量 x_i 由如下等式定义：

$$x_i = b_i - \sum_{j \in N} a_{ij} x_j$$

且基本解为 $\overline{x}_i = b_i$。利用循环不变式的第二部分，我们得到每个基本变量 $\overline{x}_i$ 也都是非负的。 ⎡873⎤

终止：此 while 循环以两种方式之一结束。若它因为第 3 行中的条件而终止，则当前的基本解是可行的，且在第 17 行中返回此解。另外一个终止方式是在第 11 行返回"无界"。在这种情况下，对于第 5~8 行中 **for** 循环的每次迭代，当第 6 行执行时，我们发现 $a_{ie} \leqslant 0$。考虑到解 $\overline{x}$ 定义为

$$\overline{x}_i = \begin{cases} \infty & 若 \ i = e \\ 0 & 若 \ i \in N - \{e\} \\ b_i - \sum_{j \in N} a_{ij} \overline{x}_j & 若 \ i \in B \end{cases}$$

现在我们说明这个解是可行的，即所有的变量非负。除了 $\overline{x}_e$ 外的非基本变量都为 0，以及 $\overline{x}_e = \infty > 0$；因此，所有的非基本变量是非负的。对于每个基本变量 $\overline{x}_i$，我们有

$$\overline{x}_i = b_i - \sum_{j \in N} a_{ij} \overline{x}_j = b_i - a_{ie} \overline{x}_e$$

循环不变式意味着 $b_i \geqslant 0$，并且有 $a_{ie} \leqslant 0$，$\overline{x}_e = \infty > 0$。所以，$\overline{x}_i \geqslant 0$。

现在来证明解 $\overline{x}$ 的目标值是无界的。根据等式(29.42)，目标值为

$$z = v + \sum_{j \in N} c_j \overline{x}_j = v + c_e \overline{x}_e$$

因为 $c_e > 0$（根据第 4 行的 SIMPLEX）及 $\overline{x}_e = \infty$，目标值为 ∞，所以这个线性规划是无界的。 ■

下面需要说明 SIMPLEX 会终止，以及什么情况下会终止，它返回的解是最优的。29.4 节中将会强调最优性。现在我们来讨论终止。

终止性

在本节开头所给的例子中，单纯形算法的每次迭代会增加和基本解关联的目标值。如练习 29.3-2 要求证明的那样，SIMPLEX 的迭代不会减小基本解关联的目标值。可惜的是，可能会存在迭代保持目标值不变。这个现象称为**退化**，现在我们开始仔细地研究它。 ⎡874⎤

PIVOT 第 14 行中的赋值语句 $\hat{v} = v + c_e \hat{b}_e$ 改变了目标值。因为当 $c_e > 0$ 时，SIMPLEX 才会调用 PIVOT，让目标值保持不变（即 $\hat{v} = v$）的唯一方法就是让 $\hat{b}_e$ 为 0。此值在 PIVOT 的第 3 行被赋值为 $\hat{b}_e = b_l / a_{le}$。因为我们总是在 $a_{le} \neq 0$ 时调用 PIVOT，因此可以看到 $\hat{b}_e$ 等于 0，于是要让目标值保持不变，就必须有 $b_l = 0$。

的确，这种情况可能发生。考虑线性规划

$$\begin{array}{rcrcrcrcr} z & = & & & x_1 & + & x_2 & + & x_3 \\ x_4 & = & 8 & - & x_1 & - & x_2 & & \\ x_5 & = & & & & & x_2 & - & x_3 \end{array}$$

假设选择 x_1 作为替入变量，x_4 作为替出变量。在转动后，我们得到

$$\begin{array}{rcrcrcrcr} z & = & 8 & & & + & x_3 & - & x_4 \\ x_1 & = & 8 & - & x_2 & & & - & x_4 \\ x_5 & = & & & x_2 & - & x_3 & & \end{array}$$

此时，我们唯一的选择是以 x_3 作为替入变量、x_5 作为替出变量来进行转动。因为 $b_5 = 0$，所以在转动后目标值 8 保持不变：

$$z = 8 + x_2 - x_4 - x_5$$
$$x_1 = 8 - x_2 - x_4$$
$$x_3 = x_2 - x_5$$

虽然目标值没有变化，但是我们的松弛型变了。幸运的是，如果再次旋转，以 x_2 为替入变量，x_1 为替出变量，目标值会增加（到 16），单纯形算法可以继续运行。

退化会阻止单纯形算法终止，因为它可以引起一种称为**循环**（cycling）的现象：SIMPLEX 的两次不同迭代中的松弛型完全一样。因为退化，SIMPLEX 会选择一个转动操作序列，让目标值不变但是会在此序列中重复一个松弛型。因为 SIMPLEX 是一个确定性算法，如果它循环，那么它会在同一系列的松弛型中永远循环下去，不会终止。

循环是 SIMPLEX 唯一可能不会终止的原因。为了说明这个事实，我们首先必须设计一些额外的工具。

在每一次循环中，除了集合 N、B 以外，SIMPLEX 还维护 A、b、c 和 v。尽管需要显式维护 A、b、c 和 v 以高效实现单纯形算法，但我们不维护它们也能得到结果。换句话说，基本变量和非基本变量的集合足可以唯一确定松弛型。在证明这个事实以前，需要证明一个有用的代数引理。

引理 29.3 设 I 是一个下标集合。对于每一个 $j \in I$，设 α_j 和 β_j 是实数，并令 x_j 是一个实数变量。设 γ 是任意的实数。假设对于变量 x_j 的任何设置，我们有

$$\sum_{j \in I} \alpha_j x_j = \gamma + \sum_{j \in I} \beta_j x_j \tag{29.78}$$

那么对于任意的 $j \in I$，$\alpha_j = \beta_j$，且 $\gamma = 0$。

证明 因为等式(29.78)对于任意的 x_j 值都成立，我们可以采用特殊值来导出关于 α、β 和 γ 的结论。如果对每一个 $j \in I$，让 $x_j = 0$，可以得出 $\gamma = 0$。现在选择任意一个下标 $j \in I$，并对所有的 $k \neq j$，设 $r_j = 1$ 和 $r_k = 0$，那么必然有 $\alpha_j = \beta_j$。因为选择的 j 是 I 中任意的一个下标，所以得出对每一个 $j \in I$，有 $\alpha_j = \beta_j$。 ■

一个特定的线性规划有很多不同的松弛形式；回顾每一个松弛型和原始的线性规划有同样可行解和最优解的集合。我们现在来说明一个线性规划的松弛型能够被基本变量的集合唯一确定。也就是说，给定基本变量的集合，一个唯一的松弛型（唯一的系数集合和右部）与这些基本变量相关联。

引理 29.4 设 (A, b, c) 是一个线性规划的标准形式。给定基本变量的一个集合 B，那么关联的松弛型是唯一确定的。

证明 采用反证法，假设有两种不同的松弛型具有相同基本变量集合 B。这些松弛型必须也具有等同的非基本变量集合 $N = \{1, 2, \cdots, n+m\} - B$。我们将第一个松弛型写成

$$z = v + \sum_{j \in N} c_j x_j \tag{29.79}$$

$$x_i = b_i - \sum_{j \in N} a_{ij} x_j, i \in B \tag{29.80}$$

将第二个写成

$$z = v' + \sum_{j \in N} c'_j x_j \tag{29.81}$$

$$x_i = b'_i - \sum_{j \in N} a'_{ij} x_j, i \in B \tag{29.82}$$

考虑式(29.82)减去式(29.80)所形成的等式系统。得到的等式系统为

$$0 = (b_i - b'_i) - \sum_{j \in N}(a_{ij} - a'_{ij})x_j, \, i \in B$$

或者，等价地，

$$\sum_{j \in N}a_{ij}x_j = (b_i - b'_i) + \sum_{j \in N}a'_{ij}x_j, \, i \in B$$

现在，对于每一个 $i \in B$，应用引理 29.3，其中 $\alpha_j = a_{ij}$，$\beta_j = a'_{ij}$，$\gamma = b_i - b'_i$，以及 $I = N$。因为 $\alpha_j = \beta_j$，所以对每一个 $j \in N$，我们有 $a_{ij} = a'_{ij}$，又因为 $\gamma = 0$，我们有 $b_i = b'_i$。因此，对于这两个松弛型，A 和 b 分别与 A' 和 b' 相等。采用一个类似的论证方法，练习 29.3-1 说明必然有 $c = c'$ 和 $v = v'$，因此，这些松弛型必然等同。■

我们现在可以说明循环是 SIMPLEX 可能不会终止的唯一原因。

引理 29.5 如果 SIMPLEX 在至多 $\binom{n+m}{m}$ 次迭代内不终止，那么它是循环的。

证明 根据引理 29.4，基本变量集合 B 唯一确定了一个松弛型。总共有 $n + m$ 个变量，且 $|B| = m$，所以至多有 $\binom{n+m}{m}$ 种选择 B 的方式。因此，至多有 $\binom{n+m}{m}$ 种松弛形式。所以，如果 SIMPLEX 运行超过 $\binom{n+m}{m}$ 次迭代，它必然循环。■

循环在理论上是可能的，但非常罕见。我们可以通过小心地选择替入变量和替出变量来避免其发生。一种方法是对输入稍微进行扰动，使得不可能有两个解具有相等的目标值。另一种方法是通过总是选择下标最小的变量来打破相等的目标值，这种策略被称为 **Bland 规则**。这里略去采用这些策略可以避免循环的证明。

引理 29.6 如果 SIMPLEX 的第 4 行和第 9 行总是通过选择具有最小下标的变量来打破目标值不变的局面，那么 SIMPLEX 必然终止。■

我们以下面的引理来总结这一节。

877

引理 29.7 假设 INITIALIZE-SIMPLEX 返回一个基本解可行的松弛型，则 SIMPLEX 要么报告一个线性规划是无界的，要么在至多 $\binom{n+m}{m}$ 次循环内终止，并得到一个可行解。

证明 引理 29.2 和引理 29.6 说明如果 INITIALIZE-SIMPLEX 返回同一个基本解可行的松弛型，那么 SIMPLEX 要么报告一个线性规划是无界的，要么以一个可行解结束。根据引理 29.5 的逆否命题，如果 SIMPLEX 以一个可行解结束，那么它在至多 $\binom{n+m}{m}$ 次循环内终止。■

练习

29.3-1 请完成引理 29.4 的证明，说明必有 $c = c'$ 和 $v = v'$。

29.3-2 请说明在 SIMPLEX 的第 12 行对 PIVOT 的调用永远不会减小 v 的值。

29.3-3 证明：对 PIVOT 过程给定的松弛型和该过程返回的松弛型是等价的。

29.3-4 假设把一个标准型的线性规划 (A, b, c) 转换成松弛型。证明：基本解是可行的当且仅当对 $i = 1, 2, \cdots, m$，有 $b_i \geqslant 0$。

29.3-5 采用 SIMPLEX 求解下面的线性规划：

最大化 $18x_1 + 12.5x_2$

满足约束

$$
\begin{array}{rrrcr}
x_1 & + & x_2 & \leqslant & 20 \\
x_1 & & & \leqslant & 12 \\
& & x_2 & \leqslant & 16 \\
x_1 & , & x_2 & \geqslant & 0
\end{array}
$$

878

29.3-6 采用 SIMPLEX 求解下面的线性规划：

最大化 $5x_1 - 3x_2$

满足约束

$$
\begin{aligned}
-x_1 &- x_2 && \leqslant 1 \\
2x_1 &+ x_2 && \leqslant 2 \\
x_1, &\; x_2 && \geqslant 0
\end{aligned}
$$

29.3-7 采用 SIMPLEX 求解下面的线性规划：

最小化 $x_1 + x_2 + x_3$

满足约束

$$
\begin{aligned}
2x_1 &+ 7.5x_2 &+ 3x_3 &\geqslant 10\,000 \\
20x_1 &+ 5x_2 &+ 10x_3 &\geqslant 30\,000 \\
x_1, &\; x_2, \; x_3 & &\geqslant 0
\end{aligned}
$$

29.3-8 在引理 29.5 的证明中，我们声明至多存在 $\binom{m+n}{n}$ 种方法来选取一个基本变量集合 B。

给出一个线性规划的例子，其中有严格少于 $\binom{m+n}{n}$ 种方法来选取此集合 B。

29.4　对偶性

我们已经证明在某些假设下 SIMPLEX 会终止。然而，我们还没有说明它实际上能找到线性规划的一个最优解。为此，我们引入一个有力的概念，称为**线性规划对偶性**。

对偶性使我们能够证明一个解的确是最优的。我们在第 26 章定理 26.6 中看到了一个对偶性的例子——最大流最小割定理。假设给定最大流问题的一个实例，我们发现一个流 f 具有流值 $|f|$。如何能够确定 f 是一个最大流？根据最大流最小割定理，如果能够找到一个割的值也为 $|f|$，那么我们确定 f 的确是一个最大流。这样的关系提供了一个对偶性的例子：给定一个最大化问题，我们定义一个相关的最小化问题，使得这两个问题具有同样的最优目标值。

给定一个最大化目标的线性规划，我们应该描述如何形式化一个**对偶**线性规划，其中目标是最小化，而且最优值与初始线性规划的最优值相同。当表示对偶线性规划时，我们称初始的线性规划为**原始**(primal)线性规划。

给定一个标准型的原始线性规划，如式(29.16)~式(29.18)所示，我们定义其对偶线性规划为

最小化 $$\sum_{i=1}^{m} b_i y_i \tag{29.83}$$

满足约束

$$\sum_{i=1}^{m} a_{ij} y_i \geqslant c_j, \quad j = 1, 2, \cdots, n \tag{29.84}$$

$$y_i \geqslant 0, \quad i = 1, 2, \cdots, m \tag{29.85}$$

为了构造对偶问题，我们将最大化改为最小化，交换右边系数与目标函数，并且将小于等于号改成大于等于号。原始问题的 m 个约束，每一个在对偶问题中都有一个对应的变量 y_i，对偶问题的 n 个约束，每一个在原始问题中都有一个对应的变量 x_j。例如，

考虑式(29.53)~(29.57)给出的线性规划。这个线性规划的对偶是

最小化 $$30y_1 + 24y_2 + 36y_3 \tag{29.86}$$

满足约束

$$y_1 + 2y_2 + 4y_3 \geqslant 3 \tag{29.87}$$

$$y_1 \quad + \quad 2y_2 \quad + \quad y_3 \quad \geqslant \quad 1 \qquad (29.88)$$

$$3y_1 \quad + \quad 5y_2 \quad + \quad 2y_3 \quad \geqslant \quad 2 \qquad (29.89)$$

$$y_1, \quad y_2, \quad y_3 \qquad\qquad \geqslant \quad 0 \qquad (29.90)$$

我们将在定理 29.10 中说明此对偶线性规划的最优值总是等于原始线性规划的最优值。此外，单纯形算法实际上隐含地同时解决了原始线性规划和对偶线性规划，从而提供了最优性的一个证明。

我们从说明**弱对偶性**开始，它表明原始线性规划的任意可行解的值不大于此对偶线性规划的任意可行解的对应值。

引理 29.8(线性规划弱对偶性)　设 $\overline{x}$ 表示式(29.16)~(29.18)中原始线性规划的任意一个可行解，$\overline{y}$ 表示式(29.83)~(29.85)中对偶问题的任意一个可行解。那么有

$$\sum_{j=1}^{n} c_j \overline{x}_j \leqslant \sum_{i=1}^{m} b_i \overline{y}_i$$

880

证明　我们有

$$\sum_{j=1}^{n} c_j \overline{x}_j \leqslant \sum_{j=1}^{n} \left(\sum_{i=1}^{m} a_{ij} \overline{y}_i \right) \overline{x}_j \quad （根据不等式(29.84)）$$

$$= \sum_{i=1}^{m} \left(\sum_{j=1}^{n} a_{ij} \overline{x}_j \right) \overline{y}_i$$

$$\leqslant \sum_{i=1}^{m} b_i \overline{y}_i \quad （根据不等式(29.17)） \qquad \blacksquare$$

推论 29.9　令 $\overline{x}$ 表示一个原始线性规划 (A, b, c) 的一个可行解，令 $\overline{y}$ 表示相应对偶问题的一个可行解。如果

$$\sum_{j=1}^{n} c_j \overline{x}_j = \sum_{i=1}^{m} b_i \overline{y}_i$$

那么 $\overline{x}$ 和 $\overline{y}$ 分别是原始线性规划和对偶线性规划的最优解。

证明　根据引理 29.8，原始问题的一个可行解的目标值不会超过此对偶问题可行解的目标值。原始线性规划是一个最大化问题，而对偶线性规划是一个最小化问题。因此，如果可行解 $\overline{x}$ 和 $\overline{y}$ 有相同的目标值，两者均不可能改进。　$\blacksquare$

在证明总存在一个对偶解，其值等于原始问题最优解的值之前，我们先来描述如何找出这样的一个解。当我们对式(29.53)~(29.57)中的线性规划运行单纯形算法时，最后一次迭代产生松弛形式(29.72)~(29.75)，目标值为 $z = 28 - x_3/6 - x_5/6 - 2x_6/3$，$B = \{1, 2, 4\}$ 和 $N = \{3, 5, 6\}$。如下面我们将看到的，最终松弛型对应的基本解的确是线性规划的一个最优解；因此，线性规划式(29.53)~(29.57)的一个最优解是 $(\overline{x}_1, \overline{x}_2, \overline{x}_3) = (8, 4, 0)$，目标值为 $(3 \cdot 8) + (1 \cdot 4) + (2 \cdot 0) = 28$。也如下面所看到的，我们可以顺利得到一个最优对偶解：原始目标函数的系数取负是对偶变量的值。更准确地说，假设原始问题的最后松弛型为

$$z = v' + \sum_{j \in N} c'_j x_j \qquad x_i = b'_i - \sum_{j \in N} a'_{ij} x_j \quad, i \in B$$

881

于是，为了得到一个对偶最优解，我们设

$$\overline{y}_i = \begin{cases} -c'_{n+i} & 若 (n+i) \in N \\ 0 & 其他 \end{cases} \qquad (29.91)$$

因此，式(29.86)~(29.90)中定义的对偶线性规划的一个最优解是 $\overline{y}_1 = 0$（因为 $n+1 = 4 \in B$），$\overline{y}_2 = -c'_5 = 1/6$，以及 $\overline{y}_3 = -c'_6 = 2/3$。求对偶目标函数(29.86)的值，我们得到一个目标值为 $(30 \cdot 0) + (24 \cdot (1.6)) + (36 \cdot (2/3)) = 28$，这证实了原始问题的目标值的确等于对偶问题的目标值。综合这些计算和引理 29.8，推出原始线性规划的最优目标值是 28。现在来说明这一方法在一般情况下适用：我们可以找到对偶问题的一个最优解，同时证明原始问题的一个解是

最优的。

定理 29.10(线性规划对偶性) 假设 SIMPLEX 在原始线性规划 (A, b, c) 上返回值 $\bar{x}=(\bar{x}_1, \bar{x}_2, \cdots, \bar{x}_n)$。令 N 和 B 分别表示最终松弛型非基本变量和基本变量的集合,令 c' 表示最终松弛型中的系数,令 $\bar{y}=(\bar{y}_1, \bar{y}_2, \cdots, \bar{y}_m)$ 由式(29.91)定义。那么 $\bar{x}$ 是原始线性规划的一个最优解,$\bar{y}$ 是对偶线性规划的一个最优解,以及

$$\sum_{j=1}^{n} c_j \bar{x}_j = \sum_{i=1}^{m} b_i \bar{y}_i \tag{29.92}$$

证明 根据推论 29.9,如果可以找到满足式(29.92)的可行解,那么 $\bar{x}$ 和 $\bar{y}$ 必然是最优的原始解和对偶解。我们现在要说明定理叙述中描述的 $\bar{x}$ 和 $\bar{y}$ 满足式(29.92)。

假设我们在一个原始线性规划上执行 SIMPLEX,如式(29.16)~(29.18)中所述。这个算法经历一系列的松弛型,直到它以一个最终松弛型结束,此时目标函数为

$$z = v' + \sum_{j \in N} c'_j x_j \tag{29.93}$$

因为 SIMPLEX 结束时有一个解,根据第 3 行的条件,我们知道对于所有的 $j \in N$,

$$c'_j \leqslant 0 \tag{29.94}$$

如果定义对于所有的 $j \in B$,

$$c'_j = 0 \tag{29.95}$$

那么可以重写式(29.93)为

$$\begin{aligned}
z &= v' + \sum_{j \in N} c'_j x_j \\
&= v' + \sum_{j \in N} c'_j x_j + \sum_{j \in B} c'_j x_j \quad (因为如果 j \in B, c'_j = 0) \\
&= v' + \sum_{j=1}^{n+m} c'_j x_j \quad (因为 N \cup B = \{1, 2, \cdots, n+m\}) \tag{29.96}
\end{aligned}$$

对于此最终松弛型相关的基本解 $\bar{x}$,对于所有的 $j \in N$,有 $\bar{x}_j = 0$,以及 $z = v'$。因为所有的松弛型都是等价的,如果在 $\bar{x}$ 处对初始目标函数求值,也必会得到同样的目标值:

$$\begin{aligned}
\sum_{j=1}^{n} c_j \bar{x}_j &= v' + \sum_{j=1}^{n+m} c'_j \bar{x}_j \tag{29.97} \\
&= v' + \sum_{j \in N} c'_j \bar{x}_j + \sum_{j \in B} c'_j \bar{x}_j \\
&= v' + \sum_{j \in N} (c'_j \cdot 0) + \sum_{j \in B} (0 \cdot \bar{x}_j) \tag{29.98} \\
&= v'
\end{aligned}$$

现在我们要说明式(29.91)所定义的 $\bar{y}$ 对这个对偶线性规划是可行的,且其目标值为 $\sum_{i=1}^{m} b_i \bar{y}_i$ 等于 $\sum_{j=1}^{n} c_j \bar{x}_j$。式(29.97)说明第一个和最后一个松弛型用 $\bar{x}$ 求值是相等的。更一般地,所有松弛型的等价意味着对任意变量集合 $x = (x_1, x_2, \cdots, x_n)$,我们有

$$\sum_{j=1}^{n} c_j x_j = v' + \sum_{j=1}^{n+m} c'_j x_j$$

因此,对任意特定值集合 $\bar{x} = (\bar{x}_1, \bar{x}_2, \cdots, \bar{x}_n)$,我们有

$$\begin{aligned}
\sum_{j=1}^{n} c_j \bar{x}_j &= v' + \sum_{j=1}^{n+m} c'_j \bar{x}_j = v' + \sum_{j=1}^{n} c'_j \bar{x}_j + \sum_{j=n+1}^{n+m} c'_j \bar{x}_j \\
&= v' + \sum_{j=1}^{n} c'_j \bar{x}_j + \sum_{i=1}^{m} c'_{n+i} \bar{x}_{n+i}
\end{aligned}$$

$$= v' + \sum_{j=1}^{n} c'_j \, \overline{x}_j + \sum_{i=1}^{m} (-\overline{y}_i) \, \overline{x}_{n+i} \qquad \text{(根据等式(29.91)和(29.95))}$$

$$= v' + \sum_{j=1}^{n} c'_j \, \overline{x}_j + \sum_{i=1}^{m} (-\overline{y}_i) \Big(b_i - \sum_{j=1}^{n} a_{ij} \, \overline{x}_j \Big) \qquad \text{(根据等式(29.32))}$$

$$= v' + \sum_{j=1}^{n} c'_j \, \overline{x}_j - \sum_{i=1}^{m} b_i \overline{y}_i + \sum_{i=1}^{m} \sum_{j=1}^{n} (a_{ij} \, \overline{x}_j) \overline{y}_i$$

$$= v' + \sum_{j=1}^{n} c'_j x_j - \sum_{i=1}^{m} b_i \overline{y}_i + \sum_{j=1}^{n} \sum_{i=1}^{m} (a_{ij} \overline{y}_i) \, \overline{x}_j$$

$$= \Big(v' - \sum_{i=1}^{m} b_i \overline{y}_i \Big) + \sum_{j=1}^{n} \Big(c'_j + \sum_{i=1}^{m} a_{ij} \overline{y}_i \Big) \overline{x}_j$$

因此,

$$\sum_{j=1}^{n} c_j \, \overline{x}_j = \Big(v' - \sum_{i=1}^{m} b_i \overline{y}_i \Big) + \sum_{j=1}^{n} \Big(c'_j + \sum_{i=1}^{m} a_{ij} \overline{y}_i \Big) \overline{x}_j \qquad (29.99)$$

应用引理 29.3 到等式(29.99)上,我们得到

$$v' - \sum_{i=1}^{m} b_i \overline{y}_i = 0 \qquad (29.100)$$

$$c'_j + \sum_{i=1}^{m} a_{ij} \overline{y}_i = c_j, \quad j = 1, 2, \cdots, n \qquad (29.101)$$

根据等式(29.100),我们有 $\sum_{i=1}^{m} b_i \overline{y}_i = v'$,因此对偶问题的目标值 $\Big(\sum_{i=1}^{m} b_i \overline{y}_i \Big)$ 等于原始问题的目标值(v')。我们还需要说明解 $\overline{y}$ 对于对偶问题是可行的。根据不等式(29.94)和等式(29.95),对于所有 $j = 1, 2, \cdots, n+m$,有 $c'_j \leqslant 0$。因此,对任意的 $j = 1, 2, \cdots, n$,等式(29.101)可推出 |884|

$$c_j = c'_j + \sum_{i=1}^{m} a_{ij} \overline{y}_i \leqslant \sum_{i=1}^{m} a_{ij} \overline{y}_i$$

这满足对偶性的约束式(29.84)。最后,因为对每个 $j \in N \cup B$ 有 $c'_j \leqslant 0$,当我们根据等式(29.91)来设置 $\overline{y}$ 时,我们得到每个 $\overline{y}_i \geqslant 0$,因此约束的非负性也满足。 ■

我们至今已说明给定一个可行的线性规划,若 INITIALIZE-SIMPLE 返回一个可行解,且如果 SIMPLEX 终止时没有返回"无界",那么返回的解的确是一个最优解。我们也已说明如何构造对偶线性规划的一个最优解。

练习

29.4-1 给出练习 29.3-5 中线性规划的对偶问题。

29.4-2 假设我们有一个线性规划不是标准型。我们需要先将其转换成标准型,然后才能转换为对偶。然而,如果能直接产生对偶,将更为方便。说明我们如何能够直接构造一个任意线性规划的对偶。

29.4-3 对式(29.47)~(29.50)给出的最大流线性规划,构造其对偶。说明如何将此形式解释为一个最小割问题。

29.4-4 对式(29.51)~(29.52)给出的最小费用流线性规划,构造其对偶。说明如何用图和流来解释这个问题。

29.4-5 证明:一个线性规划对偶的对偶是原始线性规划。 |885|

29.4-6 第 26 章哪一个结果可以被解释成最大流问题的弱对偶?

29.5 初始基本可行解

在本节，我们首先描述如何测试一个线性规划是否可行，如果可行，对基本解可行的那些线性规划如何产生其松弛型。我们最后证明线性规划基本定理，即 SIMPLEX 过程永远产生正确的结果。

找到一个初始解

在 29.3 节中，假设有一个过程 INITIALIZE-SIMPLEX，它确定一个线性规划是否有任何的可行解，如果有，则给出一个基本解可行的松弛型。我们在这里描述这个过程。

一个线性规划是可行的，而其初始基本解是不可行的，这种情况是可能出现的。例如考虑下面的线性规划：

最大化
$$2x_1 - x_2 \tag{29.102}$$

满足约束

$$2x_1 - x_2 \leqslant 2 \tag{29.103}$$

$$x_1 - 5x_2 \leqslant -4 \tag{29.104}$$

$$x_1, x_2 \geqslant 0 \tag{29.105}$$

如果要把这个线性规划转换成松弛型，基本解将设 $x_1 = 0$，$x_2 = 0$。这个解违反了约束 (29.104)，因此，它不是一个可行解。因而，INITIALIZE-SIMPLEX 无法仅返回明显的松弛型。为了确定一个线性规划是否有可行解，我们可以构成一个**辅助线性规划**。对这个辅助线性规划，我们们（稍加努力）就可以找到一个基本解可行的松弛型。进一步地，这个辅助线性规划的解可以确定初始线性规划是否是可行的；如果是，它将提供一个可行解，使得我们能够初始化 SIMPLEX。

引理 29.11 设 L 是一个标准型的线性规划，在式 (29.16)~(29.18) 中给出。设 x_0 是一个新变量，L_{aux} 是下面具有 $n+1$ 个变量的线性规划：

最大化
$$-x_0 \tag{29.106}$$

满足约束

$$\sum_{j=1}^n a_{ij}x_j - x_0 \leqslant b_i, \quad i = 1, 2, \cdots, m \tag{29.107}$$

$$x_j \geqslant 0, \quad j = 0, 1, \cdots, n \tag{29.108}$$

那么 L 是可行的当且仅当 L_{aux} 最优目标值为 0。

证明 假设 L 有一个可行解 $\overline{x} = (\overline{x}_1, \overline{x}_2, \cdots, \overline{x}_n)$。那么这个解 $\overline{x}_0 = 0$ 与 $\overline{x}$ 一起是 L_{aux} 的一个可行解，目标值为 0。因为 $x_0 \geqslant 0$ 是 L_{aux} 的一个约束，且目标函数是最大化 $-x_0$，所以这个解对于 L_{aux} 一定是最优的。

相反，假设 L_{aux} 的最优目标值为 0。那么 $\overline{x}_0 = 0$，且剩余解 $\overline{x}$ 的值满足 L 的约束。 ∎

现在我们来描述找出标准型线性规划 L 的一个初始可行解的策略：

INITIALIZE-SIMPLEX(A, b, c)

1 let k be the index of the minimum b_i
2 **if** $b_k \geqslant 0$ // is the initial basic solution feasible?
3   **return** $(\{1, 2, \cdots, n\}, \{n+1, n+2, \cdots, n+m\}, A, b, c, 0)$
4 form L_{aux} by adding $-x_0$ to the left-hand side of each constraint
       and setting the objective function to $-x_0$
5 let (N, B, A, b, c, v) be the resulting slack form for L_{aux}
6 $l = n + k$
7 // L_{aux} has $n+1$ nonbasic variables and m basic variables.
8 $(N, B, A, b, c, v) = \text{PIVOT}(N, B, A, b, c, v, l, 0)$
9 // The basic solution is now feasible for L_{aux}.
10 iterate the **while** loop of lines 3—12 of SIMPLEX until an optimal solution

```
                    to L_aux is found
11    if the optimal solution to L_aux sets x̄_0 to 0
12        if x̄_0 is basic
13            perform one (degenerate) pivot to make it nonbasic
14        from the final slack form of L_aux, remove x_0 from the constraints and
                  restore the original objective function of L, but replace each basic
                  variable in this objective function by the right-hand side of its
                  associated constraint
15        return the modified final slack form
16    else return "infeasible"
```

887

INITIALIZE-SIMPLEX 的运行如下。第 $1 \sim 3$ 行，在给定 $N = \{1, 2, \cdots, n\}$，$B = \{n+1$，$n+2, \cdots, n+m\}$，对于所有 $i \in B$ 有 $\bar{x}_i = b_i$，以及对于所有 $j \in N$ 有 $\bar{x}_j = 0$ 的条件下，我们隐含地测试 L 的初始松弛型的基本解。（因为 A、b 和 c 的值在松弛型与标准型中相同，建立松弛型不需费什么力气。）如果第 2 行中发现这个基本解是可行的，即对所有的 $i \in N \cup B$ 有 $\bar{x}_i \geqslant 0$，则第 3 行返回这个松弛型。否则，在第 4 行中，我们如在引理 29.11 一样构造辅助线性规划 L_{aux}。因为 L 的初始基本解是不可行的，所以 L_{aux} 的松弛型的初始基本解也一定不可行。为了找到一个基本可行解，我们执行一个主元（pivot）操作。第 6 行选择 $l = n+k$ 作为基本变量的下标，该基本变量将是下面一个主元操作的替出变量。因为基本变量是 x_{n+1}，x_{n+2}，$\cdots$，x_{n+m}，替出变量 x_l 将是负值最大的变量。第 8 行执行对 PIVOT 的调用，以 x_0 为替入变量，x_l 为替出变量。我们稍后会看到，由此 PIVOT 的调用产生的基本解是可行的。现在有一个基本解可行的松弛型，我们可以在第 10 行重复调用 PIVOT 来完全求解出辅助线性规划。正如第 11 行中的测试所展示的，如果我们找到了一个目标值为 0 的 L_{aux} 的最优解，那么在第 $12 \sim 14$ 行，我们可以生成一个 L 的松弛型，其基本解是可行的。为了做到这一点，我们首先在第 $12 \sim 13$ 行处理退化情形，其中 x_0 可能仍然是基本变量，其值 $\bar{x}_0 = 0$。在这种情形下，我们执行一个转动步骤把 x_0 从基本解中移除，采用任何满足 $a_{0e} \neq 0$ 的 $e \in N$ 作为替入变量。新的基本解仍然可行；退化转动没有改变任何变量的值。下面我们从约束中删除所有 x_0 项，并且恢复 L 的原始目标函数。原始目标函数可能包含了基本变量和非基本变量。因此，在这个目标函数中，我们将每个基本变量用其关联的约束的右部来替换。于是第 15 行返回此修改后的松弛型。另外，如果在第 11 行中发现初始线性规划 L 是不可行的，那么在第 16 行中返回这一信息。

现在我们来说明 INITIALIZE-SIMPLEX 在线性规划式 $(29.102) \sim (29.105)$ 上的操作。如果我们可以找到 x_1 和 x_2 的非负值满足不等式 (29.103) 和 (29.104)，则此线性规划是可行的。利用引理 29.11，构造辅助线性规划为：

最大化
$$-x_0 \tag{29.109}$$

满足约束

$$2x_1 \quad - \quad x_2 \quad - \quad x_0 \quad \leqslant \quad 2 \tag{29.110}$$

$$x_1 \quad - \quad 5x_2 \quad - \quad x_0 \quad \leqslant \quad -4 \tag{29.111}$$

$$x_1, \ x_2, \ x_0 \quad \geqslant \quad 0$$

根据引理 29.11，如果这个辅助线性规划的最优目标值是 0，那么初始线性规划有一个可行解。

888

如果这个辅助线性规划的最优目标值是负的，那么初始线性规划没有一个可行解。

我们把这个线性规划写成松弛型，得到：

$$z = \qquad\qquad\qquad - \quad x_0$$

$$x_3 = 2 \quad - \quad 2x_1 \quad + \quad x_2 \quad + \quad x_0$$

$$x_4 = -4 \quad - \quad x_1 \quad + \quad 5x_2 \quad + \quad x_0$$

我们还没有走出森林，因为设定 $x_4 = -4$ 的基本解对这个辅助线性规划是不可行的。然而，可以通过调用 PIVOT 将此松弛型转换成基本解可行的松弛型。如第 8 行所表明的，选择 x_0 作为替入变量。在第 6 行，选择 x_4 作为替出变量，而它是基本解中负值最大的基本变量。转动后，我们得到松弛型

$$
\begin{aligned}
z &= -4 - x_1 + 5x_2 - x_4 \\
x_0 &= 4 + x_1 - 5x_2 + x_4 \\
x_3 &= 6 - x_1 - 4x_2 + x_4
\end{aligned}
$$

对应的基本可行解是 $(\bar{x}_0, \bar{x}_1, \bar{x}_2, \bar{x}_3, \bar{x}_4) = (4, 0, 0, 6, 0)$。现在重复调用 PIVOT，直到得到 L_{aux} 的一个最优解。在这种情况下，一个以 x_2 为替入变量，x_0 为替出变量的 PIVOT 调用推出

$$
\begin{aligned}
z &= - x_0 \\
x_2 &= \frac{4}{5} - \frac{x_0}{5} + \frac{x_1}{5} + \frac{x_4}{5} \\
x_3 &= \frac{14}{5} + \frac{4x_0}{5} - \frac{9x_1}{5} + \frac{x_4}{5}
\end{aligned}
$$

这个松弛型是此辅助线性规划的最终解。因为这个解中 $x_0 = 0$，我们知道初始问题是可行的。而且，因为 $x_0 = 0$，我们可以将其从约束集合中移除。然后，通过适当地替换恢复初始目标函数，使其只包含非基本变量。在这个例子中，我们得到目标函数为

$$
2x_1 - x_2 = 2x_1 - \left(\frac{4}{5} - \frac{x_0}{5} + \frac{x_1}{5} + \frac{x_4}{5} \right)
$$

设 $x_0 = 0$，然后简化，我们得到目标函数

$$
-\frac{4}{5} + \frac{9x_1}{5} - \frac{x_4}{5}
$$

以及松弛型

$$
\begin{aligned}
z &= -\frac{4}{5} + \frac{9x_1}{5} - \frac{x_4}{5} \\
x_2 &= \frac{4}{5} + \frac{x_1}{5} + \frac{x_4}{5} \\
x_3 &= \frac{14}{5} - \frac{9x_1}{5} + \frac{x_4}{5}
\end{aligned}
$$

这个松弛型有一个可行的基本解，我们可以将它返回给过程 SIMPLEX。

现在我们形式化地说明 INITIALIZE-SIMPLEX 的正确性。

引理 29.12 如果一个线性规划 L 没有可行解，那么 INITIALIZE-SIMPLEX 返回"不可行"；否则，它返回一个基本解可行的有效松弛型。

证明 首先假设线性规划 L 没有可行解。那么根据引理 29.11，在式（29.106）～（29.108）中定义的 L_{aux} 的最优目标值不是零，并且根据 x_0 上的非负约束，最优目标值必然是非负的。另外，这个目标值必定是有限的，因为对 $i = 1, 2, \cdots, n$，设置 $x_i = 0$，$x_0 = \left| \min_{i=1}^{m}\{b_i\} \right|$ 是可行的，且这个解的目标值为 $-\left| \min_{i=1}^{m}\{b_i\} \right|$。因此，INITIALIZE-SIMPLEX 的第 10 行将找到一个非正目标值的解。设 $\bar{x}$ 是和最终松弛型相关的基本解。我们不能有 $\bar{x}_0 = 0$，因为 L_{aux} 将会有目标值为 0，与目标值为负的事实相矛盾。因此，第 11 行的测试导致第 16 行返回"不可行"。

现在假设线性规划 L 确实有一个可行解。从练习 29.3-4，我们知道如果对 $i = 1, 2, \cdots, m$ 有 $b_i \geqslant 0$，那么和初始松弛型相关的基本解是可行的。在这种情况下，第 2～3 行将返回和输入相关的松弛型。（将标准型转换成松弛型很容易，因为 A、b 和 c 在二者中相同。）

在余下的证明中，我们要处理线性规划是可行的但在第 3 行中并不返回的情形。我们要表明

在这种情形下，第 4～10 行找到 L_{aux} 的一个可行解，其目标值为 0。首先，根据第 1～2 行，必然有

$$b_k < 0$$

和

$$b_k \leqslant b_i, \quad i \in B \tag{29.112}$$

在第 8 行中，执行一个转动操作，其中替出变量 x_l（回顾 $l=n+k$，使得 $b_l<0$）是具有最小 b_i 的等式的左部，而替入变量是额外添加的变量 x_0。现在我们来说明在这个转动之后，b 的所有元素都是非负的，因此，L_{aux} 的基本解是可行的。设 $\overline{x}$ 是调用 PIVOT 之后的基本解，$\hat{b}$ 和 $\hat{B}$ 表示 PIVOT 返回的值，引理 29.1 推出

$$\overline{x}_i = \begin{cases} b_i - a_{ie}\,\hat{b}_e & \text{若 } i \in \hat{B} - \{e\} \\ b_l / a_{le} & \text{若 } i = e \end{cases} \tag{29.113}$$

第 8 行中调用 PIVOT 有 $e=0$。如果重写不等式（29.107），包含系数 a_{i0}，

$$\sum_{j=0}^{n} a_{ij} x_j \leqslant b_i, \quad i = 1, 2, \cdots, m \tag{29.114}$$

那么

$$a_{i0} = a_{ie} = -1, \quad i \in B \tag{29.115}$$

（注意，a_{i0} 是 x_0 出现在不等式（29.114）中的系数，不是此系数的负值，因为 L_{aux} 是在标准型而不是松弛型中。）因为 $l \in B$，所以也有 $a_{le}=-1$。因此，$b_l/a_{le}>0$，于是 $\overline{x}_e>0$。对于剩下的基本变量，我们有

$$
\begin{aligned}
\overline{x}_i &= b_i - a_{ie}\,\hat{b}_e && \text{（根据等式（29.113））} \\
&= b_i - a_{ie}(b_l/a_{le}) && \text{（根据 PIOVT 的第 3 行）} \\
&= b_i - b_l && \text{（根据等式（29.115）和 } a_{le}=-1） \\
&\geqslant 0 && \text{（根据不等式（29.112））}
\end{aligned}
$$

这意味着现在每个基本变量都是非负的。因此，在第 8 行调用 PIVOT 后，基本解是可行的。接下来，执行第 10 行以求解 L_{aux}。因为我们已经假设 L 有一个可行解，引理 29.11 意味着 L_{aux} 有一个目标值为 0 的最优解。因为所有的松弛型都是等价的，L_{aux} 的最终基本解必有 $\overline{x}_0 = 0$，而且当把 x_0 从线性规划中删除后，我们得到一个 L 的可行松弛型。然后第 15 行返回这个松弛型。■

线性规划基本定理

我们通过说明过程 SIMPLEX 的确有效来结束本章内容。特别地，任何线性规划要么是不可行的，要么是无界的，要么有一个有限目标值的最优解。在每种情况下，SIMPLEX 都能做出正确的操作。

定理 29.13（线性规划基本定理） 任何以标准型给出的线性规划 L 可能会是如下情形：

1. 有一个有限目标值的最优解。
2. 不可行。
3. 无界。

如果 L 是不可行的。SIMPLEX 返回"不可行"。如果 L 是无界的，SIMPLEX 返回"无界"。否则，SIMPLEX 返回一个有限目标值的最优解。

证明 根据引理 29.12，如果线性规划 L 不可行，那么 SIMPLEX 返回"不可行"。现在假设线性规划 L 是可行的。根据引理 29.12，INITIALIZE-SIMPLEX 返回一个基本解可行的松弛型。因而根据引理 29.7，SIMPLEX 或者返回"无界"，或者以一个可行解终止。如果它以一个有限解终止，那么定理 29.10 告诉我们这个解是最优的。另外，如果 SIMPLEX 返回"无界"，那么引理 29.2 告诉我们线性规划 L 的确是无界的。因为 SIMPLEX 总是以这些方式之一结束，于是完成证明。■

练习

29.5-1 写出详细的伪代码来实现 INITIALIZE-SIMPLEX 的第 5 行和第 14 行。

29.5-2 请说明当 SIMPLEX 的主体循环部分被 INITIALIZE-SIMPLEX 运行时,永远不会返回"无界"。

29.5-3 假设已知一个标准型的线性规划 L,并且假设对 L 与 L 的对偶问题,初始松弛型相应的基本解都是可行的。请说明 L 的最优目标值是 0。

29.5-4 假设在一个线性规划中我们允许严格的不等式。请说明在这种情况下,线性规划基本定理不再成立。

892

29.5-5 用 SIMPLEX 求解下面的线性规划:

最大化 $\qquad\qquad x_1 + 3x_2$

满足约束

$$
\begin{array}{rrrrr}
x_1 & - & x_2 & \leqslant & 8 \\
-x_1 & - & x_2 & \leqslant & -3 \\
-x_1 & + & 4x_2 & \leqslant & 2 \\
& x_1, x_2 & & \geqslant & 0
\end{array}
$$

29.5-6 用 SIMPLEX 求解下面的线性规划:

最大化 $\qquad\qquad x_1 - 2x_2$

满足约束

$$
\begin{array}{rrrrr}
x_1 & + & 2x_2 & \leqslant & 4 \\
-2x_1 & - & 6x_2 & \leqslant & -12 \\
& x_2 & & \leqslant & 1 \\
& x_1, x_2 & & \geqslant & 0
\end{array}
$$

29.5-7 用 SIMPLEX 求解下面的线性规划:

最大化 $\qquad\qquad x_1 + 3x_2$

满足约束

$$
\begin{array}{rrrrr}
-x_1 & + & x_2 & \leqslant & -1 \\
-x_1 & - & x_2 & \leqslant & -3 \\
-x_1 & + & 4x_2 & \leqslant & 2 \\
& x_1, x_2 & & \geqslant & 0
\end{array}
$$

29.5-8 求解式(29.6)~(29.10)给出的线性规划。

29.5-9 考虑下面一个变量的线性规划,我们称为 P:

最大化 $\qquad\qquad tx$

满足约束

$$rx \leqslant s$$

$$x \geqslant 0$$

893

其中 r、s 和 t 是任意的实数。设 D 是 P 的对偶。

叙述对 r、s 和 t 的哪些值,可以做出如下断言:

1. P 和 D 都具有有限目标值的最优解。

2. P 是可行的,但 D 是不可行的。

3. D 是可行的,但 P 是不可行的。

4. P 和 D 都是不可行的。

思考题

29-1 （线性不等式的可行性） 给定一个在 n 个变量 x_1，x_2，$\cdots$，x_n 上 m 个线性不等式的集合，**线性不等式可行性问题**关注是否有变量的一个设置，能够同时满足每个不等式。

  a. 证明：如果有一个线性规划的算法，那么可以利用它来解一个线性不等式可行性问题，在线性规划问题中，你用到的变量和约束的个数应该是 n 和 m 的多项式。

  b. 证明：如果有一个线性不等式可行性问题的算法，那么可以用它来求解线性规划问题。在线性不等式可行性问题中，你用到的变量和线性不等式的个数应该是 n 和 m 的多项式，即线性规划中变量和约束的数目。

29-2 （互补松弛性） **互补松弛性**描述原始变量值和对偶约束，以及对偶变量值与原始约束之间的关系。设 $\bar{x}$ 表示式 (29.16)~(29.18) 中给出的原始线性规划的一个可行解，$\bar{y}$ 表示式 (29.83)~(29.85) 中给出的对偶线性规划的可行解。互补松弛阐述下面的条件是 $\bar{x}$ 和 $\bar{y}$ 为最优的充分必要条件：

$$\sum_{i=1}^{m} a_{ij}\bar{y}_i = c_j \text{ 或者 } \bar{x}_j = 0, j = 1, 2, \cdots, n$$

以及

$$\sum_{j=1}^{n} a_{ij}\bar{x}_j = b_i \text{ 或者 } \bar{y}_i = 0, i = 1, 2, \cdots, m$$

894

  a. 对式 (29.53)~(29.57) 中的线性规划验证互补松弛性成立。

  b. 证明：对任意的原始线性规划和它相应的对偶，互补松弛性成立。

  c. 证明：式 (29.16)~(29.18) 中给出的原始线性规划的一个可行解 $\bar{x}$ 是最优的，当且仅当存在值 $\bar{y} = (\bar{y}_1, \bar{y}_2, \cdots, \bar{y}_m)$ 使得

   1. $\bar{y}$ 是式 (29.83)~(29.85) 中给出的对偶线性规划的一个可行解。

   2. 对于所有的 j 有 $\sum_{i=1}^{m} a_{ij}\bar{y}_i = c_j$，于是 $\bar{x}_j > 0$，以及

   3. 对于所有的 i 有 $\bar{y}_i = 0$，于是 $\sum_{j=1}^{n} a_{ij}\bar{x}_j < b_i$。

29-3 （整数线性规划） 一个**整数线性规划**问题是一个线性规划问题，外加变量 x 必须取整数值的额外约束。练习 34.5-3 说明仅确定一个整数线性规划是否有可行解是 NP 难的，这意味着这个问题目前没有已知多项式时间的算法。

  a. 证明：弱对偶性（引理 29.8）对整数线性规划成立。

  b. 证明：对偶性（定理 29.10）对整数线性规划不总是成立。

  c. 给定一个标准型的原始线性规划，我们定义 P 为原始线性规划的最优目标值，D 为其对偶问题的最优目标值，IP 为整数版本的原始问题（即原始问题加上变量取整数值的约束）的最优目标值，ID 为整数版本的对偶问题的最优目标值。假设整数版本的原始线性规划和其整数版本的对偶线性规划都是可行的、有界的，请说明 $IP \leqslant P = D \leqslant ID$。

29-4 （Farkas 引理） 设 A 为一个 $m \times n$ 矩阵，c 为一个 n 维向量。那么 Farkas 引理说明正好有一个系统

895

$$Ax \leqslant 0$$
$$c^{\mathrm{T}}x > 0$$

以及

$$A^{\mathrm{T}}y = c$$
$$y \geqslant 0$$

是可解的，其中 x 是一个 n 维向量，y 是一个 m 维向量。证明 Farkas 引理。

29-5　（最小代价流通）　这个问题中，我们考虑 29.2 节中最小代价流问题的一个变形，其中我们没有给定需求、一个源点，或者一个汇点。取而代之，我们像以前一样给定一个流网络和边的代价 $a(u, v)$。如果一个流在每条边上满足容量限制，以及在每一个顶点上满足流量守恒条件，则称它是可行的。我们的目标是在所有可行流中，找到一个代价最小的。我们把这个问题称为**最小代价流通问题**。

a. 把最小代价流通问题形式化为一个线性规划。

b. 假设对于所有的边 $(u, v) \in E$，我们有 $a(u, v) > 0$。描绘此最小代价流通问题的一个最优解。

c. 把最大流问题形式化为一个最小代价流通问题的线性规划。也就是给定一个最大流问题的实例 $G = (V, E)$，其中有源点 s、汇点 t 以及边上的容量限制 c，给定一个（可能不同）的网络 $G' = (V', E')$，具有边上容量限制 c'，以及边上的代价 a'，使得你可以通过创建一个最小代价流通问题来得到最大流问题的一个解。

d. 把单源最短路径问题形式化成一个最小代价流通问题的线性规划。

本章注记

本章仅仅是研究线性规划广阔领域的一个开始。许多书籍都对线性规划专门作了详细的论述，包括 Chvátal[69]、Gass[130]、Karloff[197]、Schrijver[303] 和 Vanderbei[344]。其他许多书籍也都很好地介绍了线性规划的内容，包括 Papadimitriou 和 Steiglitz[271]、Ahuja、Magnanti 和 Orlin[7]。本章内容采用的是 Chvátal 的方法。

线性规划的单纯形算法是在 1947 年由 G. Dantzig 提出的。不久之后，研究者发现在各种领域中的很多问题都可以形式化成线性规划，并使用单纯形算法求解。于是，线性规划的许多应用和许多相关算法繁荣起来。单纯形算法的很多不同形式仍然是求解线性规划问题的最流行的方法。这段历史在很多地方都有记载，包括文献[69]和文献[197]中的注记。

椭球算法是线性规划的第一个多项式时间算法，在 1979 年由 L. G. Khachian 提出；它以 N. Z. Shor、D. B. Judin 和 A. S. Nemirovskii 的早期工作为基础。Grötschel、Lovász 和 Schrijver[154]在组合优化中描述如何使用椭球算法来解各种问题。到目前为止，在实践中，椭球算法看起来还无法与单纯形算法媲美。

Karmarkar 的论文[198]包含了第一个内点算法的描述。他之后的许多研究者都设计出了内点算法。在 Goldfarb 和 Todd[141]的文章以及 Ye[361]的书中都有好的综述。

单纯形算法的分析在研究领域仍然活跃。V. Klee 和 G. J. Minty 构造了一个单纯形算法运行 $2^n - 1$ 次迭代的例子。单纯形算法通常在实践中执行得非常好，许多研究者尝试给出这个实验观察的理论依据。有一类研究是由 K. H. Borgwardt 开始，然后其他许多人继续进行，显示在输入的某些概率假设下，单纯形算法在多项式时间期望内收敛。Spielman 和 Teng[322]在这个领域中取得了进展，他们引入了"算法的平滑分析"并将其应用到单纯形算法上。

已知单纯形算法在某些特殊情况下会运行得更有效率。特别值得注意的是，网络单纯形算法，即专门用于网络流问题的单纯形算法。对某些网络问题，包括最短路径、最大流和最小代价流问题，网络单纯形算法的不同形式在多项式时间内运行。例如，参考 Orlin[268]的文章和里面的引用。

多项式与快速傅里叶变换

两个 n 次多项式相加的最直接方法所需的时间为 $\Theta(n)$，但是相乘的最直接方法所需的时间为 $\Theta(n^2)$。在本章中，我们将讨论快速傅里叶变换，或者 FFT，如何使多项式相乘的时间复杂度降低为 $\Theta(n\lg n)$。

傅里叶变换的最常见用途是信号处理，这也是快速傅里叶变换的最常见用途。信号通常在**时间域**中给出：一个把时间映射到振幅的函数。傅里叶分析允许我们将时间域上信号表示成不同频率的相移正弦曲线的加权叠加。和频率相关的权重和相位在**频率域**中刻画出信号的特征。FFT 有很多日常应用，如压缩技术，可用于编码数字视频和音频信息，包括 MP3 文件。在信号处理这一丰富的研究领域中有不少很好的参考书；本章注记将列出其中一些。

多项式

一个以 x 为变量的**多项式**定义在一个代数域 F 上，将函数 $A(x)$ 表示为形式和：

$$A(x) = \sum_{j=0}^{n-1} a_j x^j$$

我们称 a_0，a_1，$\cdots$，a_{n-1} 为如上多项式的**系数**，所有系数都属于域 F，典型的情形是复数集合 **C**。如果一个多项式 $A(x)$ 的最高次的非零系数是 a_k，则称 $A(x)$ 的**次数**是 k，记 $\mathrm{degree}(A)=k$。任何严格大于一个多项式次数的整数都是该多项式的**次数界**，因此，对于次数界为 n 的多项式，其次数可以是 $0 \sim n-1$ 之间的任何整数，包括 0 和 $n-1$。

我们在多项式上可以定义很多不同的运算。对于**多项式加法**，如果 $A(x)$ 和 $B(x)$ 是次数界为 n 的多项式，那么它们的**和**也是一个次数界为 n 的多项式 $C(x)$，对所有属于定义域的 x，都有 $C(x)=A(x)+B(x)$。也就是说，若

$$A(x) = \sum_{j=0}^{n-1} a_j x^j$$

和

$$B(x) = \sum_{j=0}^{n-1} b_j x^j$$

则

$$C(x) = \sum_{j=0}^{n-1} c_j x^j$$

其中对于 $j=0$，1，$\cdots$，$n-1$，$c_j = a_j + b_j$。例如，如果有多项式 $A(x)=6x^3+7x^2-10x+9$ 和 $B(x)=-2x^3+4x-5$，那么 $C(x)=4x^3+7x^2-6x+4$。

对于**多项式乘法**，如果 $A(x)$ 和 $B(x)$ 皆是次数界为 n 的多项式，则它们的**乘积** $C(x)$ 是一个次数界为 $2n-1$ 的多项式，对所有属于定义域的 x，都有 $C(x)=A(x)B(x)$。读者或许以前也学过多项式乘法，其方法是把 $A(x)$ 中的每一项与 $B(x)$ 中的每一项相乘，然后再合并同类项。例如，我们可以对两个多项式 $A(x)=6x^3+7x^2-10x+9$ 和 $B(x)=-2x^3+4x-5$ 进行如下的乘法：

$$
\begin{array}{r}
6x^3 + 7x^2 - 10x + 9 \\
-2x^3 \qquad\quad + 4x - 5 \\
\hline
-30x^3 - 35x^2 + 50x - 45 \\
24x^4 + 28x^3 - 40x^2 + 36x \\
-12x^6 - 14x^5 + 20x^4 - 18x^3 \\
\hline
-12x^6 - 14x^5 + 44x^4 - 20x^3 - 75x^2 + 86x - 45
\end{array}
$$

898

另外一种表示乘积 $C(x)$ 的方法是

$$C(x) = \sum_{j=0}^{2n-2} c_j x^j \tag{30.1}$$

其中

$$c_j = \sum_{k=0}^{j} a_k b_{j-k} \tag{30.2}$$

注意，degree(C)=degree(A)+degree(B)，意味着如果 A 是次数界为 n_a 的多项式，B 是次数界为 n_b 的多项式，那么 C 是次数界为 n_a+n_b-1 的多项式。因为一个次数界为 k 的多项式也是次数界为 $k+1$ 的多项式，所以通常称乘积多项式 C 是一个次数界为 n_a+n_b 的多项式。

本章概述

30.1 节介绍两种表示多项式的方法：系数表达和点值表达。当我们用系数表达表示多项式时，多项式(式(30.1)和式(30.2))乘法的最直接算法所需运行时间为 $\Theta(n^2)$，但采用点值表达，运行时间仅为 $\Theta(n)$。然而，我们通过对这两种表示法进行转换，采用系数表达求多项式乘积，可以使运行时间变为 $\Theta(n\lg n)$。为了弄清这种方法为什么可行，我们必须在 30.2 节中首先学习单位复数根。然后，我们运用 FFT 和它的逆变换(也在 30.2 节中介绍)来执行上述转换。30.3 节将展示如何在串行模型和并行模型上快速实现 FFT。

本章大量使用了复数，并且专用符号 i 表示 $\sqrt{-1}$。

30.1 多项式的表示

从某种意义上，多项式的系数表达与点值表达是等价的，即用点值形式表示的多项式都对应唯一系数形式的多项式。在本节中，我们将介绍这两种表示方法，并展示如何把这两种表示法结合起来，以使两个次数界为 n 的多项式乘法运算在 $\Theta(n\lg n)$ 时间内完成。

系数表达

对一个次数界为 n 的多项式 $A(x) = \sum_{j=0}^{n-1} a_j x^j$ 而言，其**系数表达**是一个由系数组成的向量 $a=(a_0, a_1, \cdots, a_{n-1})$。在本章所涉及的矩阵方程中，我们一般将向量作为列向量看待。

采用系数表达对于多项式的某些运算是很方便的。例如，对多项式 $A(x)$ 在给定点 x_0 的**求值**运算就是计算 $A(x_0)$ 的值。使用**霍纳法则**，我们可以在 $\Theta(n)$ 时间复杂度内完成求值运算：

$$A(x_0) = a_0 + x_0(a_1 + x_0(a_2 + \cdots + x_0(a_{n-2} + x_0(a_{n-1}))\cdots))$$

类似地，对两个分别用系数向量$(a_0, a_1, \cdots, a_{n-1})$和 $b=(b_0, b_1, \cdots, b_{n-1})$ 表示的多项式进行相加时，所需的时间是 $\Theta(n)$；我们仅输出系数向量 $c=(c_0, c_1, \cdots, c_{n-1})$，其中对 $j=0, 1, \cdots, n-1$，$c_j=a_j+b_j$。

现在来考虑两个用系数形式表示的、次数界为 n 的多项式 $A(x)$ 和 $B(x)$ 的乘法运算。如果用式(30.1)和式(30.2)中所描述的方法，完成多项式乘法所需时间就是 $\Theta(n^2)$，因为向量 a 中的每个系数必须与向量 b 中的每个系数相乘。当用系数形式表示时，多项式乘法运算似乎要比求多项式值和多项式加法的运算更困难。由式(30.2)推导给出的系数向量 c 也称为输入向量 a 和 b 的**卷积**(convolution)，表示成 $c=a\otimes b$。因为多项式乘法与卷积的计算都是最基本的计算问题，这些问题在实际应用中非常重要，所以本章将重点讨论有关的高效算法。

点值表达

一个次数界为 n 的多项式 $A(x)$ 的**点值表达**就是一个由 n 个点值对所组成的集合

$$\{(x_0,y_0),(x_1,y_1),\cdots,(x_{n-1},y_{n-1})\}$$

使得对 $k=0, 1, \cdots, n-1$，所有 x_k 各不相同，

$$y_k = A(x_k) \tag{30.3}$$

一个多项式可以有很多不同的点值表达，因为可以采用 n 个不同的点 x_0，x_1，$\cdots$，x_{n-1} 构成的集合作为这种表示方法的基。

对一个用系数形式表达的多项来说，在原则上计算其点值表达是简单易行的，因为我们所要做的就是选取 n 个不同 x_0，x_1，$\cdots$，x_{n-1}，然后对 $k=0$，1，$\cdots$，$n-1$ 求出 $A(x_k)$。根据霍纳法则，求出这 n 个点值所需时间复杂度为 $\Theta(n^2)$。在稍后可以看到，如果我们巧妙地选取点 x_k，就可以加速这一计算过程，使其运行时间变为 $\Theta(n \lg n)$。

求值计算的逆（从一个多项式的点值表达确定其系数表达形式）称为**插值**。下面定理说明，当插值多项式的次数界等于已知的点值对的数目，插值才是明确的。

定理 30.1（插值多项式的唯一性） 对于任意 n 个点值对组成的集合 $\{(x_0, y_0), (x_1, y_1), \cdots,$ $(x_{n-1}, y_{n-1})\}$，其中所有的 x_k 都不同；那么存在唯一的次数界为 n 的多项式 $A(x)$，满足 $y_k = A(x_k)$，$k=0$，1，$\cdots$，$n-1$。

[901]

证明 证明主要是根据某个矩阵存在逆矩阵。式(30.3)等价于矩阵方程

$$
\begin{bmatrix}
1 & x_0 & x_0^2 & \cdots & x_0^{n-1} \\
1 & x_1 & x_1^2 & \cdots & x_1^{n-1} \\
\vdots & \vdots & \vdots & \ddots & \vdots \\
1 & x_{n-1} & x_{n-1}^2 & \cdots & x_{n-1}^{n-1}
\end{bmatrix}
\begin{bmatrix}
a_0 \\
a_1 \\
\vdots \\
a_{n-1}
\end{bmatrix}
=
\begin{bmatrix}
y_0 \\
y_1 \\
\vdots \\
y_{n-1}
\end{bmatrix}
\tag{30.4}
$$

左边的矩阵表示为 $V(x_0, x_1, \cdots, x_{n-1})$，称为范德蒙德矩阵，根据思考题 D-1，该矩阵的行列式值为

$$
\prod_{0 \leqslant j < k \leqslant n-1} (x_k - x_j)
$$

因此，由定理 D.5，如果 x_k 皆不同，则该矩阵是可逆的（即非奇异的）。因此，给定点值表达，我们能够唯一确定系数 a_j：

$$
a = V(x_0, x_1, \cdots, x_{n-1})^{-1} y
$$
■

定理 30.1 的证明过程描述了基于求解线性方程组（式(30.4)）的一种插值算法。利用第 28 章中的 LU 分解算法，我们可以在 $O(n^3)$ 的时间复杂度内求出这些方程的解。

一种更快的基于 n 个点的插值算法是基于如下**拉格朗日公式**：

$$
A(x) = \sum_{k=0}^{n-1} y_k \frac{\prod_{j \neq k} (x - x_j)}{\prod_{j \neq k} (x_k - x_j)}
\tag{30.5}
$$

读者可以验证等式(30.5)的右端是一个次数界为 n 的多项式，并满足对所有 k，$A(x_k) = y_k$。练习 30.1-5 要求读者运用拉格朗日公式，在 $\Theta(n^2)$ 的时间复杂度内计算 A 的所有系数。

因此，n 个点的求值运算与插值运算是定义完备的互逆运算，它们将多项式的系数表达与点值表达进行相互转化⊖。对于这些给出的问题，上面给出算法的运行时间为 $\Theta(n^2)$。

对许多多项式相关的操作，点值表达是很便利的。对于加法，如果 $C(x) = A(x) + B(x)$，则对任意点 x_k，满足 $C(x_k) = A(x_k) + B(x_k)$。更准确地说，如果已知 A 的点值表达

[902]

$$
\{(x_0, y_0), (x_1, y_1), \cdots, (x_{n-1}, y_{n-1})\}
$$

和 B 的点值表达

$$
\{(x_0, y_0'), (x_1, y_1'), \cdots, (x_{n-1}, y_{n-1}')\}
$$

（注意，A 和 B 在相同的 n 个位置求值），则 C 的点值表达是

$$
\{(x_0, y_0 + y_0'), (x_1, y_1 + y_1'), \cdots, (x_{n-1}, y_{n-1} + y_{n-1}')\}
$$

⊖ 从数值稳定性的角度，插值是一个众所周知的棘手的问题。尽管这里所描述的方法在数学上是正确的，但在计算期间输入的微小不同，或者四舍五入的误差都会造成结果的很大不同。

因此，对两个点值形式表示的次数界为 n 的多项式相加，所需时间复杂度为 $\Theta(n)$。

类似地，对于多项式乘法，点值表达也是方便的。如果 $C(x) = A(x)B(x)$，则对于任意点 x_k，$C(x_k) = A(x_k)B(x_k)$，并且对 A 的点值表达和 B 的点值表达进行逐点相乘，就可得到 C 的点值表达。不过，我们也必须面对这样一个问题，即 $\mathrm{degree}(C) = \mathrm{degree}(A) + \mathrm{degree}(B)$；如果 A 和 B 次数界为 n，那么 C 的次数界为 $2n$。对于 A 和 B 每个多项式而言，一个标准点值表达是由 n 个点值对所组成。当我们把这些点值对相乘，就得到 C 的 n 个点值对，由于 C 的次数界为 $2n$，要插值获得唯一的多项式 C，我们需要 $2n$ 个点值对（参见练习 30.1-4）。因此，必须对 A 和 B 点值表达进行"扩展"，使每个多项式都包含 $2n$ 个点值对。给定 A 的扩展点值表达

$$\{(x_0, y_0), (x_1, y_1), \cdots, (x_{2n-1}, y_{2n-1})\}$$

和 B 的对应扩展点值表达：

$$\{(x_0, y_0'), (x_1, y_1'), \cdots, (x_{2n-1}, y_{2n-1}')\}$$

则 C 的点值表达为

$$\{(x_0, y_0 y_0'), (x_1, y_1 y_1'), \cdots, (x_{2n-1}, y_{2n-1} y_{2n-1}')\}$$

给定两个点值扩展形式的输入多项式，我们可以看到使其相乘而得到点值形式的结果需要 $\Theta(n)$ 时间，比采用系数形式表达的多项式相乘所需时间少得多。

最后，我们考虑对一个采用点值表达的多项式，如何求其在某个新点上的值。对这个问题，最简单不过的方法就是先把该多项式转换为系数形式表达，然后在新点处求值。

系数形式表示的多项式的快速乘法

我们能否利用基于点值形式表达的多项式的线性时间乘法算法，来加速基于系数形式表达的多项式乘法运算呢？答案关键在于我们能否快速把一个多项式从系数形式转换为点值形式（求值），以及从点值形式转换为系数形式（插值）。

我们可以采用任何点作为求值点，但通过精心地挑选求值点，可以把两种表示法之间转化所需的时间复杂度变为 $\Theta(n \lg n)$。如将在 30.2 节看到的，如果选择"单位复数根"作为求值点，我们可以通过对系数向量进行离散傅里叶变换（或 DFT），得到相应的点值表达。我们也可以通过对点值对执行"逆 DFT"变换，而获得相应的系数向量，这样就实现了求值运算的逆运算插值。30.2 节将说明 FFT 如何在 $\Theta(n \lg n)$ 的时间复杂度内完成 DFT 和逆 DFT 运算。

图 30-1 图解了这种策略。其中的一个细节涉及次数界。两个次数界为 n 的多项式乘积是一个次数界为 $2n$ 的多项式。因此，在对输入多项式 A 和 B 进行求值以前，首先把这两个多项式在高次系数前添加 n 个 0，使其次数界加倍为 $2n$。因为现在这些向量有 $2n$ 个元素，我们可以采用"$2n$ 次单位复数根"，在图 30-1 中标记为 ω_{2n}。

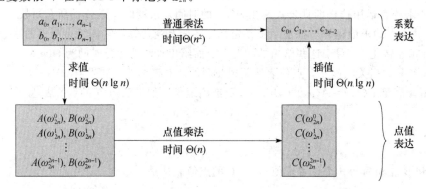

图 30-1   一种高效的多项式乘法过程图示。上方代表系数形式表达，下方代表点值形式表达。从左到右的箭头对应于乘法操作。项 ω_{2n} 是 $2n$ 次单位复数根

给定 FFT，我们就有下面时间复杂度为 $\Theta(n \lg n)$ 的方法，该方法把两个次数界为 n 的多项式

$A(x)$ 和 $B(x)$ 进行乘法运算,其中输入与输出均采用系数表达。假设 n 是 2 的幂。实际上,我们可以通过添加系数为 0 的高阶系数,来满足这个要求。

1. 加倍次数界:通过加入 n 个系数为 0 的高阶系数,把多项式 $A(x)$ 和 $B(x)$ 变为次数界为 $2n$ 的多项式,并构造其系数表达。

2. 求值:通过应用 $2n$ 阶的 FFT 计算出 $A(x)$ 和 $B(x)$ 的长度为 $2n$ 的点值表达。这些点值表达中包含了两个多项式在 $2n$ 次单位根处的取值。

3. 逐点相乘:把 $A(x)$ 的值与 $B(x)$ 的值逐点相乘,可以计算出多项式 $C(x)=A(x)B(x)$ 的点值表达,这个表示中包含了 $C(x)$ 在每个 $2n$ 次单位根处的值。

4. 插值:通过对 $2n$ 个点值对应用 FFT,计算其逆 DFT,就可以构造出多项式 $C(x)$ 的系数表达。

执行第 1 步和第 3 步所需时间为 $\Theta(n)$,执行第 2 步和第 4 步所需时间为 $\Theta(n\lg n)$。因此,一旦表明如何运用 FFT,我们就已经证明了下面定理。

定理 30.2　当输入与输出多项式均采用系数表达时,我们就能在 $\Theta(n\lg n)$ 时间复杂度内,计算出两个次数界为 n 的多项式乘积。　　　　　　　　　　　　　　　　　　　　■

练习

30.1-1　运用等式(30.1)和(30.2)把下列两个多项式相乘:$A(x)=7x^3-x^2+x-10$ 和 $B(x)=8x^3-6x+3$。

30.1-2　求一个次数界为 n 的多项式 $A(x)$ 在某给定点 x_0 的值存在另外一种方法:把多项式 $A(x)$ 除以多项式 $(x-x_0)$,得到一个次数界为 $n-1$ 的商多项式 $q(x)$ 和余项 r,满足 $A(x)=q(x)(x-x_0)+r$。很明显,$A(x_0)=r$。请说明如何根据 x_0 和 A 的系数,在 $\Theta(n)$ 的时间复杂度内计算出余项 r 以及 $q(x)$ 的系数。

30.1-3　从 $A(x)=\sum_{j=0}^{n-1}a_jx^j$ 的点值表达推导出 $A^{\text{rev}}(x)=\sum_{j=0}^{n-1}a_{n-1-j}x^j$ 的点值表达,假设没有一个点是 0。

30.1-4　证明:为了唯一确定一个次数界为 n 的多项式,n 个相互不同的点值对是必需的,也就是说,如果给定少于 n 个不同点值对,则它们不能唯一确定一个次数界为 n 的多项式。(提示:利用定理 30.1,加入一个任意选择的点值对到一个已有 $n-1$ 个点值对的集合,看看会发生什么?)

30.1-5　说明如何利用等式(30.5)在 $\Theta(n^2)$ 时间复杂度内进行插值运算。(提示:首先计算多项式 $\prod_j(x-x_j)$ 的系数表达,然后把每个项的分子除以 $(x-x_k)$;参见练习 30.1-2。你可以在 $O(n)$ 时间复杂度内计算 n 个分母中的每一个。)

30.1-6　请解释在采用点值表达时,用"显然"的方法来进行多项式除法,哪里出现了错误,即除以相应的 y 值。请对除法有确定结果与无确定结果两种情况分别进行讨论。

30.1-7　考虑两个集合 A 和 B,每个集合包含取值范围在 $0\sim10n$ 之间的 n 个整数。我们希望计算出 A 与 B 的**笛卡儿和**,定义如下:

$$C=\{x+y:x\in A,y\in B\}$$

注意到,C 中整数值的范围在 $0\sim20n$ 之间。我们希望找到 C 中的元素,并且求出 C 中的每个元素可表示为 A 中元素与 B 中元素和的次数。请在 $O(n\lg n)$ 的时间内解决这个问题。(提示:请用次数至多是 $10n$ 的多项式来表示 A 和 B。)

30.2　DFT 与 FFT

在 30.1 节中,我们断言:如果使用单位复数根,可以在 $\Theta(n\lg n)$ 时间内完成求值与插值运算。在本节中，我们给出单位复数根的定义，并研究其性质，以及定义 DFT，然后说明 FFT 如何仅用 $\Theta(n \lg n)$ 时间就可以计算出 DFT 和它的逆。

单位复数根

n 次单位复数根是满足 $\omega^n = 1$ 的复数 ω。n 次单位复数根恰好有 n 个：对于 $k = 0, 1, \cdots, n-1$，这些根是 $e^{2\pi i k/n}$。为了解释这个表达式，我们利用复数的指数形式的定义：

$$e^{iu} = \cos(u) + i\sin(u)$$

图 30-2 说明 n 个单位复数根均匀地分布在以复平面的原点为圆心的单位半径的圆周上。值

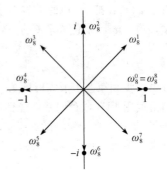

$$\omega_n = e^{2\pi i/n} \tag{30.6}$$

称为**主 n 次单位根**⊖，所有其他 n 次复数根都是 ω_n 的幂次。

n 个 n 次单位复数根 $\omega_n^0, \omega_n^1, \cdots, \omega_n^{n-1}$ 在乘法意义下形成一个群（参见 31.3 节）。该群与加法群 $(\mathbf{Z}_n, +)$（整数模 n）具有相同的结构，因为 $\omega_n^n = \omega_n^0 = 1$ 意味着 $\omega_n^j \omega_n^k = \omega_n^{j+k} = \omega_n^{(j+k)\bmod n}$。类似地，$\omega_n^{-1} = \omega_n^{n-1}$。下面的引理给出了 n 次单位复数根的一些基本性质。

图 30-2 在复平面上 $\omega_8^0, \omega_8^1, \cdots, \omega_8^7$ 的值，其中 $\omega_8 = e^{2\pi i/8}$ 是主 8 次单位根

引理 30.3（消去引理） 对任何整数 $n \geq 0$，$k \geq 0$，以及 $d > 0$，

$$\omega_{dn}^{dk} = \omega_n^k \tag{30.7}$$

证明 由式（30.6）可以直接推出引理，因为

$$\omega_{dn}^{dk} = (e^{2\pi i/dn})^{dk} = (e^{2\pi i/n})^k = \omega_n^k \qquad\blacksquare$$

推论 30.4 对任意偶数 $n > 0$，有

$$\omega_n^{n/2} = \omega_2 = -1$$

证明 证明留作练习 30.2-1。 $\qquad\blacksquare$

引理 30.5（折半引理） 如果 $n > 0$ 为偶数，那么 n 个 n 次单位复数根的平方的集合就是 $n/2$ 个 $n/2$ 次单位复数根的集合。

证明 根据消去引理，对任意非负整数 k，我们有 $(\omega_n^k)^2 = \omega_{n/2}^k$。注意，如果对所有 n 次单位复数根进行平方，那么获得每个 $n/2$ 次单位根正好 2 次，因为

$$(\omega_n^{k+n/2})^2 = \omega_n^{2k+n} = \omega_n^{2k}\omega_n^n = \omega_n^{2k} = (\omega_n^k)^2$$

因此，ω_n^k 与 $\omega_n^{k+n/2}$ 平方相同。我们也可以由推论 30.4 来证明该性质，因为 $\omega_n^{n/2} = -1$ 意味着 $\omega_n^{k+n/2} = -\omega_n^k$，所以 $(\omega_n^{k+n/2})^2 = (\omega_n^k)^2$。 $\qquad\blacksquare$

我们将会看到，折半引理对于用分治策略来对多项式的系数与点值表达进行相互转换是非常重要的，因为它保证递归子问题的规模只是递归调用前的一半。

引理 30.6（求和引理） 对任意整数 $n \geq 1$ 和不能被 n 整除的非负整数 k，有

$$\sum_{j=0}^{n-1} (\omega_n^k)^j = 0$$

证明 等式（A.5）既适用于实数，也适用于复数，因此有

$$\sum_{j=0}^{n-1} (\omega_n^k)^j = \frac{(\omega_n^k)^n - 1}{\omega_n^k - 1} = \frac{(\omega_n^n)^k - 1}{\omega_n^k - 1} = \frac{(1)^k - 1}{\omega_n^k - 1} = 0$$

因为要求 k 不能被 n 整除，而且仅当 k 被 n 整除时 $\omega_n^k = 1$ 成立，同时保证分母不为 0。 $\qquad\blacksquare$

⊖ 很多其他作者对 ω_n 有不同的定义：$\omega_n = e^{-2\pi i/n}$。这个可替的定义一般用在信号处理应用中。这两个 ω_n 的定义，其背后的数学含义基本上是相同的。

DFT

回顾一下，我们希望计算次数界为 n 的多项式

$$A(x) = \sum_{j=0}^{n-1} a_j x^j$$

在 ω_n^0, ω_n^1, ω_n^2, $\cdots$, ω_n^{n-1} 处的值（即在 n 个 n 次单位复数根处）⊖。假设 A 以系数形式给出：$a=(a_0, a_1, \cdots, a_{n-1})$。接下来对 $k=0, 1, \cdots, n-1$，定义结果 y_k：

$$y_k = A(\omega_n^k) = \sum_{j=0}^{n-1} a_j \omega_n^{kj} \tag{30.8}$$

向量 $y=(y_0, y_1, \cdots, y_{n-1})$ 就是系数向量 $a=(a_0, a_1, \cdots, a_{n-1})$ 的**离散傅里叶变换**（DFT）。我们也记为 $y=\mathrm{DFT}_n(a)$。

FFT

通过使用一种称为**快速傅里叶变换**（FFT）的方法，利用复数单位根的特殊性质，我们就可以在 $\Theta(n\lg n)$ 时间内计算出 $\mathrm{DFT}_n(a)$，而直接的方法所需时间为 $\Theta(n^2)$。通篇假设 n 恰好是 2 的整数幂。尽管处理非 2 的整数幂的策略已存在，但它们超出了本书的范围。

FFT 利用了分治策略，采用 $A(x)$ 中偶数下标的系数与奇数下标的系数，分别定义两个新的次数界为 $n/2$ 的多项式 $A^{[0]}(x)$ 和 $A^{[1]}(x)$：

$$A^{[0]}(x) = a_0 + a_2 x + a_4 x^2 + \cdots + a_{n-2} x^{n/2-1}$$
$$A^{[1]}(x) = a_1 + a_3 x + a_5 x^2 + \cdots + a_{n-1} x^{n/2-1}$$

注意到，$A^{[0]}(x)$ 包含 A 中所有偶数下标的系数（下标的相应二进制表达的最后一位为 0），以及 $A^{[1]}(x)$ 包含 A 中所有奇数下标的系数（下标的相应二进制表达的最后一位为 1）。于是有

$$A(x) = A^{[0]}(x^2) + x A^{[1]}(x^2) \tag{30.9}$$

所以，求 $A(x)$ 在 ω_n^0, ω_n^1, $\cdots$, ω_n^{n-1} 处的值的问题转换为：

1. 求次数界为 $n/2$ 的多项式 $A^{[0]}(x)$ 和 $A^{[1]}(x)$ 在点

$$(\omega_n^0)^2, (\omega_n^1)^2, \cdots, (\omega_n^{n-1})^2 \tag{30.10}$$

的取值。

2. 根据式（30.9）综合上述结果。

根据折半引理，式（30.10）并不是由 n 个不同值组成，而是仅由 $n/2$ 个 $n/2$ 次单位复数根所组成，每个根正好出现 2 次。因此，我们递归地对次数界为 $n/2$ 的多项式 $A^{[0]}(x)$ 和 $A^{[1]}(x)$ 在 $n/2$ 个 $n/2$ 次单位复数根处进行求值。这些子问题与原始问题形式相同，但规模变为一半。现在，我们已成功地把一个 n 个元素的 DFT_n 计算划分为两个规模为 $n/2$ 个元素的 $\mathrm{DFT}_{n/2}$ 计算。这一分解是下面递归 FFT 算法的基础，此算法计算出一个由 n 个元素组成向量 $a=(a_0, a_1, \cdots, a_{n-1})$ 的 DFT，其中，n 是 2 的幂。

RECURSIVE-FFT(a)

```
1  n = a.length        // n is a power of 2
2  if n == 1
3      return a
4  ωₙ = e^{2πi/n}
5  ω = 1
6  a^[0] = (a₀, a₂, ⋯, a_{n-2})
7  a^[1] = (a₁, a₃, ⋯, a_{n-1})
8  y^[0] = RECURSIVE-FFT(a^[0])
```

⊖ 这里的长度 n 实际上是 30.1 节中所指的 $2n$，因为我们可以在求值以前，加倍给定多项式的次数界。因此，在多项式乘法的相关内容中，实际上处理的是 $2n$ 次单位根。

9   $y^{[1]} = $ RECURSIVE-FFT$(a^{[1]})$
10   **for** $k = 0$ **to** $n/2 - 1$
11       $y_k = y_k^{[0]} + \omega y_k^{[1]}$
12       $y_{k+(n/2)} = y_k^{[0]} - \omega y_k^{[1]}$
13       $\omega = \omega \omega_n$
14   **return** y // y is assumed to be a column vector

RECURSIVE-FFT 的执行过程如下。第 2~3 行代表递归的基础；一个元素的 DFT 就是该元素自身，因为在这种情形下，

$$y_0 = a_0 \omega_1^0 = a_0 \cdot 1 = a_0$$

第 6~7 行定义多项式 $A^{[0]}(x)$ 和 $A^{[1]}(x)$ 的系数向量。第 4、5 和 13 行保证 ω 可以正确更新，只要第 11~12 行被执行，就有 $\omega = \omega_n^k$。（次次迭代中让 ω 的值改变可以节约每次通过 **for** 循环重新计算 ω_n^k 的时间）。第 8~9 行执行递归计算 DFT$_{n/2}$，对于 $k = 0, 1, \cdots, n/2-1$，

$$y_k^{[0]} = A^{[0]}(\omega_{n/2}^k)$$
$$y_k^{[1]} = A^{[1]}(\omega_{n/2}^k)$$

或者，根据消去引理，有 $\omega_{n/2}^k = \omega_n^{2k}$，于是

$$y_k^{[0]} = A^{[0]}(\omega_n^{2k})$$
$$y_k^{[1]} = A^{[1]}(\omega_n^{2k})$$

第 11~12 行综合了递归 DFT$_{n/2}$ 的计算结果。对 $y_0, y_1, \cdots, y_{n/2-1}$，第 11 行推出：

$$
\begin{aligned}
y_k &= y_k^{[0]} + \omega_n^k y_k^{[1]} \\
&= A^{[0]}(\omega_n^{2k}) + \omega_n^k A^{[1]}(\omega_n^{2k}) \\
&= A(\omega_n^k) \qquad\qquad\qquad (\text{根据式(30.9)})
\end{aligned}
$$

对 $y_{n/2}, y_{n/2+1}, \cdots, y_{n-1}$，设 $k = 0, 1, \cdots, n/2-1$，第 12 行推出：

$$
\begin{aligned}
y_{k+(n/2)} &= y_k^{[0]} - \omega_n^k y_k^{[1]} \\
&= y_k^{[0]} + \omega_k^{k+(n/2)} y_k^{[1]} \qquad (\text{因为 } \omega_n^{k+(n/2)} = -\omega_n^k) \\
&= A^{[0]}(\omega_n^{2k}) + \omega_n^{k+(n/2)} A^{[1]}(\omega_n^{2k}) \\
&= A^{[0]}(\omega_n^{2k+n}) + \omega_n^{k+(n/2)} A^{[1]}(\omega_n^{2k+n}) \quad (\text{因为 } \omega_n^{2k+n} = \omega_n^{2k}) \\
&= A(\omega_n^{k+(n/2)}) \qquad\qquad\qquad (\text{根据式(30.9)})
\end{aligned}
$$

因此，由 RECURSIVE-FFT 返回的向量 y 确实是输入向量 a 的 DFT。

在第 11~12 行对 $k = 0, 1, \cdots, n/2-1$，每个值 $y_k^{[1]}$ 乘了 ω_n^k。在第 11 行中，这个乘积加到了 $y_k^{[0]}$ 上，然后第 12 行又减去它。因为应用了每个因子 ω_n^k 的正数形式和负数形式，我们把因子 ω_n^k 称为**旋转因子**（twiddle factor）。

为了确定过程 RECURSIVE-FFT 的运行时间，注意到除了递归调用外，每次调用所需的时间为 $\Theta(n)$，其中 n 是输入向量的长度。因此，对运行时间有下列递归式：

$$T(n) = 2T(n/2) + \Theta(n) = \Theta(n \lg n)$$

因此，采用快速傅里叶变换，我们可以在 $\Theta(n \lg n)$ 时间内，求出次数界为 n 的多项式在 n 次单位复数根处的值。

在单位复数根处插值

现在我们展示如何在单位复数根处插值来完成多项式乘法方案，使得我们把一个多项式从点值表达转换回系数表达。我们如下进行插值：把 DFT 写成一个矩阵方程，然后再观察其逆矩阵的形式。

根据等式(30.4)，我们可以把 DFT 写成矩阵乘积 $y=V_n a$，其中 V_n 是一个由 ω_n 适当幂次填充成的范德蒙德矩阵：

$$
\begin{bmatrix} y_0 \\ y_1 \\ y_2 \\ y_3 \\ \vdots \\ y_{n-1} \end{bmatrix} = \begin{bmatrix} 1 & 1 & 1 & 1 & \cdots & 1 \\ 1 & \omega_n & \omega_n^2 & \omega_n^3 & \cdots & \omega_n^{n-1} \\ 1 & \omega_n^2 & \omega_n^4 & \omega_n^6 & \cdots & \omega_n^{2(n-1)} \\ 1 & \omega_n^3 & \omega_n^6 & \omega_n^9 & \cdots & \omega_n^{3(n-1)} \\ \vdots & \vdots & \vdots & \vdots & \ddots & \vdots \\ 1 & \omega_n^{n-1} & \omega_n^{2(n-1)} & \omega_n^{3(n-1)} & \cdots & \omega_n^{(n-1)(n-1)} \end{bmatrix} \begin{bmatrix} a_0 \\ a_1 \\ a_2 \\ a_3 \\ \vdots \\ a_{n-1} \end{bmatrix}
$$

对 j，$k=0$，1，$\cdots$，$n-1$，V_n 的 (k,j) 处元素为 ω_n^{kj}。V_n 中元素的指数组成一张乘法表。对于逆运算 $a=\mathrm{DFT}_n^{-1}(y)$，我们把 y 乘以 V_n 的逆矩阵 V_n^{-1} 来进行处理。

定理 30.7　对 j，$k=0$，1，$\cdots$，$n-1$，V_n^{-1} 的 (j,k) 处元素为 ω_n^{-kj}/n。

证明　我们证明 $V_n^{-1} V_n = I_n$，其中 I_n 为 $n \times n$ 的单位矩阵。考虑 $V_n^{-1} V_n$ 中 (j,j') 处的元素：

$$
\left[V_n^{-1} V_n \right]_{jj'} = \sum_{k=0}^{n-1} (\omega_n^{-kj}/n)(\omega_n^{kj'}) = \sum_{k=0}^{n-1} \omega_n^{k(j'-j)}/n
$$

如果 $j'=j$，则此和为 1；否则，根据求和引理(引理 30.6)，此和为 0。注意，只有 $-(n-1) \leqslant j'-j \leqslant n-1$，使得 $j'-j$ 不能被 n 整除，才能应用求和引理。　∎

给定逆矩阵 V_n^{-1}，可以推导出 $\mathrm{DFT}_n^{-1}(y)$：

$$
a_j = \frac{1}{n} \sum_{k=0}^{n-1} y_k \omega_n^{-kj} \tag{30.11}
$$

其中 $j=0$，1，$\cdots$，$n-1$。通过比较式(30.8)与式(30.11)，我们可以看到，对 FFT 算法进行如下修改就可以计算出逆 DFT(参见练习 30.2-4)：把 a 与 y 互换，用 ω_n^{-1} 替换 ω_n，并将计算结果的每个元素除以 n。因此，我们也可以在 $\Theta(n \lg n)$ 时间内计算出 DFT_n^{-1}。

我们可以看到，通过运用 FFT 与逆 FFT，可以在 $\Theta(n \lg n)$ 时间内把次数界为 n 的多项式在其系数表达与点值表达之间进行相互转换。在矩阵乘法的相关内容中，已经说明了下面结论。

定理 30.8(卷积定理)　对任意两个长度为 n 的向量 a 和 b，其中 n 是 2 的幂，

$$
a \otimes b = \mathrm{DFT}_{2n}^{-1}(\mathrm{DFT}_{2n}(a) \cdot \mathrm{DFT}_{2n}(b))
$$

其中向量 a 和 b 用 0 填充，使其长度达到 $2n$，并用"."表示 2 个 $2n$ 个元素组成向量的点乘。　∎

练习

30.2-1　证明推论 30.4。

30.2-2　计算向量 $(0,1,2,3)$ 的 DFT。

30.2-3　采用运行时间为 $\Theta(n \lg n)$ 的方案完成练习 30.1-1。

30.2-4　写出伪代码，在 $\Theta(n \lg n)$ 运行时间内计算出 DFT_n^{-1}。

30.2-5　请把 FFT 推广到 n 是 3 的幂的情形，写出运行时间的递归式并求解。

*30.2-6　假设我们不是在复数域上执行 n 个元素的 FFT(其中 n 为偶数)，而在整数模 m 生成的环 $\mathbf{Z}_m$ 上执行 FFT，其中 $m=2^{m/2}+1$，且 t 是任意正整数。在模 m 的意义下，用 $\omega=2^t$ 代替 ω_n 作为主 n 次单位根。证明：在该系统中，DFT 与逆 DFT 定义是完备的。

30.2-7　给定一组值 z_0，z_1，$\cdots$，z_{n-1}(可能有重复)，说明如何求出仅以 z_0，z_1，$\cdots$，z_{n-1}(可能有重复)为零点的一个次数界为 $n+1$ 的多项式 $P(x)$ 的系数。你给出的过程运行时间应为 $O(n \lg^2 n)$。(提示：当且仅当 $P(x)$ 是 $(x-z_j)$ 的倍数时，多项式 $P(x)$ 在 z_j 处值

为 0。)

914

***30.2-8** 一个向量 $a=(a_0, a_1, \cdots, a_{n-1})$ 的**线性调频变换**(chirp transform)是向量 $y=(y_0, y_1, \cdots, y_{n-1})$，其中 $y_k = \sum_{j=0}^{n-1} a_j z^{kj}$，$z$ 是任意复数。因此，通过取 $z=\omega_n$，DFT 是线性调频变换的一种特殊情形。对任意复数 z，请说明如何在 $O(n \lg n)$ 时间内求出线性调频变换的值。(提示：利用等式

$$y_k = z^{k^2/2} \sum_{j=0}^{n-1} (a_j z^{j^2/2})(z^{-(k-j)^2/2})$$

可以把线性调频变换看做一个卷积。)

30.3 高效 FFT 实现

因为 DFT 的实际应用(如信号处理)中需要尽可能快的速度，本节将探究两种高效的 FFT 实现方法。首先，我们来讨论一种运行时间为 $\Theta(n \lg n)$ 的 FFT 迭代实现方法，不过，在此运行时间的 Θ 记号中，隐含的常数要比 30.2 节中递归实现方法的常数小。(如果实现精确，这个递归方法可能会更加高效地应用硬件缓存。)然后，我们将深入分析迭代实现方法，设计出一个高效的并行 FFT 电路。

FFT 的一种迭代实现

首先我们注意到，在 RECURSIVE-FFT 中，第 10～13 行的 **for** 循环中包含了 $\omega_n^k y_k^{[1]}$ 的 2 次计算。在编译术语中，我们称该值为**公用子表达式**(common subexpression)。我们可以改变循环，使其仅计算一次，并将其存放在临时变量 t 中。

for $k=0$ **to** $n/2-1$

    $t=\omega y_k^{[1]}$

    $y_k=y_k^{[0]}+t$

    $y_{k+(n/2)}=y_k^{[0]}-t$

    $\omega=\omega\,\omega_n$

在这个循环中，把旋转因子 $\omega=\omega_n^k$ 乘以 $y_k^{[1]}$，把所得乘积存入 t 中，然后从 $y_k^{[0]}$ 中增加及减去 t，这一系列操作称为一个**蝴蝶操作**(bufferfly operation)，图 30-3 图解说明了执行步骤。

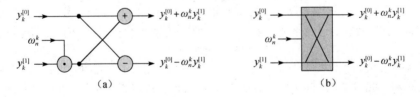

$$(a) \qquad\qquad (b)$$

图 30-3　一个蝴蝶操作。(a)两个输入向量从左边进入，旋转因子 ω_n^k 乘以 $y_k^{[1]}$，和与差在右边输出。(b)一个蝴蝶操作的简化草图。我们将在一个并行 FFT 电路中使用此表达

现在来说明如何使 FFT 算法采用迭代结构而不是递归结构。在图 30-4 中，我们已把输入向量安排在一次 RECURSIVE-FFT 调用相关的各次递归调用中，将输入向量安排成树形结构，其中初始调用时有 $n=8$。树中的每一个结点对应每次过程递归调用，由相应的输入向量标记。每次 RECURSIVE-FFT 调用产生两个递归调用，除非该调用已收到了 1 个元素的向量。第一次调用作为左孩子，第二次调用作为右孩子。

915

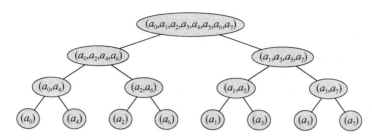

图 30-4 过程 RECURSIVE-FFT 递归调用时产生的输入向量树。初始调用时 $n=8$

观察此树，我们注意到，如果把初始向量 a 中的元素按其在叶中出现次序进行安排，就可以对过程 RECURSIVE-FFT 的执行进行追踪，不过是自底向上而不是自顶向下。首先，我们成对取出元素，利用一次蝴蝶操作计算出每对的 DFT，然后用其 DFT 取代这对元素。这样向量中就包含了 $n/2$ 个二元素的 DFT。下一步，我们按对取出这 $n/2$ 个 DFT，通过两次蝴蝶操作计算出具有四个元素向量的 DFT，并用一个具有四个元素的 DFT 取代对应的两个二元素的 DFT。于是向量中包含 $n/4$ 个四元素的 DFT。继续进行这一过程，直至向量包含两个具有 $n/2$ 个元素的 DFT，这时，我们综合应用 $n/2$ 次蝴蝶操作，就可以合成最终的具有 n 个元素的 DFT。

为了把这个自底向上的方法变为代码，我们采用了一个数组 $A[0..n-1]$，初始时该数组包含输入向量 a 中的元素，其顺序为它们在图 30-4 中树叶出现的顺序。（我们在后面将说明如何确定这个顺序，这也称为位逆序置换。）因为需要在树的每一层进行组合，于是引入一个变量 s 以计算树的层次，取值范围为从 1（在最底层，这时我们组合对来构成二元素的 DFT）到 $\lg n$（在最顶层，这里我们要对两个具有 $n/2$ 个元素的 DFT 进行组合，以产生最后结果）。因此，这个算法有如下结构：

```
1  for s=1 to lg n
2      for k=0 to n-1 by 2ˢ
3          combine the two 2^{s-1}-element DFTs in
               A[k..k+2^{s-1}-1] and A[k+2^{s-1}..k+2^s-1]
               into one 2^s-element DFT in A[k..k+2^s-1]
```

我们可以用更精确的伪代码来描述第 3 行中的循环主体部分。从子程序 RECURSIVE-FFT 中复制 **for** 循环，让 $y^{[0]}$ 与 $A[k..k+2^{s-1}-1]$ 一致，$y^{[1]}$ 与 $A[k+2^{s-1}..k+2^s-1]$ 一致。在每次蝴蝶操作中，使用的旋转因子依赖于 s 的值；它是 ω_m 的幂，其中 $m=2^s$。（引入变量 m 仅为使代码易读。）我们又引入另一个临时变量 u，使得能恰当地执行蝴蝶操作。当用循环主体来取代第 3 行的整个结构时，就得到下面的伪代码，它是稍后我们将展示的并行实现的基础。这个代码首先调用辅助过程 BIT-REVERSE-COPY(a, A)，把向量 a 按我们所需要的初始顺序复制到数组 A 中。

```
ITERATIVE-FFT(a)
1  BIT-REVERSE-COPY(a,A)
2  n=a.length        //n is a power of 2
3  for s=1 to lg n
4      m=2ˢ
5      ωₘ=e^{2πi/m}
6      for k=0 to n-1 by m
7          ω=1
8          for j=0 to m/2-1
9              t=ωA[k+j+m/2]
```

916

```
10          u=A[k+j]
11          A[k+j]=u+t
12          A[k+j+m/2]=u-t
13          ω=ωω_m
14   return A
```

BIT-REVERSE-COPY 是如何把输入向量 a 中的元素按希望的顺序放入数组 A? 在图 30-4 中，叶出现的顺序是一个**位逆序置换**。也就是说，如果让 $\mathrm{rev}(k)$ 为 k 的二进制表示各位逆序所形成的 $\lg n$ 位的整数，那么我们希望把向量中的元素 a_k 放在数组的 $A[\mathrm{rev}(k)]$ 位置上。例如，在图 30-4 中，叶出现的次序为 0，4，2，6，1，5，3，7；这个序列用二进制表示为 000，100，010，110，001，101，011，111，当把二进制表示各位逆序后，得到序列 000，001，010，011，100，101，110，111。为了获得一般情况下的位逆序置换，注意到在树的最顶层，最低位为 0 的下标在左子树中，以及最低位为 1 的下标在右子树中。在每一层去掉最低位后，我们沿着树往下继续这一过程，直到在叶子得到由位逆序置换给出的顺序。

由于很容易计算函数 $\mathrm{rev}(k)$，因此过程 BIT-REVERSE-COPY 相对简单：

BIT-REVERSE-COPY(a,A)

```
1    n=a.length
2    for k=0 to n-1
3        A[rev(k)]=a_k
```

这种迭代的 FFT 实现方法的运行时间为 $\Theta(n\lg n)$。调用 BIT-REVERSE-COPY(a, A) 的运行时间当然是 $O(n\lg n)$，因为迭代了 n 次，并可以在 $O(\lg n)$ 时间内，把一个 $0\sim n-1$ 之间的 $\lg n$ 位整数逆序。（在实际中，通常事先知道 n 的初始值，我们就可以编制出一张表，把 k 映射为 $\mathrm{rev}(k)$，使 BIT-REVERSE-COPY 的运行时间为 $\Theta(n)$，且该式中隐含的常数因子较小。此外，我们也可以采用思考题 17-1 中描述的聪明的摊还逆序二进制计数器方案）。为了完成 ITERATIVE-FFT 的运行时间是 $\Theta(n\lg n)$ 的证明，需要说明最内层循环体（第 8~13 行）执行次数 $L(n)$ 为 $\Theta(n\lg n)$。对 s 的每个值，第 6~13 行的 **for** 循环迭代了 $n/m=n/2^s$ 次，第 8~13 行的最内层循环迭代了 $m/2=2^{s-1}$ 次。因此，

$$L(n)=\sum_{s=1}^{\lg n}\frac{n}{2^s}\cdot 2^{s-1}=\sum_{s=1}^{\lg n}\frac{n}{2}=\Theta(n\lg n)$$

并行 FFT 电路

我们可以利用能高效实现一个迭代 FFT 算法的许多性质，来产生一个高效的并行 FFT 算法。我们将把并行 FFT 算法表示成一个电路。图 30-5 给出了 $n=8$ 时，已知 n 个输入，一个并行 FFT 电路计算 FFT。该电路开始时对输入进行位逆序置换，其后电路分为 $\lg n$ 级，每一级由 $n/2$ 个并行执行的蝴蝶操作所成。电路的**深度**定义为任意的输入和任意的输出之间最大的可以达到的计算元素数目。因此，上面电路的深度为 $\Theta(\lg n)$。

并行 FFT 电路的最左边的部分执行位逆序置换，其余部分模拟迭代的 ITERATIVE-FFT 过程。因为最外层 **for** 循环的每次迭代执行 $n/2$ 次独立的蝴蝶操作，于是电路并行地执行它们。在 ITERATIVE-FFT 内每次迭代的值 s 对应于图 30-5 中的一个阶段的蝴蝶操作。对于 $s=1$，2，$\cdots$，$\lg n$，阶段 s 有 $n/2^s$ 组蝴蝶操作（对应于 ITERATIVE-FFT 中每个 k 值），每组中有 2^{s-1} 个蝴蝶操作（对应于 ITERATIVE-FFT 中的每个 j 值）。图 30-5 所示的蝴蝶操作对应于最内层循环的蝴蝶操作（ITERATIVE-FFT 的第 9~12 行）。此外，还要注意，蝴蝶中用到的旋转因子对应于 ITERATIVE-FFT 中用到的那些旋转因子：在阶段 s，我们使用 ω_m^0，ω_m^1，$\cdots$，$\omega_m^{m/2-1}$，其中 $m=2^s$。

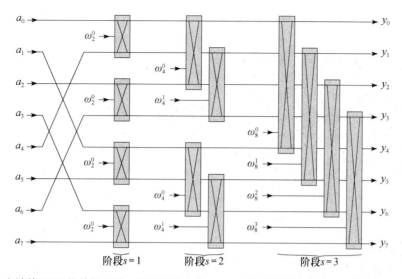

图 30-5　一个计算 FFT 的并行电路，这里的输入为 $n=8$。每个蝴蝶操作采用两条线路上的数值和一个旋转因子来当做输入，并且它产生两条线路上的数值作为输出。不同阶段的蝴蝶操作加以标记，对应于 ITERATIVE-FFT 过程的最外层循环迭代。只有最顶层和最底层通过一个蝴蝶操作的线路才与此蝴蝶操作相互作用；而通过一个蝴蝶操作中间的线路不会影响该蝴蝶操作，它们的值也不会被该蝴蝶操作改变。例如，在第 2 阶段顶端的蝴蝶操作不会影响线路 1（输出标示为 y_1 的线路）；它的输入与输出只在线路 0 和 2 上（分别标示为 y_0 和 y_2）。该电路具有深度 $\Theta(\lg n)$，并且一共执行了 $\Theta(n \lg n)$ 个蝴蝶操作

练习

30.3-1　请说明如何用 ITERATIVE-FFT 计算出输入向量$(0，2，3，-1，4，5，7，9)$的 DFT。

30.3-2　请说明如何实现一个 FFT 算法，注意把位逆序置换放在计算的最后而不是在开始。（提示：考虑逆 DFT。）

30.3-3　在每个阶段中，ITERATIVE-FFT 计算旋转因子多少次？重写 ITERATIVE-FFT，使其在阶段 s 中计算旋转因子 2^{s-1} 次。

*30.3-4　假设 FFT 电路的蝴蝶操作中加法器有时会发生错误：不论输入如何，它们的输出总是为 0。假设确有一个加法器失效，但你并不知道是哪一个。描述你如何能够通过给整个 FFT 电路提供输入值并观察其输出，找到那个失效的加法器。你的方法效率如何？

思考题

30-1　（分治乘法）

a. 说明如何仅用三次乘法，就能求出线性多项式 $ax+b$ 与 $cx+d$ 的乘积。（提示：有一个乘法运算是$(a+b) \cdot (c+d)$。）

b. 试写出两种分治算法，求出两个次数界为 n 的多项式乘积，使其在 $\Theta(n^{\lg 3})$ 运行时间内。第一个算法把输入多项式的系数分成高阶系数一半与低阶系数一半，第二个算法应该根据其系数下标的奇偶性来进行划分。

c. 证明：请说明如何用 $O(n^{\lg 3})$ 步计算出两个 n 位整数的乘积，其中每一步至多常数个 1 位的值进行操作。

919
∫
920

30-2　（特普利茨（Toeplitz）矩阵）　**特普利茨矩阵**是一个 $n \times n$ 矩阵 $A=(a_{ij})$，其中对于 $i=2，3，\cdots$，$n，j=2，3，\cdots，n$，满足 $a_{ij}=a_{i-1,j-1}$。

a. 两个特普利茨矩阵的和是否一定是特普利茨矩阵？乘积又如何？

b. 试说明如何表示特普利茨矩阵才能在 $O(n)$ 时间内求出两个 $n \times n$ 特普利茨矩阵的和。

c. 请给出一个运行时间为 $O(n \lg n)$ 的算法，能够计算出 $n \times n$ 特普利茨矩阵与一个 n 维向量的乘积。请运用(b)中的表示。

d. 请给出一个高效算法计算出两个 $n \times n$ 特普利茨矩阵的乘积，并分析此算法的运行时间。

30-3　(多维快速傅里叶变换)　我们可以将式(30.8)定义的一维离散傅里叶变换推广到 d 维上。这时输入是一个 d 维的数组 $A = (a_{j_1, j_2, \cdots, j_d})$，维数分别为 n_1，n_2，$\cdots$，n_d，其中 $n_1 n_2 \cdots n_d = n$。定义 d 维离散傅里叶变换如下：

$$y_{k_1, k_2, \cdots, k_d} = \sum_{j_1=0}^{n_1-1} \sum_{j_2=0}^{n_2-1} \cdots \sum_{j_d=0}^{n_d-1} a_{j_1, j_2, \cdots, j_d} \omega_{n_1}^{j_1 k_1} \omega_{n_2}^{j_2 k_2} \cdots \omega_{n_d}^{j_d k_d}$$

其中 $0 \leq k_1 < n_1$，$0 \leq k_2 < n_2$，$\cdots$，$0 \leq k_d < n_d$。

a. 证明：我们可以依次在每个维度上计算一维的 DFT 来计算一个 d 维的 DFT。也就是说，首先沿着第 1 维计算 n/n_1 个独立的一维 DFT。然后，把沿着第 1 维的 DFT 结果作为输入，我们计算沿着第 2 维的 n/n_2 个独立的一维 DFT。利用这个结果作为输入，我们计算沿着第 3 维的 n/n_3 个独立的一维 DFT，如此下去，直到第 d 维。

b. 证明：维度的次序并无影响，于是可以通过在 d 个维度的任意顺序中计算一维 DFT 来计算一个 d 维的 DFT。

c. 证明：如果采用计算快速傅里叶变换计算每个一维的 DFT，那么计算一个 d 维的 DFT 的总时间是 $O(n \lg n)$，与 d 无关。

30-4　(求一个多项式在某点的所有阶导数)　已知一个次数界为 n 的多项式 $A(x)$，我们定义其 t 阶导数如下：

$$A^{(t)}(x) = \begin{cases} A(x) & \text{若 } t = 0 \\ \dfrac{\mathrm{d}}{\mathrm{d}x} A^{(t-1)}(x) & \text{若 } 1 \leq t \leq n-1 \\ 0 & \text{若 } t \geq n \end{cases}$$

从 $A(x)$ 的系数表达 $(a_0, a_1, \cdots, a_{n-1})$ 和一个已知点 x_0，我们希望确定 $A^{(t)}(x_0)$，其中 $t = 0$，1，$\cdots$，$n-1$。

a. 给定系数 $(b_0, b_1, \cdots, b_{n-1})$ 满足

$$A(x) = \sum_{j=0}^{n-1} b_j (x - x_0)^j$$

说明如何在 $O(n)$ 时间内计算出 $A^{(t)}(x_0)$，其中 $t = 0$，1，$\cdots$，$n-1$。

b. 请解释如何在 $O(n \lg n)$ 时间内找到 b_0，b_1，$\cdots$，b_{n-1}，已知 $A(x_0 + \omega_n^k)$，其中 $k = 0$，1，$\cdots$，$n-1$。

c. 请证明：

$$A(x_0 + \omega_n^k) = \sum_{r=0}^{n-1} \left[\frac{\omega_n^{kr}}{r!} \sum_{j=0}^{n-1} f(j) g(r-j) \right]$$

其中，$f(j) = a_j \cdot j!$，并且

$$g(l) = \begin{cases} x_0^{-l}/(-l)! & \text{若 } -(n-1) \leq l \leq 0 \\ 0 & \text{若 } 1 \leq l \leq n-1 \end{cases}$$

d. 请解释如何在 $O(n \lg n)$ 时间内求出 $A(x_0 + \omega_n^k)$ 的值，其中 $k = 0$，1，$\cdots$，$n-1$。请总结说明：我们可以在 $O(n \lg n)$ 时间内，求出 $A(x)$ 所有非平凡导数在 x_0 的值。

30-5　(多项式在多个点的求值)　我们已经看到，运用霍纳法则，如何在 $O(n)$ 时间内求出次数界为 n 的多项式在单个点的值。同时，我们也发现，运用 FFT 能在 $O(n \lg n)$ 时间内求出这样的一个多项式在所有 n 个单位复数根处的值。现在我们就来说明如何在 $O(n \lg^2 n)$ 时

间内，求出一个次数界为 n 的多项式在任意 n 个点的值。

为了做到这一点，我们将假设下面未经证明的结论：当一个这样的多项式除以另一个多项式时，我们可以在 $O(n\lg n)$ 时间内计算出该多项式的余式。例如，多项式 $3x^3 + x^2 - 3x+1$ 除以 x^2+x+2，余式为

$$(3x^3 + x^2 - 3x + 1) \bmod (x^2 + x + 2) = -7x + 5$$

给定一个多项式 $A(x) = \sum_{k=0}^{n-1} a_k x^k$ 的系数表达和 n 个点 $x_0, x_1, \cdots, x_{n-1}$，我们希望计算出 n 个值 $A(x_0)$，$A(x_1)$，$\cdots$，$A(x_{n-1})$。对 $0 \le i \le j \le n-1$，定义多项式 $P_{ij}(x) = \prod_{k=i}^{j} (x - x_k)$ 和多项式 $Q_{ij}(x) = A(x) \bmod P_{ij}(x)$。注意到，$Q_{ij}(x)$ 次数至多是 $j-i$。

a. 证明：对任意点 z，$A(x) \bmod (x-z) = A(z)$。

b. 证明：$Q_{kk}(x) = A(x_k)$，以及 $Q_{0,n-1}(x) = A(x)$。

c. 证明：对 $i \le k \le j$，我们有 $Q_{ik}(x) = Q_{ij}(x) \bmod P_{ik}(x)$，以及 $Q_{kj}(x) = Q_{ij}(x) \bmod P_{kj}(x)$。

d. 给出一个运行时间为 $O(n\lg^2 n)$ 的算法，以求出 $A(x_0)$，$A(x_1)$，$\cdots$，$A(x_{n-1})$。

30-6 （运用模算术的 FFT） 如定义所述，离散傅里叶变换（DFT）计算时需要用复数，这会由于舍入误差而导致精确度丢失。对某些问题而言，答案中仅包含整数，并且通过使用一种基于模算术的 FFT 的不同形式，我们可以保证计算的答案是准确的。一个此类问题的例子如下：求两个整系数多项式的乘积。练习 30.2-6 给出了一种解决方法，即运用一个长度为 $\Omega(n)$ 位的模来处理 n 个点上的 DFT。下面给出了另一种方法，即用一个更为合理的长度为 $O(\lg n)$ 的模；它要求你事先了解第 31 章的内容。设 n 为 2 的幂。

a. 假定我们寻找最小的 k，使得 $p = kn+1$ 是素数。请给出下列结论的简单而有启发性的理由：为什么我们希望 k 大约是 $\ln n$。（k 的值可能比 $\ln n$ 大很多或者小很多，但是我们合理的期望，平均起来只需检查 $O(\lg n)$ 个候选的 k 值。）请问 p 的期望长度与 n 的长度相比如何？

设 g 是 $\mathbf{Z}_p^*$ 的生成元，并设 $w = g^k \bmod p$。

923

b. 说明 DFT 与逆 DFT 在模 p 的意义下是定义完备的逆运算，其中 w 是主 n 次单位根。

c. 证明：在模 p 意义下，FFT 与其逆可在 $O(n\lg n)$ 时间内运行，其中长度为 $O(\lg n)$ 位的字上操作需要单位时间，并假定算法已知 p 和 w。

d. 请计算出向量 $(0, 5, 3, 7, 7, 2, 1, 6)$ 在模 $p = 17$ 下的 DFT。注意，$g = 3$ 是 $\mathbf{Z}_{17}^*$ 的生成元。

本章注记

Van Loan 的书[343]对快速傅里叶变换做了特别好的论述。Press、Teukolsky、Vetterling 和 Flannery 在文献[283，284]中很好地描述了快速傅里叶变换及其应用。对于信号处理这个流行的 FFT 应用领域，详细介绍请参考 Oppenheim 和 Schafer[266]，以及 Oppenheim 和 Willsky[267]的教科书。Oppenheim 和 Schafer 的书也介绍了如何处理 n 不是 2 的整数次幂的情形。

傅里叶分析并不局限于一维的数据。它在图像处理中得到了广泛应用，用来分析二维或更高维数据。Gonzalez 与 Woods[146]和 Pratt[281]的书中讨论了多维傅里叶变换以及它们在图像处理中的应用，另外，Tolimieri、An 与 Lu[338]和 Van Loan[343]的书中讨论了多维快速傅里叶变换的数学原理。

Cooley 与 Tukey[76]因在 20 世纪 60 年代发明 FFT 而声名远播。事实上，FFT 在之前已经被发现了好几次，但是它的重要性在现代数字计算机出现之前并没有被充分了解。尽管 Press、

Teukolsky、Vetterling 和 Flannery 将这个方法的起源归功于 1924 年的 Runge 和 König，但是一篇 Heideman、Johnson 和 Burrus 的论文[163]将 FFT 的历史一直追溯到 1805 年的 C. F. Gauss。

Frigo 和 Johnson[117]开发了一个快速的、可扩展的 FFT 实现，称为 FFTW(西方的最快的快速傅里叶变换(fastest Fourier transform in the West))。FFTW 设计的初衷是为了解决多个维度的 DFT 计算，具有同等问题规模大小。在实际计算 DFT 之前，FFTW 执行一个计划信息表(planner)，它通过一系列的试运行，确定在主机上对于给定的问题规模，如何以最好的方式来分解 FFT 进行计算。FFTW 能够针对硬件的缓存进行高效的自适应调整，而且一旦子问题规模足够小，FFTW 能够用优化的直线型程序(无循环程序)解决。此外，对于任意问题规模 n(甚至 n 是一个大素数)，FFTW 都有不凡的表现，费时仅 $\Theta(n \lg n)$。

尽管标准的傅里叶变换假设输入表示点均匀地分布在时间域，其他的技术可以在不均匀分布(nonequispaced)的数据下近似地计算 FFT。Ware[348]的文章提供了一个概述。

数 论 算 法

数论曾经被视为一种虽然优美但却没什么用处的纯数学学科。如今，数论算法已经得到了广泛的使用。这很大程度上要归功于人们发明了基于大素数的加密方法。快速计算大素数的算法使得高效加密成为可能，而目前其安全性的保证则依赖于缺少高效将合数分解为大素数之积（或求解相关问题，如计算离散对数）方法的现状。本章介绍一些数论知识以及相关的算法，它们是上文这类应用的基础。

31.1 节介绍数论的一些基本概念，例如，整除性、等模和唯一因子分解。31.2 节研究世界上最古老算法之一的欧几里得算法，它用于计算两个整数的最大公约数。31.3 节回顾模运算的概念。31.4 节研究整数 a 的倍数模 n 的结果集合，并阐释用欧几里得算法求等式 $ax = b \pmod{n}$ 的全部解的方法。31.5 节介绍中国余数定理。31.6 节考察整数 a 的幂模 n 所得的结果集合，描述反复平方算法，用于在已知 a、b 和 n 的情况下，高效计算 $a^b \bmod n$ 的结果。这一运算是进行高效素数检测和许多现代密码学内容的核心部分。在此之后，31.7 节描述 RSA 公钥加密系统。31.8 节讨论一种随机性素数测试方法。该方法可用来高效地查找大素数，这正是为 RSA 加密系统创建密钥所必需的。最后，31.9 节回顾一个简单而有效的小整数因子分解启发式算法。有趣的是，由于 RSA 的安全性依赖于大整数因子分解的难度，人们恐怕更希望因子分解是一个无多项式解法的难题。

输入规模和算术计算的代价

由于我们将处理的对象是大整数，本章需要调整对于输入规模大小和基本算术运算代价的理解。

在本章中，"大输入"通常指包含"大整数"的输入，而不是包含"很多整数"的输入（像排序问题中那样）。因此，我们利用输入所需的位数来度量输入的大小，而不仅仅是输入中整数的数目。给定 k 个整数输入 a_1，a_2，$\cdots$，a_k，如果算法可以在关于 $\lg a_1$，$\lg a_2$，$\cdots$，$\lg a_k$ 的多项式时间内完成，即算法在关于二进制编码后的输入长度的多项式时间内完成，则该算法称为**多项式时间算法**。

在本书的大部分章节中，将基本算术运算（乘法、除法或者计算余数）视为只耗费单位时间的原语操作是非常方便的。通过计算算法中包含的这类算术运算的数目，可以为合理评估算法在计算机上的实际运算时间提供基准。然而，当输入很大时，基本运算也会变得耗时。因此，用数论算法所需的**位运算**数目作为基准来衡量算法的时间代价更为方便且合适。在此模型中，将两个 β 位整数用常规方法相乘需要 $\Theta(\beta^2)$ 次位运算。同样，用最朴素的方法计算一个 β 位整数除以另一个较短整数的商或余数需要耗时 $\Theta(\beta^2)$。（见练习 31.1-12。）如今，人们已经有了更快的计算方法。例如，一个简单的分治算法可以在两个 β 位整数相乘的问题上达到 $\Theta(\beta^{\lg 3})$ 的运行时间。而已知最快的算法则只需要 $\Theta(\beta \lg \beta \lg \lg \beta)$ 的运行时间。然而在实际问题中，$\Theta(\beta^2)$ 的算法往往效果最好。我们也将以该界作为算法分析的基准。

本章将既使用算法所需的算术运算的数目，也使用其所需位运算的数目来分析算法。

31.1 基础数论概念

本节将简单回顾基础数论中关于整数集 $\mathbf{Z} = \{\cdots, -2, -1, 0, 1, 2\}$ 和自然数集 $\mathbf{N} = \{0, 1, 2, \cdots\}$ 的一些概念。

整除性与约数

一个整数可以被另外一个整数整除是数论中的一个关键概念。符号 $d \mid a$（读作"d 整除 a"）的含义是，存在某个整数 k，使得 $a = kd$。任何整数均可整除 0。如果 $a > 0$ 且 $d \mid a$，那么 $|d| \leqslant |a|$。如果 $d \mid a$，则称 a 是 d 的**倍数**。如果 d 不能整除 a，则写作 $d \nmid a$。

如果 $d \mid a$ 且 $d \geqslant 0$，则称 d 是 a 的**约数**。注意，$d \mid a$ 当且仅当 $-d \mid a$，即 a 的任何约数的负数同样可以整除 a。因此，不失一般性，可规定约数为非负数。非零整数 a 的约数应至少为 1，且不会大于 $|a|$。例如，24 的约数是 1，2，3，4，6，8，12 和 24。

任何正整数 a 均可被**平凡约数** 1 和其自身 a 所整除。整数 a 的非平凡约数称为 a 的**因子**。例如，20 的因子是 2，4，5 和 10。

素数与合数

如果一个整数 $a > 1$ 且只能被平凡约数 1 和它自身所整除，则这个数是**素数**。素数有许多特殊的性质。它在数论中也扮演着十分重要的角色。前 20 个素数按序排列如下：

$$2, 3, 5, 7, 11, 13, 17, 19, 23, 29, 31, 37, 41, 43, 47, 53, 59, 61, 67, 71$$

练习 31.1-2 要求读者证明存在无穷多个素数。如果一个整数 $a > 1$ 且不是素数，则称之为**合数**。例如，39 是一个**合数**，因为 $3 \mid 39$。称整数 1 为**基本单位**，并且它既不是素数也不是合数。同样，整数 0 和所有负整数既不是素数也不是合数。

除法定理、余数和等模

给定一个整数 n，我们可以将整数集划分为 n 的倍数和非 n 倍数两部分。通过计算非 n 倍数除以 n 的余数可以对非 n 倍数进行有效分类。而许多数论理论正是通过这种分类来改进对 n 的倍数和非 n 倍数的划分。下面的定理给出该改进的理论基础。这里，我们忽略了其证明（证明参见 Niven 和 Zuckerman[265]等）。

定理 31.1（除法定理）　对于任何整数 a 和任何正整数 n，存在唯一整数 q 和 r，满足 $0 \leqslant r < n$ 且 $a = qn + r$。　∎

称 $q = \lfloor a/n \rfloor$ 为除法的**商**，值 $r = a \bmod n$ 为除法的**余数**。$n \mid a$ 当且仅当 $a \bmod n = 0$。

根据整数模 n 的余数，我们可以将所有整数划分成 n 个等价类。包含整数 a 的**模 n 等价类**为

$$[a]_n = \{a + kn : k \in \mathbf{Z}\}$$

例如，$[3]_7 = \{\cdots, -11, -4, 3, 10, 17, \cdots\}$，这个集合同时也可以表示为 $[-4]_7$ 和 $[10]_7$。$a \in [b]_n$ 和 $a \equiv b \pmod{n}$ 是等价的。所有这类等价类的集合是

$$\mathbf{Z}_n = \{[a]_n : 0 \leqslant a \leqslant n-1\} \tag{31.1}$$

当读者看到

$$\mathbf{Z}_n = \{0, 1, \cdots, n-1\} \tag{31.2}$$

这个定义时，按照式(31.1)理解即可：0 代表 $[0]_n$，1 代表 $[1]_n$，等等，即用每个等价类最小的非负元素来表示该等价类。然而，我们应该记着相应的等价类。例如，在我们说 -1 是 $\mathbf{Z}_n$ 的一个元素时，实际上指的是 $[n-1]_n$，因为 $-1 \equiv n-1 \pmod{n}$。

公约数与最大公约数

如果 d 是 a 的约数并且 d 也是 b 的约数，则 d 是 a 与 b 的**公约数**。例如，30 的约数包括 1、2、3、5、6、10、15 和 30，因此 24 与 30 的公约数为 1、2、3 和 6。需要注意的是，1 是任意两个整数的公约数。

公约数的一条重要性质是：

$$d \mid a \text{ 且 } d \mid b \text{ 蕴涵着 } d \mid (a+b) \text{ 且 } d \mid (a-b) \tag{31.3}$$

更一般地，对任意整数 x 和 y，有

$$d \mid a \text{ 且 } d \mid b \text{ 蕴涵着 } d \mid (ax + by) \tag{31.4}$$

并且，如果 $a \mid b$，那么 $|a| \leqslant |b|$，或者 $b=0$，而这说明

$$a \mid b \text{ 且 } b \mid a \text{ 蕴涵着 } a = \pm b \tag{31.5}$$

两个不同时为 0 的整数 a 与 b 的公约数中最大的称为其**最大公约数**，记作 $\gcd(a, b)$。例如，$\gcd(24, 30)=6$，$\gcd(5, 7)=1$，$\gcd(0, 9)=9$。如果 a 与 b 不同时为 0，则 $\gcd(a, b)$ 是一个在 1 与 $\min(|a|, |b|)$ 之间的整数。定义 $\gcd(0, 0)=0$，该定义是使 gcd 函数的基本性质(如下面的等式(31.9))普遍成立所必不可少的。

下列性质是 gcd 函数的基本性质：

$$\gcd(a,b) = \gcd(b,a) \tag{31.6}$$
$$\gcd(a,b) = \gcd(-a,b) \tag{31.7}$$
$$\gcd(a,b) = \gcd(|a|,|b|) \tag{31.8}$$
$$\gcd(a,0) = |a| \tag{31.9}$$
$$\gcd(a,ka) = |a| \quad \text{对任意 } k \in \mathbf{Z} \tag{31.10}$$

下面的定理给出了 $\gcd(a, b)$ 的另外一个有用特征。

929

定理 31.2 如果任意整数 a 和 b 不都为 0，则 $\gcd(a, b)$ 是 a 与 b 的线性组合集 $\{ax+by : x, y \in \mathbf{Z}\}$ 中的最小正元素。

证明 设 s 是 a 与 b 的线性组合集中的最小正元素，并且对某个 $x, y \in \mathbf{Z}$，有 $s = ax + by$。设 $q = \lfloor a/s \rfloor$，则式(3.8)说明

$$a \bmod s = a - qs = a - q(ax + by) = a(1 - qx) + b(-qy)$$

因此，$a \bmod s$ 也是 a 与 b 的一个线性组合。s 是这个线性组合中的最小正数，由于 $0 \leqslant a \bmod s < s$，故有 $a \bmod s = 0$。因此有 $s \mid a$，类似地，可得到 $s \mid b$。因此，s 是 a 与 b 的公约数，所以 $\gcd(a, b) \geqslant s$。因为 $\gcd(a, b)$ 能同时被 a 与 b 整除，并且 s 是 a 与 b 的一个线性组合，所以由式(31.4)可知 $\gcd(a, b) \mid s$。但由于 $\gcd(a, b) \mid s$ 和 $s>0$，因此 $\gcd(a, b) \leqslant s$。将上面已证明的 $\gcd(a, b) \geqslant s$ 与 $\gcd(a, b) \leqslant s$ 结合起来，得到 $\gcd(a, b) = s$，因此证明了 s 是 a 与 b 的最大公约数。 ■

推论 31.3 对任意整数 a 与 b，如果 $d \mid a$ 且 $d \mid b$，则 $d \mid \gcd(a, b)$。

证明 根据定理 31.2，$\gcd(a, b)$ 是 a 与 b 的一个线性组合，所以由式(31.4)可知，该推论成立。 ■

推论 31.4 对所有整数 a 和 b 以及任意非负整数 n，有

$$\gcd(an,bn) = n\gcd(a,b)$$

证明 如果 $n=0$，该推论显然成立。如果 $n>0$，则 $\gcd(an, bn)$ 是集合 $\{anx+bny : x, y \in \mathbf{Z}\}$ 中的最小正元素，即集合 $\{ax+by : x, y \in \mathbf{Z}\}$ 中最小正元素的 n 倍。 ■

推论 31.5 对于任意正整数 n、a 和 b，如果 $n \mid ab$ 且 $\gcd(a, n)=1$，则 $n \mid b$。

证明 证明过程留作练习 31.1-5。 ■

930

互质数

如果两个整数 a 与 b 只有公约数 1，即 $\gcd(a, b)=1$，则 a 与 b 称为**互质数**。例如，8 和 15 是互质数，因为 8 的约数为 1、2、4、8，而 15 的约数为 1、3、5、15。下面的定理说明如果两个整数分别与一个整数 p 为互质数，则其积与 p 互质。

定理 31.6 对任意整数 a、b 和 p，如果 $\gcd(a, p)=1$ 且 $\gcd(b, p)=1$，则 $\gcd(ab, p)=1$。

证明 由定理 31.2 可知，存在整数 x、y、x' 和 y' 满足

$$ax + py = 1$$
$$bx' + py' = 1$$

把上面两个等式两边分别相乘，经过整理得

$$ab(xx') + p(ybx' + y'ax + pyy') = 1$$

因为 1 是 ab 与 p 的一个正线性组合，所以应用定理 31.2 就可以证明结论。 ∎

对于整数 n_1，n_2，$\cdots$，n_k，如果对任何 $i \neq j$ 都有 $\gcd(n_i, n_j) = 1$，则称整数 n_1，n_2，$\cdots$，n_k 两两互质。

唯一因子分解定理

下面的结论说明关于素数整除性的一个基本而重要的事实。

定理 31.7 对所有素数 p 和所有整数 a，b，如果 $p | ab$，则 $p | a$ 或 $p | b$（或两者都成立）。

证明 采用反证法，假设 $p | ab$，但 $p \nmid a$ 并且 $p \nmid b$。因此，$\gcd(a, p) = 1$ 且 $\gcd(b, p) = 1$，这是因为 p 的约数只有 1 和 p，又因为假设 a 和 b 都不能被 p 整除。由定理 31.6 可知，$\gcd(ab, p) = 1$；由假设 $p | ab$ 可知 $\gcd(ab, p) = p$，于是产生矛盾，从而证明定理成立。 ∎

从定理 31.7 可知，任意一个合数的素因子分解式是唯一的。

定理 31.8（唯一因子分解定理） 合数 a 仅能以一种方式写成如下乘积形式：

$$a = p_1^{e_1} p_2^{e_2} \cdots p_r^{e_r}$$

其中 p_i 为素数，$p_1 < p_2 < \cdots < p_r$，且 e_i 为正整数。

证明 证明过程留作练习 31.1-11。 ∎

例如，数 6000 可以唯一地分解为 $2^4 \cdot 3 \cdot 5^3$。

练习

31.1-1 证明：若 $a > b > 0$，且 $c = a + b$，则 $c \bmod a = b$。

31.1-2 证明有无穷多个素数。（提示：证明素数 p_1，p_2，$\cdots$，p_k 都不能整除 $(p_1 p_2 \cdots p_k) + 1$。）

31.1-3 证明：如果 $a | b$ 且 $b | c$，则 $a | c$。

31.1-4 证明：如果 p 是素数并且 $0 < k < p$，则 $\gcd(k, p) = 1$。

31.1-5 证明推论 31.5。

31.1-6 证明：如果 p 是素数且 $0 < k < p$，则 $p \left| \begin{pmatrix} p \\ k \end{pmatrix} \right.$。证明对所有整数 a、b 和素数 p，有

$$(a + b)^p \equiv a^p + b^p \pmod{p}$$

31.1-7 证明：如果 a 和 b 是任意正整数，且满足 $a | b$，则对任意 x，

$$(x \bmod b) \bmod a = x \bmod a$$

在相同的假设下，证明对任意整数 x 和 y，如果 $x \equiv y \pmod{b}$，则 $x \equiv y \pmod{a}$。

31.1-8 对任意整数 $k > 0$，如果存在一个整数 a，满足 $a^k = n$，则称整数 n 是一个 **k 次幂**。如果对于某个整数 $k > 1$，$n > 1$ 是一个 k 次幂，则称 n 是**非平凡幂**。说明如何在关于 β 的多项式时间内判定一个 β 位整数 n 是否是非平凡幂。

31.1-9 证明等式 $(31.6) \sim (31.10)$。

31.1-10 证明：最大公约数运算满足结合律，即证明对所有整数 a、b 和 c，

$$\gcd(a, \gcd(b, c)) = \gcd(\gcd(a, b), c)$$

31.1-11 证明定理 31.8。

31.1-12 试写出计算 β 位整数除以短整数的高效算法，以及计算 β 位整数除以短整数的余数的高效算法。所给出的算法的运行时间应为 $\Theta(\beta^2)$。

31.1-13 写出一个高效算法，用于将 β 位二进制整数转化为相应的十进制表示。证明：如果长度至多为 β 的整数的乘法或除法运算所需时间为 $M(\beta)$，则执行二进制到十进制转换所需的时间为 $\Theta(M(\beta) \lg \beta)$。（提示：应用分治法，分别使用独立的递归计算结果的前段和后段。）

31.2　最大公约数

在本节中，我们将描述高效计算两个整数最大公约数的欧几里得算法。在对其运行时间进行分析的过程中，我们将发现它与斐波那契数存在着惊人联系，由此可知欧几里得算法最坏情况下的输入。

在本节中，我们仅对非负整数进行讨论。由式(31.8)可知，$\gcd(a, b)=\gcd(|a|, |b|)$这一限制是有道理的。

原则上讲，可以根据a和b的素因子分解求出正整数a和b的最大公约数$\gcd(a, b)$。的确，如果

$$a = p_1^{e_1} p_2^{e_2} \cdots p_r^{e_r} \tag{31.11}$$

$$b = p_1^{f_1} p_2^{f_2} \cdots p_r^{f_r} \tag{31.12}$$

其中使用了零指数，从而使得素数集合p_1，p_2，$\cdots$，p_r对于a和b相同，正如练习 31.2-1 要求读者证明的，

$$\gcd(a,b) = p_1^{\min(e_1, f_1)} p_1^{\min(e_2, f_2)} \cdots p_1^{\min(e_r, f_r)} \tag{31.13}$$

我们将在 31.9 节中说明，目前已知的最好的因子分解算法也不能达到多项式运行时间[⊖]。因此，利用这种方法来计算最大公约数不大可能获得高效率。

计算最大公约数的欧几里得算法基于如下定理。

定理 31.9(GCD 递归定理)　对任意非负整数a和任意正整数b，

$$\gcd(a,b) = \gcd(b, a \bmod b)$$

证明　下面将证明$\gcd(a, b)$与$\gcd(b, a \bmod b)$可以互相整除，这样由等式(31.5)可知，它们一定相等(因为它们都是非负整数)。

首先证明$\gcd(a, b) \mid \gcd(b, a \bmod b)$。如果设$d=\gcd(a, b)$，那么$d \mid a$且$d \mid b$。由等式(3.8)可知，$(a \bmod b)=a-qb$，其中$q=\lfloor a/b \rfloor$。因为$a \bmod b$是$a$与$b$的线性组合，所以由等式(31.4)可知，$d \mid (a \bmod b)$。因此，由于$d \mid b$且$d \mid (a \bmod b)$，由推论 31.3 可得$d \mid \gcd(b, a \bmod b)$，或者有等价结论

$$\gcd(a,b) \mid \gcd(b, a \bmod b) \tag{31.14}$$

证明$\gcd(b, a \bmod b) \mid \gcd(a, b)$的过程几乎与上述过程相同。如果设$d=\gcd(b, a \bmod b)$，则$d \mid b$且$d \mid (a \bmod b)$。由于$a=qb+(a \bmod b)$，其中$q=\lfloor a/b \rfloor$，所以$a$是$b$和$(a \bmod b)$的一个线性组合。由等式(31.4)可得$d \mid a$。由于$d \mid b$且$d \mid a$，故根据推论 31.3，$d \mid \gcd(a, b)$，或者有等价结论

$$\gcd(b, a \bmod b) \mid \gcd(a,b) \tag{31.15}$$

运用式(31.5)，再根据式(31.14)与式(31.15)，就可以完成对本定理的证明。　∎

欧几里得算法

欧几里得(约公元前 300 年)的《几何原本》描述了下列 gcd 算法，实际上这一算法出现的时间可能还要早些。我们将其描述为一个由定理 31.9 直接得到的递归程序，其输入a和b都是任意非负整数。

EUCLID(a,b)

1　**if** $b==0$
2　　**return** a
3　**else return** EUCLID(b,$a \bmod b$)

下面举例说明 EUCLID 的运行过程。考虑$\gcd(30, 21)$的计算过程：

⊖　存在量子计算机的因子分解算法，即秀尔算法(Shor's Algorithm)。——译者注

$$\text{EUCLID}(30,21) = \text{EUCLID}(21,9) = \text{EUCLID}(9,3) = \text{EUCLID}(3,0) = 3$$

该计算过程三次递归调用了 EUCLID。

过程 EUCLID 的正确性可以从定理 31.9 以及下列性质推出：如果算法在第 2 行返回 a，则 $b=0$。因此由式(31.9)可知，$\gcd(a, b) = \gcd(a, 0) = a$。因为在递归调用的过程中第二个参数的值单调递减且始终非负，所以算法不可能无限递归下去。因此，EUCLID 总能终止并求出正确答案。

欧几里得算法的运行时间

下面来分析 EUCLID 算法在最坏情况下的运行时间，我们把它看成输入 a 与 b 的大小的函数。不失一般性，设 $a>b\geqslant0$。为了确定这个假设的合理性，注意如果 $b>a\geqslant0$，则 EUCLID(a, b) 会立即递归调用 EUCLID(b, a)，即如果第一个自变量小于第二个自变量，则 EUCLID 进行一次递归调用以对调两个自变量，然后继续执行。类似地，如果 $b=a>0$，则过程在进行一次递归调用后就终止执行，因为 $a \bmod b=0$。

过程 EUCLID 的运行时间与其递归调用的次数成正比。在我们的分析过程中，用到了由递归式(3.22)定义的斐波那契数 F_k。

935 **引理 31.10** 如果 $a>b\geqslant1$ 并且 EUCLID(a, b) 执行了 $k\geqslant1$ 次递归调用，则 $a\geqslant F_{k+2}$，$b\geqslant F_{k+1}$。

证明 通过对 k 进行归纳来证明引理。作为归纳的基础，设 $k=1$，则 $b\geqslant1=F_2$。又由于 $a>b$，必有 $a\geqslant2=F_3$。因为 $b>(a \bmod b)$，即在每次调用中，第一个变量严格大于第二个变量，因此对每次递归调用，假设 $a>b$ 成立。

假设执行 $k-1$ 次递归调用时引理成立。下面将证明若执行 k 次递归调用，引理同样成立。因为 $k>0$，所以有 $b>0$，并且 EUCLID(a, b) 递归调用 EUCLID$(b, a \bmod b)$，该函数依次进行了 $k-1$ 次递归调用。根据归纳假设可知 $b\geqslant F_{k+1}$（因此也就证明了引理的一部分），且 $a \bmod b\geqslant F_k$。我们有

$$b + (a \bmod b) = b + (a - b\lfloor a/b \rfloor) \leqslant a$$

因为 $a>b>0$ 可导出 $\lfloor a/b \rfloor\geqslant1$，所以

$$a \geqslant b + (a \bmod b) \geqslant F_{k+1} + F_k - F_{k+2} \qquad\blacksquare$$

下面的定理是这个引理的一个直接推论。

定理 31.11(Lamé 定理) 对任意整数 $k\geqslant1$，如果 $a>b\geqslant1$，且 $b<F_{k+1}$，则 EUCLID(a, b) 的递归调用次数少于 k 次。

通过证明当 $k\geqslant2$ 时，EUCLID(F_{k+1}, F_k) 恰好进行了 $k-1$ 次递归调用，可以证明定理 31.11 中的上界是最优的。对于 $k=2$ 的基本情况，EUCLID(F_3, F_2) 恰好进行 1 次调用，变为 EUCLID$(1, 0)$（我们必须从 $k=2$ 开始，因为 $k=1$ 时，无法得到 $F_2>F_1$），利用归纳法，假设 EUCLID(F_k, F_{k-1}) 恰好进行了 $k-2$ 次递归调用。因为 $k>2$，有 $F_k>F_{k-1}>0$ 且 $F_{k+1}=F_k+F_{k-1}$，又由练习 31.1-1 有 $F_{k+1} \bmod F_k=F_{k-1}$。于是，有

$$\gcd(F_{k+1},F_k) = \gcd(F_k,F_{k+1} \bmod F_k) = \gcd(F_k,F_{k-1})$$

因此，EUCLID(F_{k+1}, F_k) 的调用次数恰好比 EUCLID(F_k, F_{k-1}) 多一次，即恰好 $k-1$ 次，从而达到定理 31.11 中的上界。

936 由于 F_k 约为 $\phi^k/\sqrt5$，其中 ϕ 是由式(3.24)定义的黄金分割率 $(1+\sqrt5)/2$，所以 EUCLID 执行中递归调用的次数为 $O(\lg b)$。（更紧的界见练习 31.2-5。）因此，如果过程 EUCLID 作用于两个 β 位数，则它将执行 $O(\beta)$ 次算术运算和 $O(\beta^3)$ 次位操作（假设 β 位数的乘法和除法运算要执行 $O(\beta^2)$ 次位操作）。思考题 31-2 要求读者证明位操作次数的界为 $O(\beta^2)$。

欧几里得算法的扩展形式

现在重写欧几里得算法以计算出额外的有用信息。特别地，我们推广该算法用于计算出满

足下列条件的整系数 x 和 y：

$$d = \gcd(a,b) = ax + by \qquad (31.16)$$

注意，x 与 y 可能为 0 或负数。我们将会发现这些系数对计算模乘法的逆是非常有用的。过程 EXTENDED-EUCLID 的输入为一对非负整数，其返回一个满足式(31.16)的三元组 (d, x, y)。

EXTENDED-EUCLID(a,b)

1   **if** $b == 0$
2   **return**$(a,1,0)$
3   **else**$(d',x',y') =$ EXTENDED-EUCLID$(b, a \bmod b)$
4      $(d,x,y) = (d', y', x' - \lfloor a/b \rfloor y')$
5   **return**(d,x,y)

图 31-1 演示了用 EXTENDED-EUCLID 计算 $\gcd(99, 78)$ 的过程。

937

a	b	$\lfloor a/b \rfloor$	d	x	y
99	78	1	3	-11	14
78	21	3	3	3	-11
21	15	1	3	-2	3
15	6	2	3	1	-2
6	3	2	3	0	1
3	0	—	3	1	0

图 31-1   用 EXTENDED-EUCLID 计算 $\gcd(99, 78)$。每行显示一层递归调用：输入 a 和 b 的值，计算数值 $\lfloor a/b \rfloor$，并返回值 d，x 和 y。返回的三元组 (d, x, y) 成为三元组 (d', x', y')，在更高一层递归中使用。调用 EXTENDED-EUCLID$(99, 78)$ 返回 $(3, -11, 14)$，故 $\gcd(99, 78) = 3 = 99 \cdot (-11) + 78 \cdot 14$

过程 EXTENDED-EUCLID 是过程 EUCLID 的一个变形。第 1 行等价于 EUCLID 第 1 行中的测试"$b == 0$"。如果 $b = 0$，则 EXTENDED-EUCLID 不仅返回第 2 行中的 $d = a$，而且返回系数 $x = 1$ 和 $y = 0$，使得 $a = ax + by$。如果 $b \neq 0$，则 EXTENDED-EUCLID 首先计算出满足 $d' = \gcd(b, a \bmod b)$ 和

$$d' = bx' + (a \bmod b)y' \qquad (31.17)$$

的 (d', x', y')。对过程 EUCLID 来说，在这种情况下，有 $d = \gcd(a, b) = d' = \gcd(b, a \bmod b)$。为了得到满足 $d = ax + by$ 的 x 和 y，利用等式 $d = d'$ 和式(3.8)来改写式(31.17)：

$$d = bx' + (a - b\lfloor a/b \rfloor)y' = ay' + b(x' - \lfloor a/b \rfloor y')$$

因此，当选择 $x = y'$ 和 $y = x' - \lfloor a/b \rfloor y'$ 时，就可满足等式 $d = ax + by$，从而证明了过程 EXTENDED-EUCLID 的正确性。

由于在 EUCLID 中，所执行的递归调用次数与 EXTENDED-EUCLID 中所执行的递归调用次数相等，因此，EUCLID 与 EXTENDED-EUCLID 的运行时间相同，两者相差不超过一个常数因子，即对 $a > b > 0$. 递归调用的次数为 $O(\lg b)$。

练习

31.2-1   证明：由式(31.11)和式(31.12)可推得式(31.13)。

31.2-2   计算调用过程 EXTENDED-EUCLID$(899, 493)$ 的返回值为 (d, x, y)。

31.2-3   证明：对所有整数 a，k 和 n，

$$\gcd(a, n) = \gcd(a + kn, n)$$

31.2-4   仅用常数大小的存储空间(即仅存储常数个整数值)把过程 EUCLID 改写成迭代形式。

31.2-5   如果 $a > b \geqslant 0$，证明：EUCLID(a, b) 至多执行 $1 + \log_\phi b$ 次递归调用。把这个界改进

为 $1+\log_\phi(b/\gcd(a,b))$。

31.2-6 过程 EXTENDED-EUCLID(F_{k+1}, F_k) 返回什么值？证明答案的正确性。

31.2-7 利用递归等式 $\gcd(a_0, a_1, \cdots, a_n) = \gcd(a_0, \gcd(a_1, \cdots, a_n))$ 定义多于两个变量的 gcd 函数。说明 gcd 函数的返回值与其参数次序无关。同时说明如何找出满足 $\gcd(a_0, a_1, \cdots, a_n) = a_0 x_0 + a_1 x_1 + \cdots + a_n x_n$ 的整数 $x_0, x_1, \cdots, x_n$。证明所给出的算法执行除法运算的次数为 $O(n+\lg(\max\{a_0, a_1, \cdots, a_n\}))$。

31.2-8 把 n 个整数 $a_1, \cdots, a_n$ 的**最小公倍数**定义为 $\mathrm{lcm}(a_1, a_2, \cdots, a_n)$，即每个 a_i 的倍数中的最小非负整数。说明如何使用(具有两个自变量的)gcd 函数作为子程序才能高效计算出 $\mathrm{lcm}(a_1, a_2, \cdots, a_n)$。

31.2-9 证明：n_1, n_2, n_3 和 n_4 是两两互质的当且仅当

$$\gcd(n_1 n_2, n_3 n_4) = \gcd(n_1 n_3, n_2 n_4) = 1$$

更一般地，证明：$n_1, n_2, \cdots, n_k$ 两两互质，当且仅当从 n_i 中导出的 $\lceil \lg k \rceil$ 对整数互为质数。

31.3 模运算

可以把模运算非正式地与通常的整数运算一样看待，如果执行模 n 运算，则每个结果值 x 都由集合 $\{0, 1, \cdots, n-1\}$ 中的某个元素所取代，该元素在模 n 的意义下与 x 等价(即用 $x \bmod n$ 来取代 x)。如果仅限于运用加法、减法和乘法运算，则用这样的非正式模型就足够了。模运算模型最适合于用群论结构来进行描述，下面就给出更为形式化的模型。

有限群

群$(S, \oplus)$ 是一个集合 S 和定义在 S 上的二元运算 $\oplus$，该运算满足下列性质：

1. **封闭性**：对所有 $a, b \in S$，有 $a \oplus b \in S$。
2. **单位元**：存在一个元素 $e \in S$，称为群的**单位元**，满足对所有 $a \in S$，$e \oplus a = a \oplus e = a$。
3. **结合律**：对所有 $a, b, c \in S$，有 $(a \oplus b) \oplus c = a \oplus (b \oplus c)$。
4. **逆元**：对每个 $a \in S$，存在唯一的元素 $b \in S$，称为 a 的**逆元**，满足 $a \oplus b = b \oplus a = e$。

例如，考察一个熟知的在加法运算下整数 $\mathbf{Z}$ 所构成的群$(\mathbf{Z}, +)$：0 是单位元，a 的逆元为 $-a$。如果群$(S, \oplus)$ 满足**交换律**，即对所有 $a, b \in S$，有 $a \oplus b = b \oplus a$，则它是一个**交换群**[⊖]。如果群$(S, \oplus)$ 满足 $|S| < \infty$，则它是一个**有限群**。

由模加法与模乘法所定义的群

通过对模 n 运用加法与乘法运算，可以得到两个有限交换群，其中 n 是正整数。这些群基于 31.1 节中定义的整数模 n 所形成的等价类。

我们需要合适的二元运算来定义 $\mathbf{Z}_n$ 上的群，该运算可以通过重新定义普通的加法运算与乘法运算得到。$\mathbf{Z}_n$ 上的加法与乘法运算很容易定义，因为两个整数的等价类唯一决定了其和或积的等价类。也就是说，如果 $a \equiv a' \pmod{n}$ 和 $b \equiv b' \pmod{n}$，那么

$$a + b \equiv a' + b' \pmod{n}$$
$$ab \equiv a'b' \pmod{n}$$

因此，定义模 n 加法与模 n 乘法如下(分别用 $+_n$ 和 $\cdot_n$ 表示)：

$$[a]_n +_n [b]_n = [a+b]_n \tag{31.18}$$
$$[a]_n \cdot_n [b]_n = [ab]_n$$

($\mathbf{Z}_n$ 上的减法可类似定义为 $[a]_n -_n [b]_n = [a-b]_n$，但下面将会看到，除法的定义要复杂一些。)

⊖ 原文直译应为阿贝尔群，和交换群同义。——译者注

这些事实说明在 $\mathbf{Z}_n$ 中进行计算时，可以很方便地使用每个等价类的最小非负元素作为其代表，这种方法也具有一般性。我们对这些代表元素像整数那样执行加法、减法与乘法，但每个结果 x 都由其所对应类的代表元素代替(即用 $x \bmod n$ 来代替)。

运用该模 n 加法的定义，定义**模 n 加法群** $(\mathbf{Z}_n, +_n)$，它的规模为 $|\mathbf{Z}_n| = n$。图 31-2(a)给出了群 $(\mathbf{Z}_6, +_6)$ 的运算表。

$+_6$	0	1	2	3	4	5
0	0	1	2	3	4	5
1	1	2	3	4	5	0
2	2	3	4	5	0	1
3	3	4	5	0	1	2
4	4	5	0	1	2	3
5	5	0	1	2	3	4

(a)

$\cdot_{15}$	1	2	4	7	8	11	13	14
1	1	2	4	7	8	11	13	14
2	2	4	8	14	1	7	11	13
4	4	8	1	13	2	14	7	11
7	7	14	13	4	11	2	1	8
8	8	1	2	11	4	13	14	7
11	11	7	14	2	13	1	8	4
13	13	11	7	1	14	8	4	2
14	14	13	11	8	7	4	2	1

(b)

图 31-2　两个有限群，其等价类由其代表元素表示。(a)群 $(\mathbf{Z}_6, +_6)$。(b)群 $(\mathbf{Z}_{15}^*, \cdot_{15})$

定理 31.12　系统 $(\mathbf{Z}_n, +_n)$ 是一个有限交换群。

证明　式(31.18)表明 $(\mathbf{Z}_n, +_n)$ 是封闭的。由 $+$ 满足交换律与结合律可以推出 $+_n$ 满足交换律与结合律：

$$([a]_n +_n [b]_n) +_n [c]_n = [a+b]_n +_n [c]_n = [(a+b)+c]_n = [a+(b+c)]_n$$
$$= [a]_n +_n [b+c]_n = [a]_n +_n ([b]_n +_n [c]_n)$$
$$[a]_n +_n [b]_n = [a+b]_n = [b+a]_n = [b]_n +_n [a]_n$$

$(\mathbf{Z}_n, +_n)$ 的单位元是 0(即 $[0]_n$)。元素 a(即 $[a]_n$)的(加法)逆元是元素 $-a$(即 $[-a]_n$ 或 $[n-a]_n$)，因为 $[a]_n +_n [-a]_n = [a-a]_n = [0]_n$。　∎

运用模 n 乘法的定义，可以定义**模 n 乘法群** $(\mathbf{Z}_n^*, \cdot_n)$。该群中的元素是 $\mathbf{Z}_n$ 中与 n 互质的元素组成的集合 $\mathbf{Z}_n^*$：

$$\mathbf{Z}_n^* = \{[a]_n \in \mathbf{Z}_n : \gcd(a,n) = 1\}$$

为了表明 $\mathbf{Z}_n^*$ 是良定义的，注意到，对 $0 \leqslant a < n$ 以及所有整数 k，有 $a \equiv (a+kn)(\bmod n)$。因此根据练习 31.2-3，因为 $\gcd(a,n)=1$，所以对所有整数 k，$\gcd(a+kn, n)=1$。因为 $[a]_n = \{a+kn: k \in \mathbf{Z}\}$，所以集合 $\mathbf{Z}_n^*$ 是良定义的，下面是这种群的一个例子：

$$\mathbf{Z}_{15}^* = \{1, 2, 4, 7, 8, 11, 13, 14\}$$

其中定义在群上的运算是模 15 乘法运算。(这里把元素 $[a]_{15}$ 表示为 a。例如，把 $[7]_{15}$ 表示为 7。)图 31-2(b)显示了群 $(\mathbf{Z}_{15}^*, \cdot_{15})$。例如，在 $\mathbf{Z}_{15}^*$ 中，$8 \cdot 11 \equiv 13(\bmod 15)$。该群的单位元为 1。

定理 31.13　系统 $(\mathbf{Z}_n^*, \cdot_n)$ 是一个有限交换群。

证明　定理 31.6 说明 $(\mathbf{Z}_n^*, \cdot_n)$ 是封闭的。和定理 31.12 证明过程中对 $+_n$ 的证明类似，可以证明 $\cdot_n$ 也满足交换律和结合律。其单位元为 $[1]_n$。为了证明逆元的存在，设 a 是 $\mathbf{Z}_n^*$ 中的一个元素，并设 (d, x, y) 为 EXTENDED-EUCLID(a, n) 的输出结果，则 $d=1$，因为 $a \in \mathbf{Z}_n^*$，而且

$$ax + ny = 1 \tag{31.19}$$

或者等价地，

$$ax \equiv 1(\bmod n)$$

因此，$[x]_n$ 是 $[a]_n$ 对模 n 乘法的逆元。进一步，因为等式(31.19)说明了 x 和 n 的最小正线性组

合必然是 1，所以断言 $[x]_n \in \mathbf{Z}_n^*$。因此由定理 31.2 推出 $\gcd(x, n) = 1$。关于逆元的唯一性证明留到推论 31.26。　■

作为计算乘法逆元的一个例子，设 $a = 5$ 且 $n = 11$，则 EXTENDED-EUCLID(a, n) 返回 $(d, x, y) = (1, -2, 1)$，于是 $1 = 5 \cdot (-2) + 11 \cdot 1$。因此 $[-2]_{11}$（即 $[9]_{11}$）是 $[5]_{11}$ 的乘法逆元。

为了方便起见，在本章的后面部分遇到群 $(\mathbf{Z}_n, +_n)$ 和 $(\mathbf{Z}_n^*, \cdot_n)$ 时，仍然用代表元素来表示等价类，并且分别用通常的运算记号 $+$ 和 $\cdot$（或并置，故 $ab = a \cdot b$）来表示运算 $+_n$ 和 $\cdot_n$。另外，模 n 等价也可以用 $\mathbf{Z}_n$ 中的等式说明。例如，下列两种表示等价：

$$ax \equiv b \pmod{n}$$
$$[a]_n \cdot_n [x]_n = [b]_n$$

为了方便表示，当从上下文能看出所采用的运算时，有时仅用 S 来表示群 $(S, \oplus)$。因此可以用 $\mathbf{Z}_n$ 和 $\mathbf{Z}_n^*$ 分别来表示群 $(\mathbf{Z}_n, +_n)$ 和 $(\mathbf{Z}_n^*, \cdot_n)$。

一个元素 a 的（乘法）逆元表示为 $(a^{-1} \bmod n)$。$\mathbf{Z}_n^*$ 中的除法由等式 $a/b \equiv ab^{-1} \pmod{n}$ 定义。

|942| 例如，在 $\mathbf{Z}_{15}^*$ 中，有 $7^{-1} \equiv 13 \pmod{15}$，因为 $7 \cdot 13 = 91 \equiv 1 \pmod{15}$。这样就有 $4/7 \equiv 4 \cdot 13 \equiv 7 \pmod{15}$。

$\mathbf{Z}_n^*$ 的规模表示为 $\phi(n)$。这个函数称为**欧拉 phi 函数**，满足下式：

$$\phi(n) = n \prod_{p : p\text{是素数且} p | n} \left(1 - \frac{1}{p}\right) \tag{31.20}$$

其中 p 能整除 n 的任意素数（如果 n 是素数，则也包括 n 本身）。在此不对此公式作出证明。从直观上看，开始时有一张 n 个余数组成的表 $\{0, 1, \cdots, n-1\}$，然后对于每个能整除 n 的素数 p，在表中划掉所有 p 的倍数。例如，由于 45 的素约数为 3 和 5，所以

$$\phi(45) = 45\left(1 - \frac{1}{3}\right)\left(1 - \frac{1}{5}\right) = 45\left(\frac{2}{3}\right)\left(\frac{4}{5}\right) = 24$$

如果 p 是素数，则 $\mathbf{Z}_p^* = \{1, 2, \cdots, p-1\}$，并且

$$\phi(p) = p\left(1 - \frac{1}{p}\right) = p - 1 \tag{31.21}$$

如果 n 是合数，则 $\phi(n) < n - 1$，尽管它可以表示为

$$\phi(n) > \frac{n}{e^{\gamma} \ln \ln n + \dfrac{3}{\ln \ln n}} \tag{31.22}$$

其中 $n \geqslant 3$，此时 $\gamma = 0.577\,215\,664\,9\cdots$ 是**欧拉常数**。当 $n > 5$ 时，一个更简单的（也更松弛）的下界是

$$\phi(n) > \frac{n}{6 \ln \ln n} \tag{31.23}$$

式（31.22）中的下界事实上是最好的，因为

$$\liminf_{n \to \infty} \frac{\phi(n)}{n/\ln \ln n} = e^{-\gamma} \tag{31.24}$$

子群

如果 $(S, \oplus)$ 是一个群，$S' \subseteq S$，并且 $(S', \oplus)$ 也是一个群，则 $(S', \oplus)$ 称为 $(S, \oplus)$ 的**子群**。

|943| 例如，在加法运算下，偶数形成一个整数的子群。下列定理提供了识别子群的一个有用工具。

定理 31.14（一个有限群的非空封闭子集是一个子群）　如果 $(S, \oplus)$ 是一个有限群，S' 是 S 的任意一个非空子集并满足对所有 $a, b \in S'$，有 $a \oplus b \in S'$，则 $(S', \oplus)$ 是 $(S, \oplus)$ 的一个子群。

证明　证明过程留作练习 31.3-3。　■

例如，集合 $\{0, 2, 4, 6\}$ 形成 $\mathbf{Z}_8$ 的一个子群，因为它是非空的，而且在 $+$ 运算下具有封闭

性(即在 $+_8$ 下它是封闭的)。

下列定理对子群的规模作出了一个非常有用的限制,证明在此略去。

定理 31.15(拉格朗日定理) 如果 $(S, \oplus)$ 是一个有限群,$(S', \oplus)$ 是 $(S, \oplus)$ 的一个子群,则 $|S'|$ 是 $|S|$ 的一个约数。

对一个群 S 的子群 S',如果 $S' \neq S$,则子群 S' 称为群 S 的**真子群**。31.8 节中对 Miller-Rabin 素数测试过程的分析将用到下面的推论。

推论 31.16 如果 S' 是有限群 S 的真子群,则 $|S'| \leqslant |S|/2$。

由一个元素生成的子群

定理 31.14 给出了一种用于生成有限群 $(S, \oplus)$ 的子群的有趣方法:选择一个元素 a,根据群上的运算取出由 a 能生成的所有元素。具体地,对 $k \geqslant 1$ 定义 $a^{(k)}$ 如下:

$$a^{(k)} = \bigoplus_{i=1}^{k} a = \underbrace{a \oplus a \oplus \cdots \oplus a}_{k \uparrow}$$

例如,如果取群 $\mathbf{Z}_6$ 中的元素 $a=2$,序列 $a^{(1)}, a^{(2)}, \cdots$ 为

$$2, 4, 0, 2, 4, 0, 2, 4, 0, \cdots$$

在群 $\mathbf{Z}_n$ 中,有 $a^{(k)} = ka \bmod n$。在群 $\mathbf{Z}_n^*$ 中,有 $a^{(k)} = a^k \bmod n$。**由 a 生成的子群**用 $\langle a \rangle$ 或 $(\langle a \rangle, \oplus)$ 来表示,其定义如下:

$$\langle a \rangle = \{a^{(k)} : k \geqslant 1\}$$

我们称 a **生成**子群 $\langle a \rangle$,或者 a 是 $\langle a \rangle$ 的**生成元**。因为 S 是有限集,所以 $\langle a \rangle$ 是 S 的有限子集,它可能包含 S 中的所有元素。由 $\oplus$ 满足结合律可知,

$$a^{(i)} \oplus a^{(j)} = a^{(i+j)}$$

故 $\langle a \rangle$ 具有封闭性,根据定理 31.14,$\langle a \rangle$ 是 S 的一个子群。例如,在 $\mathbf{Z}_6$ 中,有

$$\langle 0 \rangle = \{0\}$$
$$\langle 1 \rangle = \{0, 1, 2, 3, 4, 5\}$$
$$\langle 2 \rangle = \{0, 2, 4\}$$

类似地,在 $\mathbf{Z}_7^*$ 中,有

$$\langle 1 \rangle = \{1\}$$
$$\langle 2 \rangle = \{1, 2, 4\}$$
$$\langle 3 \rangle = \{1, 2, 3, 4, 5, 6\}$$

在群 S 中 a 的**阶**定义为满足 $a^{(t)} = e$ 的最小正整数 t,用 $\mathrm{ord}(a)$ 来表示。

定理 31.17 对任意有限群 $(S, \oplus)$ 和任意 $a \in S$,一个元素的阶等于它所生成子群的规模,即 $\mathrm{ord}(a) = |\langle a \rangle|$。

证明 设 $t = \mathrm{ord}(a)$。因为 $a^{(t)} = e$ 并且对 $k \geqslant 1$ 有 $a^{(t+k)} = a^{(t)} \oplus a^{(k)} = a^{(k)}$,如果 $i > t$,则对某个 $j < i$,有 $a^{(i)} = a^{(j)}$。因此,在 $a^{(t)}$ 后面不会出现新元素,于是 $\langle a \rangle = \{a^{(1)}, a^{(2)}, \cdots, a^{(t)}\}$,而且 $|\langle a \rangle| \leqslant t$。为了证明 $|\langle a \rangle| \geqslant t$,我们证明序列 $a^{(1)}, a^{(2)}, \cdots, a^{(t)}$ 中的元素各不相同。假设不成立,即对某个满足 $1 \leqslant i < j \leqslant t$ 的 i 和 j 有 $a^{(i)} = a^{(j)}$。那么对 $k \geqslant 0$,有 $a^{(i+k)} = a^{(j+k)}$。但这说明 $a^{(i+(t-j))} = a^{(j+(t-j))} = e$,因为 $i + (t-j) < t$,而 t 是满足 $a^{(t)} = e$ 的最小正值,这样就产生了矛盾。因此,序列 $a^{(1)}, a^{(2)}, \cdots, a^{(t)}$ 中的每个元素都是不同的,$|\langle a \rangle| \geqslant t$。于是得出结论 $\mathrm{ord}(a) = |\langle a \rangle|$。 ∎

推论 31.18 序列 $a^{(1)}, a^{(2)}, \cdots$ 是周期序列,其周期为 $t = \mathrm{ord}(a)$,即 $a^{(i)} = a^{(j)}$ 当且仅当 $i \equiv j \pmod{t}$。

对所有整数 i,定义 $a^{(0)}$ 为 e,且定义 $a^{(i)}$ 为 $a^{(i \bmod t)}$,其中 $t = \mathrm{ord}(a)$,与上述推论一致。

推论 31.19 如果 $(S, \oplus)$ 是具有单位元 e 的有限群,则对所有 $a \in S$,

944

945

$$a^{(|S|)} = e$$

证明 由拉格朗日定理可知，$\mathrm{ord}(a)\,\big|\,|S|$，因此 $|S|\equiv 0(\mathrm{mod}\,t)$，其中 $t=\mathrm{ord}(a)$。所以

$$a^{(|S|)} = a^{(0)} = e$$

■

练习

31.3-1 画出群$(\mathbf{Z}_4, +_4)$和群$(\mathbf{Z}_5^*, \cdot_5)$的运算表。通过找这两个群的元素间的一一对应关系 α，满足 $a+b\equiv c(\mathrm{mod}\,4)$当且仅当$\alpha(a)\cdot\alpha(b)\equiv\alpha(c)(\mathrm{mod}\,5)$，来证明这两个群是同构的。

31.3-2 列举出 $\mathbf{Z}_9$ 和 $\mathbf{Z}_{13}^*$ 的所有子群。

31.3-3 证明定理 31.14。

31.3-4 证明：如果 p 是素数且 e 是正整数，则

$$\phi(p^e) = p^{e-1}(p-1)$$

31.3-5 证明：对任意 $n>1$ 和任意 $a\in\mathbf{Z}_n^*$，由式 $f_a(x)=ax\,\mathrm{mod}\,n$ 所定义的函数 f_a：$\mathbf{Z}_n^*\to\mathbf{Z}_n^*$ 是 $\mathbf{Z}_n^*$ 的一个置换。

31.4　求解模线性方程

现在来考虑求解下列方程的问题：

$$ax \equiv b(\mathrm{mod}\,n) \tag{31.25}$$

其中 $a>0$，$n>0$。这个问题有若干种应用。例如，在 31.7 节中，我们将它用在 RSA 公钥加密系统中，作为寻找密钥过程的一部分。假设已知 a，b 和 n，希望找出所有满足式(31.25)的对模 n 的 x 值。这个方程可能没有解，也可能有一个或多个这样的解。

令$\langle a\rangle$表示由 a 生成的 $\mathbf{Z}_n$ 的子群。由于$\langle a\rangle=\{a^{(x)}:x>0\}=\{ax\,\mathrm{mod}\,n:x>0\}$，所以当且仅当$[b]\in\langle a\rangle$时，方程(31.25)有一个解。拉格朗日定理(定理31.15)告诉我们，$|\langle a\rangle|$ 必定是 n 的
946
约数。下列定理准确地刻画了$\langle a\rangle$的特性。

定理 31.20 对任意正整数 a 和 n，如果 $d=\gcd(a,n)$，则在 $\mathbf{Z}_n$ 中，

$$\langle a\rangle = \langle d\rangle = \{0,d,2d,\cdots,((n/d)-1)d\} \tag{31.26}$$

因此，

$$|\langle a\rangle| = n/d$$

证明 首先证明 $d\in\langle a\rangle$。注意到 EXTENDED-EUCLID(a,n)可生成整数 x' 和 y'，使得 $ax'+ny'=d$。因此 $ax'\equiv d(\mathrm{mod}\,n)$，所以 $d\in\langle a\rangle$。换句话说，d 是 $\mathbf{Z}_n$ 中 a 的一个倍数。

由于 $d\in\langle a\rangle$，所以 d 的所有倍数均属于$\langle a\rangle$，这是因为 a 的倍数的倍数其本身仍然是 a 的倍数。所以，$\langle a\rangle$包含了集合$\{0,d,2d,\cdots,((n/d)-1)d\}$中的每一个元素。也就是说，$\langle d\rangle\subseteq\langle a\rangle$。

现在来证明$\langle a\rangle\subseteq\langle d\rangle$。如果 $m\in\langle a\rangle$，则对某个整数 x，有 $m=ax\,\mathrm{mod}\,n$，所以对某个整数 y，有 $m=ax+ny$。然而，$d\,|\,a$ 且 $d\,|\,n$，所以由式(31.4)有 $d\,|\,m$。因此，$m\in\langle d\rangle$。

由以上这些结论，得到$\langle a\rangle=\langle d\rangle$。注意到在 0 和 $n-1$ 之间(包括 0 和 $n-1$)恰有 n/d 个 d 的倍数，这说明了 $|\langle a\rangle|=n/d$。 ■

推论 31.21 当且仅当 $d\,|\,b$ 时，方程 $ax\equiv b(\mathrm{mod}\,n)$对于未知量 x 有解，这里 $d=\gcd(a,n)$。

证明 当且仅当$[b]\in\langle a\rangle$时，方程 $ax\equiv b(\mathrm{mod}\,n)$有解。由定理 31.20，这等同于

$$(b\,\mathrm{mod}\,n)\in\{0,d,2d,\cdots,((n/d)-1)d\}$$

如果 $0\leq b<n$，则当且仅当 $d\,|\,b$ 时，$b\in\langle a\rangle$成立，这是由于$\langle a\rangle$的成员恰恰是 d 的倍数。如果 $b<0$ 或 $b\geq n$，则观察到 $d\,|\,b$ 当且仅当 $d\,|\,(b\,\mathrm{mod}\,n)$时成立，可得推论，这是由于 b 和 $b\,\mathrm{mod}\,n$ 可以由 n 的倍数区分开，而其本身是 d 的倍数。 ■

推论 31.22 方程 $ax\equiv b(\mathrm{mod}\,n)$或者对模 n 有 d 个不同的解，或者无解，这里 $d=\gcd(a,n)$。

证明 如果 $ax\equiv b(\mod n)$ 有一个解，则 $b\in\langle a\rangle$。根据定理 31.17，$\mathrm{ord}(a)=|\langle a\rangle|$，而且推论 31.18 和定理 31.20 意味着，对 $i=0,1,\cdots$，序列 $ai\bmod n$ 是周期性的，其周期为 $|\langle a\rangle|=n/d$。如果 $b\in\langle a\rangle$，则对 $i=0,1,\cdots,n-1$，b 在序列 $ai\bmod n$ 中恰好出现 d 次，因为当 i 从 0 增加到 $n-1$ 时，长度为 n/d 的一组值 $\langle a\rangle$ 恰好重复了 d 次，这 d 个满足 $ax\bmod n=b$ 的位置的下标 x，就是方程 $ax\equiv b(\mod n)$ 的解。 ∎

947

定理 31.23 令 $d=\gcd(a,n)$，假设对某些整数 x' 和 y'，有 $d=ax'+ny'$（例如 EXTENDED-EUCLID 所计算出的结果）。如果 $d|b$，则方程 $ax\equiv b(\mod n)$ 有一个解的值为 x_0，这里

$$x_0=x'(b/d)\bmod n$$

证明 有

$$ax_0\equiv ax'(b/d)(\mod n)$$
$$\equiv d(b/d)(\mod n)\quad(因为\ ax'\equiv d(\mod n))$$
$$\equiv b(\mod n)$$

因此 x_0 是 $ax\equiv b(\mod n)$ 的一个解。 ∎

定理 31.24 假设方程 $ax\equiv b(\mod n)$ 有解（即 $d|b$，这里 $d=\gcd(a,n)$），且 x_0 是该方程的任意一个解。因此，该方程对模 n 恰有 d 个不同的解，分别为 $x_i=x_0+i(n/d)$，这里 $i=0,1,\cdots,d-1$。

证明 因为 $n/d>0$ 并且对于 $i=0,1,\cdots,d-1$，有 $0\le i(n/d)<n$，所以对模 n，值 $x_0,x_1,\cdots,x_{d-1}$ 都是不相同的。因为 x_0 是 $ax\equiv b(\mod n)$ 的一个解，故有 $ax_0\bmod n\equiv b(\mod n)$。因此，对 $i=0,1,\cdots,d-1$，有

$$ax_i\bmod n=a(x_0+in/d)\bmod n$$
$$=(ax_0+ain/d)\bmod n$$
$$=ax_0\bmod n\quad(因为\ d|a\ 意味着\ ain/d\ 是一个\ n\ 的倍数)$$
$$\equiv b\quad(\mod n)$$

又因为 $ax_i\equiv b(\mod n)$，故 x_i 也是一个解。根据推论 31.22 可知，方程 $ax\equiv b(\mod n)$ 恰有 d 个解，因此 $x_0,x_1,\cdots,x_{d-1}$ 必定是方程的全部解。 ∎

现在已经为求解方程 $ax\equiv b(\mod n)$ 完成了数学上的必要准备，下列算法可输出该方程的所有解。输入 a 和 n 为任意正整数，b 为任意整数。

948

```
MODULAR-LINEAR-EQUATION-SOLVER(a,b,n)
1  (d,x',y')=EXTENDED-EUCLID(a,n)
2  if d|b
3      x0=x'(b/d) mod n
4      for i=0 to d-1
5          print(x0+i(n/d)) mod n
6  else print"no solutions"
```

作为一个说明该过程中操作的例子，考察方程 $14x\equiv30(\mod100)$（这里，$a=14$，$b=30$，$n=100$）。在第 1 行中调用 EXTENDED-EUCLID，得到 $(d,x',y')=(2,-7,1)$。因为 $2|30$，所以执行第 3~6 行。在第 3 行，计算出 $x_0=(-7)(15)\bmod100=95$。第 4~5 行的循环输出这两个解 95 和 45。

过程 MODULAR-LINEAR-EQUATION-SOLVER 的工作方式如下。第 1 行计算出 $d=\gcd(a,n)$ 及两个值 x' 和 y'，满足 $d'=ax'+ny'$，同时表明 x' 是方程 $ax'\equiv d(\mod n)$ 的一个解。如果 d 不能整除 b，则由推论 31.21 可知，方程 $ax\equiv b(\mod n)$ 没有解。第 2 行检查是否有 $d|b$；如果没有，则第 6 行报告方程无解。否则，第 3 行将根据定理 31.23，计算出方程 $ax\equiv b(\mod n)$

的一个解 x_0。已知一个解后，定理 31.24 说明，通过加上对模 n 等于 (n/d) 的倍数，可以得到其他 $d-1$ 个解。第 4～5 行的 **for** 循环输出所有 d 个解，从 x_0 开始，每两个解之间模 n 相差 (n/d)。

MODULAR-LINEAR-EQUATION-SOLVER 执行 $O(\lg n + \gcd(a, n))$ 次算术运算，因为 EXTENDED-EUCLID 需要执行 $O(\lg n)$ 次算术运算，并且第 4～5 行 **for** 循环中的每次迭代均要执行常数次算术运算。

定理 31.24 的下述推论给出了几个非常有趣的特例。

推论 31.25 对任意 $n>1$，如果 $\gcd(a, n)=1$，则方程 $ax \equiv b(\bmod n)$ 对模 n 有唯一解。 ■

如果 $b=1$，则要求的 x 是 a 对模 n 的**乘法逆元**，这是一种常见的重要有趣情形。

推论 31.26 对任意 $n>1$，如果 $\gcd(a, n)=1$，那么方程 $ax \equiv 1(\bmod n)$ 对模 n 有唯一解；否则方程无解。 ■

949

由于推论 31.26，在 a 和 n 互质时，可以用记号 $a^{-1} \bmod n$ 来表示 a 对模 n 的乘法逆元。如果 $\gcd(a, n)=1$，则方程 $ax \equiv 1(\bmod n)$ 的唯一解就是 EXTENDED-EUCLID 所返回的整数 x，因为方程

$$\gcd(a, n) = 1 = ax + ny$$

意味着 $ax \equiv 1(\bmod n)$。因此，运用 EXTENDED-EUCLID 可以高效地计算出 $a^{-1} \bmod n$。

练习

31.4-1 找出方程 $35x \equiv 10(\bmod 50)$ 的所有解。

31.4-2 证明：只要 $\gcd(a, n)=1$，方程 $ax \equiv ay(\bmod n)$ 就意味着 $x \equiv y(\bmod n)$。通过一个 $\gcd(a, n)>1$ 情况下的反例，证明条件 $\gcd(a, n)=1$ 是必要的。

31.4-3 考察下列对过程 MODULAR-LINEAR-EQUATION-SOLVER 的第 3 行的修改：

3　$x_0 = x'(b/d) \bmod (n/d)$

能否正确运行？解释能或者不能的原因。

31.4-4 令 p 为一个素数，且 $f(x) \equiv f_0 + f_1 x + \cdots + f_t x^t (\bmod p)$ 是一个 t 次多项式，其系数 f_i 是从 $\mathbf{Z}_p$ 得到的。如果 $f(a) \equiv 0(\bmod p)$，则将 $a \in \mathbf{Z}_p$ 称为 f 的**零元**。证明：如果 a 是 f 的一个零元，则对某个 $t-1$ 次的多项式 $g(x)$，有 $f(x) \equiv (x-a)g(x)(\bmod p)$。通过对 t 进行归纳来证明：如果 p 是素数，t 次多项式 $f(x)$ 对模 p 至多有 t 个不同的零元。

31.5 中国余数定理

950

大约在公元 100 年，中国数学家孙子解决了这个问题：找出所有整数 x，它们被 3，5 和 7 除时，余数分别为 2，3 和 2。一个这样的解为 $x=23$，所有的解是形如 $23+105k$（k 为任意整数）的整数。"中国余数定理"提出，对一组两两互质的模数（如 3，5 和 7）来说，其取模运算的方程组与对其积（如 105）取模运算的方程之间存在着一种对应关系。

中国余数定理有两个主要应用。设整数 n 因式分解为 $n = n_1 n_2 \cdots n_k$，其中因子 n_i 两两互质。首先，中国余数定理是一个描述性的"结构定理"，它用等同于笛卡儿积 $\mathbf{Z}_{n_1} \times \mathbf{Z}_{n_2} \times \cdots \times \mathbf{Z}_{n_k}$ 的结构描述了 $\mathbf{Z}_n$ 的结构，其中第 i 个分量定义了对模 n_i 的分量方式加法与乘法运算。其次，这种描述有助于设计出高效的算法，因为处理 $\mathbf{Z}_{n_i}$ 系统中的每个系统可能比处理模 n 运算效率更高（从位操作次数看）。

定理 31.27（中国余数定理） 令 $n = n_1 n_2 \cdots n_k$，其中因子 n_i 两两互质。考虑以下对应关系：

$$a \leftrightarrow (a_1, a_2, \cdots, a_k) \tag{31.27}$$

这里 $a \in \mathbf{Z}_n$，$a_i \in \mathbf{Z}_{n_i}$，而且对 $i=1, 2, \cdots, k$，

$$a_i = a \bmod n_i$$

因此，映射(31.27)是一个在 $\mathbf{Z}_n$ 与笛卡儿积 $\mathbf{Z}_{n_1} \times \mathbf{Z}_{n_2} \times \cdots \times \mathbf{Z}_{n_k}$ 之间的一一对应(双射)。通过在合适的系统中对每个坐标位置独立地执行操作，对 $\mathbf{Z}_n$ 中元素所执行的运算可以等价地作用于对应的 k 元组。也就是说，如果

$$a \leftrightarrow (a_1, a_2, \cdots, a_k)$$
$$b \leftrightarrow (b_1, b_2, \cdots, b_k)$$

那么

$$(a+b) \bmod n \leftrightarrow ((a_1+b_1) \bmod n_1, \cdots, (a_k+b_k) \bmod n_k) \tag{31.28}$$
$$(a-b) \bmod n \leftrightarrow ((a_1-b_1) \bmod n_1, \cdots, (a_k-b_k) \bmod n_k) \tag{31.29}$$
$$(ab) \bmod n \leftrightarrow (a_1 b_1 \bmod n_1, \cdots, a_k b_k \bmod n_k) \tag{31.30}$$

证明　两种表示之间的变换是相当直接的。从 a 转换为 $(a_1, a_2, \cdots, a_k)$ 十分简单，仅需执行 k 次模运算。

从输入 $(a_1, a_2, \cdots, a_k)$ 算出 a 要复杂一点。从定义 $m_i = n/n_i$(对于 $i=1, 2, \cdots, k$)开始，于是 m_i 是除了 n_i 以外的所有 n_j 的乘积：$m_i = n_1 n_2 \cdots n_{i-1} n_{i+1} \cdots n_k$。接着，对 $i=1, 2, \cdots k$，定义

$$c_i = m_i(m_i^{-1} \bmod n_i) \tag{31.31}$$

等式(31.31)总是良定义的：因为 m_i 和 n_i 互质(根据定理 31.6)，推论 31.26 保证 $m_i^{-1} \bmod n_i$ 存在。最后，作为 $a_1, a_2, \cdots, a_k$ 的函数，计算 a 的方式如下：

$$a \equiv (a_1 c_1 + a_2 c_2 + \cdots + a_k c_k)(\bmod n) \tag{31.32}$$

现在证明对 $i=1, 2, \cdots, k$，等式(31.32)能保证 $a \equiv a_i(\bmod n_i)$。注意，如果 $j \neq i$，则 $m_j \equiv 0(\bmod n_i)$，这意味着 $c_j \equiv m_j \equiv 0(\bmod n_i)$。而且注意到，由等式(31.31)知，$c_i \equiv 1(\bmod n_i)$。因此得到这个既中看又中用的对应关系

$$c_i \leftrightarrow (0, 0, \cdots, 0, 1, 0, \cdots, 0)$$

这是一个除了在第 i 个坐标上为 1 外其余坐标均为 0 的向量。因此，在某种意义上，c_i 构成了这种表示的"基"。所以对每个 i，有

$$a \equiv a_i c_i \qquad\qquad (\bmod n_i)$$
$$\equiv a_i m_i(m_i^{-1} \bmod n_i) \quad (\bmod n_i)$$
$$\equiv a_i \qquad\qquad (\bmod n_i)$$

这正是我们希望证明的：对 $i=1, 2, \cdots, k$，用从 a_i 计算 a 的方法得到了满足约束条件 $a \equiv a_i(\bmod n_i)$ 的结果 a。由于能进行双向变换，所以这种对应关系是一一对应。最后，由于对任何 x 和 $i=1, 2, \cdots, k$，有 $x \bmod n_i = (x \bmod n) \bmod n_i$，所以根据练习 31.1-7，可以直接推出式(31.28)~(31.30)成立。 ■

下面的推论将在本章的后面用到。

推论 31.28　如果 $n_1, n_2, \cdots, n_k$ 两两互质，且 $n = n_1 n_2 \cdots n_k$，则对任意整数 $a_1, a_2, \cdots, a_k$，关于未知量 x 的联立方程组

$$x \equiv a_i(\bmod n_i), i=1, 2, \cdots, k$$

对模 n 有唯一解。

推论 31.29　如果 $n_1, n_2, \cdots, n_k$ 两两互质，$n = n_1 n_2 \cdots n_k$，则对所有整数 x 和 a，

$$x \equiv a(\bmod n_i)$$

(其中 $i=1, 2, \cdots, k$)当且仅当

$$x \equiv a(\bmod n)$$

作为中国余数定理应用的例子，假设已给出两个方程：

$$a \equiv 2(\bmod 5)$$
$$a \equiv 3(\bmod 13)$$

那么 $a_1 = 2$，$n_1 = m_2 = 5$，$a_2 = 3$，且 $n_2 = m_1 = 13$，而且由于 $n = n_1 n_2 = 65$，所以我们希望算出 $a \bmod 65$。因为 $13^{-1} \equiv 2 (\bmod 5)$ 和 $5^{-1} \equiv 8 (\bmod 13)$，所以有

$$c_1 = 13(2 \bmod 5) = 26$$
$$c_2 = 5(8 \bmod 13) = 40$$

以及

$$a \equiv 2 \cdot 26 + 3 \cdot 40 \ (\bmod 65)$$
$$\equiv 52 + 120 \qquad (\bmod 65)$$
$$\equiv 42 \qquad\qquad (\bmod 65)$$

图 31-3 是对模 65 的中国余数定理的说明。

	0	1	2	3	4	5	6	7	8	9	10	11	12
0	0	40	15	55	30	5	45	20	60	35	10	50	25
1	26	1	41	16	56	31	6	46	21	61	36	11	51
2	52	27	2	42	17	57	32	7	47	22	62	37	12
3	13	53	28	3	43	18	58	33	8	48	23	63	38
4	39	14	54	29	4	44	19	59	34	9	49	24	64

图 31-3 对于 $n_1 = 5$ 和 $n_2 = 13$ 中国余数定理的一个说明。对这个例子，$c_1 = 26$，$c_2 = 40$。在第 i 行第 j 列显示的是对模 65 的 a 的值，使得 $a \bmod 5 = i$ 和 $a \bmod 13 = j$。注意，第 0 行第 0 列的值为 0。类似地，第 4 行第 12 列包含 64（等价于 -1）。因为 $c_1 = 26$，往下移动一行让 a 增加 26。类似地，$c_2 = 40$ 表示往右移动一列，让 a 增加 40。让 a 增加 1 对应于沿着对角线往右下移动，从底端折返到顶端，以及从右端折返到左端

因此，如果要执行模 n 运算，则既可以直接对模 n 进行计算，为了方便，也可以分别对模 n 变换表示后的模 n_i 进行计算。这两种计算是完全等价的。

练习

31.5-1 找出所有解，使方程 $x \equiv 4 (\bmod 5)$ 和 $x \equiv 5 (\bmod 11)$ 同时成立。

31.5-2 找出被 9，8，7 除时，余数分别为 1，2，3 的所有整数 x。

31.5-3 论证：在定理 31.27 的定义下，如果 $\gcd(a, n) = 1$，则

$$(a^{-1} \bmod n) \leftrightarrow ((a_1^{-1} \bmod n_1), (a_2^{-1} \bmod n_2), \cdots, (a_k^{-1} \bmod n_k))$$

31.5-4 在定理 31.27 的定义下，证明：对于任意的多项式 f，方程 $f(x) \equiv 0 (\bmod n)$ 的根的个数等于 $f(x) \equiv 0 (\bmod n_1)$，$f(x) \equiv 0 (\bmod n_2)$，$\cdots$，$f(x) \equiv 0 (\bmod n_k)$ 中每个方程根的个数的积。

31.6 元素的幂

正如我们经常考虑一个对模 n 的已知元素 a 的倍数一样，现在考虑对模 n 的 a 的幂组成的序列，其中 $a \in \mathbf{Z}_n^*$：

$$a^0, a^1, a^2, a^3, \cdots \tag{31.33}$$

模 n。从 0 开始编号，序列中的第 0 个值为 $a^0 \bmod n = 1$，第 i 个值为 $a^i \bmod n$。例如，对模 7，3 的幂为

i	0	1	2	3	4	5	6	7	8	9	10	11	$\cdots$
$3^i \bmod 7$	1	3	2	6	4	5	1	3	2	6	4	5	$\cdots$

而对模 7，2 的幂为

i	0	1	2	3	4	5	6	7	8	9	10	11	⋯
$2^i \bmod 7$	1	2	4	1	2	4	1	2	4	1	2	4	⋯

在本节中，令$\langle a\rangle$表示由a反复相乘生成的$\mathbf{Z}_n^*$的子群，令$\mathrm{ord}_n(a)$（对模n，a的阶）表示a在$\mathbf{Z}_n^*$中的阶。例如，在$\mathbf{Z}_7^*$中，$\langle 2\rangle=\{1,2,4\}$，$\mathrm{ord}_7(2)=3$。用欧拉 phi 函数$\phi(n)$的定义作为$\mathbf{Z}_n^*$的规模（参见31.3节），就可以将推论31.19转化为用$\mathbf{Z}_n^*$表示，从而得到欧拉定理，再具体用$\mathbf{Z}_p^*$表示（其中p是素数），就得到费马定理。

定理 31.30（欧拉定理） 对于任意整数$n>1$，$a^{\phi(n)}\equiv 1\,(\bmod\ n)$对所有$a\in\mathbf{Z}_n^*$都成立。∎

定理 31.31（费马定理） 如果p是素数，则$a^{p-1}\equiv 1\,(\bmod\ p)$对所有$a\in\mathbf{Z}_p^*$都成立。

证明 根据等式(31.21)，如果p是素数，则$\phi(p)=p-1$。∎

由于$0\notin\mathbf{Z}_p^*$，故费马定理对$\mathbf{Z}_p$中除了0以外的每一个元素都适用。然而，对所有$a\in\mathbf{Z}_p$，如果p是素数，则有$a^p\equiv a\,(\bmod\ p)$。

如果$\mathrm{ord}_n(g)=|\mathbf{Z}_n^*|$，则对模$n$，$\mathbf{Z}_n^*$中的每个元素都是$g$的一个幂，且$g$是$\mathbf{Z}_n^*$的一个**原根**或**生成元**。例如，对模7，3是一个原根，但2不是。如果$\mathbf{Z}_n^*$包含一个原根，就称群$\mathbf{Z}_n^*$是**循环**的。下列定理是由 Niven 和 Zuckerman[265]首先证明的，在此略去其证明过程。

定理 31.32 对所有的素数$p>2$和所有正整数e，使得$\mathbf{Z}_n^*$是循环群的$n>1$的值为2，4，p^e和$2p^e$。∎

如果g是$\mathbf{Z}_n^*$的一个原根且a是$\mathbf{Z}_n^*$中的任意元素，则存在一个z，使得$g^z\equiv a\,(\bmod\ n)$。这个z称为对模n到基g上的a的一个**离散对数**或**指数**，将这个值表示为$\mathrm{ind}_{n,g}(a)$。

定理 31.33（离散对数定理） 如果g是$\mathbf{Z}_n^*$的一个原根，则当且仅当等式$x\equiv y\,(\bmod\ \phi(n))$成立时，有等式$g^x\equiv g^y\,(\bmod\ n)$成立。

证明 首先假设$x\equiv y\,(\bmod\ \phi(n))$，则对某个整数$k$有$x=y+k\phi(n)$。因此，

$$
\begin{aligned}
g^x &\equiv g^{y+k\phi(n)} &(\bmod\ n)\\
&\equiv g^y\cdot(g^{\phi(n)})^k &(\bmod\ n)\\
&\equiv g^y\cdot 1^k &(\bmod\ n) &\text{（根据欧拉定理）}\\
&\equiv g^y &(\bmod\ n)
\end{aligned}
$$

反之，假设$g^x\equiv g^y\,(\bmod\ n)$。因为$g$的幂的序列生成$\langle g\rangle$中的每一个元素，且$|\langle g\rangle|=\phi(n)$，推论31.18意味着$g$的幂的序列是一个周期为$\phi(n)$的周期序列。所以，如果$g^x\equiv g^y\,(\bmod\ n)$，则必有$x\equiv y\,(\bmod\ \phi(n))$。∎

现在关注以一个素数的幂为模的1的平方根。下面的定理将用在31.8节中讨论的素数测试算法中。

定理 31.34 如果p是一个奇素数且$e\geq 1$，则方程

$$x^2\equiv 1\,(\bmod\ p^e) \tag{31.34}$$

仅有两个解，即$x=1$和$x=-1$。

证明 方程(31.34)等价于

$$p^e\mid(x-1)(x+1)$$

由于$p>2$，有$p\mid(x-1)$或$p\mid(x+1)$，但它们不同时成立。（否则，由性质(31.3)，p也能整除它们的差$(x+1)-(x-1)=2$。）如果$p\nmid(x-1)$，则$\gcd(p^e,x-1)=1$，而且由推论31.5，有$p^e\mid(x+1)$。也就是说，$x\equiv -1\,(\bmod\ p^e)$。对称地，如果$p\nmid(x+1)$，则$\gcd(p^e,x+1)=1$，而且推论31.5意味着$p^e\mid(x-1)$，所以$x\equiv 1\,(\bmod\ p^e)$。因此，$x\equiv -1\,(\bmod\ p^e)$，或者$x\equiv 1\,(\bmod\ p^e)$。∎

如果一个数x满足方程$x^2\equiv 1\,(\bmod\ n)$，但x不等于以n为模的1的两个"平凡"平方根：1或-1，则x是一个**以n为模的1的非平凡平方根**。例如，6是以35为模的1的非平凡平方根。下面给出定理31.34的一个推论，它将用于31.8节中讨论的 Miller-Rabin 素数测试过程的正确性

证明。

推论 31.35 如果对模 n 存在 1 的非平凡平方根，则 n 是合数。

证明 根据定理 31.34 的逆否命题，如果对模 n 存在 1 的非平凡平方根，则 n 不可能是奇素数或者奇素数的幂。如果 $x^2 \equiv 1 \pmod 2$，则 $x \equiv 1 \pmod 2$，故 1 的所有对模 2 的平方根都是平凡的。因此，n 不能是素数。最后，为了使 1 的非平凡平方根存在，必有 $n > 1$。因此，n 必定是合数。 ∎

用反复平方法求数的幂

数论计算中经常出现一种运算，就是求一个数的幂对另一个数的模运算，也称为**模取幂**。更明确地说，希望有一种高效的方法来计算 $a^b \bmod n$ 的值，其中 a, b 为非负整数，n 是一个正整数。在许多素数测试程序和 RSA 公钥加密系统中，模取幂运算是一种很基本的运算。采用 b 的二进制表示，**反复平方方法**可以高效地解决这个问题。

设 $\langle b_k, b_{k-1}, \cdots, b_1, b_0 \rangle$ 是 b 的二进制表示（即二进制表示有 $k+1$ 位长，b_k 为最高有效位，b_0 为最低有效位）。随着 c 的值从 0 到 b 成倍增长，下列过程最终计算出 $a^c \bmod n$。

```
MODULAR-EXPONENTIATION(a,b,n)
1   c=0
2   d=1
3   let⟨b_k,b_{k-1},⋯,b_0⟩ be the binary representation of b
4   for i=k downto 0
5       c=2c
6       d=(d·d) mod n
7       if b_i==1
8           c=c+1
9           d=(d·a) mod n
10  return d
```

在每次迭代中，第 6 行平方操作的使用解释了"反复平方"这个名称的由来。举一个例子，对 $a=7$，$b=560$，以及 $n=561$，这个算法计算图 31-4 中给出的对模 561 的序列的值，所用到的指数序列出现在表格以 c 标示的行中。

i	9	8	7	6	5	4	3	2	1	0
b_i	1	0	0	0	1	1	0	0	0	0
c	1	2	4	8	17	35	70	140	280	560
d	7	49	157	526	160	241	298	166	67	1

图 31-4 当 $a=7$，$b=560=\langle 1000110000 \rangle$，$n=561$ 时，MODULAR-EXPONENTIATION 计算 $a^b \pmod n$ 的结果。数值在每次 **for** 循环执行后显示。最终结果为 1

这个算法并不真的需要变量 c，只是用它使得下面两部分的循环不变：

仅在第 4～9 行的 **for** 循环的每次迭代之前，

1. c 的值与 b 的二进制表示的前缀 $\langle b_k, b_{k-1}, \cdots, b_{i+1} \rangle$ 相同，且

2. $d = a^c \bmod n$。

下面使用这个循环不变式：

初始化：最初，$i=k$，使得前缀 $\langle b_k, b_{k-1}, \cdots, b_{i+1} \rangle$ 是空的，这对应于 $c=0$。此外，$d=1=a^0 \bmod n$。

保持：令 c' 和 d' 表示在 **for** 循环的一次迭代的结束处 c 和 d 的值，因此，它们是下一次迭代前的值。每次迭代更新 $c'=2c$（如果 $b_i=0$）或者 $c'=2c+1$（如果 $b_i=1$），使得 c 在下一次迭代之前是正确的。如果 $b_i=0$，则 $d'=d^2 \bmod n=(a^c)^2 \bmod n=a^{2c} \bmod n=a^{c'} \bmod n$。如果 $b_i=1$，则 $d'=$

$d^2 a \bmod n = (a^c)^2 a \bmod n = a^{2c+1} \bmod n = a^{c'} \bmod n$。无论哪种情况，在下一次迭代之前，都有 $d = a^{c'} \bmod n$。

终止：在终止时，$i = -1$。因此，$c = b$，因为 c 具有 b 的二进制表示的前缀 $\langle b_k, b_{k-1}, \cdots, b_0 \rangle$ 的值。因此，$d = a^c \bmod n = a^b \bmod n$。

如果输入 a，b 与 n 都是 β 位的数，则需要的算术运算的总次数是 $O(\beta)$，并且需要的位操作的总次数是 $O(\beta^3)$。

练习

31.6-1 画出一张表，展示 $\mathbf{Z}_{11}^*$ 中每个元素的阶。找出最小的原根 g，并画出一张表，对所有 $x \in \mathbf{Z}_{11}^*$，给出相应的 $\mathrm{ind}_{11,g}(x)$ 的值。

31.6-2 写出一个模取幂算法，要求该算法检查 b 的各位的顺序为从右向左，而非从左向右。

31.6-3 假设已知 $\phi(n)$，说明如何运用过程 MODULAR-EXPONENTIATION，对任意 $a \in \mathbf{Z}_n^*$，计算出 $a^{-1} \bmod n$ 的值。

31.7　RSA 公钥加密系统

通过公钥加密系统，可以对传输于两个通信单位之间的消息进行加密，即使窃听者窃听到被加密的消息，也不能对其进行破译。公钥加密系统还能让通信的一方，在电子消息的末尾附加一个无法伪造的"数字签名"。这种签名是纸质文件上的手写签名的电子版本。任何人都可以轻松地核对签名，但却不能伪造它，如果这一消息中的任何位有所变化，整个签名就失去了效力。因此，数字签名可以为签名者身份和其签署的信息内容提供证明。对于电子签署的商业性合同、电子支票、电子购货单和其他一些各方希望进行认证的电子信息来说，这是一种理想的工具。

RSA 公钥加密系统主要基于以下事实：寻求大素数是很容易的，但要把一个数分解为两个大素数的积却相当困难。31.8 节描述了一个能有效地找出大素数的过程，而 31.9 节将讨论大整数的分解问题。

公钥加密系统

在一个公钥加密系统中，每个参与者都拥有一把**公钥**和一把**密钥**。每把密钥都是一段信息。例如，在 RSA 加密系统中，每个密钥均由一对整数组成。在密码学中常以参与者"Alice"和"Bob"作为例子：用 P_A 和 S_A 分别表示 Alice 的公钥和密钥，用 P_B 和 S_B 分别表示 Bob 的公钥和密钥。

每个参与者均自己创建公钥和密钥。密钥需要保密，但公钥则可以对任何人透露，甚至可以公之于众。事实上，假设每个参与者的公钥都能在一个公开目录中看到，这样通常是很方便的，这使得任何参与者都可以容易地获得任何其他参与者的公钥。

公钥和密钥指定了可用于任何信息的函数。设 $\mathcal{D}$ 表示允许的信息集合。例如，$\mathcal{D}$ 可能是所有有限长度的位序列的集合。在最简单、最原始的公钥加密设想中，要求公钥与密钥指定一种从 $\mathcal{D}$ 到其自身的一一对应的函数。对应 Alice 的公钥 P_A 的函数用 $P_A()$ 表示，对应她的密钥 S_A 的函数表示成 $S_A()$，因此 $P_A()$ 与 $S_A()$ 函数都是 $\mathcal{D}$ 的排列。假定已知密钥 P_A 或 S_A，可以有效地计算出函数 $P_A()$ 和 $S_A()$。

系统中任何参与者的公钥和密钥都是一个"匹配对"，它们指定的函数互为反函数。也就是说，对任何消息 $M \in \mathcal{D}$，有

$$M = S_A(P_A(M)) \tag{31.35}$$

$$M = P_A(S_A(M)) \tag{31.36}$$

无论用哪种次序，运用两把密钥 P_A 和 S_A 对 M 相继进行变换后，最后仍然得到消息 M。

在公钥加密系统中，要求除了 Alice 外，没人能在较实用的时间内计算出函数 $S_A()$。对于送给 Alice 加密邮件的保密性与 Alice 的数字签名的有效性，以下假设十分关键：Alice 必须对 S_A 保密；如果她不能做到这一点，就会失去她的唯一性，并且加密系统也不能把唯一性赋予她。假设即使每个人都知道 P_A，并且能够有效地计算出 $S_A()$ 的反函数 $P_A()$，依然要保证只有 Alice 能够计算出 $S_A()$。为了设计一个可行的公钥加密系统，必须解决以下问题：如何创建一个系统，在该系统中可以公开其变换 $P_A()$，而不至于因此而公开其相应的逆变换 $S_A()$ 的计算方法。这项任务看起来很可怕，然而我们将看到如何去完成它。

在一个公钥加密系统中，加密的工作方式如图 31-5 所示。假定 Bob 要给 Alice 发送一条加密的消息 M，使得该消息对于窃密者像一串无意义的乱码。发送消息的方案如下：

- Bob 取得 Alice 的公钥 P_A（根据一个公开的目录或直接向 Alice 索取）。
- Bob 计算出相应于 M 的密文 $C = P_A(M)$，并把 C 发送给 Alice。
- 当 Alice 收到密文 C 后，她运用自己的密钥 S_A 恢复原始信息：$S_A(C) = S_A(P_A(M)) = M$。

由于 $S_A()$ 和 $P_A()$ 互为反函数，所以 Alice 能够根据 C 计算出 M。因为只有 Alice 能够计算出 $S_A()$，所以也只有 Alice 能根据 C 计算出 M。因为 Bob 运用 $P_A()$ 对 M 进行加密，所以只有 Alice 可以理解接收的消息。

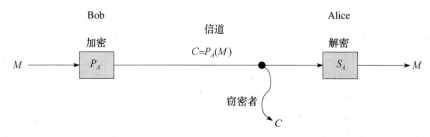

图 31-5　公钥系统的加密过程。Bob 使用 Alice 的公钥 P_A 来加密消息 M，然后通过信道传送结果密文 $C = P_A(M)$ 给 Alice。一个截获传送密文的窃密者得不到关于 M 的信息。Alice 收到 C，并且使用密钥来解密，以得到最初消息 $M = S_A(C)$

类似地，在公钥系统的设想中可以很容易地实现数字签名。（有其他方式可以解决构造数字签名的问题，但在这里我们不讨论。）假设现在 Alice 希望把一个数字签署的答复 M' 发送给 Bob。数字签名方案的过程如图 31-6 所示。

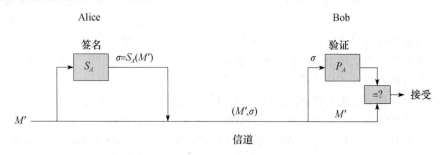

图 31-6　公钥系统的数字签名过程。Alice 将她的数字签名 $\sigma = S_A(M')$ 附加到消息 M' 上，来对消息 M' 签名。她将消息/签名对 (M', σ) 发送给 Bob，Bob 通过检查等式 $M' = P_A(\sigma)$ 来验证它。如果等式成立，则他接受 (M', σ) 作为 Alice 已经签名的一个消息

- Alice 运用她的密钥 S_A 和等式 $\sigma = S_A(M')$ 计算出信息 M' 的**数字签名** σ。
- Alice 把消息/签名对 (M', σ) 发送给 Bob。
- 当 Bob 收到 (M', σ) 时，他可以利用 Alice 的公钥，通过验证等式 $M' = P_A(\sigma)$ 来证实该消息的确是来自 Alice。（假设 M' 包含 Alice 的名字，这样 Bob 就知道应该使用谁的公钥。）

如果等式成立，则 Bob 可以得出消息 M' 确实是 Alice 签名的结论。如果等式不成立，那么 Bob 就得出结论，要么是信息 M' 或数字签名 σ 因传输错误而损坏，要么信息对 (M', σ) 是一个故意的伪造。

因为一个数字签名既证明了签署者身份，也证明了签署的信息内容，所以它是对文件末尾的手写签名的一种模拟。

数字签名必须可被任何能取得签署者的公钥的人所验证。一条签署过的信息可以被一方确认后再传送到其他可以验证签名的各方。例如，这条消息可能是 Alice 发给 Bob 的一张电子支票。Bob 确认了支票上 Alice 的签名后，就可以把这张支票送交银行，而银行也可以对签名进行验证，然后调拨相应的资金。

签署的信息未必是加密的，该信息可以是"公开的"，没有受到保护。如果把上述有关加密和签名的两种方案结合起来使用，就可以创建出同时被签署和加密的消息，签署者首先把其数字签名附加在消息的后面，然后再用他预定的接收者的公钥对最终的消息/签名对进行加密。接收者用其密钥对收到的消息进行解密，以同时获得原始消息和数字签名。然后，接收者可以用签署者的公钥对签名进行验证。相应的纸质文件系统的实现过程为：对文件签名后，将文件封入一个纸质信封内，该信封只能由预定的接收者打开。 961

RSA 加密系统

在 RSA 公钥加密系统中，一个参与者按下列过程创建他的公钥和密钥：

1. 随机选取两个大素数 p 和 q，使得 $p \neq q$，例如，素数 p 和 q 可能各有 1024 位。

2. 计算 $n = pq$。

3. 选取一个与 $\phi(n)$ 互质的小奇数 e，其中由等式(31.20)，$\phi(n)$ 等于 $(p-1)(q-1)$。

4. 对模 $\phi(n)$，计算出 e 的乘法逆元 d 的值。（推论 31.26 保证 d 存在且唯一。给定 e 和 $\phi(n)$，可以利用 31.4 节中的方法计算 d。）

5. 将对 $P = (e, n)$ 公开，并作为参与者的 **RSA 公钥**。

6. 使对 $S = (d, n)$ 保密，并作为参与者的 **RSA 密钥**。

对于这个方案，域 $\mathcal{D}$ 为集合 $\mathbf{Z}_n$。为了变换与公钥 $P = (e, n)$ 相关的消息 M，计算

$$P(M) = M^e \bmod n \tag{31.37}$$

为了变换与密钥 $S = (d, n)$ 相关的密文 C，计算

$$S(C) = C^d \bmod n \tag{31.38}$$

这两个等式对加密与签名是通用的。为了创建一个签名，签署人把其密钥应用于待签署的消息，而不是密文中。为了确认签名，将签署人的公钥应用在签名中，而非加密的消息中。

我们可以运用 31.6 节中描述的过程 MODULAR-EXPONENTIATION，来实现上述公钥与密钥的有关操作。为了分析这些操作的运行时间，假定公钥 (e, n) 和密钥 (d, n) 满足 $\lg e = O(1)$，$\lg d \leqslant \beta$，且 $\lg n \leqslant \beta$。然后，应用公钥需要执行 $O(1)$ 次模乘法运算和 $O(\beta^2)$ 次位操作。应用密钥需要执行 $O(\beta)$ 次模乘法运算和 $O(\beta^3)$ 次位操作。

定理 31.36(RSA 的正确性)　RSA 等式(31.37)和(31.38)定义了满足等(31.35)和(31.36)的 $\mathbf{Z}_n$ 的逆变换。 962

证明　根据等(31.37)和(31.38)，对任意 $M \in \mathbf{Z}_n$，有

$$P(S(M)) = S(P(M)) = M^{ed} \pmod n$$

因为 e 和 d 是对模 $\phi(n) = (p-1)(q-1)$ 的乘法逆元，所以对某个整数 k，有

$$ed = 1 + k(p-1)(q-1)$$

但是，如果 $M \not\equiv 0 \pmod p$，则有

$$M^{ed} \equiv M(M^{p-1})^{k(q-1)} \pmod{p}$$
$$\equiv M((M \bmod p)^{p-1})^{k(q-1)} \pmod{p}$$
$$\equiv M(1)^{k(q-1)} \pmod{p} \quad (根据定理\ 31.31)$$
$$\equiv M \pmod{p}$$

并且，如果 $M \equiv 0 \pmod{p}$，则有 $M^{ed} \equiv M \pmod{p}$。因此，对所有 M，

$$M^{ed} \equiv M \pmod{p}$$

类似地，对所有 M，有

$$M^{ed} \equiv M \pmod{q}$$

因此，根据中国余数定理的推论 31.29，对所有 M，有

$$M^{ed} \equiv M \pmod{n}$$

　　RSA 加密系统的安全性主要来源于对大整数进行因式分解的困难性。如果对方能对公钥中的模 n 进行分解，就可以根据公钥推导出密钥，这是因为对方和公钥创建者以同样的方法使用因子 p 和 q。因此，如果能够轻易地分解大整数，也就能够轻易地打破 RSA 加密系统。这一命题的逆命题是，如果分解大整数是困难的，则打破 RSA 也是困难的。经过 20 年的研究，人们还没有发现比分解模 n 更容易的方法来打破 RSA 加密系统。并且正如我们将在 31.9 节中所见，对大整数进行分解的困难程度令人惊异。通过随机地选取两个 1024 位的素数并求出它们的积，就可以创建出一把无法用现行技术在可行的时间内"破解"的公钥。在数论算法的设计方法还缺乏根本突破的情况下，细心地遵循所推荐标准来执行，RSA 加密系统可以为实际应用提供高度的安全性。

　　然而，为了通过 RSA 加密系统实现安全性，应该在很长（数百位乃至一千位）的整数上操作，以防御因式分解技术可能的进步。2009 年，RSA 模数通常是在 768 到 2048 位的范围内。要建立这样大小的模数，必须能够有效地找出大素数。31.8 节将讨论这个问题。

　　为了提高效率，通常运用一种"混合的"或"密钥管理"模式的 RSA，来实现快速的无公钥加密系统。在这样一个系统中，加密密钥与解密密钥是相同的。如果 Alice 希望私下把一条长消息 M 发送给 Bob，她从快速无公钥加密系统中选取一把随机密钥 K，然后运用 K 对 M 进行加密，得到密文 C。这里，C 和 M 一样长，但 K 相当短。然后，她利用 Bob 的公开 RSA 密钥对 K 进行加密。因为 K 很短，所以计算 $P_B(K)$ 的速度也很快（比计算 $P_B(M)$ 的速度快很多）。然后，她把 $(C, P_B(K))$ 传送给 Bob，Bob 对 $P_B(K)$ 解密后得到 K，然后再用 K 对 C 进行解密，得到 M。

　　类似地，可以使用一种混合的方法来提高数字签名的执行效率。在这种方法中，使 RSA 与一个公开的**抗冲突散列函数** h 相结合，这个函数是易于计算的，但是对这个函数来说，要找出两条消息 M 和 M'，使得 $h(M) = h(M')$，在计算上是不可行的。$h(M)$ 的值是消息 M 的一个短（如 256 位）"指纹"。如果 Alice 希望签署一条消息 M，她首先把函数 h 作用于 M 得到指纹 $h(M)$，然后用她的密钥加密 $h(M)$。她将 $(M, S_A(h(M))$ 作为她签署的 M 的版本发送给 Bob。Bob 可以通过计算 $h(M)$，并将 P_A 应用于收到的 $S_A(h(M))$ 验证其是否等于 $h(M)$ 来验证签名的真实性。因为没有人能够创建出两条具有相同指纹的消息，所以在计算上不可能既改变了签署的消息，又保持了签名的合法性。

　　最后，我们注意到利用**证书**可以更轻松地分配公钥。例如，假设存在一个"可信的权威" T，每个人都知道他的公钥。Alice 可以从 T 获取一条签署的消息（她的证书），声明"Alice 的公钥是 P_A"。由于每个人都知道 P_T，所以这个证书是"自我认证"。Alice 可以将她的证书包含在签名信息中，使得接收者可以立即得到 Alice 的公钥，以验证她的签名。因为她的密钥是被 T 签署的，所以接收者知道 Alice 的密钥确实是 Alice 本人的密钥。

练习

31.7-1 考虑一个 RSA 密钥集合，其中 $p=11$，$q=29$，$n=319$，$e=3$。在密钥中用到的 d 值应当是多少？对消息 $M=100$ 加密后得到什么消息？

964

31.7-2 证明：如果 Alice 的公开指数 e 等于 3，并且对方获得了 Alice 的秘密指数 d，其中 $0<d<\phi(n)$，则对方能够在关于 n 的位数的多项式时间内对 Alice 的模 n 进行分解。（尽管不用证明下列结论，但你也许会对下列事实感兴趣：即使条件 $e=3$ 被去除，上述结论仍然成立。参见 Miller[255]。）

31.7-3 证明：在如下意义中，RSA 是乘法的：

$$P_A(M_1)P_A(M_2) \equiv P_A(M_1M_2) \pmod{n}$$

利用这个事实证明：如果对方有一个过程，对 $\mathbf{Z}_n$ 中的用 P_A 加密的消息，它能够有效地解密出其中的百分之一，则他可以运用一种概率性算法，以较大概率为每一条用 P_A 加密的信息进行解密。

31.8 素数的测试

在本节中，我们要考虑寻找大素数的问题。首先讨论素数的密度，接着讨论一种似乎可行，但不完全可行的测试素数的方法，然后介绍一种由 Miller 和 Rabin 发现的有效的随机素数测试算法。

素数的密度

在很多应用领域，如密码学中，需要找出大的"随机"素数。幸运的是，大素数并不少，因此测试适当的随机整数，直至找到素数的过程是可行的。**素数分布函数** $\pi(n)$ 描述了小于或等于 n 的素数的数目。例如 $\pi(10)=4$，因为小于或等于 10 的素数有 4 个，分别为 2，3，5，7。素数定理给出了 $\pi(n)$ 的一个有用近似。

定理 31.37（素数定理）

$$\lim_{n\to\infty}\frac{\pi(n)}{n/\ln n}=1 \qquad \blacksquare$$

即使对于较小的 n，近似计算式 $n/\ln n$ 也可以相当精确地给出 $\pi(n)$ 的估计值。例如，当 $n=10^9$ 时，其误差不超过 6%，这里 $\pi(n)=50847534$，且 $n/\ln n\approx48254942$。（对数论研究者来说，10^9 是一个小数字。）

965

我们可以把随机选取一个整数 n，并判断它是否为素数这一过程视为伯努利试验（见 C.4 节）。通过素数定理，成功（即一个随机选取的整数 n 是素数）的概率为 $1/\ln n$。这种几何分布说明，为了获得一次成功需要多少次试验，而由于等式（C.32），试验的期望值近似为 $\ln n$。因此，为了找出一个长度与 n 相同的素数，要检查在 n 附近随机选取的大约 $\ln n$ 个整数。例如，为了找出一个 1024 位长的素数，大约需要测试 $\ln 2^{1024}\approx710$ 个随机选取的 1024 位长的整数的素性。（当然，通过只选择奇数，就可以把这个数字减少一半。）

在本节的余下部分，将要考虑确定一个大的奇数 n 是否为素数的问题。为了表示上的方便，假定 n 具有下列素数分解因子：

$$n = p_1^{e_1} p_2^{e_2} \cdots p_r^{e_r} \tag{31.39}$$

这里 $r\geq1$，p_1，p_2，$\cdots$，p_r 是 n 的素数因子，且 e_1，e_2，$\cdots$，e_r 是正整数。当且仅当 $r=1$ 并且 $e_1=1$ 时，n 是素数。

解决这个素数测试问题的一种简便方法是**试除**。试着用每个整数 2，3，$\cdots$，$\lfloor\sqrt{n}\rfloor$ 分别去除 n。（大于 2 的偶数可以跳过。）很容易看出，n 是素数当且仅当没有一个试除数能整除 n。假定每次试除需要常数时间，则最坏情况运行时间是 $\Theta(\sqrt{n})$，这是 n 的长度的指数。（回顾一下，如果 n 表示成 β 位的二进制数，则 $\beta = \lceil \lg(n+1) \rceil$，因此 $\sqrt{n} = \Theta(2^{\beta/2})$。）因此，只有当 n 很小或 n 恰好有小素数因子时，试除法才能较好地执行。当试除法可以执行时，它的优点是不仅能确定 n 是素数还是合数，而且当 n 是合数时，它能确定出 n 的一个素数因子。

在本节中，我们所感兴趣的仅仅是确定一个指定的数 n 是否是素数；如果 n 是一个合数，将不考虑找出其素数因子。正如将在 31.9 节中看到的那样，计算一个数的素数因子分解的计算开销是很高的。令人惊讶的是，确定一个数是否是素数，要比确定一个合数的素因子分解容易得多。

伪素数测试过程

现在来考察一种"几乎可行"的素数测试方法，事实上，对于很多实际应用，这种方法已经足够好了。后面还将改进这种方法，以消除其中的小缺陷。令 $\mathbf{Z}_n^+$ 表示 $\mathbf{Z}_n$ 中的非零元素：

$$\mathbf{Z}_n^+ = \{1, 2, \cdots, n-1\}$$

如果 n 是素数，则 $\mathbf{Z}_n^+ = \mathbf{Z}_n^*$。

如果 n 是一个合数，且

$$a^{n-1} \equiv 1 \pmod{n} \tag{31.40}$$

则称 n 是一个**基为 a 的伪素数**。费马定理（定理 31.31）意味着如果 n 是素数，则对 $\mathbf{Z}_n^+$ 中的每一个 a，n 都满足等式（31.40），因此，如果能找出任意的 $a \in \mathbf{Z}_n^+$，使得 n 不满足等式（31.40），那么 n 就当然是合数。令人惊讶的是，它的逆命题也几乎成立，因此，对于素数测试，这一标准几乎是完美的。对 $a = 2$，测试看 n 是否满足等式（31.40）。如果不满足，则通过返回 COMPOSITE 声明 n 是合数。否则，返回 PRIME，猜测 n 是素数（实际上，此时我们所知道的只是 n 或者是素数，或者是基于 2 的伪素数）。

下列过程就是用这种方法测试 n 的素性过程。它使用了 31.6 节中的 MODULAR-EXPONENTIATION 过程。假设输入 n 是一个大于 2 的整数。

```
PSEUDOPRIME(n)
1  if MODULAR-EXPONENTIATION(2, n-1, n) ≢ 1 (mod n)
2      return COMPOSITE        // definitely
3  else return PRIME           // we hope!
```

这个过程可能会产生错误，但是只有一种类型。也就是说，如果它判定 n 是合数，那么结果总是正确的。然而，如果它判定 n 是素数，那么只有当 n 是基于 2 的伪素数时过程才会出错。

这个过程出错的概率有多大？机会非常少。在小于 10 000 的 n 值中，只有在其中 22 个值上会产生错误。最靠前的四个这样的值分别为 341，561，645 和 1105。我们不证明它，然而当 $\beta \to \infty$ 时，该过程对随机选取的 β 位数进行测试，错误的概率趋于 0。如果像 Pomerance[279] 那样，能更精确地估计给定规模的基于 2 的伪素数的个数，就可以得到被上述过程判定为素数的一个随机选取的 512 位数，是基于 2 的伪素数的概率不到 $1/10^{20}$，而被上述过程判定为素数的一个随机选取的 1024 位数，是基于 2 的伪素数的概率不到 $1/10^{41}$。因此，如果只是尝试为某个应用找到一个大素数，可以通过随机选取大的数字，直到它们其中之一使得 PSEUDOPRIME 返回 PRIME，这在所有实际使用中几乎永远不会出错。但是当测试素数的数字不是随机选取时，就需要一个更好的方法来进行素数测试。后面将会看到，如果稍微巧妙一点，再加上一些随机性，就会得到一个在所有输入情况下都工作良好的素数测试程序。

遗憾的是，我们不能完全通过选取另外一个基数（例如 $a = 3$）检查等式（31.40）的方法，来消除所有的错误，因为对所有 $a \in \mathbf{Z}_n^*$，总存在满足等式（31.40）的合数 n，它们被称为 **Carmichael 数**。（注意到当 $\gcd(a, n) > 1$（也就是当 $a \notin \mathbf{Z}_n^*$）时，等式（31.40）不成立，然而如果 n 只有大素数因子，很难通过寻找这样的 a 来说明 n 是合数。）前三个 Carmichael 数是 561，1105 和 1729。Carmichael 数极少；例如，在小于 100 000 000 的数中，只有 255 个 Carmichael 数。练习 31.8-2 解释了这种数很少的原因。

下一步来说明如何对素数测试方法进行改进，使得测试过程不会把 Carmichael 数当成素数。

Miller-Rabin 随机性素数测试方法

Miller-Rabin 素数测试方法对简单测试过程 PSFUDOPRIME 做了两点改进，克服了其中存在的问题：

- 它试验了多个随机选取的基值 n，而非仅仅一个基值。
- 当计算每个模取幂的值时，在最后一组平方里，寻找一个以 n 为模的 1 的非平凡平方根。如果发现一个，终止执行并输出结果 COMPOSITE。31.6 节的推论 31.35 证明了用这种方法检测合数的正确性。

下面是 Miller-Rabin 素数测试的伪代码。输入 $n > 2$ 是一个等待素性测试的奇数，s 是从 $\mathbf{Z}_n^+$ 中随机选取的要进行试验的基值的个数。代码运用随机数生成程序 RANDOM：RANDOM(1, $n-1$) 返回一个满足 $1 \leq a \leq n-1$ 的随机选取的整数 a。代码中还使用一个辅助过程 WITNESS，当且仅当 a 为合数 n 的"证据"时（即用 a 来证明（其证明方法将在后面给出）n 为合数是可能的），WITNESS(a, n) 为 TRUE。测试 WITNESS(a, n) 是一个对作为过程 PSEUDOPRIME 基础（用 $a=2$）的测试

$$a^{n-1} \not\equiv 1 \pmod{n}$$

的扩展，但是更加有效。首先要介绍并证明 WITNESS 的构造过程，然后展示如何把它应用于 Miller-Rabin 素数测试过程。令 $n-1 = 2^t u$，其中 $t \geq 1$ 且 u 是奇数；即 $n-1$ 的二进制表示是奇数 u 的二进制表示后面跟上恰好 t 个零。因此，$a^{n-1} \equiv (a^u)^{2^t} \pmod{n}$，所以可以通过先计算 $a^u \bmod n$，然后对结果连续平方 t 次来计算 $a^{n-1} \bmod n$。 $\boxed{968}$

```
WITNESS(a, n)
1  let t and u be such that t ⩾ 1, u is odd, and n − 1 = 2ᵗu
2  x₀ = MODULAR-EXPONENTIATION(a, u, n)
3  for i = 1 to t
4      xᵢ = x²ᵢ₋₁ mod n
5      if xᵢ == 1 and xᵢ₋₁ ≠ 1 and xᵢ₋₁ ≠ n − 1
6          return TRUE
7  if xₜ ≠ 1
8      return TRUE
9  return FALSE
```

这个 WITNESS 的伪代码通过首先在第 2 行计算值 $x_0 = a^u \bmod n$，然后在第 3～6 行的 **for** 循环的一行中对结果平方 t 次，来计算 $a^{n-1} \bmod n$。通过在 i 上归纳，计算的序列 x_0, x_1, $\cdots$, x_t 的值满足等式 $x_i \equiv a^{2^i u} \pmod{n}$ ($i = 0$, 1, $\cdots$, t)，所以特别地，$x_t \equiv a^{n-1} \pmod{n}$。然而，每当在第 4 行后执行一个平方步骤，如果第 5～6 行检测到 1 的一个非平凡平方根是刚被发现的，则循环可能提前结束。如果这样，则算法终止并返回 TRUE。如果 $x_t \equiv a^{n-1} \pmod{n}$ 所计算的值不等于 1，则第 7～8 行返回 TRUE，就像在这个情况中 PSEUDOPRIME 返回 COMPOSITE。如果在第 6 行或第 8 行没有返回 TRUE，则第 9 行返回 FALSE。

现在来论证如果 WITNESS(a, n) 返回 TRUE，则可以用 a 作为证据构造出 n 是合数的证明。

如果 WITNESS 从第 8 行返回 TRUE，则它已经发现 $x_t = a^{n-1} \bmod n \neq 1$。然而，如果 n 是素数，则根据费马定理（定理 31.31），对任何 $a \in \mathbf{Z}_n^+$，$a^{n-1} \equiv 1 \pmod{n}$ 成立。因此，n 不可能为素数，并且等式 $a^{n-1} \bmod n \neq 1$ 证明了这一事实。

如果 WITNESS 从第 6 行返回 TRUE，则它已经发现 x_{i-1} 是一个以 n 为模的 1 的非平凡平方根，因为 $x_{i-1} \not\equiv \pm 1 \pmod n$，但 $x_i \equiv x_{i-1}^2 \equiv 1 \pmod n$。推论 31.35 说明仅当 n 是合数时，才可能存在以 n 为模的 1 的非平凡平方根，因此说明 x_{i-1} 是以 n 为模的 1 的非平凡平方根，也就证明了 n 是合数。

这样就完成了有关 WITNESS 正确性的证明。如果调用 WITNESS(a, n) 返回 TRUE，则 n 必为合数，并且根据证据 a 以及程序返回值为 TRUE 的原因（从第 6 行还是第 8 行返回），可以很容易确定 n 是合数。

在这里，我们以序列 $X = \langle x_0, x_1, \cdots, x_t \rangle$ 的函数形式简短地展示 WITNESS 的行为的另一种描述，稍后在分析 Miller-Rabin 素数测试的效率时，会发现它很有用。注意，如果对某个 $0 \le i < t$ 有 $x_i = 1$，则 WITNESS 可能不会计算序列的余下部分。然而如果计算，则 $x_{i+1}, x_{i+2}, \cdots, x_t$ 的值都将是 1，并且我们考虑序列 X 中的这些位置都是 1。有四种情况：

1. $X = \langle \cdots, d \rangle$，其中 $d \ne 1$：序列 X 不是以 1 结尾。从第 8 行返回 TRUE；a 是 n 为合数的证据（由费马定理）。

2. $X = \langle 1, 1, \cdots, 1 \rangle$：序列 X 全都是 1。返回 FALSE，a 不是 n 为合数的证据。

3. $X = \langle \cdots, -1, 1, \cdots, 1 \rangle$：序列 X 以 1 结尾，而且最后一个非 1 的数等于 -1。返回 FALSE，a 不是 n 为合数的证据。

4. $X = \langle \cdots, d, 1, \cdots, 1 \rangle$，其中 $d \ne \pm 1$：序列 X 以 1 结尾，但最后一个非 1 的数不是 -1。从第 6 行返回 TRUE；a 是 n 为合数的证据，因为 d 是一个 1 的非平凡平方根。

现在检查利用 WITNESS 的 MILLER-RABIN 素数测试过程。再一次，假设 n 是一个大于 2 的奇数。

```
MILLER-RABIN(n,s)
1   for j=1 to s
2       a=RANDOM(1,n-1)
3       if WITNESS(a,n)
4           return COMPOSITE        // definitely
5   return PRIME                    // almost surely
```

过程 MILLER-RABIN 是为了证明 n 是合数所进行的概率性搜索。主循环（从第 1 行开始）从 $\mathbf{Z}_n^+$ 中挑选 s 个 a 的随机值（第 2 行）。如果所挑选的一个 a 值是 n 为合数的证据，则过程 MILLER-RABIN 在第 4 行返回 COMPOSITE。这样的结果总是正确的，由 WITNESS 的正确性证明可以看出。如果在 s 次试验中没有发现证据，则 MILLER-RABIN 假定这是因为证据不存在，因此假设 n 为素数。我们将看到如果 s 足够大，则这个输出结果很可能是正确的，但也存在这样一种微小的可能性，即过程在选择 a 时运气不佳，因为过程虽然没有发现证据，但证据却确实存在。

为了说明 MILLER-RABIN 的操作过程，令 n 为 Carmichael 数 561，使得 $n-1 = 560 = 2^4 \cdot 35$，$t=4$，$u=35$。假定过程选择 $a=7$ 作为基，31.6 节的图 31-4 说明 WITNESS 计算 $x_0 \equiv a^{35} \equiv 241 \pmod{561}$，因此计算序列 $X = \langle 241, 298, 166, 67, 1 \rangle$。所以，在最后一次平方步骤中发现了一个 1 的非平凡平方根，因为 $a^{280} \equiv 67 \pmod n$，$a^{560} \equiv 1 \pmod n$。因此，$a=7$ 是 n 为合数的证据，WITNESS(7, n) 返回 TRUE，因而 MILLER-RABIN 返回 COMPOSITE。

如果 n 是一个 β 位数，则 MILLER-RABIN 需要执行 $O(s\beta)$ 次算术运算和 $O(s\beta^3)$ 次位操作，因为从渐近意义上说，它需要执行的工作仅是 s 次模取幂运算。

MILLER-RABIN 素数测试的出错率

如果 MILLER-RABIN 返回 PRIME，则它仍有一种很小的可能性会产生错误。然而，不像 PSEUDOPRIME，出错的可能性并不依赖于 n；对该过程也不存在坏的输入。相反，它取决于 s 的大小和在选取基值 a 时"抽签的运气"。另外，由于每次测试都比简单地检查等式(31.40)更严格，因此从总的原则上，对随机选取的整数 n，其出错率应该是很小的。下列定理阐述了一个更精确的论点。

定理 31.38 如果 n 是一个奇合数，则 n 为合数的证据的数目至少为 $(n-1)/2$。

证明 证明过程说明了非证据的个数最多为 $(n-1)/2$，意味着定理成立。

首先，我们断言任何非证据都必须是 $\mathbf{Z}_n^*$ 的一个成员。为什么呢？考虑任意的非证据 a。它必须满足 $a^{n-1} \equiv 1 \pmod{n}$，或者等价地，$a \cdot a^{n-2} \equiv 1 \pmod{n}$。因此，方程 $ax \equiv 1 \pmod{n}$ 有一个解，即 a^{n-2}。由推论 31.21 可知，$\gcd(a, n) \mid 1$，这反过来意味着 $\gcd(a, n) = 1$。因此，a 是 $\mathbf{Z}_n^*$ 的一个成员，所有的非证据都属于 $\mathbf{Z}_n^*$。

为了完成证明，要说明不只是所有的非证据都包含在 $\mathbf{Z}_n^*$ 内，而且它们都包含在 $\mathbf{Z}_n^*$ 的一个真子群 B 中（回顾一下，如果 B 是 $\mathbf{Z}_n^*$ 的一个子群但 B 不等于 $\mathbf{Z}_n^*$，则 B 是 $\mathbf{Z}_n^*$ 的一个真子群）。根据推论 31.16，有 $|B| \leqslant |\mathbf{Z}_n^*|/2$。因为 $|\mathbf{Z}_n^*| \leqslant n-1$，所以得到 $|B| \leqslant (n-1)/2$。因此，非证据的个数至多是 $(n-1)/2$，所以证据的数目必须至少有 $(n-1)/2$。

下面说明如何找出一个 $\mathbf{Z}_n^*$ 的包含所有非证据的真子群 B。具体分两种情况。

情况 1：存在一个 $x \in \mathbf{Z}_n^*$，使得

$$x^{n-1} \not\equiv 1 \pmod{n}$$

971

换句话说，n 不是一个 Carmichael 数。如我们先前所注意到的，因为 Carmichael 数极少，情况 1 是由"实际"所产生的主要情况（例如，这里 n 已经被随机选取，而且被测试其素数性）。

令 $B = \{b \in \mathbf{Z}_n^* : b^{n-1} \equiv 1 \pmod{n}\}$。显然，$B$ 是非空的，因为 $1 \in B$。因为 B 在模 n 的乘法下是封闭的，所以由定理 31.14，B 是 $\mathbf{Z}_n^*$ 的一个子群。注意，每个非证据都属于 B，因为一个非证据 a 满足 $a^{n-1} \equiv 1 \pmod{n}$。因为 $x \in \mathbf{Z}_n^* - B$，所以 B 是 $\mathbf{Z}_n^*$ 的一个真子群。

情况 2：对所有的 $z \in \mathbf{Z}_n^*$，

$$x^{n-1} \equiv 1 \pmod{n} \tag{31.41}$$

换句话说，n 是一个 Carmichael 数。这个情况实际上非常少。然而，正如现在要说明的，MILLER-RABIN 测试（不同于伪素数测试）可以有效地确定 Carmichael 数的合数性。

在这种情况下，n 不可能是一个素数幂。为搞清楚为什么，反之我们假设 $n = p^e$，其中 p 是一个素数，$e > 1$。按如下方式推导出矛盾。因为 n 假设是奇数，故 p 也必须是奇数。定理 31.32 意味着 $\mathbf{Z}_n^*$ 是一个循环群：它包含一个生成元 g，使得 $\mathrm{ord}_n(g) = |\mathbf{Z}_n^*| = \phi(n) = p^e(1-1/p) = (p-1)p^{e-1}$（$\phi(n)$ 的公式来自等式 (31.20)）。根据式 (31.41)，有 $g^{n-1} \equiv 1 \pmod{n}$。则离散对数定理（定理 31.33，取 $y = 0$）意味着 $n-1 \equiv 0 \pmod{\phi(n)}$，或者

$$(p-1)p^{e-1} \mid p^e - 1$$

这对 $e > 1$ 是一个矛盾，因为 $(p-1)p^{e-1}$ 可以被素数 p 整除，但是 p^e-1 不能。因此，n 不是一个素数幂。

因为奇合数 n 不是一个素数幂，我们把它分解成一个积 $n_1 n_2$，其中 n_1 和 n_2 都是大于 1 的奇数且互质。（有多种方法来做这个分解，选择哪一种并没有关系。例如，如果 $n = p_1^{e_1} p_2^{e_2} \cdots p_r^{e_r}$，则可以选择 $n_1 = p_1^{e_1}$，而 $n_2 = p_2^{e_2} p_3^{e_3} \cdots p_r^{e_r}$。）

回顾一下，定义 t 和 u 使得 $n-1 = 2^t u$，其中 $t \geqslant 1$，u 是奇数，且对于输入 a，过程 WITNESS 计算序列

$$X = \langle a^u, a^{2u}, a^{2^2 u}, \cdots, a^{2^t u} \rangle$$

（所有的计算都是根据模 n 计算的）。

如果 $v \in \mathbf{Z}_n^*$，$j \in \{0, 1, \cdots, t\}$ 且 $v^{2^j u} \equiv -1 \pmod{n}$，则称整数对 (v, j) 为**可接受的**。可接受的对是肯定存在的，因为 u 是奇数；可以选择 $v = n-1$ 和 $j = 0$，使得 $(n-1, 0)$ 是一个可接受对。现在挑选最大可能的 j，使得存在一个可接受对 (v, j)，调整 v 使得 (v, j) 是一个可接受

972

对。令

$$B = \{x \in \mathbf{Z}_n^* : x^{2^j u} \equiv \pm i (\bmod n)\}$$

因为 B 在模 n 的乘法下是封闭的，故它是 $\mathbf{Z}_n^*$ 的一个子群。因此，由定理 31.15，$|B|$ 整除 $|\mathbf{Z}_n^*|$。每一个非证据都必定是 B 的成员，因为由一个非证据产生的序列 X 必须或者全部为 1，或者在第 j 个位置之前，包含一个 -1（根据 j 的最大性）。（如果 (a, j') 是可接受的，其中 a 是一个非证据，则根据我们选择 j 的方式，必有 $j' \leqslant j$。）

现在，利用 v 的存在性说明存在一个 $w \in \mathbf{Z}_n^* - B$，且因此 B 是 $\mathbf{Z}_n^*$ 的一个子群。因为 $v^{2^j u} \equiv -1 (\bmod n)$，根据中国余数定理的推论 31.29，有 $v^{2^j u} \equiv -1 (\bmod n_1)$。根据推论 31.28，存在一个 w，同时满足

$$w \equiv v (\bmod n_1)$$
$$w \equiv 1 (\bmod n_2)$$

因此，

$$w^{2^j u} \equiv -1 (\bmod n_1)$$
$$w^{2^j u} \equiv 1 (\bmod n_2)$$

由推论 31.29，$w^{2^j u} \not\equiv 1 (\bmod n_1)$ 意味着 $w^{2^j u} \not\equiv 1 (\bmod n)$，而且 $w^{2^j u} \not\equiv -1 (\bmod n_2)$ 意味着 $w^{2^j u} \not\equiv -1 (\bmod n)$。因此，得出 $w^{2^j u} \not\equiv \pm 1 (\bmod n)$，所以 $w \notin B$。

接下来还要证明 $w \in \mathbf{Z}_n^*$。首先分别对模 n_1 和模 n_2 进行处理。对模 n_1，注意到由于 $v \in \mathbf{Z}_n^*$，有 $\gcd(v, n) = 1$，所以有 $\gcd(v, n_1) = 1$；如果 v 与 n 没有任何公约数，它当然不会与 n_1 有任何公约数。因为 $w \equiv v (\bmod n_1)$，所以 $\gcd(w, n_1) = 1$。对模 n_2，观察到 $w \equiv 1 (\bmod n_2)$ 意味着 $\gcd(w, n_2) = 1$。结合这些结果，利用推论 31.6，它意味着 $\gcd(w, n_1 n_2) = \gcd(w, n) = 1$。也就是 $w \in \mathbf{Z}_n^*$。

因此，$w \in \mathbf{Z}_n^* - B$，而且以 B 是 $\mathbf{Z}_n^*$ 的一个真子群的结论完成情况 2。

在两种情况中的任何一个，我们看出 n 为合数的证据的数目都至少为 $(n-1)/2$。∎

定理 31.39 对于任意奇数 $n > 2$ 和正整数 s，MILLER-RABIN(n, s) 出错的概率至多为 2^{-s}。

证明 利用定理 31.38，可以看到如果 n 是合数，则每次执行第 1～4 行的 for 循坏，发现 n 为合数的证据 x 的概率至少为 1/2。只有当 MILLER-RABIN 运气太差，在主循环总共 s 次迭代中，每一次都没能发现 n 为合数的证据时，过程才会出错。而这种每次都错过发现证据的概率至多为 2^{-s}。∎

如果 n 是素数，MILLER-RABIN 总是输出 PRIME，而如果 n 是合数，MILLER-RABIN 输出 PRIME 的概率至多为 2^{-s}。

然而，当对一个大随机整数 n 应用 MILLER-RABIN 时，为了正确地解释 MILLER-RABIN 的结果，我们需要考虑 n 是素数的优先概率。假设固定了一个长度位数 β，并且随机选择了一个长度为 β 位的整数来检测优先级。令 A 表示 n 是素数的事件。由素数定理（定理 31.37），n 是素数的概率接近

$$\Pr\{A\} \approx 1/\ln n \approx 1.443/\beta$$

令 B 表示 MILLER-RABIN 返回 PRIME 的事件，我们有 $\Pr\{\overline{B} | A\} = 0$（或者等价地，$\Pr\{B | A\}$）和 $\Pr\{B | \overline{A}\} \leqslant 2^{-s}$（或者等价地，$\Pr\{\overline{B} | \overline{A}\} > 1 - 2^{-s}$）。

然而在 MILLER-RABIN 返回 PRIME 的情况下，n 是素数的概率 $\Pr\{A | B\}$ 的值是多少呢？通过贝叶斯定理的变形（等式(C.18)），有

$$\Pr\{A | B\} = \frac{\Pr\{A\} \Pr\{B | A\}}{\Pr\{A\} \Pr\{B | A\} + \Pr\{\overline{A}\} \Pr\{B | \overline{A}\}} \approx \frac{1}{1 + 2^{-s} (\ln n - 1)}$$

在 s 超过 $\lg(\ln n - 1)$ 之前，这个概率不超过 1/2。直观上，为了得到信心（由于不能找到 n 是合数

的证据），来克服对于 n 是合数的优先偏好，需要很多原始测试。对于一个有 $\beta=1024$ 位的数，原始测试大约需要

$$\lg(\ln n-1) \approx \lg(\beta/1.443) \approx 9$$

次。在任何情况下，对几乎所有可以想象到的应用，选取 $s=50$ 应该是足够的。

事实上情况要更好。如果通过对随机选取的大奇整数应用 MILLER-RABIN 来找出大素数，则选取较小的 s 值（如 3）也未必导致错误的结论（在此不做证明）。因为对一个随机选取的奇合数 n，n 为合数的非证据的预计数目可能要比 $(n-1)/2$ 少得多。

然而，如果整数 n 不是随机选取的，则运用改进过的定理 31.38，所能证明的最佳结论是非证据数目至多为 $(n-1)/4$。并且，确实存在整数 n，使得非证据的数目就是 $(n-1)/4$。

974

练习

31.8-1 证明：如果一个奇整数 $n>1$ 不是素数或素数的幂，则存在一个以 n 为模的 1 的非平凡平方根。

★31.8-2 可以把欧拉定理稍微加强为如下形式：对所有 $a\in\mathbf{Z}_n^*$，

$$a^{\lambda(n)} \equiv 1(\bmod\ n)$$

其中 $n=p_1^{e_1}p_2^{e_2}\cdots p_r^{e_r}$，且 $\lambda(n)$ 定义为

$$\lambda(n) = \mathrm{lcm}(\phi(p_1^{e_1}),\cdots,\phi(p_r^{e_r})) \tag{31.42}$$

证明 $\lambda(n)\,|\,\phi(n)$。如果 $\lambda(n)\,|\,n-1$，则合数 n 为 Carmichael 数。最小的 Carmichael 数为 $561=3\cdot 11\cdot 17$；这里，$\lambda(n)=\mathrm{lcm}(2, 10, 16)=80$，它可以整除 560。证明 Carmichael 数必须既是"无平方数"（不能被任何素数的平方所整除），又是至少三个素数的积。（因此，Carmichael 数不是很常见。）

31.8-3 证明：如果 x 是以 n 为模的 1 的非平凡平方根，则 $\gcd(x-1, n)$ 和 $\gcd(x+1, n)$ 都是 n 的非平凡约数。

★ 31.9 整数的因子分解

假设希望将一个整数 n 进行**因子分解**，也就是分解为素数的积。通过上一节所讨论的素数测试，可以知道 n 是否是合数，但它并不能指出 n 的素数因子。对一个大整数 n 进行因子分解，似乎要比仅确定 n 是素数还是合数困难得多。即使用当今的超级计算机和现行的最佳算法，要对任意一个 1024 位的数进行因子分解也还是不可行的。

975

Pollard 的 rho 启发式方法

对小于 R 的所有整数进行试除，保证完全获得小于 R^2 的任意数的因子分解。下列过程用相同的工作量，就能对小于 R^4 的任意数进行因子分解（除非运气不佳）。由于该过程仅仅是一种启发性方法，因此既不能保证其运行时间也不能保证其运行成功，尽管该过程在实际应用中非常有效。POLLARD-RHO 过程的另一个优点是，它只使用固定量的存储空间。（如果愿意，可以很容易地在一个可编程的掌上计算器上实现 POLLARD-RHO，来找出小数的因子。）

```
POLLARD-RHO(n)
1   i=1
2   x₁=RANDOM(0,n−1)
3   y=x₁
4   k=2
5   while TRUE
6       i=i+1
7       xᵢ=(x²ᵢ₋₁−1) mod n
```

```
 8        d＝gcd(y−x_i,n)
 9        if d≠1 and d≠n
10          print d
11        if i == k
12          y＝x_i
13          k＝2k
```

其执行过程如下。第 1～2 行把 i 初始化为 1，把 x_1 初始化为 Z_n 中一个随机选取的值。第 5 行开始的 **while** 循环将一直进行迭代，来搜索 n 的因子。在 **while** 循环的每一次迭代中，第 7 行运用递归式

$$x_i = (x_{i-1}^2 - 1) \bmod n \tag{31.43}$$

计算无穷序列

$$x_1, x_2, x_3, x_4, \cdots \tag{31.44}$$

中 x_i 的下一个值，其中 i 的值在第 6 行中进行相应的增加。为了清楚，伪代码中使用了下标变量 x_i，但即使去掉所有的下标，程序也以同样的方式执行，因为仅需要保留最近计算出的 x_i 值。经过这个修改，此过程只使用了一个常量的存储空间。

程序不时地把最近计算出的 x_i 的值存入变量 y 中。具体来说，存储的值是那些下标为 2 的幂的变量：

$$x_1, x_2, x_4, x_8, x_{16}, \cdots$$

第 3 行保存值 x_1，每当 $i=k$ 时，第 12 行就保存值 x_k。第 4 行将变量 k 初始化为 2，并且每当第 12 行更新 y，第 13 行就将 k 的值加倍。因此，k 值的序列为 1，2，4，8，…，并且总是给出要存入 y 的下一个值的 x_k 的下标。

第 8～10 行尝试用存入 y 的值和 x_i 的当前值找出 n 的一个因子。特别地，第 8 行计算出最大公约数 $d=\gcd(y-x_i, n)$。如果第 9 行中发现了 d 是 n 的非平凡约数，则第 10 行输出 d 的值。

最初，这一寻找因子分解的过程似乎有点神秘。但是注意，POLLARD-RHO 绝不会输出错误的答案；它输出的任何数都是 n 的非平凡约数。尽管 POLLARD-RHO 可能不输出任何信息，也没有保证它能输出约数。不过，我们将看到，我们有充分的理由损计，POLLARD-RHO 在 **while** 循环大约执行 $\Theta(\sqrt{p})$ 次迭代后，会输出一个 n 的因子 p。因此，如果 p 是合数，则在大约经过 $n^{1/4}$ 次的更新后，可以预计该过程已经找到足够多的约数，这是由于除了可能有的最大的一个素因子外，n 的每一个素因子 p 均小于 $\sqrt{n}$。

分析一下要经过多久，模 n 的随机序列中才会重复出现一个值，就可以了解这个过程的性能。由于 Z_n 是有限的，并且序列（31.44）中的每一个值仅仅取决于前一个值，所以序列（31.44）最终将产生自身重复。一旦运算到达一个 x_i，使得对某个 $j<i$ 有 $x_i = x_j$，则我们处在一个回路中，因为 $x_{i+1} = x_{j+1}$，$x_{i+2} = x_{j+2}$，等等。该过程取名为"rho 启发式方法"的原因就在于（如图 31-7 所示）序列 $x_1, x_2, \cdots, x_{j-1}$ 可以画成 rho(ρ) 的"尾"，而回路 $x_j, x_{j+1}, \cdots, x_i$ 可以画成 rho 的"体"。

下面考虑一个问题：x_i 的序列发生重复需要多久？实际上，这个问题的答案并不是我们恰好需要的，但我们将会看到如何修改这个论点。为了进行估算，假定函数

$$f_n(x) = (x^2 - 1) \bmod n$$

像一个"随机"函数那样进行计算。当然，它并不是一个真正的随机函数，但由这个假设所得的结论，与我们对 POLLARD-RHO 行为的观察是一致的。因而，可以把每个 x_i 视为按在 Z_n 上均匀分布的方式从 Z_n 中独立选取的。根据 5.4.1 节中对生日悖论的分析，在序列出现回路之前预计要执行的步数为 $\Theta(\sqrt{n})$。

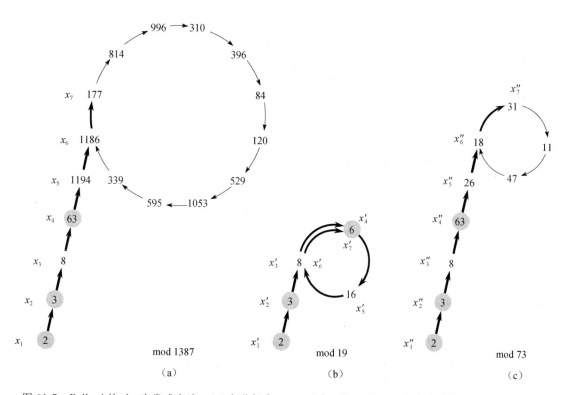

图 31-7 Pollard 的 rho 启发式方法。(a)由递归式 $x_{i+1} = (x_i^2 - 1) \bmod 1387$ 所产生的值，从 $x_1 = 2$ 开始。1387 的素数因子分解是 $19 \cdot 73$。粗箭头指出在因子 19 被发现之前所执行的迭代步骤。细箭头指出在迭代中未到达的值，来画出"rho"的形状，阴影数值是由 POLLARD-RHO 保存的 y 的值。因子 19 是在到达 $x_7 = 177$ 时被发现的，此时计算 $\gcd(63 - 177, 1387) = 19$。第一个要重复的 x 数值是 1186，但是因子 19 是在这个数值重复之前被发现的。(b)相同递归式产生的值，模 19。(a)给出的每个值 x_i 对模 19 来说等于这里显示的 x_i'。例如，$x_4 = 63$ 和 $x_7 = 177$ 都等于 6，模 19。(c)相同递归式产生的值，模 73。(a)给出的每个值 x_i，对模 73 来说等于这里显示的 x_i''。由中国余数定理，(a)中每个结点对应一对结点，即(b)中和(c)中的一个

现在根据要求进行适当修改。令 p 是满足 $\gcd(p, n/p) = 1$ 的 n 的一个非平凡因子。例如，如果 n 的因子分解为 $n = p_1^{e_1} p_2^{e_2} \cdots p_r^{e_r}$，则可以取 p 的值为 $p_1^{e_1}$。（如果 $e_1 = 1$，则 p 就是 n 的最小素数因子，这是一个可以牢记的好例子。）

序列 $\langle x_i \rangle$ 包含一个相应的对模 p 的序列 $\langle x_i' \rangle$，其中对所有 i，有

$$x_i' = x_i \bmod p$$

更进一步，因为 f_n 是仅使用算术操作（平方和减法）对模 n 定义的，所以将看到可以用 x_i' 来计算 x_{i+1}'；序列从模 p 的角度看是从模 n 的角度看的一个较小版本：

977 ～ 978

$$
\begin{aligned}
x_{i+1}' &= x_{i+1} \bmod p \\
&= f_n(x_i) \bmod p \\
&= ((x_i^2 - 1) \bmod n) \bmod p \\
&= (x_i^2 - 1) \bmod p \qquad \text{（根据练习 31.1-7）} \\
&= ((x_i \bmod p)^2 - 1) \bmod p \\
&= ((x_i')^2 - 1) \bmod p \\
&= f_p(x_i')
\end{aligned}
$$

因此，虽然没有显式地计算序列 $\langle x_i' \rangle$，但这个序列是良定义的，而且与序列 $\langle x_i \rangle$ 有相同的递归式。

像之前一样进行推论，可以发现在序列 $\langle x_i' \rangle$ 重复出现之前，预计执行的步数是 $\Theta(\sqrt{p})$。如果

和 n 相比，p 是一个小数，则序列 $\langle x_i' \rangle$ 的重复可能比序列 $\langle x_i \rangle$ 的重复要快得多。事实上，只要序列 $\langle x_i \rangle$ 中的两个元素仅对模 p 等价，而不对模 n 等价，序列 $\langle x_i' \rangle$ 就发生重复。图 31-7(b) 和 (c) 说明了这一点。

令 t 表示 $\langle x_i' \rangle$ 序列中第一个重复出现的值的下标，并且 $u > 0$ 表示这样产生的循环回路的长度。也就是说，t 和 $u > 0$ 是对所有 $i \geq 0$，满足条件 $x_{t+i}' = x_{t+u+i}'$ 的最小值。根据上面的论证，t 和 u 的期望值都是 $\Theta(\sqrt{p})$。注意，如果 $x_{t+i}' = x_{t+u+i}'$，则 $p \mid (x_{t+u+i} - x_{t+i})$。因此，

$$\gcd(x_{t+u+i} - x_{t+i},\ n) > 1$$

因此，只要 POLLARD-RHO 把使得 $k \geq t$ 的任何值 x_k 存入变量 y，则 $y \bmod p$ 总在对模 p 的回路中（如果把一个新值存为 y，则该值也在对模 p 的回路中。）最终，k 将被赋予一个大于 u 的值，然后过程就在不改变 y 值的情况下，沿着模为 p 的回路完成整个一次循环。当 x_i "遇到"之前存储的对模 p 的 y 值时，即 $x_i \equiv y \pmod{p}$ 时，就发现了 n 的一个因子。

假定发现的因子是因子 p，但偶尔也可能是 p 的倍数。由于 t 和 u 的期望值都是 $\Theta(\sqrt{p})$，所以产生因子 p 所要求的期望执行步数为 $\Theta(\sqrt{p})$。

该算法不会如期执行，原因有两条。第一，对于运行时间的启发式分析并不严格，对模 p 的值的回路有可能要比 $\sqrt{p}$ 大得多。在这种情况下，虽然算法的执行正确，但其执行速度要比期望低得多。在实际应用中，这似乎还可以讨论。第二，这一算法得出 n 的约数可能总是平凡因子 1 或 n。例如，假设 $n = pq$，这里 p 和 q 为素数。可能会发生如下情况：关于 p 的 t 和 u 的值与关于 q 的 t 和 u 的值相等，所以因子 p 和因子 q 总是在相同的 gcd 运算中被呈现。由于两个因子同时被呈现，因此也就呈现出无用的平凡因子 $pq = n$。这在实际应用中似乎没意义。如果需要，可以用一个不同形式的递归式 $x_{i+1} = (x_i^2 - c) \bmod n$ 来重新开始运行该启发式过程。（值 $c = 0$ 和 $c = 2$ 应该被避免，其原因这里不作说明，但对其他值没有问题。）

当然，上述分析过程是启发式的，而不是严格的，因为递归式并不真是"随机的"。然而，这个过程可以在实际应用中良好地运行，并且似乎和我们在上面的启发式分析中所说明的一样有效。它是一种找出大整数的小素数因子的可供选择的方法。为了对一个 β 位合数 n 完全分解因子，仅需找出所有小于 $\lfloor n^{1/2} \rfloor$ 的素数因子就可以了，因此，可以期望 POLLARD-RHO 需执行的算术运算至多为 $n^{1/4} = 2^{\beta/4}$ 次，位操作至多为 $n^{1/4} \beta^2 = 2^{\beta/4} \beta^2$。POLLARD-RHO 最具吸引力的特点就是它可以在期望的 $\Theta(\sqrt{p})$ 次算术运算内，找出 n 的一个小因子 p。

练习

31.9-1 在图 31-7(a) 所示的执行过程中，过程 POLLARD-RHO 在何时输出 1387 的因子 73？

31.9-2 假设给定函数 $f: \mathbf{Z}_n \to \mathbf{Z}_n$ 和一个初值 $x_0 \in \mathbf{Z}_n$。定义 $x_i = f(x_{i-1})$，$i = 1, 2, \cdots$。令 t 和 $u > 0$ 是满足 $x_{t+i} = x_{t+u+i}$（$i = 0, 1, \cdots$）的最小值。在 Pollard 的 rho 算法的术语中，t 为 rho 的尾的长度，u 是 rho 的回路的长度。试写出一个计算 t 和 u 的值的有效算法，并分析其运行时间。

31.9-3 为了发现形如 p^e 的数（其中 p 是素数，$e > 1$）的一个因子，POLLARD-RHO 要执行多少步？

31.9-4 POLLARD-RHO 的缺点之一是，在其递归过程的每一步，都要计算一个 gcd。然而，可以对 gcd 的计算进行批处理：通过累计一行中数个连续的 x_i 的积，然后在 gcd 计算中使用该积而不是 x_i。请详细描述如何实现这一思想，为什么它是可行的，以及在处理一个 β 位数 n 时，所选取的最有效的批处理规模是多大？

思考题

33-1 （二进制的 gcd 算法） 与计算余数的执行速度相比，大多数计算机执行减法运算、测试一

个二进制整数的奇偶性运算以及折半运算的执行速度都要更快些。本题所讨论的**二进制 gcd 算法**中避免了欧几里得算法中对余数的计算过程。

a. 证明：如果 a 和 b 都是偶数，则 $\gcd(a, b) = 2 \cdot \gcd(a/2, b/2)$。

b. 证明：如果 a 是奇数，b 是偶数，则 $\gcd(a, b) = \gcd(a, b/2)$。

c. 证明：如果 a 和 b 都是奇数，则 $\gcd(a, b) = \gcd((a-b)/2, b)$。

d. 设计一个有效的二进制 gcd 算法，输入整数为 a 和 $b (a \geqslant b)$，并且算法的运行时间为 $O(\lg a)$。假定每个减法运算、测试奇偶性运算以及折半运算都能在单位时间内执行。

31-2 （对欧几里得算法中位操作的分析）

a. 考虑用普通的"纸和笔"算法来实现长除法的运算：用 a 除以 b，得到商 q 和余数 r。证明：这种算法需要执行 $O((1+\lg q)\lg b)$ 次位操作。

b. 定义 $\mu(a, b) = (1+\lg a)(1+\lg b)$。证明：过程 EUCLID 在把计算 $\gcd(a, b)$ 的问题转化为计算 $\gcd(b, a \bmod b)$ 的问题时，所执行的位操作次数至多为 $c(\mu(a, b) - \mu(b, a \bmod b))$，其中 $c > 0$ 为某一个足够大的常数。

c. 证明：EUCLID(a, b) 通常需要执行 $O(\mu(a, b))$ 次位操作；当其输入为两个 β 位数时，需要执行的位操作次数为 $O(\beta^2)$。

31-3 （关于斐波那契数的三个算法） 在已知 n 的情况下，本题对计算第 n 个斐波那契数 F_n 的三种算法的效率进行了比较。

假定两个数的加法、减法和乘法的代价都是 $O(1)$，与数的大小无关。

a. 证明：基于递归式(3.22)计算 F_n 的直接递归方法的运行时间为 n 的幂。（例如，27.1 节的 FIB 程序。）

b. 试说明如何运用记忆法在 $O(n)$ 的时间内计算 F_n。

981

c. 试说明如何仅用整数加法和乘法运算，就可以在 $O(\lg n)$ 的时间内计算 F_n。（提示：考虑矩阵

$$\begin{bmatrix} 0 & 1 \\ 1 & 1 \end{bmatrix}$$

和它的幂。）

d. 现在假设对两个 β 位数相加需要 $\Theta(\beta)$ 时间，对两个 β 位数相乘需要 $\Theta(\beta^2)$ 时间。如果这样更合理地估计基本算术运算的代价，这三种方法的运行时间又是多少？

31-4 （二次余数） 设 p 是一个奇素数。如果关于未知量 x 的方程 $x^2 = a \pmod p$ 有解，则数 $a \in \mathbf{Z}_p^*$ 就是一个**二次余数**。

a. 证明：对模 p，恰有 $(p-1)/2$ 个二次余数。

b. 如果 p 是素数，对 $a \in \mathbf{Z}_p^*$，定义勒让德符号 $\left(\dfrac{a}{p}\right)$，若 a 是对模 p 的二次余数，则它等于 1；否则它等于 -1。证明：如果 $a \in \mathbf{Z}_p^*$，则

$$\left(\frac{a}{p}\right) \equiv a^{(p-1)/2} \pmod p$$

给出一个有效的算法，使其能确定一个给定的数 a 是否是对模 p 的二次余数。分析所给算法的效率。

c. 证明：如果 p 是形如 $4k+3$ 的素数，且 a 是 $\mathbf{Z}_p^*$ 中一个二次余数，则 $a^{k+1} \bmod p$ 是对模 p 的 a 的平方根。找出一个以 p 为模的二次余数 a 的平方根需要多长时间？

d. 试描述一个有效的随机算法，找出一个以任意素数 p 为模的非二次余数，也就是指 $\mathbf{Z}_p^*$ 中不是二次余数的成员。所给出的算法平均需要执行多少次算术运算？

本章注记

982

Niven 和 Zuckerman[265]提供了有关基本数论的优秀介绍。Knuth[210]中包含了找出最大公约数的算法，以及其他基本数论算法的一个很好的讨论。Bach[30]和 Riesel[295]提供了更多计算数论的最新调查。Dixon[91]给出了因子分解和素数测试的一个概论。Pomerance[280]编辑的会议文集包含了数篇优秀的综述文章。在最近，Bach 和 Shallit[31]提供了计算数论基础的一个特别的概论。

Knuth[210]讨论了欧几里得算法的来源。它出现在希腊数学家欧几里得在公元前 300 年所写的《几何原本》的第 7 册中的命题 1 和命题 2。欧几里得的描述可能来源于大约公元前 375 年的 Eudoxus 的一个算法。欧几里得的算法可以说是最早的非平凡算法；只有古埃及人所知的一个乘法算法可以与之匹敌。Shallit[312]编撰了欧几里得算法的分析历史。

Knuth 将中国余数定理（定理 31.27）的一个特殊情况归功于中国数学家孙子，他生活在约公元前 200 年到公元 200 年（这个日期很不确定）。相同的特殊情况是由约公元 100 年的希腊数学家 Nichomachus 所给出的。在 1247 年它被秦九韶一般化。中国余数定理由 L. Euler 在 1734 年以最完整的方式做了最后的陈述和证明。

在这里展示的随机素数测试算法归功于 Miller[255]和 Rabin[289]；在常数因子内，它是已知的最快速的随机素数测试算法。定理 31.39 的证明稍微采纳了 Bach[29]提出的建议。MILLER-RABIN 的一个更强结果的证明由 Monier[258，259]给出。很多年以来，随机化在得到一个多项式时间的素数测试算法时是必要的。然而，在 2002 年，Agrawal、Kayal 和 Saxema[4]给出的多项式时间的素数测试算法震惊了世界。直到那时之前，已知的最快的确定性素数测试算法是来自 Cohen 和 Lenstra[73]。在 n 输入下，它在 $(\lg n)^{O(\lg\lg\lg n)}$ 时间内运行，只是稍微超多项式。尽管如此，为了实用，随机素数测试算法依然更高效和更受人喜欢。

找出大的"随机"素数的问题在 Beauchemin、Brassard、Crepeau、Goutier 和 Pomerance[36]的一篇论文中有好的讨论。

公钥加密系统的概念归功于 Diffie 和 Hellman[87]。RSA 加密系统于 1977 年由 Rivest、Shamir 和 Adleman[296]提出。从那时开始，密码学领域开始蓬勃发展。我们对 RSA 加密系统的了解已经加深，而现代的实现明显改进了展示在这里的基本技术。另外，许多新技术已经发展，

983

证明加密系统是安全的。例如，Goldwasser 和 Micali[142]说明随机化在安全的公钥加密方案的设计中是一个有效的工具。对于签名方案，Goldwasser、Micali 和 Rivest[143]展示了一个数字签名方案，其中每一种可想象到的伪造行为可以证明与因子分解一样困难。Menezes、van Oorschot 和 Vanstone[254]提供了应用密码学的一个概况。

整数因子分解的 rho 启发式方法是由 Pollard[277]提出的。展示在书中的版本是 Brent[56]所提议的一个变形。

对大数因子分解的最佳算法来说，其运行时间是大致呈指数增长的（等待分解的数 n 的长度的立方根）。一般数域的筛选因子分解算法可能是对于一般的大输入最高效的算法（前者是由 Buhler、Lenstra 和 Pomerance[57]提出的，旨在对数域筛选因子分解算法进行扩展，后者是由 Pollard[278]和 Lenstra 等人[232]提出的，并由 Coppersmith[77]以及其他人加以改善。）虽然很难给出这个算法的严格分析，但在合理的假设下，我们可以得到 $L(1/3,\ n)^{1.902+O(1)}$ 的一个运行时间估计，其中 $L(\alpha,\ n) = e^{(\ln n)^{\alpha}(\ln\ln n)^{1-\alpha}}$。

椭圆曲线方法是由 Lenstra[233]提出的，它对于某些输入比数域筛选方法更有效，因为，与 Pollard 的 rho 方法一样，它可以相当快速地找到一个小素数因子 p。使用这个方法，找到 p 的时间预计是 $L(1/2,\ p)^{\sqrt{2}+O(1)}$。

984

字符串匹配

在编辑文本程序过程中，我们经常需要在文本中找到某个模式的所有出现位置。典型情况是，一段正在被编辑的文本构成一个文件，而所要搜寻的模式是用户正在输入的特定的关键字。有效地解决这个问题的算法叫做字符串匹配算法，该算法能够极大提高编辑文本程序时的响应效率。在其他很多应用中，字符串匹配算法用于在 DNA 序列中搜寻特定的序列。在网络搜索引擎中也需要用这种方法来找到所要查询的网页地址。

字符串匹配问题的形式化定义如下：假设文本是一个长度为 n 的数组 $T[1..n]$，而模式是一个长度为 m 的数组 $P[1..m]$，其中 $m \leqslant n$，进一步假设 P 和 T 的元素都是来自一个有限字母集 Σ 的字符。例如，$\Sigma = \{0, 1\}$ 或者 $\Sigma = \{a, b, \cdots, z\}$。字符数组 P 和 T 通常称为字符串。

如图 32-1 所示，如果 $0 \leqslant s \leqslant n-m$，并且 $T[s+1..s+m] = P[1..m]$（即如果 $T[s+j] = P[j]$，其中 $1 \leqslant j \leqslant m$），那么称模式 P 在文本 T 中出现，且偏移为 s（或者等价地，模式 P 在文本 T 中出现的位置是以 $s+1$ 开始的）。如果 P 在 T 中以偏移 s 出现，那么称 s 是有效偏移；否则，称它为无效偏移。字符串匹配问题就是找到所有的有效偏移，使得在该有效偏移下，所给的模式 P 出现在给定的文本 T 中。

图 32-1 字符串匹配问题的一个例子，在该例子中，我们试图找到模式 $P = \text{abaa}$ 在文本 $T = \text{abcabaabcabac}$ 中所有出现的位置。模式只在这个文本中出现一次，在偏移 $s=3$ 处，因此我们称 s 为有效偏移。用竖线连接了每一个模式中的字符和与其对应的文本中的字符，所有匹配的字符都被涂上了阴影

除了在 32.1 节将要复习的朴素算法外，本章中的每个字符串匹配算法都基于模式进行了预处理，然后找到所有有效偏移；我们称第二步为"匹配"。图 32-2 给出了本章中每个算法的预处理时间和匹配时间。每个算法的总运行时间是预处理时间和匹配时间的和。32.2 节描述了一种由 Robin 和 Karp 发现的一种有趣的字符串匹配算法。尽管这种算法在最坏情况下的运行时间 $\Theta((n-m+1)m)$ 并不比朴素算法好，但就平均情况和实际情况来说，该算法效果要好得多。这种算法也可以很好地推广，用以解决其他的模式匹配问题。32.3 节描述一种字符串匹配算法，该算法通过构造一个有限自动机，专门用来搜寻所给的模式 P 在文本中出现的位置。这种算法需要 $O(m|\Sigma|)$ 的预处理时间，但是仅仅需要 $\Theta(n)$ 的匹配时间。32.4 节介绍与其类似但是更加巧妙的 Knuth Morris Pratt（或 KMP）算法；该算法的匹配时间同样为 $\Theta(n)$，但是它缩短了预处理时间，仅需 $\Theta(m)$。

算　法	预处理时间	匹配时间
朴素算法	0	$O((n-m+1)m)$
Rabin-Karp	$\Theta(m)$	$O((n-m+1)m)$
有限自动机算法	$O(m|\Sigma|)$	$\Theta(n)$
Knuth-Morris-Pratt	$\Theta(m)$	$\Theta(n)$

图 32-2 本章的字符串匹配算法及其预处理时间和匹配时间

符号和术语

我们用 $\sum^*$ 来表示包含所有有限长度的字符串的集合，该字符串是由字母表 $\sum$ 中的字符组成。在本章中，我们只考虑有限长度的字符串。长度为零的空字符串用 ε 表示，也属于 $\sum^*$。一个字符串 x 的长度用 $|x|$ 来表示。两个字符串 x 和 y 的**连结**（concatenation）用 xy 表示，长度为 $|x|+|y|$，由 x 的字符后接 y 的字符构成。

如果对某个字符串 $y\in\sum^*$ 有 $x=wy$，则称字符串 w 是字符串 x 的**前缀**，记作 $w\sqsubset x$。注意到如果 $w\sqsubset x$，则 $|w|\leqslant|x|$。类似地，如果对某个字符串 y 有 $x=yw$，则称字符串 w 是字符串 x 的**后缀**，记作 $w\sqsupset x$。和前缀类似，如果 $w\sqsupset x$，则 $|w|\leqslant|x|$。例如，我们有 ab$\sqsubset$abcca 和 cca$\sqsupset$abcca。空字符串 ε 同时是任何一个字符串的前缀和后缀。对于任意字符串 x 和 y 以及任意字符 a，当且仅当 $xa\sqsupset ya$ 时，我们有 $x\sqsupset y$。请注意，$\sqsubset$ 和 $\sqsupset$ 都是传递关系。下面的引理在稍后将会用到。

引理 32.1（后缀重叠引理） 假设 x，y 和 z 是满足 $x\sqsupset z$ 和 $y\sqsupset z$ 的字符串。如果 $|x|\leqslant|y|$，那么 $x\sqsupset y$；如果 $|x|\geqslant|y|$，那么 $y\sqsupset x$；如果 $|x|=|y|$，那么 $x=y$。 ∎

证明 见图 32-3 中的图示证明。

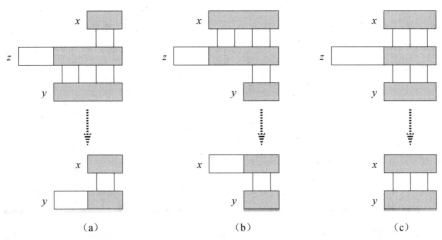

图 32-3 引理 32.1 的图形证明。假定 $x\sqsupset z$ 和 $y\sqsupset z$。图的三个部分分别说明引理的三种情况。竖线连接字符串的匹配区域（用阴影表示）。(a)如果 $|x|\leqslant|y|$，则 $x\sqsupset y$。(b)如果 $|x|\geqslant|y|$，则 $y\sqsupset x$。(c)如果 $|x|=|y|$，则 $x=y$ ∎

为了使符号简洁，我们把模式 $P[1..m]$ 的由 k 个字符组成的前缀 $P[1..k]$ 记作 P_k。因此 $P_0=\varepsilon$，$P_m=P=P[1..m]$。与此类似，我们把文本 T 中由 k 个字符组成的前缀记为 T_k。采用这种记号，我们能够把字符串匹配问题表述为：找到所有偏移 $s(0\leqslant s\leqslant n-m)$，使得 $P\sqsupset T_{s+m}$。

在我们的伪代码中，把比较两个等长字符串是否相等的操作当做操作原语。如果字符串比较是从左到右进行的，并且当遇到一个字符不匹配时，比较操作终止，则可以假设在这样的一个检测中所花费的时间是关于已匹配成功字符数目的线性函数。更准确地说，假设检测"$x==y$"需要时间 $\Theta(t+1)$，其中 t 是满足 $z\sqsubset x$ 和 $z\sqsubset y$ 的最长字符串 z 的长度。（我们用 $\Theta(t+1)$ 而不是 $\Theta(t)$，是为了更好地处理 $t=0$ 的情况；尽管第一个字符比较时就不匹配，但是在运行这个比较操作时仍然花费了一定的时间。）

32.1 朴素字符串匹配算法

朴素字符串匹配算法是通过一个循环找到所有有效偏移，该循环对 $n-m+1$ 个可能的 s 值进行检测，看是否满足条件 $P[1..m]=T[s+1..s+m]$。

NAIVE-STRING-MATCHER(T,P)

1　$n = T.length$
2　$m = P.length$
3　**for** $s = 0$ **to** $n-m$
4　　　**if** $P[1..m] == T[s+1..s+m]$
5　　　　　print "Pattern occurs with shift" s

图 32-4 描绘的朴素字符串匹配过程可以形象地看成一个包含模式的"模板"沿文本滑动，同时对每个偏移都要检测模板上的字符是否与文本中对应的字符相等。第 3～5 行的 for 循环考察每一个可能的偏移。第 4 行的测试代码确定当前的偏移是否有效；该测试隐含着一个循环，该循环用于逐个检测对应位置上的字符，直到所有位置都能成功匹配或者有一个位置不能匹配为止。第 5 行用于打印输出每一个有效偏移 s。

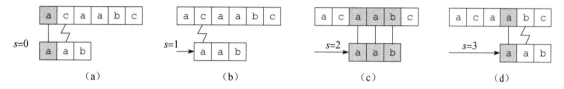

图 32-4　朴素字符串匹配对模式 $P=$ aab 和文本 $T=$ acaabc 的操作。可以把 P 想象成一个沿着正文滑动的"模板"。(a)～(d)为 4 个连续的朴素字符串匹配。图中竖线连接相应匹配区域(阴影部分)，折线连接先错误匹配的字符，如果是的话。在位移 $s=2$ 时，找到匹配的模式，见图(c)

在最坏情况下，朴素字符串匹配算法运行时间为 $O((n-m+1)m)$。例如，在考察文本字符串 a^n（一串由 n 个 a 组成的字符串）和模式 a^m 时，对偏移 s 的 $n-m+1$ 个可能值中的每一个，在第 4 行中比较相应字符的隐式循环必须执行 m 次来确定偏移的有效性。因此，最坏情况下的运行时间是 $\Theta((n-m+1)m)$，如果 $m=\lfloor n/2 \rfloor$，则运行时间是 $\Theta(n^2)$。由于不需要预处理，朴素字符串匹配算法运行时间即为其匹配时间。

我们将会看到，NAIVE-STRING-MATCHER 并不是解决字符串匹配问题的最好过程。事实上，在本章中，我们将会发现 Knuth-Morris-Pratt 算法在最坏情况下比朴素算法好得多。这种朴素字符串匹配算法效率不高，是因为当其他无效的 s 值存在时，它也只关心一个有效的 s 值，而完全忽略了检测无效 s 值时获得的文本的信息。然而这样的信息可能非常有用。例如，如果 $P=$ aaab 并且我们发现 $s=0$ 是有效的，由于 $T[4]=b$，那么偏移 1、2 或 3 都不是有效的。在后续章节中，我们将考察能够充分利用这部分信息的几种方法。

练习

32.1-1 试说明当模式 $P=0001$，文本 $T=000010001010001$ 时，朴素字符串匹配所执行的比较。

32.1-2 假设在模式 P 中所有字符都不相同。试说明如何对一段 n 个字符的文本 T 加速过程 NAIVE-STRING-MATCHER 的执行速度，使其运行时间达到 $O(n)$。

32.1-3 假设模式 P 和文本 T 是长度分别为 m 和 n 的随机选取的字符串，其字符分别来自含有 d 个元素的字母表 $\sum_d=\{0,1,\cdots,d-1\}$，其中 $d \geqslant 2$。证明朴素算法第 4 行中隐含的循环所执行的字符比较的预计次数为：

$$(n-m+1)\frac{1-d^{-m}}{1-d^{-1}} \leqslant 2(n-m+1)$$

直到这次循环结束。（假设对于一个给定的偏移，当有一个字符不匹配或者整个模式已被匹配时，朴素算法将终止字符比较。）因此，对任意随机选取的字符串，朴素算法都是有效的。

988

32.1-4 假设允许模式 P 中包含一个**间隔符**◇，它可以和任意字符串匹配(甚至可以和长度为 0 的字符串匹配)。例如，模式 ab◇ba◇c 在文本 cabccbacbacab 中的出现为

$$\underbrace{c}\ \underbrace{ab}_{ab}\ \underbrace{cc}_{\diamondsuit}\ \underbrace{ba}_{ba}\ \underbrace{cba}_{\diamondsuit}\ \underbrace{c}_{c}\ \underbrace{ab}$$

和

989

$$\underbrace{c}\ \underbrace{ab}_{ab}\ \underbrace{ccbac}_{\diamondsuit}\ \underbrace{ba}_{ba}\ \underbrace{c}_{\diamondsuit}\ \underbrace{c}_{c}\ \underbrace{ab}$$

注意，间隔符可以在模式中出现任意次，但是不能在文本中出现。给出一个多项式时间算法，以确定这样的模式 P 是否在给定的文本 T 中出现，并分析算法的运行时间。

32.2 Rabin-Karp 算法

在实际应用中，Rabin 和 Karp 所提出的字符串匹配算法能够较好地运行，并且还可以从中归纳出相关问题的其他算法，比如二维模式匹配。Rabin-Karp 算法的预处理时间是 $\Theta(m)$，并且在最坏情况下，它的运行时间为 $\Theta((n-m+1)m)$。基于一些假设，在平均情况下，它的运行时间还是比较好的。

该算法运用了初等数论概念，比如两个数相对于第三个数模等价。如果想要了解相关的定义，请参照 31.1 节的内容。

为了便于说明，假设 $\Sigma=\{0,1,2,\cdots,9\}$，这样每个字符都是十进制数字。(在通常情况下，可以假定每个字符都是以 d 为基数表示的数字，其中 $d=|\Sigma|$)我们可以用长度为 k 的十进制数来表示由 k 个连续的字符组成的字符串。因此，字符串 31 415 对应着十进制数 31 415。假如输入的字符既可以看做是图形符号，也可以看做是数字，那么在本节中我们会发现，运用我们的标准文本字体，把它们表示为数字会更加方便。

给定一个模式 $P[1..m]$，假设 p 表示其相应的十进制值。类似地，给定文本 $T[1..n]$，假设 t_s 表示长度为 m 的子字符串 $T[s+1..s+m]$ 所对应的十进制值，其中 $s=0,1,\cdots,n-m$。当然，只有在 $T[s+1..s+m]=P[1..m]$ 时，$t_s=p$。如果能在时间 $\Theta(m)$ 内计算出 p 值，并在总时间 $\Theta(n-m+1)$ 内计算出所有的 t_s 值[⊖]，那么通过比较 p 和每一个 t_s 值，就能在 $\Theta(m)+\Theta(n-m+1)=\Theta(n)$ 时间内找到所有的有效偏移 s。(目前，暂不考虑 p 和 t_s 值可能很大的问题。)

我们可以运用霍纳法则(参见 30.1 节)在时间 $\Theta(m)$ 内计算出 p:

$$p = P[m]+10(P[m-1]+10(P[m-2]+\cdots+10(P[2]+10P[1])\cdots))$$

990 类似地，也可以在 $\Theta(m)$ 时间内根据 $T[1..m]$ 计算出 t_0 的值。

为了在时间 $\Theta(n-m)$ 内计算出剩余的值 $t_1,t_2,\cdots,t_{n-m}$，我们需要在常数时间内根据 t_s 计算出 t_{s+1}，因为

$$t_{s+1} = 10(t_s-10^{m-1}T[s+1])+T[s+m+1] \tag{32.1}$$

减去 $10^{m-1}T[s+1]$ 就从 t_s 中去掉了高位数字，再把结果乘以 10 就使得数字向左移动一个数位，然后加上 $T[s+m+1]$，则加入一个适当的低位数字。例如，如果 $m=5$ 并且 $t_s=31415$，那么我们希望能够去掉高位数字 $T[s+1]=3$，并且加入新的低位数字(假设是 $T[s+5+1]=2$)，从而获得:

$$t_{s+1} = 10(31415-1000\cdot3)+2 = 14152$$

如果能够预先计算出常数 10^{m-1}(用 31.6 节中介绍的技术，就可以在 $O(\lg m)$ 的时间内完成这一计算过程，但对于这个应用，一种简便的运行时间为 $O(m)$ 的算法就足够完成任务)，则每次执行式(32.1)的计算时，需要执行的算术运算的次数为常数。因此，可以在时间 $\Theta(m)$ 内计算出 p，

⊖ 写 $\Theta(n-m+1)$ 而不是 $\Theta(n-m)$，是因为 s 具有 $n-m+1$ 个不同的值。"+1"是为了突显 $m=n$ 时的渐近意义，单计算 t_s 的值需 $\Theta(1)$ 时间，而不是 $\Theta(0)$ 时间。

在时间 $\Theta(n-m+1)$ 内计算出所有 t_0，t_1，t_2，…，t_{n-m} 的值。因而可以用 $\Theta(m)$ 的预处理时间和 $\Theta(n-m+1)$ 的匹配时间找到所有模式 $P[1..m]$ 在文本 $T[1..n]$ 中出现的位置。

到目前为止，我们有意回避的一个问题是：p 和 t_s 的值可能太大，导致不能方便地对其进行操作。如果 P 包含 m 个字符，那么关于在 $p(m$ 数位长)上的每次算术运算需要"常数"时间这一假设就不合理了。幸运的是，我们可以很容易地解决这个问题，如图 32-5 所示：选取一个合适的模 q 来计算 p 和 t_s 的模。我们可以在 $\Theta(m)$ 的时间内计算出模 q 的 p 值，并且可以在 $\Theta(n-m+1)$ 时间内计算出模 q 的所有 t_s 值。如果选模 q 为一个素数，使得 $10q$ 恰好满足一个计算机字长，那么可以用单精度算术运算执行所有必需的运算。在一般情况下，采用 d 进制的字母表 $\{0,1,\cdots,d-1\}$ 时，选取一个 q 值，使得 dq 在一个计算机字长内，然后调整递归式(32.1)，使它能够对模 q 有效，式子变为：

$$t_{s+1}=(d(t_s-T[s+1]h)+T[s+m+1])\bmod q \tag{32.2}$$

其中 $h\equiv d^{m-1}(\bmod q)$ 是一个具有 m 数位的文本窗口的高位数位上的数字"1"的值。

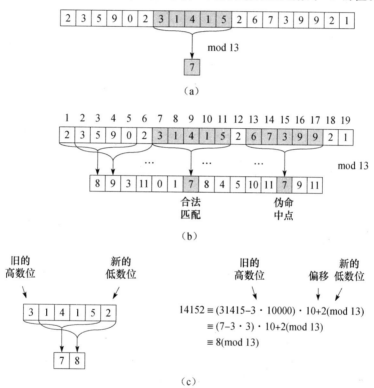

（a）

（b）

（c）

图 32-5　Rabin-Karp 算法。每一个字符都是一个十进制数，并且对模 13 取余。（a）一个文本字符串。长度为 5 的窗口被标上了阴影，标记阴影数字的数值对模 13 取余的结果为 7。（b）一个相同的文本字符串，对长度为 5 的窗口的每一个可能位置，计算出它对 13 取余的数值。假定模式 $P=31415$，由于 $31415\equiv7(\bmod13)$，所以寻找所有对模 13 取余为 7 的窗口。该算法找到两个与之对应的窗口，在图中用阴影表示出来。第一个是在文本的位置 7 处开始的，最后验证确实为模式的出现。而第二个是在文本的位置 13 处开始的，但最终验证为伪命中。（c）已知前一个窗口的值，如何在常数时间内计算出某个窗口的值。第一个窗口的值为 31415。去除高位数字 3，往左移（乘以 10），然后加入低位数字 2 得到新的值 14152。因为所有的计算都是模 13 取余，所以第一个窗口的值是 7，从而新窗口的值是 8

但是基于模 q 得到的结果并不完美：$t_s\equiv p(\bmod q)$ 并不能说明 $t_s=p$。但是另一方面，如果 $t_s\ne p(\bmod q)$，那么可以断定 $t_s\ne p$，从而确定偏移 s 是无效的。因此可以把测试 $t_s\equiv p(\bmod q)$ 是

991
~
992

否成立作为一种快速的启发式测试方法用于检测无效偏移 s。任何满足 $t_s \equiv p \pmod{q}$ 的偏移 s 都需要被进一步检测，看 s 是真的有效还是仅仅是一个**伪命中点**。这项额外的测试可以通过检测条件 $P[1..m] = T[s+1..s+m]$ 来完成，如果 q 足够大，那么这个伪命中点可以尽量少出现，从而使额外测试的代价降低。

下面的过程准确描述了上述思想。过程的输入是文本 T，模式 P，使用基数 d（其典型取值为 $|\Sigma|$）和素数 q。

```
RABIN-KARP-MATCHER(T,P,d,q)
 1   n = T.length
 2   m = P.length
 3   h = d^{m-1} mod q
 4   p = 0
 5   t_0 = 0
 6   for i = 1 to m                    // preprocessing
 7       p = (dp+P[i]) mod q
 8       t_0 = (dt_0+T[i]) mod q
 9   for s = 0 to n-m                  // matching
10       if p == t_s
11           if P[1..m] == T[s+1..s+m]
12               print"Pattern occurs with shift"s
13       if s<n-m
14           t_{s+1}=(d(t_s-T[s+1]h)+T[s+m+1]) mod q
```

RABIN-KARP-MATCHER 执行过程如下。所有的字符都假设是 d 进制的数字。仅为了说明的清楚，给 t 添加了下标，去除所有下标不会影响程序运行。第 3 行初始化 m 位窗口中高位上的值 h。第 4~8 行计算出 $P[1..m] \bmod q$ 的值 p，计算出 $T[1..m] \bmod q$ 的值 t_0。第 9~14 行的 **for** 循环迭代便利了所有可能的偏移 s，保持如下的不变量：

第 10 行无论何时执行，都有 $t_s = T[s+1..s+m] \bmod q$。

如果在第 10 行中有 $p = t_s$（一个"命中点"），那么在第 11 行检测是否 $P[1..m] = T[s+1..s+m]$，用以排除它是伪命中点的可能性。第 12 行打印出所有找到的有效偏移。如果 $s < n-m$（在第 13 行中检测），则至少再执行一次 **for** 循环，这时首先执行第 14 行以保证再次执行到第 10 行时循环不变式依然成立。第 14 行直接利用等式（32.2），就可以在常数时间内由 $t_s \bmod q$ 的值计算出 $t_{s+1} \bmod q$ 的值。

RABIN-KARP-MATCHER 的预处理时间为 $\Theta(m)$，在最坏情况下，它的匹配时间是 $\Theta((n-m+1)m)$，因为 Rabin-Karp 算法和朴素字符串匹配算法一样，对每个有效偏移进行显式验证。如果 $P = a^m$ 并且 $T = a^n$，由于在 $n-m+1$ 个可能的偏移中每一个都是有效的，则验证所需的时间为 $\Theta((n-m+1)m)$。

993

在许多实际应用中，我们希望有效偏移的个数少一些（如只有常数 c 个）。在这样的应用中，加上处理伪命中点所需时间，算法的期望匹配时间为 $O((n-m+1)+cm) = O(n+m)$。减少模 q 的值就如同从 Σ^* 到 $\mathbf{Z}_q$ 上的一个随机映射，基于这个假设，可以对算法进行启发式分析。（参见 11.3.1 节中对散列除法的讨论，要正规证明这个假设是比较困难的，但是有一种可行的方法，就是假设 q 是从适当大的整数中随机得出的，我们在此将不继续纠缠形式化的问题。）然后我们能够预计伪命中的次数为 $O(n/q)$，因为可以估计出任意的 t_s 模 q 的余数等价于 p 的概率为 $1/q$。因为第 10 行中的测试会在 $O(n)$ 个位置上失败，且每次命中的时间代价是 $O(m)$，因此，Rabin-Karp 算法的期望运行时间为：

$$O(n) + O(m(v + n/q))$$

其中 v 是有效偏移量。如果 $v=O(1)$ 并且 $q \geqslant m$，则这个算法的运行时间是 $O(n)$。也就是说，如果期望的有效偏移量很少（$O(1)$），而选取的素数 q 大于模式的长度，则可以估计 Rabin-Karp 算法的匹配时间为 $O(n+m)$，由于 $m \leqslant n$，这个算法的期望匹配时间是 $O(n)$。

练习

32.2-1 如果模 $q=11$，那么当 Rabin-Karp 匹配算法在文本 $T=3\ 141\ 592\ 653\ 589\ 793$ 中搜寻模式 $P=26$ 时，会遇到多少个伪命中点？

32.2-2 如何扩展 Rabin-Karp 算法，使其能解决如下问题：如何在文本字符串中搜寻出给定的 k 个模式中的任何一个出现？起初假设所有 k 个模式都是等长的，然后扩展你的算法以适用于不同长度的模式。

32.2-3 试说明如何扩展 Rabin-Karp 算法用于处理以下问题：在一个 $n \times n$ 的二维字符数组中搜索一个给定的 $m \times m$ 的模式。（该模式可以在水平方向和垂直方向移动，但是不可以旋转。）

994

32.2-4 Alice 有一份很长的 n 位文件复印件 $A=\langle a_{n-1},\ a_{n-2},\ \cdots,\ a_0 \rangle$，Bob 也有一份类似的文件 $B=\langle b_{n-1},\ b_{n-2},\ \cdots,\ b_0 \rangle$。Alice 和 Bob 都希望知道他们的文件是否一样。为了避免传送整个文件 A 或 B，他们运用下列快速的概率检查方法。他们共同选择一个素数 $q>1000n$，并从 $\{0,\ 1,\ \cdots.\ q-1\}$ 中随机选取一个整数 x。然后，Alice 求出

$$A(x) = \Big(\sum_{i=0}^{n-1} a_i x^i \Big) \bmod q$$

的值，Bob 也用类似方法计算出 $B(x)$。证明：如果 $A \neq B$，则 $A(x)=B(x)$ 的概率至多为 $1/1000$；如果两个文件相同，则 $A(x)$ 的值必定等于 $B(x)$ 的值。（提示：参见练习 31.4-4。）

32.3 利用有限自动机进行字符串匹配

很多字符串匹配算法都要建立一个有限自动机，它是一个处理信息的简单机器，通过对文本字符串 T 进行扫描，找出模式 P 的所有出现位置。本节将介绍一种建立这样自动机的方法。这些字符串匹配的自动机都非常有效：它们只对每个文本字符检查一次，并且检查每个文本字符时所用的时间为常数。因此，在模式预处理完成并建立好自动机后进行匹配所需的时间为 $\Theta(n)$。但是，如果 $\sum$ 很大，建立自动机所需的时间也可能很多。32.4 节将描述解决这个问题的一种巧妙方法。

本节首先定义有限自动机。然后，我们要考察一种特殊的字符串匹配自动机，并展示如何利用它找出一个模式在文本中的出现位置。最后，我们将说明对一个给定的输入模式，如何构造相应的字符串匹配自动机。

有限自动机

如图 32-6 所示，一个**有限自动机** M 是一个 5 元组 $(Q,\ q_0,\ A,\ \sum,\ \delta)$，其中：

- Q 是**状态**的有限集合。
- $q_0 \in Q$ 是**初始状态**。
- $A \subseteq Q$ 是一个特殊的**接受状态**集合。
- $\sum$ 是有限**输入字母表**。
- δ 是一个从 $Q \times \sum$ 到 Q 的函数，称为 M 的**转移函数**。

995

有限自动机开始于状态 q_0，每次读入输入字符串的一个字符。如果有限自动机在状态 q 时读入了字符 a，则它从状态 q 变为状态 $\delta(q,\ a)$（进行了一次转移）。每当其当前状态 q 属于 A 时，就说自动机 M **接受**了迄今为止所读入的字符串。没有被接受的输入称为**被拒绝**的输入。

图 32-6 一个拥有状态集 $Q=\{0, 1\}$ 的简单两状态自动机，开始状态 $q_0=0$，并且输入字母表 $\Sigma=\{a, b\}$。(a)用表格表示的转移函数 δ。(b)一个等价的状态转换图。状态 1(被涂黑了)是唯一的接受状态。有向边代表着转换。例如，从状态 1 到状态 0 的标有 b 的边表示 $\delta(1, b)=0$。这个自动机接受那些以奇数个 a 结尾的字符串。更确切地说，一个字符串 x 被接受，当且仅当 $x=yz$，其中 $y=\varepsilon$ 或者 y 以一个 b 结尾，并且 $z=a^k$，这里 k 是奇数。例如，对于输入 abaaa，包括初始状态，这个自动机输入状态序列为 $\langle 0, 1, 0, 1, 0, 1\rangle$，因而它接受这个输入。如果输入是 abbaa，自动机输入状态序列为 $\langle 0, 1, 0, 0, 1, 0\rangle$，因而它拒绝这个输入

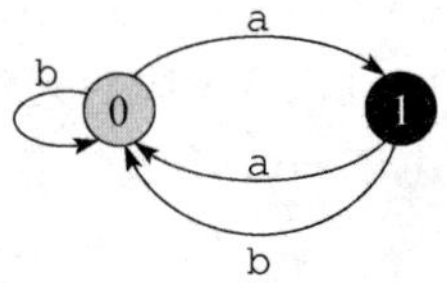

有限自动机 M 引入一个函数 ϕ，称为**终态函数**，它是从 Σ^* 到 Q 的函数，满足 $\phi(w)$ 是 M 在扫描字符串 w 后终止时的状态。因此，当且仅当 $\phi(w)\in A$ 时，M 接受字符串 w。我们可以用转移函数递归定义 ϕ：

$$\phi(\varepsilon)=q_0,$$
$$\phi(wa)=\delta(\phi(w),a),\quad w\in\Sigma^*, a\in\Sigma$$

字符串匹配自动机

对于一个给定的模式 P，我们可以在预处理阶段构造出一个字符串匹配自动机，根据模式构造出相应的自动机后，再利用它来搜寻文本字符串。图 32-7 说明了用于匹配模式 $P=$ ababaca 的有限自动机的构造过程。从现在开始，假定 P 是一个已知的固定模式。为了使说明简洁，在下面的符号中将不指出对 P 的依赖关系。

为了详细说明与给定模式 $P[1..m]$ 对应的字符串匹配自动机，首先定义一个辅助函数 σ，称为对应 P 的**后缀函数**。函数 σ 是一个从 Σ^* 到 $\{0, 1, \cdots, m\}$ 上的映射，满足 $\sigma(x)$ 是 x 的后缀 P 的最长前缀的长度：

$$\sigma(x)=\max\{k: P_k\sqsupset x\} \tag{32.3}$$

因为空字符串 $P_0=\varepsilon$ 是每一个字符串的后缀，所以后缀函数 σ 是良定义的。例如，对模式 $P=$ ab，有 $\sigma(\varepsilon)=0$，$\sigma(ccaca)=1$，$\sigma(ccab)=2$。对于一个长度为 m 的模式 P，$\sigma(x)=m$ 当且仅当 $P\sqsupset x$。根据后缀函数的定义：如果 $x\sqsupset y$，则 $\sigma(x)\leqslant\sigma(y)$。

给定模式 $P[1..m]$，其相应的字符串匹配自动机定义如下：

- 状态集合 Q 为 $\{0, 1, \cdots, m\}$。开始状态 q_0 是 0 状态，并且只有状态 m 是唯一被接受的状态。
- 对任意的状态 q 和字符 a，转移函数 δ 定义如下：
$$\delta(q,a)=\sigma(P_q a) \tag{32.4}$$

我们定义 $\delta(q, a)=\sigma(P_q a)$，目的是记录已得到的与模式 P 匹配的文本字符串 T 的最长前缀。考虑最近一次扫描 T 的字符。为了使 T 的一个子串(以 $T[i]$ 结尾的子串)能够和 P 的某些前缀 P_j 匹配，前缀 P_j 必须是 T_i 的一个后缀。假设 $q=\phi(T_i)$，那么在读完 T_i 之后，自动机处在状态 q。设计转移函数 δ，使用状态数 q 表示 P 的前缀和 T_i 后缀的最长匹配长度。也就是说，在处于状态 q 时，$P_q\sqsupset T_i$ 并且 $q=\sigma(T_i)$。(每当 $q=m$ 时，所有 P 的 m 个字符都和 T_i 的一个后缀匹配，从而得到一个匹配。)因此，由于 $\phi(T_i)$ 和 $\sigma(T_i)$ 都和 q 相等，我们将会看到(在后续的定理 32.4 中)自动机保持下列等式成立：

$$\phi(T_i) = \sigma(T_i) \tag{32.5}$$

如果自动机处在状态 q 并且读入下一个字符 $T[i+1]=a$，那么我们希望这个转换能够指向 T_ia 的后缀状态，它对应着 P 的最长前缀，并且这个状态是 $\sigma(T_ia)$。由于 P_q 是 P 的最长前缀，也就是 T_i 的一个后缀，那么 P 的最长前缀也就是 T_ia 的一个后缀，不仅表示为 $\sigma(T_ia)$，也可表示为 $\sigma(P_qa)$。（引理 32.3 证明了 $\sigma(T_ia)=\sigma(P_qa)$。）因此，当自动机处在状态 q 时，我们希望这个在字符 a 上的转移函数能使自动机转移到状态 $\sigma(P_qa)$。

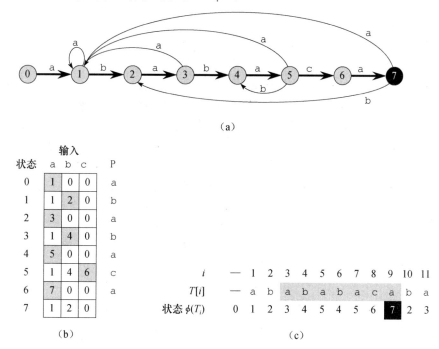

图 32-7 (a) 一个字符串匹配自动机的状态转换图，它可以接受所有以字符串 ababaca 结尾的字符串。状态 0 是初始状态，状态 7 (被涂黑) 是仅有的接受状态。从状态 i 到状态 j，标有 a 的有向边表示 $\delta(i, a)=j$。形成自动机"脊"的右向边，在图中加重了颜色，对应着模式和输入字符串之间的成功匹配。除了从状态 7 到状态 1 和 2 的边外，向左指的边对应着失败的匹配。一些表示匹配失败的边并没有标记出来；通常，如果状态 i 对某个 $a \in \Sigma$ 没有对应 a 的出边，则 $\delta(i, a)=0$。(b) 对应的转移函数 δ 和模式字符串 $P=\text{ababaca}$。模式和输入之间的成功匹配被标上了阴影。(c) 自动机在文本 $T=\text{abababacaba}$ 上的操作。在处理了前缀 T_i 之后，在每个文本字符 $T[i]$ 下面，给出了它在自动机内的状态 $\phi(T_i)$。自动机找到该模式的一个出现，以位置 9 结尾

考虑以下两种情况。第一种情况是，$a=P[q+1]$，使得字符 a 继续匹配模式。在这种情况下，由于 $\delta(q, a)=q+1$，转换沿着自动机的"主线"（图 32-7 中的粗边）继续进行。第二种情况，$a \neq P[q+1]$，使得字符 a 不能继续匹配模式。这时我们必须找到一个更小的子串，它是 P 的前缀同时也是 T_i 的后缀。因为当创建字符串匹配自动机时，预处理匹配模式和自己，转移函数很快就得出最长的这样的较小 P 前缀。

让我们看一个例子。图 32-7 的字符串匹配自动机有 $\delta(5, c)=6$，说明其是第一种情况，匹配继续进行。为了说明第二种情况，观察图 32-7 中的自动机，有 $\delta(5, b)=4$。我们选择这个转换的原因是如果自动机在 $q=5$ 状态时读到一个 b，那么 $P_q\text{b}=\text{ababab}$，并且 P 的最长前缀也是 ababab 的后缀 $P_4=\text{abab}$。

为了清楚说明字符串匹配自动机的操作过程，我们给出一个简单而有效的程序，用来模拟

这样一个自动机(用它的转移函数 δ 来表示),在输入文本 $T[1..n]$ 中,寻找长度为 m 的模式 P 的出现位置。如同对于 m 长模式的任意字符串匹配自动机,状态集 Q 为 $\{0, 1, \cdots, m\}$,初始状态为 0,唯一的接受状态是 m。

```
FINITE-AUTOMATON-MATCHER(T, δ, m)
1   n = T.length
2   q = 0
3   for i = 1 to n
4       q = δ(q, T[i])
5       if q == m
6           print "Pattern occurs with shift" i − m
```

从 FINITE-AUTOMATON-MATCHER 的简单循环结构可以看出,对于一个长度为 n 的文本字符串,它的匹配时间为 $\Theta(n)$。但是,这一匹配时间没有包括计算转移函数 δ 所需的预处理时间。我们将在证明 FINITE-AUTOMATON-MATCHER 的正确性以后,再来讨论这一问题。

考察自动机在输入文本 $T[1..n]$ 上进行的操作。下面将证明自动机扫过字符 $T[i]$ 后,其状态为 $\sigma(T_i)$。因为当且仅当 $P \sqsupset T_i$,$\sigma(T_i) = m$。所以当且仅当模式 P 被扫描过之后自动机处于接受状态 m。为了证明这个结论,要用到下面两条关于后缀函数 σ 的引理。

引理 32.2(后缀函数不等式) 对任意字符串 x 和字符 a,$\sigma(xa) \leqslant \sigma(x) + 1$。

证明 参照图 32-8,设 $r = \sigma(xa)$。如果 $r = 0$,则根据 $\sigma(x)$ 非负,$\sigma(xa) = r \leqslant \sigma(x) + 1$ 显然成立。于是现在假定 $r > 0$,根据 σ 的定义。有 $P_r \sqsupset xa$。所以,把 a 从 P_r 与 xa 的末尾去掉后,得到 $P_{r-1} \sqsupset x$。因此,$r - 1 \leqslant \sigma(x)$,因为 $\sigma(x)$ 是满足 $P_k \sqsupset x$ 的最大的 k 值,所以 $\sigma(xa) = r \leqslant \sigma(x) + 1$。 ■

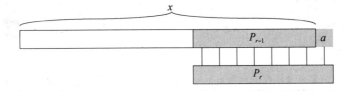

图 32-8 描述了引理 32.2 的证明。图中显示 $r \leqslant \sigma(x) + 1$,其中 $r = \sigma(xa)$

引理 32.3(后缀函数递归引理) 对任意 x 和字符 a,若 $q = \sigma(x)$,则 $\sigma(xa) = \sigma(P_q a)$。

证明 根据 σ 的定义,有 $P_q \sqsupset x$。如图 32-9 所示,有 $P_q a \sqsupset xa$。若设 $r = \sigma(xa)$,则 $P_r \sqsupset xa$,并由引理 32.2 知,$r \leqslant q + 1$。因此可得 $|P_r| = r \leqslant q + 1 = |P_q a|$。因为 $P_q a \sqsupset xa$ 和 $P_r \sqsupset xa$ 并且 $|P_r| \leqslant |P_q a|$,所以由引理 32.1 可知 $P_r \sqsupset P_q a$。因此可得 $r \leqslant \sigma(P_q a)$,即 $\sigma(xa) \leqslant \sigma(P_q a)$。但由于 $P_q a \sqsupset xa$,所以有 $\sigma(P_q a) \leqslant \sigma(xa)$,从而证明 $\sigma(P_q a) = \sigma(xa)$。 ■

现在我们就可以来证明用于描述字符串匹配自动机在给定输入文本上操作过程的主要定理了。如上所述,这个定理说明了自动机在每一步中仅仅记录所读入字符串后缀的最长前缀。换句话说,自动机保持着不变式(32.5)。

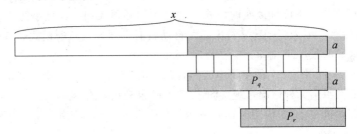

图 32-9 描述了引理 32.3 的证明。图中显示 $r = \sigma(P_q a)$,其中 $q = \sigma(x)$ 和 $r = \sigma(xa)$

定理 32.4 如果 ϕ 是字符串匹配自动机关于给定模式 P 的终态函数，$T[1..n]$ 是自动机的输入文本，则对 $i=0$，1，$\cdots$，n，$\phi(T_i)=\sigma(T_i)$。

证明 对 i 进行归纳。对 $i=0$，因为 $T_0=\varepsilon$，定理显然成立。因此 $\phi(T_0)=0=\sigma(T_0)$。

现在假设 $\phi(T_i)=\sigma(T_i)$，并证明 $\phi(T_{i+1})=\sigma(T_{i+1})$。设 q 表示 $\phi(T_i)$，a 表示 $T[i+1]$，那么，

$$
\begin{aligned}
\phi(T_{i+1}) &= \phi(T_i a) && \text{（根据 } T_{i+1} \text{ 和 } a \text{ 的定义）}\\
&= \delta(\phi(T_i), a) && \text{（根据 } \phi \text{ 的定义）}\\
&= \delta(q, a) && \text{（根据 } q \text{ 的定义）}\\
&= \sigma(P_q a) && \text{（根据式（32.4）关于 } \delta \text{ 的定义）}\\
&= \sigma(T_i a) && \text{（根据引理 32.3 和归纳假设）}\\
&= \sigma(T_{i+1}) && \text{（根据 } T_{i+1} \text{ 的定义）}
\end{aligned}
$$

根据定理 32.4，如果自动机在第 4 行进入状态 q，则 q 是满足 $P_q \sqsupset T_i$ 的最大值。因此，在第 5 行有 $q=m$，当且仅当自动机刚刚扫描了模式 P 在文本中的一次出现位置。于是可以得出结论，FINITE-AUTOMATON-MATCHER 可以正确地运行。 ■

计算转移函数

下面的过程根据一个给定模式 $P[1..m]$ 来计算转移函数 δ。

```
COMPUTE-TRANSITION-FUNCTION(P, Σ)
1   m = P.length
2   for q = 0 to m
3       for each charater a ∈ Σ
4           k = min(m+1, q+2)
5           repeat
6               k = k - 1
7           until P_k ⊐ P_q a
8           δ(q, a) = k
9   return δ
```

这个过程根据在式（32.4）中的定义直接计算 $\delta(q, a)$，在从第 2 行和第 3 行开始的嵌套循环中，要考察所有的状态 q 和字符 a。第 4~8 行把 $\delta(q, a)$ 置为满足 $P_k \sqsupset P_q a$ 的最大的 k。代码从 k 的最大可能值 $\min(m, q+1)$ 开始。随着过程的执行，k 逐渐递减，直至 $P_k \sqsupset P_q a$，这种情况必然会发生，因为 $P_0=\varepsilon$ 是每个字符串的一个后缀。

COMPUTE-TRANSITION-FUNCTION 的运行时间为 $O(m^3 |\Sigma|)$，因为外循环提供了一个因子 $m|\Sigma|$，内层的 **repeat** 循环至多执行 $m+1$ 次，而第 7 行的测试 $P_k \sqsupset P_q a$ 需要比较 m 个字符。还存在速度更快的程序。如果能够利用精心计算出的模式 P 的有关信息（见练习 32.4-8），则根据 P 计算出 δ 所需的时间可以改进为 $O(m|\Sigma|)$。如果用改进后的过程来计算 δ，则对字母表 Σ，我们能够找出长度为 m 的模式在长度为 n 的文本中的所有出现位置，这需要 $O(m|\Sigma|)$ 的预处理时间和 $\Theta(n)$ 的匹配时间。

练习

32.3-1 对模式 $P=$ aabab 构造出相应的字符串匹配自动机，并说明它在文本字符串 $T=$ aaababaabaabababaab 上的操作过程。

32.3-2 对字母表 $\Sigma=\{a, b\}$，画出与模式 ababbabbababbababbabb 对应的字符串匹配自动机的状态转换图。

32.3-3 如果由 $P_k \sqsupset P_q$ 导出 $k=0$ 或 $k=q$，则称模式 P 是**不可重叠的**。试描述与不可重叠模式

相应的字符串匹配自动机的状态转换图。

*32.3-4 已知两个模式 P 和 P'，试描述如何构造一个有限自动机，使之能确定其中任意一个模式的所有出现位置。尽量使自动机的状态数最小。

32.3-5 给定一个包括间隔字符(参见练习 32.1-4)的模式 P，说明如何构造一个有限自动机，使其在 $O(n)$ 的时间内找出 P 在文本 T 中的一次出现位置，其中 $n=|T|$。

32.4 Knuth-Morris-Pratt 算法

现在来介绍一种由 Knuth、Morris 和 Pratt 三人设计的线性时间字符串匹配算法。这个算法无需计算转移函数 δ，匹配时间为 $\Theta(n)$，只用到辅助函数 π，它在 $\Theta(m)$ 时间内根据模式预先计算出来，并且存储在数组 $\pi[1..m]$ 中。数组 π 使得我们可以按需要"即时"有效地计算(在摊还意义上来说)转移函数 δ。粗略地说，对任意状态 $q=0, 1, \cdots, m$ 和任意字符 $a\in\sum$，$\pi[q]$ 的值包含了与 a 无关但在计算 $\delta(q, a)$ 时需要的信息。由于数组 π 只有 m 个元素，而 δ 有 $\Theta(m|\sum|)$ 个值，所以通过预先计算 π 而不是 δ，可以使计算时间减少一个 $\sum$ 因子。

关于模式的前缀函数

模式的前缀函数 π 包含模式与其自身的偏移进行匹配的信息。这些信息可用于在朴素的字符串匹配算法中避免对无用偏移进行检测，也可以避免在字符串匹配自动机中，对整个转移函数 δ 的预先计算。

考察一下朴素字符串匹配算法的操作过程。图 32-10(a)展示了一个针对文本 T 模板的一个特定偏移 s，该模板包含模式 $P=ababaca$。在这个例子中，$q=5$ 个字符已经匹配成功，但模式的第 6 个字符不能与相应的文本字符匹配。q 个字符已经匹配成功的信息确定了相应的文本字符。已知的这 q 个文本字符使我们能够立即确定某些偏移是无效的。在该图的实例中，偏移 $s+1$ 必然是无效的，因为模式的第一个字符(a)将与文本字符匹配，该文本字符已知不能和模式的第一个字符匹配，但是却能与模式的第二个字符(b)匹配。在图 32-10(b)所示的偏移 $s'=s+2$ 使模式前面三个字符和相应三个文本字符对齐后必定会匹配。在一般情况下，知道下列问题的答案将是很有用的：

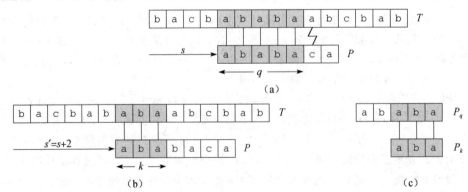

图 32-10 前缀函数 π。(a)模式 $P=ababaca$ 和文本 T 平行摆放，使得前 $q=5$ 个字符匹配。匹配的字符被打上阴影且用垂直线连接。(b)根据 5 个匹配字符的已有信息，可以推知 $s+1$ 的偏移是无效的，但是 $s'=s+2$ 的偏移与我们对文本的了解一致，因而可能是有效的。(c)推导中使用的有用信息可以通过模式自身的比较来预计算出来。这里，我们发现 P_3 是能构成 P_5 真后缀的 P 的最长前缀。这些信息被预先计算出来，并用数组 π 来表示，即 $\pi[5]=3$。在偏移 s 有 q 个字符成功匹配，则下一个可能有效的偏移为 $s'=s+(q-\pi[q])$，正如在(b)中所示

假设模式字符 $P[1..q]$ 与文本字符 $T[s+1..s+q]$ 匹配，s' 是最小的偏移量，$s'>s$，那么对

某些 $k<q$，满足

$$P[1..k] = T[s'+1..s'+k] \qquad (32.6)$$

的最小偏移 $s'>s$ 是多少，其中 $s'+k=s+q$?

换句话说，已知 $P_q \sqsupset T_{s+q}$，我们希望 P_q 的最长真前缀 P_k 也是 T_{s+q} 的后缀。（由于 $s'+k=s+q$，如果给出 s 和 q，那么找到最小偏移 s' 等价于找到最长前缀的长度 k。）我们把在 P 前缀长度范围内的差值 $q-k$ 加入到偏移 s 中，用于找到新的偏移 s'，使得 $s'=s+(q-k)$。在最好情况下，$k=0$，因此 $s'=s+q$，并且立刻能得出偏移 $s+1$, $s+2$, …, $s+q-1$。在任何情况下，对于新的偏移 s'，无需把 P 的前 k 个字符与 T 中相应的字符进行比较，因为等式(32.6)已经保证它们肯定匹配。

可以用模式与其自身进行比较来预先计算出这些必要的信息，如图 32-10(c)所示。由于 $T[s'+1..s'+k]$ 是文本中已经知道的部分，所以它是字符串 P_q 的一个后缀。可以把等式(32.6)解释为要求满足 $P_k \sqsupset P_q$ 的最大的 $k<q$。于是，这个新的偏移 $s'=s+(q-k)$ 就是下一个可能的有效偏移。我们将会发现，对每一个 q 值，把已匹配字符数目 k 存储在新的偏移 s'(而不是 $s'-s$)中是比较方便的。

下面是预计算过程的形式化说明。已知一个模式 $P[1..m]$，模式 P 的前缀函数是函数 $\pi:\{1, 2, \cdots, m\} \rightarrow \{0, 1, \cdots, m-1\}$，满足

$$\pi[q] = \max\{k:k<q \text{ 且 } P_k \sqsupset P_q\}$$

即 $\pi[q]$ 是 P_q 的真后缀 P 的最长前缀长度。又例如，图 32-11(a)中给出了关于模式 ababaca 的完整前缀函数 π。

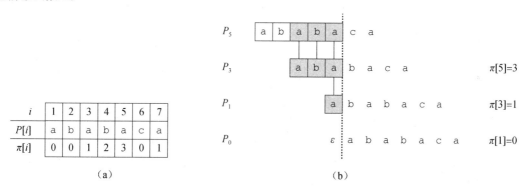

i	1	2	3	4	5	6	7
$P[i]$	a	b	a	b	a	c	a
$\pi[i]$	0	0	1	2	3	0	1

(a)　　　　　　　　　　　　　　　(b)

图 32-11　对模式 P=ababaca 和 q=5 应用引理 32.5 的描述。(a)给定模式的 π 函数。因为 $\pi[5]=3$，$\pi[3]=1$ 和 $\pi[1]=0$，通过迭代 π 得到 $\pi^*[5]=\{3, 1, 0\}$。(b)将包含模式 P 的模板向右移动，并注意何时 P 的某前缀 P_k 与 P_5 的某真后缀匹配，在 $k=3$，1 和 0 时匹配。图中第一行给出了 P，点垂直线就画在 P_5 后。相继的几行显示所有 P 的偏移，使得 P 的某前缀 P_k 与 P_5 的某后缀匹配。成功匹配的字符被打上了阴影。垂直线连接了并列的匹配字符。因此，$\{k: k<q \text{ 且 } P_k \sqsubset P_5\}=\{3, 1, 0\}$。引理 32.5 要求对所有 q 有 $\pi^*[q]=\{k: k<q \text{ 且 } P_k \sqsubset P_q\}$

1003
~
1004

下面给出的 Knuth-Morris-Pratt 匹配算法的伪代码就是 KMP-MATCHER 过程。我们将看到，其大部分都是在模仿 FINITE-AUTOMATON-MATCHER。KMP-MATCHER 调用了一个辅助程序 COMPUTE-PREFIX-FUNCTION 来计算 π。

```
KMP-MATCHER(T,P)
1   n = T.length
2   m = P.length
3   π = COMPUTE-PREFIX-FUNCTION(P)
4   q = 0                              // number of characters matched
5   for i = 1 to n                     // scan the text from left to right
```

```
 6        while q>0 and P[q+1]≠T[i]
 7            q=π[q]                          // next character does not match
 8        if P[q+1] == T[i]
 9            q=q+1                           // next character matches
10        if q == m                          // is all of P matched?
11            print "Pattern occurs with shift" i−m
12            q=π[q]                          // look for the next match
```

COMPUTE-PREFIX-FUNCTION(P)

```
 1    m=P.length
 2    let π[1..m] be a new array
 3    π[1]=0
 4    k=0
 5    for q=2 to m
 6        while k>0 and P[k+1]≠P[q]
 7            k=π[k]
 8        if P[k+1]==P[q]
 9            k=k+1
10        π[q]=k
11    return π
```

这两个程序有很多相似之处，因为它们都是一个字符串针对模式 P 的匹配：KMP-MATCHER 是文本 T 针对模式 P 的匹配，COMPUTE-PREFIX-FUNCTION 是模式 P 针对自己的匹配。

下面先来分析这两个过程的运行时间，对其正确性的证明要复杂一些。

运行时间分析

运用摊还分析的聚合方法（参见 17.1 节）进行分析，过程 COMPUTE-PREFIX-FUNCTION 的运行时间为 $\Theta(m)$。唯一微妙的部分是表明第 6~7 行的 **while** 循环总共执行时间为 $O(m)$。下面将说明它至多进行了 $m-1$ 次迭代。我们从观察 k 的值开始，第一，在第 4 行，k 初始值为 0，并且增加 k 的唯一方法是通过第 9 行的递增操作，该操作在第 5~10 行的 **for** 循环迭代中每次最多执行一次。因此，k 总共至多增加 $m-1$ 次。第二，因为进行 **for** 循环时 $k<q$，并且在 **for** 循环体的每次迭代过程中，q 的值都增加，所以 $k<q$ 总成立。因此，第 3 行和第 10 行的赋值确保了 $\pi[q]<q$ 对所有的 $q=1,2,\cdots,m$ 都成立，这意味着每次 **while** 循环迭代时 k 的值都递减。第三，k 永远不可能为负值。综合考虑这些因素，我们会发现，k 的递减来自于 **while** 循环，它由 k 在所有 **for** 循环迭代中的增长所限定，k 总共下降 $m-1$。因此，**while** 循环最多迭代 $m-1$ 次，并且 COMPUTE-PREFIX-FUNCTION 的运行时间为 $\Theta(m)$。

练习 32.4-4 要求读者通过运用类似的聚合分析，证明 KMP-MATCHER 的匹配时间为 $\Theta(n)$。

与 FINITE-AUTOMATON-MATCHER 相比，通过运用 π 而不是 δ，可将对模式进行预处理的时间由 $O(m|\sum|)$ 减为 $\Theta(m)$，同时保持实际的匹配时间界为 $\Theta(n)$。

前缀函数计算的正确性

我们稍后就会看到，前缀函数 π 帮助我们在字符匹配自动机中模拟转移函数 δ，但是首先我们需要证明 COMPUTE-PREFIX-FUNCTION 确实能够准确计算出前缀函数。为此，我们将需要找到所有的前缀 P_k，也就是给定前缀 P_q 的真后缀。$\pi[q]$ 的值给了我们最长的前缀，正如在图 32-11 中所描述的，下面的引理说明通过对前缀函数 π 进行迭代，就能够列举出 P_q 的真后缀的所有前缀 P_k。设

$$\pi^*[q] = \{\pi[q], \pi^{(2)}[q], \pi^{(3)}[q], \cdots, \pi^{(t)}[q]\}$$

其中 $\pi^{(i)}[q]$ 是按函数迭代的概念来定义的，满足 $\pi^{(0)}[q] = q$，并且对 $i \geq 1$，$\pi^{(i)}[q] = \pi[\pi^{(i-1)}[q]]$，当达到 $\pi^{(t)}[q] = 0$ 时，$\pi^*[q]$ 中的序列终止。

引理 32.5（前缀函数迭代引理） 设 P 是长度为 m 的模式，其前缀函数为 π，对 $q = 1, 2, \cdots, m$，有 $\pi^*[q] = \{k : k < q \text{ 且 } P_k \sqsupset P_q\}$。

证明 首先证明 $\pi^*[q] \subseteq \{k : k < q \text{ 且 } P_k \sqsupset P_q\}$，或者等价地，

$$i \in \pi^*[q] \text{ 蕴涵着 } P_i \sqsupset P_q \tag{32.7}$$

若 $i \in \pi^*[q]$，则对某个 $u > 0$，有 $i = \pi^{(u)}[q]$。通过对 u 进行归纳来证明式 (32.7) 成立。对 $u = 1$，有 $i = \pi[q]$，因为根据 π 的定义有 $i < q$ 且 $P_{\pi[q]} \sqsupset P_q$，所以此断言成立。利用关系 $\pi[i] < i$ 和 $P_{\pi[i]} \sqsupset P_i$，以及 $<$ 和 $\sqsupset$ 的传递性，就可以证明对所有 $i \in \pi^*[q]$，有 $\pi^*[q] \subseteq \{k : k < q \text{ 且 } P_k \sqsupset P_q\}$。

下面用反证法来证明 $\{k : k < q \text{ 且 } P_k \sqsupset P_q\} \subseteq \pi^*[q]$。假定集合 $\{k : k < q \text{ 且 } P_k \sqsupset P_q\} - \pi^*[q]$ 是非空的，且设 j 是该集合中的最大值。因为 $\pi[q]$ 是 $\{k : k < q \text{ 且 } P_k \sqsupset P_q\}$ 中的最大值且 $\pi[q] \in \pi^*[q]$，所以必定有 $j < \pi[q]$。因而可以设 j' 表示 $\pi^*[q]$ 中比 j 大的最小整数。（如果 $\pi^*[q]$ 中没有其他数比 j 大，则可以选取 $j' = \pi[q]$。）我们有 $P_j \sqsupset P_q$，因为 $j \in \{k : k < q \text{ 且 } P_k \sqsupset P_q\}$，另外因为 $j' \in \pi^*[q]$ 和式 (32.7)，有 $P_{j'} \sqsupset P_q$。因此，根据引理 32.1，$P_j \sqsupset P_{j'}$，而且根据此性质，j 是小于 j' 的最大值。因而必定有 $\pi[j'] = j$，并且因为 $j' \in \pi^*[q]$，同样必定有 $j \in \pi^*[q]$。这就产生了矛盾，所以引理得证。 ■

算法 COMPUTE-PREFIX-FUNCTION 根据 $q = 1, 2, \cdots, m$ 的顺序计算 $\pi[q]$ 的值。COMPUTE-PRFFIX-FUNCTION 的第 3 行置 $\pi[1] = 0$ 当然是正确的，因为对所有的 q，$\pi[q] < q$。下面的引理及其推论将用于证明对 $q > 1$，COMPUTE-PREFIX-FUNCTION 能正确地计算出 $\pi[q]$。

引理 32.6 设 P 是长度为 m 的模式，π 是 P 的前缀函数。对 $q = 1, 2, \cdots, m$，如果 $\pi[q] > 0$，则 $\pi[q] - 1 \in \pi^*[q-1]$。

证明 如果 $r = \pi[q] > 0$，那么 $r < q$ 且 $P_r \sqsupset P_q$；因此 $r - 1 < q - 1$ 且 $P_{r-1} \sqsupset P_{q-1}$（把 P_r 和 P_q 中的最后一个字符去掉，因为 $r > 0$，所以这可以做到）。因此，根据引理 32.5，$r - 1 \in \pi^*[q-1]$。因此 $\pi[q] - 1 = r - 1 \in \pi^*[q-1]$。

对 $q = 2, 3, \cdots, m$，定义子集 $E_{q-1} \subseteq \pi^*[q-1]$ 为：

$$
\begin{aligned}
E_{q-1} &= (k \in \pi^*[q-1] : P[k+1] = P[q]\} \\
&= \{k : k < q-1, P_k \sqsupset P_{q-1}, P[k+1] = P[q]\} \quad （根据引理 32.5）\\
&= \{k : k < q-1, P_{k+1} \sqsupset P_q\}
\end{aligned}
$$

集合 E_{q-1} 由满足 $P_k \sqsupset P_{q-1}$ 和 $P[k+1] = P[q]$ 的值 $k < q-1$ 组成，因为 $P[k+1] = P[q]$，所以有 $P_{k+1} \sqsupset P_q$。因此，E_{q-1} 是由 $k \in \pi^*[q-1]$ 中的值组成，可以将 P_k 扩展到 P_{k+1} 并得到 P_q 真后缀。 ■

推论 32.7 设 P 是长度为 m 的模式，π 是 P 的前缀函数，对 $q = 2, 3, \cdots, m$，

$$
\pi[q] = \begin{cases} 0 & \text{如果 } E_{q-1} = \varnothing \\ 1 + \max\{k \in E_{q-1}\} & \text{如果 } E_{q-1} \neq \varnothing \end{cases}
$$

证明 如果 E_{q-1} 为空，则没有用于扩展 P_k 到 P_{k+1} 及得到 P_q 真后缀的 $k \in \pi^*[q-1]$（包括 $k = 0$）。因此 $\pi[q] = 0$。

如果 E_{q-1} 为非空，那么对每一个 $k \in E_{q-1}$，有 $k+1 < q$ 且 $P_{k+1} \sqsupset P_q$。因此，根据 $\pi[q]$ 的定义，

$$\pi[q] \geq 1 + \max\{k \in E_{q-1}\} \tag{32.8}$$

注意到 $\pi[q] > 0$。设 $r = \pi[q] - 1$，那么 $r + 1 = \pi[q]$，因此 $P_{r+1} \sqsupset P_q$。因为 $r + 1 > 0$，所以有 $P[r+1] = P[q]$。而且根据引理 32.6，有 $r \in \pi^*[q-1]$。因此，$r \in E_{q-1}$，所以 $r \leq \max\{k \in E_{q-1}\}$ 或等价地，

$$\pi[q] \leqslant 1 + \max\{k \in E_{q-1})\} \qquad (32.9)$$

联合等式(32.8)和式(32.9)即可完成证明。 ∎

现在来完成对 COMPUTE-PREFIX-FUNCTION 计算的 π 的正确性证明。在过程 COMPUTE-PREFIX-FUNCTION 中第 5~10 行 **for** 循环的每次迭代开始时，$k = \pi[q-1]$。当第一次进入循环时，该条件由第 3 行和第 4 行实现，并且因为第 10 行的执行，使得该条件在下面的每次迭代中均保持成立。第 6~9 行调整 k 的值，使它变为现在的 $\pi[q]$ 的正确值。第 6~7 行的 **while** 循环搜索所有 $k \in \pi^*[q-1]$ 的值，直至找到一个 k 值，使得 $P[k+1] = P[q]$；此时，k 是集合 E_{q-1} 中的最大值，根据推论 32.7，可以置 $\pi[q]$ 为 $k+1$。如果找不到这样的值，则在第 8 行 $k=0$。如果 $P[1] = P[q]$，那么应该将 k 和 $\pi[q]$ 都设置为 1；否则，只需将 $\pi[q]$ 置为 0 而不管 k。第 8~10 行完成在任意条件下 k 和 $\pi[q]$ 的设置。这样就完成了对 COMPUTE-PREFIX-FUNCTION 正确性的证明。 ∎

KMP 算法的正确性

过程 KMP-MATCHER 可以看做是过程 FINITE-AUTOMATON-MATCHER 的一次重新实现，但是却用到了前缀函数 π 来计算状态转换。特别地，我们将证明在 KMP-MATCHER 和 FINITE-AUTOMATON-MATCHER 的 **for** 循环的第 i 次迭代时，当检测 m 的等效性时，两个过程的状态 q 的值相同（KMP-MATCHER 在第 10 行，FINITE-AUTOMATON-MATCHER 在第 5 行）。一旦证明了 KMP-MATCHER 模拟了 FINITE-AUTOMATON-MATCHER 的操作过程，自然也就可以由 FINITE-AUTOMATON-MATCHER 的正确性推出 KMP-MATCHER 也是正确的（但是下面将看到为什么 KMP-MATCHER 中的第 12 行代码是必需的）。

在我们正式证明 KMP-MATCHER 模仿 FINITE-AUTOMATON-MATCHER 之前，让我们来理解前缀函数 π 如何代替转移函数 δ。回顾一下，当字符串匹配自动机处在状态 q 时，它扫描到字符 $a = T[i]$，然后移动到一个新的状态 $\delta(q, a)$。如果 $a = P[q+1]$，那么 a 将持续对模式进行匹配，$\delta(q, a) = q+1$；否则，$a \neq P[q+1]$，那么 a 就终止了对模式的匹配，并且 $0 \leqslant \delta(q, a) \leqslant q$。在第一种情况下，当 a 持续匹配时，KMP-MATCHER 移动到状态 $q+1$ 而无需参考 π 函数：在第 6 行的 **while** 循环检测第一次报错，在第 8 行检测结果是真，并且在第 9 行 q 增加。

当 a 不能持续进行模式匹配时，π 函数开始起作用，因此新的状态 $\delta(q, a)$ 要么是 q，要么是沿着自动机移动的 q 的左边状态。在 KMP-MATCHER 中第 6~7 行的 **while** 循环迭代通过状态 $\pi^*[q]$，要么停在一个 q' 状态，使得 a 和 $P[q'+1]$ 匹配，要么是 q' 已经走完变为了 0。如果 a 和 $P[q'+1]$ 匹配，那么第 9 行就进入新的状态 $q'+1$，这应该等价于准确模拟 $\delta(q, a)$ 的工作。换句话说，新状态 $\delta(q, a)$ 要么处于状态 0，要么处于比某些在 $\pi^*[q]$ 中更高的状态。

让我们来考虑图 32-7 和图 32-11 中的例子，其中模式为 $P = ababaca$。假设自动机处在 $q=5$ 的状态；这些在 $\pi^*[5]$ 中的状态是以 3，1 和 0 的顺序递减的。如果下一个扫描到的字符是 c，那么很容易看到自动机移动到状态 $\delta(5, c) = 6$，在 KMP-MATCHER 和 FINITE-AUTOMATON-MATCHER 中都是如此。现在假设下一个扫描到的字符是 b，那么自动机会移动到 $\delta(5, b) = 4$ 状态。在 KMP-MATCHER 中每次退出 **while** 循环都运行第 7 行一次，并且到达状态 $q' = \pi[5] = 3$。由于 $P[q'+1] = P[4] = b$，第 8 行检测结果是真，并且 KMP-MATCHER 移动到新的状态 $q'+1 = 4 = \delta(5, b)$。最后，假设下一个扫描到的字符是 a，那么自动机就自动移动到状态 $\delta(5, a) = 1$。在第 6 行执行前三次检测，结果是真。第一次我们发现 $P[6] = c \neq a$ 并且 KMP-MATCHER 移动到状态 $\pi[5] = 3$（处在 $\pi^*[5]$ 中的第一个状态），第二次我们发现 $P[4] = b \neq a$ 并且移动到 $\pi[3] = 1$（处在 $\pi^*[5]$ 中的第二个状态），第三次我们发现 $P[2] = b \neq a$ 并且移动到状态 $\pi[1] = 0$（处在 $\pi^*[5]$ 中的最后一个状态）。一旦到达状态 $q' = 0$，**while** 循环就退出。现在，在第 8 行发现 $P[q'+1] = P[1] = a$，并且在第 9 行移动自动机到新的状态 $q'+1 = 1 = \delta(5, a)$。

因此，我们了解到 KMP-MATCHER 通过以递减的顺序在状态 $\pi^*[q]$ 中迭代循环，在某些状

态 q' 停止，然后可能移动到状态 $q'+1$。尽管似乎在模拟计算 $\delta(q, \mathrm{a})$ 时有很多工作要做，但是从渐近意义上看，KMP-MATCHER 并不比 FINITE-AUTOMATON-MATCHER 慢。

我们现在准备正式证明 Knuth-Morris-Pratt 算法的正确性。根据定理 32.4，在每次运行 FINITE-AUTOMATON-MATCHER 的第 4 行时得到 $q=\sigma(T_i)$。因此，它足以证明 for 循环在 KMP-MATCHER 中有同样的特性。通过对循环迭代次数进行归纳来证明。首先，当它们第一次进入各自的 for 循环时，程序都是预设 $q=0$。考虑在 KMP-MATCHER 中对 i 迭代的 for 循环，假设 q' 是该循环迭代的初始状态。通过归纳假设，我们可以得到 $q'=\sigma(T_{i-1})$。需要证明在第 10 行也有 $q=\sigma(T_i)$。（我们将又一次分开处理第 12 行。）

当考虑到字符 $T[i]$ 时，P 的最长前缀也是 T_i 的一个后缀，要么是 $P_{q'+1}$（如果 $P[q'+1]=T[i]$），要么是 $P_{q'}$ 的某个前缀（这并不一定为真前缀，并且可能为空）。我们分别考虑以下三种情况：$\sigma(T_i)=0$，$\sigma(T_i)=q'+1$ 和 $0<\sigma(T_i)\leqslant q'$。 1010

- 如果 $\sigma(T_i)=0$，那么 $P_0=\varepsilon$ 是 P 的唯一前缀，也是 T_i 的一个后缀。第 6～7 行的 while 循环迭代 $\pi^*[q']$ 中的值，尽管 $P_q\sqsupset T_{i-1}$ 对每个 $q\in\pi^*[q']$ 都成立，但是循环绝不会找到一个使得 $P[q+1]=T[i]$ 的 q。当 $q=0$ 时，循环结束，并且第 9 行自然就不执行了。因此，在第 10 行 $q=0$，使得 $q=\sigma(T_i)$。

- 如果 $\sigma(T_i)=q'+1$，那么 $P[q'+1]=T[i]$，并且第一次检测第 6 行的 while 循环失败。执行第 9 行，q 增加，使得 $q=q'+1=\sigma(T_i)$。

- 如果 $0<\sigma(T_i)\leqslant q'$，那么第 6～7 行的 while 至少循环迭代一次，对于每一个值 $q\in\pi^*[q]$，以递减顺序进行检测，直到 $q<q'$ 时停止。因此，P_q 是 $P_{q'}$ 满足 $P[q+1]=T[i]$ 的最长前缀，使得当 while 循环终止时，$q+1=\sigma(P_{q'}T[i])$。由于 $q'=\sigma(T_{i-1})$，由引理 32.3 可以导出 $\sigma(T_{i-1}T[i])=\sigma(P_{q'}T[i])$。因此有
$$q+1 = \sigma(P_{q'}T[i]) = \sigma(T_{i-1}T[i]) = \sigma(T_i)$$

当 while 循环终止时，在第 9 行的 q 增加之后，得到 $q=\sigma(T_i)$。

在 KMP-MATCHER 中，之所以一定要有第 12 行代码，是为了避免在找出 P 的一次出现后，第 6 行中可能出现 $P[m+1]$ 的情形。（由练习 32.4-8 的提示，即对任意 $a\in\Sigma$，$\delta(m, a)=\delta(\pi[m], a)$，或者等价地，$\delta(Pa)=\delta(P_{\pi[m]}a)$，可以推得在下一次执行第 6 行代码时，$q=\sigma(T_{i-1})$ 依然保持有效。）关于 Knuth-Morris-Pratt 算法的正确性证明，其余的部分可以从 FINITE-AUTOMATON-MATCHER 的正确性推得，因为现在可以看出 KMP-MATCHER 模拟了 FINITE-AUTOMATON-MATCHER 的操作过程。

练习

32.4-1　计算对应于模式 abababbabbabbababbabb 的前缀函数 π。

32.4-2　给出关于 q 的函数 $\pi^*[q]$ 的规模的上界。举例说明所给出的上界是严格的。

32.4-3　试说明如何通过检查字符串 PT（由 P 和 T 连结形成的长度为 $m+n$ 的字符串）的 π 函数来确定模式 P 在文本 T 中的出现位置。 1011

32.4-4　用聚合分析方法证明 KMP-MATCHER 的运行时间是 $\Theta(n)$。

32.4-5　用势函数证明 KMP-MATCHER 的运行时间是 $\Theta(n)$。

32.4-6　试说明如何通过以下方式对过程 KMP-MATCHER 进行改进：把第 7 行（不是第 12 行中）出现的 π 替换为 π'，其中对于 $q=1, 2, \cdots, m-1$，π' 递归定义如下：
$$\pi'[q] = \begin{cases} 0 & \text{如果 } \pi[q]=0 \\ \pi'[\pi[q]] & \text{如果 } \pi[q]\neq 0 \text{ 且 } P[\pi[q]+1]=P[q+1] \\ \pi[q] & \text{如果 } \pi[q]\neq 0 \text{ 且 } P[\pi[q]+1]\neq P[q+1] \end{cases}$$

试说明修改后的算法为什么是正确的,并说明在何种意义上,这一修改是对原算法的改进。

32.4-7 写出一个线性时间的算法,以确定文本 T 是否是另一个字符串 T' 的循环旋转。例如 arc 和 car 是彼此的循环旋转。

*32.4-8 给出一个有效算法,计算出相应于某给定模式 P 的字符串匹配自动机的转移函数 δ。所给出的算法的运行时间应该是 $O(m|\sum|)$。(提示:证明如果 $q=m$ 或 $P[q+1]\neq a$,则 $\delta(q, a)=\delta(\pi[q], a)$。)

思考题

32-1 (基于重复因子的字符串匹配) 设 y^i 表示字符串 y 与其自身首尾相接 i 次所得的结果。例如 $(ab)^3=ababab$。如果对某个字符串 $y\in\sum^*$ 和某个 $r>0$ 有 $x=y^r$,则称字符串 $x\in\sum^*$ 具有**重复因子** r。设 $\rho(x)$ 表示使得 x 具有重复因子 r 的最大值。

a. 写出一有效算法以计算出 $\rho(P_i)(i=1, 2, \cdots, m)$,算法的输入为模式 $P[1..m]$。算法的运行时间是多少?

b. 对任何模式 $P[1..m]$,设 $\rho^*(P)$ 定义为 $\max_{1<i<m}\rho(P_i)$。证明:如果从长度为 m 的所有二进制字符串所组成的集合中随机地选择模式 P,则 $\rho^*(P)$ 的期望值是 $O(1)$。

c. 论证下列字符串匹配算法可以在 $O(\rho^*(P)n+m)$ 的时间内正确地找出模式 P 在文本 $T[1..n]$ 中的所有出现位置。

```
REPETITION-MATCHER(P, T)
 1  m = P. length
 2  n = T. length
 3  k = 1 + ρ*(P)
 4  q = 0
 5  s = 0
 6  while s ≤ n - m
 7      if T[s+q+1] == P[q+1]
 8          q = q + 1
 9          if q == m
10              print "Pattern occurs with shift" s
11      if q == m or T[s+q+1] ≠ P[q+1]
12          s = s + max(1, ⌈q/k⌉)
13          q = 0
```

该算法是 Galil 和 Seiferas 提出的。通过对这些设计思想进行大量扩充,他们得到了一个线性时间的字符串匹配算法,该算法除了 P 和 T 所要求的存储空间外,仅需 $O(1)$ 的存储空间。

本章注记

Aho、Hopcroft 和 Ullman[5]中讨论了字符串匹配与有限自动机理论的关系。Knuth-Morris-Pratt 算法[214]是由 Knuth、Pratt 和 Morris 独立提出的;他们合作公布了其工作成果。Reingold、Urban 和 Gries[294]给出了 Knuth-Morris-Pratt 算法的另一种处理。Rabin-Karp 算法是由 Karp 和 Rabin[201]提出的。Galil 和 Seiferas[126]给出了一个有趣的确定性线性时间字符串匹配算法,除存储模式和文本所要求的空间外只需用 $O(1)$ 的空间。

计算几何学

计算几何学是计算机科学的一个分支，专门研究那些用来解决几何问题的算法。在现代工程与数学界，计算几何学在不同的领域里有着广泛的应用，包括计算机图形学、机器人学、VLSI 电路设计、计算机辅助设计、分子建模、冶金学、制造业、纺织品设计学、林学和统计学等。计算几何学问题的输入通常是对几何对象集合的描述，如点集、线段集，或者一个多边形中按逆时针顺序排列的顶点集合。而问题的输出通常是回答关于这些几何对象的查询，例如，直线是否相交；或者是否为一个新的几何对象，例如，点集的凸包问题(convex hull，即最小封闭凸多边形)。

本章将研究二维空间内(即平面上)的若干个计算几何算法。我们用点集$\langle p_1，p_2，p_3，\cdots\rangle$来表示每一个输入对象，其中每个 $p_i=(x_i，y_i)$，$x_i，y_i\in\mathbf{R}$。例如，我们以顶点序列$\langle p_0，p_1，p_2，\cdots，p_{n-1}\rangle$来表示一个 n 个顶点的多边形 P，这些点以在 P 的边界上出现的顺序来排列。计算几何学也可以应用到三维，甚至更高维度的空间上，但是这样的问题及其解决方案很难可视化。不过，即使是在二维空间上，也能充分展现出计算几何学的精妙之处。

33.1 节说明如何准确而有效地回答关于线段的一些基本问题：一条线段是在与其共享一个端点的另一条线段的顺时针方向，还是在其逆时针方向？当沿着两条邻接的线段前进时遇到交点该往哪个方向转？两条线段是否相交？33.2 节介绍一种被称为"扫除"(sweeping)的技术。利用这种技术设计一种用来判断 n 条线段中是否存在相交线段的算法，其运行时间为 $O(n\lg n)$。33.3 节给出两种"旋转扫除"(rotational-sweep)算法，用来计算 n 个点的凸包。这两种算法分别是运行时间为 $O(n\lg n)$ 的 Gramham 扫描法和运行时间为 $O(nh)$ 的 Jarvis 步进法，其中 h 为凸包上的顶点数目。最后，33.4 节介绍一种运行时间为 $O(n\lg n)$ 的算法，用于求出平面上 n 个点中距离最近的点对。

1014

33.1 线段的性质

在本章中，有好几个计算几何学的算法都要涉及线段的性质。两个不同点 $p_1=(x_1，y_1)$ 和 $p_2=(x_2，y_2)$ 的凸组合是满足如下条件的任意点 $p_3=(x_3，y_3)$：对于某个 $\alpha(0\leqslant\alpha\leqslant1)$，有 $x_3=\alpha x_1+(1-\alpha)x_2$ 和 $y_3=\alpha y_1+(1-\alpha)y_2$。另外，可记 $p_3=\alpha p_1+(1-\alpha)p_2$。直观上来看，$p_3$ 位于经过 p_1 和 p_2 两点的直线上且处于 p_1、p_2 两点之间或恰为 p_1 或 p_2。对于给定的两个不同的点 p_1 和 p_2，**线段**$\overline{p_1 p_2}$是 p_1 和 p_2 凸组合的集合。我们称 p_1 和 p_2 为线段$\overline{p_1 p_2}$的端点。有时，还要考虑 p_1 和 p_2 的顺序，于是有类似**有向线段**$\overrightarrow{p_1 p_2}$的描述方法。如果 p_1 是**原点**$(0，0)$，那么可以把有向线段$\overrightarrow{p_1 p_2}$作为**向量** p_2。

在本章，我们需要探究下列问题：

1. 对于给定的两个有向线段$\overrightarrow{p_0 p_1}$和$\overrightarrow{p_0 p_2}$，相对于它们的公共端点 p_0 来说，$\overrightarrow{p_0 p_1}$是否在$\overrightarrow{p_0 p_2}$的顺时针方向？

2. 对于给定的两个线段$\overline{p_0 p_1}$和$\overline{p_1 p_2}$，如果先沿着$\overline{p_0 p_1}$再沿着$\overline{p_1 p_2}$前进，那么在点 p_1 处是否要向左转？

3. 线段$\overline{p_1 p_2}$和$\overline{p_3 p_4}$是否相交？
对于给定的点没有任何限制。

对上述的每一个问题，我们都能在 $O(1)$ 的时间内回答，这一点不会使人惊讶，因为每个问题

的输入规模都是 $O(1)$。此外，我们所采用的方法只用到了加法、减法、乘法和比较运算。既不需要除法运算也不需要三角函数运算，这两者都需要高昂的计算代价并且容易产生舍入误差等问题。例如，要判断两条线段是否相交，一种"直接的"方法是计算出每一条线段的直线方程，形如 $y = mx + b$（m 是斜率，b 是 y 轴截距），然后计算出两条线的交点，并检查交点是否同时位于两条线段上。这种"直接的"方法在求交点时用到了除法运算。然而若两条线段几乎平行，这种方法会对实际计算机中除法运算的精度非常敏感。本节中的方法避免使用除法，因而要精确得多。

1015

叉积

叉积的计算是线段方法的核心。考虑如图 33-1(a)所示的向量 p_1 和 p_2。我们可以把叉积解释为由点 $(0, 0)$，p_1，p_2 和 $p_1 + p_2 = (x_1 + x_2, y_1 + y_2)$ 所构成的平行四边形的有向面积。另一种与之等价但更有效的叉积定义方式是将之看做矩阵行列式[注]：

$$p_1 \times p_2 = \det \begin{bmatrix} x_1 & x_2 \\ y_1 & y_2 \end{bmatrix} = x_1 y_2 - x_2 y_1 = -p_2 \times p_1$$

若 $p_1 \times p_2$ 值为正，则相对于原点 $(0, 0)$ 来说，p_1 位于 p_2 的顺时针方向；若 $p_1 \times p_2$ 值为负，则 p_1 位于 p_2 的逆时针方向。（见练习 33.1-1。）图 33-1(b)展示了向量 p 的顺时针和逆时针区域。叉积为 0 时出现边界情况；在这种情况下，两个向量是**共线的**，指向相同方向或相反方向。

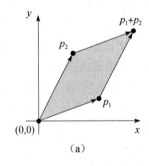
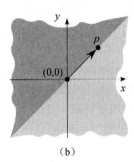

图 33-1 (a)平行四边形的有向面积表示向量 p_1 和 p_2 的叉积。(b)浅色阴影区域包含了位于 p 顺时针方向的向量。深色阴影区域包含了位于 p 逆时针方向的向量

为了确定相对于公共端点 p_0，有向线段 $\overrightarrow{p_0 p_1}$ 是在顺时针还是逆时针方向更靠近 $\overrightarrow{p_0 p_2}$，我们将 p_0 作为原点从而使问题简化。用 $p_1 - p_0$ 来表示向量 $p_1' = (x_1', y_1')$，其中，$x_1' = x_1 - x_0$，

1016 $y_1' = y_1 - y_0$，类似地，可以定义 $p_2 - p_0$。然后，计算叉积

$$(p_1 - p_0) \times (p_2 - p_0) = (x_1 - x_0)(y_2 - y_0) - (x_2 - x_0)(y_1 - y_0)$$

如果叉积为正，那么 $\overrightarrow{p_0 p_1}$ 位于 $\overrightarrow{p_0 p_2}$ 的顺时针方向；如果叉积为负，那么 $\overrightarrow{p_0 p_1}$ 位于 $\overrightarrow{p_0 p_2}$ 的逆时针方向。

确定连续线段是向左转还是向右转

我们讨论的下一个问题是在点 p_1 处，两条连续的线段 $\overrightarrow{p_0 p_1}$ 和 $\overrightarrow{p_1 p_2}$ 是向左转还是向右转。也就是说，找出一种方法以确定一个给定角 $\angle p_0 p_1 p_2$ 的转向。采用叉积运算来解决这个问题可以避免计算角度。如图 33-2 所示，我们只需简单地判断一下有向线段 $\overrightarrow{p_0 p_2}$ 是位于 $\overrightarrow{p_0 p_1}$ 的顺时针还是逆时针方向。因此，我们计算出叉积 $(p_2 - p_0) \times (p_1 - p_0)$。若结果为负，则 $\overrightarrow{p_0 p_2}$ 在 $\overrightarrow{p_0 p_1}$ 的逆时针方向，在 p_1 处左转。同理，若结果为正，则在顺时针方向，在 p_1 处右转。而叉积为 0 则意味着 p_0、p_1 和 p_2 三者共线。

判定两条线段是否相交

为判定两条线段是否相交，需要检查每条线段是否跨越了包含另一条线段的直线。如果点

⊖ 事实上，叉积是一个三维的概念。根据"右手法则"，它是一个与 p_1 和 p_2 都垂直的向量，其量值为 $|x_1 y_2 - x_2 y_1|$。然而，在本章中，将叉积简单地看做 $x_1 y_2 - x_2 y_1$ 的值更方便一些。

p_1 位于某条直线的一边，而点 p_2 位于该直线的另一边，则称线段 $\overline{p_1 p_2}$ 跨越了这条直线。若 p_1 和 p_2 恰好落在直线上，则出现边界情况。两条线段相交当且仅当下面两个条件至少成立一个：

1. 每条线段都跨越了包含另一条线段的直线。
2. 一条线段的某个端点落在另一条线段上。（这一情况来自于边界情况。）

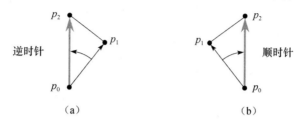

图 33-2　利用叉积来确定连续线段 $\overline{p_0 p_1}$ 和 $\overline{p_1 p_2}$ 在点 p_1 处的转向。相对于有向线段 $\overrightarrow{p_0 p_1}$，
检查有向线段 $\overrightarrow{p_0 p_2}$ 是在其顺时针方向还是逆时针方向。(a)如果是在逆时针方
向，则说明在点 p_1 处向左转。(b)如果是在顺时针方向，则说明向右转

1017

　　下面的过程实现了这一思想。如果线段 $\overline{p_1 p_2}$ 和 $\overline{p_3 p_4}$ 相交，SEGMENTS-INTERSECT 返回 TRUE；否则，返回 FALSE。它调用了子过程 DIRECTION，利用上述的叉积方法计算出线段的相应方向；并调用子过程 ON-SEGMENT 来判断一个与线段共线的点是否位于这条线段上。

SEGMENTS-INTERSECT(p_1, p_2, p_3, p_4)
1　$d_1 =$ DIRECTION(p_3, p_4, p_1)
2　$d_2 =$ DIRECTION(p_3, p_4, p_2)
3　$d_3 =$ DIRECTION(p_1, p_2, p_3)
4　$d_4 =$ DIRECTION(p_1, p_2, p_4)
5　**if** $((d_1 > 0$ and $d_2 < 0)$ or $(d_1 < 0$ and $d_2 > 0))$ and
　　　　$((d_3 > 0$ and $d_4 < 0)$ or $(d_3 < 0$ and $d_4 > 0))$
6　　　**return** TRUE
7　**elseif** $d_1 == 0$ and ON-SEGMENT(p_3, p_4, p_1)
8　　　**return** TRUE
9　**elseif** $d_2 == 0$ and ON-SEGMENT(p_3, p_4, p_2)
10　　**return** TRUE
11　**elseif** $d_3 == 0$ and ON-SEGMENT(p_1, p_2, p_3)
12　　**return** TRUE
13　**elseif** $d_4 == 0$ and ON-SEGMENT(p_1, p_2, p_4)
14　　**return** TRUE
15　**else return** FALSE

DIRECTION(p_i, p_j, p_k)
1　**return** $(p_k - p_i) \times (p_j - p_i)$

ON-SEGMENT(p_i, p_j, p_k)
1　**if** $\min(x_i, x_j) \leqslant x_k \leqslant \max(x_i, x_j)$ and $\min(y_i, y_j) \leqslant y_k \leqslant \max(y_i, y_j)$
2　　**return** TRUE
3　**else return** FALSE

　　算法 SEGMENTS-INTERSECT 按如下流程工作。第 1～4 行计算每个端点 p_i 关于另一条线段的相对方向 d_i。如果所有相对方向都非 0，则可以很容易判断出 $\overline{p_1 p_2}$ 和 $\overline{p_3 p_4}$ 是否相交，具体做法如下。若有向线段 $\overrightarrow{p_3 p_1}$ 和 $\overrightarrow{p_3 p_2}$ 相对于 $\overrightarrow{p_3 p_4}$ 的方向相反，那么线段 $\overline{p_1 p_2}$ 跨越了包含 $\overline{p_3 p_4}$ 的直线。在这种情况下，d_1 和 d_2 的符号不同。类似地，若 d_3 和 d_4 的符号不同，则线段 $\overline{p_3 p_4}$ 跨越了包含 $\overline{p_1 p_2}$ 的直线。如果第 5 行测试结果为真，那么这两条线段互相跨越，SEGMENTS-INTERSECT 返回 TRUE。

1018 图 33-3(a)显示了这种情况。否则，线段不互相跨越对方所在的直线，但边界情况也可能出现。如果所有的相对方向都非 0，那么不会出现边界情况。第 7～13 行中所有关于是否为 0 的测试都会失败，在第 15 行 SEGMENTS-INTERSECT 将返回 FALSE。图 33-3(b)展示了这种情况。

如果任何一个相对方向 d_k 为 0，那么将出现边界情况。此处，我们知道 p_k 与另一条线段是共线的。它直接位于另一条线段上，当且仅当它位于线段的两个端点之间。过程 ON-SEGMENT 返回 p_k 是否位于线段 $\overline{p_i p_j}$ 的端点之间，其中 $\overline{p_i p_j}$ 是在第 7～13 行中调用 ON-SEGMENT 过程时的另一条线段；该子过程假设 p_k 与 $\overline{p_i p_j}$ 是共线的。图 33-3(c)和(d)显示出了共线点的情况。在图 33-3(c)中，p_3 位于 $\overline{p_1 p_2}$ 上，因而在第 12 行中，SEGMENTS-INTERSECT 返回 TRUE。在图 33-3(d)中，没有哪个端点位于另一条线段上，所以 SEGMENTS-INTERSECT 在第 15 行返回 FALSE。

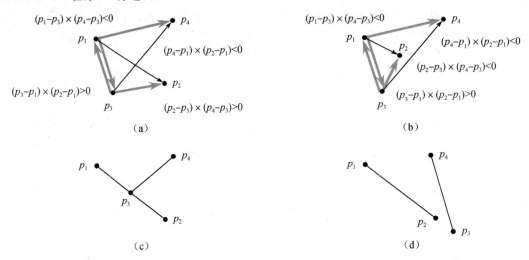

图 33-3　过程 SEGMENTS-INTERSECT 的各种情况。(a)线段 $\overline{p_1 p_2}$ 和 $\overline{p_3 p_4}$ 互相跨越对方所在的直线。因为 $\overline{p_3 p_4}$ 跨越了包含 $\overline{p_1 p_2}$ 的直线，所以叉积 $(p_3 - p_1) \times (p_2 - p_1)$ 和 $(p_4 - p_1) \times (p_2 - p_1)$ 的符号不同。同理，因为 $\overline{p_1 p_2}$ 跨越了包含 $\overline{p_3 p_4}$ 的直线，所以叉积 $(p_1 - p_3) \times (p_4 - p_3)$ 和 $(p_2 - p_3) \times (p_4 - p_3)$ 的符号不同。(b) $\overline{p_3 p_4}$ 跨越了包含 $\overline{p_1 p_2}$ 的直线，但 $\overline{p_1 p_2}$ 未跨越包含 $\overline{p_3 p_4}$ 的直线，所以叉积 $(p_1 - p_3) \times (p_4 - p_3)$ 和 $(p_2 - p_3) \times (p_4 - p_3)$ 的符号是相同的。(c)点 p_3 与 $\overline{p_1 p_2}$ 共线且位于 p_1 和 p_2 之间。(d)点 p_3 与 $\overline{p_1 p_2}$ 共线但不位于 p_1 和 p_2 之间。线段不相交

1019

叉积的其他应用

本章后续几节将介绍叉积的其他应用。在 33.3 节中，需要根据相对于给定原点的极角大小对给定的点集进行排序。正如练习 33.1-3 要求读者证明的那样，可以用叉积进行排序过程中的比较。在 33.2 节中，将运用红黑树来维护一个线段集合的垂直顺序。这种方法并不是显式地记录红黑树关键字值，而是通过计算叉积来确定与同一个给定的垂直线相交的两条线段的相对位置。

练习

33.1-1 证明：若 $p_1 \times p_2$ 值为正，则相对于原点$(0, 0)$，向量 p_1 位于向量 p_2 的顺时针方向；若叉积为负，则 p_1 在 p_2 的逆时针方向。

33.1-2 van Pelt 教授提出，在过程 ON-SEGMENT 的第 1 行中，只需测试 x 坐标值。试说明教授错误的原因。

33.1-3 一个点 p_1 相对于原点 p_0 的极角(polar angle)也就是向量 $p_1 - p_0$ 在常规极坐标系中的角度。例如，点$(3, 5)$相对于$(2, 4)$的极角即为向量$(1, 1)$的极角，即 45 度或 $\pi/4$ 弧度。

点(3，3)相对于(2，4)的极角即为向量(1，−1)的极角，即 315 度或 $7\pi/4$ 弧度。请编写一段伪代码，根据相对于某个给定原点 p_0 的极角，对一个由 n 个点构成的序列 $\langle p_1，p_2，\cdots，p_n \rangle$ 进行排序。所给过程的运行时间应为 $O(n\lg n)$，并要求用叉积来比较极角的大小。

33.1-4　试说明如何在 $O(n^2 \lg n)$ 的时间内确定 n 个点中任意三点是否共线。

33.1-5　多边形是平面上由一系列线段构成的闭合曲线。也就是说，它是由一系列直线段构成的首尾相连的曲线。这些直线段称为多边形的边。一个连接两条连续边的顶点称为多边形的顶点。如果多边形是简单的(一般情况下都会作此假设)，那么它的内部不存在边交叉的情况。在平面上被简单多边形包围的点集组成了该多边形的内部(interior)，恰落在多边形上的点组成了多边形的边界(boundary)，而包围该多边形的点构成了多边形的外部(exterior)。对于一个简单多边形，如果给定任意两个位于其边界或内部的点，连接这两个点的线段上的所有点都在这个多边形的边界或内部，那么该多边形为凸多边形。一个凸多边形的顶点不能被表示成边界或内部任意两个顶点的凸组合。

[1020]

　　Amundsen 教授提出，对于由 n 个点组成的序列 $\langle p_0，p_1，\cdots，p_{n-1} \rangle$，可以用下面的方法来确定它们能否形成一个凸多边形的连续顶点。若集合 $\{\angle p_i p_{i+1} p_{i+2}：i = 0，1，\cdots，n-1\}$(下标是模 n 排列的)不是既包含左转又包含右转，则输出"yes"；否则，输出"no"。试说明虽然这种方法的运行时间是线性的，但它不总是得出正确结果。对教授的方法做修改，使其总是能在线性时间内得出正确结果。

33.1-6　已知一个点 $p_0 = (x_0，y_0)$，它的右水平射线(right horizontal ray)是顶点集合 $\langle p_i = (x_i，y_i)：x_i \geqslant x_0，y_i = y_0 \rangle$，也就是说，它是 p_0 正右方的点的集合，包括 p_0 本身。试说明如何通过把问题转化为判断两条线段是否相交，从而在 $O(1)$ 的时间内确定一个给定的从 p_0 出发的右水平射线是否和线段 $\overline{p_1 p_2}$ 相交。

33.1-7　要确定点 p_0 是否在简单多边形 P(不一定是凸多边形)内部，一种方法是检查由 p_0 发出的全部射线，看它们是否与 P 的边界相交奇数次，但是 p_0 本身不能位于边界上。试说明如何在 $\Theta(n)$ 时间内计算出 p_0 是否在一个由 n 个顶点组成的多边形的内部。(提示：参考练习 33.1-6。确保当射线与多边形边界在顶点处相交，以及当射线遮盖住多边形的一条边时，算法的正确性。)

33.1-8　试说明如何在 $\Theta(n)$ 时间内计算一个具有 n 个顶点的简单多边形(不一定是凸多边形)的面积。(与多边形有关的定义见练习 33.1-5。)

33.2　确定任意一对线段是否相交

　　本节给出一种算法，用来确定一个线段集之中的任意两条线段是否相交。该算法使用了一种称为"扫除"的技巧，它在许多计算几何算法中很常见。此外，如本节末尾练习所示，这种算法或其简单变形可以用于解决其他计算几何问题。

[1021]

　　该算法的运行时间为 $O(n\lg n)$，其中 n 是给定线段的数目。它能确定是否存在相交线段，并不输出所有的相交点。(根据练习 33.2-1，在一个 n 条线段的顶点集中要找到所有的相交点，最坏情况下，需花费 $\Omega(n^2)$ 的时间。)

　　在扫除过程中，一条假想的扫除线(sweep line)穿过一个给定的几何物体集合，并且通常是从左到右扫描。考虑扫除线移动的空间维度，当沿 x 维移动时，则将其看做时间维$^{\ominus}$。扫除提供了一种将几何物体排序的方法，通常是将其放入一个动态数据结构，从而充分利用其相互关系。

　　$\ominus$　是将扫除线移动的空间维度(在这种情况下是 x 维度)看做时间维，而并非真正时间维。——译者注

本节的线段相交算法按照从左到右的顺序考虑所有的线段端点，每遇到一个端点就检查其是否是相交点。

为了描述判定 n 条线段中任意两条是否相交的算法并证明其正确性，我们做出两点简化问题的假设。首先，假设没有一条输入线段是垂直的。其次，假设没有三条输入线段相交于同一点。练习 33.2-8 和练习 33.2-9 要求读者说明这一算法的健壮性，即当上述假设不成立时，只需对其稍加修改，算法仍能正常工作。当然，在为计算几何算法进行编程实现和证明其正确性时，去掉这样的简化性假设，对边界情况进行处理往往是最困难的挑战。

线段排序

因为之前假设了没有垂直的线段，所以任何与给定的垂直扫除线相交的线段与其只有一个交点。因此，我们可以根据交点的 y 坐标来对与垂直扫除线相交的线段进行排序。

为了将问题叙述得更准确，考虑两条线段 s_1 和 s_2。如果一条 x 坐标值为 x 的扫除线与二者都相交，则称这两条扫除线在 x 处是可比较的。如果 s_1 和 s_2 在 x 处是可比较的，并且在 x 处，s_1 与扫除线的交点比 s_2 与同一条扫除线的交点要高，或者两者在扫除线上相交，则称在 x 处 s_1 位于 s_2 之上，记作 $s_1 \geqslant_x s_2$。例如，在图 33-4(a) 中，有如下关系：$a \geqslant_r c$，$a \geqslant_t b$，$b \geqslant_t c$，$a \geqslant_t c$ 和 $b \geqslant_u c$。线段 d 与其他任何线段都不可比。

对任意给定的 x，关系"$\geqslant_x$"是定义在所有在 x 处与扫除线相交的线段上的完全前序关系（参见 B.2 节）。也就是说，这个关系是可传递的，并且如果线段 s_1 和 s_2 都在 x 处与扫除线相交，那么有 $s_1 \geqslant_x s_2$ 或 $s_2 \geqslant_x s_1$，或两者皆成立（若 s_1 和 s_2 相交于扫除线）。（关系 $\geqslant_x$ 也是自反的，但并不是对称或反对称的。）但是，当线段加入和离开该排序时，随着 x 值的不同，线段的完全前序也可能不同。当线段的左端点遇到扫除线时，就进入该排序；当其右端点遇到扫除线时，就离开该排序。

当扫除线经过两条线段的交点时，会发生什么情况呢？正如图 33-4(b) 所示，它们在完全前序中的位置被颠倒了。扫除线 v 和 w 分别位于线段 e 和 f 交点的左侧和右侧，因而有 $e \geqslant_v f$ 和 $f \geqslant_w e$。注意，因为我们假设没有三条直线相交于一点，所以必有某条扫除线 x 使得相交线段 e 和 f 在完全前序关系 $\geqslant_x$ 中是连续的。任何通过图 33-4(b) 中阴影区域的扫除线（如 z），都有 e 和 f 在它的完全前序排列中连续。

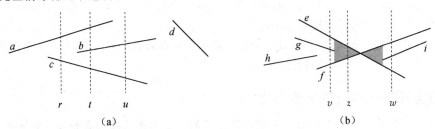

$$(a) \qquad\qquad\qquad (b)$$

图 33-4　根据各垂直扫除线确定线段的顺序。(a) 图中有如下关系成立：$a \geqslant_r c$，$a \geqslant_t b$，$b \geqslant_t c$，$a \geqslant_t c$，$b \geqslant_u c$。线段 d 与其他任何线段都不可比。(b) 当线段 e 和 f 相交时，它们的次序颠倒了：$e \geqslant_v f$，但 $f \geqslant_w e$。任何穿过阴影区域的扫除线（如 z）都使得 e 和 f 在其完全前序中连续

移动扫除线

典型的扫除算法要维护两组数据：

1. 扫除线状态（sweep-line status）给出了与扫除线相交的物体之间的关系。

2. 事件点调度（event-point schedule）是一个按 x 坐标从左到右排列的事件点序列。随着扫除线由左到右行进，每当遇到事件点的 x 坐标，扫除都会暂停，处理事件点，然后重新开始扫除。扫除线状态仅在事件点处改变。

对于某些算法(如练习 33.2-7 要求读者给出的算法),事件点调度随着算法的执行而动态确定。我们现在所讨论的算法仅仅是基于输入数据的简单性质,在扫除之前就确定了所有的事件点。特别地,每个线段端点都是事件点。我们通过增加 x 坐标值,并且从左向右执行,来对线段端点排序。(如果两个或多个端点共享垂线,即它们有相同的 x 坐标值,就将所有共垂线的左端点放在共垂线的右端点之前。而在一个共垂线的左端点集中,将 y 坐标较小的放在前面,并对共垂线的右端点集也做同样的处理。)当遇到线段的左端点时,就将此线段插入扫除线状态中,并且当遇到其右端点时,就把它从扫除线状态中删掉。每当两条线段首次在完全前序中变为连续时,就检查它们是否相交。

扫除线状态是一个完全前序关系 T,需要对其进行以下操作:

- INSERT(T, s):把线段 s 插入 T 中。
- DELETE(T, s):把线段 s 从 T 中删除掉。
- ABOVE(T, s):返回 T 中 s 上方紧挨着 s 的线段。
- BELOW(T, s):返回 T 中 s 下方紧挨着 s 的线段。

在完全前序关系 T 中,可能出现线段 s_1 和 s_2 都在对方上方的情况;这是由于 s_1 和 s_2 在扫除线处相交,其中,扫除线的完全前序在 T 中给出。在这种情况下,这两条线段在 T 中的关系无法确定。

如果输入中有 n 条线段,应用红黑树,可以在 $O(\lg n)$ 的时间内执行上述 INSERT、DELETE、ABOVE、BELOW 操作。第 13 章中红黑树的操作涉及了关键字的比较。我们可以将关键字的比较替换为基于叉积的比较,用以确定两条线段的相对次序(见练习 33.2-2)。

求线段交点的伪代码

下面的算法将一个由 n 条线段组成的集合 S 作为输入,如果 S 中有任何一对线段相交,则返回 TRUE;否则,返回 FALSE。完全前序 T 由一棵红黑树来维护。

```
ANY-SEGMENTS-INTERSECT(S)
 1  T = ∅
 2  sort the endpoints of the segments in S from left to right,
         breaking ties by putting left endpoints before right endpoints
         and breaking further ties by putting points with lower
         y-coordinates first
 3  for each point p in the sorted list of endpoints
 4      if p is the left endpoint of a segment s
 5          INSERT(T, s)
 6          if (ABOVE(T, s) exists and intersects s)
                 or (BELOW(T, s) exists and intersects s)
 7              return TRUE
 8      if p is the right endpoint of a segment s
 9          if both ABOVE(T, s) and BELOW(T, s) exist
                 and ABOVE(T, s) intersects BELOW(T, s)
10              return TRUE
11          DELETE(T, s)
12  return FALSE
```

图 33-5 说明了这一算法的执行过程。第 1 行初始化完全前序为空。第 2 行通过对 $2n$ 个线段端点由左到右排序,并按照描述的方法处理多个点 x 坐标值相同的情况,从而确定事件点调度。执行第 2 行的一种方式是,在 (x, e, y) 上对端点按照字典序排序,其中 x 和 y 为通常的坐标,$e = 0$ 表示左端点,$e = 1$ 表示右端点。

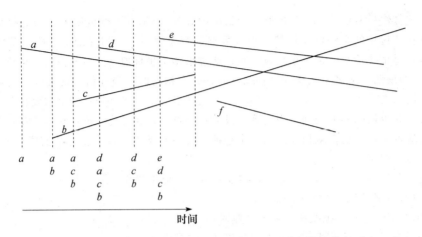

图 33-5 ANY-SEGMENTS-INTERSECT 的执行过程。每条虚线都对应一个事件点处的扫除线。除了最右边的扫除线之外，其余每条扫除线下线段名的顺序与用于处理相应事件点的 **for** 循环结束时的完全前序 T 相对应。处理线段 c 的右端点时用到最右边的扫除线；由于线段 d 和 b 在 c 旁边并且与之相交，那么该过程返回 TRUE

在第 3~11 行的 **for** 循环中，每一次迭代都处理一个事件点 p。如果 p 是线段 s 的左端点，那么第 5 行将 s 添加到完全前序中，如果 s 与由经过 p 的扫除线所定义的完全前序中的与之连续的两条线段中的任一条相交，则第 6~7 行返回 TRUE。（如果 p 位于另一条线段 s' 上，则出现边界情况，这时，仅需要将 s 和 s' 连续地放到 T 中。）如果 p 是线段 s 的右端点，则把 s 从完全前序中删除。首先，考虑经过 p 的扫除线所定义的完全前序，如果 s 旁边的线段有相交，那么第 9~10 行返回 TRUE。如果这些线段不相交，第 11 行就将 s 从完全前序中删除。只要第 10 行的 **return** 语句没有阻碍第 11 行的执行，当 s 被删除后，s 旁边的线段就会在完全前序中变为连续。接下来对正确性进行讨论，这将清晰地说明为什么这些语句充分检查了 s 旁边的每一条线段。最后，如果在处理完全部 $2n$ 个事件点后没发现线段相交，第 12 行就返回 FALSE。

正确性

为了说明 ANY-SEGMENTS-INTERSECT 是正确的，我们将要证明 ANY-SEGMENTS-INTERSECT(S) 返回 TRUE 当且仅当 S 中的线段有一个交点。

很容易看出，仅当 ANY-SEGMENTS-INTERSECT 发现两个输入线段之间的一个交点时，它才返回 TRUE(在第 7 行和第 10 行中)。于是，如果它返回 TRUE，就说明存在一个交点。

另外，还需要证明以上结论的逆命题：如果存在一个交点，ANY-SEGMENTS-INTERSECT 就会返回 TRUE。不妨假设至少有一个交点。设 p 为最左边的交点，选择 y 坐标最小的那个交点，同时假设 a 和 b 为相交于 p 的两条线段。因为在 p 的左边没有线段相交，因此对于 p 左边的点来说，由 T 给出的顺序是正确的。因为没有三条线段相交于同一点，所以 a 和 b 在扫除线 z 处成为完全前序中的连续线段⊖。此外，z 位于 p 的左边，或者穿过 p。在扫除线 z 上，存在一个线段端点 q，它是使 a 和 b 在完全前序中成为连续线段的事件。如果 p 在扫除线 z 上，则 $q=p$。如果 p 不在扫除线 z 上，那么 q 位于 p 的左边。不论是这两种情况中的哪一种，在遇到 q 之前，T 给出的顺序都是正确的。（正是在这里，算法按字典序对事件点进行了排序。因为 p 是所有最左边的交点中最低的，故即使 p 位于扫除线 z 上，且存在另一个交点 p 也位于 z 上，事件点 $q=$

⊖ 如果允许三条线段相交在同一点，那么可能会有一条干扰线段 c 在点 p 处与 a 和 b 都相交。也就是说，对所有位于 p 左边满足 $a \geqslant_w c$ 的扫除线 w，都可能有 $a \geqslant_w c$ 和 $c \geqslant_w b$。练习 33.2-8 要求读者证明，即使三条线段确实相交于同一点，ANY-SEGMENTS-INTERSECT 也是正确的。

p 也能在另一个交点 p' 对完全前序 T 产生干扰之前得到处理。此外，即使 p 是某一线段（例如 a）的左端点，同时也可以是另一线段（例如 b）的右端点，因为左端点事件发生在右端点事件之前，故当首次遇到线段 a 之前，线段 b 已经在完全前序 T 中了。）事件点 q 或者被 ANY-SEGMENTS-INTERSECT 处理，或者不被处理。

如果 q 由 ANY-SEGMENTS-INTERSECT 进行了处理，只可能产生两种动作：

1. 只要 a 或 b 被插入 T 中，则另一线段在完全前序中位于它的上面或下面。第 4～7 行可以发现这种情况。

2. 线段 a 和 b 都已经在 T 中，并且在完全前序中，位于它们之间的一条线段被删除，使得 a 和 b 成为连续线段。第 8～11 行可以发现这种情况。

无论哪种情况，都能发现交点 p，并且 ANY-SEGMENTS-INTERSECT 返回 TRUE。

如果事件点 q 没有被 ANY-SEGMENTS-INTERSECT 处理，该过程必定在处理完所有的事件点之前就已经返回。只有当 ANY-SEGMENTS-INTERSECT 已经找到了一个交点并返回 TRUE 时，这种情况才会发生。

于是，如果存在着一个交点，ANY-SEGMENTS-INTERSECT 就返回 TRUE。而我们之前已经看到，如果 ANY-SEGMENTS-INTERSECT 返回 TRUE，则必定存在一个交点。因此，ANY-SEGMENTS-INTERSECT 始终能返回正确的结果。

运行时间

如果集合 S 中有 n 条线段，则 ANY-SEGMENTS-INTERSECT 的运行时间为 $O(n\lg n)$。第 1 行的运行时间为 $O(1)$。如果使用归并排序或堆排序，第 2 行所需的时间为 $O(n\lg n)$。第 3～11 行的 **for** 循环在每个事件点处至多迭代一次，由于总共有 $2n$ 个事件点，所以循环至多迭代 $2n$ 次。每次迭代耗时 $O(\lg n)$，这是因为每个红黑树操作所需的时间为 $O(\lg n)$。而运用 33.1 节中的方法，可以使每次相交测试耗费时间 $O(1)$。因此，总的运行时间为 $O(n\lg n)$。

1027

练习

33.2-1 试说明在 n 条线段的集合中，可能有 $\Theta(n^2)$ 个交点。

33.2-2 已知两条在 x 处可比的线段 a 和 b，试说明如何在 $O(1)$ 时间内确定 $a \geqslant_x b$ 和 $b \geqslant_x a$ 中哪一个成立。假定这两条线段都不是垂直的。（提示：如果 a 和 b 不相交，利用叉积即可。如果 a 和 b 相交（当然也可以用叉积来确定），仍然可以只利用加、减、乘这几种运算，无需使用除法。当然，在应用 $\geqslant_x$ 关系时，如果 a 和 b 相交，就可以停下来并声明已找到了一个交点。）

33.2-3 Mason 教授建议修改过程 ANY-SEGMENTS-INTERSECT，使其不是找出一个交点后返回，而是输出相交的线段，再继续进行 **for** 循环的下一次迭代。他把这样得到的过程称为 PRINT-INTERSECTING-SEGMENTS，并声称该过程能够按照线段在集合中出现的次序，从左到右输出所有的交点。Dixon 教授不同意 Mason 教授，称其做法有误。哪位教授的说法是正确的？PRINT-INTERSECTING-SEGMENTS 所找出的第一个相交点总是最左边的交点吗？它总能找出所有的相交点吗？

33.2-4 写出一个运行时间为 $O(n\lg n)$ 的算法，以确定由 n 个顶点组成的多边形是否是简单多边形。

33.2-5 写出一个运行时间为 $O(n\lg n)$ 的算法，以确定总共有 n 个顶点的两个简单多边形是否相交。

33.2-6 一个圆面是由一个圆加上其内部所组成，用圆心和半径表示。如果两个圆面有公共点，则称这两个圆面相交。写出一个运行时间为 $O(n\lg n)$ 的算法，以确定 n 个圆面中是否有任何两个圆面相交。

33.2-7 已知 n 条线段中共有 k 个相交点，试说明如何在 $O((n+k)\lg n)$ 时间内输出全部 k 个交点。

33.2-8 论证即使有三条或更多的线段相交于同一点，过程 ANY-SEGMENTS-INTERSECT 也能正确执行。

33.2-9 证明：在有垂直线段的情况下，如果将某一垂直线段的底部端点当做是左端点，其顶部端点当做右端点，则过程 ANY-SEGMENTS-INTERSECT 也能正确执行。如果允许有垂直线段，对练习 33.2-2 的回答应如何修改？

33.3 寻找凸包

点集 Q 的凸包是一个最小的凸多边形 P，满足 Q 中的每个点都在 P 的边界上或者在 P 的内部。（凸多边形的准确定义见练习 33.1-5。）我们用 $\mathrm{CH}(Q)$ 来表示 Q 的凸包。我们假定 Q 中所有的点是独立的，并且 Q 至少包含 3 个不共线的点。直观地讲，可以把 Q 中的每个点都想象成是露在一块板外的铁钉，那么凸包就是包围了所有这些铁钉的一条拉紧了的橡皮绳所构成的形状。图 33-6 示出了一个点集及其凸包。

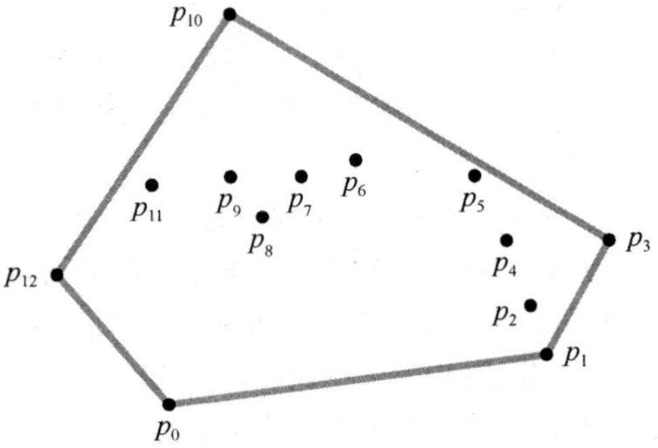

本节将介绍两种算法来计算包含 n 个点的点集的凸包。两种算法都按逆时针方向的顺序输出凸包的各个顶点。第一种算法称为 Graham 扫描法（Graham's scan），运行时间为 $O(n\lg n)$。第二种算法称为 Jarvis 步进法（Jarvis march），其运行时间为 $O(nh)$，其中 h 为凸包中的顶点数。从图 33-6 中可以看出，$\mathrm{CH}(Q)$ 的每一个顶点都是 Q 中的点。两种算法都利用这一性质来决定应该以 Q 中的哪些点作为凸包的顶点，以及应该去掉 Q 中的哪些点。

事实上，有好几种方法都能在 $O(n\lg n)$ 时间内

图 33-6　点集 $Q=\{p_0,\ p_1,\ \cdots,\ p_{12}\}$ 及其用灰色表示的凸包 $\mathrm{CH}(Q)$

计算凸包。Graham 扫描法和 Jarvis 步进法都运用了一种称为"旋转扫除"的技术，根据每个顶点对一个参照顶点的极角的大小，依次进行处理。其他方法有以下几种：

- 在**增量法**(incremental method)中，首先对点从左到右进行排序，得到一个序列 $\langle p_1,\ p_2,\ \cdots,\ p_n\rangle$。在第 i 步，根据左起第 i 个点，对最左边 $i-1$ 个点的凸包 $\mathrm{CH}(\{p_1,\ p_2,\ \cdots,\ p_{i-1}\})$ 进行更新，从而形成 $\mathrm{CH}(\{p_1,\ p_2,\ \cdots,\ p_i\})$。练习 33.3-6 要求读者说明如何实现这种方法，使其所需的全部时间为 $O(n\lg n)$。

- 在**分治法**中，在 $\Theta(n)$ 时间内，将由 n 个点组成的集合划分为两个子集，分别包含最左边的 $\lceil n/2\rceil$ 和最右边的 $\lfloor n/2\rfloor$ 个点，并对子集的凸包进行递归计算，然后利用一种巧妙的办法，在 $O(n)$ 时间内对计算出来的凸包进行组合。这种方法的运行时间用大家熟悉的递归式 $T(n)=2T(n/2)+O(n)$ 来表示，因此，分治法的运行时间为 $O(n\lg n)$。

- **剪枝-搜索方法**(prune-and-search method)类似于 9.3 节中讨论的最坏情况下线性时间的中值算法。它通过反复丢弃剩余点中固定数量的点，直至仅剩下凸包的上链，从而找到凸包的上部（或称"上链"）。然后，再执行同样的操作来找出下链。从渐近意义上来看，这种方法速度最快，如果凸包包含 h 个顶点，那么该方法的运行时间仅为 $O(n\lg h)$。

计算一个点集的凸包本身就是一个有趣的问题。此外，其他一些关于计算几何学问题的算法都始于对凸包的计算。例如，考虑二维的**最远点对问题**：已知平面上包含 n 个点的集合，希望找出它们中相距最远的两个点。正如练习 33.3-3 要求读者证明的那样，这两个点必定是凸包的顶点。尽管在此不作证明，但我们能在 $O(n)$ 的时间内找出 n 个顶点的凸多边形中的最远顶点对。

因此，通过在 $O(n\lg n)$ 时间内计算出 n 个输入点的凸包，然后再找出得到的凸多边形中的最远顶点对，就可以在 $O(n\lg n)$ 的时间内，找出任意 n 个点组成的集合中距离最远的点对。

Graham 扫描法

Graham 扫描法通过维持一个关于候选点的栈 S 来解决凸包问题。输入集合 Q 中的每个点都被压入栈一次，非 CH(Q) 中顶点的点最终被弹出栈。当算法终止时，栈 S 中仅包含 CH(Q) 中的顶点，以逆时针的顺序出现在边界上。

过程 GRAHAM-SCAN 的输入为点集 Q，其中 $|Q|\geqslant 3$。在无需改变栈 S 的情况下，调用函数 TOP(S) 和函数 NEXT-T0-TOP(S) 分别返回处于栈顶的点和处于栈顶部下面的那个点。稍后将证明：过程 GRAHAM-SCAN 返回的栈 S 从底部到顶部，依次是按逆时针方向排列的 CH(Q) 中的顶点。

```
GRAHAM-SCAN(Q)
1   let p₀ be the point in Q with the minimum y-coordinate,
            or the leftmost such point in case of a tie
2   let⟨p₁,p₂,⋯,pₘ⟩ be the remaining points in Q,
            sorted by polar angle in counterclockwise order around p₀
            (if more than one point has the same angle, remove all but
            the one that is farthest from p₀)
3   if m<2
4       return "convex hull is empty"
5   else let S be an empty stack
6       PUSH(p₀,S)
7       PUSH(p₁,S)
8       PUSH(p₂,S)
9       for i = 3 to m
10          while the angle formed by points NEXT-TO-TOP(S),TOP(S),
                    and pᵢ makes a nonleft turn
11              POP(S)
12          PUSH(pᵢ,S)
13      return S
```

图 33-7 说明了 GRAHAM-SCAN 的执行过程。第 1 行选取 p_0 作为 y 坐标最小的点，如果有多个这样的点，则选取最左边的点作为 p_0。由于 Q 中没有其他点比 p_0 更低，并且与其有相同 y 坐标的点都在它的右边，所以 p_0 一定是 CH(Q) 的一个顶点。第 2 行根据相对于 p_0 的极角对 Q 中剩余的点进行排序，所用的方法（比较叉积）与练习 33.1-3 中相同。如果有两个或更多的点对 p_0 的极角相同，那么除了与 p_0 距离最远的点以外，其余各点都是 p_0 与该最远点的凸组合。因此，我们可以完全不考虑这些点。设 m 表示除 p_0 以外剩余的点的数目。Q 中每个点关于 p_0 的极角（用弧度表示）属于半开区间 $[0,\pi)$。由于这些点是按其极角排序，因此可以把这些点按相对于 p_0 的逆时针方向进行排序。我们将这一有序点表示为 $\langle p_1,p_2,\cdots,p_m \rangle$。注意，点 p_1 和 p_m 都是 CH(Q) 中的顶点（参见练习 33.3-1）。图 33-7(a) 说明了图 33-6 中的点是按相对于 p_0 的极角进行递增排序得到的序列。

过程的剩余部分运用了栈 S。第 5~8 行对栈进行初始化，使其从底部到顶部依次包含前三个点 p_0、p_1 和 p_2。图 33-7(a) 说明了初始的栈 S。第 9~12 行的 **for** 循环对序列 $\langle p_3,p_4,\cdots,p_m \rangle$ 中的每一个点进行一次迭代。算法的意图是在对点 p_i 进行处理后，在栈 S 中，由底部到顶部依次包含 CH($\{p_0,p_1,\cdots,p_i\}$) 中按逆时针方向排列的各个顶点。第 10~11 行的 **while** 循环把所发现的不是凸包中的顶点的点从栈中移去。当沿逆时针方向遍历凸包时，我们应该在每个顶点处向左转。因此，每当 **while** 循环发现在一个顶点处没有向左转时，就把该顶点从栈中弹出。（仅检查不向左转的情况，而不是对向右转进行检查，这样的测试就排除了在所形成凸包的某个顶点处为直角的可能性。一个凸多边形的每个顶点不能是该多边形中其他顶点的凸组合，所以我们不希望有直角。）当算法向点 p_i 推进并已经弹出了所有非左转的顶点后，就把 p_i 压入栈中。图 33-7(b)～(k)给出了 **for** 循环每次迭代后，栈 S 的状态。最后，GRAHAM-SCAN 在第 13 行返回栈 S。相应的凸包如图 33-7(l)所示。

下面的定理形式化证明了 GRAHAM-SCAN 算法的正确性。

定理 33.1（Graham 扫描算法的正确性）　如果在一个 $|Q| \geqslant 3$ 的点集 Q 上运行 GRAHAM-SCAN，则在过程终止时，栈 S 从底部到顶部包含了按逆时针方向排列在 CH(Q) 中的各个顶点。

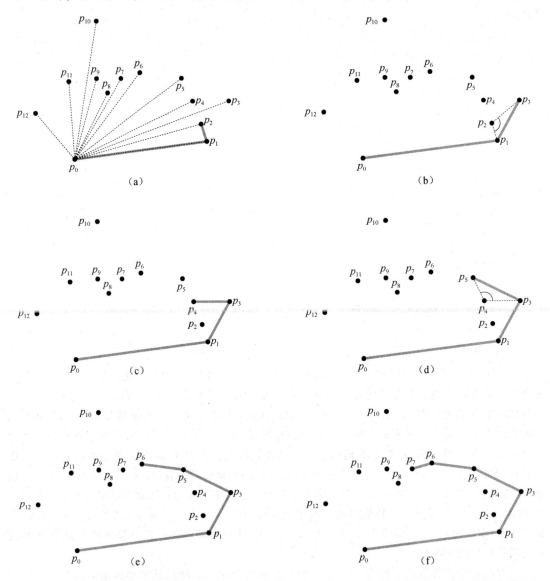

图 33-7　GRAHAM-SCAN 在图 33-6 所示的集合 Q 上的执行过程。在每一步中，栈 S 中包含的当前凸包以灰色示出。(a)点序列 $\langle p_1, p_2, \cdots, p_{12} \rangle$，按相对于点 p_0 的极角大小的递增顺序编号，初始的栈 S 中包含 p_0，p_1 和 p_2。(b)～(k)是第 9～12 行中 **for** 循环每一次迭代后栈 S 的情况。虚线表示非左转的情况，导致点从栈中被弹出。例如，在(h)中，角 $\angle p_7 p_8 p_9$ 处的右转使得 p_8 被弹出，接着角 $\angle p_6 p_7 p_9$ 处的右转使得 p_7 被弹出。(l)过程返回的凸包与图 33-6 中的凸包匹配

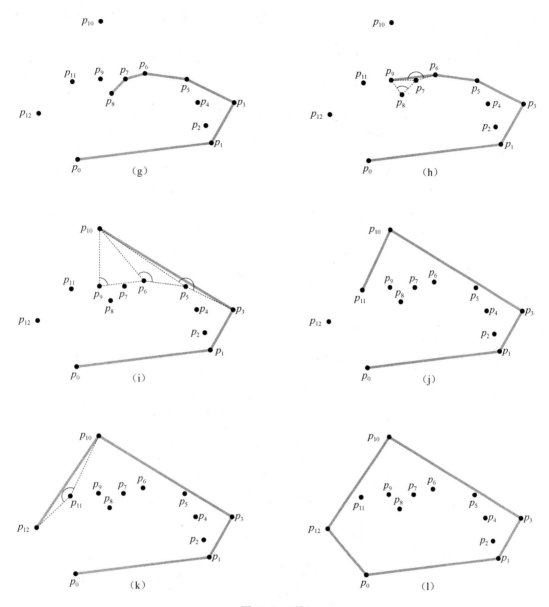

图 33-7 （续）

证明 在第 2 行之后，我们有点序列⟨p_1，p_2，…，p_m⟩。对 $i = 2$，3，…，m，定义一个点子集 $Q_i = \{p_0，p_1，…，p_i\}$。$Q - Q_m$ 中的点是那些被删除的点，因为它们与 Q_m 中的某个点相对于 p_0 的极角相同；这些点不在 CH(Q) 中，因而 CH(Q_m) = CH(Q)。于是，我们只要证明当 GRAHAM-SCAN 终止时，栈 S 中包含了 CH(Q_m) 中的顶点，且这些顶点是按照逆时针顺序从底部至顶部在栈中排列的。注意，正如 p_0，p_1 和 p_m 是 CH(Q) 中的顶点一样，p_0、p_1 和 p_i 也是 CH(Q_i) 中的顶点。

证明中要用到如下的循环不变式：

在第 9～12 行中 **for** 循环的每一层迭代开始时，栈 S 从底部至顶部恰包含了 CH(Q_{i-1}) 中按逆时针顺序排列的各个顶点。

初始化：在首次执行第 9 行时，这个循环不变式得到保持，因为此时栈 S 中恰包含了 $Q_2 = Q_{i-1}$

中的顶点,这三个顶点的集合形成了它们各自的凸包。此外,它们按逆时针排序,从底至顶地出现在栈 S 中。

保持:进行 **for** 循环的一层迭代后,栈 S 顶上的点为 p_{i-1},它是在上一次迭代最后(或在第一次迭代开始之前,当 $i=3$ 时)被压入栈的。设第 10~11 行中 **while** 循环执行后、第 12 行将 p_i 压入栈之前,栈 S 顶部的点为 p_j。设 p_k 为栈 S 中紧靠 p_j 之下的点。在 p_j 成为栈顶点且尚未将 p_i 压入栈时,栈 S 中包含了与 **for** 循环的第 j 次迭代后一样的点。因此,根据循环不变式,在该时刻,栈 S 中恰包含了 $CH(Q_j)$ 中的顶点,它们按逆时针顺序自底向上地出现在栈中。

我们继续关注当 p_i 被压入栈之前的这一时刻。我们已经知道,p_i 相对于 p_0 的极角大于 p_j 的极角,并且角 $\angle p_k p_j p_i$ 是向左转的(否则 p_j 已经被弹出)。从图 33-8(a) 中可以看出,由于 S 恰包含了 $CH(Q_j)$ 中的顶点,因此,一旦压入 p_i,栈 S 中恰包含了 $CH(Q_j \bigcup \{p_i\})$ 中的顶点,并且这些点仍然按逆时针顺序自底向上地出现在栈中。

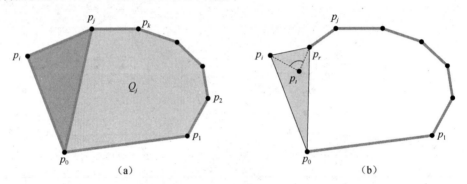

图 33-8 GRAHAM-SCAN 的正确性的证明过程。(a)因为 p_i 相对于 p_0 的极角大于 p_j 的极角,又因为角 $\angle p_k p_j p_i$ 是向左转的,所以将 p_i 加入 $CH(Q_j)$ 中就得到 $CH(Q_j \bigcup \{p_i\})$ 中的各顶点。(b)如果角 $\angle p_r p_t p_i$ 执行的是非左的转向,则 p_t 或者是在由 p_0、p_r 和 p_i 所构成的三角形内部,或者是在该三角形的一条边上,它不可能是 $CH(Q_i)$ 的一个顶点

现在,我们已经证明了 $CH(Q_j \bigcup \{p_i\})$ 与 $CH(Q_i)$ 是同一个点集。考虑任意一个在 **for** 循环的第 i 次迭代中被弹出的点 p_t,设 p_r 为 p_t 被弹出时栈 S 中紧靠在 p_t 下面的点(p_r 可以是 p_j)。角 $\angle p_r p_t p_i$ 所做的是非左转向,而 p_t 相对于 p_0 的极角大于 p_r 的极角,如图 33-8(b) 所示,p_t 必定在由 p_0、p_r 和 p_i 构成的三角形内部,或者在这个三角形的某一条边上(但它不是该三角形的一个顶点)。显然,由于 p_t 在一个由 Q_i 的其他三个点所构成的三角形内部,故不可能是 $CH(Q_i)$ 的一个顶点。正是因为 p_t 不是 $CH(Q_i)$ 的一个顶点,所以有:

$$CH(Q_i - \{p_t\}) = CH(Q_i) \qquad (33.1)$$

设 P_i 为 **for** 循环的第 i 次迭代中弹出点的集合。由于等式 (33.1) 适用于 P_i 中的所有点,因此,可以反复地应用它来说明 $CH(Q_i - P_i) = CH(Q_i)$。但是,$Q_i - P_i = Q_j \bigcup \{p_i\}$,于是可得结论

$$CH(Q_j \bigcup \{p_i\}) = CH(Q_i - P_i) = CH(Q_i)$$

上面已经证明了一旦将 P_i 压入栈后,栈 S 中恰包含 $CH(Q_i)$ 中的顶点,并且按逆时针顺序自栈底向上排列。增加 i 的值将使得循环不变式对下一次迭代也保持成立。

终止:当循环终止时,有 $i=m+1$,因而,循环不变式意味着栈 S 中恰包含了 $CH(Q_m)$(即 $CH(Q)$)中按逆时针顺序从栈底向上排列的顶点。 ∎

现在来证明 GRAHAM-SCAN 的运行时间为 $O(n\lg n)$,其中 $n=|Q|$。执行第 1 行代码需要 $\Theta(n)$ 的时间。运用归并排序或堆排序对极角进行排序,并用 33.1 节中的叉积方法对极角进行比较,执行第 2 行代码所需的时间为 $O(n\lg n)$。(对所有 n 个点,我们可以在 $O(n\lg n)$ 的时间内去掉除最远点外所有极角相同的点。)第 5~8 行执行时间为 $O(1)$。因为 $m\leqslant n-1$,所以第 9~12 行

for循环至多执行 $n-3$ 次。因为 PUSH 的执行时间为 $O(1)$，所以，除了花在第 $10\sim11$ 行 **while** 循环上的时间外，每一次迭代需要 $O(1)$ 的时间。于是，除去执行嵌套 **while** 循环所需的时间外，整个 **for** 循环的执行时间为 $O(n)$。

下面运用聚合分析方法来证明执行整个 **while** 循环所需的时间为 $O(n)$。对 $i=0, 1, \cdots, m$，每个点 p_i 压入栈 S 一次。和在 17.1 节中对过程 MULTIPOP 的分析类似，注意到我们所能执行的 POP 操作的次数至多与 PUSH 次数相同。至少有三个点(p_0、p_1 和 p_m)不会从栈中弹出，所以事实上总共至多执行 $m-2$ 次 POP 操作。**While** 循环中每次迭代时执行一次 POP 操作，因此，**while** 循环总共至多执行 $m-2$ 次迭代。由于第 10 行的测试所需时间为 $O(1)$，每次调用 POP 所需的时间为 $O(1)$，且 $m\leqslant n-1$，所以执行 **while** 循环所需的全部时间为 $O(n)$。因此，过程 GRAHAM-SCAN 的运行时间为 $O(n\lg n)$。

1036

Jarvis 步进法

Jarvis 步进法运用一种称为打包(package wrappjng)或包装礼物(gift wrapping)的技术来计算一个点集 Q 的凸包。算法的运行时间为 $O(nh)$，其中 h 是 CH(Q)中的顶点数。当 h 为 $o(\lg n)$ 时，Jarvis 步进法在渐近意义上比 Graham 扫描法更快。

从直观上看，可以把 Jarvis 步进法看做是在集合 Q 的外面紧紧地包了一层纸。开始时，把纸的末端钉在集合中最低的点上，即钉在与 Graham 扫描法相同的起始点 p_0 上。该点为凸包的一个顶点。把纸拉向右边使其绷紧，然后再把纸拉高一些，直到碰到一个点。该点也必定是凸包的一个顶点。使纸保持绷紧状态，用这种方法继续围绕顶点集合，直至回到起始点 p_0。

更形式化地说，Jarvis 步进法构造了 CH(Q)的顶点序列 $H=\langle p_0, p_1, \cdots, p_{h-1}\rangle$，$p_0$ 为起始点。如图 33-9 所示，下一个凸包顶点 p_1 具有相对于 p_0 的最小极角。(如果有数个这样的点，就选取距离 p_0 最远的点作为 p_1。)类似地，p_2 具有相对于 p_1 的最小极角，依此类推。当到达最高顶点，如 p_k(如果有数个这样的点，则选取距离最远的点)时，我们已经构造好了 CH(Q)的**右链**，如图 33-9所示。为了构造其左链，从 p_k 开始选取相对于 p_k 具有最小极角的点作为 p_{k+1}，但这时的 x 轴是原 x 轴的负方向。如此继续下去，根据负 x 轴的极角逐渐形成左链，直至回到初始顶点 p_0。

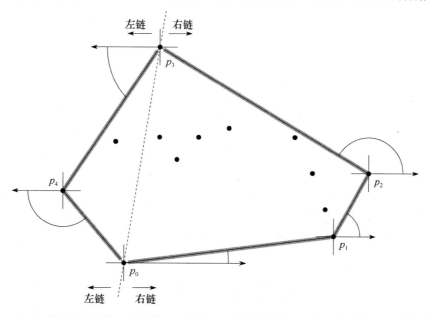

图 33-9　Jarvis 步进法的操作。选择第一个顶点 p_0 作为最低的点。下一个顶点 p_1 与其他点相比，有着相对于 p_0 的最小极角。接着，p_2 有着相对于 p_1 的最小极角。右链最高达到最高点 p_3。接着，通过找相对负 x 轴的最小极角将左链构造出来

可以用围绕凸包的一次扫除来实现 Jarvis 步进法，也就是说，无需分别构造左链和右链。在这样一种典型的实现方法中，要随时记录上一次选取的凸包的边，并要求凸包边的角度序列严格递增（在 $0 \sim 2\pi$ 弧度范围内）。分别构造左、右链的优点是无需显式地计算角度，33.1 节介绍的技术就足以用来对角度进行比较了。

如果正确地执行 Jarvis 步进法，其运行时间可达到 $O(nh)$。对 CH(Q) 的 h 个顶点，都需要找出具有最小极角的顶点。如果采用 33.1 节中讨论过的技术，则每次极角比较操作所需的时间为 $O(1)$。正如 9.1 节所示，如果每次比较操作所需时间为 $O(1)$，则可以在 $O(n)$ 时间内计算出 n 个值中的最小值。因此，Jarvis 步进法的运行时间为 $O(nh)$。

练习

33.3-1 证明：在过程 GRAHAM-SCAN 中，点 p_1 和 p_m 必定是 CH(Q) 的顶点。

33.3-2 考虑一个能支持加法、比较和乘法运算的计算模型，用该模型对 n 个数进行排序时，其下界为 $\Omega(n \lg n)$。证明：当在这样一个模型中有序地计算出由 n 个点组成的集合的凸包时，其下界为 $\Omega(n \lg n)$。

33.3-3 已知一个点集 Q，证明彼此相距最远的点对必定是 CH(Q) 中的顶点。

33.3-4 对一个给定的多边形 P 和在其边界上的一个点 q，q 的**投影**是满足线段 $\overline{qr}$ 完全在 P 的边界上或内部的点 r 的集合。正如图 33-10 所示，如果在 P 的内部存在一个点 p，它处于 P 的边界上每个点的投影中，则多边形 P 是**星形多边形**。所有满足这种条件的点 p 的集合称为 P 的**内核**。给定一个 n 个顶点的星形多边形 P，它的各个顶点已按逆时针方向排序，试说明如何在 $O(n)$ 的时间内计算出 CH(Q)。

1037
~
1038

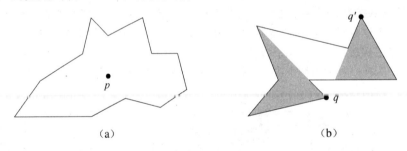

（a）　　　　　　　　　（b）

图 33-10　练习 33.3-4 中用到的星形多边形的定义。（a）一个星形多边形。从 p 至边界上任何点 q 的线段仅在 q 处与边界相交。（b）一个非星形多边形。左边投影区域为 q 的投影，而右边的投影区域为 q' 的投影。由于这些区域是不相交的，故内核为空

33.3-5 在**联机凸包问题**（on-line convex-hull problem）中，每次只给出由 n 个点所组成的集合 Q 中的一个点。在接收到每个点后，就计算出当前所有点的凸包。显然，可以对每个点运行一次 Graham 扫描算法，总的运行时间为 $O(n^2 \lg n)$。试说明如何在 $O(n^2)$ 时间内解决联机凸包问题。

★33.3-6 试说明如何实现增量法，以在 $O(n \lg n)$ 的时间内计算出 n 个点的凸包。

33.4　寻找最近点对

现在来考虑一下在 $n \geqslant 2$ 个点的集合 Q 中寻找最近点对的问题。"最近"指的是通常意义下的欧几里得距离：点 $p_1 = (x_1, y_1)$ 和 $p_2 = (x_2, y_2)$ 之间的欧几里得距离为 $\sqrt{(x_1 - x_2)^2 + (y_1 - y_2)^2}$。集合 Q 中的两个点可能会重合，这种情况下，它们之间的距离为 0。最近点对问题可以应用于交通控制等系统中。为检测出潜在的碰撞事故，在空中或海洋交通控制系统中，需要识别出两个距离

最近的交通工具。

在暴力搜索最近点对的算法中，只需简单地看所有 $\binom{n}{2}=\Theta(n^2)$ 个点对。本节将介绍一种解决该问题的分治算法，其运行时间可以用大家熟悉的递归式 $T(n)=2T(n/2)+O(n)$ 来描述。因此，该算法的运行时间仅为 $O(n\lg n)$。

分治算法

算法每一次递归调用的输入为子集 $P\subseteq Q$ 以及数组 X 和 Y，每个数组均包含输入子集 P 的所有点。对数组 X 中的点排序，使其 x 坐标单调递增。类似地，对数组 Y 中的点排序，使其 y 坐标单调递增。注意，为了维持 $O(n\lg n)$ 的时间界，不能在每次递归调用中都进行排序。否则，运行时间的递归式就变为 $T(n)=2T(n/2)+O(n\lg n)$，其解为 $T(n)=O(n\lg^2 n)$。（利用练习 4.6-2 中给出的主方法。）我们稍后将会看到如何运用"预排序"来维持这种排序性质，而无需在每次递归调用中都进行排序。

输入为 P、X 和 Y 的递归调用首先检查是否有 $|P|\leqslant 3$ 成立。如果有，则仅执行上述的暴力方法：对所有 $\binom{|P|}{2}$ 个点对进行检查，并返回最近点对。如果 $|P|>3$，则递归调用执行如下分治法模式。

分解：找出一条垂直线 l，它把点集 P 对分为满足下列条件的两个集合 P_L 和 P_R：使得 $|P_L|=\lceil|P|/2\rceil$，$|P_R|=\lfloor|P|/2\rfloor$，$P_L$ 中的所有点都在直线 l 上或在 l 的左侧，P_R 中的所有点都在直线 l 上或在 l 的右侧。数组 X 被划分为两个数组 X_L 和 X_R，分别包含 P_L 和 P_R 中的点，并按 x 坐标单调递增的顺序进行排序。类似地，将数组 Y 划分为两个数组 Y_L 和 Y_R，分别包含 P_L 和 P_R 中的点，并按 y 坐标单调递增的顺序进行排序。

解决：把 P 划分为 P_L 和 P_R 后，再进行两次递归调用，一次找出 P_L 中的最近点对，另一次找出 P_R 中的最近点对。第一次调用的输入为子集 P_L、数组 X_L 和 Y_L；第二次调用的输入为子集 P_R、X_R 和 Y_R。令 P_L 和 P_R 返回的最近点对的距离分别为 δ_L 和 δ_R，并且置 $\delta=\min(\delta_L,\delta_R)$。

合并：最近点对要么是某次递归调用找出的距离为 δ 的点对，要么是 P_L 中的一个点与 P_R 中的一个点组成的点对。算法确定是否存在距离小于 δ 的一个点对，一个点位于 P_L 中，另一个点位于 P_R 中。注意，如果存在这样的一个点对，则点对中的两个点与直线 l 的距离必定都在 δ 单位之内。因此，如图 33-11(a) 所示，它们必定都处于以直线 l 为中心、宽度为 2δ 的垂直带形区域内。为了找出这样的点对（如果存在），算法要做如下工作：

1. 建立一个数组 Y'，它是把数组 Y 中所有不在宽度为 2δ 的垂直带形区域内的点去掉后所得的数组。数组 Y' 与 Y 一样，是按 y 坐标顺序排序的。

2. 对数组 Y' 中的每个点 p，算法试图找出 Y' 中距离 p 在 δ 单位以内的点。下面将会看到，在 Y' 中仅需考虑紧随 p 后的 7 个点。算法计算出从 p 到这 7 个点的距离，并记录下 Y' 的所有点对中最近点对的距离 δ'。

3. 如果 $\delta'<\delta$，则垂直带形区域内的确包含比根据递归调用所找出的最近距离更近的点对，于是返回该点对及其距离 δ'。否则，返回函数的递归调用中发现的最近点对及其距离。

上述描述中，省略了一些对获得 $O(n\lg n)$ 运行时间非常必要的实现细节。在证明算法的正确性以后，将说明如何实现算法才能获得要求的运行时间。

正确性

除以下两方面外，这种最近点对算法的正确性是显而易见的。第一，当 $|P|\leqslant 3$ 时，将递归调用过程进行到底，就可以确保不会解仅含一个点的子问题。第二，仅需检查数组 Y' 中紧随每个点 p 后的 7 个点。现在就来证明这条性质。

假定在某一级递归调用中，最近点对为 $p_L \in P_L$，$p_R \in P_R$，则 p_L 和 p_R 间的距离 δ' 严格小于 δ。点 p_L 必定在直线 l 上，或者在 l 左边 δ 单位之内。类似地，p_R 必定在直线 l 上，或者在 l 右边 δ 单位之内。此外，p_L 和 p_R 相互之间的垂直距离也小于 δ 单位。因此，正如图 33-11(a)所示，p_L 和 p_R 在以直线 l 为中心线的 $\delta \times 2\delta$ 矩形区域内。（在该矩形内也可能有其他点。）

下面来证明该 $\delta \times 2\delta$ 矩形区域内至多有 P 中 8 个点。考察该矩形左半边的 $\delta \times \delta$ 正方形。因为 P_L 中所有点之间至少相距 δ 单位，所以该正方形内至多有 4 个点，图 33-11(b)说明了原因。类似地，P_R 中至多有 4 个点可能位于该矩形右半边的 $\delta \times \delta$ 正方形内。因此，P 中至多有 8 个点可能位于该 $\delta \times 2\delta$ 矩形内。（注意，由于直线上的点既可能属于 P_L，也可能属于 P_R，所以直线 l 上至多有 4 个点。如果有两对重合的点，每对包含一个 P_L 中的点和一个 P_R 中的点，且其中一对在直线 l 与矩形上面边的交点处，另一对在直线 l 与矩形下面边的交点处，就会达到上述限制。）

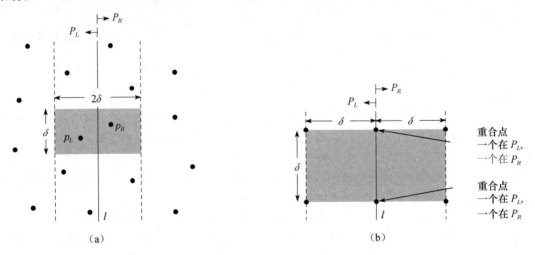

图 33-11 在证明最近顶点对算法仅需要检查数组 Y' 中每个点后面的 7 个点时，所涉及的一些关键概念。(a)如果 $p_L \in P_L$，$p_R \in P_R$，且 p_L 和 p_R 间的距离小于 δ 单位，则它们必定位于一个以直线 l 为中心线的 $\delta \times 2\delta$ 矩形区域内。(b)4 个两两之间距离至少为 δ 单位的点是如何位于同一个 $\delta \times \delta$ 正方形内的。左边为 P_L 中的 4 个点，右边为 P_R 中的 4 个点。在 $\delta \times 2\delta$ 的矩形区域内，如果直线 l 上示出的点是重合的点对（其中一个点在 P_L 中，另一个在 P_R 中），就可能会有 8 个点

在说明了 P 中至多可能有 8 个点位于该矩形中后，就很容易看出，为什么只需要检查数组 Y' 中每个点之后的 7 个点。仍假设最近的点对为 p_L 和 p_R，并（不失一般性）假设在数组 Y' 中，p_L 位于 p_R 之前。那么，即使 p_L 在 Y' 中尽可能早地出现而 p_R 尽可能晚地出现，p_R 也一定是紧随 p_L 的 7 个位置中的一个。由此，证明了最近点对算法的正确性。

算法的实现与运行时间

正如之前所讨论的，我们的目标是得到关于运行时间的递归式 $T(n) = 2T(n/2) + O(n)$，其中 $T(n)$ 是在包含 n 个点的集合上算法的运行时间。主要困难在于确保传递给递归调用的数组 X_L、X_R、Y_L 和 Y_R 按适当的坐标进行排序，并且 Y' 按 y 坐标进行排序。（注意，如果某次递归调用接收到的数组 X 已经排好序，则很容易在线性时间内把 P 划分为 P_L 和 P_R。）

关键点在于，在每次调用中，我们希望形成一个已排序数组的有序子集。例如，某个特定调用的输入为子集 P 和按 y 坐标排序的数组 Y。将 P 划分为 P_L 和 P_R 后，需要在线性时间内形成按 y 坐标排序的数组 Y_L 和 Y_R。我们可以将这种方法看做与 2.3.1 节中介绍的归并排序过程 MERGE 相反的过程：把一个已排序数组分成两个有序数组。下面的伪代码给出了这种思想的实现。

```
1   let Y_L[1.. Y.length]and Y_R[1.. Y.length]be new arrays
2   Y_L.length=Y_R.length=0
3   for i = 1 to Y.length
4       if Y[i]∈P_L
5           Y_L.length=Y_L.length+1
6           Y_L[Y_L.length]=Y[i]
7       else Y_R.length=Y_R.length+1
8           Y_R[Y_R.length]=Y[i]
```

我们仅仅是按次序检查数组 Y 中的点。如果一个点 $Y[i]$ 在 P_L 中，则把它添加到数组 Y_L 的末端；否则，将其添加到数组 Y_R 的末端。数组 X_L、X_R 和 Y' 也可以用类似的伪代码来实现。

剩下的首要问题是如何对点进行排序。我们对点进行**预排序**，即在第一次递归调用前，对所有点进行一次排序。将这些有序数组传递到第一次递归调用中，在那里，根据需要在递归调用时对其进行削减。虽然预排序使运行时间增加了 $O(n \lg n)$，但这样一来，除递归调用外，递归过程的每一步仅需线性时间。如果令 $T(n)$ 为每一步递归的运行时间，$T'(n)$ 为整个算法的运行时间，则 $T'(n)=T(n)+O(n \lg n)$，并且

$$T(n) = \begin{cases} 2T(n/2)+O(n) & \text{如果 } n>3 \\ O(1) & \text{如果 } n \leqslant 3 \end{cases}$$

因此，$T(n)=O(n \lg n)$，$T'(n)=O(n \lg n)$。

练习

33.4-1 Williams 教授提出了一个方案，可以在最近点对算法中，只检查数组 Y' 中每个点后面的 5 个点，其思想是，总是将直线 l 上的点放入集合 P_L 中。那么，直线 l 上就不可能有一个点属于 P_L，另一个点属于 P_R 的重合点对。因此，至多可能有 6 个点处于 $\delta \times 2\delta$ 的矩形内。这种方案的缺陷何在？

33.4-2 试说明只检查数组 Y' 中跟随在每个点后的 5 个数组位置就足够了。

33.4-3 两点之间的距离除欧几里得距离外，还有其他定义方法。在平面上，点 p_1 和 p_2 之间的 **L_m 距离**由下式给出：$(|x_1-x_2|^m+|y_1-y_2|^m)^{1/m}$。因此，欧几里得距离实际上是 L_2 距离。修改最近点对算法，使其适用于 L_1 距离，也称为**曼哈顿距离**（Manhattan distance）。

33.4-4 已知平面上的两个点 p_1 和 p_2，它们之间的 L_∞ 距离为 $\max(|x_1-x_2|, |y_1-y_2|)$。修改最近点对算法，使其适用于 L_∞ 距离。

33.4-5 假设最近点对算法里 $\Omega(n)$ 对点是共垂线的。试说明如何确定集合 P_L 和 P_R 以及如何确定 Y 中的每个点是在 P_L 还是 P_R 中，从而使最近点对算法的运行时间保持 $O(n \lg n)$。

33.4-6 对最近点对算法进行修改，使其能避免对数组 Y 进行预排序，但仍然能使算法的运行时间保持为 $O(n \lg n)$。（提示：将已排序的数组 Y_L 和 Y_R 加以合并，以形成有序数组 Y。）

思考题

33-1 （凸层） 已知平面上的点集 Q，我们用归纳法来定义 Q 的**凸层**（convex layer）。Q 的第一凸层是由 Q 中属于 $CH(Q)$ 顶点的那些点组成。对 $i>1$，定义 Q_i 由把 Q 中所有在凸层 $1, 2, \cdots, i-1$ 中的点去除后所剩余的点构成。如果 $Q_i \neq \varnothing$，那么 Q 的第 i 凸层为 $CH(Q_i)$；否则，第 i 凸层无定义。

a. 写出一个运行时间为 $O(n^2)$ 的算法，以找出 n 个点所组成的集合的各凸层。

b. 证明：在对 n 个实数进行排序所需时间为 $\Omega(n \lg n)$ 的任何计算模型上，计算 n 个点的凸层需要 $\Omega(n \lg n)$ 时间。

1043

1044

33-2 (最大层) 设 Q 是平面上 n 个点所组成的集合。如果有 $x \geq x'$ 且 $y \geq y'$，则称点 (x, y) **支配点** (x', y')。Q 中不被其中任何其他点支配的点称为**最大点**。注意，Q 可以包含许多最大点，可以把这些最大点组织成如下的最大层。第一最大层 L_1 是 Q 中最大点构成的集合。对 $i>1$，第 i 最大层 L_i 是 $Q - \bigcup_{j=1}^{i-1} L_j$ 中的最大点构成的集合。

假设 Q 包含 k 个非空的最大层，并设 y_i 是 L_i 中最左边点的 y 坐标 $(i=1, 2, \cdots, k)$。假定 Q 中没有两个点有相同的 x 坐标或 y 坐标。

a. 证明 $y_1 > y_2 > \cdots > y_k$。

考虑一个点 (x, y)，它在 Q 中任意点的左边，并且其 y 坐标与 Q 中任何点的 y 坐标都不相同。设 $Q' = Q \cup \{(x, y)\}$。

b. 设 j 是满足 $y_j < y$ 的最小下标，除非 $y < y_k$，在这种情况下，令 $j=k+1$。证明 Q' 的最大层如下：

- 若 $j \leq k$，则 Q' 的最大层与 Q 的最大层相同，只是 L_j 也包含 (x, y) 作为其新的最左点。
- 若 $j=k+1$，则 Q' 的前 k 个最大层与 Q 的相同，但此外，Q' 有一个非空的第 $k+1$ 最大层 $L_{k+1} = \{(x, y)\}$。

c. 描述一种时间为 $O(n \lg n)$ 的算法，用于计算出包含 n 个点的集合 Q 的各最大层。（提示：把一条扫除线从右向左移动。）

d. 如果允许输入点有相同的 x 坐标或 y 坐标，会不会出现问题？如果会，提出一种方法来解决这一问题。

33-3 (巨人和鬼问题) 有 n 个巨人正与 n 个鬼战斗。每个巨人的武器是一个质子包，它可以用一串质子流射中鬼来把鬼消灭。质子流沿直线行进，在击中鬼时就终止。巨人决定采取下列策略。他们各自寻找一个鬼形成 n 个巨人-鬼对，然后每个巨人同时向各自选取的鬼射出一串质子流。我们知道，质子流互相交叉是很危险的，因此，巨人选择的配对方式应该使质子流都不会交叉。

假定每个巨人和每个鬼的位置都是平面上一个固定的点，并且没有三个位置共线。

a. 论证存在一条通过一个巨人和一个鬼的直线，使得直线一边的巨人数与同一边的鬼数相等。试说明如何在 $O(n \lg n)$ 时间内找出这样一条直线。

b. 写出一个运行时间为 $O(n^2 \lg n)$ 的算法，使其以不会有质子流交叉为条件把巨人与鬼配对。

33-4 (拾取棍子问题) Charon 教授有 n 根小棍子，它们以某种方式互相叠放在一起。每根棍子都用其端点来指定，每个端点都是一个有序的三元组，其坐标 (x, y, z) 已知。所有棍子都不是垂直的。他希望拾取所有的棍子，但要满足如下条件：一次一根地挑起棍子，当一根棍子上面没有压着其他棍子时，该棍子才可以被挑起。

a. 给出一个过程，取两根棍子 a 和 b 作为参数，返回 a 是在 b 的上面、下面还是与 b 无关。

b. 给出一个有效的算法，用于确定是否有可能拾取所有的棍子。如果能，提供一个拾取所有棍子的合法顺序。

33-5 (稀疏包分布) 考虑计算平面上点集的凸包问题，但这些点是根据某已知的随机分布取得的。有时，从这样一种分布中取得的 n 个点凸包的期望规模为 $O(n^{1-\epsilon})$，其中 ϵ 为某个大于 0 的常数。称这样的分布为**稀疏包分布**。稀疏包分布包括以下几种：

- 点是均匀地从一个单位半径的圆面中取得的，凸包的期望规模为 $\Theta(n^{1/3})$。
- 点是均匀地从一个具有 k 条边的凸多边形内部取得的（k 为任意常数）。凸包的期望规模为 $\Theta(\lg n)$。

- 点是根据二维正态分布取得的。凸包的期望规模为 $\Theta(\sqrt{\lg n})$。

  a. 已知两个分别有 n_1 和 n_2 个顶点的凸多边形，说明如何在 $O(n_1 + n_2)$ 时间内计算出全部 $n_1 + n_2$ 个点的凸包（多边形可以重叠）。

  b. 证明：对于根据稀疏包分布独立取得的一组 n 个点，其凸包可以在 $O(n)$ 的期望时间内计算出来。（提示：采用递归方法分别求出前 $n/2$ 个点和后 $n/2$ 个点的凸包，然后再对结果进行合并。）

  1046

本章注记

本章只是刚刚撩开了计算几何学算法和技术这一神秘面纱的一角。有关计算几何学的参考书很多，如 Preparata 和 Shamos[282]、Edelsbrunner[99]，以及 O'Rourke[269]。

尽管几何学从古代就有人研究了，但用于解决几何问题的算法方面的发展相对来说却是比较新的。Preparata 和 Shamos 指出，最早的用于描述问题复杂性的记号表示是由 E. Lemoine 于 1902 年提出的。当时，他正致力于研究欧几里得构造，即用指南针和尺子所做的构造，并设计出了 5 条原语：将指南针的一个指针放在某一给定点上，将指南针的一个指针放在某一给定的线上，画一个圆，使尺子的边通过某一给定的点，画一条直线。Lemoine 对完成某一构造所需的原语数目比较感兴趣；他称这一数目为该构造的"简单性"。

33.2 节中用于确定任何线段是否相交的算法是由 Shamos 和 Hoey[313] 提出的。

Graham 扫描算法的原始版本是由 Graham[150] 给出的。打包算法是由 Jarvis[189] 提出的。Yao[359] 利用决策树计算模型，证明了凸包算法运行时间的一个下界 $\Omega(n \lg n)$。当将凸包中顶点数目 h 考虑在内时，Kirkpatrick 和 Seidel[206] 的剪枝-搜索算法是渐近最优的，其运行时间为 $O(n \lg h)$。

用于寻找最近点对-运行时间为 $O(n \lg n)$ 的分治算法是由 Shamos 提出的，并出现于 Preparata 和 Shamos[282] 中。Preparata 和 Shamos 还证明了在决策树模型下，该算法是渐近最优的。

1047

NP 完全性

迄今为止，我们所研究的所有算法几乎都是**多项式时间的算法**：对于规模为 n 的输入，在最坏情况下的运行时间是 $O(n^k)$，其中 k 为某一确定常数。我们很自然地会想到这样一个问题：是否所有的问题都可以在多项式时间内解决？答案是否定的！例如，著名的"图灵停机问题"，不管在多长的时间内，都不能被任何一台计算机解决。另外，还有许多可以在多项式时间内解决的问题，但对任意常数 k，它们都不能在 $O(n^k)$ 时间内被解决。一般来说，我们认为在多项式时间内可解的问题是易处理的问题，在超多项式时间内解决的问题是不易处理的问题。

本章的主题是一类称为"NP 完全"的有趣问题，它的状态是未知的。迄今为止，既没有人找出求解 NP 完全问题的多项式时间算法，也没有人能够证明对这类问题不存在多项式时间算法。这一所谓的 $P \neq NP$ 问题自 1971 年被提出以后，已经成为理论计算机科学领域中最深奥、最令人费解的开放问题之一。

有几个 NP 完全问题特别诱人，因为它们表面上看起来和我们已知的可以用多项式时间算法解决的问题很相似。在下面列出的每一对问题中，一个是可以用多项式时间算法来解决的，另一个却是 NP 完全问题，但是它们之间的区别看起来却是微乎其微的。

最短与最长简单路径　在第 24 章中，我们发现即使边的权值为负，也可以在有向图 $G = (V, E)$ 中，在 $O(VE)$ 的时间内从单一源顶点开始找到最短路径。然而，在两个顶点间找到最长简单路径问题却是困难的。也仅仅只有"确定是否一个图在给定数量的边中包含一条简单路径"这一问题才是 NP 完全问题。

欧拉回路与哈密顿圈　即使允许不止一次访问每一个结点，一个连通有向图 $G = (V, E)$ 中的欧拉回路(Euler tour)只是一个能路过 G 中的每一条边一次的圈。在思考题 22-3 中，我们可以确定是否一个图在 $O(E)$ 的时间内仅仅有一个欧拉回路，事实上，还可以在 $O(E)$ 的时间内遍历欧拉回路中的各条边。一个有向图 $G = (V, E)$ 中的**哈密顿圈**是包含 V 中每一个顶点的简单回路。确定一个有向图中是否包含哈密顿圈就是一个 NP 完全问题。（在本章的后文中，我们将证明确定一个无向图中是否包含哈密顿圈是一个 NP 完全问题。）

2-CNF 可满足性问题与 3-CNF 可满足性问题　在一个布尔公式中，可以包含这样一些成分：取值为 1 或 0 的布尔变量；布尔连接词，如 $\wedge$（AND）、$\vee$（OR）、$\neg$（NOT）；括号。对一个布尔公式来说，若存在对其变量的某种 0 和 1 的赋值，使得它的值为 1，则此布尔表达式是**可满足的**。本章稍后将更加形式化地定义这些术语，但是非形式化地，若布尔公式是用 AND 连接若干个 OR 子句，且每个子句中恰有 k 个布尔变量或其否定形式，则称它为 **k 合取范式**或 k-CNF。例如，布尔表达式 $(x_1 \vee \neg x_2) \wedge (\neg x_1 \vee x_3) \wedge (\neg x_2 \vee \neg x_3)$ 是属于 2-CNF 的（满足赋值条件 $x_1 = 1$，$x_2 = 0$，$x_3 = 1$）。虽然可以确定在多项式时间内一个 2-CNF 布尔表达式是否是可满足的，但是稍后我们将会发现"证明一个 3-CNF 布尔表达式是否是可满足的"是一个 NP 完全问题。

NP 完全性与 P 类问题和 NP 类问题

纵观本章内容，我们将涉及三类问题：P 类问题、NP 类问题和 NPC 类问题，最后一类问题就是我们所说的 NP 完全问题。这里，我们姑且先不规范地描述它们，稍后将形式化地对它们进行定义。

P 类问题就是在多项式时间内可以解决的问题。更为确切地说，这些问题可以在时间 $O(n^k)$ 内解决，其中 k 为某一常量，n 是此问题输入的规模。前面所讨论的大多数问题为 P 类问题。

NP 类问题是指那些在多项式时间内可以被证明的问题。那么所谓的"可被证明"又是什么意思呢？即如果已知一个问题解的**证书**（certificate），那么可以证明此问题在该输入规模下能在多项式时间内解决。例如，在哈密顿圈问题中，给定一个有向图 $G = (V, E)$，证书是一个含有 $|V|$ 个顶点的序列 $\langle v_1, v_2, v_3, \cdots, v_{|V|} \rangle$，我们可以轻易地证明 $(v_i, v_{i+1}) \in E$（其中 $i = 1, 2, 3, \cdots, |V| - 1$），同样也可以证明 $(v_{|V|}, v_1) \in E$。再看另一个例子，对于 3-CNF 可满足性问题，一个证书可以是对一组变量的一个赋值。我们可以在多项式时间内检验这一赋值是否满足此布尔表达式。

所有的 P 类问题同时也是 NP 类问题，因为如果一个问题是 P 类问题，那么不用任何证书就可以在多项式时间内解决它。我们稍后将会把这一概念形式化，但是现在我们可以暂且相信有 $P \subseteq NP$。至于 P 类问题是否是 NP 类问题的真子集，在目前是一个开放的问题。

1049

非形式地，如果一个 NP 问题和其他任何 NP 问题一样"不易解决"，那么我们认为这一问题是 NPC 类问题或称之为 NP 完全问题。本章稍后将会形式化地定义什么是所谓的"和其他 NP 问题一样'不易解决'"。同时，我们将不加证明地宣称：如果任何 NP 完全问题可以在多项式时间内解决，那么所有 NP 问题都有一个多项式时间算法。大多数从事理论研究的计算机科学家认为 NP 完全问题是"不易解决"的，因为迄今为止研究过的 NP 完全问题非常之多，但还没有任何人发现任何一个问题的多项式时间解决方案。因此，如果所有 NP 完全问题都能在多项式时间内解决，那将是令人震惊的。然而，尽管迄今为止，人们付出大量的努力来证明 NP 完全问题是不易解决的，但却没有一个结论性研究成果，所以我们不能排除 NP 完全问题实际上可以在多项式时间内求解的可能性。

要成为一名优秀的算法设计者，就一定要懂得 NP 完全问题的基本原理。如果读者能够确定一个 NP 完全问题，就可以提供充分的论据说明其不易处理性。作为一名工程师，更好的办法就是花时间开发一种近似算法（见第 35 章）或解决某种易处理问题的特例，而不是寻找求得问题确切解的一种快速算法。此外，从表面上看，很多固有而有趣的问题并不比排序、图的搜索或者网络流问题更难，但事实上，它们却是 NP 完全问题。因此，熟悉这类问题是十分重要的。

证明 NP 完全问题概述

在证明某一个特定的问题是 NP 完全问题时，我们所采用的技术与本书中大部分内容里设计和分析算法时用到的技术都有所不同。之所以会产生这样的差别，有一个根本的原因：当证明一个问题为 NP 完全问题时，我们是在陈述它是一个多么困难的问题（或至少我们认为他有多难）。我们并不是要证明存在某个有效的算法，而是要证明不太可能存在有效的算法。从这样的角度来看，NP 完全性证明和 8.1 节中"对任何比较排序算法的运行时间下界 $\Omega(n \lg n)$"的证明有点类似。然而，在证明 NP 完全性时所用到的特殊技巧与 8.1 中所用的决策树方法却是大相径庭的。

在证明一个问题是 NP 完全问题时，要依赖于三个关键概念。

判定问题与最优化问题

很多有趣的问题都是最优化问题（optimization problem），其中每一个可行的解（即"合理的解"）都有一个关联的值，我们希望找出一个具有最佳值的可行解。例如，在一个称为 SHORTEST-PATH 的问题中，已知无向图 G 以及顶点 u 和 v，要找出 u 和 v 之间经过边数目最少的一条路径。换句话说，SHORTEST-PATH 是一个在无权、无向图中的单点对间最短路径问题。然而，NP 完全性不适合直接应用于最优化问题，但适合应用于判定问题（decision problem），因为这种问题的答案是简单的"是"或"否"（或者，更为形式化地，答案是"1"或"0"）。

1050

尽管证明一个问题是 NP 完全问题会将我们的目光局限于判定问题，但我们可以利用最优化问题与判定问题之间存在的方便关系。通常，通过对待优化的值强加一个界，就可以将一个给定的最优化问题转化为一个相关的判定问题了。例如，对 SHORTEST-PATH 问题来说，有一个相关的判定问题（称之为 PATH），就是要判定给定的有向图 G、顶点 u 和 v、一个整数 k，在 u 和 v 之间是否存在一条至多包含 k 条边的路径。

当我们试图证明最优化问题"不易处理"时，就可以利用该问题与相关的判定问题之间的关系。这是因为，从某种意义上来说，判定问题要"更容易一些"，或至少"不会更难"。举一个十分典型的例子，我们可以先解决 SHORTEST-PATH 问题再将找出最短路径上边的数目与相关判定问题中的参数 k 进行比较，从而解决 PATH 问题。换句话说，如果某个最优化问题比较容易，那么其相关的判定问题也会比较容易。按照与 NP 完全性更为相关的方式来说，就是如果我们能够提供证据表明某个判定问题是个困难问题，就等于提供了证据表明其相关的最优化问题也是困难的。因此，即使 NP 完全性理论限制了人们对判定问题的关注，但它对最优化问题通常还是有一定意义的。

归约

上述有关证明问题不难于也不简单于另一个问题的说法，对两个问题都是判定问题也是适用的。我们可以把这一思想应用于几乎每一个 NP 完全问题的证明中，做法如下：我们来考虑一个判定问题 A，希望在多项式时间内解决该问题。称某一特定问题的输入为该问题的实例（instance）。例如，PATH 问题中的实例可以是某一特定的图 G、G 中特定的点 u 和 v，以及一个特定的整数 k。现在，假设有另一个不同的判定问题 B，我们知道如何在多项式时间内解决它。最后假设有一个过程，它可以将 A 的任何实例 α 转化成 B 的具有以下特征的某个实例 β：

- 转换操作需要多项式时间。
- 两个实例的解是相同的。也就是说，α 的解是"是"，当且仅当 β 的解也是"是"。

1051

我们称这一过程为多项式时间归约算法（reduction algorithm），并且如图 34-1 所示，它提供了一种在多项式时间内解决问题 A 的方法：

1. 给定问题 A 的实例 α，利用多项式时间归约算法，将它转化为问题 B 的一个实例 β。
2. 在实例 β 上，运行 B 的多项式时间判定算法。
3. 将 β 的解作为 α 的解。

只要上述过程中的每一步只需要多项式时间，则所有三步合起来也只需要多项式时间，这样，我们就有了一种在多项式时间对 α 进行判断的方法。换句话说，通过将问题 A 的求解"归约"为对问题 B 的求解，就可以利用问题 B 的"易求解性"来证明 A 的"易求解性"。

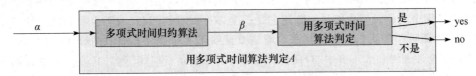

图 34-1　在给定另一个问题 B 的多项式时间判定算法后，如何利用多项式时间归约算法在多项式时间内解决判定问题 A。将 A 的实例 α 在多项式时间内转换为 B 的实例 β，在多项式时间内解决 B，再将 β 作为 α 的解

前文说过 NP 完全问题是为了反映一个问题有多难，而不是为了反映它有多容易，因此，我们以相反的方式来利用多项式时间归约，从而说明某一问题是 NP 完全的。可以将这一思想进一步延伸，并说明如何利用多项式时间的归约问题来表明对某一特定问题 B 而言，不存在多项式时间算法。假设有一个"判定问题"A，我们已经知道它不可能存在多项式时间算法。（此时暂且不考虑如何找到这样一个 A。）进一步假设有一个多项式时间的归约，它将 A 的一个实例转化为一个 B 的实例。现在，可以用反证法来证明 B 不可能存在多项式时间算法。那么应用如图 34-1 所示的方法，我们就有某种方法能在多项式时间内解决 A，而这与 A 没有多项式时间算法这一假设矛盾。

至于 NP 完全性，我们不能假设问题 A 绝对没有多项式时间算法。然而，证明的方法是类似的，即在问题 A 是 NP 完全的假设下，证明问题 B 是 NP 完全的。

第一个 NP 完全问题

由于归约这一技巧依赖于条件"已知一个 NP 完全问题"才能去解决另一不同的 NP 完全问题，所以我们需要找到"第一个"NP 完全问题。我们将使用的这第一个问题就是电路可满足性问题（circuit-satisfiability problem），在这个问题中，已知一个由 AND、OR 和 NOT 门所组成的布尔组合电路，我们希望知道这个电路是否存在一组布尔输入，能够使它的输出为 1。我们还会在 34.3 节中证明这一问题是 NP 完全的。

本章内容概述

本章主要研究 NP 完全性对算法分析有着最直接影响的几个方面。在 34.1 节中，要对"问题"这一概念做形式化的定义，还要定义复杂类 P，它包含了多项式时间内可解的判定问题。同时，我们还要看看这些概念是如何对应到形式语言理论的结构框架中去的。34.2 节中定义了关于判定问题的 NP 类，这些问题解可以在多项式时间内进行验证。在本节中，还要形式化地提出 P$\neq$NP 这一问题。

34.3 节主要讨论如何通过多项式时间的归约来研究问题之间的关系。它定义了 NP 完全性，并概述了一个被称为"电路可满足性"的问题是 NP 完全问题的证明过程。在找出一个 NP 完全问题之后，34.4 节中要讨论如何利用归约方法，更简便地证明其他一些问题也是 NP 完全问题。通过证明两个公式可满足性问题是 NP 完全的，对归约方法加以说明。另外，我们会在 34.5 节中给出其他一些 NP 完全问题。

34.1　多项式时间

在开始研究 NP 完全性之前，先来形式化地定义一下多项式时间可解问题。我们通常都把这些问题看做是易处理的，其原因是哲学方面的，而不是数学的。我们可以提供三点论据：

第一，虽然把所需运行时间为 $\Theta(n^{100})$ 的问题作为"难处理问题"也有其合理之处，但在实际中却只有极少数问题需要如此高次的多项式时间。在实际中，所遇到的典型多项式时间可解问题所需的时间要少得多。经验表明，一旦某一问题的第一个多项式时间算法被发现后，往往跟着就会发现更为有效的算法。即使对某个问题来说，当前最佳算法的运行时间为 $\Theta(n^{100})$，也很有可能在极短的时间内又会发现运行时间更短的算法。

第二，对很多合理的计算模型来说，在一个模型上用多项式时间可解的问题，在另一个模型上也可以在多项式时间内解决。例如，用本书中大量使用的串行随机存取计算机在多项式时间内可求解的问题类，与抽象的图灵机上在多项式时间内可求解的问题类是相同的[⊖]，而且，即使处理器数目随输入规模以多项式增加，它也与利用并行计算机在多项式时间内可求解的问题类相同。

第三，由于在加法、乘法和组合运算下多项式是封闭的，因此，多项式时间可解问题具有很好的封闭性。例如，如果一个多项式时间算法的输出传送给另一个多项式时间算法作为输入，则得到的组合算法仍是多项式时间算法。练习 34.1-5 要求读者证明：如果一个多项式时间算法对另一个多项式时间的子程序进行常数次调用，那么组合算法的运行时间也是多项式的。

抽象问题

为了理解多项式时间可解问题类，首先必须对所谓的"问题"这一概念进行形式化定义。定义**抽象问题** Q 为在问题**实例**集合 I 和问题**解**集合 S 上的一个二元关系。例如，SHORTEST-PATH 的一个实例是由一个图和两个顶点所组成的三元组。其解为图中的顶点序列，序列可能为空（两

　　⊖　关于图灵机模型的详细讨论，可参考 Hopcroft 和 Ullman[180]或者 Lewis 和 Papadimitriou[236]。

个顶点间不存在通路）。SHORTEST-PATH 问题本身就是一个关系，它把图的每个实例和两个顶点与图中联系这两个顶点的最短路径联系在了一起，因为最短路径不一定是唯一的，因此，一个给定的问题实例可能有多个解。

抽象问题的这个形式定义对我们的要求来说显得太笼统。为了简单起见，NP 完全性理论把注意力集中在**判定问题**上，即那些解为"是"或"否"的问题。于是，我们可以把抽象的判定问题看做是从实例集 I 映射到解集 $\{0, 1\}$ 上的一个函数。例如，一个与 SHORTEST-PATH 有关的判定问题是我们先前见到过的较为简单的 PATH 问题。它是这样的：如果 $i = (G, u, v, k)$ 是判定问题 PATH 的一个实例，那么若从 u 到 v 的最短路径的长度至多为 k 条边，则 PATH$(i) = 1$（是），否则 PATH$(i) = 0$（否）。许多抽象问题并不是判定问题，而是**最优化问题**，在这些问题中，某些量必须被最大化或最小化。然而，如我们在上面看到的，将最优化问题转化为一个"判定问题"通常并不困难。

1054

编码

如果要用一个计算机程序来求解一个抽象问题，就必须用一种程序能理解的方式来表示问题实例。抽象对象集合 S 的**编码**是从 S 到二进制串集合的映射 $e^{\ominus}$。例如，我们都熟悉把自然数 $\mathbf{N} = \{0, 1, 2, 3, 4, \cdots\}$ 编码为串 $\{0, 1, 10, 11, 100, \cdots\}$。在这种编码方案中，$e(17) = 10001$。看过计算机键盘上字符的表示法的人都会熟知 ASCII 码。在 ASCII 码中，A 的编码为 1000001。即使是一个复合对象，也可以把其组成部分的表示进行组合，从而把它编码为一个二进制串。多边形、图、函数、有序对、程序等都可以编码为二进制串。

因此，"求解"某个抽象判定问题的计算机算法实际上是把一个问题实例的编码作为其输入。我们把以二进制串集合为实例集的问题称为**具体问题**。如果当提供给算法的是长度为 $n = |i|$ 的一个问题实例 i 时，算法可以在 $O(T(n))$ 时间内产生问题的解，我们就说该算法在时间 $O(T(n))$ 内解决了该具体问题$^{\ominus}$。因此，如果对某个常数 k，存在一个能在 $O(n^k)$ 时间内求解出某具体问题的算法，就说该具体问题是**多项式时间可解的**。

现在可以形式化地定义**复杂类 P** 为在多项式时间内可解的具体判定问题的集合。

我们可以利用编码将抽象问题映射到具体问题上。给定一个抽象判定问题 Q，其映射为实例集合 I 到 $\{0, 1\}$，利用编码 $e : I \to \{0, 1\}^*$ 可以导出与该问题相关的具体判定问题，用 $e(Q)$ 来表示$^{\ominus}$。如果一个抽象问题实例 $i \in I$ 的解为 $Q(i) \in \{0, 1\}$，则该具体问题实例 $e(i) \in \{0, 1\}^*$ 的解也是 $Q(i)$。在技术上，二进制串可能表示一组无意义的抽象问题实例。为了方便起见，假定任何这样的串都映射到 0。因此，对表示抽象问题实例的编码的二进制串实例，具体问题与抽象问题产生同样的解。

1055

我们希望通过编码的方式把多项式时间可解性的定义从具体问题扩展到抽象问题，但同时也希望这一定义与任何特定的编码无关，即求解一个问题的效率不应依赖于问题的编码。遗憾的是，实际上这种依赖性是相当严重的，例如，假定把一个整数 k 作为一个算法的唯一输入，并假设算法的运行时间为 $\Theta(k)$。如果提供的整数 k 是一元的（即由 k 个 1 组成的串），那么对长度为 n 的输入，该算法的运行时间为多项式时间 $O(n)$。但是，如果采用更自然的二进制来表示整数 k，则输入长度为 $n = \lfloor \lg k \rfloor + 1$。在这种情况下，该算法的运行时间为 $\Theta(k) = \Theta(2^n)$，它与输入规模成指数关系。因此，根据编码的不同，算法的运行时间是多项式时间或超多项式时间。

⊖ e 的陪域不一定是二进制串；定义在一个有限字母表（至少包含两个符号）上的任何串集都是可以的。

⊜ 假定此算法的输入是独立于其输出的。由于我们至少需要一个时间步来产生输出的每一位，并且共有 $O(T(n))$ 个时间步，所以输出规模为 $O(T(n))$。

⊜ 我们将用 $\{0, 1\}^*$ 表示所有由集合 $\{0, 1\}$ 中符号构成的串的集合。

因此，对一个抽象问题如何编码，对理解多项式时间是相当重要的。如果不先指定编码，就不可能真正谈及对一个抽象问题的求解。然而，在实际应用中，如果不采用代价高昂的编码（如一元编码），则问题的实际编码形式对问题是否能在多项式时间内求解的影响是微不足道的。例如，因为在多项式时间内，很容易将三进制表示的整数转化为二进制表示的整数，所以三进制代替二进制表示整数对问题是否能在多项式时间内求解没有任何影响。

对一个函数 f：$\{0, 1\}^* \to \{0, 1\}^*$，如果存在一个多项式时间的算法 A，它对任意给定的输入 $x \in \{0, 1\}^*$，都能产生输出 $f(x)$，则称该函数是一个**多项式时间可计算的**函数。对某个问题实例集 I，如果存在两个多项式时间可计算的函数 f_{12} 和 f_{21} 满足对任意 $i \in I$，有 $f_{12}(e_1(i)) = e_2(i)$，且 $f_{21}(e_2(i)) = e_1(i)$，我们就说这两种编码 e_1 和 e_2 是多项式相关的[⊖]。也就是说，$e_2(i)$ 可以由一个多项式时间的算法根据编码 $e_1(i)$ 求出，反之亦然。如果某一抽象问题的两种编码 e_1 和 e_2 是多项式相关的，则如下面引理所述，该问题本身是否是多项式时间可解与选用哪一种编码无关。

引理 34.1　设 Q 是定义在一个实例集 I 上的一个抽象判定问题，e_1 和 e_2 是 I 上多项式相关的编码，则 $e_1(Q) \in P$ 当且仅当 $e_2(Q) \in P$。

1056

证明　只需要证明一个方向（本证明中取正向），因为反向与正向是对称的。假定对某一常数 k，$e_1(Q)$ 能在 $O(n^k)$ 的时间内求解。进一步，再假定对任意问题实例 i 和某个常数 c，根据编码 $e_2(i)$，可以在时间 $O(n^c)$ 内计算出编码 $e_1(i)$，其中 $n = |e_2(i)|$。为了在输入 $e_2(i)$ 上求解问题 $e_2(Q)$，可以先计算出 $e_1(i)$，然后在输入 $e_1(i)$ 上运行关于 $e_1(Q)$ 的算法。这一过程需要多长时间？转换代码所需的时间为 $O(n^c)$，因此 $|e_1(i)| = O(n^c)$，这是因为串行计算机的输出不可能比其运行时间更长。求解关于 $e_1(i)$ 的问题所需的时间为 $O(|e_1(i)|^k) = O(n^{ck})$，因为 c 和 k 都是常数，所以这也是多项式时间的。　∎

综上所述，对一个抽象问题的实例，无论采用二进制或三进制来进行编码，对其"复杂性"都没有影响，也就是说，对其是否为多项式时间可解没有影响。但是，如果对实例进行一元编码，则其复杂性可能会变化。为了能够用一种与编码无关的方式进行描述，一般都假定用合理的、简洁的方式对问题实例进行编码，除非我们特殊指明。更准确地说，我们将假定一个整数的编码与其二进制表示是多项式相关的，并且一个有限集合的编码与其相应的括在括号中元素间用逗号隔开的列表的编码是多项式相关的（ASCII 码就是这样的一种编码方案）。有了这样一种"标准的"编码，就可以合理地推导出其他数学对象（如元组、图和公式等）的编码了。为了表示一个对象的标准编码，我们将对象用尖括号括起来，如 $\langle G \rangle$ 即表示图 G 的标准编码。

只要隐式地使用与标准编码多项式相关的编码，就可以避免参照任何特定的编码，而直接讨论抽象问题，因为我们知道，选取哪一种编码对问题是否多项式时间可解没有任何影响。从本章起，除显式地指明其他情况外，我们一般假设所有问题实例都是采用标准编码的二进制串。此外，我们也将忽略抽象问题与具体问题之间的差别。但是，读者也应该注意对实际中产生的某些问题，其标准编码并非是显而易见的，并且，选择编码方式对问题的求解会带来不同的影响。

形式语言体系

关注判定问题有一个方便之处，就是它们使得形式语言理论的使用变得比较容易了。让我们先来回顾一下这一理论中的一些定义。**字母表** Σ 是符号的有限集合。字母表 Σ 上的**语言** L 是

⊖　从技术上说，我们还要求函数 f_{12} 和 f_{21} "将非实例映射到非实例"。对于某一编码 e，其非实例是指一个串 $x \in \{0, 1\}^*$，使得没有任何实例 i 能满足 $e(i) = x$。我们要求对于编码 e_1 的每个实例 x，都存在 $f_{12}(x) = y$，其中 y 是 e_2 的某个非实例，并且，对 e_2 的每个非实例 x'，都有 $f_{21}(x') = y'$，其中 y' 是 e_1 的某个实例。

由表中符号组成的串的任意集合。例如，如果 $\sum=\{0,1\}$，集合 $L=\{10,11,101,111,1011,$
1101，10001\} 是关于素数的二进制表示的语言。我们用 ε 表示空串，用 ϕ 表示空语言，$\sum$ 上所有
串构成的语言表示为 $\sum^*$。例如，如果 $\sum=\{0,1\}$，则 $\sum^*=\{\varepsilon,0,1,00,01,10,11,000,\cdots\}$
就是所有二进制串的集合。$\sum$ 上的每个语言 L 都是 $\sum^*$ 的一个子集。

我们可以把多种运算作用于语言。集合论中的运算（如**并**与**交**），其直接来自集合论定义。定
义 L 的补为 $\overline{L}=\sum^*-L$。两种语言 L_1 和 L_2 的**连结**(concatenation)L_1L_2 是语言

$$L=\{x_1x_2:x_1\in L_1\text{ 且 }x_2\in L_2\}$$

语言 L 的**闭包**（或 Kleene 星）为语言

$$L^*=\{\varepsilon\}\bigcup L\bigcup L^2\bigcup L^3\bigcup\cdots$$

其中 L^k 是 L 与其自身进行 k 次并置运算后得到的语言。

从语言理论的观点来看，任何判定问题 Q 的实例集即集合 $\sum^*$，其中 $\sum=\{0,1\}$。因为 Q 完全
是由解为 1(是)的问题实例来描述的，因而可以把 Q 看做是定义在 $\sum=\{0,1\}$ 的一个语言 L，其中

$$L=\{x\in\sum^*:Q(x)=1\}$$

例如，与判定问题 PATH 对应的语言为

$$\text{PATH}=\{\langle G,u,v,k\rangle:G=(V,E)\text{ 是一个无向图},u,v\in V,k\geqslant0\text{ 是一个整数},$$
$$\text{即 }G\text{ 中从 }u\text{ 到 }v\text{ 存在一条长度至多为 }k\text{ 的路径}\}$$

(在对问题本身无影响的时候，有时用同一个名称（如上述的 PATH）来表示一个判定问题和与其
相应的语言。)

形式语言体系可以用来表示判定问题与求解这些问题的算法之间的关系。如果对给定输入
x，算法输出 $A(x)=1$，我们就说算法 A **接受**串 $x\in\{0,1\}^*$。被算法 A 接受的语言是串的集合
$L=\{x\in\{0,1\}^*:A(x)=1\}$，即为算法所接受的串的集合。如果 $A(x)=0$，则算法 A **拒绝**
串 x。

即使语言 L 被算法 A 所接受，该算法也不一定会拒绝输入一个串 $x\notin L$。例如，某一算法可
能会永远循环下去。如果 L 中每个二进制串只是被算法 A 接受或拒绝，则称语言 L 由算法 A 判
定。如果存在某个常数 k，使得对任意长度为 n 的串 $x\in L$，算法 A 在时间 $O(n^k)$ 内接受 x，则语
言 L 在多项式时间内被算法 A 接受。如果存在某个常数 k，使得对于任意长度为 n 的串
$x\in\{0,1\}^*$，算法 A 可以在时间 $O(n^k)$ 内正确地判定 $x\in L$，则称语言 L 在多项式时间内被算法 A
判定。因此，要接受一个语言，算法只需根据提供的 L 中的字符串给出一个答案但是要判定某
一语言，算法必须正确地接受或者拒绝 $\{0,1\}^*$ 中的每一个串。

例如，语言 PATH 就能够在多项式时间内被接受。一个多项式时间的接受算法要验证 G 是否编
码一个无向图 G，u 和 v 是否是 G 中的顶点。利用广度优先搜索计算出 G 中从 u 到 v 的最短路径。然
后把得到的最短路径上的边数与 k 进行比较。如果 G 编码了无向图，并且从 u 到 v 的路径中至多有 k
条边，则算法输出 1 并停机。否则，该算法永远运行下去。但是，这一算法并没有对 PATH 问题进行
判定，因为对最短路径长度多于 k 条边的实例，算法并没有显式地输出 0。PATH 的判定算法必须显
式地拒绝不属于 PATH 的二进制串。对 PATH 这样的判定问题来说，很容易设计出这样一种判定算
法：当不存在从 u 到 v 至多包含 k 条边的路径时，算法不是永远地运行下去，而是输出 0 并停机。对
于其他的一些问题（如图灵停机问题），存在接受算法，但是却不存在判定算法。

我们可以非形式地定义一个复杂类为语言的一个集合，某一语言是否属于该集合，可以通
过某种复杂性度量来确定，比如一个算法的运行时间，该算法可以确定某个给定的串 x 是否属
于语言 L。当然，复杂类的实际定义要更专业一些$^{\ominus}$。

$\ominus$　更多复杂类，请参见 Hartmanis 和 Stearns[162]的那篇开创性文章。

运用上述的形式语言理论体系,可以给出关于复杂类 P 的另外一种定义:
$$P = \{L \subseteq \{0,1\}^* : 存在一个算法 A, 可以在多项式时间内判定 L\}$$
事实上,P 也是能在多项式时间内被接受的语言类。

定理 34.2 $P = \{L : L 能被一个多项式时间算法所接受\}$。

证明 因为由"多项式时间算法判定的语言类"是"多项式时间算法接受的语言类"的一个子集,所以,我们仅需要证明如果 L 能被一个多项式时间的算法所接受,它也能够被一个多项式时间的算法所判定。设 L 是被某个多项式时间算法 A 所接受的语言。我们将运用经典的"模拟"论证方法,来构造另一个能够判定 L 的多项式时间算法 A'。因为对某个常数 k,A 能在 $O(n^k)$ 时间内接受 L,所以也存在一个常数 c,使得 A 至多在 cn^k 步内可以接受 L。对任意输入的串 x,算法 A' 模拟 A 在 cn^k 步内的操作状态,在 cn^k 步后,算法 A' 即检查算法 A 的行为。如果 A 接受了 x,则 A' 通过输出 1 来接受 x。如果 A 没有接受 x,则 A' 通过输出 0 来拒绝 x。A' 模拟 A 的运行时间的增长不会大于一个多项式因子,因此,A' 是一个能判定 L 的多项式时间算法。 ∎

1059

注意,定理 34.2 的证明过程是非构造性的。对于一个给定的语言 $L \in P$,我们也许实际上并不知道接受 L 的算法 A 的运行时间界,然而,我们知道这样的一个界是存在的。因此,我们知道存在着能够检查该界的算法 A',只是这一算法不容易找到而已。

练习

34.1-1 定义最优化问题 LONGEST-PATH-LENGTH 为一个关系,它将一个无向图的每个实例、两个顶点与这两个顶点间的一条最长简单路径中所包含的边数联系了起来。定义判定问题 LONGEST-PATH $= \{\langle G, u, v, k \rangle : G = (V, E)$ 为一个无向图,$u, v \in V$,$k \geqslant 0$ 是一个整数,且 G 中存在着一条从 u 到 v 的简单路径,它至少包含 k 条边$\}$。证明:最优化问题 LONGEST-PATH-LENGTH 可以在多项式时间内解决,当且仅当 LONGEST-PATH $\in P$。

34.1-2 对于在无向图中寻找最长简单回路这一问题,给出其形式化的定义并给出其相关的判定问题。另外,给出与该判定问题对应的语言。

34.1-3 给出一种形式化的编码,它利用邻接矩阵的表示形式,将有向图编码为二进制串。另外,再给出利用邻接表表示的编码。论证这两种表示形式是多项式相关的。

34.1-4 练习 16.2-2 中曾要求读者给出的 0-1 背包问题的"动态规划算法",它是一个多项式时间的算法吗?解释你的答案。

1060

34.1-5 证明:对于一个多项式时间的算法,当它调用一个多项式时间的子例程时,如果至多调用常数次,则此算法以多项式时间运行,但是,当进行多项式次的子例程调用时,此算法就可能变成一个指数时间的算法。

34.1-6 证明:类 P 在被看做是一个语言集合时,在并集、交集、连结、补集和 Kleene 星运算下是封闭的。也就是说,如果 $L_1, L_2 \in P$,则 $L_1 \bigcup L_2 \in P$,$L_1 \bigcap L_2 \in P$,$L_1 L_2 \in P$,$\overline{L_1} \in P$,$L_1^* \in P$。

34.2 多项式时间的验证

现在来看看对语言成员进行"验证"的算法。例如,假定对判定问题 PATH 的一个给定实例 $\langle G, u, v, k \rangle$,同时也给定了一条从 u 到 v 的路径 p。我们可以很容易地检查 p 是否在图 G 中以及 p 的长度是否至多为 k。如果是,就可以把 p 看做是该实例确属于 PATH 的"证书"。对于判定问题 PATH 来说,这一证书看似并没有使我们得益多少。但无论如何,PATH 属于 P,事实上,

PATH 可以在线性时间内求解，因此，根据指定的证书来验证成员所需的时间与从头开始解决问题的时间一样长。现在来考虑这样一个问题：我们已知此问题没有多项式时间的判定算法，但是对于指定的证书，验证却是比较容易的。

哈密顿回路

在无向图中找出哈密顿回路这一问题已被研究 100 多年了。形式化地说，无向图 $G(V, E)$ 中的一条**哈密顿回路**是通过 V 中每个顶点的简单回路。具有这种回路的图称为**哈密顿图**，否则称为**非哈密顿图**。这一名字是为了纪念 W. R. Hamiltonian，他曾经描述过这样一个在正十二面体上的数学游戏⊖：（图 34-2(a)）一个游戏者在任意 5 个连续顶点上钉上 5 个图钉，另一个游戏者必须完成一个包含所有顶点的回路。正十二面体是哈密顿图，图 34-2(a)显示一条哈密顿回路。但是，并不是所有的图都是哈密顿图。例如，图 34-2(b)显示了一个具有奇数个顶点的二分图。练习 34.2-2 中将要求读者证明所有这样的图都是非哈密顿图。

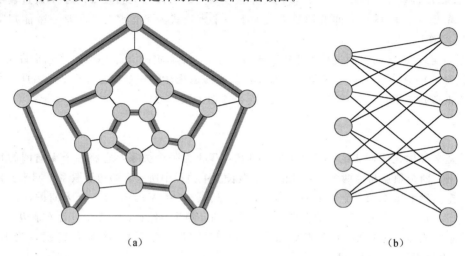

图 34-2 (a)一个表示正十二面体中顶点、边、面的图，其中哈密顿回路以阴影边示出。(b)一个包含奇数个顶点的二分图。任何这样的图都是非哈密顿图

我们可以用下列形式语言定义**哈密顿回路问题**："图 G 中是否具有一条哈密顿回路？"

$$\text{HAM-CYCLE} = \{\langle G \rangle : G \text{ 是哈密顿图}\}$$

那么如何用算法来判定语言 HAM-CYCLE。给定一个问题实例$\langle G \rangle$，一种可能的判定算法就是罗列出 G 的顶点的所有排列，然后对每一种排列进行检查，以确定它是否是一条哈密顿回路。那么，该算法的运行时间是多少呢？如果我们使用"合理的"方式把图编码为其邻接矩阵，图中顶点数 m 为 $\Omega(\sqrt{n})$，其中 $n = |\langle G \rangle|$ 为 G 的编码长度，则总共会有 $m!$ 种可能的顶点排列，因此，算法的运行时间为 $\Omega(m!) = \Omega(\sqrt{n}!) = \Omega(2^{\sqrt{n}})$，而不是 $O(n^k)$（k 为任意常数）。因此，这种朴素算法的运行时间不是多项式时间的。事实上，哈密顿问题是 NP 完全问题，我们将在 34.5 节中进一步证明这一结论。

验证算法

现在来考虑一个稍为容易一些的问题。假设有人说某给定图 G 是哈密顿图，并提出可以通过给出沿着此哈密顿回路排列的顶点来证明他的话。证明当然是非常容易的：仅仅需要检查所提供的回路是否是 V 中顶点的一个排列，以及沿回路的每条连续的边是否确实在图中

⊖ Hamilton[157, p.624]于 1856 年 10 月 17 日在给他的朋友 John T. Graves 的信中写道：我发现一些年轻人现在对这样一种数学游戏很感兴趣：一个人将 5 个图钉钉在 5 个连续顶点上……另一个游戏者试图再加入另外 15 个图钉，试图覆盖正十二面体上的所有顶点。这封信中所提到的理论总是可以被完成的。

存在。这样就可以验证给定的回路是否是哈密顿回路。当然，该验证算法可以在 $O(n^2)$ 时间内实现，其中 n 是 G 的编码的长度。因此，我们可以在多项式时间内验证图中存在一条哈密顿回路。

我们定义**验证算法**为含两个自变量的算法 A，其中一个自变量是普通输入串 x，另一个是称为"证书"的二进制串 y。如果存在一个证书 y 满足 $A(x, y) = 1$，则该含两个自变量的算法 A 验证了输入串 x。由一个验证算法 A 所验证的语言是：

$$L = \{x \in \{0,1\}^* : 存在 y \in \{0,1\}^*, 满足 A(x,y) = 1\}$$

从直观上来看，如果对任意串 $x \in L$，都存在一个证书 y，且算法 A 可以用 y 来证明 $x \in L$，则算法 A 就验证了语言 L。此外，对任意串 $x \notin L$，必然不存在一个能证明 $x \in L$ 的证书。例如，在哈密顿回路问题中，证书是某一哈密顿回路中顶点的列表。如果一个图是哈密顿图，哈密顿回路本身就提供了足够的信息来验证这一事实。相反地，如果某个图不是哈密顿图，那么也不存在这样的顶点列表能使验证算法认为该图是哈密顿图，因为验证算法会仔细地检查该回路是否为哈密顿回路。

1063

复杂类 NP

复杂类 NP 是能被一个多项式时间算法验证的语言类$^{\ominus}$。更准确地说，一个语言 L 属于 NP，当且仅当存在一个两输入的多项式时间算法 A 和常数 c，满足：

$$L = \{x \in \{0,1\}^* : 存在一个证书 y, |y| = O(|x|^c), 满足 A(x,y) = 1\}$$

我们说算法 A 在多项式时间内验证了语言 L。

根据先前我们对哈密顿回路问题的讨论，可知 HAM-CYCLE $\in$ NP。（能知道某个重要的集合是非空的总是件好事。）此外，如果 $L \in P$，则 $L \in NP$。如果存在一个多项式时间的算法来判定 L，那么只要忽略任何证书，并接受那些确定属于 L 的输入串，就可以很容易地把该算法转化为一个两参数的验证算法。因此，$P \subseteq NP$。

目前还不知道是否有 $P = NP$，但大多数研究人员认为 P 和 NP 并不是同一个类。从直觉上看，类 P 由一些可以快速解决的问题组成，而类 NP 则由一些可以快速验证其解的问题组成。许多读者可能已经从实际经验中发现，从头开始解决一个问题往往要比验证一个明确给出的解难得多，尤其是在有时间限制的情况下。从事理论研究的计算机科学家一般都认为，这一类比可以延伸到类 P 和类 NP 上，因此 NP 包括了不属于 P 的语言。

此外，还有一些虽然不具结论性但却更令人信服的证据能说明 $P \neq NP$，即存在着"NP 完全"的语言。34.3 节将对这类语言进行研究。

在 $P \neq NP$ 问题之外，还有许多其他基本问题没有解决。尽管很多研究人员做了大量工作，但还没有人知道 NP 类在补运算下是否是封闭的，即 $L \in NP$ 是否说明了 $\overline{L} \in NP$。我们可以定义复杂类 co-NP 为满足 $\overline{L} \in NP$ 的语言 L 构成的集合。这样一来，NP 在补运算下是否封闭的问题就可以重新表示为是否有 $NP = co\text{-}NP$。由于 P 在补运算下具有封闭性（练习 34.1-6），所以在练习 34.2-9 会进一步说明关于 $P \subseteq NP \bigcap co\text{-}NP$。但是，和上一个问题一样，我们仍不知道是否有 $P = NP \bigcap co\text{-}NP$，或者在 $NP \bigcap co\text{-}NP - P$ 中是否存在某种语言。

1064

因此，我们对 P 与 NP 之间确切关系的理解是很不完全的。然而，即使我们可能没有能力去证明一个特定问题是"难处理的"，但是通过探讨 NP 完全性理论，如果可以证明这一问题是 NP 完全的，那么我们已经获取了关于它的一些有价值的信息。

$^{\ominus}$ "NP"这一名称代表"非确定多项式时间"（nondeterministic polynomial time）。NP 类最初是在非确定性这一上下文中得到研究的，但本书采用一种更为简单但等价的验证表示记号。Hopcroft 和 Ullman[180]利用非确定性计算模型，给出了 NP 完全性的一种很好的表述。

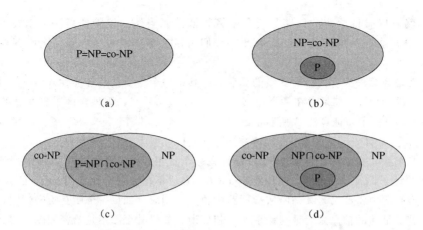

图 34-3 复杂类之间有 4 种可能存在的关系。在每一个图中，一个区域包含另一个区域表明真子集关系。(a)P＝NP＝co-NP。多数研究人员都认为这种情况是不可能的。(b)若 NP 在补集运算下封闭，则 NP＝co-NP，但不一定有 P＝NP。(c)P＝NP∩co-NP，但 NP 在补运算下不封闭。(d)NP≠co-NP，且 P≠NP∩co-NP。多数研究人员认为这种情况的可能性最大

练习

34.2-1 考虑语言 GRAPH-ISOMORPHISM＝{〈G_1，G_2〉：G_1 和 G_2 是同构图}。通过描述一个可以在多项式时间内验证该语言的算法，来证明 GRAPH-ISOMORPHISM∈NP。

34.2-2 证明：如果 G 是一个有奇数个顶点的无向二分图，则 G 是非哈密顿图。

34.2-3 证明：如果 HAM-CYCLE∈P，则按序列出一条哈密顿回路中各个顶点的问题是多项式时间可解的。

34.2-4 证明：由语言构成的 NP 类在并集、空集、连结和 Kleene 星运算下是封闭的，讨论一下 NP 在补集运算下的封闭性。

34.2-5 证明：对某个常数 k，NP 中的任何语言都可以用一个运行时间为 $2^{O(n^k)}$ 的算法来加以判定。

34.2-6 图中的哈密顿路径是一种简单路径，它遍历图中每个顶点且只有一次。证明：语言 HAM PATH＝{〈G，u，v〉：图 G 中存在一条从 u 到 v 的哈密顿路径}属于 NP。

34.2-7 证明：在练习 34.2-6 中的哈密顿路径问题中，在有向无环图中，哈密顿路径问题可以在多项式时间内求解。给出解决该问题的一个有效算法。

34.2-8 设 ϕ 为一个布尔公式，它由布尔输入变量 x_1，x_2，…，x_k、非(¬)、AND(∧)、OR(∨) 和括号组成。如果对公式的输入变量的每一种 1 和 0 赋值，公式的结果都为 1，则此公式为**重言式**(tautology)。定义 TAUTOLOGY 为由重言式布尔公式所组成的语言。证明：TAUTOLOGY∈co-NP。

34.2-9 证明：P⊆co-NP。

34.2-10 证明：如果 NP≠co-NP，则 P≠NP。

34.2-11 设 G 为一个至少包含 3 个顶点的连通无向图，并设对 G 中所有由长度至多为 3 的路径连接起来的点对，将它们直接连接后所形成的图为 G^3。证明：G^3 是一个哈密顿图。（提示：为 G 构造一棵生成树，并采用归纳法进行证明。）

34.3 NP 完全性与可归约性

从事理论研究的计算机科学家们之所以会相信 P≠NP，最令人信服的理由就是存在着一类

"NP 完全"问题。该类问题有一种令人惊奇的特质，即如果任何一个 NP 完全问题能在多项式时间内得到解决，那么，NP 中的每一个问题都存在一个多项式时间解，即 P＝NP。但是，尽管经过了多年的研究，目前仍没有找出任何 NP 完全问题的多项式时间算法。

语言 HAM-CYCLE 就是一个 NP 完全问题。如果我们能够在多项式时间内判定 HAM-CYCLE，就能够在多项式时间内求解 NP 中的每一个问题。事实上，如果能证明 NP－P 为非空集合，就可以肯定地说 HAM-CYCLE∈NP－P。

在某种意义上说，NP 完全语言是 NP 中"最难"的语言。在本节中，我们将说明如何运用称为"多项式时间可归约性"的确切概念，来比较各种语言的相对"难度"。首先，我们先正式定义 NP 完全语言，然后，再简要地证明一种称为 CIRCUIT-SAT 的语言是 NP 完全的。在 34.4 节和 34.5 节中，将运用可归约性概念来证明许多其他问题都是 NP 完全的。

可归约性

从直觉上看，问题 Q 可以被归约为另一个问题 Q'。如果 Q 的任何实例都可以被"容易地重新描述"为 Q' 的实例，而 Q' 的实例的解也是 Q 的实例的解。例如，求解关于未知量 x 的线性方程问题可以转化为求解二次方程问题。已知一个实例 $ax+b=0$，可以把它变换为 $0x^2+ax+b=0$，其解也是方程 $ax+b=0$ 的解。因此，如果一个问题 Q 可以转化为另一个问题 Q'，则从某种意义上来说，Q 并不比 Q' 更难解决。

回到关于判定问题的形式语言体系中。我们说语言 L_1 在多项式时间内可以归约为语言 L_2，记作 $L_1 \leqslant_P L_2$，如果存在一个多项式时间可计算的函数 $f:\{0,1\}^* \to \{0,1\}^*$，满足对所有的 $x\in\{0,1\}^*$，

$$x\in L_1 \text{ 当且仅当 } f(x)=L_2 \quad (34.1)$$

则称函数 f 为**归约函数**，计算 f 的多项式时间算法 F 称为**归约算法**。

图 34-4 说明了关于从语言 L_1 到另一种语言 L_2 的多项式时间归约的思想。每一种语言都是 $\{0,1\}^*$ 的子集，归约函数 f 提供了一个多项式时间的映射，使得若 $x\in L_1$，则 $f(x)\in L_2$。而且若 $x\in \neq L_1$，则 $f(x)\notin L_2$。因此归约函数提供了从语言 L_1 表示的判定问题的任意实例 x 到语言 L_2 表

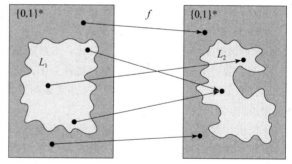

图 34-4　通过归约函数 f，在多项式时间内将语言 L_1 归约为语言 L_2。对任何输入 $x\in\{0,1\}^*$，是否有 $x\in L_1$ 这一问题与是否有 $f(x)\in L_2$ 的答案是一样的

示的判定问题的实例 $f(x)$ 上的映射。如果能提供是否有 $f(x)\in L_2$ 的答案，也就直接提供了是否有 $x\neq L_1$ 的答案。

多项式时间归约为证明各种语言属于 P 提供了一种有力的工具。

引理 34.3　如果 L_1，$L_2 \subseteq \{0,1\}^*$ 是满足 $L_1 \leqslant_P L_2$ 的语言，则 $L_2 \in P$ 蕴涵着 $L_1 \in P$。

证明　设 A_2 是一个判定问题 L_2 的多项式时间算法，F 是计算归约函数 f 的多项式时间归约算法。下面来构造一个判定 L 的多项式时间算法 A_1。

图 34-5 说明了 A_1 的构造过程。对给定的输入 $x\in\{0,1\}^*$，算法 A_1 利用 F 把 x 变换为 $f(x)$，然后它利用 A_2 测试是否有 $f(x)\in L_2$。A_2 的输出值提供 A_1 作为输入，并产生答案作为输出。

根据条件(34.1)可以推导出 A_1 的正确性。因为 F 和 A_2 的运行时间都是多项式时间，所以该算法的运行时间为多项式时间(参见练习 34.1-5)。　■

NP 完全性

多项式时间归约提供了一种形式方法，用来证明一个问题在一个多项式时间因子内至少与另一个问题一样难。也就是说，如果 $L_1 \leqslant_P L_2$，则 L_1 大于 L_2 的难度不会超过一个多项式时间因子。这就是我们采用"小于或等于"来表示归约记号的原因。现在，我们就可以定义 NP 完全语言的集合，这类问题是 NP 中最难的问题。

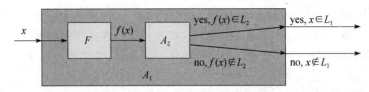

图 34-5 引理 34.3 证明。算法 F 是一个归约算法，它在多项式时间内计算出从 L_1 到 L_2 的归约函数 f，A_2 是一个能判定 L_2 的多项式时间算法。算法 A_1 通过利用 F 将任何输入 x 转换为 $f(x)$，再利用 A_2 来判定是否有 $f(x) \in L_2$，最终判定是否有 $x \in L_1$

语言 $L \subseteq \{0, 1\}^*$ 是 NP 完全的，如果：

1. $L \in$ NP。

2. 对每一个 $L' \in$ NP$_2$，有 $L' \leqslant_P L$。

如果一种语言 L 满足性质 2，但不一定满足性质 1，则称 L 是 **NP 难度**（NP-hard）的。同时，我们定义 NPC 为 NP 完全语言类。

正如下列定理所述，NP 完全性是判定 P 是否等于 NP 的关键。

定理 34.4 如果任何 NP 完全问题是多项式时间可求解的，则 P＝NP。等价地，如果存在某一 NP 中的问题不是多项式时间可求解的，则所有 NP 完全问题都不是多项式时间可求解的。

证明 假定 $L \in$ P 并且 $L \in$ NPC，对任意 $L' \in$ NP，由 NP 完全性定义中的性质 2，有 $L' \leqslant_P L$。因此，根据引理 34.3，就有 $L' \in$ P，这样就证明了本定理的第一个结论。第二个结论是第一个结论的对换句，因此第二个结论也得证。 ■

正是因为如此，对 P≠NP 问题的研究都是以 NP 完全问题为中心的。大部分从事理论研究的计算机科学家们都认为 P≠NP，据此可以导出图 34-6 中所示的 P、NP 与 NPC 之间的关系。但是，我们都知道，或许有一天会找出关于一个 NP 完全问题的多项式时间算法，这样就能证明 P＝NP。然而，由于迄今为止还没有找出任何 NP 完全问题的多项式时间算法，所以在目前，证明了一个问题具有 NP 完全性，也就找到了可以提供其难处理性的极好证明。

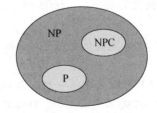

图 34-6 大多数理论计算机科学家们眼中的 P、NP 和 NPC 三者之间的关系。P 和 NPC 都完全包含在 NP 内，且 P∩NPC＝∅

电路可满足性

前面已经定义过 NP 完全问题这一概念，但到现在为止，我们实际上还没有证明任何问题是 NP 完全问题。一旦我们证明了至少有一个问题是 NP 完全问题，就可以用多项式时间可归约性作为工具，来证明其他问题也具有 NP 完全性。因此，下面来着重证明存在一个 NP 完全问题：电路可满足性问题。

　　遗憾的是，在电路可满足性问题的形式化证明中，需要一些超出本书范围的技术细节。因此，我们将非形式地描述一种基于布尔组合电路知识的证明过程。

　　布尔组合电路是由布尔组合元素通过电路互连后构造而成的，**布尔组合元素**是指任何一种电路元素，它有着固定数目的输入和输出，执行的是某种良定义的函数功能。布尔值取自集合 $\{0, 1\}$，其中 0 代表 FALSE(假)，1 代表 TRUE(真)。

　　在电路可满足性问题中，所用到的布尔组合元素计算的是一个简单的布尔函数，这些元素称为**逻辑门**。图 34-7 表示出了在电路可满足性问题中用到的三种基本的逻辑门：NOT 门(非门，也称为反向器)、AND 门(与门)和 OR 门(或门)。NOT 门只有一个二进制输入 x，它的值为 0 或 1，产生的是二进制输出 z，其值与输入值相反。另外的两种门都取两个二进制输入 x 和 y，然后产生一个二进制输出 z。

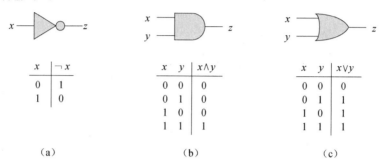

x	$\neg x$
0	1
1	0

x	y	$x \wedge y$
0	0	0
0	1	0
1	0	0
1	1	1

x	y	$x \vee y$
0	0	0
0	1	1
1	0	1
1	1	1

(a)　　　　　　　(b)　　　　　　　(c)

　　图 34-7　此三种基本的逻辑门都具有二进制形式的输入和输出。在每一种门下面，是描述该逻辑门的真值表。(a)NOT 门。(b)AND 门。(c)OR 门

　　每一种门及任何一种布尔组合元素的操作都可以用一个真值表来描述，如图 34-7 所示。真值表给出了对于输入组合元素的每一种可能取值，以及组合元素的输出情况。例如，OR 门的真值表告诉我们，当输入为 $x=0$ 和 $y=1$ 时，输出值 $z=1$。我们用符号 $\neg$ 来表示 NOT 函数，用 $\wedge$ 来表示 AND 函数，用 $\vee$ 来表示 OR 函数。例如，$0 \vee 1 = 1$。

　　我们可以将 AND 门和 OR 门加以推广，使其可以有多于两个的输入。对 AND 门来说，如果其所有输入均为 1，则其输出为 1；否则，其输出为 0。对 OR 门来说，如果其任何一个输入为 1，则其输出为 1；否则，其输出为 0。

　　布尔组合电路由一个或多个布尔组合元素通过线路连接而成。一个电路可以将某一元素的输出与另一个元素的输入连接起来，即将第一个元素的输出值提供给第二个元素作为其输入值。图 34-8 给出了两个类似的布尔组合电路，它们仅在一个门上有所不同。图 34-8(a)给出了当输入为 $\langle x_1=1, x_2=1, x_3=0 \rangle$ 时，每根接线上的值。虽然一个线上不可能有多于一个的布尔元素的输出与其相连，但它可以作为其他几个元素的输入。由一根接线提供输入的元素的个数称为该接线的**扇出**(fan-out)。如果没有哪一元素的输出是接到某根接线上，则称该接线是电路输入，它接受来自外部的数据。如果没有哪一个元素的输入连接到某根接线上，则称该接线为电路输出，它将电路的计算结果提供给外部。(一根内部接线也可以扇出至电路的输出上。)为了定义电路可满足性问题，我们限制电路的输出为 1，在实际的硬件设计中，布尔组合电路是可以有多个输出的。

　　布尔组合电路不包含回路。换句话说，假设我们创建了一个有向图 $G=(V, E)$，其中每一个顶点代表一个组合元素，k 条有向边代表每一根扇出为 k 的接线；如果某一接线将一个元素 u 的输出与另一个元素 v 的输入连接了起来，图中就会包含一条有向边 (u, v)。那么，G 必定是无回路的。

1070 ∼ 1071

　　一个布尔组合电路的**真值赋值**是指一组布尔输入值。如果一个单输出布尔组合电路具有一个可满足性赋值(即使得电路的输出为 1 的一个真值赋值)，就称该布尔组合电路是**可满足的**。例

如，图 34-8(a)中的电路具有可满足性赋值$\langle x_1 = 1, x_2 = 1, x_3 = 0 \rangle$，所以它是可满足的。如练习 34.3-1 中要求读者说明的那样，不存在对 x_1、x_2 和 x_3 的赋值，使得图 34-8(b)中的电路产生输出为 1，它总是输出 0，因此，它是不可满足的。

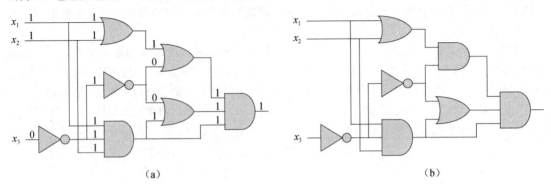

$$(a) \qquad\qquad\qquad\qquad (b)$$

图 34-8　电路可满足性问题的两个实例。(a)对此电路的输入赋值$\langle x_1 = 1, x_2 = 1, x_3 = 0 \rangle$，使得电路的输出为 1。因而，此电路是可满足的。(b)对此电路输入的任何一种赋值都不能使得电路的输出为 1。因而，此电路是不可满足的

电路可满足性问题就是："给定某一个由 AND、OR 和 NOT 门构成的布尔组合电路，它是可满足电路吗?"为了给出这一问题的形式定义，必须对电路的编码有一个统一的标准。布尔组合电路的规模是指其中布尔组合元素的数目加上电路中接线的数目。我们可以设计出一种"类图形编码"(graphlike encoding)，使其可以把任何给定电路 C 映射为一个二进制串$\langle C \rangle$，该串的长度与电路本身的规模呈多项式关系。作为一种形式语言，我们可以定义：

$$\text{CIRCUIT-SAT} = \{\langle C \rangle : C \text{ 是一个可满足的布尔组合电路}\}$$

电路可满足性问题在计算机辅助硬件优化领域中越来越凸显其重要性。如果一个子电路总是输出 0，那么这个子电路对整个电路结果来讲就是非必要的，我们就可以用一个更为简单的子电路来取代原电路。该子电路省略了所有逻辑门，并提供常数值 0 作为其输出。如此，我们可以很容易地理解开发出这一问题相应多项式算法的优点。

给定一个电路 C，通过检查输入的所有可能赋值来确定它是否是可满足性电路。遗憾的是，如果有 k 个输入，就会有 2^k 种可能的赋值。当电路 C 的规模为 k 的多项式时，对每个电路的检查将花费 $\Omega(2^k)$ 的时间，这与电路的规模呈超多项式关系[⊖]。事实上，如前面所述，有很强的证据表明，能解决电路可满足性问题的多项式时间算法是不存在的、因为该问题是 NP 完全的。根据 NP 完全性定义中的两个部分，把对这一事实的证明过程也分为两部分。

引理 34.5　电路可满足性问题属于 NP 类。

证明　我们将提出一个能验证 CIRCUIT-SAT 的、两输入的多项式时间算法 A。A 的一个输入是布尔组合电路$C(C$ 的一个标准编码)，另一个输入是一个相应于 C 中线路的一个布尔型赋值的证书。(练习 34.3-4 中提供了一个更小的证书。)

对算法 A 的构造如下：对电路中的每个逻辑门，算法要检查输出线路上证书所提供的值，看它是否是根据输入线路值正确计算出的一个函数值。然后，因为对电路 C 的输入的赋值提供了一种可满足性赋值，所以如果整个电路的输出为 1，则算法输出为 1；否则，算法 A 输出 0。

每当将一个可满足的电路 C 输入算法 A 时，必会存在一个证书，其长度为 C 的规模的多项

⊖　另一方面，若电路 C 的规模为 $\Theta(2^k)$，则对于运行时间为 $O(2^k)$ 的算法来说，其运行时间与电路规模是呈多项式关系。即使 $P \neq NP$，这种情况也不会与该问题是 NP 完全的这一事实矛盾；对某种特例存在多项式时间的算法，并不意味着对于所有情况都存在多项式时间的算法。

式，并使 A 输出 1。每当将一个不可满足的电路作为 A 的输入时，则不存在这样的证书让 A 认为该电路是可满足的。算法 A 的运行时间为多项式时间；如果运用较好的实现方法，可以达到线性时间。因此，CIRCUIT-SAT 可以在多项式时间内被验证，从而有 CIRCUIT-SAT∈NP。　■

证明 CIRCUIT-SAT 是 NP 完全问题的第二部分，就是要证明该语言是 NP 难度的。也就是说，必须证明 NP 中的每一种语言都可以在多项式时间内归约为 CIRCUIT-SAT。这一事实的实际证明过程在技术上是比较难解决的，因此，我们将基于计算机硬件的工作机理来给出一个简要的证明过程。

计算机程序是作为一个指令序列存储于计算机存储器中的。一条典型的指令包含操作代码、操作数在存储器中的地址以及结果的存储地址。一个特定的称为**程序计数器**的存储器单元记录了将被执行的下一条指令的地址。每当取出一条指令时，程序计数器即进行自增操作，这样就可以使计算机按顺序执行指令。但是，一条指令执行后，可以使一个值被写入程序计数器中，于是正常的执行顺序发生改变，从而允许计算机执行循环和条件分支语句。

在程序执行的过程中，计算过程的整个状态都表示于计算机的存储器里。（我们此处所说的存储器包括程序自身、程序计数器、工作存储器以及计算内务操作所设置的各种状态位。）我们把计算机存储的任何一种特定状态称为一个**配置**(configuration)。执行一条指令可以看做建立从一个配置到另一个配置的映射。实现这种映射关系到的计算机硬件可以用一个布尔组合电路来实现，在下面引理的证明过程中，用 M 来表示该布尔组合电路。

引理 34.6 电路可满足性问题是 NP 难度的。

证明 设 L 是 NP 中的任意一种语言。我们将描述一个多项式时间的算法 F 来计算归约函数 f，该函数把每个二进制串 x 都映射为一个电路 $C = f(x)$，使得 $x \in L$ 当且仅当 $C \in$ CIRCUIT-SAT。

由于 $L \in$ NP，因此必定存在一个算法 A，它可以在多项式时间内验证 L。我们将构造的算法 F 将使用含有两个输入的算法 A 来计算归约函数 f。

设 $T(n)$ 表示算法 A 对长度为 n 的输入串在最坏情况下的运行时间，并设 $k \geqslant 1$ 为一个常数，满足 $T(n) = O(n^k)$，且证书的长度为 $O(n^k)$（A 的运行时间实际上是关于整个输入规模的一个多项式，既包括输入串也包括证书，但由于证书的长度是关于输入串长度 n 的多项式，所以运行时间也是关于 n 的多项式）。

证明的基本思想是把 A 的计算过程表示成一系列配置。如图 34-9 所示，我们可以把每个配置划分为数个部分，包括 A 的程序、程序计数器、辅助机器状态、输入 x、证书 y 和工作存储器。从初始配置 c_0 开始，每个配置 c_i 都由实现计算机硬件的组合电路 M 映射到其随后的配置 c_{i+1}。当算法 A 终止执行时，其输出 0 或 1 被写入到工作存储器的某个指定单元中。并且，如果我们假定此后 A 会停止，则该值不会改变。因此，如果算法至多执行 $T(n)$ 步，则输出出现于 $c_{T(n)}$ 中的一位上。

归约算法 F 构造出一个组合电路，它根据已给的初始配置计算出产生的全部配置。其设计思想为复制 $T(n)$ 个电路 M 的副本，并把它们粘贴在一起。产生配置 c_i 的第 i 个电路的输出直接作为第 $(i+1)$ 个电路的输入。因此，这些配置并非终止于一个状态寄存器中，而是仅仅驻留在连接 M 的副本之间的线路上。

我们来回顾一下多项式时间归约算法 F 必须做的工作。给定一个输入 x，它必须计算出一个电路 $C = f(x)$，C 是可满足电路当且仅当存在一个证书 y，使得 $A(x, y) = 1$。当 F 获得一个输入 x 时，它首先计算出 $n = |x|$，然后构造出一个由 $T(n)$ 个电路 M 的副本组成的组合电路 C'。C' 的输入是对应于对 $A(x, y)$ 进行计算的初始配置，输出为配置 $c_{T(n)}$。

算法 F 所计算出的电路 $C = f(x)$ 是对 C' 稍作修改而得到的。首先，相应于 A 的程序的 C' 的

1073

1074

输入，初始的程序计数器、输入 x 和存储器的初始状态的线路直接与这些已知值相连。因此，电路剩下的唯一输入对应于证书 y。其次，电路的所有来自 C' 输出都被忽略，但对应于 A 的输出 $C_{T(n)}$ 中的一位除外。这样构造成的电路 C 对长度为 $O(n^k)$ 的任意输入计算出 $C(y)=A(x, y)$。当我们给归约算法 F 提供一个输入串 x 时，它就计算出这样一个电路 C 并输出。

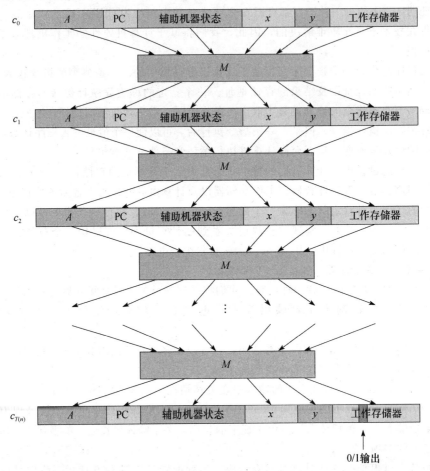

图 34-9　算法 A 在输入 x 和证书 y 上运行时所产生的配置序列。每个配置都表示计算机在一步计算后的状态，除了 A、x 和 y 外，还包括程序计数器(PC)、辅助机器状态和工作存储器。除了证书 y 外，初始配置 c_0 是固定的。通过一个布尔组合电路 M，每个配置都会被映射到下一个配置之上。输出是工作存储器中一个特别的位

　　我们还需要证明两条性质。第一，必须证明 F 能够正确地计算出归约函数 f，即必须证明 C 是可满足的当且仅当存在一个证书 y，满足 $A(x, y)=1$。第二，必须证明 F 的运行时间为多项式时间。

　　为了证明 F 能够正确地计算出归约函数，假设存在一个长度为 $O(n^k)$ 的证书 y，满足 $A(x, y)=1$。那么，如果把 y 的各位作为 C 的输入，那么 C 的输出为 $C(y)=A(x, y)=1$。因此，如果有一个证书存在，则 C 是可满足的(电路)。另一方面，假定 C 是可满足的，因此对 C 存在一个输入 y，满足 $C(y)=1$，据此，可以得到 $A(x, y)=1$。因此，F 能够正确地计算出一个归约函数。

　　为了完成此证明过程，仅需证明 F 的运行时间是关于 $n=|x|$ 的多项式时间。首先需要注意的是，表示一个配置所需的位数是关于 n 的多项式。A 的程序本身的规模为常数，与输入 x 的长度无关。输入 x 的长度为 n，证书 y 的长度为 $O(n^k)$。由于算法至多运行 $O(n^k)$ 步，所以 A 所要

求的工作存储器总量也是 n 的多项式。(假定该存储器单元是连续的；练习 34.3-5 要求读者把证明扩展到下列情况：A 所存取的存储单元散布于存储器的一个更大的范围内，对每个输入 x，其特定的散布方式也可能不同。)

实现计算机硬件的组合电路 M 的规模是关于配置的长度的多项式。即为 $O(n^k)$ 的多项式，因而也是关于 n 的多项式。(这个电路的大部分实现了存储系统的逻辑。)电路 C 至多由 $t = O(n^k)$ 个 M 的副本组成，因此其规模是关于 n 的多项式。由于构造过程的每一步都需要多项式时间，所以用归约算法 F 可以在多项式时间内完成从 x 构造电路 C 的过程。

1075 ~ 1076

综上所述，因为语言 CIRCUIT-SAT 至少与 NP 中的任意语言具有同样的难度，并且又因为它是属于 NP 的，所以它是 NP 完全的。

定理 34.7 电路可满足性问题是 NP 完全的。

证明 根据引理 34.5 和引理 34.6，以及 NP 完全性的定义，可以直接推得结论。 ■

练习

34.3-1 验证图 34-8(b)中的电路是不可满足的。

34.3-2 证明：$\leqslant_P$ 关系是语言上的一种传递关系，即证明如果有 $L_1 \leqslant_P L_2$，且 $L_2 \leqslant_P L_3$ 则有 $L_1 \leqslant_P L_3$。

34.3-3 证明：$L_1 \leqslant_P \overline{L}$ 当且仅当 $\overline{L_1} \leqslant_P L$。

34.3-4 证明：在对引理 34.5 的另一种证明中，可满足性赋值可以当做证书来使用。试问哪一个证书可以使证明过程更容易些?

34.3-5 在引理 34.6 的证明中，假定算法 A 的工作存储占用的是一块具有多项式大小的连续存储区域。在该证明的什么地方用到了这一假设?论证这一假设的过程要具有普适性。

34.3-6 如果对所有 $L' \in C$，有 $L \in C$ 且 $L' \leqslant_P L$，则相对于多项式时间的归约来说，一个语言 L 对语言类 C 是**完全的**。证明：相对于多项式时间的归约来说，ϕ 和 $\{0, 1\}^*$ 是 P 中仅有的对 P 不完全的语言。

1077

34.3-7 证明：关于多项式时间归约(参见练习 34.3-6)，L 对 NP 是完全的，当且仅当 $\overline{L}$ 对 co-NP 是完全的。

34.3-8 在引理 34.6 的证明中，归约算法 F 基于有关 x、A 和 k 的信息，构造了电路 $C = f(x)$。Sartre 教授观察到串 x 是 F 的输入，但只有 A、k 的存在性和运行时间 $O(n^k)$ 中所隐含的常数因子对 F 来说是已知的(因为语言 L 属于 NP)，实际值对 F 来说却是未知的。因此，这位教授就得出了这样的结论，即 F 不可能构造出电路 C，并且语言 CIRCUIT-SAT 不一定是 NP 难度的。试说明在这位教授的推理中存在哪些缺陷?

34.4 NP 完全性的证明

通过直接证明对于任意语言 $L \in$ NP，都有 $L \leqslant_P$ CIRCUIT-SAT，我们可以证明电路可满足性问题是 NP 完全的。在本节中，我们将说明如何在不把 NP 中的每一种语言直接归约为给定语言的前提下，证明一种语言是 NP 完全的。我们将通过证明各类公式可满足性问题是 NP 完全问题来阐明这一方法。34.5 节中提供了更多用于说明这一方法的更多例子。

下面的引理是证明一种语言是 NP 完全语言的方法的基础。

引理 34.8 如果语言 L 是一种满足对任意 $L' \in$ NPC 都有 $L' \leqslant_P L$ 的语言，则 L 是 NP 难度的。此外，如果 $L \in$ NP，则 $L \in$ NPC。

证明 由于 L' 是 NP 完全语言，所以对所有 $L'' \in$ NP，都有 $L'' \leqslant_P L'$。根据假设，$L' \leqslant_P L$。因此根据传递性(见练习 34.3-2)，有 $L'' \leqslant_P L$，这说明 L 是 NP 难度的。如果 $L \in$ NP，则也有 $L \in$ NPC。

换句话说，通过把一个已知为 NP 完全的语言 L' 归约为 L，就可以把 NP 中的每一种语言都隐式地归约为 L。因此，引理 34.8 提供了证明某种语言 L 是 NP 完全语言的一种方法：

1. 证明 $L \in$ NP。

2. 选取一种已知的 NP 完全语言 L'。

3. 描述一种可计算函数 $f(x)$ 的算法，其中 f 可将 L' 中每一个实例 $x \in \{0, 1\}^*$ 映射为 L 中的实例 $f(x)$。

4. 证明函数 f 满足 $x \in L'$ 当且仅当对于所有的 $x \in \{0, 1\}^*$ 都有 $f(x) \in L$。

5. 证明计算函数 f 的算法具有多项式运行时间。

（第 2 步到第 5 步说明了 L 是 NP 难度的。）这种根据一种已知的 NP 完全语言进行归约的方法，比说明如何直接根据 NP 中每一种语言进行归约这一复杂的过程要简单得多。证明 CIRCUIT-SAT $\in$ NPC 使我们有了一个立足点，由于已知电路可满足性问题是一个 NP 完全问题，因此现在可以更为简单地证明其他问题也是 NP 完全问题。而且，随着我们逐渐建立起一个已知 NP 完全问题的目录，选择根据哪一种语言进行归约的余地就更大了。

公式可满足性

对于确定布尔公式（而非电路）是否可满足这一问题，通过给出一个 NP 完全性的证明，来说明上面提到的归约方法。这一问题是我们已知历史上第一个被证明的 NP 完全问题。

我们根据语言 SAT 来形式化地定义可满足性问题，SAT 的一个实例就是由下列成分组成的布尔公式 ϕ：

1. n 个布尔变量：$x_1, x_2, \cdots, x_n$。

2. m 个布尔连接词：具有一个或两个输入和一个输出的任何布尔函数，如 $\wedge$（与）、$\vee$（或）、$\neg$（非）、$\rightarrow$（蕴涵）、$\leftrightarrow$（当且仅当）。

3. 括号。（不失一般性，假定没有冗余的括号，即每个布尔连接符至多包含一对括号。）

很容易对一个布尔公式 ϕ 进行编码，使其长度是关于 $n+m$ 的多项式。如在布尔组合电路中一样，关于一个布尔公式 ϕ 的真值赋值是为 ϕ 中各变量所取的一组值；可满足性赋值是指使公式 ϕ 的值为 1 的真值赋值。具有可满足性赋值的公式就是可满足公式。可满足性问题提出如下问题："一个给定的布尔公式是不是可满足的？"用形式语言的术语来表达，就是：

$$SAT = \{\langle \phi \rangle : \phi \text{ 是一个可满足的布尔公式}\}$$

例如，公式

$$\phi = ((x_1 \rightarrow x_2) \vee \neg((\neg x_1 \leftrightarrow x_3) \vee x_4)) \wedge \neg x_2$$

具有可满足性赋值 $\langle x_1 = 0, x_2 = 0, x_3 = 1, x_4 = 1 \rangle$，因为

$$\phi = ((0 \rightarrow 0) \vee \neg((\neg 0 \leftrightarrow 1) \vee 1)) \wedge \neg 0 = (1 \vee \neg(1 \vee 1)) \wedge 1$$
$$= (1 \vee 0) \wedge 1 = 1 \tag{34.2}$$

因此，该公式 ϕ 属于 SAT。

"确定一个任意的布尔公式是否是可满足的"这一问题没有多项式运行时间的朴素算法。在一个具有 n 个变量的公式中，有 2^n 种可能的赋值。如果 $\langle \phi \rangle$ 的长度是关于 n 的多项式，则检查每一种赋值需要 $\Omega(2^n)$ 时间，这是 $\langle \phi \rangle$ 长度的超多项式。正如下面定理所述，此时，不太可能存在多项式时间的算法。

定理 34.9 布尔公式的可满足性问题是 NP 完全的。

证明 首先证明 SAT $\in$ NP，然后通过证明 CIRCUIT-SAT $\leqslant_P$ SAT，来证明 SAT 是 NP 难度的；根据引理 34.8，这将证明定理成立。

为了证明 SAT 属于 NP，我们来证明对于输入公式 ϕ，由它的一个可满足性赋值所组成的证书可以在多项式时间内得到验证。验证算法将公式中的每个变量替换为其对应的值，再对公式

进行求解，这一做法与式(34.2)的做法非常类似。这一任务很容易在多项式时间内完成，如果表达式的值为 1，则算法得到验证，此表达式是可满足的。因此，引理 34.8 中有关 NP 完全性的第一个条件就成立了。

为了证明 SAT 是 NP 难度的，首先来证明 CIRCUIT-SAT $\leqslant_P$ SAT。换句话说，我们需要证明的是，电路可满足性问题的任何实例可以在多项式时间内归约为公式可满足性问题的一个实例。利用归纳法，可以将任意布尔组合电路表示为一个布尔公式。观察一下产生电路输出的逻辑门，并归纳地将每个逻辑门的输入表示为公式。于是，通过写出一个表达式，将逻辑门的功能作用于其输入的公式，即可获得与电路对应的公式了。

遗憾的是，用这种直接的方法并不能构成一个多项式时间的归约过程。如练习 34.4-1 所要求的，证明共享的子公式(它们源自于那些输出线的扇出为 2 或更多的逻辑门)会使得所生成的公式的规模呈指数增长。因此，从某种意义上来说，我们采用归约算法是更明智的。

图 34-10 利用图 34-8(a)中的电路说明了我们该如何克服这一问题。对电路 C 中的每一根线 x_i，公式 ϕ 中都有一个变量 x_i。我们现在可以说明如何将逻辑门操作表示为关于其附属线路变量的公式。例如，输出"与"门的操作为 $x_{10} \leftrightarrow (x_7 \wedge x_8 \wedge x_9)$。我们把这些附属公式称为**子句**。

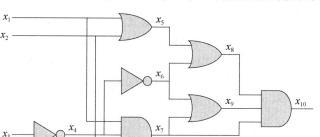

图 34-10　把电路可满足性归约为公式可满足性。在归约算法所
产生的公式中，电路的每根线都有着一个对应的变量

此归约算法产生的公式为 ϕ，它是电路输出变量与描述每个门操作的子句合取式的"与"。对图中的电路，相应的公式为：

$$
\begin{aligned}
\phi = \; & x_{10} \wedge (x_4 \leftrightarrow \neg x_3) \\
& \wedge (x_5 \leftrightarrow (x_1 \vee x_2)) \\
& \wedge (x_6 \leftrightarrow \neg x_4) \\
& \wedge (x_7 \leftrightarrow (x_1 \wedge x_2 \wedge x_4)) \\
& \wedge (x_8 \leftrightarrow (x_5 \vee x_6)) \\
& \wedge (x_9 \leftrightarrow (x_6 \vee x_7)) \\
& \wedge (x_{10} \leftrightarrow (x_7 \wedge x_8 \wedge x_9))
\end{aligned}
$$

给定一个电路 C，就可以直接在多项式时间内产生这样的一个公式 ϕ。

为什么只有当公式 ϕ 可满足时，电路 C 才是可满足的呢？如果 C 具有一个可满足性赋值，那么电路的每条线路都有一个良定义的值，并且电路的输出为 1。因此，用线路的值对 ϕ 中的每个变量赋值后，就使得 ϕ 中每个子句的值为 1，因而，所有子句的合取值也为 1。反之，如果存在一个赋值 ϕ 的值为 1，则类似可证电路 C 是可满足的。这样就证明了 CIRCUIT-SAT $\leqslant_P$ SAT，从而问题得证。　∎

3-CNF 可满足性

根据公式可满足性进行归约，可以证明很多问题是 NP 完全问题。归约算法必须能够处理任何输入公式，但这样一来，就必须考虑大量的情况。因此，常常需要根据布尔公式的一种限制性语言来进行归约，以减少考虑的情况。当然，我们不应该由于对该语言的限制过多，而使其成为多项式时间可解的语言。3-CNF 可满足性(或 3-CNF-SAT)就是这样一种方便的语言。

我们运用下列术语来定义 3-CNF 可满足性。布尔公式中的一个**文字**(literal)是指一个变量或变量的"非"。如果一个布尔公式可以表示为所有子句的"与"，并且每个子句都是一个或多个文字的"或"，则称该布尔公式为**合取范式**，或 CNF(conjunctive normal form)。如果公式中每个子句恰好都有三个不同的"文字"，则称该布尔公式为 3 **合取范式**，或 3-CNF。

例如，布尔公式

$$(x_1 \lor \neg x_1 \lor \neg x_2) \land (x_3 \lor x_2 \lor x_4) \land (\neg x_1 \lor \neg x_3 \lor \neg x_4)$$

就是一个 3 合取范式，其三个子句中的第一个为 $(x_1 \lor \neg x_1 \lor \neg x_2)$，它包含了三个文字 x_1、$\neg x_1$ 和 $\neg x_2$。

在 3-CNF-SAT 问题中，有这样的问题：3-CNF 形式的一个给定布尔公式 ϕ 是否可满足？下面的定理说明，即便当布尔公式表述为这种简单范式时，也不可能存在多项式时间的算法以确定其可满足性。

定理 34.10 3 合取范式形式的布尔公式的可满足性问题是 NP 完全的。

证明 为了证明 3-CNF-SAT⊆NP，我们可以采用在证明定理 34.9 时，为证明 SAT∈NP 所采用的方法。因此，根据引理 34.8，仅需要证明 SAT≤$_P$3-CNF-SAT。

归约算法可以分为三个基本步骤。每一步骤都逐渐使输入公式 ϕ 向所要求的 3 合取范式接近。

第一步与在定理 34.9 中用于证明 CIRCUIT-SAT≤$_P$SAT 的过程相同，首先，为输入公式 ϕ 构造一棵二叉"语法分析"树，将文字作为树叶而连接词作为内部顶点。图 34-11 说明了公式

$$\phi = ((x_1 \to x_2) \lor \neg((\neg x_1 \leftrightarrow x_3)) \lor x_4) \land \neg x_2 \tag{34.3}$$

的一棵语法分析树。如果输入公式中有包含数个文字的"或"的子句，就可以利用结合律对表达式加上括号，使得在所产生的树中的每一个内部结点上均有一个或者两个孩子。现在，我们就可以把二叉语法分析树视为计算该函数的一个电路了。

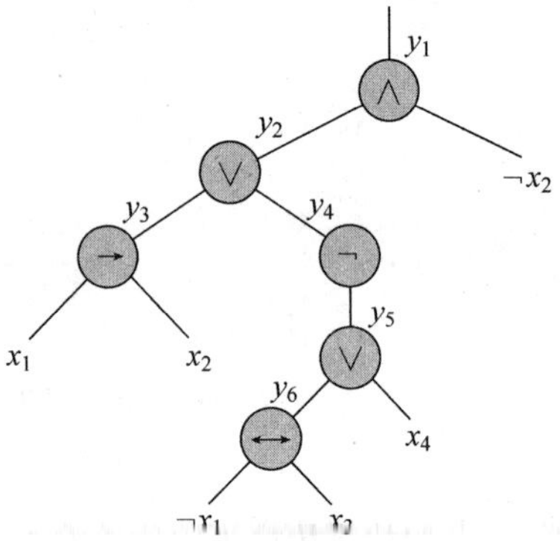

图 34-11 与公式 $\phi = ((x_1 \to x_2) \lor \neg((\neg x_1 \leftrightarrow x_3) \lor x_4)) \land \neg x_2$ 对应的树

仿照证明定理 34.9 所用到的归约过程，我们为每个内部顶点的输出引入一个变量 y_i。然后把原始公式 ϕ 改写为根变量与描述每个顶点操作的子句的合取的"与"。公式(34.3)经改写后所得的表达式为：

$$
\begin{aligned}
\phi' = \ & y_1 \land (y_1 \leftrightarrow (y_2 \land \neg x_2)) \\
& \land (y_2 \leftrightarrow (y_3 \lor y_4)) \\
& \land (y_3 \leftrightarrow (x_1 \to x_2)) \\
& \land (y_4 \leftrightarrow \neg y_5) \\
& \land (y_5 \leftrightarrow (y_6 \lor x_4)) \\
& \land (y_6 \leftrightarrow (\neg x_1 \leftrightarrow x_3))
\end{aligned}
$$

注意，这样得到的公式 ϕ' 是所有子句 ϕ_i' 的合取式，每一个子句 ϕ_i' 至多有 3 个"文字"。此外，我们唯一有可能忽略的就是每个子句都是文字的"或"。

归约的第二步是把每个子句 ϕ_i' 都转换为合取范式。通过对 ϕ_i' 中变量的所有的赋值进行计

算，从而构造出 ϕ_i' 的真值表。真值表中的每一行都包括子句变量的一种可能的赋值和根据这一赋值所计算出来的子句的值。如果运用真值表中值为 0 的项，就可以构造出公式的**析取范式**（disjunctive normal form，DNF），即一个"与"的"或"，它等价于 $\neg \phi_i'$。然后，运用德·摩根定律（等式（B.2））：

$$\neg(a \wedge b) = \neg a \vee \neg b$$
$$\neg(a \vee b) = \neg a \wedge \neg b$$

把所有文字取补，并把"或"变成"与"、"与"变成"或"，就可以把公式变换为 CNF 公式 ϕ_i''。

y_1	y_2	x_2	$(y_1 \leftrightarrow (y_2 \wedge \neg x_2))$
1	1	1	0
1	1	0	1
1	0	1	0
1	0	0	0
0	1	1	1
0	1	0	0
0	0	1	1
0	0	0	1

图 34-12　子句 $(y_1 \leftrightarrow (y_2 \wedge \neg x_2))$ 的真值表

在我们所举的例子中，按如下方式把子句 $\phi_1' = (y_1 \leftrightarrow (y_2 \wedge \neg x_2))$ 变换为 CNF。图 34-12 中给出了 ϕ' 的真值表。与 $\neg \phi_i'$ 等价的 DNF 公式为：

$$(y_1 \wedge y_2 \wedge x_2) \vee (y_1 \wedge \neg y_2 \wedge x_2) \vee$$
$$(y_1 \wedge \neg y_2 \wedge \neg x_2) \vee (\neg y_1 \wedge y_2 \wedge \neg x_2)$$

应用德·摩根定律，可以得到 CNF 公式：

$$\phi_1'' = (\neg y_1 \vee \neg y_2 \vee \neg x_2) \wedge (\neg y_1 \vee y_2 \vee \neg x_2)$$
$$\wedge (\neg y_1 \vee y_2 \vee x_2) \wedge (y_1 \vee \neg y_2 \vee x_2)$$

它等价于原始子句 ϕ_1'。

现在，公式 ϕ' 的每个子句 ϕ_i' 已经转换为一个 CNF 公式 ϕ_i''，因此，ϕ' 等价于由 ϕ_i'' 的合取式组成的 CNF 公式 ϕ''。此外，ϕ'' 的每个子句至多包含 3 个"文字"。

归约的第三步（即最后一步）就是对公式进一步进行变换，使得每个子句恰好有 3 个不同的文字。最后根据 CNF 公式 ϕ'' 的子句构造出 3-CNF 公式 ϕ'''。公式 ϕ''' 使用了两个辅助变量 p 和 q。对 ϕ'' 中的每个子句 C_i，使 ϕ''' 中包含下列子句：

- 如果 C_i 中有 3 个不同的文字，则直接把 C_i 作为 ϕ''' 中的一个子句。
- 如果 C_i 中有两个不同的文字，即如果 $C_i = (l_1 \vee l_2)$，其中 l_1 和 l_2 为文字，那么就把 $(l_1 \vee l_2 \vee p) \wedge (l_1 \vee l_2 \vee \neg p)$ 作为 ϕ''' 的子句。文字 p 和 $\neg p$ 仅仅是为了满足每个子句必须恰有 3 个不同的文字这一语法要求。不论 $p=0$ 或 $p=1$，$(l_1 \vee l_2 \vee p) \wedge (l_1 \vee l_2 \vee \neg p)$ 都等价于 $l_1 \vee l_2$。
- 如果 C_i 中仅有一个文字 l，则把

  $$(l \vee p \vee q) \wedge (l \vee p \vee \neg q) \wedge (l \vee \neg p \vee q) \wedge (l \vee \neg p \vee \neg q)$$

  作为 ϕ''' 的子句。注意 p 和 q 的每一种取值都使 4 个子句的合取式的值为 1。

1083
∫
1084

现在我们可以看出 3-CNF 公式 ϕ''' 是可满足的，当且仅当上述三个步骤的每一步中，ϕ 都是可满足的。像从 CIRCUIT-SAT 归约为 SAT 的过程一样，第一步根据 ϕ 构造 ϕ' 的过程保持可满足性，第二步产生的 CNF 公式 ϕ'' 在代数上与 ϕ' 等价，第三步产生的 3-CNF 公式 ϕ''' 也等价于 ϕ''，这是因为对变量 p 和 q 的任意赋值所产生的公式在代数上与 ϕ'' 等价。

此外，还必须证明归约可以在多项式时间内完成。从 ϕ 构造 ϕ' 中的每个连接词至多引入一个变量和一个子句。从 ϕ' 构造 ϕ'' 的过程对 ϕ' 中的每一个子句则至多在 ϕ'' 中引入 8 个子句，这是因为 ϕ' 中的每个子句至多有 3 个变量，因此每个子句的真值表至多有 $2^3 = 8$ 行。从 ϕ'' 构造 ϕ''' 的过程对 ϕ'' 中的每个子句至多在 ϕ''' 中引入 4 个子句。因此，所产生的最终公式 ϕ''' 的规模是关于原始公式长度的多项式。因此，我们可以轻松地在多项式时间内完成每一步构造过程。　　■

练习

34.4-1 考虑一下在定理 34.9 的证明过程中运用直接（非多项式时间）归约。描述一个规模为 n 的电路，运用这种归约思想将其转换为一个公式时，能产生一个规模为 n 的指数的公式。

34.4-2 写出将定理 34.10 中的方法应用于公式(34.3)时所得到的 3-CNF 公式。

34.4-3 Jagger 教授提出,在定理 34.10 的证明中,可以仅利用真值表技术而无需其他步骤,就能证明 SAT≤$_p$3-CNF-SAT。也就是说,这位教授试图取布尔公式 ϕ,形成有关其变量的真值表,根据其真值表导出一个 3-CNF 形式的、等价于 $\neg \phi$ 的公式,再对公式取反,并运用德·摩根定律,从而可以得到一个等价于 ϕ 的 3-CNF 公式。证明:这一策略不能产生多项式时间的归约。

34.4-4 证明:确定某一布尔公式是否为重言式这一问题对 co-NP 来说是完全的。(提示:见练习 34.3-7。)

34.4-5 证明:确定析取范式形式的布尔公式的可满足性这一问题是多项式时间可解的。

34.4-6 假设已知某一个判定公式可满足性的多项式时间算法。请说明如何利用这一算法在多项式时间内找出可满足性赋值。

34.4-7 设 2-CNF-SAT 是 CNF 形式的、每个子句中恰有两个文字的可满足公式的集合,证明:2-CNF-SAT∈P。尽可能优化你的算法效率。(提示:注意 $x \vee y$ 与 $\neg x \rightarrow y$ 是等价的。将 2-CNF-SAT 归约为一个在有向图上高效可解的问题。)

34.5 NP 完全问题

NP 完全问题产生于各种不同领域:布尔逻辑,图论,算法,网络设计,集合与划分,存储与检索,排序与调度,数学程序设计,代数与数论,游戏与难解问题,自动机与语言理论,程序优化,生物学,化学,物理,等等。在本节中,我们将运用归约方法,对于从图论到集合划分的各种问题进行 NP 完全性的证明。

图 34-13 给出了在本节和 34.4 节中进行的 NP 完全性证明的流程结构。图中每种语言都含有指向它的语言,我们把该语言进行归约,从而证明其所指向语言的 NP 完全性。其根为 CIRCUIT-SAT,我们在定理 34.7 中已经证明了它是 NP 完全语言。

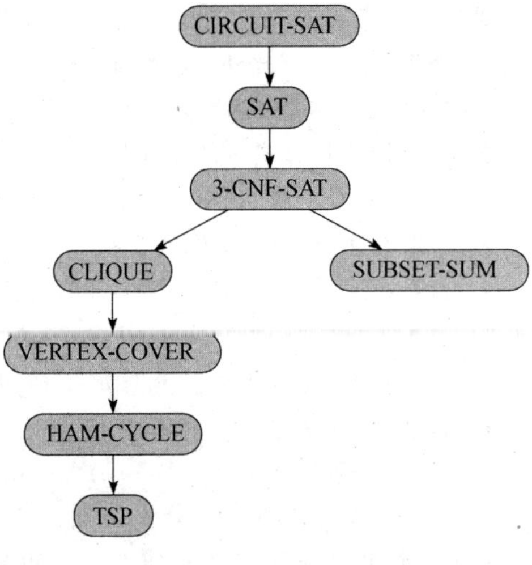

图 34-13 34.4 节和 34.5 节中 NP 完全性证明的结构,所有的证明最终都是通过对 CIRCUIT-SAT 的 NP 完全性归约而得到的

34.5.1 团问题

无向图 $G=(V, E)$ 中的**团**(clique)是一个顶点子集 $V' \subseteq V$,其中每一对顶点之间都由 E 中的一条边来连接。换句话说,一个团是 G 的一个完全子图。团的**规模**是指它所包含的顶点数。**团问题**是关于寻找图中规模最大的团的最优化问题。作为判定问题,我们仅仅要考虑的是:在图中是否存在一个给定规模为 k 的团? 其形式定义为:

CLIQUE=$\{\langle G, k \rangle : G$ 是一个包含规模为 k 的团的图$\}$

要确定具有 $|V|$ 个顶点的图 $G=(V, E)$ 是否包含一个规模为 k 的团,一种朴素算法是列出 V 的所有 k 子集,并对其中的每一个进行检查,看它是否形成一个团。该算法的运行时间是 $\Omega\left(k^2 \binom{|V|}{k}\right)$。如果 k 为常数,那么该算法是多项式时间的。但是,在一般情况下,k 可能接近于 $|V|/2$,这样一来,算法的运行时间就是超多项式时间。事实上,团问题的有效算法是不大可能存在的。

定理 34.11 团问题是 NP 完全的。

证明 为了证明 CLIQUE∈NP，对一个给定的图 $G=(V，E)$，用团中顶点集 $V'\subseteq V$ 作为 G 的一个证书。对于任意一对顶点 $u，v\in V'$，通过检查边 $(u，v)$ 是否属于 E，就可以在多项式时间内确定 V' 是否是团。

下一步来证明 3-CNF-SAT≤$_P$CLIQUE，以此来说明团问题是 NP 难度的。从某种意义来说，我们能证明这一结论是令人惊奇的，因为从表面上看，逻辑公式与图几乎没有什么联系。

该归约算法从一个 3-CNF-SAT 的实例开始。设 $\phi=C_1\wedge C_2\wedge\cdots\wedge C_k$ 是 3-CNF 形式中一个具有 k 个子句的布尔公式。对 $r=1，2，\cdots，k$，每个子句 C_r 中恰好有 3 个不同的文字 l_1^r、l_2^r 和 l_3^r。我们将构造一个图 G 使得 ϕ 是可满足的，当且仅当 G 包含一个规模为 k 的团。 [1087]

我们按照以下要求构造图 G：对 ϕ 中的每个子句 $C_r=(l_1^r\vee l_2^r\vee l_3^r)$，我们把 3 个顶点 v_1^r、v_2^r 和 v_3^r 组成的三元组放入 V 中。如果下列两个条件同时满足，就用一条边连接顶点 v_i^r 和 v_j^s。

- v_i^r 和 v_j^s 处于不同的三元组中，即 $r\neq s$。
- 它们的相应"文字"是一致的，即 l_i^r 不是 l_j^s 的非。

根据 ϕ 可以很轻易地在多项式时间内计算出该图。通过以下例子来说明这一构造过程。如果有：

$$\phi=(x_1\vee\neg x_2\vee\neg x_3)\wedge(\neg x_1\vee x_2\vee x_3)\wedge(x_1\vee x_2\vee x_3)$$

则 G 就是图 34-14 所示的图。

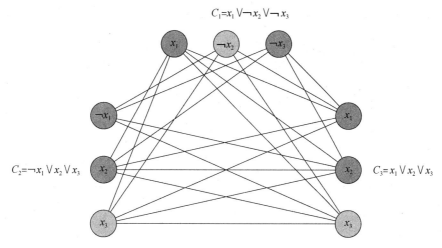

图 34-14　在由 3-CNF-SAT 归约到 CLIQUE 的过程中，由 3-CNF 公式 $\phi=C_1\wedge C_2\wedge C_3$ 导出的图 G，其中 $C_1=(x_1\vee\neg x_2\vee\neg x_3)$，$C_2=(\neg x_1\vee x_2\vee x_3)$，$C_3=(x_1\vee x_2\vee x_3)$

该公式的一组可满足赋值为 $x_2=0$，$x_2=1$，x_1 为 0 或者 1。这一赋值以 $\neg x_2$ 满足 C_1，以 x_3 满足 C_2 和 C_3，与浅阴影顶点所构成的团集相对应。

我们必须证明从 ϕ 到 G 的转换过程是一种归约过程。首先，假定 ϕ 有一个可满足性赋值。那么，每个子句 C_r 至少包含一个文字 l_i^r，将此文字赋值为 1，并且把每个这样的文字对应于一个顶点 v_i^r。从上述的每个子句中挑选出一个这样的"真"文字，就得到 k 个顶点组成的集合 V'。可以断言 V' 是一个团。对于任意的两个顶点 $v_i^r，v_j^s\in V'(r\neq s)$，根据给定的可满足性赋值，两个顶点相应的文字 l_i^r 和 l_j^s 都被映射为 1，这两种文字不可能是互补的关系。因此，根据 G 的构造，边 $(v_i^r，v_j^s)\in E$。 [1088]

反之，假定 G 有一个规模为 k 的团 V'。G 中没有连接同一个三元组中的顶点的边，因此，V' 中恰好包含每个三元组的一个顶点。我们可以把每个满足 $v_i^r\in V'$ 的文字 l_i^r 赋值为 1，并且不必担心会出现一个文字与其补同时为 1 的情况，这是因为在 G 中，不一致文字之间不存在连线。由于每个子句都是可满足的，因此 ϕ 也是可满足的。（不与团之中顶点相对应的变量可以随意设置。）

在图 34-14 的例子中，ϕ 的一个可满足性赋值为 $x_2=0$，$x_3=1$。规模为 3 的相应团由对应于第一个子句中的 $\neg x_2$、第二个子句中的 x_3 和第三个子句中的 x_3 的顶点所组成。由于该团不包含对应于 x_1 或 $\neg x_1$ 的顶点，因此，在这个可满足性赋值中，可以将 x_1 设置为 0 或 1。

注意在定理 34.11 的证明中，我们将 3-CNF-SAT 的任意一个实例归约成了具有某种特定结构的 CLIQUE 的实例。从表面上看来，似乎是我们仅证明了 CLIQUE 在有些图中是 NP 难度的，在这些图中，顶点被限制为以三元组形式出现，且同一三元组中的顶点之间没有边。事实上，我们的确仅证明了 CLIQUE 在这种受限的情况下才是 NP 难度的，但是，这一证明足以证明在一般的图中，CLIQUE 也是 NP 难度的。这是为什么呢？如果有一个能在一般的图上解决 CLIQUE 问题的多项式时间算法，那么它就能在受限的图上解决 CLIQUE 问题。

另一方面，将带有某种特殊结构的 3-CNF-SAT 的实例归约为一般性的 CLIQUE 的实例还不够。为什么这么说呢？有可能我们选择来进行归约的 3-CNF-SAT 的实例比较容易，因而无法将一个 NP 难度的问题归约为 CLIQUE。

另外，还要注意一下 3-CNF-SAT 的实例中所用到的归约，而不仅是它的解决方案。如果多项式时间的归约的前提是已经知道公式 ϕ 是否是可满足的，则会导致错误，因为我们并不知道如何在多项式时间内判定 ϕ 是否是可满足的。

34.5.2 顶点覆盖问题

无向图 $G=(V, E)$ 的**顶点覆盖**（vertex cover）是一个子集 $V' \subseteq V$，满足如果有 $(u, v) \in E$，则 $u \in V'$ 或 $v \in V'$（或两者同时成立）。也就是说，每个顶点"覆盖"与其相关联的边，并且 G 的顶点覆盖是覆盖 E 中所有边的顶点所组成的集合。顶点覆盖的**规模**是指它所包含的顶点数。例如，图 34-15(b) 中有一个规模为 2 的顶点覆盖 $\{w, z\}$。

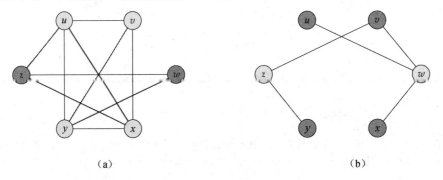

图 34-15　把 CLIQUE 归约为 VERTEX-COVER。(a)一个包含团 $V'=\{u, v, x, y\}$ 的无向图 $G=(V, E)$。(b)由归约算法产生图 $\overline{G}$。此图中包含顶点覆盖 $V-V'=\{w, z\}$

顶点覆盖问题是指在一个给定的图中，找出具有最小规模的顶点覆盖。把这一最优化问题重新表述为一个判定问题，即确定一个图是否具有一个给定规模 k 的顶点覆盖。作为一种语言，我们定义

$$\text{VERTEX-COVER} = \{\langle G, k \rangle : 图 G 有一个规模为 k 的顶点覆盖\}$$

下面的定理证明了这一问题是一个 NP 完全的。

定理 34.12 顶点覆盖问题是 NP 完全的。

证明 首先来证明 VERTEX-COVER$\in$NP。假定已知一个图 $G=(V, E)$ 和整数 k，我们选取的证书是顶点覆盖 $V' \subseteq V$ 自身。验证算法可证实 $|V'|=k$，然后对每条边 $(u, v) \in E$，检查是否有 $u \in V'$ 或 $v \in V'$。我们可以很容易在多项式时间内验证这一问题。

我们通过证明 CLIQUE$\leqslant_P$VERTEX-COVER 来证明顶点覆盖问题是 NP 难度的。这一归约

过程是以"补图"的概念为基础的。给定一个无向图 $G=(V, E)$，定义 G 的补图 $\overline{G}=(V, \overline{E})$，其中 $\overline{E}=\{(u, v): u, v \in V, u \neq v, (u, v) \notin E\}$。换句话说，$\overline{G}$ 是正好包含不在 G 中的那些边的图。图 34-15 显示出了一个图与其补图，并说明了从 CLIQUE 到 VERTEX-COVER 的归约过程。

归约算法的输入是团问题的实例 $\langle G, k \rangle$。它计算出补图 $\overline{G}$，这很容易在多项式时间内完成。归约算法的输出是顶点覆盖问题的实例 $\langle \overline{G}, |V|-k \rangle$。为了完成证明，下面来说明该变换的确是一个归约过程：图 G 具有一个规模为 k 的团，当且仅当图 $\overline{G}$ 有一个规模为 $|V|-k$ 的顶点覆盖。

假设 G 包含一个团 $V' \subseteq V$，其中 $|V'|=k$。我们断言：$V-V'$ 是 $\overline{G}$ 中的一个顶点覆盖。设 (u, v) 是 $\overline{E}$ 中的任意边，则有 $(u, v) \notin E$，这证明了 u 或 v 中至少有一个不属于 V'，这是由于 V' 中每一对顶点间都至少有一条 E 中的边与其相连。等价地，v 或 u 中至少有一个属于 $V-V'$，这意味着边 (u, v) 是被 $V-V'$ 所覆盖。由于 (u, v) 是从 $\overline{E}$ 中任意选取的边，所以 $\overline{E}$ 的每条边都被 $V-V'$ 中的一个顶点所覆盖。因此，规模为 $|V|-k$ 的集合 $V-V'$ 形成了 $\overline{G}$ 的一个顶点覆盖。

反之，假设 $\overline{G}$ 具有一个顶点覆盖 $V' \subseteq V$，其中 $|V'|=|V|-k$。那么，对所有 $u, v \in V$，如果 $(u, v) \in \overline{E}$，则 $u \in V'$ 或 $u \in V'$ 或两者同时成立。与此相对，对所有 $u, v \in V$，如果 $u \notin V'$ 且 $v \notin V'$，则 $(u, v) \in E$。换句话说，$V-V'$ 是一个团，其规模为 $|V|-|V'|=k$。 ■

由于 VERTEX-COVER 是 NP 完全的，所以我们并不期望能找出一种多项式时间的算法来寻找最小规模的顶点覆盖。然而，35.1 节介绍了一种多项式时间的"近似算法"，它可以产生顶点覆盖问题的"近似"解。该算法所产生的顶点覆盖的规模至多为最小规模顶点覆盖的 2 倍。

因此，我们不应该因为某个问题是 NP 完全的而放弃希望。对这样的问题，尽管寻找其最优解是 NP 完全问题，但依然可能设计出某种多项式时间的近似算法，来获得它的近似最优解。第 35 章介绍了几个 NP 完全问题的近似算法。

34.5.3 哈密顿回路问题

现在，我们再回过头来讨论 34.2 节中定义的哈密顿回路问题。

定理 34.13 哈密顿回路问题是 NP 完全问题。

证明 先来说明 HAM-CYCLE 属于 NP。已知一个图 $G=(V, E)$，我们选取的证书是形成哈密顿回路的 $|V|$ 个顶点所组成的序列。验证算法检查到这一序列恰好包含 v 中每个顶点一次（但第一个顶点会在末尾重复出现一次），并且它们在 G 中形成一个回路。也就是说，它要检查每一对连续顶点及首、尾顶点之间是否都存在着一条边。我们可以在多项式时间内验证这一证书。

现在，我们来证明 VERTEX-COVER $\leqslant_P$ HAM-CYCLE。从而证明 HAM-CYCLE 是 NP 完全的。给定一个无向图 $G=(V, E)$ 和一个整数 k，构造一个无向图 $G'=(V', E')$，使得它包含一个哈密顿回路，当且仅当 G 中有一个大小为 k 的顶点覆盖。

上述构造过程需应用到**附件图**（widget），它是一个图的一部分，往往加上了某些特性。图 34-16(a) 中示出了我们用到的附件图。对于每条边 $(u, v) \in E$，我们所构造的图 G' 都将包含这一附件图的一份副本，用 W_{uv} 来表示。对 W_{uv} 中的每个顶点，用 $[u, v, i]$ 或 $[v, u, i]$ 来表示，其中 $1 \leqslant i \leqslant 6$，因此，每个附件图 W_{uv} 包含 12 个顶点。如图 34-16(a) 所示，附件图 W_{uv} 还包含 14 条边。

除附件图的内部结构外，我们还通过限制附件图与构造出来的图 G' 其余部分之间的连接，来强加一些有用特性。特别地，只有顶点 $[u, v, 1]$、$[u, v, 6]$、$[v, u, 1]$ 和 $[v, u, 6]$ 包含与外界相连的边。G' 中的任何哈密顿回路都必须以图 34-16(b)~(d) 中所示三种方法中的某一种来遍历

W_{uv} 中的边。如果回路由顶点 $[u, v, 1]$ 进入，则必定由顶点 $[u, v, 6]$ 退出。且它或者访问附件图中的 12 个顶点（图 34-16(c)），或者访问从 $[u, v, 1]$ 到 $[u, v, 6]$ 的 6 个顶点（图 34-16(c)）。在后一种情况中，回路必须重新进入附件图以访问顶点 $[u, v, 1]$ 到 $[u, v, 6]$。类似地，如果回路是从顶点 $[u, v, 1]$ 进入的，则必须从顶点 $[u, v, 6]$ 退出，且它或者访问附件图中的所有 12 个顶点（图 34-16(d)），或者访问从 $[v, u, 1]$ 到 $[v, u, 6]$ 的 6 个顶点（图 34-16(c)）。不存在上述以外的其他路径能访问附件图中所有 12 个顶点。特别地，不可能构造出两个 "顶点不相交" 路径，其中一条连接 $[u, v, 1]$ 与 $[v, u, 6]$，另一条连接了 $[v, u, 1]$ 和 $[u, v, 6]$，使得两条路径的并包含了附件图中的所有顶点。

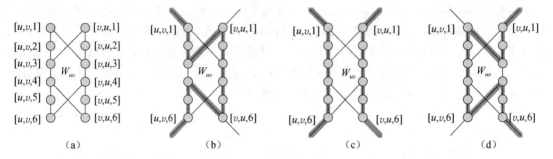

图 34-16　在将顶点覆盖问题归约为哈密顿回路的过程中所用到的附件图。图 G 的一条边 (u, v) 对应于归约过程所产生的图 G' 中的附件 W_{uv}。(a) 附件图，其中的每个顶点都加上了标记。(b)~(d) 加上了阴影的路径是通过附件图且包含所有顶点的仅有的可能路径，假设从该附件图到 G' 的其余部分的唯一连接是通过顶点 $[u, v, 1]$、$[u, v, 6]$、$[v, u, 1]$ 和 $[v, u, 1]$ 完成的

　　除了附件图中的那些顶点外，V' 中唯一的其他顶点为**选择器顶点**（selector vertex）s_1，s_2，…，s_k。我们利用与 G' 中选择器顶点关联的边来选择 G' 中那些能实现 k 个顶点覆盖的顶点。

　　除了附件图中的边之外，E' 中还有另外两类边，如图 34-17 所示。首先，对于每个顶点 $u \in V$，都加入一些边来连接一对一对的附件图，从而形成一条路径，它包含了所有对应于 G 中与 u 关联的边的附件图。对于与每个顶点 $u \in V$ 相邻的所有顶点，将其任意地排序为 $u^{(1)}$，$u^{(2)}$，…，$u^{(\text{degree}(u))}$，其中 $\text{degree}(u)$ 是与 u 相邻的顶点的数目。通过将边 $\{([u, u^{(i)}, 6], [u, u^{(i+1)}, 1]) : 1 \leqslant i \leqslant \text{degree}(u) - 1\}$ 加入 E' 中，即可在 G' 中构造出一条穿越所有附件图的路径，这些附件图与那些关联于顶点 u 上的边相对应。例如，在图 34-17 中，我们将与 w 相邻的顶点排序为 x，y，z，这样图 34-17(b) 中的图 G' 就包含了边 $([w, x, 6], [w, y, 1])$ 和 $([w, y, 6], [w, z, 1])$。对于每个顶点 $u \in V$，G' 中的这些边形成了一条包含一系列附件图的路径，这些附件图都与 G 中关联于顶点 u 上的边对应。

　　这些边给我们的直觉就是，如果选择了 G 的顶点覆盖中的某一顶点 $u \in V$，就可以在 G' 中构造出一条从 $[u, u^{(1)}, 1]$ 到 $[u, u^{(\text{degree}(u))}, 6]$ 的路径，它 "覆盖了" 所有与关联于顶点 u 的边对应的附件图。也就是说，对于这些附件图中的每一个（如 $W_{u, u^{(i)}}$），该路径或者包含所有的 12 个顶点（如果 u 在顶点覆盖中，但 $u^{(i)}$ 不在顶点覆盖中），或者只是 6 个顶点 $[u, u^{(i)}, 1]$，$[u, u^{(i)}, 2]$，$[u, u^{(i)}, 3]$，…，$[u, u^{(i)}, 6]$（如果 u 和 $u^{(i)}$ 都在顶点覆盖中）。

　　E' 中的最后一类边将这些路径中的第一个顶点 $[u, u^{(1)}, 1]$ 及最后一个顶点 $[u, u^{(\text{degree}(u))}, 6]$ 与每一个选择器顶点连接起来。也就是说，包含了以下的边：

$$\{(s_j, [u, u^{(1)}, 1]) : u \in V, \ 1 \leqslant j \leqslant k\} \bigcup \{(s_j, [u, u^{(\text{degree}(u))}, 6]) : u \in V, \ 1 \leqslant j \leqslant k\}$$

　　接着，我们要证明 G' 的规模是 G 的规模的多项式，因而可以在 G 规模的多项式时间内构造出 G'。G' 的顶点由附件图中的顶点及选择器顶点所构成。每一个附件图包含 12 个顶点，兼 $k \leqslant |V|$ 个选择器顶点，总计：

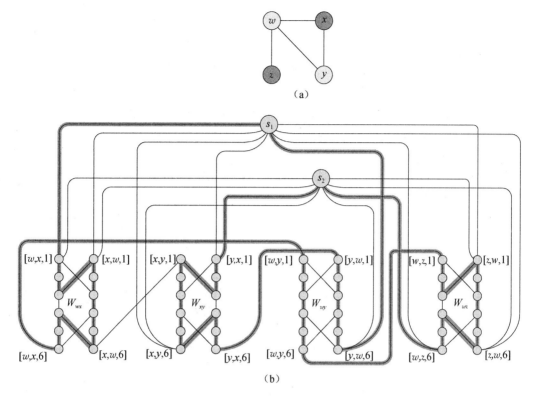

图 34-17 顶点覆盖问题的一个实例归约为哈密顿回路问题的一个实例的过程。(a)一个无向图 G，它有一个规模为 2 的顶点覆盖，由图中浅阴影的顶点 w 和 y 组成。(b)归约过程所产生的无向图 G'，其中顶点覆盖所对应的哈密顿回路用阴影标识。顶点覆盖 $\{w, y\}$ 对应于出现在哈密顿回路中的边 $(s_1, [w, x, 1])$ 和 $(s_2, [y, x, 1])$

$$|V'| = 12|E| + k \leqslant 12|E| + |V|$$

个顶点。G' 中的边包括附件图中的边、连接不同附件图的边和连接选择器顶点与附件图的边。每一个附件图中包含 14 条边，所有附件图加起来有 $14|E|$ 条边，对于每个顶点 $u \in V$，图 G' 有 degree$(u) - 1$ 条附件图间的边。于是，对 V 中所有的顶点求和，则附件图之间共有

$$\sum_{u \in V} (\text{degree}(u) - 1) = 2|E| - |V|$$

条边。最后，每一对附件图之间有两条边，每一对边都由一个选择器顶点和 V 中的一个顶点所构成，共有 $2k|V|$ 条这样的边。因此，G' 中总边数为：

$$|E'| = (14|E|) + (2|E| - |V|) + (2k|V|)$$
$$= 16|E| + (2k-1)|V| \leqslant 16|E| + (2|V| - 1)|V|$$

现在来证明从图 G 到图 G' 的变换是一个归约，即必须证明 G 中有一个规模为 k 的顶点覆盖，当且仅当 G' 中有一个哈密顿回路。

1093 ∼ 1094

假设 $G = (V, E)$ 中有一个规模为 k 的顶点覆盖 $V^* \subseteq V$。设 $V^* = \{u_1, u_2, \cdots, u_k\}$。如图 34-17 所示，通过为每个顶点 $u_j \in V^*$ 包含以下边[⊖]，就可以在 G' 中形成一条哈密顿回路。包含边 $\{([u_j, u_j^{(i)}, 6], [u_j, u_j^{(i+1)}, 1]): 1 \leqslant i \leqslant \text{degree}(u_j) - 1\}$，它们连接了所有与关联于 u_i 的边对应的附件图。此外，还要包含如图 34-16(b)～(d)所示的附件图中的边，具体取决于那条边是否

⊖ 从技术上来说，我们是根据顶点定义边而不是根据边来定义回路(见 B.4 节)。出于清晰性的考虑，此处故意"误用"这一定义而根据边来定义哈密顿回路。

被 V^* 中的一个或两个顶点所覆盖。哈密顿回路还包含边

$$\{(s_j,[u_j,u_j^{(1)},1]):1 \leqslant j \leqslant k\}$$
$$\bigcup \{(s_{j+1},[u_j,u_j^{(\mathrm{degree}(u_j))},6]_j:1 \leqslant j \leqslant k-1\}$$
$$\bigcup \{(s_1,[u_k,u_k^{(\mathrm{degree}(u_k))},6])\}$$

只要仔细观察图 34-17,就可以验证这些边确实形成了一个回路。此回路从 s_1 开始,访问与所有关联于 u_1 的边对应的附件图,再访问 s_2,访问与所有关联于 u_2 的边对应的附件图,等等,直到它返回 s_1 时为止。每个附件图都被回路访问了一次或两次,具体取决于 V^* 中的一个还是两个顶点覆盖了其对应的边。由于 V^* 是图 G 的一个顶点覆盖,E 中的每条边都与 V^* 中的某个顶点关联,因此回路访问 G' 的每个附件图中的每个顶点。由于该回路还要访问每个选择器顶点,因此,该回路为哈密顿回路。

反之,假设 $G'=(V',E')$ 中包含了一个哈密顿回路 $C \subseteq E'$。我们断言集合

$$V^* = \{u \in V:(s_j,[u,u^{(1)},1]) \in C,1 \leqslant j \leqslant k\} \qquad (34.4)$$

是 G 的一个顶点覆盖。为了探究其原因,我们可以把 C 划分为一些从某个选择器顶点 s_i 开始的最大路径,对于某个 $u \in V$,它们遍历一条边 $(s_i,[u,u^{(1)},1])$,并终止于某个选择器顶点 s_j,而不会经过任何其他的选择器顶点。我们称每一条这样的路径为"覆盖路径"。根据 G' 的构造方式,每一条覆盖路径都必须从某个顶点 s_i 开始,对某个顶点 $u \in V$ 取边 $(s_i,[u,u^{(1)},1])$,经过所有与 E 中关联于 u 的边对应的附件图,然后终止于某个选择器顶点 s_j。我们称这一覆盖路径为 p_u,根据式(34.4),将 u 放入 V^*。对于某个顶点 $v \in V$,p_u 所访问的每个附件图都一定是 W_{uv} 或 W_{vu}。对于 p_u 所访问的每个附件图,其顶点都会被一个或两个覆盖路径所访问。如果这些顶点被一条覆盖路径所访问,那么边 $(u,v) \in E$ 在 G 中就由顶点 u 所覆盖。如果有两条覆盖路径访问了该附件图,那么另一条覆盖路径必定为 p_v,这就暗示着 $v \in V^*$,因而边 $(u,v) \in E$ 被顶点 u 和 v 所覆盖。因为每一个附件图中的每一个顶点都要被某条覆盖路径所访问,所以不难发现,E 中的每一条边都由 V^* 中的某个顶点所覆盖。 ■

34.5.4　旅行商问题

旅行商问题与哈密顿回路问题有着密切的联系。在该问题中,一个售货员必须访问 n 个城市。如果把该问题模型化为一个具有 n 个顶点的完全图,就可以说这个售货员希望进行一次巡回旅行,或经过哈密顿回路,恰好访问每个城市一次,并最终回到出发城市。这个售货员从城市 i 到城市 j 的旅行费用为一个整数 $c(i,j)$,旅行所需的全部费用是他旅行经过的各边费用之和,而售货员希望使整个旅行费用最低。例如,在图 34-18 中,费用最低的旅行路线是 (u,w,v,x,u),其费用为 7,与旅行商问题对应的判定问题的形式语言是:

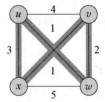

图 34-18　旅行商问题的一个实例。阴影覆盖的边表示费用最低的旅行路线,其费用为 7

$$\text{TSP}=\{\langle G,c,k\rangle:G=(V,E) \text{ 是一个完全图},c \text{ 是}$$

$$V \times V \to \mathbf{Z} \text{ 上的一个函数},k \in \mathbf{Z},G \text{ 中包含一个最大花费为 } k \text{ 的旅行回路}\}$$

下面的定理说明不太可能存在一种关于旅行商问题的快速算法。

定理 34.14　旅行商问题是 NP 完全的。

证明　首先来说明 TSP 属于 NP。给定该问题的一个实例,用回路中 n 个顶点所组成的序列作为证书。验证算法检查该序列是否恰好包含每个顶点一次,并且对这些边的花费进行求和后,检查和是否至多为 k。这一过程是可以在多项式时间内完成的。

为了证明 TSP 是 NP 难度的,我们先来证明 HAM-CYCLE $\leqslant_P$ TSP。设 $G=(V,E)$ 是 HAM-

CYCLE 的一个实例。构造 TSP 的实例如下。首先建立一个完全图 $G' = (V, E')$，其中 $E' = \{(i, j) : i, j \in V, i \neq j\}$，定义费用函数 c 为：

$$c(i, j) = \begin{cases} 0 & \text{若} (i, j) \in E \\ 1 & \text{若} (i, j) \notin E \end{cases}$$

（注意，由于 G 是无向图，所以它没有自环路，因而对所有顶点 $v \in V$，都有 $c(v, v) = 1$。）于是 $\langle G', c, 0 \rangle$ 就是 TSP 的一个实例，它可以轻易地在多项式时间内产生。

现在，我们来说明图 G 中具有一个哈密顿回路，当且仅当图 G' 中有一个费用至多为 0 的回路。假定图 G 中有一个哈密顿回路 h，h 中的每条边都属于 E，因此在 G' 中的费用为 0。因此，h 是 G' 中费用为 0 的回路。反之，假定图 G' 中有一个费用至多为 0 的回路 h'。由于 E' 中边的费用只能是 0 或 1，故回路 h' 的费用就是 0，且回路上每条边的费用必为 0。因此，h' 仅包含 E 中的边。综上，我们可以得出结论，h' 是图 G 中的一个哈密顿回路。　∎

34.5.5　子集和问题

下面我们来考虑一个算术的 NP 完全问题，即**子集和问题**（subset-sum problem）。在该问题中，给定一个正整数的有限集 S 和一个整数**目标** $t > 0$，试问是否存在一个子集 $S' \subseteq S$，其元素和为 t。例如，如果 $S = \{1, 2, 7, 14, 49, 98, 343, 686, 2409, 2793, 16\,808, 17\,206, 117\,705, 117\,993\}$，且 $t = 138\,457$，则子集 $S' = \{1, 2, 7, 98, 343, 686, 2\,409, 17\,206, 117\,705\}$ 就是该问题的一个解。

和通常一样，我们把该问题定义为一种语言：

$$\text{SUBSET-SUM} = \left\{ \langle S, t \rangle : \text{存在一个子集 } S' \subseteq S, \text{使得 } t = \sum_{s \in S'} s \right\}$$

与任何算术问题一样，重要的是记住在标准编码中，假定输入的整数都是以二进制形式编码的。在这个假设下，可以证明对于子集和问题，不太可能存在一种快速的算法。

定理 34.15　子集和问题是 NP 完全的。

证明　为了说明 SUBSET-SUM 属于 NP，对该问题的实例 $\langle S, t \rangle$，设子集 S' 是证书。我们使用验证算法可以在多项式时间内检查是否有 $t = \sum_{s \in S'} s$。

现在来证明 3-CNF-SAT $\leqslant_P$ SUBSET-SUM。给定变量 $x_1, x_2, \cdots, x_n$ 上的一个 3-CNF 公式 ϕ，它由子句 $C_1, C_2, \cdots, C_k$ 构成，每个子句恰好包含 3 个不同的文字，归约算法构造出子集和问题的一个实例 $\langle S, t \rangle$ 使得 ϕ 是可满足的，当且仅当存在 S 的一个子集，其元素和恰为 t。不失一般性，下面对 ϕ 做两个简化性的假设。首先，ϕ 的任一子句都不会既包含某个变量，又包含该变量的非，因为这样的子句对变量的任何赋值来说恒成立。其次，每一个变量至少在一个子句中出现一次，否则，对没有出现在任何子句中的变量赋任意值都是没有影响的。

对每个变量 x_i，归约算法都要在 S 中生成两个数；对每个子句 C_j，也要在 S 中生成两个数。所生成的数都是十进制的，且每个数都包含 $n + k$ 个数位，每个数位对应于一个变量或一个子句。十进制（或其他进制）有着我们所需要的、可以避免从低位向高位进位的性质。

如图 34-19 所示，我们构造集合 S 和目标 t 如下：对于每一个数位，都用一个变量或一个子句来标记。最低有效 k 位用子句标记，最高有效 n 位用变量标记。

- 目标 t 在每个用变量标记的数位上都有个 1，在每个用子句标记的数位上都有个 4。
- 对于每个变量 x_i，集合包含两个整数 v_i 和 v_i'。每个 v_i 和 v_i' 在 x_i 所标记的数位上都是 1，其他变量位上都是 0。如果子句 C_j 中包含文字 x_i，那么 v_i 中被 C_j 所标记的数位包含一个 1。如果 C_j 中包含文字 $\neg x_i$，那么 v_i' 中被 C_j 所标记的数位包含一个 1。在 v_i 和 v_i' 中，所有其他由子句标记的数位都是 0。

1097

在集合 S 中，所有 v_i 和 v'_i 的值都是唯一的。这是为什么呢？例如，对于 $l \neq i$，在最高有效的 n 个数位上，没有 v'_l 或 v'_l 的值会与 v_i 和 v'_i 相等。此外，根据上面所做的简化性假设，在最低有效 k 位上也不存在 v_i 和 v'_i 的值相等。如果 v_i 和 v'_i 相等，那么 x_i 和 $\neg x_i$ 将不得不恰好出现于同一子句集中。但是我们又假设任何一个子句中都不能同时包含 x_i 和 $\neg x_i$，而且 x_i 和 $\neg x_i$ 其中之一出现在某一子句中，所以必定存在某一子句 C_j，其中 v_i 和 v'_i 是不同的。

- 对于每个子句 C_j，集合 S 包含两个整数 s_j 和 s'_j，除了由 C_j 标记的数位外，s_j 和 s'_j 的所有数位上都是 0。对于 s_j，在 C_j 的数位上为 1，而对于 s'_j，在 C_j 的数位上为 2。这些整数都是"松弛变量"，可以用其获得每个子句所标记的数位，从而将它们的值加到目标值 4 中。

只要简单地观察一下图 34-19，就会发现所有 s_j 和 s'_j 的值在集合 S 中都是唯一的。

注意在任意数位上，数位和的最大值为 6，这个和出现在由子句所标记的数位上（来自 v_i 和 v'_i 的 3 个 1，加上来自 s_j 和 s'_j 的值 1 和 2）。因此，按照十进制来解释这些数，就不会出现由低位向高位进位的情况⊖。

以上的归约过程可以在多项式时间内完成。集合 S 包含了 $2n + 2k$ 个值，其中每一个值都有 $n + k$ 个数位，产生每一个数位的时间都是 $n + k$ 的多项式。目标 t 有 $n+k$ 个数位，其中的每一个数位都可以由归约过程在常量时间内产生。

		x_1	x_2	x_3	C_1	C_2	C_3	C_4
v_1	=	1	0	0	1	0	0	1
v'_1	=	1	0	0	0	1	1	0
v_2	=	0	1	0	0	0	0	1
v'_2	=	0	1	0	1	1	1	0
v_3	=	0	0	1	0	1	0	1
v'_3	=	0	0	1	1	1	1	0
s_1	=	0	0	0	1	0	0	0
s'_1	=	0	0	0	2	0	0	0
s_2	=	0	0	0	0	1	0	0
s'_2	=	0	0	0	0	2	0	0
s_3	=	0	0	0	0	0	1	0
s'_3	=	0	0	0	0	0	2	0
s_4	=	0	0	0	0	0	0	1
s'_4	=	0	0	0	0	0	0	2
t	=	1	1	1	4	4	4	4

图 34-19 从 3-CNF-SAT 到 SUBSET-SUM 的归约。3-CNF 的公式为 $\phi = C_1 \wedge C_2 \wedge C_3 \wedge C_4$，其中 $C_1 = (x_1 \vee \neg x_2 \vee \neg x_3)$，$C_2 = (\neg x_1 \vee \neg x_2 \vee \neg x_3)$，$C_3 = (\neg x_1 \vee \neg x_2 \vee x_3)$，$C_4 = (x_1 \vee x_2 \vee x_3)$。$\phi$ 的一个可满足性赋值为 $\langle x_1 = 0, x_2 = 0, x_3 = 1 \rangle$。归约过程所产生的集合 S 包含了一些十进制数；按照从上往下的顺序，$S = \{1001001, 1000110, 100001, 101110, 10011, 11100, 1000, 2000, 100, 200, 10, 20, 1, 2\}$。目标 t 为 1114444。子集 $S' \subseteq S$ 在图中用浅阴影表示，它包含了 v'_1、v'_2 和 v'_3，对应于可满足性赋值。它还包含了松弛变量 s_1、s'_1、s'_2、s'_3、s_4 和 s'_4，以便由 C_1 到 C_4 所标记的数位上达到目标值 4

现在，我们来证明 3-CNF 公式 ϕ 是可满足的，当且仅当存在一个子集 $S' \subseteq S$，其元素之和为 t。首先，假设 ϕ 有一个可满足性赋值。对 $i = 1, 2, \cdots, n$，如果在此赋值中存在 $x_i = 1$，就将 v_i 包含在集合 S' 中。否则，就将 v'_i 包含在集合 S 中。换句话说，我们是把在可满足性赋值中，与值为 1 的文字对应的 v_i 和 v'_i 值包含在 S' 中。在对所有的 i 包含了 v_i 或 v'_i（两者取其一）之后，并且将所有由 s_j 和 s'_j 中的变量所标记的数位置 0 后，我们可以看出，对于每个由变量标记的数位，S' 中元素之和必为 1，这与目标 t 中的那些数位正好是匹配的。由于每个子句都是可满足的，故子句中必有某个文字的值为 1。于是，由一个子句所标记的每个数位都至少有一个 1，这一数据可以在 S' 元素的和值中，作为 v_i 或 v'_i 的值。事实上，在每个子句中，可能有 1、2 或 3 个文字的

⊖ 事实上，任何一个满足 $b \geqslant 7$ 的进制 b 都是可以的。这一节开头给出的实例是如图 34-19 所示的集合 S 和目标 t，它们是按照七进制来解释的，且 S 是按照排序顺序列出的。

值为 1，因此，根据 S' 中所包含的 v_i 或 v_i' 值的情况，每个由子句所标记的数位和为 1、2 或 3。例如，在图 34-19 中，在某一可满足性赋值中，文字 $\neg x_1$、$\neg x_2$ 和 x_3 的值为 1。子句 C_1 和 C_4 都恰包含这三个文字中的一个，因此，v_1'、v_2' 和 v_3 共同为 C_1 和 C_4 中数位的和值贡献了一个 1。子句 C_2 包含这些文字中的两个，因而，v_1'、v_2' 和 v_3 共同为 C_2 中数位的和值贡献了一个 2。子句 C_3 包含所有这三个文字，因而，v_1'、v_2' 和 v_3 共同为 C_3 中数位的和值贡献了一个 3。在每个由子句 C_j 所标记的数位中，通过将松弛变量 $\{s_j, s_j'\}$ 的一个非空子集包含进 S'，即可达到目标值 4。在图 34-19 中，S' 包含了 s_1、s_1'、s_2'、s_3、s_4 和 s_4'，由于我们已经在和值的所有数位中匹配了目标值，且不会发生进位，因此，S' 中元素的和值为 t。

接下来，假设有一个子集 $S' \subseteq S$，其元素之和为 t。对每一个 $i = 1, 2, \cdots, n$，子集 S' 必定恰好包含 v_i 和 v_i' 两者中的一个，否则，变量所标记的数位和就不会为 1。如果 $v_i \in S'$，就将 x_i 置 1。否则，$v_i' \subseteq S'$，就将 x_i 置 0。我们断言：对 $j = 1, 2, \cdots, k$，每个子句 C_j 可以通过此赋值得到满足。为了证明这一断言，注意到由于松弛变量 s_j 和 s_j' 合起来的贡献至多为 3，因此为了在 C_j 标记的数位中达到和值 4，子集 S' 必须至少包含 v_i 或 v_i' 值中的一个，使得 C_j 在标记的数位上有个 1。如果 S' 包含一个 v_i，它在 C_j 位置上有个 1，则文字 x_i 会出现在子句 C_j 中。当 $v_i \in S'$ 时，我们已将 x_i 置 1，因此，子句 C_j 是可满足的。如果 S' 包含一个 v_i' 且它在该位置上有个 1，则文字 $\neg x_i$ 会出现在子句 C_j 中。当 $v_i' \in S'$ 时，我们已将 x_i 置 0，因此，子句 C_j 再次被证明是可满足的。于是，ϕ 的所有子句都是可满足的，这样就完成了整个证明。 ■

练习

34.5-1 **子图同构问题**取两个无向图 G_1 和 G_2，要回答 G_1 是否与 G_2 的一个子图同构这一问题。证明：子图同构问题是 NP 完全的。

34.5-2 给定一个 $m \times n$ 的整数矩阵 A 和一个整型的 m 维向量 b，**0-1 整数规划问题**即研究是否有一个整型的 n 维向量 x，其元素取自集合 $\{0, 1\}$，满足 $Ax \leqslant b$。证明：0-1 整数规划问题是 NP 完全的。（提示：由 3-CNF-SAT 问题进行归约。） 1100

34.5-3 **整数线性规划问题**与练习 34.5-2 中给出的 0-1 整数规划十分相似，区别仅在于向量 x 的值可以取任何整数，而不仅是 0 或 1。假定 0-1 整数规划问题是 NP 难度的，证明：整数线性规划问题是 NP 完全的。

34.5-4 证明：如果目标值 t 表示成一元形式，试说明如何在多项式时间内解决子集和问题。

34.5-5 **集合划分问题**的输入为一个数字集合 S。问题是：这些数字是否能被划分成两个集合 A 和 $\overline{A} = S - A$，使得 $\sum_{x \in A} x = \sum_{x \in \overline{A}} x$。证明：集合划分问题是 NP 完全的。

34.5-6 证明：哈密顿路径问题是 NP 完全的。

34.5-7 **最长简单回路问题**是在一个图中，找出一个具有最大长度的简单回路（无重复的顶点）。证明：这个问题是 NP 完全的。

34.5-8 在**半 3-CNF 可满足性**中，给定一个 3-CNF 形式的公式 ϕ，它包含 n 个变量和 m 个子句，其中 m 是偶数。我们希望确定是否存在对 ϕ 中变量的一个真值赋值，使得 ϕ 中恰有一半的子句为 0，同时恰有另一半的子句为 1。证明：半 3-CNF 可满足性问题是 NP 完全的。

思考题

34-1 （**独立集**） 图 $G = (V, E)$ 的**独立集**是子集 $V' \subseteq V$，使得 E 中的每条边至多与 V' 中的一个顶点相关联。**独立集问题**是要找出 G 中具有最大规模的独立集。 1101

a. 给出与独立集问题相关的判定问题的形式化描述，并证明它是 NP 完全的。（提示：根据团问题进行归约。)

b. 假设给定一个"黑箱"子程序，用于解决(a)中定义的判定问题。试写出一个算法，以找出最大规模的独立集。所给出的算法的运行时间应该是关于 $|V|$ 和 $|E|$ 的多项式，其中查询黑箱的工作被看做是一步操作。

尽管独立集判定问题是 NP 完全的，但在特殊情况下，该问题是多项式时间可解的。

c. 当 G 中的每个顶点的度数均为 2 时，请给出一个有效的算法来求解独立集问题。分析该算法的运行时间，并证明算法的正确性。

d. 当 G 为二分图时，试给出一个有效的算法以求解独立集问题。分析算法的运行时间，并证明算法的正确性。(提示：利用 26.3 节中的结论。)

34-2 (Bonnie 和 Clyde)　Bonnie 和 Clyde 刚刚抢劫了一家银行。他们抢劫到一袋钱，并打算将钱分光。对于下面的每一种场景，都给出一个多项式时间算法，或者证明该问题是 NP 完全的。每一种情况下的输入是关于袋子里 n 件东西的一份清单，以及每一件东西的价值。

a. 袋子里共有 n 枚硬币，但只有两个不同的面值：一些面值 x 美元，一些面值 y 美元。Bonnie 和 Clyde 希望平分掉这笔钱。

b. 袋子里共有 n 枚硬币，它们有着任意数量的不同面值，但每一种面值都是 2 的非负整数次幂，即可能的面值为 1 美元、2 美元、4 美元等。他俩希望平分掉这笔钱。

c. 袋子里共有 n 张支票，十分巧合的是，这些支票恰好是支付给"Bonnie 或 Clyde"的。他俩希望平分掉这些支票，从而可以分得同样数目的钱。

d. 与(c)一样，袋子里共有 n 张支票，但这一次，他俩愿意接受这样的一种支票分配方案，两人所分得的钱数差距不大于 100 美元。

1102

34-3 (图的着色)　地图制造商想要使用尽可能少的颜色在一张地图上把不同的国家着色，前提是相邻的两国家不使用同一种颜色。我们构造如下的模型：对于无向图 $G=(V, E)$，图中的每个顶点代表一个城市，相邻的两个点所代表的城市也是相邻的。如此，一个无向图 $G=(V, E)$ 的 k 着色就是一个函数 $c: V \rightarrow \{1, 2, \cdots, k\}$，使得对每条边 $(u, v) \in E$，有 $c(u) \neq c(v)$。换句话说，数 $1, 2, \cdots, k$ 表示 k 种颜色，并且相邻顶点必须染上不同的颜色。图的着色问题就是确定要对某个给定图着色所必需的最少的颜色种类。

a. 写出一个有效的算法以判定一个图的 2 着色(如果存在)。

b. 把图的着色问题描述为一个判定问题。证明：该判定问题在多项式时间内可解，当且仅当图的着色问题在多项式时间内可解。

c. 设语言 3-COLOR 是能够进行三着色的图的集合。证明：如果 3-COLOR 是 NP 完全的，则(b)中的判定问题是 NP 完全的。

为了证明 3-COLOR 具有 NP 完全性，我们利用 3-CNF-SAT 来进行归约。给定一个由 m 个子句组成的关于 n 个变量 $x_1, x_2, \cdots, x_n$ 的公式 ϕ，构造图 $G=(V, E)$ 如下。对每个变量和每个变量的"非"，集合 V 分别包含一个顶点。对每个子句，V 包含 5 个顶点，另外，V 中还有三个特殊的顶点：TRUE、FALSE 和 RED。图的边分为两种类型：与子句无关的"文字"边和依赖于子句的"子句"边。对 $i=1, 2, \cdots, n$，文字边形成一个由特殊顶点构成的三角形，并且还形成了一个由 x_i、$\neg x_i$ 和 RED 构成的三角形。

d. 论证在对包含"文字"边的图的任意一个 3 着色 c 中，一个变量和它的"非"中恰好有一个被着色为 $c(\text{TRUE})$，另一个被着色为 $c(\text{FALSE})$。论证对于 ϕ 的任何真值赋值，对仅包含文字边的图都存在一种 3 着色。

图 34-20 所示的附件图用于实现对应于子句 $(x \vee y \vee z)$ 的条件。每个子句都要求图中

涂黑的 5 个顶点的一个副本，且此副本唯一。如图所示，它们把子句中的文字与特殊顶点 TRUE 相连。

e. 证明：如果 x、y 和 z 中每个顶点均着色为 $c(\text{TRUE})$ 或 $c(\text{FALSE})$，那么该附件图是 3 着色的，当且仅当 x、y 和 z 中至少有一个被着色为 $c(\text{TRUE})$。

f. 证明：3 着色问题是 NP 完全问题。

1103

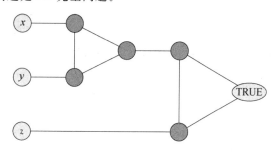

图 34-20　思考题 34-3 中用到的对应于子句 $(x \lor y \lor z)$ 的附件图

34-4 （带收益和完工期限的调度）　假设有一台机器和 n 项任务 a_1, a_2, $\cdots$, a_n。每项任务 a_j 在机器上都需要处理时间 t_j、利润 p_j 和完工期限 d_j。这台机器一次只能处理一项任务，而任务 a_j 必须不间断地运行 t_j 个连续时间单位。如果能赶在完工期限 d_j 之前完成任务 a_j，就能获取利润 p_j，但是，如果是在到期之后完成任务，就得不到任何利润。作为一个最优化问题，给定 n 项任务的处理时间、利润和完工期限，我们希望找出一种调度方案既能完成所有的任务，又能获取最大的利润。

a. 将这个问题表述为一个判定问题。

b. 证明：此判定问题是 NP 完全的。

c. 假定所有的处理时间都是从 $1\sim n$ 之间的整数，给出此判定问题的一个多项式时间算法。（提示：采用动态规划。）

d. 假定所有的处理时间都是 $1\sim n$ 之间的整数，给出此最优化问题的一个多项式时间算法。

本章注记

Garey 和 Johnson 撰写的书[129]中为学习 NP 完全性提供了很好的指南，书中详细地讨论了这一理论，并列出了一个目录，其中包括许多自 1979 年以来已知的 NP 完全问题。本章中定理 34.13 的证明就是参考该书，34.5 节开头给出的 NP 完全问题领域列表也是取自该书。Johnson 在 1981 年到 1992 年之间，在 *Journal of Algorithms* 上撰写了一系列（共 23 期）专栏文章，报告 NP 完全性方面的最新研究进展。Hopcroft、Motwani 和 Ullman[177]、Lewis 和 Papadimitriou [236]、Papadimitriou[270]以及 Sipser[317]在复杂性理论这一背景中，很好地处理了 NP 完全问题。Aho、Hopcroft、Ullman[5]、Dasgupta、Papadimitriou 和 Vazirani[82]也涉及了 NP 完全问题和一些归约问题。

1104

P 类是在 1964 年由 Cobham[72]、1965 年由 Edmonds[100]独立地提出的，后者还提出了 NP 类，并推测有 P≠NP。NP 完全性概念是在 1971 年由 Cook[75]提出的，他给出了公式可满足性问题和 3-CNF 可满足性问题的第一个 NP 完全性证明。Levin[234]独立地提出了这一概念，并给出了"铺瓷砖问题"的 NP 完全性证明。Karp[199]在 1972 年提出了归约方法，并总结了各种 NP 完全问题。在 Karp 的论文中，给出了对团问题、顶点覆盖问题、哈密顿回路问题的 NP 完全性的原创性证明。自此以后，许多问题继而被研究人员证明是 NP 完全的。在 1995 年庆祝 Karp 60 岁生日的聚会的谈话中，Papadimitriou 在发言中提到，"每年，大约有 6 000 篇论文在标题、摘要或关键词中有'NP完全'这一字眼。这一数字比有关'编译器'、'数据库'、'专家'、'神经网络'或'操作系统'这些术语中每一个的论文数量都要多。"

近来，复杂性理论方面的最新研究成果为计算近似解的复杂性问题带来了希望。这一方面的工作利用"概率意义下可检验的证明"这一概念，给出了 NP 的新定义。这一新的定义意味着对于诸如团、顶点覆盖、旅行商等带有三角不等式的问题，还有许多其他的问题，计算有效的近似解决方案是 NP 难度的，因而并不比计算最优解更容易。有关这一领域的介绍可以参见 Arora 的论文[20]；Arora 和 Lund 在 Hochbaum[172]中的一章；Arora[21]撰写的一篇综述性文章；一本由 Mayr、Prömel 和 Steger 编辑的书[246]；以及 Johnson 的一篇综述性文章[191]。

近 似 算 法

许多具有实际意义的问题都是 NP 完全问题。我们不知道如何在多项式时间内求得最优解。但是，这些问题通常十分重要，我们不能因此而放弃对它们的求解。即使一个问题是 NP 完全的，也有其解决方法。解决 NP 完全问题至少有三种方法：1)如果实际输入数据规模较小，则用指数级运行时间的算法就能很好地解决问题；2)对于一些能在多项式时间内解决的特殊情况，可以把它们单独列出来求解；3)可以寻找一些能够在多项式时间内得到近似最优解（near-optimal solution）的方法（最坏情况或平均情况）。在实际应用中，近似最优解一般都能满足要求。返回近似最优解的算法就称为**近似算法**（approximation algorithm）。本章主要介绍几个解决 NP 完全问题的多项式时间近似算法。

近似算法的性能比

假定我们在求解一个最优化问题，该问题的每个可能解都有正的代价，我们希望找出一个近似最优解。根据所要解决的问题，最优解可以定义成具有最大可能代价的解或具有最小可能代价的解。也就是说，该问题可能是最大化问题，也可能是最小化问题。

如果对规模为 n 的任意输入，近似算法所产生的近似解的代价 C 与最优解的代价 C^* 只差一个因子 $\rho(n)$：

$$\max\left(\frac{C}{C^*}, \frac{C^*}{C}\right) \leqslant \rho(n) \tag{35.1}$$

则称该近似算法有近似比 $\rho(n)$。如果一个算法的近似比达到 $\rho(n)$，则称该算法为 $\rho(n)$ 近似算法。近似比和 $\rho(n)$ 近似算法的定义对求最大化和最小化问题都适用。对于一个最大化的问题，C 与 C^* 满足 $0 < C \leqslant C^*$，比值 C^*/C 表示最优解代价大于近似解代价的倍数。类似地，对于一个最小化的问题，C 与 C^* 满足 $0 < C^* \leqslant C$，比值 C/C^* 表示近似解的代价大于最优解的代价的倍数。因为我们假定所有解的代价都是正的，故前面定义的比值都是良定义的。一个近似算法的近似比不会小于 1，因为 $C/C^* < 1$ 蕴涵着 $C^*/C > 1$。于是，一个 1 近似算法[⊖]产生的解是最优解，而一个近似比较大的近似算法可能会返回和最优解差很多的解。

对于很多问题，已经设计出具有较小的固定近似比的多项式时间近似算法。然而，对于另一些问题，在其已知的最佳多项式时间近似算法中，近似比是输入规模 n 的函数，随着 n 的变化而变化。35.3 节讨论的集合覆盖问题就属于这类问题。

一些 NP 完全问题可以采用特定的多项式时间近似算法求解，这些算法通过消耗更多的计算时间，可以得到不断缩小的近似比。也就是说，可以用更多的计算时间换取更小的近似比。35.5 节讨论的子集和问题就属于这类问题。这类问题非常重要，值得专门研究。

一个最优化问题的**近似模式**（approximation scheme）就是这样一种近似算法，它的输入除了该问题的实例外，还有一个值 $\varepsilon > 0$，使得对任何固定的 ε，该模式是一个 $(1+\varepsilon)$ 近似算法。对一个近似模式来说，如果对任何固定的 $\varepsilon > 0$，该模式都以其输入实例规模 n 的多项式时间运行，则称此模式为**多项式时间近似模式**。

随着 ε 的减小，多项式时间近似模式的运行时间可能会迅速增长。例如，一个多项式时间近似模式的运行时间复杂度可能达到 $O(n^{2/\varepsilon})$。在理想情况下，如果 ε 按一个常数因子减小，为

1106

⊖ 当近似比独立于 n 时，我们将使用"近似比 ρ"和"ρ 近似算法"等术语，以表示近似比与 n 无关。

了获得预期的近似效果，所增加的运行时间不应超过一个常数因子（尽管这两个常数因子不一定相同）。

对一个近似模式来说，如果其运行时间表达式既为 $1/\varepsilon$ 的多项式，又为输入实例规模 n 的多项式，则称其为**完全多项式时间近似模式**。例如，近似模式的运行时间可能是 $O((1/\varepsilon)^2 n^3)$。对于这样的模式，ε 的任意常数倍减少可以引起运行时间相应常数倍的增加。

本章概要

本章的前 4 节介绍一些解决 NP 完全问题的多项式时间近似算法的例子，第 5 节给出一个完全多项式时间近似模式。35.1 节以对顶点覆盖问题的研究开始。顶点覆盖问题是一个 NP 完全的最小化问题，其近似算法的近似比为 2。35.2 节研究了旅行商问题的特例，其代价函数要求满足三角不等式，给出了一个近似比为 2 的近似算法。这一节还证明了如果代价函数不满足三角不等式，则对任意常数 $\rho \geq 1$，不存在 ρ 近似算法，除非 P＝NP。35.3 节说明对集合覆盖问题，如何使用贪心方法设计一个有效的近似算法来获得一个覆盖，其代价在最差情况下比最优代价大对数倍。35.4 节给出另外两个近似算法。首先研究 3-CNF 可满足性问题的最优化形式，并给出一个简单的随机化算法，它给出的解具有预期的近似比 8/7。接着，分析顶点覆盖问题的一个带权值的变形，并说明如何利用线性规划方法设计一个 2 近似算法。最后，35.5 节给出子集和问题的一个完全多项式时间的近似模式。

35.1 顶点覆盖问题

在 34.5.2 节中，我们定义了顶点覆盖问题，并且证明了它是 NP 完全的。无向图 $G=(V, E)$ 的一个顶点覆盖是一个子集 $V' \subseteq V$，使得如果 (u, v) 是 G 的一条边，则 $u \in V'$，或者 $v \in V'$（也可能两者都成立）。一个顶点覆盖的规模是其中所包含的顶点数。

顶点覆盖问题的目标是在一个给定的无向图中，找出一个具有最小规模的顶点覆盖。我们称这样的一个顶点覆盖为**最优顶点覆盖**。顶点覆盖问题是一个 NP 完全判定问题的最优化形式。

虽然在一个图 G 中寻找最优顶点覆盖比较困难，但找出近似最优的顶点覆盖还是相对容易的。下面给出的近似算法以一个无向图 G 为输入，返回一个其规模保证不超过最优顶点覆盖规模 2 倍的顶点覆盖。

APPROX-VERTEX-COVER(G)

```
1   C=∅
2   E'=G. E
3   while E'≠∅
4       let (u,v) be an arbitrary edge of E'
5       C=C∪{u,v}
6       remove from E' every edge incident on either u or v
7   return C
```

图 35-1 用一个具体图演示了 APPROX-VERTEX-COVER 的操作过程。变量 C 包含了正在构造的顶点覆盖。第 1 行将 C 初始化为空集。第 2 行将 E' 置为图 G 的边集 $E[G]$ 的一个副本。第 3～6 行中的循环重复地从 E' 中任选出一条边 (u, v)，将某端点 u 和 v 加入 C，并删去 E' 中所有被 u 或 v 覆盖的边，直至 E' 为空。最后，第 7 行返回顶点覆盖 C。以邻接表来表示 E'，这个算法的运行时间为 $O(V+E)$。

定理 35.1 APPROX-VERTEX-COVER 是一个多项式时间的 2 近似算法。

证明 前面我们已经证明了 APPROX-VERTEX-COVER 的运行时间为多项式。

因为 APPROX-VERTEX-COVER 算法会一直循环计算，直到 $E[G]$ 中的每条边都被顶点集合 C 中的某个顶点覆盖为止，所以由 APPROX-VERTEX-COVER 返回的 C 是一个顶点覆盖。

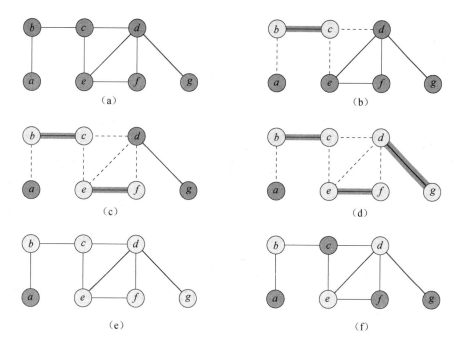

图 35-1 APPROX-VERTEX-COVER 的操作过程：(a)具有 7 个顶点和 8 条边的输入图 G。(b)以粗阴影线标记的边(b, c)是被 APPROX-VERTEX-COVER 所选择的第一条边。加了浅阴影的顶点 b 和 c 被加入集合 C，集合 C 包含了正被构造的顶点覆盖。以虚线示出的边(a, b)、(c, e) 和 (c, d) 被删除，因为现在它们被 C 中的某个顶点所覆盖。(c)边 (e, f) 被选中；顶点 e 和 f 被加到 C 中。(d)边 (d, g) 被选中，顶点 d 和 g 被加到 C 中。(e)集合 C 是由 APPROX-VERTEX-COVER 产生的近似最优顶点覆盖，它包含 6 顶点 b、c、d、e、f、g。(f)这个问题的最优顶点覆盖仅包含三个顶点：b、d 和 e

为了说明 APPROX-VERTEX-COVER 返回顶点覆盖的规模至多为最优覆盖的 2 倍，设 A 为 APPROX-VERTEX-COVER 算法中第 4 行选出的边集合。为了覆盖 A 中的边，任意一个顶点覆盖(特别是最优覆盖 C^*)都必须至少包含 A 中每条边的一个端点。如果一条边在第 4 行中被选中，那么在第 6 行就会从 E' 中删除所有与其端点关联的边。因此，A 中不存在两条边具有共同的端点，从而 A 中不会存在两条边由 C^* 中的同一顶点所覆盖。于是，最优顶点覆盖的规模下界如下：

$$|C^*| \geqslant |A| \qquad (35.2)$$

算法第 4 行的每一次执行都会挑选出一条边，其两个端点都不在 C 中，因此，所返回顶点覆盖的规模上界(实际上是一个上界)为：

$$|C| = 2|A| \qquad (35.3)$$

将式(35.2)和式(35.3)结合起来，有：

$$|C| = 2|A| \leqslant 2|C^*|$$

因此定理成立。　　　　　　　　　　　　　　　　　　　　　　　　　　　■

我们再来回顾一下上述证明过程。起初，我们可能会好奇，在不知道最优顶点覆盖的规模到底是多少的情况下，如何才能证明 APPROX-VERTEX-COVER 算法所返回顶点覆盖的规模至多为最优顶点覆盖规模的 2 倍。为此，我们巧妙地利用了最优顶点覆盖规模的一个下界，从而使证明过程不牵涉最优顶点覆盖的实际规模。正如练习 35.1-2 要求读者证明的，在 APPROX-VERTEX-COVER 第 4 行中挑选出来的边集 A 实际上是图 G 的一个极大匹配(所谓**极大匹配**是指这样的一种匹配，它不是任何其他匹配的真子集)。正如定理 35.1 的证明过程所述，一个极大匹配的规模是最优顶点覆盖规模的下界。APPROX-VERTEX-COVER 算法会返回一个顶点覆盖，其规模至多为最大匹配 A 的规模的 2 倍。通过将返回结果的规模与最优解的下界进行比较，我们得到了近似比。这种方法还会在后面几节中用到。

练习

35.1-1 给出一个图的例子，使得 APPROX-VERTEX-COVER 对该图总是产生次优解。

35.1-2 证明：APPROX-VERTEX-COVER 第 4 行挑选出来的边集是图 G 的一个极大匹配。

*35.1-3 Bündchen 教授提出了以下的启发式方法来解决顶点覆盖问题：重复选择度数最高的顶点，并去掉其所有邻接边。试举例证明 Bündchen 教授的启发式方法达不到近似比 2。（提示：可以考虑一个二分图，其中左图中顶点的度数一样，而右图中顶点的度数不一样。）

35.1-4 给出一个有效的贪心算法，使其能够在线性时间内找出一棵树的最优顶点覆盖。

35.1-5 通过定理 34.12 的证明，我们知道了顶点覆盖问题和 NP 完全的最大团问题在某种意义上来说是互补的，即最优顶点覆盖是补图中某个最大规模团的补。这种关系是否意味着存在一个多项式时间的近似算法，它对最大团问题有着固定的近似比？请给出回答，并予以证明。

35.2 旅行商问题

34.5.4 节介绍的旅行商问题中，输入是一个完全无向图 $G=(V, E)$，其中每条边 $(u, v) \in E$ 都有一个非负的整数代价 $c(u, v)$，我们希望找出 G 的一条具有最小代价的哈密顿回路。现在我们把前面所用的记号表示略作扩充，设 $c(A)$ 表示子集 $A \subseteq E$ 中所有边的总代价：

$$c(A) = \sum_{(u,v) \in A} c(u,v)$$

在很多实际情况中，从一个地方 u 直接到另一个地方 w 花费的代价总是最小的。如果一条路径经过了某个中转站，则它不可能具有比直接到达更小的代价。换句话说，去掉途中一个中转站绝不会使代价增加。将这种情况加以形式化，即如果对所有的顶点 u, v, $w \in V$，有：

$$c(u,w) \leqslant c(u,v) + c(v,w)$$

就称代价函数 c 满足三角不等式。

三角不等式是个很自然的不等式，许多应用都满足三角不等式。例如，如果图的顶点为平面上的点，并且在两个顶点间旅行的代价为它们之间的欧几里得距离（即两点间的线段距离），那么这种情况就满足三角不等式。除了欧几里得距离外，还有许多其他的代价函数能满足三角不等式。

如练习 35-22 所示，即使代价函数满足三角不等式，也不能改变旅行商问题的 NP 完全性。因此，不能寄希望于找到一个准确解决旅行商问题的多项式时间算法。相反，我们应该寻找一些好的近似算法。

35.2.1 节将讨论一个 2 近似算法，用于解决符合三角不等式的旅行商问题。35.2.2 节将证明如果旅行商问题不符合三角不等式，则不存在具有固定近似比的多项式时间近似算法，除非 $P=NP$。

35.2.1 满足三角不等式的旅行商问题

利用前一小节的方法，我们首先要计算出一个结构（即最小生成树），其权值是最优旅行商路线长度的下界。接着，要利用这一最小生成树来生成一条遍历线路，其代价不大于最小生成树权值的 2 倍，只要代价函数满足三角不等式即可。下面的算法实现了这一过程，该算法将 23.2 节

中的最小生成树算法 MST-PRIM 作为子程序加以调用。输入 G 是一个完全无向图。代价函数 c
满足三角不等式。

APPROX-TSP-TOUR(G,c)

1　select a verte $r \in G.V$ to be a "root" vertex
2　compute a minimum spanning tree T for G from root r
　　　using MST-PRIM(G,c,r)
3　let H be a list of vertices, ordered according to when they are first visited
　　　in a preorder tree walk of T
4　**return** the hamiltonian cycle H

1112

如 12.1 节所述，先序遍历会递归地访问树中的每个顶点，在第一次遇到某个顶点时（在访问
其孩子之前）就输出该顶点。

图 35-2 说明了 APPROX-TSP-TOUR 的操作过程。图 35-2(a)给出了一个完全无向图。
图 35-2(b)给出了一棵由 MST-PRIM 计算出来的最小生成树 T，其以顶点 a 为根结点。图 35-2(c)
给出了对 T 进行先序遍历时，各顶点的访问顺序。图 35-2(d)给出了由 APPROX-TSP-TOUR 返回
的旅行路线。图 35-2(e)给出了一个最优的旅行路线，它比图 35-2(d)中的旅行路线要短约 23%。

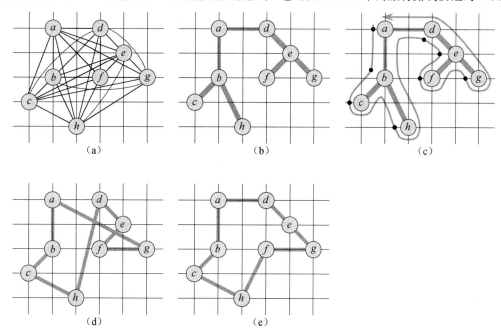

图 35-2　APPROX-TSP-TOUR 的操作过程。(a)给定一个完全无向图，其顶点位于整数网格线的交叉
　　　点处。例如，顶点 f 位于顶点 h 右边一个单位、上边两个单位处。此处采用普通的欧几里得
　　　距离作为两点间的代价函数。(b)在这些顶点的基础上，利用 MST-PRIM 计算得到的最小生
　　　成树 T。顶点 a 为根顶点。这里只显示出了位于 T 中的边。各顶点的标记方式使得它们恰好
　　　可以按字典顺序，由 MST-PRIM 加入到主树中。(c)从顶点 a 开始对 T 进行遍历。T 的一个
　　　完整遍历可按 a、b、c、b、h、b、a、d、e、f、e、g、e、d、a 的顺序访问各顶点。在对 T
　　　进行先序遍历时，只在第一次遇到一个顶点时，才将该顶点列出，从而得到访问顺序 a、b、
　　　c、h、d、e、f、g。(d)按先序遍历顺序访问各顶点时，所得到的顶点访问顺序，即由
　　　APPROX-TSP-TOUR 返回的旅行路线 H。其总代价约为 19.074。(e)原完全无向图的一个最
　　　优旅行路线 H^*，其总代价约为 14.715

1113

根据练习 23.2-2，即使是采用 MST-PRIM 的简单实现，APPROX-TSP-TOUR 的运行时间
也是 $\Theta(V^2)$。现在我们来证明：如果旅行商问题某一实例的代价函数满足三角不等式，则

APPROX-TSP-TOUR 所返回的旅行路线的代价不大于最优旅行路线代价的 2 倍。

定理 35.2 APPROX-TSP-TOUR 是一个用于解决满足三角不等式的旅行商问题的多项式时间 2 近似算法。

证明 前面已经证明了 APPROX-TSP-TOUR 的运行时间为多项式。

设 H^* 表示在给定顶点集合上的一个最优旅行路线。我们通过删除一个旅行路线中的任一条边而得到生成树,并且每条边的代价都是非负的。因此,由 APPROX-TSP-TOUR 第 2 行得到的最小生成树 T 的权值是最优旅行路线代价的一个下界:

$$c(T) \leqslant c(H^*) \tag{35.4}$$

对 T 进行**完全遍历**时,在初次访问一个顶点时输出该顶点,并且在访问一棵子树返回后输出该顶点。我们称这个遍历为 W。对例子中的树进行完全遍历,得到次序

$$a,b,c,b,h,b,a,d,e,f,e,g,e,d,a$$

因为该完全遍历恰经过了 T 的每条边两次,所以有(可以将代价 c 的定义加以自然的扩展,用以处理边集的情况):

$$c(W) = 2c(T) \tag{35.5}$$

由式(35.4)和式(35.5)得

$$c(W) \leqslant 2c(H^*) \tag{35.6}$$

即 W 的代价在最优旅行路线代价的 2 倍之内。

但是,W 一般来说不是一个旅行路线,因为它对于某些顶点的访问次数超过一次。然而,根据三角不等式,如果从 W 中去掉一次对任意顶点的访问,代价并不会增加。(如果在对顶点 u 和 w 的访问之间,从 W 中去掉顶点 v,所得的旅行路线顺序就指示了直接从 u 到 w。)反复应用这个操作,可以从 W 中将对每个顶点除第一次访问之外的其他各次访问去掉。在我们的例子中,这样的一个操作过程即可得旅行次序:

$$a,b,c,h,d,e,f,g$$

这个次序与对树 T 进行先序遍历所得的次序是一样的。设 H 为对应先序遍历的回路。它是个哈密顿回路,因为每个顶点仅被访问 次,并且它实际上是由 APPROX-TSP-TPUR 计算出来的回路。因为 H 是通过从完全遍历 W 中删除了某些顶点后得到的,所以有:

$$c(H) \leqslant c(W) \tag{35.7}$$

将不等式(35.6)和不等式(35.7)结合起来,则有 $c(H) \leqslant 2c(H^*)$,从而完成对本定理的证明。 ■

尽管定理 35-2 给出了很好的近似比,但在实践中,APPROX-TSP-TOUR 通常并不是解决旅行商问题的最佳选择。有些近似算法的实际性能要比 APPROX-TSP-TOUR 算法好得多(具体可见本章末的参考文献)。

35.2.2 一般旅行商问题

如果去掉关于代价函数 c 满足三角不等式的假设,则不可能在多项式时间内找到一个好的近似旅行路线,除非 P=NP。

定理 35.3 如果 P≠NP,则对任何常数 $\rho \geqslant 1$,一般旅行商问题不存在具有近似比为 ρ 的多项式时间近似算法。

证明 采用反证法证明。假设对某个数 $\rho \geqslant 1$,存在一个近似比为 ρ 的多项式时间近似算法 A。不失一般性,假定 ρ 是一个整数(必要的话,可以对其向上取整)。我们来说明如何在多项式时间内用 A 来解决哈密顿回路问题(其定义见 34.2 节)的各种实例。根据定理 34.13,哈密顿回路是 NP 完全问题,因而根据定理 34.4,如果能够在多项式时间内解决这个问题,必须满足 P=NP。

设 $G=(V, E)$ 为哈密顿回路问题的一个实例。我们希望利用假定的近似算法 A 来确定 G 是

否包含一个哈密顿回路。可将 G 转化为如下的一个旅行商问题的实例。设 $G' = (V, E')$ 为 V 上的完全图，也就是说，

$$E' = \{(u, v) : u, v \in V, \text{且 } u \neq v\}$$

再对 E' 中的每条边按如下方法赋以一个整数代价：

$$c(u, v) = \begin{cases} 1 & \text{如果}(u, v) \in E \\ \rho|V| + 1 & \text{其他} \end{cases}$$

G' 和 c 的表示可以在关于 $|V|$ 和 $|E|$ 多项式时间内由 G 构造出来。

现在来考虑旅行商问题 (G', c)。如果原图 G 中存在一条哈密顿回路 H，则代价函数 c 对 H 的每条边赋以代价 1，从而 (G', c) 中包含了一个代价为 $|V|$ 的旅行路线。另外，如果 G 中不包含一条哈密顿回路，那么 G' 的任意一个旅行路线必定要用到不在 E 中的某条边。但是，任意一个用到不在 E 中边的旅行路线的代价至少为

$$(\rho|V| + 1) + (|V| - 1) = \rho|V| + |V| > \rho|V|$$

因为不在 G 中的边的代价很大，故 G 中哈密顿回路的旅行路线代价(为 $|V|$)与任何其他旅行路线的代价(至少为 $\rho|V| + |V|$)之间相差至少为 $\rho|V|$。

现在，假定我们应用近似算法 A 来解决旅行商问题 (G', c)。因为 A 能保证其返回旅行路线的代价不超过一个最优旅行路线代价的 ρ 倍，如果 G 包含一条哈密顿回路，则 A 必定会返回满足上述要求的旅行路线。但是，如果 G 不包含哈密顿回路，则 A 就会返回一个代价大于 $\rho|V|$ 的旅行路线。所以，可以用算法 A 在多项式时间内解决哈密顿回路问题。　■

定理 35.3 的证明过程展示了一种通用技术，这种技术可以用来证明某一问题无法被很好地近似。假设给定一个 NP 难度的问题 X，我们可以在多项式时间内构造出一个最小化问题 Y，使得 X 的"yes"实例对应于值至多为 k(对于某个 k)的 Y 实例，而 X 的"no"实例对应于值大于 ρk 的 Y 实例。那么，我们就证明了除非有 P=NP，否则，问题 Y 不存在多项式时间的 ρ 近似算法。

练习

35.2-1　假设一个完全无向图 $G = (V, E)$ 至少含有三个顶点，其代价函数 c 满足三角不等式。证明：对所有的 $u, v \in V$，有 $c(u, v) \geqslant 0$。

35.2-2　说明如何才能在多项式时间内，将旅行商问题的一个实例转换为另一个代价函数满足三角不等式的实例。两个实例必须有相同的最优旅行路线。请解释为什么这种多项式时间的转换与定理 35.3 并不矛盾，假设 P≠NP。

35.2-3　考虑下述用于构造近似旅行商旅行路线(代价函数满足三角不等式)的**最近点启发式**：从只包含任意选择的某一顶点的平凡回路开始，在每一步中，找出一个顶点 u，它不在回路中，但到回路上任何顶点之间的距离最短。假设回路上距离 u 最近的顶点为 v，则将 u 插入到 v 之后，从而对回路加以扩展。重复这一过程，直到所有顶点都在回路上为止。证明：这一启发式方法返回的旅行路线总代价不超过最优旅行路线代价的 2 倍。

35.2-4　在瓶颈旅行商问题中，目标是找出这样的一条哈密顿回路，使得回路中代价最大的边的代价相对于其他回路来说最小。假设代价函数满足三角不等式，证明：这个问题存在一个近似比为 3 的多项式时间近似算法。(提示：如思考题 23-3 中讨论的那样，可以采用递归证明的方法，通过完全遍历瓶颈生成树及跳过某些顶点，可以恰好访问树中的每个顶点一次，但连续跳过的中间顶点不会多于两个。证明在瓶颈生成树中，最大的边代价不超过瓶颈哈密顿回路中最大的边代价。)

35.2-5　假设与旅行商问题一个实例对应的顶点是平面上的点，且代价 $c(u, v)$ 是点 u 和 v 之间的欧几里得距离。证明：一条最优旅行路线不会自我交叉。

1115

1116

35.3 集合覆盖问题

集合覆盖问题是一个最优化问题，它是许多资源分配问题的模型，其相应的判定问题是 NP 完全的顶点覆盖问题的推广，因而也是 NP 难问题。然而，用于解决顶点覆盖的近似算法并不适合解决集合覆盖问题，需要尝试其他方法。我们要讨论一种简单的具有对数近似比的贪心启发式方法，即随着实例规模的逐渐增大，相对于一个最优解的规模来说，近似解的规模可能相应增大。但是，由于对数函数增长很慢，这个近似算法仍然可以产生很有用的结果。

1117

集合覆盖问题的一个实例 $(X, \mathcal{F})$ 由一个有穷集 X 和一个 X 的子集族 $\mathcal{F}$ 构成，且 X 的每一个元素至少属于 F 中的一个子集：

$$X = \bigcup_{S \in \mathcal{F}} S$$

我们说一个子集 $S \in \mathcal{F}$ 覆盖了它的元素。这个问题是要找到一个最小规模子集 $\mathcal{C} \subseteq \mathcal{F}$，使其成员覆盖 X 的所有成员：

$$X = \bigcup_{S \in \mathcal{C}} S \qquad (35.8)$$

我们说任何满足等式(35.8)的 $\mathcal{C}$ 覆盖 X。图 35-3 说明了集合覆盖问题。$\mathcal{C}$ 的规模是指为它所包含的集合数，而不是这些集合中的元素数，因为每个覆盖 X 的子集 $\mathcal{C}$ 必定包含所有 $|X|$ 个元素。在图 35-3 中，最小集合覆盖的规模为 3。

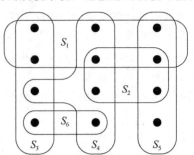

图 35-3 集合覆盖问题的一个实例 $(X, \mathcal{F})$，其中 X 包含 12 个黑点，$\mathcal{F} = \{S_1, S_2, S_3, S_4, S_5, S_6\}$。一个最小规模集合覆盖为 $\mathcal{C} = \{S_3, S_4, S_5\}$，其规模为 3。通过按序选择集合 S_1、S_4、S_5、S_3 或者 S_1、S_4、S_5、S_6，贪心算法产生了一个规模为 4 的覆盖

集合覆盖问题是对许多常见的组合问题的一种抽象。考虑一个简单的例子：假设 X 表示解决某一问题所需的技巧集合，另外，有一个给定的参与解决该问题的人员集合。我们希望组成一个人数尽可能少的委员会，使得对 X 中每种必需的技巧，委员会中都至少有一位成员掌握该技巧。在集合覆盖问题的判定版本中，我们想知道一个集合覆盖的规模是否至多为 k，其中 k 是在该问题实例中规定的另一个参数。集合覆盖问题的判定版本是 NP 完全的，练习 35.3-2 要求读者证明这一点。

1118

一个贪心近似算法

该贪心方法在每一次循环中，都会选择出能覆盖最多尚未被覆盖元素的集合 S。

GREEDY-SET-COVER$(X, \mathcal{F})$

1　$U = X$
2　$\mathcal{C} = \varnothing$
3　**while** $U \neq \varnothing$
4　　select an $S \in \mathcal{F}$ that maximizes $|S \cap U|$
5　　$U = U - S$
6　　$\mathcal{C} = \mathcal{C} \cup \{S\}$
7　**return** $\mathcal{C}$

在图 35-3 的例子中，GREEDY-SET-COVER 按序将集合 S_1、S_4、S_5，以及 S_3 或 S_6 中的任意一个加入到 $\mathcal{C}$ 中。

这个算法的工作过程如下：在每个阶段，集合 U 包含余下的未被覆盖的元素构成的集合；集合 $\mathcal{C}$ 包含正在被构造的覆盖。第 4 行是贪心决策步骤，即选出一个子集 S，使它能覆盖尽可能多的未被覆盖的元素(如果有两个子集覆盖了同样多元素，可以任意选择其中之一)。在 S 被选出后，第 5 行将其所含元素从 U 中去掉，第 6 行将 S 加入 $\mathcal{C}$。当算法终止时，集合 $\mathcal{C}$ 包含一个覆

盖 X 的 $\mathcal{F}$ 的子族。

很容易实现算法 GREEDY-SET-COVER，使其以 $|X|$ 和 $|\mathcal{F}|$ 的多项式时间运行。因为第 3～6 行间循环的迭代次数至多为 $\min(|X|, |\mathcal{F}|)$，而且可以将循环体实现以时间 $O(|X||\mathcal{F}|)$ 运行，故存在一个运行时间为 $O(|X||\mathcal{F}|\min(|X|, |\mathcal{F}|))$ 的实现。练习 35.3-3 要求读者给出一个线性时间的算法。

算法分析

下面来证明上述贪心算法可以返回一个比最优集合覆盖大不了很多的集合覆盖。为方便起见，在本章中，我们用 $H(d)$ 来表示第 d 级调和数 $H_d = \sum_{i=1}^{d} 1/i$（见 A.1 节）。作为一个边界条件，定义 $H(0)=0$。

定理 35.4 GREEDY-SET-COVER 是一个多项式时间的 $\rho(n)$ 近似算法，其中：
$$\rho(n) = H(\max\{|S|: S \in \mathcal{F}\})$$

证明 我们已经证明了 GREEDY-SET-COVER 以多项式时间运行。 |1119|

为了证明 GREEDY-SET-COVER 是一个 $\rho(n)$ 近似算法，对每一个由该算法选出的集合赋予代价 1，并将这一代价平均分配给被初次覆盖的元素，再利用这些代价导出一个最优集合覆盖 $\mathcal{C}^*$ 的规模和由该算法返回的集合覆盖 $\mathcal{C}$ 的规模之间的关系。设 S_i 表示由 GREEDY-SET-COVER 所选出的第 i 个子集；在将 S_i 加入 $\mathcal{C}$ 中时要产生代价 1。将这个选择 S_i 时产生的代价平均分配给首次被 S_i 覆盖的元素。对 $x \in X$，设 c_x 表示分配给元素 x 的代价。对每一个元素只分配一次代价，即仅当它被首次覆盖时分配代价。如果 x 首次被 S_i 覆盖，那么
$$c_x = \frac{1}{|S_i - (S_1 \cup S_2 \cup \cdots \cup S_{i-1})|}$$

在算法的每一步中，要分配 1 个单位的代价，因此，
$$|\mathcal{C}| = \sum_{x \in X} c_x \tag{35.9}$$

由于每一个 $x \in X$ 都至少在最优覆盖 $\mathcal{C}^*$ 中的一个集合内，因此，
$$\sum_{S \in \mathcal{C}^*} \sum_{x \in S} c_x \geqslant \sum_{x \in X} c_x \tag{35.10}$$

将式 (35.9) 和式 (35.10) 组合起来，有：
$$|\mathcal{C}| \leqslant \sum_{S \in \mathcal{C}^*} \sum_{x \in S} c_x \tag{35.11}$$

余下的证明关键在于下面的不等式，我们稍后将对它进行证明。对属于族 $\mathcal{F}$ 的任何集合 S，
$$\sum_{x \in S} c_x \leqslant H(|S|) \tag{35.12}$$

根据不等式 (35.11) 和 (35.12)，可得
$$|\mathcal{C}| \leqslant \sum_{S \in \mathcal{C}^*} H(|S|) \leqslant |\mathcal{C}^*| \cdot H(\max\{|S|: S \in \mathcal{F}\})$$

因而定理成立。

下面来证明不等式 (35.12)。对任意的集合 $S \in \mathcal{F}$ 和 $i = 1, 2, \cdots, |\mathcal{C}|$，设
$$u_i = |S - (S_1 \cup S_2 \cup \cdots \cup S_i)|$$

为 $S_1, S_2, S_3, \cdots, S_i$ 被该算法选出之后，S 中余下的未被覆盖的元素个数。定义 $u_0 = |S|$ 为 S |1120| 中元素（开始时它们都未被覆盖）的个数。设 k 为满足 $u_k = 0$ 的最小下标，使得 S 的每个元素至少被集合 $S_1, S_2, \cdots, S_k$ 中的一个所覆盖，并且 S 中的某个元素未被 $S_1 \cup S_2 \cup \cdots \cup S_{k-1}$ 所覆盖。这样，对 $i = 1, 2, \cdots, k$，$u_{i-1} \geqslant u_i$，且 S 中共有 $u_{i-1} - u_i$ 个元素首次被 S_i 所覆盖。于是有
$$\sum_{x \in S} c_x = \sum_{i=1}^{k} (u_{i-1} - u_i) \cdot \frac{1}{|S_i - (S_1 \cup S_2 \cup \cdots \cup S_{i-1})|}$$

注意到

$$|S_i - (S_1 \cup S_2 \cup \cdots \cup S_{i-1})| \geqslant |S - (S_1 \cup S_2 \cup \cdots \cup S_{i-1})| = u_{i-1}$$

这是因为对 S_i 的贪心选择保证了 S 不可能比 S_i 覆盖更多的新的元素（否则，选出的就会是 S，而不是 S_i）。由此可得

$$\sum_{x \in S} c_x \leqslant \sum_{i=1}^{k} (u_{i-1} - u_i) \cdot \frac{1}{u_{i-1}}$$

下面的公式给出这个量的界：

$$
\begin{aligned}
\sum_{x \in S} c_x &\leqslant \sum_{i=1}^{k} (u_{i-1} - u_i) \cdot \frac{1}{u_{i-1}} \\
&= \sum_{i=1}^{k} \sum_{j=u_i+1}^{u_{i-1}} \frac{1}{u_{i-1}} \\
&\leqslant \sum_{i=1}^{k} \sum_{j=u_i+1}^{u_{i-1}} \frac{1}{j} \qquad \text{（因为 } j \leqslant u_{i-1}\text{）} \\
&= \sum_{i=1}^{k} \left(\sum_{j=1}^{u_{i-1}} \frac{1}{j} - \sum_{j=1}^{u_i} \frac{1}{j} \right) \\
&= \sum_{i=1}^{k} (H(u_{i-1}) - H(u_i)) \\
&= H(u_0) - H(u_k) \qquad \text{（根据裂项相消和）} \\
&= H(u_0) - H(0) \\
&= H(u_0) \qquad \text{（因为 } H(0) = 0\text{）} \\
&= H(|S|)
\end{aligned}
$$

从而完成了对不等式(35.12)的证明。

推论 35.5 GREEDY-SET-COVER 是一个多项式时间的 $(\ln|X|+1)$ 近似算法。 ∎

证明 利用不等式(A.14)和定理 35.4 即可证明。 ∎

在某些应用中，$\max\{|S|, S \in \mathcal{F}\}$ 是一个较小的常数。在这种情况下，由 GREEDY-SET-COVER 返回的解至多比最优解大一个很小的常数倍。例如，对一个顶点度至多为 3 的图来说，当利用这种启发式方法获取其近似顶点覆盖时，这种方法就有应用价值。在这种情况下，由 GREEDY-SET-COVER 找出的近似解不大于一个最优解的 $H(3) = 11/6$ 倍，这个近似比 APPROX-VERTEX-COVER 的略好一些。

练习

35.3-1 将以下每一个单词都看做字母集合：$\{$arid, dash, drain, heard, lost, nose, shun, slate, snare, thread$\}$。当出现有两个集合可供选择的情况时，如果倾向于优先选择在词典中先出现的单词，则 GREEDY-SET-COVER 会产生怎样的集合覆盖。

35.3-2 通过由顶点覆盖问题对其进行归约，证明：集合覆盖问题的判定版本是 NP 完全的。

35.3-3 说明如何实现 GREEDY-SET-COVER，使其运行时间为 $O\left(\sum_{S \in \mathcal{F}} |S| \right)$。

35.3-4 下面给出的是定理 35.4 的较弱形式，证明其正确性：

$$|\mathcal{C}| \leqslant |\mathcal{C}^*| \max\{|S| : S \in \mathcal{F}\}$$

35.3-5 GREEDY-SET-COVER 可以返回许多不同的解，具体取决于在第 4 行中如何打破"平局"。给出过程 BAD-SET-COVER-INSTANCE(n)，用于返回集合覆盖问题的一个 n 元素实例，在该过程中，通过选择第 4 行中打破平局的方法，GREEDY-SET-COVER 可以返回不同数量的解，为 n 的指数。

35.4 随机化和线性规划

本节主要研究两种在设计近似算法时非常有用的技术：随机化和线性规划。我们要给出 3-CNF可满足性问题最优化版本的一个随机化算法，还要利用线性规划，为顶点覆盖问题的一个带权版本设计近似算法。本节只是简单地介绍了这两种极为有用的技术，"本章注记"中给出了有关这两个领域的进一步参考文献。

解决 MAX-3-CNF 可满足性问题的一个随机化近似算法

正如可以计算出准确解的随机算法一样，一些随机化算法也可用于计算近似解。如果某一问题的随机化算法满足对任何规模为 n 的输入，该随机化算法所产生的解的期望代价 C 在最优解的代价 C^* 的一个因子 $\rho(n)$ 之内：

$$\max\left(\frac{C}{C^*}, \frac{C^*}{C}\right) \leqslant \rho(n) \tag{35.13}$$

则称该随机算法具有近似比 $\rho(n)$。

能达到近似比 $\rho(n)$ 的随机化算法也称为**随机化的 $\boldsymbol{\rho(n)}$ 近似算法**。随机化的近似算法类似于确定型的算法，只是其近似比为一个期望值。

如在 34.4 节中定义的那样，3-CNF 可满足性问题的一个特定实例可能是可满足的，也可能不是。为了使其可满足，必须找到一种对变量的赋值，使得每个子句的计算结果都为 1。如果某个实例是不可满足的，我们希望计算一下它离"可满足"还差多少，也就是说，我们希望找出变量的一种赋值，使得有尽可能多的子句得到满足。这种最大化问题称为 MAX-3-CNF 可满足性问题。MAX-3-CNF 可满足性问题的输入与 3-CNF 可满足性问题的输入是一样的，目标是返回变量的一种赋值，它最大化计算结果为 1 的子句的数量。下面来证明以 1/2 的概率随机将每个变量设置为 1，以 1/2 概率随机将每个变量设置为 0，即可得到随机化的 8/7 近似算法。根据 34.4 节中 3-CNF 可满足性的定义，要求每个子句都恰包含 3 个不同的文字。进一步假设所有的子句都不会既包含一个变量，又包含其否定形式。（练习 35.4-1 要求读者去掉这个假设。）

1123

定理 35.6 给定 MAX-3-CNF 可满足性问题的一个实例，它有 n 个变量 x_1，x_2，…，x_n 和 m 个子句，以 1/2 概率独立地将每个变量设置为 1 并以 1/2 概率独立地将每个变量设置为 0 的随机化近似算法是一个随机化的 8/7 近似算法。

证明 假设我们已经以 1/2 概率独立地将每个变量设置为 1，以 1/2 概率独立地将每个变量设置为 0。对 $i=1$，2，…，m，定义指示器随机变量

$$Y_i = I\{\text{子句 } i \text{ 被满足}\}$$

因此，只要第 i 个子句的变量中至少有一个已被置为 1，就有 $Y_i = 1$。由于在同一个子句中，任何一个文字的出现次数都不会多于一次，又由于我们已经假设同一子句中不会同时出现一个变量及其否定形式，故每个子句中三个文字的设置都是互相独立的。对于一个子句来说，只有当它的三个文字都被置为 0 时，才不会被满足，因此，$\Pr\{$子句 i 不被满足$\} = (1/2)^3 = 1/8$。于是，$\Pr\{$子句 i 被满足$\} = 1-1/8 = 7/8$。根据引理 5.1，$\mathrm{E}[Y_i] = 7/8$。设 Y 为得到满足的子句的总数，则有 $Y = Y_1 + Y_2 + \cdots + Y_m$。于是，有：

$$\mathrm{E}[Y] = \mathrm{E}\left[\sum_{i=1}^{m} Y_i\right]$$

$$= \sum_{i=1}^{m} \mathrm{E}[Y_i] \quad \text{（根据期望的线性性）}$$

$$= \sum_{i=1}^{m} 7/8 = 7m/8$$

显然，m 是得到满足的子句数量的上界，因而，近似比至多为 $m/(7m/8)=8/7$。 ∎

利用线性规划来近似求解带权顶点覆盖问题

在**最小权值顶点覆盖问题**中，给定一个无向图 $G=(V,E)$，其中每个顶点 $v\in V$ 都有一个正的权值 $w(v)$。对任意顶点覆盖 $V'\subseteq V$，定义该顶点覆盖的权为 $w(V')=\sum_{v\in V'}w(v)$。目标是找出一个具有最小权值的顶点覆盖。

对于这个问题，不能直接采用面向无权顶点覆盖的算法，也不能采用随机化的解决方案，因为这两种方法给出的解可能远非最优。但是，对于最小权值顶点覆盖，我们将利用线性规划技术，计算出其权值的一个下界。然后，对计算出来的结果进行"舍入"，并利用得到的结果来获得顶点覆盖。

假设对每个顶点 $v\in V$，都安排一个变量 $x(v)$ 与之关联，并且，要求对每个 $v\in V$，有 $x(v)$ 等于 0 或 1。将 v 加入顶点覆盖，当且仅当 $x(v)=1$。那么，我们可以写出这样一条约束：对于任意边 (u,v)，u 和 v 之中至少有一个必须在顶点覆盖中，即 $x(u)+x(v)\geqslant 1$。这样一来，就引出下述用于寻找最小权值顶点覆盖的 **0-1 整数规划**：

$$\text{minimize} \quad \sum_{v\in V}w(v)x(v) \tag{35.14}$$

条件是

$$x(u)+x(v)\geqslant 1, (u,v)\in E \tag{35.15}$$

$$x(v)\in\{0,1\}, v\in V \tag{35.16}$$

在特殊情况下，所有权重 $w(v)$ 等于 1，这个公式是 NP 难的顶点覆盖问题的最优化版本。假设去掉了 $x(v)\in\{0,1\}$ 这一限制，并代之以 $0\leqslant x(v)\leqslant 1$，就可以得到如下线性规划，称为**线性规划松弛**：

$$\text{minimize} \quad \sum_{v\in V}w(v)x(v) \tag{35.17}$$

约束是

$$x(u)+x(v)\geqslant 1 \quad ,其中 (u,v)\in E \tag{35.18}$$

$$x(v)\leqslant 1 \quad ,其中 v\in V \tag{35.19}$$

$$x(v)\geqslant 0 \quad ,其中 v\in V \tag{35.20}$$

式(35.14)～(35.16)中 0-1 整数规划的任意可行解也是式(35.17)～(35.20)中线性规划的一个可行解。于是，线性规划的最优解是 0-1 整数规划最优解的下界，从而也是最小权值顶点覆盖问题最优解的下界。

下面的过程利用上述线性规划松弛的解，来构造最小权值顶点覆盖问题的一个近似解。

```
APPROX-MIN-WEIGHT-VC(G,w)
1  C=∅
2  compute x̄, an optimal solution to the linear program in lines(35.17)−(35.20)
3  for each v∈V
4      if x̄(v)⩾1/2
5          C=C∪{v}
6  return C
```

APPROX-MIN-WEIGHT-VC 的工作过程如下。第 1 行将顶点覆盖初始化为空。第 2 行形成式(35.17)～(35.20)中的线性规划，然后求解这一线性规划。最优解要给每个顶点 v 赋一个相关的值 $\bar{x}(v)$，其中 $0\leqslant\bar{x}(v)\leqslant 1$。在第 3～5 行中，利用这一值来确定该选择哪些顶点加入顶点覆盖 C 中。如果 $\bar{x}(v)\geqslant 1/2$，则将 v 加入 C 中；否则，不将其加入。实际上，我们对线性规划的解中将每个带小数的变量"四舍五入"成 0 或 1，从而求得式(35.14)～(35.16)中 0-1 整数规划的解。

最后，第 6 行返回顶点覆盖 C。

定理 35.7 算法 APPROX-MIN-WEIGHT-VC 是求解最小权值顶点覆盖问题的一个多项式时间的 2 近似算法。

证明 因为在第 2 行中，调用了一个多项式时间算法来求解线性规划，并且第 3~5 行中的 **for** 循环以多项式时间运行，因而 APPROX-MIN-WEIGHT-VC 是一个多项式时间的算法。

下面来证明 APPROX-MIN-WEIGHT-VC 是一个 2 近似算法。设 C^* 是最小权值顶点覆盖问题的一个最优解，并设 z^* 为式 (35.17)~(35.20) 中线性规划的一个最优解。由于最优的顶点覆盖也是该线性规划的可行解，因此，z^* 必定是 $w(C^*)$ 的一个下界，即

$$z^* \leqslant w(C^*) \tag{35.21}$$

接下来，我们断言：通过对变量 $\bar{x}(v)$ 的小数部分进行舍入，可以得到一个顶点覆盖 C，满足 $w(C) \leqslant 2z^*$。为了证明 C 是一个顶点覆盖，考虑任意边 $(u, v) \in E$。根据约束 (35.18)，$x(u) + x(v) \geqslant 1$，这意味着在 $\bar{x}(u)$ 和 $\bar{x}(v)$ 中，至少有一个其值至少为 1/2。因此，u 和 v 中至少有一个将被加入到顶点覆盖中，因而每一条边都将被覆盖。

下面考虑覆盖的权值，有：

$$z^* = \sum_{v \in V} w(v)\bar{x}(v) \geqslant \sum_{v \in V: \bar{x}(v) \geqslant 1/2} w(v)\bar{x}(v) \geqslant \sum_{v \in V: \bar{x}(v) \geqslant 1/2} w(v) \cdot \frac{1}{2}$$

$$= \sum_{v \in C} w(v) \cdot \frac{1}{2} = \frac{1}{2} \sum_{v \in C} w(v) = \frac{1}{2} w(C) \tag{35.22}$$

将不等式 (35.21) 和 (35.22) 结合起来，有：

$$w(C) \leqslant 2z^* \leqslant 2w(C^*)$$

因此 APPROX-MIN-WEIGHT-VC 是一个 2 近似算法。 ∎

练习

35.4-1 证明：即使允许一个子句既包含变量又包含其否定形式，将每个变量随机地以概率 1/2 设置为 1 和以概率 1/2 设置为 0，它仍然是一个随机化的 8/7 近似算法。

35.4-2 **MAX-CNF 可满足性问题**与 MAX-3-CNF 可满足性问题类似，只是它并不要求每个子句都恰包含 3 个文字。对 MAX-CNF 可满足性问题，给出它的一个随机化的 2 近似算法。

35.4-3 在 MAX-CUT 问题中，给定一个无权无向图 $G = (V, E)$。如在第 23 章中一样，定义一个割 $(S, V-S)$，并定义一个割的**权**为通过该割的边数。问题的目标是找出一个具有最大权值的割。假设对每个顶点 v，随机且独立地将 v 以概率 1/2 置入 S 中，以概率 1/2 置入 $V-S$ 中。证明：这个算法是一个随机化的 2 近似算法。

35.4-4 证明：式 (35.19) 中的约束是多余的，意即，如果将它们从式 (35.17)~(35.20) 间的线性规划中去掉，所得到线性规划的任何最优解必定满足对每个 $v \in V$，$x(v) \leqslant 1$。

35.5 子集和问题

子集和问题的一个实例是一个对 (S, t)，其中 S 是一个正整数的集合 $\{x_1, x_2, \cdots, x_n\}$，$t$ 是一个正整数。这个判定问题是判定是否存在 S 的一个子集，使得其中的数加起来恰为目标值 t。这个问题是 NP 完全的 (见 34.5.5 节)。

与此判定问题相联系的最优化问题常常出现于实际应用中。在这种最优化问题中，希望找到 $\{x_1, x_2, \cdots, x_n\}$ 的一个子集，使其中元素相加之和尽可能的大，但不能大于 t。例如，假设我们有一辆能装不多于 t 磅重的货的卡车，并有 n 个不同的盒子要装运，其中第 i 个的重量为 x_i 磅。我们希望在不超过重量极限的前提下，将货尽可能地装满卡车。

在这一节里，我们先给出解决这个最优化问题的一个指数时间算法，然后说明如何来修改

算法，使之成为一个完全多项式时间的近似模式。(一个完全多项式时间近似模式的运行时间为 $1/\varepsilon$，也是输入规模的多项式。)

一个指数时间的准确算法

假设对 S 的每个子集 S'，都计算出 S' 中所有元素的和。接着，在所有元素和不超过 t 的子集中，选择其和最接近 t 的子集。显然，这一算法将返回最优解，但它可能需要指数级的时间。为了实现这个算法，可以采用一种迭代过程：在第 i 轮迭代中，计算 $\{x_1, x_2, \cdots, x_i\}$ 所有子集的和，计算的基础是 $\{x_1, x_2, \cdots, x_{i-1}\}$ 的所有子集的和。在这个计算过程中，一旦某个特定子集 S' 的和超过了 t，就没有必要再对它进行处理，因为 S' 的超集不会成为最优解。下面给出这一策略的实现。

过程 EXACT-SUBSET-SUM 的输入为一个集合 $S=\{x_1, x_2, \cdots, x_n\}$ 和一个目标值 t，其伪代码接下来给出。这个过程以迭代的方式计算列表 L_i，其中列出了 $\{x_1, x_2, \cdots, x_i\}$ 的所有子集的和，这些和值都不超过目标值 t，接着，它返回 L_n 中的最大值。

设 L 是一个由正整数构成的列表，x 是一个正整数，我们用 $L+x$ 来表示通过对 L 中每个元素增加 x 而生成的整数列表。例如，如果 $L=\langle 1, 2, 3, 5, 9 \rangle$，则 $L+2=\langle 3, 4, 5, 7, 11 \rangle$。我们对集合也应用这个记号，因而

$$S+x = \{s+x : s \in S\}$$

我们还用到了一个辅助过程 MERGE-LISTS(L, L')，返回对其两个已排序的输入列表 L 和 L' 合并及删除重复值后所产生的排序列表。像在归并排序中用到的 MERGE 过程一样(见 2.3.1 节)，MERGE-LISTS 的运行时间为 $O(|L| + |L'|)$(这里省略 MERGE-LISTS 的伪代码)。

EXACT-SUBSET-SUM(S,t)

1 $n=|S|$
2 $L_0=\langle 0 \rangle$
3 **for** $i=1$ **to** n
4    $L_i=$MERGE-LISTS$(L_{i-1}, L_{i-1}+x_i)$
5   remove from L_i every element that is greater than t
6 **return** the largest element in L_n

为了搞清楚 EXACT-SUBSET-SUM 的工作过程，设 P_i 表示通过选择 $\{x_1, x_2, \cdots, x_i\}$ 的任意一个(可能为空的)子集并对其成员求和而获得的所有值的集合。例如，如果 $S=\{1, 4, 5\}$，则

$$P_1 = \{0,1\}$$
$$P_2 = \{0,1,4,5\}$$
$$P_3 = \{0,1,4,5,6,9,10\}$$

给定等式

$$P_i = P_{i-1} \bigcup (P_{i-1} + x_i) \tag{35.23}$$

可以通过对 i 的归纳(见练习 35.5-1)来证明表 L_i 是一个包含 P_i 中的所有值不大于 t 的元素的有序表。因为 L_i 的长度可达到 2^i，一般来说 EXACT-SUBSET-SUM 是一个指数时间的算法。在 t 为 $|S|$ 的多项式或 S 中的所有成员均有 $|S|$ 的一个多项式限界的特殊情况下，EXACT-SUBSET-SUM 是一个多项式时间算法。

一个完全多项式时间近似模式

对子集和问题，我们可以通过在每个列表 L_i 被创建后，对它进行"修整"，来导出一个完全多项式时间的近似模式。具体的思想是，如果 L 中的两个值比较接近，那么，出于寻找近似解的目的，不需要同时保存这两个数。更准确地说，我们采用一个修整参数 $\delta(0<\delta<1)$，按 δ 来**修整**一个列表 L 是以这样一种方式从 L 中去除尽可能多的元素：如果 L' 为修整 L 后的结果，则对从 L 中去除的每个元素 y，都存在一个仍在 L' 中的、近似 y 的元素 z，使得：

$$\frac{y}{1+\delta} \leqslant z \leqslant y \tag{35.24}$$

在新表 L' 中可以用这样的一个 z 来"代表"y。每个 y 都由一个满足不等式(35.24)的 z 来代表。例如，如果 $\delta = 0.1$，且

$$L = \langle 10, 11, 12, 15, 20, 21, 22, 23, 24, 29 \rangle$$

则可以通过修整 L 得到

$$L' = \langle 10, 12, 15, 20, 23, 29 \rangle$$

其中被删除的值 11 由 10 来代表，被删除的值 21 和 22 由 20 代表，被删除的值 24 由 23 代表。由于表的修整版本中的元素都是原表的元素，因此对一个表加以修整后，可以大大减少表中的元素，同时还可以在表中为每个从中删除的元素保留一个与其很接近的(且略小一些的)代表值。

下面给出的过程在给定 L 和 δ 的情况下，在时间 $\Theta(m)$ 内修整一个输入表 $L = \langle y_1, y_2, \cdots, y_m \rangle$，假定 L 已排成单调递增序。该过程的输出是一个修整过的有序表。

```
TRIM(L, δ)
1  let m be the length of L
2  L' = ⟨y₁⟩
3  last = y₁
4  for i = 2 to m
5      if yᵢ > last . (1+δ)     // yᵢ ≥ last because L is sorted
6          append yᵢ onto the end of L'
7          last = yᵢ
8  return L'
```

该过程按照单调递增次序扫描 L 中的元素，对于其中每个元素，若它是 L 的第一个元素，或者它不能由最近被放入 L' 中的数来代表，则它被加入返回的列表 L' 中。

给定过程 TRIM 后，可以按照如下方法构造近似模式。这个过程的输入为包含 n 个整数的集合 $S = \{x_1, x_2, \cdots, x_n\}$(以任意次序放置)、目标整数 t 和"近似参数"ε，其中

$$0 < \varepsilon < 1 \tag{35.25}$$

它返回一个值 z，该值在最优解的 $1 + \varepsilon$ 倍内。

1130

```
APPROX-SUBSET-SUM(S, t, ε)
1  n = |S|
2  L₀ = ⟨0⟩
3  for i = 1 to n
4      Lᵢ = MERGE-LISTS(Lᵢ₋₁, Lᵢ₋₁ + xᵢ)
5      Lᵢ = TRIM(Lᵢ, ε/2n)
6      remove from Lᵢ every element that is greater than t
7  let z* be the largest value in Lₙ
8  return z*
```

第 2 行将表 L_0 初始化为仅包含元素 0 的表。第 3～6 行中 **for** 循环计算有序表 L_i，L_i 是包含集合 P_i 的一个适当修整版本(去掉了所有大于 t 的元素)。因为 L_i 是从 L_{i-1} 构造出来的，故必须保证重复的修整不会引入太多的复合不精确性。下面将看到 APPROX-SUBSET-SUM 返回一个正确的近似(如果存在)。

考虑一个例子，假设有实例

$$S = \langle 104, 102, 201, 101 \rangle$$

且 $t = 308$，$\varepsilon = 0.40$。修整参数 δ 为 $\varepsilon/8 = 0.05$。APPROX-SUBSET-SUM 在所指示的各行上计算出如下值：

第 2 行：$L_0 = \langle 0 \rangle$

第 4 行：$L_1 = \langle 0, 104 \rangle$

第 5 行：$L_1 = \langle 0, 104 \rangle$

第 6 行：$L_1 = \langle 0, 104 \rangle$

第 4 行：$L_2 = \langle 0, 102, 104, 206 \rangle$

第 5 行：$L_2 = \langle 0, 102, 206 \rangle$

第 6 行：$L_2 = \langle 0, 102, 206 \rangle$

第 4 行：$L_3 = \langle 0, 102, 201, 206, 303, 407 \rangle$

第 5 行：$L_3 = \langle 0, 102, 201, 303, 407 \rangle$

第 6 行：$L_3 = \langle 0, 102, 201, 303 \rangle$

第 4 行：$L_4 = \langle 0, 101, 102, 201, 203, 302, 303, 404 \rangle$

第 5 行：$L_4 = \langle 0, 101, 201, 302, 404 \rangle$

第 6 行：$L_4 = \langle 0, 101, 201, 302 \rangle$

1131　该算法返回 $z^* = 302$ 作为答案，它在最优答案 $307 = 104 + 102 + 101$ 的 $\varepsilon = 40\%$ 之内。实际上，它是在其 2% 之内。

定理 35.8　APPROX-SUBSET-SUM 是子集和问题的一个完全多项式时间近似模式。

证明　第 5 行修整 L_i 并从 L_i 中去除每个大于 t 的元素，该操作保持了 L_i 的每个元素同时也是 R 的成员这一性质。所以，在第 8 行返回的值 z^* 确实是 S 的某个子集的元素之和。设 $y^* \in P_n$ 表示子集和问题的一个最优解。那么，由第 6 行可知，$z^* \leqslant y^*$。根据不等式 (35.1)，我们需要证明 $y^*/z^* \leqslant 1 + \varepsilon$。此外，还必须证明这个算法的运行时间既是 $1/\varepsilon$ 的多项式，又是输入规模的多项式。

通过对 i 进行归纳，可以证明对 P_i 中每个至多为 t 的元素 y，存在一个 $z \in L_i$，使得

$$\frac{y}{(1 + \varepsilon/2n)^i} \leqslant z \leqslant y^* \qquad (35.26)$$

（见练习 35.5-2。）不等式 (35.26) 对 $y^* \in P_n$ 必然成立，因而存在 $z \in L_n$，使得

$$\frac{y^*}{(1 + \varepsilon/2n)^n} \leqslant z \leqslant y^*$$

从而有

$$\frac{y^*}{z} \leqslant \left(1 + \frac{\varepsilon}{2n}\right)^n \qquad (35.27)$$

因为存在 $z \in L_n$ 能满足不等式 (35.27)，故该不等式对 z^* 必定成立，其中 z^* 是 L_n 中的最大值；即

$$\frac{y^*}{z^*} \leqslant \left(1 + \frac{\varepsilon}{2n}\right)^n \qquad (35.28)$$

接下来还要证明 $y^*/z^* \leqslant 1 + \varepsilon$。首先来证明 $(1 + \varepsilon/2n)^n \leqslant 1 + \varepsilon$。根据式 (3.14)，有 $\lim\limits_{n \to \infty}(1 + \varepsilon/2n)^n = e^{\varepsilon/2}$。练习 35.5-3 要求读者证明

$$\frac{\mathrm{d}}{\mathrm{d}n}\left(1 + \frac{\varepsilon}{2n}\right)^n > 0 \qquad (35.29)$$

1132　函数 $(1 + \varepsilon/2n)^n$ 在接近极限 $e^{\varepsilon/2}$ 的过程中，随 n 的增长而单调递增，于是有：

$$\begin{aligned}\left(1 + \frac{\varepsilon}{2n}\right)^n &\leqslant e^{\varepsilon/2} \\ &\leqslant 1 + \varepsilon/2 + (\varepsilon/2)^2 \quad \text{（根据不等式 (3.13)）} \\ &\leqslant 1 + \varepsilon \qquad\qquad\quad \text{（根据不等式 (35.25)）} \end{aligned} \qquad (35.30)$$

将不等式 (35.28) 和不等式 (35.30) 结合起来，就完成了对近似比的分析。

为了证明 APPROX-SUBSET-SUM 是一个完全多项式时间近似模式，我们要导出一个关于

L_i 的长度的界。在修整后，L_i 中连续的元素 z 和 z' 必有关系 $z'/z > 1 + \varepsilon/2n$。也就是说，它们之间相差的倍数必至少为 $1 + \varepsilon/2n$。所以，每个列表都包含了值 0，有可能还包含了值 1，以及 $\lfloor \log_{1+\varepsilon/2n} t \rfloor$ 个其他的值。每个列表 L_i 中的元素数至多为

$$\log_{1+\varepsilon/2n} t + 2 = \frac{\ln t}{\ln(1 + \varepsilon/2n)} + 2$$

$$\leqslant \frac{2n(1 + \varepsilon/2n)\ln t}{\varepsilon} + 2 \qquad （根据不等式(3.17)）$$

$$< \frac{3n\ln t}{\varepsilon} + 2 \qquad （根据不等式(35.25)）$$

这个界是输入规模的多项式。此处的输入规模即表示 t 所需的位数 $\lg t$，再加上表示集合 S 所需的位数，而后者既是 n 的多项式，也是 $1/\varepsilon$ 的多项式。因为 APPROX-SUBSET-SUM 的运行时间为 L_i 长度的多项式，所以 APPROX-SUBSET-SUM 是一个完全多项式时间的近似模式。 ■

练习

35.5-1 证明等式(35.23)。然后，证明在执行了 EXACT-SUBSET-SUM 的第 5 行之后，L_i 是一个包含了 P_i 中所有不大于 t 的元素的有序表。

35.5-2 通过对 i 进行归纳，证明不等式(35.26)。

35.5-3 证明不等式(35.29)。 1133

35.5-4 设 t 为给定输入列表的某个子集之和，如何修改本节给出的近似模式来找出不小于 t 最小值的良好近似？

35.5-5 修改 APPROX-SUBSET-SUM 过程，使其能够返回 S 的一个各元素之和为 z^* 的子集。

思考题

35-1 （装箱问题） 有一组 n 个物体，其中第 i 个物体的大小是 s_i，其满足 $0 < s_i < 1$。我们希望把所有物体都装入最少的箱子中，这些箱子为单位尺寸大小，即每个箱子能容纳所有物体的尺寸之和不大于 1。

　　a. 证明：确定最少所需箱子个数的问题是 NP 难的。（提示：对子集和问题进行归约。）

　　首先适合（first-fit）启发式策略依次考察每个物体，将其放入能容纳它的第一个箱子。设
$$S = \sum_{i=1}^{n} s_i。$$

　　b. 证明：所需箱子的最优个数至少为 $\lceil S \rceil$。

　　c. 证明：首先适合启发式策略至多使一个箱子不到半满。

　　d. 证明：由首先适合启发式策略得到的结果用到的箱子数绝不会大于 $\lceil 2S \rceil$。

　　e. 证明：首先适合启发式策略具有近似比 2。

　　f. 给出首先适合启发式策略的一个有效实现，并分析其运行时间。

35-2 （最大团规模的近似） $G = (V, E)$ 为一个无向图。对任意 $k \geqslant 1$，定义 $G^{(k)}$ 为无向图 $(V^{(k)}, E^{(k)})$，其中 $V^{(k)}$ 是 V 中顶点的所有有序 k 元组构成的集合，对于 $V^{(k)}$ 中的两个顶点 $(v_1, v_2, \cdots, v_k)$ 与 $(w_1, w_2, \cdots, w_k)$，如果对每个 $i (1 \leqslant i \leqslant k)$，在无向图 G 中，顶点 v_i 与顶点 w_i 邻接或者 $v_i = w_i$，则 $((v_1, v_2, \cdots, v_k), (w_1, w_2, \cdots, w_k))$ 属于 $E^{(k)}$。 1134

　　a. 证明：$G^{(k)}$ 中最大团的规模等于 G 中最大团规模的 k 次幂。

　　b. 证明：如果有一个寻找最大规模团的近似算法，其近似比为常数，则该问题存在一个完全多项式时间的近似模式。

35-3 （带权集合覆盖问题） 我们将集合覆盖问题加以一般化，使得族 $\mathscr{F}$ 中的每个集合 S_i 都有一

个权值 w_i，而一个覆盖 $\mathcal{C}$ 的权则为 $\sum_{S_i \in \mathcal{C}} w_i$。我们希望确定一个具有最小权值的覆盖。（35.3 节处理了对所有的 i，$w_i = 1$ 的情况。）

证明贪心集合覆盖启发式可以以很自然的方式加以推广，对带权集合覆盖问题的任何实例提供一个近似解。证明该启发式有一个近似比 $H(d)$，其中 d 为任意集合 S_i 的最大规模。

35-4　（**最大匹配**）　在一个无向图 G 中，所谓匹配，是指这样的一组边，其中任意两条边都不和同一顶点关联。在 26.3 节中，我们看到了如何在一个二分图中寻找最大匹配。在本题中，我们要来考察一般无向图（即不必是二分图的无向图）中的匹配问题。

a. **极大匹配**（maximal matching）是指不是任何其他匹配的真子集的匹配。通过给出一个无向图 G 和 G 中的一个极大匹配 M（它不是一个最大匹配），来证明极大匹配未必是最大匹配。（提示：存在只包含 4 个顶点的图。）

b. 考虑一个无向图 $G = (V, E)$。给出一个 $O(E)$ 时间的贪心算法，用于寻找 G 中的极大匹配。

在这个问题中，我们主要关注寻找最大匹配的多项式时间近似算法。目前，这方面已知的最大匹配最快算法需要超线性（但是多项式）时间，这里的近似算法以线性时间运行。读者需要证明（b）中用于寻找极大匹配的线性贪心算法是有关最大匹配的一个 2 近似算法。

c. 证明：G 的一个最大匹配的规模是 G 中任何顶点覆盖规模的下界。

d. 考虑 $G = (V, E)$ 中的一个极大匹配 M。设

$$T = \{v \in V : M \text{ 中的某条边与 } v \text{ 关联}\}$$

对于 G 中不在集合 T 之外的顶点对应的生成子图，能够得出何种结论？

e. 根据（d）得出这样的结论：$2|M|$ 是 G 的顶点覆盖的规模。

f. 利用（c）和（e），证明（b）中的贪心算法是有关最大匹配的一个 2 近似算法。

35-5　（**并行机调度**）　在**并行机调度问题**（parallel machine scheduling）中，已知 n 项作业 J_1，J_2，$\cdots$，J_n，其中每一项作业 J_k 都与一个非负的处理时间 p_k 关联。另外，还已知有 m 台完全相同的机器 M_1，M_2，$\cdots$，M_m。调度规定每一项作业 J_k 在哪一台机器上运行，以及在哪一个时间段运行。每一项作业 J_k 必须在一台机器 M_i 上运行连续的 p_k 个时间单位，并且在该时间段里，其他作业都不能在 M_i 上运行。设 C_k 表示作业 J_k 的**完成时间**，即作业 J_k 完成处理的时间。给定一个调度后，定义 $C_{\max} = \max_{1 \leqslant j \leqslant n} C_j$ 为该调度的**跨度**（makespan）。问题的目标是找出一个调度，使其跨度最小。

例如，假设有两台机器 M_1 和 M_2，另有 4 项作业 J_1、J_2、J_3、J_4，分别有 $p_1 = 2$，$p_2 = 12$，$p_3 = 4$，$p_4 = 5$。那么，一种可能的调度方案就是在机器 M_1 上，先运行作业 J_1，再运行作业 J_2；在机器 M_2 上，先运行作业 J_4，再运行作业 J_3。在这个调度中，$C_1 = 2$，$C_2 = 14$，$C_3 = 9$，$C_4 = 5$，$C_{\max} = 14$。一种最优调度方案是仅在机器 M_1 上运行 J_2，并且在机器 M_2 上运行作业 J_1、J_3 和 J_4。在这个调度中，$C_1 = 2$，$C_2 = 12$，$C_3 = 6$，$C_4 = 11$，$C_{\max} = 12$。

给定一个并行机调度问题，用 $C_{\max}^*$ 表示一个最优调度的跨度。

a. 证明：最优跨度至少与最大处理时间一样大，即

$$C_{\max}^* \geqslant \max_{1 \leqslant k \leqslant n} p_k$$

b. 证明：最优跨度至少与平均的机器负载一样大，即

$$C_{\max}^* \geqslant \frac{1}{m} \sum_{1 \leqslant k \leqslant n} p_k$$

假设我们利用以下贪心算法来解决并行机调度问题：每当一台机器空闲下来，就将任何尚未被调度的作业调度到该机器上。

c. 编写伪代码来实现这一贪心算法。你给出的算法的有怎样的运行时间？

d. 对贪心算法所返回的调度，证明：

$$C_{\max} \leqslant \frac{1}{m} \sum_{1 \leqslant k \leqslant n} p_k + \max_{1 \leqslant k \leqslant n} p_k$$

并得出结论：此算法是一个多项式时间的 2 近似算法。

35-6　（近似最大生成树）　设 $G=(V, E)$ 是一个无向图，其中的每条边 $(u, v) \in E$ 具有不同的权值 $w(u, v)$。对每个顶点 $v \in V$，设 $\max(v) = \arg \max_{(u,v) \in E} \{w(u, v)\}$ 是与顶点 v 相关联的最大权值边。设 $S_G = \{\max(v): v \in V\}$ 表示与各个顶点相关联的最大权值边的集合，T_G 表示图 G 的最大权值生成树。对任意的边集 $E' \subseteq E$，定义 $w(E') = \sum_{(u,v) \in E'} w(u, v)$。

a. 给出一个至少包含 4 个顶点的图，使其满足 $S_G = T_G$。

b. 给出一个至少包含 4 个顶点的图，使其满足 $S_G \neq T_G$。

c. 证明：对任意的图 G，$S_G \subseteq T_G$。

d. 证明：对任意的图 G，$w(T_G) \geqslant w(S_G)/2$。

e. 给出一个 $O(V+E)$ 时间算法，用于计算 2 近似的最大生成树。

35-7　（0-1 背包问题的近似算法）　回顾 16.2 节的背包问题。有 n 件物品，其中第 i 个物品价值 v_i 元，重 w_i 磅。给出一个能最多装 W 磅物品的背包。假定 w_i 至多为 W 磅，且物品按照价格递减的顺序进行标号：$v_1 \geqslant v_2 \geqslant \cdots \geqslant v_n$。

在 0-1 背包问题中，我们希望找到一个物品的子集，使这个子集中的物品在总重量不超过 W 的情况下，其总价值最大。可分背包问题和 0-1 背包问题类似，但是可分背包问题允许取每个物品的一部分，而 0-1 背包问题要求对一个物体，要么全取，要么不取。如果取物品 i 的一部分 x_i，$0 \leqslant x_i \leqslant 1$，则背包将增重 $x_i w_i$，总价值增加 $x_i v_i$。我们的目标是找到一个解决 0-1 背包问题的多项式时间的 2 近似算法。

为了设计一个多项式时间算法，可以考虑 0-1 背包问题的限制实例。给定一个 0-1 背包问题的实例 I，对 $j=1, 2, 3, \cdots, n$，通过去掉物品 $1, 2, \cdots, j-1$，并要求解包含物品 j（物品 j 既在可分背包问题，又在 0-1 背包问题中），来构造限制实例 I_j。在实例 I_1 中，没有物品被移除。对于实例 I_j，设 P_j 表示 0-1 背包问题的最优解，Q_j 表示可分背包问题的最优解。

a. 证明：0-1 背包问题中实例 I 的最优解一定是集合 $\{p_1, p_2, \cdots, p_n\}$ 中的一个元素。

b. 证明：通过将物品 j 加入到背包，然后使用贪心算法（在该算法的每一步里，在集合 $\{j+1, j+2, \cdots, n\}$ 中选中 v_i/w_i 值最大的物品，在背包总重量不超过 W 的前提下，尽可能多地装该物品）可以找到实例 I_j 对应可分背包问题的一个最优解 Q_j。

c. 证明：通过将至多一个物品的一部分装入背包，可以构建实例 I_j 对应可分背包问题的最优解 Q_j。也就是说，除了一个可能被部分装进背包里的物品外，其他物品要么全部被装进背包，要么不被装进背包。

d. 给定一个实例 I_j 对应可分背包问题的最优解 Q_j，通过从 Q_j 中删除任意的部分装载的物品来构造解 R_j。设 $v(S)$ 表示在一个解 S 中物品的总价值。证明 $v(R_j) \geqslant v(Q_j)/2 \geqslant v(P_j)/2$。

e. 给出一个能够从集合 $\{R_1, R_2, \cdots, R_n\}$ 返回一个最大值解的多项式时间算法。证明你的算法对于 0-1 背包问题是一个多项式时间的 2 近似算法。

本章注记

有些解决问题的方法给出的未必是准确解，人们知道这些方法已有数千年的时间了（例如，对 π 的值进行近似的方法），但是，近似算法却是一个非常新的概念。Hochbaum[172] 认为，是

1137

Garey、Graham 和 Ullman[128]，还有 Johnson[190]形式化了多项式时间近似算法这一概念。通常认为，第一个这样的算法是由 Graham[149]给出的。

自从这项早期工作以来，人们针对这类问题，提出了数以千计的近似算法，这一领域中也出现了大量的文献。Ausiello 等人[26]、Hochbaum[172]和 Vazirani[345]等人编写的教材是比较新的，它们专门讨论了近似算法方面的问题，Shmoys[315]、Klein 和 Young[207]的综述也涉及了这方面的内容。其他几本教材，如 Garey 和 Johnson[129]、Papadimit riou 和 Steiglitz[271]，也涉及了许多有关近似算法方面的内容。Lawler、Lenstra、Rinnooy Kan 和 Shmoys[225]都详尽地讨论了旅行商问题的近似算法。

根据 Papadimitriou 和 Steiglitz 的介绍，APPROX-VERTEX-COVER 算法是由 F. Gavril 和 M. Yannakakis 提出的。顶点覆盖问题得到了广泛研究（Hochbaum[172]列出了这一问题的 16 种不同的近似算法），但所有这些算法的近似比都至少为 $2-o(1)$。

算法 APPROX-TSP-TOUR 出现在 Rosenkrantz、Stearns 和 Lewis 等共同撰写的论文[298]里。Christofides 改进了这一算法，给出了一个满足三角不等式版本旅行商问题的 3/2 近似算法。Arora[22]和 Mirchell[257]证明了如果各个点位于欧几里得平面上，就存在一个多项式时间的近似模式。定理 35.3 源自于 Sahni 和 Ganzalez[301]。

对解决集合覆盖问题的贪心启发式策略的分析源自于 Chvátal[68]发表的证明中一个更为一般的结果；本章中给出的基本结果源自于 Johnson[190]和 Lovász[238]。

算法 APPROX-SUBSET-SUM 及其分析大致源自于 Ibarra 和 Kim[187]给出的背包问题及子集和问题的有关近似算法。

思考题 35-7 是一个由 Bienstock 和 McClosky[45]提出的近似背包问题的一个更一般结果的组合版本。

MAX-3-CNF 可满足性问题的随机化算法来自 Johnson[190]的工作。带权顶点覆盖算法是由 Hochbaum[171]提出的。35.4 节中仅仅是初步展示了随机化和线性规划技术在设计近似算法方面的强大作用。这两种思想的结合产生了一种称为"随机化舍入"（randomized rounding）的技术。当利用这种技术来解决某一问题时，该问题首先被建模为一个整数线性规划。接着，求解其经过松弛的线性规划问题，所得到解中的各个变量被解释为概率。这些概率随即被用来帮助导出原问题的解。这一技术首先由 Raghavan 和 Thompson[290]使用，之后即被人们大量使用。（Motwani、Naor 和 Raghavan[261]给出了一个综述。）在近似算法方面，还有其他几种比较突出的新思想与方法，如主对偶（primal dual）方法（Goemans 和 Williamson[135]给出了有关这一技术的综述）、寻找用于分治算法的稀疏割集[229]、半定型程序设计[134]的使用等。

第 34 章的"本章注记"中提到过，在概率可检验证明方面的最新成果导出了许多问题可近似性的下界，也包括本章中讨论的几个问题，除了第 34 章中列出的参考文献外，Arora 和 Lund[23]也对概率可检验证明与近似各种问题的困难性的关系做了很好的分析。

附录：数学基础知识

在分析算法时，我们常常需要依赖于许多数学工具。这些工具中，有些和高中代数一样简单，而有些对读者来说则可能是陌生的。在本书第一部分中，已经介绍了使用渐近记号和解决递归问题的方法。本附录是分析算法所需的若干概念和方法的一个纲要。正如本书第一部分中的引言所提到的，在阅读本书之前，读者可能已经了解了该附录中大部分材料（虽然书中所使用的一些特定的符号表示可能和读者在其他地方所见过的不一样）。因此，读者可将附录当做参考资料来使用。不过，和书中其他部分一样，为了令读者可以提高这些方面的能力，附录部分仍提供了一些练习题和思考题。

附录 A 提供了计算和式与求其界的方法。这些方法在算法分析中常常会用到。虽然这些公式在几乎任意一本微积分教材中都能找得到，但是将它们汇总在一处可以更便于读者使用。

附录 B 包含了关于集合论、关系、函数、图和树的基本定义和符号，同时也给出了这些数学对象的一些基本性质。

附录 C 首先介绍了计数的基本原理：排列、组合和其他一些相关内容。其余部分介绍了概率论中的一些基本定义与性质。本书中绝大部分算法在分析过程中并不要求概率知识，所以读者可以在初次阅读时略过这些章节，甚至无需泛读。附录 C 的组织结构使它非常适合作为参考资料使用，当读者遇到想要深入理解的概率分析时，再进行阅读即可。

附录 D 定义了矩阵、矩阵上的运算和一些矩阵的基本性质。如果读者学习过线性代数课程，很可能已经见过此处大部分材料了，但是附录 D 对于查找一些符号和定义仍很有帮助。

1143

1144

求　和

当一个算法包含循环控制结构时，例如 **while** 或者 **for** 循环，我们可以将算法的运行时间表示为每一次执行循环体所花时间之和。例如，在 2.2 节中，插入排序的第 j 次迭代在最坏情况下所花时间与 j 成正比。通过累加每次迭代所用时间，可以获得其和（或称级数）

$$\sum_{j=2}^{n} j$$

在对此式求和后，我们得到了这个算法在最坏情况下的运行时间界是 $\Theta(n^2)$。这个例子阐释了读者为什么应知晓如何求和及其界。

A.1 节列出了求和的几个基本公式，但没有提供证明。A.2 节提供了几个用于求和式界的实用技巧。同时为便于阐释算法，A.2 节给出了 A.1 节中部分公式的证明。读者可以很容易在任何一本微积分教材中找到其他大部分公式的证明。

A.1　求和公式及其性质

给定一个数列 a_1，a_2，$\cdots$，a_n，其中 n 是非负整数，可以将有限和 $a_1 + a_2 + \cdots + a_n$ 写作

$$\sum_{k=1}^{n} a_k$$

若 $n=0$，则定义该和式的值为 0。有限级数的值总是良定的，并且可以按任意顺序对级数中的项求和。

给定一个无限数列 a_1，a_2，$\cdots$，可以将其无限和 $a_1 + a_2 + \cdots$ 写作

$$\sum_{k=1}^{\infty} a_k$$

即

$$\lim_{n \to \infty} \sum_{k=1}^{n} a_k$$

当其极限不存在时，该级数**发散**；反之，该级数**收敛**。对于收敛级数，不能随意对其项改变求和顺序。而对于**绝对收敛级数**（若对于级数 $\sum_{k=1}^{\infty} a_k$，有级数 $\sum_{k=1}^{\infty} |a_k|$ 也收敛，则称其为绝对收敛级数），则可以改变其项的求和顺序。

线性性质

对于任意实数 c 和任意有限序列 a_1，a_2，$\cdots$，a_n 和 b_1，b_2，$\cdots$，b_n，有

$$\sum_{k=1}^{n} (ca_k + b_k) = c \sum_{k=1}^{n} a_k + \sum_{k=1}^{n} b_k$$

线性性质对于无限收敛级数同样适用。

线性性质可以用来对项中包含渐近记号的和式求和。例如，

$$\sum_{k=1}^{n} \Theta(f(k)) = \Theta\left(\sum_{k=1}^{n} f(k) \right)$$

等式中，左边的 Θ 符号作用于变量 k，而右边的 Θ 则作用于 n。这种处理方法同样适用于无限收敛级数。

等差级数

和式

$$\sum_{k=1}^{n} k = 1 + 2 + \cdots + n$$

是一个**等差级数**，其值为

$$\sum_{k=1}^{n} k = \frac{1}{2}n(n+1) \tag{A.1}$$

$$= \Theta(n^2) \tag{A.2}$$

1146

平方和与立方和

平方和与立方和的求和公式如下：

$$\sum_{k=0}^{n} k^2 = \frac{n(n+1)(2n+1)}{6} \tag{A.3}$$

$$\sum_{k=0}^{n} k^3 = \frac{n^2(n+1)^2}{4} \tag{A.4}$$

几何级数

对于实数 $x \neq 1$，和式

$$\sum_{k=0}^{n} x^k = 1 + x + x^2 + \cdots + x^n$$

是一个**几何级数**（或称**指数级数**），其值为

$$\sum_{k=0}^{n} x^k = \frac{x^{n+1} - 1}{x - 1} \tag{A.5}$$

当和是无限的且 $|x| < 1$ 时，有无限递减几何级数

$$\sum_{k=0}^{\infty} x^k = \frac{1}{1-x} \tag{A.6}$$

调和级数

对于正整数 n，第 n 个**调和数**是

$$H_n = 1 + \frac{1}{2} + \frac{1}{3} + \frac{1}{4} + \cdots + \frac{1}{n} = \sum_{k=1}^{n} \frac{1}{k} = \ln n + O(1) \tag{A.7}$$

（A.2 节将给出一个相关界的证明。）

级数积分与微分

通过对上面的公式进行积分或微分，可以得到其他新的公式。例如，通过对无限递减几何级数（A.6）两边微分并乘以 x，可以得到

1147

$$\sum_{k=0}^{\infty} kx^k = \frac{x}{(1-x)^2} \tag{A.8}$$

其中，$|x| < 1$。

裂项级数

对于任意序列 a_0，a_1，$\cdots$，a_n，有

$$\sum_{k=1}^{n} (a_k - a_{k-1}) = a_n - a_0 \tag{A.9}$$

因为 a_1，a_2，$\cdots$，a_{n-1} 中的每一项被加和被减均刚好一次。称其和裂项相消（telescopes）。类似地，

$$\sum_{k=0}^{n-1} (a_k - a_{k+1}) = a_0 - a_n$$

下面是一个裂项和的例子，考虑级数

$$\sum_{k=1}^{n-1} \frac{1}{k(k+1)}$$

因为可以将每一项改写成

$$\frac{1}{k(k+1)} = \frac{1}{k} - \frac{1}{k+1}$$

所以可得

$$\sum_{k=1}^{n-1} \frac{1}{k(k+1)} = \sum_{k=1}^{n-1}\left(\frac{1}{k} - \frac{1}{k+1}\right) = 1 - \frac{1}{n}$$

乘积

有限积 $a_1 a_2 \cdots a_n$ 可以写作

$$\prod_{k=1}^{n} a_k$$

当 $n=0$ 时，定义积的值为 1。我们可以用如下恒等式将一个含有求积项的公式转化成一个含求和项的公式

$$\lg\left(\prod_{k=1}^{n} a_k\right) = \sum_{k=1}^{n} \lg a_k$$

练习

A. 1-1 求 $\displaystyle\sum_{k=1}^{n}(2k-1)$ 的简化形式。

*A. 1-2** 利用调和级数证明：$\displaystyle\sum_{k=1}^{n} 1/(2k-1) = \ln(\sqrt{n}) + O(1)$ 。

A. 1-3 证明：$\displaystyle\sum_{k=0}^{\infty} k^2 x^k = x(1+x)/(1-x)^3$ 在 $|x| < 1$ 条件下成立。

*A. 1-4** 证明 $\displaystyle\sum_{k=0}^{\infty}(k-1)/2^k = 0$ 。

*A. 1-5** 对于 $|x| < 1$，计算 $\displaystyle\sum_{k=1}^{\infty}(2k+1)x^{2k}$ 的值。

A. 1-6 用和的线性性质证明：$\displaystyle\sum_{k=1}^{n} O(f_k(i)) = O\left(\sum_{k=1}^{n} f_k(i)\right)$ 。

A. 1-7 计算乘积 $\displaystyle\prod_{k=1}^{n} 2 \cdot 4^k$ 。

*A. 1-8** 计算乘积 $\displaystyle\prod_{k=2}^{n}(1-1/k^2)$ 。

A. 2 确定求和时间的界

有许多技巧可以用来计算描述算法运行时间的和的界。下面介绍其中几个最常用的方法。

数学归纳法

数学归纳法是求级数值的最基本方法。以证明等差级数 $\displaystyle\sum_{k=1}^{n} k$ 的值为 $\frac{1}{2}n(n+1)$ 为例。$n=1$ 时，很容易验证该等式是成立的。给出归纳假设：该等式对 n 成立。此时，仅需证明其对于 $n+1$ 也成立。我们有

$$\sum_{k=1}^{n+1} k = \sum_{k=1}^{n} k + (n+1) = \frac{1}{2}n(n+1) + (n+1) = \frac{1}{2}(n+1)(n+2)$$

通常我们不需要为了使用数学归纳法而去猜测和的准确值，而可以利用归纳法去证明和的界。以证明几何级数 $\displaystyle\sum_{k=0}^{n} 3^k$ 的界是 $O(3^n)$ 为例。更确切地说，证明对于某个常数 c，$\displaystyle\sum_{k=0}^{n} 3^k \leqslant c3^n$ 成

立。对于初始条件 $n=0$，只要 $c\geqslant 1$，就有 $\sum_{k=0}^{n}3^k=1\leqslant c\cdot 1$ 成立。假定该界对于 n 成立，则需证其对于 $n+1$ 也成立。只要 $(1/3+1/c)\leqslant 1$，或者等价地，$c\geqslant 3/2$ 成立，就有

$$\sum_{k=0}^{n+1}3^k=\sum_{k=0}^{n}3^k+3^{n+1}$$

$$\leqslant c3^n+3^{n+1} \qquad\text{（根据归纳假设）}$$

$$=\left(\frac{1}{3}+\frac{1}{c}\right)c3^{n+1}$$

$$\leqslant c3^{n+1}$$

因此，我们所想要证明的 $\sum_{k=0}^{n}3^k=O(3^n)$ 成立。

在用渐近记号通过归纳法证明界的时候应多加小心。考虑下面这个错误证明 $\sum_{k=1}^{n}k=O(n)$ 的例子。当然，$\sum_{k=1}^{1}k=O(1)$。假定该界对于 n 成立，我们需证明其对于 $n+1$ 也成立：

$$\sum_{k=1}^{n+1}k=\sum_{k=1}^{n}k+(n+1)=O(n)+(n+1)=O(n+1) \quad \Leftarrow \text{错误}$$

证明错在被"大 O"记号隐藏的"常数"是随着 n 的增长而增长的，不是恒定不变的。此处，没有证明存在一个常数对于所有 n 均适用。

确定级数中各项的界

有时，通过求得级数中每一项的界，我们可以获得该级数的一个理想的上界。并且，通常用级数中最大的项的界作为其他项的界就足够了。例如，等差级数(A.1)的一个可快速获得的上界是

1150

$$\sum_{k=1}^{n}k\leqslant\sum_{k=1}^{n}n=n^2$$

通常，对于级数 $\sum_{k=1}^{n}a_k$，如果令 $a_{\max}=\max_{1\leqslant k\leqslant n}a_k$，则有

$$\sum_{k=1}^{n}a_k\leqslant n\cdot a_{\max}$$

当一个级数能以几何级数为界时，用级数中最大的项作为其中每一项的界的方法并不理想。给定级数 $\sum_{k=0}^{n}a_k$，假定对于所有 $k\geqslant 0$，有 $a_{k+1}/a_k\leqslant r$，其中 $0<r<1$ 是常数。因为 $a_k\leqslant a_0 r^k$，我们可以用无限递减几何级数作为和的界，所以有

$$\sum_{k=0}^{n}a_k\leqslant\sum_{k=0}^{\infty}a_0 r^k=a_0\sum_{k=0}^{\infty}r^k=a_0\frac{1}{1-r}$$

这种方法可用于求 $\sum_{k=0}^{\infty}(k/3^k)$ 的界。为了从 $k=0$ 开始求和，将式子改写作 $\sum_{k=0}^{\infty}((k+1)/3^{k+1})$。第一项 (a_0) 是 $1/3$，并且相邻项之间的比值 (r) 是

$$\frac{(k+2)/3^{k+2}}{(k+1)/3^{k+1}}=\frac{1}{3}\cdot\frac{k+2}{k+1}\leqslant\frac{2}{3}$$

其中，所有 $k\geqslant 0$。因此有

$$\sum_{k=1}^{\infty}\frac{k}{3^k}=\sum_{k=0}^{\infty}\frac{k+1}{3^{k+1}}\leqslant\frac{1}{3}\cdot\frac{1}{1-2/3}=1$$

1151

在应用该方法时，常常出现一个错误：在证明相邻项之间比值小于 1 后，即假定该和的界是几何级数。以无限调和级数为例，该级数发散，这是因为

$$\sum_{k=1}^{\infty}\frac{1}{k}=\lim_{n\to\infty}\sum_{k=1}^{n}\frac{1}{k}=\lim_{n\to\infty}\Theta(\lg n)=\infty$$

虽然级数中第 $k+1$ 项与第 k 项的比值是 $k/(k+1)<1$，但是该级数并非以递减几何级数为界。要想用几何级数来作为一个级数的界，必须要保证存在常数 $r<1$，使任何相邻项的比值均不超过 r。在调和级数中，因为比值可以任意地接近 1，所以不存在这样的 r。

分割求和

分割求和是求取复杂和式界的好方法。其方法是，首先将一个级数按下标范围划分后表示为两个或多个级数的和，然后对每一个划分出的级数分别求界。以求等差级数 $\sum\limits_{k=1}^{n} k$ 的下界为例，我们已知它有上界 n^2。用其最小项来作为和式中的每一项的界看似可行，但是因为其最小项是 1，我们得到的该和式的下界是 n——离上界 n^2 相差甚远。

我们可以首先分割和式来进一步获得一个更好的下界。为简便起见，不妨设 n 是偶数，则有

$$\sum_{k=1}^{n} k = \sum_{k=1}^{n/2} k + \sum_{k=n/2+1}^{n} k \geqslant \sum_{k=1}^{n/2} 0 + \sum_{k=n/2+1}^{n} (n/2) = (n/2)^2 = \Omega(n^2)$$

因为 $\sum\limits_{k=1}^{n} k = O(n^2)$，所以该界是渐近紧确界。

对于源自算法分析中的和式，通常可以将和式分割，并忽略其常数个起始项。一般情况下，该技巧适用于和式 $\sum\limits_{k=0}^{n} a_k$ 中每一项 a_k 均独立于 n 的情况。之后，对于任意常数 $k_0>0$，有

$$\sum_{k=0}^{n} a_k = \sum_{k=0}^{k_0-1} a_k + \sum_{k=k_0}^{n} a_k = \Theta(1) + \sum_{k=k_0}^{n} a_k$$

这是因为和式有若干个常数起始项，且其数目也是常数。接着，我们可以利用其他方法来求 $\sum\limits_{k=k_0}^{n} a_k$ 的界。这一技巧同样适用于无限和。例如，欲求

$$\sum_{k=0}^{\infty} \frac{k^2}{2^k}$$

的一个渐近上界，在 $k \geqslant 3$ 时，观察其相邻项比值为

$$\frac{(k+1)^2/2^{k+1}}{k^2/2^k} = \frac{(k+1)^2}{2k^2} \leqslant \frac{8}{9}$$

又因为第一个和式的项数目是常数，且第二个和式是一个递减几何级数，所以可以将和式分割为

$$\sum_{k=0}^{\infty} \frac{k^2}{2^k} = \sum_{k=0}^{2} \frac{k^2}{2^k} + \sum_{k=3}^{\infty} \frac{k^2}{2^k} \leqslant \sum_{k=0}^{2} \frac{k^2}{2^k} + \frac{9}{8} \sum_{k=0}^{\infty} \left(\frac{8}{9}\right)^k = O(1)$$

分割求和法可以帮助我们确定更难的和式的渐近界。例如，我们可以确定调和级数(A.7)上的一个界 $O(\lg n)$：

$$H_n = \sum_{k=1}^{n} \frac{1}{k}$$

我们将下标范围从 1 到 n 分割成 $\lfloor \lg n \rfloor + 1$ 段，并令每一段上界为 1。对于 $i=0, 1, \cdots, \lfloor \lg n \rfloor$，第 i 段包含自 $1/2^i$ 起到 $1/2^{i+1}$（不包含 $1/2^{i+1}$）的项。最后一段可能包含原调和级数中没有的项，因此有

$$\sum_{k=1}^{n} \frac{1}{k} \leqslant \sum_{i=0}^{\lfloor \lg n \rfloor} \sum_{j=0}^{2^i-1} \frac{1}{2^i+j} \leqslant \sum_{i=0}^{\lfloor \lg n \rfloor} \sum_{j=0}^{2^i-1} \frac{1}{2^i} = \sum_{i=0}^{\lfloor \lg n \rfloor} 1 \leqslant \lg n + 1 \qquad (A.10)$$

通过积分求和的近似

当一个和式的形式为 $\sum\limits_{k=m}^{n} f(k)$ 时，其中 $f(k)$ 是单调递增函数，我们可以用积分求其近似值：

$$\int_{m-1}^{n} f(x)\mathrm{d}x \leqslant \sum_{k=m}^{n} f(x) \leqslant \int_{m}^{n+1} f(x)\mathrm{d}x \qquad (A.11)$$

图 A-1 直观地表示出这一近似方法的理由及含义。图中将和式表示为若干长方形区域的面积，

而积分是曲线下方的阴影区域。当 $f(k)$ 是单调递减函数时，我们可以用相似的方法来求渐近界

$$\int_m^{n+1} f(x)\,\mathrm{d}x \leqslant \sum_{k=m}^n f(k) \leqslant \int_{m-1}^n f(x)\,\mathrm{d}x \tag{A.12}$$

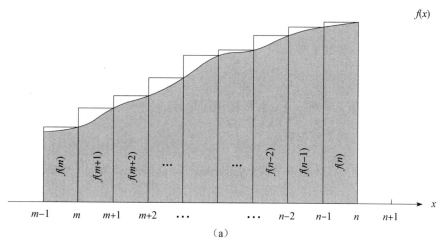

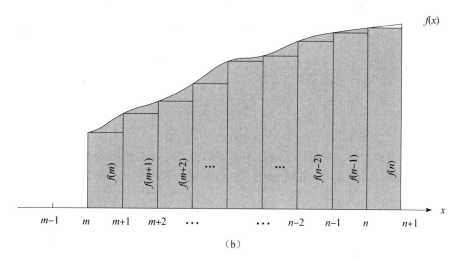

图 A-1 积分方法求 $\sum_{k=m}^n f(k)$ 的近似值。图中每个矩形内标明了该矩形的面积，且矩形总面积代表和

的值。曲线下方的阴影区域代表积分近似值。通过比较(a)中的这两个面积，可得 $\int_{m-1}^n f(x)\,\mathrm{d}x$

$\leqslant \sum_{k=m}^n f(k)$ ，并且在将这些长方形向右移动一个单位后，由(b)得 $\sum_{k=m}^n f(k) \leqslant \int_m^{n+1} f(x)\,\mathrm{d}x$

积分近似公式(A.12)给出了第 n 个调和数的一个紧估计。对于下界，可得

$$\sum_{k=1}^n \frac{1}{k} \geqslant \int_1^{n+1} \frac{\mathrm{d}x}{x} = \ln(n+1) \tag{A.13}$$

对于上界，有不等式

$$\sum_{k=2}^n \frac{1}{k} \leqslant \int_1^n \frac{\mathrm{d}x}{x} = \ln n$$

由此得到其界

$$\sum_{k=1}^{n} \frac{1}{k} \leqslant \ln n + 1 \tag{A.14}$$

练习

A. 2-1 证明：$\sum_{k=1}^{n} 1/k^2$ 有常数上界。

A. 2-2 求下面和式的一个渐近上界：

$$\sum_{k=0}^{\lfloor \lg n \rfloor} \lceil n/2^k \rceil$$

A. 2-3 通过分割求和的方式证明第 n 个调和数是 $\Omega(\lg n)$。

A. 2-4 用积分方法求 $\sum_{k=1}^{n} k^3$ 的近似值。

A. 2-5 为什么我们不在 $\sum_{k=1}^{n} 1/k$ 上使用积分近似（公式 A.12）来获得第 n 个调和数的上界？

思考题

A-1 （确定和的界） 请给出下面和式的渐近紧确界。假设 $r \geqslant 0$ 与 $s \geqslant 0$ 均为常数。

    a. $\sum_{k=1}^{n} k^r$

    b. $\sum_{k=1}^{n} \lg^s k$

    c. $\sum_{k=1}^{n} k^r \lg^s k$

附录注记

    Knuth[209]为本章中的材料提供了很好的参考。读者可以在任何一本不错的微积分书籍中找到级数的基本性质，例如 Apostol[18]或者 Thomas 等人[334]。

集合等离散数学内容

本书许多章节中的内容都涉及了离散数学相关内容。该部分附录更加全面地回顾了集合、关系、函数、图和树的一些符号、定义及基本性质。如果读者已经对这些内容十分熟悉，那么可以粗略阅读这一部分内容。

B. 1 集合

集合是由不同对象聚集而成的一个整体，称其中的对象为**成员**或**元素**。如果一个对象 x 是集合 S 的一个成员，则写作 $x \in S$(读作" x 是 S 的成员"，或更简单地，" x 在 S 内")。如果 x 不是 S 的中的成员，则写作 $x \notin S$。我们可以显式地在括号内列出一个集合的所有元素来描述该集合。例如，可以用 $S = \{1, 2, 3\}$ 表示一个只包含数字 1、2 和 3 的集合。因为 2 是集合 S 的一个成员，所以可写为 $2 \in S$。因为 4 不是 S 的一个成员，所以写为 $4 \notin S$。集合中不能包含多个相同的元素$^\ominus$，并且元素之间是无序的。当两个集合 A 和 B 包含相同的元素时，称集合 A 与 B 是**相等**的，写作 $A = B$。例如 $\{1, 2, 3, 1\} = \{1, 2, 3\} = \{3, 2, 1\}$。

我们采用特殊的符号来表示下面几个常见的集合：

- $\varnothing$ 表示**空集合**，即集合中不包含任何元素。
- **Z** 表示**整数**集合，即集合 $\{\cdots, -2, -1, 0, 1, 2, \cdots\}$。
- **R** 表示**实数**集合。
- **N** 表示**自然数**集合，即集合 $\{0, 1, 2, \cdots\}^\ominus$。

如果集合 B 中包含集合 A 中所有元素，即，如果 A 蕴涵 B，则称 A 是 B 的一个**子集**，写作 $A \subseteq B$。如果 $A \subseteq B$ 且 $A \neq B$，则称集合 A 是 B 的一个**真子集**，写作 $A \subseteq B$。(有些作者使用" $\subset$ "符号来表示普通的子集关系，而不是真子集关系。)对于任意集合 A，有 $A \subseteq A$。对于两个集合 A 和 B，$A = B$ 当且仅当 $A \subseteq B$ 且 $B \subseteq A$。对于三个集合 A、B 和 C，如果 $A \subseteq B$ 且 $B \subseteq C$，则有 $A \subseteq C$。对于任意集合 A，有 $\varnothing \subseteq A$。

有时，我们用一些集合去定义其他一些集合。给定一个集合 A，可以定义集合 $B \subseteq A$，并通过说明 B 中元素的特性将其元素区分开来。例如，我们定义偶数集合为 $\{x : x \in \mathbf{Z}$ 且 $x/2$ 为整数$\}$。这种表示方式中的冒号读作"满足。"(一些作者使用竖线而不是冒号。)

给定两个集合 A 和 B，我们也可以应用**集合操作**来定义新集合：

- 集合 A 和 B 的**交**是集合

$$A \bigcap B = \{x : x \in A \text{ 且 } x \in B\}$$

- 集合 A 和 B 的**并**是集合

$$A \bigcup B = \{x : x \in A \text{ 或 } x \in B\}$$

- 集合 A 和 B 的**差**是集合

$$A - B = \{x : x \in A \text{ 且 } x \notin B\}$$

集合操作遵循下列法则：

空集律：

$$A \bigcap \varnothing = \varnothing$$

$\ominus$ 可以包含多个相同元素的集合变体称为**多重集**。

$\ominus$ 一些作者将自然数集定义为从 1 开始而不是 0。现代的趋势一般是从 0 开始。

$$A \cup \varnothing = A$$

幂等律：

$$A \cap A = A$$
$$A \cup A = A$$

交换律：

$$A \cap B = B \cap A$$
$$A \cup B = B \cup A$$

结合律：

$$A \cap (B \cap C) = (A \cap B) \cap C$$
$$A \cup (B \cup C) = (A \cup B) \cup C$$

分配律：

$$A \cap (B \cup C) = (A \cap B) \cup (A \cap C)$$
$$A \cup (B \cap C) = (A \cup B) \cap (A \cup C) \tag{B.1}$$

吸收律：

$$A \cap (A \cup B) = A$$
$$A \cup (A \cap B) = A$$

德·摩根定律：

$$A - (B \cap C) = (A - B) \cup (A - C)$$
$$A - (B \cup C) = (A - B) \cap (A - C) \tag{B.2}$$

图 B-1 用维恩图描述了德·摩根定律中的第一条定律。维恩图是一种利用平面内区域表示集合的图。

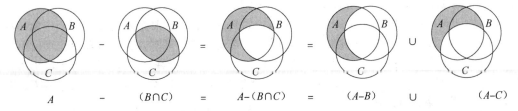

$$A \qquad (B \cap C) = \qquad A - (B \cap C) = \qquad (A - B) \qquad \cup \qquad (A - C)$$

图 B-1   描绘德·摩根定律中第一条的维恩图。集合 A、B 和 C 各自表示为一个圆圈

通常，我们考虑的所有集合都是某个更大集合 U 的子集，称集合 U 为**全集**。例如，当考虑多个仅由整数组成的集合时，整数集 **Z** 就是一个合适的全集。给定一个全集 U，定义集合 A 的**补**为 $\overline{A} = U - A = \{x : x \in U$ 且 $x \notin A\}$。对于任意集合 $A \subseteq U$，有如下法则：

$$\overline{\overline{A}} = A$$
$$A \cap \overline{A} = \varnothing$$
$$A \cup \overline{A} = U$$

我们可以将德·摩根定律（公式（B.2））用集合补的形式表示。对于任意两个集合 B，$C \subseteq U$，有

$$\overline{B \cap C} = \overline{B} \cup \overline{C}$$
$$\overline{B \cup C} = \overline{B} \cap \overline{C}$$

如果两个集合间不存在共有元素，即 $A \cap B = \varnothing$，则称集合 A 与集合 B 是**不相交**的。

如果集合满足

- 这些子集**互不相交**，即 S_i，$S_j \in \mathcal{S}$ 与 $i \neq j$ 蕴涵 $S_i \cap S_j = \varnothing$。
- 它们的并为 S，即

$$S = \bigcup_{S_i \in \mathcal{S}} S_i$$

则称集合 S 的非空子集构成的集合 $\mathcal{S} = \{S_i\}$ 构成 S 的一个**划分**。换句话说，如果 $\mathcal{S}$ 中的每个元素出现且仅出现在一个 $S_i \in \mathcal{S}$ 中，则 $\mathcal{S}$ 构成了 S 的一个划分。

集合中的元素数目称为集合的**基数**（或**大小**），表示为 $|S|$。如果两个集合内的元素可以一一对应，则称这两个集合基数相同。空集的基数是 $|\varnothing| = 0$。如果一个集合的基数是自然数，则称这个集合是**有限**的；否则，是**无限**的。若一个无限集合可以与自然数集合 **N** 构成一一对应，则该集合是**可数无限**的；否则是**不可数**的。例如，整数集 **Z** 是可数的，而实数集 **R** 是不可数的。

对于两个有限集合 A 和 B，有等式

$$|A \cup B| = |A| + |B| - |A \cap B| \tag{B.3}$$

从中可以得出

$$|A \cup B| \leqslant |A| + |B|$$

如果集合 A 与 B 是不相交的，则 $|A \cap B| = 0$，所以 $|A \cup B| = |A| + |B|$。如果 $A \subseteq B$，则 $|A| \leqslant |B|$。

一个包含 n 个元素的有限集称为 n **集合**。称 1 集合为**单元集**。如果一个集合的子集包含 k 个元素，则称其为 k **子集**。

集合 S 的所有子集构成的集合（包含空集和集合 S 自身）可以表示为 2^S；称 2^S 为 S 的**幂集**。例如，$2^{\{a, b\}} = \{\varnothing, \{a\}, \{b\}, \{a, b\}\}$。有限集 S 的幂集的基数是 $2^{|S|}$（见练习 B.1-5）。

我们有时关心内部元素有序的类集合状结构。两个元素 a 和 b 构成的**有序对**可以表示为 (a, b)，其正式定义为 $(a, b) = \{a, \{a, b\}\}$。所以，有序对 (a, b) 与有序对 (b, a) 是不同的。

集合 A 与 B 的笛卡儿积，表示为 $A \times B$，是第一个元素为 A 中成员，第二个元素为 B 中成员的所有有序对的集合。更为正式的定义是

$$A \times B = \{(a, b) : a \in A \text{ 且 } b \in B\}$$

例如，$\{a, b\} \times \{a, b, c\} = \{(a, a), (a, b), (a, c), (b, a), (b, b), (b, c)\}$。当 A 和 B 是有限集合时，其笛卡儿积的基数是

$$|A \times B| = |A| \cdot |B| \tag{B.4}$$

n 个集合 $A_1, A_2, \cdots, A_n$ 的笛卡儿积是一组 n **元组**的集合：

$$A_1 \times A_2 \times \cdots \times A_n = \{(a_1, a_2, \cdots, a_n) : a_i \in A_i, i = 1, 2, \cdots, n\}$$

当所有集合都是有限集时，其基数为

$$|A_1 \times A_2 \times \cdots \times A_n| = |A_1| \cdot |A_2| \cdots |A_n|$$

我们将单一集合 A 上的 n 重笛卡儿积表示为集合

$$A^n = A \times A \times \cdots \times A$$

当 A 为有限集时，其基数为 $|A^n| = |A|^n$。我们也可以将一个 n 元组看做一个长度为 n 的有限序列（见 B.3 节）。

练习

B.1-1 用维恩图来描述分配律中第一条定律（B.1）。

B.1-2 证明推广到任意有限数目集合的**广义德·摩根定律**：

$$\overline{A_1 \cap A_2 \cap \cdots \cap A_n} = \overline{A_1} \cup \overline{A_2} \cup \cdots \cup \overline{A_n}$$
$$\overline{A_1 \cup A_2 \cup \cdots \cup A_n} = \overline{A_1} \cap \overline{A_2} \cap \cdots \cap \overline{A_n}$$

*B.1-3 证明等式（B.3）的推广，即**容斥原理**：

$$
\begin{aligned}
|A_1 \cup A_2 \cup \cdots \cup A_n| = {} & |A_1| + |A_2| + \cdots + |A_n| \\
& - |A_1 \cap A_2| - |A_1 \cap A_3| - \cdots && \text{（所有对）} \\
& + |A_1 \cap A_2 \cap A_3| + \cdots && \text{（所有三元组）}
\end{aligned}
$$

$$\vdots$$
$$+ (-1)^{n-1} |A_1 \cap A_2 \cap \cdots \cap A_n|$$

B.1-4 证明：奇自然数集合是可数的。

B.1-5 证明：对于任意有限集 S，其幂集 2^S 有 $2^{|S|}$ 个元素（即 S 存在 $2^{|S|}$ 个不同的子集）。

B.1-6 请通过扩展有序对的集合论定义来给出 n 元组的一个归纳定义。

B.2 关系

集合 A 与 B 上的**二元关系** R 是笛卡儿积 $A \times B$ 的子集。$(a, b) \in R$ 有时写作 aRb。称 R 是集合 A 上的一个二元关系，意味着 R 是 $A \times A$ 的子集。例如，自然数集合上的小于关系是集合 $\{(a, b): a, b \in \mathbf{N}$ 且 $a < b\}$。集合 $A_1, A_2, \cdots, A_n$ 上的 n 元关系是 $A_1 \times A_2 \times \cdots \times A_n$ 的一个子集。

如果对于所有 $a \in A$，aRa，则二元关系 $R \subseteq A \times A$ 是**自反**的。例如，"$=$"和"$\leqslant$"在自然数集 $\mathbf{N}$ 上是自反的，但是"$<$"则不是。若对于所有 $a, b \in A$ 均满足 aRb 蕴涵 bRa，则关系 R 是**对称**的。例如，"$=$"是对称的，但是"$<$"和"$\leqslant$"则不是。若对于所有 $a, b, c \in A$ 均满足 aRb 且 bRc 蕴涵 aRc，则关系 R 是**可传递**的。例如，关系"$<$"，"$\leqslant$"和"$=$"均可传递。因为 $3R4$ 且 $4R5$ 不能蕴涵 $3R5$，所以关系 $R = \{(a, b): a, b \in \mathbf{N}$ 且 $a = b - 1\}$ 不可传递。

同时具有自反性、对称性和传递性的关系是**等价关系**。例如，"$=$"是自然数上的等价关系，而"$<$"则不是。如果 R 是集合 A 上的等价关系，那么对于 $a \in A$，a 的**等价类**是集合 $[a] = \{b \in A: aRb\}$，即所有等价于 a 的元素的集合。例如，关系 $R = \{(a, b): a, b \in \mathbf{N}$ 且 $a + b$ 是偶数$\}$ 是一个等价关系，这是因为 $a + a$ 是偶数（自反性）与 $a + b$ 是偶数蕴涵 $b + a$ 是偶数（对称性），且 $a + b$ 是偶数与 $b + c$ 是偶数蕴涵 $a + c$ 是偶数（传递性）。4 的等价类是 $[4] = \{0, 2, 4, 6, \cdots\}$，而 3 的等价类是 $[3] = \{1, 3, 5, 7, \cdots\}$。等价类的一个基本定理如下。

定理 B.1（等价关系与划分对应）　集合 A 上的任意等价关系 R 的等价类构成了集合 A 的一个划分，同时任意集合 A 的一个划分决定了 A 上的一个等价关系，而划分中的集合即为等价类。

证明　对于证明的第一部分，我们必须要证明 R 的等价类是非空的、互不相交的集合，并且其并集为 A。因为 R 是自反的，$a \in [a]$，所以等价类是非空的；不仅如此，因为每个元素 $a \in A$ 分别属于等价类 $[a]$，其集合并为 A。现在仍需证明等价类之间互不相交，即若等价类 $[a]$ 和 $[b]$ 之间存在共有元素 c，则其实际上是同一集合。假定 aRc 且 bRc。由对称性可知，cRb。进一步由传递性可得 aRb。对于任意 $x \in [a]$，有 xRa。由传递性可得 xRb，因此有 $[a] \subseteq [b]$。同理可证 $[b] \subseteq [a]$，因而 $[a] = [b]$。

对于证明第二部分，令 $\mathcal{A} = \{A_i\}$ 是集合 A 的一个划分，并定义 $R = \{(a, b):$ 存在 i 满足 $a \in A_i$ 且 $b \in A_i\}$。我们断言：R 是集合 A 上的一个等价关系。因为 $a \in A_i$ 蕴涵 aRa，自反性成立。当 aRb 时，有 a 和 b 在同一集合 A_i 内，所以有 bRa，由此，对称性成立。如果 aRb 且 bRc，则三个元素在同一个集合 A_i 内，因此有 aRc，传递性成立。为了直观地了解划分中的集合是 R 中的等价类，观察下面这个事实：如果 $a \in A_i$，则 $x \in [a]$ 蕴涵 $x \in A_i$，并且 $x \in A_i$ 蕴涵 $x \in [a]$。

若集合 A 上的一个二元关系满足

$$aRb \text{ 且 } bRa \text{ 蕴涵 } a = b$$

则该二元关系是**反对称**的。

例如，因为 $a \leqslant b$ 且 $b \leqslant a$ 蕴涵 $a = b$，所以自然数上的"$\leqslant$"关系是反对称的。满足自反性、反对称性和传递性的关系是一个**偏序**，并且，我们称定义了偏序的集合为**偏序集**。例如，"后代"关系是一个定义在所有人构成的集合上的偏序关系（如果将每个人看做其自身的后代）。

在偏序关系集合 A 中，可能不存在单一"最大"元素 a，满足对于所有 $b \in A$，有 bRa。相反，集合可能含有多个**极大**元素 a，满足不存在 $b \in A$ 且 $b \neq a$，使得 aRb。以一些大小不同的盒子为例，在这些盒子中可能存在多个极大的盒子，其中，"极大"的意思是无法被别的盒子装下，然而这些盒子中可能不存在一个能装下其他任何盒子的"最大"盒子[⊖]。

称集合 A 上的关系 R 是一个**全关系**，需满足对于所有 $a, b \in A$，有 aRb 或者 bRa（或者两者皆有），即集合 A 中每对元素都由 R 定义了其关系。如果一个偏序关系同时也是一个全关系，则称之为**全序**或者**线性序**。例如，"$\leqslant$"关系是自然数集上的一个全序关系，但是"后代"关系则不是所有人所构成集合上的全序关系，因为存在两个人互相均不为对方后代的情况。如果一个全关系具有传递性，则称之为**全预序**（total preorder）。全预序不要求具备自反性和非对称性。

练习

B.2-1 证明：集合 $\mathbf{Z}$ 的所有子集上的子集关系"$\subseteq$"是偏序关系，但不是全序关系。

B.2-2 证明：对于任意正整数 n，关系"模 n 等价"是整数集上的等价关系。（如果存在一个整数 q，使得 $a - b = qn$，则有 $a \equiv b \pmod{n}$。）这个关系将整数划分为哪些等价类？

B.2-3 给出符合如下条件的关系的例子：

a. 具有自反性和对称性，但不具有传递性。

b. 具有自反性和传递性，但不具有对称性。

c. 具有对称性和传递性，但不具有自反性。

B.2-4 设 S 是一个有限集，R 是 $S \times S$ 上的一个等价关系。证明：如果 R 同时有反对称性，则 S 关于 R 划分出的等价类是单元集。

B.2-5 Narcissus 教授声称：如果关系 R 具有对称性和传递性，则其也具有自反性。他给出了如下证明：由对称性，aRb 蕴涵 bRa，因此，由传递性可得 aRa，自反性得证。请问 Narcissus 教授的证明正确吗？

B.3 函数

给定两个集合 A 和 B，称**函数** f 是 A 和 B 上的二元关系，需满足对于所有 $a \in A$，有且仅有一个 $b \in B$ 使 $(a, b) \in f$。这里，称集合 A 为 f 的**定义域**，集合 B 为 f 的**陪域**。有时可以将函数写为 $f: A \rightarrow B$；如果 $(a, b) \in f$，则因为 b 的值由 a 的选择唯一确定，所以可以写为 $b = f(a)$。

从直观上看，函数 f 将为 A 中的每个元素指派 B 中的一个元素。A 中不存在某个元素被指派了 B 中两个不同元素，但是 B 中同一个元素是可以指派给多个 A 中的元素的。例如，二元关系

$$f = \{(a, b) : a, b \in \mathbf{N} \text{ 且 } b = a \bmod 2\}$$

是函数 $f: \mathbf{N} \rightarrow \{0, 1\}$，因为对于每个自然数 a，有且仅有一个值 $b \in \{0, 1\}$ 满足 $b = a \bmod 2$。例如，$0 = f(0)$，$1 = f(1)$，$0 = f(2)$ 等。与此相反，二元关系

$$g = \{(a, b) : a, b \in \mathbf{N} \text{ 且 } a + b \text{ 是偶数}\}$$

不是函数。这是因为 $(1, 3)$ 和 $(1, 5)$ 均在 g 中，因此对于 $a = 1$，存在不止一个 b 满足 $(a, b) \in g$。

给定一个函数 $f: A \rightarrow B$，如果 $b = f(a)$，则称 a 是 f 的**自变量**，b 是 f 在 a 处的**值**。我们可以通过给出定义域中每个元素的函数值来定义函数。例如，可以定义 $f(n) = 2n$，$n \in \mathbf{N}$。其意思是 $f = \{(n, 2n) : n \in \mathbf{N}\}$。如果两个函数 f 和 g 有相同的定义域和陪域，且对于定义域中所有 a，有 $f(a) = g(a)$，则这两个函数是**相等**的。

一个长度为 n 的**有限序列**是一个函数 f，其定义域为 n 个整数构成的集合 $\{0, 1, \cdots, n-1\}$。我们常常用列出其值 $\langle f(0), f(1), \cdots, f(n-1) \rangle$ 的方式来表示该有限序列。**无限序列**是一个函

⊖　准确地说，为了让"可以装入"关系是偏序，需要将盒子看做可以装入其自身。

数，其定义域是自然数集合 **N**。例如，递归定义(3.22)的斐波那契数列是一个无限序列⟨0，1，1，2，3，5，8，13，21，⋯⟩。

当一个函数的定义域是笛卡儿积时，在书写过程中通常省略掉 f 的自变量外那层额外的括号。举例来说，对于函数 $f: A_1 \times A_2 \times \cdots \times A_n \to B$，通常写作 $b = f(a_1, a_2, \cdots, a_n)$，而不写作 $b = f((a_1, a_2, \cdots, a_n))$。同时，虽然实际上函数 f 的（单一）自变量是 n 元组 $(a_1, a_2, \cdots, a_n)$，但我们也称每个 a_i 为函数 f 的一个自变量。

如果 $f: A \to B$ 是一个函数且 $b = f(a)$，则也称 b 是 f 下 a 的**像**。定义集合 $A' \subseteq A$ 在 f 下的像为
$$f(A') = \{b \in B : b = f(a), a \in A'\}$$
f 的**值域**是其定义域的像，即 $f(A)$。例如，由 $f(n) = 2n$ 定义的函数 $f: \mathbf{N} \to \mathbf{N}$ 的值域是 $f(\mathbf{N}) = \{m: m = 2n, n \in \mathbf{N}\}$，即非负偶数集合。

如果一个函数的值域与其陪域相同，则该函数是**满射**。例如，函数 $f(n) = \lfloor n/2 \rfloor$ 是一个从 **N** 到 **N** 的满射函数，因为 **N** 中的每个元素都是 f 对于某个自变量的值。与之相反的是，$f(n) = 2n$ 则不是从 **N** 到 **N** 的满射，因为不存在使 f 的值为 3 的自变量。不过 $f(n) = 2n$ 是一个从自然数集到偶数集的满射。满射 $f: A \to B$ 有时被描述为将 A 映射在 B 之上。称一个函数是映上的意味着它是满射。

如果函数 $f: A \to B$ 对于不同的自变量产生不同的值，即 $a \neq a'$ 蕴涵 $f(a) \neq f(a')$，则函数 f 是**单射**的。例如，函数 $f(n) = 2n$ 是从 **N** 到 **N** 的一个单射函数，因为每个偶数 b 最多只能是 f 下定义域内一个元素的像，即 $b/2$。函数 $f(n) = \lfloor n/2 \rfloor$ 不是单射的，因为值 1 可以由两个自变量产生：2 和 3。单射函数有时也称为**一对一**函数。

如果函数 $f: A \to B$ 既是单射又是满射，则它是**双射**。例如，函数 $f(n) = (-1)^n \lceil n/2 \rceil$ 是一个从 **N** 到 **Z** 的双射：

$$
\begin{aligned}
0 &\to \quad 0 \\
1 &\to -1 \\
2 &\to \quad 1 \\
3 &\to -2 \\
4 &\to \quad 2 \\
&\vdots
\end{aligned}
$$

因为 **Z** 中不存在元素是 **N** 中多于一个元素的像，所以该函数是单射。同时因为 **Z** 中的每个元素都是 **N** 中某个元素的像，所以该函数也是满射的。因此，该函数是双射的。双射有时也称为**一一对应**，因为其将定义域中的元素和值域中的元素进行了不重复的配对。从集合 A 到其自身的双射也称为**置换**。

当一个函数 f 是双射时，定义其逆 f^{-1} 为
$$f^{-1}(b) = a \text{ 当且仅当 } f(a) = b$$
例如，函数 $f(n) = (-1)^n \lceil n/2 \rceil$ 的逆是
$$f^{-1}(m) = \begin{cases} 2m & \text{若 } m \geqslant 0 \\ -2m - 1 & \text{若 } m < 0 \end{cases}$$

练习

B.3-1 令 A 和 B 是有限集合，$f: A \to B$ 是一个函数，证明：

    a. 若 f 是单射，则 $|A| \leqslant |B|$；

    b. 若 f 是满射，则 $|A| \geqslant |B|$。

B.3-2 请问函数 $f(x) = x + 1$ 是从 **N** 到 **N** 的双射吗？它是从 **Z** 到 **Z** 的双射吗？

B. 3-3 请给出二元关系的逆的一个自然的定义，满足如果一个关系实际上是双射函数，那么其关系逆即是其函数逆。

★**B. 3-4** 请举一个从 **Z** 到 **Z**×**Z** 的双射例子。

B. 4　图

本节介绍两种图：有向图和无向图。本书给出的相关定义可能和一些文献中的有出入，但是其大部分差异都很细微。22.1 节说明了图在内存中的表示方法。

有向图 G 是一个二元组(V,E)，其中 V 是有限集，而 E 是 V 上的二元关系。集合 V 称为图 G 的**顶点集**，其元素称为**顶点**。集合 E 是 G 的**边集**，其元素称为**边**。图 B-2(a)描绘了顶点集为 $\{1,2,3,4,5,6\}$ 的有向图。注意，图中有可能存在**自环**——两个顶点相同的边。

在**无向图** $G=(V,E)$ 中，边集 E 由无序的顶点对组成，而不是有序对。也就是说，一条边是一个集合$\{u,v\}$，其中 $u,v\in V$ 且 $u\neq v$。按照惯例，我们用符号(u,v)表示边，而不用集合符号$\{u,v\}$，但(u,v)和(v,u)被视为同一条边。无向图中不允许存在自环，所以每条边包含两个不同顶点。图 B-2(b)描绘了顶点集合为$\{1,2,3,4,5,6\}$的一个无向图。

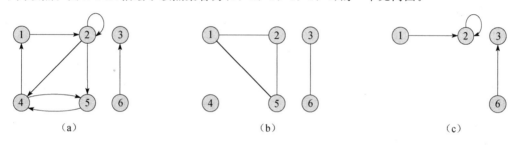

图 B-2　有向图与无向图。(a)有向图 $G=(V,E)$，其中 $V=\{1,2,3,4,5,6\}$，$E=\{(1,2),(2,2),(2,4),(2,5),(4,1),(4,5),(5,4),(6,3)\}$。边$(2,2)$是一个自环。(b)无向图 $G=(V,E)$，其中 $V=\{1,2,3,4,5,6\}$，$E=\{(1,2),(1,5),(2,5),(3,6)\}$。顶点 4 是孤立点。(c)图(a)关于点集$\{1,2,3,6\}$的导出子图

无向图和有向图的许多定义大体上都是相同的，虽然其中可能有一些术语在上下文中的意思有些许出入。如果(u,v)是有向图 $G=(V,E)$中的一条边，则称(u,v)**射出**或**离开**顶点 u，且(u,v)**射入**或**进入**顶点 v。例如，图 B-2(a)中离开顶点 2 的边有$(2,2)$、$(2,4)$和$(2,5)$，进入顶点 2 的边有$(1,2)$和$(2,2)$。如果(u,v)是无向图 $G=(V,E)$中的一条边，则称(u,v)与顶点 u 和 v **关联**。在图 B-2(b)中，关联顶点 2 的边有$(1,2)$和$(2,5)$。

如果(u,v)是图 $G=(V,E)$中的一条边，则称顶点 v **邻接**于顶点 u。当图是无向图时，邻接关系是对称的。当图是有向图时，邻接关系不一定是对称的。如果在有向图中，v 邻接于 u，则写作 $u\to v$。在图 B-2(a)和(b)中，顶点 2 邻接于顶点 1，因为两个图中都包含边$(1,2)$。在图 B-2(a)中，顶点 1 与 2 不邻接，因为边$(2,1)$不属于该图。

无向图中顶点的**度**是指关联于该顶点的边的数目。例如，图 B-2(b)中顶点 2 的度为 2。如果一个顶点的度为 0，例如图 B-2(b)中的顶点 4，则它是**孤立**的。在有向图中，顶点的**出度**是指离开该顶点的边的数目，顶点的**入度**是指进入该顶点的边的数目。有向图中顶点的**度**是该顶点的入度与出度之和。图 B-2(a)中顶点 2 的入度为 2，出度为 3，度为 5。

图 $G=(V,E)$中从顶点 u 到顶点 u' 的一条长度为 k 的**路径**是一个顶点序列$\langle v_0,v_1,v_2,\cdots,v_k\rangle$，其中 $u=v_0$，$u'=v_k$，且$(v_{i-1},v_i)\in E$，$i=1,2,\cdots,k$。路径的长度是路径中边的数目。该路径包含了顶点 $v_0,v_1,\cdots,v_k$ 和边$(v_0,v_1),(v_1,v_2),\cdots,(v_{k-1},v_k)$。（总是存在一条从点 u 到其自身的长度为 0 的路径。）如果从顶点 u 到顶点 u' 存在一条路径 p，则称 u' 是从 u 经过 p **可达的**。如果

G是有向图，则写作 $u \overset{p}{\leadsto} u'$。如果路径中所有顶点互不相同，则称路径是**简单的**[⊖]。在图 B-2(a)中，路径$\langle 1, 2, 5, 4\rangle$是一条长度为 3 的简单路径。路径$\langle 2, 5, 4, 5\rangle$则不是一条简单路径。

路径 $p=\langle v_0, v_1, \cdots, v_k\rangle$ 的一条**子路径**是 p 中顶点的一个连续子序列，即对于任意 $0 \leqslant i \leqslant j \leqslant k$，顶点子序列$\langle v_i, v_{i+1}, \cdots, v_j\rangle$是 p 的一条子路径。

在有向图中，如果路径$\langle v_0, v_1, \cdots, v_k\rangle$中 $v_0=v_k$ 且至少包含一条边，则该路径构成**环**。如果 $v_1, v_2, \cdots, v_k$ 是互不相同的，则该环是**简单的**。自环是长度为 1 的环。对于两条路径$\langle v_0, v_1, v_2, \cdots, v_{k-1}, v_0\rangle$和$\langle v_0', v_1', v_2', \cdots, v_{k-1}', v_0'\rangle$，如果存在一个整数 j，使得对于 $i=0, 1, \cdots, k-1$，有 $v_i'=v_{(i+j) \bmod k}$，则这两条路径为相同的环。在图 B-2(a)中，路径$\langle 1, 2, 4, 1\rangle$所形成的环与$\langle 2, 4, 1, 2\rangle$和$\langle 4, 1, 2, 4\rangle$相同。该环是简单的，而环$\langle 1, 2, 4, 5, 4, 1\rangle$则不是。边$(2, 2)$构成的环$\langle 2, 2\rangle$是一个自环。一个不含自环的有向图是**简单的**。在无向图中，如果路径$\langle v_0, v_1, \cdots, v_k\rangle$满足 $k>0$，$v_0=v_k$，并且路径上所有的边都不相同，则这条路径形成环；如果 $v_1, v_2, \cdots, v_k$ 互不相同，则称该环是简单的。例如，在图 B-2(b)中，路径$\langle 1, 2, 5, 1\rangle$是一个简单环。一个没有简单环的图是无环图。

如果一个无向图中每个顶点从所有其他顶点都是可达的，则称该图是**连通**的。图的**连通分量**是顶点在"从……可达"关系下的等价类。图 B-2(b)中的图有 3 个连通分量：$\{1, 2, 5\}$，$\{3, 6\}$和$\{4\}$。$\{1, 2, 5\}$中的每个顶点从$\{1, 2, 5\}$中其他顶点都是可达的。若一个无向图只有一个连通分量，则该无向图连通。一个连通分量的边是只与该分量中顶点关联的边；换句话说，边(u, v)是连通分量的一条边，当且仅当 u 和 v 均为该分量中的顶点。

[1170]

如果一个有向图中任意两个顶点互相可达，则该有向图是**强连通**的。有向图的强连通分量是"相互可达"关系下顶点的等价类。如果一个有向图只有一个强连通分量，则它是强连通的。图 B-2(a)中的图有三个强连通分量：$\{1, 2, 4, 5\}$，$\{3\}$和$\{6\}$。$\{1, 2, 4, 5\}$中所有顶点对互相可达。出于顶点 6 不能从顶点 3 到达，顶点$\{3, 6\}$不构成一个强连通分量。

两个图 $G=(V, E)$ 和 $G'=(V', E')$ 是同构的，如果存在一个双射 $f: V \to V'$，使得$(u, v) \in E$ 当且仅当$(f(u), f(v)) \in E'$。换句话说，我们可以在保持 G 与 G' 中边对应的前提下，将图 G 中的顶点重新标记为 G' 中的顶点。图 B-3(a)给出了一对同构图 G 和 G'。其各自顶点集分别为 $V=\{1, 2, 3, 4, 5, 6\}$ 和 $V'=\{u, v, w, x, y, z\}$。从 V 到 V' 的映射，$f(1)=u$，$f(2)=v$，$f(3)=w$，$f(4)=x$，$f(5)=y$，$f(6)=z$，提供了所需的双射函数。图 B-3(b)中的图之间不是同构的。虽然两个图都有 5 个顶点和 7 条边，但是上方的图有度数为 4 的顶点，而下方的图没有。

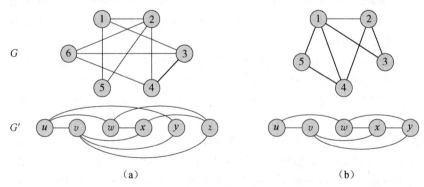

图 B-3　(a)一对同构图。上图中的顶点与下图中的顶点的映射关系为：$f(1)=u$，$f(2)=v$，$f(3)=w$，$f(4)=x$，$f(5)=y$，$f(6)=z$。(b)因为上图中包含度数为 4 的顶点，而下图中没有，所以这两个图不同构

⊖ 有些作者称路径为"行走"，称简单路径为"路径"。本书中的术语"路径"和"简单路径"与他们的定义一致。

如果 $V'\subseteq V$ 且 $E'\subseteq E$，则称图 $G'=(V',E')$ 是 $G=(V,E)$ 的**子图**。给定一个集合 $V'\subseteq V$，G 关于 V' 的**导出子图**是图 $G'=(V',E')$，其中

$$E'=\{(u,v)\in E: u,v\in V'\}$$

1171

图 B-2(a) 中关于顶点集 $\{1,2,3,6\}$ 的导出子图是图 B-2(c) 中的图，其边集合为 $\{(1,2),(2,2),(6,3)\}$。

给定无向图 $G=(V,E)$，G 的**有向版本**是有向图 $G'=(V',E')$，其中 $(u,v)\in E'$ 当且仅当 $(u,v)\in E$。也就是说，在有向版本中，G 的无向边 (u,v) 均被替换为两个有向边 (u,v) 和 (v,u)。给定有向图 $G=(V,E)$，其**无向版本**是无向图 $G'=(V',E')$，其中 $(u,v)\in E'$ 当且仅当 $u\neq v$ 且 $(u,v)\in E$。至少包含 (u,v) 和 (v,u) 中的一个。也就是说，无向版本包含了 G 中"去掉了方向"的边，同时剔除了自环。（因为 (u,v) 和 (v,u) 在无向图中是同一条边，尽管这两条边都在有向图中，但无向版本只包含其一次。）在有向图 $G=(V,E)$ 中，顶点 u 的**邻居**是 G 的无向版本中任意邻接于顶点 u 的顶点。也就是说，如果 $u\neq v$ 且 $(u,v)\in E$ 或 $(v,u)\in E$，则 v 是 u 的一个邻居。在无向图中，如果 u 和 v 邻接，则它们是邻居。

有几种图有其特有的名字。**完全图**是图中每对顶点均邻接的无向图。**二分图**是一个无向图 $G=(V,E)$，其顶点集 V 可以被划分为两个集合 V_1 和 V_2，且 $(u,v)\in E$ 蕴涵 $u\in V_1$ 且 $v\in V_2$ 或者蕴涵 $u\in V_2$ 且 $v\in V_1$。也就是说，所有的边都位于这两个顶点集合之间。无向无环图是一个**森林**。连通无向无环图是一棵（**自由**）**树**（见 B.5 节）。通常用"有向无环图"（directed acyclic graph）的首字母称呼它，即 dag。

读者可能常常会遇到两种图的变体。**多重图**与无向图类似，但它可以在顶点间存在多条边，并允许自环。**超图**也与无向图类似，但是其每一条**超边**连接的不是两个顶点，而是任意顶点子集。许多为普通有向图和无向图设计的算法也能适用于这些类图结构。

沿边 $e=(u,v)$ 的对无向图 $G=(V,E)$ 的**收缩**是图 $G'=(V',E')$，其中 $V'=V-\{u,v\}\bigcup\{x\}$ 且 x 是一个新顶点。边集合 E' 是从 E 中删除边 (u,v)，并对于每一个入射到 u 或 v 的顶点 w，删除 E 中 (u,w) 和 (v,w) 再加入新边 (x,w) 所得。从效果上来说，u 和 v 被"压缩"成了一个顶点。

练习

B.4-1 在一个教职员工聚会中，与会者互相握手问候彼此，每位教授会记住他/她握手的次数。在聚会的最后，系主任将所有教授握手的次数相加。通过证明下面的**握手定理**来说明系主任得到的结果是偶数：如果 $G=(V,E)$ 是无向图，则有

1172

$$\sum_{v\in V}\mathrm{degree}(v)=2|E|$$

B.4-2 证明：如果无向图或有向图在两个顶点 u 和 v 之间包含一条路径，则该图一定包含一条 u 与 v 之间的简单路径。证明：如果一个有向图包含环，则它一定包含一个简单环。

B.4-3 证明：任意连通无向图 $G=(V,E)$ 满足 $|E|\geqslant|V|-1$。

B.4-4 验证在一个无向图中，"从……可达"关系是图中顶点的等价关系。等价关系的三个特性中，哪些对有向图点集上的"从……可达"关系成立？

B.4-5 图 B-2(a) 中有向图的无向版本是什么？图 B-2(b) 中无向图的有向版本是什么？

*B.4-6 证明：若令超图中的边与点的关联关系对应二分图中的邻接关系，则超图可表示为二分图。（提示：令二分图中的一个顶点集对应超图的顶点集，并令二分图的另一个顶点集合对应超边集。）

B.5 树

和图一样，树也有很多相关但差异很小的定义。这一节将介绍几种树的定义和数学性质。

10.4节和22.1节介绍了我们在计算机内存中表示树的方式。

B.5.1 自由树

和B.4节中的定义一样，**自由树**是一个连通的、无环的无向图。通常情况，当我们提到一个图是树时，会省略形容词"自由"。称一个可能不连通的无向无环图为**森林**。许多树的算法对森林也适用。图B-4(a)给出了一棵自由树，图B-4(b)则给出了一个森林。图B-4(b)的森林不是树，因为它不连通。图B-4(c)中的图是连通的，但是它既不是树也不是森林，因为它包含环。

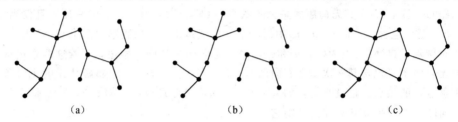

(a)   (b)   (c)

图B-4 (a)一棵自由树。(b)一个森林。(c)因为该图有环，所以它既不是树也不是森林

下面的定理描述了自由树的几个重要事实。

定理B.2(自由树性质) 令$G=(V,E)$是一个无向图。下面的描述是等价的。

1. G是自由树。

2. G中任何两顶点由唯一简单路径相连。

3. G是连通的，但是从图中移除任意一条边得到的图均不连通。

4. G是连通的，且$|E|=|V|-1$。

5. G是无环的，且$|E|=|V|-1$。

6. G是无环的，但是如果向E中添加任何一条边，均会造成图包含一个环。

证明 (1)⇒(2)：因为树是连通的，图G中任意两顶点应至少被一条简单路径所连接。用反证法，假定顶点u和顶点v被两条不同的简单路径p_1和p_2连接，如图B-5所示。令w为这两条路径第一次分叉位置的顶点；即w是p_1和p_2上所有公共顶点中，第一个在p_1上的后继x与在p_2上的后继y不相同的顶点。令z为这两条路径第一次重新汇合处的顶点；即z是w后第一个p_1与p_2共有的顶点。令p'是p_1的子图，其中包含从w经过x到z的顶点与边，且令p''为p_2的子图，其中包含从p_2经过y到z的部分。路径p'与p''除了端点外没有公共顶点。因此，连接p'与p''的逆得到的路径是一个环。这违背了G是一棵树的假设。因此，若G是自由树，则两顶点至多有一条简单路径。

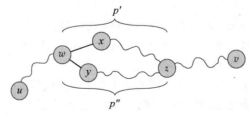

图B-5 定理B.2的证明步骤：如果(1)G是自由树，则(2)G中任意两点被唯一路径相连。假定顶点u与v被两条不同的简单路径p_1与p_2所连。这两个路径第一次岔开位置的顶点是w，它们第一次合并位置的顶点是z。路径p'与路径p''的逆相连构成了一个环。这与图中无环构成矛盾

(2)⇒(3)：如果G中任意两个顶点被唯一简单路径相连，则G是连通的。令(u,v)为E中任意一条边。该边是从u到v的一条路径，所以它必然是从u到v的唯一一路径。如果从G中移除(u,v)，则从u到v无路径可达，因此，任意移除一条边均会导致图不连通。

(3)⇒(4)：根据假设，图G是连通的，且由练习B.4-3可知，$|E|\geqslant|V|-1$。现在我们用

归纳法证明 $|E| \leqslant |V| - 1$。一个有 $n=1$ 或 $n=2$ 个顶点的连通图的边数显然为 $n-1$。假定 G 有 $n \geqslant 3$ 个顶点，且所有顶点数少于 n 并满足(3)的图也满足 $|E| \leqslant |V| - 1$。从 G 中移除任意一条边将图分为 $k \geqslant 2$ 个连通分量(实际上 $k=2$)。每一个连通分量满足(3)，否则 G 将不会满足(3)。如果将每一个边集为 E_i 的连通分量 V_i 看做它自己的自由树，那么因为每一个连通分量的顶点数目均少于 $|V|$，根据归纳假设，我们有 $|E_i| \leqslant |V_i| - 1$。因此，所有连通分量中边数目的总和最多为 $|V| - k \leqslant |V| - 2$。将移除的边加入后，得到 $|E| \leqslant |V| - 1$。

(4)⇒(5)：假定 G 是连通的，且 $|E| = |V| - 1$。需证明 G 是无环的。假定 G 中一个环包含 k 个顶点 v_1，v_2，$\cdots$，v_k，不失一般性，假设该环是简单的。令 $G_k = (V_k, E_k)$ 是该环在 G 中的子图表示。注意，$|V_k| = |E_k| = k$。如果 $k < |V|$，则因为 G 连通，所以一定存在顶点 $v_{k+1} \in V - V_k$ 与某个顶点 $v_i \in V_k$ 相邻。定义 $G_{k+1} = (V_{k+1}, E_{k+1})$ 为 G 的子图，其中 $V_{k+1} = V_k \bigcup \{v_{k+1}\}$ 且 $E_{k+1} = E_k \bigcup \{(v_i, v_{k+1})\}$。注意 $|V_{k+1}| = |E_{k+1}| = k+1$。如果 $k+1 < |V|$，我们可以继续用相同方式定义 G_{k+2}，依此下去，直到获得 $G_n = (V_n, E_n)$，其中 $n = |V|$，$V_n = V$，且 $|E_n| = |V_n| = |V|$。因为 G_n 是 G 的一个子图，所以有 $E_n \subseteq E$，因此 $|E| \geqslant |V|$。这违背了假设 $|E| = |V| - 1$。因此，G 是无环的。

(5)⇒(6)：假定 G 是无环的且 $|E| = |V| - 1$。令 k 为 G 的连通分量的数目。每一个连通分量根据定义都是一个自由图，并且因为(1)蕴涵(5)，G 的所有连通分量的边数和为 $|V| - k$。因此，必须有 $k=1$，即有 G 实际上是一棵树。因为(1)蕴涵(2)，G 中任意两个顶点被唯一简单路径所连接。因此，添加任何一条边到 G 均会导致成环。

(6)⇒(1)：假定 G 是无环的，但是添加任意一条边到 G 均会成环。需要证明的是 G 是连通的。令 u 和 v 是 G 中任意的顶点。如果 u 和 v 尚未邻接，则添加边 (u, v) 会产生一个环。环中除了 (u, v) 外其他边均属于 G。因此，该环去除边 (u, v) 必须包含一条从 u 到 v 的路径，因为 u 与 v 是随意选择的，所以 G 是连通的。　■

B.5.2　有根树和有序树

有根树是一棵自由树，其顶点中存在一个与其他顶点不同的顶点。我们称该不同顶点为树的**根**。一棵有根树的顶点常常称为树的**结点**[⊖]。图 B-6(a)给出了一棵有 12 个结点，根为 7 的有根树。

考虑以 r 为根的有根树 T 中的一个结点 x。从 r 到 x 的唯一简单路径上任意结点 y 称为 x 的一个**祖先**。如果 y 是 x 的祖先，则 x 是 y 的**后代**。(每一个结点既是自己的祖先也是自己的后代。)如果 y 是 x 的祖先且 $x \neq y$，则 y 是 x 的一个**真祖先**，且 x 是 y 的一个**真后代**。以 x 为根的子树是根为 x，由 x 的后代组成的子树。例如，图 B-6(a)中的以结点 8 为根的子树包含结点 8、6、5 和 9。

如果从树 T 的根 r 到一个结点 x 的简单路径上最后一条边是 (y, x)，则 y 是 x 的**双亲**，而 x 是 y 的**孩子**。根是树中唯一没有双亲的结点。如果两个结点有相同的双亲，则它们是**兄弟**。一个没有孩子的结点为**叶结点**(或称**外部结点**)。一个非叶结点是**内部结点**。

有根树 T 中一个结点 x 的孩子数目等于结点 x 的**度**[⊖]。从根 r 到结点 x 的一条简单路径的长度即为 x 在 T 中的**深度**。树的一个层包含了统一深度的所有结点。结点在树中的高度是指从该结点到叶结点最长的一条简单路径上边的数目。树的高度也等于树中点的最大深度。

有序树是一棵有根树，其中每个结点的孩子是有序的。也就是说，如果一个结点有 k 个孩子，则这些孩子之间会区分哪个结点是第一孩子，哪个结点是第二孩子，……，哪个是第 k 孩子。图 B-6 中的两棵树如果看做是有序树，则它们是不同的，但是如果仅仅看做是有根树的话，则是相同的。

⊖　在图论中，术语"结点"通常作为"顶点"的同义词。这里我们将它专用来表示有根中的结点。

⊖　注意，结点的度取决于 T 是有根树还是自由树。自由树中结点的度跟无向图中的一样，是相邻顶点的个数。而在有根树中，度指结点孩子的个数，结点的双亲不包含在内。

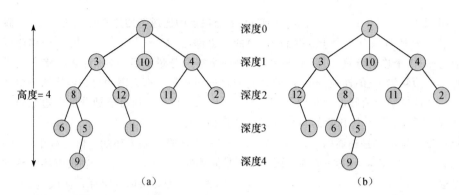

图 B-6　有根树与有序树。(a)高度为 4 的有根树。该树用标准的方式绘制：根(结点 7)在最上方，其下是它的孩子(深度为 1 的结点)，再下面是根孩子的孩子(深度为 2 的结点)，依此下去。如果树是有序树，树中某结点的孩子之间的左右位置关系有影响；否则没影响。(b)另一棵有根树。如果将该树单看做有根树，则它与(a)中的树是一样的，但是看做有序树，则因为结点 3 的孩子与(a)中出现顺序不同，所以两棵树不同

B.5.3　二叉树和位置树

我们递归地来定义二叉树。**二叉树** T 是定义在有限结点集上的结构，它或者不包含任何结点，或者包含三个不相交的结点集合：一个**根**结点，一棵称为**左子树**的二叉树，以及一棵称为**右子树**的二叉树。

不包含任何结点的二叉树称为**空树**或**零树**，有时用符号 NIL 表示。如果左子树非空，则它的根称为整棵树的根的**左孩子**。类似地，非空右子树的根称为整棵树的根的**右孩子**。如果一棵子树是零树 NIL，则称该孩子是缺失或者丢失的。图 B-7(a)给出了一棵二叉树。

二叉树不仅仅是一棵结点度均为 2 的有序树。例如，在一棵二叉树中，如果一个结点仅有一个孩子，则它是左孩子还是右孩子是有关系的。而在有序树中，是没有必要区分一个单独的孩子是左还是右的。图 B-7(b)给出了一棵与图 B-7(a)不同的二叉树。两者的不同之处在于结点 5 的位置。这两棵树如果仅被看做是有序树，则是相同的。

如图 B-7(c)所示，二叉树的位置信息可以用有序树中的内部结点来表示。这一想法需要将二叉树中每个缺失的孩子用一个没有孩子的结点替代。这些叶结点在图中表示为正方形。这样得到的树是**满二叉树**：每个结点是叶结点或者度为 2。满二叉树中不存在度为 1 的结点。最终，结点的孩子的顺序保留了位置信息。

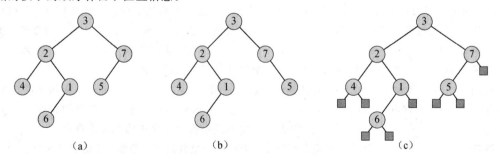

图 B-7　二叉树。(a)按照标准方法绘制的二叉树。结点的左孩子画在结点的左下方。结点的右孩子画在结点的右下方。(b)与(a)中不同的一棵二叉树。在(a)中，结点 7 的左孩子是 5，而右孩子缺失。在(b)中，结点 7 的左孩子缺失，而右孩子是 5。作为有序树，这两棵树是一样的，但作为二叉树，它们却是不同的。(c)用满二叉树的内部结点表示(a)中的二叉树：每个内部结点度均为 2 的有序树。树中的叶结点用正方形表示

1178

区分二叉树与有序树的存储位置信息可以扩展到结点有多于 2 个孩子的树上。在一棵**位置树**中，结点的孩子被标记为不同的正整数。如果没有孩子被标记为整数 i，则该结点的第 i 个孩子缺失。**k 叉树**是一棵位置树，其中对于每个结点，所有标记大于 k 的孩子均缺失。因此，二叉树是 $k=2$ 的 k 叉树。

完全 k 叉树是所有叶结点深度相同，且所有内部结点度为 k 的 k 叉树。图 B-8 给出了一棵高度为 3 的完全二叉树。一棵高度为 h 的完全 k 叉树有多少叶结点呢？根在深度 1 有 k 个孩子，它们中的每一个在深度 2 又各自有 k 个孩子。因此，在深度 h 处的叶结点数目为 k^h。最终，一棵有 n 个叶结点的完全 k 叉树的高度为 $\log_k n$。由等式(A.5)可得，一棵高度为 h 的完全 k 叉树的内部结点数目为

$$1 + k + k^2 + \cdots + k^{h-1} = \sum_{i=0}^{h-1} k^i = \frac{k^h - 1}{k - 1}$$

因此，完全二叉树有 $2^h - 1$ 个内部结点。

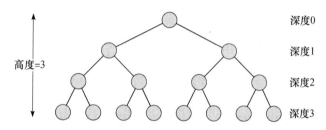

图 B-8　高度为 3，有 8 个叶结点和 7 个内部结点的完全二叉树

练习

B.5-1　画出包含三个顶点 x、y 和 z 的所有自由树。画出所有包含结点 x、y 和 z 的以 x 为根的有根树。画出所有包含结点 x、y 和 z 的以 x 为根的有序树。画出所有结点为 x、y 和 z 的以 x 为根的二叉树。

1179

B.5-2　令 $G = (V, E)$ 为一个有向无环图，其中存在一个顶点 $v_0 \in V$，满足从 v_0 到其他每个顶点 $v \in V$ 均有唯一路径。证明：G 的无向版本是一棵树。

B.5-3　利用归纳法证明：任何非空二叉树中 2 度结点数比叶结点数少 1。证明：满二叉树中的内部结点数目比叶结点数目少 1。

B.5-4　利用归纳法证明，一个有 n 个结点的非空二叉树的高度至少为 $\lfloor \lg n \rfloor$。

*B.5-5　一棵满二叉树的**内路径长度**是指所有内部结点深度之和。类似地，**外路径长度**是指所有叶结点深度之和。考虑一个有 n 个内部结点的满二叉树，其内路径长度为 i，外路径长度为 e。证明 $e = i + 2n$。

*B.5-6　我们将二叉树 T 中的每个深度为 d 的叶结点赋予权值 $w(x) = 2^{-d}$，并令 L 为 T 的叶结点集合。证明 $\sum_{x \in L} w(x) \leqslant 1$。（该不等式称为 **Kraft 不等式**。）

*B.5-7　证明：若 $L \geqslant 2$，则每个叶结点数为 L 的二叉树包含一棵子树，该子树有 $L/3$ 到 $2L/3$ 个叶结点。

思考题

B-1　（图着色问题）　给定一个无向图 $G = (V, E)$，G 的 **k 着色**是一个函数 $c: V \rightarrow \{0, 1, \cdots, k-1\}$，满足对于每条边 $(u, v) \in E$，有 $c(u) \neq c(v)$。换句话说，数字 $0, 1, \cdots, k-1$ 代表了 k 种颜色，邻接的顶点不能具有相同颜色。

1180
a. 证明：任意树都可以都是 2 可着色的。

b. 证明下列三条描述是等价的：

1. G 是二分图。

2. G 是 2 可着色的。

3. G 没有奇数长度的环。

c. 令 d 为图 G 中任意顶点的最大度数。证明：G 可以用 $d+1$ 种颜色着色。

d. 证明：如果 G 有 $O(|V|)$ 条边，那么 G 可以用 $O(\sqrt{|V|})$ 种颜色着色。

B-2 （友谊图） 将下列描述改写成关于无向图的定理，并给出证明。假定友谊是对称的，但不是自反的。

a. 任何至少含两人的组中，至少有两人在组内有相同数目的朋友。

b. 任何 6 人的组要么至少有三个人互为朋友，要么至少有三个人互不相识。

c. 每个组中的人均能分成两个子组，其中每个属于某个子组的至少有一半的朋友在另外一个子组。

d. 如果一个组中每个人都至少是该组内一半人的朋友，那么该组可以按如下方式安排组员坐在圆桌周围：每个人都坐在他的两个朋友之间。

B-3 （二等分树） 许多图的分治算法要求图被等分为两个大小基本相同的子图。这可以通过在划分顶点后，求取两个点集的导出子图来实现。本题将研究通过移除一小部分边来将树二等分的方法。要求如果在移除边后两个顶点落在了同一棵子树中，则它们一定在同一个划分内。

a. 证明：任意 n 顶点二叉树的顶点均可通过移除一条边被划分为两个集合 A 与 B，满足 $|A| \leqslant 3n/4$，$|B| \leqslant 3n/4$。

1181
b. 通过给出一个例子：一棵简单二叉树在移除一条边后，其最均匀平衡的划分满足 $|A| = 3n/4$，来证明 (a) 中的常数 3/4 在最坏情况下是最优的。

c. 证明：通过移除最多 $O(\lg n)$ 条边，可以将任意 n 顶点二叉树的顶点划分为两个集合 A 与 B，满足 $|A| = \lfloor n/2 \rfloor$ 和 $|B| = \lceil n/2 \rceil$。

附录注记

　　G. Boole 是符号逻辑学的先驱。他在 1854 年出版的书中引入了许多基本集合符号。现代集合论由 G. Cantor 在 1874 年到 1895 年之间创立。G. Cantor 主要致力于无限基数集合的研究。术语"函数"的发明归功于 G. W. Leibniz。他用函数来指代多种数学公式。这个局限的定义被一般化了很多次。图论从 1736 年兴起。那时，L. Euler 证明了穿过 Königsberg 市的七座桥仅一次并回到起始点是不可能的。

1182
　　Harary[160] 是一本很有用的书，它给出了图论中的许多定义和结论。

计数与概率

本附录回顾了基础组合数学与概率论的相关知识。如果读者在这两方面已经有了良好的基础，那么可以粗略地阅读本附录开始的部分，着重阅读后面的章节即可。本书的大部分章节并不要求概率论知识，但是对于部分章节则是必需的。

C.1 节回顾了计数理论中的一些基本结论，包括计数排列组合的标准方程。C.2 节囊括了概率公理和一些有关概率分布的基本事实。C.3 节中介绍了随机变量以及期望与方差的性质。C.4 节研究了源于伯努利试验的几何分布与二项分布。C.5 节则深入讨论了二项分布的"尾部"。

C.1 计数

计数理论是不枚举所有选择而回答问题"有多少个"的理论。例如，我们可能会问"有多少个不同的 n 位数？"或者"n 个不同元素有多少种排列顺序？"本节将回顾计数理论知识。出于本章中部分内容需要对集合知识的基本了解，读者可以适当回顾 B.1 节中的材料。

和与积的规则

有时，我们可以将一个要计数的项集看做几个不相交集合的并集或者集合的笛卡儿积。

和规则是指从两个不相交集合之一中选择一个元素的方法数等于这两个集合的基数和。也就是说，若 A 与 B 是两个无共同元素的有限集，那么由等式（B.3）可得 $|A \cup B| = |A| + |B|$。例如，车牌照上每个位置是字母或数字。因为字母有 26 种选择，数字有 10 种，所以每个位置上的可能选择有 $26 + 10 = 36$ 种。

积规则是指选出一个有序对的方法数等于选出第一个元素的方法数与选出第二个元素的方法数的乘积。也就是说，如果 A 与 B 是两个有限集，则 $|A \times B| = |A| \cdot |B|$，即等式（B.4）。例如，如果一个冰淇淋店提供 28 种口味的冰淇淋和 4 种顶料，则一勺冰淇淋与一种顶料构成的圣代的可能种类数是 $28 \cdot 4 = 112$。

串

有限集 S 上的**串**是集合 S 中元素构成的一个序列。例如，下面的 8 个长度为 3 的二进制串：

$$000, 001, 010, 011, 100, 101, 110, 111$$

有时称长度为 k 的串为 k **串**。串 s 的**子串** s' 是 s 中连续若干个元素的有序序列。一个串的 k **子串**是该串的长度为 k 的子串。例如，010 是 01101001 的一个 3 子串（该 3 子串从位置 4 开始），而 111 不是 01101001 的子串。

我们将集合 S 上的 k 串视为笛卡儿积 S^k（k 元组集合）的一个元素；因此，存在 $|S|^k$ 个长度为 k 的串。例如，二进制 k 串的数目为 2^k。从直观上看，为了在一个 n 集合上构造 k 串，第一个元素有 n 种选择；对于每种选择，又有 n 种方式来选择第二个元素；如此进行 k 次。由这一构造过程可知，k 重积 $n \cdot n \cdots n = n^k$ 即为 k 串数目。

排列

有限集 S 的一个**排列**是 S 中元素的一个有序序列，其中每个元素出现且仅出现一次。例如，令 $S = \{a, b, c\}$，则 S 有 6 种排列：

$$a\,b\,c, a\,c\,b, b\,a\,c, b\,c\,a, c\,a\,b, c\,b\,a$$

包含 n 个元素的集合的**排列**数目为 $n!$。这是因为序列第一个元素的选择有 n 种，第二个元素的选择有 $n-1$ 种，第三个元素的选择有 $n-2$ 种，等等。

1184 S 的一个 k **排列**是 S 中 k 个元素的有序序列，且每个元素最多出现一次。（所以，通常的排列是 n 集合的一个 n 排列。）集合 $\{a, b, c, d\}$ 的 12 个 2 排列是

$$ab, ac, ad, ba, bc, bd, ca, cb, cd, da, db, dc$$

对于 n 集合的 k 排列，其第一个元素有 n 种选择，第二个元素有 $n-1$ 种选择，依此类推，直到选择出 k 个元素，最后被选中的元素是从剩余的 $n-k+1$ 个元素中选出的。因此，其可能的 k 排列数目是

$$n(n-1)(n-2)\cdots(n-k+1) = \frac{n!}{(n-k)!} \tag{C.1}$$

组合

n 集合 S 的一个 k **组合**是 S 的一个 k 子集。例如，4 集合 $\{a, b, c, d\}$ 有 6 个 2 组合：

$$ab, ac, ad, bc, bd, cd$$

（将 2 子集 $\{a, b\}$ 简写为 ab，其他同理。）通过从 n 集合中选择出 k 个不同的元素，我们可以构建 n 集合的一个 k 组合。该过程中元素选择的顺序对组合没有影响。

我们可以用 n 集合的 k 排列的数目来表示 n 集合的 k 组合的数目。每个 k 组合恰有 $k!$ 个其元素的排列，其中每一个都是 n 集合的一个不同的 k 排列。因此，n 集合的 k 组合的数目就是 k 排列的数目除以 $k!$；由等式（C.1）得，数目为

$$\frac{n!}{k!(n-k)!} \tag{C.2}$$

对于 $k=0$ 的情况，由该公式可知，n 集合中选出 0 个元素的方法数是 1（而不是 0），因为 $0! = 1$。

二项系数

符号 $\binom{n}{k}$（读作"n 选 k"）表示 n 集合中 k 组合的数目。由等式（C.2）可得

$$\binom{n}{k} = \frac{n!}{k!(n-k)!}$$

此公式对 k 与 $n-k$ 是对称的：

1185

$$\binom{n}{k} = \binom{n}{n-k} \tag{C.3}$$

因为这些数出现在二项展开式中，所以称其为**二项式系数**：

$$(x+y)^n = \sum_{k=0}^{n} \binom{n}{k} x^k y^{n-k} \tag{C.4}$$

二项展开式的一个特例是，当 $x=y=1$ 时，

$$2^n = \sum_{k=0}^{n} \binom{n}{k}$$

这个公式对应于利用二进制 n 串中所含 1 的个数来计数 2^n 个这类串的过程；因为从 n 个位置中选择 k 个放置 1 的方法数是 $\binom{n}{k}$，所以有 $\binom{n}{k}$ 个二进制 n 串恰好含 k 个 1。

许多恒等式都含有二项式系数。本节的练习中提供了几道这类恒等式的证明题。

二项式界

有时我们需要确定二项式系数大小的界。对于 $1 \leqslant k \leqslant n$，有下界

$$\binom{n}{k} = \frac{n(n-1)\cdots(n-k+1)}{k(k-1)\cdots1} = \left(\frac{n}{k}\right)\left(\frac{n-1}{k-1}\right)\cdots\left(\frac{n-k+1}{1}\right) \geqslant \left(\frac{n}{k}\right)^k$$

利用由斯特林近似（公式（3.18））得到的不等式 $k! \geqslant (k/e)^k$，可以获得其上界

$$\binom{n}{k} = \frac{n(n-1)\cdots(n-k+1)}{k(k-1)\cdots1} \leqslant \frac{n^k}{k!} \leqslant \left(\frac{en}{k}\right)^k \tag{C.5}$$

1186   对于所有满足 $0 \leqslant k \leqslant n$ 的整数 k，用归纳法（见练习 C.1-12）可以证明其界

$$\binom{n}{k} \leqslant \frac{n^n}{k^k (n-k)^{n-k}} \tag{C.6}$$

其中为方便起见，假设 $0^0 = 1$。对于 $k = \lambda n$，其中 $0 \leqslant \lambda \leqslant 1$，可以将界写作

$$\binom{n}{\lambda n} \leqslant \frac{n^n}{(\lambda n)^{\lambda n} ((1-\lambda)n)^{(1-\lambda)n}} = \left(\left(\frac{1}{\lambda} \right)^{\lambda} \left(\frac{1}{1-\lambda} \right)^{1-\lambda} \right)^n = 2^{nH(\lambda)}$$

其中

$$H(\lambda) = -\lambda \lg \lambda - (1-\lambda) \lg (1-\lambda) \tag{C.7}$$

是一个(**二进制**)熵函数，其中为方便起见，假设 $0 \lg 0 = 0$，从而 $H(0) = H(1) = 0$。

练习

C.1-1 请问一个 n 串中有多少个 k 子串？(将不同位置上同样的 k 子串看做不同子串。)一个 n 串总共有多少个子串？

C.1-2 有 n 个输入、m 个输出的**布尔函数**是从 $\{\text{TRUE}, \text{FALSE}\}^n$ 到 $\{\text{TRUE}, \text{FALSE}\}^m$ 的一个函数。请问有多少个有 n 个输入、1 个输出的布尔函数？有多少个有 n 个输入、m 个输出的布尔函数？

C.1-3 请问让 n 个教授围坐在圆形会议桌的方法有多少种？如果两种座次中，一种可以通过旋转变成另一种，则视这两种座次相同。

C.1-4 请问从集合 $\{1, 2, \cdots, 99\}$ 中选出三个不同的数字，并且这三个数字的和为偶数的方法有多少种？

C.1-5 证明如下恒等式在 $0 < k \leqslant n$ 时成立：

$$\binom{n}{k} = \frac{n}{k} \binom{n-1}{k-1} \tag{C.8}$$

C.1-6 证明如下恒等式在 $0 \leqslant k < n$ 时成立：

$$\binom{n}{k} = \frac{n}{n-k} \binom{n-1}{k}$$

C.1-7 为了从 n 个对象中选择 k 个，可以从这些元素中选出一个作为特殊元素，并且考虑是否选中该特殊元素。请使用这一方法证明

$$\binom{n}{k} = \binom{n-1}{k} + \binom{n-1}{k-1}$$

C.1-8 使用练习 C.1-7 的结论，为二项式系数 $\binom{n}{k}$ 制作一个表格，其中 $n = 0, 1, \cdots, 6$，$0 \leqslant k \leqslant n$。表格中 $\binom{0}{0}$ 在最顶行，$\binom{1}{0}$ 和 $\binom{1}{1}$ 在下一行，依此类推。这样的一个二项式系数表格称为**帕斯卡三角**。

C.1-9 证明：

$$\sum_{i=1}^{n} i = \binom{n+1}{2}$$

C.1-10 证明：对于任意整数 $n \geqslant 0$ 和 $0 \leqslant k \leqslant n$，$\binom{n}{k}$ 在 $k = \lfloor n/2 \rfloor$ 或者 $k = \lceil n/2 \rceil$ 处取得最大值。

★C.1-11 证明：对于任意整数 $n \geqslant 0$，$j \geqslant 0$，$k \geqslant 0$，且 $j + k \leqslant n$，有

$$\binom{n}{j+k} \leqslant \binom{n}{j} \binom{n-j}{k} \tag{C.9}$$

请给出公式的代数证明和基于从 n 个物品中选 $j + k$ 个的方法的论证。并请给出相等关系不成立的一个例子。

1187
1188

*C.1-12 对满足 $0 \leqslant k \leqslant n/2$ 的所有整数 k 使用归纳法证明不等式(C.6)，并用等式(C.3)将公式 (C.6)推广到满足 $0 \leqslant k \leqslant n$ 的所有整数 k 上。

*C.1-13 利用斯特林近似证明：

$$\binom{2n}{n} = \frac{2^{2n}}{\sqrt{\pi n}}(1 + O(1/n)) \qquad (C.10)$$

*C.1-14 通过将熵函数 $H(\lambda)$ 进行微分，证明其在 $\lambda = 1/2$ 时取得最大值。请问 $H(1/2)$ 是多少？

*C.1-15 证明：对于任意整数 $n \geqslant 0$，有

$$\sum_{k=0}^{n} \binom{n}{k} k = n 2^{n-1} \qquad (C.11)$$

C.2 概率

概率是概率与随机化算法设计和分析的重要工具。本节回顾了基础概率理论。

我们借助**样本空间** S 来定义概率。样本空间是**基本事件**的集合。每个基本事件可以视为某个试验的一个可能结果。对于抛两枚不同硬币的试验，每枚硬币要么正面朝上(H)，要么反面朝上(T)，则其样本空间可以视为 $\{H, T\}$ 上所有可能的 2 串的集合：

$$S = \{HH, HT, TH, TT\}$$

事件是样本空间 S 的一个子集$^{\ominus}$。例如，在一次抛两枚硬币的试验中，一枚硬币正面、另一枚硬币是反面的事件是 $\{HT, TH\}$。事件 S 称为**必然事件**，而事件 $\varnothing$ 称为**空事件**。如果两个事件 A 和 B 满足 $A \cap B = \varnothing$，则它们是**互斥**的。有时，我们将基本事件 $s \in S$ 看做事件 $\{s\}$。由定义知，所有基本事件都是互斥的。

概率论公理

样本空间 S 上的**概率分布** $\Pr\{\}$ 是一个从 S 的事件到实数的映射，它满足如下**概率论公理**：

1. 对于任意事件 A，$\Pr\{A\} \geqslant 0$。

2. $\Pr\{S\} = 1$。

3. 对于两个互斥事件 A 与 B，有 $\Pr\{A \cup B\} = \Pr\{A\} + \Pr\{B\}$。更一般地，对于任意(有限或者可数无限)事件序列 $A_1, A_2, \cdots$，若其两两互斥，则有

$$\Pr\left\{\bigcup_i A_i\right\} = \sum_i \Pr\{A_i\}$$

我们称 $\Pr\{A\}$ 为事件 A 的**概率**。这里注意，公理 2 是一条正规化要求：选择 1 作为必然事件的概率没有什么很重要或特别的理由，仅仅是因为这种选择比较自然且方便。

由上面几个公理与基本集合理论(见 B.1 节)可以很快得到下面几个结论。空事件 $\varnothing$ 的概率为 $\Pr\{\varnothing\} = 0$。如果 $A \subseteq B$，则 $\Pr\{A\} \leqslant \Pr\{B\}$。用 $\overline{A}$ 来表示事件 $S - A$(A 的补)，则有 $\Pr\{\overline{A}\} = 1 - \Pr\{A\}$。对于任意两个事件 A 和 B，

$$\Pr\{A \cup B\} = \Pr\{A\} + \Pr\{B\} - \Pr\{A \cap B\} \qquad (C.12)$$
$$\leqslant \Pr\{A\} + \Pr\{B\} \qquad (C.13)$$

在抛硬币的例子中，假定 4 个基本事件的概率均为 1/4，则至少有一枚硬币正面朝上的概率是

$$\Pr\{HH, HT, TH\} = \Pr\{HH\} + \Pr\{HT\} + \Pr\{TH\} = 3/4$$

另一种做法是，由于得到少于一枚硬币正面朝上的概率是 $\Pr\{TT\} = 1/4$，则获得至少一枚硬币正面朝上的概率是 $1 - 1/4 = 3/4$。

$\ominus$ 对于一般的概率分布，样本空间 S 中可能存在一些子集不被视为事件。这种情况经常发生在样本空间是无限不可数时。子集可以是事件的主要要求是，样本空间中的事件集合在求补运算下，有限或无限可数个事件在求并运算下，以及有限或无限可数个事件在求交运算下封闭。我们看到的大部分概率分布都是在有限或可数样本空间上，因此通常可以将样本空间的所有子集看做事件。一个需要注意的例外是连续均匀概率分布，稍后将会讨论它。

离散概率分布

如果一个概率分布定义在有限或者无限可数的样本空间上，则该概率分布是**离散**的。令 S 是样本空间，则对于任意事件 A，因为基本事件(具体来说，就是 A 中的基本事件)是互斥的，所以有

$$\Pr\{A\} = \sum_{s \in A} \Pr\{s\}$$

如果 S 是有限的，且每个基本事件 $s \in S$ 的概率为

$$\Pr\{s\} = 1/|S|$$

则得到的概率分布为 S 上的**均匀概率分布**。在这种情形下，常常用"从 S 中随机选择一个元素"来描述试验。

例如，考虑抛一枚均匀硬币，其中得到正面的概率与反面的概率是一样的，均为 $1/2$。如果抛掷该硬币 n 次，则有定义在样本空间 $S = \{H, T\}^n$ 上的均匀概率分布，其大小为 2^n。我们可以将 S 中的基本事件表示为 $\{H, T\}$ 上的长度为 n 的一个串。每个串出现的概率均为 $1/2^n$。事件

$$A = \{k \text{ 枚硬币正面朝上}, n-k \text{ 枚硬币反面朝上}\}$$

是 S 的一个子集，且其大小为 $|A| = \binom{n}{k}$，因为 $\{H, T\}$ 上有 $\binom{n}{k}$ 个长度为 n 的串正好包含 k 个 H。因此，事件 A 的概率是 $\Pr\{A\} = \binom{n}{k}/2^n$。

连续均匀概率分布

在连续均匀概率分布中，不是所有样本空间的子集都被看做事件。连续均匀概率分布定义在实数闭区间 $[a, b]$ 上，其中 $a < b$。从直观上来看，连续均匀概率分布的区间 $[a, b]$ 上的每一点都是"等可能"的。然而，由于区间内有不可数个点，如果赋予每个点同样的有限的正概率，则不可能同时满足公理 2 和公理 3。出于这个原因，我们更倾向赋予 S 的部分子集以概率，用这种方式来满足公理。

对于闭区间 $[c, d]$，其中 $a \leqslant c \leqslant d \leqslant b$，连续均匀概率分布定义事件 $[c, d]$ 的概率为

$$\Pr\{[c, d]\} = \frac{d-c}{b-a}$$

注意，对于任意点 $x = [x, x]$，其概率为 0。若将区间 $[c, d]$ 的两端点去掉，则可以得到开区间 (c, d)。结合 $[c, d] = [c, c] \bigcup (c, d) \bigcup [d, d]$ 与公理 3 可知，$\Pr\{[c, d]\} = \Pr\{(c, d)\}$。一般而言，连续均匀概率分布中所有事件的集合包含了样本空间 $[a, b]$ 中任意可由有限个或可数个开区间和闭区间的并得到的子集合，同时也包含了某些更复杂的集合。

1191

条件概率与独立

有时，我们知道一些关于试验结果的先验知识。例如，假定你的一个朋友抛掷了两枚均匀硬币，并告诉你其中至少有一枚正面向上。那么两枚硬币都是正面向上的概率是多少？这里给出的信息排除了两枚硬币均为反面向上的可能。因为剩余的三个基本事件是等可能的，所以可以推出每个事件发生的概率均为 $1/3$。因为只有一个基本事件中有两枚硬币均正面向上，所以该问题的答案是 $1/3$。

条件概率形式化了关于试验结果部分先验知识的概念。已知事件 B 发生，事件 A 的**条件概率**的定义为

$$\Pr\{A \mid B\} = \frac{\Pr\{A \bigcap B\}}{\Pr\{B\}} \tag{C.14}$$

其中 $\Pr\{B\} \neq 0$。("$\Pr\{A \mid B\}$"读作"在 B 条件下 A 的概率"。)直观上，因为已知事件 B 发生，则 A 也发生所构成的事件是 $A \bigcap B$。也就是说，$A \bigcap B$ 是 A 与 B 同时发生的结果集合。因为结果是 B 中的一个基本事件，我们将 B 中所有基本事件的概率除以 $\Pr\{B\}$ 来对概率进行正规化，以使其和为 1。因此，在 B 条件下 A 发生的条件概率是事件 $A \bigcap B$ 的概率与事件 B 的概率的比值。在上面的例子中，事件 A 是两枚硬币均正面朝上，事件 B 是至少有一枚硬币正面朝上。因此，

$$\Pr\{A \mid B\} = (1/4)/(3/4) = 1/3$$

若

$$\Pr\{A \cap B\} = \Pr\{A\}\Pr\{B\} \tag{C.15}$$

则称两个事件是**独立**的，若 $\Pr\{B\} \neq 0$，则其等价于条件概率

$$\Pr\{A \mid B\} = \Pr\{A\}$$

例如，假定扔两枚均匀硬币且其结果是独立的，则得到两个正面朝上的概率是 $(1/2)(1/2)=1/4$。现在假定一个事件是第一枚硬币正面朝上，另一个事件是两枚硬币不同面朝上。这两个事件中每一个发生的概率均为 $1/2$，两者同时发生的概率为 $1/4$；因此，尽管读者可能认为两个事件均依赖于第一枚硬币的结果，但根据独立的定义，两个事件是独立的。最后，假定两枚硬币被焊在了一起，这样它们要么同时正面朝上要么同时反面朝上，且这两种结果是的等可能的。这样，每枚硬币正面朝上的概率均为 $1/2$，但是两枚硬币均正面朝上的概率为 $1/2 \neq (1/2)(1/2)$。因此，一枚硬币正面朝上的事件和另一枚硬币正面朝上的事件不是独立的。

如果对于所有 $1 \leq i < j \leq n$，有

$$\Pr\{A_i \cap A_j\} = \Pr\{A_i\}\Pr\{A_j\}$$

则称事件 A_1，A_2，$\cdots$，A_n **两两独立**。如果这些事件的每一个 k 子集 A_{i_1}，A_{i_2}，$\cdots$，A_{i_k}，其中 $2 \leq k \leq n$ 且 $1 \leq i_1 < i_2 < \cdots < i_k \leq n$，均满足

$$\Pr\{A_{i_1} \cap A_{i_2} \cap \cdots \cap A_{i_k}\} = \Pr\{A_{i_1}\}\Pr\{A_{i_2}\}\cdots\Pr\{A_{i_k}\}$$

则称这些事件（**相互**）独立。

以扔两枚均匀硬币为例，令事件 A_1 为第一枚硬币正面朝上，令事件 A_2 为第二枚硬币正面朝上，并令事件 A_3 为两枚硬币不同面朝上。我们有

$$\Pr\{A_1\} = 1/2$$
$$\Pr\{A_2\} = 1/2$$
$$\Pr\{A_3\} = 1/2$$
$$\Pr\{A_1 \cap A_2\} = 1/4$$
$$\Pr\{A_1 \cap A_3\} = 1/4$$
$$\Pr\{A_2 \cap A_3\} = 1/4$$
$$\Pr\{A_1 \cap A_2 \cap A_3\} = 0$$

因为对于 $1 \leq i < j \leq 3$，我们有 $\Pr\{A_i \cap A_j\} = \Pr\{A_i\}\Pr\{A_j\} = 1/4$，事件 A_1、A_2 和 A_3 是两两独立的。然而，因为 $\Pr\{A_1 \cap A_2 \cap A_3\} = 0$ 且 $\Pr\{A_1\}\Pr\{A_2\}\Pr\{A_3\} = 1/8 \neq 0$，所以这三个事件不是相互独立的。

贝叶斯定理

根据条件概率的定义（公式（C.14））与交换律 $A \cap B = B \cap A$，对于两个概率不为 0 的事件 A 和 B，有

$$\Pr\{A \cap B\} = \Pr\{B\}\Pr\{A \mid B\} = \Pr\{A\}\Pr\{B \mid A\} \tag{C.16}$$

计算 $\Pr\{A \mid B\}$，得到

$$\Pr\{A \mid B\} = \frac{\Pr\{A\}\Pr\{B \mid A\}}{\Pr\{B\}} \tag{C.17}$$

该公式称为**贝叶斯定理**。除数 $\Pr\{B\}$ 是一个正规化常数，我们将其形式重新变换如下。因为 $B = (B \cap A) \cup (B \cap \overline{A})$，且 $B \cap A$ 与 $B \cap \overline{A}$ 是互斥事件，所以

$$\Pr\{B\} = \Pr\{B \cap A\} + \Pr\{B \cap \overline{A}\} = \Pr\{A\}\Pr\{B \mid A\} + \Pr\{\overline{A}\}\Pr\{B \mid \overline{A}\}$$

将此式代入等式（C.17），得到贝叶斯定理的一个等价形式：

$$\Pr\{A \mid B\} = \frac{\Pr\{A\}\Pr\{B \mid A\}}{\Pr\{A\}\Pr\{B \mid A\} + \Pr\{\overline{A}\}\Pr\{B \mid \overline{A}\}} \tag{C.18}$$

贝叶斯定理可以简化条件概率的计算。例如，假定有一枚均匀硬币和一枚抛掷时总是正面向上的非均匀硬币。我们进行一个包含三个独立事件的试验：随机选择两枚硬币其中之一，连续抛掷两次。假定选择的硬币两次均正面朝上，则该硬币为非均匀硬币的概率是多少？

这个问题可以用贝叶斯定理来解决。令事件 A 是选中了非均匀硬币，并令事件 B 为选中的硬币两次均正面朝上。我们需要计算 $\Pr\{A \mid B\}$。因为有 $\Pr\{A\}=1/2$，$\Pr\{B \mid A\}=1$，$\Pr\{\overline{A}\}=1/2$ 和 $\Pr\{B \mid \overline{A}\}=\dfrac{1}{4}$；所以，

$$\Pr\{A \mid B\} = \frac{(1/2) \cdot 1}{(1/2) \cdot 1 + (1/2) \cdot (1/4)} = 4/5$$

练习

C. 2-1 Rosencrantz 教授抛掷一枚均匀硬币一次。Guildenstern 教授抛掷一枚均匀硬币两次。Rosencrantz 教授得到的正面朝上结果数多于 Guildenstern 教授的概率是多少？ 1194

C. 2-2 证明**布尔不等式**：对于有限或可数无限事件序列 A_1，A_2，$\cdots$，

$$\Pr\{A_1 \bigcup A_2 \bigcup \cdots\} \leqslant \Pr\{A_1\} + \Pr\{A_2\} + \cdots \tag{C.19}$$

C. 2-3 假设有 10 张牌，每张牌上分别标有从 1 到 10 的数字，且每张牌上的数字均不同，将牌充分混合。然后从牌堆中一次一张地移除三张牌。那么我们选出的三张牌按照（递增）顺序排列的概率是多少？

C. 2-4 证明：

$$\Pr\{A \mid B\} + \Pr\{\overline{A} \mid B\} = 1$$

C. 2-5 证明：对于任意事件集 A_1，A_2，$\cdots$，A_n，

$$\Pr\{A_1 \bigcap A_2 \bigcap \cdots \bigcap A_n\} = \Pr\{A_1\} \cdot \Pr\{A_2 \mid A_1\} \cdot \Pr\{A_3 \mid A_1 \bigcap A_2\} \cdots$$
$$\Pr\{A_n \mid A_1 \bigcap A_2 \bigcap \cdots \bigcap A_{n-1}\}$$

*C. 2-6 描述一个以整数 a 和 b 为输入的过程，其中 $0<a<b$。在这个过程中，抛掷均匀硬币，结果为正面朝上的概率为 a/b，反面朝上的概率为 $(b-a)/b$。请给出抛掷硬币次数期望的界，应为 $O(1)$。（提示：将 a/b 表示为二进制。）

*C. 2-7 请给出构造满足下列条件的集合的方法：集合中元素为两两独立的 n 个事件，但不存在包含 $k>2$ 个相互独立元素的事件子集。

*C. 2-8 已知事件 C 发生，如果

$$\Pr\{A \bigcap B \mid C\} = \Pr\{A \mid C\} \cdot \Pr\{B \mid C\}$$

则称两个事件 A 和 B 是**条件独立**的。请给一个简单而非平凡的例子，其中两个事件不独立，但是在已知第三个事件发生时条件独立。

*C. 2-9 你参加一个游戏。该游戏将奖品藏在了三个幕布之后。如果你选对了幕布，则可以赢得奖品。在你选择了一个幕布后，但是幕布还未揭开之前，主持人会揭开另两个幕布中一个空幕布（主持人知道哪个幕布后是空的），之后会询问你要不要改变你的选择。请问如果你改变了选择，那么你赢得奖品的几率将如何改变？（这一问题是著名的 **Monty hall 问题**，是以一个主持人经常让参赛者陷入这种困境的节目命名的。） 1195

*C. 2-10 一个监狱看守从三个罪犯中随机挑选一个释放，并处死另两人。这个看守知道每个人会被释放还是处死，但是被禁止透漏给囚犯其自身的处置信息。称罪犯为 X、Y 和 Z。罪犯 X 以他已经知道了 Y 和 Z 中至少有一人会死为理由，私下问警卫两人中哪个会被处死。警卫不能透露给 X 关于他自身的信息，但他告诉了 X，Y 将被处死。X 感到很开心，因为他认为他或者 Z 将被释放，这意味着他被释放的概率现在是 1/2 了。请问他的想法正确吗，或者他被释放的概率仍为 1/3？请解释。

C.3 离散随机变量

（离散）随机变量 X 是从一个有限或可数无限样本空间 S 到实数的函数。它将每个试验可能的结果与一个实数关联起来，这使得我们可以分析结果数集上的概率分布。随机变量也可以定义在不可数无限样本空间上，但是这么做会引起一些技术问题，这对我们的目标是不必要的。因此，我们将假定随机变量是离散的。

对于随机变量 X 和实数 x，定义事件 $X=x$ 为 $\{s\in S: X(s)=x\}$；因此

$$\Pr\{X=x\} = \sum_{s\in S: X(s)=x} \Pr\{s\}$$

函数

$$f(x) = \Pr\{X=x\}$$

是随机变量 X 的**概率密度函数**。由概率公理可知，$\Pr\{X=x\}\geqslant 0$ 且 $\sum_x \Pr\{X=x\} = 1$。

举例来说，考虑掷一对普通的 6 面体骰子。样本空间中有 36 个可能的基本事件。假定概率分布是均匀的，从而每个基本事件 $s\in S$ 均为等可能的：$\Pr\{s\}=1/36$。定义随机变量 X 为两个骰子值中最大的那个。我们有 $\Pr\{X=3\}=5/36$，因为 X 将 3 指派给 36 个可能基本事件中的 5 个，即(1，3)、(2，3)、(3，3)、(3，2)和(3，1)。

我们经常在同一个样本空间中定义若干个随机变量。若 X 和 Y 是随机变量，则函数

$$f(x,y) = \Pr\{X=x \text{ 且 } Y=y\}$$

是 X 与 Y 的**联合概率密度函数**。对于定值 y，

$$\Pr\{Y=y\} = \sum_x \Pr\{X=x \text{ 且 } Y=y\}$$

类似地，对于定值 x，

$$\Pr\{X=x\} = \sum_y \Pr\{X=x \text{ 且 } Y=y\}$$

使用条件概率的定义(公式(C.14))，有

$$\Pr\{X=x \mid Y=y\} = \frac{\Pr\{X=x \text{ 且 } Y=y\}}{\Pr\{Y=y\}}$$

定义两个随机变量 X 与 Y 是**独立**的，如果对于所有的 x 和 y，事件 $X=x$ 和 $Y=y$ 是独立的，或者等价地，如果对于所有的 x 和 y，有 $\Pr\{X=x \text{ 且 } Y=y\}=\Pr\{X=x\}\Pr\{Y=y\}$。

给定一个定义在相同样本空间上的随机变量集合，我们可以定义新的随机变量，例如乘积、和或者其他原始变量的函数。

随机变量的期望值

对于一个随机变量来说，关于其分布的最简单、最有效的概括是它具有取值的"平均"。离散随机变量 X 的**期望值**（**期望**或**均值**）是

$$\mathrm{E}[X] = \sum_x x \cdot \Pr\{X=x\} \tag{C.20}$$

当该和是有限的或绝对收敛时，它是有定义的。有时，X 的期望可以表示为 μ_X，或者当随机变量在上下文中显然时，可以简写为 μ。

考虑扔两枚均匀硬币的游戏。游戏者对于每枚正面朝上的硬币可以赢 3 美元，对于每枚反面朝上的硬币要输掉 2 美元。表示收入的随机变量 X 的期望是

$$\mathrm{E}[X] = 6 \cdot \Pr\{2\mathrm{H}\} + 1 \cdot \Pr\{1\mathrm{H}, 1\mathrm{T}\} - 4 \cdot \Pr\{2\mathrm{T}\}$$
$$= 6(1/4) + 1(1/2) - 4(1/4) = 1$$

两个随机变量的和的期望与它们的期望之和相等，即

$$\mathrm{E}[X+Y] = \mathrm{E}[X] + \mathrm{E}[Y] \tag{C.21}$$

其中，$\mathrm{E}[X]$ 与 $\mathrm{E}[Y]$ 需有定义。我们称这个性质为**期望的线性性质**，并且即使 X 与 Y 不独立，

该性质也成立。这一性质可以扩展到有限的以及绝对收敛的期望和上。期望的线性性质是允许我们使用指标随机变量进行概率分析的关键性质(见 5.2 节)。

如果 X 是随机变量,任何函数 $g(x)$ 定义一个新的随机变量 $g(X)$。如果 $g(x)$ 的期望有定义,则

$$E[g(X)] = \sum_x g(x) \cdot Pr\{X = x\}$$

令 $g(x) = ax$,则对于任意常数 a,

$$E[aX] = aE[X] \tag{C.22}$$

所以,期望是线性的:对于任意两个随机变量 X 和 Y 以及任意常数 a,有

$$E[aX + Y] = aE[X] + E[Y] \tag{C.23}$$

当两个随机变量 X 和 Y 独立且期望有定义时,

$$E[XY] = \sum_x \sum_y xy \cdot Pr\{X = x \text{ 且 } Y = y\} = \sum_x \sum_y xy \cdot Pr\{X = x\}Pr\{Y = y\}$$

$$= \left(\sum_x x \cdot Pr\{X = x\}\right)\left(\sum_y y \cdot Pr\{Y = y\}\right) = E[X]E[Y]$$

通常,当 n 个随机变量 X_1, X_2, $\cdots$, X_n 互相独立时,

$$E[X_1 X_2 \cdots X_n] = E[X_1]E[X_2]\cdots E[X_n] \tag{C.24}$$ 1198

当随机变量 X 可在自然数集 $\mathbf{N} = \{0, 1, 2, \cdots\}$ 中取值时,有一个很好的期望计算公式:

$$E[X] = \sum_{i=0}^{\infty} i \cdot Pr\{X = i\} = \sum_{i=0}^{\infty} i(Pr\{X \geqslant i\} - Pr\{X \geqslant i+1\})$$

$$= \sum_{i=1}^{\infty} Pr\{X \geqslant i\} \tag{C.25}$$

因为在公式推导过程中,每一项 $Pr\{X \geqslant i\}$ 被加了 i 次,又被减了 $i-1$ 次(除了 $Pr\{X \geqslant 0\}$,它被加 0 次,从未被减过)。

当我们将一个凸函数 $f(x)$ 应用到随机变量 X 上时,假定期望存在且有限,由詹森不等式得

$$E[f(X)] \geqslant f(E[X]) \tag{C.26}$$

(如果对于所有 x,y 和所有 $0 \leqslant \lambda \leqslant 1$,有 $f(\lambda x + (1-\lambda)y) \leqslant \lambda f(x) + (1-\lambda)f(y)$,则函数 $f(x)$ 是凸函数。)

方差和标准差

随机变量的期望并不会反映出变量值的分布与发散情况。例如,若有随机变量 X 和 Y,其中 $Pr\{X = 1/4\} = Pr\{X = 3/4\} = 1/2$ 且 $Pr\{Y = 0\} = Pr\{Y = 1\} = 1/2$,那么 $E[X]$ 与 $E[Y]$ 均为 $1/2$,但是 Y 的实际取值离均值比 X 的实际取值离均值远得多。

方差的概念在数学上表达了一个随机变量可能离均值有多远。均值为 $E[X]$ 的随机变量 X 的**方差**为

$$Var[X] = E[(X - E[X])^2] = E[X^2 - 2XE[X] + E^2[X]]$$

$$= E[X^2] - 2E[XE[X]] + E^2[X]$$

$$= E[X^2] - 2E^2[X] + E^2[X] = E[X^2] - E^2[X] \tag{C.27}$$

注意,因为 $E[X]$ 是实数而不是随机变量,$E^2[X]$ 也是实数,所以有 $E[E^2[X]] = E^2[X]$。等式 $E[XE[X]] = E^2[X]$ 遵从等式(C.22),其中 $a = E[X]$。重写等式(C.27)得到随机变量平方的期望 1199 的一个表达式:

$$E[X^2] = Var[X] + E^2[X] \tag{C.28}$$

随机变量 X 的方差与 aX 的方差的关系为(见练习 C.3-10):

$$Var[aX] = a^2 Var[X]$$

当 X 和 Y 是独立随机变量时,

$$Var[X + Y] = Var[X] + Var[Y]$$

通常，如果 n 个随机变量 X_1，X_2，$\cdots$，X_n 是两两独立的，那么

$$\mathrm{Var}\Big[\sum_{i=1}^{n}X_i\Big] = \sum_{i=1}^{n}\mathrm{Var}[X_i] \tag{C.29}$$

随机变量 X 的**标准差**是 X 的方差的非负平方根。随机变量 X 的标准差表示为 σ_X，或者当随机变量 X 在上下文中很明确时，简写为 σ。利用这一符号，X 的方差表示为 σ^2。

练习

C.3-1 我们投掷两个普通的 6 面体骰子。两个骰子值之和的期望是多少？两个骰子值中的最大值的期望是多少？

C.3-2 数组 $A[1..n]$ 包含 n 个不同数字，且顺序随机，每种排列均为等可能的。该数组中最大元素下标的期望是多少？最小元素下标值期望是多少？

C.3-3 在一场狂欢节游戏中，将 3 个骰子放在一个罩子中。一位游戏者可以在 1 到 6 中的任意数字上赌 1 美元。主持人摇罩子，并按如下方案确定游戏者所得回报。如果游戏者赌的数字没有出现在任何一个骰子上，则他输掉 1 美元。如果他赌的数字恰好出现在 k 个骰子上，$k=1$，2，3，则他可以保留他的 1 美元，并赢得 k 美元。请计算玩这个游戏一次的期望收入。

C.3-4 证明：若 X 与 Y 是非负随机变量，则

$$\mathrm{E}[\max(X,Y)] \leqslant \mathrm{E}[X] + \mathrm{E}[Y]$$

★C.3-5 令 X 与 Y 是独立随机变量。证明对于任何函数 f 与 g，$f(X)$ 和 $g(Y)$ 是独立的。

★C.3-6 令 X 是非负随机变量，并假定 $\mathrm{E}[X]$ 是有定义的。证明**马尔可夫不等式**：对于所有 $t>0$，

$$\Pr\{X \geqslant t\} \leqslant \mathrm{E}[X]/t \tag{C.30}$$

★C.3-7 令 S 为样本空间，X 和 X' 是随机变量，满足对于所有 $s \in S$，有 $X(s) \geqslant X'(s)$。证明：对于任意实常数 t，

$$\Pr\{X \geqslant t\} \geqslant \Pr\{X' \geqslant t\}$$

C.3-8 一个随机变量的平方的期望与其期望的平方哪个大？

C.3-9 证明：对于任意取值仅为 0 或 1 的随机变量 X，有 $\mathrm{Var}[X] = \mathrm{E}[X]\mathrm{E}[1-X]$。

C.3-10 根据方差定义（公式（C.27））证明：$\mathrm{Var}[aX] = a^2\mathrm{Var}[X]$。

C.4 几何分布与二项分布

我们可以将掷硬币看做伯努利试验的一个例子。伯努利试验有两种可能的结果：成功，其概率为 p；失败，其概率为 $q=1-p$。当讨论多个伯努利试验时，约定这些试验是相互独立的，且除非特殊说明，每个试验具有相同的成功概率 p。从伯努利试验得出两个重要的分布：几何分布与二项分布。

几何分布

假定我们有一系列伯努利试验，其中每一个的成功概率为 p，失败概率为 $q=1-p$。在获得一次成功前要进行多少次试验？定义随机变量 X 为获得一次成功所需的试验次数。X 的取值范围为 $\{1，2，\cdots\}$，且对于 $k \geqslant 1$，因为一次成功前有 $k-1$ 次失败，所以有

$$\Pr\{X = k\} = q^{k-1}p \tag{C.31}$$

一个满足等式（C.31）的概率分布称为**几何分**

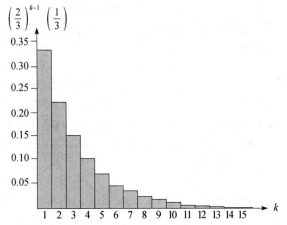

图 C-1 成功概率为 $p=1/3$，失败概率为 $q=1-p$ 的几何分布。分布的期望是 $1/p=3$

布。图 C-1 描绘了这样的一个分布。

　　假定 $q<1$，利用恒等式 (A.8) 可以计算几何分布的期望：

$$\mathrm{E}[X]=\sum_{k=1}^{\infty}kq^{k-1}p=\frac{p}{q}\sum_{k=0}^{\infty}kq^{k}=\frac{p}{q}\cdot\frac{q}{(1-q)^{2}}=\frac{p}{q}\cdot\frac{q}{p^{2}}=1/p \tag{C.32}$$

因此，获得一次成功前平均要经历 $1/p$ 次试验。这是一个很直观的结论。方差也可以用类似方法计算，但是需要利用练习 A.1-3，方差是

$$\mathrm{Var}[X]=q/p^{2} \tag{C.33}$$

　　举例来说，假定我们反复掷两个骰子直到获得一个 7 或 11。36 个可能的结果中，6 个可以得到 7，2 个可以得到 11。因此，成功的概率为 $p=8/36=2/9$，并且我们必须平均掷 $1/p=9/2=4.5$ 次才能获得一个 7 或 11。

二项分布

　　令一伯努利试验的成功概率为 p，失败概率为 $q=1-p$，则 n 次伯努利试验中会有多少次成功？定义随机变量 X 为 n 次试验中成功的次数，则 X 的取值范围为 $\{0, 1, \cdots, n\}$。对于 $k=0, 1, \cdots, n$，因为存在 $\binom{n}{k}$ 种方法来选出 n 次试验中哪 k 次成功，而每个发生的概率是 $p^{k}q^{n-k}$，所以

$$\mathrm{Pr}\{X=k\}=\binom{n}{k}p^{k}q^{n-k} \tag{C.34}$$

满足等式 (C.34) 的概率分布称为**二项分布**。为方便起见，用下面的符号定义一族二项分布：

$$b(k;n,p)=\binom{n}{k}p^{k}(1-p)^{n-k} \tag{C.35}$$

图 C-2 描绘了一个二项分布。名称"二项"来源于等式 (C.34) 右侧是 $(p+q)^{n}$ 的二项展开式中的第 k 项。因为 $p+q=1$，

$$\sum_{k=0}^{n}b(k;n,p)=1 \tag{C.36}$$

满足了概率公理 2 的要求。

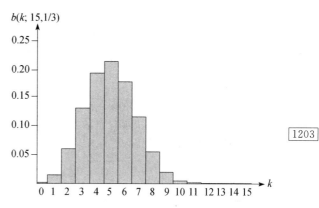

图 C-2　由 15 次伯努利试验得到的二项分布 $b(k; 15, 1/3)$。其中，伯努利试验的成功概率为 $p=1/3$。分布的期望是 $np=5$

　　利用等式 (C.8) 和 (C.36) 可以计算一个满足二项分布的随机变量的期望。令 X 是服从二项分布 $b(k; n, p)$ 的随机变量，且令 $q=1-p$。根据期望的定义，有

$$\begin{aligned}
\mathrm{E}[X]&=\sum_{k=0}^{n}k\cdot\mathrm{Pr}\{X=k\}\\
&=\sum_{k=0}^{n}k\cdot b(k;n,p)\\
&=\sum_{k=1}^{n}k\binom{n}{k}p^{k}q^{n-k}\\
&=np\sum_{k=1}^{n}\binom{n-1}{k-1}p^{k-1}q^{n-k}\qquad\text{（根据等式 (C.8)）}\\
&=np\sum_{k=0}^{n-1}\binom{n-1}{k}p^{k}q^{(n-1)-k}\\
&=np\sum_{k=0}^{n-1}b(k;n-1,p)
\end{aligned}$$

1202
1203
1204

$$= np \qquad （根据等式（C.36）） \qquad (C.37)$$

通过使用期望的线性性质，我们可以获得相同的结论，同时大幅减少了算术运算量。令 X_i 是描述第 i 次试验中成功次数的随机变量，则 $E[X_i] = p \cdot 1 + q \cdot 0 = p$，并且根据期望的线性性质（等式（C.21）），$n$ 次试验中成功次数的期望为

$$E[X] = E\left[\sum_{i=1}^{n} X_i\right] = \sum_{i=1}^{n} E[X_i] = \sum_{i=1}^{n} p = np \qquad (C.38)$$

我们也可以用相同的方法来计算分布的方差。利用等式（C.27），有 $\mathrm{Var}[X_i] = E[X_i^2] - E^2[X_i]$。因为 X_i 只能取值 0 和 1，所以有 $X_i^2 = X_i$，进而有 $E[X_i^2] = E[X_i] = p$。因此，

$$\mathrm{Var}[X_i] = p - p^2 = p(1-p) = pq \qquad (C.39)$$

我们可以利用 n 次试验之间的独立性来计算 X 的方差。因此，根据等式（C.29），

$$\mathrm{Var}[X] = \mathrm{Var}\left[\sum_{i=1}^{n} X_i\right] = \sum_{i=1}^{n} \mathrm{Var}[X_i] = \sum_{i=1}^{n} pq = npq \qquad (C.40)$$

如图 C-2 所示，二项分布 $b(k; n, p)$ 随着 k 的增长而增长，直到 k 达到均值 np；之后分布开始下降。通过观察相邻项之间的比值，我们可以证明二项分布总是符合此规律：

$$\frac{b(k;n,p)}{b(k-1;n,p)} = \frac{\binom{n}{k} p^k q^{n-k}}{\binom{n}{k-1} p^{k-1} q^{n-k+1}} = \frac{n!(k-1)!(n-k+1)!p}{k!(n-k)!n!q} \qquad (C.41)$$

$$= \frac{(n-k+1)p}{kq} = 1 + \frac{(n+1)p-k}{kq}$$

当 $(n+1)p-k$ 是正数时，该比值严格大于 1。因此，对于 $k<(n+1)p$ 的情况，$b(k; n, p)>b(k-1; n, p)$（分布递增）；对于 $k>(n+1)p$ 的情况，$b(k; n, p)<b(k-1; n, p)$（分布递减）。如果 $k=(n+1)p$ 是一个整数，则 $b(k; n, p)=b(k-1; n, p)$，因此分布在 $k=(n+1)p$ 处和 $k-1=(n+1)p-1=np-q$ 处均取得最大值，否则，分布在唯一整数 k 处取最大值，其中，$np-q<k<(n+1)p$。

下面的引理给出了二项分布的一个上界。

引理 C.1 令 $n\geqslant0$，$0<p<1$，$q=1-p$ 且 $0\leqslant k\leqslant n$，则

$$b(k;n,p) \leqslant \left(\frac{np}{k}\right)^k \left(\frac{nq}{n-k}\right)^{n-k}$$

证明 利用等式（C.6），有

$$b(k;n,p) = \binom{n}{k} p^k q^{n-k} \leqslant \left(\frac{n}{k}\right)^k \left(\frac{n}{n-k}\right)^{n-k} p^k q^{n-k} = \left(\frac{np}{k}\right)^k \left(\frac{nq}{n-k}\right)^{n-k} \qquad ■$$

练习

C.4-1 对几何分布验证概率公理 2。

C.4-2 掷 6 个骰子平均要掷多少次才能得到 3 个正面和 3 个反面的结果？

C.4-3 证明：$b(k; n, p)=b(n-k; n, q)$，其中 $q=1-p$。

C.4-4 证明：二项分布 $b(k; n, p)$ 的最大值近似等于 $1/\sqrt{2\pi npq}$，其中 $q=1-p$。

★C.4-5 证明：n 次伯努利试验（成功概率为 $p=1/n$）一次也未成功的概率近似等于 $1/e$。证明：只有一次成功的概率也近似为 $1/e$。

★C.4-6 Rosencrantz 教授与 Guildenstern 教授各扔一枚均匀硬币 n 次。证明：他们得到正面朝上次数相同的概率为 $\binom{2n}{n}/4^n$。（提示：对于 Rosencrantz 教授，称正面为成功；对于 Guildenstern 教授，称背面为成功。）并用你的结论来验证恒等式

$$\sum_{k=0}^{n} \binom{n}{k}^2 = \binom{2n}{n}$$

★C.4-7 证明：对于 $0 \leqslant k \leqslant n$,

$$b(k; n, 1/2) \leqslant 2^{nH(k/n)-n}$$

其中 $H(x)$ 是熵函数((公式 C.7))。

★C.4-8 考虑 n 次伯努利试验，其中 $i = 1, 2, \cdots, n$，第 i 次试验成功的概率为 p_i，令 X 为表示总成功次数的随机变量。令对所有 $i = 1, 2, \cdots, n$ 有 $p \geqslant p_i$。证明：对于 $1 \leqslant k \leqslant n$,

$$\Pr\{X < k\} \geqslant \sum_{i=0}^{k-1} b(i; n, p)$$

★C.4-9 令 X 为表示 n 次伯努利试验构成的集合 A 中总成功次数的随机变量，其中第 i 次试验成功的概率为 p_i，并令 X' 为表示另一个由 n 个伯努利试验构成的集合 A' 中总成功次数的随机变量，其中第 i 次试验的成功概率 $p'_i \geqslant p_i$。证明：对于 $0 \leqslant k \leqslant n$,

$$\Pr\{X' \geqslant k\} \geqslant \Pr\{X \geqslant k\}$$

（提示：说明如何通过包含 A 中试验的实验来获得 A' 中的伯努利试验，并使用练习 C.3-7 中的结论。）

1207

＊C.5 二项分布的尾部

对于成功概率为 p 的伯努利试验，相比于恰好成功 k 次的概率，我们通常对 n 次伯努利试验中至少或至多有 k 次成功的概率更感兴趣。本节中，我们研究二项分布的**尾部**：分布 $b(k; n, p)$ 中两个远离均值 np 的区域。本节将证明尾部上的几个重要界(尾部中所有项的和)。

首先，我们给出分布 $b(k; n, p)$ 的一个右尾部的界。通过对换成功与失败的概率，我们可以确定左尾部上的界。

定理 C.2 考虑 n 次伯努利试验的序列，其中成功概率为 p。令 X 是表示成功数的随机变量，则对于 $0 \leqslant k \leqslant n$，至少成功 k 次的概率为

$$\Pr\{X \geqslant k\} = \sum_{i=k}^{n} b(i; n, p) \leqslant \binom{n}{k} p^k$$

证明 对于 $S \subseteq \{1, 2, \cdots, n\}$，令事件 A_S 表示第 i 次试验成功，$i \in S$。显然，若 $|S| = k$，则 $\Pr\{A_S\} = p^k$。我们有

$$\Pr\{X \geqslant k\} = \Pr\{存在\ S \subseteq \{1,2,\cdots,n\} : |S| = k\ 和\ A_S\}$$

$$= \Pr\left\{\bigcup_{S \subseteq \{1,2,\cdots,n\} : |S| = k} A_S\right\}$$

$$\leqslant \sum_{S \subseteq \{1,2,\cdots,n\} : |S| = k} \Pr\{A_S\} \qquad (根据等式(C.19))$$

$$= \binom{n}{k} p^k \qquad\qquad\qquad\qquad\qquad\qquad \blacksquare$$

1208

下面的推论又给出了二项分布左尾部的定理。通常，我们将一个尾部的结论应用到另一个尾部的证明工作留给读者来完成。

推论 C.3 考虑 n 次伯努利试验的序列，其中成功概率为 p。若 X 是表示成功次数的随机变量，则对 $0 \leqslant k \leqslant n$，至多成功 k 次的概率为

$$\Pr\{X \leqslant k\} = \sum_{i=0}^{k} b(i; n, p) \leqslant \binom{n}{n-k}(1-p)^{n-k} = \binom{n}{k}(1-p)^{n-k} \qquad \blacksquare$$

下面考虑二项分布的左尾部的界。其推论证明，在远离均值时，左尾部按指数级缩减。

定理 C.4 考虑 n 次伯努利试验序列，其中成功概率为 p，失败概率为 $q = 1 - p$。令 X 为表示总成功数的随机变量，则对于 $0 < k < np$，少于 k 次成功的概率为

$$\Pr\{X < k\} = \sum_{i=0}^{k-1} b(i;n,p) < \frac{kq}{np-k}b(k;n,p)$$

证明 这里用 A.2 节中的方法——利用几何级数确定级数 $\sum_{i=0}^{k-1} b(i;n,p)$ 的界。对于 $i=1, 2, \cdots,$ k，由等式(C.41)，

$$\frac{b(i-1;n,p)}{b(i;n,p)} = \frac{iq}{(n-i+1)p} < \frac{iq}{(n-i)p} \leqslant \frac{kq}{(n-k)p}$$

如果令

$$x = \frac{kq}{(n-k)p} < \frac{kq}{(n-np)p} = \frac{kq}{nqp} = \frac{k}{np} < 1$$

则对于 $0 < i \leqslant k$，有

$$b(i-1;n,p) < xb(i;n,p)$$

对该不等式迭代 $k-i$ 次，得到

$$b(i;n,p) < x^{k-i}b(k;n,p)$$

其中 $0 \leqslant i < k$，因此

$$\sum_{i=0}^{k-1} b(i;n,p) < \sum_{i=0}^{k-1} x^{k-i}b(k;n,p) < b(k;n,p)\sum_{i=1}^{\infty} x^i$$

$$= \frac{x}{1-x}b(k;n,p) = \frac{kq}{np-k}b(k;n,p) \quad\blacksquare$$

推论 C.5 考虑 n 次伯努利试验，其成功概率为 p，失败概率为 $q=1-p$，则对于 $0 < k \leqslant np/2$，少于 k 次成功的概率小于少于 $k+1$ 次成功的概率的一半。

证明 因为 $k \leqslant np/2$ 与 $q \leqslant 1$，所以有

$$\frac{kq}{np-k} \leqslant \frac{(np/2)q}{np-(np/2)} = \frac{(np/2)q}{np/2} \leqslant 1 \quad\quad (C.42)$$

令 X 是表示成功次数的随机变量，由定理(C.4)和不等式(C.42)可得少于 k 次成功的概率为

$$\Pr\{X < k\} = \sum_{i=0}^{k-1} b(i;n,p) < b(k;n,p)$$

又因为 $\sum_{i=0}^{k-1} b(i;n,p) < b(k;n,p)$，所以

$$\frac{\Pr\{X < k\}}{\Pr\{X < k+1\}} = \frac{\displaystyle\sum_{i=0}^{k-1} b(i;n,p)}{\displaystyle\sum_{i=0}^{k} b(i;n,p)} = \frac{\displaystyle\sum_{i=0}^{k-1} b(i;n,p)}{\displaystyle\sum_{i=0}^{k-1} b(i;n,p) + b(k;n,p)} < 1/2 \quad\blacksquare$$

求右尾部界的方法与此类似。练习 C.5-2 要求读者给出其证明。

推论 C.6 考虑 n 次伯努利试验，其中成功概率为 p。令 X 为表示成功次数的随机变量，则对于 $np < k < n$，获得多于 k 次成功的概率为

$$\Pr\{X > k\} = \sum_{i=k+1}^{n} b(i;n,p) < \frac{(n-k)p}{k-np}b(k;n,p) \quad\blacksquare$$

推论 C.7 考虑 n 次伯努利试验，其中成功概率为 p，失败概率为 $q=1-p$，则对于 $(np+n)/2 < k < n$，多于 k 次成功的概率要小于多于 $k-1$ 次成功的概率的一半。 $\quad\blacksquare$

下面的定理考虑 n 次伯努利试验，其中对于 $i=1, 2, \cdots, n$，有成功概率 p_i。如后续推论所示，可以利用这一定理，通过为每个试验设定 $p_i=p$ 来给出二项分布右尾部的一个界。

定理 C.8 考虑 n 次伯努利试验，其中在第 $i(i=1, 2, \cdots, n)$ 次试验中，成功概率为 p_i，失败概率为 $q_i=1-p_i$。令 X 为表示成功总次数的随机变量，并令 $\mu=E[X]$。那么，对于 $r > \mu$，

$$\Pr\{X-\mu \geqslant r\} \leqslant \left(\frac{\mu \mathrm{e}}{r}\right)^r$$

证明　因为对于任意 $\alpha > 0$，函数 $\mathrm{e}^{\alpha x}$ 关于 x 严格递增，

$$\Pr\{X-\mu \geqslant r\} = \Pr\{\mathrm{e}^{\alpha(X-\mu)} \geqslant \mathrm{e}^{\alpha r}\} \tag{C.43}$$

其中，α 将稍后被确定。利用马尔可夫不等式(C.30)，可得

$$\Pr\{\mathrm{e}^{\alpha(X-\mu)} \geqslant \mathrm{e}^{\alpha r}\} \leqslant \mathrm{E}[\mathrm{e}^{\alpha(X-\mu)}]\mathrm{e}^{-\alpha r} \tag{C.44}$$

证明的主体包括确定 $\mathrm{E}[\mathrm{e}^{\alpha(X-\mu)}]$ 的界和用合适的值替代不等式(C.44)中的 α。首先，求 $\mathrm{E}[\mathrm{e}^{\alpha(X-\mu)}]$ 的界。利用指标随机变量的技术(见 5.2 节)，令 $X_i = I\{$第 i 次伯努利试验成功$\}$，其中 $i = 1, 2, \cdots, n$；即随机变量 X_i 满足若第 i 次伯努利试验成功，则 $X_i = 1$；若失败，则 $X_i = 0$。因此，

$$X = \sum_{i=1}^n X_i$$

根据期望的线性性质，

$$\mu = \mathrm{E}[X] = \mathrm{E}\Big[\sum_{i=1}^n X_i\Big] = \sum_{i=1}^n \mathrm{E}[X_i] = \sum_{i=1}^n p_i$$

这意味着

$$X - \mu = \sum_{i=1}^n (X_i - p_i)$$

为求 $\mathrm{E}[\mathrm{e}^{\alpha(X-\mu)}]$，替换 $X-\mu$，得到

$$\mathrm{E}[\mathrm{e}^{\alpha(X-\mu)}] = \mathrm{E}\Big[\mathrm{e}^{\alpha \sum_{i=1}^n (X_i-p_i)}\Big] = \mathrm{E}\Big[\prod_{i=1}^n \mathrm{e}^{\alpha(X_i-p_i)}\Big] = \prod_{i=1}^n \mathrm{E}[\mathrm{e}^{\alpha(X_i-p_i)}]$$

$\boxed{1212}$

等式由公式(C.24)得来，这是因为随机变量 X_i 之间相互独立意味着随机变量 $\mathrm{e}^{\alpha(X_i-p_i)}$ 之间相互独立(见练习 C.3-5)。根据期望的定义，

$$\mathrm{E}[\mathrm{e}^{\alpha(X_i-p_i)}] = \mathrm{e}^{\alpha(1-p_i)}p_i + \mathrm{e}^{\alpha(0-p_i)}q_i = p_i \mathrm{e}^{\alpha q_i} + q_i \mathrm{e}^{-\alpha p_i} \leqslant p_i \mathrm{e}^{\alpha} + 1 \leqslant \exp(p_i \mathrm{e}^{\alpha}) \tag{C.45}$$

其中 $\exp(x)$ 表示指数函数：$\exp(x) = \mathrm{e}^x$。(不等式(C.45)来自不等式 $\alpha > 0$，$q_i \leqslant 1$，$\mathrm{e}^{\alpha q_i} \leqslant \mathrm{e}^{\alpha}$，且 $\mathrm{e}^{-\alpha p_i} \leqslant 1$，同时最后一行来自不等式(3-12))。又因为 $\mu = \sum_{i=1}^n p_i$，所以有

$$\mathrm{E}[\mathrm{e}^{\alpha(X-\mu)}] = \prod_{i=1}^n \mathrm{E}[\mathrm{e}^{\alpha(X_i-p_i)}] \leqslant \prod_{i=1}^n \exp(p_i \mathrm{e}^{\alpha}) = \exp\Big(\sum_{i=1}^n p_i \mathrm{e}^{\alpha}\Big) = \exp(\mu \mathrm{e}^{\alpha}) \tag{C.46}$$

因此，根据等式(C.43)和不等式(C.44)及(C.46)，有

$$\Pr\{X-\mu \geqslant r\} \leqslant \exp(\mu \mathrm{e}^{\alpha} - \alpha r) \tag{C.47}$$

选择 $\alpha = \ln(r/\mu)$(见练习 C.5-7)，得到

$$\Pr\{X-\mu \geqslant r\} \leqslant \exp\{\mu \mathrm{e}^{\ln(r/\mu)} - r\ln(r/\mu)\} = \exp(r - r\ln(r/\mu)) = \frac{\mathrm{e}^r}{(r/\mu)^r} = \left(\frac{\mu \mathrm{e}}{r}\right)^r \quad ■$$

当将定理 C.8 应用到成功概率相同的多个伯努利试验中时，可以得出如下确定二项分布右尾部界的推论。

$\boxed{1213}$

推论 C.9　考虑 n 次伯努利试验的序列，其中每次试验成功概率为 p，失败概率为 $q = 1-p$，则对 $r > np$，

$$\Pr\{X-np \geqslant r\} = \sum_{k=\lceil np+r \rceil}^n b(k;n,p) \leqslant \left(\frac{np\mathrm{e}}{r}\right)^r$$

证明　根据等式(C.37)，有 $\mu = \mathrm{E}[X] = np$。　　■

练习

*C.5-1　抛掷一枚均匀硬币 n 次都为反面朝上的概率与抛掷一枚均匀硬币 $4n$ 次得到少于 n 个正面的概率哪个小？

*C.5-2　证明推论 C.6 和推论 C.7。

*C. 5-3   证明：对于所有满足 $0<k<na/(a+1)$ 的 $a>0$ 和 k，有

$$\sum_{i=0}^{k-1}\binom{n}{i}a^i < (a+1)^n \frac{k}{na-k(a+1)}b(k;n,a/(a+1))$$

*C. 5-4   证明：若 $0<k<np$，其中 $0<p<1$ 且 $q=1-p$，则

$$\sum_{i=0}^{k-1}p^i q^{n-i} < \frac{kq}{np-k}\left(\frac{np}{k}\right)^k \left(\frac{nq}{n-k}\right)^{n-k}$$

*C. 5-5   利用定理 C.8 的证明：对于 $r>n-\mu$，

$$\Pr\{\mu-X \geqslant r\} \leqslant \left(\frac{(n-\mu)e}{r}\right)^r$$

类似地，利用推论 C.9 证明：对于 $r>n-np$，

$$\Pr\{np-X \geqslant r\} \leqslant \left(\frac{nqe}{r}\right)^r$$

*C. 5-6   考虑 n 次伯努利试验的序列，其中第 i 次成功的概率为 p_i，失败的概率为 $q_i=1-p_i$，$i=1$，2，$\cdots$，n。令 X 为表示成功总数的随机变量，令 $\mu=E[X]$。证明：对于 $r \geqslant 0$，有

$$\Pr\{X-\mu \geqslant r\} \leqslant e^{-r^2/2n}$$

（提示：证明 $p_i e^{\alpha q_i} + q_i e^{-\alpha p_i} \leqslant e^{\alpha^2/2}$。然后根据定理 C.8 的证明思路，并利用该不等式替代不等式(C.45)。）

*C. 5-7   证明：选择 $\alpha=\ln(r/\mu)$ 可以使不等式(C.47)右侧取最小值。

思考题

C-1   （球与盒子）   在本题中，我们研究了在几种假设条件下，将 n 个球放到 b 个箱子的方法数。

　　a. 假定 n 个球是不同的且不考虑它们在盒子中的顺序。证明：有 b^n 种方法将球放入盒子中。

　　b. 假定 n 个球是不同的且它们在盒子中有序。证明：恰有 $(b+n-1)!/(b-1)!$ 种方法将球放入盒子中。（提示：考虑将 n 个不同的球和 $b-1$ 根相同的棍子排列成一排的方法数。）

　　c. 假定 n 个球是相同的，从而无需考虑其在盒子中的顺序。证明：将球放入盒子的方法数是 $\binom{b+n-1}{n}$。（提示：若球相同，则(b)中的排列有多少是重复的?）

　　d. 假定球是相同的，且每个盒子最多只能放一个球，从而有 $n \leqslant b$。证明：将球放入盒子中的方法数是 $\binom{b}{n}$。

　　e. 假定球是相同的，并且盒子不能为空。假定 $n \geqslant b$，证明：将球放入盒子的方法数是 $\binom{n-1}{b-1}$。

附录注记

　　B. Pascal 和 P. de Fermat 在 1654 年的一封著名通信中，第一次讨论了解决概率问题的一般方法。这一内容也出现在 1657 年 C. Huygens 的书中。严格的概率理论始自 J. Bernoulli 在 1713 年和 A. De Moivre 在 1730 年的工作。P. -S. Laplace、S. -D. Poisson 与 C. F. Gauss 更深入发展了这门理论。

　　P. L. Chebyshev 和 A. A. Markov 首次研究了随机变量的和。A. N. Kolmogorov 在 1933 年完成了概率论公理化工作。Chernoff[66]和 Hoeffding[173]提出了分布尾部的界。P. Erdös 在随机组合结构方面做出了开创性的工作。

　　Knuth[209]与 Liu[237]是基础组合与计数理论很好的参考。权威的教科书，如 Billingsley[46]、Chung[67]、Drake[95]、Feller[107]和 Rozanov[300]为概率论提供了很全面的介绍。

矩　阵

矩阵来源于众多的实际应用，其中包括（但不仅限于）科学计算。如果你曾经学习过矩阵相关的知识，那么会对本附录中许多内容感到熟悉，但部分材料对你而言可能还是陌生的。D.1 节介绍矩阵的基本定义和基本操作。D.2 节介绍矩阵的几个基本性质。

D.1　矩阵与矩阵运算

本节中，我们将回顾矩阵理论中的几个基本概念与矩阵的几个基本性质。

矩阵与向量

矩阵是矩形的数组。例如，

$$A = \begin{bmatrix} a_{11} & a_{12} & a_{13} \\ a_{21} & a_{22} & a_{23} \end{bmatrix} = \begin{bmatrix} 1 & 2 & 3 \\ 4 & 5 & 6 \end{bmatrix} \tag{D.1}$$

是一个 2×3 矩阵 $A = (a_{ij})$，其中 $i = 1, 2, j = 1, 2, 3$。矩阵中第 i 行第 j 列的元素通常表示为 a_{ij}。我们用大写字母来表示矩阵，并用其对应的标有下标的小写字母来表示矩阵中元素。我们用 $\mathbf{R}^{m \times n}$ 来表示所有元素为实数的 $m \times n$ 矩阵集合。一般而言，元素来自集合 S 的 $m \times n$ 矩阵的集合可以用 $S^{m \times n}$ 来表示。

通过交换矩阵 A 的行和列获得的矩阵是矩阵 A 的**转置** A^{T}。对于等式(D.1)中的矩阵 A，其转置为

$$A^{\mathrm{T}} = \begin{bmatrix} 1 & 4 \\ 2 & 5 \\ 3 & 6 \end{bmatrix}$$

向量是一维数组。例如，

$$x = \begin{pmatrix} 2 \\ 3 \\ 5 \end{pmatrix}$$

是一个大小为 3 的向量。有时，称长度为 n 的向量为 **n 向量**。通常使用小写字母来表示向量，同时用 x_i 来表示 n 维向量 x 中第 i 个元素，$i = 1, 2, \cdots, n$。我们将向量的标准形式定义为**列向量**，即 $n \times 1$ 矩阵；通过转置可以获得其对应的**行向量**：

$$x^{\mathrm{T}} = (2 \quad 3 \quad 5)$$

单位向量 e_i 是除第 i 个元素为 1 外其他元素均为 0 的向量。通常，单位向量的大小可由上下文内容获知。

所有元素均为 0 的矩阵是一个**零矩阵**。该矩阵通常表示为 0。这种表示与数字 0 相同，所产生的歧义一般可以通过上下文内容轻易地消除。同时，在用 0 表示零矩阵时，矩阵大小也需要从上下文中推测。

方阵

正方形 $n \times n$ 矩阵非常常见。我们通常对方阵的几个特例感兴趣。

1. 若一个矩阵中对于任意 $i \neq j$，均有 $a_{ij} = 0$，则该矩阵是一个**对角矩阵**。因为对角矩阵的非对角元素均为 0，所以只需要列出其对角线上的元素就可以表示一个对角矩阵：

$$\text{diag}(a_{11},a_{22},\cdots,a_{nn})=\begin{bmatrix} a_{11} & 0 & \cdots & 0 \\ 0 & a_{22} & \cdots & 0 \\ \vdots & \vdots & \ddots & \vdots \\ 0 & 0 & \cdots & a_{nn} \end{bmatrix}$$

2. 称对角线元素均为 1 的 $n\times n$ 对角矩阵为 $n\times n$ **单位矩阵** I_n：

$$I_n=\text{diag}(1,1,\cdots,1)=\begin{bmatrix} 1 & 0 & \cdots & 0 \\ 0 & 1 & \cdots & 0 \\ \vdots & \vdots & \ddots & \vdots \\ 0 & 0 & \cdots & 1 \end{bmatrix}$$

当 I 的下标没有标明时，矩阵的大小需从上下文获知。单位矩阵的第 i 列是单位向量 e_i。

3. 若一个矩阵满足当 $|i-j|>1$ 时，$t_{ij}=0$，则该矩阵是**三对角矩阵** T。三对角矩阵中的非零项只能出现在主对角线上，仅靠对角线上侧（$t_{i,i+1}$，$i=1,2,\cdots,n-1$）或者紧靠对角线下侧（$t_{i+1,i}$，$i=1,2,\cdots,n-1$）：

$$T=\begin{bmatrix} t_{11} & t_{12} & 0 & 0 & \cdots & 0 & 0 & 0 \\ t_{21} & t_{22} & t_{23} & 0 & \cdots & 0 & 0 & 0 \\ 0 & t_{32} & t_{33} & t_{34} & \cdots & 0 & 0 & 0 \\ \vdots & \vdots & \vdots & \vdots & \ddots & \vdots & \vdots & \vdots \\ 0 & 0 & 0 & 0 & \cdots & t_{n-2,n-2} & t_{n-2,n-1} & 0 \\ 0 & 0 & 0 & 0 & \cdots & t_{n-1,n-2} & t_{n-1,n-1} & t_{n-1,n} \\ 0 & 0 & 0 & 0 & \cdots & 0 & t_{n,n-1} & t_{nn} \end{bmatrix}$$

4. 若一个矩阵满足对于任意 $i>j$，有 $u_{ij}=0$，则它是**上三角矩阵** U。其对角线以下的元素均为零：

$$U=\begin{bmatrix} u_{11} & u_{12} & \cdots & u_{1n} \\ 0 & u_{22} & \cdots & u_{2n} \\ \vdots & \vdots & \ddots & \vdots \\ 0 & 0 & \cdots & u_{nn} \end{bmatrix}$$

若一个上三角矩阵对角线上元素均为 1，则它是**单位上三角矩阵**。

5. 若一个矩阵满足对于任意 $i<j$，有 $l_{ij}=0$，则它是**下三角矩阵** L。其对角线以上的元素均为零：

$$L=\begin{bmatrix} l_{11} & 0 & \cdots & 0 \\ l_{21} & l_{22} & \cdots & 0 \\ \vdots & \vdots & \ddots & \vdots \\ l_{n1} & l_{n2} & \cdots & l_{nn} \end{bmatrix}$$

若一个下三角矩阵对角线上元素均为 1，则它是**单位下三角矩阵**。

6. 若一个矩阵每行每列均有且仅有一个 1，其他位置均为 0，则称之为**排列矩阵** P。例如，

$$P=\begin{bmatrix} 0 & 1 & 0 & 0 & 0 \\ 0 & 0 & 0 & 1 & 0 \\ 1 & 0 & 0 & 0 & 0 \\ 0 & 0 & 0 & 0 & 1 \\ 0 & 0 & 1 & 0 & 0 \end{bmatrix}$$

之所以称为排列矩阵，是因为将一个向量 x 乘以一个排列矩阵起到了排列（重新排列）x 中元素的效果。练习 D.1-4 研究了排列矩阵的一些其他特性。

7. 若一个矩阵 A 满足 $A = A^T$，则该矩阵为**对称矩阵**。例如，

$$\begin{bmatrix} 1 & 2 & 3 \\ 2 & 6 & 4 \\ 3 & 4 & 5 \end{bmatrix}$$

是一个对称矩阵。

矩阵基本操作

矩阵或向量的元素是数系中的数，例如，实数、复数，或者整数取模某素数。数系定义了数上的加法与乘法规则。这里，我们扩展这些定义使之包含矩阵上的加法与乘法。

定义**矩阵加法**如下。如果 $A = (a_{ij})$ 和 $B = (b_{ij})$ 是 $m \times n$ 矩阵，那么两者的矩阵和 $C = (c_{ij}) = A + B$ 也是一个 $m \times n$ 矩阵，其中，对于 $i = 1, 2, \cdots, m$ 与 $j = 1, 2, \cdots, n$，定义

$$c_{ij} = a_{ij} + b_{ij}$$

即矩阵相加是将两矩阵对应位置上的元素进行加法。零矩阵是矩阵加法的单位元：

$$A + 0 = A = 0 + A$$

如果 λ 是一个数，$A = (a_{ij})$ 是一个矩阵，那么 $\lambda A = (\lambda a_{ij})$ 是 A 的一个**标量倍数**。可以通过将矩阵中每个元素分别乘以 λ 获得标量倍数。作为一个特例，定义矩阵 $A = (a_{ij})$ 的**负**为 $-1 \cdot A = -A$。矩阵 $-A$ 的第 i 行第 j 列的元素为 $-a_{ij}$。因此，

$$A + (-A) = 0 = (-A) + A$$

我们使用矩阵的负来定义**矩阵减法**：$A - B = A + (-B)$。

矩阵乘法定义如下。给定两个**相容**的矩阵 A 和 B，即 A 的列数与 B 的行数相等。（通常，一个包含矩阵积 AB 的表达式总是假定矩阵 A 和 B 是相容的。）如果 $A = (a_{ik})$ 是一个 $m \times n$ 的矩阵，并且 $B = (b_{kj})$ 是一个 $n \times p$ 矩阵，那么它们的积 $C = AB$ 是一个 $m \times p$ 矩阵 $C = (c_{ij})$，其中，对于 $i = 1, 2, \cdots, m$，$j = 1, 2, \cdots, p'$，

$$c_{ij} = \sum_{k=1}^{n} a_{ik} b_{kj} \tag{D.2}$$

4.2 节中的 SQUARE-MATRIX-MULTIPLY 过程在假定矩阵是方阵（即 $m = n = p$）的前提下，用一种基于等式（D.2）的直接方式实现矩阵乘法。在将两个 $n \times n$ 矩阵相乘的过程中，SQUARE-MATRIX-MULTIPLY 进行了 n^3 次乘法和 $n^2(n-1)$ 次加法，所以其运行时间为 $\Theta(n^3)$。

许多（但并非全部）典型的数字算术性质亦为矩阵所有。单位矩阵是矩阵乘法的单位元。对于任意 $m \times n$ 矩阵 A，

$$I_m A = A I_n = A$$

将任意矩阵 A 乘以零矩阵总得到零矩阵：

$$A0 = 0$$

矩阵乘法满足结合律：

$$A(BC) = (AB)C$$

其中，矩阵 A、B 和 C 是相容的。矩阵乘法对加法满足分配律：

$$A(B + C) = AB + AC$$
$$(B + C)D = BD + CD$$

对于 $n > 1$，$n \times n$ 的矩阵乘法不满足交换律。例如，若 $A = \begin{bmatrix} 0 & 1 \\ 0 & 0 \end{bmatrix}$，$B = \begin{bmatrix} 0 & 0 \\ 1 & 0 \end{bmatrix}$，则

$$AB = \begin{bmatrix} 1 & 0 \\ 0 & 0 \end{bmatrix}$$

1220

而

$$BA = \begin{bmatrix} 0 & 0 \\ 0 & 1 \end{bmatrix}$$

[1221]

在求矩阵-向量乘积或者向量-向量乘积时，可以将向量看做一个等价的 $n \times 1$ 矩阵（如果是行向量，则看做 $1 \times n$ 矩阵）。因此，若 A 是 $m \times n$ 矩阵，x 是 n 向量，则 Ax 是 m 向量。如果 x 和 y 均为 n 向量，则

$$x^{\mathrm{T}} y = \sum_{i=1}^{n} x_i y_i$$

是一个数值（实际上是 1×1 矩阵），并称之为 x 与 y 的**内积**。矩阵 xy^{T} 是 $n \times n$ 矩阵 Z，并称之为 x 与 y 的**外积**，其中 $z_{ij} = x_i y_j$。定义 n 向量 x 的**（欧几里得）范式** $\|x\|$ 为

$$\|x\| = (x_1^2 + x_2^2 + \cdots + x_n^2)^{1/2} = (x^{\mathrm{T}} x)^{1/2}$$

由此可知，x 的范式即是其在 n 维欧几里得空间内的长度。

练习

D.1-1 证明：若 A 与 B 均为 $n \times n$ 对称矩阵，则 $A+B$ 和 $A-B$ 也是 $n \times n$ 对称矩阵。

D.1-2 证明：$(AB)^{\mathrm{T}} = B^{\mathrm{T}} A^{\mathrm{T}}$，以及 $A^{\mathrm{T}} A$ 是对称矩阵。

D.1-3 证明：两个下三角矩阵的积是下三角矩阵。

D.1-4 证明：若 P 是 $n \times n$ 排列矩阵，A 是 $n \times n$ 矩阵，则矩阵积 PA 是 A 行变换后的矩阵，而矩阵积 AP 是矩阵 A 列变换后的矩阵。证明：两个排列矩阵的积是排列矩阵。

D.2　矩阵的基本性质

本节中，我们定义与矩阵相关的几个基本性质：逆，线性相关与无关，秩和行列式。本节还将给出正定矩阵的定义。

[1222]

矩阵的逆、秩和行列式

定义 $n \times n$ 矩阵 A 的逆 A^{-1}（如果存在）为满足 $AA^{-1} = I_n = A^{-1}A$ 的 $n \times n$ 矩阵。例如，

$$\begin{bmatrix} 1 & 1 \\ 1 & 0 \end{bmatrix}^{-1} = \begin{bmatrix} 0 & 1 \\ 1 & -1 \end{bmatrix}$$

许多非零 $n \times n$ 矩阵没有逆矩阵。一个没有逆的矩阵称为**不可逆**的，或**奇异**的。下面给出一个非零奇异矩阵的例子：

$$\begin{bmatrix} 1 & 0 \\ 1 & 0 \end{bmatrix}$$

若矩阵有逆，则称之为**可逆**矩阵或者**非奇异**矩阵。如果逆矩阵存在，那么其是唯一的。（见练习 D.2-1。）若 A 和 B 是非奇异的 $n \times n$ 矩阵，则

$$(BA)^{-1} = A^{-1} B^{-1}$$

逆操作与转置操作可以交换计算顺序：

$$(A^{-1})^{\mathrm{T}} = (A^{\mathrm{T}})^{-1}$$

如果存在不全为零的相关系数 c_1，c_2，$\cdots$，c_n，使得 $c_1 x_1 + c_2 x_2 + \cdots + c_n x_n = 0$，则称向量 x_1，x_2，$\cdots$，x_n 是**线性相关**的。行向量 $x_1 = (1\ 2\ 3)$，$x_2 = (2\ 6\ 4)$ 和 $x_3 = (4\ 11\ 9)$ 是线性相关的，因为存在非全零 c_1、c_2 和 c_3，使得 $c_1 x_1 + c_2 x_2 + c_3 x_3 = 0$，例如，$2x_1 + 3x_2 - 2x_3 = 0$。若向量组不是线性相关的，则它们是**线性无关**的。例如，单位矩阵的列向量是线性无关的。

非零 $m \times n$ 矩阵 A 的**列秩**是 A 的最大线性无关列集合的大小。类似地，矩阵 A 的**行秩**是 A 最大线性无关行集合的大小。任意矩阵 A 所共有的一个基本性质是 A 的行秩等于其列秩，所以可以简称为 A 的**秩**。一个 $m \times n$ 矩阵的秩是 $[0, \min(m, n)]$ 内的整数。（零矩阵的秩为 0，而

$n×n$ 单位矩阵的秩是 n。）秩的另一个等价但更有用的定义是：非零 $m×n$ 矩阵 A 的秩是满足如下条件的最小数值 r：存在 $m×r$ 矩阵 B 和 $r×n$ 矩阵 C，使得

$$A = BC$$

如果 $n×n$ 方阵的秩是 n，则它是**满秩**的。如果 $m×n$ 矩阵的秩是 n，则其是**列满秩**。下面的定理给出了秩的一个基本性质。

定理 D.1　一个方阵是满秩的，当且仅当该方阵是非奇异的。 ■

矩阵 A 的**空向量** x 是一个满足 $Ax=0$ 的非零向量。下面的定理（证明留作练习 D.2-7）及推论将阐述列秩和奇异性的概念与空向量之间的联系。

定理 D.2　一个矩阵 A 是列满秩的，当且仅当该矩阵不存在空向量。 ■

推论 D.3　一个方阵 A 是奇异的，当且仅当它有空向量。 ■

$n×n(n>1)$ 矩阵 A 的 i 行 j 列**子矩阵**是一个删除 A 中 i 行 j 列后得到的 $(n-1)×(n-1)$ 矩阵 $A_{[ij]}$。我们利用 $n×n$ 矩阵 A 的子矩阵递归地定义该矩阵的**行列式**：

$$\det(A) = \begin{cases} a_{11} & \text{若 } n=1 \\ \sum_{j=1}^{n}(-1)^{1+j}a_{1j}\det(A_{[1j]}) & \text{若 } n>1 \end{cases}$$

项 $(-1)^{i+j}\det(A_{[ij]})$ 称为元素 a_{ij} 的**代数余子式**。

下面的定理介绍了行列式的基本性质。这里省略了证明。

定理 D.4（行列式性质）　方阵 A 的行列式有如下性质：
- 如果矩阵 A 中某行或某列为零，则 $\det(A)=0$。
- 当将矩阵 A 的任意一行（或列）的每个元素乘以 λ 后，A 的行列式乘以 λ。
- 如果将矩阵 A 中某一行（或列）的元素加到另一行（或列）的元素上，则 A 的行列式不变。
- 矩阵 A 的行列式与其转置 A^T 的行列式相等。
- 当交换 A 的任意两行（或两列）时，行列式改变正负号。

同时，对于任意方阵 A 和 B，有 $\det(AB)=\det(A)\det(B)$。

定理 D.5　$n×n$ 矩阵 A 是奇异的，当且仅当 $\det(A)=0$。 ■

正定矩阵

正定矩阵在许多应用中扮演着重要的角色。如果 $n×n$ 矩阵 A 满足对于所有 n 向量 $x≠0$，有 $x^T Ax>0$，则称 A 是**正定的**。例如，单位矩阵是正定的，因为对于任何非零向量 $x=(x_1\ x_2\ \cdots\ x_n)^T$，有

$$x^T I_n x = x^T x = \sum_{i=1}^{n}x_i^2 > 0$$

根据如下定理可知，实际应用中遇到的矩阵通常都是正定的。

定理 D.6　对于任意列满秩的矩阵 A，矩阵 $A^T A$ 是正定的。

证明　我们需要证明对于任意非零向量 x，有 $x^T(A^T A)x>0$。对于任意向量 x，

$$x^T(A^T A)x = (Ax)^T(Ax)（根据练习 D.1-2）= \|Ax\|^2$$

注意，$\|Ax\|^2$ 正是向量 Ax 中元素的平方和。因此，$\|Ax\|^2≥0$。如果 $|Ax|^2=0$，则 Ax 中的每个元素均为 0，即 $Ax=0$。因为 A 是列满秩的，根据定理 D.2，$Ax=0$ 蕴涵 $x=0$。因此，$A^T A$ 是正定的。 ■

28.3 节探讨了其他几个正定矩阵的性质。

练习

D.2-1　证明：矩阵的逆是唯一的，即如果 B 和 C 均为 A 的逆，那么 $B=C$。

D.2-2　证明：下三角矩阵或上三角矩阵的行列式与其对角线元素之积相等。证明：一个下三角

1225 矩阵的逆（如果存在）也是下三角矩阵。

D.2-3 证明：如果 P 是一个排列矩阵，则 P 是可逆的，它的逆是 P^T，且 P^T 也是一个排列矩阵。

D.2-4 令 A 和 B 是 $n \times n$ 矩阵，且 $AB = I$。证明：若矩阵 A' 是将矩阵 A 第 j 行加到第 i 行所得，则将 B 中第 j 列减去第 i 列所得的 B' 为 A' 的逆矩阵。

D.2-5 令 A 是一个非奇异 $n \times n$ 复数矩阵。证明：A^{-1} 中每个元素均为实数，当且仅当 A 中每个元素是实数。

D.2-6 证明：若 A 是一个非奇异的 $n \times n$ 对称矩阵，则 A^{-1} 是对称的。证明：若 B 是任意 $m \times n$ 矩阵，则 $m \times m$ 矩阵 BAB^T 也是对称的。

D.2-7 证明定理 D.2。也就是说，证明：一个矩阵 A 是列满秩的，当且仅当 $Ax = 0$ 蕴涵 $x = 0$。（提示：将一列在其他列上的线性相关表示为矩阵-向量等式。）

D.2-8 证明：对于任意两个相容矩阵 A 和 B，

$$\text{rank}(AB) \leqslant \min(\text{rank}(A), \text{rank}(B))$$

其中，如果 A 或 B 是非奇异方阵，则等式成立。（提示：使用矩阵秩的另一种定义。）

思考题

D-1 （范德蒙德矩阵）给定数值 $x_0, x_1, \cdots, x_{n-1}$，证明范德蒙德矩阵的行列式

$$V(x_0, x_1, \cdots, x_{n-1}) = \begin{bmatrix} 1 & x_0 & x_0^2 & \cdots & x_0^{n-1} \\ 1 & x_1 & x_1^2 & \cdots & x_1^{n-1} \\ \vdots & \vdots & \vdots & \ddots & \vdots \\ 1 & x_{n-1} & x_{n-1}^2 & \cdots & x_{n-1}^{n-1} \end{bmatrix}$$

1226 是

$$\det(V(x_0, x_1, \cdots, x_{n-1})) = \prod_{0 \leqslant j < k \leqslant n-1} (x_k - x_j)$$

（提示：对于 $i = n-1, n-2, \cdots, 1$，将第 i 列乘以 $-x_0$ 后加到第 $i+1$ 列上，然后使用归纳法。）

D-2 （在 $GF(2)$ 上利用矩阵-向量乘法定义的排列） 利用 $GF(2)$ 上矩阵乘法可以定义一类集合 $S_n = \{0, 1, 2, \cdots, 2^n - 1\}$ 中整数的排列。对于 S_n 中每个整数，可以将它的二进制表示形式看做一个 n 位向量

$$\begin{bmatrix} x_0 \\ x_1 \\ x_2 \\ \vdots \\ x_{n-1} \end{bmatrix}$$

其中 $\sum_{i=0}^{n-1} x_i 2^i$。如果 A 是一个元素均为 0 或 1 的 $n \times n$ 矩阵，则我们可以定义一个排列。该排列将 S_n 中的每一个值 x 映射到一个数上，该数的二进制表示形式为矩阵-向量积 Ax。这里，我们按照 $GF(2)$ 执行所有算术运算：所有的值为 0 或 1，并且除特例 $1 + 1 = 0$ 外，其他常规加法、乘法规则均适用。读者可以认为 $GF(2)$ 算术运算除了只使用最低有效位，其他均与常规整数算术运算一致。

例如，对于 $S_2 = \{0, 1, 2, 3\}$，矩阵

$$A = \begin{bmatrix} 1 & 0 \\ 1 & 1 \end{bmatrix}$$

定义了如下排列 π_A：$\pi_A(0) = 0$，$\pi_A(1) = 3$，$\pi_A(2) = 2$，$\pi_A(3) = 1$。下面解释 $\pi_A(3) = 1$ 的

理由，观察在 $GF(2)$ 中，

$$\pi_A(3) = \begin{bmatrix} 1 & 0 \\ 1 & 1 \end{bmatrix} \begin{bmatrix} 1 \\ 1 \end{bmatrix} \begin{bmatrix} 1 \cdot 1 + 0 \cdot 1 \\ 1 \cdot 1 + 1 \cdot 1 \end{bmatrix} \begin{bmatrix} 1 \\ 0 \end{bmatrix}$$

就是 1 的二进制表示。

1227

我们继续在 $GF(2)$ 上讨论本问题，并且所有矩阵和向量的元素均为 0 或 1。定义 0—1 矩阵(元素均为 0 或 1 的矩阵)在 $GF(2)$ 上的秩与普通矩阵一致，但是所有的决定线性相关的算术运算都按 $GF(2)$ 进行。定义 $n \times n$ 0—1 矩阵 A 的取值范围为

$$R(A) = \{y : y = Ax, x \in S_n\}$$

这样，$R(A)$ 是 S_n 中一类数的集合，这类数可以由将 S_n 中每个值 x 乘以 A 得到。

a. 如果 r 是矩阵 A 的秩，证明 $|R(A)| = 2^r$。证明：A 定义一个 S_n 上的排列，当且仅当 A 是满秩的。

对于一个给定的 $n \times n$ 矩阵 A 和一个给定的值 $y \in R(A)$，定义 y 的**原象**为

$$P(A, y) = \{x : Ax = y\}$$

从而，$P(A, y)$ 即为 S_n 中乘以 A 后会映射到 y 的值的集合。

b. 如果 r 是 $n \times n$ 矩阵 A 的秩且 $y \in R(A)$，证明 $|P(A, y)| = 2^{n-r}$。

令 $0 \leqslant m \leqslant n$，假定将集合 S_n 划分成相邻数字的块，其中第 i 个块包含 2^m 个数 $i2^m$，$i2^m + 1$，$i2^m + 2$，$\cdots$，$(i+1)2^m - 1$。对于任意子集 $S \subseteq S_n$，定义 $B(S, m)$ 为包含 S 中某元素的 S_n 中大小为 2^m 的块的集合。例如，当 $n = 3$，$m = 1$，且 $S = \{1, 4, 5\}$ 时，$B(S, m)$ 包含块 0(因为 1 在第 0 块中)和块 2(因为 4 和 5 均在块 2 中)。

c. 令 r 是 A 的左下部 $(n-m) \times m$ 子矩阵的秩，即通过取矩阵 A 底部 $n-m$ 行和最左端 m 列的交获得的矩阵。令 S 是 S_n 中任意大小为 2^m 的块，且令 $S' = \{y : y = Ax,$ 对于某 $x \in S\}$。证明：$|B(S', m)| = 2^r$ 且对于 $B(S', m)$ 中每一个块，有且仅有 2^{m-r} 个 S 中的数映射到该块上。

因为将零向量乘以任意矩阵均得到零向量，所以通过 $GF(2)$ 上乘以满秩 $n \times n$ 0—1 矩阵所定义的 S_n 的排列集合不能囊括 S_n 所有的排列。这里，将由矩阵-向量乘法定义的那类排列扩展，以包含一个附加项，从而 $x \in S_n$ 映射到 $Ax + c$ 上，其中 c 是 n 位向量，加法按 $GF(2)$ 执行。例如，当

$$A = \begin{bmatrix} 1 & 0 \\ 1 & 1 \end{bmatrix}$$

且

1228

$$c = \begin{bmatrix} 0 \\ 1 \end{bmatrix}$$

我们可以获得如下排列 $\pi_{A,c}$：$\pi_{A,c}(0) = 2$，$\pi_{A,c}(1) = 1$，$\pi_{A,c}(2) = 0$，$\pi_{A,c}(3) = 3$。对于某个 $n \times n$ 0—1 满秩矩阵 A 和某个 n 位向量 c，称任意将 $x \in S_n$ 映射到 $Ax + c$ 的排列为一个**线性排列**。

d. 用计数观点来证明：S_n 的线性排列的数目远小于 S_n 排列的数目。

e. 请给出一个 S_n 的排列的例子及 n 的值，其中该排列不能通过任何线性排列获得。(提示：对于一个给定的排列，考虑矩阵与单位向量相乘和矩阵的列的关系。)

附录注记

线性代数教科书提供了关于矩阵的大量背景知识。Strang[323，324]所著的书籍尤为出色。

1229

参 考 文 献

[1] Milton Abramowitz and Irene A. Stegun, editors. *Handbook of Mathematical Functions.* Dover, 1965.

[2] G. M. Adel'son-Vel'skiĭ and E. M. Landis. An algorithm for the organization of information. *Soviet Mathematics Doklady*, 3(5):1259–1263, 1962.

[3] Alok Aggarwal and Jeffrey Scott Vitter. The input/output complexity of sorting and related problems. *Communications of the ACM*, 31(9):1116–1127, 1988.

[4] Manindra Agrawal, Neeraj Kayal, and Nitin Saxena. PRIMES is in P. *Annals of Mathematics*, 160(2):781–793, 2004.

[5] Alfred V. Aho, John E. Hopcroft, and Jeffrey D. Ullman. *The Design and Analysis of Computer Algorithms.* Addison-Wesley, 1974.

[6] Alfred V. Aho, John E. Hopcroft, and Jeffrey D. Ullman. *Data Structures and Algorithms.* Addison-Wesley, 1983.

[7] Ravindra K. Ahuja, Thomas L. Magnanti, and James B. Orlin. *Network Flows: Theory, Algorithms, and Applications.* Prentice Hall, 1993.

[8] Ravindra K. Ahuja, Kurt Mehlhorn, James B. Orlin, and Robert E. Tarjan. Faster algorithms for the shortest path problem. *Journal of the ACM*, 37(2):213–223, 1990.

[9] Ravindra K. Ahuja and James B. Orlin. A fast and simple algorithm for the maximum flow problem. *Operations Research*, 37(5):748–759, 1989.

[10] Ravindra K. Ahuja, James B. Orlin, and Robert E. Tarjan. Improved time bounds for the maximum flow problem. *SIAM Journal on Computing*, 18(5):939–954, 1989.

[11] Miklós Ajtai, Nimrod Megiddo, and Orli Waarts. Improved algorithms and analysis for secretary problems and generalizations. In *Proceedings of the 36th Annual Symposium on Foundations of Computer Science*, pages 473–482, 1995.

[12] Selim G. Akl. *The Design and Analysis of Parallel Algorithms.* Prentice Hall, 1989.

[13] Mohamad Akra and Louay Bazzi. On the solution of linear recurrence equations. *Computational Optimization and Applications*, 10(2):195–210, 1998.

[14] Noga Alon. Generating pseudo-random permutations and maximum flow algorithms. *Information Processing Letters*, 35:201–204, 1990.

[15] Arne Andersson. Balanced search trees made simple. In *Proceedings of the Third Workshop on Algorithms and Data Structures*, volume 709 of *Lecture Notes in Computer Science*, pages 60–71. Springer, 1993.

[16] Arne Andersson. Faster deterministic sorting and searching in linear space. In *Proceedings of the 37th Annual Symposium on Foundations of Computer Science*, pages 135–141, 1996.

[17] Arne Andersson, Torben Hagerup, Stefan Nilsson, and Rajeev Raman. Sorting in linear time? *Journal of Computer and System Sciences*, 57:74–93, 1998.

[18] Tom M. Apostol. *Calculus*, volume 1. Blaisdell Publishing Company, second edition, 1967.

[19] Nimar S. Arora, Robert D. Blumofe, and C. Greg Plaxton. Thread scheduling for multiprogrammed multiprocessors. In *Proceedings of the 10th Annual ACM Symposium on Parallel Algorithms and Architectures*, pages 119–129, 1998.

[20] Sanjeev Arora. *Probabilistic checking of proofs and the hardness of approximation problems*. PhD thesis, University of California, Berkeley, 1994.

[21] Sanjeev Arora. The approximability of NP-hard problems. In *Proceedings of the 30th Annual ACM Symposium on Theory of Computing*, pages 337–348, 1998.

[22] Sanjeev Arora. Polynomial time approximation schemes for euclidean traveling salesman and other geometric problems. *Journal of the ACM*, 45(5):753–782, 1998.

[23] Sanjeev Arora and Carsten Lund. Hardness of approximations. In Dorit S. Hochbaum, editor, *Approximation Algorithms for NP-Hard Problems*, pages 399–446. PWS Publishing Company, 1997.

[24] Javed A. Aslam. A simple bound on the expected height of a randomly built binary search tree. Technical Report TR2001-387, Dartmouth College Department of Computer Science, 2001.

[25] Mikhail J. Atallah, editor. *Algorithms and Theory of Computation Handbook*. CRC Press, 1999.

[26] G. Ausiello, P. Crescenzi, G. Gambosi, V. Kann, A. Marchetti-Spaccamela, and M. Protasi. *Complexity and Approximation: Combinatorial Optimization Problems and Their Approximability Properties*. Springer, 1999.

[27] Shai Avidan and Ariel Shamir. Seam carving for content-aware image resizing. *ACM Transactions on Graphics*, 26(3), article 10, 2007.

[28] Sara Baase and Alan Van Gelder. *Computer Algorithms: Introduction to Design and Analysis*. Addison-Wesley, third edition, 2000.

[29] Eric Bach. Private communication, 1989.

[30] Eric Bach. Number-theoretic algorithms. In *Annual Review of Computer Science*, volume 4, pages 119–172. Annual Reviews, Inc., 1990.

[31] Eric Bach and Jeffrey Shallit. *Algorithmic Number Theory—Volume I: Efficient Algorithms*. The MIT Press, 1996.

[32] David H. Bailey, King Lee, and Horst D. Simon. Using Strassen's algorithm to accelerate the solution of linear systems. *The Journal of Supercomputing*, 4(4):357–371, 1990.

[33] Surender Baswana, Ramesh Hariharan, and Sandeep Sen. Improved decremental algorithms for maintaining transitive closure and all-pairs shortest paths. *Journal of Algorithms*, 62(2):74–92, 2007.

[34] R. Bayer. Symmetric binary B-trees: Data structure and maintenance algorithms. *Acta Informatica*, 1(4):290–306, 1972.

[35] R. Bayer and E. M. McCreight. Organization and maintenance of large ordered indexes. *Acta Informatica*, 1(3):173–189, 1972.

[36] Pierre Beauchemin, Gilles Brassard, Claude Crépeau, Claude Goutier, and Carl Pomerance. The generation of random numbers that are probably prime. *Journal of Cryptology*, 1(1):53–64, 1988.

[37] Richard Bellman. *Dynamic Programming*. Princeton University Press, 1957.

[38] Richard Bellman. On a routing problem. *Quarterly of Applied Mathematics*, 16(1):87–90, 1958.

[39] Michael Ben-Or. Lower bounds for algebraic computation trees. In *Proceedings of the Fifteenth Annual ACM Symposium on Theory of Computing*, pages 80–86, 1983.

[40] Michael A. Bender, Erik D. Demaine, and Martin Farach-Colton. Cache-oblivious B-trees. In *Proceedings of the 41st Annual Symposium on Foundations of Computer Science*, pages 399–409, 2000.

[41] Samuel W. Bent and John W. John. Finding the median requires $2n$ comparisons. In *Proceedings of the Seventeenth Annual ACM Symposium on Theory of Computing*, pages 213–216, 1985.

[42] Jon L. Bentley. *Writing Efficient Programs*. Prentice Hall, 1982.

[43] Jon L. Bentley. *Programming Pearls*. Addison-Wesley, 1986.

[44] Jon L. Bentley, Dorothea Haken, and James B. Saxe. A general method for solving divide-and-conquer recurrences. *SIGACT News*, 12(3):36–44, 1980.

[45] Daniel Bienstock and Benjamin McClosky. Tightening simplex mixed-integer sets with guaranteed bounds. *Optimization Online*, July 2008.

[46] Patrick Billingsley. *Probability and Measure*. John Wiley & Sons, second edition, 1986.

[47] Guy E. Blelloch. *Scan Primitives and Parallel Vector Models*. PhD thesis, Department of Electrical Engineering and Computer Science, MIT, 1989. Available as MIT Laboratory for Computer Science Technical Report MIT/LCS/TR-463.

[48] Guy E. Blelloch. Programming parallel algorithms. *Communications of the ACM*, 39(3):85–97, 1996.

[49] Guy E. Blelloch, Phillip B. Gibbons, and Yossi Matias. Provably efficient scheduling for languages with fine-grained parallelism. In *Proceedings of the 7th Annual ACM Symposium on Parallel Algorithms and Architectures*, pages 1–12, 1995.

[50] Manuel Blum, Robert W. Floyd, Vaughan Pratt, Ronald L. Rivest, and Robert E. Tarjan. Time bounds for selection. *Journal of Computer and System Sciences*, 7(4):448–461, 1973.

[51] Robert D. Blumofe, Christopher F. Joerg, Bradley C. Kuszmaul, Charles E. Leiserson, Keith H. Randall, and Yuli Zhou. Cilk: An efficient multithreaded runtime system. *Journal of Parallel and Distributed Computing*, 37(1):55–69, 1996.

[52] Robert D. Blumofe and Charles E. Leiserson. Scheduling multithreaded computations by work stealing. *Journal of the ACM*, 46(5):720–748, 1999.

[53] Béla Bollobás. *Random Graphs*. Academic Press, 1985.

[54] Gilles Brassard and Paul Bratley. *Fundamentals of Algorithmics*. Prentice Hall, 1996.

[55] Richard P. Brent. The parallel evaluation of general arithmetic expressions. *Journal of the ACM*, 21(2):201–206, 1974.

[56] Richard P. Brent. An improved Monte Carlo factorization algorithm. *BIT*, 20(2):176–184, 1980.

[57] J. P. Buhler, H. W. Lenstra, Jr., and Carl Pomerance. Factoring integers with the number field sieve. In A. K. Lenstra and H. W. Lenstra, Jr., editors, *The Development of the Number Field Sieve*, volume 1554 of *Lecture Notes in Mathematics*, pages 50–94. Springer, 1993.

[58] J. Lawrence Carter and Mark N. Wegman. Universal classes of hash functions. *Journal of Computer and System Sciences*, 18(2):143–154, 1979.

[59] Barbara Chapman, Gabriele Jost, and Ruud van der Pas. *Using OpenMP: Portable Shared Memory Parallel Programming*. The MIT Press, 2007.

[60] Bernard Chazelle. A minimum spanning tree algorithm with inverse-Ackermann type complexity. *Journal of the ACM*, 47(6):1028–1047, 2000.

[61] Joseph Cheriyan and Torben Hagerup. A randomized maximum-flow algorithm. *SIAM Journal on Computing*, 24(2):203–226, 1995.

[62] Joseph Cheriyan and S. N. Maheshwari. Analysis of preflow push algorithms for maximum network flow. *SIAM Journal on Computing*, 18(6):1057–1086, 1989.

[63] Boris V. Cherkassky and Andrew V. Goldberg. On implementing the push-relabel method for the maximum flow problem. *Algorithmica*, 19(4):390–410, 1997.

[64] Boris V. Cherkassky, Andrew V. Goldberg, and Tomasz Radzik. Shortest paths algorithms: Theory and experimental evaluation. *Mathematical Programming*, 73(2):129–174, 1996.

[65] Boris V. Cherkassky, Andrew V. Goldberg, and Craig Silverstein. Buckets, heaps, lists and monotone priority queues. *SIAM Journal on Computing*, 28(4):1326–1346, 1999.

[66] H. Chernoff. A measure of asymptotic efficiency for tests of a hypothesis based on the sum of observations. *Annals of Mathematical Statistics*, 23(4):493–507, 1952.

[67] Kai Lai Chung. *Elementary Probability Theory with Stochastic Processes*. Springer, 1974.

[68] V. Chvátal. A greedy heuristic for the set-covering problem. *Mathematics of Operations Research*, 4(3):233–235, 1979.

[69] V. Chvátal. *Linear Programming*. W. H. Freeman and Company, 1983.

[70] V. Chvátal, D. A. Klarner, and D. E. Knuth. Selected combinatorial research problems. Technical Report STAN-CS-72-292, Computer Science Department, Stanford University, 1972.

[71] Cilk Arts, Inc., Burlington, Massachusetts. *Cilk++ Programmer's Guide*, 2008. Available at http://www.cilk.com/archive/docs/cilk1guide.

[72] Alan Cobham. The intrinsic computational difficulty of functions. In *Proceedings of the 1964 Congress for Logic, Methodology, and the Philosophy of Science*, pages 24–30. North-Holland, 1964.

[73] H. Cohen and H. W. Lenstra, Jr. Primality testing and Jacobi sums. *Mathematics of Computation*, 42(165):297–330, 1984.

[74] Douglas. Comer. The ubiquitous B-tree. *ACM Computing Surveys*, 11(2):121–137, 1979.

[75] Stephen Cook. The complexity of theorem proving procedures. In *Proceedings of the Third Annual ACM Symposium on Theory of Computing*, pages 151–158, 1971.

[76] James W. Cooley and John W. Tukey. An algorithm for the machine calculation of complex Fourier series. *Mathematics of Computation*, 19(90):297–301, 1965.

[77] Don Coppersmith. Modifications to the number field sieve. *Journal of Cryptology*, 6(3):169–180, 1993.

[78] Don Coppersmith and Shmuel Winograd. Matrix multiplication via arithmetic progression. *Journal of Symbolic Computation*, 9(3):251–280, 1990.

[79] Thomas H. Cormen, Thomas Sundquist, and Leonard F. Wisniewski. Asymptotically tight bounds for performing BMMC permutations on parallel disk systems. *SIAM Journal on Computing*, 28(1):105–136, 1998.

[80] Don Dailey and Charles E. Leiserson. Using Cilk to write multiprocessor chess programs. In H. J. van den Herik and B. Monien, editors, *Advances in Computer Games*, volume 9, pages 25–52. University of Maastricht, Netherlands, 2001.

[81] Paolo D'Alberto and Alexandru Nicolau. Adaptive Strassen's matrix multiplication. In *Proceedings of the 21st Annual International Conference on Supercomputing*, pages 284–292, June 2007.

[82] Sanjoy Dasgupta, Christos Papadimitriou, and Umesh Vazirani. *Algorithms*. McGraw-Hill, 2008.

[83] Roman Dementiev, Lutz Kettner, Jens Mehnert, and Peter Sanders. Engineering a sorted list data structure for 32 bit keys. In *Proceedings of the Sixth Workshop on Algorithm Engineering and Experiments and the First Workshop on Analytic Algorithmics and Combinatorics*, pages 142–151, January 2004.

[84] Camil Demetrescu and Giuseppe F. Italiano. Fully dynamic all pairs shortest paths with real edge weights. *Journal of Computer and System Sciences*, 72(5):813–837, 2006.

[85] Eric V. Denardo and Bennett L. Fox. Shortest-route methods: 1. Reaching, pruning, and buckets. *Operations Research*, 27(1):161–186, 1979.

[86] Martin Dietzfelbinger, Anna Karlin, Kurt Mehlhorn, Friedhelm Meyer auf der Heide, Hans Rohnert, and Robert E. Tarjan. Dynamic perfect hashing: Upper and lower bounds. *SIAM Journal on Computing*, 23(4):738–761, 1994.

[87] Whitfield Diffie and Martin E. Hellman. New directions in cryptography. *IEEE Transactions on Information Theory*, IT-22(6):644–654, 1976.

[88] E. W. Dijkstra. A note on two problems in connexion with graphs. *Numerische Mathematik*, 1(1):269–271, 1959.

[89] E. A. Dinic. Algorithm for solution of a problem of maximum flow in a network with power estimation. *Soviet Mathematics Doklady*, 11(5):1277–1280, 1970.

[90] Brandon Dixon, Monika Rauch, and Robert E. Tarjan. Verification and sensitivity analysis of minimum spanning trees in linear time. *SIAM Journal on Computing*, 21(6):1184–1192, 1992.

[91] John D. Dixon. Factorization and primality tests. *The American Mathematical Monthly*, 91(6):333–352, 1984.

[92] Dorit Dor, Johan Håstad, Staffan Ulfberg, and Uri Zwick. On lower bounds for selecting the median. *SIAM Journal on Discrete Mathematics*, 14(3):299–311, 2001.

[93] Dorit Dor and Uri Zwick. Selecting the median. *SIAM Journal on Computing*, 28(5):1722–1758, 1999.

[94] Dorit Dor and Uri Zwick. Median selection requires $(2 + \epsilon)n$ comparisons. *SIAM Journal on Discrete Mathematics*, 14(3):312–325, 2001.

[95] Alvin W. Drake. *Fundamentals of Applied Probability Theory*. McGraw-Hill, 1967.

[96] James R. Driscoll, Harold N. Gabow, Ruth Shrairman, and Robert E. Tarjan. Relaxed heaps: An alternative to Fibonacci heaps with applications to parallel computation. *Communications of the ACM*, 31(11):1343–1354, 1988.

[97] James R. Driscoll, Neil Sarnak, Daniel D. Sleator, and Robert E. Tarjan. Making data structures persistent. *Journal of Computer and System Sciences*, 38(1):86–124, 1989.

[98] Derek L. Eager, John Zahorjan, and Edward D. Lazowska. Speedup versus efficiency in parallel systems. *IEEE Transactions on Computers*, 38(3):408–423, 1989.

[99] Herbert Edelsbrunner. *Algorithms in Combinatorial Geometry*, volume 10 of *EATCS Monographs on Theoretical Computer Science*. Springer, 1987.

[100] Jack Edmonds. Paths, trees, and flowers. *Canadian Journal of Mathematics*, 17:449–467, 1965.

[101] Jack Edmonds. Matroids and the greedy algorithm. *Mathematical Programming*, 1(1):127–136, 1971.

[102] Jack Edmonds and Richard M. Karp. Theoretical improvements in the algorithmic efficiency for network flow problems. *Journal of the ACM*, 19(2):248–264, 1972.

[103] Shimon Even. *Graph Algorithms*. Computer Science Press, 1979.

[104] William Feller. *An Introduction to Probability Theory and Its Applications*. John Wiley & Sons, third edition, 1968.

[105] Robert W. Floyd. Algorithm 97 (SHORTEST PATH). *Communications of the ACM*, 5(6):345, 1962.

[106] Robert W. Floyd. Algorithm 245 (TREESORT). *Communications of the ACM*, 7(12):701, 1964.

[107] Robert W. Floyd. Permuting information in idealized two-level storage. In Raymond E. Miller and James W. Thatcher, editors, *Complexity of Computer Computations*, pages 105–109. Plenum Press, 1972.

[108] Robert W. Floyd and Ronald L. Rivest. Expected time bounds for selection. *Communications of the ACM*, 18(3):165–172, 1975.

[109] Lestor R. Ford, Jr. and D. R. Fulkerson. *Flows in Networks*. Princeton University Press, 1962.

[110] Lestor R. Ford, Jr. and Selmer M. Johnson. A tournament problem. *The American Mathematical Monthly*, 66(5):387–389, 1959.

[111] Michael L. Fredman. New bounds on the complexity of the shortest path problem. *SIAM Journal on Computing*, 5(1):83–89, 1976.

[112] Michael L. Fredman, János Komlós, and Endre Szemerédi. Storing a sparse table with $O(1)$ worst case access time. *Journal of the ACM*, 31(3):538–544, 1984.

[113] Michael L. Fredman and Michael E. Saks. The cell probe complexity of dynamic data structures. In *Proceedings of the Twenty First Annual ACM Symposium on Theory of Computing*, pages 345–354, 1989.

[114] Michael L. Fredman and Robert E. Tarjan. Fibonacci heaps and their uses in improved network optimization algorithms. *Journal of the ACM*, 34(3):596–615, 1987.

[115] Michael L. Fredman and Dan E. Willard. Surpassing the information theoretic bound with fusion trees. *Journal of Computer and System Sciences*, 47(3):424–436, 1993.

[116] Michael L. Fredman and Dan E. Willard. Trans-dichotomous algorithms for minimum spanning trees and shortest paths. *Journal of Computer and System Sciences*, 48(3):533–551, 1994.

[117] Matteo Frigo and Steven G. Johnson. The design and implementation of FFTW3. *Proceedings of the IEEE*, 93(2):216–231, 2005.

[118] Matteo Frigo, Charles E. Leiserson, and Keith H. Randall. The implementation of the Cilk-5 multithreaded language. In *Proceedings of the 1998 ACM SIGPLAN Conference on Programming Language Design and Implementation*, pages 212–223, 1998.

[119] Harold N. Gabow. Path-based depth-first search for strong and biconnected components. *Information Processing Letters*, 74(3–4):107–114, 2000.

[120] Harold N. Gabow, Z. Galil, T. Spencer, and Robert E. Tarjan. Efficient algorithms for finding minimum spanning trees in undirected and directed graphs. *Combinatorica*, 6(2):109–122, 1986.

[121] Harold N. Gabow and Robert E. Tarjan. A linear-time algorithm for a special case of disjoint set union. *Journal of Computer and System Sciences*, 30(2):209–221, 1985.

[122] Harold N. Gabow and Robert E. Tarjan. Faster scaling algorithms for network problems. *SIAM Journal on Computing*, 18(5):1013–1036, 1989.

[123] Zvi Galil and Oded Margalit. All pairs shortest distances for graphs with small integer length edges. *Information and Computation*, 134(2):103–139, 1997.

[124] Zvi Galil and Oded Margalit. All pairs shortest paths for graphs with small integer length edges. *Journal of Computer and System Sciences*, 54(2):243–254, 1997.

[125] Zvi Galil and Kunsoo Park. Dynamic programming with convexity, concavity and sparsity. *Theoretical Computer Science*, 92(1):49–76, 1992.

[126] Zvi Galil and Joel Seiferas. Time-space-optimal string matching. *Journal of Computer and System Sciences*, 26(3):280–294, 1983.

[127] Igal Galperin and Ronald L. Rivest. Scapegoat trees. In *Proceedings of the 4th ACM-SIAM Symposium on Discrete Algorithms*, pages 165–174, 1993.

[128] Michael R. Garey, R. L. Graham, and J. D. Ullman. Worst-case analyis of memory allocation algorithms. In *Proceedings of the Fourth Annual ACM Symposium on Theory of Computing*, pages 143–150, 1972.

[129] Michael R. Garey and David S. Johnson. *Computers and Intractability: A Guide to the Theory of NP-Completeness*. W. H. Freeman, 1979.

[130] Saul Gass. *Linear Programming: Methods and Applications*. International Thomson Publishing, fourth edition, 1975.

[131] Fănică Gavril. Algorithms for minimum coloring, maximum clique, minimum covering by cliques, and maximum independent set of a chordal graph. *SIAM Journal on Computing*, 1(2):180–187, 1972.

[132] Alan George and Joseph W-H Liu. *Computer Solution of Large Sparse Positive Definite Systems*. Prentice Hall, 1981.

[133] E. N. Gilbert and E. F. Moore. Variable-length binary encodings. *Bell System Technical Journal*, 38(4):933–967, 1959.

[134] Michel X. Goemans and David P. Williamson. Improved approximation algorithms for maximum cut and satisfiability problems using semidefinite programming. *Journal of the ACM*, 42(6):1115–1145, 1995.

[135] Michel X. Goemans and David P. Williamson. The primal-dual method for approximation algorithms and its application to network design problems. In Dorit S. Hochbaum, editor, *Approximation Algorithms for NP-Hard Problems*, pages 144–191. PWS Publishing Company, 1997.

[136] Andrew V. Goldberg. *Efficient Graph Algorithms for Sequential and Parallel Computers*. PhD thesis, Department of Electrical Engineering and Computer Science, MIT, 1987.

[137] Andrew V. Goldberg. Scaling algorithms for the shortest paths problem. *SIAM Journal on Computing*, 24(3):494–504, 1995.

[138] Andrew V. Goldberg and Satish Rao. Beyond the flow decomposition barrier. *Journal of the ACM*, 45(5):783–797, 1998.

[139] Andrew V. Goldberg, Éva Tardos, and Robert E. Tarjan. Network flow algorithms. In Bernhard Korte, László Lovász, Hans Jürgen Prömel, and Alexander Schrijver, editors, *Paths, Flows, and VLSI-Layout*, pages 101–164. Springer, 1990.

[140] Andrew V. Goldberg and Robert E. Tarjan. A new approach to the maximum flow problem. *Journal of the ACM*, 35(4):921–940, 1988.

[141] D. Goldfarb and M. J. Todd. Linear programming. In G. L. Nemhauser, A. H. G. Rinnooy-Kan, and M. J. Todd, editors, *Handbook in Operations Research and Management Science, Vol. 1, Optimization*, pages 73–170. Elsevier Science Publishers, 1989.

[142] Shafi Goldwasser and Silvio Micali. Probabilistic encryption. *Journal of Computer and System Sciences*, 28(2):270–299, 1984.

[143] Shafi Goldwasser, Silvio Micali, and Ronald L. Rivest. A digital signature scheme secure against adaptive chosen-message attacks. *SIAM Journal on Computing*, 17(2):281–308, 1988.

[144] Gene H. Golub and Charles F. Van Loan. *Matrix Computations*. The Johns Hopkins University Press, third edition, 1996.

[145] G. H. Gonnet. *Handbook of Algorithms and Data Structures*. Addison-Wesley, 1984.

[146] Rafael C. Gonzalez and Richard E. Woods. *Digital Image Processing*. Addison-Wesley, 1992.

[147] Michael T. Goodrich and Roberto Tamassia. *Data Structures and Algorithms in Java*. John Wiley & Sons, 1998.

[148] Michael T. Goodrich and Roberto Tamassia. *Algorithm Design: Foundations, Analysis, and Internet Examples*. John Wiley & Sons, 2001.

[149] Ronald L. Graham. Bounds for certain multiprocessor anomalies. *Bell System Technical Journal*, 45(9):1563–1581, 1966.

[150] Ronald L. Graham. An efficient algorithm for determining the convex hull of a finite planar set. *Information Processing Letters*, 1(4):132–133, 1972.

[151] Ronald L. Graham and Pavol Hell. On the history of the minimum spanning tree problem. *Annals of the History of Computing*, 7(1):43–57, 1985.

[152] Ronald L. Graham, Donald E. Knuth, and Oren Patashnik. *Concrete Mathematics*. Addison-Wesley, second edition, 1994.

[153] David Gries. *The Science of Programming*. Springer, 1981.

[154] M. Grötschel, László Lovász, and Alexander Schrijver. *Geometric Algorithms and Combinatorial Optimization*. Springer, 1988.

[155] Leo J. Guibas and Robert Sedgewick. A dichromatic framework for balanced trees. In *Proceedings of the 19th Annual Symposium on Foundations of Computer Science*, pages 8–21, 1978.

[156] Dan Gusfield. *Algorithms on Strings, Trees, and Sequences: Computer Science and Computational Biology*. Cambridge University Press, 1997.

[157] H. Halberstam and R. E. Ingram, editors. *The Mathematical Papers of Sir William Rowan Hamilton*, volume III (Algebra). Cambridge University Press, 1967.

[158] Yijie Han. Improved fast integer sorting in linear space. In *Proceedings of the 12th ACM-SIAM Symposium on Discrete Algorithms*, pages 793–796, 2001.

[159] Yijie Han. An $O(n^3 (\log \log n / \log n)^{5/4})$ time algorithm for all pairs shortest path. *Algorithmica*, 51(4):428–434, 2008.

[160] Frank Harary. *Graph Theory*. Addison-Wesley, 1969.

[161] Gregory C. Harfst and Edward M. Reingold. A potential-based amortized analysis of the union-find data structure. *SIGACT News*, 31(3):86–95, 2000.

[162] J. Hartmanis and R. E. Stearns. On the computational complexity of algorithms. *Transactions of the American Mathematical Society*, 117:285–306, May 1965.

[163] Michael T. Heideman, Don H. Johnson, and C. Sidney Burrus. Gauss and the history of the Fast Fourier Transform. *IEEE ASSP Magazine*, 1(4):14–21, 1984.

[164] Monika R. Henzinger and Valerie King. Fully dynamic biconnectivity and transitive closure. In *Proceedings of the 36th Annual Symposium on Foundations of Computer Science*, pages 664–672, 1995.

[165] Monika R. Henzinger and Valerie King. Randomized fully dynamic graph algorithms with polylogarithmic time per operation. *Journal of the ACM*, 46(4):502–516, 1999.

[166] Monika R. Henzinger, Satish Rao, and Harold N. Gabow. Computing vertex connectivity: New bounds from old techniques. *Journal of Algorithms*, 34(2):222–250, 2000.

[167] Nicholas J. Higham. Exploiting fast matrix multiplication within the level 3 BLAS. *ACM Transactions on Mathematical Software*, 16(4):352–368, 1990.

[168] W. Daniel Hillis and Jr. Guy L. Steele. Data parallel algorithms. *Communications of the ACM*, 29(12):1170–1183, 1986.

[169] C. A. R. Hoare. Algorithm 63 (PARTITION) and algorithm 65 (FIND). *Communications of the ACM*, 4(7):321–322, 1961.

[170] C. A. R. Hoare. Quicksort. *Computer Journal*, 5(1):10–15, 1962.

[171] Dorit S. Hochbaum. Efficient bounds for the stable set, vertex cover and set packing problems. *Discrete Applied Mathematics*, 6(3):243–254, 1983.

[172] Dorit S. Hochbaum, editor. *Approximation Algorithms for NP-Hard Problems*. PWS Publishing Company, 1997.

[173] W. Hoeffding. On the distribution of the number of successes in independent trials. *Annals of Mathematical Statistics*, 27(3):713–721, 1956.

[174] Micha Hofri. *Probabilistic Analysis of Algorithms*. Springer, 1987.

[175] Micha Hofri. *Analysis of Algorithms*. Oxford University Press, 1995.

[176] John E. Hopcroft and Richard M. Karp. An $n^{5/2}$ algorithm for maximum matchings in bipartite graphs. *SIAM Journal on Computing*, 2(4):225–231, 1973.

[177] John E. Hopcroft, Rajeev Motwani, and Jeffrey D. Ullman. *Introduction to Automata Theory, Languages, and Computation*. Addison Wesley, third edition, 2006.

[178] John E. Hopcroft and Robert E. Tarjan. Efficient algorithms for graph manipulation. *Communications of the ACM*, 16(6):372–378, 1973.

[179] John E. Hopcroft and Jeffrey D. Ullman. Set merging algorithms. *SIAM Journal on Computing*, 2(4):294–303, 1973.

[180] John E. Hopcroft and Jeffrey D. Ullman. *Introduction to Automata Theory, Languages, and Computation*. Addison-Wesley, 1979.

[181] Ellis Horowitz, Sartaj Sahni, and Sanguthevar Rajasekaran. *Computer Algorithms*. Computer Science Press, 1998.

[182] T. C. Hu and M. T. Shing. Computation of matrix chain products. Part I. *SIAM Journal on Computing*, 11(2):362–373, 1982.

[183] T. C. Hu and M. T. Shing. Computation of matrix chain products. Part II. *SIAM Journal on Computing*, 13(2):228–251, 1984.

[184] T. C. Hu and A. C. Tucker. Optimal computer search trees and variable-length alphabetic codes. *SIAM Journal on Applied Mathematics*, 21(4):514–532, 1971.

[185] David A. Huffman. A method for the construction of minimum-redundancy codes. *Proceedings of the IRE*, 40(9):1098–1101, 1952.

[186] Steven Huss-Lederman, Elaine M. Jacobson, Jeremy R. Johnson, Anna Tsao, and Thomas Turnbull. Implementation of Strassen's algorithm for matrix multiplication. In *Proceedings of the 1996 ACM/IEEE Conference on Supercomputing*, article 32, 1996.

[187] Oscar H. Ibarra and Chul E. Kim. Fast approximation algorithms for the knapsack and sum of subset problems. *Journal of the ACM*, 22(4):463–468, 1975.

[188] E. J. Isaac and R. C. Singleton. Sorting by address calculation. *Journal of the ACM*, 3(3):169–174, 1956.

[189] R. A. Jarvis. On the identification of the convex hull of a finite set of points in the plane. *Information Processing Letters*, 2(1):18–21, 1973.

[190] David S. Johnson. Approximation algorithms for combinatorial problems. *Journal of Computer and System Sciences*, 9(3):256–278, 1974.

[191] David S. Johnson. The NP-completeness column: An ongoing guide—The tale of the second prover. *Journal of Algorithms*, 13(3):502–524, 1992.

[192] Donald B. Johnson. Efficient algorithms for shortest paths in sparse networks. *Journal of the ACM*, 24(1):1–13, 1977.

[193] Richard Johnsonbaugh and Marcus Schaefer. *Algorithms*. Pearson Prentice Hall, 2004.

[194] A. Karatsuba and Yu. Ofman. Multiplication of multidigit numbers on automata. *Soviet Physics—Doklady*, 7(7):595–596, 1963. Translation of an article in *Doklady Akademii Nauk SSSR*, 145(2), 1962.

[195] David R. Karger, Philip N. Klein, and Robert E. Tarjan. A randomized linear-time algorithm to find minimum spanning trees. *Journal of the ACM*, 42(2):321–328, 1995.

[196] David R. Karger, Daphne Koller, and Steven J. Phillips. Finding the hidden path: Time bounds for all-pairs shortest paths. *SIAM Journal on Computing*, 22(6):1199–1217, 1993.

[197] Howard Karloff. *Linear Programming*. Birkhäuser, 1991.

[198] N. Karmarkar. A new polynomial-time algorithm for linear programming. *Combinatorica*, 4(4):373–395, 1984.

[199] Richard M. Karp. Reducibility among combinatorial problems. In Raymond E. Miller and James W. Thatcher, editors, *Complexity of Computer Computations*, pages 85–103. Plenum Press, 1972.

[200] Richard M. Karp. An introduction to randomized algorithms. *Discrete Applied Mathematics*, 34(1–3):165–201, 1991.

[201] Richard M. Karp and Michael O. Rabin. Efficient randomized pattern-matching algorithms. *IBM Journal of Research and Development*, 31(2):249–260, 1987.

[202] A. V. Karzanov. Determining the maximal flow in a network by the method of preflows. *Soviet Mathematics Doklady*, 15(2):434–437, 1974.

[203] Valerie King. A simpler minimum spanning tree verification algorithm. *Algorithmica*, 18(2):263–270, 1997.

[204] Valerie King, Satish Rao, and Robert E. Tarjan. A faster deterministic maximum flow algorithm. *Journal of Algorithms*, 17(3):447–474, 1994.

[205] Jeffrey H. Kingston. *Algorithms and Data Structures: Design, Correctness, Analysis*. Addison-Wesley, second edition, 1997.

[206] D. G. Kirkpatrick and R. Seidel. The ultimate planar convex hull algorithm? *SIAM Journal on Computing*, 15(2):287–299, 1986.

[207] Philip N. Klein and Neal E. Young. Approximation algorithms for NP-hard optimization problems. In *CRC Handbook on Algorithms*, pages 34-1–34-19. CRC Press, 1999.

[208] Jon Kleinberg and Éva Tardos. *Algorithm Design*. Addison-Wesley, 2006.

[209] Donald E. Knuth. *Fundamental Algorithms*, volume 1 of *The Art of Computer Programming*. Addison-Wesley, 1968. Third edition, 1997.

[210] Donald E. Knuth. *Seminumerical Algorithms*, volume 2 of *The Art of Computer Programming*. Addison-Wesley, 1969. Third edition, 1997.

[211] Donald E. Knuth. *Sorting and Searching*, volume 3 of *The Art of Computer Programming*. Addison-Wesley, 1973. Second edition, 1998.

[212] Donald E. Knuth. Optimum binary search trees. *Acta Informatica*, 1(1):14–25, 1971.

[213] Donald E. Knuth. Big omicron and big omega and big theta. *SIGACT News*, 8(2):18–23, 1976.

[214] Donald E. Knuth, James H. Morris, Jr., and Vaughan R. Pratt. Fast pattern matching in strings. *SIAM Journal on Computing*, 6(2):323–350, 1977.

[215] J. Komlós. Linear verification for spanning trees. *Combinatorica*, 5(1):57–65, 1985.

[216] Bernhard Korte and László Lovász. Mathematical structures underlying greedy algorithms. In F. Gecseg, editor, *Fundamentals of Computation Theory*, volume 117 of *Lecture Notes in Computer Science*, pages 205–209. Springer, 1981.

[217] Bernhard Korte and László Lovász. Structural properties of greedoids. *Combinatorica*, 3(3–4):359–374, 1983.

[218] Bernhard Korte and László Lovász. Greedoids—A structural framework for the greedy algorithm. In W. Pulleybank, editor, *Progress in Combinatorial Optimization*, pages 221–243. Academic Press, 1984.

[219] Bernhard Korte and László Lovász. Greedoids and linear objective functions. *SIAM Journal on Algebraic and Discrete Methods*, 5(2):229–238, 1984.

[220] Dexter C. Kozen. *The Design and Analysis of Algorithms*. Springer, 1992.

[221] David W. Krumme, George Cybenko, and K. N. Venkataraman. Gossiping in minimal time. *SIAM Journal on Computing*, 21(1):111–139, 1992.

[222] Joseph B. Kruskal, Jr. On the shortest spanning subtree of a graph and the traveling salesman problem. *Proceedings of the American Mathematical Society*, 7(1):48–50, 1956.

[223] Leslie Lamport. How to make a multiprocessor computer that correctly executes multiprocess programs. *IEEE Transactions on Computers*, C-28(9):690–691, 1979.

[224] Eugene L. Lawler. *Combinatorial Optimization: Networks and Matroids*. Holt, Rinehart, and Winston, 1976.

[225] Eugene L. Lawler, J. K. Lenstra, A. H. G. Rinnooy Kan, and D. B. Shmoys, editors. *The Traveling Salesman Problem*. John Wiley & Sons, 1985.

[226] C. Y. Lee. An algorithm for path connection and its applications. *IRE Transactions on Electronic Computers*, EC-10(3):346–365, 1961.

[227] Tom Leighton. Tight bounds on the complexity of parallel sorting. *IEEE Transactions on Computers*, C-34(4):344–354, 1985.

[228] Tom Leighton. Notes on better master theorems for divide-and-conquer recurrences. Class notes. Available at http://citeseer.ist.psu.edu/252350.html, October 1996.

[229] Tom Leighton and Satish Rao. Multicommodity max-flow min-cut theorems and their use in designing approximation algorithms. *Journal of the ACM*, 46(6):787–832, 1999.

[230] Daan Leijen and Judd Hall. Optimize managed code for multi-core machines. *MSDN Magazine*, October 2007.

[231] Debra A. Lelewer and Daniel S. Hirschberg. Data compression. *ACM Computing Surveys*, 19(3):261–296, 1987.

[232] A. K. Lenstra, H. W. Lenstra, Jr., M. S. Manasse, and J. M. Pollard. The number field sieve. In A. K. Lenstra and H. W. Lenstra, Jr., editors, *The Development of the Number Field Sieve*, volume 1554 of *Lecture Notes in Mathematics*, pages 11–42. Springer, 1993.

[233] H. W. Lenstra, Jr. Factoring integers with elliptic curves. *Annals of Mathematics*, 126(3):649–673, 1987.

[234] L. A. Levin. Universal sorting problems. *Problemy Peredachi Informatsii*, 9(3):265–266, 1973. In Russian.

[235] Anany Levitin. *Introduction to the Design & Analysis of Algorithms*. Addison-Wesley, 2007.

[236] Harry R. Lewis and Christos H. Papadimitriou. *Elements of the Theory of Computation*. Prentice Hall, second edition, 1998.

[237] C. L. Liu. *Introduction to Combinatorial Mathematics*. McGraw-Hill, 1968.

[238] László Lovász. On the ratio of optimal integral and fractional covers. *Discrete Mathematics*, 13(4):383–390, 1975.

[239] László Lovász and Michael D. Plummer. *Matching Theory*, volume 121 of *Annals of Discrete Mathematics*. North Holland, 1986.

[240] Bruce M. Maggs and Serge A. Plotkin. Minimum-cost spanning tree as a path-finding problem. *Information Processing Letters*, 26(6):291–293, 1988.

[241] Michael Main. *Data Structures and Other Objects Using Java*. Addison-Wesley, 1999.

[242] Udi Manber. *Introduction to Algorithms: A Creative Approach*. Addison-Wesley, 1989.

[243] Conrado Martínez and Salvador Roura. Randomized binary search trees. *Journal of the ACM*, 45(2):288–323, 1998.

[244] William J. Masek and Michael S. Paterson. A faster algorithm computing string edit distances. *Journal of Computer and System Sciences*, 20(1):18–31, 1980.

[245] H. A. Maurer, Th. Ottmann, and H.-W. Six. Implementing dictionaries using binary trees of very small height. *Information Processing Letters*, 5(1):11–14, 1976.

[246] Ernst W. Mayr, Hans Jürgen Prömel, and Angelika Steger, editors. *Lectures on Proof Verification and Approximation Algorithms*, volume 1367 of *Lecture Notes in Computer Science*. Springer, 1998.

[247] C. C. McGeoch. All pairs shortest paths and the essential subgraph. *Algorithmica*, 13(5):426–441, 1995.

[248] M. D. McIlroy. A killer adversary for quicksort. *Software—Practice and Experience*, 29(4):341–344, 1999.

[249] Kurt Mehlhorn. *Sorting and Searching*, volume 1 of *Data Structures and Algorithms*. Springer, 1984.

[250] Kurt Mehlhorn. *Graph Algorithms and NP-Completeness*, volume 2 of *Data Structures and Algorithms*. Springer, 1984.

[251] Kurt Mehlhorn. *Multidimensional Searching and Computational Geometry*, volume 3 of *Data Structures and Algorithms*. Springer, 1984.

[252] Kurt Mehlhorn and Stefan Näher. Bounded ordered dictionaries in $O(\log \log N)$ time and $O(n)$ space. *Information Processing Letters*, 35(4):183–189, 1990.

[253] Kurt Mehlhorn and Stefan Näher. *LEDA: A Platform for Combinatorial and Geometric Computing*. Cambridge University Press, 1999.

[254] Alfred J. Menezes, Paul C. van Oorschot, and Scott A. Vanstone. *Handbook of Applied Cryptography*. CRC Press, 1997.

[255] Gary L. Miller. Riemann's hypothesis and tests for primality. *Journal of Computer and System Sciences*, 13(3):300–317, 1976.

[256] John C. Mitchell. *Foundations for Programming Languages*. The MIT Press, 1996.

[257] Joseph S. B. Mitchell. Guillotine subdivisions approximate polygonal subdivisions: A simple polynomial-time approximation scheme for geometric TSP, k-MST, and related problems. *SIAM Journal on Computing*, 28(4):1298–1309, 1999.

[258] Louis Monier. *Algorithmes de Factorisation D'Entiers*. PhD thesis, L'Université Paris-Sud, 1980.

[259] Louis Monier. Evaluation and comparison of two efficient probabilistic primality testing algorithms. *Theoretical Computer Science*, 12(1):97–108, 1980.

[260] Edward F. Moore. The shortest path through a maze. In *Proceedings of the International Symposium on the Theory of Switching*, pages 285–292. Harvard University Press, 1959.

[261] Rajeev Motwani, Joseph (Seffi) Naor, and Prabhakar Raghavan. Randomized approximation algorithms in combinatorial optimization. In Dorit Hochbaum, editor, *Approximation Algorithms for NP-Hard Problems*, chapter 11, pages 447–481. PWS Publishing Company, 1997.

[262] Rajeev Motwani and Prabhakar Raghavan. *Randomized Algorithms*. Cambridge University Press, 1995.

[263] J. I. Munro and V. Raman. Fast stable in-place sorting with $O(n)$ data moves. *Algorithmica*, 16(2):151–160, 1996.

[264] J. Nievergelt and E. M. Reingold. Binary search trees of bounded balance. *SIAM Journal on Computing*, 2(1):33–43, 1973.

[265] Ivan Niven and Herbert S. Zuckerman. *An Introduction to the Theory of Numbers*. John Wiley & Sons, fourth edition, 1980.

[266] Alan V. Oppenheim and Ronald W. Schafer, with John R. Buck. *Discrete-Time Signal Processing*. Prentice Hall, second edition, 1998.

[267] Alan V. Oppenheim and Alan S. Willsky, with S. Hamid Nawab. *Signals and Systems*. Prentice Hall, second edition, 1997.

[268] James B. Orlin. A polynomial time primal network simplex algorithm for minimum cost flows. *Mathematical Programming*, 78(1):109–129, 1997.

[269] Joseph O'Rourke. *Computational Geometry in C*. Cambridge University Press, second edition, 1998.

[270] Christos H. Papadimitriou. *Computational Complexity*. Addison-Wesley, 1994.

[271] Christos H. Papadimitriou and Kenneth Steiglitz. *Combinatorial Optimization: Algorithms and Complexity*. Prentice Hall, 1982.

[272] Michael S. Paterson. Progress in selection. In *Proceedings of the Fifth Scandinavian Workshop on Algorithm Theory*, pages 368–379, 1996.

[273] Mihai Pătraşcu and Mikkel Thorup. Time-space trade-offs for predecessor search. In *Proceedings of the 38th Annual ACM Symposium on Theory of Computing*, pages 232–240, 2006.

[274] Mihai Pătraşcu and Mikkel Thorup. Randomization does not help searching predecessors. In *Proceedings of the 18th ACM-SIAM Symposium on Discrete Algorithms*, pages 555–564, 2007.

[275] Pavel A. Pevzner. *Computational Molecular Biology: An Algorithmic Approach*. The MIT Press, 2000.

[276] Steven Phillips and Jeffery Westbrook. Online load balancing and network flow. In *Proceedings of the 25th Annual ACM Symposium on Theory of Computing*, pages 402–411, 1993.

[277] J. M. Pollard. A Monte Carlo method for factorization. *BIT*, 15(3):331–334, 1975.

[278] J. M. Pollard. Factoring with cubic integers. In A. K. Lenstra and H. W. Lenstra, Jr., editors, *The Development of the Number Field Sieve*, volume 1554 of *Lecture Notes in Mathematics*, pages 4–10. Springer, 1993.

[279] Carl Pomerance. On the distribution of pseudoprimes. *Mathematics of Computation*, 37(156):587–593, 1981.

[280] Carl Pomerance, editor. *Proceedings of the AMS Symposia in Applied Mathematics: Computational Number Theory and Cryptography*. American Mathematical Society, 1990.

[281] William K. Pratt. *Digital Image Processing*. John Wiley & Sons, fourth edition, 2007.

[282] Franco P. Preparata and Michael Ian Shamos. *Computational Geometry: An Introduction*. Springer, 1985.

[283] William H. Press, Saul A. Teukolsky, William T. Vetterling, and Brian P. Flannery. *Numerical Recipes in C++: The Art of Scientific Computing*. Cambridge University Press, second edition, 2002.

[284] William H. Press, Saul A. Teukolsky, William T. Vetterling, and Brian P. Flannery. *Numerical Recipes: The Art of Scientific Computing*. Cambridge University Press, third edition, 2007.

[285] R. C. Prim. Shortest connection networks and some generalizations. *Bell System Technical Journal*, 36(6):1389–1401, 1957.

[286] William Pugh. Skip lists: A probabilistic alternative to balanced trees. *Communications of the ACM*, 33(6):668–676, 1990.

[287] Paul W. Purdom, Jr. and Cynthia A. Brown. *The Analysis of Algorithms*. Holt, Rinehart, and Winston, 1985.

[288] Michael O. Rabin. Probabilistic algorithms. In J. F. Traub, editor, *Algorithms and Complexity: New Directions and Recent Results*, pages 21–39. Academic Press, 1976.

[289] Michael O. Rabin. Probabilistic algorithm for testing primality. *Journal of Number Theory*, 12(1):128–138, 1980.

[290] P. Raghavan and C. D. Thompson. Randomized rounding: A technique for provably good algorithms and algorithmic proofs. *Combinatorica*, 7(4):365–374, 1987.

[291] Rajeev Raman. Recent results on the single-source shortest paths problem. *SIGACT News*, 28(2):81–87, 1997.

[292] James Reinders. *Intel Threading Building Blocks: Outfitting C++ for Multi-core Processor Parallelism*. O'Reilly Media, Inc., 2007.

[293] Edward M. Reingold, Jürg Nievergelt, and Narsingh Deo. *Combinatorial Algorithms: Theory and Practice*. Prentice Hall, 1977.

[294] Edward M. Reingold, Kenneth J. Urban, and David Gries. K-M-P string matching revisited. *Information Processing Letters*, 64(5):217–223, 1997.

[295] Hans Riesel. *Prime Numbers and Computer Methods for Factorization*, volume 126 of *Progress in Mathematics*. Birkhäuser, second edition, 1994.

[296] Ronald L. Rivest, Adi Shamir, and Leonard M. Adleman. A method for obtaining digital signatures and public-key cryptosystems. *Communications of the ACM*, 21(2):120–126, 1978. See also U.S. Patent 4,405,829.

[297] Herbert Robbins. A remark on Stirling's formula. *American Mathematical Monthly*, 62(1):26–29, 1955.

[298] D. J. Rosenkrantz, R. E. Stearns, and P. M. Lewis. An analysis of several heuristics for the traveling salesman problem. *SIAM Journal on Computing*, 6(3):563–581, 1977.

[299] Salvador Roura. An improved master theorem for divide-and-conquer recurrences. In *Proceedings of Automata, Languages and Programming, 24th International Colloquium, ICALP'97*, volume 1256 of *Lecture Notes in Computer Science*, pages 449–459. Springer, 1997.

[300] Y. A. Rozanov. *Probability Theory: A Concise Course*. Dover, 1969.

[301] S. Sahni and T. Gonzalez. P-complete approximation problems. *Journal of the ACM*, 23(3):555–565, 1976.

[302] A. Schönhage, M. Paterson, and N. Pippenger. Finding the median. *Journal of Computer and System Sciences*, 13(2):184–199, 1976.

[303] Alexander Schrijver. *Theory of Linear and Integer Programming*. John Wiley & Sons, 1986.

[304] Alexander Schrijver. Paths and flows—A historical survey. *CWI Quarterly*, 6(3):169–183, 1993.

[305] Robert Sedgewick. Implementing quicksort programs. *Communications of the ACM*, 21(10):847–857, 1978.

[306] Robert Sedgewick. *Algorithms*. Addison-Wesley, second edition, 1988.

[307] Robert Sedgewick and Philippe Flajolet. *An Introduction to the Analysis of Algorithms*. Addison-Wesley, 1996.

[308] Raimund Seidel. On the all-pairs-shortest-path problem in unweighted undirected graphs. *Journal of Computer and System Sciences*, 51(3):400–403, 1995.

[309] Raimund Seidel and C. R. Aragon. Randomized search trees. *Algorithmica*, 16(4–5):464–497, 1996.

[310] João Setubal and João Meidanis. *Introduction to Computational Molecular Biology*. PWS Publishing Company, 1997.

[311] Clifford A. Shaffer. *A Practical Introduction to Data Structures and Algorithm Analysis*. Prentice Hall, second edition, 2001.

[312] Jeffrey Shallit. Origins of the analysis of the Euclidean algorithm. *Historia Mathematica*, 21(4):401–419, 1994.

[313] Michael I. Shamos and Dan Hoey. Geometric intersection problems. In *Proceedings of the 17th Annual Symposium on Foundations of Computer Science*, pages 208–215, 1976.

[314] M. Sharir. A strong-connectivity algorithm and its applications in data flow analysis. *Computers and Mathematics with Applications*, 7(1):67–72, 1981.

[315] David B. Shmoys. Computing near-optimal solutions to combinatorial optimization problems. In William Cook, László Lovász, and Paul Seymour, editors, *Combinatorial Optimization*, volume 20 of *DIMACS Series in Discrete Mathematics and Theoretical Computer Science*. American Mathematical Society, 1995.

[316] Avi Shoshan and Uri Zwick. All pairs shortest paths in undirected graphs with integer weights. In *Proceedings of the 40th Annual Symposium on Foundations of Computer Science*, pages 605–614, 1999.

[317] Michael Sipser. *Introduction to the Theory of Computation*. Thomson Course Technology, second edition, 2006.

[318] Steven S. Skiena. *The Algorithm Design Manual*. Springer, second edition, 1998.

[319] Daniel D. Sleator and Robert E. Tarjan. A data structure for dynamic trees. *Journal of Computer and System Sciences*, 26(3):362–391, 1983.

[320] Daniel D. Sleator and Robert E. Tarjan. Self-adjusting binary search trees. *Journal of the ACM*, 32(3):652–686, 1985.

[321] Joel Spencer. *Ten Lectures on the Probabilistic Method*, volume 64 of *CBMS-NSF Regional Conference Series in Applied Mathematics*. Society for Industrial and Applied Mathematics, 1993.

[322] Daniel A. Spielman and Shang-Hua Teng. Smoothed analysis of algorithms: Why the simplex algorithm usually takes polynomial time. *Journal of the ACM*, 51(3):385–463, 2004.

[323] Gilbert Strang. *Introduction to Applied Mathematics*. Wellesley-Cambridge Press, 1986.

[324] Gilbert Strang. *Linear Algebra and Its Applications*. Thomson Brooks/Cole, fourth edition, 2006.

[325] Volker Strassen. Gaussian elimination is not optimal. *Numerische Mathematik*, 14(3):354–356, 1969.

[326] T. G. Szymanski. A special case of the maximal common subsequence problem. Technical Report TR-170, Computer Science Laboratory, Princeton University, 1975.

[327] Robert E. Tarjan. Depth first search and linear graph algorithms. *SIAM Journal on Computing*, 1(2):146–160, 1972.

[328] Robert E. Tarjan. Efficiency of a good but not linear set union algorithm. *Journal of the ACM*, 22(2):215–225, 1975.

[329] Robert E. Tarjan. A class of algorithms which require nonlinear time to maintain disjoint sets. *Journal of Computer and System Sciences*, 18(2):110–127, 1979.

[330] Robert E. Tarjan. *Data Structures and Network Algorithms*. Society for Industrial and Applied Mathematics, 1983.

[331] Robert E. Tarjan. Amortized computational complexity. *SIAM Journal on Algebraic and Discrete Methods*, 6(2):306–318, 1985.

[332] Robert E. Tarjan. Class notes: Disjoint set union. COS 423, Princeton University, 1999.

[333] Robert E. Tarjan and Jan van Leeuwen. Worst-case analysis of set union algorithms. *Journal of the ACM*, 31(2):245–281, 1984.

[334] George B. Thomas, Jr., Maurice D. Weir, Joel Hass, and Frank R. Giordano. *Thomas' Calculus*. Addison-Wesley, eleventh edition, 2005.

[335] Mikkel Thorup. Faster deterministic sorting and priority queues in linear space. In *Proceedings of the 9th ACM-SIAM Symposium on Discrete Algorithms*, pages 550–555, 1998.

[336] Mikkel Thorup. Undirected single-source shortest paths with positive integer weights in linear time. *Journal of the ACM*, 46(3):362–394, 1999.

[337] Mikkel Thorup. On RAM priority queues. *SIAM Journal on Computing*, 30(1):86–109, 2000.

[338] Richard Tolimieri, Myoung An, and Chao Lu. *Mathematics of Multidimensional Fourier Transform Algorithms*. Springer, second edition, 1997.

[339] P. van Emde Boas. Preserving order in a forest in less than logarithmic time. In *Proceedings of the 16th Annual Symposium on Foundations of Computer Science*, pages 75–84, 1975.

[340] P. van Emde Boas. Preserving order in a forest in less than logarithmic time and linear space. *Information Processing Letters*, 6(3):80–82, 1977.

[341] P. van Emde Boas, R. Kaas, and E. Zijlstra. Design and implementation of an efficient priority queue. *Mathematical Systems Theory*, 10(1):99–127, 1976.

[342] Jan van Leeuwen, editor. *Handbook of Theoretical Computer Science, Volume A: Algorithms and Complexity*. Elsevier Science Publishers and the MIT Press, 1990.

[343] Charles Van Loan. *Computational Frameworks for the Fast Fourier Transform*. Society for Industrial and Applied Mathematics, 1992.

[344] Robert J. Vanderbei. *Linear Programming: Foundations and Extensions*. Kluwer Academic Publishers, 1996.

[345] Vijay V. Vazirani. *Approximation Algorithms*. Springer, 2001.

[346] Rakesh M. Verma. General techniques for analyzing recursive algorithms with applications. *SIAM Journal on Computing*, 26(2):568–581, 1997.

[347] Hao Wang and Bill Lin. Pipelined van Emde Boas tree: Algorithms, analysis, and applications. In *26th IEEE International Conference on Computer Communications*, pages 2471–2475, 2007.

[348] Antony F. Ware. Fast approximate Fourier transforms for irregularly spaced data. *SIAM Review*, 40(4):838–856, 1998.

[349] Stephen Warshall. A theorem on boolean matrices. *Journal of the ACM*, 9(1):11–12, 1962.

[350] Michael S. Waterman. *Introduction to Computational Biology, Maps, Sequences and Genomes*. Chapman & Hall, 1995.

[351] Mark Allen Weiss. *Data Structures and Problem Solving Using C++*. Addison-Wesley, second edition, 2000.

[352] Mark Allen Weiss. *Data Structures and Problem Solving Using Java*. Addison-Wesley, third edition, 2006.

[353] Mark Allen Weiss. *Data Structures and Algorithm Analysis in C++*. Addison-Wesley, third edition, 2007.

[354] Mark Allen Weiss. *Data Structures and Algorithm Analysis in Java*. Addison-Wesley, second edition, 2007.

[355] Hassler Whitney. On the abstract properties of linear dependence. *American Journal of Mathematics*, 57(3):509–533, 1935.

[356] Herbert S. Wilf. *Algorithms and Complexity*. A K Peters, second edition, 2002.

[357] J. W. J. Williams. Algorithm 232 (HEAPSORT). *Communications of the ACM*, 7(6):347–348, 1964.

[358] Shmuel Winograd. On the algebraic complexity of functions. In *Actes du Congrès International des Mathématiciens*, volume 3, pages 283–288, 1970.

[359] Andrew C.-C. Yao. A lower bound to finding convex hulls. *Journal of the ACM*, 28(4):780–787, 1981.

[360] Chee Yap. A real elementary approach to the master recurrence and generalizations. Unpublished manuscript. Available at http://cs.nyu.edu/yap/papers/, July 2008.

[361] Yinyu Ye. *Interior Point Algorithms: Theory and Analysis*. John Wiley & Sons, 1997.

[362] Daniel Zwillinger, editor. *CRC Standard Mathematical Tables and Formulae*. Chapman & Hall/CRC Press, 31st edition, 2003.

索　引

本索引使用下列约定。数字按其英文拼写的字母顺序排序，例如，"2-3-4 树"被当成"two-three-four tree"来索引。当一个索引项涉及的是一个位置而不是正文内容时，页码后面即会跟随一个标记：ex. 表示练习，pr. 表示思考题，fig. 表示图，n. 表示脚注。带标记的页码通常表示一个练习、思考题、图或脚注的第一页，而并不一定是引用真正出现的那个页码。

I

P

Y

Z

推 荐 阅 读

深入理解计算机系统（原书第3版）

作者: Randal E. Bryant 等 译者: 龚奕利 等 ISBN: 978-7-111-54493-7 定价: 139.00元

计算机系统：系统架构与操作系统的高度集成

作者: Umakishore Ramachandran 等 译者: 陈文光 等

计算机系统概论（英文版·原书第3版）

作者: Yale N. Patt 等 ISBN: 978-7-111-66631-8 定价: 139.00元

计算机系统基础

作者: 袁春风 ISBN: 978-7-111-46477-8 定价: 49.00元

推荐阅读

算法导论（原书第3版）

作者: Thomas H. Cormen 等 译者: 殷建平 等 ISBN: 978-7-111-40701-0 定价: 128.00元

计算机网络：自顶向下方法（原书第8版）

作者: James F. Kurose 等 译者: 陈鸣 ISBN: 978-7-111-71236-7 定价: 129.00元

数据挖掘：概念与技术（原书第3版）

作者: Jiawei Han 等 译者: 范明 等 ISBN: 978-7-111-39140-1 定价: 79.00元

数据挖掘：实用机器学习工具与技术（原书第3版）

作者: Ian H. Witten 等 译者: 李川 等 ISBN: 978-7-111-45381-9 定价: 79.00元